国家出版基金项目
NATIONAL PUBLICATION FOUNDATION

"十三五"国家重点出版物出版规划项目

采矿手册

第五卷　矿山机电

古德生◎总主编

战　凯◎主编

马　飞　郭　鑫◎副主编

Mining Handbook

中南大学出版社
www.csupress.com.cn

·长沙·

内容提要

　　矿山机电设备是当今矿山开采的核心，是所有采矿工艺和采矿方法创新和变革的决定力量。随着矿山数字化、智能化转型发展，对矿山机电设备的性能提升和创新要求更加急迫。十年来，矿山机电设备发展非常迅猛，新的机电设备层出不穷，性能也在向着智能化、无人化方向拓展。本卷分上篇和下篇分别阐述。上篇主要涉及露天和地下矿山用的无轨采矿设备，如钻机、凿岩台车、铲运机、卡车、辅助车辆等，共分 13 章。下篇主要涉及无轨采矿设备以外的设备，主要为固定及轨道设备，如电机车、带式输送机、提升机，及通风、排水、破碎、充填、供电设备等，共分 11 章。本卷的编纂参考国家及行业的最新规程、规范和标准，对机电设备的原理、性能及主要性能参数等进行详细剖析，同时，举出典型应用案例加以说明。对设备中的关键子系统和重要零部件也做了原理和性能方面的讲解和说明。本卷对于矿山设计和管理人员尤其是矿山机电设备维修和管理人员，是不可多得的矿山设计和管理指南，有助于他们从中获取到最前沿、最先进、最实用的技术设计知识和操作方法；对于科研院所相关技术人员、矿山机电设备科研人员，也是一本非常有益的参考书；甚至行业外人员，也能借此卷深入了解矿山机电设备的研究发展现状及未来发展趋势。

《采矿手册》总编辑部

总 主 编　古德生

总 编 辑 部　（按姓氏笔画排序）

　　　　　　王李管　古德生　刘放来　汤自权　吴爱祥

　　　　　　周连碧　周爱民　赵 文　战 凯　唐绍辉

编辑部工作室　古德生　刘放来　王青海　鲍爱华　谭丽龙

　　　　　　胡业民

《采矿手册 第五卷 矿山机电》编写人员

主 　 编　战 凯

副 主 编　马 飞　郭 鑫

编 撰 人 员　（按姓氏笔画排序）

上篇

　　　　　　马 威　石博强　杨 珏　高路路　黄夏旭

　　　　　　潘 岩

下篇

　　　　　　王西涛　刘晓东　许文远　杨需帅　李 广

　　　　　　李富伟　余洪伟　汪顺民　张 杰　陈 淼

　　　　　　邵长锋　周 建　郎平振　贺建国　陶平凯

　　　　　　曹凤金　梁 龙　彭洪涛　曾怀灵

《采矿手册 第五卷 矿山机电》审稿人员

主 　 审　周志鸿　谢 良

审 稿 人　（按姓氏笔画排序）

上篇

　　　　　　石 峰　李恒通　姜 勇　顾洪枢

下篇

　　　　　　石潇杰　赵晓燕　顾洪枢　高泽宇

矿产资源是在地球长达 46 亿多年的演化过程中形成的、不可再生的可开发利用矿物质的聚合体。矿业是人类开发利用矿产资源而形成的产业，包括矿产地质勘探、矿床开采和矿物加工，是获取初级矿产品、为后续工业提供原材料的基础性产业。

人口、资源、环境是人类社会可持续发展的三大要素，而矿产资源是核心要素。人猿揖别后，人类文明"一切从矿业开始"：从旧石器时代到当前大数据、人工智能、物联网协同发展的"大人物"时代，人类从未须臾离开过矿业！矿产资源的开发利用与人类社会的发展，在历史长河中相辅相成，各类矿产资源为人类的衣、食、住、行，社会的发展与科技进步提供了重要的物质基础，衍生了人类社会，创造了人类的物质文明、科技文明和精神文明。现代社会的冶炼和压延加工业、建筑业、化学工业、交通运输业、机械电子业、航空航天业、核能业、轻工业、医药业和农业等国民经济的各行各业，没有矿业一切都将成无米之炊。

绵延五千年，在中华大地上，华夏儿女得以生存发展与繁衍生息，中华文明的传承和发扬光大，与矿产资源的开发密不可分。华夏祖先是世界上开发利用矿产资源最早、矿物种类最多的先民之一，在世界矿业史上开创了辉煌的时代，创造了灿烂的矿冶文明。1973 年，在陕西临潼姜寨遗址中出土的黄铜片和黄铜管状物，年代测定为公元前 4700 年左右，是世界上最古老的冶炼黄铜，标志着我们的祖先早已为人类青铜时代的到来奠定了坚实的基础。出土了成批青铜礼器、兵器、工具、饰物等的二里头文化，表明在距今已有 4000 余年的夏朝时期，华夏文明就已进入了青铜时代。2009 年，在甘肃临潭磨沟寺洼文化墓葬中出土的两块铁条，距今已有 3510~3310 年，表明 3000 多年前华夏的铁矿采冶技术就已经相当成熟，为春秋战国时期大量开采铁矿、使用铁器和人类跨入铁器时代奠定了基础。到了近代，特别是 1840 年鸦片战争以后，由于列强的掠夺、连年战乱和长期闭关锁国，中国矿业开始逐渐落后于西方国家。

1949 年，中华人民共和国成立后，国民经济得到了迅猛的恢复和发展，中国矿业从年产钢 15 万吨、10 种有色金属 1.3 万吨、煤炭 3200 万吨、原油 12 万吨起步，开启了快速发展与重新崛起的新纪元。

20 世纪 50 年代初期，为规划"建设强大的社会主义国家"，振兴矿业成为头等大事。

1950 年 2 月 17 日，正在苏联访问的毛泽东主席在莫斯科为中国留学生亲笔题写了"开发矿业"四个大字，号召有志青年积极投身祖国的矿山事业，为中国矿业的发展和壮大贡献青春和智慧。七十多年弹指一挥间，经过几代人的努力，我国已探明了一大批矿产资源，建成了比较完整、齐全的矿产品供应体系，为国民经济的持续、快速、协调、健康发展提供了重要的物质保障，取得了举世瞩目的成就：2019 年生产钢材 12.05 亿吨，10 种有色金属 5866 万吨，原煤 38.5 亿吨，原油 1.91 亿吨。

1　矿业特点与产业定位

在人类社会漫长的发展过程中，被发现和利用的矿产种类越来越多。依据矿业经济和社会发展的不同历史阶段所需矿物种类的差异性，可以大致将矿产资源分为三类：

第一类是传统矿产，包括铜、铁、铅、锌、锡、煤和黏土等工业化初期需要的主导性矿产品。

第二类是现代矿产，包括铝、铬、锰、钨、镍、矾、铀、石油、天然气和硅等工业化成熟期到高技术发展初期广泛利用的矿产品。

第三类是新兴矿产，包括钴、锗、铂、稀土、钛、锂、金刚石、高纯石英、晶质石墨等知识经济高技术时代大量使用的矿产品。

一个国家的科技及经济处于哪个发展阶段，依据上述三类矿产品的生产量和需求量的比例就可做出判断。当今世界正面临着新的技术革命，不仅需要第一类、第二类矿产，还需要大力开发第三类矿产。比如，航空航天、医疗设备、电子通信、国防装备等，都需要大量的新兴矿产品。

在联合国的《国际标准行业分类》(ISIC-4.0) 和欧盟标准产业分类 (NACE2006)、北美产业分类 (NAIC2012) 等文件中，矿业 (包括探矿、采矿和选矿) 均归属于从自然界获取初级矿产品、为后续加工产业 (第二产业) 提供原材料的第一产业。世界矿业大国和矿产品消费大国，如俄罗斯、美国、巴西、澳大利亚、新西兰、加拿大、南非等，都把矿业作为一个独立产业门类且归属为第一产业。仅有日本、德国等少数国家，因其国内矿产资源较为贫乏，所需要的矿产品主要依靠国外进口，矿业在其国民经济中所占份额较少，而把矿业列为第二产业。

由于历史的原因，我国矿业被划分在第二产业，这是不合适的。中华人民共和国成立之初所确定的产业分类法，是从苏联移植的按生产单位性质划分产业类型的方法，完全没有考虑经济活动的性质。因此，把设在冶金联合企业 (包含探矿、采矿、选矿、冶炼和材料加工等生产业务) 内部的矿山采掘生产作业 (探矿、采矿、选矿) 连带划入了第二产业。几十年来，我国一直维持着这一分类法。到 2003 年，国家统计局颁布的《三次产业划分规定》及现行的《国民经济行业分类》(GB/T 4754—2017) 中，依然将采矿业划归为第二产业，且把勘查业划归为第三产业。这种把矿业等同于加工业的产业分类方法，混淆了企业经济活动的性质，压制了矿山企业的经济活力，实在有待商榷。马克思在《资本论》中阐述剩余价值学说时，就曾论述到：农业、矿业、加工业和交通运输业是人类社会的四大生产部类，农业和矿业是直接从自然界获取原料的生产部类，是基础性产业；加工业是对农业和矿业所获得的原料进行加工，以满足社会的需求；交通运输业是连接农业、矿业、加工业等的纽带和桥梁；没有农业和矿业的发展，就没有加工业和交通运输业的繁荣。

随着经济和社会的发展，中国已成为世界第一矿业大国，理应同世界上绝大多数国家一样，把矿业归属于第一产业。从生产活动的性质上看，矿业不仅应该划归第一产业，而且它还应该是个独立的产业门类。因为它与一般工业有本质的不同，主要有如下特性：

（1）建矿选址的唯一性。一般工业可选择相对有利于人们生产、生活的地区建厂，而矿山只能建在矿床所在地。大多数蕴藏矿产资源的地区往往是水、电、交通条件很差的边远山区，建矿如同建社会，矛盾多、投资大、工期长。

（2）开采对象的差异性。开采对象资源禀赋天然注定，其工业储量、有用矿物种类与价值、赋存条件、矿床形态、矿岩的物理力学性质、矿石品位等的差异非常大，由其所决定的生产方式、开发规模、服务年限与可营利性等千差万别。这些差别表明矿山投资风险高、技术工艺多变、建设周期长。

（3）作业场所的不确定性。矿山开采作业人员和设备的工作面随着生产推进而日新月异，同时还面对地质构造、地下水、地压、矿体边界等许多不确定性，以及采、掘（剥）等主要生产工序间的协同性，导致矿山生产作业、安全管控难度大、风险高。

（4）矿产资源的不可再生性。矿产资源是地质作用下形成的有用矿物质的聚合体，是不可再生的，因此，矿山终将随着资源的枯竭而关闭，大量固化工程将报废，大量固定资产因失效而流失，同时还有大量的如闭坑等善后处理工程。

（5）产业发展的艰难性。目前，矿山生产与建设需要遵守国家五十多项法律法规，矿山建设准备工作纷繁复杂；矿山生产设施和废渣排放需要占用大量土地，矿山建设与矿区周边复杂的利益关系往往使得矿地关系协调异常困难；受矿床赋存条件制约，矿山建设工程量大、建设周期长、投资风险高；采矿生产过程需要经常移动作业地点、资源赋存条件也往往不断变化，这些都会导致生产安全、生态环境等诸多不确定性，根本不可能用管理工厂的固定工艺流程的办法来管理矿山。

（6）矿业的基础性。矿业处于工业产业链的最前端，它为后续加工业提供初级原料，向下游产业输送巨大的潜在效益，全面支撑国民经济的可持续发展。我国85%的一次能源、80%的工业原材料、70%以上的农业生产资料均来自矿业。没有矿业就没有工业、没有国防，也没有国家现代化。矿业与粮食一样是国家立业之根本。

世界上最早认识到矿业处于国民经济基础地位的是现代工业发源地英国，其后是非常重视矿产资源基础地位、掀起了第二次工业革命浪潮的美国。当今时代，矿业在国民经济的发展和国家安全中的重要性尤为突出。但是，长期以来我国矿业被定位为第二产业，与加工业混为一谈，这漠视了矿业的特殊性，严重扭曲了矿业的租税制度，导致我国的矿业管理几近碎片化，致使矿业负担过重、资源开发过度、环境破坏严重，形成了当代矿业发展与后代子孙的资源权益同时受损的局面。在面临百年未有之大变局的今天，国际政治、经济、军事环境复杂多变、世局纷扰，无不涉及矿产资源的激烈竞争。对于我国这样一个涉及油气、煤炭、冶金、有色金属、化工、核工业、建材等领域的矿业大国来说，缺乏全国性的统一管理部门，对我国经济和社会的健康发展与有效应对复杂多变的国际环境十分不利。现实在呼唤：中国矿业应该与同是基础产业的农业一样划入第一产业，并由独立部门负责管理，以加强我国矿业发展的战略规划和政策引导。这有利于将矿业作为一个整体纳入国民经济体系之中，有利于制定统一的矿业发展战略和发展规划，有利于制定统一的方针政策和行业规范，有利于协调不同行业之间的矛盾，有利于解决行业内部遇到的共同问题，有利于制定并实施全球资源战略和参与国际竞争。让中国矿业大步跨出国门，积极融入"一带一路"建设，这也是第一矿业大国应有的担当。

2　矿产资源开发的世界视野

矿产资源的不可再生性，决定了世界矿产资源保有量的枯竭性和供应量的有限性。加上矿产资源供需不均衡，致使世界范围内争夺矿产资源的矛盾加剧，造成了全球局势的纷扰动荡。

在近代，全球地缘政治复杂多变，无不与资源争夺有关。矿产资源丰富本是一个国家的优势，但在世界资源激烈争夺的过程中，相对弱小的国家，资源优势成了外国入侵的导火索，如某些中东国家的石油，非洲国家的钻石、黄金等，都带着资源争夺的血腥味。

当前，全球四千三百多家国际矿业公司中，尤其是占比达63.5%的加拿大、美国、澳大利亚等国的矿业公司，在一百多个国家和地区既争夺资源，又争夺市场。这种争夺不仅表现在贸易摩擦和投资竞争的激烈性上，也表现在这些国际矿业公司与东道国之间矛盾的尖锐性上，有时甚至演化成为领土间的争端和冲突，造成世界经济、政治和军事的动荡不安。

邓小平同志在1992年曾经说过："中东有石油，中国有稀土"，中国稀土年产量曾经独占全球的九成。随着高新科技产业的快速崛起，稀土资源成为极其重要的战略资源，特别是产于中国南方离子吸附型矿床中的钆、铽、镝、钬、铒、铥、镱、镥、钇、钪等10种重稀土。长时间超大规模、超强度的无序开采，给中国南方稀土矿区的生态环境带来了非常严重的破坏。为了保护生态环境，国家2007年决定对稀土出口实行配额管理，使得稀土的出口量缩减了35%~40%。2012年，美国、欧盟、日本等纠集起来，在世界贸易组织对中国的稀土配额管理制度横加指责、粗暴干涉。这些深刻地反映出世界矿产资源争夺与国际市场贸易战的激烈程度。

作为世界第一矿业大国，中国矿业对世界矿业的影响举足轻重，在矿业市场全球化的环境下，中国矿业已经深深地植根于全球化的矿业市场中，面对日益激烈的竞争，中国应加快从矿业大国向矿业强国转变。

到2050年，全球人口将会突破90亿，水、粮食和矿产资源的需求将大幅增加。资源过度开发利用所带来的环境破坏，以及资源过度消耗所造成的环境污染与气候变迁，将使人类面临更为严峻的生态危机。

放眼世界，资源是世局纷扰的主要因素。资源占有和资源供应决定着国家战略。发达国家之所以不惜投入巨资发展太空科技，研究打造月球基地和小行星采矿，努力向外太空发展，除了国家安全战略方面的考虑外，开发太空资源是其重要动因。未来一定是谁掌握了未来资源，谁就掌握了未来。

当前，我国经济已由高速发展阶段转向高质量发展阶段，对矿产资源的需求也由全面、持续、快速增长转变为差异化增长。矿产资源的供给安全正逐步突破以数量、规模、成本、利润为目标的市场供给范围，新一轮科技革命必将驱动矿产资源的供应安全渗透到国家经济发展和地缘政治领域。

面对错综复杂的国际环境，中国矿业要紧扣矿业领域新的发展阶段、新的发展理念、新的发展格局，以推进高质量低碳发展为目标，以短缺矿产资源找矿突破为重点，以树立绿色低碳矿业新形象为标志，加快构筑互利共赢的全球产业链、供应链命运共同体，形成以国内大循环为主体、国内国际双循环相互促进的发展新格局。

3　矿业的可持续发展

矿业要坚定不移地走可持续发展之路，"绿色开发"将成为矿业发展的永恒主题。人类在石器时代，对矿产品的认识、采集、加工利用等活动仅在地表进行，矿产品产量、开采方式和废弃物排放等，与生态环境的承载能力基本上相适应。自青铜时代起，铜、铁等矿产品先后出现规模化开采矿点，涉及地表、地下开发，但规模有限，对生态环境的影响也有限，故早期人类并没有十分重视矿业对周边生态环境的影响。进入工业化时代以后，经济和社会的发展使得矿产资源的需求量激增，矿业对生态环境的破坏也越来越严重。为了解决现代工业发展与生态环境保护间的矛盾，自 20 世纪 70 年代以来，人类在不懈地探求生存和发展的新道路，提出了"可持续发展"理念，倡导绿色矿业。经过几十年的实践，可持续发展和绿色矿业的理念，已被越来越多的人接受，并已成为全球共识。

我国是世界上少有的几个资源总量大、矿种配套程度较高的资源大国之一，矿产资源总量居世界第三位。但是，大宗矿产资源赋存条件不佳，可持续供给能力不强，人均资源量约为世界人均资源量的 58%。从这个意义上说，我国实际上还是一个资源相对贫乏的国家。目前，我国的镍、铜、铁、锰、钾、铅、铝、锌等大宗矿产品的后备资源储量较少，品质不高，且经过多年远高于全球平均水平的高强度开采，资源消耗过快，静态储采比大幅下降，总体上处于相对危机状态。

目前，我国正处于工业化中期阶段，对矿产资源的需求强度将进入高峰期，矿产资源的供需矛盾日益突出，因此，矿产资源的可持续开发利用更加引人瞩目。自 20 世纪末以来，我国矿业的可持续发展理念有了很大升华，归纳为以下四点：

(1) 矿业经济的全球观。将一个国家和地区的资源供求平衡过程与国际平衡过程紧密地联系起来，采取两种资源和两个市场的战略方针和对策，稳定、及时、经济、安全地在国际范围内，实现国内总供给和总需求的平衡；同时积极、主动地适应矿业全球化的大趋势，以获得全球竞争与合作的"红利",防止被边缘化。

(2)矿业的可持续发展观。将矿产资源的开发利用和生态环境的保护与整治紧密联系起来,强调资源利用的世界时空公平性和资源效益的综合性,在生产和消费模式上,实现由浪费资源到节约资源和保护资源,由粗放式经营到集约化经营,由只顾当代利用到兼顾后代持续利用的转变。

(3)资源开发利用增值观。通过科技进步,提高资源的综合回收率,开拓资源应用的新领域,延伸资源开发利用的产业链,从根本上改变"自然资源无价"和"劳动唯一价值论"的传统观念,使资源得到最大限度的利用。

(4)矿产资源供应安全观。矿产资源在很大程度上决定着一个国家的经济发展实力和综合国力,因此,资源需求大国应大大提高资源供求意义上的国家安全观,强化重要资源的安全供给。

矿业可持续发展是矿产资源开发利用与人口、经济、环境、社会发展相协调的可持续发展。2003年,我国提出了"坚持以人为本,实现全面、协调、可持续发展"的科学发展观,它成为我国实施可持续发展战略的原动力和重要指导方针。为了实现矿产资源可持续开发,在树立上述四个新观念的基础上,人们十分关注与矿产资源可持续开发相关的矿业政策与措施:

(1)健全矿产资源法律法规体系。在已有《中华人民共和国矿产资源法》《中华人民共和国固体废物污染环境防治法》等的基础上,制定关于矿山环境保护、矿业市场等的法律;科学编制和严格实施矿产资源规划,加强对矿产资源开发利用的宏观调控,促进矿产资源勘查和开发利用的合理布局;健全矿产资源有偿使用制度,加强矿山生态环境保护和治理,制定矿业监督监察工作条例,加强矿业执法、检查和社会监督。

(2)择优开发资源富集区。加强矿产资源调查评价和矿产勘查工作,积极开拓资源新区,开发国家短缺的和有利于西部经济发展的矿产资源;依据资源配置市场化的战略思路,对战略性资源实行保护性开采;按照价值规律调节资源供求关系,重视开发利用过程中资源价值的增值问题;科学地探索和总结矿床地质理论,不断创新勘探技术与方法,提高矿产资源保证程度。

(3)提高矿产资源开采和回收利用水平。依靠科技进步,推广采、选、冶高新技术,大力提高矿石回采率和伴生、共生组分的回收利用能力,最大限度地合理利用矿产资源,减少矿业对环境的影响;促进资源开发的节能降碳、绿色发展;大力培养全民节约资源和保护资源的意识,建立节约资源和循环利用资源的社会规范。

(4)用好国内外两种资源、两个市场。从以国内矿产资源供应为主,转变为立足国内资源,通过扩大国际矿产品贸易、合作勘查开发和购置矿业股权等途径,最大限度地分享国外资源;组建海外经济联合体,形成利益共同体,掌控海外矿冶产业链的主导权,以稳定国外资源供应。对国内优势矿产,坚持保护性开发,以保障国家资源安全。

(5)矿产开发与环境保护协调发展。推进矿产资源开发集约化之路,提高矿业开发的集中度,发挥规模经济效益;发展现代装备技术,提高采掘装备水平,变革采矿工艺技术,"在保护中开发，在开发中保护"，推进安全生产、绿色发展，促进矿产资源开发利用与生态建设和环境保护的协调发展。

（6）建立重要战略矿产资源储备制度。采用国家储备与社会储备相结合的方式，实施战略性矿产资源储备；建立重要战略矿产资源安全供应体系和预警系统，最大限度地保障国家经济和国防建设对资源的需求；完善相关经济政策和管理体制，以应对国内紧缺支柱性矿产供应中断和国际市场的突发事件；积极开展大洋与极地矿产资源的调查研究，为开发海底与极地资源做好技术储备。

4 金属矿采矿工程

我国目前已经发现的矿产有 173 种，其中金属矿产 59 种、非金属矿产 95 种、能源矿产 13 种、水气矿产 6 种。本书所涵盖的内容主要涉及金属矿产资源的开采领域，包括已探明储量的 54 种金属矿产。

根据金属矿床赋存的空间环境和所采用的采矿工艺技术及装备的不同，金属矿床的开采方式目前一般分为露天开采、地下开采和海洋开采三种。

"露天开采"用于开采近地表的矿床。我国的铁矿石和冶金辅助原料，以及化工、建材及其他非金属矿产多采用露天开采。

"地下开采"用于开采上覆岩土层较厚或滨海、滨江、滨湖的矿床。我国的铅、锌、钨、锡、锑、金等有色金属矿产主要采用地下开采。

"海洋开采"用于开采海水、海底表层沉积物和海底浅表基岩中的有用矿物，至今仍然处于探索阶段。我国已于 1991 年成为海底资源"先驱投资者"国家，在国际公海上获得了 15 万 km^2 的"开辟区"和"保留区"的权利。我国在深海海底资源勘探、深海耐高压采掘设备和机器人等领域的研究，也已取得重要进展。

采矿工程学科是一个以矿山地质、矿床开采系统与方法、采矿工艺技术、矿山装备与信息技术、数字矿山与智能采矿、矿床开采设计、矿山建设与管理、矿山安全与环境工程等为主线，以岩体力学为专业基础理论，以机械化、自动化、信息化、智能化为重要技术支撑的工程科学技术学科。为了开发利用矿岩中的有用矿物资源，需要在长期地质作用下所形成的矿岩体中进行采掘作业而形成采矿工程，因而打破了亿万年来地层结构的原始应力平衡状态，必须通过支护、充填或崩落等地压控制手段在矿岩中形成一个新的应力平衡。但在长期的地质作用下所形成的板块、地块、断层、裂隙、层理、节理等多层次的结构体存在着复杂多变的地应力，直接影响着岩体本构关系的性质，使得采矿工程学科的基础理论与工艺技术比一般工程学科更加复杂。作为采矿工程基础理论的岩体力学，由于受到开采过程中多种随机因素的影响，要研究和处理非均质、非连续介质、内部充满各种软弱面的力学问题，也变得十分复杂。但在近代计算力学成果的基础上，通过计算机仿真技术，岩体力学已经能够从工程的角度诠释混沌问题的本质，为采矿工程技术的发展提供科学基础。

5 金属矿采矿的未来

我国钢铁和有色金属产量已于 2000 年前后分别跃居世界第一位，成为世界金属矿业大国。如今，我国正处于迈向矿业强国的重要转折期。站在世界矿业科技前沿的高度，去审视我国金属矿业的发展状况，前瞻未来，明确重点发展领域，全面落实可持续发展、绿色开发理念，努力构建非传统的"深地"开采模式，寻求"智能采矿"技术的新突破，是当代中国矿业人的重大使命。

(1) 遵循矿业可持续发展模式——绿色开发。遵循矿业可持续发展的模式，将矿区资源、环境和社会看作一个有机整体，在充分开发、有效利用矿产资源的同时，保护矿区土地、水体、森林等生态环境，实现资源-环境-经济-社会的和谐发展是绿色开发的基本特征。"绿色开发"的技术内涵很广，主要包括矿区资源的高效开发设计和闭坑设计，矿区循环经济规划设计，固体废料产出最小化和资源化，节能减排，矿产资源的充分综合回收，矿区水资源的保护、利用与水害防治，矿区生态保护与土地复垦，矿山重金属污染土地生物修复，矿区生态环境的容量评价等。

2005 年 8 月 15 日，习近平同志首次提出"绿水青山就是金山银山"的理念。按照"绿水青山"和"金山银山"和谐共存、互利互惠的基本原则，充分依靠不断创新的充填采矿工艺技术和装备，特别是金属矿山"采、选、充"一体化技术、特殊资源原位溶浸开采技术、闭坑后采掘空间绿色开发利用技术，推广节能降碳、绿色发展的矿业新模式，是矿山企业践行"绿水青山就是金山银山"的绿色发展理念、建设美丽中国的时代要求。

新建矿山必须牢牢把"绿色、智能、安全、高效"作为矿山建设发展方向，高起点、高标准建设，把绿色发展理念贯穿到矿产资源开发的全过程，一次性建成"生态型、环保型、安全型、数字化"的绿色矿山，正确处理和妥善解决好矿产资源开发与生态环境保护这个主要矛盾，实现"开发一矿、造福一方"的目标，不断增强企业员工和矿区人民群众的获得感、幸福感和安全感。

已建成矿山应该秉持"天地与我并生，而万物与我为一"的中国传统哲学思想，把矿区的资源与环境作为一个整体，在充分回收利用矿产资源的同时，协调开发利用和保护矿区的土地、森林、水体等各类资源，实现绿色发展。

(2) 开拓矿业的科技前沿——深部(深地)开采。由于浅部资源正在消耗殆尽，未来金属矿山开采的前沿领域必将是深部开采。对于"深部"概念的确定，国内外采矿专家、学者历经近半个世纪的研究，到目前为止尚无统一的标准。我国有些专家、学者建议以岩爆发生频率明显增加作为标准来界定，普遍认为矿山转入深部开采的深度为超过 $800 \sim 1000$ m。谢和平院士指出：确定深部的条件应是由地应力水平、采动应力状态和围岩属性共同决定的力学状态，而不是量化的深度概念，这种力学状态可以经过力学分析得到定量化的表述，并从力学角度出发，提出了"亚临界深度""临界深度""超临界深度"等概念。

"深地"的科学内涵包括揭露陆地岩石圈结构，揭示地壳结构构造、地壳活动规律与矿物质组成；探索地球深部矿床成矿规律，开展深部矿产资源、热能资源勘查与开发；进行城市地下空间安全利用、减灾、防灾与深地核废料处理等。为开发"深地"基础科学与工程技术研究，2016 年、2017 年，国家项目"深部岩体力学与采矿基础理论研究""深部金属矿建井与提升关键技术""深部金属矿安全高效开采技术"和"金属矿山无人开采技术"等已先后启动，我国矿业拉开了向"深地"进军的大幕。

随着开采深度的增加，开采难度将越来越大。开采深度达到 2000 m 后，开采环境将更加恶化，井下温度将高达 60℃ 以上，地应力在 100 MPa 以上，开采活动变得更加困难，这被视为进入"超深开采"（或"深地开采"）阶段。"高地应力能""高地热能"和"高水势能"的"三高能"特殊开采环境，现有传统技术已经难以应对。因此，"深地开采"必将成为矿业发展的前沿领域。

任何事物都有两面性，如可以引起岩爆、造成事故的"高地应力能"，目前已能利用其诱导岩石致裂来提高破碎效果。严重危害人的健康，甚至能引发炸药自爆的"高地热能"或许可用来供暖、发电，甚至实现深井降温；可造成管网爆裂和深井排水成本大幅增加的"高水势能"或许可作为新的动力源，用于矿浆提升或驱动井下机械设备。从能量角度思考，可以说，深地开采中的难题源自"三高能"的可致灾性，而这些难题的解决在一定程度上又寄望于"三高能"的开发利用。因此，在"深地"开采中，既要研究"三高能"的能量控制与转移，以防止诱发灾害，又要研究"三高能"的能量诱导与转化，为"深地"开采所利用。遵循这一技术思路，在基础理论、装备与工程技术的研究中，就会有更宽广的路线，实现安全、高效、绿色开采，从而有更宽阔的空间发展未来的"深地"矿业科技。

"深地"开采包含许多需要研究开发的高端领域，如：整体框架多点支撑推进、导向钻进的智能竖井掘进机械；深井集约开采智能化无轨采掘装备；大矿段多采区协同作业连续采矿技术；高应力储能矿岩的诱导致裂与深孔耦合崩矿技术；深井开采过程地压调控与区域地压监测技术；井下磨矿、泵送地面选厂的浆体输送技术；深部井底泵站与全尾砂膏体泵压充填技术；"深地"地热开发利用与热害控制技术；集约开采生产过程智能管控技术，等等。

"深地"矿物资源、能源资源的开发利用，已引起世人的极大关注，它是未来矿业的重要领域，是矿业发展高技术的战略高地。

（3）迈向矿业的未来目标——智能采矿。智能采矿是新一代信息智能技术与矿山开发技术深度融合，人文智慧与系统智能高效协同，通过人-机-环-管 5G 网络化数字互联智能响应矿产资源开发环境变化，实现采矿作业遥控化、采掘装备智能化、开采环境数字化、生产管理信息化的绿色智能、安全高效开采技术，是 21 世纪矿业发展的必然趋势。近期目标是全面实现矿山采矿机械化、信息化、自动化，个别矿山初步构建较完善的智能采矿应用场景，针对井下有轨/无轨作业装备实行局部智能调度；中期目标是构建完善成熟的智能感知、智能决策、自动执行的智能采矿技术规范与标准体系，以矿山无轨装备远程自主智能化作业为基础，实现矿山开拓设计、地质保障、采掘（剥）、出矿（充填）、运输通风、供风排水、地压监控等系统的智能化决策和自动化协同运行；远期目标是矿山开采全过程三维可视化及数据实时采集智能化处理、矿山生产决策及管控一体化平台高效协同，地下矿山生产作业全部实现机器人替代，矿产资源开发实现全流程智能化开采。

矿业作为传统而复杂的产业，面对着采矿条件复杂、生产体系庞大、采掘环境多变等诸多挑战，抓住新一代信息技术变革机遇，构建互联网新思维，利用无线遥控传感技术、云计算、人工智能、机器视觉、虚拟现实、无人驾驶、工业机器人等先进技术，解决了生产、设备、人员、安全等制约矿山发展的瓶颈，着力打造"智能化矿山"，是当前矿业高质量发展的努力方向。

"智能采矿"的发展，起步于数字矿山的基础平台建设，发展于信息化智能化采矿技术的创新过程。近几年来，一批具有远见卓识的矿山企业，已把矿山数字化、信息化列为矿山基础设施工程，初步建成了集多功能于一体的矿山综合信息平台，包括矿产资源评价、资源动态管理、开采优化设计、矿山安全生产指挥调度中心、灾害远程监测与预报、矿山固定设备远程集中控制、井下移动目标跟踪定位、智能采装运设备检测与遥控系统、生产经营管理，等等。一批如杏山铁矿、迪庆普朗铜矿、城门山铜矿、乌山铜矿、三山岛金矿和即将投产的思山岭铁矿等智能化矿山标杆企业，已经走在前头。总体而言，我国大型矿山企业的智能化发展水平与国际先进水平的差距正逐步缩小，其中在智能化装备技术应用方面已基本与国际实现同步发展；在智能软件设计和应用，以及井下有轨矿山智能化改造等方面已经处于国际先进水平。

"智能采矿"是一个综合的系统工程，在推进智能采矿的过程中，需要矿业软件、矿山装备与通信信息等学科的支撑及产业部门的大力合作和支持，但把握矿山工程活动全局的采矿工作者要做实践智能采矿的主导者，以推动矿业全面升级：实现采矿作业室内化，最大限度地解决矿山生产安全问题，使大批矿工远离井下作业环境；实现生产过程遥控化，大幅提高井下作业生产效率，大幅降低井下通风、降温等费用；实现矿床开采规模化，大幅提升矿山产能，大幅降低采矿成本，使大规模低品位矿床得到更充分的利用；实现职工队伍知识化，大幅提升职工队伍的知识结构，使矿工弱势群体的社会地位发生根本性的改变。

人类文明始于矿业，未来仍将以矿业为基石，伴随着中华文明的伟大复兴，中国采矿必将走向星辰大海，前途一片光明！

在现代化的采矿和选矿过程中，各种矿山机电设备起着关键性作用，它们不仅使采选生产效率显著提高，而且从根本上改变了采选生产方式、安全措施和作业环境。

《采矿手册　第五卷　矿山机电》主要涉及金属矿山的采矿机电设备，它们包括：采矿主要生产工序中的凿岩设备(地下矿常用名词)和穿孔设备(露天矿常用名词)、装载设备、运输设备和提升设备，这些称为主要生产设备(见上篇第1～第12章和下篇第1～第4章，其中凿岩穿孔、装载和运输设备一般也统称为采掘设备)；主要生产设备以外的设备，称为辅助设备，包括地下无轨辅助车辆(见上篇第13章)、保证安全生产条件的通风设备、排水设备、地下开采矿山需要的充填系统设备、为机械设备提供动力的压缩空气设备和供电设备等。

挖掘机、牙轮钻机、潜孔钻机、露天矿用汽车等是露天矿山的主力采掘设备，卡特彼勒、小松、利勃海尔和沃尔沃等国际公司的产品是其中的佼佼者。地下采矿台车、地下铲运机、地下矿用汽车等是地下矿山的主力采掘设备，国际上知名的矿山装备公司安百拓、山特维克和卡特彼勒等公司不断开发出一代又一代性能更优异、技术更先进的产品。

我国的露天矿用汽车、矿用挖掘机和潜孔钻机生产厂家主要有内蒙古北方重型汽车股份有限公司、三一重工股份有限公司和山河智能装备集团等，地下潜孔钻机、地下凿岩台车、地下铲运机和地下矿用汽车生产厂家主要有北京安期生技术有限公司、张家口宣化华泰矿冶机械有限公司、浙江志高机械股份有限公司、烟台兴业机械股份有限公司等，这些公司的产品在国内占领了大部分市场，也在中亚、中东、印度、俄罗斯、南美和非洲等国家和地区广泛应用。

应该看到，无论在国内还是国外，国产采掘设备占领的大都是中低端市场，而高端市场大都被欧美日等矿山装备技术先进国家的产品占据。但是国产采掘设备，尤其是智能化的采掘设备正在追赶国际先进水平，从跟跑到并跑，从研究开发到生产管理再到产品质量已逐渐具备与国际同行同台竞争的实力。

露天采掘设备与地下采掘设备都在向遥控操作、无人驾驶、自主作业操作等数字化、智能化方向发展，逐步进入智能化、智慧化时代。

关于矿井提升设备，中信重工机械股份有限公司是主要生产厂家，其产品已达到国际先进水平。关于空气压缩机，国内外著名厂家有阿特拉斯·科普柯公司和浙江开山压缩机有限公司。其中浙江开山压缩机有限公司生产的空气压缩机已达到国际先进水平。通风、排水、充填和供电设备方面的国内产品也完全能够满足使用需求。

本卷由矿冶科技集团有限公司战凯担任主编，北京科技大学马飞、矿冶科技集团有限公司郭鑫担任副主编。上篇共分 13 章，其中第 1 章、第 2 章、第 3 章、第 4 章、第 5 章、第 6 章、第 7 章、第 8 章由北京科技大学马飞、潘岩、马威、高路路撰写，第 9 章、第 12 章由矿冶科技集团有限公司战凯、郭鑫撰写，第 10 章由北京科技大学石博强、高路路撰写，第 11 章、第 13 章由北京科技大学杨珏、黄夏旭撰写。下篇共分 11 章，第 1 章、第 5 章由长沙有色冶金设计研究院有限公司汪顺民、杨需帅撰写，第 2 章、第 6 章由长沙有色冶金设计研究院有限公司陶平凯撰写，第 3 章由长沙矿山研究院有限责任公司贺建国、李富伟、李广、王西涛撰写，第 4 章由长沙矿山研究院有限责任公司贺建国、李富伟、李广、周建撰写，第 7 章由矿冶科技集团有限公司郎平振撰写，第 8 章由长沙矿山研究院有限责任公司贺建国、曹凤金、曾怀灵、余洪伟撰写，第 9 章由长沙矿山研究院有限责任公司贺建国、陈淼、张杰、梁龙撰写，第 10 章由矿冶科技集团有限公司许文远撰写，第 11 章由中国恩菲工程技术有限公司彭洪涛、刘晓东、邵长锋撰写。

本卷由北京科技大学周志鸿和金诚信矿业管理股份有限公司谢良担任主审，矿冶科技集团有限公司顾洪枢、石峰、姜勇、李恒通、石潇杰、高泽宇、赵晓燕担任审稿专家组成员，审稿专家组成员在百忙之中对本卷进行了认真审阅，并召开了多次审稿专题研讨会，形成了具体的修改意见与建议。长沙有色冶金设计研究院有限公司全国工程勘察设计大师刘放来对本卷进行了通篇审阅，提出了许多宝贵的意见。此外，还有一大批没有署名的人员，提供了素材和工程实例，进行了文字编录、插图绘制等工作。在此一并向他们表示感谢。

本卷虽由长期工作在教学、科研、设计、生产等第一线的研究与技术人员共同编写而成，但仍然存在疏漏之处。希望各位读者不吝赐教、批评指正，以便在再版时修正和完善。

本卷在编写过程中，部分引用了《采矿手册》《现代采矿手册》等资料，并参阅了大量的国内外文献。在此谨向文献作者表示衷心的感谢，对遗漏标注的个别引用文献的作者，表示真诚的歉意。

2023 年 12 月于北京

Contents **目 录**

上篇

第1章　露天矿用牙轮钻机　/ 1

1.1　概述　/ 1

1.2　牙轮钻机的组成　/ 2

1.3　司机室　/ 2

1.4　回转机构　/ 3

　　1.4.1　回转驱动原动机　/ 4

　　1.4.2　回转减速器　/ 4

　　1.4.3　回转小车　/ 5

　　1.4.4　引风接头　/ 8

1.5　钻架总成　/ 10

　　1.5.1　钻架本体　/ 11

　　1.5.2　换杆装置　/ 11

　　1.5.3　钻头更换器　/ 14

　　1.5.4　钻架起落装置　/ 15

　　1.5.5　钻架角度调整装置　/ 16

　　1.5.6　辅助绞车　/ 17

1.6　机房　/ 17

　　1.6.1　整体增压过滤型机房　/ 18

　　1.6.2　分体覆盖型机房　/ 18

1.7　行走机构　/ 19

　　1.7.1　按照传动形式分类　/ 19

　　1.7.2　按照结构形式分类　/ 20

1.8　加压提升机构　/ 21

1.8.1　齿条齿轮–封闭链条式加压提升机构　／21

1.8.2　链条链轮式加压提升机构　／22

1.8.3　液压油缸与钢丝绳加压提升机构　／22

1.8.4　齿轮–齿条式无链加压提升机构　／23

1.9　除尘系统　／23

1.9.1　湿式除尘　／24

1.9.2　干式除尘　／25

1.10　主平台　／26

1.10.1　主平台的功能　／26

1.10.2　主平台的类型　／26

1.10.3　固定式主平台结构类型　／27

1.10.4　回转式主平台的结构　／29

1.11　附属装置　／29

1.11.1　钻杆　／29

1.11.2　稳杆器　／31

1.11.3　减振器　／33

1.11.4　钻杆回转定心导套　／34

1.11.5　牙轮钻头　／34

1.12　国内牙轮钻机主要生产厂家与技术参数　／37

1.12.1　武汉武重矿山机械有限公司　／37

1.12.1　中钢集团衡阳重机有限公司　／38

1.13　国外牙轮钻机主要生产厂家与技术参数　／40

1.13.1　瑞典安百拓公司　／40

1.13.2　瑞典山特维克公司　／41

1.13.3　美国卡特彼勒公司　／42

1.13.4　日本小松公司　／43

第 2 章　露天潜孔钻机　／45

2.1　概述　／45

2.2　露天潜孔钻机分类　／46

2.2.1　按结构形式分类　／46

2.2.2　按有无行走机构分类　／46

2.2.3　按驱动力分类　／46

2.2.4　按使用气压分类　／46

2.2.5　按钻孔直径分类　／46

2.3　露天潜孔钻机的排渣与捕尘　／46

2.3.1　气水混合排渣捕尘　／46

2.3.2　泡沫排渣捕尘　／47

2.4　水压潜孔钻机　／47

2.4.1　水压潜孔钻机结构　/47

2.4.2　水压潜孔钻机的优势　/47

2.5　潜孔冲击器　/48

2.5.1　潜孔冲击器分类　/48

2.5.2　潜孔冲击器的工作原理与基本结构　/49

2.6　潜孔冲击器主要生产厂家与技术参数　/51

2.6.1　长沙黑金刚实业有限公司　/51

2.6.2　湖南新金刚工程机械有限公司　/52

2.6.3　长沙天和钻具机械有限公司　/54

2.6.4　瑞典卢基矿业公司瓦萨拉水压冲击器　/55

2.7　国内露天潜孔钻机主要生产厂家与技术参数　/55

2.7.1　山河智能装备集团　/55

2.7.2　宣化金科钻孔机械有限公司　/59

2.7.3　浙江开山重工股份有限公司　/60

2.7.4　浙江志高机械股份有限公司　/65

2.7.5　浙江红五环机械股份有限公司　/66

2.8　国外露天潜孔钻机主要生产厂家与技术参数　/67

2.8.1　瑞典安百拓公司　/67

2.8.2　瑞典山特维克公司　/70

第3章　地下潜孔钻机　/72

3.1　概述　/72

3.2　地下潜孔钻机的分类　/72

3.3　地下潜孔钻机的特点　/73

3.4　地下潜孔钻机的基本组成　/73

3.5　地下潜孔钻机的工作原理　/73

3.6　深孔凿岩钻孔偏斜控制　/74

3.7　国内地下潜孔钻机主要生产厂家与技术参数　/74

3.7.1　张家口宣化华泰矿冶机械有限公司　/74

3.7.2　浙江志高机械股份有限公司　/75

3.8　国外地下潜孔钻机主要生产厂家与技术参数　/76

第4章　气动凿岩机　/78

4.1　概述　/78

4.2　气动凿岩机的分类　/78

4.2.1　手持式凿岩机　/79

4.2.2　气腿式凿岩机　/79

4.2.3　上向式凿岩机　/79

4.2.4　导轨式凿岩机　/79

4.3　气动凿岩机应用范围　/ 79

4.4　气腿式凿岩机的组成　/ 80

　4.4.1　冲击配气机构　/ 81

　4.4.2　回转(转钎)机构　/ 83

　4.4.3　冲洗及强吹装置　/ 84

　4.4.4　支承及推进机构　/ 85

　4.4.5　操纵机构　/ 86

　4.4.6　润滑系统　/ 88

4.5　上向式凿岩机的构造　/ 89

4.6　导轨式凿岩机的构造和附属装置　/ 91

　4.6.1　内回转导轨式凿岩机　/ 91

　4.6.2　外回转导轨式凿岩机　/ 93

　4.6.3　导轨式凿岩机的推进器　/ 95

　4.6.4　气动支柱　/ 96

　4.6.5　圆盘导轨架　/ 98

4.7　气动凿岩机主要生产厂家与技术参数　/ 100

　4.7.1　天水风动机械股份有限公司　/ 100

　4.7.2　红五环集团股份有限公司　/ 101

　4.7.3　瑞典安百拓公司　/ 102

第5章　液压凿岩机　/ 103

5.1　概述　/ 103

5.2　液压凿岩机的分类　/ 104

5.3　液压凿岩机结构组成　/ 104

　5.3.1　冲击机构　/ 105

　5.3.2　转钎机构　/ 108

　5.3.3　钎尾反弹吸收装置　/ 109

　5.3.4　供水装置　/ 110

　5.3.5　润滑与防尘系统　/ 110

　5.3.6　反冲装置　/ 111

5.4　液压凿岩机的工作原理　/ 112

　5.4.1　后腔回油、前腔常压油型液压凿岩机工作原理　/ 112

　5.4.2　双面回油型液压凿岩机工作原理　/ 113

　5.4.3　无阀型液压凿岩机工作原理　/ 114

5.5　液压凿岩机的性能参数　/ 115

　5.5.1　冲击能　/ 115

　5.5.2　冲击频率　/ 115

　5.5.3　转钎扭矩　/ 116

　5.5.4　转钎速度　/ 116

5.6　液压凿岩机的工作参数　/ 116

　　5.6.1　主要工作参数　/ 116

　　5.6.2　其他工作参数　/ 116

5.7　液压凿岩机主要生产厂家与技术参数　/ 116

　　5.7.1　瑞典安百拓公司　/ 116

　　5.7.2　瑞典山特维克公司　/ 119

　　5.7.3　法国蒙特贝公司　/ 119

　　5.7.4　日本古河公司　/ 125

第6章　平巷掘进凿岩台车　/ 126

6.1　概述　/ 126

6.2　平巷掘进凿岩台车的分类　/ 127

6.3　平巷掘进凿岩台车工作原理　/ 127

6.4　平巷掘进凿岩台车底盘类型　/ 128

　　6.4.1　轨轮式底盘　/ 128

　　6.4.2　履带式底盘　/ 129

　　6.4.3　轮胎式底盘　/ 129

6.5　钻臂　/ 129

　　6.5.1　钻臂类型　/ 129

　　6.5.2　钻臂的主要机械结构　/ 132

　　6.5.3　钻臂的主要机构　/ 133

6.6　推进器　/ 135

　　6.6.1　推进器分类　/ 135

　　6.6.2　推进器的结构组成　/ 137

　　6.6.3　叠架式推进器　/ 138

　　6.6.4　推进器平移机构　/ 138

6.7　平巷掘进凿岩台车的液压系统　/ 143

　　6.7.1　冲击、转钎与推进液压系统　/ 143

　　6.7.2　防卡钎系统　/ 144

　　6.7.3　钻进过程半自动控制系统　/ 144

　　6.7.4　自动退钎与自动停冲液压系统　/ 145

　　6.7.5　姿态调整液压油路　/ 145

　　6.7.6　推进器的补偿油路　/ 145

　　6.7.7　行走与支撑稳车油路　/ 145

6.8　国内平巷掘进凿岩台车主要生产厂家与技术参数　/ 145

　　6.8.1　徐工集团工程机械股份有限公司　/ 145

　　6.8.2　江西鑫通机械制造有限公司　/ 146

　　6.8.3　浙江开山重工股份有限公司　/ 146

　　6.8.4　张家口宣化华泰矿冶机械有限公司　/ 152

　　　　6.8.5　浙江志高机械股份有限公司　／152
　　　　6.8.6　唐山市丰润区东方液压机电研究所　／154
　　6.9　国外平巷掘进凿岩台车主要生产厂家与技术参数　／155
　　　　6.9.1　瑞典安百拓公司　／155
　　　　6.9.2　瑞典山特维克公司　／157

第7章　地下顶锤采矿凿岩台车　／161

　　7.1　概述　／161
　　7.2　地下顶锤采矿凿岩台车的分类　／162
　　7.3　地下顶锤采矿凿岩台车的基本动作　／163
　　7.4　地下顶锤采矿凿岩台车的基本组成　／163
　　7.5　动力、传动与操纵装置　／164
　　7.6　地下顶锤采矿凿岩台车工作机构的特点　／164
　　　　7.6.1　旋转加平移的机构　／164
　　　　7.6.2　复摆架式机构　／165
　　7.7　国内地下顶锤采矿凿岩台车主要生产厂家与技术参数　／165
　　　　7.7.1　江西鑫通机械制造有限公司　／165
　　　　7.7.2　张家口宣化华泰矿冶机械有限公司　／167
　　7.8　国外地下顶锤采矿凿岩台车主要生产厂家与技术参数　／167
　　　　7.8.1　瑞典安百拓公司　／167
　　　　7.8.2　瑞典山特维克公司　／169

第8章　天井钻机　／173

　　8.1　概述　／173
　　8.2　天井钻机分类　／173
　　　　8.2.1　下导上扩式天井钻机　／175
　　　　8.2.2　上导下扩式天井钻机　／176
　　　　8.2.3　上导上扩式天井钻机　／177
　　8.3　天井钻机系统构成　／178
　　8.4　主机系统　／179
　　　　8.4.1　钻架　／180
　　　　8.4.2　旋转驱动系统　／180
　　　　8.4.3　推进系统　／180
　　　　8.4.4　钻杆输送系统　／181
　　　　8.4.5　动力系统　／181
　　8.5　钻具系统　／182
　　　　8.5.1　导孔钻头　／182
　　　　8.5.2　普通钻杆　／184
　　　　8.5.3　稳定钻杆　／184

8.5.4　扩孔钻头　/ 184

8.6　辅助系统　/ 185

8.6.1　循环系统　/ 185

8.6.2　冷却系统　/ 185

8.6.3　供电系统　/ 186

8.6.4　排渣系统　/ 186

8.7　国内天井钻机主要生产厂家与技术参数　/ 186

8.7.1　湖南创远高新机械有限责任公司　/ 186

8.7.2　湖南一二矿山科技有限公司　/ 188

8.8　国外天井钻机主要生产厂家与技术参数　/ 190

8.8.1　瑞典安百拓公司　/ 190

8.8.2　德国海瑞克公司　/ 191

第9章　地下铲运机　/ 193

9.1　概述　/ 193

9.2　地下铲运机的分类　/ 194

9.3　地下铲运机的基本组成及作用　/ 194

9.4　地下铲运机的组成机构与系统　/ 195

9.4.1　动力系统　/ 195

9.4.2　传动系统　/ 196

9.4.3　行走系统　/ 202

9.4.4　制动系统　/ 204

9.4.5　转向系统　/ 205

9.4.6　工作装置　/ 207

9.4.7　电动铲运机卷排缆装置　/ 213

9.4.8　液压系统　/ 216

9.4.9　电气系统　/ 221

9.5　国内地下铲运机主要生产厂家与技术参数　/ 221

9.5.1　北京安期生技术有限公司　/ 221

9.5.2　烟台兴业机械股份有限公司　/ 223

9.5.3　青岛中鸿重型机械有限公司　/ 226

9.5.4　安徽铜冠机械股份有限公司　/ 228

9.6　国外地下铲运机主要生产厂家与技术参数　/ 230

9.6.1　瑞典山特维克公司　/ 230

9.6.2　瑞典安百拓　/ 234

9.6.3　美国卡特彼勒公司　/ 237

第10章　矿用挖掘机　/ 240

10.1　概述　/ 240

10.2　矿用挖掘机分类　/241
　　10.2.1　挖掘机分类　/241
　　10.2.2　矿用挖掘机分类　/241
10.3　矿用机械挖掘机　/242
　　10.3.1　矿用机械挖掘机简介　/242
　　10.3.2　矿用机械挖掘机工作原理　/243
　　10.3.3　矿用机械挖掘机型号　/244
　　10.3.4　矿用机械挖掘机结构与作业范围　/245
　　10.3.5　矿用机械挖掘机主要尺寸参数　/245
　　10.3.6　矿用机械挖掘机斗容　/246
　　10.3.7　矿用机械挖掘机结构　/247
10.4　矿用液压挖掘机　/255
　　10.4.1　矿用液压挖掘机简介　/255
　　10.4.2　矿用正铲液压挖掘机的结构与工作原理　/255
　　10.4.3　矿用反铲液压挖掘机的结构与工作原理　/258
　　10.4.4　矿用液压挖掘机型号　/260
　　10.4.5　矿用液压挖掘机主要工作尺寸　/260
　　10.4.6　矿用液压挖掘机的参数　/261
　　10.4.7　矿用液压挖掘机标准斗容量计算方法　/262
10.5　矿用机械挖掘机与矿用液压挖掘机比较　/266
　　10.5.1　矿用机械挖掘机优缺点　/266
　　10.5.2　矿用液压挖掘机优缺点　/266
10.6　矿用机械挖掘机的主要生产厂家与技术参数　/267
　　10.6.1　太原重型机械集团有限公司　/267
　　10.6.2　辽宁抚挖重工机械股份有限公司　/268
　　10.6.3　美国卡特彼勒公司　/268
　　10.6.4　美国比塞洛斯-伊利公司　/268
　　10.6.5　美国哈尼斯弗格公司　/268
10.7　矿用液压挖掘机的主要生产厂家与技术参数　/269
　　10.7.1　太原重型机械集团有限公司　/269
　　10.7.2　徐工集团工程机械股份有限公司　/270
　　10.7.3　中联重科集团股份有限公司　/270
　　10.7.4　三一重工股份有限公司　/270
　　10.7.5　四川邦立重机有限责任公司　/270
　　10.7.6　德国利勃海尔集团　/271
　　10.7.7　美国卡特彼勒公司　/271
　　10.7.8　日本日立建机公司　/271
　　10.7.9　日本小松公司　/272
10.8　应用实例　/273

10.8.1　太原重工股份有限公司机械挖掘机　／273

10.8.2　其他应用实例　／275

第 11 章　露天矿用汽车　／277

11.1　概述　／277

11.2　矿用汽车技术特点与分类　／279

11.3　整机组成及工作原理　／280

11.3.1　发动机　／281

11.3.2　电传动系统　／282

11.3.3　液力机械传动系统　／284

11.3.4　悬架系统　／288

11.3.5　转向系统　／289

11.3.6　驱动桥　／290

11.4　矿用汽车主要生产厂家与技术参数　／297

11.4.1　内蒙古北方重工业集团有限公司　／297

11.4.2　徐州工程机械集团有限公司　／298

11.4.3　卡特彼勒公司　／299

11.4.4　小松公司　／300

11.4.5　别拉斯公司　／300

11.4.6　日立－尤克力德公司　／301

11.4.7　利勃海尔公司　／302

11.5　应用实例　／302

11.5.1　白云鄂博矿区　／302

11.5.2　洛阳栾川钼业集团股份有限公司　／303

第 12 章　地下矿用汽车　／304

12.1　概述　／304

12.2　地下矿用汽车技术特点与分类　／306

12.2.1　地下矿用汽车技术特点　／306

12.2.2　地下矿用汽车分类　／306

12.3　地下矿用汽车整机组成及工作原理　／307

12.3.1　发动机　／308

12.3.2　传动系统　／310

12.3.3　铰接式底盘　／312

12.3.4　转向机构　／312

12.4　地下矿用汽车主要生产厂家与技术参数　／312

12.4.1　北京安期生技术有限公司　／312

12.4.2　烟台兴业机械股份有限公司　／313

12.4.3　招远华丰机械设备有限公司　／314

　　12.4.4　湖北恒立工程机械有限公司　/ 314

　　12.4.5　青岛中鸿重型机械有限公司　/ 315

　　12.4.6　瑞典安百拓公司　/ 315

　　12.4.7　瑞典山特维克公司　/ 316

　　12.4.8　加拿大 DUX 公司　/ 317

　　12.4.9　美国卡特彼勒公司　/ 318

　　12.4.10　德国 GHH 公司　/ 318

　12.5　应用实例　/ 319

第 13 章　地下无轨辅助车辆　/ 320

　13.1　概述　/ 320

　13.2　混凝土喷浆台车　/ 323

　　13.2.1　江西鑫通机械制造有限公司　/ 324

　　13.2.2　美国 GETMAN 公司　/ 325

　13.3　混凝土输送车　/ 326

　　13.3.1　美国 GETMAN 公司　/ 326

　　13.3.2　德国 GHH 公司(GHH)　/ 327

　13.4　锚杆台车　/ 328

　　13.4.1　江西鑫通机械制造有限公司　/ 329

　　13.4.2　浙江开山重工股份有限公司(开山重工)　/ 329

　　13.4.3　张家口宣化华泰矿冶机械有限公司(宣化华泰)　/ 330

　　13.4.4　襄阳亚舟重型工程机械有限公司(亚舟重工)　/ 331

　　13.4.5　瑞典山特维克公司(山特维克)　/ 332

　　13.4.6　瑞典安百拓(安百拓)　/ 333

　13.5　锚索台车　/ 333

　13.6　装药车　/ 334

　　13.6.1　湖北天腾重型机械股份有限公司(天腾重机)　/ 335

　　13.6.2　北京北矿亿博科技有限责任公司　/ 335

　　13.6.3　张家口宣化华泰矿冶机械有限公司　/ 336

　　13.6.4　芬兰挪曼尔特公司(挪曼尔特)　/ 336

　13.7　碎石车　/ 337

　　13.7.1　湖北天腾重型机械股份有限公司(天腾重机)　/ 338

　　13.7.2　江西鑫通机械制造有限公司　/ 338

　　13.7.3　烟台兴业机械股份有限公司　/ 339

　13.8　撬毛台车　/ 340

　　13.8.1　冲击式撬毛车　/ 340

　　13.8.2　刮削式撬毛车　/ 340

　　13.8.3　主要生产厂家与产品技术参数　/ 341

　13.9　加油车　/ 348

13.9.1　烟台兴业机械股份有限公司　/ 349

13.9.2　芬兰挪曼尔特公司(挪曼尔特)　/ 349

13.10　检修车　/ 350

13.11　升降台车　/ 351

13.11.1　湖北天腾重型机械股份有限公司　/ 351

13.11.2　烟台兴业机械股份有限公司　/ 352

13.11.3　芬兰挪曼尔特公司　/ 352

13.11.4　美国 GETMAN 公司　/ 354

13.12　无轨运人车辆　/ 355

13.12.1　金诺矿山设备有限公司(金诺矿山)　/ 356

13.12.2　北京安期生技术有限公司　/ 357

13.12.3　烟台兴业机械股份有限公司　/ 357

13.12.4　汶上弘德工程机械有限公司(汶上弘德)　/ 358

13.12.5　美国 GETMAN 公司　/ 359

13.13　爆破器材运输车　/ 360

13.13.1　湖北天腾重型机械股份有限公司　/ 360

13.13.2　美国 GETMAN 公司　/ 361

下　篇

第 1 章　轨道运输设备　/ 362

1.1　牵引电机车　/ 363

1.1.1　架线式电机车　/ 365

1.1.2　蓄电池电机车　/ 383

1.2　轨道运输车辆　/ 392

1.2.1　固定车厢式矿车　/ 392

1.2.2　翻斗式矿车　/ 394

1.2.3　单侧曲轨侧卸式矿车　/ 395

1.2.4　底卸式矿车　/ 397

1.2.5　底侧卸式矿车　/ 398

1.2.6　梭式矿车　/ 400

1.2.7　斜井人车　/ 401

1.2.8　平巷人车　/ 403

1.2.9　材料车　/ 405

1.2.10　平板车　/ 405

1.3　矿车装载设备　/ 407

1.3.1　振动放矿机　/ 407

1.3.2　装矿闸门　/ 414

　　　　1.3.3　板式给料机　/417
　　1.4　卸矿设备　/419
　　　　1.4.1　翻车机　/419
　　　　1.4.2　卸载曲轨　/420
　　　　1.4.3　卸载站　/420
　　1.5　应用实例　/421
　　　　1.5.1　普朗铜矿　/421
　　　　1.5.2　紫金山金铜矿　/421

第2章　带式输送机　/422

　　2.1　概述　/422
　　　　2.1.1　分类与应用范围　/422
　　　　2.1.2　现状与发展趋势　/424
　　2.2　固定式通用带式输送机　/425
　　　　2.2.1　概述　/425
　　　　2.2.2　固定式通用带式输送机的组成与主要部件　/425
　　　　2.2.3　主要生产厂家与产品技术参数　/461
　　　　2.2.4　应用实例　/462
　　2.3　管状带式输送机　/464
　　　　2.3.1　概述　/464
　　　　2.3.2　管状带式输送机的主要部件　/467
　　　　2.3.3　主要生产厂家与产品技术参数　/471
　　　　2.3.4　应用实例　/472
　　2.4　排土机　/475
　　　　2.4.1　概述　/475
　　　　2.4.2　分类与特点　/475
　　　　2.4.3　排土机的组成与主要部件　/476
　　　　2.4.4　应用范围　/476
　　　　2.4.5　主要生产厂家与产品技术参数　/476
　　　　2.4.6　应用实例　/477

第3章　竖井提升　/478

　　3.1　概述　/478
　　　　3.1.1　竖井提升分类　/478
　　　　3.1.2　竖井提升系统组成　/478
　　　　3.1.3　矿井提升设备发展趋势　/481
　　3.2　提升机　/482
　　　　3.2.1　单绳缠绕式提升机　/482
　　　　3.2.2　多绳摩擦式提升机　/486

3.2.3　多绳缠绕式提升机　/ 494

3.3　提升容器与悬挂装置　/ 495
　　3.3.1　罐笼　/ 495
　　3.3.2　竖井箕斗　/ 498
　　3.3.3　悬挂装置　/ 502

3.4　钢丝绳　/ 507
　　3.4.1　结构、分类及特点　/ 507
　　3.4.2　主要技术参数　/ 509
　　3.4.3　钢丝绳的选择　/ 509
　　3.4.4　使用与维护　/ 511
　　3.4.5　检查与试验　/ 515

3.5　辅助设备　/ 522
　　3.5.1　罐笼提升辅助设备　/ 522
　　3.5.2　竖井箕斗装卸载设备　/ 532

3.6　防坠与缓冲保护装置　/ 535
　　3.6.1　防坠器　/ 535
　　3.6.2　过卷缓冲装置　/ 539

3.7　竖井罐道　/ 542
　　3.7.1　钢丝绳罐道　/ 542
　　3.7.2　木罐道　/ 549
　　3.7.3　型钢组合罐道　/ 551

3.8　设备选型与应用　/ 552
　　3.8.1　竖井提升方式选择　/ 552
　　3.8.2　竖井单绳缠绕式提升　/ 553
　　3.8.3　竖井多绳摩擦式提升　/ 566
　　3.8.4　应用实例　/ 574

3.9　矿用电梯　/ 581
　　3.9.1　结构与特点　/ 581
　　3.9.2　应用范围　/ 582
　　3.9.3　安全保护与联锁　/ 584
　　3.9.4　使用要求　/ 586
　　3.9.5　应用实例　/ 588

第4章　斜井提升　/ 592

4.1　概述　/ 592
4.2　斜井提升系统组成　/ 592
　　4.2.1　斜井串车提升　/ 592
　　4.2.2　斜井箕斗提升　/ 594
　　4.2.3　斜井人车提升　/ 594

4.3　斜井提升容器　/ 595
　　4.3.1　斜井箕斗　/ 595
　　4.3.2　斜井人车　/ 599
4.4　斜井防跑车装置　/ 601
　　4.4.1　防跑车装置的工作原理　/ 602
　　4.4.2　防跑车装置的主要组成　/ 602
4.5　斜井提升设备选型与应用　/ 604
　　4.5.1　斜井提升方式的选择　/ 604
　　4.5.2　提升容器的选择　/ 604
　　4.5.3　主要参数确定　/ 605
　　4.5.4　运动学和动力学参数计算　/ 606
　　4.5.5　提升机与井口相对位置的确定　/ 611
　　4.5.6　应用实例　/ 614

第5章　排水设备　/ 617

5.1　概述　/ 617
5.2　离心式水泵工作原理与结构特征　/ 617
　　5.2.1　工作原理　/ 617
　　5.2.2　结构特征　/ 618
　　5.2.3　水泵主要部件　/ 623
5.3　地下矿排水设施　/ 627
　　5.3.1　地下矿排水系统的确定　/ 627
　　5.3.2　地下矿排水设备的选择计算　/ 628
　　5.3.3　地下矿排水管路　/ 634
　　5.3.4　主排水泵房　/ 636
5.4　露天矿排水设施　/ 640
　　5.4.1　露天矿排水系统的确定　/ 640
　　5.4.2　露天矿排水设备的选择计算　/ 641
　　5.4.3　露天矿排水管路　/ 642
　　5.4.4　露天矿排水固定泵站　/ 643
　　5.4.5　露天矿排水移动泵站　/ 643
5.5　排水自动化　/ 644
5.6　主要生产厂家与产品技术参数　/ 644

第6章　井下排泥设施　/ 656

6.1　概述　/ 656
6.2　井下水仓清理　/ 656
　　6.2.1　装载设备装车清理　/ 657
　　6.2.2　风动排泥罐清理　/ 657

6.2.3　潜水排污泵清理　/ 657

6.2.4　水仓专用自行式泥沙清理车　/ 661

6.3　泥沙处理及排运　/ 666

6.3.1　密闭泥仓高压水排泥　/ 666

6.3.2　浆体泵泵送排泥　/ 667

6.3.3　泥浆压滤脱水处理　/ 668

6.4　应用实例　/ 670

第7章　矿石粗破碎设备　/ 672

7.1　概述　/ 672

7.2　分类与特点　/ 673

7.3　旋回破碎机　/ 675

7.3.1　结构与特点　/ 675

7.3.2　应用范围　/ 678

7.3.3　主要生产厂家与产品技术参数　/ 678

7.4　颚式破碎机　/ 681

7.4.1　结构与特点　/ 682

7.4.2　应用范围　/ 686

7.4.3　主要生产厂家与产品技术参数　/ 686

7.5　锤式破碎机　/ 688

7.5.1　结构与特点　/ 688

7.5.2　应用范围　/ 689

7.5.3　主要生产厂家与产品技术参数　/ 689

7.6　轮齿式破碎机　/ 690

7.6.1　结构与特点　/ 691

7.6.2　应用范围　/ 693

7.6.3　主要生产厂家与产品技术参数　/ 693

7.7　二次破碎设备　/ 693

7.7.1　分类、特点与选型　/ 694

7.7.2　结构与特点　/ 695

7.7.3　应用范围　/ 696

7.7.4　主要生产厂家与产品技术参数　/ 696

7.8　给料设备　/ 700

7.9　粗破碎站及应用　/ 701

7.9.1　地下矿山粗破碎站　/ 703

7.9.2　地表固定式粗破碎站　/ 704

7.9.3　半移动式粗破碎站　/ 706

7.9.4　双齿辊自移式破碎站　/ 710

7.9.5　小型自移式破碎站　/ 712

　　　　7.9.6　轮胎型他移式破碎站　/714

　　　　7.9.7　其他应用实例　/715

第8章　矿井通风设备　/718

　　8.1　概述　/718

　　8.2　轴流式通风机　/718

　　　　8.2.1　轴流式通风机的组成和主要部件　/718

　　　　8.2.2　典型矿用轴流式通风机的结构和特点　/721

　　8.3　离心式通风机　/734

　　　　8.3.1　离心式通风机的结构形式　/734

　　　　8.3.2　离心式通风机的主要部件　/737

　　8.4　局部通风机　/739

　　　　8.4.1　JK系列局部通风机　/739

　　　　8.4.2　FBDC系列抽出式对旋局部通风机　/741

　　8.5　设备选型及应用　/742

　　　　8.5.1　设备选型应遵循的一般规定　/742

　　　　8.5.2　通风机选型　/743

　　　　8.5.3　通风机工况点及技术测定　/746

第9章　空气压缩机　/750

　　9.1　概述　/750

　　9.2　活塞式空气压缩机　/751

　　　　9.2.1　工作原理　/751

　　　　9.2.2　分类　/752

　　　　9.2.3　主要特点　/754

　　9.3　螺杆式空气压缩机　/755

　　　　9.3.1　工作原理　/755

　　　　9.3.2　分类　/756

　　　　9.3.3　主要特点　/756

　　9.4　离心式空气压缩机　/757

　　　　9.4.1　工作原理　/757

　　　　9.4.2　主要特点　/758

　　9.5　滑片式空气压缩机　/758

　　　　9.5.1　工作原理　/758

　　　　9.5.2　主要特点　/759

　　9.6　辅助设备　/759

　　　　9.6.1　空气过滤器　/759

　　　　9.6.2　油水分离器　/764

　　　　9.6.3　储气罐　/766

9.6.4 水冷式冷却系统   / 768

9.7 设备选型及应用   / 772

　　9.7.1 选型设计的原始资料   / 772

　　9.7.2 选型设计的主要任务   / 772

　　9.7.3 设备选型   / 772

　　9.7.4 压风自救系统   / 781

第10章 矿山充填装备   / 783

10.1 概述   / 783

10.2 尾砂浓密与存储系统   / 783

　　10.2.1 卧式砂仓   / 783

　　10.2.2 立式砂仓   / 785

　　10.2.3 深锥浓密机   / 787

10.3 胶凝材料计量与输送系统   / 797

　　10.3.1 冲板流量计   / 797

　　10.3.2 微粉秤   / 800

　　10.3.3 电子螺旋秤   / 801

　　10.3.4 转子秤   / 803

　　10.3.5 螺旋输送机   / 805

10.4 充填料浆搅拌系统   / 806

　　10.4.1 立式搅拌桶   / 806

　　10.4.2 双轴桨叶式搅拌机   / 808

　　10.4.3 双轴螺旋式搅拌机   / 811

　　10.4.4 高速活化搅拌机   / 814

10.5 充填料浆泵送设备   / 816

　　10.5.1 S线摆管式充填工业泵   / 816

　　10.5.2 提升阀式充填工业泵   / 819

10.6 充填自动化控制系统   / 820

　　10.6.1 系统架构   / 820

　　10.6.2 控制单元   / 821

　　10.6.3 主要仪表、阀门及执行器   / 822

　　10.6.4 数据可视化与生产报表   / 823

10.7 应用实例   / 824

　　10.7.1 会泽铅锌矿膏体充填系统   / 824

　　10.7.2 西藏甲玛铜多金属矿全尾砂似膏体充填系统   / 825

　　10.7.3 冬瓜山铜矿全尾砂高浓度充填系统   / 827

　　10.7.4 武山铜矿全尾砂膏体充填系统   / 828

　　10.7.5 喀拉通克铜镍矿多骨料膏体充填系统   / 830

　　10.7.6 澳大利亚芒特艾萨 Enterprice 矿体膏体充填系统   / 832

10.7.7　瑞典新波立登公司 Garpenberg 矿膏体充填系统　/833

10.7.8　加拿大 Williams 金矿膏体充填系统　/834

第11章　矿山供电　/836

11.1　矿山电力负荷及供电系统　/836

11.1.1　矿山供电　/836

11.1.2　矿山电力负荷的分级　/841

11.1.3　矿山电源的确定　/842

11.1.4　矿山电力负荷的估算　/843

11.1.5　电源电压及配电电压选择　/844

11.1.6　总降压变电所主变压器数量及容量选择的原则　/845

11.1.7　矿区电网导线、电缆截面的选择　/845

11.1.8　供配电系统方案技术经济比较　/847

11.2　矿山总降压变电所　/848

11.2.1　总降压变电所站址选择　/848

11.2.2　总降压变电所主接线　/849

11.2.3　总降压变电所配置　/853

11.2.4　总降压变电所开关设备、控制与通信　/864

11.2.5　总降压变电所用电系统　/888

11.2.6　总降压变电所电能计量　/891

11.2.7　总降压变电所的安全运行　/892

11.3　露天采矿场电力设施　/899

11.3.1　露天采矿场供配电系统　/899

11.3.2　露天采矿场用电设备及其配电设施　/905

11.3.3　露天采矿场电气设备防雷保护与接地　/907

11.4　井下采矿电力设施　/910

11.4.1　井下采矿供配电系统　/910

11.4.2　井下采场用电设备及其配电　/915

11.4.3　井下保护接地　/916

11.4.4　井下低压电网的漏电保护　/918

11.5　矿山提升电力系统　/922

11.5.1　提升机的传动方式及提升电动机　/922

11.5.2　提升机控制与电气传动系统　/923

11.5.3　货运架空索道装置　/926

11.6　矿山电力牵引网络　/927

11.6.1　电机车负荷电流及电能消耗计算　/927

11.6.2　矿山直流牵引变电所容量及数量的确定　/932

11.6.3　牵引变电所　/935

11.6.4　牵引网络设计和计算　/939

11.6.5　牵引网络　/948
11.6.6　无人驾驶电机车运输系统的应用　/958
11.7　矿山照明　/960
11.7.1　金属矿山矿用照明灯具　/960
11.7.2　露天采矿场照明　/963
11.7.3　井下照明　/964
11.7.4　炸药库照明　/966
11.8　矿井信号与通信　/968
11.8.1　概述　/968
11.8.2　井下信号设备　/968
11.8.3　采区信号系统　/969
11.8.4　提升信号系统　/969
11.8.5　井下电机车运输信号　/970
11.8.6　矿山电话通信　/971
11.9　电气节能　/971
11.9.1　矿山电气节能概述　/971
11.9.2　变压器的节能　/972
11.9.3　供配电系统及用电设备的节能　/978
11.9.4　电动机的节能　/980
11.9.5　风机、水泵的节能　/987
11.9.6　照明和低压电器的节能　/991
11.10　柴油电站　/993
11.10.1　柴油电站的特点　/993
11.10.2　柴油电站的类型　/994
11.10.3　柴油电站的站址选择　/994
11.10.4　柴油发电机组的选择　/995
11.10.5　柴油电站的电气部分　/1002
11.10.6　柴油电站的布置　/1003

上　篇

第 1 章

露天矿用牙轮钻机

1.1　概述

牙轮钻机是采用电力或内燃驱动、履带行走、顶部回转、连续加压、压缩空气排渣,装备干式或湿式除尘系统,以牙轮钻头为凿岩工具的自行式钻机。

20 世纪 50 年代,美国比塞洛斯公司(Bucyrus)研制出第一台被商业认可的电动型牙轮钻机,随后相继涌现出比塞洛斯国际公司(Bucyrus International)、钻进技术公司(Driltech)、英格索兰公司(Ingersoll Rand)、P&H 公司和里德钻进设备公司(Reedrill)等世界知名的牙轮钻机生产厂家,其中比塞洛斯国际公司是世界最大的牙轮钻机制造商。进入 21 世纪,世界各大采矿装备制造商之间出现了并购重组,比塞洛斯国际公司被卡特彼勒公司(Caterpillar)收购,钻进技术公司被山特维克公司(Sandvik)收购,英格索兰公司钻机事业部被阿特拉斯·科普柯公司(此业务目前归属安百拓公司,Epiroc)收购,P&H 公司被小松公司(Komatsu)收购,里德钻进设备公司先被特雷克斯公司(Terex)收购,后随特雷克斯公司采矿设备部门一起被转让给比塞洛斯公司,现被纳入卡特彼勒公司体系。目前,世界上形成了四大牙轮钻机生产厂家,即卡特彼勒公司、小松公司、安百拓公司和山特维克公司,它们的产品几乎垄断了全球整个露天矿山市场。

我国从 20 世纪 60 年代起研制牙轮钻机,1970 年成功研制我国第一台滑架式牙轮钻机,型号为 HYZ-250，钻孔直径为 230~250 mm，并采用顶部回转连续加压，后经多次改进，于1976 年通过鉴定并定型号为 KY-250C。1974 年我国陆续引进一批美国比塞洛斯国际公司的45R、60R 型牙轮钻机，推动了我国自行研制牙轮钻机的发展历程。为了进一步提高牙轮钻机的技术性能，洛阳矿山机械工程设计研究院(原机械工业部洛阳矿山机械研究所)、南昌凯马有限公司(原江西采矿机械厂)、沈阳链条厂、鞍钢集团矿业设计研究院有限公司、长沙矿山研究院有限责任公司、中钢集团衡阳重机有限公司(原衡阳冶金机械厂)、北京科技大学(原北京钢铁学院)、东北大学(原东北工学院)等单位对牙轮钻机进行了全面的研究设计，先后研制出 KY-310、KY-200、KY-150、YZ-35、YZ-55 等型号的牙轮钻机，于 20 世纪末形成了比较完整的两大系列产品：KY 系列和 YZ 系列。KY 系列牙轮钻机钻孔直径为 120~310 mm，生产厂家主要有武汉武重矿山机械有限公司、南昌凯马有限公司等，YZ 系列牙轮钻机钻孔直径为 95~380 mm，生产厂家主要有中钢集团衡阳重机有限公司等。

牙轮钻机总体发展趋势是规格上向大型化、高效化发展，系统上向全自动化、智能化发展，结构上向形式多样、高可靠性、高适应性发展，操作上向舒适性、易维修性发展。

1.2　牙轮钻机的组成

牙轮钻机主要包括司机室、回转机构、钻架总成、机房、行走机构、主平台和附属装置等部分，如图 1-1 所示。

1.3　司机室

牙轮钻机的司机室是钻机司机在矿山从事开采作业的主要工作场所，是牙轮钻机的主要操作控制中心，因此对人机工程和室内环境都有较高的要求。

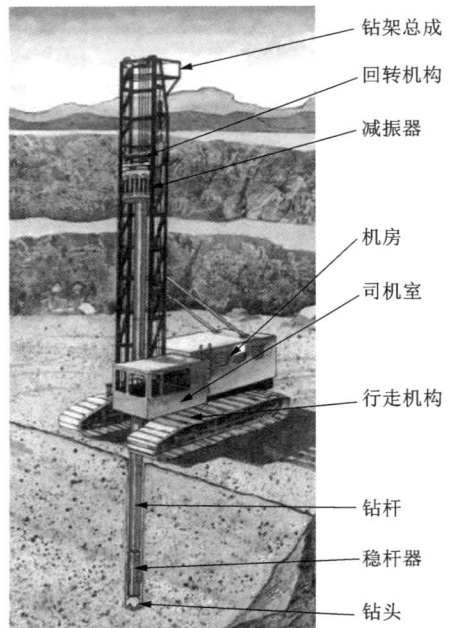

钻架总成
回转机构
减振器
机房
司机室
行走机构
钻杆
稳杆器
钻头

图 1-1　牙轮钻机的组成

按照司机室与机房的关系，司机室可分为一体式和分体式。一体式司机室是指司机室没有单独设立，而是与机房成为一体。这种结构形式设计简单，司机室的操作环境较差，现在已经很少采用。而分体式司机室是与机房分开的，由于单独设计，操作环境较好。

按照在主平台上观察钻孔位置的不同，司机室可分为前置式和后置式。其参照物是钻机实施钻进工作的位置，以钻架的开口方向和钻机的前后方向(驱动轮端为前方、导向轮端即张紧轮端为后方)作为判断标准。当司机室布置在钻孔的后方即钻架开口的后方时为后置式，反之为前置式。牙轮钻机一般属于后置式布置，前置式布置得较少。前置式和后置式司机室分别如图 1-2 和图 1-3 所示。

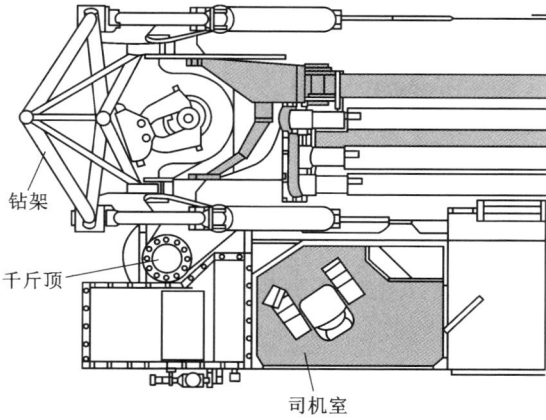

图 1-2 前置式司机室

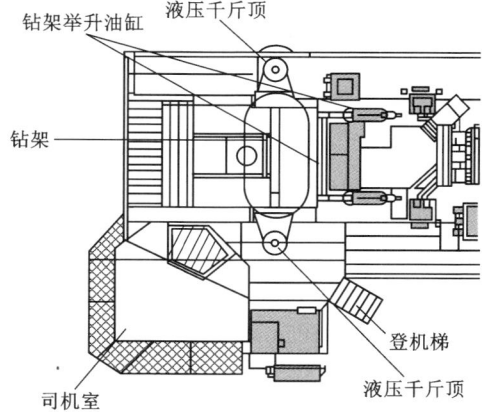

图 1-3 后置式司机室

1.4 回转机构

回转机构是牙轮钻机的主要工作机构之一。牙轮钻机的回转机构由回转驱动原动机(电动机或液压马达)、回转减速器等部件组成。

图 1-4 为 YZ-35 牙轮钻机回转机构示意图。

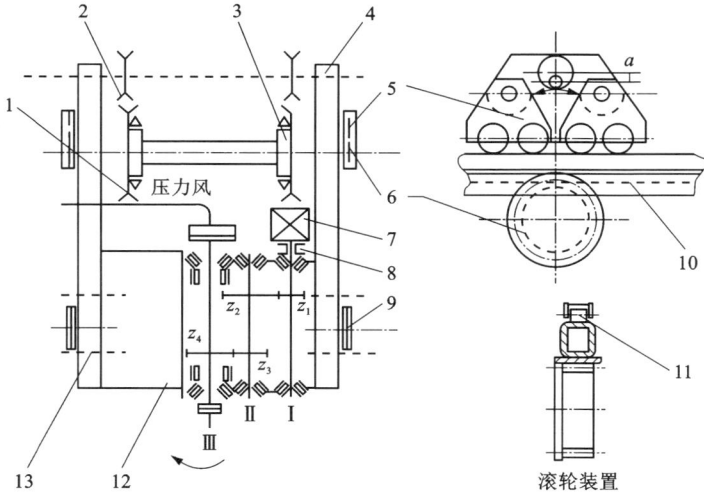

1—加压大链轮；2—张紧链轮；3—断链保护装置；4—小车支架；5—滚轮装置；6—加压小齿轮；7—直流电动机；8—电动机座；9—导向齿轮；10—钻架齿条；11—橡胶滚轮；12—回转减速器；13—铰制定位螺栓。

图 1-4 YZ-35 牙轮钻机回转机构示意图

牙轮钻机的回转机构具备以下功能：

(1)驱动钻具回转的功能。回转驱动原动机通过回转机构的减速器将产生的扭矩和转速转换为钻机钻孔所需要的扭矩和转速，驱动钻具回转。

（2）配合钻具更换装置的功能。当采用钻杆更换装置对钻具进行更换时，回转头配合钻杆更换装置进行钻头、钻杆及稳杆器等钻具的装卸和更换。

（3）输送压缩空气的功能。安装在回转机构上的引风接头引入压缩空气，压缩空气经回转头的中空主轴、钻杆和钻头进入炮孔，以进行排渣和冷却钻头。

1.4.1　回转驱动原动机

回转驱动的原动机有两类，即电动机和液压马达。

（1）电动机。电动机有滑差电动机、直流电动机、变频电动机等类型。随着技术进步，变频电动机已经在很大程度上取代了其他类型的电动机，成为电力驱动回转机构的基本配置。一般规格的牙轮钻机都由单电动机驱动，某些有特殊要求的牙轮钻机则选择使用双电动机驱动的配置方式。特大型牙轮钻机一般选用直流电动机，因其具有效率高、运行成本低的特点，与液压马达相比，维护要求较低。大型和特大型牙轮钻机的主轴旋转速度一般为 0～125 r/min，可无级调速。

（2）液压马达。液压马达主要用于中小型牙轮钻机的回转机构驱动，这种钻机一般配置两个液压马达，钻机主轴的转速范围一般为 0～200 r/min，可无级调速。而有些钻机则配置双速液压马达，可以根据需要选择低速高扭矩或高速低扭矩驱动方式。液压马达能够更精准控制钻杆的转速。

1.4.2　回转减速器

回转减速器一般采用二级圆柱齿轮传动，减速箱的箱体为封闭式。回转减速器的传动轴布置和箱体结构形式主要有两种：一种为传动轴直线式布置，采用矩形上开式箱体结构形式；另一种为传动轴三角式布置，采用圆形上开式箱体结构形式。如图 1-5 所示。

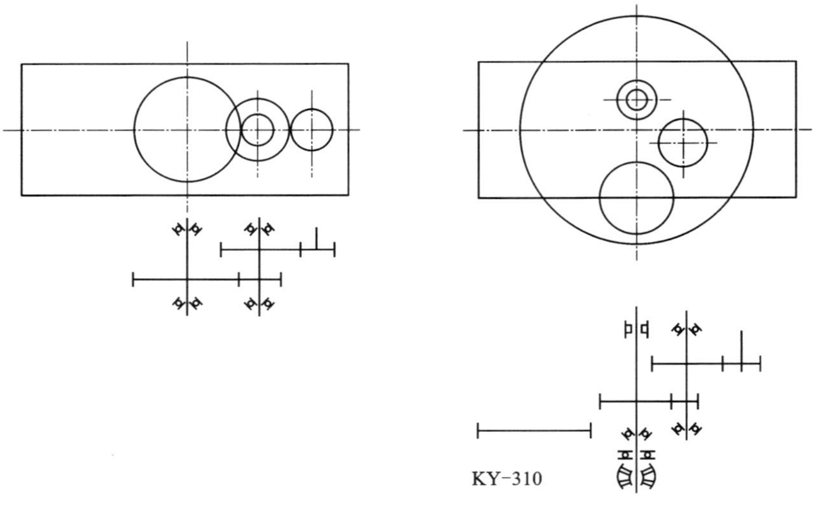

KY-310

（a）传动轴直线式布置　　　　　　（b）传动轴三角式布置

图 1-5　回转减速器传动轴布置图

图1-6和图1-7分别为双电动机和单电动机驱动型的回转减速器结构，二者均为二级齿轮传动，第一轴有悬臂式和简支式结构，简支式结构改善了轴的受力和齿轮接触情况，可减少故障。中空主轴上、下部推力轴承分别承受提升时的提升力和加压时的轴压力，多轴承的中空主轴增加了径向定心，并承受由钻杆的冲击和偏摆引起的较大的径向载荷，改善了推力轴承的受力。双电动机驱动型回转减速器中，两个二轴齿轮对称地与中空主轴齿轮啮合，改善了中空主轴的径向稳定性和受力状况。

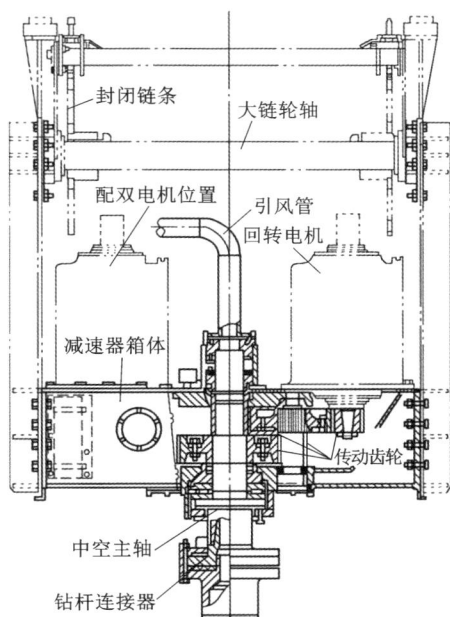

图1-6 双电动机驱动型的回转减速器结构

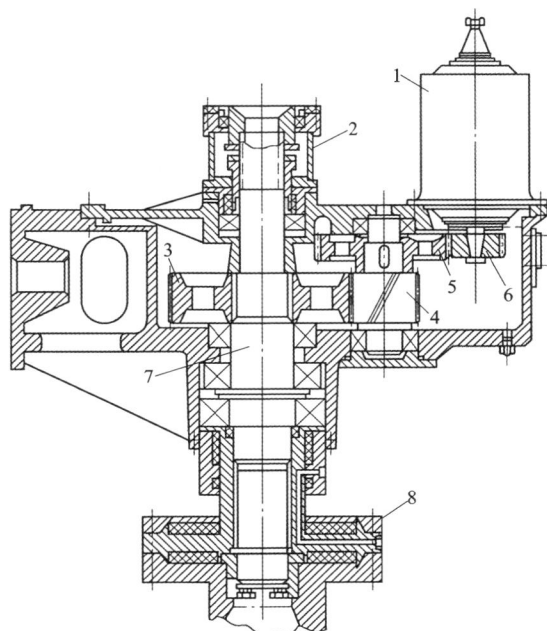

1—回转电动机；2—引风接头；3~6—传动齿轮；
7—中空主轴；8—钻杆连接器。

图1-7 单电动机驱动型的回转减速器结构

由图1-7可以看出，回转机构的减速器由回转电动机1驱动，经过传动齿轮3~6二级减速后将动力传给减速器的中空主轴7，再通过钻杆连接器8带动所有的钻具回转，从而使钻机获得钻孔所需要的转矩和转速。钻孔作业过程中所需要的压缩空气经由引风管和引风接头2进入回转机构，并经中空主轴、钻杆和钻头进入所钻凿的炮孔底部，排出岩渣和冷却钻头。

1.4.3 回转小车

在钻孔作业中，钻杆的回转和进给是密不可分的关联运动。回转小车由于往往与加压提升机构联系在一起，因此也被称为回转加压小车。回转小车的结构因加压方式的不同而异。牙轮钻机中常用的回转小车的结构形式主要有封闭链加压型电动回转小车、钢丝绳加压型液压回转小车、齿轮齿条加压型回转小车等。

1.4.3.1　封闭链加压型电动回转小车

该型回转小车由四根方钢管做立柱，将回转减速箱与加压链条的传动大链轮连成一体。图 1-8 是 YZ 系列钻机回转小车示意图。由图 1-8 可以看出，在回转小车构架的侧面以及回转减速箱和加压大链轮轴的两端面，分别有四个小齿轮 z_1、z_2、z_3、z_4 与钻架齿条相啮合，带动回转机构上下运动，其中，加压轴两端的齿轮为主动轮，减速箱两端的齿轮为导向空转齿轮。四个小齿轮所在位置有四组偏心调节的滚轮装置，用于压紧钻架齿条方钢管的另一面，以保证齿轮与齿条的正常啮合精度。回转小车与钻架间为滚动摩擦运动。

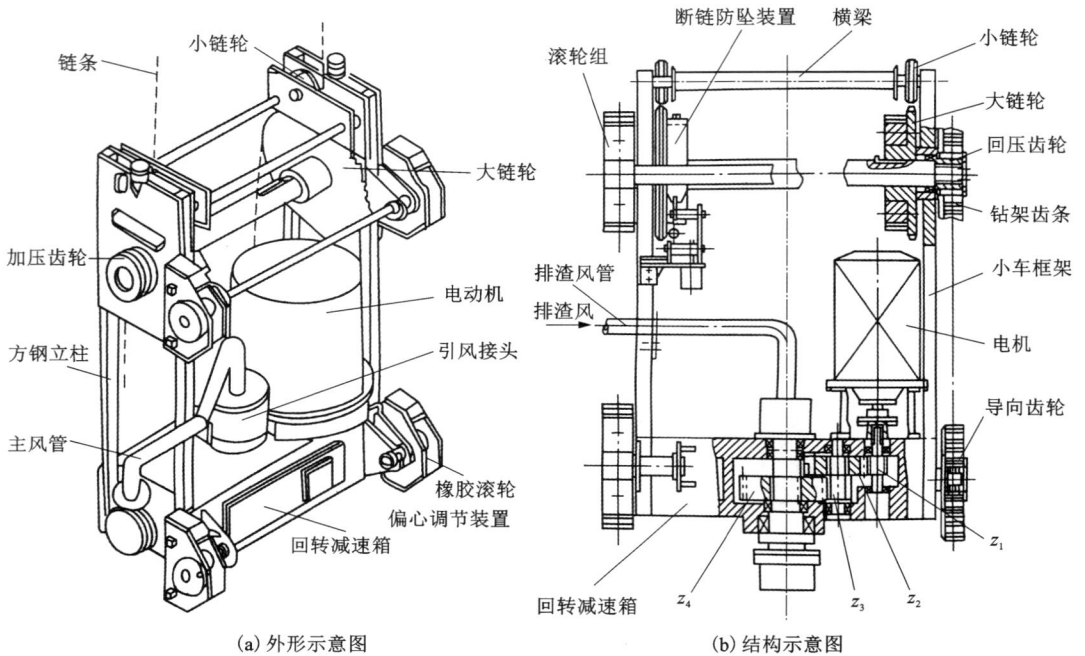

(a)外形示意图　　　　　　　　(b)结构示意图

图 1-8　YZ 系列钻机回转小车示意图

1.4.3.2　钢丝绳加压型液压回转小车

由于钢丝绳加压型属于无链加压，一般都由液压驱动回转，不需要设置链轮加压装置，因此其回转小车的结构与齿轮齿条加压型液压回转小车的结构类似，其不同之处在于连接回转小车滑座上下两端的不是链条，而是钢丝绳。图 1-9 为钢丝绳加压型液压回转小车示意图。

1.4.3.3　齿轮齿条加压型回转小车

齿轮齿条加压型回转小车，由于加压机构和回转机构都集成在回转小车上，形成回转加压一体化的结构，因此该型回转小车的结构比较复杂。齿轮齿条加压型回转小车有两种结构形式，即电动回转型和液压回转型，分别以比塞洛斯国际公司(现被卡特彼勒公司收购)的 49R 型钻机和 39R 型钻机为代表。

(1)齿轮齿条加压型电动回转小车(49R 型钻机)

齿轮齿条加压型电动回转小车是在封闭链加压型电动回转小车的基础上发展起来的。其不同之处，一是无链加压，即小车上没有链条加压机构；二是回转加压一体化，即将回转机

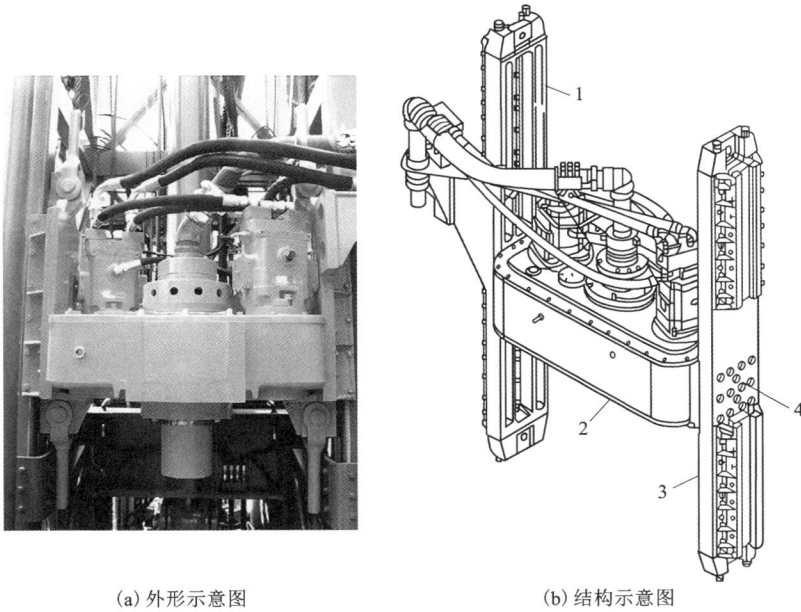

(a) 外形示意图　　　　　　　(b) 结构示意图

1—左滑座；2—回转减速箱；3—右滑座；4—导向销轴。

图 1-9　钢丝绳加压型液压回转小车示意图

构和加压提升机构都集成在回转小车上。正因为如此，该型回转小车体量较大，所占用的钻架长度方向的空间多，仅适合在大型、重型钻机中使用。齿轮齿条加压型电动回转小车的结构与外形如图 1-10 所示。

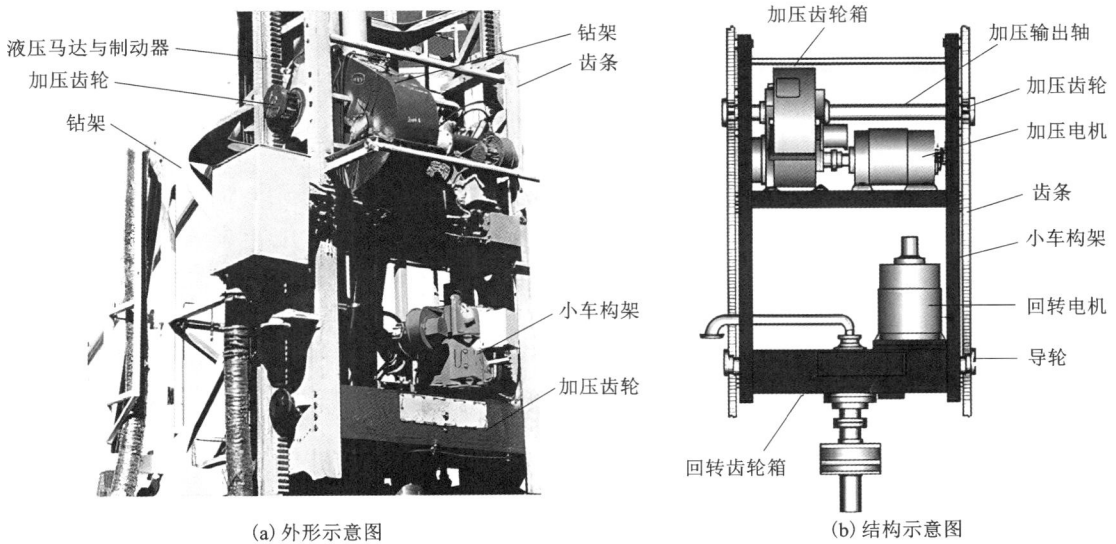

(a) 外形示意图　　　　　　　(b) 结构示意图

图 1-10　齿轮齿条加压型电动回转小车示意图

7

（2）齿轮齿条加压型液压回转小车(39R 型钻机)

齿轮齿条加压型液压回转小车，由于没有体积庞大的电动回转加压机构，回转小车的体量不大，所占用的钻架长度方向的空间相比电动回转小车大幅减小。图 1-11 为齿轮齿条加压型液压回转小车示意图。

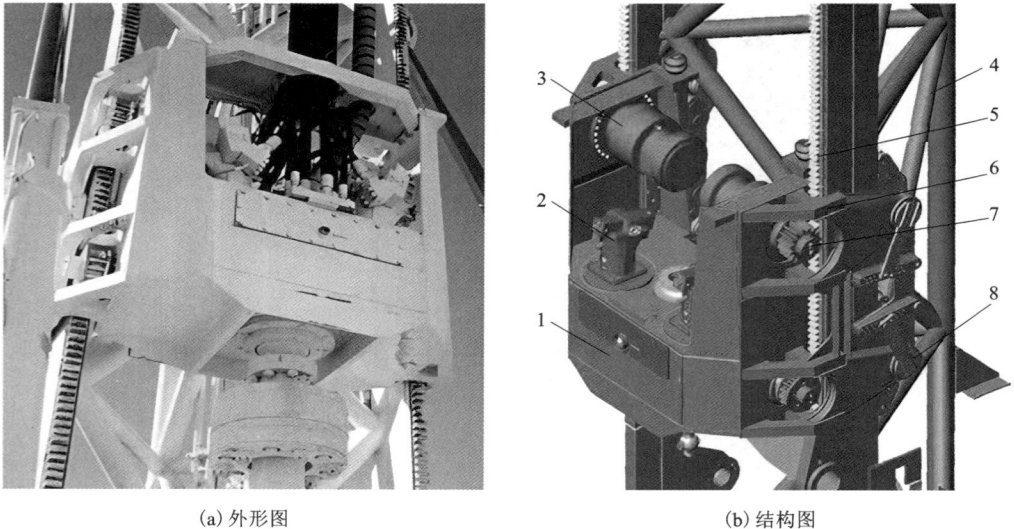

（a）外形图　　　　　　　　　　　　　　（b）结构图

1—减速箱；2—液压马达；3—液压马达与制动器；4—钻架；
5—齿条；6—小车构架；7—加压齿轮；8—滚轮导架。

图 1-11　齿轮齿条加压型液压回转小车

1.4.4　引风接头

引风接头安装在主轴的上部，其功能是将排渣产生的压缩空气引入主轴的中空孔内，回转主轴装配图见图 1-12。

引风接头的结构如图 1-13 所示。排渣风从引风管 5、引风压盖 4 进入主轴 12 的中空孔，在引风压盖上有一段长导风管伸入主轴内部，可减少风的泄漏。由于主风压力为 0.22 ~ 0.45 MPa，周围为大气压力，因此在引风管和引风压盖的周边产生了一负压区，促使排渣风进入主轴孔内。固定环 2、进风口 3 随主轴旋转，进风口上平面与静环 7 的下平面形成滑动面密封，防止堵钻时排渣风逆向流动泄漏。静环材质为耐磨损塑料，进风口上平面经热处理后硬度提高且耐磨损，滑动面若有磨损，则通过弹簧 6 将静环下压以补偿磨损量，从而确保滑动面密封。

当螺母 1 预紧后，安装带键的固定环，可防止主轴反向旋转时螺母松动。

引风口

11
10
9
8
7
6
5
4
3
2
1

12
13
14
15
16
17
18
19
20

排渣风进口

4
3
2
1

5
6
7
8
9
10
11
12

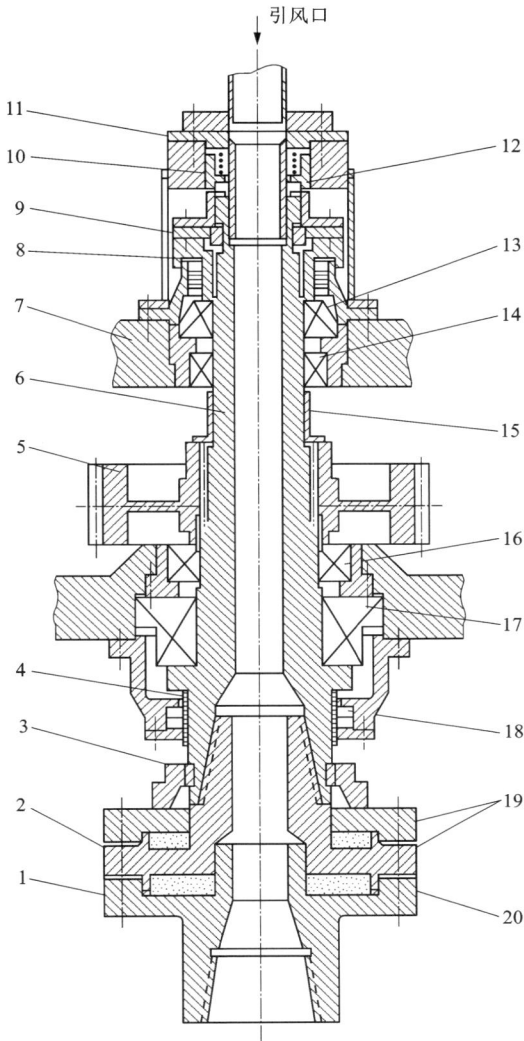

1—钻杆连接器(下);2—钻杆连接器(上);
3—止动键;4—套;5—齿轮(z_4);
6—中空轴;7—箱体;8—螺母;
9—固定环;10—弹簧;11—引风压盖;
12—静环;13—提升轴承;14、16—轴承;
15—隔套;17—加压轴承;
18—橡胶密封;19—橡胶垫;20—螺栓。

图1-12 回转主轴装配图

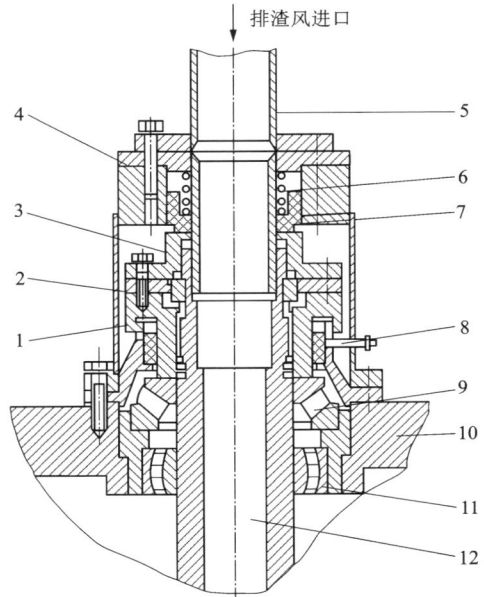

1—螺母;2—固定环;3—进风口;
4—引风压盖;5—引风管;6—弹簧;
7—静环;8—密封件;9—提升轴承;
10—箱体;11—径向调心轴承;
12—主轴。

图1-13 引风接头结构示意图

1.5　钻架总成

钻架总成由钻架本体、换杆装置、钻头更换器、钻架起落装置、钻架角度调整装置和辅助绞车等构成。图 1-14 为钻架总成的结构示意图。

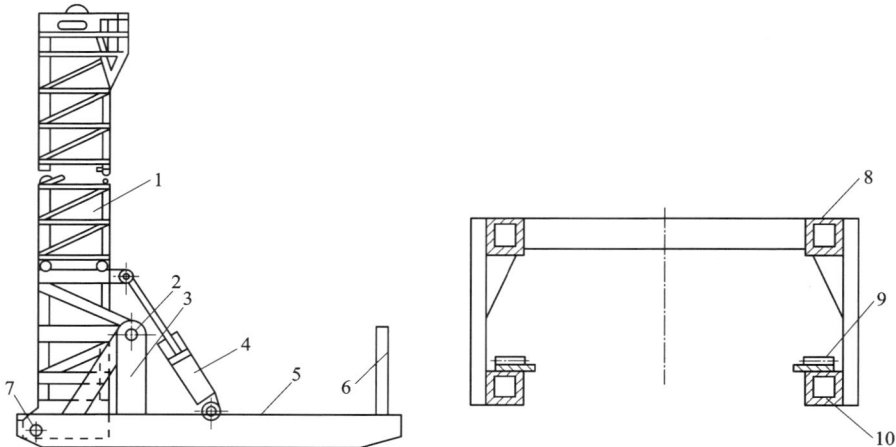

1—钻架本体；2—钻架回转轴；3—A 形架；4—钻架起落油缸；5—主平台；
6—托架；7—定位销轴；8—后立柱；9—齿条；10—前立柱。

图 1-14　钻架总成的结构示意图

由图 1-14 可看出，钻架为型钢焊接的"Ⅱ"式结构的空间桁架，前后立柱的断面均为方形。两根前立柱及焊在其上面的齿条，是回转小车上、下运行的轨道和加压提升系统的支撑。钻架内装有钻杆架、液压卡头、加压链条（或钢丝绳）、加压张紧装置和加压油缸等部件，钻架通过 A 形架被固定在钻机的主平台上，钻架需要起落时，可以在钻架起落油缸的作用下，绕安装在 A 形架上的回转轴回转。当钻架起架竖立之后，需要用两根定位销轴将其固定在机架上，以增加钻架工作时的稳定性。钻机在长距离行走时，需要将钻架落下放在托架（又称龙门架）上。

钻架总成的主要功能为：

（1）工作载荷的承接功能。

钻孔作业时牙轮钻机必须承受工作中的回转扭矩和轴向载荷（轴压力和提升力），该工作载荷的主要承受载体就是钻架本体。因此，对钻架本体的结构、所选用的材料都提出了很高的要求。

（2）钻杆存放更换功能。

钻杆存放更换功能主要包括钻杆的存放与提取、钻头的装卸与更换、稳杆器等辅助钻具的装卸与更换。

（3）钻架调整功能。

为了保证牙轮钻机的正常作业，钻架必须具备以下调整功能：一是钻架的起落，钻机在进行钻孔作业时,钻架应处于竖立的状态,而钻机在转场时,钻架须落下并呈水平状态;二是钻机在打斜孔时,须根据不同的钻孔角度的要求,对钻架的倾斜角度进行调整。

1.5.1 钻架本体

钻架本体是支承钻机的工作机构,一般布置在钻机的后部,以便在台阶边缘进行钻孔作业,并有利于降低钻架落下后钻机的高度。在钻架本体上安装有钻机的回转机构、加压提升机构、钻杆存储装卸装置、钻架角度调整装置和辅助提升装置。

一般来讲,钻架本体是由金属管件焊接而成的空间桁架或半桁架、半箱形的"Π"式结构,是承受轴压和转矩等载荷的重要部件,因此,它必须具有足够的整体强度和刚度。同时,钻架本体还是回转工作头上下移动的导向装置,所以必须具有足够的高度,以满足钻进工作行程和装卸钻具的需要。

"Π"式结构的钻架是正方形或长方形钢管制成的立柱结构,其横截面如图 1-15 所示。如果钻架采用圆形管,则需要进行轮廓切割;如果采用正方形或长方形的矩形管材,则需要进行平面切割和焊接,这种结构的工艺性能较好。

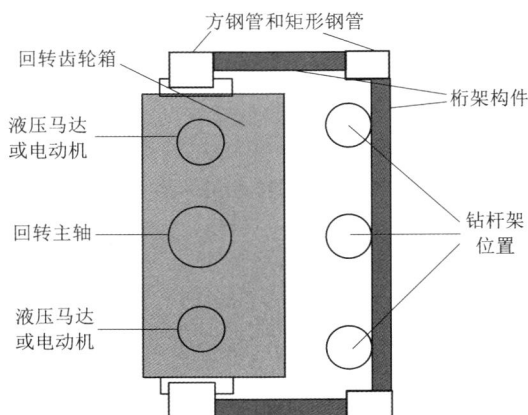

图 1-15 "Π"式结构钻架横截面示意图

经典的"Π"式结构的钻架横截面为矩形,但也有一些钻机采用了梯形或三角形截面的钻架。"Π"式结构的钻架多为敞口结构,这样有利于存放钻杆和维修布置在钻架内的各种装置。

1.5.2 换杆装置

1.5.2.1 转盘式换杆装置

转盘式换杆装置在中小型牙轮钻机上使用较多,大型牙轮钻机上也有使用。转盘式换杆装置经常被固定在钻架内或钻架的一侧,作为钻架总成的一个主要部件。其存储钻杆的数量取决于钻杆的直径,但在大多数情况下有 3~6 根钻杆。

换杆操作在司机室内完成。液压驱动卡钳通过有限的冲击使钻杆丝扣松开,待接钻杆存储在能容纳 4 根钻杆的圆盘式储杆器内,液压油缸将圆盘式储杆器转入,或者转出并置于回转头下方的钻杆安装位置,而钻机具有的免冲击换杆保护功能可以在储杆器没有转出到换杆位置时控制回转头的进给压力;钻杆和钻具的拆装则通过使用配备的辅助卷扬机构来完成。图 1-16 为回转盘式换杆装置中钻杆更换位置示意图。

转盘式换杆装置的钻杆被存储在一个机架中,它包括一个中心轴,以及一个底盘和两个顶板组成的储杆架,如图 1-17 所示。转盘式换杆装置的底盘具有钻杆插座(又称为杯口),以容纳钻杆的下端。钻杆的上端被卡在两块顶板中的一个窄槽内。当钻杆下降时,由上顶板限制其运动,使其不落入槽内。因为槽的开口尺寸比钻杆直径小,所以钻杆在其下部位置被锁定。顶板的顶部有开口,钻杆可以通过这个开口解除锁定。当钻杆上升时,钻杆上的小直

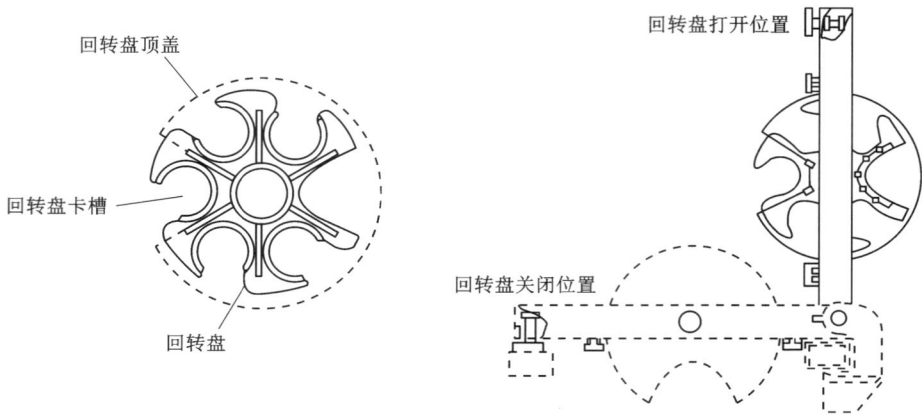

图 1-16 转盘式换杆装置中钻杆更换位置示意图

径处与顶板上的卡槽开口对齐，在该位置的钻杆则被解锁，此时钻杆可以自由地从转盘的钻杆插座和卡槽中取出。

转盘式换杆装置更换钻杆的示意图见图 1-18。

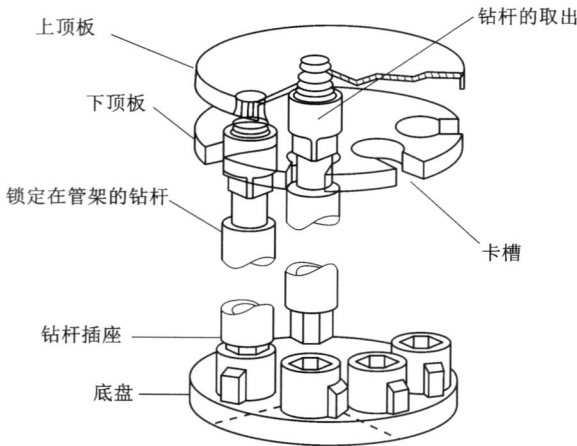

图 1-17 转盘式换杆装置中钻杆的锁定与取出

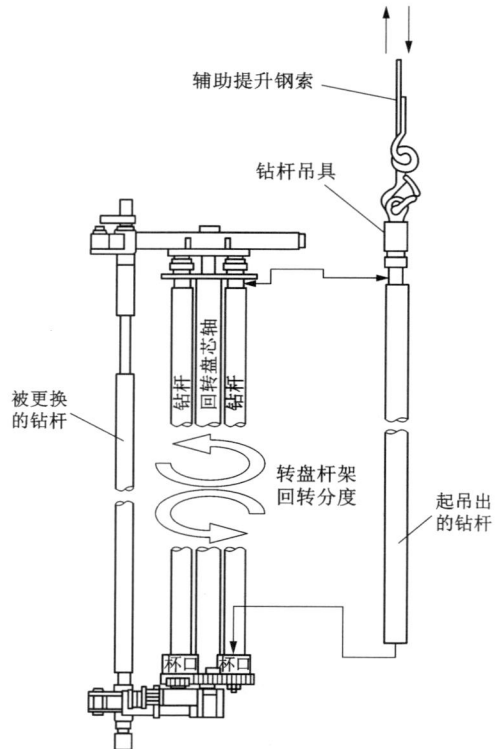

图 1-18 转盘式换杆装置更换钻杆示意图

转盘式换杆装置更换钻杆的具体步骤如下：

（1）当一根钻杆完成钻孔后，需要添加另一根钻杆，此时扳手在钻架的底部被推出，将钻杆的上端平稳地卡住，如图 1-19 所示。

（2）钻机的回转头反向旋转，以便钻杆从回转头中脱开。大多数情况下，钻杆脱开是通过液压工具扳手夹着保护接头，并在保护接头下端略微转动时松开扳手，保护接头松动后，钻杆脱开保护接头。

（3）回转头移动到保护接头上钻架的顶部位置。

（4）转盘式换杆装置从它的正常位置（即顶板顶部开口处正下方保护接头的液压缸装置）移动到钻架的中心。

图 1-19　钻架底部的扳手

（5）液压系统对转盘式换杆装置的分度机构进行换杆分度，通过转动顶板和底盘，使一根钻杆对准保护接头，钻杆在钻架底部用扳手卡住不动。

（6）钻机的回转头向下移动，并转动保护接头至正确的位置，以使钻杆在转盘中连接到保护接头。

（7）钻机的回转头向上移动，略微使钻杆在转盘中向上移动并到达一个位置，使钻杆可以从钻杆插座（杯口）中出来，此时转盘下顶板的开口和钻杆上的卡位应对齐。

（8）转盘往回移动到钻架上左侧的原始位置。此时，新添加的钻杆与钻孔中心保持对准，而转盘式换杆装置已远离钻杆。当需要钻倾斜炮孔时，可通过另一个臂来使新添加的钻杆与钻孔中心保持对准。

（9）回转头新装上钻杆后，即可向下移动，通过正确地旋转回转头，可使新添加的钻杆与通过扳手保持在炮孔中的钻杆连接在一起。

（10）上述操作完成后，扳手收回，以保证钻杆在钻孔作业时自由旋转。

每再接长一根钻杆，都需要反复执行上述步骤。该机构似乎很简单，但要使它准确地工作，必须设计得非常巧妙，因为即使很小的形变都可能产生问题，导致接长后的钻杆偏置在一个倾斜的方向而钻出倾斜孔。

转盘式换杆装置的优点是在钻孔作业中，它可以使用多根钻杆从而钻凿出很深的炮孔。

1.5.2.2　单杆换杆装置

单杆换杆装置主要应用于一些大型和特大型牙轮钻机的钻杆更换，因为单杆换杆装置的结构坚固、质量较轻，很适合大直径、长钻杆的更换。牙轮钻机中已有存储多达四根钻杆的单杆换杆装置，如图 1-20 所示。

单杆换杆装置中每根钻杆的更换完全相互独立。其与转盘式换杆装置更换钻杆的步骤（1）和步骤（2）一样，当第一根钻杆完成了钻进后，用扳手保持钻杆在炮孔中的适当位置，回转头脱离钻杆并向上移动，再进行后续操作。

当钻杆被单杆换杆装置定位在锁定位置后，可借助于底部及顶部的门型卡座将钻杆锁定。此外，为了确保钻杆换杆时的安全，还可通过使用其他装置来锁定钻杆，如通过延伸在管架底部的液压缸锁定，见图 1-21。钻杆首先被定位在炮孔钻进的中心线上，由扳手在钻架的底部控制钻杆保持对准，然后打开闸板，以便钻杆与回转头相连接，该步骤与转盘式换杆装置更换杆的步骤(5)和步骤(6)相同。

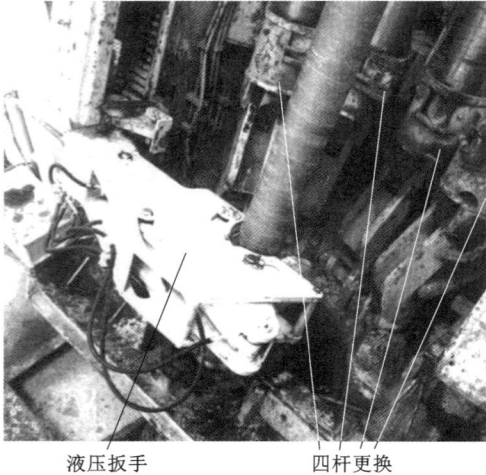

图 1-20　单杆换杆装置与液压扳手

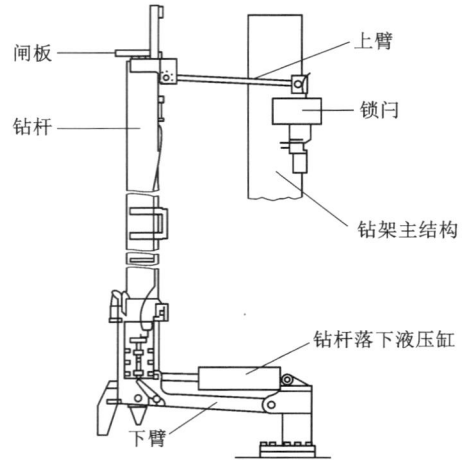

图 1-21　单杆换杆装置操作示意图

一旦钻杆连接至旋转头，钻杆扶正器就摆动到位，并将钻杆保持在钻架下端的一定距离处，在扶正的同时将钻杆与回转头连接到一起。对于钻倾斜角度孔时的钻杆连接，扶正显得尤为重要，钻杆被安全、可靠地固定并保持好后，其他锁定结构可通过缩回液压缸解除锁定。同时，单杆更换器移回到原始位置，而钻杆可在扶正器中上下自由滑动和转动，由回转头带动其旋转并将其连接到由卡爪保持在钻架底部炮孔中的钻杆。钻机在扶正器收回和卡爪松开后，可以继续进行钻孔作业。

1.5.3　钻头更换器

除了需要更换钻杆之外，还需要对已磨损失效的钻头进行更换。图 1-22 为回转式钻头更换器。

该钻头更换器最多可以容纳 4 个牙轮钻头。用于更换钻头的叉形管钳位于钻杆钻头的正上方。更换钻头时，扳手夹住钻杆并旋转，此过程中钻杆与钻头连接的螺纹接头松动，松开后的钻头落入回转式钻头更换器转盘内的钻头位置。而上述程序逆操作，则可将新的钻头连接到钻杆上。

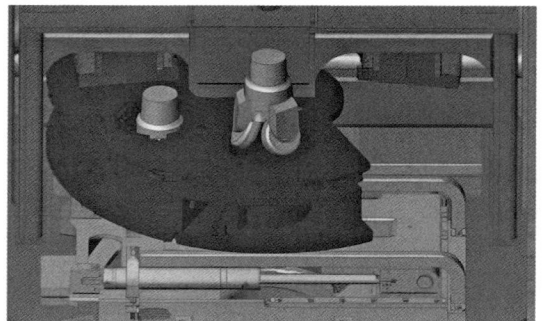

图 1-22　回转式钻头更换器

上述所有操作都是由司机在司机室内控制而自动完成的。钻头更换器减少了手动更换钻头的时间。完成相同的钻头更换操作，传统手动更换钻头所需要的时间约为 60 min，而使用钻头更换器更换牙轮钻头的时间则缩短到约 10 min。

1.5.4　钻架起落装置

钻架起落装置包括两部分：一部分是钻架举升系统，另一部分是钻架撑杆装置。前者的主要功能是控制钻架起落过程的升降，后者的功能是提高钻架竖起及固定后的稳定性。钻架起落装置如图1-23所示。

图1-23　钻架起落装置

1.5.4.1　钻架举升系统

钻孔作业中，需要从一个作业面转移至另一个作业面时，如果移动的距离较长，则需要将钻机的钻架下落到水平位置，以使钻机的重心达到最低位置。为保证移动过程中的安全，需在同一个台阶面上从上一个炮孔移动到下一个待钻凿的炮孔，钻架则保持在原有钻孔作业的垂直位置不需要落下，以节省时间。钻架的提升通常采用单行程油缸来完成，如图1-24（a）所示。但也有钻架的举升系统由两个多节伸缩油缸构成，以提高油缸的行程和支撑高度，如图1-24（b）所示。

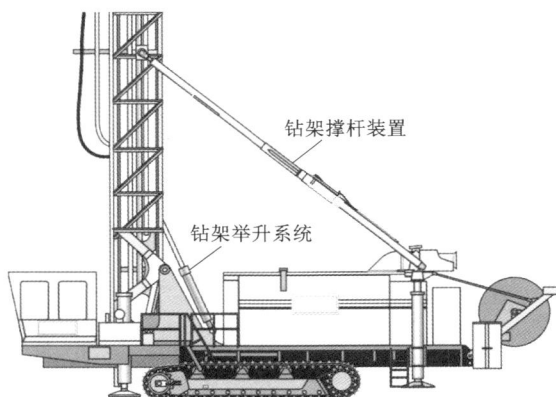

(a) 单行程油缸　　　　　　　　　　(b) 多节伸缩油缸

图1-24　钻架支撑举升油缸的形式

1.5.4.2　钻架撑杆装置

有些牙轮钻机具有很高的钻架，以容纳长钻杆，便于使用长钻杆一次性完成炮孔的钻凿，但此类钻机进行钻孔作业时，高大钻架上的应力和振动会被放大，因此，高大钻架须由两个钻架撑杆提供额外的支持，如图 1-25 所示。钻架撑杆装置往往需要使用液压和机械锁定，在较长的钻架固定支撑长度下加强钻架的刚性，从而减少了钻机工作中钻架产生振摆的长度，提高了钻架的稳定性；否则，必须将钻架液压举升油缸的高度升得更高。对于需要钻凿倾斜角度炮孔的钻机，其钻架撑杆装置还需要配有角度分度的其他定位方式。

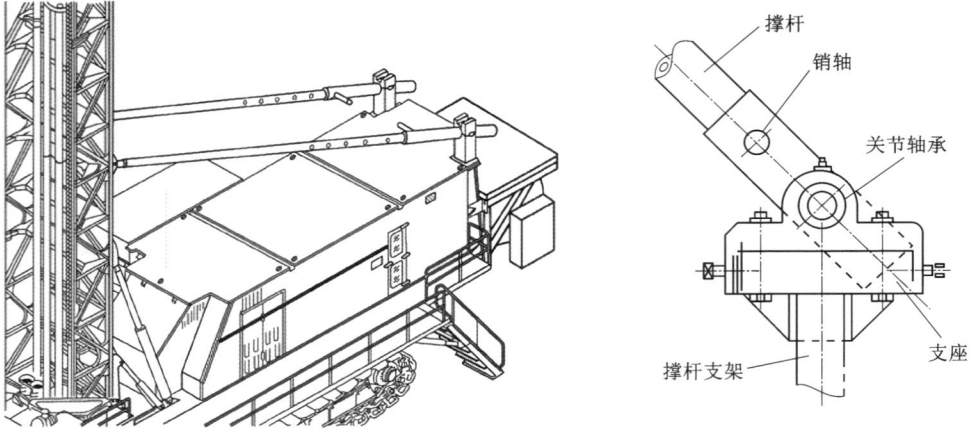

图 1-25　钻架撑杆装置

1.5.5　钻架角度调整装置

牙轮钻机主要用于钻凿垂直的炮孔，但在有些情况下垂直炮孔的钻凿满足不了开采工艺的需求，如在台阶的边坡就需要钻凿倾斜的炮孔或预裂孔。为了适应这种工况，要求钻机具有钻凿倾斜角度孔的功能。

在大多数情况下，倾斜炮孔的角度范围为 5°~30°。尽管使用起落钻架的液压油缸可以将钻架调整到相应的倾斜角度范围，但其不能用于调整倾斜炮孔。钻架的起落油缸的作用仅在于将钻架起架到垂直位置或落架到水平位置，其结构强度难以满足钻凿倾斜炮孔的工作要求。此外，由于起落油缸的长度比较短，支撑不了高度很高的钻架，在钻进中会导致钻架剧烈振动，如果发生谐振则可能导致事故的发生。

因此，为了使钻架在所需的角度固定，并使得无支撑的钻架长度降低到最低限度，必须采取专门的装置进行角度孔调整，这种装置即钻架角度调整装置。

大多数钻机的角度调整装置，是按照每次 5° 的增量进行调整，直至达到 30°（也有钻机最大倾斜角度只有 20°），而有些钻机的角度可以实现从垂直到最大倾斜角范围内进行无级调整。比较特殊的是，比塞洛斯的 39R 型钻机，除了 30° 无级调整的正常倾斜外，还可以进行 15° 反向倾斜调整，如图 1-26 所示。

图 1-26　可进行 15° 反向倾斜调整的牙轮钻机

1.5.6 辅助绞车

牙轮钻机的钻具都很重，无法手动搬移，因此，辅助绞车装置成为钻机必备的辅助装置。辅助绞车又称为辅助卷扬机，其固定安装在钻架上，主要由绞车、起重臂和钢丝绳等装置构成。辅助绞车由液压或电动马达驱动的行星式减速齿轮箱和卷鼓等构成，可安装在主框架或靠近钻架的下端。辅助绞车的结构如图1-27所示。

辅助绞车的规格取决于钻机的规格，并与钻机使用的钻具质量相匹配。辅助绞车的额定起重能力一般在15 kN至50 kN之间。辅助绞车卷鼓的直径和宽度取决于钢丝绳的直径和长度，同时依赖于绞车提升用钢丝绳的最大单线拉力和钻架的高度。

辅助绞车钢丝绳是通过固定在钻架顶部的摆式起重臂上的一组定滑轮来起吊提升重物的。对于具有角度调整功能的钻架，辅助绞车除了用于钻具的起吊外，在起吊负载允许的情况下，还可用于主平台上维修和更换件的起吊。

图1-27 辅助绞车

1.6 机房

机房是用来保护钻机主平台上各类机电设备的封闭结构，其对于以电力为动力源的钻机尤为重要。图1-28为钻机机房的内部结构。

钻机的机房采用方钢管做骨架，在骨架的外部敷设单层或双层冷轧钢板的壁板、顶板，并开设必要的门窗。在机房的顶部，设有一个或多个活动顶棚，以供检修使用。

电动型钻机的整个机房内部是密闭结构，并设置有增压过滤器。钻机开机时，增压风机先反向吹风，排出过滤器上的灰尘，然后停机再正转。经过过滤的空气对钻机电控柜内的开关元件具有保护作用，且机房内形成正压，外部灰尘无法从缝隙中进入机房。

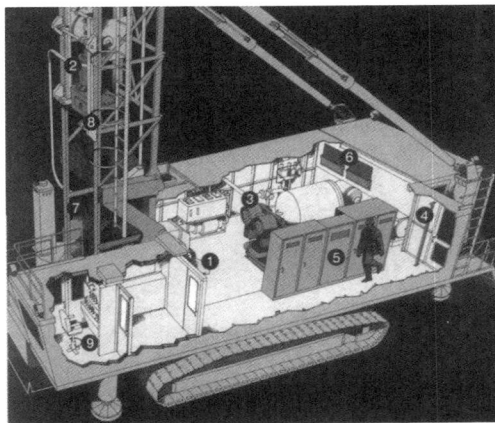

1—机房；2—回转马达；3—空压机；4—机房门；5—电控柜；
6—机房滤清器；7—钻架；8—回转头；9—司机室。

图1-28 钻机机房的内部结构

　　为了使钻机在北方寒冷的冬季易于启动，机房设置有加热器，在钻机启动前进行预热。同时，机房的顶棚上加装有绝热保温层，在夏季具有隔热功能，在冬季则起保温作用。

　　为了保证安全，主变压器不放在机房内，而是设置在一个单独隔间内，隔间门朝前开。为了便于变压器散热，其门板采用通风良好的钢板网。

　　牙轮钻机的机房应当具备以下主要功能：

　　(1)覆盖保护安装在主平台上的各类机电设备，能够预防雨雪的侵蚀和粉尘的破坏。

　　(2)能够形成密闭的空间，对进入机房的空气有增压过滤功能。

　　(3)机房的顶部具有可以活动的顶棚，便于设备检修时的拆装。

　　(4)机房内部具有便于维护检修的门与通道。

　　(5)具有用于采光、通风换气的窗户。

　　牙轮钻机的机房主要有整体增压过滤型和分体覆盖型两类。

1.6.1　整体增压过滤型机房

　　整体增压过滤型机房主要用于以电动机为原动机的钻机。此类钻机配套的机电设备的防护等级要求较高，需有较好的工作环境，如图 1-29 所示。

1.6.2　分体覆盖型机房

　　分体覆盖型机房主要应用于以柴油机为原动机的钻机。此类钻机一般可不设置机房，如图 1-30 所示。但是当有某些特殊要求时，可设置分体式的覆盖型机房，如图 1-31 所示。此类型机房不需要对进入机房的空气进行增压过滤。

图 1-29　武重矿机 WKY-250BM 型钻机的整体增压过滤型机房

图 1-30　安百拓 PV-271 型钻机的无机房设计

图 1-31　安百拓 PV-351 型钻机的分体覆盖型机房

1.7 行走机构

露天矿用牙轮钻机的行走机构应该具备如下主要功能：

（1）适用于各类露天矿环境的整机行走和爬坡功能。

（2）承载钻机主平台及钻机各部构件的质量与负荷。

（3）挖掘机底盘应具有驱动主平台回转功能。

履带行走机构是露天矿用牙轮钻机行走机构的基本形式。图1-32为采用履带行走机构的牙轮钻机。

图1-32 采用履带行走机构的牙轮钻机

1.7.1 按照传动形式分类

1.7.1.1 非独立式传动型

非独立式传动型是指履带行走机构不是单独设置，而是与其他机构共用一套动力传动系统。牙轮钻机的履带行走机构中，主机构链式集中传动系统就是典型的非独立式传动型。

主机构链式集中传动系统大多采用两台原动机驱动、共用一台主减速器的集中传动形式，通过加压离合器、主离合器、主制动器以及行走离合器和制动器的相互配合来实现加压、提升和行走运动。图1-33为采用主机构链式集中传动系统的履带行走机构。

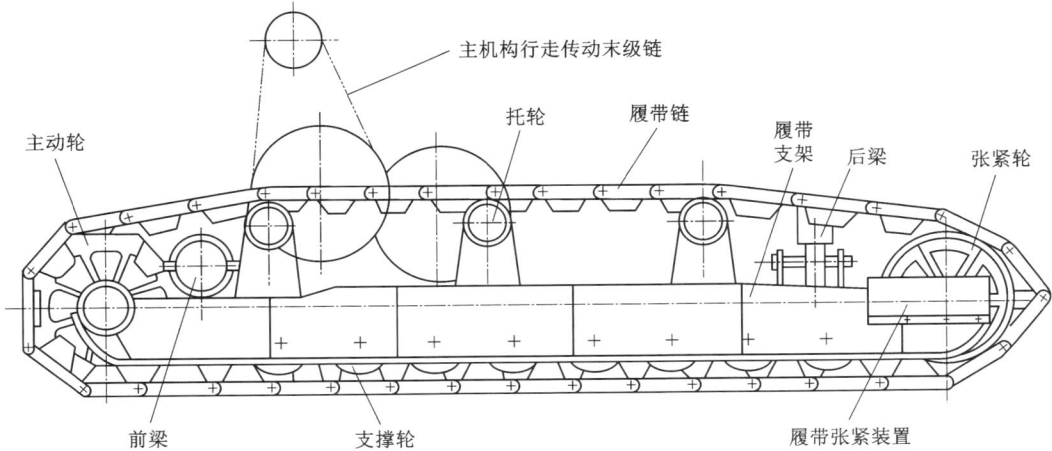

图1-33 采用主机构链式集中传动系统的履带行走机构

1.7.1.2 独立式传动型

独立式传动型是由液压马达驱动的独立传动系统。图 1-34 为采用液压马达驱动的独立传动型履带行走装置。

1.7.2 按照结构形式分类

1.7.2.1 固定式(均衡梁支点结构型)

固定式,也称均衡梁支点结构型,其行走机构的底架由均衡梁的中间与主平台的中心位置连接,后梁的两端与主平台两根主梁连接,形成与主平台的三点连接,

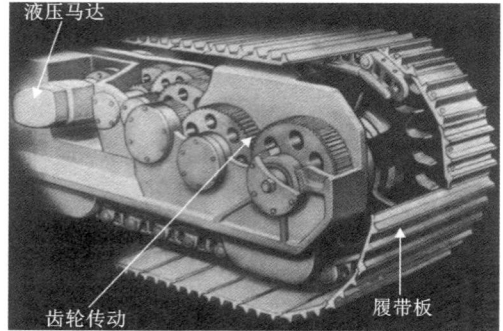

图 1-34 采用液压马达驱动的独立传动型履带行走装置

这样可使钻机在不平的路面上行走时,主平台始终保持水平状态。

图 1-35 为连接履带行走机构后的均衡梁支点结构型底盘示意图。在牙轮钻机的底架类型中,均衡梁支点结构型底盘特别适用于大型牙轮钻机。

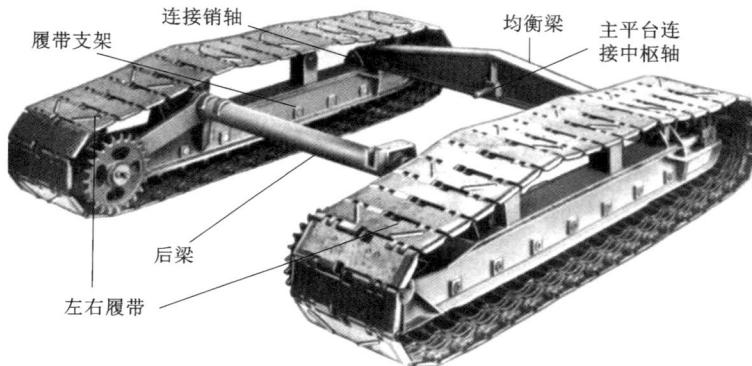

图 1-35 连接履带行走机构后的均衡梁支点结构型底盘

1.7.2.2 回转式(挖掘机底盘结构型)

回转式,也称挖掘机底盘结构型,其底盘结构见图 1-36。在回转机架上安装滚子轴承,主平台等上部构造相对于下部行走机构做 360°的回转运动,钻机不需要移动就可以完成两个炮眼的钻孔。钻机处于狭窄的露天矿台阶上时,可在每一行钻凿更多炮眼。

回转式底盘与固定式底盘钻孔位置的关系对比如图 1-37 所示。图 1-37(a)显示了具有回转式底盘钻机的位置,图中箭头方向为钻机行进的方向,也代表该钻机的重心的移动方向,钻机重心与台阶边缘的距离为 D。而均衡梁支点结构型钻机按此方式行驶在图 1-37 中的位置 B 时,钻机的重心与工作面台阶边缘的距离仅为 d,接近台阶边缘,大大增加了在台阶边缘钻孔作业的危险。为此,均衡梁支点结构型钻机必须放置在图 1-37(b)中的位置 C。

图1-36　回转式底盘

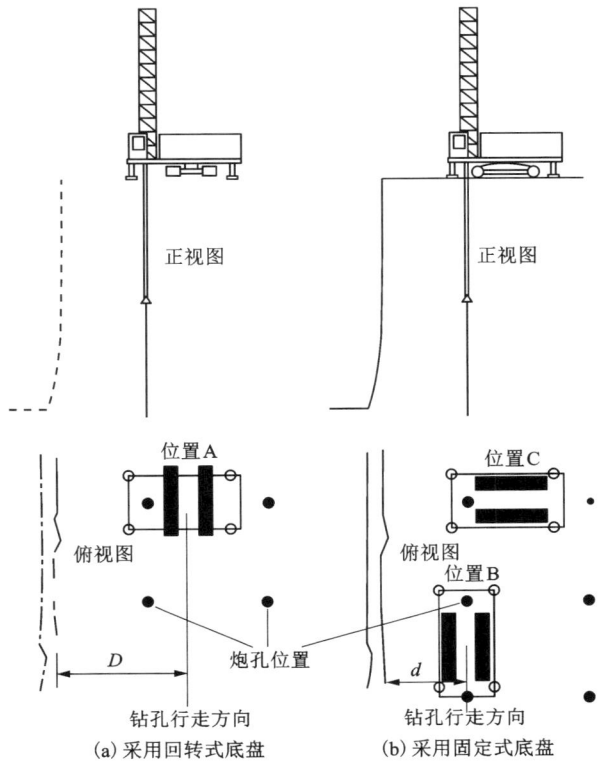

图1-37　回转式底盘与固定式底盘钻孔位置关系对比

1.8　加压提升机构

牙轮钻机加压提升机构应该具备以下主要功能：

（1）为钻具提供足够大的沿钻杆轴线垂直向下的轴压力。

（2）轴向的进给压力与回转机构的转矩形成破碎岩石的滚动碾压作用。

（3）钻孔作业的进给速度和回程的提升速度可以根据作业工况的要求自动调节。

（4）钻孔作业完成后或需要更换钻具时，可快速将钻具提升出炮孔并至规定位置。

（5）作业过程中可以根据工作需要随时停止加压提升并制动。

加压提升机构主要有以下四种类型：齿条齿轮-封闭链条式加压提升机构、链条链轮式加压提升机构、液压油缸与钢丝绳加压提升机构、齿轮-齿条式无链加压提升机构。

1.8.1　齿条齿轮-封闭链条式加压提升机构

齿条齿轮-封闭链条式加压提升机构由封闭链-齿条传动装置和主传动机构两部分构成，结构简图如图1-38所示。

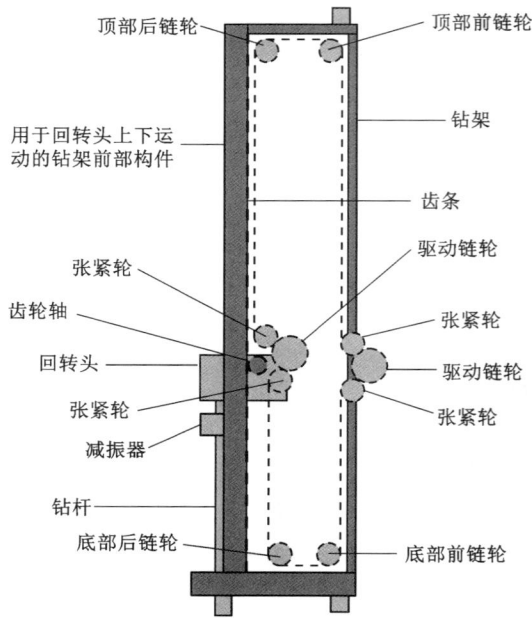

图 1-38 齿条齿轮-封闭链条式加压提升机构示意图

1.8.2 链条链轮式加压提升机构

链条链轮式加压提升机构由钻架上的左右两条链条组成，其结构简图如图 1-39 所示。驱动加压提升的原动机有液压马达、电动机、液压油缸三种类型，在现有机型中以液压马达为主，使用液压油缸作为链条链轮式加压提升机构动力源的很少，仅在小型钻机上有所应用。

1.8.3 液压油缸与钢丝绳加压提升机构

液压油缸与钢丝绳加压提升机构主要由液压油缸、滑轮组、钢丝绳、钢丝绳自动张紧与磨损检测装置等构成，其典型结构如图 1-40 所示。根据油缸的

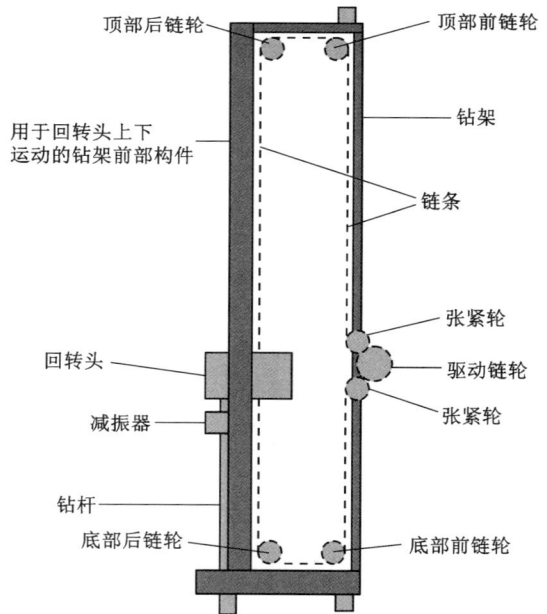

图 1-39 链条链轮式加压提升机构示意图

数量有单油缸、双油缸之分；根据油缸的固定方式有缸定杆动、杆定缸动等之分；根据控制方式有开式、闭式之分。液压油缸与钢丝绳加压提升机构在现代主流牙轮钻机上的应用趋势不断上升。

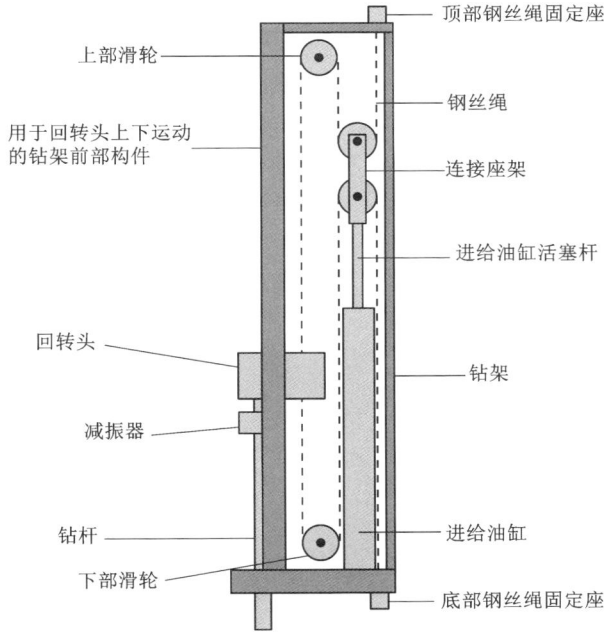

顶部钢丝绳固定座

上部滑轮

钢丝绳

用于回转头上下运动
的钻架前部构件

连接座架

进给油缸活塞杆

回转头

钻架

减振器

钻杆

进给油缸

下部滑轮

底部钢丝绳固定座

图 1-40　液压油缸与钢丝绳加压提升机构示意图

1.8.4　齿轮-齿条式无链加压提升机构

典型的齿轮-齿条式无链加压提升机构如图 1-41 所示。由图可看出，齿轮-齿条式无链加压提升机构主要由加压动力装置和固定安装在钻架上的加压齿轮-齿条传动装置等组成。

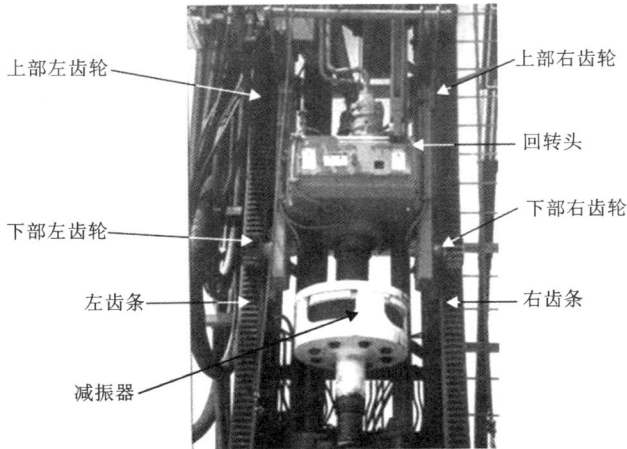

上部左齿轮

上部右齿轮

回转头

下部左齿轮

下部右齿轮

左齿条

右齿条

减振器

图 1-41　齿轮-齿条式无链加压提升机构

1.9　除尘系统

牙轮钻机的除尘方式主要有两种，即湿式除尘和干式除尘。

1.9.1 湿式除尘

湿式除尘分为孔底湿式除尘和孔口湿式除尘两种方式。孔底湿式除尘是将风水混合物作为除尘介质,首先在孔底把岩粉湿化,然后将其排出孔外。孔口湿式除尘是指将排到孔口的干散岩粉进行喷湿和球化,其兼有干式除尘和孔底湿式除尘两种方式的优点,且除尘设施简单。

湿式除尘通常利用空压机,先使压缩空气进入水箱,实现压气排水,再使其与主风管排渣压气混合形成水雾压气,将岩渣中的灰尘润湿后,使其随大颗粒岩渣排出孔外;也可以使用水箱中的潜水泵加压供水进行湿式除尘,即水泵从水箱中将水抽出,经风水接头形成风水混合物,再向主风管排水进行除尘。

湿式除尘系统由带保温层的水箱、水量调节阀、止回阀、风包、进气管、排水管等组成。水泵由电机驱动经止回阀从水箱内抽水,由变频电动机控制水泵的流量及压力。为更好地控制进入管道的水量,在管路上安装了手动调节流量计。操作水泵开关,调节流量计和水泵电机控制电位器,使水箱内的水由排水口排出,经水量调节阀、止回阀进入主风管,并随排渣压缩空气一起排出实现除尘。

湿式除尘应控制好用水量。实践证明,用水量的大小不但影响除尘效果,而且影响钻进速度。因为用水量过小时除尘不充分,过大时则孔底岩粉会变成岩浆,一旦孔底出现岩浆,排粉就会受到严重阻碍,并黏满孔壁,甚至把钻头喷嘴堵死。一般而言,用水量应控制在润湿岩粉的程度,即从孔口排出的岩粉既不太湿也不飞扬。冬季停钻时间较长时,应引入压气将水管吹净,以防结冻。

湿式除尘所采用的风水混合除尘方式除尘效果较好,但这种方式可能会降低钻孔速度和缩短钻头使用寿命。可是,只要控制好适当的供水量,且在钻头上采用止回阀防止泥浆堵塞或进入轴承的风沟,就可避免对钻孔速度和钻头使用寿命的影响。牙轮钻机湿式除尘系统的工作原理如图1-42所示。

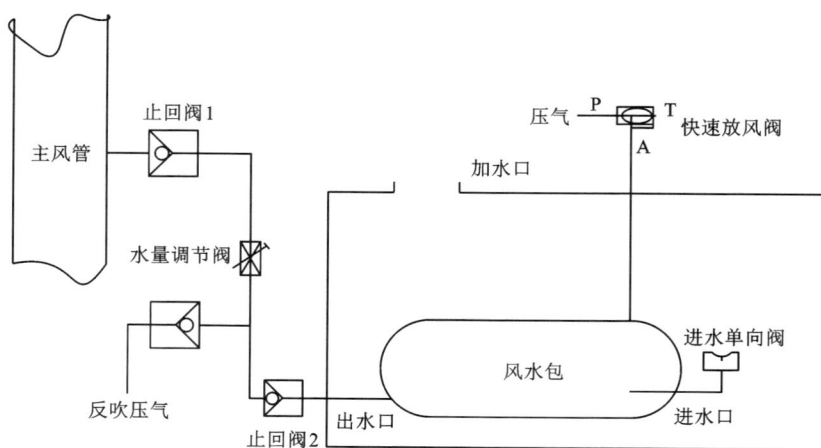

图1-42 牙轮钻机湿式除尘系统工作原理

1.9.2 干式除尘

牙轮钻机的干式除尘以布袋过滤的捕尘系统最好。其优点在于不影响牙轮钻机的钻孔速度和钻头寿命，缺点是设备较多，运转维护麻烦，除尘不彻底，由除尘器捕回的岩粉仍要排放到炮孔附近，遇到刮风、爆破、电铲挖掘等情况时，岩尘到处飞扬，成为二次灰源，影响采场工作人员的身体健康；而且，当遇到高黏度粉尘及在潮湿空气中捕尘时，布袋捕尘器会因难以清洗而失去作用。干式除尘装置虽除尘效率高，但是当钻孔中有水时就不能使用了，否则湿灰会糊住布袋。

干式除尘系统的工作原理如图1-43所示。其主要动力是离心式通风机，当岩粉排出孔口后，首先在捕尘罩中被捕集，大颗粒岩渣落在孔口周围，接着含尘气流进入沉降箱中进行沉降，粗粒岩渣落入箱中，然后含尘气流进入旋风除尘器，在这里进行粉尘的离心分离和沉降，最后粉尘在脉冲布袋除尘器中被过滤，过滤后的粉尘被阻留在除尘器内，而含有微量粉尘的气流由离心通风机排入大气。

脉冲布袋中的粉尘由螺旋清灰器排出。在脉冲布袋除尘器和旋风除尘器的底部设有格式阀，当电机开动后，螺旋清灰器开始清灰，同时格式阀旋转，粉尘通过格式阀、放灰胶管自动落到地面上。脉冲布袋除尘器的动作由脉冲阀及喷吹控制器控制。

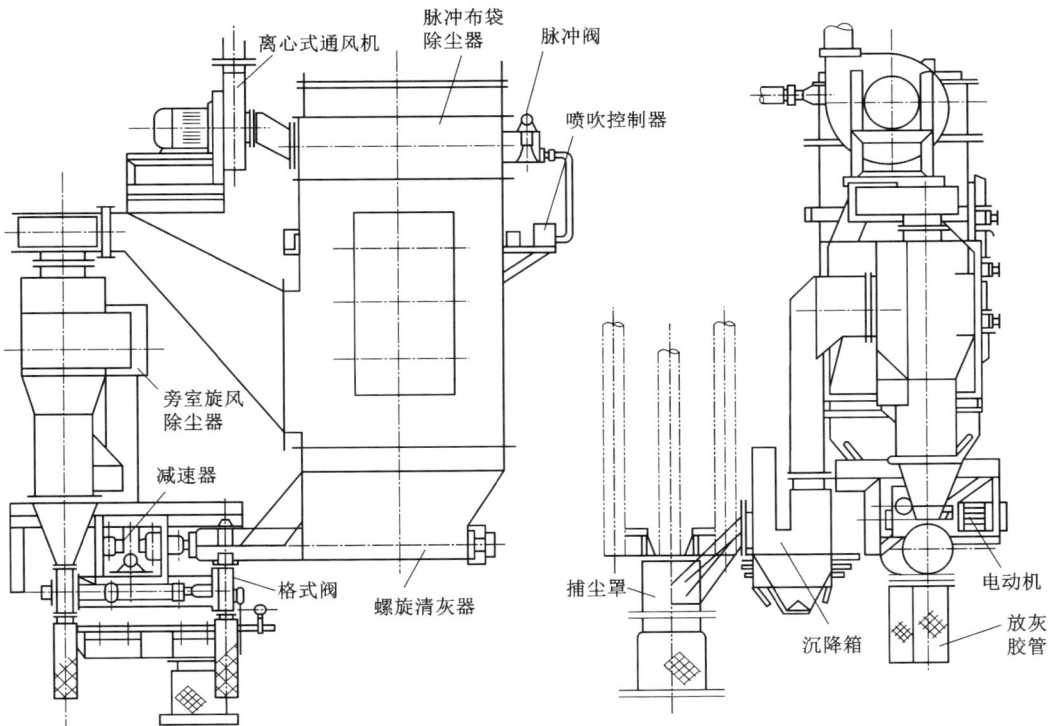

图1-43 干式除尘系统的工作原理

钻机干式除尘系统由沉降、旋流和过滤三级除尘工序组成，其利用沉降器、旋流器和过滤器等装置，通过孔口沉降、旋风除尘和脉冲布袋除尘三级除尘工序将含尘气流中的岩粉捕集起来并除掉。在每排滤袋上方敷设一根喷吹管，该管的喷孔对准喇叭管。喷吹管端部的脉冲阀按脉冲控制仪的程序和时间间隔向喷吹管供压缩空气进行喷吹。当喷吹气流通过喇叭管时，诱导了数倍于一次气流的空气量进入布袋，布袋在一瞬间急剧膨胀，抖落灰尘层。一个炮孔钻完后，灰斗中的积灰会被定期放到地面。

1.10 主平台

1.10.1 主平台的功能

牙轮钻机的主平台是安装各个部件和配套设备的核心构件，需要承受钻孔过程中各种频繁变化的外力和产生的强烈振动，它应当具备以下功能：

（1）集合平台功能。在主平台上安装了钻机的原动机、动力装置、控制系统、操作系统及各类机电液配套系统。

（2）承力平台功能。承受安装在主平台上所有部件的重力，支撑千斤顶的支撑力、钻机工作运行中的各种交变应力等外力。

（3）连接平台功能。各主要部件的连接和过渡，如钻架装置、履带行走机构、走台、司机室等。图1-44为安装在履带总成上的主平台。

图1-44 安装在履带总成上的主平台

1.10.2 主平台的类型

（1）按照有无机房覆盖主平台，分为覆盖式和敞开式。一般采用电动机作为原动机的，使用的是带有机房覆盖的主平台；而采用柴油机作为原动机的，其主平台为敞开型，不使用机房覆盖。

（2）按照主平台相对于下部的履带行走机构是否可以旋转，分为固定式和回转式。固定式的主平台下部采用的是与均衡梁及后轴的三点连接，主平台不能旋转；而回转式的主平台下部通过回转轴承与履带支架上的回转式底架连接，可以旋转。

（3）按照主平台的结构形式，分为框架梁式和组合扭力箱式。框架梁式结构的主平台为半箱状的网格结构，通过在工字钢构成的平面框架上加焊钢板制成；而组合扭力箱式结构则是由等高的纵向的箱形主梁和三个横向的扭力箱结构连接而成。

1.10.3　固定式主平台结构类型

1.10.3.1　框架梁半箱式结构

主平台的框架梁半箱式结构是牙轮钻机的一种传统结构，如 YZ 系列钻机主平台的结构，其示意图见图 1-45。主梁采用 610 mm×230 mm 规格的 70 kg 级低合金高强度 H 型钢，上下横板的厚度均为 16 mm，主平台盖板厚度为 12 mm。为了增加刚性，在其开口面加焊了斜拉筋，因此其具有较好的强度和刚度。

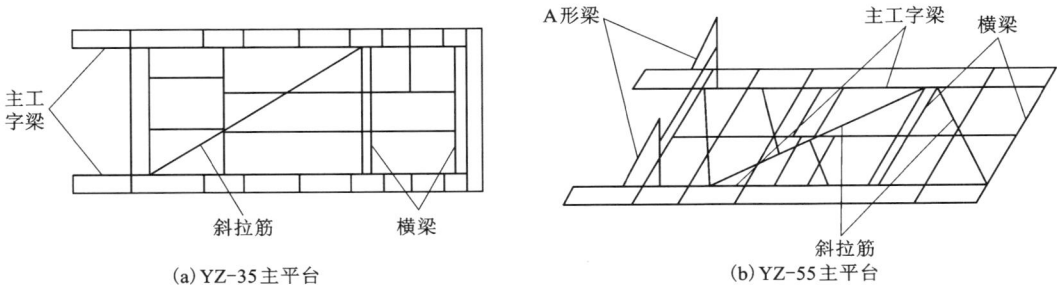

图 1-45　YZ 系列钻机框架梁半箱式的主平台结构示意图

在主平台的两侧分别装有走台，用来加宽主平台，并与主平台构成一个大平面，共同起作用。平台的四角装有四个支撑千斤顶，钻孔作业时用以支承钻机。在钻孔时履带底盘离地，履带支架不受力；而在钻机行走时，则需要将支撑千斤顶收回，此时履带底盘接地，履带支架受力。

1.10.3.2　组合扭力箱式结构

采用高强度的钢结构是国外钻机主平台的一个特点。组合扭力箱式结构的主平台，主要承力构件全部由板厚为 19 mm 的钢板构成，而前部用于调平的支撑千斤顶的套管和主立板为单独的构件单元。该主平台的结构示意图如图 1-46 所示，此种结构与老机型主平台的工字钢构成的框架梁结构相比，其刚度增强了许多，也更坚固。

比塞洛斯公司的 59R 型钻机的主梁也是以多扭力箱设计为特征，强度的增加使其能承受整车长度上的最大负荷，并可减少振动，其剖面模数比 49R II 型上升了 85%，比 60R 型上升了 200%。

图 1-47 为框架梁半箱式和组合扭力箱式两种结构的钻机主平台的横断面对比。由图可看出，组合扭力箱式结构的主平台强度和刚性明显比下方开口式的工字钢构造的框架梁半箱式结构的主平台要好。

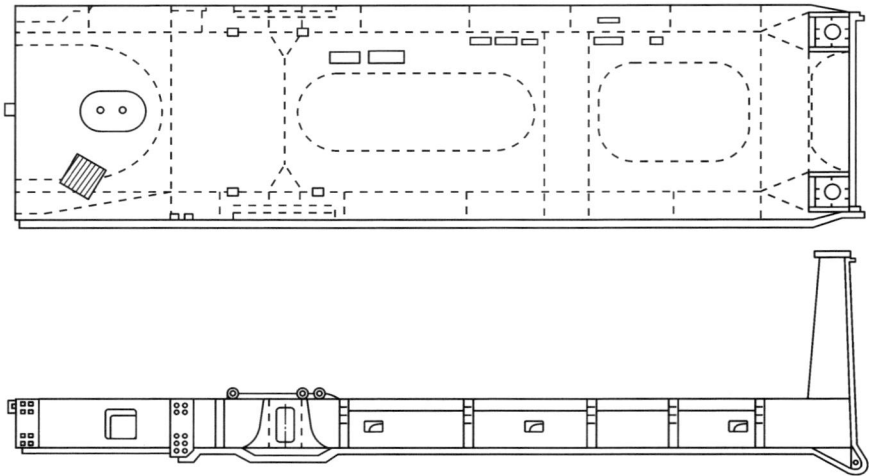

图 1-46 组合扭力箱式结构的主平台结构示意图

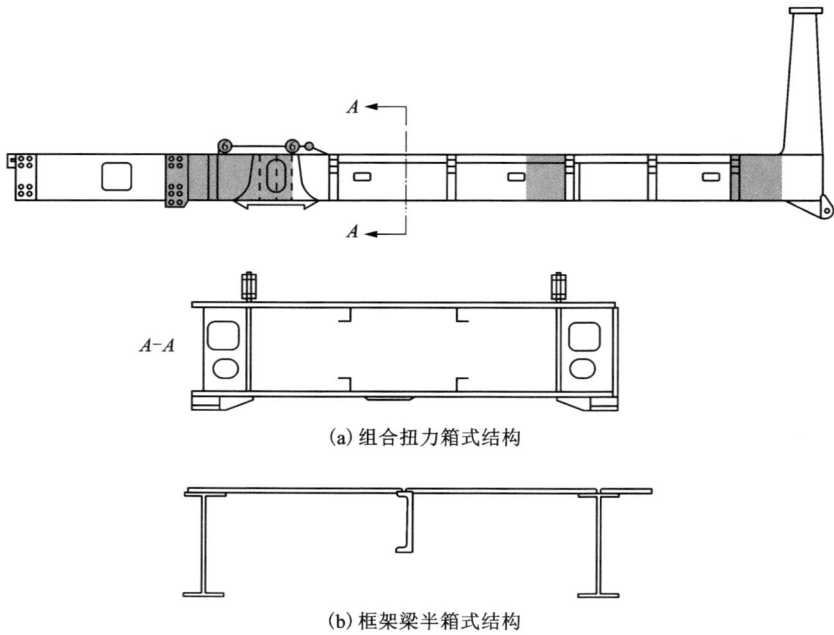

(a) 组合扭力箱式结构

(b) 框架梁半箱式结构

图 1-47 两种钻机主平台结构的横断面对比

1.10.3.3 箱式底座结构

与上述通过均衡梁式底架和履带行走机构连接的主平台不同,箱式底座结构主平台将主平台和底架融为一体,成为一种主平台底架一体化的结构。这种结构可以和履带结构进行刚性连接,一体化的横向的中心板允许履带直接安装在底盘上,以增加稳定性。比塞洛斯公司39HR 型钻机的主平台即为此种结构,如图 1-48 所示。

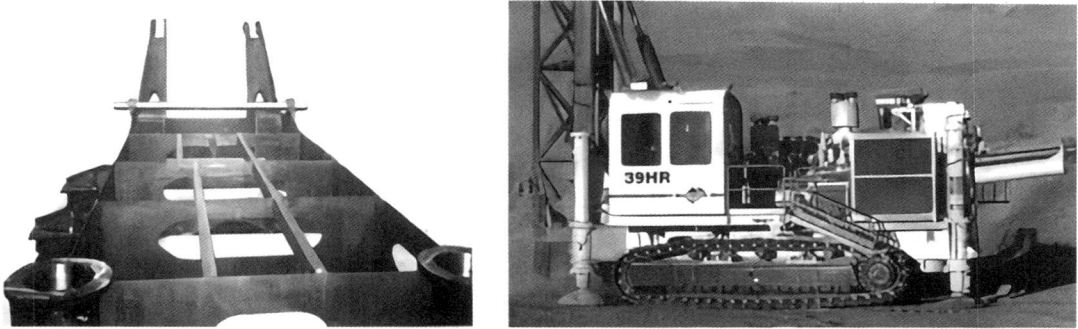

图1-48 39HR型钻机主平台的箱式底座结构

1.10.4 回转式主平台的结构

有些钻机参考挖掘机的工作方式，在钻机上采用回转式的主平台结构，如安百拓公司的CDM30型钻机，其主平台可向履带两侧转动180°。这种带有回转平台的钻机在使用时有两大好处：一是钻机可以通过沿开采台阶坡顶线平行移动来完成钻孔，这样既可使移孔位时间减少一半以上，又可以保证钻机在钻凿开采台阶头排孔时的安全性，即便是行走失控也不会发生钻机事故；二是在钻孔孔网参数允许范围内，可以在一次稳车后钻凿2~3个炮孔。但是，这种带有回转式主平台的设计结构，一般只能用在中小型牙轮钻机上。

1.11 附属装置

牙轮钻机的附属装置是其完成正常钻孔作业不可或缺的重要组成部分，附属装置的作业效率、工作可靠性和使用寿命直接关系到牙轮钻机钻孔作业的效率、成本、安全和稳定性。除了牙轮钻头之外，牙轮钻机的钻具组件应该包括钻杆、减振器、稳杆器和钻杆导套。钻具组件在牙轮钻机上的工作位置如图1-49所示。

1.11.1 钻杆

钻杆的作用是把轴压和回转力矩传递给钻头，并将压气从钻杆内孔送至孔底进行排渣和冷却钻头轴承。钻杆一般是由低碳合金钢无缝钢管与两端的接头焊接而成的中空杆件，由上钻杆和下钻杆组成。钻杆的结构如图1-50所示。

下钻杆下端的圆锥管螺纹与稳杆器或钻头相连接，上端的圆锥管螺纹与上钻杆或回转机构的钻杆连接器连接，而上钻杆的上端只与钻杆连接器相连接。下钻杆上接头的圆柱面上车有细颈，并铣出卡槽，下接头的圆柱面上只有卡槽。细颈和卡槽便于接卸钻具。钻杆内孔径应能够通过足够的风量。壁厚为25 mm左右的钻杆，其外径与钻孔直径的匹配要适当，应保证留有合理的环形空间，以形成合理的排渣回风速度。

钻杆的长度有不同规格。采用普通钻架时，每根钻杆长度为9.2 m或9.9 m。采用高钻架时，考虑到下部钻杆磨损较快，应采用2~3节短钻杆，上下两根钻杆交替使用，以使两根钻杆磨损均匀。

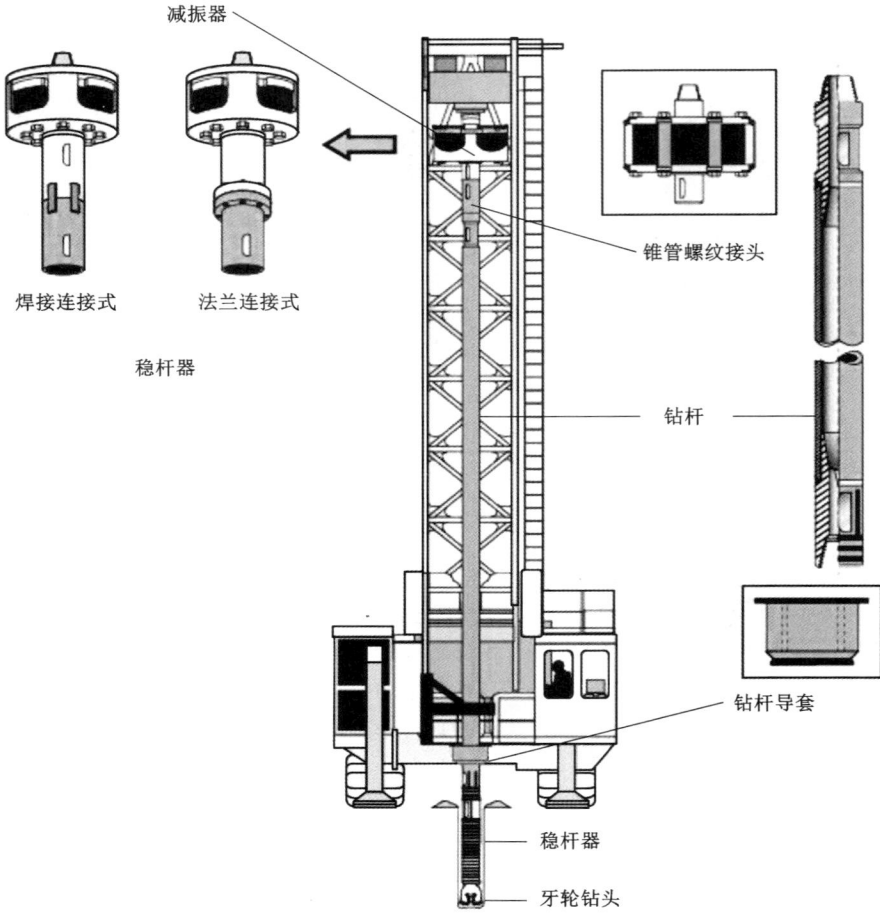

减振器

锥管螺纹接头

钻杆

焊接连接式   法兰连接式

稳杆器

钻杆导套

稳杆器

牙轮钻头

图 1-49 钻具组件在牙轮钻机上的工作位置

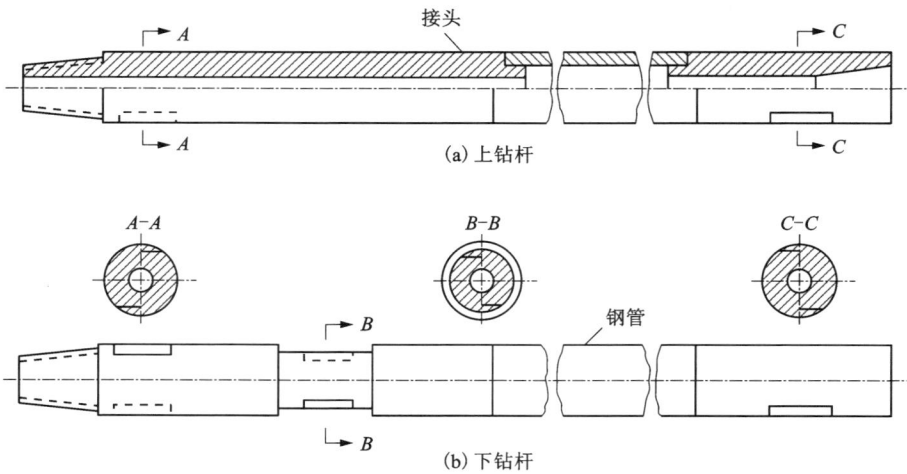

接头

A

A

C

C

(a) 上钻杆

A-A   B-B   C-C

B

钢管

B

(b) 下钻杆

图 1-50 钻杆结构示意图

钻杆被存储在钻杆更换装置中，该装置安装固定在钻架上。根据钻孔作业工序的需要，通过机械或液压装置将钻杆连接到钻机的回转头上实施钻孔作业，在钻孔作业完成后，钻杆被卸下并存储到钻杆更换装置中。当使用一根钻杆不能满足钻孔的深度要求时，需要将第一根钻杆与后续钻杆连接起来，这意味着在钻凿同一直径的炮孔时，钻杆的外径须是相同的，并要通过内外锥管螺纹连接的方式将上钻杆与下钻杆连接。钻杆上用于连接的扳手一般都在钻杆的两端附近，以便于钻杆的装卸。

1.11.1.1　装配式钻杆

装配式钻杆由三部分构成，即上部钻杆接头、无缝管、下部钻杆接头，通过焊接将三部分组合在一起。上部钻杆接头和下部钻杆接头是由合金钢制成的，中间的无缝管是由碳钢制成。当然，也有无缝管使用与上部钻杆接头、下部钻杆接头相同材质的合金钢管制作，以便使用同一种表面热处理工艺对钻杆整体进行热处理。装配式钻杆的结构如图1-51所示。

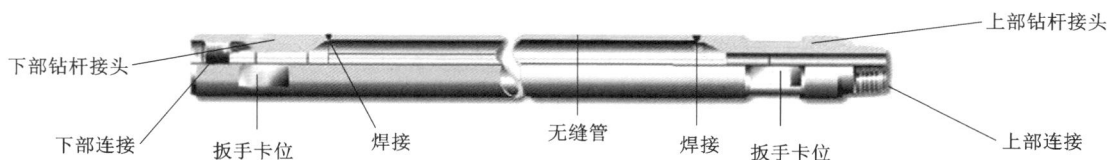

图 1-51　装配式钻杆

1.11.1.2　整体式钻杆

整体式钻杆是由一根整体的合金钢棒材经过机加工和表面热处理后制成的，其具有直径均匀的中心孔，压缩空气通过该中心孔流入钻头。由于整体式钻杆的壁厚较大，钻杆显得较为笨重。相对于装配式钻杆，整体式钻杆成本较高，但其使用寿命较长。一般单根整体式钻杆的长度约12 m，其结构如图1-52所示。

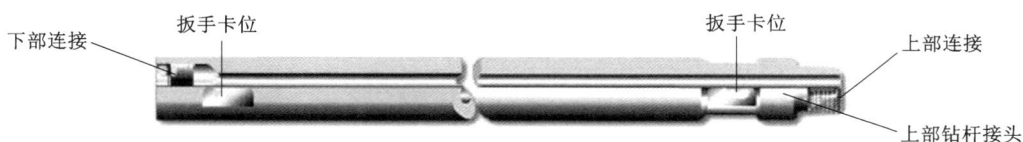

图 1-52　整体式钻杆

1.11.2　稳杆器

稳杆器的基本功能是减轻钻杆、钻头在钻孔时的摆动，防止炮孔偏斜，形成光滑孔壁，延长钻头使用寿命。稳杆器安装在钻头上方与钻杆的下部接头之间，其上端与钻杆的下部接头连接，下端与钻头的锥管接头连接。稳杆器的外径略小于钻头的直径，两者之间的连接采用紧密配合，以延长钻杆抵抗偏斜的长度。

稳杆器主要有如下功能：

（1）稳杆器可延长钻头使用寿命。稳杆器可以确保钻头围绕自身的轴线旋转，使得施加到钻头上的能量和作用力最有效地作用在轴线方向上，同时限制钻头的侧向移动。稳杆器因为充分利用了作用在钻头上的轴压力，所以不仅延长了钻头的使用寿命，而且提高了钻孔速度。

（2）稳杆器可延长钻杆使用寿命。稳杆器可通过防止炮孔倾斜来延长钻杆的使用寿命。钻孔时，钻头钻进的方向取决于钻机的调平程度，但当钻机调平后仍存在着诸多因素可使炮孔发生倾斜，如岩层发生变化、导套磨损过限、稳杆器磨损过限等。当炮孔将要开始倾斜时，稳杆器外径即与炮孔壁相接触，防止炮孔倾斜，从而保证了炮孔的垂直性。

此外，稳杆器还可减少和防止钻杆在炮孔内的摆动及与孔壁的碰撞，增加回转机构的稳定性，以便回转机构产生的功全部作用到岩石上，使钻杆与孔壁的摩擦减少到最低程度，延长了钻杆的使用寿命。

（3）稳杆器对孔壁具有光整作用。随着牙轮钻头逐渐磨损，以及岩层硬度的不断变化，孔壁的光整程度上下是不一样的，稳杆器可对孔壁起到修整作用。同时，稳杆器可起到防止和减少因钻杆与孔壁之间摩擦所造成的孔壁矿岩的滑塌，从而防止卡钻等事故的发生。而且孔壁光整后，在光滑的炮孔中装填炸药变得更容易且均匀，这样既节约了炸药，又改善了爆破效果。

因此，稳杆器的使用可以提高钻头和钻杆的使用寿命，并可减少卡钻、炮孔滑塌等事故，从而保证炮孔的质量，提高钻孔速度。

牙轮钻机使用的稳杆器主要有焊接辐条式稳杆器、整体式辐条稳杆器和滚轮式稳杆器3种类型。

1.11.2.1　焊接辐条式稳杆器

焊接辐条式稳杆器结构相对简单，制造成本低。此种结构形式的稳杆器上突出的辐条有直条形和螺旋形两种，这些辐条的表面都镶嵌有硬质合金刀片或其外围堆焊有硬质合金，如图1-53所示。焊接辐条式稳杆器能够在较大的长度上防止钻杆偏斜，也可以使用廉价的焊接和研磨设备对稳杆器进行返修或翻新。

1.11.2.2　整体式辐条稳杆器

整体式辐条稳杆器在形状和外观上与焊接辐条式稳杆器非常相似，不同之处在于其辐条与稳杆器的本体是一体的，而不是焊接或镶嵌上去的。整体式辐条稳杆器有直条形辐条和螺旋形辐条两种，如图1-54所示。整体式辐条稳杆器的4根辐条上焊有耐磨材料，或在辐条上镶嵌有硬质合金锯齿。该稳杆器适用于岩石普氏系数 $f<16$ 的中等磨蚀性的矿岩，但不宜用于钻凿倾斜炮孔。

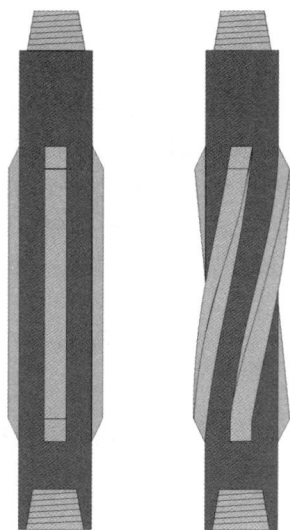

图1-53　焊接辐条式稳杆器

1.11.2.3　滚轮式稳杆器

滚轮式稳杆器是指在稳杆器的本体上装有三个或多个表面镶嵌有硬质合金的滚轮。由于滚轮摩擦阻力小，故滚轮式稳杆器使用寿命长，适用于钻凿硬度高和磨蚀性强的矿岩，特别适用于斜炮孔钻进。滚轮式稳杆器的外形结构如图1-55所示。

滚轮式稳杆器中的每个滚轮均可在稳杆器本体的凹槽中自由旋转，轴承部件上留有与钻杆中心相连的通道，以便输入空气进行润滑，并作为滚轮与轴承之间的缓冲气垫。滚轮式稳杆器可减少所需扭矩，这是因为滚轮与钻孔壁摩擦是滚动摩擦，摩擦力小，滚轮上镶嵌的硬质合金磨损得也慢。

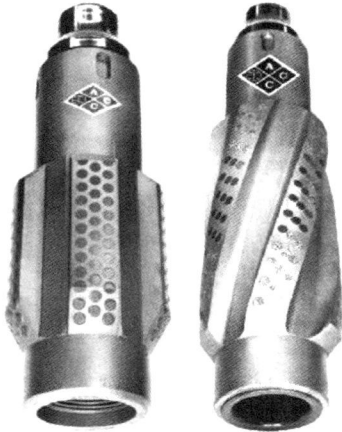

图1-54　整体式辐条稳杆器

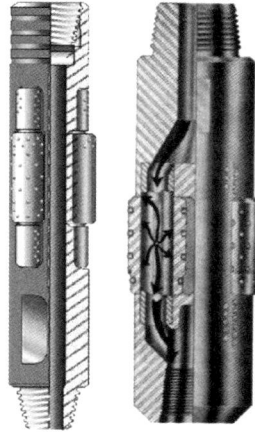

图1-55　滚轮式稳杆器

滚轮式稳杆器通常装有3个滚轮，但在钻凿非常坚硬和具有磨蚀性的岩层时，可使用6个滚轮。钻孔直径越大，滚轮式稳杆器的优点就越突出。因此，滚轮式稳杆器特别适用于大直径炮孔的钻进作业。不足之处是其价格比其他类型的稳杆器要贵一些。

当然，如果炮眼的直径非常大（>381 mm），而且钻孔的孔壁与钻杆之间具有较大的环状空间，则不需要使用稳杆器，因为钻孔产生偏差的可能性非常小。

1.11.3　减振器

减振器的主要功能与作用是减轻钻头工作时引起的钻杆纵向和横向振动，传递钻进过程中钻机所施加的轴压和转矩，保持钻机工作平稳，延长钻头使用寿命。司机通过减振器可以更好地控制钻机的轴压和转速，从而提高钻进速度，减少因振动和冲击引起的结构裂纹以及对钻机各部件的损坏，减少钻机的故障，缩短维修时间。

减振器一般安装在回转头减速器的中空轴与钻杆之间。减振器通常是靠橡胶弹簧来降低和吸收钻杆的纵向和横向振动，其结构与外形如图1-56所示。减振器的上、下接头中间设置有主、副橡胶弹簧，它们之间靠螺栓和销钉连接并固定。防松套的作用是防止反转时钻杆松脱。

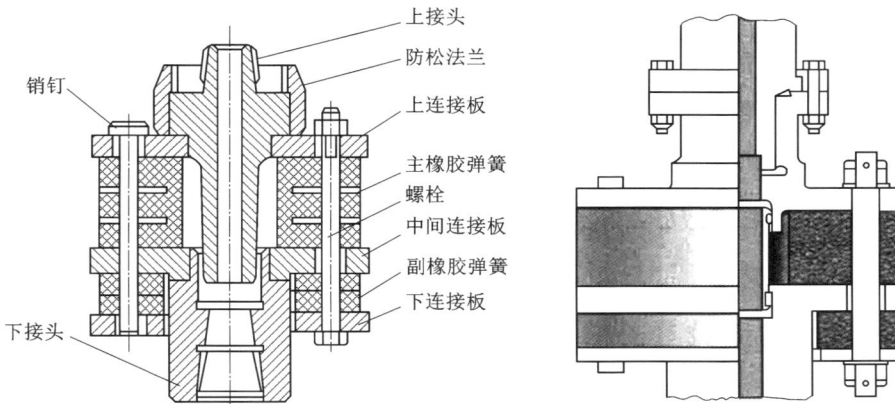

图1-56　橡胶减振器的结构与外形

1.11.4　钻杆回转定心导套

钻杆回转定心导套的主要作用是使钻杆在钻机平台水平方向上保持稳定工作状态。钻机上通常使用的定心导套是一种固定不动的、非旋转的衬套，这种类似滑动轴承的结构致使钻杆旋转时需要额外增加回转动力和更大的扭矩，而且磨损较快，需要进行润滑。钻杆回转定心导套具有回转功能，能够避免上述问题，衬套的内部有两排或多排滚动轴承，允许内衬套管随同钻杆一起旋转。钻杆回转定心导套的剖面如图 1-57 所示。

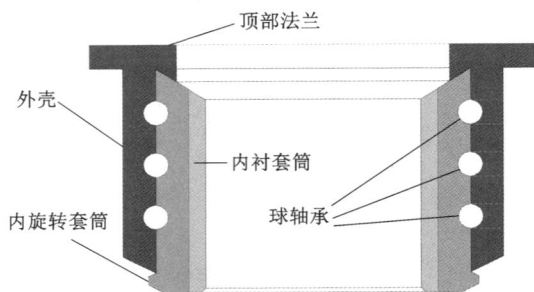

图 1-57　钻杆回转定心导套剖面

当钻杆旋转并接触到内衬套筒时，由于径向的振动，内衬套筒也随着一起旋转，这样降低了额外转矩，并减少了钻杆的磨损。由于克服摩擦的扭矩较小，钻头能获得更大的扭矩，并提高穿透率。在结构设计上，这种衬套也相对便宜且更换方便。

1.11.5　牙轮钻头

1.11.5.1　工作原理

如图 1-58 所示，牙轮钻机钻孔时，钻机的回转加压机构通过钻杆对钻头提供足够大的轴压力和回转力矩，牙轮钻头在岩石上同时钻进和回转，对岩石产生静压力和冲击动压力作用，使牙轮在孔底滚动中连续挤压、切削、冲击破碎岩石。与此同时，具有一定压力和流速的压缩空气经钻杆内腔从钻头喷嘴喷出，将岩渣从孔底沿钻杆和孔壁的环形空间不断地吹至孔外，直至形成所需孔深的钻孔。当一个炮孔钻凿完成之后，钻机将钻具提升出孔外，自行转移到下一个孔位继续钻孔作业。

钻头体上端加工有螺纹，用于连接钻杆，下端带有牙掌，钻头体上镶装喷嘴。根据钻头体与牙掌的装配形式，牙轮钻头可分为整体式和分体式两类，如图 1-59 和图 1-60 所示。

对于分体式牙轮钻头，钻头体与牙掌分别制造，之后将牙掌焊接在钻头体下方，这种钻头的上端螺纹均为内螺纹，钻头直径一般在 346 mm 以上。对于整体式牙

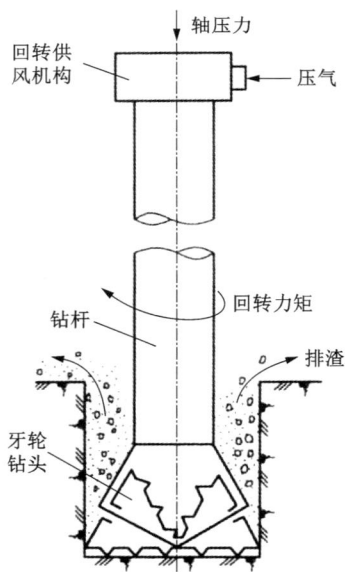

图 1-58　牙轮钻机破岩钻孔示意图

轮钻头，牙掌分别与每个三分之一部分的钻头体做成一体，之后将这三部分组合焊在一起，此种钻头的上端螺纹大多为外螺纹，钻头直径一般在 311 mm 以下。

当前露天矿用牙轮钻机经常使用的三牙轮钻头为整体式钻头，其结构如图 1-61 所示。它主要由牙掌、牙轮和轴承等组成，轴承安装在牙掌的轴颈上，三个牙轮分别套在三个牙掌

的轴颈上，将三个牙掌焊成一体，然后加工出钻头上端的连接螺纹。

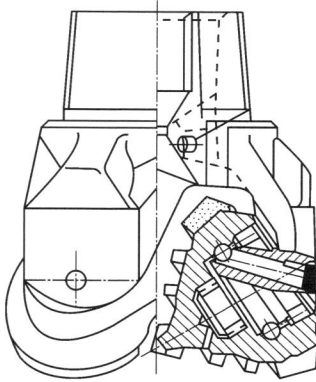

图 1-59 整体式钻头

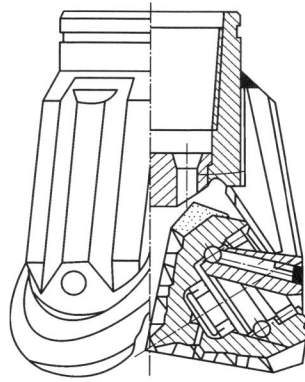

图 1-60 分体式钻头

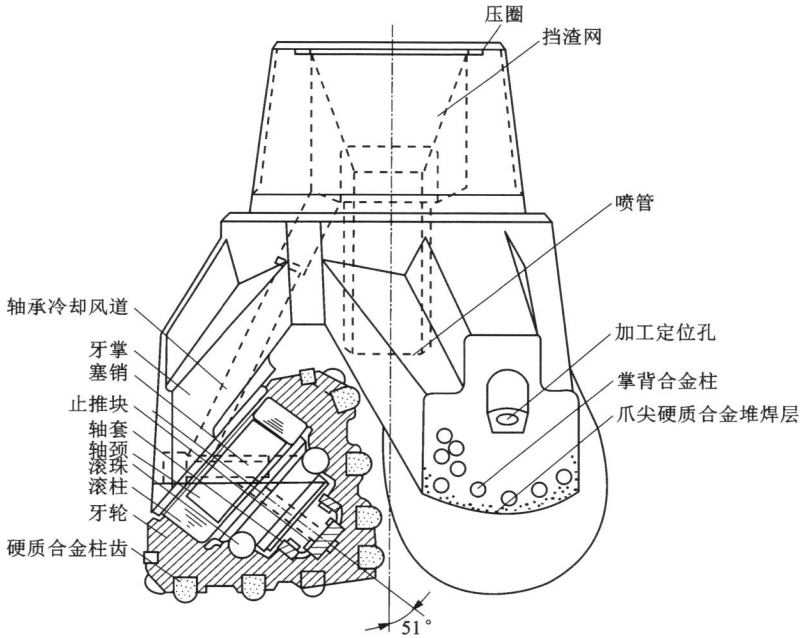

图 1-61 三牙轮整体式钻头结构

1.11.5.2 牙掌

　　牙掌是牙轮钻头的主要零件，其构造如图 1-62 所示。牙掌是一个形状复杂的锻造零件，主要由各部轴承的轴颈 2~4、掌背 9 和与钻杆连接的螺纹 8 等组成。牙掌轴颈轴线与钻头轴线的夹角为轴倾角，一般为 50°~59°。牙掌与孔壁的接触部分称为掌背，掌背的下端为爪尖，它是牙掌的薄弱部位。为了减轻掌背的磨损，掌背与孔壁之间设计了一个 3°~5° 的夹角，并在爪尖的外表面处堆焊了一层硬质合金粉，且镶嵌一些平头的硬质合金柱。牙掌的上端是与稳杆器连接的螺纹部分。

　　牙掌轴颈是钻头轴承的内滚道，其中滚珠轴承起着将牙轮锁紧在牙掌轴颈上的作用。滚柱、滑动轴套及止推块被放入牙轮内并套在牙掌的轴颈上之后，从牙掌背上的塞销孔将滚珠放入滚珠轴承的滚道内，滚道装满滚珠后，将塞销插入塞销孔内，并将塞销端部焊死在牙掌背上，以防止滚珠掉出。

1.11.5.3　牙轮

　　牙轮是一个外表面带齿、内腔加工成与轴颈相配合的滚动体滚道或滑动摩擦面的不完整的复合圆锥体，有单锥与多锥两种结构，其具体结构如图 1-63 所示。

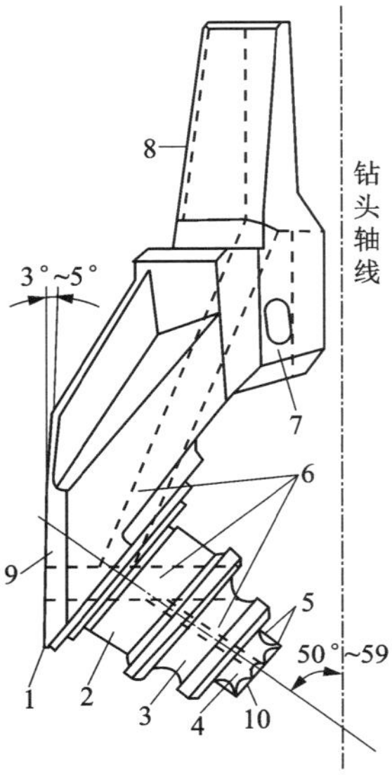

1—爪尖；2—滚柱轴承轴颈；3—滚珠轴承轴颈；
4—滑动轴承轴颈；5—硬质合金堆焊层；
6—轴承冷却风道；7—定位销；8—螺纹；
9—掌背；10—小轴端面。

图 1-62　牙掌的构造

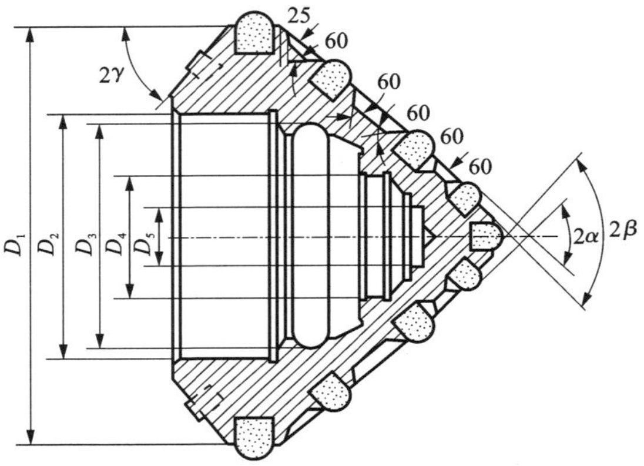

2α—牙轮主锥角；2β—牙轮复锥角；2γ—牙轮背锥角；
D_1—牙轮直径；D_2—滚柱滚道直径；D_3—滚珠滚道直径；
D_4—滑套直径；D_5—止推块孔直径。

图 1-63　镶齿牙轮的结构

　　在牙轮的外表面钻有若干排齿孔，采用冷压的方法将硬质合金柱齿压入齿孔内，为了使柱齿牢固地镶嵌在齿孔内，柱齿直径应稍大于齿孔直径，其过盈量一般为 0.08～0.16 mm。牙轮上每一排柱齿都构成一个齿圈，考虑到各牙轮之间的啮合及排渣，在各齿圈之间都加工出一定宽度和深度的沟槽，即齿槽。

　　牙轮内腔由径向轴承滚道和止推块孔腔构成。当牙轮钻头为两道止推轴承结构时，牙轮内腔就有两道止推端面。为了保护牙轮的背锥，防止其被孔壁过度磨损，在背锥上镶嵌有平头硬质合金柱齿，其与外齿圈上的柱齿相间排列，数目与外齿圈上的柱齿相等。牙轮的内腔和牙轮外表面的齿槽均经过渗碳和淬火处理，以增加其表面硬度，延长牙轮的使用寿命。

1.11.5.4　轴承

　　轴承是牙轮钻头的重要部件，其作用是支撑牙轮灵活转动，并将钻机施加在钻头上的轴压力和回转力矩传递给牙轮，以使其齿有效地破碎岩石。

钻头轴承有三种：滚动轴承、滑动轴承、卡簧滑动轴承，其结构形式如图1-64所示。卡簧滑动轴承主要为国外进口产品，国内牙轮钻头的轴承大多为滚动轴承和滑动轴承两种。

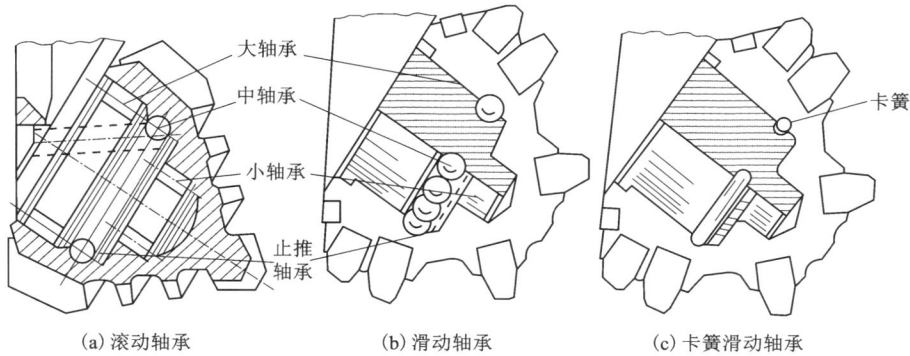

(a) 滚动轴承　　　　　　(b) 滑动轴承　　　　　　(c) 卡簧滑动轴承

图1-64　牙轮钻头的轴承结构形式

1.12　国内牙轮钻机主要生产厂家与技术参数

1.12.1　武汉武重矿山机械有限公司

武汉武重矿山机械有限公司(以下简称武重矿机)生产的 WKY 系列牙轮钻机主要用于年产1000万t以上的大型、特大型露天金属与非金属矿山钻孔作业，也用于水电、港口、交通等大型工程建设项目中的施工作业。其外观见图1-65，技术参数见表1-1。

图1-65　WKY 系列牙轮钻机外观

表 1-1　武重矿机 WKY 系列牙轮钻机技术参数

机型	WKY-250	WKY-250BM	WKY-250BMG	WKY-250CM	WKY-310	WKY-310G
钻孔直径/mm	170~270	170~270	170~270	170~270	310~380	310~380
标准孔径/mm	250	250	250	250	310	310
最大轴压/kN	400	400	400	400	600	600
一次连续钻孔深度/m	18.5	18.5	18.5	18.5	19	19
提升/加压动力	液压马达	液压马达	液压马达	液压马达	液压马达	液压马达
提升速度/(m·min⁻¹)	0~25	0~25	0~25	0~33	0~28	0~28
加压速度/(m·min⁻¹)	0~2.4	0~2.4	0~2.4	0~2.4	0~2.2	0~2.2
回转动力	变频电机	液压马达	液压马达	液压马达	液压马达	液压马达
回转速度/(r·min⁻¹)	0~90	0~120	0~120	0~140	0~120	0~120
最大回转扭矩/(kN·m)	22	15	15	14	18	18
行走动力	液压马达	液压马达	液压马达	液压马达	液压马达	液压马达
行走速度/(km·h⁻¹)	0~1.5	0~1.5	0~1.5	0~1.8	0~1.1	0~1.1
爬坡能力/%	21	21	21	21	21	21
主空压机风量/(m³·min⁻¹)	40	40	60	40	50	85
主空压机电机/kW	220	220	300	柴油机	250	400（高压启动）
液压油泵电机/kW	110	132	200	柴油机	250	250
总装机容量/kW	438	405	557	477	567	726
钻架立起尺寸/(mm×mm×mm)	12712×6337×26988	12712×6337×26988	12712×6337×26988	12870×6680×26958	14826×6972×29045	14826×6972×29045
钻架放倒尺寸/(mm×mm×mm)	27105×6337×8377	27105×6337×8377	27105×6337×8377	27253×6680×8376	28592×6972×8296	28592×6972×8296
钻机总质量/t	98	98	100	112	145	150

1.12.1　中钢集团衡阳重机有限公司

中钢集团衡阳重机有限公司(以下简称中钢衡重)生产 YZ 系列牙轮钻机，先后推出了四种型号的 YZ35 型牙轮钻机（YZ35A、YZ35B、YZ35C、YZ35D）和四种型号的 YZ55 型牙轮钻机（YZ55、YZ55A、YZ55B、YZ55D），技术参数见表 1-2。

表1-2　中钢衡重 YZ 系列牙轮钻机技术参数

机型	YZ35A	YZ35B	YZ35C	YZ35D	YZ55	YZ55A	YZ55B	YZ55D
钻孔直径/mm	170~270	170~270	170~270	170~270	250~380	310~380	310~380	310~380
标准孔径/mm	250	250	250	250	310	310/380	310/380	310
最大轴压/kN	350	350	350	350	550	600	600	600
一次连续钻孔深度/m	18.5	18.5	18.5	18.5	16.5~19	19	19	19
提升/加压动力	电机	电机	电机	电机	电机	电机	电机	电机
提升速度/(m·min^{-1})	0~37	0~37	0~37	0~37	0~30	0~30	0~30	0~30
加压速度/(m·min^{-1})	0~1.33	0~1.33	0~2.2	0~2.2	0~1.98	0~3.3	0~3.3	0~3.3
回转速度/(r·min^{-1})	0~90	0~90	0~120	0~120	0~120	0~150	0~150	0~90
最大回转扭矩/(kN·m)	9.2	9.2	9.2	9.2	9.0	11.5	11.5	11.5
行走速度/(km·h^{-1})	0~1.33	0~1.33	0~1.5	0~1.5	0~1.1	0~1.14	0~1.14	0~1.14
爬坡能力/%	15	30	15	15	25	25	25	25
主空压机风量/(m^3·min^{-1})	37	30	36/40/43	36/40/43	40	40/43	40/43	40/43
钻架立起尺寸/(mm×mm×mm)	11900×6020×26300	11900×6020×26300	13600×5910×26300	13600×5910×26300	14200×6110×29080	14500×6110×28800	14500×6110×28800	14500×6110×28808
钻架放倒尺寸/(mm×mm×mm)	25400×6020×6490	25400×6020×6490	25800×5910×6490	25800×5910×6490	27030×6110×8550	28800×6110×8090	28800×6110×8090	27060×6110×8090
钻机总质量/t	85	80~90	90~95	95	140	150	150	150

1.13 国外牙轮钻机主要生产厂家与技术参数

1.13.1 瑞典安百拓公司

安百拓公司(原阿特拉斯·科普柯公司把矿山设备业拆分出来后新成立的独立公司)将英格索兰公司收购后,开始将牙轮钻机系列产品加入其产品家族,调整后的机型型号基本维持不变。安百拓公司 DM 系列和 PV 系列牙轮钻机技术参数见表 1-3 和表 1-4。

表 1-3 安百拓公司 DM 系列牙轮钻机技术参数

型号		DM-M3	DM-30 II	DM-45	DM-75	DML	DML-SP	IDM-70
钻孔直径/mm		251~311	140~200	149~229	229~270	149~270	152~251	229~270
液压推进力/kN		400	133	200	334	267	240	311
钻头载荷/kg		40800	13600	20400	34000	27200	24500	36788
液压回拉力/kN		185	44	98	133	98	240	264
单杆钻深/m		11.3	7.9	8.5		8.5/10	14.3/17.4	7.62/10.67
最大钻孔深度/m		73.2	44.5	53.3		53.5/62.5	14.3/17.4	7.62/10.67
推进速度/(m·s^{-1})		0.7	0.5	0.7				9.6
回转扭矩/(kN·m)		13.8	7.3	9.76				11.29
质量/t		104	31.75	35/41	68~85	39.5~50	41~45	66.7~67.7
钻架立起尺寸/m	长	12.3	8.7	9.7				14.7
	宽	5.8	5.16	5.35				5.78
	高	20.4	13.77	13.3				17.25
钻架放倒尺寸/m	长	20.3	13.7	13.3				16.67
	宽	5.8	5.16	5.35				5.78
	高	7.2	5.09	5.5				6.4

表 1-4 安百拓公司 PV 系列牙轮钻机技术参数

型号	PV-235	PV-271	PV-275	PV-311	PV-316	PV-351	T4BH
钻孔直径/mm	152~270	171~270	171~270	228~311	228~311	270~406	143~251
液压推进力/kN	267	311	311	445	445	534	133
钻头载荷/kg	29500	34000	34000	49900	49895	56700	30600
液压回拉力/kN	120	156	156	220	330	267	97
单杆钻深/m	10.7/12.2	16.8	11.3	19.8	14.3	19.8	6.8/8.4

续表 1-4

型号	PV-235	PV-271	PV-275	PV-311	PV-316	PV-351	T4BH
最大钻孔深度/m	73.2/64	32	59.4	45	90.5	41.1	45/54.1
推进速度/(m·s⁻¹)	0.7~1.0	0.6	0.6	0.42	0.6	0.6~0.8	0.3
回转扭矩/(kN·m)	6.6/11.1	11.8	11.8	12/18	13.8	25.7	8.8/9.7
质量/t	58	84	84	140		175~188	26
钻架立起尺寸/m 长	10.4	12.6	12.6			16.4	8.7
钻架立起尺寸/m 宽	5.3	5.6	5.6			8.1	2.4
钻架立起尺寸/m 高	19	26.5	20.4	28.7		31.6	11.1
钻架放倒尺寸/m 长	19.3	25.5	19.4			29.9	10.7
钻架放倒尺寸/m 宽	5.3	5.6	5.6			8.1	2.4
钻架放倒尺寸/m 高	6.4	6.7	6.7			8.5	4.1

1.13.2　瑞典山特维克公司

山特维克公司的钻机源于其收购的 Tamrock Driltech 公司 D××KS 系列钻机,其钻机型号维持不变,技术参数等见表 1-5 和表 1-6。

表 1-5　山特维克公司牙轮钻机技术参数

型号	D25KS	D25S	D45KS	D50KS	D55SP	D75KS	D90KS
钻孔直径/mm	127~172	127~203	152~229	152~229	172~254	229~279	229~349
单杆钻深/m	9.14	9.14	9.14	9.14	7.62	10.67	12.2
最大钻孔深度/m	27	45	63	45	17	45	20
液压推进力/kN	124	185	200	222	200	334	400
钻头载荷/kN	143	209	244	267	232	409	523
发动机功率/kW	354	354	354	354	597	597	839
空压机风量/(m³·min⁻¹)	25.5	25.5	25.5	29.7	45.3	45.3	74
推进速度/(m·min⁻¹)	21	32	38	38	35.4	27	21.6
提升速度/(m·min⁻¹)	54	68.3	49	49	61.6	34.8	36.6
回转速度/(r·min⁻¹)	95	114	126	126	131	94	97
回转扭矩/(N·m)	8282	8282	9934	9934	9934	14236	16900
质量/kg	33566	33566	47727	47727	79832	64864	104328

表 1-6　山特维克公司牙轮钻机外形尺寸参数

型号		D25KS	D25S	D45KS	D50KS	D55SP	D75KS	D90KS
钻架尺寸/m	长	13.72	13.79	14.22	14.22	22.45	16.08	17.91/23.8
	宽	2.13	2.54	1.98	1.98	2.46	2.59	2.95/2.59
	高	1.83	1.83	2.29	2.29	2.51	2.51	2.34/2.51
底盘尺寸/m	长	8.64	9.86	9.45	9.45	11.96	12.14	17.32/13.92
	宽	3.91	3.81	3.81	3.81	4.32	4.32	4.32/4.11
	高	3.78	3.81	3.99	3.99	4.11	4.17	4.06/3.86

1.13.3　美国卡特彼勒公司

卡特彼勒公司将比塞洛斯国际公司收购之后，开始生产牙轮钻机系列产品。此前，比塞洛斯国际公司并购了特雷克斯公司(即 Reedrill 公司)的钻机部分，因而其机型中增加了 SKF 系列。卡特彼勒公司收购了比塞洛斯国际公司后，将其原有型号统一改为 MD6 系列，比塞洛斯国际公司原有的商标不再沿用。MD6 系列牙轮钻机技术参数等见表 1-7 和表 1-8。

表 1-7　卡特彼勒公司 MD6 系列牙轮钻机技术参数

型号	MD6250	MD6640	MD6750
钻架高度/m	11.2		
钻进方法	回转/潜孔		
钻孔直径/mm	152~250	244~406	273~445
液压推进力/kN	20411		
钻头载荷/kg	22321	64000	75000
液压回拉力/kN	20411		
单杆钻深/m	11.2	18.3~21.3	19.8
最大钻孔深度/m	53.6	85.3	39.6
推进速度/($m \cdot s^{-1}$)		0.4	0.4
提升速度/($m \cdot s^{-1}$)	0.81		
质量/t	56~64	154	183.5

表 1-8　卡特彼勒公司 MD6 系列牙轮钻机外形尺寸参数

型号	MD6250	MD6640	MD6750
前部宽度/m	5.624	7.24	7.65
后部宽度/m	4.819	7.24	7.65
钻架升起时的高度/m	17.011	31.22	32.36
塔身长度/m	11.708		
钻架降下时的高度/m	17.721	31.24	32.49

1.13.4　日本小松公司

小松公司的牙轮钻机源于其收购的 P&H 钻机,但其钻机的型号与 P&H 的商标维持不变。小松公司 P&H 系列牙轮钻机外形见图 1-66,技术参数等见表 1-9~表 1-12。

图 1-66　小松公司 P&H 系列牙轮钻机外形图

表 1-9　小松公司牙轮钻机主要技术参数

型号	P&H 250XPC	P&H 285XPC	P&H 320XPC	P&H 77XR
最大工作质量/t	142.882	146.510	181.437	
带钻桅的装运质量/t	124.738	128.367	153.949	
履带垫对地压力/kPa	127	129	200/156	
千斤顶对地压力/kPa	765	787	890	
最大钻头负载/t	40.823	53.524	68.038	34.925
钻孔推进速度/(m·min^{-1})	13.72	13.72	4.90	
提升速度/(m·min^{-1})	27.43	27.43	37.00	

表 1-10　小松公司牙轮钻机主要工作范围参数

型号	P&H 250XPC	P&H 285XPC	P&H 320XPC	P&H 77XR
炮眼直径/mm	200~311	229~349	270~444	200~270
单程钻桅标准孔深/m	19.8	19.8	19.8	
单程钻桅最大孔深/m	59.4	59.4	21.3	16.8
多程钻桅标准孔深/m	73.1		39.6	
多程钻桅最大孔深/m	85.3		59.4	59.4

表 1-11 小松公司牙轮钻机钻桅参数

型号	P&H 250XPC	P&H 285XPC	P&H 320XPC
单程钻桅/m	19.8	19.8	19.81(标准)/21.3(可选)
多程钻桅/m	12.2		
升降/mm	267	267	267
倾斜钻孔角度(多层钻孔)/(°)	30		
调整幅度(多层钻孔)/(°)	5		

表 1-12 小松公司牙轮钻机主要外形尺寸参数

型号	P&H 250XPC	P&H 285XPC	P&H 320XPC	P&H 77XR
长(钻桅立起)/m	16.83	16.83	18.50	13.10
长(钻桅放倒)/m	28.72	28.72	32.88	24.00
宽/m	7.83	7.83	8.51	5.43
高(钻桅立起)/m	27.77	27.77	30.60	24.50
高(钻桅放倒)/m	8.38	8.38	10.20	7.00
高(司机室顶部)/m	4.81	4.81	4.86	4.36
履带全长/m	7.04	7.04	7.30	7.02
履带总宽/m	5.52	5.52	6.10	2.62
千斤顶间距/m	9.51	9.51	10.30	7.14
千斤顶宽度/m	3.91	3.91	4.60	2.85(钻孔端)/1.40(非钻孔端)

参考文献

[1] 王运敏. 中国采矿设备手册[M]. 北京: 科学出版社, 2007.
[2] 露天矿用牙轮钻机和旋转钻机 第2部分: 工业试验方法: GB/T 10598.2—2017[S].
[3] 露天矿用牙轮钻机和旋转钻机 第1部分: 通用技术: GB/T 10598.1—2017[S].
[4] 萧其林. 露天矿用牙轮钻机加压提升机构的分析与设计(二)[J]. 矿山机械, 2014, 42(10): 5-12.
[5] 萧其林. 露天矿用牙轮钻机加压提升机构的分析与设计(一)[J]. 矿山机械, 2014, 42(9): 7-10.
[6] 丁瑞芳. 大型露天矿开采及破碎装备的发展[J]. 矿山机械, 2012, 40(6): 1-3.
[7] 液压式天井钻机: JB/T 5510—2008[S].
[8] 冯仕海. 我国露天矿用设备的发展与展望(上)[J]. 金属矿山, 2000(8): 6-10.
[9] 王运敏. 现代采矿手册(上册)[M]. 北京: 冶金工业出版社, 2011.

第 2 章

露天潜孔钻机

2.1 概述

露天潜孔钻机是用于潜孔凿岩的设备，其冲击器安装在钻杆底部，潜入岩孔内直接冲击钻头，其回转机械安装在钻杆顶部，在炮孔外带动钻杆旋转，是主要以冲击作用破碎岩石进行钻凿炮孔的机械。潜孔钻机因其冲击器潜入孔底而得名。

潜孔凿岩开始于 1932 年，先是用于地下矿钻凿深孔，后来用于露天矿。20 世纪 70 年代，国外对潜孔钻机进行了大量研制工作，其产品性能和质量有了较大提升，虽然在大型露天矿中潜孔钻机很快被牙轮钻机取代，但在中小型露天矿中潜孔钻机仍是主要钻孔设备之一。随着高风压潜孔冲击器和球齿钻头的出现，钻孔偏斜减小，钻头使用寿命延长，潜孔钻机得以继续应用于中、大孔径炮孔的钻凿作业。自潜孔钻机问世以来，瑞典安百拓（原阿特拉斯·科普柯公司）、瑞典山特维克、美国英格索兰、日本古河等公司始终走在潜孔凿岩设备研发和推广的前列，一直处于领先地位。进入 21 世纪，安百拓公司成功收购了英格索兰钻机事业部，一跃成为行业内的龙头，山特维克公司紧随其后。目前安百拓和山特维克的产品已占据全球潜孔钻机市场的五成以上。

我国于 1963 年研制出 YQ-150A 型露天潜孔钻机，并于次年定型和批量生产，这种钻机先后成为冶金、化工、建材等矿山主要钻孔设备之一，取代了钢绳冲击式钻机。20 世纪 80 年代我国部分露天矿开始引进国外露天凿岩设备，对其进行消化吸收、试验验证和转化工作，为我国露天潜孔钻机发展奠定了基础，并逐渐形成了自己的潜孔钻机品牌及相关产品系列。进入 21 世纪，我国露天潜孔钻机行业得到了快速发展，涌现出一批具有竞争力的主机厂和配套厂家，目前国内潜孔冲击器生产厂家主要有长沙黑金刚实业有限公司、湖南新金刚工程机械有限公司和长沙天和钻具机械有限公司等，露天潜孔钻机的生产厂家主要有山河智能装备集团、宣化金科钻孔机械有限公司、浙江开山重工股份有限公司、浙江志高机械股份有限公司、浙江红五环机械股份有限公司等。

露天潜孔钻机的发展趋势主要有以下几点：采用高风压潜孔冲击器配高风压空压机；发展液压技术，一机多用；采用高钻架增加一次钻进深度；采用新技术新材料延长钻机和冲击器的寿命；采用计算机技术实现钻孔参数的自动调整、数字显示、自动测量和自动记录；改善作业环境，安装具有隔音、隔震、隔尘效果的司机室，安装冷暖空调，改善司机室操作条件，为操作人员提供一个舒适、健康的工作环境。

露天潜孔钻机最大的技术进步是潜孔冲击器的动力由气压改为水压,从气动潜孔钻机发展为水压潜孔钻机。水压潜孔钻机在瑞典卢基矿业公司(LKAB)的使用已经超过20年,在智利、挪威和加拿大等国家的矿山也有采用,但是在国外其他地区还没有得到广泛使用,在中国只有浙江海聚公司有过零星使用报道,远未推广。

2.2 露天潜孔钻机分类

2.2.1 按结构形式分类

露天潜孔钻机按结构形式可分为分体式和一体式。分体式潜孔钻机,其空压机与钻机分开布置,通过高压气管连接;而整体式潜孔钻机,其空压机安装在钻机上成为一个整体。

2.2.2 按有无行走机构分类

露天潜孔钻机按有无行走机构可分为自行式和非自行式。自行式又分为轮胎式和履带式,非自行式又分为支柱(架)式和简易式。

2.2.3 按驱动力分类

露天潜孔钻机按驱动力可分为气动式和水压式。气动潜孔钻机以压缩空气为驱动力进行冲击作用,水压潜孔钻机以高压水为驱动力进行冲击作用。

2.2.4 按使用气压分类

露天潜孔钻机按使用气压分为普通气压潜孔钻机(0.5~0.7 MPa)、中气压潜孔钻机(1.0~1.4 MPa)和高气压潜孔钻机(1.7~2.5 MPa)。有的也将中、高气压潜孔钻机统称为高气压潜孔钻机。

2.2.5 按钻孔直径分类

按照钻孔直径,露天潜孔钻机分为:
(1)轻型潜孔钻机(孔径<100 mm,整机质量≤3 t);
(2)中型潜孔钻机(孔径130~180 mm,整机质量10~15 t);
(3)重型潜孔钻机(孔径180~250 mm,整机质量28~30 t);
(4)特重型潜孔钻机(孔径>250 mm,整机质量≥40 t)。

2.3 露天潜孔钻机的排渣与捕尘

排渣与捕尘不仅影响钻孔速度,也影响作业环境,因而常采用气水混合排渣捕尘或泡沫排渣捕尘改进作业环境。

2.3.1 气水混合排渣捕尘

气水混合排渣捕尘是目前应用最普遍的方法,其中给水量的控制较为重要,给水量一般为4~11 L/min,个别情况也可达25 L/min。检查排渣情况时可以用手握紧岩粉成团,松手后即散开的排渣情况最为适宜。水量过多会恶化冲击器的润滑条件并降低凿岩速度，水量不足将影响捕尘效果。为减少水雾和残余粉尘对操作者的危害，作业面上要保证通风，且风速不低于 0.2 m/s。

2.3.2　泡沫排渣捕尘

为提高气水混合捕尘的粉尘捕获率，可在水中加入万分之几的起泡剂或湿润剂，以降低水的表面张力，提高水对细粒粉尘的湿润作用。如 CHJ-1 型湿润剂，加入量为 1:20000，捕尘效果可提高 40%~60%。

2.4　水压潜孔钻机

2.4.1　水压潜孔钻机结构

以高压水为驱动力进行冲击的潜孔钻机称为水压潜孔钻机。高压水泵与潜孔钻机分开布置的称为分体式水压潜孔钻机，高压水泵与钻机安装为一体的称为整体式水压潜孔钻机。

分体式和整体式水压潜孔钻机的结构相近，均由高压水泵、高压水管、旋转接头、钻杆、单向阀、导向杆、水压冲击器、钻头等组成，其结构分别如图 2-1、图 2-2 所示。

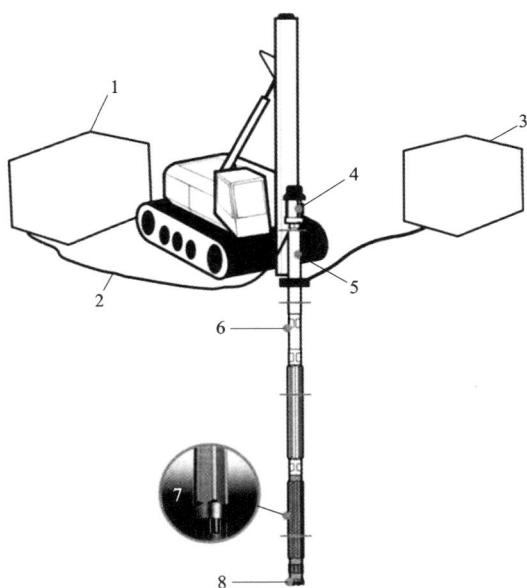

1—高压水泵；2—高压水管；3—沉淀箱；4—旋转接头；
5—钻杆；6—单向阀；7—水压冲击器；8—钻头。

图 2-1　分体式水压潜孔钻机的组成

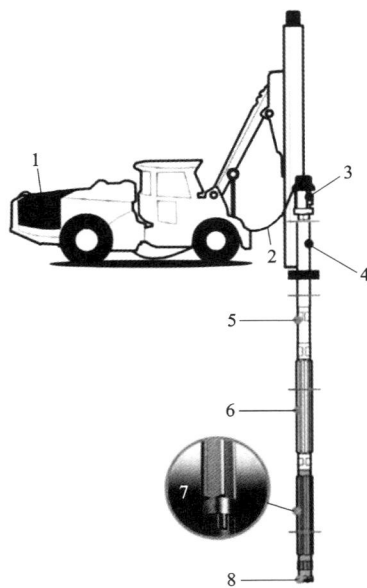

1—高压水泵；2—高压水管；3—旋转接头；4—钻杆；
5—单向阀；6—导向杆；7—水压冲击器；8—钻头。

图 2-2　整体式水压潜孔钻机的组成

2.4.2　水压潜孔钻机的优势

与气动潜孔钻机、顶锤式钻机相比，水压潜孔钻机有 4 项环保和健康优势，见表 2-1；同时具有 4 项钻孔效率和成本优势，见表 2-2。

表 2-1　水压潜孔钻机的环保和健康优势及效益

环保和健康优势	效益
无须油雾润滑	不会污染地下水和空气，保护了环境
废水排渣，自动消除了粉尘	不会污染空气，保护了工人健康和环境
相比空气，水不可压缩，消除了压缩空气膨胀噪声	减少噪声，保障了工人健康，保护了环境
水的密度比空气大，孔内水柱阻碍冲击器活塞撞击钻头噪声的传播	减少噪声，保障了工人健康，保护了环境

表 2-2　水压潜孔钻机的钻孔效率和成本优势及效益

钻孔效率和成本优势	效益
在富水地层能够正常工作	地层适应性广
水的密度大，排渣水的流速低(0.5~1 m/s)，远低于气动潜孔钻机(30~40 m/s)	对地层扰动小，对孔壁冲刷少，对钻杆的磨损小
冲击频率达 3600 b/min，远高于气动潜孔钻机(2000~2700 b/min)	凿岩钻孔速度更快，使用 W100 冲击器、115 mm 钻头，可以达到 1 m/min。据瑞典卢基公司(LKAB)报道，每年钻孔 1500 万 m
能量消耗相当于气动潜孔钻机的 1/5、顶锤式钻机的 1/3	节省能源，降低成本。据瑞典卢基公司(LKAB)报道，相比气动潜孔钻机，每年节电 27.386 MW·h

2.5　潜孔冲击器

2.5.1　潜孔冲击器分类

潜孔冲击器一般按配气形式、排气吹粉方式、驱动介质、活塞结构等进行分类，具体分类与特点见表 2-3。

表 2-3　潜孔冲击器分类与特点

分类方法			主要特点
按配气形式分	有阀型	片状阀	在有阀型中，结构最简单，动作灵敏，但加工精度要求较高，耗气量较大
		蝶形阀	结构简单，动作灵敏，要求较高的制造精度，耗气量较大
		筒状阀	最大优点是寿命长，但结构复杂，很少采用
	无阀型	中心杆配气，活塞配气，活塞与缸体联合配气	结构更简单，工作更可靠，耗气量小；由于进气时间受限制，冲击能较小，故工作气压须在 0.63 MPa 以上；活塞结构较复杂

续表2-3

分类方法			主要特点
按排气吹粉方式分	旁侧排气吹粉		优点：结构较简单，零件数量少；缺点：①钻头冷却不好，且压气不能直接进入孔底，排渣效果较差；②进、排气路较多，压力损失较大；③内缸工艺性较差
	中心排气吹粉		结构较复杂，配合面较多，要求较高的加工精度，但它基本消除了旁侧排气吹粉存在的缺点
按驱动介质分	压气驱动（俗称风动）	低气压型（一般0.5~0.7 MPa）	以往普遍采用
		高气压型（一般1.05 MPa以上）	优点是钻速快、成本低，但须配高气压空压机或采用增压机
	高压水驱动		兼有气动潜孔冲击器无接杆处能量损失、炮孔精度好与液压凿岩机节能高效的优点，但存在材质、密封等问题。目前仅瑞典基律纳铁矿生产中使用Wassara水压潜孔冲击器

2.5.2　潜孔冲击器的工作原理与基本结构

潜孔冲击器主要有阀型中心排气、无阀型中心排气和高气压型3种类型。

2.5.2.1　有阀型中心排气潜孔冲击器

J-200B型有阀型中心排气潜孔冲击器的结构见图2-3。冲击器工作时，压气由接头2经止逆塞19进入缸体。进入缸体的压气分两路：一路是直通排粉气路，压气经阀座8、活塞9的中心孔道、钻头22的中心孔进入孔底，直接用于孔底排粉；另一路是气缸工作配气气路，压气进入具有板状阀的配气机构，并借带有配气杆的阀座8配气，实现活塞周期性往复运动，撞击钻头。冲击器进口处的止逆塞19可以在停气停机时使部分压气阻留在冲击器缸体内部，防止炮孔中的含尘水流进入冲击器内部，以避免重新开动时损坏机内零件。可更换的节流塞5安设在阀座8内，以便根据矿岩密度不同和管路气压的高低更换此节流塞，用适当直径的节流孔来调节耗气量的压气压力，以保证有足够的回风速度，使孔底排渣干净。

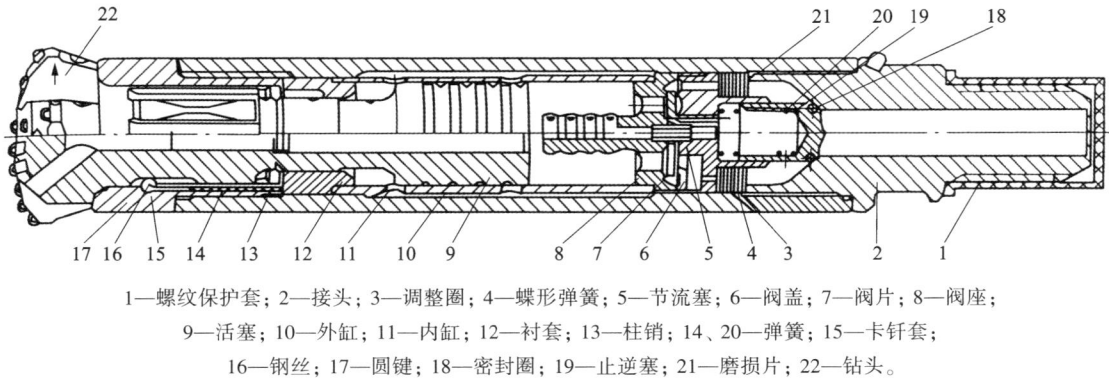

1—螺纹保护套；2—接头；3—调整圈；4—蝶形弹簧；5—节流塞；6—阀盖；7—阀片；8—阀座；
9—活塞；10—外缸；11—内缸；12—衬套；13—柱销；14、20—弹簧；15—卡钎套；
16—钢丝；17—圆键；18—密封圈；19—止逆塞；21—磨损片；22—钻头。

图2-3　J-200B型有阀型中心排气潜孔冲击器

2.5.2.2　无阀型中心排气潜孔冲击器

W200J 型无阀型中心排气潜孔冲击器的结构见图 2-4，其利用活塞和气缸壁实现配气。压气由中空钻杆进入，经接头 1、止逆塞 15 进入配气座 5 的后腔，然后分为两路运行：一路经配气座 5 的中心孔道、喷嘴 18、活塞 6 和钻头 20 的中心孔道至孔底，冷却钻头和排除岩粉；另一路进入外缸 7 和内缸 8 之间的环形腔，当压气经内缸上的径向孔和活塞 6 上的气槽引入内缸的前腔时，活塞开始向左做回程运动（图示位置），当活塞左移并关闭其径向孔时，活塞靠气体膨胀继续运行，而当前腔与排气孔路相通时，活塞靠惯性运行直至停止，而后又向右做冲程运动，直至撞击钻头。

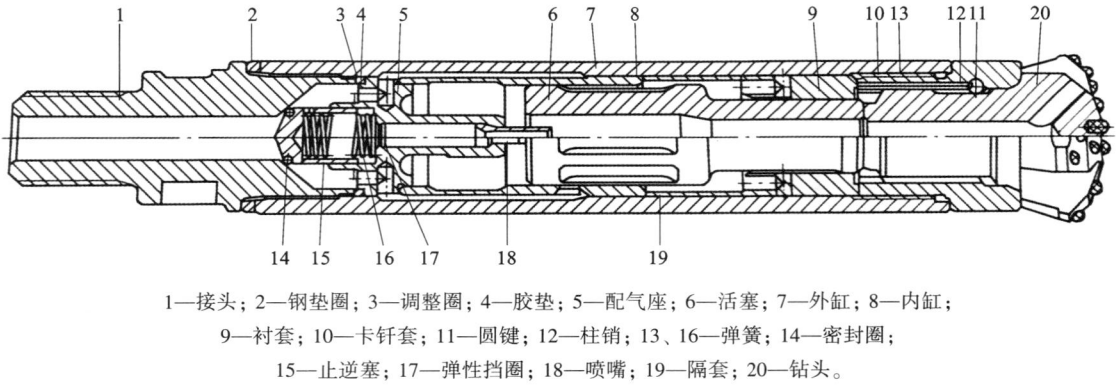

1—接头；2—钢垫圈；3—调整圈；4—胶垫；5—配气座；6—活塞；7—外缸；8—内缸；
9—衬套；10—卡钎套；11—圆键；12—柱销；13、16—弹簧；14—密封圈；
15—止逆塞；17—弹性挡圈；18—喷嘴；19—隔套；20—钻头。

图 2-4　W200J 型无阀型中心排气潜孔冲击器

2.5.2.3　高气压型潜孔冲击器

高气压型潜孔冲击器的优点是凿岩速度快、成本低。我国 CGWZ165 型（仿美 DHD360）和 JG100 型（仿美 DHD340）潜孔冲击器均为高气压型潜孔冲击器，前者使用的气压为 1.05～1.5 MPa，后者使用的气压为 1.05～1.76 MPa。CGWZ165 型潜孔冲击器采用无阀配气，其结构见图 2-5。

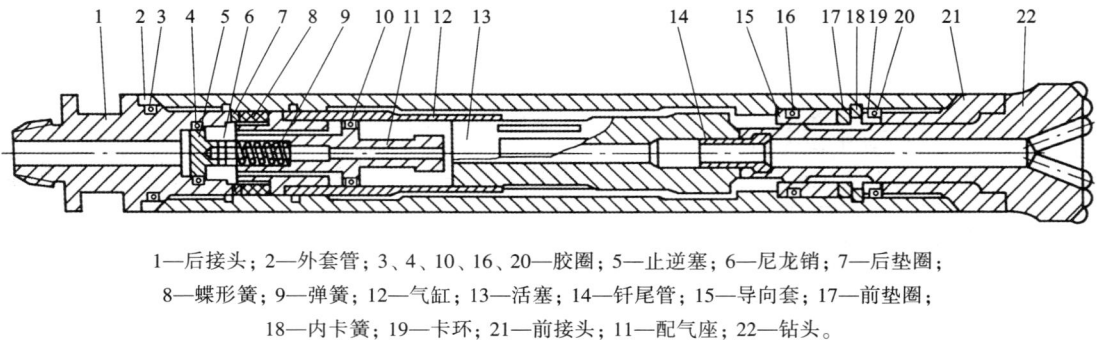

1—后接头；2—外套管；3、4、10、16、20—胶圈；5—止逆塞；6—尼龙销；7—后垫圈；
8—蝶形簧；9—弹簧；12—气缸；13—活塞；14—钎尾管；15—导向套；17—前垫圈；
18—内卡簧；19—卡环；21—前接头；11—配气座；22—钻头。

图 2-5　CGWZ165 型潜孔冲击器的结构图

2.6　潜孔冲击器主要生产厂家与技术参数

2.6.1　长沙黑金刚实业有限公司

长沙黑金刚实业有限公司成立于1999年，专注于凿岩机械和风动工具研究与制造。该公司生产的HR系列低风压潜孔冲击器技术参数见表2-4，HBR系列中低风压潜孔冲击器技术参数见表2-5，HD系列有尼龙管高风压潜孔冲击器技术参数见表2-6，HD系列无尼龙管高风压潜孔冲击器技术参数见表2-7。

表 2-4　HR系列低风压潜孔冲击器技术参数

型号	HR90	HR110	HR150
总长(不含钻头)/mm	800	839	908
总质量(不含钻头)/kg	19.00	32.00	69.00
冲击器外径/mm	80	98	137
可配钻头钎柄	CIR90	CIR110	CIR150
钻孔范围/mm	85~110	110~135	155~178
后接头螺纹	T48×10×2	API23/8″Reg Box	T75×10×2.5 Box
可用工作风压/MPa	0.5~0.7	0.5~0.7	0.5~0.7
冲击频率/Hz	14	14	13
推荐转速/(r·min^{-1})	25~40	25~40	25~40
耗风量(0.5 MPa)/(m^3·min^{-1})	6.5	9.5	15
耗风量(0.7 MPa)/(m^3·min^{-1})	8	11	17

表 2-5　HBR系列中低风压潜孔冲击器技术参数

型号	HBR1A	HBR2A	HBR3A
总长(不含钻头)/mm	760	880	889
总质量(不含钻头)/kg	10.00	14.50	26.00
冲击器外径/mm	54	62	82
可配钻头钎柄	BR1	BR2	BR3
钻孔范围/mm	64~76	70~90	90~110
后接头螺纹	RD40 BOX	RD50 BOX	API23/8″Reg
可用工作风压/MPa	0.7~1.75	0.7~1.75	0.7~1.75
冲击频率(1.4 MPa)/Hz	27	25	25
推荐转速/(r·min^{-1})	25~40	25~40	25~40
耗风量(0.7 MPa)/(m^3·min^{-1})	1.5	2.5	4
耗风量(1.0 MPa)/(m^3·min^{-1})	2.5	4	6
耗风量(1.4 MPa)/(m^3·min^{-1})	3	5	8

表 2-6　HD 系列有尼龙管高风压潜孔冲击器技术参数

型号	HD35	HD45	HSD4	HQL4
总长(不含钻头)/mm	930	1030	1084	1097
总质量(不含钻头)/kg	25.00	39.00	40.50	41.00
冲击器外径/mm	82	99	99	99
可配钻头钎柄	DHD3.5	Cop44 DHD340	SD4	QL40
钻孔范围/mm	90~110	110~135	110~135	110~135
后接头螺纹	API23/8″Reg	API23/8″Reg	API23/8″Reg	API23/8″Reg
可用工作风压/MPa	1.0~1.5	1.0~2.5	1.0~2.5	1.0~2.5
冲击频率/Hz	28(1.5 MPa)	27(1.7 MPa)	27(1.7 MPa)	27(1.7 MPa)
推荐转速/(r·min⁻¹)	25~40	25~40	25~40	25~40
耗风量/(m³·min⁻¹)	4.5(1.0 MPa)	6(1.0 MPa)	6(1.0 MPa)	6(1.0 MPa)
	9(1.5 MPa)	10(1.8 MPa)	10(1.8 MPa)	10(1.8 MPa)
		15(2.4 MPa)	15(2.4 MPa)	15(2.4 MPa)

表 2-7　HD 系列无尼龙管高风压潜孔冲击器技术参数

型号	HD25A	HD35A	HD45A	HD45S
总长(不含钻头)/mm	872	888	1011	986
总质量(不含钻头)/kg	16.00	25.00	43.20	37.00
冲击器外径/mm	71	82	99	92
可配钻头钎柄	HD25	IR3.5	Cop44 DHD340	Cop44 DHD340
钻孔范围/mm	76~90	90~115	110~135	105~120
后接头螺纹	T42×10×1.5	API23/8″Reg	API23/8″Reg	API23/8″Reg
可用工作风压/MPa	1.0~1.5	1.0~1.5	1.0~2.5	1.0~2.5
冲击频率/Hz	25	25	30	30
推荐转速/(r·min⁻¹)	22~35	25~40	22~35	25~40
耗风量/(m³·min⁻¹)	4(1.0 MPa)	3.8(1.0 MPa)	6(1.0 MPa)	5(1.0 MPa)
	6(1.5 MPa)	7.5(1.5 MPa)	10(1.8 MPa)	8(1.8 MPa)
			25(2.4 MPa)	13(2.4 MPa)

2.6.2　湖南新金刚工程机械有限公司

　　湖南新金刚工程机械有限公司从事凿岩和风动工具研究与制造,主要研究制造高风压潜孔冲击器、各种潜孔钻头、钻杆和凿岩钻具,其生产的高风压潜孔冲击器技术参数见表 2-8~表 2-10。

表 2-8　**ND 系列无尼龙管高风压潜孔冲击器技术参数（1）**

型号	ND25A	ND35A	ND45A	ND45S	ND55A	ND555
总长/mm	872	888	1011	986	1110	1110
总质量/kg	16.00	25.00	43.20	37.00	69.00	66.00
外径/mm	71	82	99	92	126	116
可配钻头钎柄	ND25	IR35	COP44/DHD340	COP44/DHD340	COP54/DHD350R	COP54/DHD350R
钻孔范围/mm	71~90	90~115	110~135	105~120	135~155	127~145
后接头螺纹	T42×10×1.5	API23/8″Reg	API23/8″Reg	API23/8″Reg	API23/8″Reg API31/2″Reg API27/8″Reg 27/8″IF	API23/8″Reg API31/2″Reg API27/8″Reg
工作风压/MPa	1.0~1.5	1.0~1.5	1.2~2.0	1.2~2.0	1.3~2.3	1.3~2.3
冲击频率（1.7 MPa）/Hz	25	25	30	30	28	28
推荐转速/(r·min^{-1})	22~35	25~40	22~35	25~40	20~35	25~35

表 2-9　**ND 系列无尼龙管高风压潜孔冲击器技术参数（2）**

型号	ND55C(A)	ND65A	ND75A	ND85A	ND1120A
总长/mm	1102	1238	1258	1359	1880
总质量/kg	68.00	98.00	120.00	175.00	474.00
外径/mm	126	142/146	165	180/185	275
可配钻头钎柄	ND55C/DHD350Q	COP64/DHD360	COP64/DHD360	COP84/DHD380	CDHD1120
钻孔范围/mm	135~155	155~203	175~216	195~254	305~445
后接头螺纹	API23/8″Reg，API31/2″Reg，API27/8″Reg	API31/2″Reg	API31/2″Reg	API41/2″Reg	API65/8″Reg
工作风压/MPa	1.3~2.3	1.5~3.0	1.5~3.0	1.5~3.0	2.0~3.5
冲击频率（1.7 MPa）/Hz	28	25	23	22	20
推荐转速/(r·min^{-1})	22~35	20~30	20~30	15~25	15~25

表 2-10　**ND 系列有尼龙管高风压潜孔冲击器技术参数**

型号	ND35	ND45	ND55	ND55C	ND65	ND85	ND1120
总长/mm	930	1045	1214	1160	1248	1492	1900
总质量/kg	25.00	39.00	76.50	72.50	100.00	188.00	480.00
外径/mm	82	99	126	126	142/144/146/148	180/185	275

续表 2-10

型号	ND35	ND45	ND55	ND55C	ND65	ND85	ND1120
可配钻头钎柄	NHD3.5	COP44/DHD340	COP54/DHD360	COP55C/DHD350Q	COP64/DHD360	COP84/DHD380	CDHD1120
钻孔范围/mm	90~110	110~135	135~155	135~155	155~190	195~254	305~445
后接头螺纹	API23/8″Reg	API23/8″Reg	API23/8″Reg API31/2″Reg API27/8″Reg	API23/8″Reg API31/2″Reg API27/8″Reg	API31/2″Reg	API41/2″Reg	API65/8″Reg
工作风压/MPa	1.0~1.5	1.2~2.0	1.3~2.3	1.3~2.3	1.5~2.5	1.5~3.0	2.0~3.5
冲击频率（1.7 MPa）/Hz	28	27	25	25	23	27	16
推荐转速/(r·min^{-1})	25~40	25~40	20~35	20~35	20~30	20~30	15~25

2.6.3　长沙天和钻具机械有限公司

长沙天和钻具机械有限公司成立于 2002 年，产品包括 64~1020 mm 孔径的高、低压 TSK 系列冲击器，以及配套钻头、深孔大孔和超大孔潜孔钻具、同心和偏心扩孔跟管钻具、反循环钻具、凿岩机用钎具等。其生产的潜孔冲击器技术参数见表 2-11~表 2-14。

表 2-11　TSK 潜孔冲击器技术参数

型号		TSK3.5	TSK4	TSK5	TSK6
总长/mm		807	831	893	1002
冲击器外径/mm		80	99	126	146
后接头螺纹		API2 3/8 REG	API2 3/8 REG	API2 3/8 REG	API2 3/8 REG
可用工作风压/MPa		1.0~1.5	1.0~2.5	1.0~2.5	1.0~2.5
耗风量/(m^3·min^{-1})	1 MPa	3.3	5	6	8
	1.5 MPa	7	9	12	15
	2.4 MPa	—	14	16	24
钻孔范围/mm		90~115	110~135	135~155	155~203
质量/kg		22	39	55	70

表 2-12　TSKH 潜孔冲击器技术参数

型号	TSK3.5H	TSK4H	TSK5H	TSK6H
总长/mm	843	930	1028	1140
冲击器外径/mm	80	99	126	146
后接头螺纹	API2 3/8 REG	API2 3/8 REG	API2 3/8 REG	API3 1/2 REG
可用工作风压/MPa	1.0~1.5	1.0~2.5	1.0~2.5	1.0~2.5

续表 2-12

型号		TSK3.5H	TSK4H	TSK5H	TSK6H
耗风量 /（m³·min⁻¹）	1 MPa	3.3	5	6	8
	1.5 MPa	7	9	12	15
	2.4 MPa	—	14	16	24
钻孔范围/mm		90～115	110～135	135～155	155～203
质量/kg		25	43	68	95

表 2-13　TSKL 潜孔冲击器技术参数

型号		TSK4B	TSK5B	TSK6B
总长/mm		910	1000	1100
冲击器外径/mm		99	126	146
后接头螺纹		API2 3/8 REG	API2 3/8 REG	API3 1/2 REG
可用工作风压/MPa		1.0～2.5	1.0～2.5	1.0～2.5
耗风量/（m³·min⁻¹）	1 MPa	5	6	8
	1.5 MPa	9	12	15
	2.4 MPa	14	16	24
钻孔范围/mm		110～135	135～155	155～203
质量/kg		42	66	92

表 2-14　TSKS 潜孔冲击器技术参数

型号		TSK4S	TSK5S	TSK6S
总长/mm		910	1000	1100
冲击器外径/mm		99	126	146
后接头螺纹		API2 3/8 REG	API2 3/8 REG	API3 1/2 REG
可用工作风压/MPa		1.0～2.5	1.0～2.5	1.0～2.5
耗风量/（m³·min⁻¹）	1 MPa	5	6	8
	1.5 MPa	9	12	15
	2.4 MPa	14	16	24
钻孔范围/mm		110～135	135～155	155～203
质量/kg		42	66	92

2.6.4　瑞典卢基矿业公司瓦萨拉水压冲击器

瑞典卢基矿业公司瓦萨拉水压冲击器的技术参数见表 2-15。

2.7　国内露天潜孔钻机主要生产厂家与技术参数

2.7.1　山河智能装备集团

山河智能装备集团创办于 1999 年。山河智能 SWD 系列露天潜孔钻机的技术参数见表 2-15～表 2-22。

表 2-15 瑞典卢基矿业公司瓦萨拉水压冲击器技术参数

型号	W50	W70	W80	W100	W100 JET	W120	W150	W200
质量/kg	16	23	32	56.5	140	99	180	347
钻头直径/mm	60/64	82/89	95/102	115/120/127	153/165	130/140/152	165/178/190/203	216/254
压力/bar*	60~180	60~180	60~180	60~180	60~150	60~180	80~180	50~150
耗水量/(L·min⁻¹)	55~160	70~270	70~270	130~354	130~354	175~445	270~570	280~744
频率/Hz	65	70	60	65	55	54	45	30
推进力/N	3000~6000	7000~10000	7000~10000	8000~20000	5000~20000	12000~24000	15000~30000	30000
转速/(r·min⁻¹)	100~200	80~120	60~100	50~90	40~70	45~75	40~65	25~50
转矩/(N·m)	200~300	800~1500	800~1500	1000~2000	1000~4000	1500~3000	2000~4000	3000~5000
钻杆直径/mm	48	63.5	76	89	114.3	102	114~140	168/194
钻杆型号	Thread NC 13	Thread WT70	Thread API	Threas API	SpecialJG-thread	Thread API	Thread API	Thread API
推荐水泵型号	WASP100D, WASP100EVSD	WASP100D, WASP100EVSD	WASP100D, WASP100EVSD	WASP100D, WASP100EVSD	WASP100D, WASP100EVSD	WASP200D, WASP200EVSD	WASP200D, WASP200EVSD	WASP200D, WASP200EVSD
钎尾型号	W-Bit 50	W-Bit 70	Wassara 3.5	Wassara 340	Wassara 3.5	Wassara 350	Wassara 360	Wassara 380

* 1 bar=10^5 Pa。全书同。

表 2-16 SWD 系列露天潜孔钻机钻杆参数

型号	SWDB120	SWDE120	SWDF138	SWDA165	SWDB165	SWDE165	SWDF165	SWDA165C	SWDA200	SWDB200	SWDA200C	SWDE200	SWDF200
钻孔范围/mm	90~138	90~138	90~152	138~180	138~180	138~180	138~180	138~180	180~255	180~255	180~255	180~255	180~255
冲击器/in	3.5、4	3.5、4、5	3.5、4、5	5、6	5、6	5、6	5、6	5、6	6、8	6、8	6、8	6、8	6、8
钻杆直径/mm	89	83	83	110、133	110、133	110	110、133	110、133	146	146	146	146	146
钻杆长度×个数/m	7.5×3	4×6	3×6	8.5×3	8.5×3	6×6、6×3	8.5×3	8.5×3	10×3	10×3	10×3	4×6、6×3	4×6
最大孔深/m	22	24	18	25	25	36、18	25	25	30	30	30	18	24

* 1 in=2.54 cm。全书同。

表 2-17　SWD 系列露天潜孔机空压机参数

型号	SWDB120	SWDE120	SWDF138	SWDA165	SWDB165	SWDA165C	SWDA200	SWDB200	SWDA200C	SWDE200	SWDF200
制造商	寿力	寿力	—	寿力	寿力	复盛	复盛	复盛	复盛	安百拓	—
型号	550RH	550RH	—	E750XH	825XH	BDSJ1070	BESJ1000	BDSJ1070	BESJ1000	XRVS1050	—
工作压力/MPa	0.65~1.7	0.65~1.7	1.38~1.9	1.38	1.38	2.07	20.7	2.07	2.07	2.5	1.38~2.5
排量/(m³·min⁻¹)	15.5	15.5	12~21.2	21.2	23.4	28.3	28.3	30.3	28.3	29.8	21.2~30.3
功率/kW	179	179	—	185	216	315	315	328/1800	315	—	—

表 2-18　SWD 系列露天潜孔钻机发动机参数

型号	SWDB120	SWDE120	SWDF138	SWDA165	SWDB165	SWDE165	SWDA165C	SWDA200	SWDB200	SWDA200C	SWDE200	SWDF200
制造商	东康*	东康	东康	东康	东康	东康	东康	东康	东康	东康	东康	东康
型号	4BT3.9	4BT3.9	4BT3.9	Y200-4	4BT3.9	4BT3.9	4BT3.9+Y200-4	Y200-4	6BT5.9	4BT3.9+Y200-4	6BT5.9	4BT3.9
功率 kW/(r·min⁻¹)	60/2200	75/2200	75/2200	60	75/2200	75/2200	75/2200+60	60	97/2200	75/2200+60	97/2200	75/2200
燃油箱容积/L	360	470	470	—	600	580	200	—	700	200	300	500

注: * 东康的全称为东风康明斯。

表 2-19　SWD 系列露天潜孔钻机推进参数

型号	SWDB120	SWDE120	SWDF138	SWDA165	SWDB165	SWDE165	SWDA165C	SWDA200	SWDB200	SWDA200C	SWDE200	SWDF200
推进梁总长/mm	10500	6920	5920	11500	11500	9230	11500	13200	13200	13200	9800	6920
推进行程/mm	8000	4380	3800	9000	9000	6500	9000	10500	10500	10500	6500	4380
补偿行程/mm	1200	1200	800	1800	1800	1300	1800	1800	1800	1800	1300	1200
最大推进速度/(m·s⁻¹)	0.5	0.8	0.8	0.8	0.8	0.5	0.8	0.8	0.8	0.8	0.5	0.4
最大推进力/kN	32	32	32	40	40	40	40	75	75	75	75	75

表2-20　SWD系列露天潜孔钻机行走能力参数

型号	SWDB120	SWDE120	SWDF138	SWDA165	SWDB165	SWDE165	SWDA165C	SWDA200	SWDB200	SWDA200C	SWDE200	SWDF200
行走速度/(km·h⁻¹)	2	3.2	3.2	2	2	2	2	2	2	2	4/2.1	3.2
最大牵引力/kN	100	100	100	125	125	125	125	175	175	175	175	100
爬坡能力/(°)	25	25	25	25	25	25	25	25	25	25	25	25
履带架摆角/(°)	—	±10	±10	—	—	±10	—	—	—	—	—	±10
离地间隙/mm	440	480	480	480	480	480	480	480	480	480	480	480

表2-21　SWD系列露天潜孔钻机回转动力头参数

型号	SWDB120	SWDE120	SWDF138	SWDA165	SWDB165	SWDE165	SWDA165C	SWDA200	SWDB200	SWDA200C	SWDE200	SWDF200
型号	DLT18B	DLT18B	DLT18B	DLT40B	DLT40B	DLT40B	DLT40B	DLT60	DLT60	DLT60	DLT60	DLT60
回转速度/(r·min⁻¹)	70	70	70	60	60	50	60	50	50	50	55	35
回转扭矩/(N·m)	3000	3000	3000	4000	4000	4000	4000	6000	6000	6000	6000	6000

表2-22　SWD系列露天潜孔钻机外形尺寸参数

型号	SWDB120	SWDE120	SWDF138	SWDA165	SWDB165	SWDE165	SWDA165C	SWDA200	SWDB200	SWDA200C	SWDE200	SWDF200
质量/t	15.5	15.5	12	23	23	23	28	30	30	30	30	17
长×宽×高（工作状态）/(m×m×m)	6.5×4.2 ×10.8	10.3×3.12 ×3.5	8.2×2.5 ×3.2	7.2×4.3 ×12	7.2×4.3 ×12	11×3.2 ×3.6	8.1×4.65 ×12	8.3×4.15 ×13.9	8.3×4.15 ×13.9	8.3×4.15 ×13.9	12×3.4 ×3.6	9.04×2.95 ×3.4
长×宽×高（运输状态）/(m×m×m)	10.8×3.2 ×3.4	7.76×3.12 ×8.44	6.4×2.5 ×6.2	12×3.2 ×3.14	12×3.2 ×3.14	9.5×3.65 ×9.6	12×3.4 ×3.14	13.9×3.35 ×3.45	13.9×3.35 ×3.45	13.9×3.35 ×3.45	9.2×4.1 ×9.8	7.79×2.95 ×7.8

2.7.2　宣化金科钻孔机械有限公司

宣化金科钻孔机械有限公司主要研发、生产各种潜孔钻机，主要的产品有 JK730、JK610、JK590、JK520、CM458（D）、CM358A、CL351 等系列潜孔钻机，其技术参数见表 2-23~表 2-25。

表 2-23　金科履带式遥控钻机整车参数

参数名称	JK830	JK730	JK610	JK590	JK520	JK468
总质量/kg	24000	9000	6900	6500	5800	7000
全长/mm	9785	7000	7000	7000	7000	7000
全宽/mm	3200	2400	2000	2200	2250	2200
全高/mm	3500	3350	2500	2100	2250	2360

表 2-24　金科履带式遥控钻机钻杆储存器参数

参数名称	JK830	JK730	JK610	JK590	JK520	JK468
钻杆直径/mm	102/114	76				76/89
钻杆长度/m	5	3				
钻孔直径/mm	115~203	90~165	90~165	90~165	90~150	105~273
钻孔深度/m	30	18/21	50	50	40	200
储杆能力/支	5	5/6				
冲击器规格/in	5/6					
滤芯数量/规格	20					
尘土脱落方式	自动脉冲方式					
集尘罩	上下浮动					

表 2-25　金科履带式遥控钻机钻杆其他参数

参数名称	JK730	JK610	JK590	JK520	JK468
适合钻岩的岩石普氏硬度系数	6~20	6~20	6~20	6~20	6~20
工作风压/MPa	1.2~2.4	1.2~2.4	1.2~2.4	1.2~2.4	1.2~2.5
耗风量/（m³·min⁻¹）	11~21	11~21	11~21	11~21	11~21
滑架行程/mm	3850	4148	4138	3865	
换杆长度/m	3	3	3	3	3
最大水平凿岩高度/mm	2970	3370	3370	2510	
线控行走操作手柄		选配		选配	

2.7.3　浙江开山重工股份有限公司

浙江开山重工股份有限公司生产的 KT、KG、KH、KY 系列露天潜孔钻车技术参数如表 2-26～表 2-33 所示。

表 2-26　KT 系列露天潜孔钻车技术参数（一）

型号	KT5	KT7	KT8	KT11S	KT15	KT20
适合钻岩的岩石普氏硬度系数	6～20	6～20	6～20	6～20	6～20	6～20
钻孔直径/mm	80～105	90～115	90～115	105～125	135～190	135～190
经济钻深/m	25	30	30	18	35	35
行走速度/(km·h^{-1})	2.5/4.0	0-2.5	0-2.5	0-2.2	3.0	3.0
爬坡能力/(°)	30	30	25	20	25	25
离地间隙/mm	430	380	430	430	430	430
整机功率/kW	140	180	194	239	298	287
螺杆机排气量/(m³·min^{-1})	10	13	13	18	22	22
螺杆机排气压力/bar	15	1.7	17	17	25	20
外形尺寸（长×宽×高）/(mm×mm×mm)	6500×2400×2600	8000×2300×2800	8000×2300×3000	9300×2580×3000	11500×2716×3540	11500×2716×3600
质量/kg	8000	9500	9600	14600	23000	23000
回转器转速/(r·min^{-1})	0～120	0～120	0～60, 0～120	0～63	0～118	0～118
回转扭矩/(N·m)	1400	1900	1900	2800	4100	4100
最大推拉力/N	25000	25000	25000	32000	65000	65000
滑架俯仰角/(°)	147	129	147	114	125	125

表 2-27　KT 系列露天潜孔钻车技术参数（二）

型号	KT5	KT7	KT8	KT11S	KT15	KT20
钻臂升角/(°)	向上 54 向下 26	向上 28 向下 42	向上 54 向下 26	向上 54 向下 26	向上 54 向下 26	向上 42 向下 20
钻臂摆角/(°)	向右 53 向左 15	向右 39 向左 60	向右 53 向左 53	向右 45 向左 5	向右 42 向左 15	向右 42 向左 15
滑架摆角/(°)	向右 47 向左 47	向右 38 向左 35	向右 47 向左 47	向右 36 向左 35	向右 97 向左 33	向右 42 向左 15
滑架侧向水平摆角/(°)	向右 15 向左 97	向右 4 向左 89	向右 19 向左 97	向右 12 向左 93	向右 12 向左 93	向右 12 向左 93

续表 2-27

型号	KT5	KT7	KT8	KT11S	KT15	KT20
车架调平角度/(°)	向上 10 向下 9	向上 10 向下 9	向上 10 向下 9	向上 10 向下 8	向上 10 向下 10	向上 10 向下 10
一次推进长度/mm	3000	3000	3000	3000	5000	4500
补偿长度/mm	900	900	900	1200	1800	1200
冲击器型号	35A	HD35A （选配 HD45S）	35A	45A	55A	55A/65A
钻杆规格/（mm×mm）	$\phi64×3000$	$\phi64×3000$	$\phi64×3000$	$\phi76×3000$	$\phi89×5000$ /$\phi102×5000$	$\phi102×5000$
捕尘方式	干式（液压驱动旋风层流式）	液压旋风层流式	干式（液压驱动旋风层流式）	干式（液压驱动旋风层流式）	干式（液压驱动旋风层流式）/湿式（可选）	干式/湿式（可选）

表 2-28　KG 系列露天潜孔钻车技术参数（一）

型号	KG910A	KG910B	KG910C	KG910E	KG915	KG920A	KG920B
适合凿岩的岩石普氏硬度系数	6~20	6~20	6~20	6~20	6~20	6~20	6~20
钻孔直径/mm	80~105	80~105	80~105	80~105	80~105	80~115	80~115
经济钻深/m	25	25	25	25	25	25	20
工作气压/MPa	0.7~1.4	0.7~1.4	0.7~1.0	0.7~1.0	0.7~1.4	1.0~1.7	1.0~1.7
耗气量/（m³·min⁻¹）	9~13	9~13	—	—	—	9~16	9~16
回转转速/（r·min⁻¹）	105	105	0~120	120	120	70	70
回转扭矩/（N·m）	980	980	983	983	983	1400	1400
提升力/kN	15	15	17	17	17	15	15
钻杆规格/mm	60	60	60	60	60	64	64
行走速度/（km·h⁻¹）	0~2.0	0~2.0	0~2.5	0~2.5	0~2.5	—	0~1.8
爬坡能力/(°)	30	30	30	30	30	30	30
离地间隙/mm	254	254	254	254	320	290	290
推进方式	油缸-链条	油缸-链条	—	—	—	油缸-链条	油缸-链条
推进行程/mm	2000	2000	—	—	—	3000	3000

表 2-29 **KG 系列露天潜孔钻车技术参数（二）**

型号	KG910A	KG910B	KG910C	KG910E	KG915	KG920A	KG920B
钻臂升角/(°)	—	—	—	—	—	俯 50 仰 25 共 75	俯 50 仰 25 共 75
钻臂摆角/(°)	—	—	—	—	±45	左 44 右 45 共 89	左 44 右 45 共 89
滑架摆角/(°)	左 36.5 右 11.5 共 48	左 36.5 右 11.5 共 48	左 36.5 右 11.5 共 48	左 36.5 右 11.5 共 48	右 100(45) 左 5(45)	左 100 右 45 共 145	左 100 右 45 共 145
滑架俯仰角/(°)	俯 118.5 仰 23.5 共 142	俯 118.5 仰 23.5 共 142	俯 118.5 仰 23.5 共 142	俯 118.5 仰 23.5 共 142	185	俯 135 仰 5 共 140	俯 135 仰 5 共 140
滑架行程/mm	—	—	3000	3000	3000	—	—
滑架补偿长度/mm	900	900	900	900	900	900	900
外形尺寸 /（mm×mm×mm）	4100×2030 ×2020	4100×2030 ×2020	4100×2100 ×2100	4100×2100 ×2100	4600×2120 ×1800	—	4400×2200 ×2050
整机质量/kg	3100	3100	3300	3300	3900	4000	4200
动力型号/品牌	ZS1125GM	YC2108	玉柴	玉柴	YC2108	YC2108	YC4D80

表 2-30 **KH 系列露天潜孔钻车技术参数（一）**

型号	KH3	KGH3	KGH4	KH5	KGH5	KGH6	KGH8
适合钻岩的岩石 普氏硬度系数	6~20	6~20	6~20	6~20	6~20	6~20	6~20
钻孔直径/mm	80~105	80~105	80~115	105~140	105~125	105~140	105~202
经济钻深/m	20	20	30	25	25	25	40
工作气压/MPa	0.7~1.4	0.7~1.4	0.7~1.7	1.0~2.4	1.0~2.4	1.0~2.4	1.4~2.4
耗气量/（m³·min⁻¹）	≥10	≥10	—	≥15	12~24	≥15	—
回转转速/（r·min⁻¹）	0~65	0~65	0~140	0~70	0~100	0~100	慢速 0~45 快速 0~90
回转扭矩/（N·m）	—	—	1200	—	—	—	3500
提升力/kN	15	15	25	20	25	22	25
钻杆规格 /（mm×mm）	φ60×2000	φ60×2000	φ64/φ76 （标配） ×3000	φ76×3000 /φ89×3000	φ76× 3000 mm	φ76×3000 /φ89×3000	φ76/φ89 /φ102×3000
爬坡能力/(°)	30	30	25	30	30	30	25

续表 2-30

型号	KH3	KGH3	KGH4	KH5	KGH5	KGH6	KGH8
离地间隙/mm	254	254	290	320	320	320	370
推进方式	—	—	—	—	油缸-链条	—	
推进行程/mm	—	—	—	—	2000	—	3000
行走速度/(km·h^{-1})	0~2.0	0~2.0	0~2.5	0~2.0	0~2.0	0~2.0	慢 0~2.5；快 0~4
钻臂升角/(°)	35~60	35~60	—	−25~+45	−25~+45	−25~+45	—
钻臂摆角/(°)	—	—	±45	±45	±45	±45	±45
滑架摆角/(°)	−11.5~+36.5	−11.5~+36.5	−100~+45	±50	向右 50(15) 向左 50(95)	±50	支点 1：向左 40，向右 40；支点 2：向左 91，向右 3
滑架俯仰角/(°)	−118.5~+23.5	−118.5~+23.5	俯 135 仰 50	180	180	180	—

表 2-31　KH 系列露天潜孔钻车技术参数（二）

型号	KH3	KGH3	KGH4	KH5	KGH5	KGH6	KGH8
滑架补偿长度/mm	900	900	900	1200	900	1200	1200
履带调平/(°)	—	—	—	±10	±10	±10	±8
外形尺寸/(mm×mm×mm)	4100×2030×2020	4100×2030×2020	5600×2700×2500	5400×2330×2020(不含集尘器)	5400×2330×2020	5400×2330×2020(不含集尘器)	7250×2300×2800(不含集尘器)；7250×2750×2800(含集尘器)
整机质量/kg	3600	3600	5000	6800	6500	7200	7000(不含集尘器)；7500(含集尘器)
动力型号	YC210(33 kW 2200 r/min)	YC2108(33 kW 2200 r/min)	YC4D80(58 kW/ 2400 r/min)	YC4D80(58 kW 2200 r/min)	YC4D80(58 kW 2200 r/min)	YC4D80(58 kW 2200 r/min)	康明斯 4BTA3.9-C125-Ⅱ(93 kW, 2200 r/min)
备注	气液联动	气液联动	—	气液联动+集尘器	—	气液联动+集尘器	集尘器型号 LT-30B-0

表 2-32 KY 系列露天潜孔钻车技术参数（一）

型号	KY100	KY100J	KY120	KY125	KY130	KY140A	KY9S
适合钻岩的普氏硬度系数	6~20	6~20	6~20	6~20	6~20	6~20	6~20
钻孔直径/mm	80~105	80~105	80~115	80~115	105~140	105~140	105~125
经济钻深/m	20	20	25	25	25	25	18
工作气压/MPa	0.7~1.4	0.7~1.4	0.7~1.4	0.7~1.4	1.0~2.4	1.0~2.4	1.0~2.4
耗气量/(m³·min⁻¹)	≥10	≥10	≥10	≥13	≥15	≥15	15~21
回转转速/(r·min⁻¹)	0~65	0~65	0~65	0~65	0~70	0~70	0~63
回转扭矩/(N·m)	—	—	—	—	—	—	2500
提升力/kN	15	15	17	17	18	20	32

表 2-33 KY 系列露天潜孔钻车技术参数（二）

型号	KY100	KY100J	KY120	KY125	KY130	KY140A	KY9S
钻杆规格/(mm×mm)	$\phi60\times2000$	$\phi60\times2000$	$\phi64\times3000$/$\phi76\times3000$	$\phi64\times3000$/$\phi76\times3000$	$\phi76\times3000$/$\phi89\times3000$	$\phi76\times3000$/$\phi89\times3000$	$\phi76\times3000$
爬坡能力/(°)	30	30	30	30	30	30	25
离地间隙/mm	254	254	254	290	320	320	430
推进行程/mm	—	—	—	—	—	—	3000
行走速度/(km·h⁻¹)	0~2.0	0~2.0	0~2.0	0~2.0	0~2.0	0~2.0	0~2.0
钻臂升角/(°)	-35~+60	—	-35~+60	-25~+50	-25~+45	-25~+45	—
钻臂摆角/(°)	—	—	—	±45	±45	±45	-5~+45
滑架摆角/(°)	-11.5~+36.5	-11.5~+36.5	-11.5~+36.5	-45~+100	±50	±50	-36~+35
滑架俯仰角/(°)	-118.5~+23.5	-118.5~+23.5	-118.5~+23.5	-50~+135	180	180	114
滑架侧向水平摆角/(°)	—	—	—	—	—	—	-12~+93
滑架补偿长度/mm	900	900	900	900	1200	1200	1200
履带调平/(°)	—	—	—	—	±10	±10	-10~+8
外形尺寸/(mm×mm×mm)	4100×2030×2020	4100×2030×2020	5100×2030×2020	5400×2330×2020	5400×2330×2020	5400×2330×2020	6920×2362×2915
整机质量/kg	3200	3100		6000	6000	6500	9000

2.7.4　浙江志高机械股份有限公司

浙江志高机械股份有限公司生产的 ZEGA 露天潜孔钻机技术参数见表2-34~表2-40。

表2-34　ZEGA 露天潜孔钻机孔径范围参数

型号	D440	D450	D460	D470
孔径范围/mm	90~130	110~152	138~165	138~178
适用潜孔冲击器/in	3.5/4	4/5	5/6	5/6

表2-35　ZEGA 露天潜孔钻机换杆系统能力参数

型号	D440	D450	D460	D470
储杆数量/根	7	6		4
钻管外径/mm	68/76	89/102	89/102	102/114
钻管长度/m	3.6	4	5	6
自动换杆最大孔深/m	28	28	35	30

表2-36　ZEGA 露天潜孔钻机液压回转头参数

型号	D440	D450	D460	D470
回转速度/(r·min^{-1})	0~105	0~105	0~105	0~105
最大工作扭矩/(N·m)	2800	4310	4310	4310

表2-37　ZEGA 露天潜孔钻机发动机参数

型号	D440	D450	D460	D470
发动机型号	康明斯发动机 QSC8.3-C260-30	斯太尔/康明斯		6MK400L-K20
额定功率/kW	194@2000 r/min	266@1850 r/min	287@1800 r/min	294@1900 r/min
排放等级	国3	国3	TierⅢ	国3
燃油箱容积/L	350	480	600	600

表 2-38　ZEGA 露天潜孔钻机空压机参数

型号	D440	D450	D460	D470
空压机型号	GE810 II			
最大工作压力/bar	20	20	24	24
排量/(m³·min⁻¹)	16	18	20	22
钻臂形式	单直臂	单直臂	单直臂	单直臂
推进梁	马达链条式推进系统	油缸钢丝绳推进系统	油缸钢丝绳式推进系统	油缸钢丝绳推进系统
总长/mm	6865	8100	9100	9950
推进进程/mm	4100	4600	5600	6600
推进补偿/mm	1200	1200	1300	1300
最大推进速度/(m·s⁻¹)	0.85	0.88	0.88	0.88
最大推进力/kN	15	34.5	54.5	34.5
最大拉拔力/kN	31	67.6	67.6	67.6

表 2-39　ZEGA 露天潜孔钻机底盘参数

型号	D440	D450	D460	D470
最大行走速度/(km·h⁻¹)	3	3	3	3
最大驱动力/kN	115.4	117.7	117	156.2
爬坡能力/(°)	30	30	30	30
履带架摆角/(°)	±10	±10	±10	±10
离地间隙/mm	450	420	420	420

表 2-40　ZEGA 露天潜孔钻机运输状态整机参数

型号	D440	D450	D460	D470
质量/kg	15000	21000	23000	23000
宽度/mm	2480	2500	2500	2500
长度/mm	9980	10260	11280	12290
高度/mm	3200	3280	3500	3530

2.7.5　浙江红五环机械股份有限公司

浙江红五环机械股份有限公司 HC 系列露天潜孔钻机技术参数见表 2-41。

表 2-41　HC 系列露天潜孔钻机技术性能参数

型号	HC728	HC725B0	HC725B1	HC725B2	HC726	HC430	HC420
适合钻岩的岩石普氏硬度系数	6~20	6~20	6~20	6~20	6~20		6~20
钻孔直径/mm	95~140	83~105	83~105	83~115	85~130	105~165	95~140
经济钻深/m	30	25	25	30	25		30
行走速度/(km·h⁻¹)	2~3	1.8	2	2	2.5	2.5	2.5
单机爬坡能力/(°)	25	30	30	30	30	35	30
最大提升力/N	20000	12	12	15	15	35	25
整机质量/kg	5300	3000	3200	4100	4200	5500	5000
回转扭矩/(N·m)	2200			1400	1800	4500	4400
工作风压/MPa	1.2~2.4				0.7~1.6	1~2.4	1.2~2.4
配套钻杆/(mm×m)	φ76×3	φ60×2	φ60×2	φ60×3	φ76×3		
主机功率/kW	58	15	33/20	35	40/22	66	58
耗风量/(m³·min⁻¹)	11~21	7~12	7~12	7~15	7~12	14~35	11~21
钻臂水平摆角	向右/(°)	35			35	45	45	35
	向左/(°)	35			35	45	45	35
导轨最大摆角	向右/(°)	92	17	90	12	90	35	92
	向左/(°)	12	32	32	92	30	50	12

2.8　国外露天潜孔钻机主要生产厂家与技术参数

2.8.1　瑞典安百拓公司

（1）SmartROC 系列潜孔钻机

安百拓 SmartROC 系列潜孔钻机基本参数见表 2-42，图 2-6 为其外形图。

表 2-42　安百拓 SmartROC 系列潜孔钻机基本参数

型号	孔径范围/mm	冲击器	车载空压机	发动机/kW	质量/kg
SmartROC D60	110~178	COP 44 GOLD COP 54 GOLD COP 64 GOLD	405 L/s 25 bar	354	23000
SmartROC D65	110~203	COP 44 GOLD COP 54 GOLD COP 64 GOLD COP 66	470 L/s 30 bar	403	24000

（2）FlexiROC 系列潜孔钻机

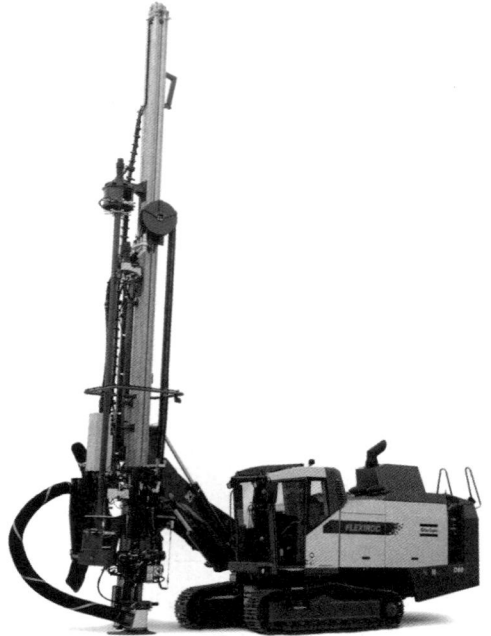

安百拓 FlexiROC 系列潜孔钻机基本参数见表2-43，图2-7 为其外形图。

图 2-6　安百拓 SmartROC 系列潜孔钻机外形图　　图 2-7　安百拓 FlexiROC 系列潜孔钻机外形图

表 2-43　安百拓 FlexiROC 系列潜孔钻机基本参数

型号	孔径范围/mm	冲击器	车载空压机	发动机/kW
FlexiROC D50	90~130	TD35.2 COP 44 GOLD COP 54 GOLD	295 L/s 25 bar	287
FlexiROC D55	90~152	TD35.2 COP 44 GOLD COP 54 GOLD	354 L/s 25 bar	328
FlexiROC D60	110~178	TD35.2 COP 44 GOLD COP 54 GOLD COP 64 GOLD	405 L/s 25 bar	328
FlexiROC D65	110~203	TD35.2 COP 44 GOLD COP 54 GOLD COP 64 GOLD	470 L/s 30 bar	402

（3）PowerROC D55 潜孔钻机

安百拓 PowerROC D55 潜孔钻机基本参数见表2-44，图2-8 为其外形图。

表 2-44　安百拓 PowerROC D55 潜孔钻机基本参数

型号	孔径范围/mm	冲击器	车载空压机	发动机/kW
PowerROC D55	110~165	QL 45 QM QL 55 QM QL 50 STD QL 60 STD COP 44 COP 54 COP 64	271. 3 L/s 25 bar	261

图 2-8　安百拓 PowerROC D55
潜孔钻机外形图

（4）AirROC 系列气动潜孔钻机

安百拓 AirROC 系列潜孔钻机基本参数见表2-45，图2-9 为其外形图。

表 2-45　安百拓 AirROC 系列气动潜孔钻机基本参数

型号	孔径范围/mm	冲击器
AirROC D35	76~115	QL X35 QL 40
AirROC D40	89~115	QL 40
AirROC D45	105~127	QL 40 QL 50 STD COP 44
AirROC D45 SH	84~140	QL 340 HP 50
AirROC D50	105~140	QL 40 QL 50 STD COP 44
AirROC D55	92~140	COP 34 COP 44/QL 340 COP 54G/QL 50 COP 64G/QL 60

续表 2-45

型号	孔径范围/mm	冲击器
AirROC D65	110~165	COP 34 COP 44/QL 340 COP 54G/QL 50 COP 64G/QL 60

图 2-9　安百拓 **AirROC** 系列潜孔钻机外形图

2.8.2　瑞典山特维克公司

山特维克 DI 系列潜孔钻机基本参数见表 2-46。

表 2-46　山特维克 **DI** 系列潜孔钻机基本参数

型号	DI450	DI550	DI560
钻孔直径/mm	90~130	90~165	90~165
钻杆直径/mm	76/89/102	76/89/102/114	76/89/102/114
潜孔冲击器/in	3/4	4/5/6	4/5/6
发动机型号	Cataerpillar C9	Cataerpillar C13	Cataerpillar C13
发动机输出功率	261 kW，1800 r/min	328 kW，1800 r/min	328 kW，1800 r/min
洗孔风量/($m^3 \cdot min^{-1}$)	18	24.4	24.4
质量/kg	23000	23000	24050

参考文献

[1] 周志鸿，耿晓光，刘玉超.潜孔钻机前沿技术与国内现状[J].凿岩机械气动工具，2018(1)：53-59.

[2] 相仁发，谢艳云，马士东，等.一体化液压潜孔钻机的现状与关键技术研究[J].凿岩机械气动工具，2016(4)：14-16.

[3] 陈举师，蒋仲安，姜兰，等.露天矿潜孔钻机泡沫发生器及其流量特性的实验研究[J].煤炭学报，2015，40(S1)：132-138.

[4] 赵宏强，朱建新，林宏武，等.我国矿山凿岩设备现状与发展方向[J].金属矿山，2009(S1)：482-486.

[5] 郭勇，周振华.潜孔钻机的应用现状与发展趋势[J].矿业快报，2008(4)：13-15.

[6] 赵宏强，林宏武，陈欠根，等.国内外液压潜孔钻机发展概况[J].工程机械与维修，2006(4)：72-73.

[7] 潜孔钻机 第 1 部分：露天矿用型：JB/T 9023.1—2019[S].

[8] 王运敏.现代采矿手册(上册)[M].北京：冶金工业出版社，2011.

第 3 章

地下潜孔钻机

3.1 概述

地下潜孔钻机是指采用气动潜孔冲击器(气动潜孔锤)，以冲击作用为主、回转作用为辅进行中深孔凿岩的地下采矿机械。地下潜孔钻机外形结构比较紧凑、整体尺寸较小，通常应用于地下超高分段、大孔径深孔凿岩作业中。

1932 年，潜孔钻机首次用于地下矿山钻凿深孔，后又发展为露天潜孔钻机。20 世纪 70 年代，加拿大国际金属公司对露天潜孔钻机进行了改装，成功应用于地下矿山大直径深孔开采，并创造了潜孔钻机的 VCR 采矿方法，即将露天开采的设备植入地下进行高效开采。20 世纪 80 年代，随着地下开采和潜孔钻机迅速发展，导轨式、自行式及高精度的潜孔钻机得以研发。20 世纪 90 年代，随着大直径深孔采矿工艺的发展，高气压环形潜孔钻机得到迅速发展。进入 21 世纪，孔深大于 30 m 的炮孔钻凿几乎被地下潜孔钻机所垄断。

20 世纪 50 年代末，我国从苏联引进了 BA-100 型地下潜孔钻机和 M-1900 型潜孔冲击器，潜孔钻机在国内凿岩领域得以推广应用。20 世纪 70 年代，国内以低风压潜孔钻机为主，为增大钻孔直径和钻孔深度，开始研究大直径深孔钻凿岩石的方法。20 世纪 80 年代，我国从瑞典、美国、加拿大等国家引进了多种潜孔钻机及配套设备，仿制的 DQ150 型钻机在很大程度上满足了我国初期对大直径深孔凿岩采矿的需求。目前我国形成了自主的地下潜孔钻机品牌，主要有张家口宣化华泰矿冶机械有限公司的 KQLG 系列潜孔钻机、安徽铜冠机械股份有限公司的 KQG 系列潜孔钻机、浙江志高机械股份有限公司的 ZEGA UP45 潜孔钻机等。

随着科技进步，地下潜孔钻机不断向自动化和智能化方向发展，如配置微型计算机、实现远程遥控、实时收集显示并自动记录钻孔的参数变化等，这样既能解放人力，又可提高钻机钻孔精确度和使用寿命。

3.2 地下潜孔钻机的分类

地下潜孔钻机按介质不同分为气动和水压两类，如果不特别指明水压潜孔钻机，本节均指气动潜孔钻机。

地下潜孔钻机按行走方式分为自行式潜孔钻机(又称潜孔钻车)和非自行式潜孔钻机(又称支架式或轻便式钻机)。自行式潜孔钻机又分为轮胎行走和履带行走两类,地下矿中主要采用轮胎行走方式。非自行式潜孔钻机分为支架式、雪橇式和胶轮式三类。

地下潜孔钻机按气压大小分为三种:低气压型(不大于 0.7 MPa)、中气压型(0.7~1.2 MPa)、高气压型(1.7~2.5 MPa)。

3.3　地下潜孔钻机的特点

潜孔钻机不像凿岩机的能量损失随接杆数量增多而增加。这是因为凿岩机的冲击机构位于孔外,而潜孔钻机的钻杆不传递冲击能,故冲击能损失很少,可钻凿更深的炮孔;同时冲击器潜入孔内,噪声很小,钻孔偏差小,精度高。

采用顶锤式凿岩机钻孔时,炮孔偏斜和接杆的能量损失都较大,凿岩深度一般为 15~30 m。而采用潜孔钻机,尤其是高风压潜孔钻机,不仅凿岩速度快,而且较顶锤式凿岩机钻孔偏斜度小,钻孔直径可达 165 mm,孔深为 80 m 以上。

潜孔钻机适用范围广,主要用于钻凿大孔径的深孔,如深孔分段爆破法的大孔及掘进天井的中心大孔等。

3.4　地下潜孔钻机的基本组成

地下潜孔钻机是以冲击作用为主、回转作用为辅的冲击回转式凿岩机械,钻凿炮孔原理与露天潜孔钻机相同。

地下潜孔钻机基本组成如图 3-1 所示,其由钻头 1,冲击器 2,钻杆 3,回转机构 4,气接头与操纵机构 5,调压机构 6,支承、调幅与升降机构 7 组成,其中 1、2、3 合称凿岩钻具。

3.5　地下潜孔钻机的工作原理

地下潜孔钻机凿岩原理与顶锤式凿岩机相同,是间歇冲击岩(矿)石、连续回转,不同的是冲击器装于钻杆的前端,潜入孔底,活塞直接冲击钻头,且随钻孔的延伸不断推进。

地下潜孔钻机工作过程:①推进机构使钻具连续推进并将一定的轴向压力施于孔底,使钻头与孔底岩石相接触;②回转机构可使钻具连续回转;③安装在钻杆前端的冲击器在压气的作用下使活塞往返冲击钻头,完成对岩石的冲击动作;④压气从回转供风机构进入,经中空钻杆直达孔

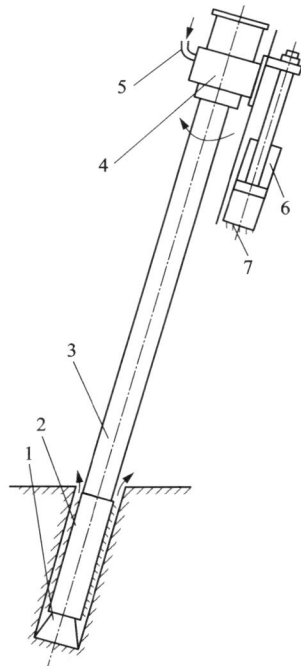

1—钻头;2—冲击器;3—钻杆;
4—回转机构;5—气接头与操纵机构;
6—调压机构;7—支承、调幅与升降机构。

图 3-1　地下潜孔钻机组成示意图

底，把破碎的岩粉从杆与孔壁之间的环形空间排至孔外。因此，潜孔钻机凿岩原理的实质，就是在轴向压力作用下结合冲击和回转两种破碎岩石方法，其中冲击是断续的，回转是连续的，所以岩石是在冲击力和剪切力作用下不断地被压碎和剪碎。但是对于中硬以上的岩石，轴压力实际上无法使钎刃压入岩石起到切削作用，只是防止钻具的反跳。因此在潜孔凿岩中，起主导作用的是冲击做功，故归于冲击–回转式凿岩法。

钻机由冲击器 2 中的活塞完成对钻头 1 的冲击，并由回转机构 4 实现钻具回转；由调压机构 6 实现对钻具推进力大小的调节，以高效完成钻孔工作；钻机的升降与调幅由机构 7 调节；各种动作由气接头与操纵机构 5 来控制；支承机构可以是支架或钻车；钻孔过程中形成的岩屑（粉），则由流经钻杆与孔壁之间的气体或水排至孔外。

地下潜孔钻机用的钻杆由直径为 50 mm 或 60 mm 的薄壁钢管制成，其长度为推进机构的一次推进行程（一般为 800~1300 mm），其数量视炮孔深度而定。两根钻杆之间采用锥形螺纹直接连接，每根钻杆的一端为内螺纹，另一端为外螺纹。

3.6　深孔凿岩钻孔偏斜控制

地下大直径深孔凿岩对钻孔偏斜要求甚严，一般不允许超过 1%，因此除钻机本身要求工作稳定、定位可靠外，还要采取下列措施：

（1）钻机要在平整坚实的底板上作业，凿岩作业的底板浮渣和松石必须清除干净。

（2）钻架定位要准确，测斜仪精度要高，测角误差为 0.1°。目前比较实用的一种测斜仪是利用光栅产生摩尔条纹的变化来判别角度误差。

（3）在钻杆上加装三翼形稳杆器，对防止钻孔偏斜有显著的效果。根据凡口铅锌矿试验对比，凡装了稳杆器的，70% 以上的钻孔偏斜率小于 1%；而未装稳杆器的，仅有 14% 的钻孔偏斜率小于 1%。

（4）要根据岩层变化情况合理调节钻杆推力和转速。推力过大不仅会引起钻头漂移造成偏斜，也会加剧钻头的磨损。向下钻孔时，随孔深增加，所施加的推力要将钻杆重力包括在内。

（5）根据孔径的大小选用钻杆直径。钻杆外径过小时，不仅容易产生孔的偏斜，还会因排渣的环形面积增大而使排气流速降低，影响排渣效果。此外，排渣风速应为 15~25 m/s。

3.7　国内地下潜孔钻机主要生产厂家与技术参数

3.7.1　张家口宣化华泰矿冶机械有限公司

该公司 KQLG 系列地下潜孔钻机技术参数见表 3-1。

表 3-1　KQLG 系列地下潜孔钻机技术参数

型号	KQLG-150	KQTG-150
钻孔直径/mm	90~252	90~252
钻孔深度/m	0~60	0~100
钻孔方向/(°)	0~360	0~360
回转速度/(r·min^{-1})	≥41	0~60
回转扭矩/(N·m)	0~4000	0~4000
推进能力/kN	0~40	0~40
推进行程/mm	1400	1675
行走机构	履带行走(四轮一带)	四轮独立驱动
工作气压/MPa	0.8~2.1	1.0~2.4
额定总功率/kW	32	32
转弯能力	原地 360°转向	原地 360°转向
采场高度/mm	2600~4300	3400~5600
外形尺寸/(mm×mm×mm)	5200×1400×2250	3900×1840×2690
整机质量/kg	6000(±600)	5000

3.7.2　浙江志高机械股份有限公司

该公司 ZEGA UP45 地下潜孔钻机整机参数见表 3-2。

表 3-2　ZEGA UP45 地下潜孔钻机整机参数

整机	外形尺寸/(mm×mm×mm)	6000×2400×2550
	总质量/kg	7500
	行走速度/(km·h^{-1})	1.5/3　双速
	转弯能力	原地 360°
	爬坡能力/(°)	30
	动力功率/kW	柴油机 58/电动机 55,服务系数 1.2
钻孔	钻孔直径/mm	90~130
	钻孔深度/mm	0~30
	钻杆长度/m	1.2(开孔钎 0.9 mm)
	钻杆数量/根	24+1
	适用风压/bar	10~25
	推荐风量/(m^3·min^{-1})	4.5~15

续表 3-2

推进	最大推进力/kN	25
	最大提升力/kN	25
	推进行程/mm	1520
	推进梁总长/mm	3010
回转	最大扭矩(315马达)/(N·m)	2200/2600
	最大扭矩(400马达)/(N·m)	2800/3300
	转速(315马达)/(r·min^{-1})	68~103
	转速(400马达)/(r·min^{-1})	54~81
变位	前倾角/(°)	30
	后倾角/(°)	60
	回转角/(°)	450
	补偿行程/mm	500
电气	总装机功率/kW	55
	电压	380 V, 选配 Optional 660 V
	启动方式	星-三角
	电机过载保护	有
	电压表	有
	最大工作电流/A	130
	电流表	有
	相序保护	相序错误报警,禁止启动
	漏电保护器	有
	电缆卷盘/m	50

3.8　国外地下潜孔钻机主要生产厂家与技术参数

山特维克 DU 系列地下潜孔钻机参数见表 3-3~表 3-5。

表 3-3　山特维克 DU 系列地下潜孔钻机底盘参数

型号	DU311-T	DU411	DU412i	DU421-C
底盘型号	DU211-T	MEM-944	C400	Centaur
离地间隙/mm	180	216	330	216

续表 3-3

型号	DU311-T	DU411	DU412i	DU421-C
行驶速度/(km·h^{-1})	高速挡: 2.2 低速挡: 1.2	10(柴油) 1(电力)	12(平坦路面) 5.5(1:7)	15(柴油) 1(电力)
爬坡能力/(°)	35	35		35
质量/kg		21772		29484
油箱容积/L		114	100	122

表 3-4　山特维克 DU 系列地下潜孔钻机电气系统参数

型号	DU311-T	DU411	DU412i	DU421-C
总输入功率/kW	37	92	130~220	140
标准电压/V	600	600	380~1000	600
标准频率/Hz	60	60	50/60	60
工作灯	2×43 W	2×43 W	2×50 W	2×43 W
行驶灯	2×43 W	4×43 W		4×43 W
前灯			6×50 W	
后灯			4×50 W	

表 3-5　山特维克 DU 系列地下潜孔钻机顶部驱动参数

型号	DU311-T	DU411	DU412i
最大工作压力/bar	207	207	210
最大扭矩/(N·m)	5730	5730	5730
转速/(r·min^{-1})	0~60	0~60	0~60

参考文献

[1] 周志鸿, 窦忠强, 闫建辉. 液压潜孔冲击器与水压潜孔冲击器[J]. 凿岩机械气动工具, 2002(2): 62-64, 23.

[2] 王毅. 我国地下采场钻孔设备的现状与展望[J]. 采矿技术, 2001(4): 27-29.

[3] 杨襄壁, 吴万荣, 胡均平. 地下大直径潜孔钻机钻孔工作参数优化的试验研究[J]. 凿岩机械气动工具, 1998(4): 45-49.

[4] 恭明玺. 地下金属采矿技术及潜孔钻机的进展与趋势[J]. 湖南有色金属, 1998(3): 5-8.

[5] 王运敏. 中国采矿设备手册[M]. 北京: 科学出版社, 2007.

第 4 章

气动凿岩机

4.1 概述

气动凿岩机也称风动凿岩机，是采用压气驱动，以冲击为主、间歇回转（内回转式凿岩机）或连续回转（独立回转式凿岩机，也称外回转式凿岩机）为辅的一种小直径的钻孔机械。

1844 年，英国人布隆顿（Brompton）发明了第一台轻型气动凿岩机。1857 年，意大利工程师萨梅勒（G. Sommeiler）设计的压缩空气凿岩机在阿尔卑斯山塞尼峰隧道得到实际应用，标志着气动凿岩机的诞生。20 世纪 60 年代初，冲击机构与回转机构分开的独立回转凿岩机被研发出来。随后机载式气动凿岩机和凿岩台车发展并完善。

我国气动凿岩机是 20 世纪 50 年代引进苏联技术，不断学习、改造，逐步形成和发展起来的，在凿岩爆破工程中的应用和产品的品种及产量上，气动凿岩机占主要地位。目前我国广泛使用手持式和气腿式气动凿岩机，导轨式气动凿岩机使用较少。气动凿岩机结构简单、坚固耐用、可靠性强、易于维修、价格低廉，尤其适用于地下狭窄或者比较难以进入的作业地点凿岩。质量轻的气动凿岩机可以装在气腿或小型凿岩钻车（架）上，在很多场合仍然继续被人们选用。近年来，我国气动凿岩机市场已趋于饱和，生产企业众多，产品质量参差不齐，但其中不乏质量过硬、技术水平高的产品，目前国内产品市场占有率为 98% 以上，基本替代了国外品牌，并有一定批量产品出口，出口产品整体质量已接近国际水平。

4.2 气动凿岩机的分类

气动凿岩机的分类见表 4-1。

表 4-1 气动凿岩机的分类

分类方法	凿岩机名称
按支撑方式分	手持式凿岩机
	气腿式凿岩机
	上向式（伸缩式）凿岩机
	导轨式（柱架式）凿岩机

续表 4-1

分类方法	凿岩机名称	
按配气装置特点分	有阀式凿岩机	从动阀(被动阀)式凿岩机
		控制阀(主动阀)式凿岩机
	无阀式凿岩机	
按冲击频率分	低频(普通型)凿岩机(<31 Hz)	
	中频凿岩机(31~41 Hz)	
	高频凿岩机(>41 Hz)	
按转钎方式分	内回转式凿岩机	
	外(独立)回转式凿岩机	

工程上常按凿岩机的支撑方式来分类,可分为四种机型:手持式凿岩机、气腿式凿岩机、上向式凿岩机、导轨式凿岩机。

4.2.1 手持式凿岩机

此类凿岩机的质量较轻,一般在 25 kg 以下,工作时用手扶着操作。可以打各种小直径和较浅的炮孔,一般只打向下的孔和近于水平的孔。由于它靠人力操作,劳动强度大、冲击能和扭矩较小、凿岩速度慢,现在地下矿山很少采用。

4.2.2 气腿式凿岩机

此类凿岩机安装在气腿上进行操作,气腿能起支撑和推进作用,减轻了操作者的劳动强度,凿岩效率比手持式高,可钻凿深度为 2~5 m、直径为 34~42 mm 的水平或带有一定倾角的炮孔,在矿山广泛使用。

4.2.3 上向式凿岩机

此类凿岩机的气腿与主机在同一纵轴线上,并连成一体,因此又有"伸缩式凿岩机"之称,专用于打 60°~90°的向上炮孔,主要用于采场和天井中凿岩作业。一般质量为 40 kg 左右,钻孔深度为 2~5 m,孔径为 36~48 mm。

4.2.4 导轨式凿岩机

此类凿岩机质量较大,一般为 35~100 kg,通常安装在凿岩钻车或柱架的导轨上工作,因此称为导轨式凿岩机。它可打水平和各个方向的炮孔,孔径为 40~80 mm,孔深一般在 5 m以上,最深可达 20 m。

4.3 气动凿岩机应用范围

各类型气动凿岩机,由于结构和技术特征不同,应用范围也有区别。在选择凿岩机的类型时,一般考虑以下几点:

（1）作业场所常为平巷、天井、竖井和采场等；

（2）所凿炮孔的方向、孔径和深度；

（3）矿岩的坚硬程度等。

表4-2列出了各类型气动凿岩机的应用范围，供选用时参考。

表4-2　各类型气动凿岩机的应用范围

类型	手持式	气腿式	上向式	导轨式
最大炮孔直径/mm	40	45	50	80
最大炮孔深度/m	3	5	6	20
炮孔方向	水平、倾斜、向下	水平、水平倾斜	向上（60°～90°）	不限
矿岩硬度等级	软岩、中硬岩	中硬、坚硬及以上岩石	中硬、坚硬及以上岩石	坚硬及以上岩石

4.4　气腿式凿岩机的组成

各类凿岩机中，以气腿式凿岩机应用最广，且其结构具有代表性。现以 YT23（7655）型气腿式凿岩机为例进行详细介绍。

YT23（7655）型气腿式凿岩机全套设备的外貌如图 4-1 所示，它包括 7655 型凿岩机、FT160 型气腿和 FY200A 型自动注油器三个部分。7655 型凿岩机可分解成柄体 2、气缸 4 和机头 6 三个部分，这三个部分用两根连接螺栓 12 连成一体。凿岩时，将钎杆 8 插到机头 6 的钎尾套中，并借助钎卡 7 的支持；操纵阀手柄 3 及气腿伸缩手柄集中在缸盖上；冲洗炮孔的压力水是风水联动的，只要开动凿岩机，压力水就会沿着水针进入炮孔冲洗岩粉，并冷却钎头。

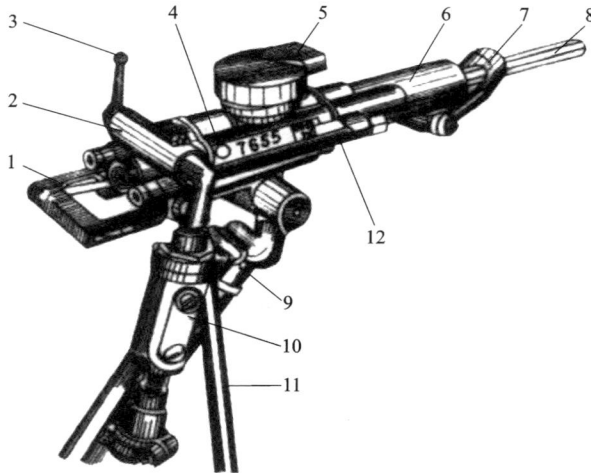

1—手把；2—柄体；3—操纵阀手柄；4—气缸；5—消音罩；6—机头；
7—钎卡；8—钎杆；9—气腿；10—自动注油器；11—水管；12—连接螺栓。

图4-1　YT23型气腿式凿岩机外貌

　　YT23 型气腿式凿岩机是一种被动阀式凿岩机，其内部构造如图 4-2 所示。

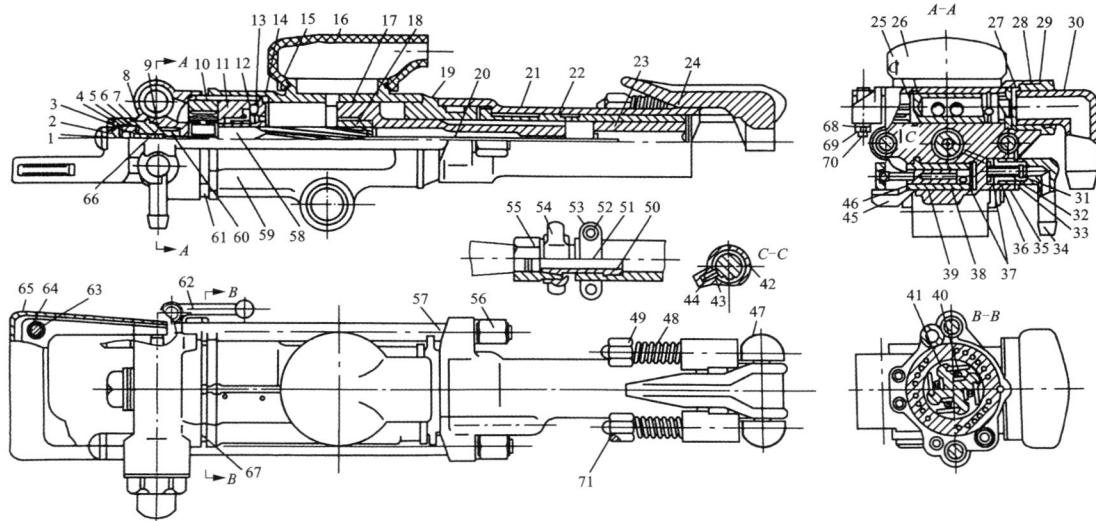

1—簧盖；2—弹簧；3、27—卡环；4—注水阀体；5、8、9、26、32、35、36、66—密封圈；6—注水阀；7、29—垫圈；10—棘轮；11—阀柜；12—配气阀；13—定位销；14—阀套；15—喉箍；16—消音罩；17—活塞；18—螺母；19—导向套；20—水针；21—机头；22—转动套；23—钎尾套；24—钎卡；25—操纵阀；28—柄体；30—气管弯头；31—进水阀；33—进水阀套；34—水管接头；37—胶环；38—换向阀；39—胀圈；40—塔形弹簧；41—螺旋棒头；42—塞堵；43—定位销；44—弹簧；45—调压阀；46—弹性定位环；47—钎卡螺栓；48—钎卡弹簧；49、53、69—螺帽；50—锥形胶管接头；51—卡子；52—螺栓；54—槽型螺母；55—管接头；56—长螺杆螺母；57—长螺杆；58—螺旋棒；59—气缸；60—水针垫；61、67—密封套；62—操纵把；63—销钉；64—扳机；65—手柄；68—弹性垫圈；70—紧固销；71—挡环。

图 4-2　YT23 型气腿式凿岩机内部构造

　　气动凿岩机结构组成基本相同，都包括冲击配气机构、回转（转钎）机构、冲洗及强吹装置、支承及推进机构、操纵机构和润滑系统等，而它们之间的主要区别在于冲击配气机构和回转（转钎）机构。

4.4.1　冲击配气机构

　　冲击配气机构是气动凿岩机最重要的机构，由配气机构、气缸、活塞及气路等组成。凿岩机主要通过活塞的往复运动及其对钎杆的冲击发挥作用，活塞的整个运动过程都是通过冲击配气机构实现的。

　　YT23 型凿岩机采用凸缘环状阀被动式配气机构，其工作原理如图 4-3 所示。

　　(1)活塞冲程，即冲击行程，是指活塞由缸体的后端向前运动直至打击钎尾的整个过程。冲程开始时，活塞在左端，阀在极左位置；当操纵阀转到机器的运转位置时，从操纵阀气孔 1 进入的压气经缸盖气室 2、棘轮孔道 3、阀柜孔道 4、环形气室 5、配气阀前端阀套孔 6 进入缸体左腔，而活塞右腔则经排气口与大气相通；此时活塞在压气压力作用下迅速向右运动，直至冲击钎尾；当活塞右端面 A 越过排气口后，缸体右腔中的余气受到活塞的压缩，其压力

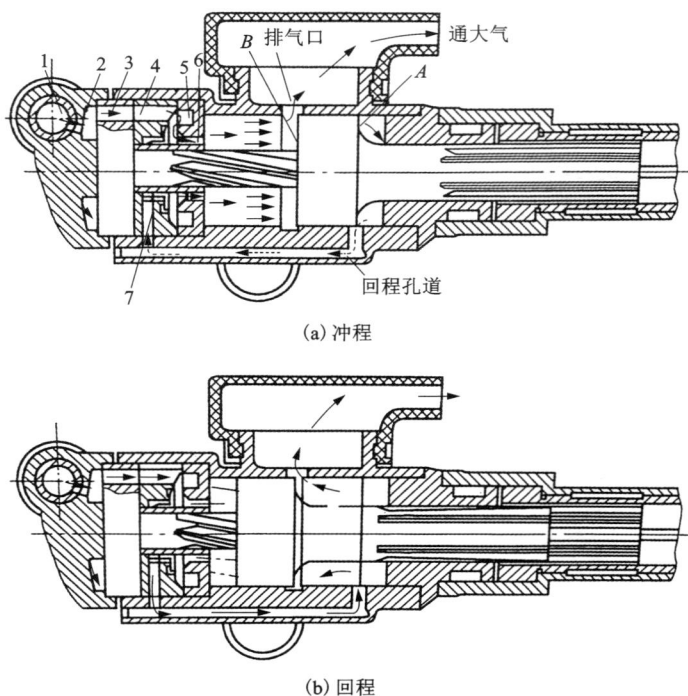

(a) 冲程

(b) 回程

1—操纵阀气孔；2—缸盖气室；3—棘轮孔道；4—阀柜孔道
5—环形气室；6—配气阀前端阀套孔；7—配气阀的左端气室；
A—活塞右端面；B—活塞左端面。

图 4-3　环状阀配气机构配气原理

逐渐升高，经过回程孔道，右腔与配气阀的左端气室 7 相通，于是气室 7 内的压力亦随着活塞继续向右运动而逐渐增高，并有推动阀向右移动的趋势；当活塞左端面 B 越过排气口后 [图 4-3(a)]，缸体左腔即与大气相通，气压骤然下降，在这瞬间，配气阀在两侧压力差的作用下迅速右移并与前盖靠合，切断通往左腔的气路；与此同时，活塞借惯性向右运动，并冲击钎尾，冲击结束后，开始回程。

（2）活塞回程，即返回行程。开始时，活塞及阀均处于极右位置；此时压气经由缸盖气室 2、棘轮孔道 3、阀柜孔道 4、阀柜与阀的间隙、回程孔道进入缸体右腔，而缸体左腔经排气口与大气相通，故活塞开始向左运动；当活塞左端面 B 越过排气口后，缸体左腔中的余气受到活塞的压缩，压迫配气阀的右端面，随着活塞向左移动，逐渐增加压力的气垫有推动阀向左移动的趋势；而当活塞右端面 A 越过排气口后 [图 4-3(b)]，缸体右腔即与大气相通，气压骤然下降，同时使气室 7 内的气压也骤然下降，配气阀在两侧压力差的作用下被推向左边与阀柜靠合，切断通往缸体右腔的气路和打开通往缸体左腔的气路，此刻活塞回到了缸体左端，结束回程；压气再次进入气缸左腔，开始下一个工作循环。

配气机构有三种，即从动阀式、控制阀式和无阀式。

（1）从动阀式配气机构。此机构中，从动阀位置的变换是依靠活塞在气缸中做往复运动时，压缩的空气压力与自由空气间的压力差是配气阀换向来实现的，所以也称为被动（反控）阀式。从动阀式配气机构的优点是形状简单、工作可靠，缺点是灵活性较差。

（2）控制阀式配气机构。此机构中，阀的位置变换是依靠活塞在气缸中往复运动时，在活塞端面打开配气口之前，经由专用孔道引进压气推动配气阀来实现的。其优点是动作灵活、工作平稳可靠、压气利用率高、寿命长，缺点是形状复杂、加工精度要求较高。

（3）无阀式配气机构。此类凿岩机没有独立的配气机构（无配气阀），是活塞在气缸中往复运动时依靠活塞位置的变换来实现配气的。其可分为活塞配气和活塞尾杆配气两种。无阀配气机构的优点是结构简单、零件少、维修方便、能充分利用压气的膨胀功、气耗量小、换向灵活、工作平稳可靠，缺点是气缸、导向套和活塞同心度要求高，制造工艺性较差。

4.4.2　回转（转钎）机构

气动凿岩机常用的回转机构有内回转和外回转两大类。内回转机构是当活塞做往复运动时，借助棘轮机构使钎杆做间歇转动。内回转的转钎机构有内棘轮转钎机构（用于手持式、气腿式、上向式凿岩机）和外棘轮转钎机构两种。外回转的转钎机构由独立的气（风）动马达带动钎杆做连续回转。

YT23型凿岩机的转钎机构如图4-4所示，由棘轮1、棘爪2，螺旋棒3、活塞4（其大头一端装有螺母）、转动套5、钎尾套6等组成，整个转钎机构贯穿于气缸及机头中。

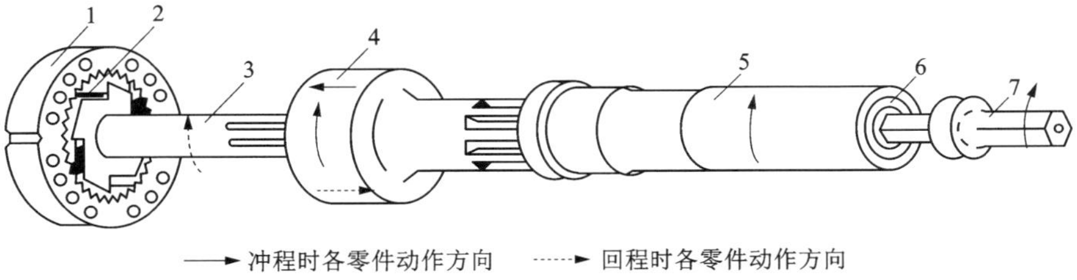

冲程时各零件动作方向　　　回程时各零件动作方向

1—棘轮；2—棘爪；3—螺旋棒；4—活塞；5—转动套；6—钎尾套；7—钎杆。

图4-4　YT23型凿岩机的转钎机构

由图4-4可以看出，螺旋棒3插入活塞大端内的螺母中，其头部装有四个棘爪2，这些棘爪在塔形弹簧（图中未画出）的作用下，抵住棘轮1的内齿；定位销将棘轮固定在气缸和柄体之间，使之不能转动；转动套5的左端有花键孔，与活塞4上的花键相配合，其右端固定有钎尾套6；钎尾套6内有六方孔，六方形的钎尾插入其中。

由于棘轮机构具有单方向间歇旋转特征，故当活塞冲程时，利用活塞大头上的螺母带动螺旋棒3沿图4-4中虚箭头所示的方向转动一定角度，此时棘爪处于顺齿位置，可压缩弹簧而随螺旋棒转动。当活塞回程时，由于棘爪处于逆齿位置，在塔形弹簧的作用下可抵住棘轮内齿，阻止螺旋棒转动。这时螺母迫使活塞在回程时沿螺旋棒上的螺旋槽依图4-4中实线箭头所示的方向转动，从而带动转动套5及钎尾套6，使钎杆7转动一定角度。因此活塞每冲击一次，钎杆就转动一次，钎杆每次转动的角度与螺旋棒螺纹导程及活塞运动的行程有关。

这种转钎机构的特点是其合理地利用了活塞回程的能量来转动钎杆，具有零件少、凿岩机结构紧凑的优点，其缺点是转钎扭矩受到一定限制，螺母、棘爪等零件易磨损。

4.4.3 冲洗及强吹装置

YT23 型凿岩机采用凿岩时注水加吹气和停止冲击时强力吹扫两种吹洗方式。凿岩机正常工作中，冲程时有少量压气沿螺旋棒与螺母之间的间隙经活塞和钎杆中心孔进入炮孔底部；回程时也有少量压气沿活塞花键槽进入钎杆中心孔到炮孔底部，与冲洗水一道排除孔底的岩粉。此外，这些少量压气可防止冲洗水倒流入凿岩机的气缸内。

（1）冲洗机构。YT23 型凿岩机气水联动冲洗机构的特点是接通水管后，凿岩机启动即可自动向炮孔中注水冲洗；凿岩机停止工作时可自动关闭水路，停止供水。冲洗机构安装在柄体后部，由操纵阀手柄控制。

冲洗机构的构造如图 4-5 所示，它由进水阀[图 4-5(a)]和气水联动注水阀[图 4-5(b)]两部分组成。

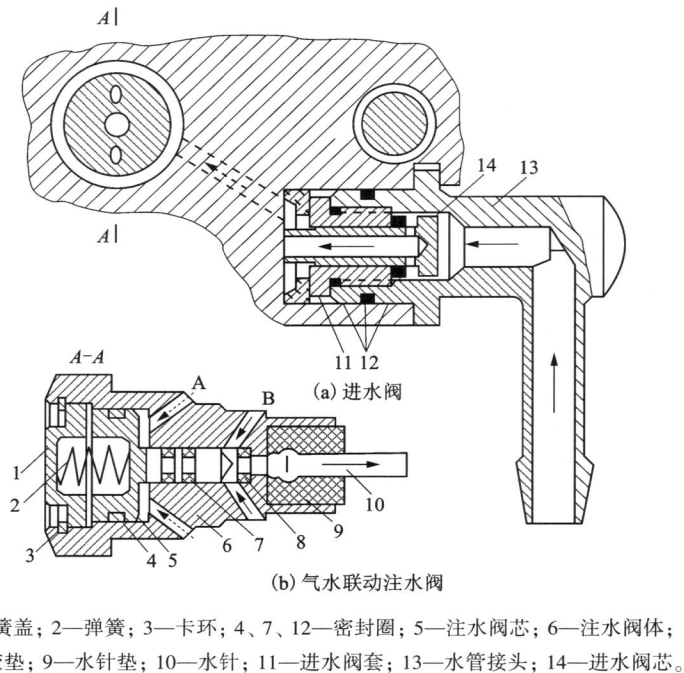

1—簧盖；2—弹簧；3—卡环；4、7、12—密封圈；5—注水阀芯；6—注水阀体；
8—胶垫；9—水针垫；10—水针；11—进水阀套；13—水管接头；14—进水阀芯。

图 4-5 气水联动冲洗机构

气水联动冲洗机构的构造原理如下：凿岩机工作时，压气经操纵阀柄体气路进入气孔 A[图 4-5(b)]，使注水阀芯 5 克服弹簧 2 的压力向左移动，注水阀芯的顶尖离开胶垫 8；此时压力水从水管接头 13 经进水阀芯 14[图 4-5(a)]和柄体水孔进入注水阀体 6 的孔 B[图 4-5(b)]，然后通过胶垫 8、水针 10 进入钎杆中心孔，并到炮孔底部排出岩粉；当凿岩机停止工作时，气孔 A 无压气进入，注水阀芯 5 在弹簧 2 的作用下恢复到原来位置，阀芯锥部堵住了注水孔路，供水停止。

当进水阀同胶皮水管从凿岩机上卸下时，在水压力作用下，进水阀芯 14 左移，封闭水路，使管中的压力水不会漏出。

（2）强吹气路。当向下凿岩或炮孔较深时，聚集在孔底的岩粉较多，如不及时排除，就会影响正常凿岩作业。此时需扳动操纵阀到强吹位置（图4-6），使凿岩机停止冲击，切断注水水路，接通强吹气路，由操纵阀孔 1 通入大量压气，经气路 2、3、4、5、6 进入钎杆中心孔 7，到孔底强吹从而把岩粉排除。为了防止强吹时活塞后退导致排气孔漏气，在气缸左腔钻有小孔 8，小孔 8 与强吹气路相通，使压气进入气缸左腔，保证强吹时活塞处于封闭排气孔的位置，防止漏气和影响强吹效果。

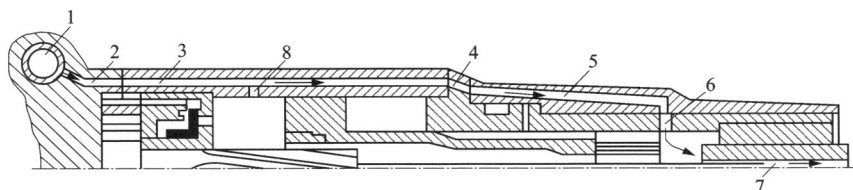

1—操纵阀孔；2—柄体气孔；3—气缸气道；4—导向套孔；5—机头气路；
6—转动套气孔；7—钎杆中心孔；8—强吹时平衡活塞气孔。

图 4-6　YT23 型凿岩机强吹气路

凿岩结束时，为了使孔底干净，提高爆破效果，也需强力吹气，以便将孔底岩屑和泥水排除。

4.4.4　支承及推进机构

为了克服凿岩机工作时产生的后坐力，并使活塞冲击钎尾时钎头抵住孔底岩石，必须对凿岩机施加适当的轴推力。此轴推力由气腿提供，同时气腿还起着支承凿岩机的作用。

图 4-7 所示为打水平炮孔时，气腿式凿岩机的支承及推进原理。气腿 4 通过连接轴 3 与凿岩机 2 铰接起来，气腿的顶尖支承在底板上，其轴线与底板成 α 角。若气腿对凿岩机的作用力为 R，则可将 R 分解为：

水平分力　　$R_T = R\cos\alpha$

垂直分力　　$R_Z = R\sin\alpha$

R_Z 的作用在于平衡凿岩机及钎杆的重力。R_T 的作用，一是平衡凿岩机工作时产生的后坐力 R_H；二是对凿岩机施以适当的轴推力，使凿

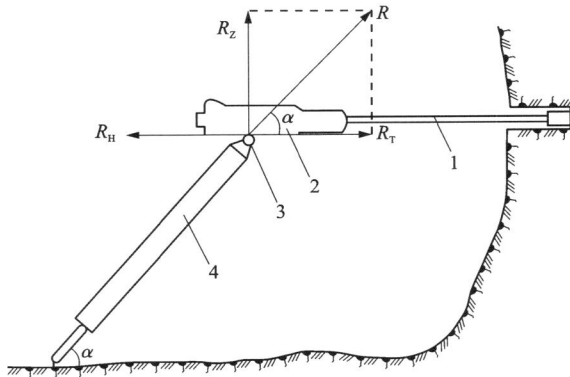

1—钎具；2—凿岩机；3—连接轴；4—气腿。

图 4-7　气腿式凿岩机的推进

岩机获得最大的凿岩速度，因此，必须保证 $R_T \geqslant R_H$。

凿岩时，随着炮孔的加深，凿岩机不断前进，气腿的支承角 α 逐渐减小。从图4-7可以看出，气腿对凿岩机的支撑力逐渐减小，对凿岩机的轴推力逐渐增大。因此，在凿岩过程中要调节气腿的角度及进气量，使凿岩机在最优轴推力下工作，以充分发挥机器的作用。

YT23 型凿岩机采用 FT160 型气腿，该型气腿的最大轴推力为 1600 N，最大推进长度为 1362 mm。FT160 型气腿的构造如图 4-8 所示。此类型气腿有三层套管，即外管 10、伸缩管 8 及气管 7。外管的上部与架体 2 用螺纹连接，下部安有下管座 11；伸缩管的上部装有塑料碗 5、垫套 6 和压垫 4，下部安有顶叉 14 和顶尖 15；气管安设在架体 2 上。气腿工作时，伸缩管沿导向套 12 伸缩，并以防尘套 13 密封。

FT160 型气腿用连接轴 1 与凿岩机铰接在一起。连接轴上开有气孔 A、B，并与凿岩机的操纵机构相连通；从凿岩机操纵机构送来的压气从连接轴气孔 A 进入，经架体 2 上的气道到达气腿上腔，迫使气腿做伸出运动，此时气腿下腔的废气按虚线箭头所示路线，经伸缩管上的孔 C、气管 7、架体 2 的气道、连接轴气孔 B 至操纵机构的排气孔排入大气。当改变操纵机构换向阀的位置时，气腿做缩回运动，其进、排气路线与上述气腿做伸出运动时正好相反。

4.4.5 操纵机构

YT23 型凿岩机有三个操纵手柄，分别控制凿岩机的操纵阀、气腿的调压阀及换向阀，这三个阀构成了气腿式凿岩机的操纵机构。三个操纵手柄都装在柄体上，集中控制，便于操作。下面分述三个阀的构造及工作原理。

1）凿岩机操纵阀

图 4-9 所示为凿岩机操纵阀的构造。A-A 剖面中的 a 孔是沟通配气装置和气缸的气孔，共有两个；B-B 剖面中的 b 孔，其作用是在凿岩机停止冲击时进行小吹气；B-B 剖面中的 c 孔是在凿岩机停止工作时进行强力吹气，其断面积大于 b 孔。

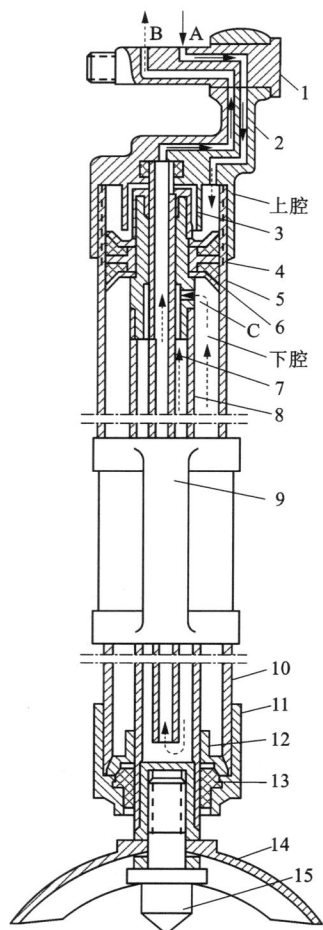

1—连接轴；2—架体；3—螺母；
4—压垫；5—塑料碗；6—垫套；
7—气管；8—伸缩管；9—提把；
10—外管；11—下管座；12—导向套；
13—防尘套；14—顶叉；15—顶尖。

图 4-8 FT160 型气腿的构造

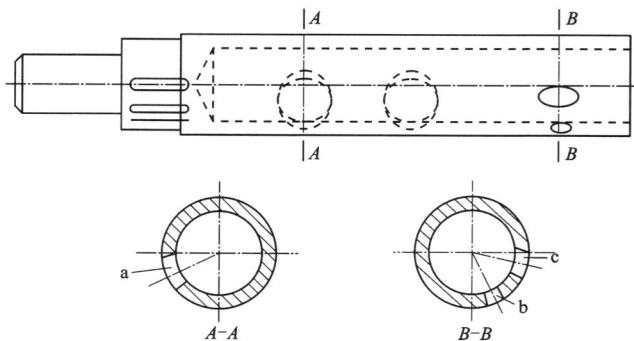

图 4-9 操纵阀的构造

图 4-10 表示操纵阀的五个位置：

位置 0——停止工作，并停气、停水；

位置 1——轻运转，注水、吹洗，图 4-9 中的 a 孔部分被接通；

位置 2——中运转，注水、吹洗，a 孔接通面积稍大一些；

位置 3——全运转，注水、吹洗，a 孔全部接通；

位置 4——停止工作，停水，强力吹洗，此时图 4-9 中的 a 孔不通。

孔接通时强力吹洗气路，强力吹洗后，手柄回到 0 位。

2）气腿调压阀及换向阀

调压阀与换向阀组合在一起，分别用两个手柄控制。它们都用来控制气腿运

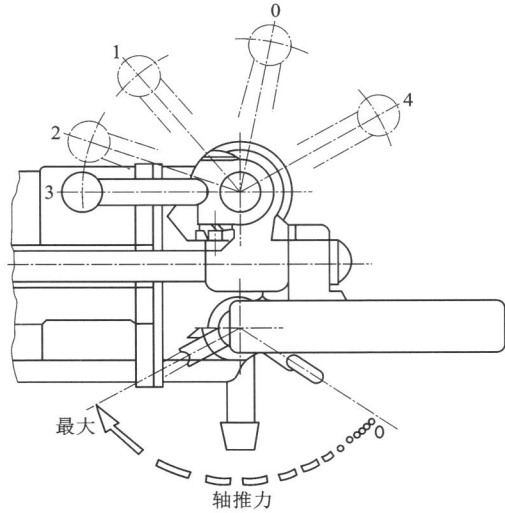

图 4-10　操纵阀和调压阀的操作部位

动，二者相互配合，但又相互独立。调压阀控制气腿的运动，调节气腿的轴推力，以使凿岩机适应各种不同条件下对轴推力的要求。换向阀除配合调压阀使气腿运动外，还控制气腿的快速缩回动作。

调压阀的构造如图 4-11 所示，阀上有两个方向相反的半月形槽，其中，B-B 剖面中的 m 为进气槽，C-C 剖面中的 n 为放气槽。

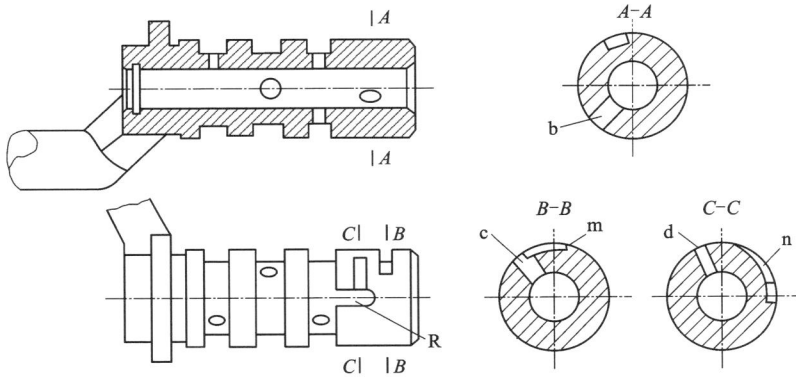

m—进气槽；n—放气槽；R—直槽。

图 4-11　调压阀的构造

气腿的调压阀与换向阀工作原理及气路系统如图 4-12 所示。当需伸长气腿并调整压力时，转动调压阀手柄 1；当配合调压或使气腿快速缩回时，扳动手柄 2 中的扳机 3。下面结合图 4-11 所示调压阀的构造来说明换向与调压的动作原理。

（1）气腿伸出。图 4-12（a）所示为气腿伸出时的位置，如指向书面方向则转动调压阀手柄 1，调压阀上的半月形进气槽 m（见图 4-11 中的 B-B 剖面）连通调压阀气孔 B 和柄体孔 C，此时从操纵阀和柄体孔 A 来的压气按实线箭头所示方向，经孔 B 和孔 C 进入气腿上腔，伸缩

管伸出,支承及推进凿岩机;此时气腿下腔的废气按虚线箭头所示方向,经柄体孔 E、调压阀孔 F,最后由柄体孔 D 排入大气。

(2)气腿轴推力调节。气腿伸出后,扳动调压阀的手柄使之处于不同位置,可以调节气腿轴推力的大小,如图 4-10 所示,轴推力可以在零到最大值之间变化。

逆时针方向转动调压阀手柄,使孔 B 和孔 C 接通的半月形槽 m 的断面积越来越小(见图 4-11 中的 *B-B* 剖面),因此通入气腿上腔的压气量也相应减小;与此同时,使孔 B 和孔 D 接通的放气槽 n 的断面积越来越大(见图 4-11 中的 *C-C* 剖面),由孔 B 经孔 D 排入大气的压气量相应增大,这样就实现了气腿轴推力的调节。

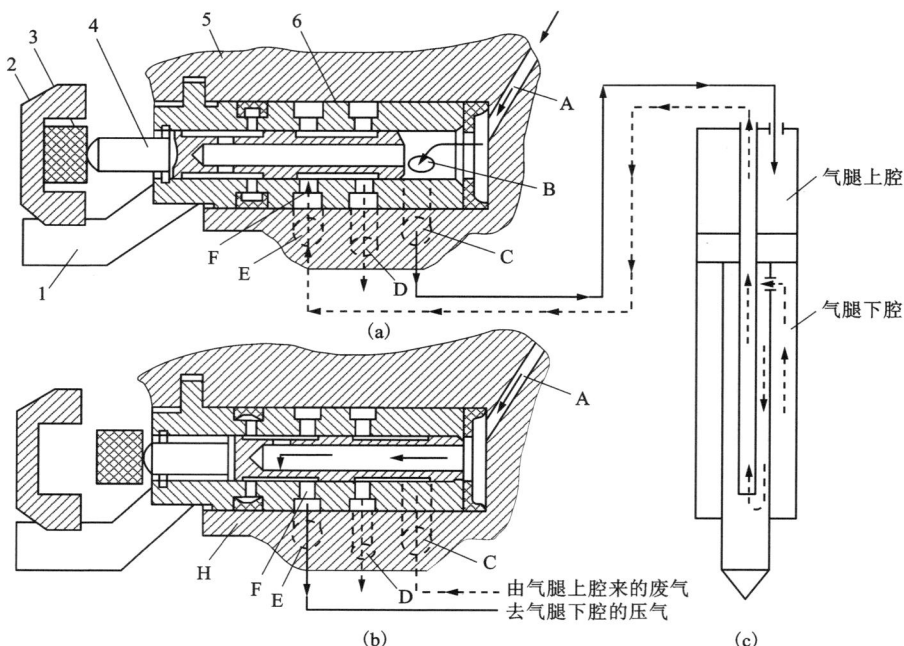

1—调压阀手柄;2—手柄;3—扳机;4—换向阀;5—柄体;6—调压阀;
A、B、C、D、E、F、H—通气孔道。

图 4-12 调压阀与换向阀工作原理及气路系统

(3)气腿快速回退。图 4-12(b)所示为气腿快速回退位置。气腿快速回退是由换向阀 4 控制的。凿岩机工作时,进入调压阀的压气将换向阀推到最左位置[图 4-12(a)];当扳动手柄 2 里面的扳机 3 时,扳机 3 克服压气推力,将换向阀推至最右位置[图 4-12(b)];此时气路改变方向,由孔 A 进入的压气按实线箭头所示方向,经换向阀孔 H、调压阀孔 F、柄体孔 E 进入气腿下腔,使气腿快速回退;此时气腿上腔的废气按虚线箭头所示方向,经孔 C、调压阀气路,最后从孔 D 排入大气。

4.4.6 润滑系统

为保证机器的正常作业,延长机器使用寿命,凿岩机与气腿内的所有运动零件都需要润滑,新型凿岩机通常在进气管上连接自动注油器实现自动润滑。

YT23 型凿岩机的润滑采用 FY200A 型自动注油器，其构造如图 4-13 所示。该注油器的容量为 200 mL，可供凿岩机工作 2 h。当凿岩机工作时，压气沿箭头方向进入注油器后，一部分压气顺孔 a 经孔 b 进入壳体 8 内，对润滑油施加一定压力；同时，由于孔 c 的方向与气流方向相垂直，在高速气流的作用下，孔 c 的孔口产生一定负压(吸力)，使壳体内有一定压力的润滑油沿油管 7 和孔 d 流到 c 的孔口，被高速压气气流带走并形成雾状，之后被送至凿岩机及气腿内部润滑各运动零件。油量的大小可通过调油阀 3 进行调节，YT23 型凿岩机的润滑油耗油量一般调到 2.5 mL/min 左右。

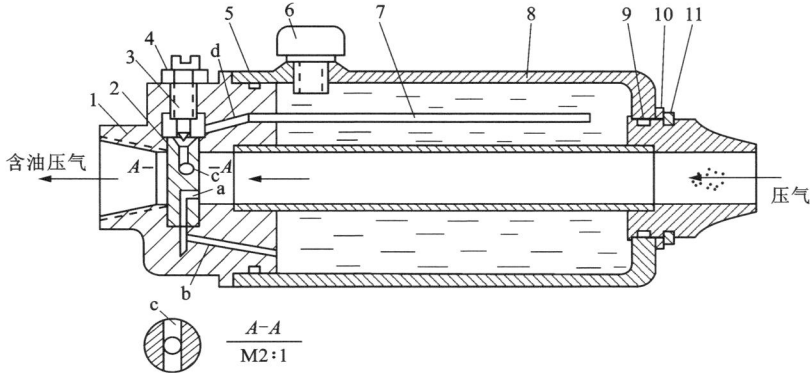

1—管接头；2—油阀；3—调油阀；4—螺帽；5、9—密封圈；6—油堵；

7—油管；8—壳体；10—挡圈；11—弹性挡圈。

图 4-13　FY200A 型自动注油器

4.5　上向式凿岩机的构造

YSP45 型上向式凿岩机主要用于天井掘进和在采矿场打向上的炮孔(60°~90°的浅孔)，其结构如图 4-14 所示。

整机由机头 1、缸体 6、柄体 11 和气腿 14 组成，气腿用螺纹拧接在柄体上，柄体、缸体、机头用两根长螺栓 21 连接成为整体，在缸体的手把上装有放气阀 19，在柄体上有操纵手柄 22、气管接头 20 和水管接头 23。

凿岩机内有冲击配气机构、转钎机构、冲洗装置和操纵装置。冲击配气机构和转钎机构与 YT23 型凿岩机相似，配气阀由阀盖 8、滑阀 9 和阀柜 18 组成，属于从动阀式配气类型，其结构特点是水针 13 的外面套有气针 12，压气沿水针表面喷入钎杆中心孔，可阻止中心孔内的冲洗水倒流；另一路压气经专用气道(图中未画出)喷入钎套与钎杆的接触面，阻止钎杆外面的水流入机头；这两股压气直接从柄体进气道引入，不通过操纵阀，只要接通上气管便向外喷射，同时开气即注水。活塞冲程时直线前进，回程时因螺旋棒 16 被棘轮 10 逆止，活塞被迫旋转后退，通过转动螺母 4、转动套 2 和钎套 3 驱动钎杆旋转。钎套与转动套用螺纹连接，钎套外端呈伞形，盖住机头 1，防止冲洗泥浆污染机器内部。

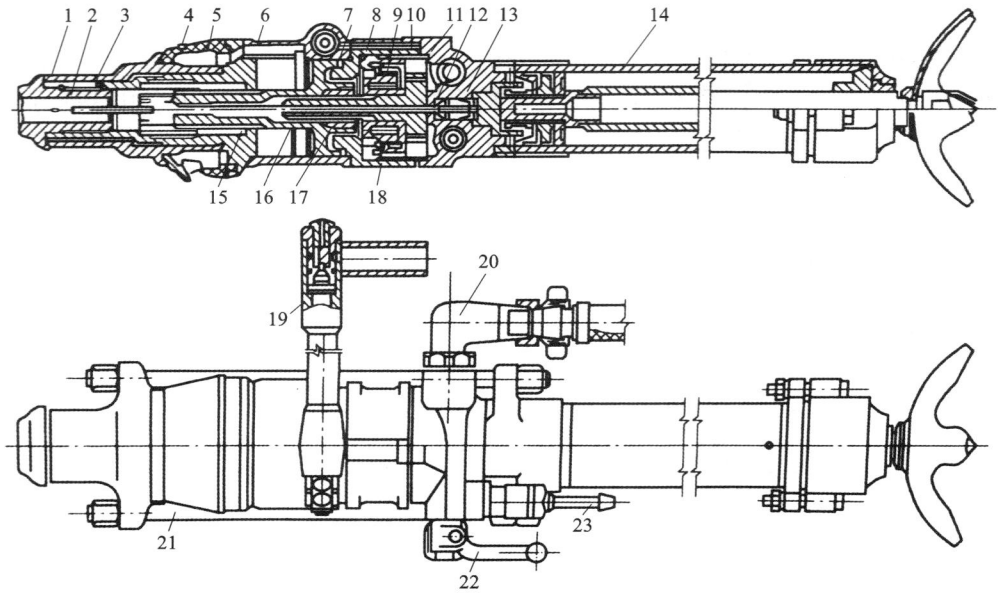

1—机头；2—转动套；3—钎套；4—转动螺母；5—消音罩；6—缸体；7—配气缸；8—阀盖；
9—滑阀；10—棘轮；11—柄体；12—气针；13—水针；14—气腿；15—活塞；16—螺旋棒；
17—螺母；18—阀柜；19—放气阀；20—气管接头；21—长螺栓；22—操纵手柄；23—水管接头。

图 4-14 YSP45 型凿岩机

YSP45 型凿岩机的气腿结构（图 4-15）比较简单，只有外管和伸缩管，内管中无中心管。外管上端设有横臂和架体，外管直接用螺纹拧接在柄体上；旋转操纵阀至气腿工作位置，压气从操纵阀 5 经柄体气道（图中看不见）进入调压阀 3，经气道 2、12 进入气腿 1 的外管上腔，使外管上升并推动凿岩机工作，此时外管下腔的空气从排气口 13 排出；工作时若气腿推力过大，除用调压阀调节外，还可按动手柄上的放气按钮 9，推动阀芯 7 向左移动，使输入的部分压气经气道 6 从放气管 10 放出，以减少进入气腿的气量。放气按钮 9、弹簧 8 使阀芯 7 复位并封闭放气口，旋转操纵阀至停止工作位置时，与调压阀连通的柄体气道被切断，排气口 11 被接通；气腿上腔的空气经气道 12、操纵阀 5 从排气口 11 排出，气腿外管在凿岩机重力作用下缩回，空气从排气口 13 吸入气

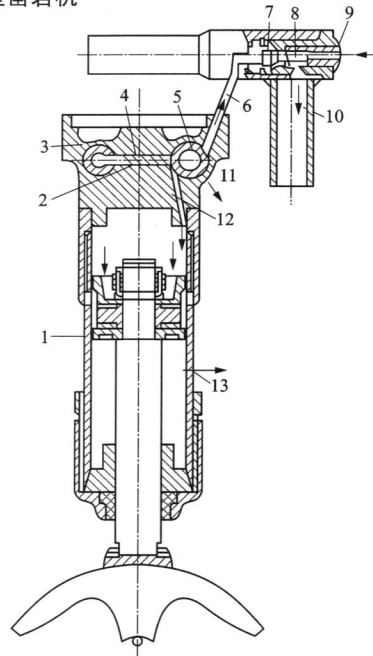

1—气腿；2、12—气道；3—调压阀；4—柄体；5—操纵阀；
6—气道；7—阀芯；8—弹簧；9—放气按钮；
10—放气管；11、13—排气口。

图 4-15 YSP45 型凿岩机气腿结构原理

腿下腔；当气腿外管完全缩回时，活塞顶部螺帽外侧的胶圈被挤入柄体孔内，被柄体夹紧，使搬移凿岩机时内管不会伸出。

凿岩机操纵阀和气腿调压阀的工作原理与 YT23 型凿岩机相似，不再介绍。

操纵阀手柄有 7 个操作位置，如图 4-16 所示。

位置 0——停机、停水、吹气、气腿缩回；

位置 1——停机、停水、吹气、气腿慢慢升起；

位置 2——停机、停水、吹气、气腿升起；

位置 3——微运转、停水、吹气、气腿升起；

位置 4——轻运转、注水、吹气、气腿升起；

位置 5——中运转、注水、吹气、气腿升起；

位置 6——全运转、注水、吹气、气腿升起。

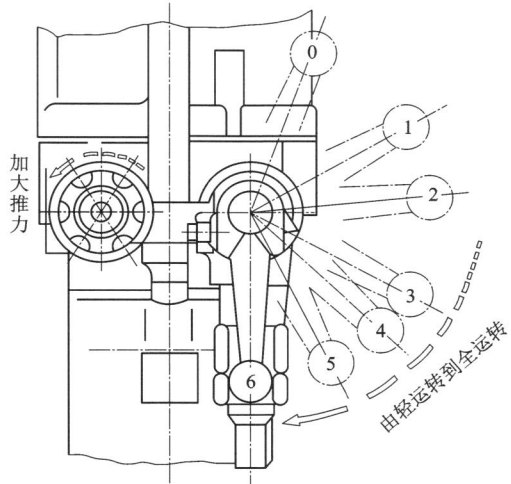

图 4-16　操纵阀和调压阀的使用部位

调压阀的控制是连续的，逆时针转动手轮时气腿推力加大，反之则推力减小。

YSP45 型凿岩机配用 FY500A 型注油器，其结构与 FY200A 型自动注油器相似，不再赘述。值得注意的是凿岩机在工作中的油量要调节好，以耗油量 1~5 mL/min 为宜。

4.6　导轨式凿岩机的构造和附属装置

导轨式凿岩机主要用来钻凿中深孔，因孔较深，必须接杆凿岩。凿岩过程中随着炮孔的加深，要用螺纹连接套逐根接长钎杆，炮孔凿完后再逐根使钎杆与连接套分离，将它们从炮孔内取出。为此，转钎机构必须能双向回转，即能带动钎杆正转和反转（装卸钎杆时）。同时，由于凿岩机质量较大，必须装在推进器的导轨上进行凿岩，因此称它为导轨式凿岩机。它通常与钻架（支柱）或钻车配套使用。国内常用的导轨式凿岩机有内回转和外回转两类，分述如下。

4.6.1　内回转导轨式凿岩机

YG80 型导轨式凿岩机是典型的内回转导轨式凿岩机，其冲击机构与 YT24 型凿岩机相似，属于控制阀式配气类型。冲洗装置与 YSP45 型凿岩机相似，利于钻凿上向孔，其结构如图 4-17 所示。冲击机构由气缸 15、活塞 11、导向套 13、导向衬套 12、阀套 17、阀 18 及阀柜 19 等组成。

YG80 型导轨式凿岩机的特点是具有双向的内回转机构，其动作原理如图 4-18 所示。凿岩和接杆时，气管 B 接压气，气管 A 接大气，滑套 1 被推向右移动（从机器后端向前看），滑套凹槽带动换向套 2 顺时针转动一个角度，棘爪 a、c、e、g 在弹簧力作用下落入换向套的槽中，并与螺旋棒 3 后部的外棘轮齿接触；螺旋棒受棘爪的止逆作用，只能逆时针转动；活塞

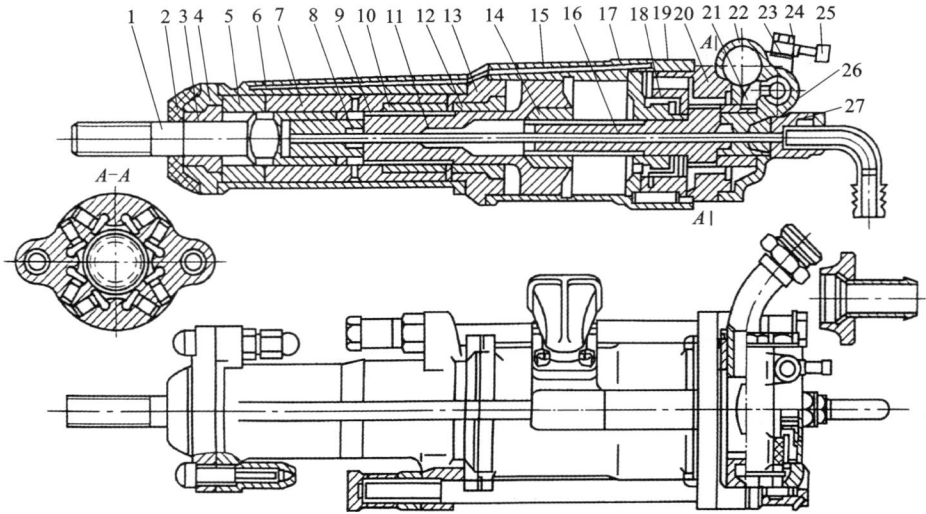

1—钎尾；2—防水罩；3—导向套(衬套)；4—机头盖；5—卡套；6—机头；7—钎尾套；8—密封圈；9—转动套；
10—花键母；11—活塞；12—导向衬套；13—导向套；14—螺母；15—气缸；16—螺旋棒；17—阀套；18—阀；
19—阀柜；20—棘轮套；21—换向套；22—柄体；23—垫片；24—进气螺钉；25—气管接头；26—垫圈；27—水针螺母。

图 4-17　YG80 型导轨式凿岩机的构造

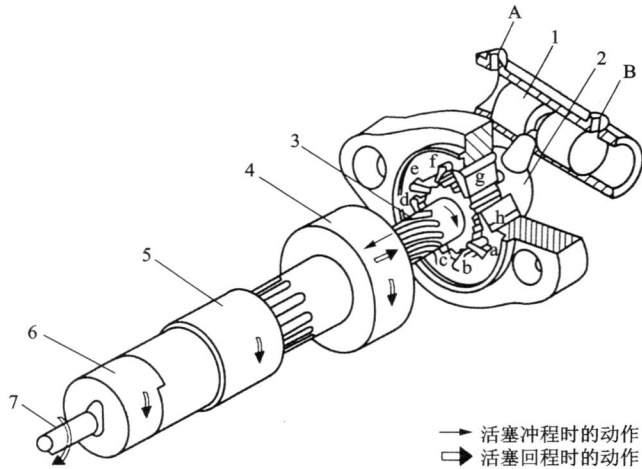

1—滑套；2—换向套；3—螺旋棒；4—活塞；5—转动套；6—钎套(掐套)；7—钎尾；
A—右进气管；B—左进气管；a、c、e、g—正常凿岩接杆用棘爪；b、d、f、h—卸钎用棘爪。

图 4-18　YG80 型导轨式凿岩机双向转钎机构动作原理

做冲程运动时直线前进，螺旋棒逆时针转动；活塞回程时，外棘轮被棘爪逆止，螺旋棒不能顺时针转动，迫使活塞 4 带动转动套 5、钎套 6 及钎尾 7 逆时针旋转(左旋)；因钎杆与连接套用左旋螺纹连接，钎杆被拧紧在连接套上；卸钎时气管 A 接压气，气管 B 接大气，滑套向左移动，带动换向套逆时针转动一个角度，棘爪 a、c、e、g 被抬起，棘爪 b、d、f、h 落入换向套的槽中，并与螺旋棒外棘轮齿接触；由于棘爪 b、d、f、h 和棘爪 a、c、e、g 的安装方向相反，因此活塞及其牵连机件在冲程时被迫做顺时针转动（右旋）；在回程时活塞做直线运动，螺旋棒顺时针转动；当气管 A 和 B 都接大气时，滑套 1 在两侧弹簧力的均衡作用下处于中间位置，8 个棘爪全部被抬起，棘轮与棘爪分离，螺旋棒可自由转动，不起任何止逆作用。因此，凿岩机只冲击，而钎杆不转动。

4.6.2　外回转导轨式凿岩机

前面已介绍过的凿岩机，从结构上看，都是内回转式凿岩机（间歇转钎），具有结构简单、重量轻、无须配备专门用于回转的马达等特点。但具有棘轮棘爪转钎机构的内回转式凿岩机，其冲击与回转相互依从，并有固定的参数比，无法在较软岩石中给出较小的冲击力和较快的回转速度，或在硬岩中给出较大的冲击力和较慢的回转速度，不仅凿岩适应性较差，而且在节理发达、裂纹较多的矿岩中容易卡钎。而独立（外）回转式凿岩机正是从克服内回转式凿岩机的缺点出发，以独立回转的转钎机构代替依从式的棘轮棘爪转钎机构而研制出来的。这种机构的变化，体现出以下一些特点：

（1）由于采用独立的转钎机构，可增大回转力矩，因此对凿岩机可施加更大的轴推力（而内回转式凿岩机会因此堵转），从而加快了纯凿岩速度；

（2）转钎和冲击相互独立，由于转速可调，适用于各种矿岩条件下作业，且机器维护与拆装方便；

（3）摒弃了依从式转钎机构中最易损耗的棘轮、棘爪等零件，延长了凿岩机的使用寿命。

YGZ90 型外回转导轨式凿岩机是典型的外回转导轨式凿岩机，其外形如图 4-19 所示。凿岩机由气动马达 1、减速器 2、机头 4、缸体 6 和柄体 9 五个主要部分组成，机头、缸体、柄体用两根长螺杆 5 连接成一体，气动马达和减速器用螺栓固定在机头上，钎尾 3 由气动马达经减速器驱动。

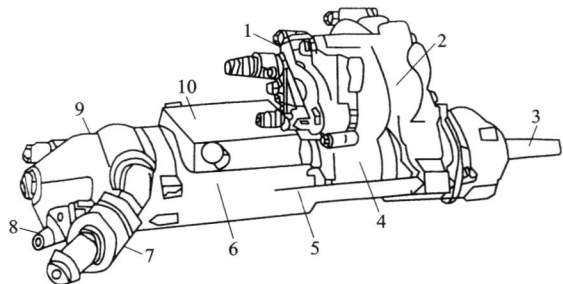

1—气动马达；2—减速器；3—钎尾；4—机头；5—长螺杆；
6—缸体；7—气管接头；8—水管接头；9—柄体；10—排气罩。

图 4-19　YGZ90 型外回转导轨式凿岩机外形

YGZ90 型外回转导轨式凿岩机的结构如图 4-20 所示。

钎尾 40 插入机头 36 内，用卡套（掐套）2 掐住钎尾凸起的挡环（钎耳），由转动套 34 驱动卡套及钎尾旋转，导向套 1 和钎尾套 35 则控制钎尾往复运动的方向；机头 36 用机头盖 38 盖住，外有防水罩 39，可防止上向凿岩时泥浆污染机头；钎尾前端有左旋波状螺纹，钎杆用连接套拧接在钎尾上；在机头上装有齿轮式气动马达和减速器，当气动马达旋转时，通过马达输出轴的小齿轮（41 左）带动大齿轮 8 转动，大齿轮借月牙形键将动力传递给轴齿轮 6，又通过惰性齿轮 5 驱动转动套 34，使钎尾 40 回转。

YGZ90 型外回转导轨式凿岩机冲击配气机构属无阀式，与 YTP26 型凿岩机相似，不再赘述。为了防止活塞可能停在关闭进、排气口的死点位置，使凿岩机无法启动，柄体内的配气体上安装了一个启动阀，其工作原理如图 4-21 所示。当启动凿岩机，且活塞处于死点位置

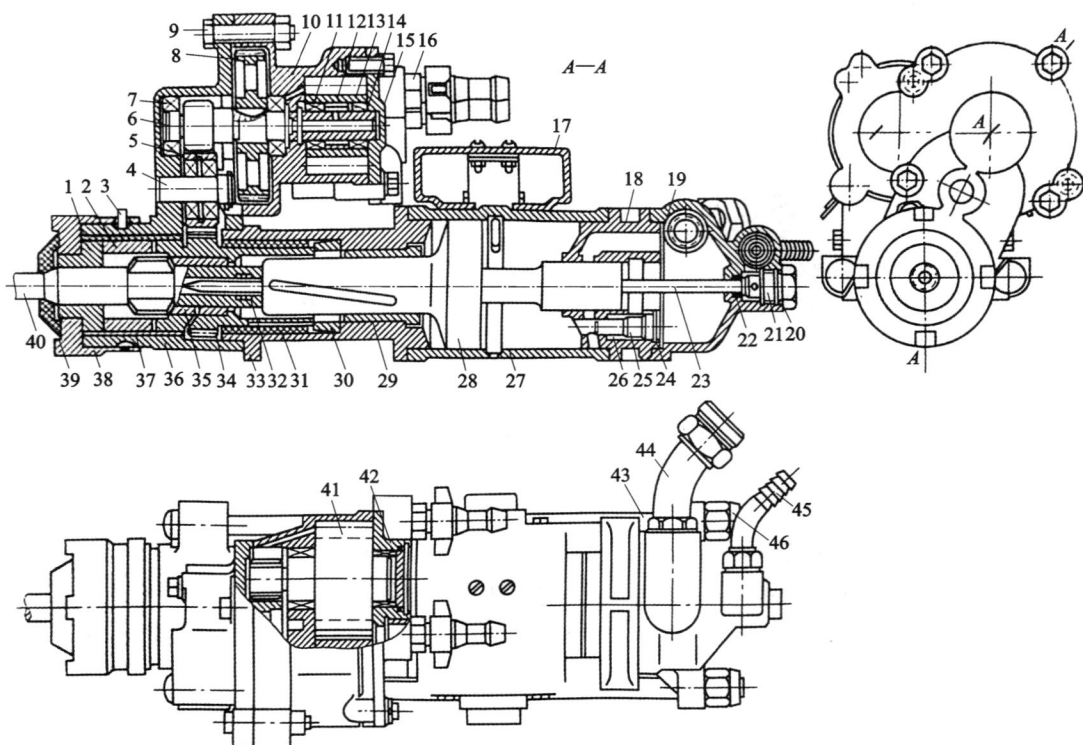

1—导向套(衬套)；2—卡套(揞套)；3—弹簧卡圈；4—芯轴；5—惰性齿轮；6—轴齿轮；7—单列向心球轴承；8—大齿轮；
9—螺栓；10—气(风)动马达体；11—滚针轴承；12—隔圈；13—齿轮；14—销轴；15—盖板；16—气管接头；
17—排气罩；18—配气体；19—柄体；20—密封圈；21—进水螺塞；22—水针胶垫；23—水针；24—挡圈；
25—启动阀；26—弹簧；27—气缸；28—活塞；29—铜套；30—垫环；31—衬套；32—密封圈；33—连接体；
34—转动套；35—钎尾套；36—机头；37—衬套；38—机头盖；39—防水罩；40—钎尾；41—气动马达的双联齿轮；
42—盖板；43—长螺杆；44—气管接头；45—水管接头；46—螺母。

图 4-20　YGZ90 型外回转导轨式凿岩机结构图

时，压气由配气体后室进气孔道的环形空间，经启动孔 3 进入气缸后腔，推动活塞向前（左）运动，离开死点位置；与此同时，由于启动阀 1 前后端面积大小不等，启动阀在压力差的作用下克服弹簧 2 的张力向左移动，关闭启动孔 3；当凿岩机停止冲击工作时，启动阀 1 两端压力差随之消失，

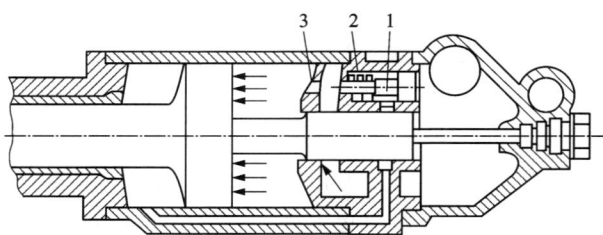

1—启动阀；2—弹簧；3—启动孔。

图 4-21　启动阀工作原理

启动阀 1 在弹簧 2 的作用下右移，打开启动孔 3，为下一次启动做好准备。

4.6.3　导轨式凿岩机的推进器

推进器作为导轨式气动凿岩机的附属装置，在地下矿山中常见的有气动马达推进器和气缸钢绳（链条）推进器两类（液压驱动的在钻车上使用）。

4.6.3.1　气动马达螺杆式推进器

螺杆式推进器的结构如图4-22所示。导轨架4为槽形或异形钢制件，在槽内装有推进螺杆7，推进螺杆前端插入轴承座12，后端装在气动马达1的减速器内；轴承座12用螺栓固定在导轨架前端，内有两套单列向心球轴承，外用轴承盖压紧。气动马达1用螺栓9固定在导轨架后端，并用左右卡子8箍紧；两条导轨3用沉头螺钉11固定在导轨架的顶面上，导轨上装有托座（跑床）2，托座下部用沉头螺钉10装有一对滑板，使托座能沿导轨前后滑动；凿岩机（图中双点划线所示）通过两侧长螺栓安装在托座上，随托座移动，托座下端有一凸块，伸入导轨架的凹槽内，凸块的通孔内固定有推进螺母6，推进螺杆7从推进螺母中穿过；当气动马达经减速器带动螺杆正、反转时，推进螺母就带动托座和凿岩机前进或后退；为了防止托座前后移动碰撞轴承座和气动马达，导轨架前后端分别装有橡胶减震套；有些导轨架下端有底座5，可通过它将整个推进器安装在支柱上。

气动马达常为叶片式或柱塞式结构，因气动马达转速较高，减速器多用行星减速器，其具有结构紧凑、减速比较大的特点，且能做到输入和输出同轴线。

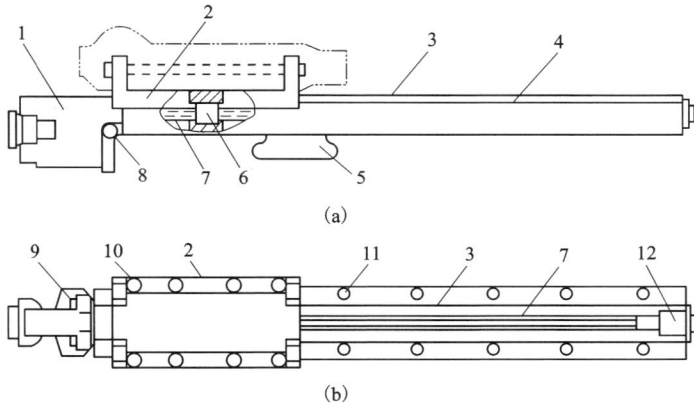

(a)

(b)

1—气动马达；2—托座；3—导轨；4—导轨架；5—底座；6—推进螺母；
7—推进螺杆；8—卡子；9—螺栓；10、11—沉头螺钉；12—轴承座。

图4-22　气动马达螺杆式推进器结构

4.6.3.2　气动马达链条式推进器

图4-23所示为气动马达链条式推进器的结构，气动马达6通过蜗轮蜗杆减速器5带动主动链轮，链轮上绕有闭合的套筒滚子链条7，链条的两端经前后导向链轮接在凿岩机托座4的两端，链条张紧装置1可保证链条不松弛。

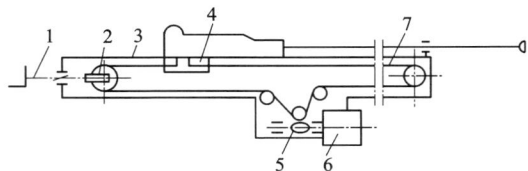

1—链条张紧装置；2—导向链轮；3—导轨架；4—凿岩机托座；
5—蜗轮蜗杆减速器；6—气动马达；7—链条。

图4-23　气动马达链条式推进器结构

4.6.3.3　气缸钢绳（链条）式推进器

　　气缸钢绳式推进器如图4-24所示，在导轨架6的滑轨上装有托座3，导向架的凹槽中装有推进气缸5，气缸活塞杆前端的左右两侧分别装有推动轮7、8(7、8均为两个)，导轨架凹槽的前后两端分别装有导向轮1、9(1、9也均为两个)；两根钢绳2的一端连接在托座的左端，另一端绕过导向轮1和推动轮7固定在导轨架上；两根钢绳4的一端连接在托座的右端，另一端绕过导向轮9和推动轮8固定在导轨架上；当推进气缸5的活塞杆缩回时，钢绳2放松、钢绳4被拉紧，托座3向右移动；反之，推进气缸5的活塞杆伸出时，钢绳4放松、钢绳2被拉紧，托座向左移动。凿岩机装在托座上，即随托座进退。

　　气缸链条式推进器只是将钢绳换成链条，其传动原理与钢绳式推进器完全相同，不再赘述。

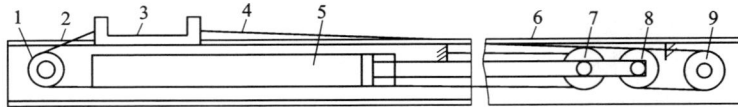

1、9—导向轮；2、4—钢绳；3—托座；5—推进气缸；6—导轨架；7、8—推动轮。

图4-24　气缸钢绳式推进器

4.6.4　气动支柱

4.6.4.1　气动支柱组成

　　气动支柱在工作面的架设及与导轨架的连接情况如图4-25所示。通常在立柱下部装一台小绞车，在立柱上部装一个滑轮，用钢绳上下移动横臂和左右移动导轨架，可使凿岩机钻凿任意方向的炮孔。

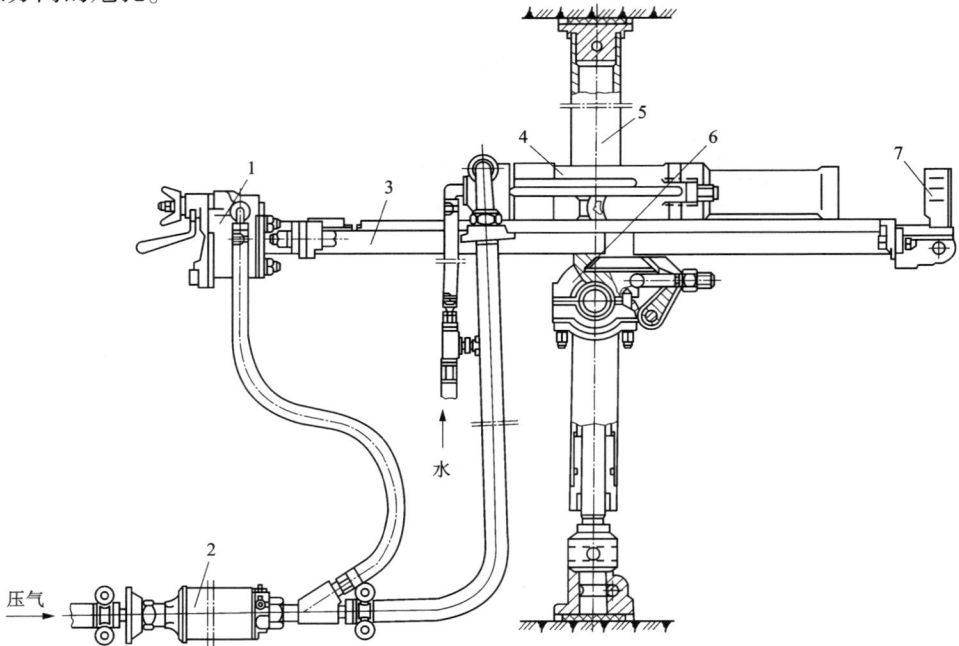

1—气动马达；2—自动注油器；3—导轨架；4—凿岩机与托座；5—立柱；6—横臂；7—夹钎器。

图4-25　立柱、横臂与推进器的连接

立柱是一个双作用气缸，又称顶向千斤顶，其结构如图 4-26 所示。活塞 5 用螺母 3 和止动垫圈 4 固定在活塞杆 9 上，活塞 5、缸体 1 及活塞杆 9 之间用密封圈 7 和 O 形圈 6 密封；缸体 1 前端有缸帽 10，两者用螺纹连接，缸帽、活塞杆及缸体之间，用密封圈 18 及胶垫 11 密封；缸帽端部有油封 12，用以刮拭活塞杆上的岩粉，防止污物进入缸体内；当压气经接头 2 进入缸体后 (左) 腔时，活塞杆伸出，顶尖 15 顶紧巷道顶板，立柱就固定在工作面上；从弯头 17 通入压气，活塞杆缩回，可以移动立柱。

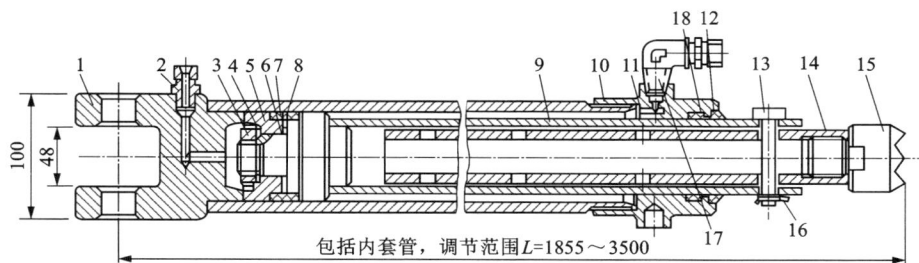

1—缸体；2—接头；3—螺母；4—止动垫圈；5—活塞；6—O 形圈；7—密封圈；8—挡圈；9—活塞杆；10—缸帽；11—胶垫；12—油封；13—销轴；14—内套管；15—顶尖；16—开口销；17—弯头；18—密封圈。

图 4-26　立柱结构

为了能够调节活塞杆的伸出长度，在活塞杆 9 内装有内套管 14，二者用销轴 13 连接，并用开口销 16 固定；将销轴插入内套管的不同钻孔中，活塞杆的伸出长度即随之改变；横臂与托座的结构如图 4-27 所示，横臂 4 用钢管制成，用卡盖 1 和立柱 3 连接，可沿立柱上下移动和左右旋转，定位后拧紧螺栓 2 使之固定；为了防止凿岩时横臂向下松动，用螺栓 11 夹紧托圈 12 以托住横臂。上托座 5 和下托座 10 装在横臂上，可沿横臂左右移动和上下旋转，定位后拧紧螺栓 8 固定；上托座的侧面有卡子 6，用

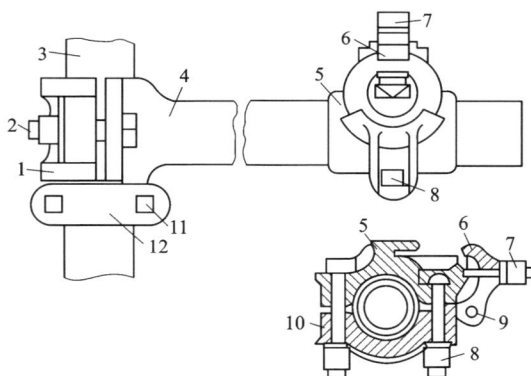

1—卡盖；2—螺栓；3—立柱；4—横臂；5—上托座；6—卡子；7、8、11—螺栓；9—销轴；10—下托座；12—托圈。

图 4-27　气动支柱的横臂与托座

销轴 9 铰接在托座上，导轨架下部的底座就放在卡子 6 与上托座顶部的弧形槽之间，可左右移动，定位后用螺栓 7 固定，利用上述装置可将凿岩机移动到所需的打眼位置。

4.6.4.2　气动系统

气动系统如图 4-28 所示，压气经总进气阀 2、过滤网 3、注油器 4 进入操纵阀组控制各运动部件的动作。其中阀 5 控制凿岩机冲击机构 6，阀 7 控制凿岩机换向器 8 (或气动马达)，阀 9 控制立柱气缸 10，阀 11 控制夹钎器气缸 12，阀 13 控制推进气动马达 14。除阀 5 为二位二通阀外，其他都是三位四通阀。

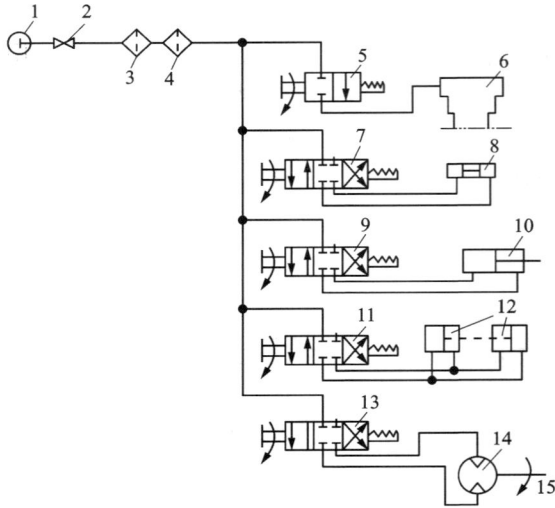

1—压气来源；2—总进气阀；3—过滤网；4—注油器；5—凿岩机冲击机构操纵阀；6—凿岩机冲击机构；
7—凿岩机换向器操纵阀；8—凿岩机换向器；9—立柱气缸操纵阀；10—立柱气缸；11—夹钎器操纵阀；
12—夹钎器气缸；13—气动马达操纵阀；14—气动马达；15—推进螺杆。

图 4-28 气动系统

4.6.5 圆盘导轨架

　　圆盘导轨架是导轨式凿岩机在采场中钻凿扇形中深孔的专用支架。FJY-24 型圆盘导轨架的结构如图 4-29 所示。整个设备由工作部分和操纵部分组成，两部分通过气、水管连接。由于两部分分开，可在离工作面较远处操纵，安全性较高。工作部分由柱架、气动马达推进器、转盘及手摇绞车组成；操纵部分由注油器、水阀、气阀及司机座组成。

　　(1)柱架。其底盘是一对用钢材焊成的撬板 1，在左右撬板上用铰轴各装有一根立柱 12，立柱可绕铰轴旋转，用拉杆 17 支撑；转动拉杆，拉杆两端螺母与左螺杆 16 和右螺杆 19 相互作用，可使立柱前后俯仰到所需角度。立柱的结构与图 4-26 相同。

　　(2)气动马达推进器。与图 4-22 相似，不同之处只是在导轨架前端通过连接板 20 装有夹钎器 5(图 4-29)，夹钎器的作用是使接卸钎杆机械化，并在开眼时引导钎杆方向，使之便于定位。该夹钎器的结构如图 4-30 所示。两个缸体 1 对称焊在夹钎器体 15 上，缸体中装有活塞 4，用圆柱销 13 定位，使之不能旋转，活塞与缸体间装有衬套 8，并用 U 形密封圈 6、9 密封，其前端有油封 5 防尘；夹爪 2 用螺栓 3 和垫圈 7 固定在活塞上，并用 O 形密封圈 14 密封；缸体后端用端盖 12、挡圈 11 和 O 形密封圈密封，当压气进入缸体后腔时，一对夹爪伸出夹住连接套(接钎套)，可用凿岩机的双向转钎机构接卸钎杆；反之，当压气进入缸体前腔时，夹爪缩回，松开连接套。开眼时，可让夹爪伸出并托住钎杆，以防钎杆跳动或弯曲；开眼后，缩回夹爪，防止钎杆磨损夹爪。

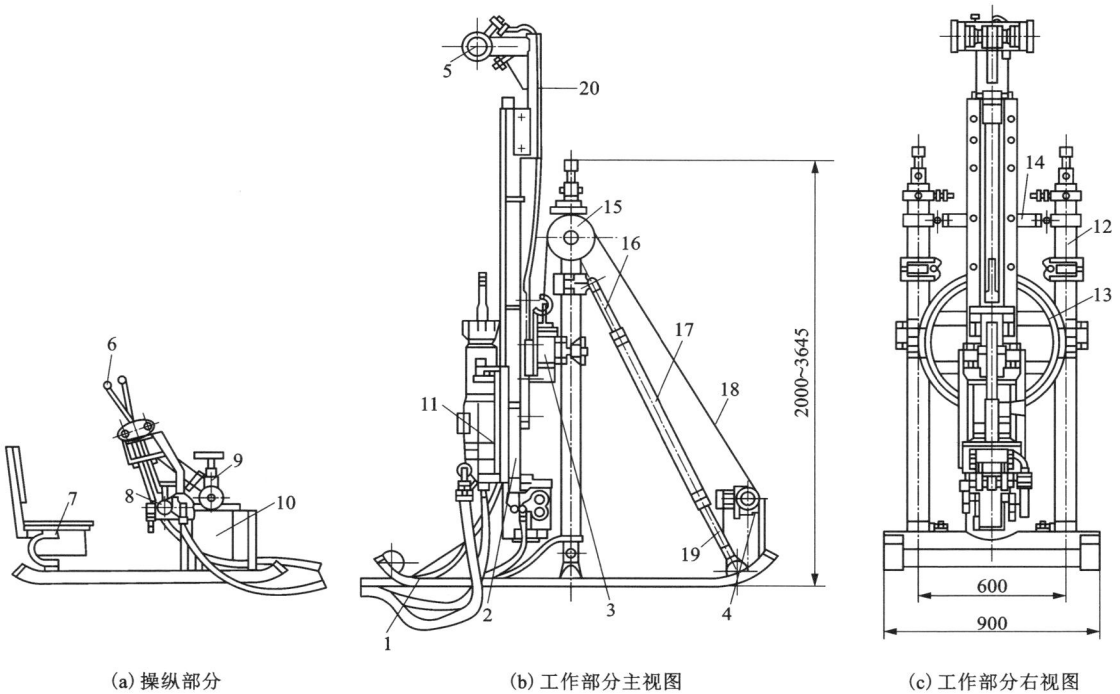

(a) 操纵部分   (b) 工作部分主视图   (c) 工作部分右视图

1—撬板；2—气动马达推进器；3—横梁；4—手摇绞车；5—夹钎器；6—操纵手柄；7—司机座；
8—水阀；9—总进气阀；10—注油器；11—凿岩机；12—立柱；13—转盘；14—横杆；
15—滑轮；16—左螺杆；17—拉杆；18—钢绳；19—右螺杆；20—连接板。

图 4-29 FJY-24 型圆盘导轨架

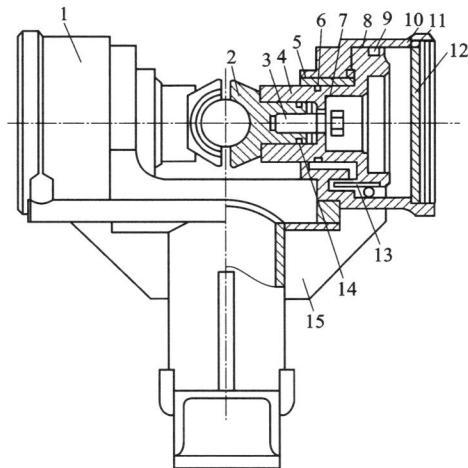

1—缸体；2—夹爪；3—螺栓；4—活塞；5—油封；6、9、10—O 形密封圈；
7—垫圈；8—衬套；11—挡圈；12—端盖；13—圆柱销；14—O 形密封圈；15—夹钎器体。

图 4-30 夹钎器的结构

（3）转盘，其结构如图4-31所示。横梁1上焊有两个卡座2，通过卡盖12和螺栓3套装在左右立柱9上，可沿立柱上下移动，定位后用螺母11固定；横梁中部有一个轴孔，孔内镶有铜套13，转盘23的短轴装在铜套中，可左右旋转，定位后用端盖14和螺栓16固定；推进器的导轨24用螺栓22固定在转盘上，随转盘旋转，转盘背面有角度指示牌20，横梁上有指示针21，可指明转盘的旋转角度；角度调好后，再用螺栓4将转盘夹紧在两块压板18上，以便凿岩。横梁上有吊钩19，挂在图4-29的手摇绞车4的钢绳18上，可用绞车升降横梁；手摇绞车的钢绳如挂在岩壁或其他固定架上，可用来牵引圆盘导轨架移位。

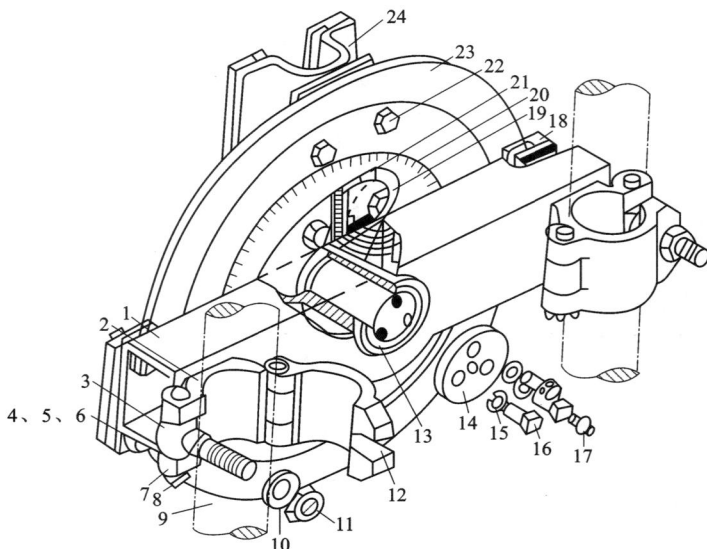

1—横梁；2—卡座；3、4、16、22—螺栓；5、11—螺母；6、10、15—垫圈；
7—销轴；8—开口销；9—立柱；12—卡盖；13—铜套；14—端盖；17—油环；
18—压板；19—吊钩；20—角度指示牌；21—指示针；23—转盘；24—导轨。

图4-31　转盘立体结构

4.7　气动凿岩机主要生产厂家与技术参数

4.7.1　天水风动机械股份有限公司

天水风动机械股份有限公司由原天水风动工具厂改制而成，始建于1966年，公司主要产品有凿岩机、凿岩钻车钻架、凿岩钎具和气动工具等四个大类，其生产的凿岩机技术参数见表4-3～表4-5。

表4-3　天水风动机械股份有限公司手持式气动凿岩机技术参数

型号	Y6	Y20	Y24	YH24
质量/kg	6	18	24	24
工作气压/MPa	0.4	0.4	0.4	0.4
耗气量/(L·s^{-1})	≤9.5	≤25	≤50	50

续表 4-3

型号	Y6	Y20	Y24	YH24
凿孔直径/mm	20	34~42	34~42	34~42
凿孔深度/m	0.5	3	5	5
钎尾尺寸/(mm×mm)	15×88	22×108	22×108	22×108

表 4-4　天水风动机械股份有限公司气腿式气动凿岩机技术参数

型号	YT24	YT28	Y20LY
质量/kg	24	26	18
工作气压/MPa	0.63	0.63	0.4
耗气量/(L·s⁻¹)	≤67	≤81	≤25
凿孔直径/mm	34~42	34~42	34~42
凿孔深度/m	5	5	3
钎尾尺寸/(mm×mm)	22×108	22×108	22×108

表 4-5　天水风动机械股份有限公司导轨式气动凿岩机技术参数

型号	YSP45	YG40	YG80	YGZ100	YGZ170
质量/kg	45	36	69	100	170
工作气压/MPa	0.63	0.63	0.63	0.63	0.63
耗气量/(L·s⁻¹)	≤111.6	≤117	≤160	108+83	130+100
凿孔直径/mm	34~42	45~55	50~75	50~80	65~100
凿孔深度/m	6	15	20	25	30
钎尾尺寸/(mm×mm)	22×108				
钎尾规格		R32	R32	R32，R38	R38，T38，T45，R45

4.7.2　红五环集团股份有限公司

红五环集团股份有限公司气动凿岩机技术参数见表 4-6。

表 4-6　红五环集团股份有限公司手持式气动凿岩机技术参数

型号	HY18	HY20	Y24	HY26A	YT28A-D
质量/kg	18	28	24	25	24
工作气压/MPa	0.4~0.5	0.4~0.5	0.5	0.5	0.5
耗气量/(L·s⁻¹)	23.3	28.3	46.7	53.3	63.3
凿孔深度/m	0.5	0.52	0.7	0.62	0.6
钎尾尺寸/(mm×mm)	22×108	22×108	22×108	22×108	22×108

4.7.3 瑞典安百拓公司

安百拓公司气动凿岩机技术参数见表4-7。

表 4-7 安百拓公司气动凿岩机技术参数

型号	BBC 120	VL 140
质量/kg	69	191
长度/mm	780	854
冲击活塞直径/mm	120	—
凿孔直径/mm	38	—
最大冲击功率/kW	7.2	12
冲击频率/Hz	33	55/73
回转速度/(r · min^{-1})	0~210	0~150
钎尾规格	R32, FI38, R38	R32, R38, T38, T45
冲洗水流量/(L · min^{-1})	1	—
压气流量/(L · s^{-1})	167	300

参考文献

[1] 吴昊骏, 纪洪广, 龚敏, 等. 我国地下矿山凿岩装备应用现状与凿岩智能化发展方向[J]. 金属矿山, 2021(1): 185-201, 212.
[2] 刘恩国. 浅析气动凿岩机械的发展趋势[J]. 凿岩机械气动工具, 2013(4): 14-16.
[3] 郭孝先, 宫龙颖, 荆建宽, 等. 市场引导下我国煤矿钻孔与凿岩机械的发展趋势[J]. 矿山机械, 2011, 39(6): 12-19.
[4] 气动凿岩机用注油器: JB/T 9846—2010[S].
[5] 甘海仁, 杨永顺, 李永星. 我国凿岩机械现状[J]. 凿岩机械气动工具, 2006(1): 16-28.
[6] 煤矿用气动凿岩机通用技术条件: MT/T 903—2002[S].
[7] 马恩然. 凿岩机械与冲击式气动工具冲击能量冲击频率测试问题探讨[J]. 凿岩机械气动工具, 1996(1): 49-54.
[8] 王运敏. 中国采矿设备手册[M]. 北京: 科学出版社, 2007.

第 5 章

液压凿岩机

5.1 概述

液压凿岩机是采用液压油驱动,以冲击为主、回转为辅凿碎岩石且形成炮孔的钻孔机械。液压凿岩机以高效、清洁、安全等优势,广泛用于矿山开采、巷道掘进、铁路与公路隧道及岩石开挖等工程中。

20 世纪 20 年代,英国人多尔曼(Dormann)研制出第一台液压凿岩机样机。1970 年,法国蒙特贝(Montabert)公司研制出 H50 型液压凿岩机,将其装配在液压钻车上,并成功应用于矿山钻孔。同年,法国塞柯马公司(Secoma)也生产出 RPH35 型液压凿岩机。

1973 年,瑞典阿特拉斯·科普柯公司(Atlas Copco)研制出 COP 1038HD 型液压凿岩机,随后,芬兰汤姆洛克公司(Tamrock)研制出 HE 和 HL 两个系列的液压凿岩机。1974 年,德国萨尔茨吉特公司(Salzgitter)推出 HH 系列液压凿岩机。1975 年,美国英格索兰公司(Ingersoll Rand)推出 HARD 系列液压凿岩样机,德国克虏伯公司(Krupp)研制出 HB 系列液压凿岩机。1976 年,瑞典林登·阿利马克公司(Linden-Alimak)、美国久益公司(Joy)和英国皮拉德公司(Pilard)也研制出液压凿岩机。1977 年,日本古河矿业公司(Fu Ru Kawa)推出 HD100 中型和 HD200 重型液压凿岩机,可在多钻臂的大型液压钻车上装配使用,取得了满意的效果。

1986 年,液压凿岩机开始第一次升级换代,阿特拉斯·科普柯公司首先推出了 COP 1440、COP 1550 型高速液压凿岩机,凿岩效率是第一代凿岩机的 2 倍;20 世纪 90 年代,该公司推出 COP 4050 型重型液压凿岩机,冲击功率高达 40 kW;进入 21 世纪,该公司推出了 COP 1132,其采用双缓冲系统,凿岩机性能更加优化,凿岩速度更快,钎尾密封性更好。瑞典山特维克公司(Sandvik)自 1996 年收购了芬兰汤姆洛克公司后,在采矿装备行业迅速崛起。该公司生产的液压凿岩机型号有 H 和 RD 两大类,H 大类凿岩机基本沿用了原汤姆洛克公司的产品型号,并在此基础上进行了多次改进升级;RD 大类凿岩机是山特维克公司在吸收 H 大类凿岩机技术特征的基础上,针对现有施工作业方法研发的新一代液压凿岩机,其采用全新的模块化设计,很大程度提升了凿岩机的稳定性和使用寿命,并且在冲击性能方面,为了满足更高要求的作业效率以及作用工法多样的施工现状,该系列具有更广泛的频率和冲击能配置,可以更加有针对性地满足各类工况的高效作业,正逐步取代 H 大类凿岩机,尤其是在智能凿岩装备上以其高可靠性、高效率性逐渐成为主力产品。

我国液压凿岩机的研制工作起步于 20 世纪 60 年代末期。1973 年 11 月由长沙矿冶研究院、株洲东方工具厂研制出我国第一台样机，几经改进，定名为 YYG-80 型液压凿岩机，并于 1980 年 9 月通过部级鉴定。随后，北京钢铁学院(现北京科技大学)、中南矿冶学院(现中南大学)、中国地质大学、长沙矿冶研究院、北京建井研究所(现煤炭科学研究总院北京建井研究所)、莲花山冶金机械厂(现莲花山凿岩钎具有限公司)、桂林冶金机械总厂(现桂林桂冶实业有限公司)、沈阳风动工具厂(现沈阳风动工具厂有限公司)和天水风动工具厂(现天水风动机械股份有限公司)等多家单位研制了几十种型号的液压凿岩机。20 世纪 80 年代末，国内凿岩机研制达到了高峰。到 20 世纪 90 年代，由于矿业经济不景气，国内凿岩机研制进入低谷，即便如此，至 20 世纪末期，除了莲花山冶金机械厂引进消化法国塞柯马公司的液压凿岩机技术，能够生产出 HYD200 系列液压凿岩机外，我国还拥有自行研制的多个液压凿岩机型号，包括 YYG80、TYYG20、YYT30、YYG30、YYG80A、YYG90、YYG250B 型等。进入 21 世纪，国内凿岩机研制又逐渐兴起，尤其是近十年，液压凿岩机产品市场需求量逐渐增大，吸引许多工程机械生产厂家加入液压凿岩机制造行业。目前，国内液压凿岩机生产厂家已经超过 20 家，而且还在不断增加。然而，国产液压凿岩机的产品质量虽有所进步，但在使用性能和工作可靠性上与进口先进产品相比还有不小差距。

国外有 20 多个国家的几十家公司生产出上百种不同型号的液压凿岩机，其中在产品质量和技术水平上居于世界前列的公司主要有瑞典的安百拓公司(原阿特拉斯·科普柯公司)和山特维克公司(原芬兰汤姆洛克公司)，两家公司的产品占到了世界市场份额的 65% 以上。

5.2　液压凿岩机的分类

液压凿岩机按其支承方式可分为手持式、支腿式与导轨式三类。与气动凿岩机不同的是，手持式与支腿式液压凿岩机的应用较少，实际使用的液压凿岩机绝大多数都是导轨式的。

液压凿岩机按其配油方式可分为有阀型和无阀型两类。前者按阀的结构可分为套阀式和芯阀式(或称外阀式)；按回油方式可分为单面回油和双面回油；单面回油方式又可分为前腔回油和后腔回油两种。其分类见表 5-1。表 5-1 中所列的种类虽多，但实际上只有双面回油与后腔回油是常应用的两种类型。

表 5-1　液压凿岩机分类

配油方式	有阀型				无阀型
	单面回油			双面回油	双面回油
	后腔回油		前腔回油		
换向阀类型	三通阀，差动活塞		三通阀，差动活塞	四通阀，两腔交替回油	活塞自配油，两腔交替回油
阀结构	套阀	芯阀	套阀	芯阀	芯阀	无

5.3　液压凿岩机结构组成

以安百拓公司的 COP 1238 型液压凿岩机为例，该机型由钎尾装置 A(内含供水装置与防尘系统等)、转钎机构 B、钎尾反弹缓冲装置 C 与冲击机构 D 四个部分组成,如图 5-1 所示。

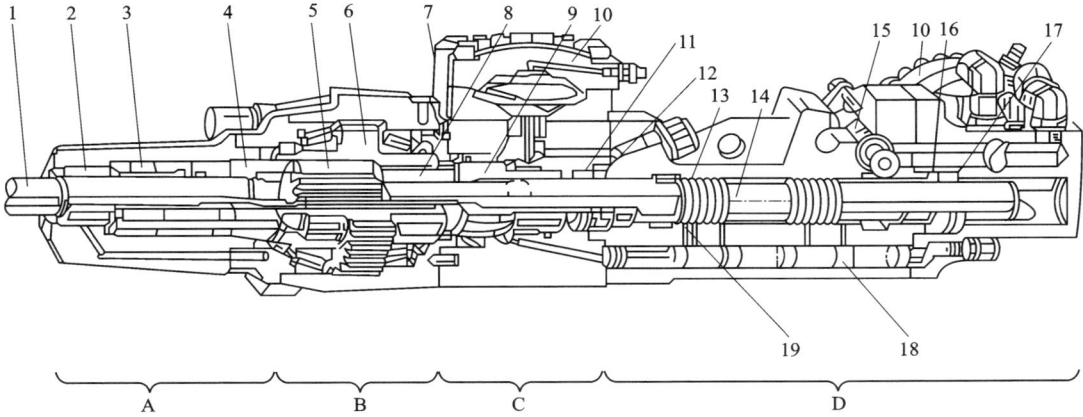

1—钎尾;2—耐磨衬套;3—供水装置;4—止动环;5—传动套;6—齿轮套;7—单向阀;8—转钎套筒衬套;
9—缓冲活塞;10—缓冲蓄能器;11、17—密封套;12—活塞前导向套;13—缸体;
14—活塞;15—阀芯;16—活塞后导向套;18—行程调节柱塞;19—油路控制孔道;
A—钎尾装置;B—转钎机构;C—钎尾反弹缓冲装置;D—冲击机构。

图 5-1　COP 1238 型液压凿岩机结构

各生产厂家的液压凿岩机各有自己的结构特点,如有带钎尾反弹吸收装置的,也有无此装置的;有带活塞行程调节装置的,也有不带的;缸体内有带缸套的,也有无缸套的;有中心供水的,也有旁侧供水的。国外有些液压凿岩机还设有液压反冲装置,在卡钎时可起拔钎作用。本章主要叙述一些基本结构。

5.3.1　冲击机构

冲击机构是冲击做功的关键部件,由活塞、缸体、活塞导向套、配油阀、蓄能器、活塞行程调节装置等主要部件组成。

5.3.1.1　活塞

液压凿岩机活塞是产生与传递冲击能量的主要零件,活塞形状对传递能量的应力波波形有很大影响,活塞直径越接近钎尾的直径越好,且直径变化越小越好。图 5-2 为液压和气动凿岩机活塞直径的比较,液压凿岩机活塞质量只比气动凿岩机活塞大 19%,可是输出功率是后者的 2 倍,且钎杆内的应力峰值减少了 20%。

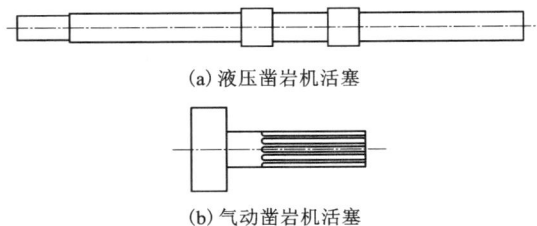

(a)液压凿岩机活塞

(b)气动凿岩机活塞

图 5-2　两种凿岩机活塞直径比较

不同的液压凿岩机活塞中,双面回油型活塞断面直径呈细长状,且变化最小,是最理想的活塞形状。图 5-3 是三种活塞的结构简图。

5.3.1.2　缸体

缸体是液压凿岩机的主要零件(见图 5-1 中的 13),其体积和质量都较大,结构复杂,孔

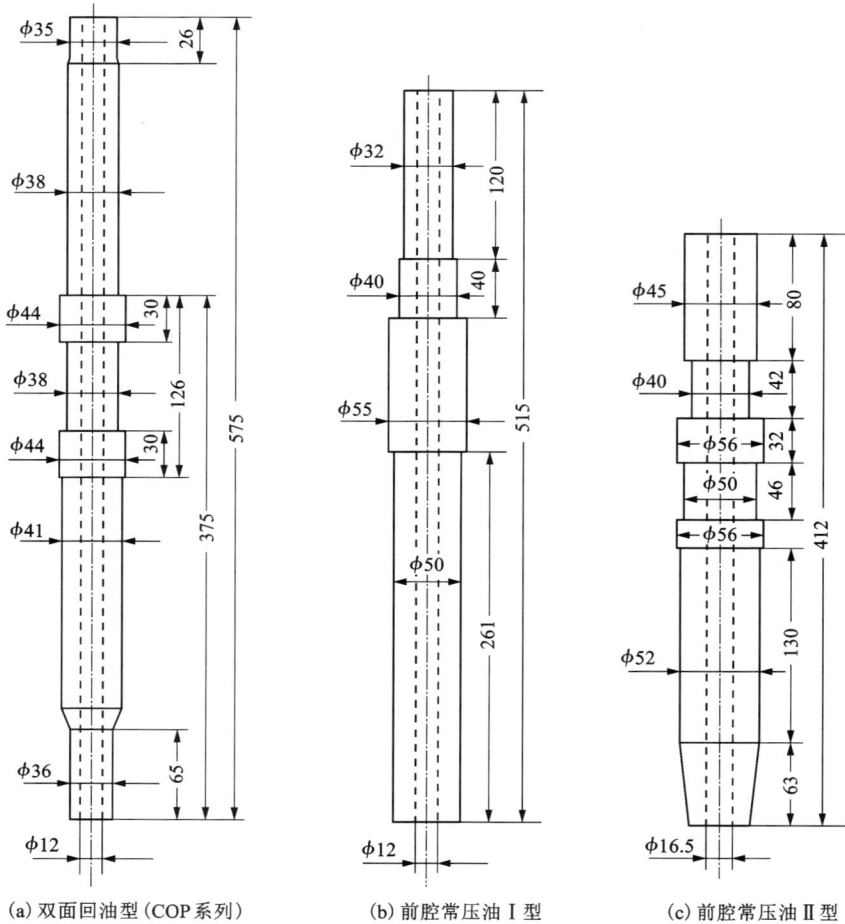

(a) 双面回油型(COP系列) (b) 前腔常压油Ⅰ型 (c) 前腔常压油Ⅱ型

图 5-3 三种活塞的结构简图

道和油槽多,加工精度要求高。为了简化工艺并保证加工精度,有的厂家将缸体分成两三个短缸套来加工,也有的厂家把缸体分为两段来加工。

5.3.1.3 活塞导向套

COP 1238 型液压凿岩机活塞前后两端都有导向套(也称支承套)支承(见图 5-1 中的12 和 16)。活塞导向套的材料有单一材料和复合材料两种,前者制造简单,后者性能优良。COP 1238 型液压凿岩机活塞导向套是由耐磨复合材料制成的。

5.3.1.4 配油阀

液压凿岩机配油阀的形式多种多样,概括起来有三通阀与四通阀两大类。

前腔常压油型液压凿岩机是利用差动活塞的原理,故只需用三通阀,而双面回油型液压凿岩机则必须采用四通阀。三通阀的典型结构是三槽两台肩,如图 5-4(a)所示,即阀体上有三个槽、阀芯上有两个台肩;四通阀的典型结构是五槽三台肩,如图 5-4(b)所示。三通阀阀芯比四通阀阀芯少一个台肩,因此其长度可以制作得较短,从而减轻阀芯重量,提高冲击效率。此外,三通阀只有三个关键尺寸和一条通向油缸的孔道,结构简单,工艺性好;而四通阀有五个关键尺寸和两条通向油缸的孔道,结构复杂,工艺性差,因此加工难度大。

三通阀与四通阀都有很好的工作性能。目前，安百拓公司的液压凿岩机通常采用四通阀，山特维克公司的液压凿岩机都是采用三通阀，它们都是性能优秀、工作稳定可靠的产品。

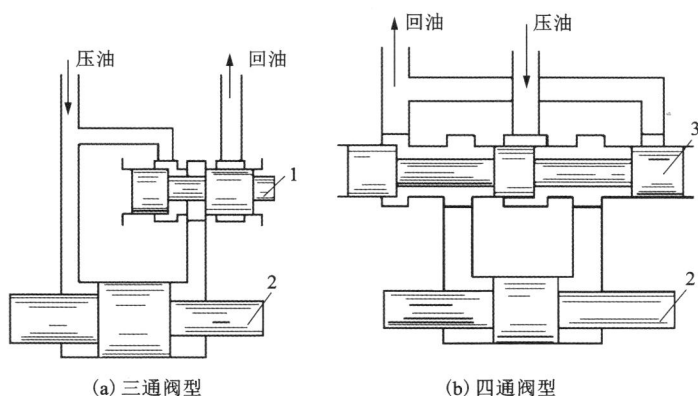

（a）三通阀型　　　　　　　（b）四通阀型

1—三通阀；2—活塞；3—四通阀。

图 5-4　冲击机构的配油阀结构示意图

5.3.1.5　蓄能器

冲击机构的活塞只在冲程时才对钎尾做功，而回程时不对外做功。为了充分利用回程能量，需配置高压蓄能器储存回程能量，并利用它提供冲程时所需的峰值流量，以减小泵的排量。此外，蓄能器还可以吸收活塞与阀高频换向引起的系统压力冲击和流量脉动，可提高机器工作的可靠性与延长各部件的寿命。目前国内外各种液压凿岩机都配有一个或两个高压蓄能器，有的液压凿岩机为了减少回油压力脉动，还设有回油蓄能器。因液压凿岩机冲击频率较大，故都采用响应速度快的隔膜式蓄能器，其结构如图 5-5 所示。

5.3.1.6　活塞行程调节装置

有些液压凿岩机的冲击能与冲击频率是可调节的，

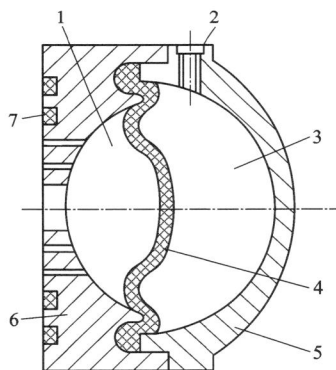

1—蓄油腔；2—充气口；3—氮气腔；
4—隔膜；5—上盖；6—底座；7—密封圈。

图 5-5　隔膜式蓄能器结构

可以得到冲击能和冲击频率的不同组合，以适应多种不同性质的岩石，提高液压凿岩机的钻孔效率。各类液压凿岩机活塞行程调节装置的具体结构是不同的，但其原理基本相同，均利用活塞行程调节装置改变活塞的行程。

现以 COP 1238 型液压凿岩机的活塞行程调节装置为例加以说明。图 5-6 为活塞行程调节装置的工作原理图。在行程调节杆 1 上沿轴向铣有三个长度不等的油槽，三个油槽沿圆周互差 120°。当行程调节杆处于图 5-6（b）所示位置时，反馈孔 A 通过油道与配油阀阀芯 4 的左端面相通，一旦活塞回程左凸肩越过反馈孔 A，活塞 3 的前腔高压油就通到阀芯 4 的左端面［图 5-6（d）］，同时活塞右侧封油面刚好封闭了阀芯右端面与高压油相通的油道，并使其与系统的回油相通；阀芯在左端面高压油的作用下，迅速由左位移到右位，于是活塞前腔与回油相通，而后腔与高压油相通，活塞由回程加速转为回程制动。由于反馈孔 A 在三个反馈孔最左端,这种情况下活塞运动的行程最短,输出冲击能最小,而冲击频率最高。

当行程调节杆处于图5-6(c)所示位置时,反馈孔 A 被封闭,活塞行程越过反馈孔 A 并不能将系统的高压油引到阀芯左端面,故而也不会引起配油阀换向;只有当活塞越过反馈孔 B 时,阀芯左端面才与高压油相通,使阀芯换向,动作同前。此时活塞行程较前者长,冲击能较大,冲击频率较低。

当行程调节杆处于图5-6(d)所示位置时,反馈孔 A、B 都被封闭,只有当活塞回程越过反馈孔 C 时才能引起阀芯换向。在这种情况下,活塞行程最长,冲击能最大,冲击频率最低。

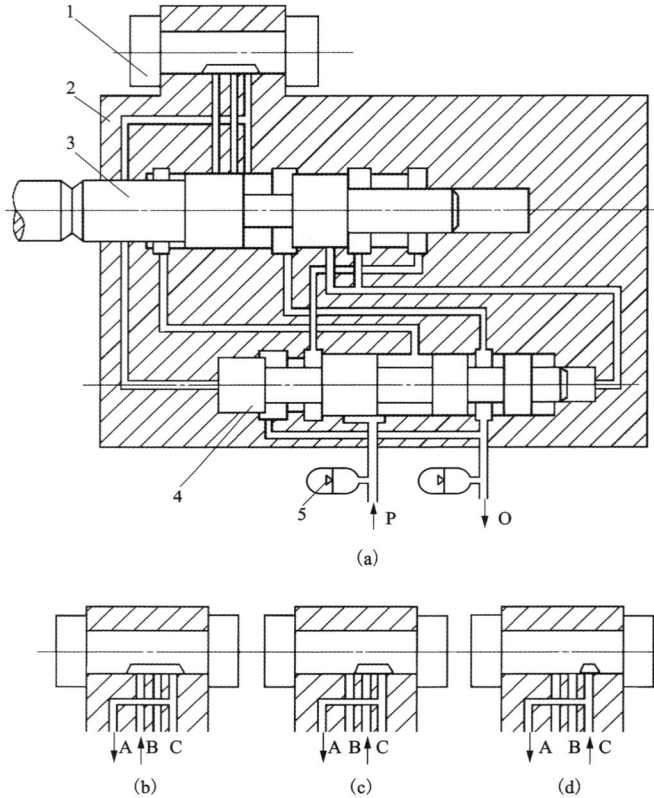

(a)

(b) (c) (d)

1—行程调节杆;2—缸体;3—活塞;4—阀芯;5—蓄能器;P—压力油;O—回油。

图5-6　COP 1238 型液压凿岩机行程调节原理图

COP 1238 型液压凿岩机的行程调节是有级的机械调节,分为三挡,装置结构简单,调节作用很可靠,缺点是调节动作很麻烦,不能在钻孔过程中随时进行调节。

5.3.2　转钎机构

该机构主要用于转动钎具和接卸钎杆。液压凿岩机的输出扭矩较大,均采用外回转机构,采用液压马达驱动一套齿轮装置,带动钎具回转。液压凿岩机转钎机构普遍采用摆线液压马达驱动,这种马达体积小、扭矩大、效率高,转钎齿轮一般采用直齿轮。COP 1238 型液压凿岩机转钎机构如图5-7所示。

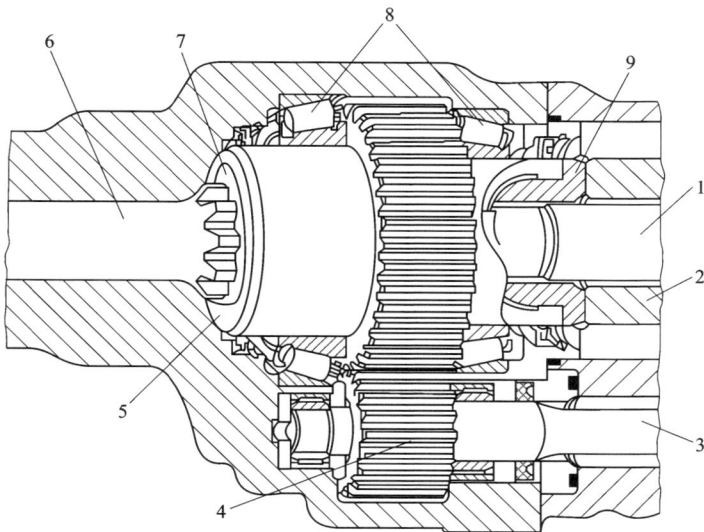

1—冲击活塞；2—缓冲活塞；3—传动长轴；4—小齿轮；5—大齿轮；
6—钎尾；7—三边形花键套；8—轴承；9—缓冲套筒。

图5-7 COP 1238型液压凿岩机转钎机构

图5-7所示凿岩机的液压马达放在液压凿岩机的尾部，通过传动长轴3驱动回转机构。也有的液压凿岩机不用长轴，而是将液压马达的输出轴直接插入小齿轮内。

5.3.3 钎尾反弹吸收装置

在冲击凿岩过程中必然存在钎尾的反弹，为防止反弹力对机构的破坏，COP 1238型液压凿岩机设有反弹缓冲装置，其工作原理如图5-8所示。钎尾反弹缓冲装置的位置与结构见图5-9中的6。

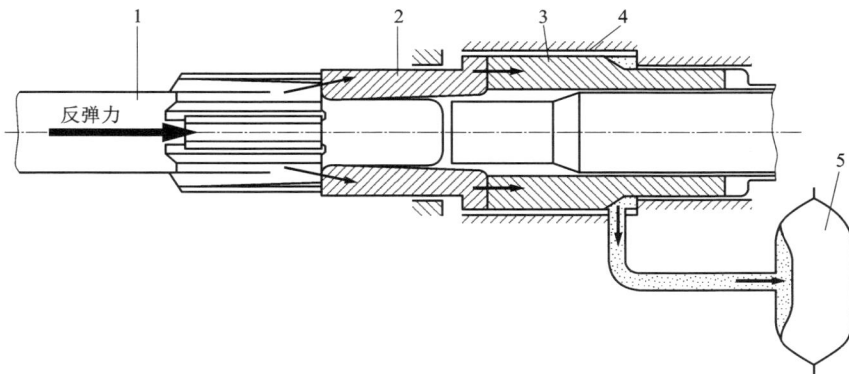

1—钎尾；2—回转卡盘轴套；3—缓冲活塞；4—液压油；5—高压蓄能器。

图5-8 COP 1238型液压凿岩机钎尾反弹缓冲装置原理图

反弹力经钎尾 1 的花键端面传给回转卡盘轴套 2，再传给缓冲活塞 3，缓冲活塞的锥面与缸体间充满液压油，并与高压蓄能器 5 相通。高压蓄能器 5 中的高压油可起到吸能和缓冲作用，避免反弹力直接撞击金属件，从而延长凿岩机及钎杆的寿命。

5.3.4　供水装置

地下用液压凿岩机采用压力水作为冲洗介质，供水装置分为中心供水与旁侧供水两大类。

5.3.4.1　中心供水

压力水从凿岩机后部的注水孔通过水针从活塞中间孔穿过，进入前部钎尾来冲洗钻孔，这与一般的气动凿岩机中心供水方式是相同的。这种供水方式的优点是结构紧凑、机头部分体积小，但密封比较困难，容易漏水及冲走润滑油，造成机内零件严重磨损，而且由于水针和钎尾中心孔的偏心，水针密封圈的寿命会有所缩短。导轨式液压凿岩机很少采用中心供水方式。

5.3.4.2　旁侧供水

旁侧供水方式被液压凿岩机广泛采用，冲洗水通过凿岩机前部的注水套进入钎尾的进水孔去冲洗钻孔。其结构如图 5-9 的左侧所示。

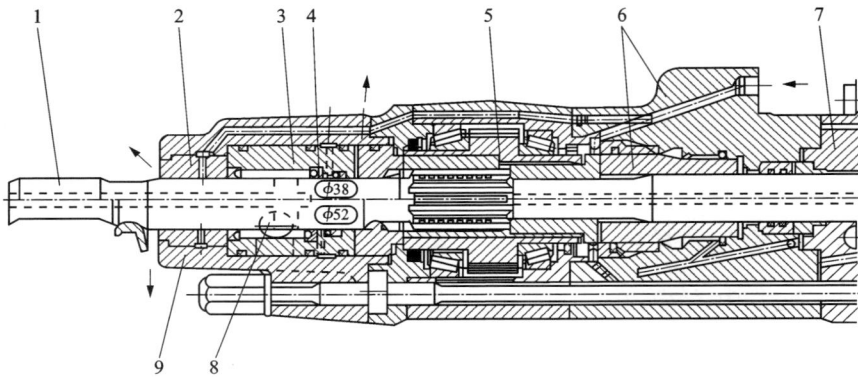

1—钎尾；2—耐磨支承套；3—不锈钢供水套；4—密封；5—转钎机构机头；
6—钎尾反弹缓冲装置；7—冲击机构缸体；8—注水套进水口；9—钎尾套。

图 5-9　COP 1238 型液压凿岩机供水装置、转钎机构、钎尾反弹缓冲装置

旁侧供水因水路短，故易实现密封，冲洗水压为 1 MPa 以上。即使发生漏水也不会影响凿岩机内部的正常润滑，但其缺点是增加了钎尾装置的长度。

5.3.5　润滑与防尘系统

冲击机构的运动零件都是浸在液压油中的，无须再加入润滑油。转钎机构的齿轮与轴承一般采用油脂润滑，钎尾装置的花键与支承套一般采用油气雾进行润滑，由钻车上的小气泵产生 0.2 MPa 的压气，经注油器后将具有一定压力的油雾供给钎尾装置润滑，然后从钎尾装置向外喷出，以防止岩粉和污物进入机器内部。COP 1238 型液压凿岩机的润滑与防尘系统如图 5-10 所示。

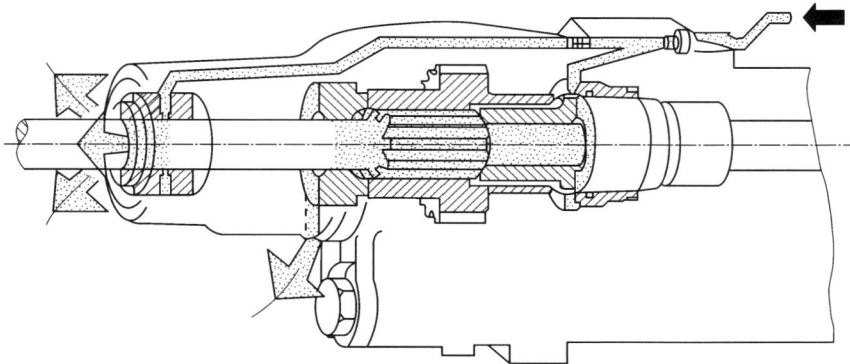

图 5-10　COP 1238 型液压凿岩机润滑与防尘系统

5.3.6　反冲装置

有些重型液压凿岩机，其供水装置前加装一反冲装置用于拔钎，当钎杆卡在岩孔内拔不出来时，可反向冲击拔出钎杆。反冲装置结构如图 5-11 所示。

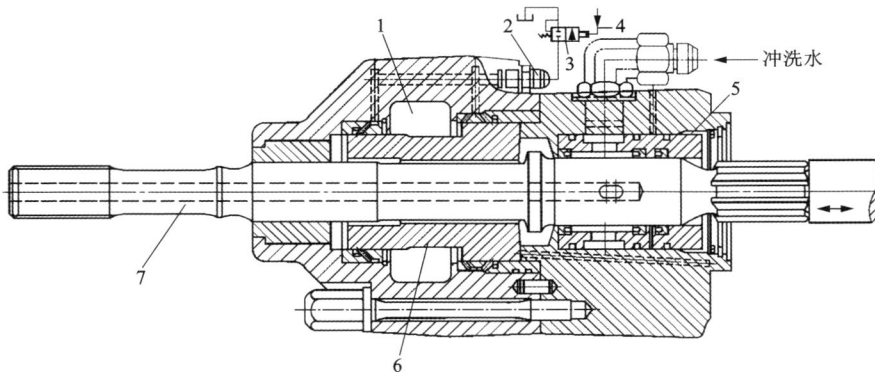

1—油腔；2—回油接头；3—液控二位二通阀；
4—阀 3 的液控油路；5—供水套；6—反冲活塞；7—钎尾。

图 5-11　COP 1838MEX 型液压凿岩机的反冲装置

油腔 1 经可调节流阀始终与高压油相通，回油接头 2 经管路与二位二通阀 3 相连；当钎杆卡在炮孔内时，系统通过阀 3 的液控油路 4，使二位二通阀 3 换向，关闭回油路，此时油腔 1 内形成高压油，推动反冲活塞 6 向右运动，反冲活塞 6 则作用于钎尾 7 的台肩，施加一个拔钎力，使钎杆从钻孔中退出。正常凿岩作业时，油腔 1 内的油压力较低，允许钎尾自由移动。

5.4　液压凿岩机的工作原理

液压凿岩机主要由冲击机构与回转机构两大部分组成。回转机构均采用液压马达驱动齿轮，经过减速将扭矩与转速传递给钎杆；冲击机构的工作原理按照配流方式可分为 4 种，一般而言，液压凿岩机的工作原理均指液压凿岩机冲击机构的工作原理。

5.4.1　后腔回油、前腔常压油型液压凿岩机工作原理

此类液压凿岩机的活塞前腔常通高压油，通过改变后腔油液的压力状态实现活塞的冲击往复运动。图 5-12 为北京科技大学后腔回油套阀式液压凿岩机的工作原理，其换向阀采用与活塞做同轴运动的三通套阀结构，当套阀 4 处于右端位置时，缸体后腔与回油 O 相通，于是活塞 2 在缸体前腔压力油 P 的作用下向右做回程运动［图 5-12(a)］；当活塞 2 越过回程换向信号孔位 A 时，套阀 4 右推阀面 5 与压力油相通，因活塞面积大于阀左端的面积，故套阀 4 向左运动，进行回程换向；压力油通过机体内部孔道与活塞后腔相通，活塞向右做减速运动，后腔的油一部分进入蓄能器 3，一部分从机体内部通道流入前腔，直至回程终点［图 5-12(b)］；由于活塞台肩后端面大于活塞台肩前端面，因此活塞后端面作用力远大于前端面作用力，活塞向左做冲程运动［图 5-12(c)］；当活塞越过冲程换向信号孔位 B 时，套阀 4 的右推阀面 5 经由信号孔位 B 与回油接通，套阀 4 进行冲程换向［图 5-12(d)］，为活塞回程做好准备，与此同时活塞冲击钎尾做功，如此循环工作。

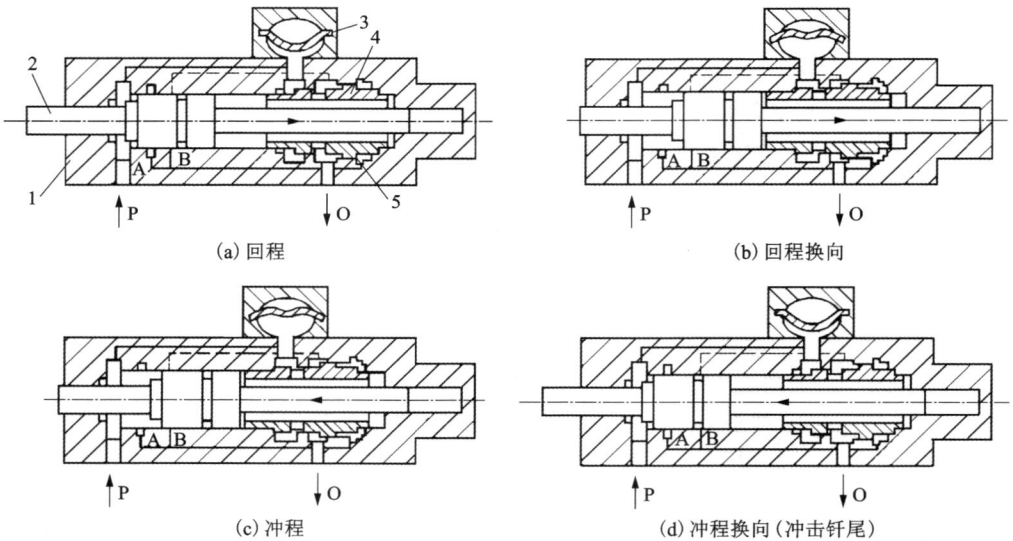

(a) 回程　　　　　　　　　　　(b) 回程换向

(c) 冲程　　　　　　　　　　(d) 冲程换向(冲击钎尾)

1—缸体；2—活塞；3—蓄能器；4—套阀；5—右推阀面；
A—回程换向信号孔位；B—冲程换向信号孔位；P—压力油；O—回油。

图 5-12　北京科技大学后腔回油套阀式液压凿岩机工作原理

后腔回油芯阀式液压凿岩机冲击工作原理与上述相同，只是阀独立在外面，故又称外阀式，如图 5-13 所示。

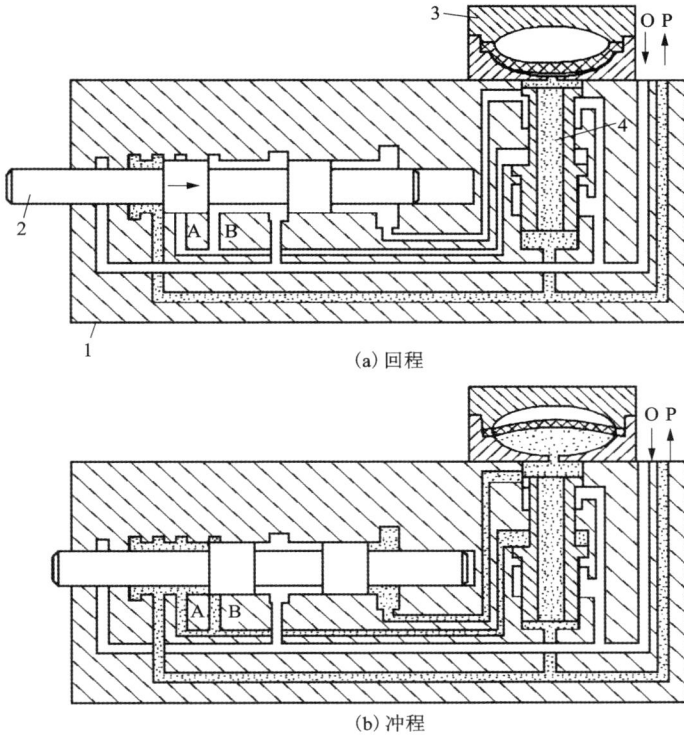

1—缸体；2—活塞；3—蓄能器；4—阀芯；
A—回程换向信号孔位；B—冲程换向信号孔位；P—压力油；O—回油。

图 5-13　塞科马公司后腔回油芯阀式液压凿岩机工作原理

5.4.2　双面回油型液压凿岩机工作原理

此类液压凿岩机为四通芯阀式结构，采用前后腔交替回油，冲击工作原理如图 5-14 所示。

在冲程开始阶段[图 5-14(a)]，阀芯 B 与活塞 A 均位于右端，高压油 P 经高压进油路 1 和后腔通道 3 进入缸体后腔，推动活塞 A 向左(前)做加速运动；活塞 A 向前至预定位置，打开右推阀通道口(信号孔)，高压油经后推阀通道 5 作用在阀芯 B 的右端面，推动阀芯 B 换向[图 5-14(b)]，阀左端腔室中的油经前推阀通道 4、信号孔通道 7、回油通道 6 返回油箱，为回程运动做好准备；与此同时，活塞 A 打击钎尾 C，并进入回程阶段[图 5-14(c)]；高压油经高压进油路 1、前腔通道 2 进入缸体前腔，推动活塞 A 向后(右)运动；活塞 A 向后运动打开前推阀通道 4 时(图中缸体上有三个通口，称为信号孔，用于调换活塞行程)，高压油经前推阀通道 4，作用在阀芯 B 左端面上，推动阀芯 B 换向[图 5-14(d)]，阀右端腔室中的油经后推阀通道 5 和回油通道 6 返回油箱，阀芯 B 移到右端，为下次一循环做好准备。

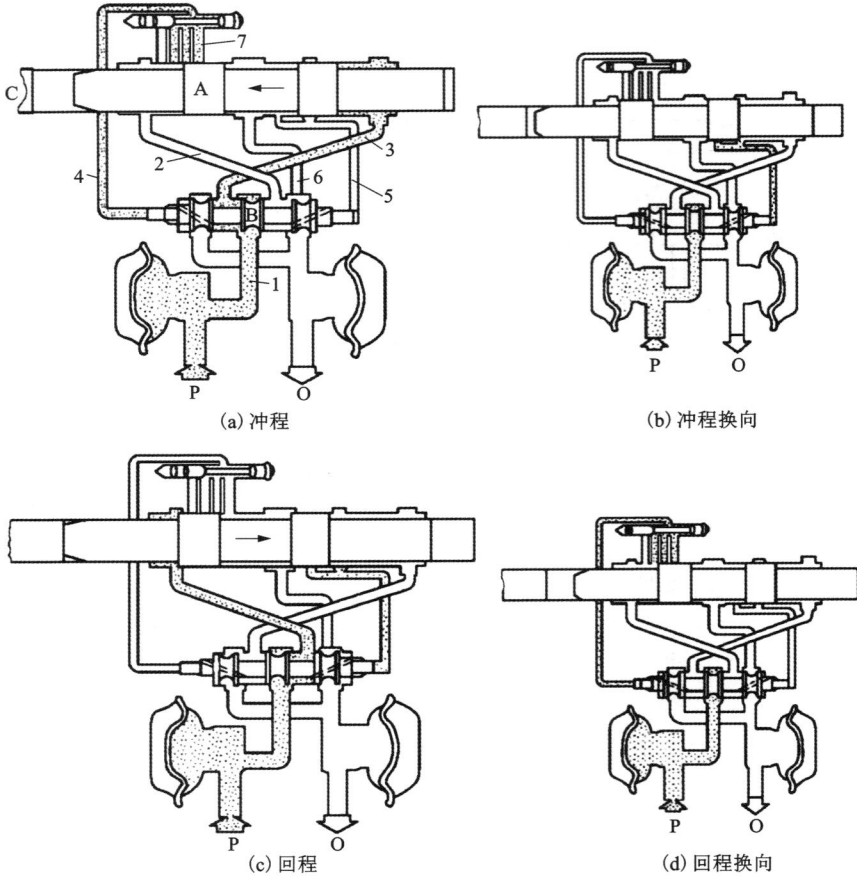

(a) 冲程   (b) 冲程换向

(c) 回程   (d) 回程换向

1—高压进油路；2—前腔通道；3—后腔通道；4—前推阀通道；5—后推阀通道；6—回油通道；7—信号孔通道；
A—活塞；B—阀芯；C—钎尾；P—压力油；O—回油。

图 5-14 安百拓公司双面回油型凿岩机工作原理

5.4.3 无阀型液压凿岩机工作原理

此类型液压凿岩机没有专门的换向阀，而是利用活塞运动位置的变化自行配油，其特点是利用油的微量可压缩性，在容积较大的工作腔(缸体的前、后腔)及压油腔中形成液体弹簧作用，使活塞在往复运动中产生压缩储能和膨胀做功。其冲击工作过程如图 5-15 所示。

图 5-15(a)为回程开始情况，此时缸体前(左)腔与压油相通，后(右)腔与回油相通，于是活塞向右做回程运动；当活塞运行到图 5-15(b)的位置时，缸体的前腔和后腔均处于封闭状态，形成液体弹簧，由于活塞的惯性与前腔高压油的膨胀，活塞继续做回程运动；此时缸体后腔的油液被压缩储能，压力逐渐升高，直到活塞使前腔与回油相通、后腔与压油相通，并运行到如图 5-15(c)的位置，活塞开始向左做冲程运动；活塞运动到一定位置时，缸体前后腔又处于封闭状态，形成液体弹簧，活塞冲击钎尾做功；同时缸体的前腔与压油相通、后腔与回油相通，又为回程运动做好准备，如此不断往复循环。

无阀型液压凿岩机的优点是其只有一个运动件，结构简单，但它的致命缺点是冲击能太小，不适合凿岩钻孔作业。

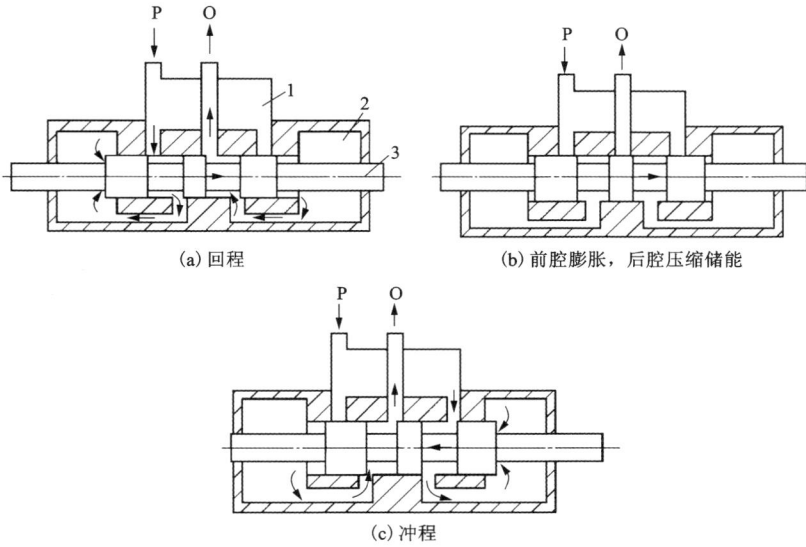

(a) 回程　　　　　　　　　　(b) 前腔膨胀，后腔压缩储能

(c) 冲程

1—压油腔；2—工作腔；3—活塞；P—压力油；O—回油。

图 5-15　无阀型液压凿岩机冲击工作原理图

5.5　液压凿岩机的性能参数

液压凿岩机的性能参数主要有冲击能、冲击频率、转钎扭矩、转钎速度等，冲击能与冲击频率的乘积等于冲击功率。

5.5.1　冲击能

液压凿岩机活塞的单次冲击能由下式定义。

$$E = \frac{1}{2} m_{\mathrm{p}} v^2$$

式中：E 为液压凿岩机活塞的单次冲击能；m_{p} 为活塞质量；v 为活塞冲程末速度（冲击最大速度）。

由于冲击能的检测较为困难，国外大多数液压凿岩机厂商并不标明冲击能的数值。手持式液压凿岩机的冲击能一般为 40~60 J，支腿式液压凿岩机的冲击能一般为 55~85 J，导轨式液压凿岩机的冲击能一般为 150~500 J。增大冲击能，可以提高凿岩钻孔速度，导轨式液压凿岩机的冲击能还可以达到更大（>500 J）。但是，冲击能受到零件材料强度与价格的限制，其选择要与活塞、钎尾、钎杆、钎头等零件寿命相匹配，不能太大。

5.5.2　冲击频率

液压凿岩机的冲击频率一般高于气动凿岩机，大多数机型的冲击频率大于或等于 50 Hz。为了提高凿岩钻孔速度，国外大的制造厂商都不断地提高液压凿岩机的冲击功率。由于冲击能受到零件材料强度与价格的限制，所以只能提高冲击频率。国外液压凿岩机的冲击频率最高已经达到 140 Hz，甚至还有继续提高的趋势。安百拓公司的 COP 3038 型液压凿岩机的冲击功率为 30 kW，冲击频率为 102 Hz，冲击能不大于 300 J，钎尾为 T38，钎头直径为 43~64 mm，钻孔速度为 4~5 m/min；山特维克公司的 HFX5T 型液压凿岩机，冲击频率为 86 Hz，在花岗岩中钻孔,用 45 mm 的钻头,钻速达 4.5 m/min。

5.5.3　转钎扭矩

导轨式液压凿岩机转钎机构都是外回转式,其扭矩一般都大于同级气动凿岩机。导轨式液压凿岩机最大扭矩的数值(N·m)一般都大于其冲击能的数值(J),有的扭矩值是冲击能值的 2 倍以上。

5.5.4　转钎速度

液压凿岩机的转钎速度为 0~300 r/min,一般来说,转速随冲击频率的增大而增大。

5.6　液压凿岩机的工作参数

5.6.1　主要工作参数

液压凿岩机主要工作参数包括冲击进油压力、冲击进油流量、回转油压、回转流量等。如安百拓公司液压凿岩机的最大冲击压力为 200~250 bar,回转油压为 150~210 bar。

随着液压与密封技术的进步,液压凿岩机的冲击油压与回转油压都有增大的趋势。供油压力大,一方面反映了液压凿岩机的制造质量较高;另一方面,供油流量会相应地减少,从而可以减轻液压凿岩机及其连接油管的重量。

5.6.2　其他工作参数

液压凿岩机其他工作参数有冲洗水压、润滑用压缩空气压力(即润滑气压)、润滑耗气量等。如安百拓公司液压凿岩机的冲洗水压为 10~40 bar,润滑气压为 2~5 bar,润滑耗气量为 5~20 L/s。

5.7　液压凿岩机主要生产厂家与技术参数

5.7.1　瑞典安百拓公司

安百拓公司液压凿岩机技术参数见表 5-2~表 5-6。

表 5-2　安百拓公司液压凿岩机技术参数(1)

型号	COP MD20	COP 628	COP 1238K	COP 1638+	COP 1838+
质量/kg	186	98	172	173	170
长度/mm	915	380	1008	1008	1008
最大冲击功率/kW	20	6	22	16	18
冲击频率/Hz	80	100	40~60	60	60
最大冲击油压/bar	225	220	220	200	230
回转速度/(r·min^{-1})	0~215	0~750	0~340, 0~210, 0~140	0~370, 0~340, 0~275, 0~215	0~370, 0~340, 0~275, 0~215

续表 5-2

型号	COP MD20	COP 628	COP 1238K	COP 1638+	COP 1838+
最大回转油压/bar	210	210	210，210，200	210	210
回转马达排量/($mL \cdot r^{-1}$)	160	100	100，160，250	80，100，125，160	80，100，125，160
回转马达规格	07	05	05，07，09	02，05，06，07	02，05，06，07
最大回转扭矩/(N·m)	1000	305	640，1000，1550	440，640，820，1000	440，640，820，1000
冲洗水压/bar	25	25	20	25	25
润滑气压/bar	2~3	2	2	2	2
润滑耗气量/($L \cdot s^{-1}$)	6~8	3~4	5~7	5	5
钎尾规格	R38，T38	SR22，SR28	R32，R38，T38，T45	R32，TC35，R38，T38，SR38，T45，T51	R32，TC35，R38，T38，SR38，T45，T51
钻孔直径/mm	33~64	28~35	51~89	33~76	33~76

表5-3 安百拓公司液压凿岩机技术参数（2）

型号	COP 1838MUX+	COP 1838HE+	COP 1838HUX+	COP 2238+	COP 2540+	COP 2540EX+
质量/kg	225	174	228	174	184	244
长度/mm	1206	1098	1296	1008	1138	1336
最大冲击功率/kW	18	19	19	22	28/25	28/25
冲击频率/Hz	60	42~50	42~50	73	71/55	71/55
最大冲击油压/bar	220	230	220	250	240	240
回转速度/($r \cdot min^{-1}$)	0~215，0~135	0~135	0~215，0~135	0~370，0~340，0~275，0~215	0~170，0~135	0~170，0~135
最大回转油压/bar	210，200	200	210，200	210	200	200
回转马达排量/($mL \cdot r^{-1}$)	160，250	250	160，250	80，100，125，160	200，250	200，250
回转马达规格	07，09	09	07，09	02，05，06，07	08，09	08，09
最大回转扭矩/(N·m)	1070，1550	1550	1070，1550	440，640，820，1000	1240，1550	1240，1550
冲洗水压/bar	25	25	25	25	5~25	5~25
润滑气压/bar	2	2	2	2	3	3
润滑耗气量/($L \cdot s^{-1}$)	5	5	5	5	12	12
钎尾规格	R32，TC35，R38，T38，SR38，T45，T51	R32，TC35，R38，T38，SR38，T45，T51	R32，TC35，R38，T38，SR38，T45，T51	R32，TC35，R38，T38，SR38，T45，T51	T45E，T51E	T45E，T51E
钻孔直径/mm	38~89	38~89	38~89	33~76	70~89	70~89

表 5-4 安百拓公司液压凿岩机技术参数(3)

型号	COP 2560+	COP 2560EX+	COP 3038	COP 3060	COP 3060EX	COP 3060MUX
质量/kg	195	249	165	370	404	383
长度/mm	1138	1336	970	1201	1297	1483
最大冲击功率/kW	24/25	24/25	30	30	30	30
冲击频率/Hz	44/55	44/55	117	49/41	49/41	53/45
最大冲击油压/bar	200	200	200	240/225	240/225	230/225
回转速度/(r·min^{-1})	0~135, 0~110	0~135, 0~110	0~450, 0~360, 0~280	0~218, 0~174, 0~140, 0~110	0~218, 0~174, 0~140, 0~110	0~450, 0~360, 0~285
最大回转油压/bar	200	200	140	210, 210, 210, 200	210, 210, 210, 200	300
回转马达排量/(mL·r^{-1})	250, 315	250, 315	100, 125, 160	2×200, 2×250 2×315, 2×400	2×200, 2×250 2×315, 2×400	2×200, 2×250 2×315
回转马达规格	09, 10	09, 10	05, 06, 07	2×08, 2×09 2×10, 2×11	2×08, 2×09 2×10, 2×11	2×08, 2×09 2×10
最大回转扭矩/(N·m)	1550, 1970	1550, 1970	400, 500, 650	2236, 2477, 2890, 2942	2236, 2477, 2890, 2942	2236, 2477, 2890
冲洗水压/bar	30	30	20~40	3~20	3~20	20
润滑气压/bar	3	3	2	3~14	3~14	2
润滑耗气量/(L·s^{-1})	12	12	5	—	—	6
钎尾规格	T45E, T51E, T60E	T45E, T51E, T60E	TC42, TC42E	T51, T60	T51, T60	ST58, ST68
钻孔直径/mm	89~127	89~127	43~64	89~140	89~140	89~115

表 5-5 安百拓公司液压凿岩机技术参数(4)

型号	COP 4038	COP 5060CR	RD 14S	RD 18S	RD 22S
质量/kg	165	468/502	227	230	230
长度/mm	970	1773/2234	1190	1190	1190
最大冲击功率/kW	40	50	14	18	22
冲击频率/Hz	140	47	45	35	38
最大冲击油压/bar	250	220	145	200	200
回转速度/(r·min^{-1})	0~450, 0~360, 0~280	0~95, 0~73	0~220, 0~174	0~174, 0~140	0~140, 0~112
最大回转油压/bar	140	200, 160	140	140	140
回转马达排量/(mL·r^{-1})	100, 125, 160	2×315, 2×400	160, 200	200, 250	250, 315
回转马达规格	05, 06, 07	2×10, 2×11	07, 08	08, 09	09, 10
最大回转扭矩/(N·m)	400, 500, 650	4500	1050, 1217	1217, 1522	1522, 1935

续表5-5

型号	COP 4038	COP 5060CR	RD 14S	RD 18S	RD 22S
冲洗水压/bar	20~40	12(air)	12	12	12
润滑气压/bar	2	2	3	3	3
润滑耗气量/(L·s^{-1})	5	6	6	6	6
钎尾规格	TC42, TC42E	Short CR127/CR140 Long 714 mm	T38, T45	T45, T51	T51
钻孔直径/mm	43~64	140~180	64~102	76~115	89~127

表5-6 安百拓公司液压凿岩机技术参数(5)

型号	RD8	RD14U	RD18U	RD22U
质量/kg	136	176	176	180
长度/mm	902	1008	1008	1008
最大冲击功率/kW	8	14	18	22
冲击频率/Hz	54	50	57	53
最大冲击油压/bar	137	200	215	220
回转速度/(r·min^{-1})	0~425	0~125	0~220	0~215
最大回转油压/bar	210	210	210	210
回转马达排量/(mL·r^{-1})	80	160	160	160
回转马达规格		07	07	07
最大回转扭矩/(N·m)	270	1050	1050	1050
冲洗水压/bar	10	25	25	25
润滑气压/bar	5	3	3	3
润滑耗气量/(L·s^{-1})	11	7	7	7
钎尾规格	T38	T38, R38	T38, R38	T38, T45
钻孔直径/mm	43~76	33~64	33~64	64~102

5.7.2 瑞典山特维克公司

山特维克公司液压凿岩机系列技术参数见表5-7~表5-9。

5.7.3 法国蒙特贝公司

蒙特贝液压凿岩机技术参数见表5-10~表5-14。

表 5-7 山特维克公司液压凿岩机技术参数（1）

型号	HEX1	HLX1	RD106	HL200	HL300	RD314
质量/kg	50	53	52/54	95	98	122/127
最大冲击功率/kW	6.5	6.5	6.5	10	8	14
冲击频率/Hz	70~88	70~88	65~85	40~65	50	110
冲击油压/bar	100~180	100~180	100~180	140~200	100~160	120~180
回转马达规格	OMM20, OMM30, OMM50	OMM32, OMM50	OMM20, OMM32, OMM50	OMS125	H38, H50, OMSU80	OMS100, OMS125
回转速度/（r·min⁻¹）	0~400, 0~350, 0~200	0~350, 0~250	0~400, 0~350, 0~225	0~300	0~300	0~530, 0~430
回转扭矩/（N·m）	65, 100, 160	100, 160	65, 100, 160	420	175, 245, 400	340, 420
冲洗水压/bar	2~6	15	5/15	15	15	—
润滑气压/bar	3~5	3~5	3~5	2.5	3~7	4~5
润滑耗气量/（L·min⁻¹）	250	250	250	250	150~200	150~250
钎尾规格	H19, H22, H25	H25	H19, H22, H25	R32~R25, R28~R32, R32~R38	R28, R32	R32~HEX25~R25 HEX35
钻孔直径/mm	22~45	22~45	22~45	33~41, 35~41, 76~89	32~38, 43~64	33~43, 43~51, 64~89

表 5-8 山特维克公司液压凿岩机技术参数（2）

型号	RD414	HL510	HLX5	RD520	RD525	HL650	HL710	HL710S
质量/kg	180	130	210	225	225	245~300	245	245
最大冲击功率/kW	14	16	20	20	25	17.5	19.5	20
冲击频率/Hz	56~78	59	67	74	93	44~56	42~52	52
冲击油压/bar	110~220	230	120~220	100~220	100~235	100~170	100~190	190

续表 5-8

型号	RD414	HL510	HLX5	RD520	RD525	HL650	HL710	HL710S
回转马达规格	OMS160, OMS200	OMSU80, OMSU120	OMS80, OMS125, OMS160	OMS80, OMS125, OMS160	OMS80, OMS125, OMS160	OMT200, OMT250, OMT315	OMT200, OMT250, OMT315	OMT200, OMT250
回转速度/(r·min⁻¹)	0~300, 0~240	0~250	0~250, 0~250, 0~200	0~400, 0~280, 0~225	0~135	0~180	0~180	0~180
回转扭矩/(N·m)	570, 680	400, 625	400, 625, 780	400, 625, 700	400, 625, 700	1095, 1335, 1766	1095, 1335, 1765	1095, 1335
冲洗水压/bar	4~5	10~20	20	20	20	20	20	20
润滑气压/bar	4~7	4~7	4~7	4~7	4~7	4~7	4~7	4~7
润滑耗气量/(L·min⁻¹)	150~250	250~350	250~350	250~350	250~350	200~300	200~300	250~550
钎尾规格	R32, R35, T35, T38	H32, H35, H25, H28, R39	R32, R39, T38, T35, R38, T45	R39, T35, T38, T45	R39, T35, T38, T45	38 mm, 45 mm, 51 mm, T38, T45, T51	38 mm, 45 mm, 51 mm, T38, T45, T51	T35, T38, T45, T51
钻孔直径/mm	45~76	32~45, 43~51, 76~127, 48~64	43~64, 76~127	43~64, 76~127	43~64, 76~127	64~102	64~115	54~89

表 5-9　山特维克公司液压凿岩机技术参数（3）

型号	HL820T	HF820T	HL820ST	HL1060T	HL1560T	HL1560ST	RD1635CF
质量/kg	265~310	265~310	260~305	470	470~490	470~490	470~500
最大冲击功率/kW	21	32	21	25	33	33	35
冲击频率/Hz	53	60	42~35	33~38	30~40	30~40	45
冲击油压/bar	80~200	0~230	80~200	90~160	90~200	90~200	100~220

续表 5-9

型号	HL820T	HF820T	HL820ST	HL1060T	HL1560T	HL1560ST	RD1635CF
回转马达规格	OMT200、OMT250、OMT315	OMT200、OMT250、OMT315	OMT200、OMT250	OMT400、OMT500	OMT400、OMT500	OMT400、OMT500	OMT400、OMT500
回转速度/(r·min⁻¹)	0~180	0~180	0~180	0~100	0~100	0~100	0~100
最大回转扭矩/(N·m)	1095、1335、1765	1095、1335、1765	1095、1335	2005、2660	2005、2330	2005、2330	2005、2330
冲洗水压/bar	20	20	20	20	20	20	20
润滑气压/bar	4~7	4~7	4~7	4~7	4~7	4~7	4
润滑耗气量/(L·min⁻¹)	250~550	250~550	250~550	600~1200	600~1200	600~1200	—
钎尾规格	T38、T45、T51	T38、T45、T51	T35、T38、T45、T51	T51、ST58、GT60、ST68	T51、ST58、GT60、ST68	T51、ST58、ST68	GT60、ST68
钻孔直径/mm	64~127	64~127	54~89	89~127、89~152	89~127、89~152	89~127	89~152

表 5-10 蒙特贝公司液压凿岩机整机参数

型号	HC20	HC25	HC28	HC50	HC95	HC109	HC110	HC112	HC150	HC170	HC200
质量/kg	69	72	103	104	185	142~170	210~245	248	190	326.5	418
总长度（无柄）/mm	552~700	694~702	785	826	1033	1072~1270	1093	1422~1505	1422~1466	1269	1408
总长度（有柄）/mm	752~793.7	779~839	913	996~1007	1162	1274~1420	1210	1422~1466	—	1525	1646
总宽度/mm	200	200	226	314	301	320	333	332	—	410	410
总高度/mm	191.5	191.5	200	164.5	—	200	200.5	200.5	—	326	331
柄轴上方的高度/mm	83.5	83.5	86	75.5	86	78	107.5	107.5	—	102	102

表5-11　蒙特贝公司液压凿岩机冲击性能技术参数

型号	HC20	HC25	HC28	HC50	HC95	HC109	HC110	HC112	HC150	HC170	HC200
输出功率/kW	4.5	6~8	6~9.8	12~14	21	17~19	24~32	26~30	26~30	27~28	33~34
冲击输入功率/kW	9~11	16	16	21~23	30~40	20~32	41~54	37~50	37~50	46~48	61~63
最大扭矩/(N·m)	143~401	251~401	480	230~466	480~750	430~880	670~1340	1340~1680	1340~1680	1590~2000	2550
冲击流量/(L·min⁻¹)	45	65	68	90~105	100~120	120~135	150~170	172	—	160	180
冲击压力/bar	140	150	160	130~150	170~200	135~155	165~190	190	—	180	195
冲击频率/(b·m⁻¹)	3000	3900	3200	3300~4200	3710	2200~3500	3800~4300	2800	—	2460	2340
冲击能/J	75	117	160	180~220	340	300~350	250~380	560	—	510	640
反打	无	无	无	无	有	有	有	有	有	有	有

表5-12　蒙特贝公司液压凿岩机旋转技术参数

型号	HC20	HC25	HC28	HC50	HC95	HC109	HC110	HC112	HC170	HC200
最高转速/(r·min⁻¹)	67 mL/100 mL/160 mL 422/300/300	100 mL/125 mL/160 mL 300/300/300	300	31 mL/43 mL/55 mL/67 mL 235/209/193/237	100 mL/125 mL/160 mL 303/303/296	31 mL/43 mL/55 mL/67 mL 225/220/175/145	80 mL/100 mL/160 mL 291/269/175	160 mL/200 mL 169/135	200 mL/315 mL 130/130	125
油流量/(L·min⁻¹)	30/30/48	30/37.5/48	48	25/30/35/52	48/60/75	45/60/60/60	65/75/78	75/75	65/80	80
最大压力/MPa	140/175/175	175/175/175	210	140/140/140/140	210/210/210	140/140/140/140	210/210/210	210/210	220/220	200
最高转速/(r·min⁻¹)	143/251/401	251/313/401	480	230/305/385/466	480/600750	430/580/730/880	670/840/1340	1340/1680	1612/2031	1850

表 5-13 蒙特贝公司液压凿岩机冲洗流量及压力技术参数

型号	HC20	HC25	HC28	HC50	HC95	HC109	HC110	HC112	HC170	HC200
冲洗水流量/(L·min^{-1})	40	20~50	30~60	30~60	60~120	100	130	90~130		
前后端润滑耗气量/(L·min^{-1})	200	300	300	30~60	60~12	300	250~300	250~300	300	300
润滑气压/MPa	3	3	3	3	3	3	3	3	3	3

表 5-14 蒙特贝公司液压凿岩机孔径、钎尾规格与应用

型号	HC20	HC25	HC28	HC50	HC95	HC109	HC110	HC112	HC150	HC170	HC200
孔径/mm	15~51	32~51	32~64	45~76	45~102	45~102	51~89	76~127	76~115	89~127	102~157
钎尾规格	Hex19×108, Hex22×108, Hex25×108, R25F, R32F, R32M	R25F, R28F, R32F, R32M, R38M	R25F, R28F, R32M, R38M, T38M	R32M, R38M, T38M, T45M	R32M, R38M, T38M, T45M	R38M, T38M, T45M, T51M, T60M	R38M, T38M, T45M, T51M, T60M	R38M, T38M, T45M, T51M, T60M	R38M, T38M, T45M, T51M	T51M, T68M	T51M, T60M
应用	锚杆孔, 台阶开挖	锚杆孔, 台阶开挖	锚杆孔, 隧道开挖, 台阶开挖	锚杆, 隧道开挖, 台阶开挖	锚杆, 隧道开挖, 台阶开挖	隧道开挖, 台阶开挖	隧道开挖, 台阶开挖	台阶开挖, 中深孔凿岩	台阶开挖, 中深孔凿岩	台阶开挖, 中深孔凿岩	隧道开挖, 台阶开挖, 中深孔凿岩

5.7.4　日本古河公司

日本古河公司 HD 系列液压凿岩机的技术规格见表 5-15。

表 5-15　日本古河公司 HD 系列液压凿岩机技术参数

型号	HD709	HD712	HD715	HD822
最大冲击压力/MPa	17.5	17.5	17.5	20
冲击能（长冲程）/J	378	484	613	—
冲击能（短冲程）/J	278	353	513	—
打击次数（长冲程）/(b·m⁻¹)	2250	2250	2250	2700
打击次数（短冲程）/(b·m⁻¹)	2500	2500	2500	3300
最大冲击力（长冲程）/kW	14.2	18.2	23	22
最大冲击力（短冲程）/kW	11.6	14.7	21.5	—
最大旋转压力/MPa	18.1	20.1	20.1	—
最大旋转扭矩/(N·m)	660	1417	1417	1417
最大转速/(r·min⁻¹)	250	190	190	190
冲洗体积/(m³·min⁻¹)	6.1	7.8	12.3	—
冲洗压力/MPa	1.03	1.03	1.03	—

参考文献

[1] 高澜庆.液压凿岩机理论、设计与应用[M].北京：机械工业出版社，1998.

[2] 甘海仁，杨永顺，李永星.我国凿岩机械现状[J].矿山机械，2006(6)：28-34，4.

[3] 周志鸿，耿晓光，马飞.我国液压凿岩机产品概况[J].凿岩机械气动工具，2017(2)：1-10，20.

[4] 杨襄璧.液压凿岩机的评价指标-抽象设计变量[J].凿岩机械气动工具，1993(2)：2-7，10.

[5] 耿晓光，马飞，马威，等.重型双缓冲液压凿岩机冲击无力问题试验[J].振动测试与诊断，2018，38(5)：1051-1056，1087.

[6] 郭孝先.液压凿岩机及钻车发展[J].凿岩机械气动工具，2017(1)：17-26.

[7] 耿晓光，马飞，周志鸿，等.双面回油型液压凿岩机空穴及气蚀机理[J].煤炭学报，2016，41(S2)：563-570.

[8] 李叶林，马飞，耿晓光.双缓冲腔环形间隙对凿岩机缓冲系统动态特性的影响[J].北京科技大学学报，2014，36(12)：1676-1682.

[9] 支腿式液压凿岩机：JB/T 11106—2011[S].

[10] 丁河江，周志鸿，田翔.安百拓(Epiroc)液压凿岩机产品概况[J].凿岩机械气动工具，2020(3)：1-8.

[11] 周志鸿，田翔.山特维克(Sandvik)液压凿岩机型号简介[J].凿岩机械气动工具，2021，47(1)：1-5.

[12] 手持便携式动力工具　振动试验方法　第10部分：冲击式凿岩机、锤和破碎器：GB/T 26548.10—2021[S].

第 6 章

平巷掘进凿岩台车

6.1 概述

平巷掘进凿岩台车是指装有导轨式凿岩机并以液压油作为整机动力介质，用于矿山巷道掘进的钻孔设备，也称平巷掘进凿岩钻车。平巷掘进凿岩台车主要用于水平巷道与倾斜巷道掘进中的钻凿炮孔作业，也可用于钻凿锚杆孔、充填法或房柱法采矿炮孔。

早期的平巷掘进凿岩台车是用压缩空气做动力，因其效率低、噪声大，后逐渐被液压凿岩台车取代。目前，国外平巷掘进凿岩台车品种规格齐全，产品改进与更新换代很快，在稳定性、可靠性、自动化等方面已经很成熟，计算机控制的全液压平巷掘进凿岩台车已在巷道掘进作业中得到应用。21 世纪初，由计算机控制的智能平巷掘进凿岩台车已在瑞典和加拿大的矿山中使用，钻孔精度、爆破效果均取得很好实效。

20 世纪 60 年代，我国各大矿山就开始自行研制气动掘进台车。1973 年，原冶金工业部大力推广河北寿王坟铜矿的轨轮式双臂气动掘进台车，1975 年 8 月 CGJ-2 型掘进台车通过原冶金工业部组织的技术鉴定，1976 年 7 月 CGJ-3 型掘进台车通过技术鉴定，它们都是轨轮式气动台车，前者为双臂，后者为三臂。1976 年在大庙铁矿试验了 CTJ-3 型胶轮式三臂气动掘进台车。我国自行设计制造的第一台全液压掘进台车为轨轮式双臂台车，即 CGJ-2Y 型配YYG-80 型液压凿岩机，由中南矿冶学院（现中南大学）设计，于 1980 年 9 月通过技术鉴定。随着改革开放，我国陆续进口了国外先进的凿岩台车，并且引进技术，在 20 世纪 80 年代中后期与 90 年代前期，宣化采掘机械厂和沈阳有色冶金机械总厂分别引进法国塞柯马（Secoma）公司技术，前者生产 CTH10-2F 型履带式全液压台车，后者生产水星 14 型双臂全液压台车；南京工程机械厂也引进了瑞典阿特拉斯·科普柯（现安百拓公司）公司的技术，生产出 Boomer H174、H175、H178 等掘进台车。20 世纪 90 年代中期，南京工程机械厂又与瑞典阿特拉斯·科普柯公司合资成立了南京华瑞公司专门生产凿岩台车。当时国内自行研制的各种钻车很多，但推广使用较少。进入 21 世纪，随着我国制造业整体水平的大幅提升，国产掘进凿岩台车的设计制造也进入新的阶段，产品性能和可靠性显著提高，在隧道施工、煤矿开采等领域发挥着越来越重要的作用。

目前，国外生产掘进凿岩台车的主要厂家有瑞典安百拓公司、瑞典山特维克公司、日本古河矿业公司、法国蒙特贝公司和挪威 AMV（Andersens Mekaniske Verksted）公司，国内主要有中国铁建重工集团有限公司、中铁工程装备集团有限公司、徐工集团工程机械股份有限公司、张家口宣化华泰矿冶机械有限公司、江西鑫通机械制造有限公司等，其中瑞典安百拓公司和瑞典山特维克公司发展很快，是当今世界全液压凿岩台车市场占有率较高的两大公司，其产品性能和质量也誉满全球。

6.2　平巷掘进凿岩台车的分类

平巷掘进凿岩台车有以下两种分类方法，见表6-1。

表6-1　平巷掘进凿岩台车的分类与特点

分类法	名称	特点
按钻臂运动方式分	直角坐标式台车	结构简单，定位直观，操作容易，但使用的油缸较多，操作程序较复杂，并存在较大的凿岩盲区
	极坐标式台车	与前者相比，减少了油缸数目，简化了操作程序，但操作调位直观性差，不能适应打楔形、锥形的掏槽炮孔，也存在一定盲区
	复合坐标式台车	能钻凿任意方向的炮孔，无盲区，但其结构复杂，外形笨重，适用于大型钻车
	直接定位式台车	可钻各种角度的炮孔，调位简单，动作迅速，具有空间平移性能，操作平稳，定位准确可靠，无凿岩盲区，但结构复杂，控制系统复杂，适用于中型和大型钻车
按适用巷道断面大小分	微型台车	适用断面面积<6 m²，车宽1.05~1.3 m，配1个钻臂
	小型台车	适用断面面积6~20 m²，车宽1.5~1.7 m，配1个钻臂
	中型台车	适用断面面积10~60 m²，车宽1.9~2.0 m，配1~2个钻臂
	大型台车	适用断面面积12~100 m²，车宽2.5 m左右，配2~3个钻臂
	特大型台车	适用断面面积20~190 m²，车宽≥3 m，配3~4个钻臂，用于大型隧道

6.3　平巷掘进凿岩台车工作原理

如图6-1所示，平巷掘进凿岩台车由推进器1、凿岩机2、钎具3、钻臂4、底盘5、动力与控制系统6组成，推进器1与钻臂4合称为工作机构，凿岩机2和钎具3合称为凿岩机具。

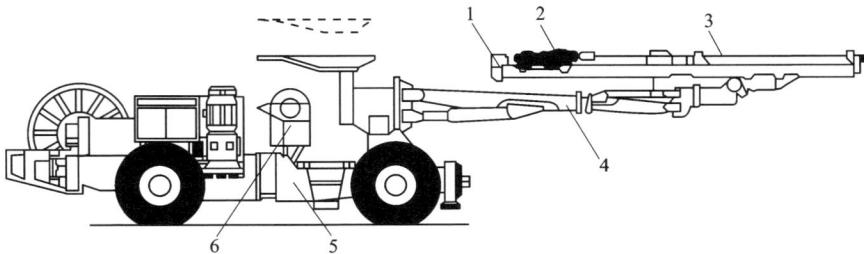

1—推进器；2—凿岩机；3—钎具；4—钻臂；5—底盘；6—动力与控制系统。

图6-1　平巷掘进凿岩台车结构

　　凿岩机和钎具由推进器支撑，并可在其上前进或后退。工作时，钻车驶入掘进工作面，由稳车机构(即行走底盘上的 4 个液压支腿)使钻车定位，此时 4 个液压支腿下伸使轮胎不受力；操纵钻臂和推进器，使推进器的顶尖按要求的孔位与方向顶紧工作面；开动凿岩机进行凿岩，并用压力水不断冲洗孔底；钻完全部炮孔后，钻车退出工作面。

6.4　平巷掘进凿岩台车底盘类型

　　凿岩台车的底盘是钻车的转向与行走机构，是工作机构的支撑平台，也是钻车的动力与控制系统及操作室(或操作台)的安装平台。

　　行走底盘由原动机(发动机、电动机或气动机)与底盘两部分组成，底盘由转向系统、制动系统、传动系统与行驶系统组成。一般意义上的底盘是不包括发动机的，如果在底盘上安装了发动机，则行走底盘可以称为底盘车。

　　平巷掘进凿岩台车的底盘一般采用通用底盘，按行走方式，底盘可分为轨轮式、履带式和轮胎式三类。

6.4.1　轨轮式底盘

　　图 6-2 所示为轨轮式底盘的凿岩台车，其底盘由车架与两对车轮组成，用于有轨矿山小断面巷道掘进，有拖行式和自行式两种，通常采用拖行式。自行底盘由电机或液压马达驱动，结构简单，工作可靠，使用寿命长，但调动不灵活，错车不方便。

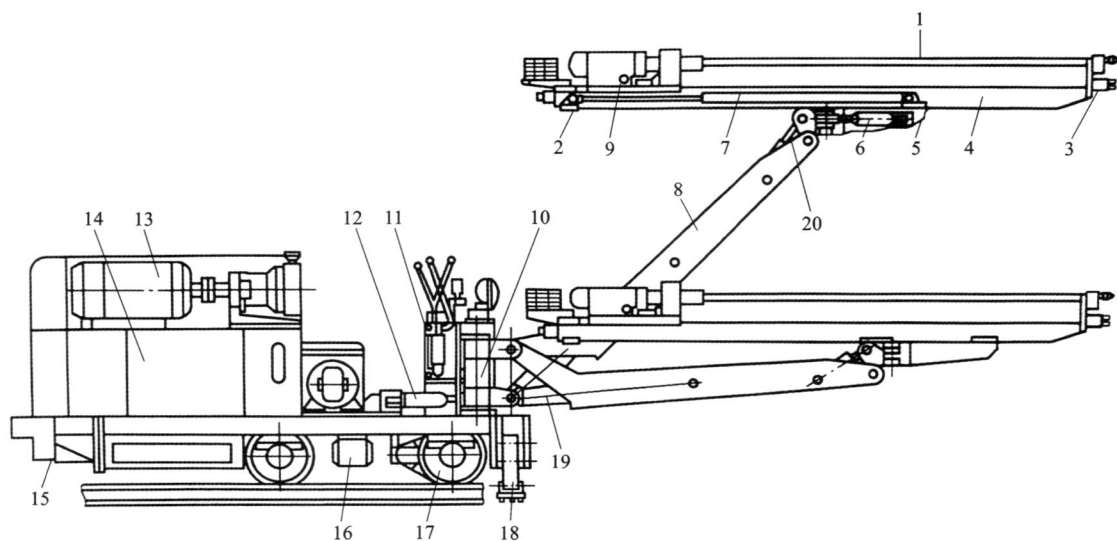

1—钎具；2—托钎器；3—顶尖；4—推进器；5—托架；6—摆角油缸；7—补偿油缸；8—钻臂；9—凿岩机；10—转柱；11—操作台；12—摆臂油缸；13—电动机；14—电气柜；15—后支腿；16—滤油器；17—行走装置；18—前支腿；19—支臂油缸；20—俯仰油缸。

图 6-2　轨轮式底盘的凿岩台车示意图

6.4.2　履带式底盘

履带式底盘一般由液压马达驱动，调动灵活，工作可靠，爬坡能力强，可用于倾角较小的巷道，但结构复杂，履带易磨损，使用寿命较短，在有轨巷道中使用存在压轨问题，在地下金属矿山很少使用，多用于露天凿岩台车。图6-3所示为法国塞柯马公司CTH10-2F型履带式底盘的凿岩台车。

图6-3　履带式底盘的凿岩台车

6.4.3　轮胎式底盘

轮胎式底盘分为整体底盘和铰接底盘两种，铰接底盘转弯半径小，被广泛采用。轮胎式底盘的转向系统分为偏转轮式转向与铰接式转向两种，偏转轮式转向的底盘采用整体式车架，而铰接式转向的底盘采用铰接式车架。

轮胎式底盘机动灵活，移动速度快，应用范围广，但结构较复杂，轮胎易磨损，使用寿命较短。图6-4所示为安百拓Boomer282型轮胎式底盘的凿岩台车。

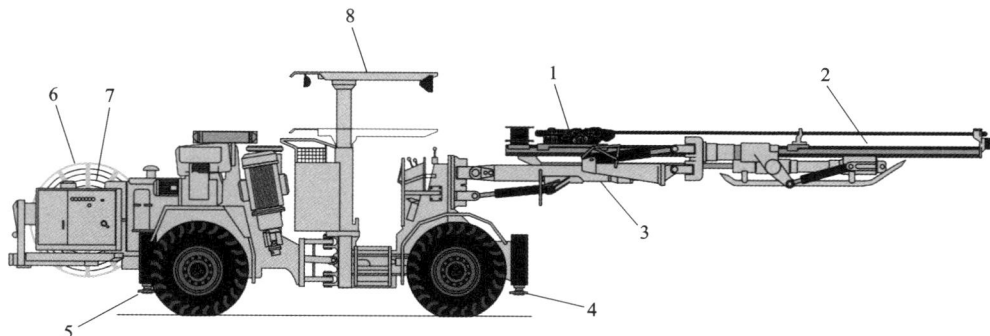

1—液压凿岩机；2—推进梁；3—动臂；4—前液压支腿；5—后液压支腿；6—电缆卷筒；7—水管卷筒；8—防护顶棚。

图6-4　轮胎式底盘的凿岩台车（安百拓Boomer282）

6.5　钻臂

6.5.1　钻臂类型

钻臂是工作机构的主要部件，又称为大臂、支臂，用以支承推进器及凿岩机，并且能够进行炮孔的定位与定向工作。为满足爆破工艺的要求，提高钻平行炮孔的精度，钻车的钻臂都装有使推进器自动平移的机构。按照钻臂运动方式的不同，钻臂可以分为直角坐标钻臂、极坐标钻臂、复合坐标钻臂和直接定位钻臂四种，现分述如下。

6.5.1.1　直角坐标钻臂

直角坐标钻臂的结构如图 6-5 所示，其由摆臂油缸 1、转柱 2、钻臂俯仰油缸 3、钻臂 4、托架俯仰油缸 5、推进器补偿油缸 6、推进器 7、凿岩机具 8、托架摆角油缸 9、托架 10 等部件组成。由钻臂俯仰油缸 3 驱动钻臂 4 做俯仰运动，由摆臂油缸 1 驱动钻臂 4 做水平摆动，从而使安装在钻臂上的推进器按直角坐标方式移位。

直角坐标钻臂能完成五种动作：A 为钻臂俯仰动作；B 为钻臂水平摆动；C 为托架俯仰；D 为托架水平摆动；E 为推进器补偿。这五种动作是直角坐标钻臂的基本动作。

恰当地操纵托架俯仰油缸与托架摆角油缸，能使推进器满足钻平行炮孔的要求，也能根据工艺要求钻凿与工作面中轴线有一定倾角的炮孔。直角坐标钻臂的优点是结构简单、定位直观、操作容易，适合钻凿不同位置与角度的炮孔，以及各种形式的掏槽孔，因此应用很广，国内外许多钻车采用直角坐标钻臂；但其使用的油缸较多，操作程序较复杂。对单臂钻车而言，存在着一定凿岩盲区（推进器的前端无法到达的区域称为凿岩盲区），而双臂钻车则完全克服了这个缺点。

除了图 6-5 所示的 A～E 五种动作之外，有的直角坐标钻臂还可以实现推进器的翻转及臂杆的伸缩、自转等动作。翻转油缸可使推进器回转 180°，以适应钻工作面底部炮孔的需要。有的直角坐标钻臂为了便于控制周边孔的角度，设有外摆角机构，钻周边炮孔时，外摆角机构可使推进器产生所需要的偏角，钻完周边炮孔后，推进器能准确地恢复原位。

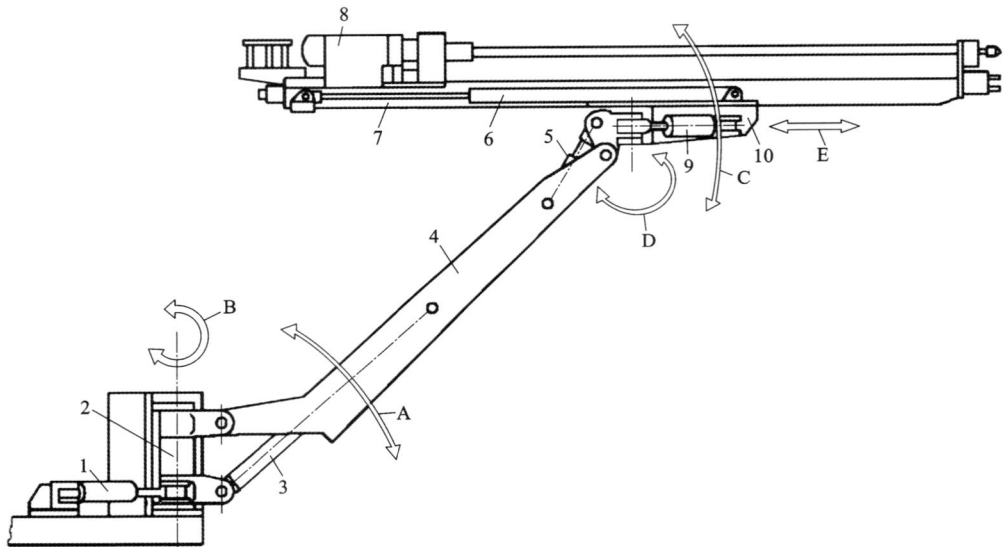

1—摆臂油缸；2—转柱；3—钻臂俯仰油缸；4—钻臂；5—托架俯仰油缸；
6—推进器补偿油缸；7—推进器；8—凿岩机具；9—托架摆角油缸；10—托架；
A—钻臂俯仰；B—钻臂水平摆动；C—托架俯仰；D—托架水平摆动；E—推进器补偿。

图 6-5　直角坐标钻臂

6.5.1.2　极坐标钻臂

图 6-6 所示为极坐标钻臂，又称回转钻臂，其由齿轮齿条式回转机构 1、钻臂油缸 2、钻臂 3 等组成。钻臂根部的齿轮齿条式回转机构可使整个钻臂绕回转支座的水平轴线左右各回转

180°；钻臂油缸可使钻臂做俯仰运动，改变回转半径；炮孔的位置由极径和极角来确定，即钻臂按极坐标方式运动。回转机构的形式有油缸齿条式、曲柄圆盘式和液压马达蜗杆蜗轮式等。

这种钻臂与直角坐标钻臂相比，减少了油缸数量，简化了操作程序。它在调定炮孔位置时只需做以下动作：A 钻臂俯仰；B 钻臂回转；C 托架俯仰；E 推进器补偿。这种钻臂的凿岩机贴帮性能好，钻顶板、侧壁和底板的炮孔时，都可以贴近岩壁钻进，避免了巷道断面的缩小。极坐标钻臂的转动惯量很大，一般只用于中小型钻车，不适宜用在大中型钻车上。

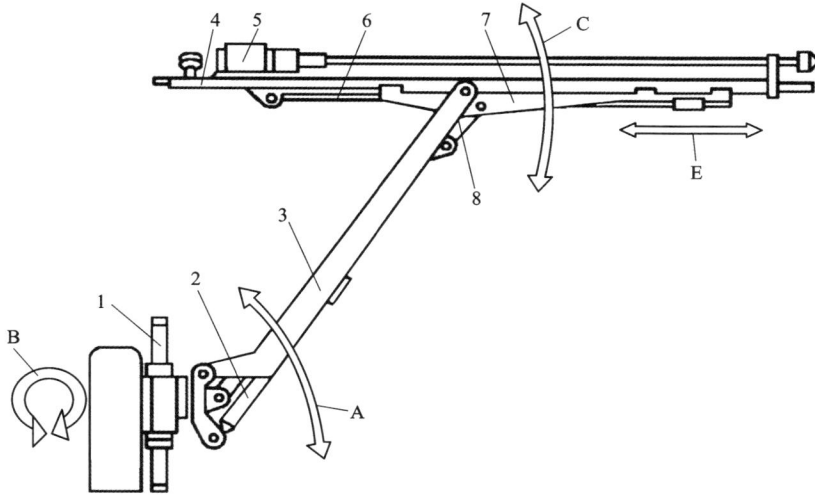

1—齿轮齿条式回转机构；2—钻臂油缸；3—钻臂；4—推进器；
5—凿岩机；6—补偿油缸；7—托架；8—俯仰油缸；
A—钻臂俯仰；B—钻臂回转；C—托架俯仰；E—推进器补偿。

图 6-6　极坐标钻臂

6.5.1.3　复合坐标钻臂

图 6-7 所示为复合坐标钻臂，它综合了直角坐标钻臂和极坐标钻臂两者的特点。该钻臂有一个主钻臂 4 和一个副臂 6，主、副钻臂的油缸布置与直角坐标钻臂相同。另外还有齿轮齿条式回转机构 1，这样就能钻凿任意方向的炮孔，并避免了凿岩盲区。

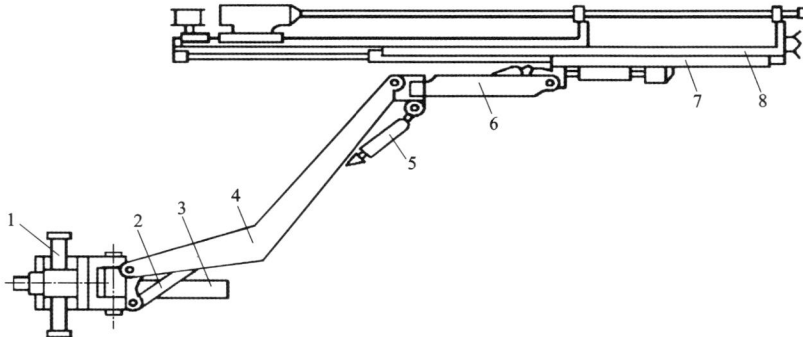

1—齿轮齿条式回转机构；2—钻臂油缸；3—摆臂油缸；4—主钻臂；
5—俯仰油缸；6—副臂；7—托架；8—伸缩式推进器。

图 6-7　复合坐标钻臂

6.5.1.4 直接定位钻臂

图 6-8 所示为直接定位钻臂,其由一对后动臂油缸 1 和一对补偿油缸 3 组成变幅机构和平移机构。钻臂的前、后绞点都是十字铰接,其结构如图 6-8(A 放大)所示。后动臂油缸和补偿油缸协调工作,不但可使钻臂做垂直面的升降和水平面的摆臂运动,而且可使钻臂做倾斜运动(例如 45°等)。在钻臂运动时,推进器自动保持平移。此外,推进器还可以单独做俯仰运动和水平摆角运动。钻臂前方装有推进器翻转机构 4 和托架回转机构 5。这样的钻臂不但可向正面钻平行孔和倾斜孔,也可以钻垂直于侧壁、垂直向上及带各种倾斜角度的炮孔。

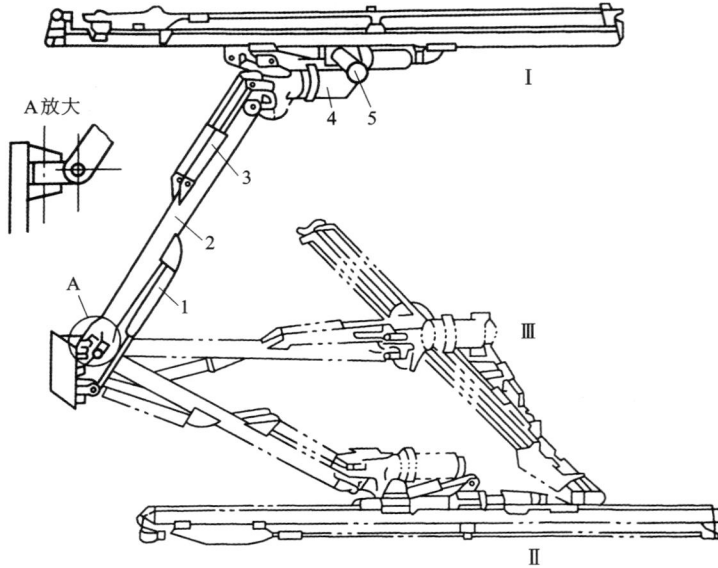

1—后动臂油缸;2—伸缩装置;3—补偿油缸;4—推进器翻转机构;5—托架回转机构;
Ⅰ—上部钻孔位置;Ⅱ—下部钻孔位置;Ⅲ—垂直侧面钻孔。

图 6-8 直接定位钻臂

6.5.2 钻臂的主要机械结构

6.5.2.1 臂杆

臂杆支撑着推进器和凿岩机,并把它们送到需要的空间位置。臂杆除了承受设备重力和自身重力外,还要经受凿岩时推进的反力及凿岩的冲击反力,这些力都是偏心载荷。因此臂杆要有足够的强度和刚度,近年来采用的重型凿岩机、高频冲击、长钻杆等技术,对臂杆的要求更高。臂杆均为焊接结构,其横截面有圆形与方形两种。

臂杆有曲臂与直臂两种,图 6-5~图 6-7 所示都是曲臂,图 6-8 所示是直臂。

6.5.2.2 推进器托架

推进器托架的作用是支撑推进器及其上的凿岩机,其可使推进器在水平面内做摆角运动、在垂直面上做倾斜(又称俯仰)运动。托架形式主要有横臂式和纵臂式两种。

横臂式托架由横臂座、横臂、导轨托架、水平摆动油缸和倾斜油缸等组成。横臂为圆柱形,穿过横臂座,依靠倾斜油缸的伸缩而转动,从而带动导轨托架和安装在它上面的凿岩机一起在垂直面内(凿岩机纵向平面)转动。横臂外悬并固定在钻臂前端,受水平摆动油缸和倾斜油缸作用，使导轨托架和凿岩机一起在水平面内摆动及改变倾斜角度。

纵臂式托架由于采用纵向承托，凿岩机和推进器的重力以及凿岩反力与钻臂形成的力臂短，改善了钻臂的受力情况，工作稳定性好。托架在结构上具有三个安装倾斜油缸活塞杆的位置，从而扩大了钻孔的面积范围，可以钻凿向上垂直的炮孔。在托架前端增加一个外张机构有利于打隧道周边炮孔。

6.5.3 钻臂的主要机构

6.5.3.1 直角坐标钻臂的转柱

（1）油缸式转柱。其是一种常见的直角坐标钻臂的水平摆动机构，主要由摆臂油缸1、转柱套2、转柱轴3等组成，如图6-9所示。转柱轴固定在底座上，转柱套可以转动，摆臂油缸的一端与转柱套的偏心耳环相铰接，另一端铰接在车体上，当摆臂油缸伸缩时，偏心耳环可带动转柱套及钻臂摆动，其摆动角度由摆臂油缸行程确定。

这种摆动机构的优点是结构简单、工作可靠、维修方便，缺点是转柱只有下端固定，上端为悬臂梁，承受弯矩大。为改善受力状态，有的制造厂商在转柱的上端设有稳车顶杆4。

（2）螺旋副式转柱。如图6-10所示，螺旋棒2用固定销与缸体5固装成一体，轴头4用螺栓固定在车架1上。活塞3上带有花键和螺母，当向A腔或B腔供油时，活塞3做直线运动，于是螺母迫使与其相啮合的螺旋棒2做回转运动，随之带动缸体5和钻臂摆动。其优点是外表无外露油缸、结构紧凑；缺点是加工难度较大。

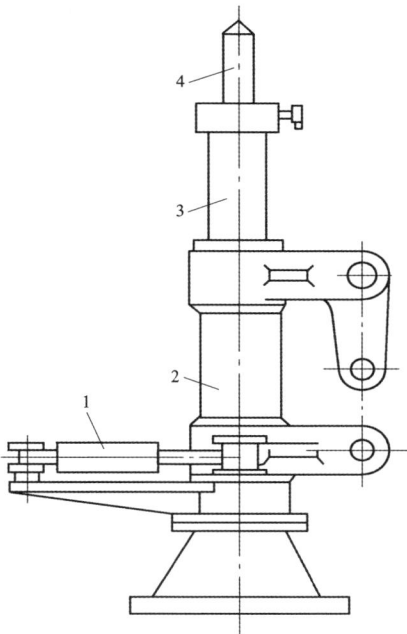

1—摆臂油缸；2—转柱套；3—转柱轴；4—稳车顶杆。

图6-9 油缸式转柱

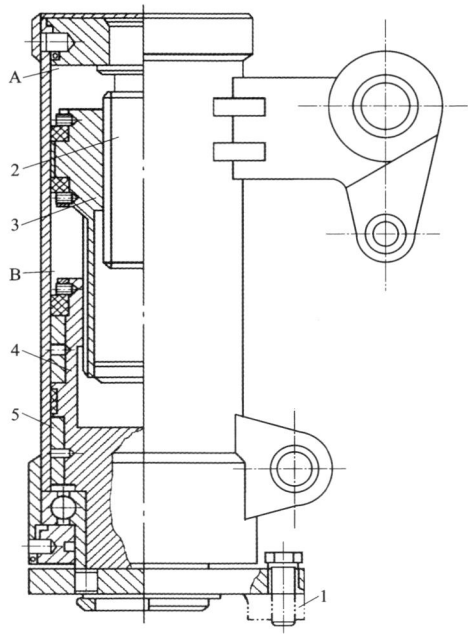

1—车架；2—螺旋棒；3—活塞(螺母)；4—轴头；5—缸体。

图6-10 螺旋副式转柱

6.5.3.2　极坐标钻臂的齿轮齿条式回转机构

齿轮齿条式回转机构如图 6-11 所示,其由齿轮 5、齿条活塞杆 6、油缸 2、液压锁 1 和齿轮箱体等组成,用于钻臂回转。齿轮套装在空心轴上,以键相连,钻臂及其支座安装在空心轴的一端;当油缸工作时,两根齿条活塞杆做相反方向的直线运动,同时带动与其相啮合的齿轮和空心轴旋转;齿条的有效长度等于节圆的周长,因此可以驱动空心轴上的钻臂及其支座,沿顺时针或逆时针旋转 180°。这种回转机构安装在车架上,其尺寸和质量虽然较大,但都是由车架承受的。与装设在托架上的推进器螺旋副式翻转机构相比较,其减少了钻臂前方的质量,改善了钻车总体平衡,因此,成为一种典型的回转机构,实现了极坐标钻臂和复合坐标钻臂回转 ±180° 的要求,其优点是动作平缓、容易操作、工作可靠;缺点是质量较大、结构较复杂。

6.5.3.3　推进器螺旋翻转机构

推进器螺旋翻转机构的作用是能够将推进器与凿岩机绕翻转机构的轴线翻转 0°~180°,使凿岩机更贴近巷道岩壁和底板进行钻孔,以避免巷道断面的缩小。

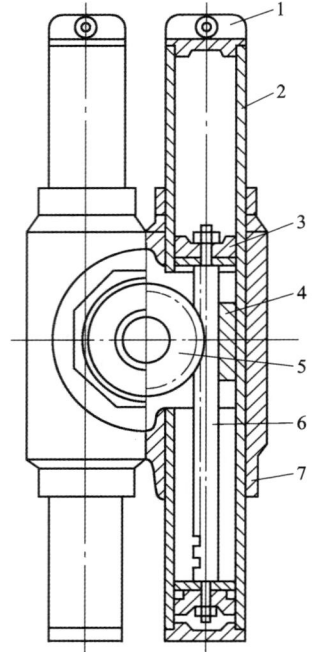

1—液压锁;2—油缸;3—活塞;4—衬套;
5—齿轮;6—齿条活塞杆;7—导套。

图 6-11　齿轮齿条式回转机构

螺旋副式的转动机构(图 6-10),不仅仅用于钻臂的摆动,更多的是用在推进器的翻转运动上。图 6-12 所示为推进器螺旋翻转机构,它由螺旋棒 4、活塞 5、转动体 3 和油缸外壳等组成。其原理与螺旋副式转柱相似而动作相反,即油缸外壳固定不动,活塞可转动,从而带动推进器做翻转运动。图 6-12 中推进器 1 的一端用花键与转动卡座 2 连接,另一端与支承座 7 连接,油缸外壳焊接在托架上,螺旋棒 4 通过固定销 6 与油缸外壳定位,活塞 5 与转动体 3 用花键连接。

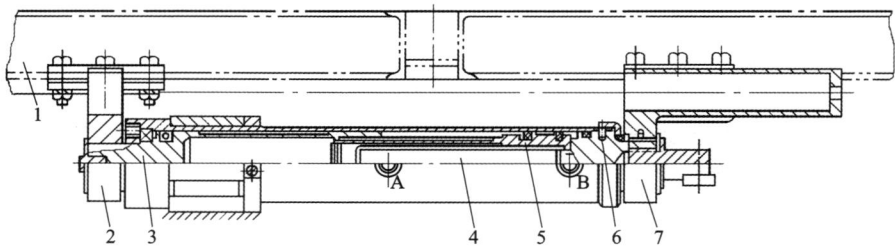

1—推进器;2—转动卡座;3—转动体;4—螺旋棒;5—活塞;6—固定销;7—支承座;
A、B—进油口。

图 6-12　推进器螺旋翻转机构

压力油从 B 口进入后,推动活塞沿着螺旋棒向左移动,并带着转动体做旋转运动,转动卡座 2 也随之旋转,于是推进器和凿岩机做翻转 180° 的运动;而压力油从 A 口进入后,凿岩机反转到原来的位置。这种机构的外形尺寸小、结构紧凑，适合用作推进器的翻转与托架的回转机构，如图 6-8 中部件 4、5 所示。

6.5.3.4　推进器补偿机构

推进器补偿机构是使推进器沿托架前后移动的机构，在钻凿巷道断面上各个炮孔的过程中，它可以使推进器的前端始终顶住作业面的岩石，增加推进器与钻臂的稳定性。推进器的补偿作用一般是通过补偿油缸来实现的，如图 6-5 与图 6-6 所示。

6.6　推进器

6.6.1　推进器分类

推进器是为凿岩机移动提供导轨，使凿岩机实现前进与后退的动作，并能够给凿岩机施加合适的轴推力的机构。推进器按形式分，有油缸钢丝绳式、气动/液压马达链条式、气缸钢丝绳/链条式、气动马达螺杆式；按驱动的动力分，有气动及液压两种，目前台车都用液压驱动。

6.6.1.1　油缸钢丝绳式推进器

如图 6-13 所示，油缸钢丝绳式推进器由导轨（推进梁架）、凿岩机滑架（托座）、推进油缸、钢丝绳等构成。该推进器装有前夹钎器和中间托钎器，中间托钎器与推进油缸的缸套前端固接，在钻孔过程中，中间托钎器始终处在钻杆前支架和凿岩机的正中。凿岩机的行程是推进油缸行程的两倍，滑架用于安装凿岩机，滑架与推进梁架间用 8 个滚柱滚动配合。与液压臂相连接的软管经软管托架固定后连接于凿岩机上，并用软管滚筒张紧。

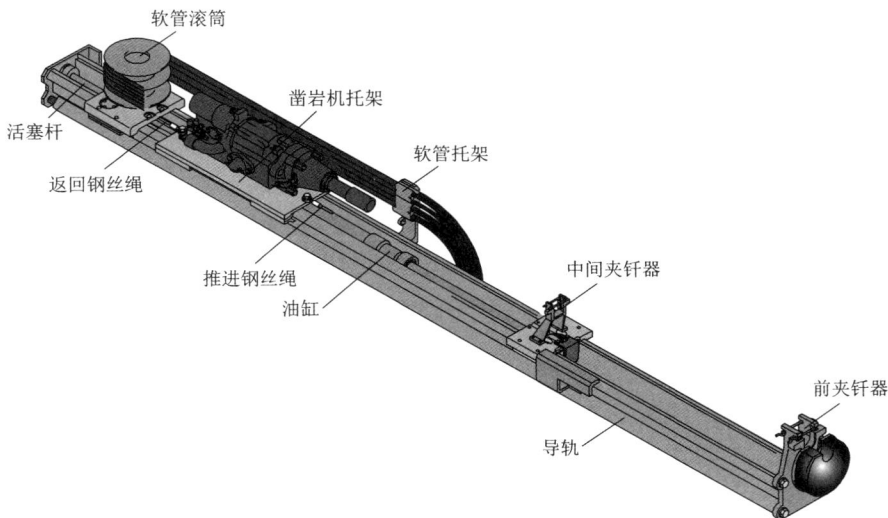

图 6-13　油缸钢丝绳式推进器

6.6.1.2　气动/液压马达链条式推进器

图 6-14 所示为气动马达链条式推进器的结构原理。气动马达 6 通过蜗轮蜗杆减速器 5 带动主动链轮，链轮上绕有闭合的套筒滚子链条 7，链条的两端经前后导向链连接在凿岩机

托座 4 的两端，链条张紧装置 1 可保证链条不松弛。在气动台车上，采用气动马达；在液压台车上，采用液压马达。

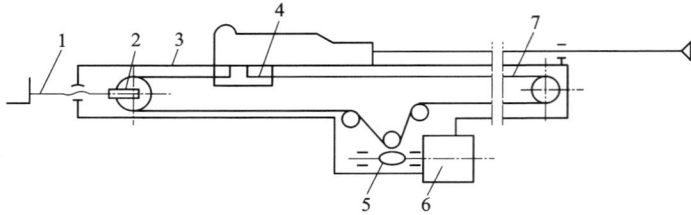

1—链条张紧装置；2—导向链轮；3—导轨梁；4—凿岩机托座；5—蜗轮蜗杆减速器；6—气动马达；7—链条。

图 6-14　气动马达链条式推进器结构原理示意图

6.6.1.3　气缸钢丝绳/链条式推进器

气缸钢丝绳式推进器如图 6-15 所示，在导轨梁 6 的滑轨上装有托座 3，导向架的凹槽中装有推进气缸 5，气缸活塞杆前端的左右两侧分别装有推动轮 7、8(7、8 均为两个)，导轨梁凹槽的前后两端分别装有导向轮 1、9(1、9 也各为两个)；两根钢丝绳 2 的一端连接在托座的左端，另一端绕过导向轮 1 和推动轮 7，固定在导轨梁上；两根钢丝绳 4 的一端连接在托座的右端，另一端绕过导向轮 9 和推动轮 8，固定在导轨梁上；当推进气缸 5 的活塞杆缩回时，钢丝绳 2 放松，钢丝绳 4 被拉紧，托座 3 向右移动；反之，推进气缸 5 的活塞杆伸出时，钢丝绳 4 放松，钢丝绳 2 被拉紧，托座 3 向左移动。凿岩机装在托座上，即随托座进退。

气缸链条式推进器只是将钢丝绳换成了链条，其传动原理与气缸钢丝绳式推进器完全相同，不再赘述。

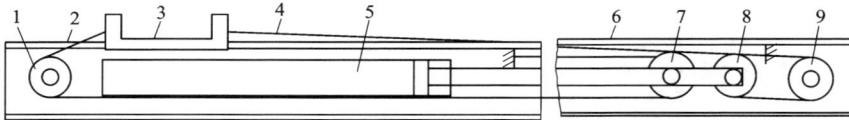

1、9—导向轮；2、4—钢丝绳；3—托座；5—推进气缸；6—导轨梁；7、8—推动轮。

图 6-15　气缸钢丝绳式推进器

6.6.1.4　气动马达螺杆式推进器

图 6-16 所示为气动马达螺杆式推进器。导轨梁 4 为槽形或异形金属制件，槽内装有推进螺杆 7，推进螺杆 7 的前端插入轴承座 12，后端装在气动马达 1 的减速器内；轴承座 12 用螺栓固定在导轨梁 4 的前端，内有两套单列向心球轴承，外用轴承盖压紧；气动马达 1 用螺栓 9 固定在导轨梁 4 的后端，并用左右卡子 8 箍紧；两条导轨 3 用沉头螺钉 11 固定在导轨梁 4 的顶面上，导轨上装有托座(跑床)2，托座 2 下部用沉头螺钉 10 装上一对滑板，使托座能沿导轨前后滑动；凿岩机(图中点画线所示)通过两侧长螺栓安装在托座上，随托座移动，托座下端有一凸块，伸入导轨梁 4 的凹槽内，凸块的通孔内固定有推进螺母 6，推进螺杆 7 从推进螺母 6 中穿过，当气动马达经减速器带动螺杆正、反转时，推进螺母就带动托座和凿岩机前进或后退；为了防止托座前后移动碰撞轴承座和气动马达，在导轨梁前后端分别装有橡胶减震套；有些导轨梁下端有底座 5，可通过它将整个推进器安装在支柱上。

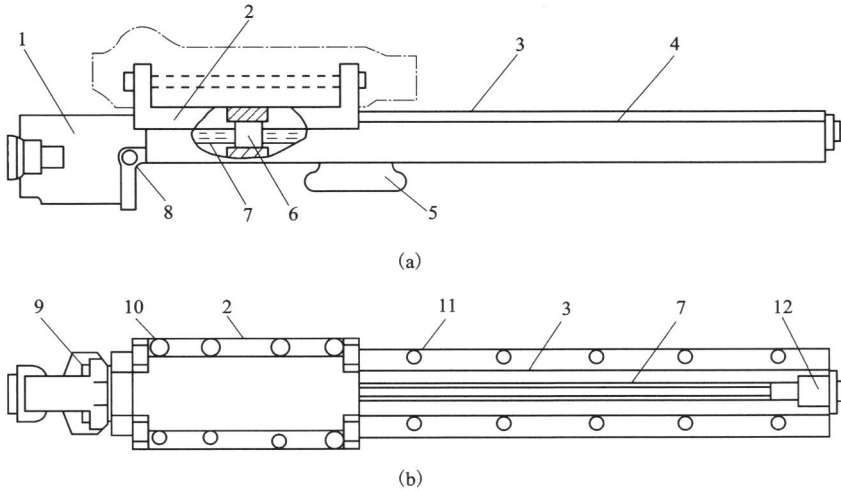

(a)

(b)

1—气动马达；2—托座；3—导轨；4—导轨梁；5—底座；6—推进螺母；
7—推进螺杆；8—卡子；9—螺栓；10、11—沉头螺钉；12—轴承座。

图6-16　气动马达螺杆式推进器

6.6.2　推进器的结构组成

6.6.2.1　导轨梁

导轨梁应具有以下特点：重量轻，承载能力大，抗弯曲、抗变形能力强，维修费用低，使用寿命长。

一些导轨梁的断面形状如图6-17所示。导轨梁一般采用标准型材焊接而成，安百拓公司与山特维克公司的推进器的导轨梁本身就是整块型材，因此刚度更好、重量更轻。

安百拓公司的推进器的导轨梁采用坚固轻量的铝合金，并且采用易于更换的不锈钢导轨套。

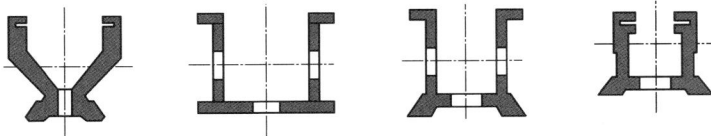

图6-17　常见导轨梁的断面形状

6.6.2.2　夹钎器

在导轨架的最前端装有夹钎器或开眼器。夹钎器的作用是在接杆凿岩时，夹住连接套，以便接卸钎杆。夹钎器按结构形式可分为自动开合式和手动开合式两种。图6-18为几种自动开合式夹钎器的结构示意图。

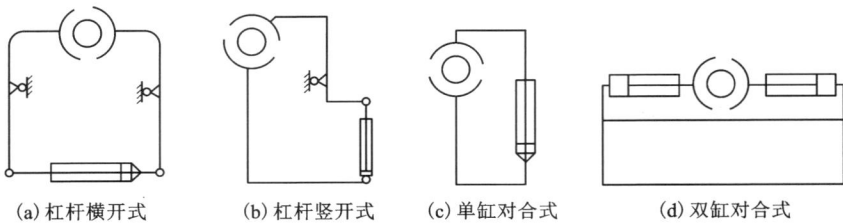

(a) 杠杆横开式　　(b) 杠杆竖开式　　(c) 单缸对合式　　(d) 双缸对合式

图 6-18　自动开合式夹钎器结构示意图

6.6.2.3　顶尖和中间扶钎器

开眼时为保持稳定,在导轨架的正前端装有顶尖,使整个推进器顶在工作面上。导轨架长度较大时,在导轨架的中部可装设中间扶钎器。

6.6.3　叠架式推进器

绝大多数推进器只有 1 根导轨梁(推进梁架),但是,在巷道断面较小时,既要打巷道横截面上的锚杆孔,又要打巷道前面的较深炮孔,就需要采用 2 根导轨梁的推进器,这种推进器称为叠架式推进器。安百拓公司的 BMHT1000 型和 BMHT6000 型推进器便采用叠架式推进器,BMHT1000 型推进器配有两种长短不同的钎杆,如图 6-19 所示。

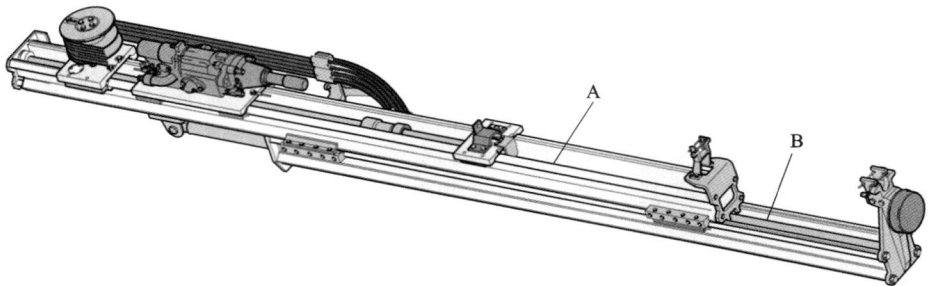

A—上导轨梁;B—下导轨梁。

图 6-19　BMHT1000 型叠架式推进器

6.6.4　推进器平移机构

推进器平移机构是指当钻臂运动时,推进器自动保持平行移动的一种机构,简称平移机构,或称平动机构、平行机构。凿岩钻孔过程中,必须防止因为炮孔的交叉而卡钎。工作面炮孔应该有较好的平行精度,以获得良好的爆破效果,因此钻臂都需要配置平移机构。

推进器平移机构有液压平移机构和机械式平移机构两大类。

液压平移机构是通过油路借助液压油的作用来保持推进器平移的。液压平移机构又分为平面液压平移机构与空间液压平移机构两大类。平面液压平移机构还可分为平面近似液压平移机构与平面完全液压平移机构两类。

机械式平移机构有平面四连杆式、空间四连杆式和剪式平移机构等，剪式平移机构因外形尺寸较大、结构繁冗和凿岩盲区较大，已被淘汰。

6.6.4.1　平面近似液压平移机构

平面近似液压平移机构工作原理如图6-20所示。平移引导油缸2与托架俯仰油缸5的缸径与杆径分别相等，平移引导油缸2的有杆腔与托架俯仰油缸5的有杆腔相通，当钻臂油缸4伸长时，钻臂1上仰一个角度$\Delta\alpha$，平移引导油缸2的活塞杆也同时被拉出，此时，平移引导油缸2的有杆腔中排出的压力油经油路排入推进器托架6的托架俯仰油缸5的有杆腔中，并使后者的活塞杆缩短，从而使推进器下俯$\Delta\alpha'$角度。

同理可得知，当推进器托架6的托架俯仰油缸5伸长，推进器上仰角度$\Delta\beta'$时，钻臂油缸4缩短，钻臂1下俯角度$\Delta\beta$。

平面近似液压平移机构有以下4个特点：

①平移引导油缸2与托架俯仰油缸5这两个油缸联合动作；

②平移引导油缸2与托架俯仰油缸5这两个油缸缸径相等，活塞杆径也相等；

③平移引导油缸2与托架俯仰油缸5这两个油缸的有杆腔和无杆腔分别相连通；

④平移引导油缸2与托架俯仰油缸5这两个油缸位于钻臂的同一侧（下方）。

为防止误操作导致油管和元件的损坏，在平移机构的油路中，还设有安全保护回路，见图6-20。

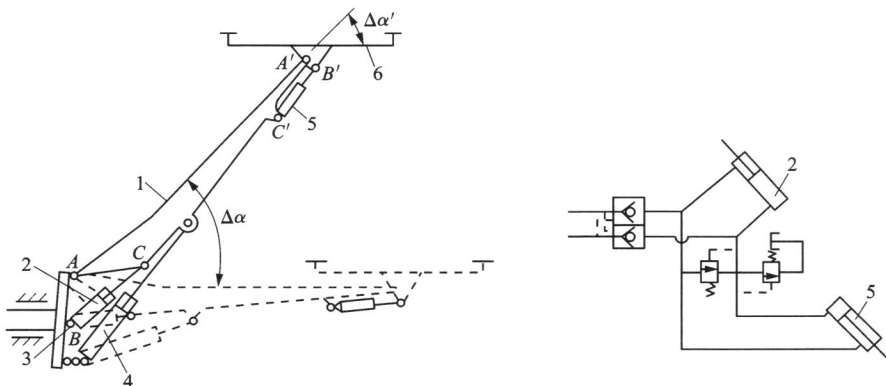

(a) 平面近似液压平移机构原理示意图　　　(b) 平面近似液压平移机构液压原理图

1—钻臂；2—平移引导油缸；3—回转支座；4—钻臂油缸；5—托架俯仰油缸；6—托架。

图6-20　平面近似液压平移机构

图6-20所示的平移机构是一个有误差的近似平移机构，通过合理地确定两个油缸的安装位置，可以尽量减少误差，得到$\Delta\alpha'\approx\Delta\alpha$、$\Delta\beta'\approx\Delta\beta$的关系，因此在钻臂上仰和下俯过程中，推进器始终自动保持近似的平行移动。

这种机构的优点是结构简单、工作可靠；缺点是需要安装平移引导油缸与相应的管路，增加了重量，在钻臂的空间布置上也有很大的困难。

由此，进一步发展了一种取消平移引导油缸的平移机构，即无平移引导油缸液压平移机构。如图6-21所示，这种机构只将钻臂油缸的有杆腔与托架俯仰油缸的有杆腔相连，而两个油缸的无杆腔无须相连，其工作原理是设计钻臂油缸安装尺寸与托架俯仰油缸安装尺寸时，使这两个油缸的缸径、活塞杆径保持一定的比例关系，并通过相应的油路系统连接，实现 $\Delta\alpha' \approx \Delta\alpha$ 的目的。

钻臂油缸与托架俯仰油缸的缸径与杆径、钻臂油缸所在的安装三角形 ABC、托架俯仰油缸所在的安装三角形 $A'B'C'$ 的尺寸（图6-20），都要作为设计变量，以 $\Delta = \Delta\alpha - \Delta\alpha'$ 的值最小为目标函数，经优化计算，得出各个设计变量的数值。

用上述方法设计的无平移引导油缸液压平移机构，结构更简单，减少了液压管路，减轻了钻臂的重量，更重要的是其平移精度可以控制，且高于有平移引导油缸液压平移机构的平移精度，能够满足巷道断面各个炮孔的平行度（孔向）的工艺要求。

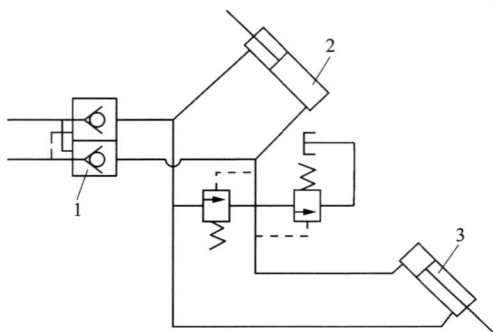

1—液压锁；2—钻臂油缸；3—俯仰角油缸。

图6-21　无平移引导油缸液压平移机构原理图

6.6.4.2　平面完全液压平移机构

平面完全液压平移机构又称为无误差液压平移机构，它的特点是将平移引导油缸和托架俯仰油缸布置在钻臂的两侧，不便于油缸的空间布置。平面完全液压平移机构利用了相似三角形原理，理论上没有平移误差，但是实际上由于液压油的可压缩性、加工的尺寸误差与安装的位置误差等，不可能做到完全没有平移误差。

平面完全液压平移机构也可以做成无平移引导油缸的平移机构，无平移引导油缸的平面完全液压平移机构的油路连接见图6-22。

6.6.4.3　空间液压平移机构

图6-23是直接定位式钻臂所用的四个油缸组成的空间液压平移机构，图6-23（a）、图6-23（b）分别是其机构简图的主、俯视图，图6-23（c）是平移机构水平摆动示意图。臂座1、钻臂2、左钻臂油缸3、右钻臂油缸4、双向球铰8组成后变幅机构；平移臂座7、钻臂2、左平移油缸5、右平移油缸6、双向球铰8组成前平移机构。后变幅机构与前平移机构共同组成空间液压平移机构。其几何特征是后变幅机构与前平移机构相似或完全相等并左右对称。

直接定位式钻臂的空间液压平移机构是一种无引导油缸、无误差的完全液压平移机构。如图6-24所示，其由左平移换向阀1、液压锁2、左钻臂油缸3、右平移油缸6组成左平移系

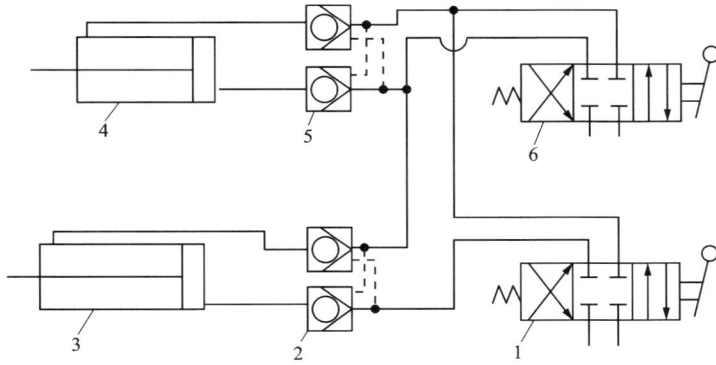

1、6—控制阀；2、5—液压锁；3—钻臂油缸；4—俯仰油缸。

图 6-22 无平移引导油缸的平面完全液压平移机构的油路图

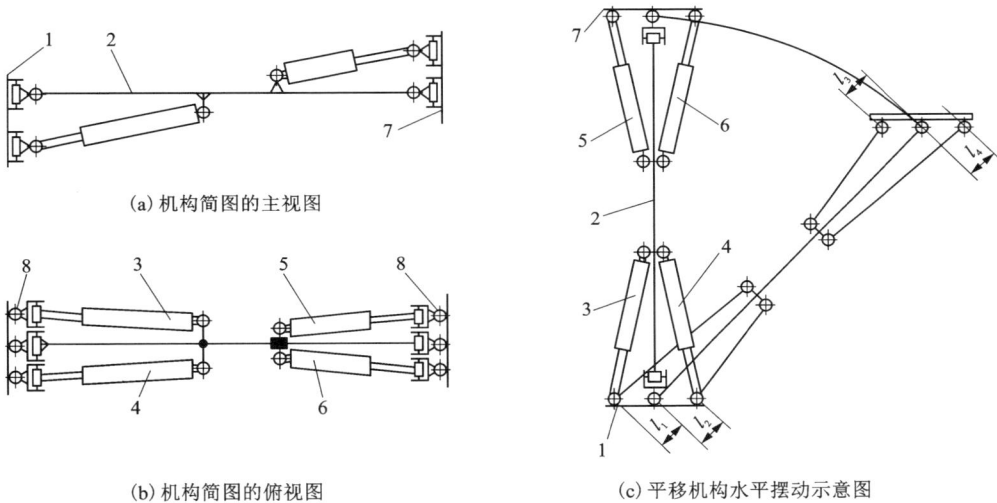

(a) 机构简图的主视图

(b) 机构简图的俯视图

(c) 平移机构水平摆动示意图

1—臂座；2—钻臂；3—左钻臂油缸；4—右钻臂油缸；5—左平移油缸；6—右平移油缸；7—平移臂座；8—双向球铰。

图 6-23 直接定位式钻臂的空间液压平移机构

统，由右平移换向阀 7、液压锁 2、右钻臂油缸 4、左平移油缸 5 组成右平移系统，并由先导油路控制平移开关阀 8 来确定液压系统是否执行平移动作。

平移机构实现平移的特征之一是实现左右对称，即左平移系统和右平移系统完全相同；特征之二是油缸采用串联连接方式，即左钻臂油缸 3 的有杆腔和右平移油缸 6 的无杆腔相连通，右钻臂油缸 4 的有杆腔和左平移油缸 5 的无杆腔相连通。

6.6.4.4 平面四连杆平移机构

平面四连杆平移机构有内四连杆和外四连杆之分，两者工作原理相同，只是因四连杆机构安装在钻臂的内部或外部而有所区别。图 6-25 所示为内四连杆平移机构，曾应用于 CGJ-2 型和 PYT-2C 型凿岩台车中。

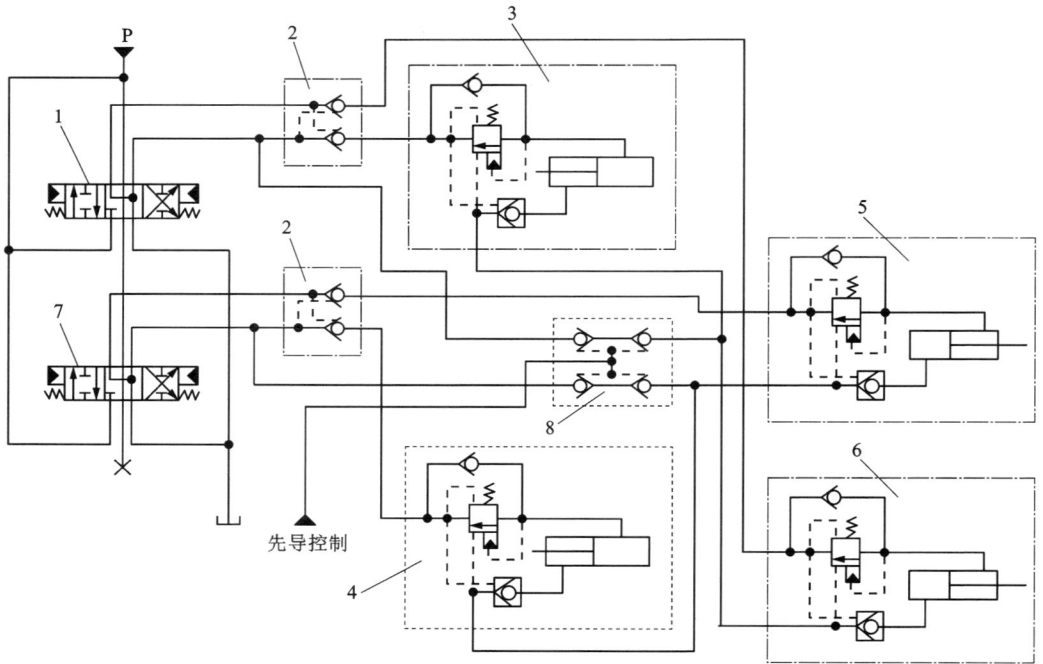

1—左平移换向阀；2—液压锁；3—左钻臂油缸；4—右钻臂油缸；5—左平移油缸；
6—右平移油缸；7—右平移换向阀；8—平移开关阀。

图 6-24 直接定位式钻臂平移液压系统图

当钻平行炮孔时，只需使俯仰油缸 3 处于中间位置即可。此时，因 $AB = CD$、$AD = BC$，构成四边形 $ABCD$ 的四个连杆，实质上是一个平行四边形杆件系统，其中 AB 杆垂直于车架，CD 杆垂直于推进器水平轴线。当通过钻臂油缸 4 使钻臂 1 升降时，AB 杆与 CD 杆始终保持平行，而推进器的轴线亦始终保持平行状态，从而获得相互平行的炮孔。

当钻倾斜孔时，只需向俯仰油缸 3 的任意一侧输入压力油，使连杆 2 伸长或缩短，即可获得相对应的向上或向下的倾斜钻孔。

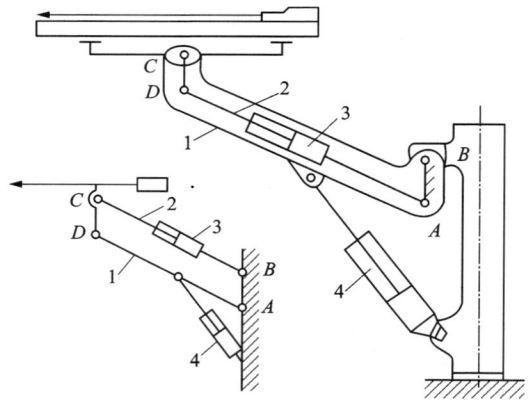

1—钻臂；2—连杆；3—俯仰油缸；4—钻臂油缸。

图 6-25 内四连杆平移机构

平面四连杆平移机构结构简单，平行精度基本满足要求，连杆安装在钻臂内部，工作安全可靠，在小型钻车上应用较多，但因存在连杆太长、刚性差、结构笨重等缺点，不宜用于中型、大型钻臂及伸缩式钻臂。

6.6.4.5　空间四连杆平移机构

图 6-26 所示为空间四连杆平移机构，MP、NQ、OR 是三根相互平行而长度相等的连杆，其前后都有球铰与两个三角形端面相连接，从而构成一个棱柱体形的空间四连杆平移机构，该棱柱体即为钻臂。当钻臂在钻臂油缸的作用下升降时，利用棱柱体的两个三角形端面始终保持平行的原理，铰接的活动端使推进器始终在垂直平面与水平平面内平移。国产的 BYC-1 型台车就使用了这种平移机构。

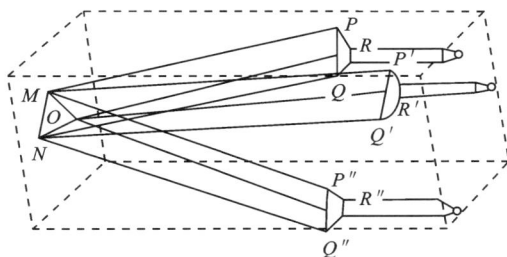

图 6-26　空间四连杆平移机构

6.7　平巷掘进凿岩台车的液压系统

平巷掘进凿岩台车动力系统包含了为凿岩作业提供动力的电气系统、液压系统、气压系统、冲洗水系统。电气系统包含电动机、各类电气元件及电气线路；液压系统包含液压泵、各类液压阀、液压缸、液压马达及液压管路；气压系统包含空气压缩机、各类气压阀及气压管路；冲洗水系统包含水泵、水阀及水管。在凿岩台车动力系统中，最主要的系统是液压系统。

图 6-27 为某液压掘进凿岩台车的液压系统（手控）。液压系统实现液压钻车的行走、稳车、钻臂和推进器的所有动作，以及凿岩机的冲击、转钎等功能，钻车的行走、稳车、定位、调幅、推进等动作由油泵 P_3 供油控制，系统压力由多路换向阀 1 中左边的溢流阀调整，上述各种动作都由多路换向阀 1 控制，液压油最后经精滤油器 26 和冷却器 29 返回油箱中，具体动作的控制在后续小节中详述。

6.7.1　冲击、转钎与推进液压系统

冲击、转钎与推进液压系统如图 6-27 所示。油泵 P_1 供油，经换向阀 24 进入凿岩机冲击部，回油经精滤油器 28、冷却器 29 回到油箱，构成一个开式循环系统；换向阀 24 有三个档位，即空载、轻冲、全冲。转钎系统由油泵 P_3 供油，经多路换向阀 1 最右边的一个支路与液压凿岩机的回转马达相连接，形成转钎回路；通过流量阀 22 调节钎具转速，钎杆正转和反转由多路换向阀 1 控制；推进系统也由油泵 P_3 供油，经多路换向阀 1 右数第二个支路与推进油缸 17 相连接，回路中串联有单向减压阀 16 和防卡阀 20，形成推进回路；单向减压阀 16 可以调节推进系统中的压力，调压阀 15 可调节轻推压力；液控阀 23 的作用是确保当卡钎发生时，能自动进入轻冲状态，当手动回退时，也能自动进入轻冲状态。

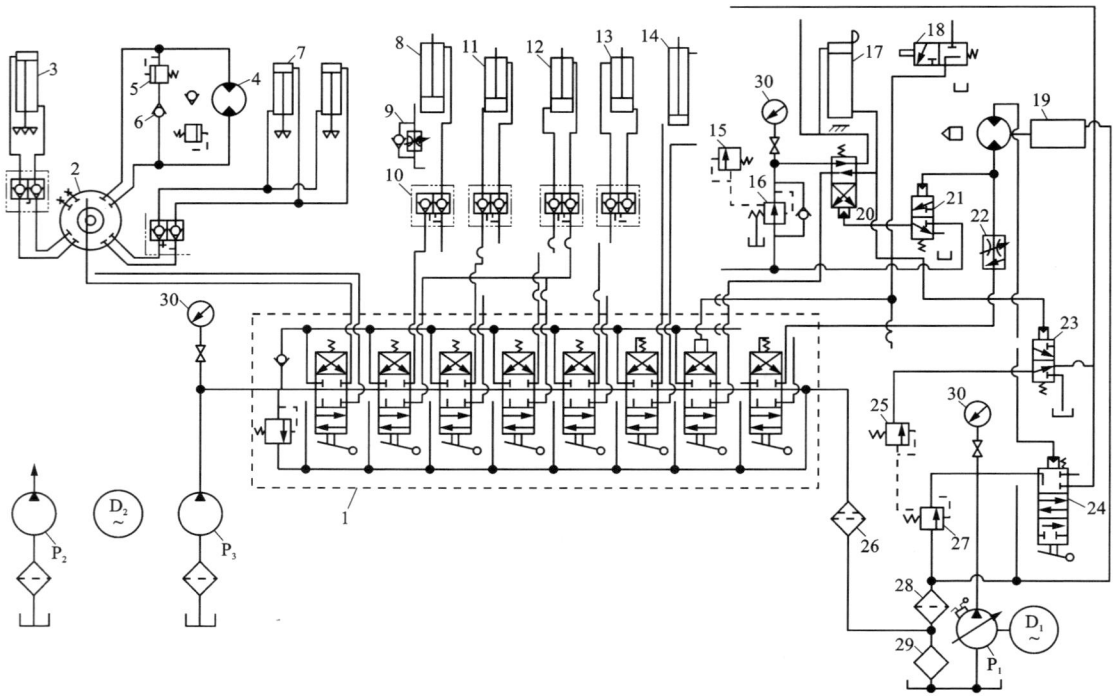

1—多路换向阀；2—旋阀；3—前支腿油缸；4—行走液压马达；5、27—溢流阀；6—单向阀；7—后支腿油缸；8—钻臂俯仰油缸；
9—单向节流阀；10—液压锁；11—钻臂回转油缸；12—俯仰油缸；13—摆角油缸；14—补偿油缸；15、25—调压阀；
16—单向减压阀；17—推进油缸；18—限位阀；19—液压凿岩机；20—防卡阀；21、23—液控阀；22—流量阀；
24—换向阀；26、28—精滤油器；29—冷却器；30—压力表；D_1、D_2—电动机；P_1、P_2、P_3—油泵。

图 6-27 某液压掘进凿岩台车液压系统

6.7.2 防卡钎系统

防卡钎系统由液控阀 21 与防卡阀 20 构成，如图 6-27 所示。液压凿岩机正常工作时，转钎液压马达正常运转，防卡阀 20 处于正常位置；一旦发生卡钎，转钎油压上升，当超过额定压力 2 MPa 时，液控阀 21 换向，防卡阀 20 即换向，凿岩机立即自动退回，直到转钎油压降到正常值时，防卡阀 20 又恢复到正常推进位置；在防卡阀 20 退回过程中，凿岩机自动处于轻击状态；一旦卡钎故障消失，转钎回路油压降低到正常值时，推进和冲击系统恢复正常并继续钻进。

6.7.3 钻进过程半自动控制系统

钻进过程半自动控制系统在凿岩过程中可实现半自动控制，即在完成一个炮孔的钻进过程中，除少量人工扳动手柄操作外，其余全部实现自动控制，在钻孔完毕时可自动停钻和自动退回。该系统由换向阀 24、液控阀 21 和 23、防卡阀 20、单向减压阀 16、溢流阀 27、调压阀 15 和 25 及其管路构成，如图 6-27 所示。

启动油泵 P_1 并使换向阀 24 手柄处于图中上位时，冲击系统空载运转，压力油经换向阀返回油箱，此时油压仅能克服管路系统阻力；当将换向阀 24 手柄转至图中上位，且推进和转钎手柄置于工作位置时，系统为轻冲击和轻推进工作状态，即开孔状态，冲击压力由调压阀 25 确定，推进压力由调压阀 15 确定；当将换向阀 24 手柄转至图中下位，即全冲击和全推进位置时，液压凿岩机正常工作，冲击压力由溢流阀 27 确定，推进压力由单向减压阀 16 确定。

6.7.4　自动退钎与自动停冲液压系统

如图 6-27 所示，自动退钎与自动停冲液压系统由多路换向阀 1 中的推进阀、限位阀 18、换向阀 24 及其管路组成。当完成一次钻进时，装在推进油缸 17 上的碰块触动限位阀 18 的阀芯使限位阀换位，压力油即通向推进阀及冲击换向阀 24 的液控口，使两阀换向，于是钎杆自动退回，凿岩机自动停钻。

6.7.5　姿态调整液压油路

如图 6-27 所示，多路换向阀 1 有两条支路向钻臂俯仰油缸 8 和俯仰油缸 12 供给压力油，通过油管与液压锁相连接，形成一条无引导油缸自动平移回路，即姿态调整液压油路。当钻臂油缸伸缩时，俯仰油缸能按比例伸缩，使推进器自动平移；另外两条支路向钻臂回转油缸 11 和摆角油缸 13 供压力油，经油管和液压锁 10 构成另一条自动平移回路（横向平移）。单向节流阀 9 可防止钻臂下落时产生振动。

6.7.6　推进器的补偿油路

如图 6-27 所示，多路换向阀 1 的一条支路直接与补偿油缸 14 相连，形成控制推进器的补偿回路。

6.7.7　行走与支撑稳车油路

如图 6-27 所示，行走与支撑稳车油路中，多路换向阀 1 的另一条支路接到旋阀 2 上，再由旋阀 2 分别向前支腿油缸 3、后支腿油缸 7 或行走液压马达 4 供油，多路换向阀可控制进油的方向。行走回路中还有两个自闭合回路，即由溢流阀 5、单向阀 6 和行走液压马达 4 构成的回路，此为两条制动缓冲回路，分别对钻车前进和后退起到制动缓冲作用。

6.8　国内平巷掘进凿岩台车主要生产厂家与技术参数

6.8.1　徐工集团工程机械股份有限公司

徐工集团工程机械股份有限公司（以下简称徐工机械）旗下业务板块目前包括挖掘机械、混凝土机械、矿业机械、塔机、现代物流、军民融合等产业板块。其生产的 CYTJ45 型掘进凿岩台车技术参数见表 6-2。

表 6-2 徐工机械 **CYTJ45** 型掘进凿岩台车技术参数

项目	参数
质量/kg	12500
外形尺寸/(mm×mm×mm)	11400×1750×2410
断面/(mm×mm)	6600×6630
转弯半径/mm	2800/4900
最大覆盖面积/m²	35
凿岩机品牌/型号	法国蒙特贝/HC109
系统压力/bar	230
冲击功率/kW	18.8
冲击频率/Hz	47
旋转扭矩/(N·m)	780
回转速度/(r·min⁻¹)	175
推进器补偿行程/mm	1250
全程平行保持	有
爬坡能力/(°)	15
发动机生产厂家/排放标准	潍柴动力/国Ⅲ
传动系统/转向系统	四轮驱动/铰接转向
电机功率/kW	55
电压/V	380
频率/Hz	50
启动方式	星形/三角形
安全保护系统功能	漏电保护、过载保护、短路保护

6.8.2 江西鑫通机械制造有限公司

江西鑫通机械制造有限公司(以下简称鑫通)主营矿山机械成套设备的研发与生产,为煤矿及非煤矿山、铁路、引水、国防等工程提供成套快速掘进装备。其各型号掘进凿岩台车技术参数见表 6-3~表 6-7。

6.8.3 浙江开山重工股份有限公司

浙江开山重工股份有限公司的 KJ 系列凿岩台车技术参数见表 6-8~表 6-13。

表 6-3　鑫通各型号掘进凿岩台车整车参数

型号	DW2-50	DW1-45	DW1-24	DWE1-31	DWE1-24
整机外形尺寸（长×宽×高）/(mm×mm×mm)	12440×1990×2960/2260	12580×1990×2960/2260	11002×1340×3025/2325	11972×1685×2727/2127	11303×1420×2127/2727
适应断面（宽×高）/(m×m)	8.87×6	7.21×6	(2.5~5.5)×(2.5~4.4)	(3.5~6.6)×(3.5~6.2)	(2.5~5.2)×(2.5~4.37)
凿孔直径/(mm×mm)	38×102	38×102	36×102	36×102	36×76
钻杆长度/mm	3700,4310,4920	3700,4310,4920	3090,3700,4305	3090,3700,4305	2475,3090
钻孔深度/mm	3405,4015,4625	3405,4015,4625	2795,3405,4000	2795,3440,4000	2100,2795
钻孔速度/(m·min^{-1})	0.8~2	0.8~2	0.8~2	0.8~2	0.8~2
主电机功率/kW	2×55	55	55	55	37
液压油箱容积/L	300	300	120	120	120
总质量/kg	19000	14500	9500	11800	11000

表 6-4　鑫通各型号掘进凿岩台车钻臂技术参数

型号	DW2-50	DW1-45	DW1-24	DWE1-31	DWE1-24
凿岩机型号	HC50(标配)，HC109(选配)	HC50(标配)，HC109(选配)	HC50(标配)，HC28(选配)	HC109(标配)，HC50(选配)	HC28(标配)
回转/(°)	±180	±180	±180	±180	±180
摆臂/(°)	左55 右55	左55 右55	无		无
伸缩/mm	1050	1050	1050	1190	
推进器附仰角/(°)	90	90	90/3	90/3	95/3
推进器补偿/mm	1350	1350	2000	1550	1550

表 6-5　鑫通各型号掘进凿岩台车底盘技术参数

型号	DW2-50	DW1-45	DW1-24	DWE1-31	DWE1-24
柴油机功率/kW	80 HP/58	80 HP/58	60 HP/45	87 HP/64	87 HP/64
转向形式	铰接转向	铰接转向	铰接转向	铰接转向	铰接转向
转向范围/(°)	±41	±41	±40	±40	±40
轮胎规格	12.0×R20	12.0×R20	8.0×R20	8.0×R20	8.0×R20
爬坡能力/(°)	≤15	≤15	≤15	≤15	≤15
后桥摆角/(°)	±7	±7	±7	±7	±7
接近角/去离角/(°)	17/14	17/14	20/14	28/14	15
最小转弯半径/m	内>3.5, 外>6.5	内>3.3, 外>6.95	内>2.6, 外>4.4	内>3.08, 外>4.85	内>3.08, 外>4.85(标准机)
行走速度/(km·h⁻¹)	水平路>6.5, 1:8坡度>4.0	12	水平路>6.5, 1:8坡度>4.0	水平路>6.5, 1:8坡度>4.0	水平路>14, 1:8坡度>4.0
最小离地间隙/mm	280	280	243	307	307
行车制动	多片式湿式制动	多片式湿式制动	轮边减速器	干式桥、钳盘式	干式桥、钳盘式
燃油箱容积/L	60	60	45	60	45

表 6-6　鑫通各型号掘进凿岩台车供气系统及供水系统技术参数

	型号	DW2-50	DW1-45	DW1-24	DWE1-31	DWE1-24
供气系统	流量/(L·min⁻¹)	300	750	350	350	260
	工作气压/MPa	0.2~0.8	0.2~0.8	0.2~0.8	0.2~0.8	0.2~0.8
供水系统	流量/(L·min⁻¹)	100	30	35	35	35
	工作水压/MPa	0.2~0.8	0.2~0.8	0.8~1.2	0.8~1.2	0.8~1.2

表6-7 鑫通各型号掘进凿岩台车电气系统技术参数

型号	DW2-50	DW1-45	DW1-24	DWE1-31	DWE1-24
电机总功率/kW	119（55×2+5.5+3.5）	64（55+3.5+5.5）	59（55+4）	59（55+4）	41（37+4）
供电电压/V	380/660	380/660	380/660	380/660	380/660
电机转速/（r·min⁻¹）	1470	1470	1470	1475	1483
蓄电池	2×12 V，80 A·h	2×12 V，80 A·h	2×12 V，65 A·h	2×12 V，120 A·h	2×12 V，120 A·h
行车照明灯数量×功率/W	8×55	8×55	4×55	4×65	4×65
工作照明灯数量×功率/W	2×50	2×50	2×55	2×65	2×65
电气系统/V	24	24	12	24	24

表6-8 KJ系列凿岩台车钻进系统技术参数

型号	KJ211	KJ212	KJ311	KJ312	KJ323	KJ421	KJ422
凿岩机型号	1×HC50/R38 1×HC109/R38	1×HC50/R38 1×HC109/R38	1×HC50/R38 1×HC109/R38	1×HC50/R38 1×HC109/R38	1×HC50/R38 1×HC109/R38		2×HC95LM
冲击功率/kW	13/18.8	13/18.8	13/18.8	13/18.8	13/18.8		21
冲击流量/（L·min⁻¹）	105 135	130 135	105 135	130 135	105 135		100~120
冲击压力/bar	130 135	130 135	130 135	130 135	130 135		180~200
最大回转压力/bar	150	150	150	150	150		
频率/Hz	62/47	62/47	62/47	62/47	62/47		
扭矩/（N·m）	325/780	325/780	325/780	325/780	325/780		
孔径/mm	32~76 45~102	45~76 45~102	38~89 45~102	32~76 45~102	32~89 45~102		
推进梁翻转/（°）	360	360	360	360	360	360	360
推进梁补偿行程/mm	1600	1600	1600	1600	900	1600	1600
钎杆规格	R38-H35-R32-3700						

表 6-9　**KJ 系列凿岩台车技术参数**

型号	KJ211	KJ212	KJ311	KJ312	KJ323	KJ421	KJ422
长度/mm	10000	11160	11300	12000	11300	14500	15200
宽度/mm	1600	2000	1750	1750	1750	2250	2550
高度/mm	1850/2650	1465/1985	2000/3000	2000/3000	2000/3000	3300	2400/3025
质量/kg	约11000	约11000	约12000	约12000	约12000	约22000	约28000
行驶速度 /(km·h⁻¹)	10	10	10	10	10	10	10
最大爬坡能力/%	25	20	25	25	25	14	14

表 6-10　**KJ 系列凿岩台车钻臂技术参数**

型号	KJ211	KJ212	KJ311	KJ312	KJ323	KJ421	KJ422
钻臂型号	K26F	K20	K26F	K35F	K26F	K40	K50
钻臂形式	自动持平	自动持平	自动持平	自动持平	自动持平	自动持平	自动持平
钻臂伸缩/mm	1200	无	1200	1750	1200	1800	2500

表 6-11　**KJ 系列凿岩台车水气路系统技术参数**

型号	KJ211	KJ212	KJ311	KJ312	KJ323	KJ421	KJ422
空压机型号	1×JN5	1×JN5	1×JN5	1×JN5	1×JN5	1×JN11	1×JN11
排量 /(L·min⁻¹)	500	500	500	500	500	1550	1550
压力/bar	5~8	8	5~7	8	5~7	8	8
钎尾润滑装置	脉冲润滑泵	压油润滑罐、电磁润滑罐	压油润滑罐	压油润滑罐、电磁润滑罐	压油润滑罐	电子脉冲润滑泵	电子脉冲润滑泵
润滑耗气量 /(L·min⁻¹)	300	300	300	500	300	300×2	300×2
润滑耗油量 /(g·h⁻¹)	180~250	180~250	180~250	180~250	180~250	(180~250)×2	(180~250)×2
水泵型号	1×CR3	1×CR3	1×CR3	1×CR3	1×CR3	1×CR8	1×CR15
功率/kW	1.5	1.5	1.5	1.5	1.5	4	11
水泵排量 /(m³·h⁻¹)	3	3	3	3	3	8	12

表6-12　KJ系列凿岩台车底盘技术参数

型号	KJ211	KJ212	KJ311	KJ312	KJ323	KJ421	KJ422
柴油机型号及参数	BF4L2011 53 kW, 2800 r/min	4BT3.9-C80 60 kW, 2800 r/min	BF4L2011 53 kW, 2800 r/min	BF4L2011 55 kW, 2800 r/min	BF4L2011 53 kW, 2800 r/min	康明斯 QSB3.9-C125 92 kW, 2200 r/min	康明斯 QSB5.9-C160 119 kW, 2200 r/min
尾气净化	尾气催化器	尾气催化器	尾气催化器	尾气催化器	尾气催化器	尾气催化器	尾气催化器
传动系统	四轮驱动闭式行走系统	四轮驱动闭式行走系统	四轮驱动闭式行走系统	四轮驱动闭式行走系统	四轮驱动闭式行走系统	液力变速器+变速箱	液力变速器+变速箱
后桥摆角/(°)	±6	±6	±10	±10	±10		
轮胎	300-15	300-15	11.00-20	11.00-20	11.00-20		
转向机构	±35°铰接转向	±35°铰接转向	±40°铰接转向	±40°铰接转向	±40°铰接转向		
行走机构	液压制动器	液压制动器	双回路液压制动器	双回路液压制动器	双回路液压制动器	桥内湿式制动器	桥内湿式制动器
驻车制动	多盘湿式制动器	多片式制动器	多盘湿式制动器	多盘湿式制动器	多盘湿式制动器	机械制动器	湿式制动器
燃油箱容积/L	60	60	60	60	60	120	120

表6-13　KJ系列凿岩台车液压泵站技术参数

型号	KJ211	KJ212	KJ311	KJ312	KJ323	KJ421	KJ422
电动机/kW	45/55 (三相电机)	45/55 (三相电机)	45/55 (三相电机)	45/55 (三相电机)	45/55 (三相电机)	55 (三相电机)	2×75 (三相电机)
冲击-推进-钻臂	轴向变量柱塞泵	轴向变量柱塞泵	轴向变量柱塞泵	轴向变量柱塞泵	轴向变量柱塞泵	轴向变量柱塞泵	轴向变量柱塞泵
回转	齿轮泵	齿轮泵	齿轮泵	齿轮泵	齿轮泵	齿轮泵	齿轮泵
过滤精度/μm	10	10	10	10	10	10	10
液压油箱容积/L	240	240	240	240	240	240	400
液压冷却器	水冷却器	水冷却器	水冷却器	水冷却器	水冷却器	水冷却器	水冷却器
工作电压/V	380	380	380	380	380	380	380
频率/Hz	50	50	50	50	50	50	50
启动方式	星-三角	星-三角	星-三角	星-三角	星-三角	星-三角	星-三角
电缆卷盘	1×K440	1×K440	1×K440	1×F440	1×K440	1×K440	1×CRC1016
卷盘容纳量/m	100/80	100/80	100/80	100/80	100/80	80	100
电缆外径/mm	28/32	28/32	28/32	28/32	28/32		
电缆规格	3×35+3G6+2×1.5 3×50+3G6+2×1.5	3×35+3G6+2×1.5 3×50+3G6+2×1.5	3×35+3G6+2×1.5 3×50+3G6+2×1.5	3×35+3G6+2×1.5 3×50+3G6+2×1.5	3×35+3G6+2×1.5 3×50+3G6+2×1.5		

6.8.4 张家口宣化华泰矿冶机械有限公司

张家口宣化华泰矿冶机械有限公司各型号掘进凿岩台车技术参数见表6-14。

表6-14 张家口宣化华泰矿冶机械有限公司各型号掘进凿岩台车技术参数

型号	CYTJ45	CYTJ45A	CYTJ45B
覆盖面积/m²	51	23	10
适用断面/(mm×mm)	4500×4500~9200×6400	3000×3000~5050×4500	2500×2500~3200×3200
钻臂数量/个	2	1	1
钻孔直径/mm	45~102	45~76	45~76
钻孔深度/mm	3970	2760/3370	2760/3370
钻杆长度/mm	4305	3090/3700	3090/3700
凿岩机型号	22U/HC95/RC2200/RC2500	18U/HC109/RC2200/RC2500	14U/18U/RC2200
顶棚高度(最低)/mm	2270	20850	2070
转弯半径(内)/mm	3100	3450	2425
转弯半径(外)/mm	5775	5450	4775
最高行走速度/(km·h⁻¹)	12	7.2	4.6
爬坡能力/(°)	14	14	14
供电电压/V	380	380	380
额定功率/kW	150	55/75	55
外形尺寸/(mm×mm×mm)	11050×1850×2340(2940)	11000×1650(后1450)×2050(最高2750)	8500×1500×1800
整机质量/kg	25000	11500	10500

6.8.5 浙江志高机械股份有限公司

浙江志高机械股份有限公司ZGYX系列掘进液压凿岩台车技术参数见表6-15~表6-23。

表6-15 ZGYX系列掘进液压凿岩台车技术参数

型号	ZGYX J18	ZGYX J21
凿孔范围/mm	41~89	41~89
钻孔深度/mm	3440	3440
钻杆尺寸/mm	(R32,R38,T38)3700	(R32,R38,T38)3090/3700/4310

表 6-16　ZGYX 系列掘进液压凿岩台车凿岩机技术参数

型号	ZGYX J18	ZGYX J21
凿岩机型号	ZY104M	ZY104/ZY103
凿岩机质量/kg	170	170/160
冲击功率/kW	20	18/15
最大扭矩/(N・m)	752	752
冲击频率/Hz	60	60
液压系统压力/bar	200	210/200
回转速度/(r・min⁻¹)	0~388	0~388

表 6-17　ZGYX 系列掘进液压凿岩台车空压机技术参数

型号	ZGYX J18	ZGYX J21
压力/bar	8	8
排量/(m³・min⁻¹)	0.36	0.3

表 6-18　ZGYX 系列掘进液压凿岩台车柴油发电机技术参数

型号	ZGYX J18	ZGYX J21
柴油发电机型号	玉柴 YC4DK100-T301 国Ⅲ	4BAT3.9-C80-Ⅱ（Cummins）
转速/(r・min⁻¹)	2400	2200
功率/kW	73.6	60

表 6-19　ZGYX 系列掘进液压凿岩台车电动机技术参数

型号	ZGYX J18	ZGYX J21
功率/kW	55	55
转速/(r・min⁻¹)	1475	1475
频率/Hz	50	50/60
电压/V	380	380/440/550/660/1000

表 6-20　ZGYX 系列掘进液压凿岩台车推进器技术参数

型号	ZGYX J18
总长度/mm	5400
推进行程/mm	3440
补偿长度/mm	1600
最大推进力/kN	15

表 6-21 ZGYX 系列掘进液压凿岩台车行走技术参数

型号	ZGYX J18	ZGYX J21
行走速度/(km·h^{-1})	6/12	
爬坡角度/(°)	20	14

表 6-22 ZGYX 系列掘进液压凿岩台车钻臂技术参数

型号	ZGYX J18
平动机构	完全
钻臂延伸/mm	1200
钻臂左右摆动角度/(°)	±35
推进俯仰角/(°)	+3°～-90°
钻臂举升，下摆角度/(°)	+68°～-40°
推进器翻转/(°)	360(螺旋式)

表 6-23 ZGYX 系列掘进液压凿岩台车整车技术参数

型号	ZGYX J18	ZGYX J21
外形尺寸(长×宽×缩/伸高)/(mm×mm×mm)	12160×1450×1400/2035	
驾驶转弯半径/mm	内2800，外4900	内2800，外4900
工作端面尺寸(宽×高)/(mm×mm)	6600×5700	
最大工作面积/m²	30	
总质量/kg	≤11000	12000

6.8.6 唐山市丰润区东方液压机电研究所

唐山市丰润区东方液压机电研究所的液压掘进凿岩台车 2009 年起在辽宁弓长岭铁矿施工作业，巷道断面尺寸为 5.5 m×4.8 m，月进尺 120～140 m，使用一年零两个月时，巷道进尺 1800 多 m，其技术参数见表 6-24。

表 6-24 唐山市丰润区东方液压机电研究所液压掘进凿岩台车技术参数

型号	DF45A-1BCDL	DF100-2BCDL	DF10A-1BCDL
运输状态外形尺寸(长×宽×高)/(mm×mm×mm)	12850×2030×2380	15400×2570×3100	10500×1450×2100
凿孔直径/mm	43～76	43～89	43～76
钻孔深度/mm	3900(标配) 3350(选配)	3900(标配) 3350(选配)	2700(标配) 2100(选配)

续表 6-24

型号	DF45A-1BCDL	DF100-2BCDL	DF10A-1BCDL
钻孔速度/(m·min⁻¹)	0.8~2.5	0.8~2.5	0.8~2
适用断面(宽×高)/(m×m)	4.5×4~7×7	7.5×6.5~12×11	2.5×2.5~5.5×5
液压凿岩机型号	YDH210	YDH210	HYD200 阳钎尾(标配) HYD300 阳钎尾(选配)
凿岩机冲击功率/kW	18	18	7.5(标配) 约12(选配)
供电	AC 380 V 50 Hz	AC 380 V 50 Hz	AC 380 V 50 Hz
总功率/kW	70	128.4	57.1
总质量/kg	约17500	约34500	约8500
柴油机额定功率 (2200 r/min)/kW	97	118	50
行驶速度/(km·h⁻¹)	0~12	0~16	0~9
爬坡能力(平整路面)/(°)	1:4(25%)	1:4(25%)	1:4(25%)
最小转弯半径/mm	4500(内侧)	5500(内侧)	4200(内侧)

6.9　国外平巷掘进凿岩台车主要生产厂家与技术参数

6.9.1　瑞典安百拓公司

瑞典安百拓公司的 Boomer 系列钻车是高性能全液压掘进钻车,可提供最佳的整体经济效益、生产能力和极高的可靠性,凿岩范围为 6~168 m²。安百拓公司独特的 BUT 钻臂提供了极好的灵巧性和极高的精度,在矿山开采和生产中,它可以保证高质量的直孔钻进性能。其液压凿岩机冲击功率在 5.5 kW 至 22 kW 之间,其技术参数见表 6-25~表 6-29。

表 6-25　安百拓公司液压掘进凿岩台车钻臂技术参数

型号	Boomer 281	Boomer 282	Boomer K41X	Boomer K111	Boomer S1
大臂	BUT 28	BUT 28	BUT 4B	BUT 28	BUT 29
推进补偿/mm	1250	1250	1500	1250	
大臂延伸/mm	1250	1250	900	1250	
平行支持	全方位	全方位	全方位	全方位	
推进翻转/(°)	360	360	360	360	
举升角度/(°)	+65/-30	+65/-30		+65/-30	

续表 6-25

型号	Boomer 281	Boomer 282	Boomer K41X	Boomer K111	Boomer S1
大臂左/右摆角度/(°)	±35	+45/−25	±30	±45	
液压油箱容积/L	124	195	124	124	
过滤精度/μm	20	16	16	20	16
蓄电池数量×容量/(A·h)	2×70	2×70	2×70	2×70	2×70
行走灯数量×功率/W	4×50	4×50	2×200	8×70	4×80
最大爬坡能力	1:4	1:4	1:4	1:4	

表 6-26　安百拓公司液压掘进凿岩台车供水系统技术参数

型号	Boomer 281	Boomer 282	Boomer K41X	Boomer K111	Boomer S1
液压驱动的增压泵	Lowara 5SV11F015T	Lowara 10SV13F055	Flygt PXR411H	ITT 5SV11	
最高流量	0.7~2.4 L/s	12.5 L/s(7 bar)	80 L/min (7 bar)	40 L/min (16 bar)	66 L/min (12 bar)
最大工作压力/bar	25			16	

表 6-27　安百拓公司液压掘进凿岩台车电气系统技术参数

型号	Boomer 281	Boomer 282	Boomer K41X	Boomer K111	Boomer S1
总装机功率/kW	63	125	50	53/63	
主电机功率(50 Hz)/kW	(1×)55	(2×)55	(1×)45	45/55	
电压/V	380~1000	380~1000	380	380/1000	380~1000
频率/Hz	50~60	50~60	50	50	50~60
启动方式	星/三角	星/三角	星/三角	星/三角	星/三角
变压器容量/(kV·A)	3.9	4	1.8	1.5	5
电缆卷筒(内/外径)/mm	1100	660/1395	500/750	660/1095	

表 6-28　安百拓公司液压掘进凿岩台车液压系统技术参数

型号	Boomer 281	Boomer 282	Boomer K41X	Boomer K111	Boomer S1
最大系统压力/bar	230	230	230	230	
液压油箱容积/L	124	195	124	124	
过滤精度/μm	20	16	16	20	16

表6-29 安百拓公司液压掘进凿岩台车底盘技术参数

型号	Boomer 281	Boomer 282	Boomer K41X	Boomer K111	Boomer S1
发动机	Deutz TCD3.6L4	Deutz TCD3.6L4	Deutz F4L912W	Deutz Dalian CA98Z	Deutz D914L04
额定功率 (2300 r/min)/kW	55.4	55.4	42	54	
扭矩/(N·m)	390 (1300 r/min)	390 (1300 r/min)	198	255 (1700 r/min)	
铰接式转向角度/(°)	±41	±41	±40	±40	±40
前桥	DANA 112	DANA123	DANA111D	DANA 112/195	
后桥	DAVA 112	DANA123	DANA111D	DANA 311/112/166	
轮胎型号	8.25-R15	12.00R20	8.25-R15	8.25-R15	9.00R20
燃油箱容积/L	60	60	40	60	
电气系统电压/V	24	24	24	24	24
蓄电池数量×容量/(A·h)	2×70	2×70	2×70	2×70	2×70
行走灯数量×功率	4×50 W	4×50 W	2×200 W	8×70 W	4×80 W
最大爬坡能力	1:4	1:4	1:4	1:4	

6.9.2 瑞典山特维克公司

瑞典山特维克公司掘进凿岩台车技术参数见表6-30~表6-34。

表6-30 山特维克公司掘进凿岩台车技术参数

型号	DD422iE	DD422i	DD421	DD321	DD311	DD2710	DD210
覆盖范围/m²	60	60	60	49	40	34	24
孔深/mm	5270	5270	4660	4660	4660	3440	3480
液压凿岩机型号,功率	2×RD525,25 kW	2×RD525,25 kW	2×RD525,25 kW	2×RD520,20 kW	1×HLX5,20 kW	1×HLX5,20 kW	HLX5,20 kW
钻臂型号	2×SB60/SB60i	2×SB60/SB60i	2×SB60	2×SB40	1×SB40	1×B26F	B14F
控制系统	SICA	SICA	THC561	2×THC561			
偏移尺寸(高×宽)/(mm×mm)	4500×4500	4500×4500	4500×4500	4000×4000	3000×3000		2500×2500
运输宽度/mm	2500	2310	2310	2150	1980	1600	1400
运输高度/mm	3050/3150	3150/3050	3420/2680	2350/3200	2140/3100	2070/2750	1900
运输长度/mm		13250	13050	12350	12420	10065	2750
总质量/kg	27500	26000	24500	22000	15000-18000	11600	9100

表 6-31　山特维克公司掘进凿岩台车液压凿岩机技术参数

型号	DD422iE	DD422i	DD421	DD321	DD311	DD2710	DD210
凿岩机型号	RD525(TS2-236)	RD525(TS2-236)	RD525(TS2-236)	RD520(TS2-235)	HLX5(TS2-232)	HLX5(TS2-232)	HLX5(TS2-232)
冲击功率/kW	25	25	25	20	20	20	20
最大冲击压力/bar			235	200	220	220	220
冲击频率/Hz	95	95	93	74	67	67	67
转速/(r·min^{-1})	400	400	280	400	250	250	250
转矩/(N·m)	400	400	625	400	400	400	400
钻孔尺寸/mm	43~64	43~64	43~64	43~64	43~64	43~64	43~64
推荐钻杆型号	T38-H35-R32 T38-R39-R35	T38-H35-R32 T38-R39-R35	T38-H35-R32 T38-R39-R35	T38-R32-H35 T38-R35-R39	T38-Hex35-R32 T38-Hex35-Apha330	T38-Hex35-R32 T38-Hex35-Alpha330 T38-Hex35-R35	T38-Hex35-R32 T38-Hex35-Alpha330 T38-Hex35-R35
钎尾型号	T38	T38	T38	T38	T38	T38	T38
质量/kg	225	225	225	225	210	210	210
长/mm			1010	1010	955	955	955

表 6-32　山特维克公司掘进凿岩台车底盘技术参数

型号	DD422iE	DD422i	DD421	DD321	DD311	DD2710	DD210
底盘型号	C400E	C400D	NC7W	NC7	NC5	MERCURY	TCQ
转向形式	铰接转向	铰接转向	铰接转向	铰接转向	铰接转向	铰接转向	铰接转向
转向范围/(°)	±40	±40	±40	±40	±38	±35	±27
离地间隙/mm	330	330	420	320	320	295	225
发动机型号	QSB4.5, 119 kW	MB OM904LA, 110 kW	MB OM904LA, 110 kW	MB OM904LA, 110 kW	BF4M2011, 62 kW	DeutzTCD3.6L4	Deutz D914L04, 55 kW
轮胎规格	14.00-24PR28	14.00-24PR28	14.00-24PR28	12.00-20	12.00-20	10.00-15	8.00-15
油箱容积/L	100	100	140	140	80	60	75

表 6-33 山特维克公司掘进凿岩台车供气和供水系统技术参数

型号	DD422iE	DD422i	DD421	DD321	DD311	DD2710	DD210
冲洗	用水	用水	水冲洗和压力控制	用水	用水	用水	用水
水泵型号	WBP2HP	WBP2HP	WBP2HP	WBP2	WBP1(4 kW)	WBP1(3 kW)	WBP1(4 kW)
水泵容量/(L·min^{-1})	185	185	185	100	33	33	33
水泵输入压力/bar	2~7	2~7	2	2	2	2~5.4	2
冲洗水压/bar	10~15	10~15	10~15	10~15	10~15	10~15	10~15
钻杆润滑设备型号	SLU2	SLU2	SLU2	SLU2	SLU1	SLU-1	KVL10-1
凿岩机油耗/(g·h^{-1})	180~250	180~250	180~250	180~250	180~250	180~250	180~250
凿岩机气体消耗/(L·min^{-1})	250~350	250~350	250~350	250~350	250~350	250~350	250~350

表 6-34 山特维克公司掘进凿岩台车电气系统技术参数

型号	DD422iE	DD422i	DD421	DD321	DD311	DD2710	DD210
电压/V	380~1000 50/60 Hz	380~1000	380~690	380~690	380~690	380~690	380~690
总装机功率/kW	195	170~200	180	135	70	70	60
主开关装置	MSE20	MSE20	MSE20	MSE20	MSE5	NSX160 N/38	Qm14
IP 分类	TS2-132	TS2-132	TS2-132	TS2-132	TS2-132	TS2-132	TS2-132
前灯数量×功率/W	6×50 LED(24 V)	6×50 LED(24 V)	10×50	10×50	4×50	4×48	4×50
后灯数量×功率/W	2×50/2×17	2×50/2×17	10×50	10×50	4×50	2×48	1×50

参考文献

[1] 高澜庆.国外凿岩设备的发展动态[J].凿岩机械气动工具,2001(4):41-43.

[2] 李治平.平巷掘进的现状和发展[J].昆明冶金高等专科学校学报,2000(2):55-58,62.

[3] 高澜庆.国外凿岩(穿孔)设备的发展动态[J].矿山机械,2000(3):9-10.

[4] 胡际平.现代地下采矿方法典型实例(六)——分段房柱采矿法[J].国外金属矿山,1990(7):49-51,39.

[5] 王运敏.中国采矿设备手册[M].北京:科学出版社,2007.

第 7 章

地下顶锤采矿凿岩台车

7.1 概述

地下顶锤采矿凿岩台车是指装有导轨式液压凿岩机，用于钻凿中深炮孔的凿岩设备，也称中深孔顶锤采矿台车、顶锤式采矿钻车，主要应用于地下矿山采矿作业。一般来说，采矿炮孔与掘进炮孔相比，孔径更大，孔深也更大，在炮孔的布置与排列上，大多为向上的扇形和平行炮孔，因此要求工作机构的强度更大、稳固性更好，要求凿岩机的功率更大、可靠性更高，要求钻具(包括钎尾、连接套、钻杆、钻头)的强度更高，寿命更长。

瑞典山特维克公司的地下顶锤采矿凿岩台车以 DL 系列为主，可配备 Platinum 钻孔自动化套件，实现连续自动化凿岩。由计算机控制的中深孔采矿钻车已投放市场，以前尽管全自动化中深孔采矿钻车具有自动定位、自动开孔、自动接杆、自动处理卡钎、达到设定孔深后自动返回、自动卸杆、参数补偿等功能，但由于受到钎具特别是钎头寿命的限制，全自动化钻车还不能完全脱离人工干预，一个作业循环中需要检查钎头状况并适时更换。山特维克公司钻具部研发出的一种新式钻具，能够确保在一个作业循环过程中任一环节都不会损坏，使得真正意义上的无人矿山成为可能。

瑞典安百拓公司的中深孔采矿台车以 Simba 系列为主，台车控制系统(RCS)可增设不同的自动化级别；可以加装多种选件，例如钻头更换器、套管安装器，甚至自动多孔钻进器；远程功能是新发布的可选功能。Simba 自动化是指一系列适用于中深孔采矿台车的功能。Simba 自动化可提高台车安全性、生产效率和一致性，通过整合规划和预见性维护系统实现，并将操作人员从矿井转移到安全的多机控制室，可以在爆破和换班时进行钻进作业。

地下顶锤采矿凿岩台车与平巷掘进台车的底盘和凿岩机基本相同，主要区别在于工作机构。与平巷掘进台车相比，地下顶锤采矿凿岩台车的工作机构的结构形式更加复杂、类型更加多样。

相比于平巷掘进台车，中深孔顶锤采矿台车对钻孔精度要求更高，要求的炮孔直线度也更高，孔方向的偏移度(简称孔偏)更小。中深孔顶锤采矿台车都是采用接杆凿岩，因此要求有换杆器，使接卸钻杆、存储钻杆的动作机械化和自动化。向上凿岩还需要设置集尘器(又称导流器)。总之，中深孔顶锤采矿台车比平巷掘进台车的技术含量更高。

1976 年，北京钢铁学院(现北京科技大学)、桂林冶金机械厂和广西大厂矿务局等单位合作研制出国内第一台 YCT-1 型全液压采矿台车，其于 1984 年进行工业试验，1986 年 3 月通过了省部级鉴定。目前，国内生产的地下顶锤采矿凿岩台车型号主要有中国铁建重工集团有限公司的 ZY41D 系列、宣化华泰的 CYTC 系列、江西鑫通的 XTDL 系列，这些产品均具备机械化操作、自动换杆功能，但仍不具备自动化作业功能。因国内用于中深孔凿岩的重型液压凿岩机的生产制造尚不过关，且地下顶锤采矿凿岩台车的技术门槛较高，故国内品牌的地下顶锤采矿凿岩台车在地下金属矿山虽有使用，但仍没有得到普遍认可。

7.2　地下顶锤采矿凿岩台车的分类

地下采矿钻车可分为顶锤式钻车和潜孔式钻车，本章节只介绍地下顶锤采矿凿岩台车。

不同的采矿方法，要求有不同的炮孔直径、深度和方向，因此需要不同种类的采矿凿岩台车，如表 7-1 所示。

按照钻孔深度，可分为浅孔采矿台车和中深孔采矿台车。国外有的浅孔采矿台车是与平巷掘进台车通用的，如安百拓公司的 BOOMER H120 系列，山特维克公司的 Monomatic 系列、Paramatic 系列，等等，都是既可以用于掘进钻孔，又可以用于浅孔采矿钻孔。

按照炮孔是否平行，可分为有平移机构采矿台车和无平移机构采矿台车。有平移机构采矿台车可以在一定距离钻平行孔，可用于平行掏槽、垂直崩落法以及窄矿脉的分段崩落法；而无平移机构采矿台车不能钻平行孔，因此用途十分有限。

按照炮孔排列形式，可分为环形孔台车和扇形孔台车。环形孔台车可以钻放射状孔。环形孔又可分为垂直面环形孔、倾斜面环形孔与圆锥面环形孔。扇形孔一般为向上的扇形孔，也分为垂直面的扇形孔与倾斜面的扇形孔，扇形孔台车用于分段崩落法中的钻孔。

表 7-1　地下顶锤采矿凿岩台车专有分类方法

分类方法	名称		特点与适用范围
按钻孔深度分	浅孔采矿台车		孔径为 27~48 mm，孔深 3~5 m；用于分层充填法、浅孔留矿法、房柱法等；多与掘进台车通用
	中深孔采矿台车		孔径 51~115 mm，孔深 5~50 m；采用接杆方法钻孔，用于分段崩落法、分段空场法等
按炮孔是否平行和排列形式分	无平移机构采矿台车	环形孔台车	打环形炮孔，参见图 7-1(a)
		扇形孔台车	打扇形炮孔，参见图 7-1(b)
	有平移机构采矿台车		除能打扇形孔和环形孔外，还可打部分垂直的平移炮孔，参见图 7-2

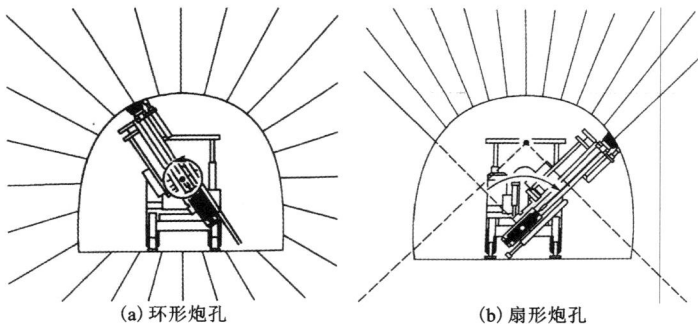

(a) 环形炮孔　　　(b) 扇形炮孔

图 7-1　无平移机构采矿台车　　　　图 7-2　有平移机构采矿台车

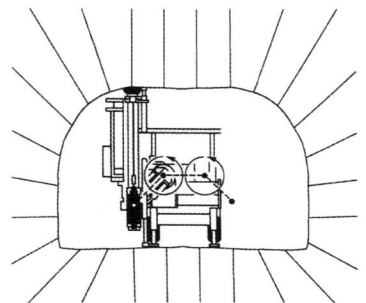

7.3　地下顶锤采矿凿岩台车的基本动作

图7-3为安百拓公司Simba系列中深孔顶锤采矿台车工作情况示意。

地下顶锤采矿凿岩台车的基本动作有5种：台车行走、炮孔定位与定向、推进器补偿、凿岩机推进、凿岩钻孔。分述如下：

（1）台车行走。地下顶锤采矿凿岩台车一般要能自行移动，行走方式包括轨轮、履带、轮胎，行走驱动力可由液压马达或气动马达提供。

（2）炮孔定位与定向。顶锤采矿台车要能按采矿工艺所要求的炮孔位置与方向钻孔，炮孔的定位与定向动作由钻臂变幅机构和推进器的平移机构完成。

（3）推进器补偿运动。推进器的前后移动又称为推进器的补偿运动，一般由推进器的补偿油缸完成。

图7-3　Simba系列顶锤采矿台车工作情况示意

（4）凿岩机推进。在顶锤采矿台车凿岩作业时，必须对凿岩机施加一个轴向推进力（又称轴压力），以克服凿岩机工作时的后坐力（又称反弹力），使钻头能够贴紧炮孔底部的岩石，以提高凿岩钻孔的速度。凿岩机的推进动作是由推进器完成的。

推进方法一般有三种：油缸推进，油马达（气马达）-链条推进，油马达（气马达）-螺旋（又称丝杆）推进。

（5）凿岩钻孔。这是台车最主要的动作，由凿岩系统完成。

除了以上5种基本运动外，还有台车的稳车、调平、接卸钻杆、夹持钻杆、集尘（导流）等辅助动作，各由相应的机构去完成。

7.4　地下顶锤采矿凿岩台车的基本组成

为完成台车的各个动作，台车必须具有相应的机构，台车机构可分为三大部分：底盘、工作机构、凿岩机与钻具。

（1）底盘

底盘是完成转向、制动、行走等动作的工作机构的平台。地下顶锤采矿凿岩台车通常采用铰接式底盘，国外台车底盘基本采用通用底盘。

（2）工作机构

工作机构完成炮孔定位、定向、推进、补偿等动作，台车的工作机构由钻臂和推进器组成。各厂家各型号的地下顶锤采矿凿岩台车在结构上的最大区别，就是工作机构的不同。各系列各型号的地下顶锤采矿凿岩台车结构上的特点也主要体现在工作机构上，即实现炮孔定位与定向的方式不同。

（3）凿岩机与钻具

凿岩机与钻具完成破岩钻孔作业。凿岩机有冲击、回转、排渣等功能，可分为液压凿岩机与气动凿岩机两大类。钻具由钎尾、钻杆、连接套、钻头组成。

7.5　动力、传动与操纵装置

顶锤采矿台车除了三大基本结构组成外，还必须具有动力、传动、操纵装置。

（1）动力装置

一般可分为柴油机、电动机、气动机三类。

（2）传动装置

一般分为机械传动、液压传动与气压传动三类，有些台车同时具有液压传动和气压传动。

（3）操纵装置

操纵装置分人工操纵、电脑程序操纵两种，人工操纵又可分为直接操纵和先导控制两种。一般大中型顶锤采矿台车因所需操纵力过大，都采用先导控制。先导控制可分为电控先导、液控先导和气控先导，电脑程序控制的凿岩台车又称为凿岩机器人。

7.6　地下顶锤采矿凿岩台车工作机构的特点

顶锤采矿台车与掘进台车的主要不同体现在工作机构上，顶锤采矿台车主要打向上的扇形孔、环形孔和平行孔，这就要求其具备与掘进台车不同的工作机构。各厂家的台车工作机构不尽相同，但基本属于以下两类。

7.6.1　旋转加平移的机构

此种机构可打环形孔、扇形孔和平行孔，其动作原理如图 7-4 所示。其钻臂可以沿滑架移动（如 Simba H254 最大移动距离为 1.5 m），也可以绕滑架上的托架中心旋转，旋转由旋转器驱动，可旋转 360°。推进器还可以由油缸控制进行摆动。

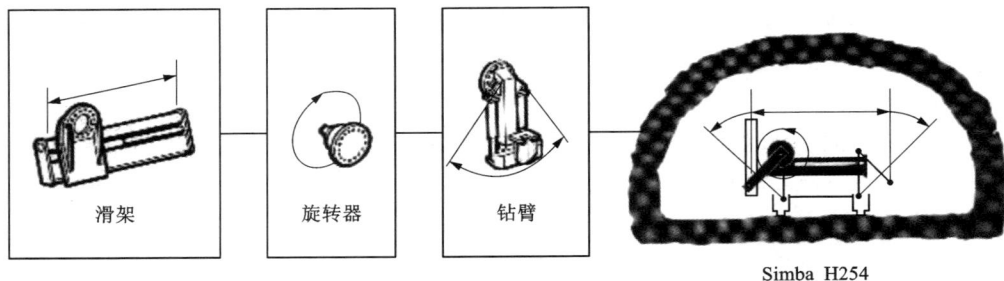

图 7-4　旋转加平移机构的动作原理

7.6.2　复摆架式机构

此种机构可打扇形孔和平行孔,其动作原理如图7-5所示。

钻臂2的两侧安装有摆角油缸1和摆臂油缸3,摆角油缸1伸缩时可改变推进器(连接在B点)与钻臂间的角度,从而进行扇形钻孔。若将摆角油缸1调节成某一特定长度,即保持$AC=BD$,又因在设计时已使$AB=CD$,则$ABCD$为一平行四边形,从而构成平行四连杆机构,伸缩摆臂油缸3即可获得一组向上的平行钻孔。钻臂2铰接在起落架4上,起落架4由油缸控制(图中未画出),可前倾一个角度,或后倾一个角度,从而降低台车行走时的高度。

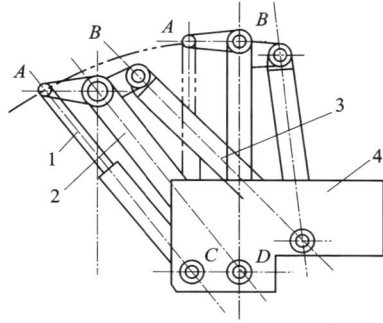

1—摆角油缸;2—钻臂;3—摆臂油缸;4—起落架。

图7-5　复摆架式机构的动作原理

7.7　国内地下顶锤采矿凿岩台车主要生产厂家与技术参数

7.7.1　江西鑫通机械制造有限公司

江西鑫通采矿凿岩台车技术参数见表7-2~表7-7。

表7-2　鑫通采矿凿岩台车整机技术参数

型号	DL-1	DL-4
整机外形尺寸(长×宽×高)/(mm×mm×mm)	8200×1425×2324/3024	9905×1990×3580
适应断面(宽×高)/(mm×mm)	5600×4390	5940×5020
凿孔直径/mm	32~102	64~89
钻孔深度/m	25	40
杆库钻杆数量/个	无	20+1
钻孔速度/(m·min^{-1})	0.8~2	0.8~2
主电机功率/kW	55	55
液压油箱容量/L	120	160
总重/kg	9500	16500
行走速度/(km·h^{-1})	6.5	>10
最大平行孔间距/mm	1500	1500
爬坡度/%	35	25
电机转速/(r·min^{-1})	1470	1470
行车照明灯功率/W	4×55	6×55
工作照明灯功率/W	2×55	2×500
电缆卷筒长度/m	约70	约70
水管卷筒长度/m	无	约70

表 7-3 鑫通采矿凿岩台车钻臂定位技术参数

型号	DL-1	DL-4
凿岩机型号	HC50	HC109
钎杆长度/mm	1220/1525/1830	1220/1525/1830
钎尾型号	R38M	R38/T38/T45
推进补偿行程/mm	2000	无
推进俯/仰角/(°)	90/3	+30/-50
推进器回转/(°)	±180	±180
上顶尖伸缩/mm	无	1150
下顶尖伸缩/mm	无	2000

表 7-4 鑫通采矿凿岩台车行走底盘技术参数

型号	DL-1	DL-4
转向角度/(°)	40	41
柴油机功率/kW	45/2200	58/22
轮胎规格	8.0XR20	12XR20
转弯半径/m	内2.6/外4.4	内3.2/外6.0
离地间隙/mm	243	280
燃油箱容量/L	445	60
后桥摆动/(°)	7	8
制动器	轮边减速	双路控制/行车驻车制动
接近角/离去角/(°)	20/14	≥15

表 7-5 鑫通采矿凿岩台车供气系统技术参数

型号	DL-1	DL-4
流量/(m³·min⁻¹)	100	0.35
工作气压/MPa	0.2~0.8	0.2~0.8

表 7-6 鑫通采矿凿岩台车供水系统技术参数

型号	DL-1	DL-4
流量/(L·min⁻¹)	35	35
工作水压/MPa	0.8~1.2	0.8~1.2

表7-7 鑫通采矿凿岩台车电气系统技术参数

型号	DL-1	DL-4
电机总功率/kW	55	65
供电电压/V	380/660/1140	380/660/1140
电机转速/(r·min⁻¹)	1470	1470
行车照明灯功率/W	4×55	6×55
工作照明灯功率/W	2×55	2×500
电缆卷筒长度/m	约70	约70
水管卷筒长度/m	无	约70

7.7.2 张家口宣化华泰矿冶机械有限公司

张家口宣化华泰矿冶机械有限公司 CYTC 系列矿用液压采矿钻车技术参数见表7-8。

表7-8 张家口宣化华泰矿冶机械有限公司 CYTC 系列矿用液压采矿钻车技术参数

型号	CYTC70(C)	CYTC76	CYTC70(B)
适用断面/(mm×mm)	(3200×3200)~(4000×4000)	(3500×3500)~(5500×5500)	(3000×3000)~(4000×4000)
钻孔直径/mm	70~89	64~89	64~89
钻孔深度/m	35	40	30
钻孔长度/mm	800/915/1000	1220	1000
供电电压/V	380	380	380
额定功率/kW	75/55	55	55
凿岩机型号	RD18U/RD22U/RC2200/RC2500	RD18U/RD22U/RC2200/RC2500	RD18U
运输时高度/mm	2100	2300	2800
最小转弯半径(外侧)/mm	6000	5850	5000
爬坡能力/(°)	14	14	14
外形尺寸(长×宽×高)/(mm×mm×mm)	7600×1450×2100(2800)	7900×2400×2300(3000)	7300×1450×1700(2200)
整机质量/kg	11500	18600	9800

7.8 国外地下顶锤采矿凿岩台车主要生产厂家与技术参数

7.8.1 瑞典安百拓公司

在国内外市场上，安百拓公司 Simba 系列地下顶锤采矿凿岩台车非常著名，市场占有率高，其技术参数见表7-9~表7-13。

表7-9　安百拓公司地下顶锤采矿凿岩台车底盘技术参数

型号	Simba E6-W	Simba M6	Simba M4	Simba 1254	Simba 1354	Simba E7	Simba S7
发动机型号	Deutz TCD L06 2V	Deutz TCD 2013 L04 2V	Deutz TCD 2013 L04 2V	Deutz TCD3.6 L4	Deutz TCD3.6 L4	Deutz TCD 2013 L04 2V	Deutz BF4L 914
功率/kW	175(2300 r/min)			55.4(2300 r/min)	55.4(2300 r/min)		
转矩/(N·m)	572(1400 r/min)			390(1300 r/min)	390(1300 r/min)		
铰接转向/(°)	±41	±41	±41	±41	±41	±41/±38	±40
液压传动装置	Clark 24000			Clark 24000	Clark 12000		
前桥	DANA Spicer 123/90	DANA Spicer 123/90	DANA Spicer 123/90	DANA 112	Dana 123		
后桥	DANA Spicer 123/90	DANA Spicer 123/90	DANA Spicer 123/90	DANA 112	Dana 123		
轮胎	12.00 R24 XZM	12×R24	12×R24	8.23-15	12.00×R20	14.00×R24/12.00×R24	9.00×R20
油箱容量/L	100	110	110	60	60	110	60
电力系统/V	24	24	24	24	24	24	24
电池/(A·h)	2×125	2×125	2×125	2×70	2×70	2×125	2×70
乘车灯数量×功率/kW	8×70	8×22	8×22	8×LED	8×LED	6×40, 2×70	6×40, 2×80

表 7-10　安百拓公司地下顶锤采矿凿岩台车钻孔装置技术参数

型号	Simba E6-W	Simba M6	Simba M4	Simba 1254	Simba 1354	Simba E7	Simba S7
钻杆处理系统/根	35+1	17+1/27+1/35+1	17+1/27+1/35+1	17+1	17+1/27+1	17+1/27+1/35+1	10+1
可用钻杆尺寸/in	5/6	4/5/6	4/5/6	4/5/6	4/5/6	4/5/6	4/5/6
钻杆直径/mm	102				76/102		
最大钻孔深度/m	63	32/51/63	32/51/63	32	32/51	30/51/63	20

表 7-11　安百拓公司地下顶锤采矿凿岩台车供水系统技术参数

型号	Simba E6-W	Simba M6	Simba M4	Simba 1254	Simba 1354	Simba E7	Simba S7
最大流量/(L·min⁻¹)	350	250	250	100	100	250	60
过滤系统精度/μm	50						
软管卷盘盘管长度/m	120						
最小输入压力/bar	2	2	2	2	2	2	2

表 7-12　安百拓公司地下顶锤采矿凿岩台车电气系统技术参数

型号	Simba E6-W	Simba M6	Simba M4	Simba 1254	Simba 1354	Simba E7	Simba S7
总安装功率/kW	193	118/63/158	118/63/158	65	70/65	118/63/158	80
电压/V	400~1000	400~1000	400~1000	380~1000	380~1000	400~1000	380~1000
频率/Hz	50/60	50/60	50/60	50/60	50/60	50/60	50/60
变压器/(kV·A)	8	15	15	5	4	8/15	

表 7-13　安百拓公司地下顶锤采矿凿岩台车尺寸技术参数

型号	Simba E6-W	Simba M6	Simba M4	Simba 1254	Simba 1354	Simba E7	Simba S7
宽/mm	2600	2210	2386	2380	2380	2550	2100
长/mm	12100	10420	10500	6802/7102/7402	8209/8486/8763	12748	9300/9600/9900
高/mm	3500	3100	3100	2660/2770/2810	3180	3100	2800/2100
离地间隙/mm	300	265	265	260	280	300	365

7.8.2　瑞典山特维克公司

山特维克公司地下顶锤采矿凿岩台车技术参数见表 7-14~表 7-18。

表 7-14　山特维克公司地下顶锤采矿凿岩台车主要技术参数

型号	DL210	DL311	DL321	DL331	DL411	DL421	DL431	DL2720
凿岩机型号	HLX5	HL820ST	HL820ST	HLX5	HL1560ST	HL1560ST	HL820ST	HL710S
凿岩模块	LHF2005	LFRC700	LFRC700	LHF2000/ ERHC12	LFRC1600	LFRC1600	LFRC700	LFRC700
钻臂型号	BSL360	ZR20	ZR20		ZR30	ZR30	SB120P	FR10
巷道宽/mm	2510	3200	3400	4000	3400	4000	3700	3500
运输尺寸（宽）/mm	1500	1990	1990	1990	2240	2290	2240	1600
运输尺寸（高）/mm	2750	2830	2920～3450	2920/2670	3200	3250～3700	2870	2715/2750
运输尺寸（长）/mm	6850	8900	9920	11120～11415	8800～9400	11250	11400	8570
总重/kg	8900	17000	17000	15500	21000	22000	22100	14800

表 7-15　山特维克公司地下顶锤采矿凿岩台车液压凿岩机技术参数

型号	DL210	DL311	DL321	DL331	DL411	DL421	DL431	DL2720
凿岩机型号	HLX5	HL820ST	HL820ST	HLX5	HL1560ST	HL1560ST	HL820ST	HL710S
冲击功率/kW	20	21	21	20	33	33	21	20
冲击压力/bar	220	200	200	220	200	200	200	190
冲击频率/Hz	67	42～52	42～52	67	30～40	30～40	42～52	52
转速/(r·min^{-1})	250	0～180	0～180	0～250	0～100	0～100	0～180	0～180
转矩/(N·m)	625	1095	1095	625	2330	2330	1335	1095
质量/kg	210	260～305	260～305	210	490	490	260～305	245
钎尾长度/mm	955	1241	1241	1100	1505	1505	1241	1340

表 7-16　山特维克公司地下顶锤采矿凿岩台车电气系统技术参数

型号	DL210	DL311	DL321	DL331	DL411	DL421	DL431	DL2720
标准电压/V	380～690	380～690	380～690	380～690	380～690	380～690	380～690	380～690
总安装功率/kW	60	92	92		119	119		72
总开关装置	QM14	MSE/MSC	MSE/MSC	MSE5	MSE10	MSE10	MSE10	NSX160 N/38
前灯功率/W	1×50	8×50	8×50	8×50	10×50	10×50	10×50	4×48
后灯功率/W	1×150							2×48

续表 7-16

型号	DL210	DL311	DL321	DL331	DL411	DL421	DL431	DL2720
刹车灯	1×red LED				2×red LED	2×red LED	2×red LED	
密封 AGM 电池参数	2×12 V (90 A·h)	2×12 V (85 A·h)	2×12 V (85 A·h)	2×12 V (85 A·h)	2×12 V (145 A·h)	2×12 V (145 A·h)	2×12 V (100 A·h)	2×12 V (80 A·h)

表 7-17　山特维克公司地下顶锤采矿凿岩台车水气系统技术参数

型号	DL210	DL311	DL321	DL331	DL411	DL421	DL431	DL2720
水泵型号	WBP1	WBP2	WBP2	WBP1	WBP3	WBP3	WBP3	WBP2
水泵流量 /(L·min⁻¹)	33	100	100	33	215	215	215	100
水泵输入压力 /bar	2	2~7	2~7	2~7	2~7	2~7	2~7	2~5.4
冲水压力/bar	10~15	10~20	10~20	10~20	10~20	10~20	10~20	10~12
钻杆润滑设备型号	KVL10-1	SLU1	SLU1	SLU1	SLU1	SLU1	SLU1	SLU-1
空压机型号	CTN10	CTN10	CTN10	CTN10	CTN10	CTN10	CTN10	CTN10
凿岩机油耗 /(g·h⁻¹)	180~250	200~300	200~300	180~250	200~500	200~500	200~300	250~550
凿岩机空气消耗 /(L·min⁻¹)	250~350	250~550	250~550	250~350	300~400	300~400	200~500	200~300

表 7-18　山特维克公司地下顶锤采矿凿岩台车底盘技术参数

型号	DL210	DL311	DL321	DL331	DL411	DL421	DL431	DL2720
底盘型号	TCQ	NC5	NC5	NC5	NC7N	NC7W	NC7P	MERCURY
底盘转向角/(°)	±27	±40	±40	±40	±40	±40	±34	±35
后桥摆角/(°)	±6	±10	±10	±10	±10	±8	±10	±6
离地间隙/mm	225	320	320	320	320	420	320	295
柴油机型号	Deutz D914L04	Deutz TCD2012	Deutz TCD2012	Deutz TCD2012	MB OM904LA	MB OM904LA	MB OM904LA	Deutz TCD3.6L4
轮胎规格	8.00-15	12.00-20	12.00-20	12.00-20	12.00-20	14.00-24	12.00-20	10.00-15
速度/(km·h⁻¹)	6.5	12	12	12	15	15	15	8
速度(1:7) /(km·h⁻¹)	4	5	5	5	5	5	6.5	4
油箱容量/L	75	80	80	80	140	140	140	60

参考文献

[1] 张国盛. 铜绿山矿 ZY41D 型中深孔采矿台车定制化改造[J]. 设备管理与维修, 2020(14)：100-102.

[2] 张木毅. 凡口铅锌矿采矿技术的创新与发展[J]. 采矿技术, 2010, 10(3)：6-9.

[3] 刘德刚. Simba H252 型采矿凿岩台车的应用[J]. 金属矿山, 1995(5)：52.

[4] 方宇. 地下采矿凿岩台车的发展势态[J]. 矿业研究与开发, 1993(3)：82-83.

[5] 王庆生. YYG-250A 型液压凿岩机 YCT-1 型全液压采矿台车技术鉴定会[J]. 有色金属(矿山部分), 1986(4)：62.

[6] 王运敏. 中国采矿设备手册[M]. 北京：科学出版社, 2007.

第 8 章

天井钻机

8.1 概述

天井钻机是指利用旋转钻进破岩成孔并能反向扩孔的井筒开挖机械，也称反井钻机。天井，一般指风井、溜井、充填井、材料井及管井等，是地下矿山基建和生产采准切割的重要井巷工程，天井通常采用由下而上的施工方法，称为反向凿井法。

1949 年德国工程师设计出第一台无钻杆天井钻井设备，开创了机械破岩天井钻井先河。1962 年美国罗宾斯公司(Robbins)研制了第一台有钻杆的 31R 型天井钻机，即真正意义上的现代天井钻机。在此基础上，美国英格索兰公司(Ingersoll Rand)、德国维尔特公司(Wirth Gmbh)、芬兰汤姆洛克公司(Tamrock)、瑞典阿特拉斯公司(Atlas)、日本山下工业研究所(Koken)等先后研制生产了多种类型的天井钻机，大多数天井钻机钻井工艺与 31R 型天井钻机相同，只是钻机和钻具的具体结构形式有所不同。

20 世纪 80 年代，我国开始研发小型天井钻机，煤炭科学研究总院(现中国煤炭科工集团有限公司)北京建井研究所和南京煤研所分别研制了 LM-120 型和 ATY-1500 型天井钻机。90 年代后，天井钻机钻井技术与装备迅速发展，天井钻机的转矩、推力、拉力等钻进技术参数得以提高，其破岩滚刀适用范围从软岩发展到中硬岩体，开始出现硬岩天井钻机和低矮型天井钻机。进入 21 世纪，天井钻机钻井技术与装备进入成熟阶段，能够在坚硬岩石条件下进行高效率钻井，如北京中煤矿山工程公司的大直径 BMC 系列天井钻机等。

当前，天井钻机正朝着大、小、深、盲、斜、智能化和两级迈步式扩孔刀头的方向发展：①钻井直径不断增大；②钻机低矮小巧化，钻机工作硐室矮、运输巷道断面小，可减少安全支护费用；③钻井深度增加；④钻进倾角越来越小；⑤钻机智能化，智能化钻机能根据岩石的硬度、节理发育情况和钻进深度等因素，自动调整钻机的推力、拉力、转数、扭矩、推进速度等钻进参数，使之达到最优钻进参数匹配，提高钻孔速度和延长钻具使用寿命；⑥两级迈步式扩孔刀头，是用小型钻机钻大直径天井的一个有效利器。

8.2 天井钻机分类

天井钻机型号很多，可根据钻机推进、旋转驱动方式和主机结构特点进行划分。按推进方式，天井钻机可分为液压油缸推进、齿轮齿条推进、链条推进，目前天井钻机多采用液压油缸推进；按旋转驱动方式，可划分为液压马达驱动、直流电机驱动、变频电机驱动；按天井钻机主机承受反扭矩、反拉力等反作用力的结构特点，可划分为方柱框架、圆柱框架等。

依据天井钻机适用条件，可分为适合煤矿等具有防爆要求的防爆型天井钻机以及适合其他地下工程条件的非防爆型天井钻机；依据不同岩石条件，可分为硬岩天井钻机和软岩天井钻机；依据扩孔钻头装配的破岩滚刀类型，可分为盘形滚刀扩孔钻头类、镶齿滚刀扩孔钻头类；等等。

本章主要根据天井钻井工艺进行分类，天井钻机和其他类型钻机的区别主要在于破岩过程中破碎的岩石、岩屑靠自重掉落，不再需要循环介质排渣。按照扩孔钻进方向分类，可以分为上扩和下扩两种天井钻井方法；按照天井钻机安装位置，可以分为上巷式和下巷式天井钻机，既能用于上巷又能用于下巷的天井钻机称为多功能天井钻机。

上扩法是指形成天井的大直径钻头从天井下部巷道向上部方向钻进的钻井工艺，相应的天井钻机钻井工艺包括三种：一种是下导上扩天井钻井法，它是将钻机安装在天井的上部巷道，即利用上巷式天井钻机，先由上向下钻导孔，与天井下部巷道贯通后，在下部巷道拆除导孔钻头，连接扩孔钻头，再由下向上扩孔钻进达到天井钻孔所需直径；另一种是上导上扩天井钻井法，即利用下巷式天井钻机，先由下向上钻导孔与上部巷道贯通，再由下向上扩孔钻进达到天井钻孔所需的直径；第三种为全断面上扩(钻)天井钻井法，利用下巷式天井钻机，直接由下向上一次钻进达到天井钻孔所需的直径。

下扩法是指形成天井的大直径钻头由天井上部向下巷道方向钻进的钻井工艺，利用下巷式天井钻机，先由下向上钻进导孔与上部水平相通，再在上部拆掉导孔钻头，连接扩孔钻头，而后再向下扩孔钻进。由于利用钻杆和导孔的环形空间溜渣，环形空间面积较小，限制了溜渣量，因此这种钻进工艺需要多次扩孔，才能达到天井钻孔所需的直径。根据钻机安装位置、导孔和扩孔钻进方向等，对天井钻进工艺进行比较，见表8-1。

表 8-1　不同类型天井钻机及天井钻井工艺比较

扩孔方向	上扩法	上扩法	上扩法	下扩法
钻井工艺	下导上扩	上导上扩	全断面上扩	上导、下扩
天井钻机类型	上巷式	下巷式	下巷式	下巷式
钻机安装位置	上水平巷道	下水平巷道	下水平巷道	下水平巷道
导孔方向	由上向下	由下向上	无导孔	由下向上
拆导孔钻头、连接扩孔钻头位置	下水平	下水平	—	上水平
扩孔方向	由下向上	由下向上	由下向上	由上向下
扩孔方式	一次扩孔	一次扩孔	一次扩孔	分次扩孔
钻孔深度/m	1000	<100	<100	<200
钻孔直径/m	7	1.0	1.5	1.2
适用条件	上、下水平巷道	上、下水平巷道	下水平巷道	上、下水平巷道

8.2.1 下导上扩式天井钻机

下导上扩式天井钻机，是指钻机安装在上水平，由上水平向下钻进导孔，在下水平拆除导孔钻头并连接扩孔钻头，再由下向上扩孔的一类天井钻机，也称为常规天井钻机、常规反井钻机，是应用最广泛、钻机结构样式最多、数量最庞大的天井钻机类型。在无特殊说明的情况下，通常所说的天井钻机(也称反井钻机)，指的就是下导上扩式天井钻机。

常规天井钻机的钻井工艺包括导孔钻进和扩孔钻进两个主要过程，如图8-1所示。首先在天井上口施工钻机基础、循环池、循环沟槽等，完成供电、供水(风)，形成运输通道；然后将天井钻机运输到位，在现场组装钻机并将其安装到基础上，调整钻机方位，浇筑固定钻机的地脚螺栓，安装循环泵和管路，接通电源和水源，使钻机和循环泵正常运转，进而将钻杆、稳定钻杆和导孔钻头连接在钻机上；之后，由上向下

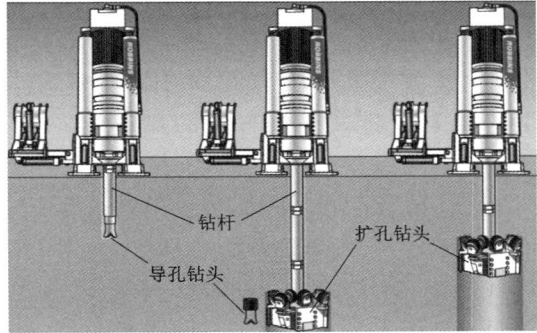

图8-1 天井钻机钻井工艺示意图

钻进导孔，钻进过程中逐渐加长钻杆，直到钻孔和下水平巷道贯通，再拆掉导孔钻头，连接扩孔钻头，由下向上扩孔，直到和上水平巷道贯通，扩孔过程中逐渐拆除钻杆；导孔钻头破碎的岩渣靠循环泵压入洗井液体循环排出，扩孔钻头破碎的岩渣靠自重落到下水平巷道，由装岩设备装入运输车辆运离天井下口，扩孔完成后拆除天井钻机和辅助设备，提出扩孔钻头，天井钻进工作结束。

常规天井钻机在导孔钻进时，需要进行洗井介质的循环，将导孔钻头破碎的岩渣排出钻孔，因此需要泥浆泵、压风机或清水泵等辅助设备，对泥浆、空气和清水等循环介质进行加压蓄能，形成一定压力和举升能力，清洗钻孔底部，将导孔钻头破碎的岩渣和洗井介质混合，从环形空间排出钻孔。

下导上扩式天井钻机钻井工艺的优点如下：

(1)钻进和出碴相互干扰少。天井钻机安装在天井的上口位置，拆导孔钻头、连接扩孔钻头、扩孔出碴、维修钻头、排出冷却水在下口位置，钻进操作和出碴在两个水平，互不干扰。

(2)钻孔质量容易控制。钻孔质量主要是指钻孔的偏斜率，由上向下钻进导孔，钻杆的部分重力作为导孔钻头破岩钻压，其余钻具由钻机提吊，起到钟摆降斜的作用，钻孔质量容易保证。

(3)钻进效率高。由下向上扩孔，破碎岩渣靠自重直接落到下水平，岩渣只穿过扩孔钻头体向下掉落，下部钻孔内没有钻具，不影响排渣，钻进效率高。

(4)钻井深度大、直径大。原则上，只要钻机能力和钻杆承载力足够大，钻孔深度可以很大，目前最大钻孔深度已达到1260 m，一般钻孔深度可以为500~1000 m，一次扩孔直径最大达到7 m。

(5)导孔钻进的过程也是对天井所穿过岩层进一步勘探的过程，若发现不良地质条件，可以采用一些地层改性的加固方法进行处理；若发现不适合天井钻机钻进的地层，可以换成

其他凿井工艺，降低发生较大地质事故的风险。

（6）工作人员工作环境好，安全条件好，钻进过程中排出的岩屑等物质不影响工作人员操作，工作人员的劳动强度较低。

8.2.2　上导下扩式天井钻机

上导下扩式天井钻机，是指采用由下向上钻进导孔、由上向下扩孔钻进的一类天井钻机，扩孔钻进时岩渣经过导孔和钻杆的环形空间落到下水平巷道，可以采用分级扩孔的方式达到钻进较大直径天井的目的，如图 8-2 所示，其也称为第二类天井钻机。

下扩式和上扩式扩孔方法的比较如下。

（1）导孔钻进：由上向下钻进导孔时，钻具重力一部分参与破岩，一部分起到拉直钻具作用，使钻孔偏斜较容易控制。而由下向上钻进导孔时，钻压是在克服钻具重力后施加在钻头上，整个钻具都处于受压状态，钻具容易发生弯曲，影响导孔钻进方向控制。因此，两种扩孔方法中重力的作用影响钻具的受力状态，上扩法钻进时导孔容易发生偏斜，但是其排渣更容易，也可减少循环泵等辅助设备的使用。

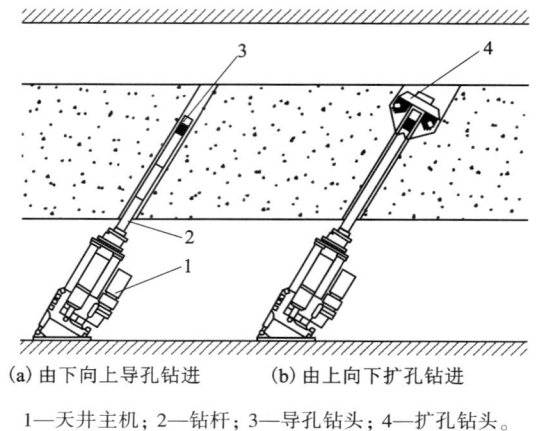

(a) 由下向上导孔钻进　　(b) 由上向下扩孔钻进

1—天井主机；2—钻杆；3—导孔钻头；4—扩孔钻头。

图 8-2　上导下扩式天井钻机钻井工艺示意图

（2）扩孔钻进：由下向上扩孔时，滚刀破碎的岩石从扩孔钻头形成的大孔中掉落，排渣容易，不存在重复破碎；由上向下扩孔时，滚刀破碎的岩渣从导孔和钻杆环形空间掉落，存在重复破碎，一次扩孔直径受到限制，不能钻进大直径天井，只能分次扩孔，钻进工艺复杂，且岩渣直接磨损钻具，容易造成钻具损坏。

（3）钻杆：由下向上扩孔时，扩孔钻压产生在克服钻具、钻头重力后，钻杆要有足够的承载能力，钻杆断裂会使整个钻具都掉入已扩孔的天井中，巨大的势能造成的冲力也会使钻具破坏；由上向下扩孔的情况正好相反，钻进同样直径的钻孔时，钻具需要的承载力小，即使钻具断裂，钻头和上部钻具也不会直接掉落，从而避免钻具摔坏后造成大的直接经济损失。

（4）辅助设施：由上向下扩孔，可以减少导孔钻进辅助循环排渣泵的使用。

（5）导孔钻进偏斜控制：由上向下钻进时导孔偏斜更容易控制，由下向上钻进时导孔偏斜控制难度大。

（6）导孔排渣：由下向上钻进时导孔排渣容易，不需要很大功率的循环泵；由上向下钻进时导孔则需要大功率排渣泵，并且容易出现埋钻、卡钻等事故。

（7）扩孔排渣：由下向上扩孔钻进时排渣更容易，且不伤害钻具。下扩法由上向下扩孔，扩孔钻头边刀破碎的岩屑进入导孔和钻杆环形空间之前，经过正刀的重复破碎；而上扩法的岩层基本上不存在二次破碎，岩渣靠自重直接落下，因此其扩孔速度较下扩法快，刀具磨损程度也较小。

（8）工作环境：上扩法工作人员在天井上部硐室或巷道内操作钻机，劳动条件比下扩法的好，设备也便于保护、维修，同时，不需要设置溜放岩屑的漏斗；下扩法钻机工作场地和排渣都在下部巷道，工作环境较上扩法的复杂。

（9）下扩法的导孔除了通过钻杆，还需要满足扩孔排出岩屑的需要，而上扩法仅进行上下钻进，因此其导孔钻进直径较小，钻进速度相应较快。

（10）上扩法导孔的开孔比下扩法容易，钻进过程中的偏斜也较小，因而钻井质量较下扩法易于保证。

上导下扩式天井钻机存在许多问题，无特殊情况一般不采用这种方法，但某些限制条件下，如一些隧道通风井工程上部由于地形及运输条件限制，无法将天井钻机运输到相应位置，不允许在天井上部安装钻机时，采用下扩法也是合理的。

8.2.3　上导上扩式天井钻机

上导上扩式天井钻机，是指钻机安装在下部巷道内，采用由下向上钻进导孔，再由下向上扩孔钻进的一类天井钻机，如图8-3所示。其特点是不用分级扩孔钻进，可一次达到设计所需要的直径；缺点是导孔虽然起到导向和稳定扩孔钻进作用，但扩孔外进时钻杆受压，在没有导孔约束的情况下容易导致钻杆疲劳破坏，因此需要在合理的位置布置稳定器。

8.2.4　直接上钻式天井钻机

直接上钻式天井钻机，也可以称为直接上扩式天井钻机，钻机安装在下水平巷道内，可从下向上一次钻孔达到设计断面。此类天井钻机应用范围相对较

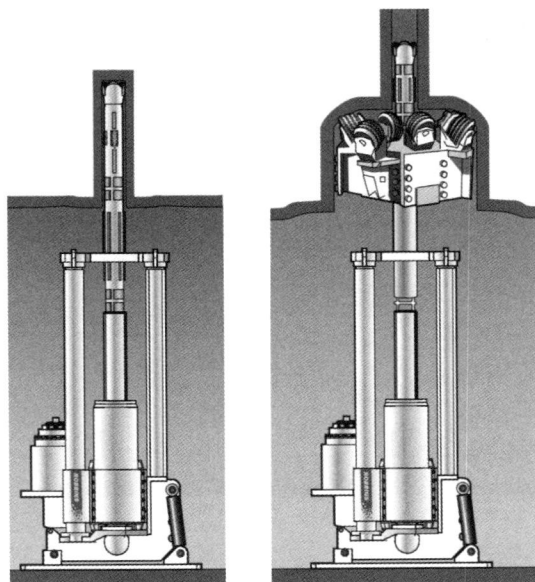

图8-3　上导上扩式天井钻机

广，如采矿、瓦斯抽放和工程孔的钻进等。根据钻头驱动方式和传扭方式，其可分为三种类型，分别是钻杆潜孔式、箱式潜孔式、钻杆驱动式。

8.2.4.1　钻杆潜孔式

钻杆潜孔式天井钻机，是指旋转的驱动系统布置在钻头上，与钻头相连的钻杆只起到承受反扭矩和施加破岩推力的作用。由电机或液压马达驱动钻头旋转，通过钻杆外壁附着的电缆或液压油管输送电能或液压油到钻头上。

8.2.4.2　箱式潜孔式

箱式潜孔式天井钻机不采用钻杆，而采用一种圆筒式或箱式结构，每段箱式结构断面分为管缆区和岩渣区。钻头旋转采用电机或液压马达，通过箱式钻具的管缆区输送电能或液压油到钻头上，破碎的岩石通过岩漆区溜到钻机位置。

图8-4为德国海瑞克公司设计的箱式潜孔式天井钻机，这类钻机用于采矿用切割孔的施

工，或者直接用于贵金属细薄矿脉的开采。箱式钻具结构能够传递较大的推力，有利于高效破岩，同时钻具和井帮能够紧密接触，可保证钻头稳定旋转，以及输送能量的管缆在箱式钻具的保护下不受落渣的冲击破坏；箱式钻具减轻了岩渣下落的冲击作用，有利于钻进安全；箱式钻具岩渣溜放得到有效控制，便于贵重矿物的收集。

8.2.4.3 钻杆驱动式

钻杆驱动式天井钻机安装固定在下水平基础上，直接由下向上进行全断面钻进，钻机带动钻杆，钻杆带动钻头旋转破岩，钻机施加破碎岩石的压力，如图 8-5 所示。考虑钻杆受压容易弯曲疲劳断裂的问题，在钻头下部的钻杆适当位置需要安装稳定器。

图 8-4 箱式潜孔式天井钻机

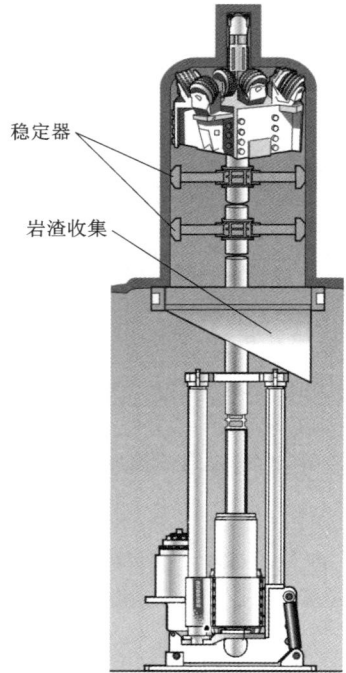

图 8-5 钻杆驱动式天井钻机

8.3 天井钻机系统构成

作为一种地下工程施工装备，天井钻机本身要满足地下工程特殊的施工条件，同时还要选择与天井钻机配套的辅助设备，才能形成满足工程施工要求的天井钻机系统。天井钻机系统包括主机、钻具及水电供应、循环排污、冷却降温等设施，各系统在施工现场的位置空间分布如图 8-6 所示。可以看出，天井钻机主机部分包括主机、操作控制台、泵站、油箱和电控、液控系统等。

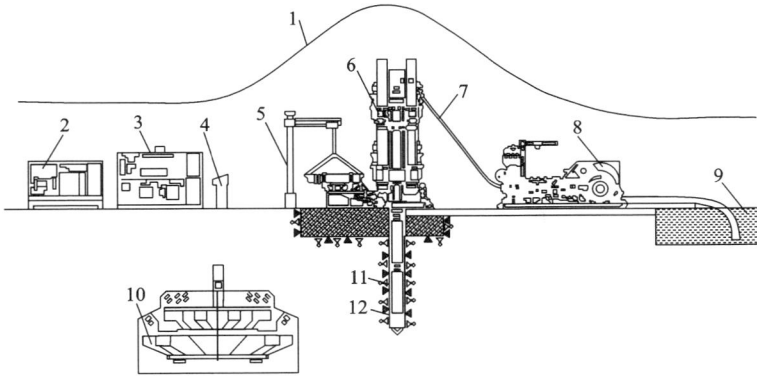

1—上水平巷道；2—液压泵站；3—电控、液控系统；4—操作控制台；5—钻杆输送装置；6—天井钻机主机；
7—循环管路；8—循环泵；9—循环池；10—扩孔钻头；11—钻具系统（稳定钻杆、普通钻杆）；12—导孔钻头。

图8-6 天井钻井施工布置图

8.4 主机系统

天井钻机主机系统包括主电机、操作控制台、主液压油泵、液压油箱、供电系统（电器控制系统、电源和开关）等，如图8-7所示，主要功能如表8-2所示。

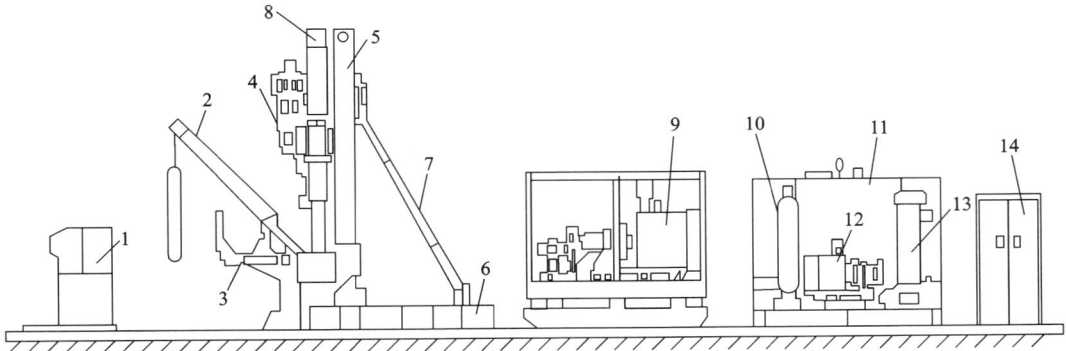

1—操作控制台；2—钻杆提吊装置；3—钻杆输送装置；4—动力头；5—钻架；6—钻架基础结构；7—钻架前后支撑结构；
8—主液压油泵；9—主电机；10—蓄能器；11—液压油箱；12—副油泵及电机；13—液压冷却；14—供电控制。

图8-7 天井钻机主机系统

表8-2 天井钻机主机系统构成及主要作用

系统名称	功能用途	主要结构形式	
天井钻机钻架、旋转及辅助操作系统	提供钻具破碎岩石所需要的推力、拉力、转矩；承受钻进过程中的反拉力和反转矩；将反作用力传递到钻机基础上；实现钻具拆卸和连接	推进导向部分。 推进：油缸推进、链条推进、齿条推进； 导向：框架导向、圆柱结构导向、矩形结构导向	旋转驱动部分。 液压马达驱动（高速液压马达行星减速、低速液压马达普通减速）、变频电机驱动、直流电机驱动、交流电机驱动等

续表 8-2

系统名称	功能用途	主要结构形式
动力(驱动)系统	以高压油或可控制电力提供实现钻机推进、旋转、辅助功能的动力	高压油：电机、柴油机驱动液压泵； 电力：变频器、直流交流控制器
控制系统	控制调节动力分配，实现钻机功能和辅助作业	液压阀件控制、开关控制、计算机辅助控制

8.4.1 钻架

天井钻机主机也称为天井钻机钻架，主机上的旋转部件为动力头，在油缸的推动下沿钻架上下滑动；动力头上的电机或液压马达通过减速齿轮箱驱动动力头下部接头体连接钻杆旋转，产生扭矩、推力、拉力，通过钻杆最终作用在导孔钻头和扩孔钻头上，将岩石从岩体上分离出来，形成工程所需要的井孔；此外，主机还要实现钻杆(具)连接和拆卸等功能。主机包括天井钻机架体结构、旋转推进驱动系统、钻杆吊装输送系统、主机支撑结构、位置调整结构、钻机基础框架结构、钻杆接引机构、洗井液传输系统等。

8.4.2 旋转驱动系统

天井钻机旋转系统也称为动力头，它的功能是：第一，动力头和推进油缸刚性连接，实现动力头带动钻具上下运动，传递导孔钻进、扩孔钻进的推拉力；第二，向钻杆输出破岩扭矩，向钻头传递破岩所需的能量；第三，实现导孔钻进循环洗井液的传输，动力头实现不旋转的导孔供液管向旋转的主轴、钻杆过渡；第四，通过浮动结构和卡固机构，实现钻杆的连接和拆卸。

天井钻机动力头采用液压马达作为动力源，通过小齿轮和大齿轮啮合实现减速，提高输出扭矩；大齿轮轴为中空结构，可使洗井液通过，下部靠丝扣和承载接头紧密连接，承载接头承受钻具重力和破岩钻压；主轴下部加工有花键，和环轮套配合传递扭矩，环轮套内装有浮动套，下齿圈靠螺栓连接承受拉力，并和卡瓦配合实现钻杆的拆卸，在接、卸钻杆时需要液压马达旋转和动力头上下运动匹配。

8.4.3 推进系统

天井钻机动力头的上下运动由一组油缸组成的推进系统推动，推动动力头运动的液压油缸也称为主推油缸。天井钻机进行导孔钻进、扩孔钻进以及钻具的快速提升和下放都需要主推油缸的推动，一般天井钻机最少有2个油缸，一些大型天井钻机主推油缸有3~6个。

主推油缸通过连接法兰或铰接固定在钻架的底板上，与其他液压油缸不同的是，天井钻机采用活塞杆固定、油缸缸筒运动的方式，油缸缸筒和动力头连接，通过承载环传递拉压力。天井钻机向下钻进导孔或下放钻具时，活塞杆腔进油，活塞腔回油；向上扩孔钻进或上提钻具时，活塞腔进油，活塞杆腔回油。因此，在同样的油压下，上提的拉力远大于下放的压力，满足了天井钻进工艺的需要。

8.4.4　钻杆输送系统

要实现天井钻机钻杆之间以及钻杆与动力头之间的连接，需要将钻杆输送到动力头下并准确定位，与其他类型钻机不同，天井钻机钻杆的质量大、长度短，无法采用人工搬运，只能采用机械或机械手操作。图8-8为一种钻杆起吊装置，它可以在360°范围内旋转，主要用于接卸钻杆，在钻机和机械手之间吊运钻杆或其他设备，起吊能力取决于钻杆的质量。

图8-9为钻杆输送装置。它是一种将钻杆准确输送到位的机械手系统，由翻转板和斜推缸组成翻转架，翻转板一头铰接在钻机底盘固定座的钻轴上，斜推缸底端与固定座铰接，活塞杆端与翻

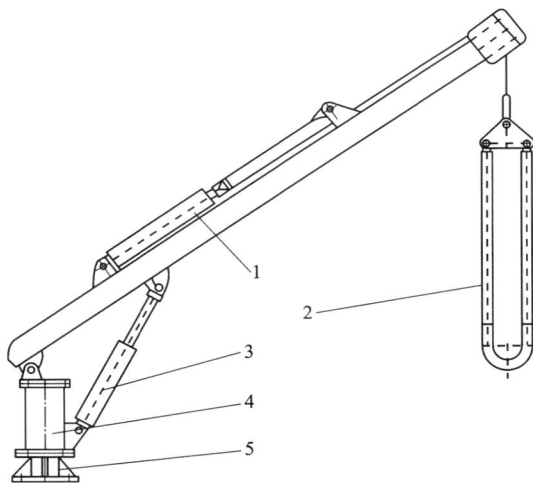

1—吊杆；2—吊钩；3—提吊油缸；4—转筒；5—连接座。

图8-8　钻杆起吊装置

转板铰接，因此斜推缸伸缩便带动翻转板转动；翻转架与机械手用螺栓相连，成为装卸钻杆的专用设备，可由机械手抱紧钻杆，通过翻转架的运动，将钻杆送至动力头接头体下面完成钻杆连接，在外钻杆时将钻杆送回平车，以便转盘吊将其运到地面上。

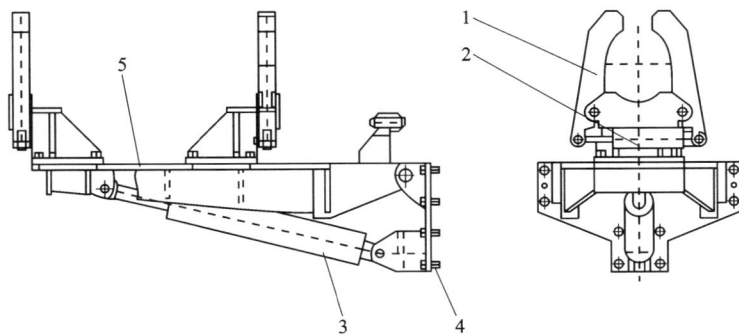

1—机械手；2—机械手油缸；3—斜推缸；4—连接座；5—翻转板。

图8-9　钻杆输送装置

8.4.5　动力系统

天井钻机旋转由液压马达或电机驱动，采用直流电机或变频电机驱动时，需要增加电机控制系统；由液压马达驱动时，需要相匹配的泵站供油。钻机的其他辅助系统需要采用大量的油缸，其动力也来自高压液压油。钻机的泵站是钻机的动力源，通过高压软管连接到各个油缸，并通过操作控制台控制钻机的各个动作。泵站内设回油冷却器，通过水的循环使液压

油在回油箱之前冷却。考虑大功率液压泵及电机和大行程推进的需要，油箱需要有足够的容量，油箱上装有滤油器、油温表和液位指示计用以检测相关参数。

8.5 钻具系统

钻具是天井钻机钻进系统的重要组成部分，是进入地层内，通过旋转、推进实现能量传输，从而破碎岩石，形成导孔和扩孔的钻杆和钻头的总称。天井钻机钻具系统如图 8-10 所示，其包括导孔钻进钻具和扩孔钻进钻具，导孔钻进钻具由导孔钻头、异型接头、开孔钻杆、稳定钻杆和普通钻杆组成，扩孔钻进钻具由扩孔钻头、破岩滚刀、稳定钻杆和普通钻杆构成，其功能见表 8-3。

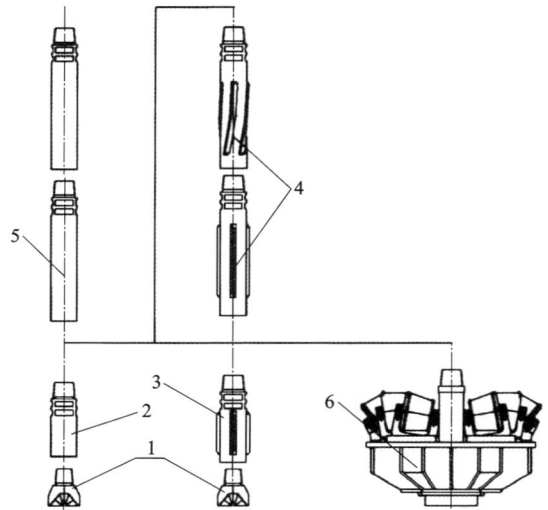

1—导孔钻头；2—开孔钻杆；3—异型接头；
4—稳定钻杆；5—普通钻杆；6—扩孔钻头。

图 8-10 天井钻机钻具组成示意图

表 8-3 天井钻机钻具系统构成及功能

钻具类型	作用	结构形式
导孔钻头	导孔钻进破碎岩石	三牙轮钻头、金刚石钻头
开孔钻杆	导孔开孔钻进，保证开孔精度	圆钢加工整体结构，外缘磨加工
异型接头	连接非标准螺纹扣钻具	圆钢加工整体结构
稳定钻杆	维持钻具旋转平稳	螺旋形、直条形、扩孔器等形式
普通钻杆	传递破岩所需推力、拉力、扭转力矩等	圆钢加工整体结构，端头一端内螺纹、一端外螺纹结构
扩孔钻头	扩孔钻进破碎岩石	球形、锥形、平面结构；整体结构、组装结构
破岩滚刀	扩孔钻头直接破岩	盘形滚刀、镶齿滚刀（锥形齿、球形齿、复合型齿）

8.5.1 导孔钻头

导孔钻进与其他钻进方式类似，天井钻机动力头以一定转速和扭矩带动钻具旋转，并施加一定推力，向钻具传递破岩能量，钻具将其传递给导孔钻头，由导孔钻头将岩石从岩体上破碎下来，通过洗井液的循环流动，将破碎岩屑排到地面，其示意图如图 8-11 所示。导孔钻头的寿命、保径性能、破岩效率都是影响导孔钻进速度和导孔质量的主要因素。

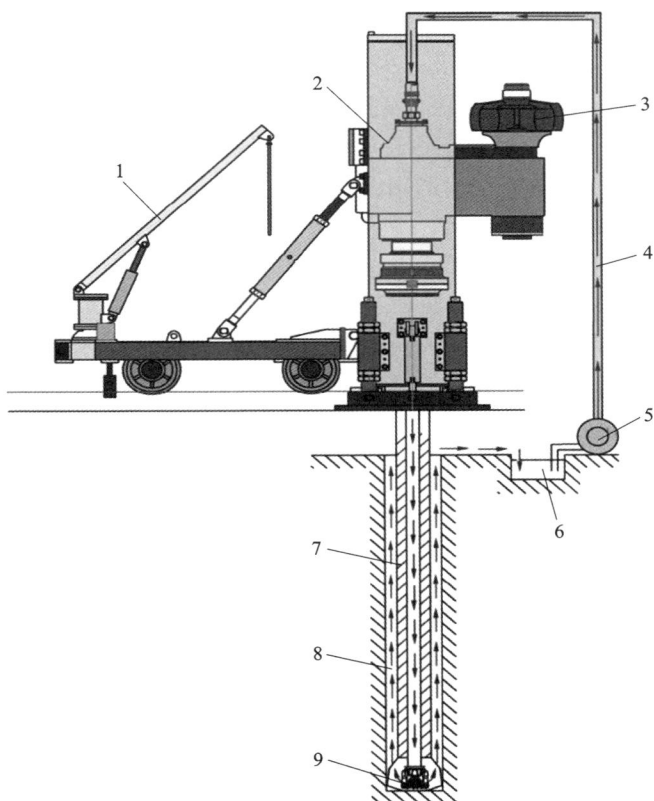

1—钻杆输送装置；2—反井钻机；3—动力头；4—循环介质输送管；5—循环泵；

6—沉渣池；7—钻杆；8—钻杆与导孔孔壁之间的环形空间；9—钻头。

图 8-11　天井钻机导孔钻进示意图

8.5.1.1　小直径钻头

在石油、地质等工程的小直径孔钻进中，根据地质条件和所采用的钻机，可选择的钻头种类有很多，包括刮刀钻头、牙轮钻头(包括单牙轮钻头、双牙轮钻头、三牙轮钻头、牙轮组合钻头等)、金刚石钻头、金刚石复合片钻头、潜孔锤钻头等，根据天井钻井工艺的需要，导孔钻头一般以镶齿三牙轮钻头为主。原始的石油旋转钻井采用的是三翼刮刀钻头，后来发展到具有旋转牙轮的双牙轮钻头，再到三牙轮钻头，以及单牙轮和多牙轮钻头。长期以来，三牙轮钻头是石油钻井的重要工具，而随着金刚石钻头的兴起，其坚硬和耐磨性能，以及钻头整体没有旋转部件的特点，使其在一些岩石条件下有明显的优势，牙轮钻头的应用出现萎缩的趋势。按钻头结构及破岩原理，钻头可分为刮削破碎类、截割式破碎类以及挤压破碎类；按钻头功用还可分为全断面钻进钻头、取心钻头、扩孔式钻头，钻头的直径为 75~660 mm。

8.5.1.2　镶齿三牙轮钻头

初期天井钻机的钻杆采用的是石油钻铤，与之配套的钻头也作为天井钻机的导孔钻头，相对于石油钻井，天井钻机钻进的井孔深度小、直径大。天井钻机导孔钻进不是最终目的，所以选择石油钻头作为导孔钻头，不需要考虑太多钻头成本及经济性，主要考虑钻头破岩形成的孔帮直径和对钻孔偏斜的影响等因素；天井钻机钻杆长度短，提放钻具效率低，因此，理想工况下一个钻头能够钻成一个井孔。另外，天井钻机转速低，能够对钻头施加更大钻压，一些适合高转速、低钻压的钻头不适用于天井钻机。为此，天井钻机导孔钻头一般选用镶齿三牙轮钻头，钻头的直径为 193.7~444.1 mm。

镶齿三牙轮钻头，又称碳化钨硬质合金镶齿钻头，是将端部齿形不同的烧结碳化钨硬质合金齿，通过过盈配合冷压入已钻孔的锻造的牙轮壳体形成的牙轮钻头，如图 8-12 所示。镶齿三牙轮钻头由三片牙掌组装焊接在一起，上部加工出外螺纹，以便与钻具连接，下部制成有一定倾斜角度的轴颈，与牙轮内孔组成轴承副，采用一定的密封结构和压差补油方式，满足牙轮旋转密封和润滑需求，牙掌上有水孔流道，用于钻进循环排渣。

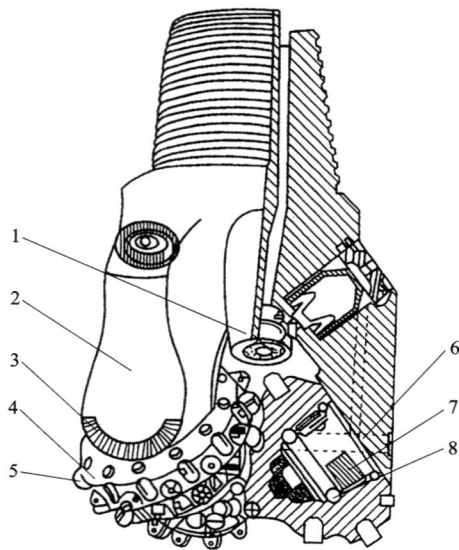

1—洗井液喷嘴；2—牙爪；3—耐磨合金；4—牙轮；
5—镶齿；6—传压孔；7—牙轮轴；8—滚珠。

图 8-12 镶齿三牙轮钻头结构示意图

8.5.2 普通钻杆

普通钻杆是天井钻机钻具部分用量最大、需要传递破岩扭矩和推拉力的重要结构，上部和钻机接头体连接，下部和钻头连接，中心孔输送洗井液，一般是圆钢加工成的棒状结构的金属管，采用螺纹（丝扣）（分内螺纹和外螺纹），实现不同钻杆的连接。

8.5.3 稳定钻杆

稳定钻杆是在普通钻杆基础上，在钻杆的外壁增加布置直条形或螺旋形的筋条，筋条的外径略小于导孔钻头直径，和钻孔直径具有相同的弧度，能与导孔孔帮平稳接触。稳定钻杆使钻具在导孔内旋转时保持平稳运转，并使导孔钻头和扩孔钻头轴线尽可能接近钻孔中心线，因此，也称为稳定器或扶正器。稳定钻杆可以减轻钻具弹性系统在孔内径向和轴向的剧烈振动，减少钻头和钻杆偏磨，防止或减少导孔偏斜。

8.5.4 扩孔钻头

扩孔钻头是天井钻进大体积破碎岩石的重要钻具，根据天井钻进扩孔直径和适应地层条件而设计，由钻头体、破岩滚刀、中心管等组成。铅头体可做成平底式、锥形和球形等外形，在扩孔钻头上布置滚刀，实现破岩断面全覆盖。大直径扩孔钻头作为天井钻机的关键组成，要求具有平衡的受力结构，拆装方便，满足狭窄巷道的运输和安装要求。可拆卸式扩孔钻头具有合理的破岩滚刀布置和岩渣排放结构，可满足大直径钻进需要。考虑煤矿井下运输条件，扩孔钻头一般设计为分体式，在钻头体上设计有降尘喷雾水头，扩孔时在钻杆内放水，利用水的静压产生喷雾效果，起到较好的降尘作用。

8.6 辅助系统

当天井钻机钻进导孔时，需要增加辅助泥浆泵、清水泵或空气压缩机进行洗井循环，扩孔钻进时还需要冷却滚刀和排出破碎的岩石，因此，天井钻机钻进需要增加冷却、循环、排渣、测量、供水、供电等辅助系统，如表8-4所示。

表8-4 天井钻井辅助系统及作用

系统名称	功能	设备构成
循环系统	导孔钻进排渣、冷却钻具、使孔帮稳定	离心泵、潜水泵、泥浆泵、高压气体
冷却系统	冷却系统发热的液压油或电器元件，冷却扩孔钻头及滚刀，减少破岩粉尘	风扇、外循环冷却水、内循环冷却液、循环冷却泵、钻杆内供水、环形空间供水、扩孔钻头喷嘴喷雾
排渣系统	扩孔钻进时排出落到下水平的岩渣	装载机、侧装机、刮板机、耙装机、皮带机、矿车、汽车等
钻孔质量测量系统	导孔钻进过程中对钻孔、偏斜、孔内情况进行检测、纠偏	测斜仪、井下螺杆动力钻具、信号传输、井下电视、旋转定向钻具系统
供水系统	天井钻进导孔消耗、冷却损耗、配置泥浆等	水管、水泵等
供电系统	电力驱动设备动力来源	控制开关等

8.6.1 循环系统

导孔钻进是天井钻进的重要工序，导孔钻进的质量关系到整个天井的质量。导孔钻进采用三牙轮钻头破岩，洗井液循环排渣，一般采用正循环有压流体洗井方式，将导孔钻头破碎的岩石排到地面；循环泵提高循环池内的循环液压力，通过控制阀门，使循环液经过钻机动力头中心管、钻杆中心孔和导孔钻头水眼喷射出，将导孔钻头破碎的岩石携带至钻杆和导孔孔壁之间的环形空间，并在一定的流速下将破碎的岩石排到地面，最后经过分离循环液回到循环池，岩渣被分离运走。根据需要，循环液可以是清水、泥浆或泡沫等介质。循环泵可用柱塞泵、离心泵或空气压缩机等。

8.6.2 冷却系统

冷却系统的作用是冷却钻机液压系统和扩孔过程中的破岩滚刀，液压冷却系统如图8-13所示。冷却水泵将清水加压，通过冷却器将液压油冷却，冷却水再流回冷却池降温循环使用，当钻机扩孔钻进时，一部分清水通过阀门进入钻杆再到扩孔钻头，经雾化过程冷却扩孔钻头滚刀；对于小直径孔钻进，冷却水也可以直接流到环形空间，靠自重作用到扩孔钻头位置经雾化过程冷却破岩滚刀。

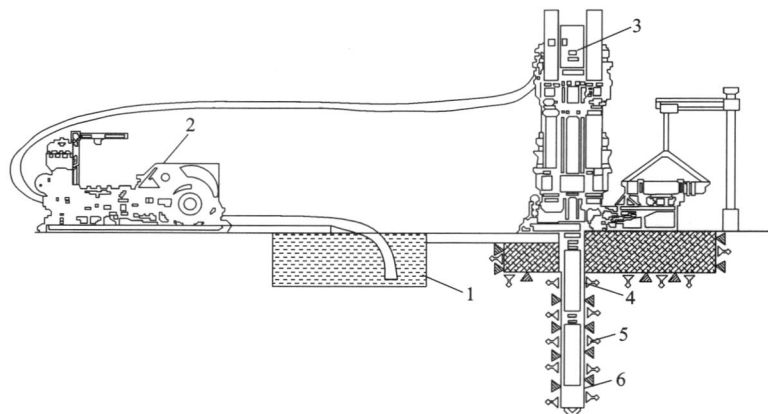

1—循环池；2—泥浆泵；3—水龙头；4—钻杆；5—孔帮；6—导孔钻头。

图8-13　天井钻机导孔循环及冷却系统示意图

8.6.3　供电系统

天井钻机的原动力为电力，各种液压油泵均由电机驱动，有些钻进旋转系统采用变频电机，直接以电作为动力。此外，供电系统还要为冷却水泵、循环池、照明系统和控制系统供电。

8.6.4　排渣系统

扩孔钻进需要破碎大量的岩石，大部分岩石碎层的颗粒直径为3~5 cm，这些岩屑靠自重落到井孔下口，通过装岩设备，如装载机、耙装机、刮板机等装入汽车、矿车，运输到排渣场。

采用天井钻机高效地钻进天井是一项系统的工作，由于地下工程条件和地质条件复杂，需要完善的天井钻进系统才能达到所要求的钻孔质量，减少钻孔事故发生，当然也需要有经验的管理和操作人员。天井钻进系统包括天井钻机、钻具、辅助系统等，虽然辅助系统相对于天井钻机和钻具造价较低，但在天井钻井偏斜控制、质量控制和安全控制方面作用重大，只有配置好辅助系统设备，才能达到较好的钻进效果。

除了天井钻进系统，天井所穿过地层的地质条件，包括岩石的稳定性、涌水、瓦斯及有害气体等，也影响钻进质量和安全。对于一些特殊地层，还需要采取注浆和冻结等地层改造措施，以提高地层在扩孔钻进后的稳定性。

一些特殊工程条件下，需要控制钻孔的偏斜，需要专门的导孔偏斜控制系统，或者采用其他钻进方式，如采用定向钻孔钻机，以及随钻测量系统和井下动力钻具配合，保证钻进过程偏斜可控，达到提高钻孔精度的目的。

8.7　国内天井钻机主要生产厂家与技术参数

8.7.1　湖南创远高新机械有限责任公司

湖南创远高新机械有限责任公司（以下简称创远高新）天井钻机的外形见图8-14~图8-16。

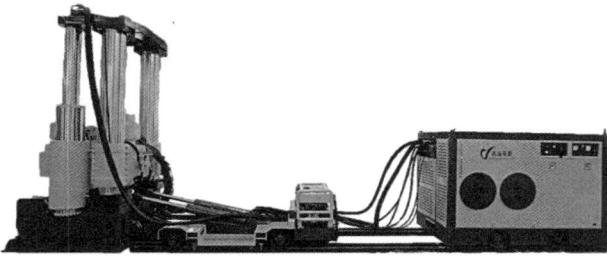

图 8-14 创远高新 CY-R 系列轨轮式天井钻机外形图

图 8-15 创远高新 CY-RV 系列
履带式天井钻机外形图

图 8-16 创远高新 CY-R40C 切割槽天井钻机外形图

创远高新 CY-R 系列天井钻机规格型号及基本性能见表 8-5。

表 8-5 创远高新 CY-R 系列天井钻机参数

参数		R40V	R40C	R80S	R80	R120	R120D	R120V
扩孔直径/mm	下向反扩	1000~1500	1000~1500	1000~1500	1000~2500	1500~3500	1500~3500	1500~3500
	上向正扩	700	700					
	下向正扩	700	700					
钻孔深度/m	下向反扩	60	60	800	500	200	600	200
	上向正扩	60	60					
	下向正扩	60	60					
钻孔角度/(°)	前后俯仰	60~90	60~90	60~90	60~90	60~90	60~90	60~90
	左右回转		0~180					

续表 8-5

参数		R40V	R40C	R80S	R80	R120	R120D	R120V
钻具尺寸 /mm	钻头直径	221	221	221	241	282	282	282
	钻杆直径	190	190	190	214	254	254	254
	钻杆长度	1000	1000	1000	1000	1000	1000	1000
轴压力 /kN	下向推进	1600	1600	750	750	2000	2900	2000
	上向反提	1600	1600	2100	2100	2000	4300	2000
回转扭矩 /(kN·m)	导孔扭矩	76	76	76	76	172	172	172
	扩孔扭矩	76	76	76	76	172	172	172
	卸杆扭矩	95	95	95	95	197	197	197
回转速度 /(r·min⁻¹)	导孔回转	0~50	0~50	0~50	0~50	0~24	0~24	0~24
	扩孔回转	0~25	0~25	0~25	0~25	0~12	0~12	0~12
工作尺寸 /mm	长度	7250	7250	3050	3050	4117	4100	6900
	宽度	2350	2350	2600	2600	2888	2900	3130
	高度	4850	4850	4000	4000	3160	3800	3220
行走尺寸 /mm	长度	6960	6960	3190	3190	2940	2980	5860
	宽度	2350	2350	1180	1180	1510	1510	1970
	高度	2300	2300	1260	1260	1769	1800	2170
输入功率 /kW	作业（电）	132	132	132	132	132	132	132
	行走（柴油）	92	92					92
底盘结构		履带自行	履带自行	雪橇底盘	雪橇底盘	轨轮底盘	轨轮底盘	履带自行
安装基础				混凝土浇筑	混凝土浇筑	混凝土浇筑	混凝土浇筑	混凝土浇筑
整机质量/kg		24000	25000	12000	12000	22000	22000	31000

8.7.2　湖南一二矿山科技有限公司

　　湖南一二矿山科技有限公司主营产品包括天井钻机、潜孔钻机、凿岩钻机等采矿装备及相关部件，技术参数见表 8-6~表 8-7。

表 8-6　**AT 系列轨轮式天井钻机参数表**

部件	名称	AT-1500	AT-2000	AT-3000
主机	额定转速/(r·min⁻¹)	0~40	0~28	0~26
	额定扭矩/(kN·m)	58	95	172
	钻孔推力/kN	≥450	≥880	≥1400
	扩孔拉力/kN	≥1000	≥1760	≥2750
	扩孔直径/mm	1200~1800	1500~2500	2500~3500
	钻井深度/m	≤400 m(直径 1.5 m) ≤150 m(直径 1.8 m) ($f≤12$)	≤400 m(直径 2 m) ≤200 m(直径 2.5 m) ($f≤12$)	≤400 m(直径 3.0 m) ≤200 m(直径 3.5 m) ($f≤14$)
	钻井角度/(°)	60~90	60~90	60~90
	主机搬运尺寸(长×宽×高)/(mm×mm×mm)	2670×1250×1545	2775×1350×1500	3020×1580×2000
	工作尺寸(长×宽×高)/(mm×mm×mm)	3500×2850×3250	3500×2800×3830	3500×3200×4200
	质量/t	8	9	11
泵站	泵站尺寸(长×宽×高)/(mm×mm×mm)	2910×1350×1500	2910×1350×1500	2910×1350×1600
	额定压力/MPa	32	32	32
	额定流量/(L·min⁻¹)	240	240	360
	电动机额定功率/kW	101	121	161
	额定电压/V	380/660	380/660	380/660
	油箱有效容量/L	1100	1100	1100
	泵站质量(不含液压油)/kg	3500	3500	3500
遥控盒	外形尺寸(长×宽×高)/(mm×mm×mm)	240×200×150		
	质量/kg	2.5		
	控制方式	无线遥控		

注：f 为普氏岩石硬度。

表 8-7　**AT-L 系列铰接自行式天井钻机参数表**

部件	名称	AT-1500L	AT-2000L	AT-3000L	AT-4000L
主机	额定转速/(r·min⁻¹)	0~40	0~28	0~26	0~24
	额定扭矩/(kN·m)	57	95	172	320
	钻孔推力/kN	≥450	≥880	≥1400	≥1500
	扩孔拉力/kN	≥1000	≥1760	≥2750	≥3510
	扩孔直径/mm	1200~1800	1500~2500	2500~3500	4000
	钻井深度/m	≤400 m(直径 1.5 m) ≤150 m(直径 1.8 m) ($f≤12$)	≤400 m(直径 2 m) ≤200 m(直径 2.5 m) ($f≤12$)	≤400 m(直径 3.0 m) ≤200 m(直径 3.5 m) ($f≤14$)	400 m

续表 8-7

部件	名称	AT-1500L	AT-2000L	AT-3000L	AT-4000L
主机	钻井角度/(°)	60~90	60~90	60~90	60~90
	行走尺寸(长×宽×高)/(mm×mm×mm)	6911×1600×2076（拆卸后6700×1600×1670）	6911×1600×2076（拆卸后6700×1600×1670）	6910×1750×2020（拆卸后6810×1750×1900）	7300×1800×2200（拆卸后7050×1800×1950）
	工作尺寸(长×宽×高)/(mm×mm×mm)	7425×2580×3320	7425×2580×3750	7500×2800×3820	7750×2850×3820
	质量/t	13.5	14.5	17	19
动力系统	额定压力/MPa	副泵：32 主泵：28	副泵：32 主泵：28	副泵：32 主泵：28	副泵：32 主泵：40
	电动机总功率/kW	101	121	161	202
	额定电压/V	380/660	380/660	380/660	380/660
行走系统	遥控盒尺寸(长×宽×高)/(mm×mm×mm)	240×200×150	240×200×150	240×200×150	240×200×150
	控制方式	远程无线遥控	远程无线遥控	远程无线遥控	远程无线遥控
	遥控盒质量/kg	2.5	2.5	2.5	2.5
	行走方式	履带+无线遥控	履带+无线遥控	履带+无线遥控	履带+无线遥控
	行走速度Ⅰ挡/(km·h^{-1})	1.9±0.14	1.9±0.14	1.9±0.14	1.7±0.14
	行走速度Ⅱ挡/(km·h^{-1})	3±0.3	3±0.3	3±0.3	2.8±0.3
	爬坡能力/%	≥25	≥25	≥25	≥25
	转弯半径(外侧)/mm	≤4400	≤4500	≤4600	≤5000
	最小离地间隙/mm	≥200	≥200	≥200	≥200
	柴油机额定功率/kW	58	58	73.5	73.5
	柴油机额定转速/(r·min^{-1})	2200	2200	2200	2200

8.8 国外天井钻机主要生产厂家与技术参数

8.8.1 瑞典安百拓公司

瑞典安百拓公司（以下简称安百拓）的 Robbins 系列天井钻机外形见图 8-17，基本参数见表 8-8。

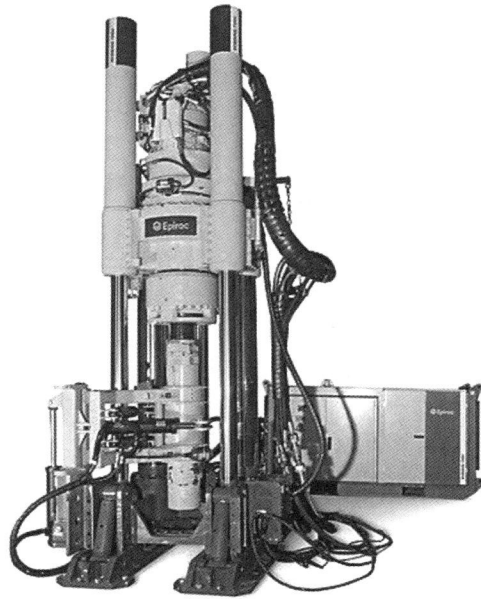

图 8-17　安百拓 Robbins 系列天井钻机外形图

表 8-8　安百拓 Robbins 系列天井钻机基本参数

型号	34RH	44RH	53RH	73RH	91RH
导孔直径/mm	229	229	311	279	349
扩孔直径/mm	1200	1500	1800	2100	4450
钻孔深度/m	340	340	490	550	600
钻杆直径/mm	203	203	286	254	327
最大扭矩/(kN·m)	96	96	190	210	700
额定扭矩/(kN·m)	64	75	156	173	450
最高转速/(r·min⁻¹)	49	49	35	52	58
输入功率/kW	160	160	255	215	706
工作尺寸(宽×高)/(m×m)	1.70×3.25	1.75×3.30	1.90×4.00	1.60×5.55	1.56×6.00
整机质量/t	7.6	8	14	12	28

8.8.2　德国海瑞克公司

德国海瑞克公司(以下简称海瑞克)的业务包括隧道掘进、勘探和采矿,其生产的天井钻机外形如图 8-18 所示,基本参数如表 8-9 所示。

图 8-18 海瑞克天井钻机外形图

表 8-9 海瑞克天井钻机基本参数

型号	RBR300 VF	RBR400 VF	RBR600 VF	RBR800 VF	RBR900 VF
功率/kW	1×300	2×200	3×200	4×200	4×200
导孔扭矩/(kN·m)	300	452	550	775	900
提升扭矩/(kN·m)	350	550	750	1100	1125
提升力/kN	4500	9200	10000	12000	22000
回转速度/(r·min^{-1})	0~50	0~50	0~50	0~50	0~50
钻杆直径/in	$11\frac{1}{4}$	$12\frac{7}{8}$	$12\frac{7}{8}$~14	14~15	15
钻杆长度/mm	1524	1524	1524	1524	2134

参考文献

[1] 谭杰, 刘志强, 宋朝阳, 等. 我国矿山竖井凿井技术现状与发展趋势[J]. 金属矿山, 2021(5): 13-24.

[2] 刘志强. 矿山反井钻进技术与装备的发展现状及展望[J]. 煤炭科学技术, 2017, 45(8): 66-73.

[3] 刘志强. 大直径反井钻机关键技术研究[D]. 北京: 北京科技大学, 2015.

[4] 刘志强. 机械井筒钻进技术发展及展望[J]. 煤炭学报, 2013, 38(7): 1116-1122.

[5] 刘志强, 徐广龙. ZFY5.0/600 型大直径反井钻机研究[J]. 煤炭科学技术, 2011, 39(5): 87-90.

[6] 天井钻机: GB/T 12761—2010[S].

[7] 刘志强. 大直径反井钻机及反井钻进技术[J]. 煤炭科学技术, 2008(11): 1-3.

[8] 液压式天井钻机: JB/T 5510—2008[S].

[9] 刘俊英, 刘志强. 反井钻机及反井钻井技术发展[J]. 水利科技与经济, 2005(10): 639-640.

[10] 刘志强, 王强. 强力反井钻机的研制及应用[J]. 煤炭科学技术, 2005(4): 50-51, 54.

[11] 刘志强. 反井钻机技术装备及发展[J]. 煤炭科学技术, 2001(4): 9-12.

第 9 章

地下铲运机

9.1 概述

地下铲运机是用于地下采矿的铲装、运输和卸载作业的轮胎式车辆，是地下矿山无轨采矿工艺的主要支撑设备，既可以用于采矿出矿、向低位的溜井卸矿，也可以向矿车卸矿，还可以用铲斗运送设备、辅助材料进行修路、铺路和隧道工程等。地下铲运机又称地下装运机。

自 20 世纪 60 年代美国瓦格纳(Wagner)公司在 Grandview 矿山成功试验第一台 ST5 型铲运机以来，铲运机以其高效、灵活、机动、多用途和生产费用低等优点，在世界各国的地下矿山开采中迅速推广并得到了广泛的应用。

我国地下铲运机的研制经历了引进、合作制造、自主开发、创新发展四个发展阶段，我国自行研制地下铲运机始于 20 世纪 70 年代中期，长沙矿山研究院分别与厦门工程机械厂和柳州工程机械厂(天津工程机械研究所)合作，改型研制成功了 DZL50 型地下内燃铲运机。

目前地下铲运机已经发展到第四代，即具有自主控制功能的铲运机。第一代地下铲运机是人工操控，为了减轻工人的劳动强度，配备了液压先导阀控制，但铲运机必须有工人在驾驶室操控，进入采场作业时存在安全问题。为了解决安全问题，出现了第二代视距操控铲运机，工人可以不在驾驶室内，而站在作业危险区之外的视距范围内，通过无线遥控装置，操控地下铲运机装载、运输和卸料。这种方式包括无线电视距遥控和视频遥控两种，前者可以在 5~250 m 范围内操控，后者可以在 5~500 m 范围内操控。但这种控制方式也有显而易见的缺点，即由于地下灰尘和光线问题，工人遥控操控的时候视野不好，铲装时很难装满，同样存在着安全和效率问题。由此，出现了第三代地下铲运机。操控者可以在地下维修的硐室或地表等远距离操控铲运机，即操控者更加远离危险作业区，在舒适的地表或地下维修硐室远程控制铲运机的装载、运输和卸料循环，操控者的工作条件大大改善，但这样的控制方式下，如果操控者不专心，稍一疏忽，就会发生意外事故。为了防止类似情况的发生，第四代半自主或自主操控地下铲运机应运而生，这种铲运机部分实现了自动化、智能化或整个过程全部实现了自动化、智能化。

地下铲运机不同于露天铲运机，它是专门为进行地下作业而设计的一种矮车身、中央铰接、前端装载的装运卸联合作业设备。

与其他地下装载设备相比，地下铲运机有如下优点：

(1)生产能力强，效率高。根据相关资料，2 m³ 的地下铲运机的生产效率是同等条件下电耙的 2~3 倍，而且出矿成本也有所下降。在矿井建设方面，采用无轨设备开采地下矿，可以加快矿山开采速度，是加快矿山建设的一个重要途径。

（2）机动灵活，活动范围广。以柴油为动力的地下铲运机，摆脱了轨道、风管、电缆的束缚，提高了机动性能。地下铲运机由于采用铰接车架，转弯半径小，适合狭小的矿山巷道和场地等作业条件。由于牵引力大，爬坡性能好，因此其很适合井下作业条件。

（3）大大改善了司机的作业条件。司机室按照人机工程学原理设计，使司机操作更舒适。大量先进的电子技术和计算机技术在地下铲运机中得到广泛使用，使其自动化程度越来越高，大大减轻了司机的疲劳度，改善了作业环境，从而大大提高了生产效率。

9.2　地下铲运机的分类

目前地下铲运机大致有如下几种分类方法：

（1）按额定载重量 Q_H（额定斗容 V_H）分类。$Q_H \leqslant 1$ t、$V_H \leqslant 0.4$ m³ 为微型地下铲运机；1 t<$Q_H \leqslant 3$ t、0.75 m³<$V_H \leqslant 1.5$ m³ 为小型地下铲运机；4 t<$Q_H \leqslant 10$ t、2 m³<$V_H \leqslant 5$ m³ 为中型地下铲运机；Q_H>10 t、$V_H \geqslant 6$ m³ 为大型地下铲运机。

（2）按动力源分类。地下铲运机动力源分为电动机、柴油机、蓄电池、燃料电池、混合动力、架线式电动等 6 种，对应的地下铲运机分别称作电动地下铲运机、柴油地下铲运机、蓄电池地下铲运机、燃料电池地下铲运机、混合动力地下铲运机、架线式电动地下铲运机。

（3）按传动形式分类。分为液力-机械传动、全液压传动、电传动、液压-机械传动等。

（4）按铲斗卸载方式分类。分为前卸式、侧卸式、推板式、底卸式等。

（5）按整机高度分类。分为标准型地下铲运机、低矮型地下铲运机。

（6）按控制方式分类。分为人工控制地下铲运机、遥控地下铲运机、远程控制地下铲运机、半自主地下铲运机、自主地下铲运机。

9.3　地下铲运机的基本组成及作用

柴油地下铲运机的基本结构见图 9-1，它的组成及作用见表 9-1。

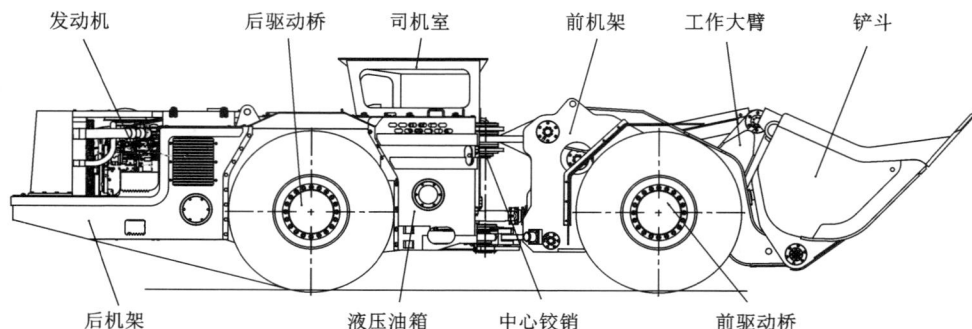

图 9-1　地下铲运机的基本结构

表 9-1　地下铲运机的组成及作用

序号	系统名称	组成	作用
1	动力系统	柴油机及相应的辅助设备	为地下铲运机提供动力
2	传动系统	变矩器、变速箱、前后驱动桥、传动轴或泵、液压马达、分动箱	把动力系统的动力传递给车轮，推动铲运机向前、向后转向运动
3	行走系统	轮胎、轮辋	承受整个铲运机的重量和地面对铲运机的反力、冲击力
4	制动系统	停车制动器、行车制动器、紧急制动器	使铲运机减速或停车
5	转向系统	前车架、后车架、摆动车架、上下铰销、转向油缸及相应操纵机构	使前后车架绕中心铰接销轴折腰转向
6	工作装置	铲斗、举升臂、摇臂、连杆及相关销轴	使地下铲运机铲、装、卸物料
7	电动铲运机卷缆系统	电缆卷筒、卷排缆装置、电缆导辊	实现对拖曳电缆自动收放
8	液压系统	工作液压系统、转向液压系统、制动液压系统、变速液压系统、冷却系统、电动铲运机卷排缆液压系统	控制工作机构铲、装、卸物料，车辆转向，车辆换挡和换向，制动器冷却，控制电缆的收放
9	电气系统	所有电气控制与照明设备	为柴油机和车辆提供电源，监控其运行状态，同时负责交通信号及照明

9.4　地下铲运机的组成机构与系统

9.4.1　动力系统

地下铲运机的柴油机有风冷柴油机与水冷柴油机，过去主要采用风冷柴油机，现在已趋向于采用水冷柴油机。

风冷柴油机的结构见图 9-2，其结构特点是：不需要水箱，冷却系统简单，维修方便；特别适合沙漠和缺水地区及炎热、酷寒地区使用，不会产生发动机过热或冻结故障；但大缸径的风冷发动机冷却不够均匀，缸盖及有关零件负荷大，其重要部分散热困难，对风道布置要求高；具有尺寸大、油耗高、噪声大，排放量相对于水冷柴油机高、价格高等缺点。

图 9-2　风冷柴油机

水冷柴油机的结构见图 9-3，其结构特点是：冷却系统复杂，维修相对困难；发动机冷却均匀可靠、散热好、气缸变形小，缸盖、活塞等主要零件热负荷较低、可靠性高；能很好地适应大功率发动机的冷却要求；发动机增压后也易采取措施(增大水箱，增加泵的流量)加强散热；尺寸小、油耗低、噪声低、排放量低、价格低。

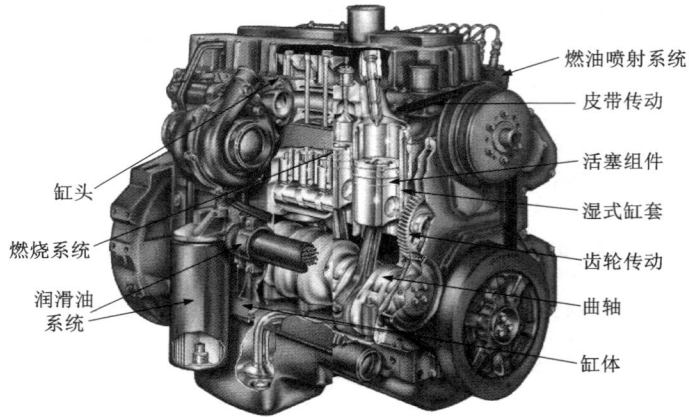

图 9-3 水冷柴油机的结构

9.4.2 传动系统

液力机械传动结构见图 9-4。

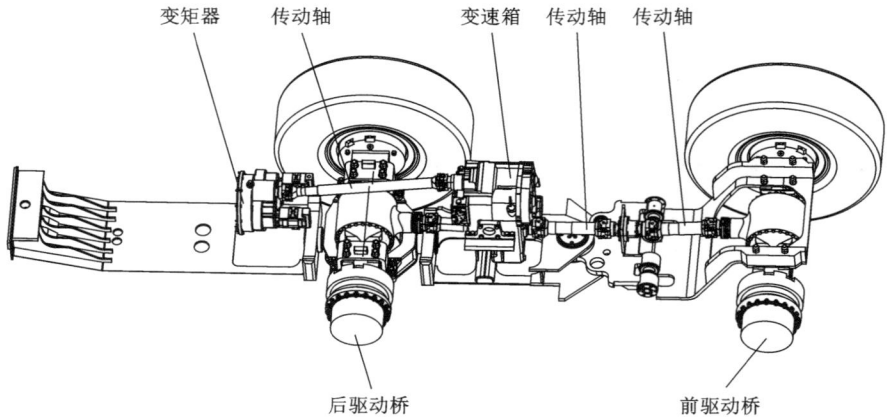

图 9-4 液力机械传动结构图

液力机械传动铲运机的组成及特点见表 9-2。液力机械传动铲运机具有自动适应性，使用寿命长、通过性好、舒适性高、操作简单，但传动效率低、成本较高，适用于大中型铲运机。

表 9-2 液力机械传动铲运机的组成及特点

组成	特点
变矩器	泵轮接收发动机传来的机械能，将其转换成液体动能，涡轮则将液体的动能转换成机械能输出。三元件单级单相向心涡轮液力变矩器结构简单、性能可靠、使用寿命长

续表 9-2

组成	特点
变速箱	改变原动机与驱动桥之间的传动比，改变车辆方向，使车辆在空挡启动或停车，起分动箱作用，定轴式动力换挡变速箱可不切断动力直接换挡，工作可靠、传动效率高、使用寿命长、结构简单、维修方便、操纵轻便、接合平稳；行星式动力换挡具有结构刚度大、齿间负荷小、传动比大、传动效率高、输入轴和输出轴同心，以便实现动力自动换挡等优点
传动轴	连接变矩器与变速箱、变速箱与驱动桥，传递扭矩与转速，传动轴两端万向节应在规定的相位平面内，拆装方便，传递扭矩大
驱动桥	增大扭矩和改变扭矩传递方向，使左右车轮产生速度差，把车辆重量传递给车轮，把地面反力传递给车架，安装行车与停车制动器；刚性驱动桥设计先进、使用可靠、维护容易、寿命长，但价格高

9.4.2.1 液力变矩器

目前地下铲运机大多数采用柴油机与三相交流异步电动机作为动力装置。由于柴油机的扭矩适应性系数与电动机的过载能力较小，不能满足地下铲运机经常过载与载荷频繁变化的要求，因此，为了解决这个问题，可在柴油机与电动机后面安装一个液力变矩器。

地下铲运机绝大部分采用美国 DANA 公司的三元件单级单相向心涡轮液力变矩器。它们的结构基本相同，主要的零件结构见图 9-5，外形见图 9-6。发动机（或电动机）的动力经过发动机（或电动机）飞轮上内齿圈（或飞轮）和变矩器外齿圈（或柔性盘）传递到变矩器以后，分两路[一路经泵轮→涡轮→涡轮轴→主动齿轮→被动齿轮→输出轴→输出动力；另一路经泵轮→泵轮轮毂→油泵传动主动齿轮(1个)→油泵传动被动齿轮(3个)→三个油泵]为变速泵、两个辅助泵（工作、转向、制动、冷却液压系统动力源）提供动力。液流从过滤器进入压力调节阀，至泵轮入口，由泵轮带动，进入涡轮。一部分液流经导轮再到泵轮入口，另一部分经涡轮与导轮之间的空隙进入涡轮轴与导轮座的空隙，流向冷却器或变速箱油池。

液力变矩器在地下铲运机中获得广泛应用除了上述原因外，还因为液力变矩器具有下述优点：

（1）车辆具有自动适应性。当外载荷增大时，变矩器能使车辆自动增大牵引力，同时车辆自动减速，以克服增大的外载荷；反之，当外载荷减小时，车辆又能自动减小牵引力，加快车辆速度，保证发动机能经常在额定工况下工作，避免发动机因外载荷突然增大而熄火，也避免电动机过热与过载，同时满足车辆牵引工况与运输工况的要求。

（2）车辆使用寿命长。由于液力传动的工作介质是液体，能吸收并减少来自动力装置和外载荷的振动与冲击，即液力传动具有滤波性能和过载保护性能，因而延长了车辆使用寿命，这对于经常在恶劣环境下工作的地下铲运机来说尤为重要。

（3）车辆通过性好。液力传动可以使车辆以任意小的速度行驶，使车辆与地面的附着力增加，从而提高车辆的通过性能，这对地下铲运机在泥泞、不平的路面条件作业是有利的。

（4）车辆舒适性高。采用液力传动后，可以平稳启动车辆，在较大的速度范围内无级变速，可以吸收并减少振动和冲击，从而提高车辆的舒适性。

（5）车辆操作简单。液力变矩器本身是一个无级自动变速器，可使发动机与电动机的动力范围扩大，从而可以减少变速箱的挡位。采用动力换挡装置后，换挡操纵简便，从而大大

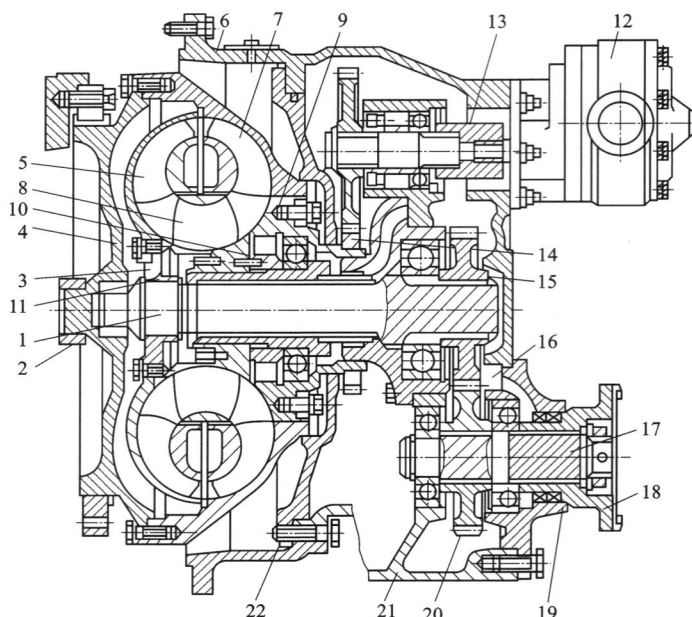

1—涡轮轴；2—罩轮套环；3—涡轮轮；4—罩轮；5—涡轮；6—铸铁外壳；7—泵轮；8—导轮；9—泵轮轮毂；
10—导轮隔套；11—导轮支轴套组件；12—补油泵；13—补油泵传动轴套；14—泵轮轮毂齿轮；15—涡轮轴齿轮；
16—输出齿轮箱；17—输出轴；18—联轴节；19—轴承座；20—输出轴齿轮；21—齿轮箱壳；22—隔油挡板。

图 9-5　变矩器结构图

降低了驾驶员的劳动强度；另外，由于变矩器可避免发动机因外载荷突然增大而熄火，所以司机可不必为发动机熄火担心。

与一般机械传动相比，液力传动的主要缺点是成本高，变矩器本身的效率低。

9.4.2.2　动力换挡变速箱

在地下铲运机中广泛采用动力换挡变速箱。动力换挡变速箱与非动力换挡机械变速箱的主要区别是动力换挡变速箱采用了液压缸操纵换挡离合器，一般不必预先切断动力，可以直接换挡。动力换挡变速箱有定轴式与行星式两种。后者结构紧凑、尺寸小（因力分散后经几个齿轮传动，零件受力平衡，支承轴承和壳体等受力小）；

图 9-6　变矩器外形图

可以采用较小模数的齿轮（因几个齿轮受力）和较小尺寸的轴与轴承（因受力平衡，结构刚性大，因而齿轮接触良好，工作寿命长）；在结构上可以采用多用制动器替代部分离合器，采用固定油缸和固定密封，尽量避免采用旋转密封和旋转油缸，从而提高动力换挡油压操纵系统的可靠性，而且制动器布置在传动系统外周，尺寸大，工作容量大，这点在大功率机械上优越性特别明显；其缺点是结构复杂、零件多、制造维修困难。前者的优缺点恰恰相反，对地下矿山运输设备来说，由于维修特别困难，因此除了卡特彼勒公司地下铲运机采用行星式动力换挡变速箱外，绝大部分公司的地下铲运机都采用 DANA 公司的定轴式动力换挡变速箱。

下面以 R20000 三速变速箱为例，说明 DANA 变速箱的结构与原理。图 9-7、图 9-8 分别为标准 R20000 三速变速箱的外形图与结构图。该变速箱有前进挡 F、后退挡 R、一挡、二挡、三挡共 5 个换挡离合器，11 个齿轮，9 根轴，22 个轴承，箱体（由前盖 1、后盖 7、箱体 6 组成），停车制动器 10，法兰，换挡操纵阀及操纵系统组成。在地下铲运机中，不采用输出轴 5 及相应轴承和法兰。在图 9-9 中，还有一个与齿轮 Z_1、Z_5 同时啮合的惰轮。该变速箱有 3 挡前进挡与 3 挡后退挡，共有 8 根轴（不算输出轴 5）。

图 9-7 R20000 三速变速箱外形图

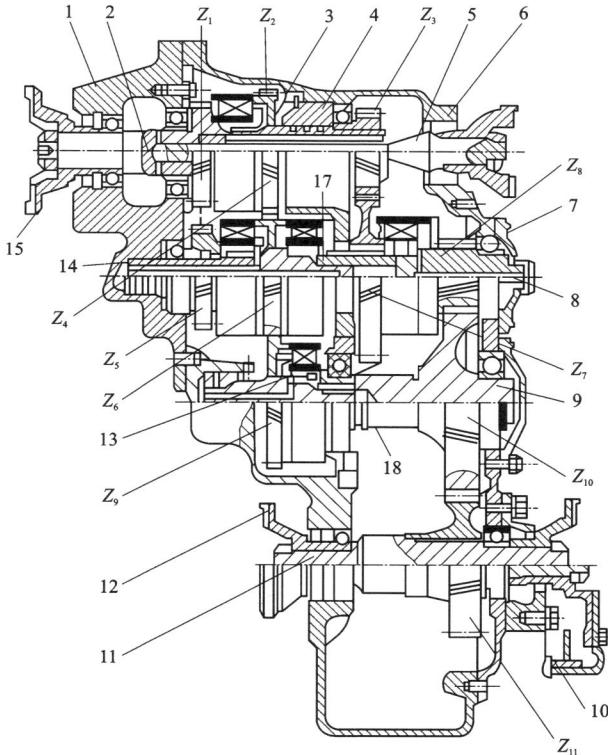

1—前盖；2—输入齿轮轴；3—前进挡离合器与鼓轮组件；4—活塞环套；5—输出轴；6—箱体；7—后盖；
8—一挡离合器组件；9—惰轮；10—停车制动器；11—输出轴；12—输出法兰；12—三挡离合器组件；
14—后退挡与二挡离合器组件；15—输入法兰；16—惰轮轴（在图 9-9 中表示）；17—二挡离合器鼓盘；
18—三挡离合器鼓盘；$Z_1 \sim Z_{11}$—传动齿轮。

图 9-8 R20000 三速变速箱结构图

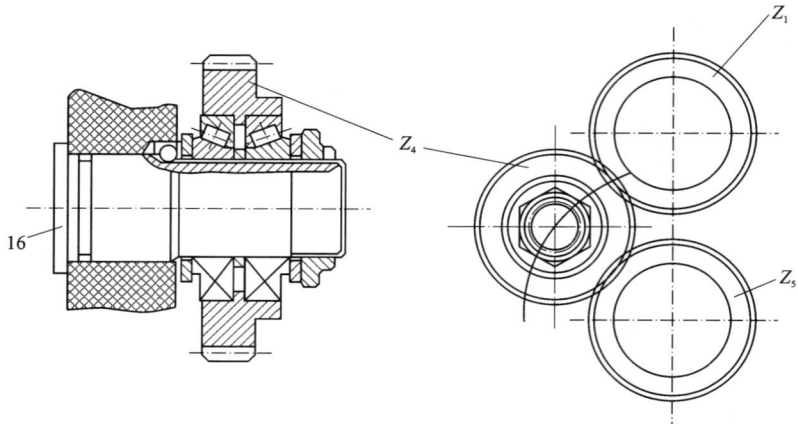

图 9-9　R20000 三速变速箱惰轮结构

变速箱的功能有以下几个方面：

（1）改变原动机主驱动轮间的传动比，从而改变车辆的牵引力和行驶速度，以适应车辆在作业与行驶工况中的需要。

（2）使车辆倒退行驶。

（3）当变速箱挂空挡时，原动机传给驱动轮的动力被切断，以便原动机启动；或者在原动机运转的情况下，使车辆在较长的时间内停车。

（4）起分动箱的作用，如车辆为全驱动，原动机的动力经变速箱分别传给前桥和后桥。

9.4.2.3　驱动桥

DANA 公司刚性驱动桥的外形和结构分别见图 9-10 和图 9-11。驱动桥由主传动、行星轮边减速器、制动器、轴、半轴与桥壳组成。

图 9-10　DANA 公司刚性驱动桥外形

主传动的作用是增大扭矩和改变扭矩的传递方向；差速器通过半轴将扭矩与转速传递到轮边减速器，使左右驱动车轮在转向或不平路面上行驶时，以不同的角速度旋转；轮边减速器可进一步增大从半轴输出的扭矩；封闭湿式多盘制动器或其他型号制动器用于地下铲运机的工作制动；驱动桥壳把地下铲运机的重量传递到车轮，并将作用在车轮上的各种力传到车架，驱动桥壳也是主传动、差速器和车轮传动装置的外壳。

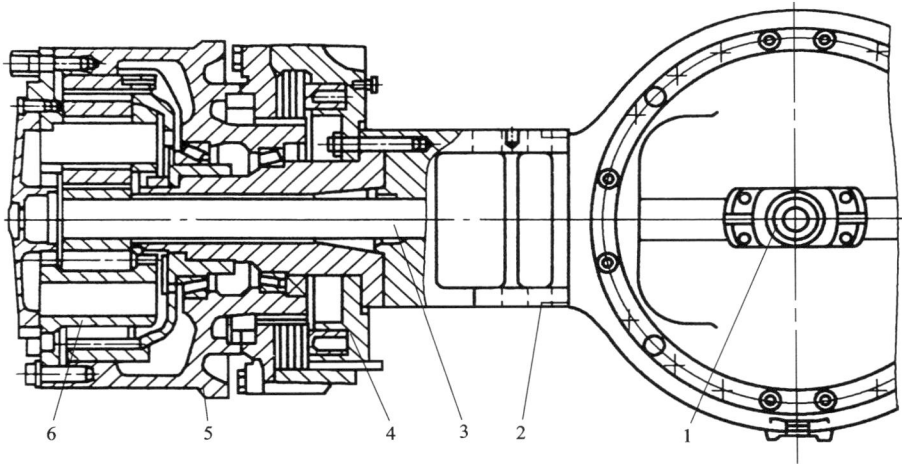

1—主传动；2—桥壳；3—半轴；4—制动器；5—轴；6—行星轮边减速器。

图 9-11　DANA 公司驱动桥结构简图

地下铲运机对驱动桥的要求：

（1）合理分配主传动及轮边减速器的传动比，以保证机械的最佳动力性和经济性。地下铲运机作业行驶速度慢、牵引力大，因此要求有较大传动比，一般为 26~32。

（2）驱动桥各部件在工作可靠并保证一定的使用寿命的条件下应尽量做到质量轻、体积小，保证所要求的离地间隙。

（3）地下铲运机是在井下工作，路面条件差、弯道多，因此要求左右车轮差速与扭矩分配，即转弯时或左右驱动轮与地面的附着系数不等时，地下铲运机有充分的牵引力。

（4）由于地下铲运机经常在坡道上作业与运行，因此要求制动器制动可靠、性能稳定、寿命长、易维护。

（5）为了适应地下巷道作业，要求轮距尽可能小，外形尺寸小，保证有必要的离地间隙。

（6）能承受并传递路面和车架垂直力、纵向力、横向力以及驱动时的反作用力和制动时的制动力矩。

（7）驱动桥应满足《工程机械　驱动桥　技术条件》（JB/T 8816—2015）。

9.4.2.4　万向传动装置

地下铲运机万向传动装置主要用于非同心轴线或工作中有相对位置变化的两个部件之间的动力传递，见图 9-12，它经常用于下列几种情况：

（1）装在变矩器输出轴与变速箱输入轴之间，变速箱输出轴与前、后桥动力输入轴之间。变速箱的输出轴线与前、后桥输入轴线不在同一水平面内，且在水平面的投影也不在一条直线上，需要用万向传动装置进行动力传递。

（2）地下铲运机前、后车架为铰接连接，在转向过程中，其相对位置会发生变化，因而装在后车架上的变速箱与装在前车架上的前桥在转向过程中，它们的位置也在不断发生变化，为了把动力从变速箱可靠地传递到前、后车桥，必须应用万向传动装置。

为了可靠又安全地传递动力，万向传动装置的设计与安装有如下要求：

（1）相对位置在预定的范围内变化时，能可靠地传递动力；

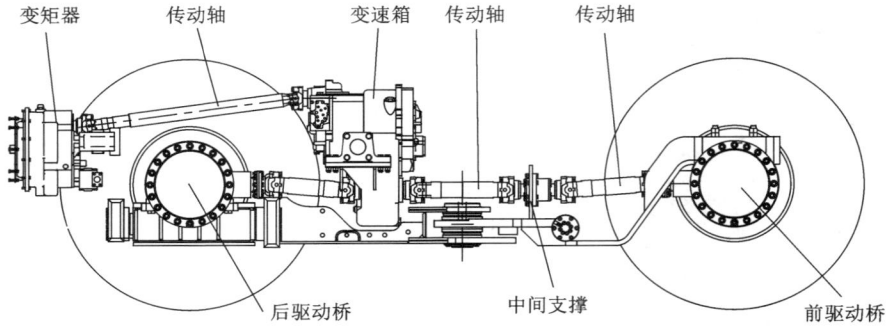

图9-12　地下铲运机传动轴布置图

（2）由万向节传动主、从传动轴夹角而产生的附加载荷、振动和噪声应在允许的范围内；

（3）传动效率高、使用寿命长、制造容易、维护方便；

（4）传动轴应符合《轮胎式装载机用传动轴总成　技术条件》（JB/T 7693）的规定。

9.4.2.5　静液压传动

对于小斗容、小功率的地下铲运机，目前国内外基本上采用静液压传动方式，这种传动系统的组成见图9-13。静液压传动系统尺寸小、质量轻、零部件数目少、布置方便、启动和运转平稳，能自动防止过载，能在较大范围内实现无级调速，发动机低速时，牵引力大，但对液压油的清洁度要求高，目前适用于斗容在 1.5 m^3 以下的铲运机。

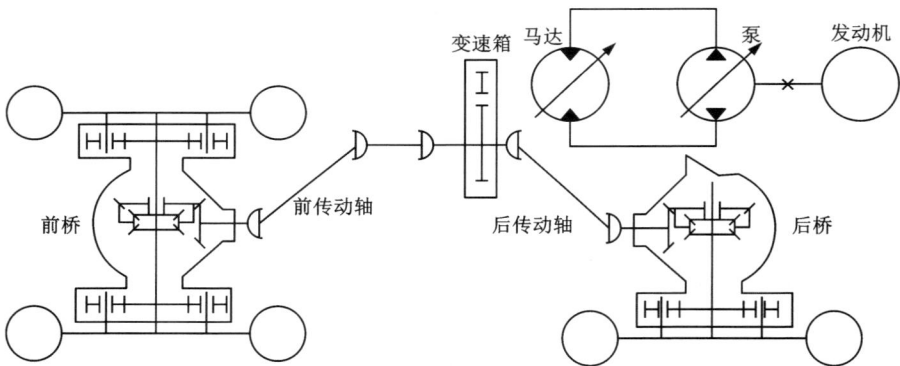

图9-13　静液压传动系统

9.4.3　行走系统

行走系统在地下铲运机中的位置见图9-14。

由于地下铲运机经常在恶劣环境、松软或碎石场地行驶，在重负荷或极大的冲击负荷下作业，所以要求行走系统各部件有很高的强度与刚度。

为了获得较大的牵引力，地下铲运机都是采用四轮驱动。地下铲运机在作业时前后轮负荷变化很大，为了使机体不因此而产生较大的纵向摆动，并使地下铲运机有较好的稳定性，前后桥均采用刚性桥，所有来自地面的冲击只能靠使用的低压胎来起缓冲作用。通常情况下，地下铲运机前桥刚性地固结在车架上，后桥则通过摆动车架（又称副车架）铰接在车架上，当在不平路面上行驶时，后桥绕铲运机纵轴可以摆动一定的角度（7°~10°），车轮不致离地。

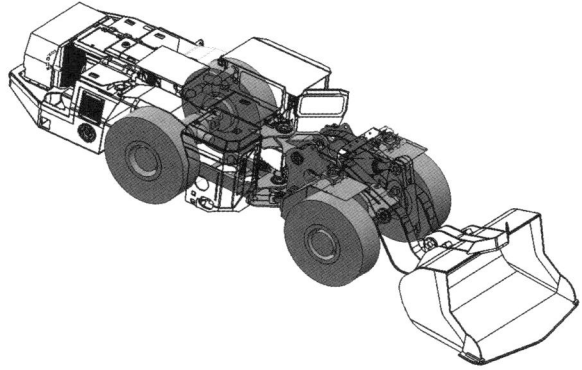

图9-14　行走系统在地下铲运机中的位置

地下铲运机行走系统由车架和车轮等部分组成，它们的主要作用是支承整机重量，接受传动系统输出扭矩而产生的驱动力和行驶速度，以及接受路面传来的各种反作用力。

9.4.3.1　车架

车架是行走系统的骨架，也是整机的骨架。地下铲运机的主要部件都是通过车架固定的。车架的结构形式应满足其强度、刚度、耐久性及相互位置精度要求。为此，车架一般由一定厚度、焊接性能好、高强度的低合金钢板（16Mn）焊接而成。

车架由前车架与后车架组成。前车架主要安装前桥、工作装置、多路阀及一些液压元件；后车架主要安装副车架、后桥、动力装置、传动装置、大部分液压元件与电气元件、驾驶室及操纵元件。这两个车架通过上下两个垂直铰销相连，允许前后车架在水平面内有40°左右的相对转角，从而减小地下铲运机的转弯半径。铰接式车架的轴距尺寸加大，提高了整机的稳定性，连接前后车架的铰接点一般布置在轴距的中点。使前后车轮转向半径相等，转向时前后车轮轨迹重合，可减少转向时的滚动阻力。上下两铰接点垂向距离加大，可以改善车架受力状态。

图9-15为CY-6型地下铲运机车架示意图。

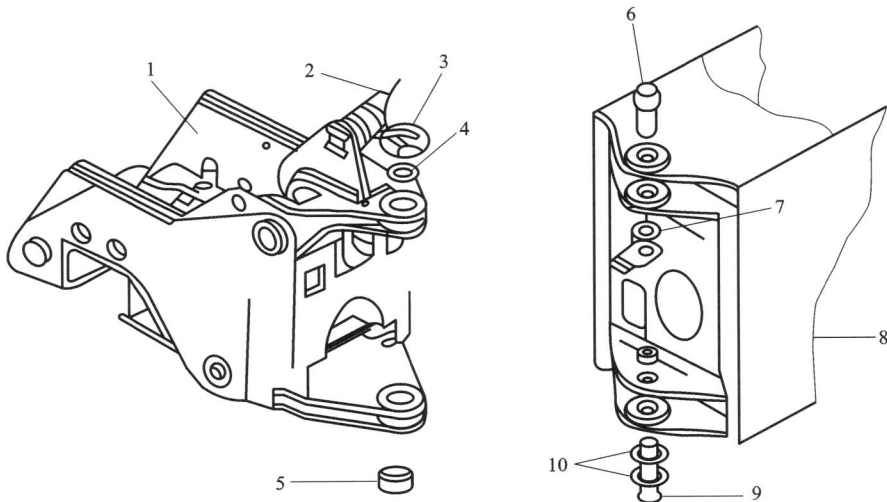

1—前车架；2—锁紧铁丝；3—挡板；4—上关节轴承；5—下关节轴承；
6—上销；7—垫；8—后车架；9—O形圈；10—垫片。

图9-15　CY-6型地下铲运机车架示意图

9.4.3.2　车轮

车轮由轮辋、轮胎与气门嘴组成，轮胎装在轮辋上，而轮辋通过轮辐装在车桥的轮毂上，见图9-16。

由于地下铲运机采用刚性悬挂，其冲击作用全部由车轮承担，另外整机的附着条件和滚动阻力也与车轮结构形式有关。车轮支承着整机重量，承受各种工作负荷，同时把路面上各种反力传递给机架。车轮还是行走、支承、导向和缓冲结构，车轮结构的优劣对地下铲运机行驶性能和安全性能有很大影响。

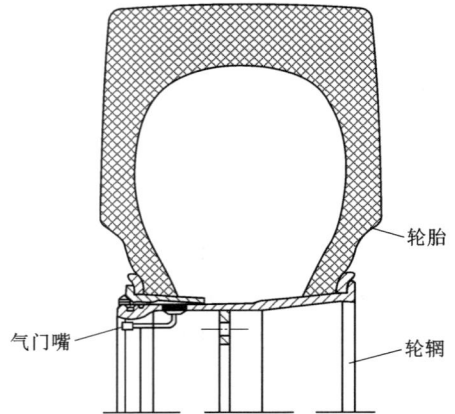

图9-16　车轮结构

9.4.4　制动系统

制动系统是指使机械制动和停车的所有零件的组合，包括操纵装置、制动传动装置、制动器，如果装备了限速器，其也包括在制动系统中。一般的制动器可分行车、停车、辅助制动装置。行车制动系统是用于将机器制动并停车的主制动系统；停车制动系统是指使已制动住的机器保持原地不动状态的系统；辅助制动系统是指行车制动系统失效时，使机器制动的系统。

矿山机械的制动系统普遍采用封闭多盘油冷式制动器。封闭多盘油冷式制动器较盘式制动器有诸多优点，封闭多盘油冷式制动器是全封闭式，可防止泥土的浸入，制动性能稳定；采用单制动活塞推进结构，摩擦偶件受力均匀，圆盘间隙不用调整，且允许滑转传递扭矩，特别适用于重车下长坡制动工况；采用油冷和多盘结构，性能良好，简化了维护保养程序，延长了制动器的使用寿命。封闭多盘湿式制动器由液压驱动，靠油液的循环进行散热，冷却方式有强制式和自冷式两种，选择何种冷却方式要根据刹车动作的严重程度而定，若采用自冷式，因支承轴与轮毂间无密封，所以润滑差速器和行星轮边减速器的润滑油可直接流向制动器，达到同时冷却制动盘的目的。

弹簧制动液压释放制动器（Posi-Stop制动器）结构见图9-17。该制动器的外壳与空心主轴和桥壳固定在一起。静摩擦片与制动器外壳通过花键连接。动摩擦片安装在静摩擦片之间。通过内花键与轮毂相连，随轮毂一起转动。当启动柴油机时，压力油推动制动活塞向右运动，压紧螺旋弹簧，动、静摩擦片松开，车辆运行。当制动踏板踩下时，制动油缸的压力油流回油箱，此时活塞在弹簧的作用下压紧动、静摩擦片，使车辆产生制动作用力。

这种制动器制动更加安全、可靠（因为油管破裂或油压低于某一要求值时制动器立即制动），使用寿命长，几乎无须保养，且工作制动与停车制动合而为一，均由此制动器完成，大大简化了液压制动系统，便于总体布置。当动力机出现故障，由其他车辆牵引时，需设计一个手动松闸油泵。

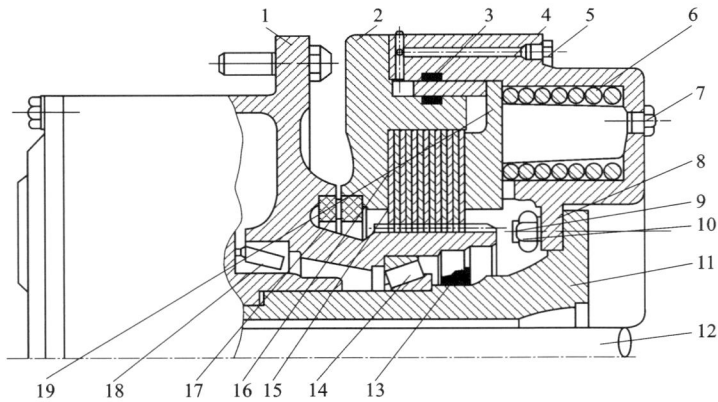

1—轮毂；2—制动器外壳；3—活塞油封；4—活塞；5、7—螺堵；6—制动弹簧；8—密封圈；9—螺母；
10—螺栓；11—空心主轴；12—半轴；13—骨架密封圈；14—轮毂内锥轴承；15—静摩擦片；
16—动摩擦片；17—浮动油封；18—轮毂外锥轴承；19—压盘。

图9-17 弹簧制动液压释放制动器

9.4.5 转向系统

转向系统在地下铲运机中的位置见图9-18。

目前，地下铲运机转向系统大都采用铰接液压转向系统，前后车架由上下铰销连接而成，它既可以在水平面内做相对转动，又可以在垂直面内做相对移动。前者实现整机转向，后者保证车轮与地面良好接触。铰接式装置的优点是：由于转向半径小，转向灵活，附着性能好，不需要转向桥，前后桥有些可以通用，使零件的标准化、通用化程度提高，在井下矿山使用的无轨设备中（包括地下铲运机）获得广泛应用。铰接式转向系统也有一些缺点：所需功率比偏转轮转向大，机械的横向稳定性差，前驱动轮没有定位角，车轮会出现振摆，机械蛇形前进，直线行驶性能差，方向盘无自动回正作用。

图9-18 转向系统在地下铲运机中的位置

如图9-19所示，铰接转向装置主要由四部分组成：转向油缸（有单缸和双缸之分）、操作装置（方向盘和转向器）、前后铰接体、液压系统。

在地下铲运机转向装置中，有的采用单缸转向（图9-20），但大部分采用的是双缸转向（图9-21）。

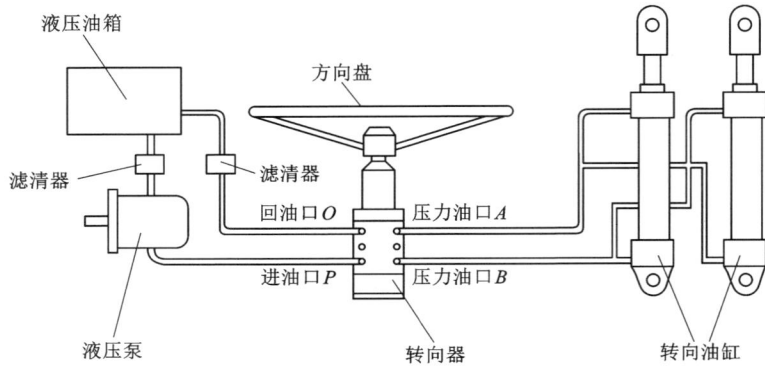

图 9-19 铰接转向装置的组成

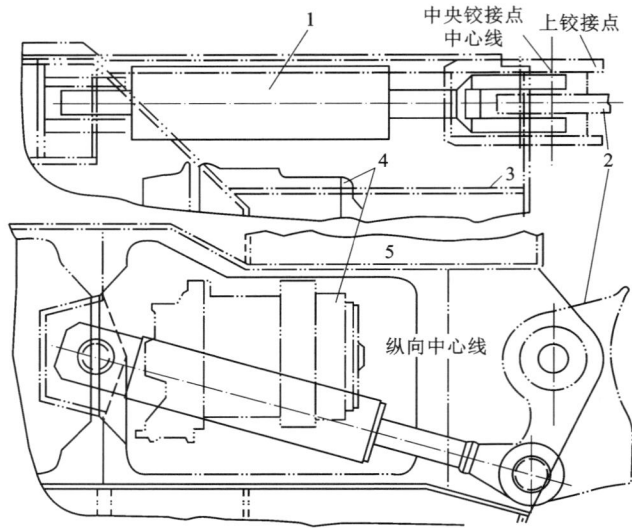

1—转向油缸;2—前车架铰接板;3—后车架铰接板;4—变速箱;5—司机室。

图 9-20 单缸转向油缸布置图

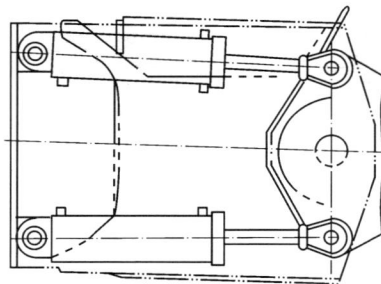

图 9-21 双缸转向油缸布置图

双缸转向由于转向角不大，一般为 $36° \sim 42.5°$，因此油缸两端直接与前后车架相连，而且两油缸布置在下铰点附近，对称于纵向轴线。尽管转向油缸布置在下铰点附近有一系列缺点，但由于前后车架之间的支承刚度和转向力矩的变化较单缸转向优越，因此地下铲运机绝大部分采用双缸转向。

9.4.6　工作装置

工作装置在地下铲运机中的位置见图 9-22。

地下铲运机的铲料、装料和卸料作业是通过工作装置的运动来实现的，因此工作装置的合理性直接影响地下铲运机的生产效率、工作负荷、动力与运动特性、不同工况下的挖掘效果、组成生产循环时间（包括铲取、举升、卸料和铲斗返回到原位的时间）、外形尺寸和发动机功率等。不同类型的工作装置其结构组成是不同的。图 9-23 所示工作装置为 Z 形反转六杆装置，由铲斗、举升臂、连杆、摇臂、倾翻油缸和举升油缸组成。铲斗是装载物料的容器，具有两个铰点，一个与动臂铰接，另一个通过连杆、摇臂与转斗油缸连接，操纵转斗油缸即可使铲斗翻转或卸料。动臂与前车架铰接，操纵动臂油缸即可举升或降落动臂和铲斗。

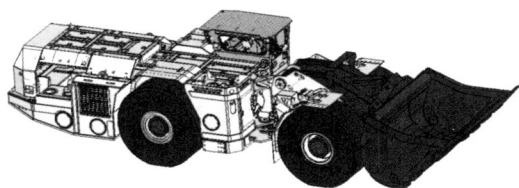

图 9-22　工作装置在地下铲运机中的位置

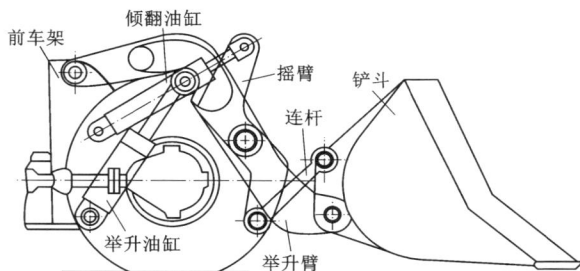

图 9-23　地下铲运机工作装置

9.4.6.1　类型

目前，国内外地下铲运机上广泛采用以下四种工作装置。

1）Z 形反转六杆装置

Z 形反转六杆装置示意图见图 9-24。其特点是：

（1）在铲掘位置时，传动角大（连杆与从动杆中间的夹角），翻斗油缸由活塞腔作用，并且连杆系统的倍力系数能设计成较大值，所以可以获得相当大的铲取力。

（2）恰当地选择各构件尺寸，不仅能得到良好的铲斗平动性能，而且可以实现铲斗的自动放平，这是其他工作装置难以办到的。

（3）结构十分紧凑、前悬小（工作装置重心到前桥之间的距离）、司机视野好。

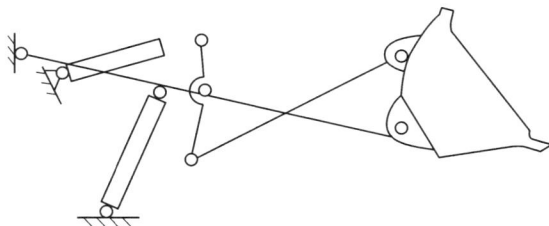

图 9-24　Z 形反转六杆装置示意图

（4）卸载时，转斗角速度小，易于控制卸料速度，减少卸料冲击。

（5）承载元件及铰销较多，使得结构相对复杂，铲斗在卸料与铲掘时，Z形工作装置承受的负荷最大，它的横梁与动臂回转销承受的负荷也较大。

（6）摇臂和连杆布置在铲斗与前桥之间的狭窄空间，容易发生构件的相互干涉，Z形反转六连杆装置由于优点较多，而且特别适用于坚实物料（矿石等）的采掘和搬运，最近几年得到广泛的应用。

2）正转四杆装置

正转四杆装置见图9-25，其示意图见图9-26。其特点是：

（1）在铲掘位置时，翻斗油缸使活塞杆端进油，油缸输出力较小，又因连杆倍力系数难以设计出较大值，因此铲取力相对较小，要想保持铲取力，必须增大翻斗油缸的行程与尺寸。

（2）结构简单，承载元件、铰销数量较少，结构质量相对较轻。这类工作装置能有效地满足初始技术要求。

（3）容易保证四杆装置实现铲斗举升平动，但铲斗返回时不能自动放平。

（4）这种结构传动比不易得到较大值，所以转斗油缸活塞行程大，油缸长。

（5）在铲掘工况下，铲斗具有最大的角速度。

（6）在卸料时，活塞杆易与铲斗相碰。

由于该装置简单可靠，很多中型地下铲运机仍采用该装置。

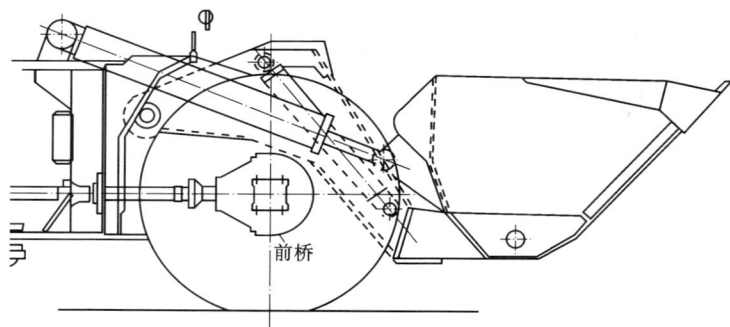

图9-25 正转四杆装置

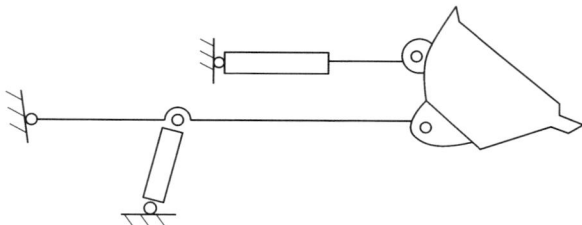

图9-26 正转四杆装置示意图

3）正转五杆装置

正转五杆装置见图9-27，其示意图见图9-28。

为了克服正转四杆装置卸料时活塞杆易与斗底相碰的缺点，在活塞杆与斗底之间加了一根短连杆，从而使正转四连杆变成正转五连杆装置。当铲斗翻转铲取物料时，短连杆与活塞杆在油缸拉力的铲斗重力作用下呈一直线，如同一杆；当铲斗卸载时，短连杆能相对于活塞杆转动，避免活塞杆与斗底相碰。此装置的缺点同正转四杆装置。

由于地下铲运机在井下工作，举升高度不大，平动性好，对铲斗自动放平也要求不高，所以该装置在地下铲运机上也有一定的应用。

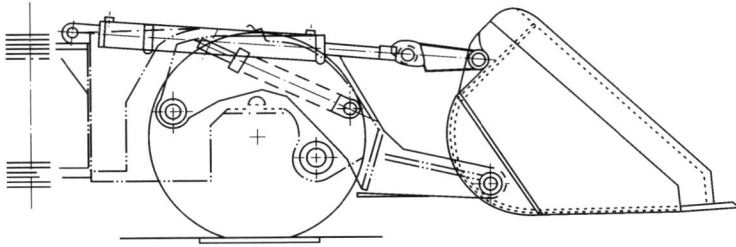

图 9-27　正转五杆装置

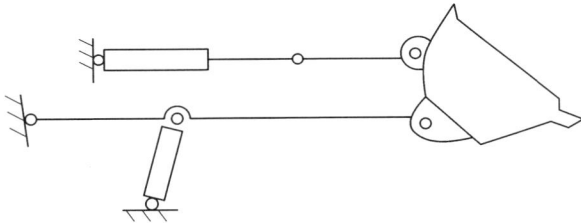

图 9-28　正转五杆装置示意图

4）正转六杆装置

正转六杆装置见图 9-29，其示意图见图 9-30。

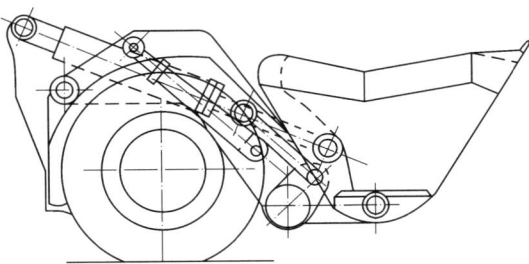

图 9-29　正转六杆装置

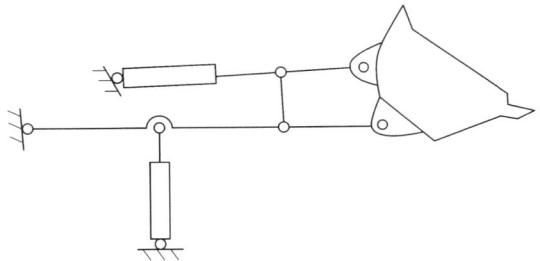

图 9-30　正转六杆装置示意图

由于该装置转斗时是小腔进油，铲取力较小，因此为了增大铲取力，需提高液压系统压力或加大转斗油缸尺寸，而这样会增加装置重量。在转斗卸料时，角速度较大，不仅易抖落斗中物料，而且还会对运输车辆造成卸料冲击，影响驾驶员的安全与车辆寿命。尽管工作元件负荷较均匀，可以将斗臂、转斗油腔、摇臂与连杆设计在同一平面内，从而简化结构，但由于该装置结构相对复杂，承载元件与铰销数量最多，特别在铲挖位置，铲取力急剧减小，因此这种装置比较适用于建筑材料装载和砂土材料的铲掘作业,而不大适合坚实物料的铲掘作业与搬运工作。

上述四种工作装置的特性比较见表9-3。

表9-3 工作装置特性比较

工作装置类型		Z形反转六杆装置	正转四杆装置	正转五杆装置	正转六杆装置
承载元件数量(包括铲斗、大臂和工作缸等)/个		7	5	6	7
承载铰销数量/个		12	10	11	14
液压缸数量/个	举升油缸	2	2	2	2
	倾翻油缸	1	1	1	1
铲掘时,倾翻油缸的工作腔		活塞腔	活塞杆腔	活塞杆腔	活塞杆腔
在铲取与卸料位置时,铲斗所具有的速度与加速度大小		最小	最大	最大	较大

9.4.6.2 铲斗

工作装置中最重要的部件是铲斗,设计铲斗时必须满足下列要求:

(1)铲斗的形状、尺寸和刃口的设计,必须以一铲就装满整个工作腔为准则;

(2)在选择有效铲掘力矩时,应考虑到料堆降低及在斜坡上的作业因素,故铲斗的高度不宜过大;

(3)由于铲斗工作条件恶劣,经常承受很大的冲击载荷和强烈磨损,因此要求铲斗应具有足够的强度、刚度和抗冲击性,并要求铲斗插入料堆的阻力要小,以提高作业效率;

(4)铲斗的几何形状应能保证其可靠运输,还能进行场地的平整工作;

(5)减少对铲斗部分的非正常磨损,提高刃口的耐磨性,保证铲斗维修的方便;

(6)合理增大铲斗相对于轮胎外缘的宽度,以清除可能出现在轮胎下面的石块,减少轮胎的磨损;

(7)由于矿石的容量不同,往往同一台地下铲运机要配备几个斗容不同的铲斗,为此,铲斗元件应具有高通用性、高互换性;

(8)铲掘时能保证工作面的良好视野。

铲斗结构简图见图9-31。

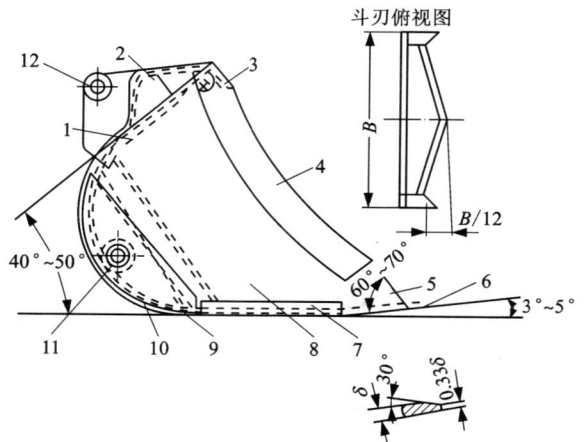

1—加强筋;2—加强板;3—角撑板;4—侧刃;
5—角板;6—斗刃;7、9—底耐磨板;
8—侧壁;10—底板;11—大臂连接孔;12—连杆连接孔。

图9-31 铲斗结构简图

斗刃由高强度耐磨钢板制成，成型后，再焊接于铲斗上。主刃形状一般呈 V 形，除特殊需要外一般不带斗齿，斗刃前缘做成一定刃口，斗刃中间突出，以便插入料堆，有利于改善作业装置偏载，适宜铲装矿石，但因刃口突出，影响卸载高度。侧刃因为也参与插入工作，所以为了耐磨也由高强度耐磨钢板制成，而且焊在侧壁上。为了减小插入阻力，侧刃与斗底成锐角。斗体底部制成圆弧形，半径小，矮而深，使铲斗插入料堆更深，铲斗易装满，但过深的铲斗引起斗底过长，造成铲取力减小，因此为了提高斗体的耐磨性，在斗体最下方焊有耐磨条。

9.4.6.3　举升臂

举升臂是铲斗的支承和升降装置。工作装置类型和前车架结构设计得不一样，举升臂的结构和形状也不相同，举升臂一般为双梁结构，两者用横梁连接，举升臂一般做成曲线形，使铲斗尽量靠近前轮轴，降低倾翻力矩，增加稳定性。如图 9-32 所示，举升臂断面形状常有单板形、双板形、箱形、槽形和异形，分别用于不同的工作装置（见图 9-33~图 9-37）。箱形断面的举升臂在受力情况下稳定性最好，但制造过程比较复杂，大多用于大、中型地下铲运机。

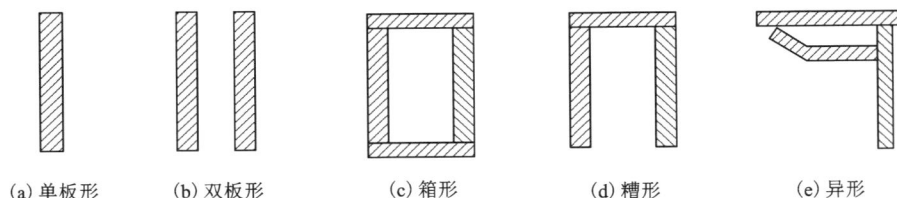

| (a) 单板形 | (b) 双板形 | (c) 箱形 | (d) 槽形 | (e) 异形 |

图 9-32　举升臂断面形状

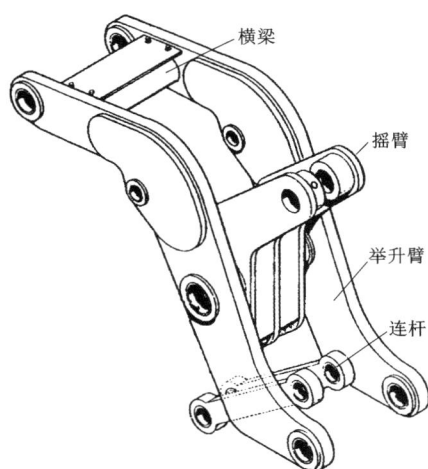

图 9-33　地下铲运机单板双梁举升臂

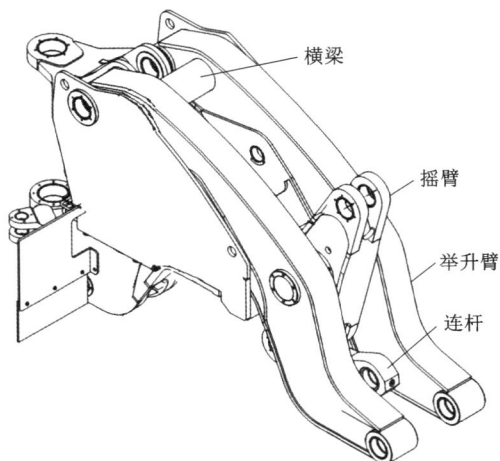

图 9-34　地下铲运机箱形双梁举升臂

9.4.6.4　摇臂

如图 9-38 和图 9-39 所示，摇臂有铸造和焊接两种。在反转六杆装置中，摇臂中间与举升臂横销铰接，上端与铲斗相连，下端与连杆相连。其作用是使铲斗完成收斗和卸料动作。在正转六杆装置中，摇臂一端连接举升臂横梁中部，另一端与翻斗油缸活塞及连杆相连。

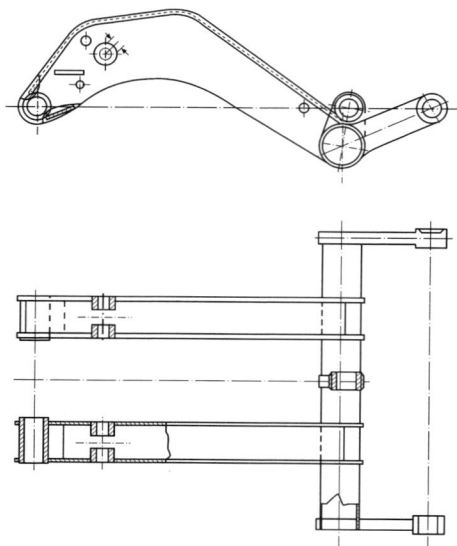

图 9-35 CY-2C 槽形双梁举升臂

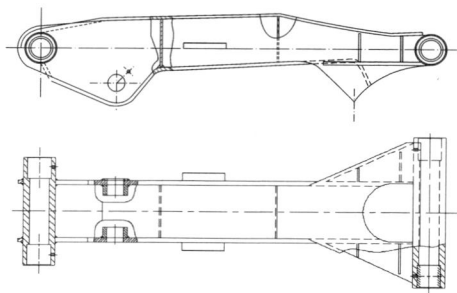

图 9-36 CY-1 型小型地下铲运机单梁举升臂

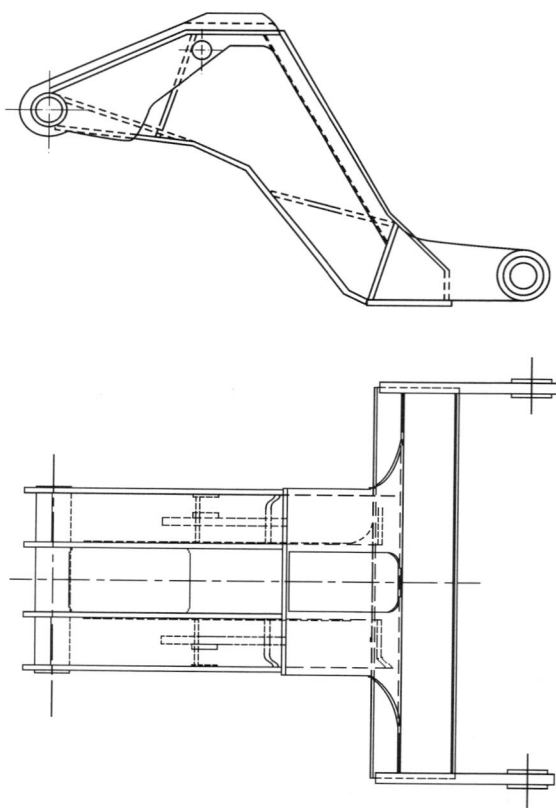

图 9-37 地下铲运机异形双梁举升臂

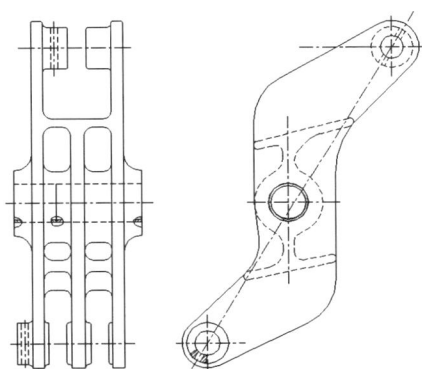

图 9-38　铸造反转六杆装置摇臂

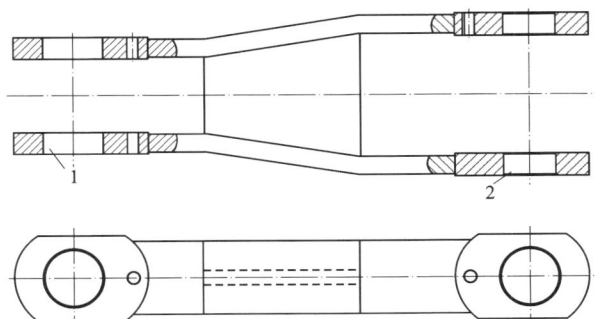

图 9-39　焊接正转六杆装置摇臂

9.4.7　电动铲运机卷排缆装置

如图 9-40 所示，电缆式电动地下铲运机为了实现对拖曳电缆的自动收放，需要设置电缆卷排绕装置，这是电动地下铲运机在结构上不同于柴油铲运机的一个特点。卷排缆装置的功能是随着铲运机的前进和后退自动同步放出或卷绕电缆，避免铲运机运行时电缆在巷道中被拖曳磨损造成损坏，发生事故。

图 9-40　山特维克电动铲运机 LH514E 卷排缆装置

9.4.7.1　对卷排缆装置安全要求

电缆卷筒除了满足《户外严酷条件下的电气设施　第 3 部分：设备及附件的一般要求》（GB/T 9089.3—2023）标准中的要求外，还应满足：

（1）在地下铲运机电缆进入点上的第一个终端盒配备一个接地端子，以便连接挠性拖拽电缆内的接地导线；

（2）在紧靠地下铲运机的电缆进入点，电缆卷筒滑环输出侧应配置一个人容易够得着的断路器；

（3）设计的电缆卷筒在所有工作状态下都不应使电缆超过电缆制造商推荐的最高温度；

（4）电缆卷筒应有一个用以防止电缆过紧或欠紧的限制装置；

（5）电缆卷筒应能在地下铲运机各种运行速度（直至最高速度）条件下正常卷取电缆；

（6）应采取措施以保证在电缆卷筒转空或者超过它所允许的最大直径（以防对电缆的损害）时，中断对地下铲运机的驱动；

（7）在电缆接入配电箱的前端应设置电缆固定桩，以防电缆拖曳力将电缆从配电箱中拉脱出来造成危险；

（8）电缆卷筒直径必须满足电缆制造厂的要求。

9.4.7.2　电缆卷筒装置形式及传动系统

1）电缆卷筒装置形式

电缆卷筒装置有三种形式，即平轴横卧大直径窄卷筒式、平轴横卧小直径宽卷筒式和竖轴直立大直径窄卷筒带短摆杆托轮式。图 9-41 和图 9-42 是其中两种形式电缆卷筒装置的示意图。

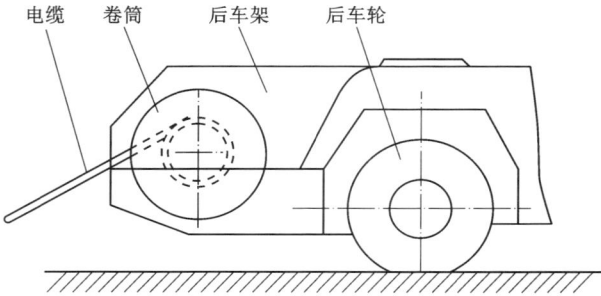

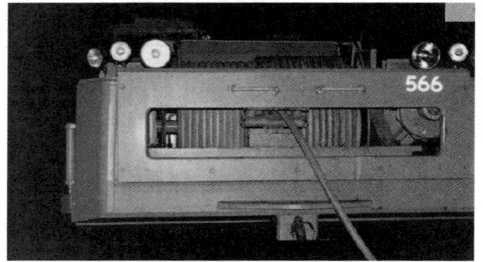

图 9-41　平轴横卧式小直径宽卷筒式电缆卷筒装置

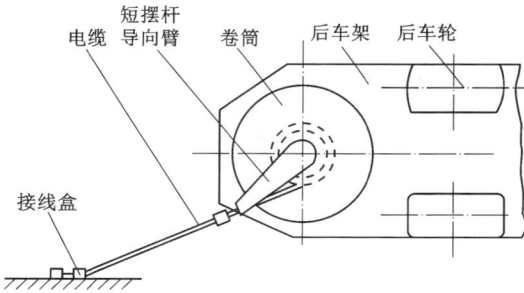

图 9-42　竖轴直立大直径窄卷筒带短摆杆托轮式电缆卷筒装置

大直径窄卷筒（一般卷筒宽与电缆直径之比即 $b/d<6$）可以不要专门的排缆装置，但需要多层缠绕，电缆受变化应力；大直径宽卷筒需设置排缆装置，但电缆具有恒定张力。竖轴直立大直径窄卷筒带短摆杆托轮式电缆卷筒的绕入点可以变动，并始终使绕入侧处于最佳位置，增大机器的灵活性，即当铲运机通过供电站时，不必倒车，在装卸点之间可自由往返运行，机器不会压碾电缆，其单向运行距离可达电缆长度的两倍，如图 9-43 所示。

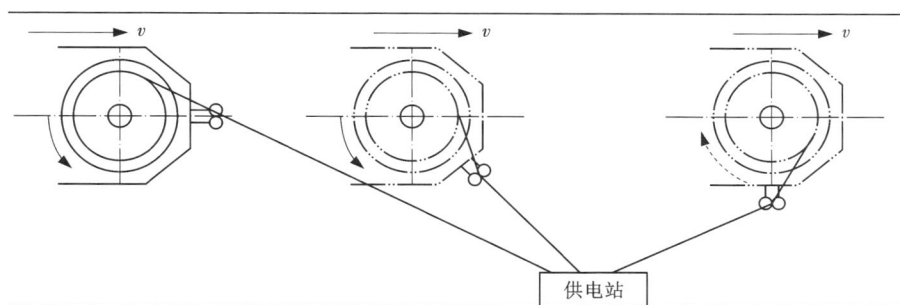

图 9-43　竖轴直立大直径窄卷筒带短摆杆托轮式电缆卷筒通过供电站时电缆的收放

竖轴直立式电缆卷筒的驱动装置必须布置在高于或低于卷筒的位置上，而平轴横卧式电缆卷筒的驱动装置可布置在卷筒前面，这意味着前者的总高度要超过后者。二者相比，竖轴直立式电缆卷筒有下述明显特点：运行灵活、节省倒车时间、生产效率较高；节省开凿倒车硐室的开拓量（即不必开凿倒车硐室）；结构简单，不需结构复杂的排缆装置；电缆张力小、电缆不易损坏等。因此，竖轴直立式是较有发展前途的电缆卷筒形式。

2）电缆卷筒的传动方式

为了满足电缆的同步收放，电缆卷筒的传动方式有三种，即机械传动、电力传动和液压传动。因机械传动效果不佳（仅在运行速度低、不需频繁行走的设备上采用），其不适用于电动地下铲运机。电力传动系统复杂，任何环节的故障都将危及电缆的安全，在电动地下铲运机上也极少应用。液压传动的电缆卷筒具有同步性能好（利用液压系统的流量实现与机器同步功能）、操作方便、收放拉力可以调节、易于自动控制和维修等优点，所以目前国内外生产的电动地下铲运机均采用油泵、油马达液压传动的电缆卷筒装置。

9.4.7.3　卷排缆装置结构

图 9-44 为一种形式的液压传动卷筒。液压马达经一级链轮减速，带动卷筒卷缆。卷筒内装集电环，经空心轴与铲运机上的配电系统接通，空心轴固定不动，卷筒借助轴承在空心轴上旋转。电缆卷筒旁的小链轮经过二级传动带动排缆装置导缆器排缆螺旋轴转动及电缆左右移动，实现自动排缆。液压马达转速随车速的变化而变化，从而实现电缆的自动收放。

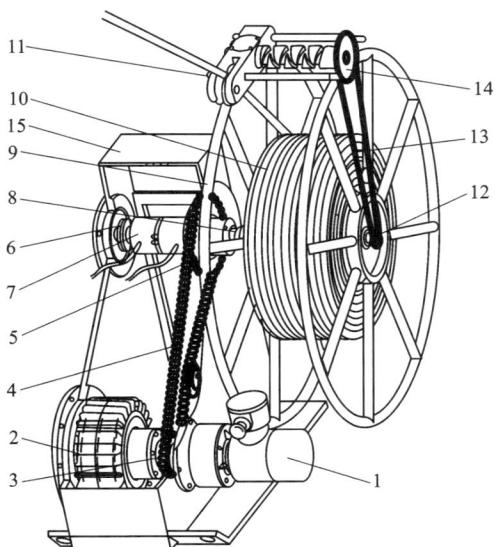

1—电机减速器；2—磁粉离合器；3—主链轮；
4—主链条；5—从链轮；6—空心主轴；
7—导电滑环；8—卷筒主轴；9—卷筒体；
10—电缆；11—导缆架；12—小链轮；
13—从链条；14—大链轮；15—隔爆箱

图 9-44　液压传动卷筒

1）电缆卷筒的结构

电缆卷筒的结构如图9-45所示。卷筒一端支承在带座轴承上（图中未标示），另一端用两个滚动轴承支承在空心轴上。空心轴上装有5组集电环。每组集电环由中间3片铜环、外边2片对称绝缘胶木片组成。3片铜环中，最中间的一片有一个耳子能随卷筒回转，另一个耳子与输入电缆相连接，其余两片固定在空心轴上，是不转的，每片端面上都有一个接头，两边接头同时与控制箱电缆相连。绝缘胶木片可防止电流相与相之间短接。大链轮驱动卷筒动作，小链轮带动排缆螺旋轴回转。卷筒内装有过卷保护，当电缆在卷筒上的圈数较少（线长12m左右）时，就会自动断电，保护电缆与卷筒装置。

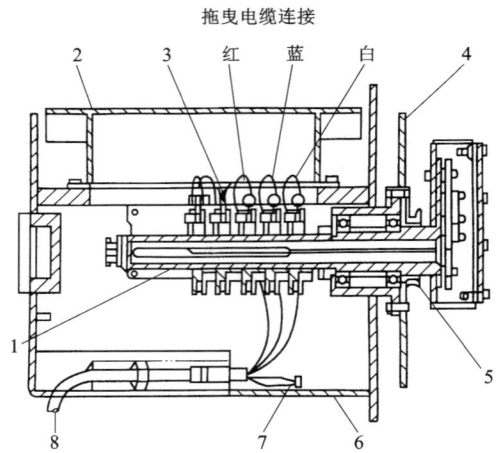

1—空心轴；2—电缆卷筒总成；3—回转板；4—大链轮；5—小链轮；6—电缆卷筒鼓；7—拖曳电缆接地端子；8—拖曳电缆。

图9-45　电动地下铲运机电缆卷筒结构图

2）排缆装置

排缆装置结构简图如图9-46所示。螺旋轴上带有两端闭合、正反双向螺旋沟槽，螺旋沟槽内有一滑块。当链轮带动螺旋轴转动时，就带动槽内滑块左右移动，从而使电缆导架与电缆在卷筒上同步有序地整齐排列。

3）电缆导辊

在图9-44中可以看出两个电缆导向立辊，另还有一个水平托辊（未标示）。辊子两端装有带座轴承，辊面衬有耐磨橡胶，电缆在导向立辊内的水平托辊上面相对滑动，实现电缆顺利收放。

9.4.8　液压系统

液压系统是地下铲运机一个重要组成部分，也是出现故障最多的一个系统。由于地下铲运机机型繁多，各生产厂家设计思路不同，因而各机型的液压系统并不完全相同，各有各的特点，但主要组成部分基本相同。以山特维克公司的LH514E型电动铲运机为例，分别介绍工作液压系统、转向液压系统、制动液压系统、冷却液压系统和卷缆液压系统。

9.4.8.1　工作液压系统

图9-47为LH514E型电动铲运机工作液压系统的主要部件。

装在变矩器上的变量泵P3124将液压油输送给液压控制的铲斗主阀V2201。铲斗的液压先导压力用比例电动阀控制，而电动阀由驾驶室内右侧的控制摇杆通过VCM系统控制。VCM系统处理输入和安全条件，当安全时，VCM控制比例阀打开，让先导压力进入主阀阀芯端。液压油压力经铲斗主阀被导向大臂油缸和铲斗油缸。转向液压系统排出的多余液压油（不用转向时）从优先阀块V3112流向铲斗主阀。

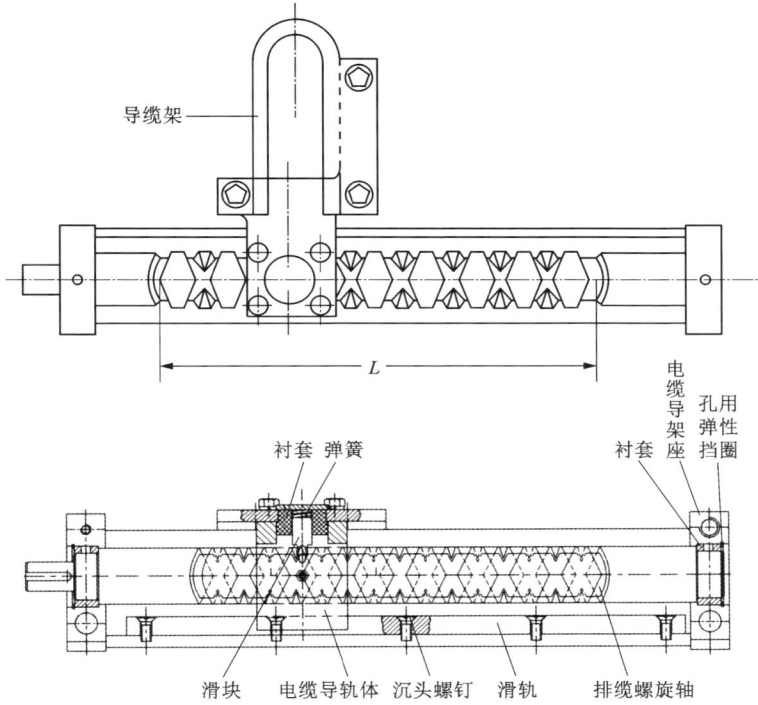

图 9-46 排缆装置结构简图

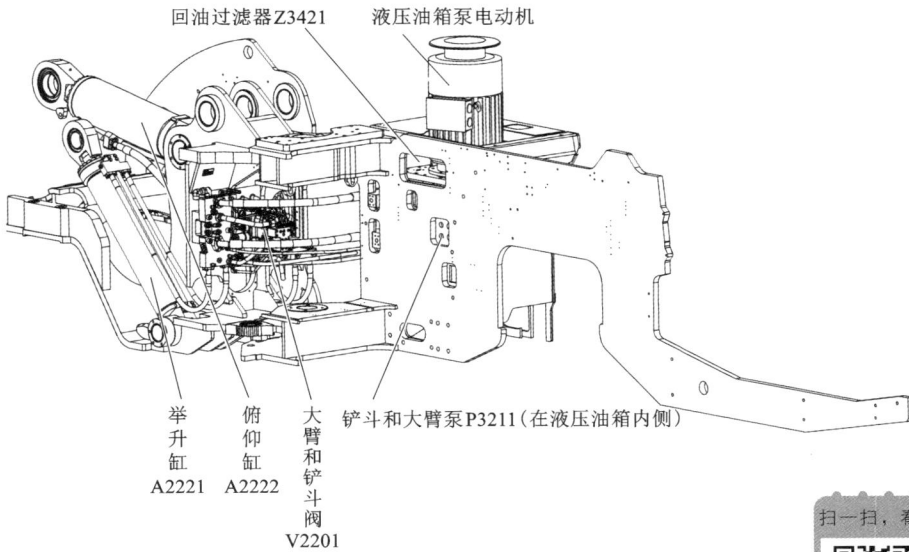

图 9-47 LH514E 型电动铲运机工作液压系统主要部件

工作液压系统原理图

9.4.8.2 转向液压系统

图 9-48 为 LH514E 型电动铲运机转向液压系统的主要部件。铲运机为中央铰接伺服动力转向,有两个转向油缸。泵 P3111 将油输送到电动控制的转向主阀 V3102。转动与座椅模块相连接的左侧电动控制杆,可使转向阀打开,让液压油压力进入转向油缸。如果转向控制杆处于中位,转向系统的油流经优先阀块 V3112 到达铲斗主阀 V2201。如果转向阀故障,有警报,在此情况下,总会使制动器实施制动。当故障排除时,制动器会正常松闸(除非有另外的原因要求制动器制动)。两个转向油缸以交叉方式连接,不能单独控制。

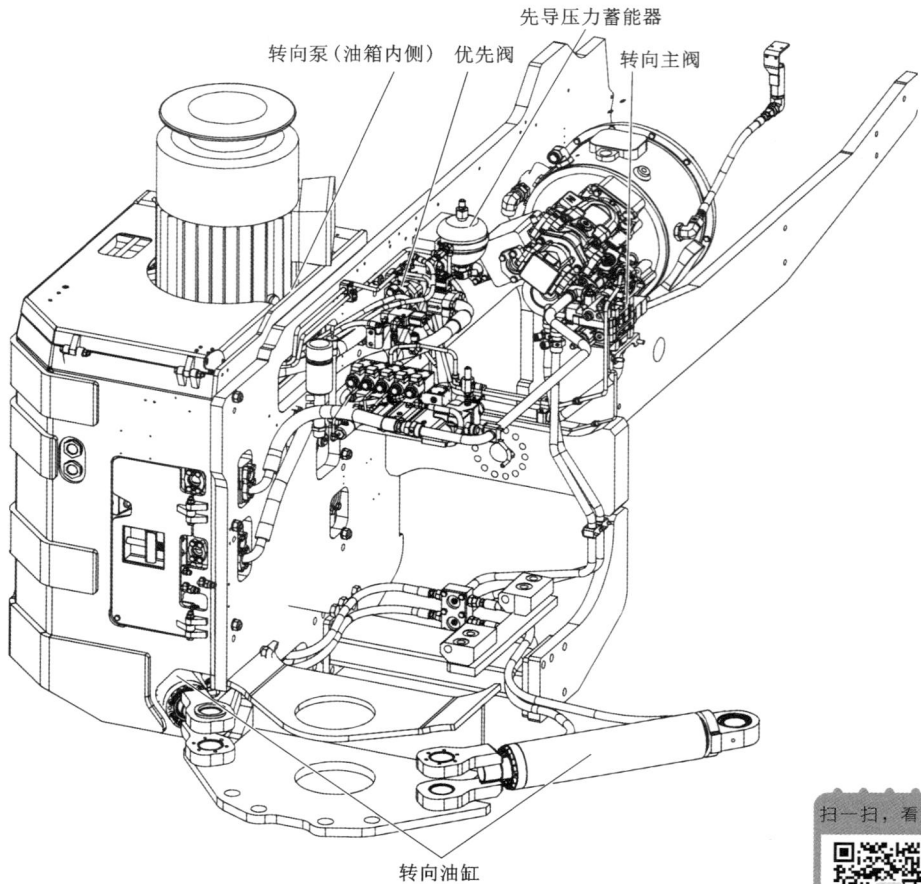

先导压力蓄能器
转向泵(油箱内侧) 优先阀 转向主阀

转向油缸

图 9-48 LH514E 型电动铲运机转向液压系统主要部件

扫一扫,看大图

转向液压系统原理图

9.4.8.3 制动液压系统

图 9-49 为 LH514E 型电动铲运机制动液压系统的主要部件。齿轮泵 P3513 安装在变矩器上,其输出的压力油通过压力过滤器 Z3511 和顺序阀 V3503 输到制动器充油阀 V3502,此阀使压力蓄能器 Z3531 和 Z3532 的油压保持在 15.2~19 MPa 的正确工作范围内。Z3531 和 Z3532 这两个蓄能器向制动回路提供松闸压力油。制动器充油回路不需要的油流量通过顺序阀 V3503,然后通过制动冷却器被送到车轮端制动器,作为冷却和冲洗的油流。

铲运机装有双回路制动系统。这些回路由制动踏板阀 V1501 控制。当踩下制动踏板时，踏板阀释放油压，进入车轮制动器，而车轮制动器排出的油流经制动踏板阀返回油箱，弹簧制动器制动，前、后桥有独立的制动回路。当松开踏板时，踏板阀使油流经制动器充油阀到达车轮制动器，使制动器松闸，当此油流经过踏板阀时，松闸压力减小到最大 12 . 1 MPa。

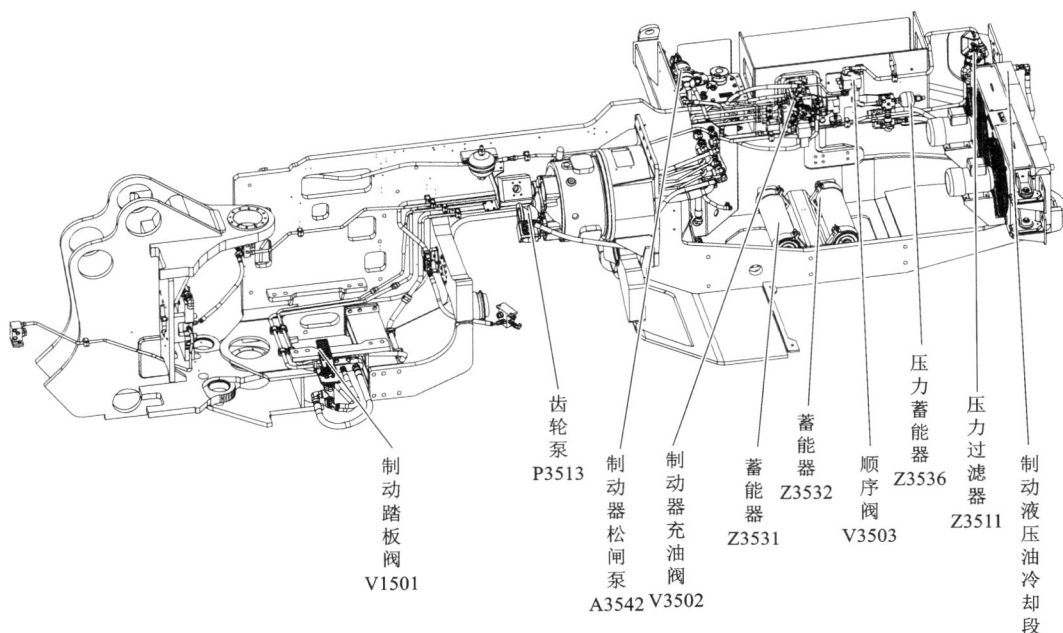

图 9-49　LH514E 型电动铲运机制动液压系统主要部件

制动液压系统原理图

9.4.8.4　冷却液压系统

图 9-50 和图 9-51 分别为 LH514E 型电动铲运机冷却液压系统的主要部件和原理图。冷却系统有 3 个冷却段。左边的冷却段主要供液压系统冷却用，中间的冷却段供变矩器油冷却用，右边的冷却段供制动液压系统冷却用。冷却单元由两个马达驱动的冷却风扇产生的风来冷却。

9.4.8.5　卷缆液压系统

图 9-52 为 LH514E 型电动铲运机卷缆液压系统的主要部件。卷缆系统的动力源是一台双联泵，包括一台卷绕电缆用的伺服泵和一台冲洗用的齿轮泵。此泵组由电动机驱动，所以转速几乎是恒定的。齿轮泵的额定流量用于使油冷却和冲洗卷缆液压马达。尾部减震油缸也由齿轮泵加压。减震油缸的压力水平通过压力溢流阀来设定。此压力设定值也是卷缆马达油口的最小压力。节流孔允许冲洗油流向卷缆液压马达。在供冷却油用的溢流阀之前将卷缆和冲洗回路连接在一起。

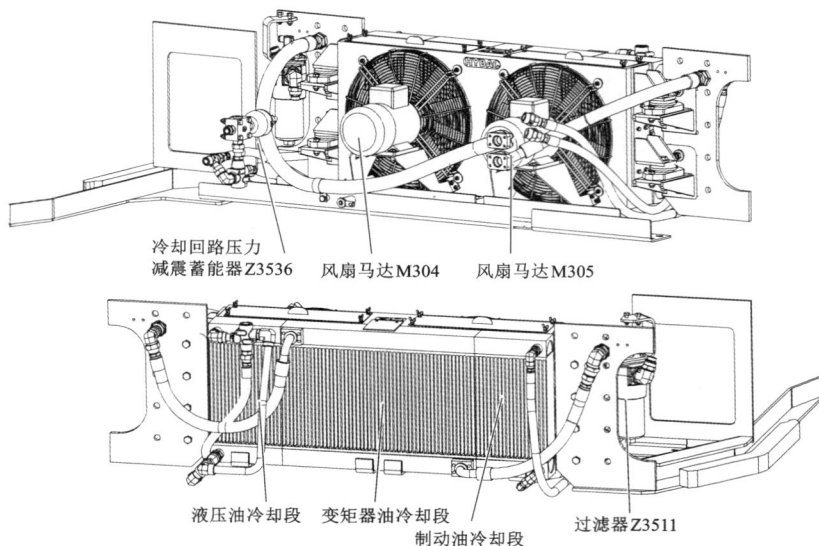

冷却回路压力
减震蓄能器 Z3536　风扇马达 M304　风扇马达 M305

液压油冷却段　变矩器油冷却段　　　　过滤器 Z3511
制动油冷却段

图 9-50 LH514E 型电动铲运机冷却液压系统主要部件

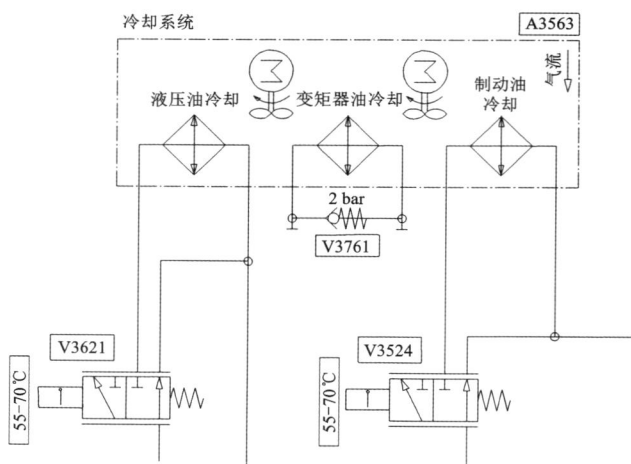

冷却系统　　　　　　　　　　　　　　　　　A3563

液压油冷却　　变矩器油冷却　　制动油
冷却

2 bar

V3761

V3621　　　　　　　　　　V3524

55~70℃　　　　　　　　　　55~70℃

图 9-51 LH514E 型电动铲运机冷却液压系统原理图

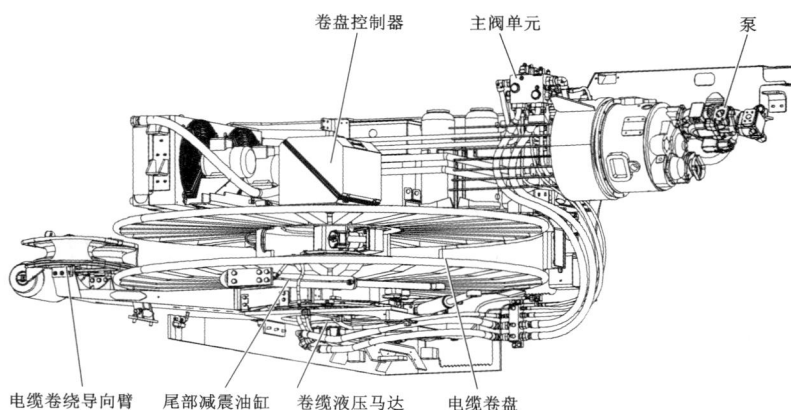

卷盘控制器　　　主阀单元　　　　　　泵

电缆卷绕导向臂　尾部减震油缸　卷缆液压马达　电缆卷盘

图 9-52 LH514E 型电动铲运机卷缆液压系统主要部件

扫一扫，看大图

卷缆液压系统原理图

9.4.9　电气系统

地下铲运机对电气系统的安全要求：

（1）电气设备的设计、制造、安装及运行条件应符合《机械电气安全　机械电气设备　第1部分：通用技术条件》（GB/T 5226.1—2019）的规定。

（2）所有电气线路除了柴油地下铲运机蓄电池和启动马达之间的电缆外，应依据《机械电气安全　机械电气设备　第1部分：通用技术条件》（GB/T 5226.1—2019）中7.2、7.3条采用合适的熔断器或保护装置进行保护。

（3）当利用底盘和车架作为电流载体时，应限制车架最大电压（AC为25 V，DC为60 V），以防止直接接触遭电击。

（4）电动地下铲运机主电路绝缘电阻及试验方法应符合《电气装置安装工程　电气设备交接试验标准》（GB 50150—2016）的有关规定。

（5）电动地下铲运机应防止电气设备绝缘损坏，使人遭到触电危险，电气设备应有接地装置，其接地电阻值应符合设计要求，当设计没有规定时，应符合《金属非金属矿山安全规程》（GB 16423—2020）中的规定。

（6）电动地下铲运机用电动机的安全要求应符合《中小型旋转电机通用安全要求》（GB/T 14711—2013）规定，其性能应满足《旋转电机　定额和性能》（GB/T 755—2019）的要求。

（7）电动地下铲运机应设有剩余电流保护装置，剩余电流保护装置的剩余动作电流与分断时间的乘积不大于 30 mA·s。剩余电流保护装置应符合《剩余电流动作保护电器（RCD）的一般要求》（GB/T 6829—2017）的规定。

9.5　国内地下铲运机主要生产厂家与技术参数

9.5.1　北京安期生技术有限公司

北京安期生技术有限公司成立于1997年，总部位于北京市海淀区中关村高新技术科技园区。2017年，安期生公司与国务院国资委管理的中央企业北京矿冶研究总院（简称矿冶总院）进行战略重组，成为矿冶总院的下属二级子公司，其产品 ACY-15 型地下铲运机见图9-53。

图 9-53　ACY-15 型地下铲运机

9.5.1.1 柴油铲运机

安期生技术有限公司柴油铲运机主要技术性能参数见表9-4。

表 9-4 安期生技术有限公司柴油铲运机主要技术性能参数表

型号		ACY-2	ACY-3	ACY-4	ACY-6	ACY2020	ACY-15
额定载重量/t		4.0	7.0	10.0	14.0	2.0	3.0
额定斗容/m³		2.0	3.0	4.0	6.0	1.0	1.5
最大铲取力/kN		102	119	180	160	44	80
发动机参数	额定功率/kW	79	148	186	250	74	79
	额定转速/(r·min⁻¹)	2300	2300	2300	2100	2000	2300
	型号	DEUTZ F6L914	DEUTZ BF6M1013EC	CUMMINS QSL9 C250	CUMMINS QSM11	CUMMINS QSF 3.8	DEUTZ F6L914
变速箱型号		RT20000	R28000	R36000	6000		RT20000
变矩器型号		C270	C270	C5000	C8000	1100MT12000	C270
桥型号		C201	16D2149	43RM175	kesslerD106	163LD	美驰 C201
转弯半径/mm	内侧	2625	3097	3520	3679	2139	2672
	外侧	4931	5890	6799	6868	3996	4826
外形尺寸/mm	长	6816	8576	9422	10455	6045	6965
	宽	1790	2174	2600	2700	1350	1522
	高	2069	2118	2370	2365	1931	2100
操作质量/t		12.5	16.14	25.34	34.45	7.2	12.35

9.5.1.2 电动铲运机

安期生技术有限公司电动铲运机主要技术性能参数见表9-5。

表 9-5 安期生技术有限公司电动铲运机主要技术性能参数表

型号		ADCY-2	ADCY-3	ADCY-4	ADCY-15
额定载重量/t		4.0	7.0	10.0	3.0
额定斗容/m³		2.0	3.0	4.0	1.5
最大铲取力/kN		102	175	220	80
电动机参数	额定功率/kW	75	90	110	55
	额定转速/(r·min⁻¹)	1480	1480	1487	1480
	型号	YXn280S-4	YXn280M-4	Yxn315S-4	Y250MB-4
变速箱型号		RT20000	R32000	15.7HR36000	RT20000
变矩器型号		C270	C270		C270

续表 9-5

型号		ADCY-2	ADCY-3	ADCY-4	ADCY-15
桥型号		美驰 QY150	16D2149	43R	美驰 C201
转弯半径/mm	内侧	3500	3484	3170	3030
	外侧	5500	6298	6617	5092
外形尺寸/mm	长	7850	9015	9660	7400
	宽	1790	2100	2600	1522
	高	2100	2112	2443	2100
操作质量/t		12.5	19.525	25.5	12.41

9.5.2　烟台兴业机械股份有限公司

烟台兴业机械股份有限公司 XYWJ-0.6 型地下铲运机见图 9-54。

图 9-54　XYWJ-0.6 型地下铲运机

9.5.2.1　柴油铲运机

烟台兴业机械股份有限公司内燃铲运机和低矮式铲运机主要技术性能参数分别见表 9-6 和表 9-7。

表 9-6　烟台兴业机械股份有限公司内燃铲运机主要技术性能参数表

型号	XYWJ-0.6	XYWJ-1	XYWJ-1.5	XYWJ-2	XYWJ-2.3	XYWJ-3	XYWJ-4	XYWJ-6	XYWJ-8.5
额定载重量/t	1.2	2	3	4	5	6	10	14	18
发动机功率/kW	58	58	120	120	120	160	223	256	315
铲斗容积/m^3	0.6	1	1.5	2	2.3	3	4	6	8.5
最大铲取力/kN	32	48	70	81	81	98	210	220	290
最大牵引力/kN	35	50	85	102	102	155	232	276	295
长度/mm	5000	6030	7105	7240	8175	9200	9800	11000	11280
宽度/mm	1150	1340	1760	1815	1880	2174	2500	2750	3200

续表 9-6

型号	XYWJ-0.6	XYWJ-1	XYWJ-1.5	XYWJ-2	XYWJ-2.3	XYWJ-3	XYWJ-4	XYWJ-6	XYWJ-8.5
高度/mm	1990	2000	2080	2050	2100	2320	2500	2750	3200
质量/kg	4600	6600	11500	14000	14100	18900	28900	37800	47000
最小转弯半径 内侧/mm	2500	2750	3300	2800	3290	4510	3560	3690	3460
最小转弯半径 外侧/mm	4000	4450	5400	5010	5780	6800	6600	7190	7350

表 9-7　烟台兴业机械股份有限公司低矮式铲运机主要技术性能参数表

型号	XYDC-5	XYDC-10
额定载重量/t	5	10
发动机功率/kW	119.6	240
铲斗容积/m³	2.3	4.6
最大铲取力/kN	90	195
最大牵引力/kN	125	224
长度/mm	8760	9185
宽度/mm	2400	3200
高度/mm	1630	1600
质量/kg	15700	27000
最小转弯半径内侧/mm	3800	3190
最小转弯半径外侧/mm	6500	6700

9.5.2.2 电动铲运机

烟台兴业机械股份有限公司电动铲运机主要技术性能参数见表9-8。

表 9-8　烟台兴业机械股份有限公司电动铲运机主要技术性能参数表

型号	XYWJD-0.6	XYWJD-1	XYWJD-1.5	XYWJD-2	XYWJD-2.3	XYWJD-3	XYWJD-4	XYWJD-6
额定载重量/t	1.2	2	3	4	5	6	10	14
电动机功率/kW	30	45	55	75	75	90	132	160
铲斗容积/m³	0.6	1	1.5	2	2.3	3	4	6
最大铲取力/kN	32	42	70	81	81	103	210	220
最大牵引力/kN	35	50	85	81	87	128	232	276
长度/mm	4950	6090	6910	7435	8470	9160	9780	11000
宽度/mm	1150	1340	1760	1815	1880	2174	2500	2750

续表 9-8

型号	XYWJD-0.6	XYWJD-1	XYWJD-1.5	XYWJD-2	XYWJD-2.3	XYWJD-3	XYWJD-4	XYWJD-6
高度/mm	1990	2000	2080	2050	2100	2300	2500	2558
质量/kg	4800	6600	12200	13600	14700	17500	28200	35500
最小转弯半径内侧/mm	2500	2750	3300	2800	3290	3720	3560	3690
最小转弯半径外侧/mm	4000	4450	5400	5010	5780	6480	6600	7190

9.5.2.3 蓄电池铲运机

烟台兴业机械股份有限公司蓄电池铲运机主要技术性能参数、质量参数、工作时间参数、运行能力参数、XYLB-7 主要配置参数依次见表 9-9~表 9-13。

表 9-9 烟台兴业机械股份有限公司蓄电池铲运机主要技术性能参数表

型号	XYLB-7
外形尺寸/(mm×mm×mm)	9758×2355×2255
最大牵引力/kN	155
最大铲取力/kN	115
最大举升时的整机高度/mm	4928
最大卸载高度/mm	1793
最大举升时的铰销高度/mm	3256
最小卸载距离/mm	1597
最大卸载角度/(°)	40
轴距/mm	3160
离去角/(°)	14
后桥摆动角/(°)	±8
最小离地间隙/mm	280
爬坡能力/%	25
最大转向角/(°)	±42.5
内侧/外侧最小转弯半径/mm	5952/3046

表 9-10 烟台兴业机械股份有限公司蓄电池铲运机质量参数表

型号	XYLB-7
铲斗容积/m³	3
操作质量/kg	18200
额定载重量/kg	7000
前桥载荷(空载)/kg	8200
后桥载荷(空载)/kg	10000
前桥载荷(满载)/kg	17600
后桥载荷(满载)/kg	7600

表 9-11　烟台兴业机械股份有限公司蓄电池铲运机工作时间参数表

型号	XYLB-7
举臂时间/s	6.7
落臂时间/s	3.3
翻斗时间/s	0.9

表 9-12　烟台兴业机械股份有限公司蓄电池铲运机运行能力参数表

型号	XYLB-7
1 挡/(km·h^{-1})	0~4.2
2 挡/(km·h^{-1})	0~8.5
3 挡/(km·h^{-1})	0~15.8
4 挡/(km·h^{-1})	0~20.2

表 9-13　烟台兴业机械股份有限公司蓄电池铲运机 XYLB-7 主要配置参数表

铲运机型号		XYLB-7
电动机	型号	1340C
	额定功率/kW	149
	特点	水冷，永磁同步电机
液力变矩器	制造厂	德纳
	型号	C270 系列
变速箱	制造厂	德纳
	型号	R32000 系列
	特点	前/后 4 挡电子控制
驱动桥	制造厂	凯斯勒
	型号	D91
	特点	前后桥均为限滑差速器，前桥固定，后桥±8°摆动

9.5.3　青岛中鸿重型机械有限公司

青岛中鸿重型机械有限公司是由青岛中鸿集团出资 5000 万元成立的矿用无轨设备专业制造公司，位于青岛市莱西经济开发区，规划厂区面积 7.7 万 m²，专业研发、制造大中型地下铲运机(图 9-55)和坑内运矿卡车，公司生产的地下铲运机相关技术性能参数见表 9-14~表 9-17。

图 9-55　青岛中鸿重型机械有限公司 FL04H 型地下铲运机

表 9-14　中鸿重型机械有限公司地下铲运机主要技术性能参数表

型号		FL04H	FL06A	FL10A	FL14EA
额定载重量/t		4.0	6.0	10.0	14.0
额定斗容/m³		2.0	3.0	4.0	6.0
最大铲取力/kN		110	134	188	246
燃油箱容量/L		148	210	310	
变速箱型号		R32000	R36000	R36000	DANA 6000
变矩器型号		C270	C270	C5000	C8000
驱动桥型号		DANA 14D	DANA 16D	Kessler D102	KESSLER D106
系统电压/V		24	24		24
转弯半径 /mm	内侧	2659	3010	3211	3293
	外侧	4937	5809	6502	6932
离地间隙/mm		252	286	380	386
转向角/(°)		40	42.5	42.5	42.5
后桥摆动角/(°)		±7	±8	±8	±8
操作质量/t		13.1	18.0	28.8	39.0

表 9-15 中鸿重型机械有限公司地下铲运机动力性能参数表

型号	FL04H	FL06A	FL10A	FL14EA
类型	柴油机	柴油机	柴油机	电动机
最大功率/kW	89	165/170	220	132(主)/45(泵)
最大功率转速/(r·min⁻¹)	2300	2300/2100	2200	1500/500
最大扭矩/(N·m)	400	854/810	1200	
最大扭矩转速/(r·min⁻¹)	1500	1400/1400-1600	1400	
油耗/[g·(kW·h)⁻¹]	220	240/198	350	
工作电压/V				1000/1000
频率/Hz				50/50
型号	F6L914	BF6M1013EC/OM906LA	OM926LA	VEM IE3-W41R/VEM IE3-Y41R

表 9-16 中鸿重型机械有限公司地下铲运机液压系统参数表

型号	FL04H	FL06A	FL10A	FL14EA
液压泵类型	齿轮泵	齿轮泵	柱塞泵	柱塞泵
系统压力/MPa	15	21(工作)/12.5(转向)	30(工作)/16(转向)	30(工作)/25(转向)
额定流量/(L·min⁻¹)	95	92		
额定流量转速/(r·min⁻¹)	2300	2300		
液压油箱容量/L	144	230	240(工作)/57(制动)	320(工作)/70(制动)

表 9-17 中鸿重型机械有限公司地下铲运机尺寸参数表

型号	FL04H	FL06A	FL10A	FL14EA
长(运输)/mm	7178	8720	9657	11073
长(铲取)/mm	7684	9167	10204	11481
宽/mm	1655	2100	2575	2700
高/mm	2170	2217	2385	2552

9.5.4 安徽铜冠机械股份有限公司

安徽铜冠机械股份有限公司坐落于铜陵市,是由铜陵有色金属集团控股,长沙矿山研究院有限责任公司、矿冶科技集团有限公司和安徽省信用融资担保集团有限公司等参股的国家高新技术企业。目前公司已形成以矿山井下无轨设备、矿山脱水环保设备和矿山冶炼大型非标设备三大系列为主导的产品，并向煤炭、冶炼、露天开采等领域拓展的产业体系。

9.5.4.1 柴油铲运机

铜冠机械股份有限公司柴油铲运机主要技术性能参数见表9-18。

表9-18 铜冠机械股份有限公司柴油铲运机主要技术性能参数表

型号		WJ-2A	WJ-2Y	WJ-3B	WJ-3Y	WJ-4
额定载重量/t		4.0	4.0	6.0	6.0	8.0
额定斗容/m³		2.0	2.0	3.0	3.0	4.0
最大卸载高度/mm		1800±150	1800±150	1850±150/ 2300±150 （加长型）	1850±150/ 2300±150 （加长型）	1872±150
最小卸载距离/mm		930±50	930±50	1180±50/ 1650±50 （加长型）	1180±50/ 1650±50 （加长型）	1678±150
发动机型号		DEUTZ F6L912W	DEUTZ F6L912W	DEUTZ BF6L914C	DEUTZ BF6L914C	DEUTZ BF6M1013FC
变速箱型号		DANA RT20326	DANA R32420	DANA R32420	DANA R32420	DANA R36420
变矩器型号		DANA C272-324	DANA C273	DANA C273	DANA C273	DANA C5502
驱动桥型号		徐州美通 TLCY-2S-R TLCY-2S-F	徐州美通 TLCY-2S-R TLCY-2S-F	DANA 16D2149	DANA 16D2149	DANA 19D2748
转弯半径 /mm	内侧	2600±200	2600±200	3600±200	3600±200	3270±200
	外侧	4900±200	4900±200	6400±200	6400±200	6400±200
外形尺寸 /mm	长	7280	7280	8868	8868	9718
	宽	1770	1770	2112	2112	2320
	高	1950	1950	2275	2275	2390
最大行驶速度 /(km·h⁻¹)		12.5±1	13.5±1.5	19.5±2	19.5±2	23.±2
操作质量/t		12.0	12.0	17.6	17.6	26.0

9.5.4.2 电动铲运机

铜冠机械股份有限公司电动铲运机主要技术性能参数见表9-19。

表 9-19 铜冠机械股份有限公司电动铲运机主要技术性能参数表

型号		WJD-2	WJD-3
额定载重量/t		4.0	6.0
额定斗容/m³		2.0	3.0
最大卸载高度/mm		1400	1500
最小卸载距离/mm		880	880
电动机参数	额定功率/kW	75	90
	额定转速/(r·min⁻¹)	1480	1480
	额定电压/V	380	1000
	型号	Y2-280S-4	YP2-280M-4
变速箱型号		DANA R32365	DANA R32360
变矩器型号		DANA C273	DANA C273
驱动桥型号		徐州久禾润 TLDCY-2S-F/R	DANA 16D2149-F/R
转弯半径/mm	内侧	2600±200	3050±200
	外侧	4900±200	5800±200
外形尺寸/mm	长	7400	8836
	宽	1770	2174
	高	1950	2132
最大行驶速度/(km·h⁻¹)		10.5±1	11.3±1
操作质量/t		12.0	19.0

9.6 国外地下铲运机主要生产厂家与技术参数

9.6.1 瑞典山特维克公司

9.6.1.1 柴油铲运机

瑞典山特维克 LH410 型地下系列柴油铲运机见图9-56，LH 系列柴油铲运机技术参数见表9-20~表9-21，LH 系列低矮型铲运机技术参数见表9-22~表9-23。

图 9-56　山特维克 LH410 型地下铲运机

表 9-20　山特维克柴油铲运机技术性能参数表（一）

型号		LH201	LH203	LH307	LH410	LH514	LH517	LH621
额定载重量/t		10	3.5	6.7	10	14	17.2	21
额定斗容/m³			1.5	3	4	5.4	7	8
铲取力（液）/kN		10.72	60.96	134.26	184	275	343	377.3
铲取力（机）/kN		36.91	54.88	111.72	163	230	288.61	344
变速箱型号			RT20324	RT32421	RT33425	5422	6422	8000
变矩器型号			C2122	C273.1	C5502	C9602	C9602	C9000
驱动桥型号			D71	D91	43R175		D106	D111
转弯半径/mm	内侧	1840	2740	3043	3270	左3194，右3347	左3420，右3540	3773
	外侧	3190	4685	5812	6515	6870	7235	7860
卸载高度/mm		530	1220	1830	1905	2400	2896	3005
卸载距离/mm		1268	1155	2324	1745			
举升高度/mm		2320	3792	4908	5377	5749	6522	6716
操作质量/t		3.7	8.7	18.02	26.2	38.1	44.03	56.8

表 9-21　山特维克柴油铲运机技术性能参数表（二）

型号		LH201	LH203	LH307	LH410	LH514	LH517	LH621
外形尺寸/mm	长	4600	7040	8631	9680	10870	11120	11993
	宽	1055	1480	2136	2550	2920	3000	3100
	高	2100	1840	2212	2395	2540	2754	2957

续表 9-21

型号		LH201	LH203	LH307	LH410	LH514	LH517	LH621
发动机参数	额定功率/kW	43	71.5	150	220	256	275	352
	额定转速/(r·min⁻¹)	2300	2300	2200	2100	1900	2100	2100
	型号	Deutz D914L03	Deutz BF6L914	Mercedes-Benz OM 906 LA	Mercedes OM 926 LA	Volvo TAD1360 VE	Volvo TAD1341 VE-Tier 2	Volvo TAD1344 VE-Tier 2
运动速度/(km·h⁻¹)	1 挡		5.5	4.8	5.4	5.2	5.9	6.1
	2 挡		10.3	9.5	9.6	9.2	10.7	10.9
	3 挡		25.2	15.9	16.0	15.5	18.8	19.0
	4 挡			26.4	27	26.0	33.9	33.9
铲斗运动时间/s	提升	2.5	5.5	6.5	7.5	7.0	8.3	8.4
	下降	1.6	2.9	3.8	4.0	4.0	4.3	4.5
	倾翻	4.4	3.0	2.0	2.2	2.3	2.0	1.8

表 9-22 山特维克低矮型铲运机技术性能参数表（一）

型号		LH205L	LH208L	LH209L
额定载重量/t		5	7.711	9.6
额定斗容/m³		2.2	3.1	4.6
铲取力(液)/kN		128.8	121.6	200
铲取力(机)/kN		124.1	125.2	189
变速箱型号		SOH RT20317	SOH R32421	R32421
变矩器型号		SOH C272	SOH C273	C5402
驱动桥型号		37RM116	37RM116	19D2748
转弯半径/mm	内侧	3190	3048	左 3073，右 3490
	外侧	5890	5957	6820
卸载高度/mm		990	770	1740
卸载距离/mm		1400	1194	1440
举升高度/mm		3270	3030	4995
操作质量/t		15.3	17.768	24.3

表 9-23　山特维克低矮型铲运机技术性能参数表（二）

型号		LH205L	LH208L	LH209L
外形尺寸 /mm	长	7960	8590	9240
	宽	2310	2780	3260
	高	1600	1590	1690
发动机 参数	额定功率/kW	93	140	170
	额定转速/（r·min⁻¹）	2500	2500	2200
	型号	Deutz BF4M2012C	Deutz BF6M2012C	MERCEDES OM906LA
运动速度 /（km·h⁻¹）	1 挡	3.2	4.0	4.3
	2 挡	6.3	8.2	8.7
	3 挡			14.6
	4 挡			23.5
铲斗运动 时间/s	提升	4.7	4.0	7.0
	下降	3.3	3.0	4.0
	倾翻	4.0	3.7	2.5

9.6.1.2　电动铲运机

LH 系列电动铲运机技术参数见表 9-24~表 9-25。

表 9-24　山特维克电动铲运机技术性能参数表（一）

型号		LH203E	LH306E	LH409	LH514E	LH625E
额定载重量/t		3.5	6.577	9.6	14.0	25
额定斗容/m³		1.5	3.0	3.8	5.4	10
铲取力（液）/kN		61	76	204	275.4	540
铲取力（机）/kN		75	79	193	241	520
变速箱型号		13.6HR 24421-1（50 Hz）；12.6HR 24421-1（60 Hz）	SOH R32421	15.5HR36425	5000	8421H-4
变矩器型号			SOH C273		C8000	C16852
驱动桥型号		14D 1441 LCB	SOH 16D2149	19D2748 LCB		25D 8860
转弯半径 /mm	内侧	2785	2997	左 3520 右 3550	左 3200 右 3300	左 4760 右 4774
	外侧	4770	5715	6680	7000	左 9293 右 9436
卸载高度/mm		1230	1397	1600	2398	3156
卸载距离/mm		1110	1346	1545		2034
举升高度/mm		3500	4394	5270	5765	7370
操作质量/t		9.4	17.237	24.5.0	38.5	77.5

表 9-25 山特维克电动铲运机技术性能参数表(二)

型号		LH203E	LH306E	LH409	LH514E	LH625E
外形尺寸 /mm	长	6995	8534	9736	10950	14011
	宽	1480	2159	2525	2880	3900
	高	1840	2235	2320	2550	3161
发动机 参数	额定功率/kW	55		110	132	315
	额定转速/(r·min^{-1})	1500		1500	1500	1500
	型号		AC induction type TEAO-3phase			Siemens 1 LA8 317
运动速度 /(km·h^{-1})	1挡	3.3		3.5	3.9	3.6
	2挡	5.7		6.8	6.9	6.3
	3挡	10.3		12.0	11.5	10.5
	4挡				18.9	16.0
铲斗运动 时间/s	提升	6.0	6.5	8.0	8.4	9.0
	下降	3.0	4.3	4.5	4.0	6.2
	倾翻	3.0	4.3	3.0	1.8	2.5

9.6.2 瑞典安百拓

9.6.2.1 柴油铲运机

安百拓 ST7 型地下铲运机如图 9-57 所示,主要产品技术性能参数见表 9-26~表 9-29。

图 9-57 瑞典安百拓 ST7 型地下铲运机

表 9-26 安百拓柴油铲运机技术性能参数表(一)

型号	ST2D	ST2G	ST3.5	ST7	ST7LP
额定载重量/t	3.6	4.0	6.0	6.8	6.8
额定斗容/m³			3.1	3.1	3.1
铲取力(液)/kN	88.79	88.79	91.14	130.83	117.6

续表 9-26

型号		ST2D	ST2G	ST3.5	ST7	ST7LP
铲取力(机)/kN		58.2	65.76	77.57	115.15	100.94
变速箱型号		R32000	R32000	32000	DF150	DF150
变矩器型号		C270	C270	C270	与变速箱集成	与变速箱集成
驱动桥型号		14D	14D	406	406	406
转弯半径/mm	内侧	2668	2305	2632	3170	2324
	外侧	4766	4697	5470	5940	5818
卸载高度/mm		1467	1467	1313	1890	1262
卸载距离/mm		890	890	820	2240	761
举升高度/mm		3733	3782	3980	4570	3887
操作质量/t		12.32	13	17.1	17.33	19.1

表 9-27 安百拓柴油铲运机技术性能参数表(二)

型号		ST14	ST18	ST1030	ST1030LP
额定载重量/t		14	18	10	10
额定斗容/m³		6.4	7.3	4.5	4.5
铲取力(液)/kN		218.54	279.3	175.42	175.42
铲取力(机)/kN		178.75	254.8	136.22	136.22
变速箱型号		T40000	T40000	DF250	DF250
变矩器型号		与变速箱集成	与变速箱集成	与变速箱集成	与变速箱集成
驱动桥型号		106	D111	D102	D102
转弯半径/mm	内侧	3414	3475	3430	3024
	外侧	7106	7558	6670	6668
卸载高度/mm		2380	4074	1765	1765
卸载距离/mm		1680	1791	1660	1662
举升高度/mm		5930	6240	4910	4910
操作质量/t		39	51	27.2	26.3

表9-28　安百拓柴油铲运机运动参数表（一）

型号		ST2D	ST2G	ST3.5	ST7	ST7LP
外形尺寸/mm	长	6645	7109	8460	8720	8467
	宽	1638	1690	2120	2120	2276
	高	2086	2162	2250	2160	1452
发动机参数	额定功率/kW	63	86	136	144	144
	额定转速/(r·min⁻¹)	2300	2300	2300	2200	2200
	型号	F6L912W	BF4M1013EC	F8L413FW	Cummins QSB6.7	Cummins QSB6.7
运动速度/(km·h⁻¹)	1挡	3.4	4.5	4.7	4.5	4.6
	2挡	6.9	9.1	9.7	7.4	7.7
	3挡	11.4	15	18.9	14.3	14.9
	4挡	19.5	25.4		23.1	24.0
铲斗运动时间/s	提升	3.7	3.3	4.7	5.3	3.7
	下降	3.0	2.4	5.0	3.5	2.8
	倾翻	6.4	6.4	3.6	2.1	3.7

表9-29　安百拓柴油铲运机运动参数表（二）

型号		ST14	ST18	ST1030	ST1030LP
外形尺寸/mm	长	10825	11630	9695	9694
	宽	2800	3330	2490	2885
	高	2550	2840	2355	1974
发动机参数	额定功率/kW	250	336	186	186
	额定转速/(r·min⁻¹)	2100	2000	2000	2000
	型号	Cummins QSM11	Cummins QSX15	Cummins QSL9 C250	Cummins QSL9 C250
运动速度/(km·h⁻¹)	1挡	5.1	4.7	5.0	4.4
	2挡	10.6	8.6	8.9	8.0
	3挡	17.7	14.14	15.8	14.1
	4挡	29.4	24.7	26.7	24.3
铲斗运动时间/s	提升	7.6	7.2	8.0	8.0
	下降	4	4.0	6.0	6.0
	倾翻	3.0	2.8	2.1	2.1

9.6.2.2 电动铲运机

安百拓电动铲运机技术性能见表9-30、表9-31。

表 9-30 安百拓电动铲运机技术性能参数表（一）

型号		EST2D	EST3.5	EST1030	ST7 BATTERY
额定载重量/t		3.629	6.0	10	8.6
额定斗容/m³				4.5	4.5
铲取力（液）/kN		91.3	97.61	148.96	115.15
铲取力（机）/kN		58.8	80.16	136.22	115.15
电动机额定功率/kW		56	74.6	132	
变速箱型号		32000	32000	DF250	DF150
变矩器型号		与变速箱集成	与变速箱集成	与变速箱集成	
驱动桥型号		14D	406	D102	406
转弯半径/mm	内侧	2635	2620	3425	3148
	外侧	4797	5480	6711	6010
卸载高度/mm		1467		1775	1903
卸载距离/mm		890	876	1673	2247
举升高度/mm		3732	3936	4923	4526
操作质量/t		13	17.9	28.2	21.5

表 9-31 安百拓电动铲运机技术性能参数表（二）

型号		EST2D	EST3.5	EST1030	ST7 BATTERY
外形尺寸/mm	长	6880	8849	10509	8894
	宽	1651	1956	2548	2280
	高	2086	2118	2352	2159
运动速度 /(km·h⁻¹)	1挡	2.58	2.82	5.0	4.5
	2挡	5.26	5.42	8.9	7.4
	3挡	8.93	8.82	15.8	14.3
	4挡				23.1
铲斗运动 时间/s	提升	3.7	6.0	8.0	5.3
	下降	2.4	4.0	6.0	3.5
	倾翻	4.0	4.0	2.1	2.1

9.6.3 美国卡特彼勒公司

卡特彼勒 R1300G 型地下铲运机外形如图9-58所示，相关产品技术性能参数见表9-32~表9-33。

图 9-58 美国卡特彼勒 R1300G 型地下铲运机

表 9-32 卡特彼勒铲运机技术性能参数表 (一)

型号		R1300G	R1600H	R1700G	R2900G	R3000H
额定载重量/t		6.8	10.2	12.5	17.2	20
额定斗容/m³		2.4~3.4	4.2~5.9	5.7	6.3~8.9	8.3~11.6
转弯半径 /mm	内侧	2914	3291	3229	3383	3247
	外侧	5471	6638	6878	7323	7536
卸载高度/mm		1664	2311	2443	2868	2751
卸载距离/mm		1475	1304	1741	1656	1780
举升高度/mm		4234	5114	5606	6014	6235
操作质量/t		27.75	44.204	52.5	570.	56

表 9-33 卡特彼勒铲运机技术性能参数表 (二)

型号		R1300G	R1600H	R1700G	R2900G	R3000H
外形尺寸 /mm	长	8943	9955	11035	10946	11476
	宽	2155	2723	2894	3010	3266
	高	2120	2400	2557	2886	3002
发动机 参数	额定功率/kW	123	201	241	305	297
	额定转速 /(r·min⁻¹)	2200	1800	1800	1800	1800
	型号	Cat 3306 DITA	Cat C11 ACERT	Cat C11 ACERTTM	Cat C15 ACERT	Cat C15 ACERT
运动速度 /(km·h⁻¹)	1 挡	5/5	5/5.7	4.7/5.4	5.4/6.6	5.5/6.7
	2 挡	9/8	8.7/9.9	8.3/9.4	9.7/11.8	9.7/12.3
	3 挡	17/15	15.2/17.2	14.3/16.4	17.3/21.0	17.3/21.6
	4 挡	24/23	22.1/23.8	24.1/25.330.7	29.8/35.5	31.6/33.8

续表 9-33

型号		R1300G	R1600H	R1700G	R2900G	R3000H
铲斗运动时间/s	提升	5	7.6	6.8	9.2	8.8
	下降	2.3	2.0	2.4	3.1	3.54
	倾翻	2.0	1.6	2.9	3.4	1.85

参考文献

[1] 高梦熊.地下装载机[M].北京:冶金工业出版社,2011.

[2] 张栋林.地下铲运机[M].北京:冶金工业出版社,2002.

[3] 张栋林.国内外地下铲运机的技术发展水平和趋势展望[J].矿山机械,2004(9):24-31,5.

[4] 高梦熊.近几年国外地下铲运机的发展动态[J].矿山机械,2004(9):36-41,5.

[5] LI J G, ZHAN K. Intelligent minning technology for an underground metal mine based on unmanned equipment [J]. Engineering, 2018, 4(3):381-391.

[6] 地下铲运机　安全要求:GB 25518—2010[S].

[7] 地下铲运机:JB/T 5500—2015[S].

[8] 地下铲运机 试验方法:JB/T 5501—2017[S].

[9] 战凯.地下金属矿山无轨采矿装备发展趋势[J].采矿技术,2006(3):34-38.

[10] 杨超,陈树新,刘立,等.反应式导航在地下自主行驶铲运机中的应用[J].煤炭学报,2011,36(11):1943-1948.

[11] 王运敏.现代采矿手册(中册)[M].北京:冶金工业出版社,2012.

第 10 章

矿用挖掘机

10.1　概述

矿用挖掘机是适合露天作业的一种重要矿山机械，也是土方工程作业的主要机械设备。矿用挖掘机主要划分为矿用机械挖掘机和矿用液压挖掘机两大类。矿用机械挖掘机一般是指单斗正铲挖掘机，动力来源一般是电动机，俗称电铲；也可采用柴油机作为动力源，俗称油铲。矿用机械挖掘机广泛用于金属矿、非金属矿等各种土质和软硬矿岩等高强度铲装作业的场所。

矿用液压挖掘机简称液压铲，其动力来源一般是柴油机，主要动作由液压系统驱动，具有挖掘物料、回转、卸料和行走功能。通常根据液压挖掘机铲斗作用方向的不同将其分为正铲液压挖掘机和反铲液压挖掘机。与同等规格的电铲相比，液压铲质量轻 35%~40%，行驶速度较快，作业动作也更加精准灵活，多用于比较松软的露天矿采掘物料或土方工程。

国内大型矿用机械挖掘机的发展经历了原始创新、合作制造、引进消化吸收和再创新四个阶段。1955 年 6 月，抚顺重机厂试制出我国第一台单斗挖掘机（型号 W100）。20 世纪60 年代，杭州重机厂设计制造出 WK-2 型单斗挖掘机。同期，太原重机厂自主设计制造了WK-4 型单斗挖掘机。此后，我国的矿用机械式挖掘机技术发展迅速。20 世纪 80 年代抚顺重机厂制造的钢丝绳推压、免扭推压的矿用机械挖掘机形成产品系列，太原重机厂研发的齿条推压式机械挖掘机也形成产品系列。

由于液压技术的飞速发展，20 世纪 70 年代，长江挖掘机厂和杭州重机厂研制出WY160 和 WY250 型正铲液压挖掘机。20 世纪 90 年代，太原重机厂也研制出斗容 7.5 m³ 的H121 型正铲液压挖掘机，后来又先后研制出 WY260、WY390、WYD260、WYD390 等系列液压挖掘机，驱动方式有柴油驱动和电机驱动，其中多项产品和技术在国内大型矿用液压挖掘机中属于首创，这些均使得国产矿用液压挖掘机在露天矿山作业中得以推广使用。目前国内的矿用液压挖掘机主要生产厂家有太原重型机械集团有限公司（简称太原重工）、中联重科集团有限公司（简称中联重科）、徐工集团工程机械股份有限公司（简称徐工）、三一重工股份有限公司（简称三一重工）、四川邦立重机有限责任公司（简称邦立重机）等厂家。

美国是最早开发矿用机械式挖掘机的国家，1835 年制造出了第一台蒸汽式挖掘机；1899 年制造出了世界上第一台电动挖掘机。20 世纪初期，以内燃机和电动机作为动力的单斗挖掘机开始出现，第一次世界大战之后，汽油机和柴油机开始用于轮胎式单斗挖掘机和履带式单斗挖掘机，从而改善了挖掘机的机动性能和越野性能。20 世纪 50—60 年代，随着液压技术的迅猛发展，拖式全回转液压挖掘机和全液压挖掘机相继被研发出来，液压挖掘机开始推广并迅速进入蓬勃发展阶段，近年来，用于工程行业的单斗挖掘机几乎全部采用液压传动。

20 世纪 70—80 年代，单斗电铲向大型化发展，结构不断创新，电控系统自动化水平不断提高。随着控制方式的不断革新，挖掘机已经由简单的机械杠杆操控发展为液压操控、气压操控、液压伺服操控、电气控制、无线电遥控等复杂控制方式。20 世纪 90 年代，一些先进国家的电铲控制系统向智能化方向发展，使得电铲的可靠性提高、作业周期大为缩短、装载效率大幅度提高。并且随着计算机技术的不断发展，利用计算机进行综合控制的挖掘机智能控制技术迅猛发展。

目前国外矿用机械挖掘机厂家主要是美国的卡特彼勒公司（Caterpillar）、比塞洛斯-伊利公司（现被卡特彼勒公司收购），还有被日本小松集团（KOMATSU）收购的哈尼斯弗格公司（P&H 公司）。其中 P&H 公司制造的 495-B 型钢丝绳推压式矿用机械挖掘机斗容为 42 m^3，承载能力为 85 t。该公司制造的 5700 型齿条推压式矿用机械挖掘机的斗容达到 40 m^3，承载能力为 90 t，并且 P&H 公司为这两种挖掘机配备了可编程控制系统。国外生产矿用液压挖掘机的厂家有美国卡特彼勒（Caterpillar）、德国利勃海尔（Liebherr）、日本日立（Hitachi）、日本小松（KOMATSU）等。

总之，矿用挖掘机从早期的以简单正铲为代表的矿用机械式挖掘机，发展到了后来以采用液压和电力技术以及复杂控制技术为特征的单斗挖掘机和多斗挖掘机，再到现在，随着计算机技术的不断发展，利用计算机进行综合控制的矿用挖掘机智能控制技术迅猛发展。

10.2　矿用挖掘机分类

10.2.1　挖掘机分类

挖掘机可以进行多种形式的分类，一般情况下将挖掘机按照用途、行走方式、动力源、传动方式、铲斗连接方式、铲装方式、作业循环方式、铲斗容积和回转方式进行分类，如表 10-1 所示。

表 10-1　挖掘机分类

分类方式	类型
用途	矿用挖掘机（采矿型，剥离型），工程用挖掘机
行走方式	履带式，轮胎式，步履式，轨轮式
动力源	柴油机，电动机
传动方式	机械式，液压式
铲斗连接方式	刚性（正铲挖掘机、反铲挖掘机），挠性（刨铲挖掘机、拉铲挖掘机）
铲装方式	正铲，反铲，刨铲，拉铲（索斗型）和抓铲
作业循环方式	周期性作业（单斗挖掘机），连续性作业（斗轮挖掘机、链斗挖掘机）
铲斗容积	小型（小于 2 m^3），中型（3~8 m^3），大型（大于 10 m^3）
回转方式	全回转，非全回转

10.2.2　矿用挖掘机分类

矿用挖掘机通常划分为机械传动正铲单斗挖掘机（以下简称机械挖掘机）和矿用单斗液压挖掘机（以下简称液压挖掘机），如表 10-2 所示。

表 10-2　矿用挖掘机分类

类型		示意图	适用范围
机械传动正铲单斗挖掘机	采矿型（标准动臂）		用于煤炭、金属和非金属露天矿铲装矿岩
	剥离型		用于露天矿剥离表土
矿用单斗液压挖掘机（多为正铲）			用于露天矿铲装矿岩

10.3　矿用机械挖掘机

10.3.1　矿用机械挖掘机简介

矿用机械挖掘机广泛用于金属矿、非金属矿等各种土质和软硬矿岩的铲装作业。

电铲由电动机驱动，利用齿轮、链条、钢索滑轮组等传动件传递动力，实现矿物的挖掘、提升、回转和卸料等作业循环，在作业循环过程中无须移动机体，移位则靠履带式行走机构来实现。推压方式主要有齿轮齿条推压和钢丝绳推压两种，驱动形式有直流传动和交流传动两种，通常铲斗标准斗容不小于 4 m³。

　　挖掘机是具有行走能力的履带式、轮胎式或步履式机械，带有可做回转运动的上平台，用铲斗进行挖掘作业。挖掘机的工作循环通常包括挖掘、提升、回转和卸载，在工作循环过程中底盘不移动。

　　矿用挖掘机是用于金属、非金属矿等大型露天矿各种土质和软硬矿岩的铲装作业的自行式机械，主要配合矿用自卸卡车完成矿石的采装工作。通常情况下，矿石经过爆破后堆成一定高度的料堆，挖掘机对爆破后的矿石进行挖掘，然后将料卸入卡车货箱中，具体工作场景如图 10-1 所示。

图 10-1　矿用挖掘机的工作现场

10.3.2　矿用机械挖掘机工作原理

　　矿用机械挖掘机通过推压、提升、回转、开斗和行走五大传动机构的协同作业，完成对挖掘对象的切入（推压）、装满铲斗（提升）、转移（回转）、卸载（开斗）、空斗返回（回转）和纵深挖掘（行走）六个工作步骤，各步骤具体如下：

　　（1）提升机构用于提升或下放铲斗。由两台交流变频电动机并联驱动，通过双输入轴的"分流式"提升减速机驱动提升卷筒，两根长度相同的提升钢丝绳在单卷筒上有序缠绕，从而实现铲斗的提升或下放动作。

　　（2）推压机构用于推出或收回铲斗。推压电动机通过推压齿轮减速传动，将驱动力矩传递至推压轴和推压小齿轮，推压小齿轮与斗杆上的推压齿条啮合，驱动斗杆动作，实现斗杆的伸出（推压）或缩回（回收）功能。

　　（3）回转机构用于铲斗的回转。由并联且独立的回转电机驱动回转小齿轮转动，小齿轮与大齿圈啮合，驱动回转平台转动，带动铲斗完成回转动作。

　　（4）开斗机构用于铲斗卸载。由一台交流电机驱动开斗卷筒转动，完成开斗动作，铲斗依靠自重实现闭斗动作。

　　（5）行走机构用于整机地面移动。采用两台交流变频电动机分别驱动两套独立的履带行走装置，完成行走动作。

　　电铲工作过程如图 10-2 所示，被挖掘物料是松散的土壤、爆破后的矿石或其他散体，挖掘后堆放于

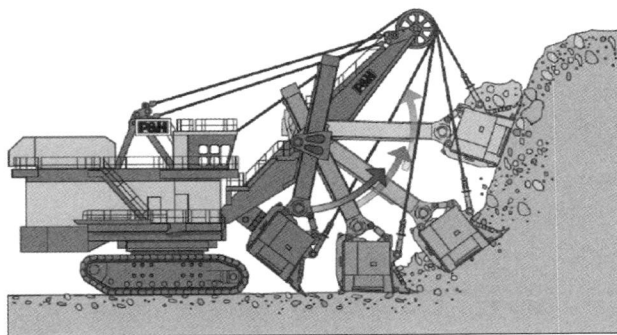

图 10-2　电铲工作过程示意图

挖掘机前；挖掘起始阶段，在提升力和推压力的配合作用下，铲尖插入被挖掘料堆中，然后铲斗向前向上运动，在运动过程中，被挖掘物料进入铲斗；当铲斗装满后，铲尖离开物料堆，挖掘过程完成；回转电机驱动上平台旋转至卸料位置，通过斗门的张开将斗内装载的物料卸入

卡车，然后回转电机驱动上平台旋转至挖掘位置，一次挖掘循环完成。经过若干次挖掘循环，直至挖掘范围内的物料装载完毕，行走电机驱动整个机器向前运动，进入下一个挖掘工位。

正铲挖掘土壤的过程：当挖掘作业开始时，机器靠近工作面，铲斗的挖掘始点位于推压机构正下方的工作面底部，前斗面与工作面的夹角为 45°～50°。铲斗通过提升绳和推压机构的联合作用，做自下而上的弧形曲线的强制运动，使斗刃在切入土壤的过程中，把一层土壤切削下来。

正铲铲斗运动轨迹是一条复杂的曲线，曲线形态取决于土壤的性质和状态、铲斗切削边的状态以及铲斗的提升和推压速度。在理想状态下，斗齿挖掘轨迹的开始段近乎水平，然后，要求斗柄以较大的速度外伸和以较快的进度提升。随着铲斗的升举，推压进度减慢，待斗齿处于与推压机构同一水平高度时，推压速度降为零。铲斗的提升钢丝绳拉力几乎保持一个定值。所以，斗齿运动中的后一段轨迹是一条弧形曲线。

斗齿的切入深度由推压机构通过斗柄的伸缩和回转来调整。每完成一次挖掘作业，就挖取出一层弧形土体，若土质均匀，各层弧形土体的曲线形状相似，一次切削厚度为 0.1～0.8 m。在实际工作时，斗柄并不完全伸出，一般仅伸出行程的 2/3，由此正铲每挖完一个工作面，机器前移的位移量等于斗柄行程的 0.5～0.75 倍。

回转过程中的回转角度取决于工作面的布置方式和运输车辆的待装位置，一般小于180°。当回转角度大于 180°时，通常沿同一个方向旋转 360°返回，可减少回转运动中的加速、减速时间，降低耗能。铲斗从挖掘终点位置转到卸载位置时，铲斗的提升运动和转台的回转运动是同时进行的，这就要求回转速度、推压速度和提升速度之间保持一定的关系。

转台的回转时间占挖掘工作循环时间一半以上。加大回转速度以减少回转时间，对提高生产效率有很大的影响。然而受到发动机功率及行走装置与地面间附着力的限制，一般回转角加速度限制在 0.06～0.7 rad/s²，最大角速度限制在 0.15～0.75 rad/s。

正铲机械挖掘机卸载时，卸载行程限制在几十厘米以内，且卸载时的回转速度为正常回转速度。为保证对车辆卸载的准确性且防止碰坏车辆，运输车辆的容量应大于斗容量的 3～4 倍。正铲挖掘机在工作过程中的移动次数和移动距离取决于斗柄伸缩行程和土壤情况。挖掘硬质土壤时，斗柄以较小的挖掘力外伸，否则挖掘力会变小，导致铲斗装不满，另外机器移动频繁，会增加非工作时间。一般机器移动一次需 15～40 s，为缩减此时间，要求被挖掘面尽可能平整。

10.3.3　矿用机械挖掘机型号

根据国家标准《矿用机械正铲式挖掘机》（GB/T 10604—2017），矿用机械挖掘机产品型号的表示方法如图 10-3 所示。

```
        W  K-□ □
                │  └── 更新改进代号（A，C，D，……）
                └───── 标准斗容（m³）
             └──────── 矿用（矿）
          └─────────── 挖掘机（挖）
```

图 10-3　机械挖掘机的型号表示

示例：标准斗容为 20 m³，经第一代更新改进的机械挖掘机标记为 WK-20A。需要说明的是，国内一些厂家有自己的机械挖掘机产品型号表示方式。

10.3.4 矿用机械挖掘机结构与作业范围

矿用机械正铲式挖掘机的结构形式和主要作业范围的表示方法如图 10-4 所示。

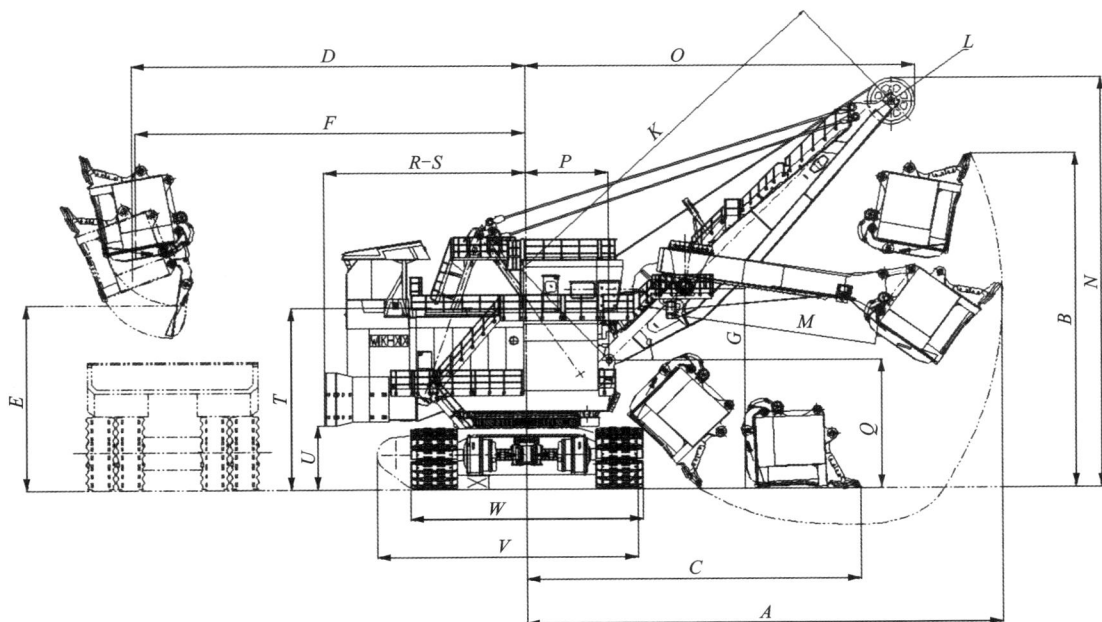

R—最大挖掘半径；H_1—最大卸载高度；R_1—最大卸载半径；

H_2—最大挖掘深度；H—最大挖掘高度；G—最大清道半径。

图 10-4 矿用机械正铲式挖掘机的结构形式和主要作业范围

10.3.5 矿用机械挖掘机主要尺寸参数

常见机械单斗挖掘机(正铲)的主要尺寸参数见表 10-3。

表 10-3 各个参数的含义

代号	含义	代号	含义
A	最大挖掘半径	N	起重臂支角中心高度半径
C	最大挖掘高度	O	机棚尾部回转半径
E	停机地面上最大挖掘半径	P	机棚宽度
F	最大卸载半径	Q	双脚支架顶部至停机平面高度
H	最大卸载高度	S	机棚顶至地面高度

代号	含义	代号	含义
J	最大挖掘深度	T	司机水平视线至地面高度
a	起重臂对停机平面的倾角	U	配重箱底面至地面高度
K	顶部滑轮上缘至停机平面高度	V	履带部分长度
L	顶部滑轮外缘至回转中心的距离	W	履带部分宽度
M	起重臂支角中心至回转中心的距离	Y	底架下部至地面最小高度

10.3.6　矿用机械挖掘机斗容

10.3.6.1　正铲斗容积标定

正铲斗容积标定值是铲斗的平均高度和最小高度 1/2 处截面面积的乘积(平均高度是指铲斗的最小高度和取掉斗齿后的最大高度的平均值)，正铲斗结构尺寸如图 10-5 所示，按式(10-1)计算。

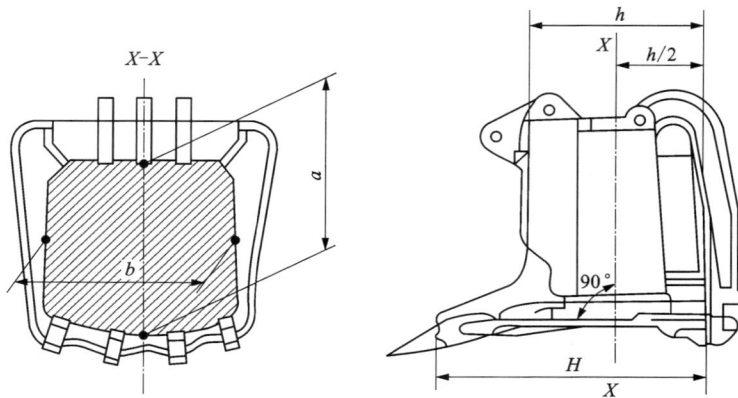

图 10-5　正铲斗容积标定

$$V_r = \frac{h+H}{2}S \qquad (10-1)$$

式中：V_r 为标定斗容积，m^3；h 为铲斗最小高度，m；H 为铲斗取掉斗齿后的最大高度，m；S 为 X-X 截面的内表面截面积，m^2。

$$S = ab \qquad (10-2)$$

式中：a 为铲斗 X-X 截面内侧长度，m；b 为铲斗 X-X 截面内侧宽度，m。

10.3.6.2　反铲斗容积标定

反铲斗容积标定值是内侧截面积和铲斗内侧平均宽度的乘积，如图 10-6 所示。标定斗容量按式(10-3)计算。

$$V_r = AW \qquad (10-3)$$

式中：A 为铲斗内侧截面积，m^2；W 为铲斗内侧平均宽度，m。

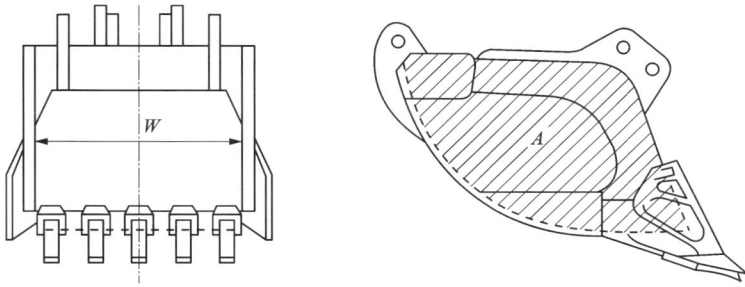

图 10-6　反铲斗容积标定

10.3.6.3　铲斗容积标定值的表示方法

按表10-4确定铲斗容积时，如果计算值小于表中给定的值且相差超过2%，则铲斗容积按下一挡较小的值进行确定。

表 10-4　铲斗容积标定　　　　　　　　　　　　　　　　　　　　　　　　　　　　　　　　m^3

铲斗容积的范围	容积标定值的增量
0.6~1.5	0.05
1.5~2.5	0.1
2.5~5.0	0.2
5.0~10.0	0.5
>10.0	1.0

表10-4中，对于 $1.5 \sim 2.5\ m^3$ 的铲斗容积，标定值应为 $1.6\ m^3$、$1.7\ m^3$、$1.8\ m^3$、$1.9\ m^3$、$2.0\ m^3$、$2.1\ m^3$、$2.2\ m^3$、$2.3\ m^3$、$2.4\ m^3$、$2.5\ m^3$。

如果计算值为 $2.25\ m^3$，在2.2至 $2.3\ m^3$ 范围内，2.25比2.3低2.17%，计算值低于表中给定的容积值，且其差值超过2%，所以应取值为 $2.2\ m^3$，即铲斗容积的标定值为 $2.2\ m^3$。

10.3.7　矿用机械挖掘机结构

矿用机械挖掘机主要由工作装置、回转装置、履带行走装置、压气操纵系统组成。铲斗是机械式挖掘机的主要部件，它直接承受挖掘矿石的作用力，因而磨损较大。电铲铲斗结构以正铲居多，其动臂中间安装有鞍式轴承，斗杆支撑在上面，可绕其转动，且利用齿轮齿条或钢索进行伸缩。斗杆的作用是连接和支撑铲斗，并将推压力传送给铲斗，铲斗在推压和提升力的共同作用下完成挖掘土壤的动作。机械式挖掘机作业时，以动臂为支撑，斗杆伸出，将斗齿强制压入挖掘面，同时由起升索提升铲斗进行挖掘，铲斗底部可以开启，以方便卸料。转台回转通过齿轮传动，整机行走由发动机通过链条和齿轮传动来完成。

正铲挖掘机主要完成铲装、回转、卸载、空斗返回和机体的移动，所以必须配有相应的运动机构。图10-7为WK-35型正铲挖掘机总图，以此为例分别介绍其工作装置、回转装置、运行装置和操纵装置等主要机构。

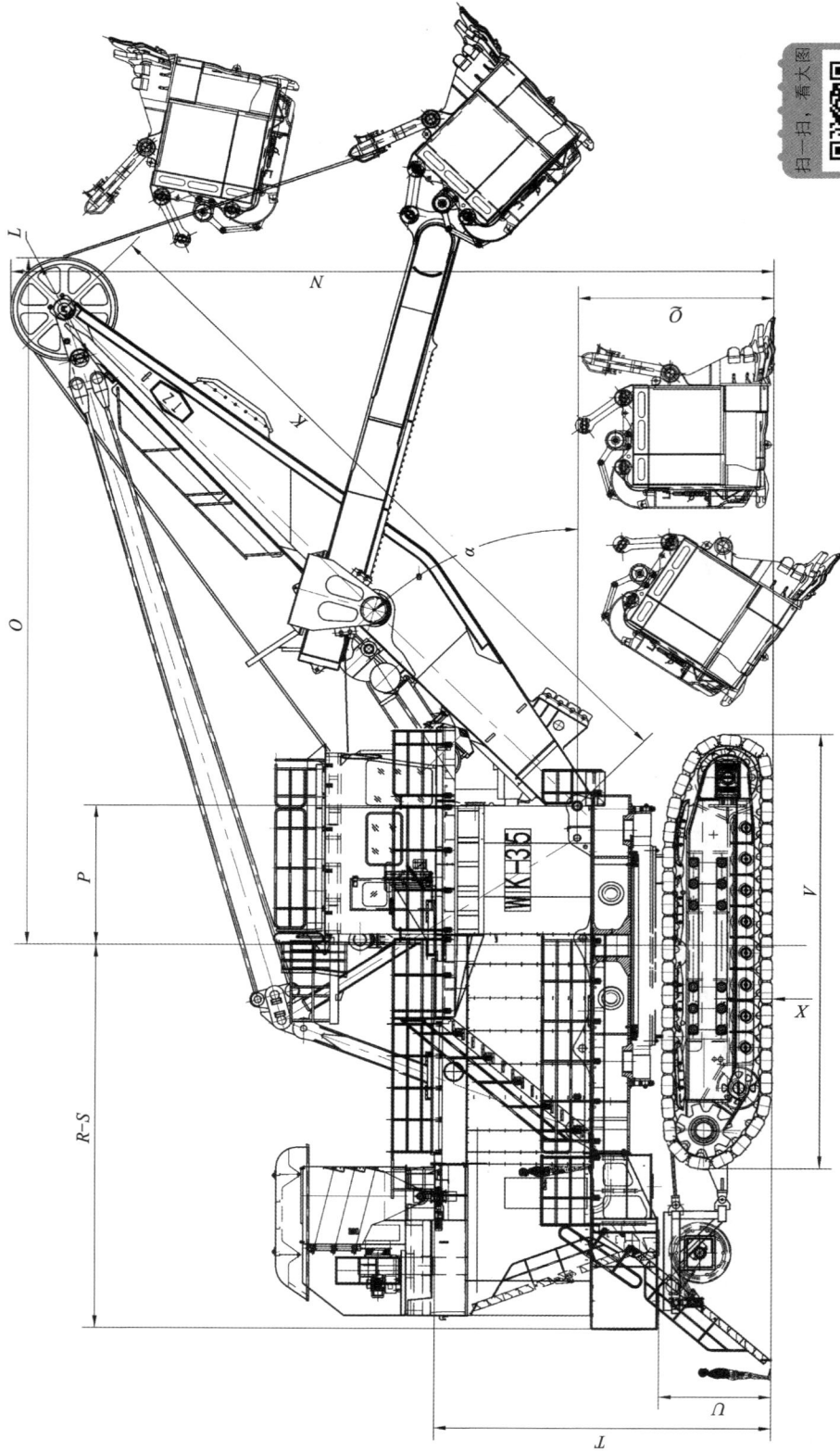

图10-7 WK-35型正铲挖掘机

　　根据动臂与斗柄的连接关系以及推压斗柄的方式，国内外矿山常用的正铲机械挖掘机的工作装置大致可分为两种：双梁动臂内斗柄钢丝绳推压型和单梁动臂双斗柄齿条推压型。WK-35 型挖掘机工作装置采用了单梁动臂双斗柄齿条推压型，其主要组成部分有动臂、斗柄、铲斗、提升机构和推压机构。

10.3.7.1　动臂结构

　　图 10-8 为 WK-35 型正铲挖掘机动臂装置。

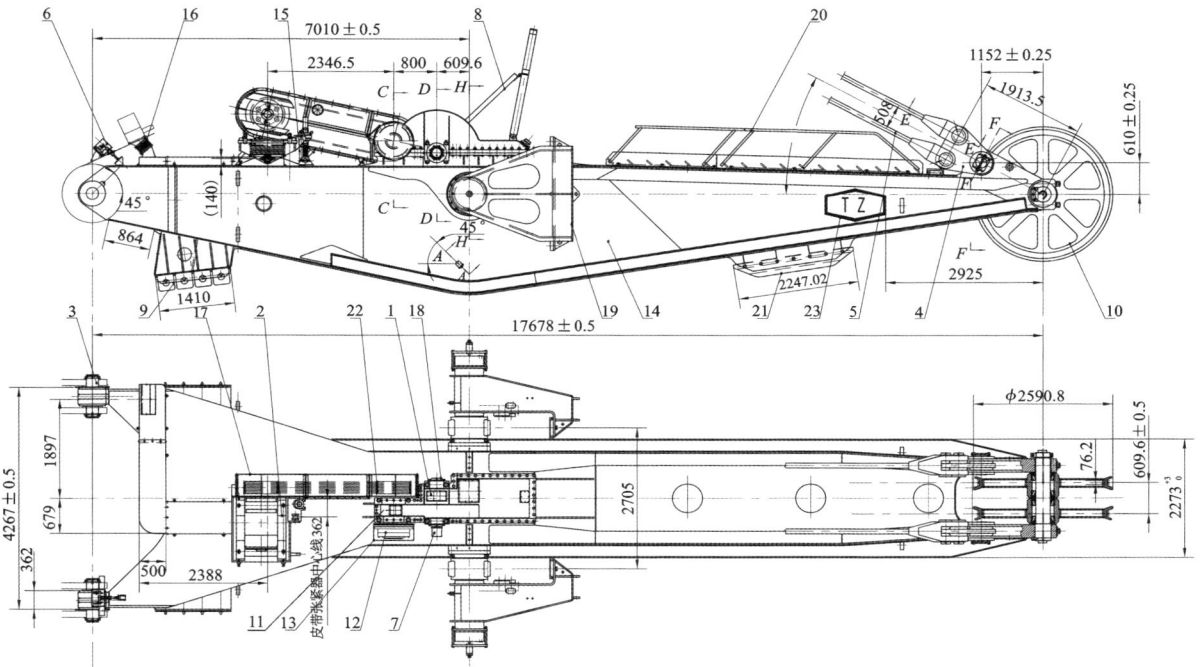

1—起重臂附属组件；2—推压驱动装置；3—起重臂跟脚销；4—起重臂顶部平衡架；5—绷绳；6—起重臂限位开关；7—编码器罩及附件；8—提升绳保护架；9—起重臂缓冲器；10—起重臂顶部滑轮；11—第一减速轴装置；12—盘式制动器；13—盘式制动器罩；14—起重臂；15—皮带紧张器；16—推压电机通风装置；17—推压皮带罩；18—第二减速轴；19—推压轴装置；20—起重臂走合；21—顶部缓冲器；22—皮带轮；23—标志。

图 10-8　WK-35 型正铲挖掘机动臂装置

10.3.7.2　斗柄结构

　　图 10-9 为 WK-35 型正铲挖掘机斗柄装置。

10.3.7.3　铲斗结构

　　图 10-10 为 WK-35 型正铲挖掘机铲斗结构。

10.3.7.4　提升机构

　　图 10-11 为 WK-35 型正铲挖掘机铲斗提升机构传动系统。

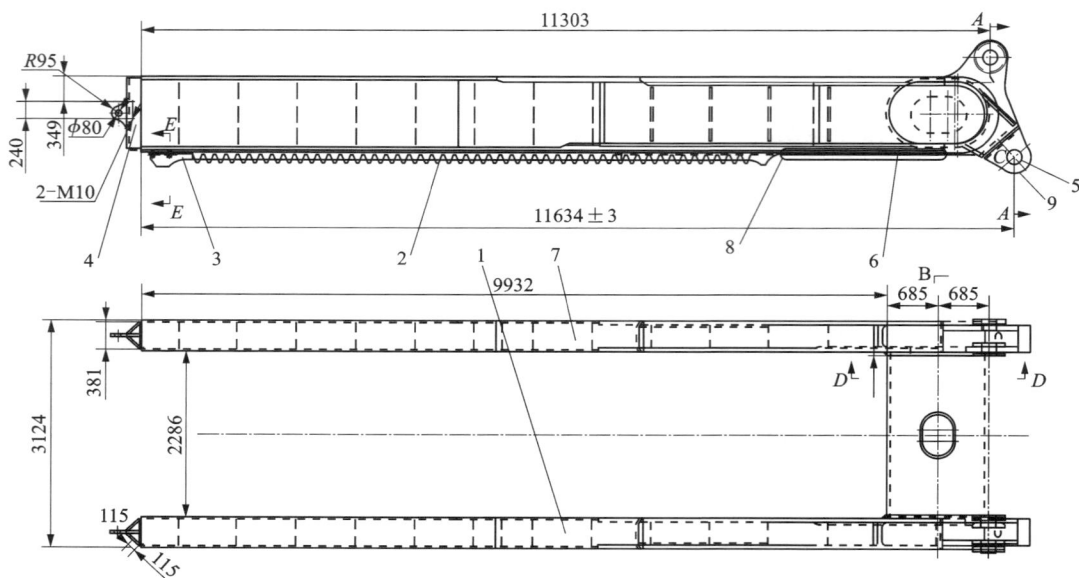

1—右斗杆；2—齿条；3—后挡板组件；4—斗杆堵头；5—套；
6—前挡板；7—左斗杆；8—连接筒；9—耳块。

图 10-9　WK-35 型正铲挖掘机斗柄装置

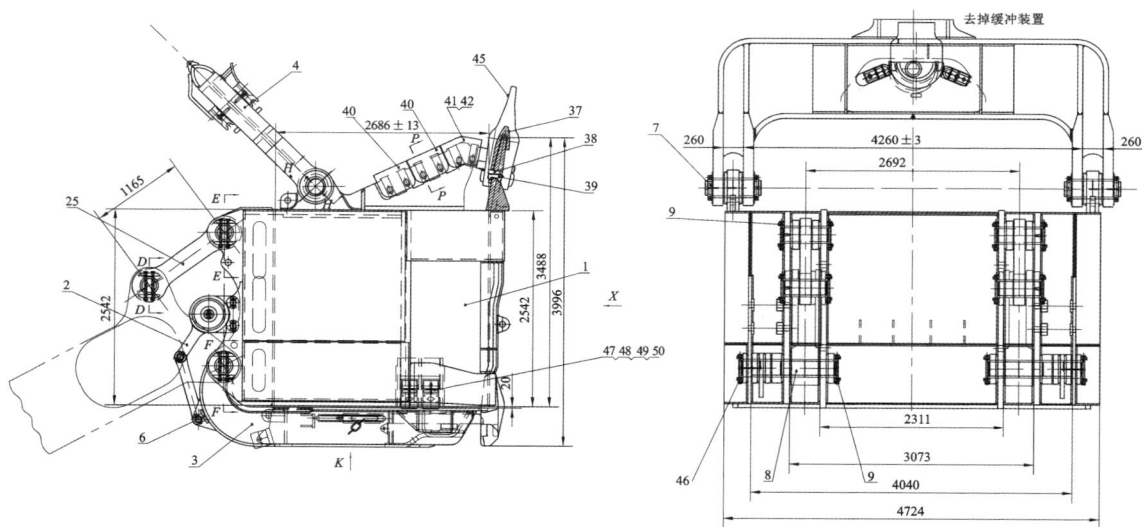

1—斗体；2—缓冲；3—斗底；4—提梁；6—缓冲器坐垫；7—提梁销；8—弯梁销；9—铲斗销轴挡板；
25—拉杆；37—中部护套；38—楔块；39—卡板；40—侧护套；41、42—护套；45—组合斗齿；46—弯梁销；
47—缓冲块；48—垫片组；49—螺母；50—垫圈。

图 10-10　WK-35 型正铲挖掘机铲斗结构

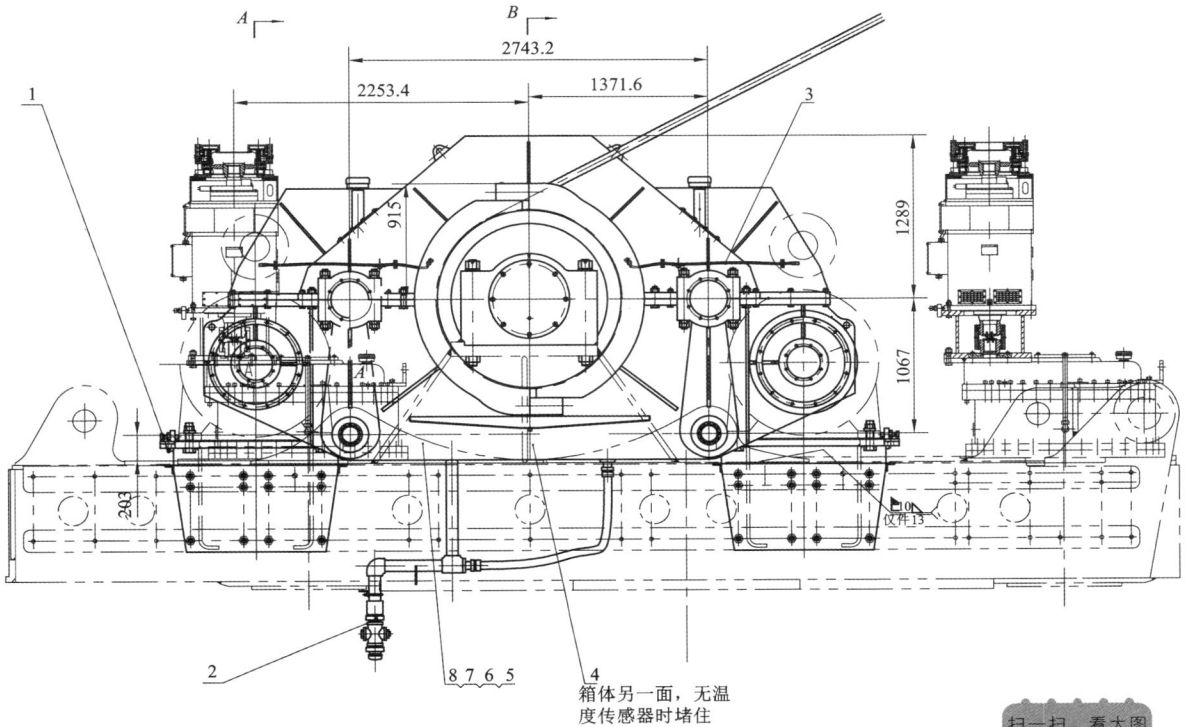

1—提升电机座及附件；2—减速机放油装置；3—手动注油装置；
4—螺塞；5—盖；6—密封垫；7—螺栓；8—垫圈。

图10-11 WK-35型正铲挖掘机铲斗提升机构传动系统

10.3.7.5 推压机构

图10-12为WK-35型正铲挖掘机推压机构传动系统。

双梁动臂内斗柄钢丝绳推压式工作装置如图10-12所示，这种工作装置采用圆形或者方形截面的斗柄，其下面没有齿条穿插于扶柄套之中；两端装有推压钢丝绳的导向滑轮。推压机构的卷筒收紧或放出推压钢丝绳，即可使斗柄产生推压或抽回动作。钢丝绳推压式的工作机构，在我国已成功用于中型和大型挖掘机。它的主要优点是结构简单、动作灵活、噪声小，主要缺点是钢丝绳磨损快、寿命短。由于钢丝绳的抗拉、抗磨性能有一定的局限性，所以目前还不能将它用在大斗容量的挖掘机上。

10.3.7.6 回转机构

矿用机械挖掘机的回转机构是用来使回转平台旋转的机构，实践证明正铲挖掘机回转运动的时间占整个工作循环时间的65%~75%。因此，回转机构对挖掘机的生产效率有着较大的影响。国产WK-35型正铲挖掘机的回转机构如图10-13所示。

WK-35型正铲挖掘机的回转机构由两台立式电动机分别驱动，由于大齿轮固定在下机架上，小齿轮可以沿大齿轮周边滚动，带动整个回转平台做旋转运动。制动器安装在电动机的上部，其构造原理与推压机构的制动器相同。回转平台与机座用中央枢轴连接在一起，转

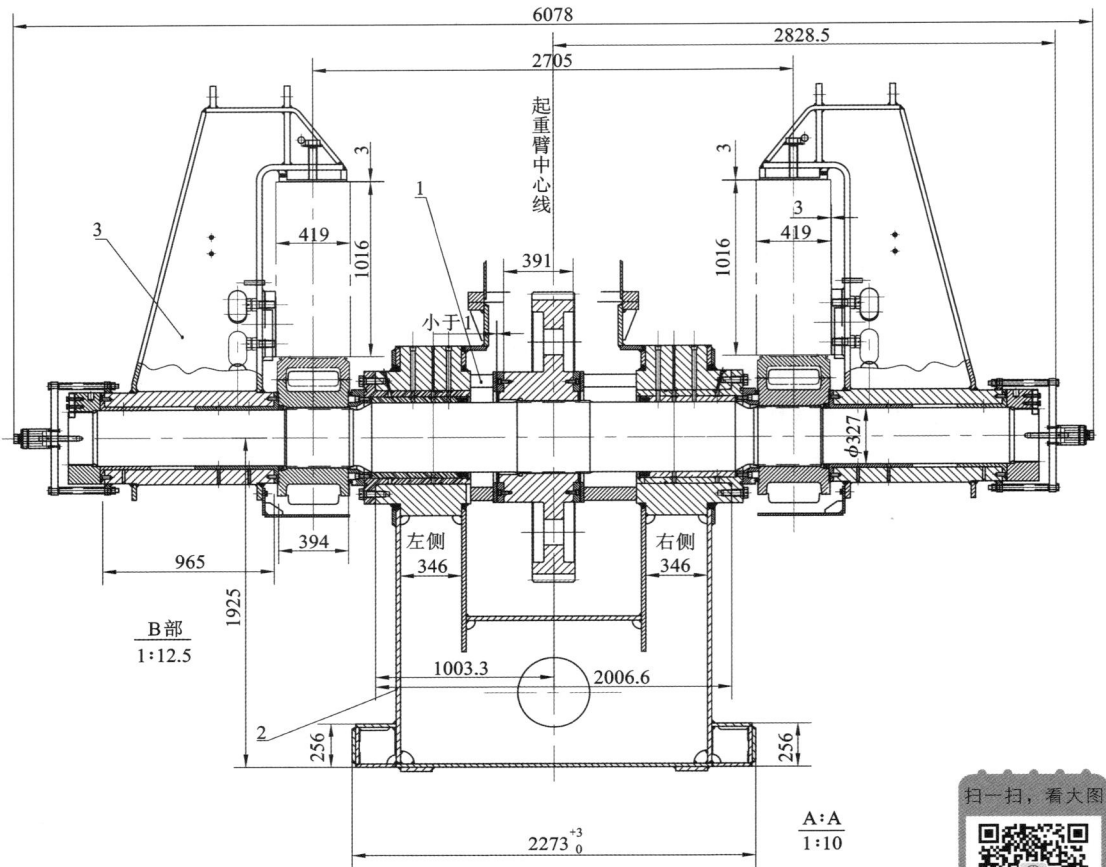

1—起重臂附属组件；2—起重臂；3—推压轴装置。

图 10-12　WK-35 型正铲挖掘机推压机构传动系统

台对机座起定心和连接作用。轴的中心是空的，风管和低压继电环线路通过中空轴心引至机座上部。

10.3.7.7　行走机构

履带行走机构是挖掘机上部重量的支承基础，如图 10-14 所示。这种行走机构的主要优点是接地比压力、附着力大，适用于浅滩、沟或者有其他障碍物的凹凸不平的场所，具有一定的机动性，并能在较短时间内通过陡坡和急弯。其缺点是行走和转弯功耗大、效率低、构造复杂、造价高、零件易磨损等。

履带行走机构的结构特点主要有以下几方面。

（1）履带的数目与机重有关。机重小于 220 t 时，一般用双履带；机重在 200～300 t 时，用四履带；机重大于 350 t 时，需要用八履带。目前这种随着机重增加履带数目增多的情况已经有所突破。

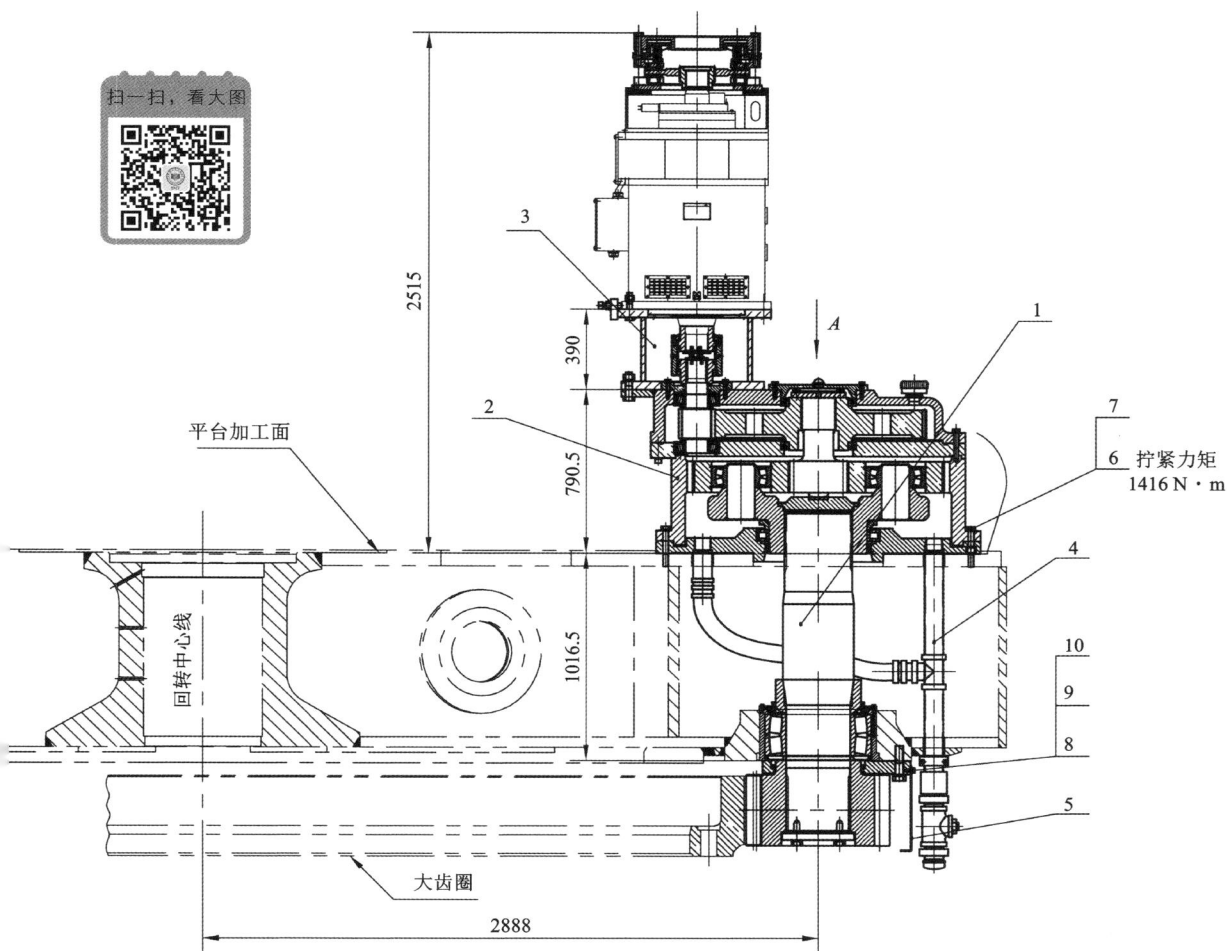

1—回转立轴；2—回转行星减速机；3—回转电机安装装置；4—回转减速机放油装置；
5—回转小齿轮罩；6—螺栓；7—防松垫片；8—螺栓；9、10—垫圈。

图10-13 WK-35型正铲挖掘机回转机构

（2）根据履带支承轮传递压力的情况，可分为多支点和少支点结构形式。多支点形式的特点是支承轮直径小、数目多、轮距近，一般接地的履带板节数与支承轮数之比小于2。少支点形式与此相反，履带在两个支承轮之间有明显的弯曲，支承轮下的压力比轮间的压力大得多，这种结构多用于岩石类的工作地点。

（3）支承轮的支承方式有刚性和挠性两种。刚性支承是指支承轮与履带架或底架作刚性连接；而挠性支承是指两者之间采用弹簧和铰连接。刚性连接的结构简单、承受工作载荷较好，但在行走或越过障碍物时，振动和冲击较大，影响零件的强度。在大、中型履带挖掘机中多采用刚性连接。

（4）履带行走机构对行走速度、接地比压和爬坡能力有一定的限制和要求。行走速度一般在0.7~1.5 km/h，巨型挖掘机则为0.25 km/h，接地比压一般在0.06~0.25 MPa；小型挖掘机的爬坡能力为40%，中型挖掘机的爬坡能力为30%，重型挖掘机的爬坡能力为12%~20%。

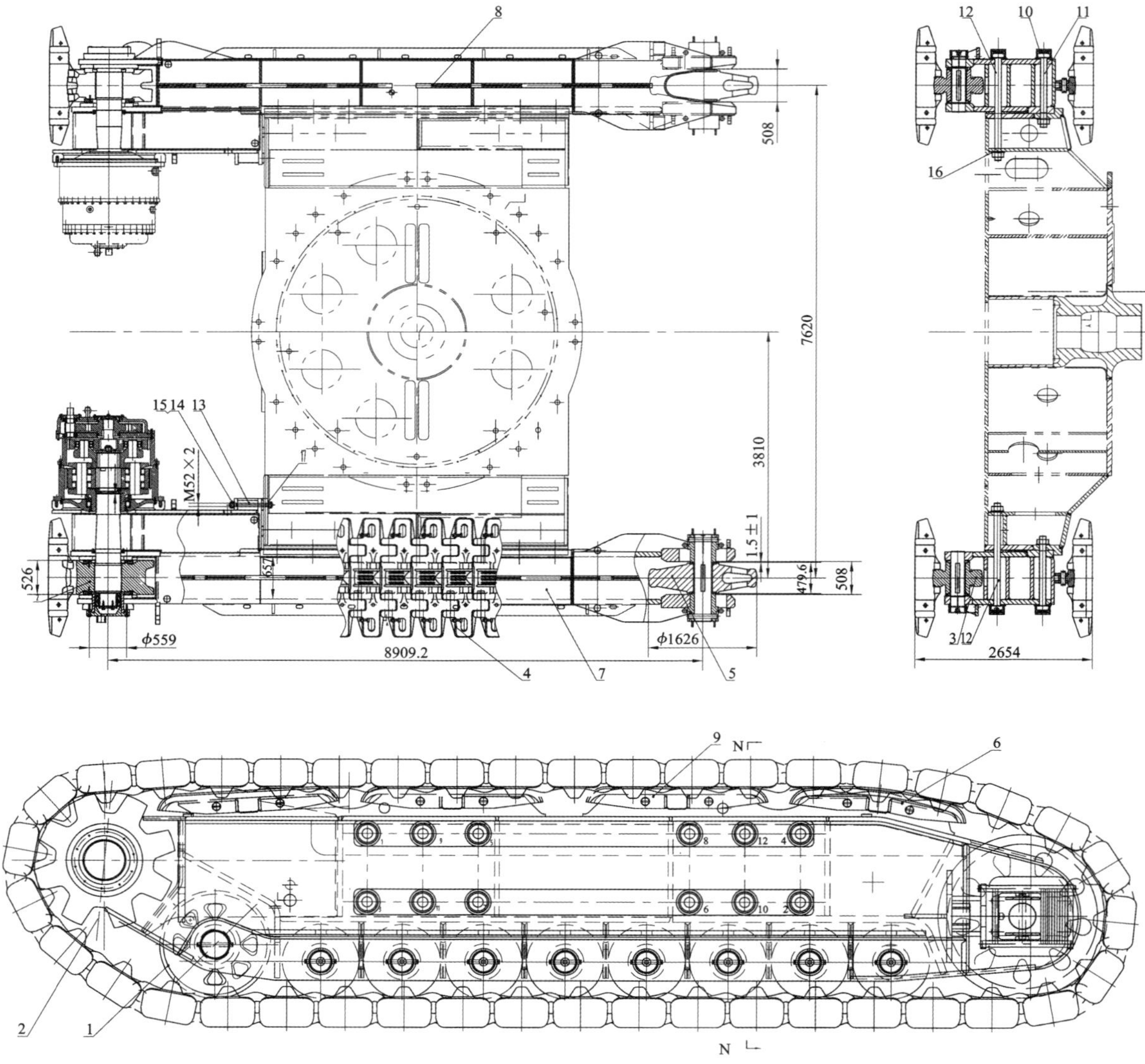

1—后支轮轴装置；2—履带驱动装置；3—支轮组件；4—履带链；5—拉紧轮装置；6—前托带装置；
7—右履带架本体；8—左履带架本体；9—后拖带装置；10—超级螺母；11、12、13—双头螺柱；
14—开槽螺母；15—销；16—垫圈。

图 10-14　WK-35 型正铲挖掘机履带行走机构

10.3.7.8　压气操纵系统

WK-35 型正铲挖掘机的操纵系统除了电气操纵外，还有压气操纵，即气动操纵系统，它是由专用的空压机供给压缩空气，通过控制阀，使压气进入气缸，驱动气缸中的活塞，再由活塞杆推动杠杆机构，来操纵各机构的离合器或制动器动作。压气操纵方式在中小型挖掘机中使用较为广泛，这是因为气体具有可压缩性，操纵比较平稳，对机构的动负荷小，操作安全可靠，在低温条件下可以照常工作。

当挖掘机正常工作或行走时，打开配气阀，压缩空气由气包经过配气阀进入 4 个抱闸气缸，在压气的作用下，弹簧压缩，抱闸松开，此时提升、推压、回转或行走等机构均可以工作。当关闭各配气阀时，各气缸的压力降低，在弹簧力作用下，闸带抱紧，各机构处于制动状态。压气是由压气机供气，经过单向阀进入气包。气包的压力由压力继电器控制，当风压小于 0.5 MPa 时，继电器自动闭合，压气机开始工作。当风压超过 0.7 MPa 时，继电器自动跳闸，压气机自动停止工作，因此，压气在气包中一直保持足够的压力。

10.4 矿用液压挖掘机

10.4.1 矿用液压挖掘机简介

矿用液压挖掘机(简称液压铲)是适用于露天矿采掘物料或土方工程，主要动作由液压系统驱动的，具有挖掘物料、回转、卸料和行走功能，工作质量大于 200 t 的超大型液压挖掘机。

通常根据液压挖掘机铲斗作用方向的不同将其分为正铲液压挖掘机和反铲液压挖掘机。

液压挖掘机铲斗向上翻转的机型称为正铲液压挖掘机，矿用液压挖掘机通常采用正铲。一般正铲液压挖掘机的铲斗容积都是较大的，它们的斗容量通常都在 4 m³ 以上，正铲液压挖掘机在实现铲斗的水平直线挖掘以及平整地面的功能方面有着很好的优势，正铲液压挖掘机如图 10-15 所示。

液压挖掘机铲斗向下翻转的机型称为反铲液压挖掘机，其采用整体式弯曲动臂，优点是结构简单、质量小、刚度大、可用于长期作业，且具有较大的挖掘深度，降低了卸土高度，这符合挖掘机反铲作业的要求。在结构上，动臂为左右对称的封装式中空焊接箱形结构，也有铸焊混合结构，这些结构构造与受力比较复杂、应力较大，动臂与钢板焊成一体。另外，铲斗通过采用向下弯曲的形式可达到较大的挖掘深度。反铲液压挖掘机如图 10-16 所示。

图 10-15 正铲液压挖掘机

图 10-16 反铲液压挖掘机

10.4.2 矿用正铲液压挖掘机的结构与工作原理

10.4.2.1 矿用正铲液压挖掘机的结构

矿用正铲液压挖掘机是在机械挖掘机的基础上发展起来的高效率的设备。它由工作装置 1、回转装置 2 和行走装置 3 三大部分组成，如图 10-17 所示。各个部分联合作用将液压能转换成机械能,以实现挖掘机的挖掘作业。其中,工作装置由铲斗3、斗臂2、大臂1、大臂油缸4、斗臂油缸5以及转斗油缸6六大部件构成,如图10-18所示,是完成挖掘作业最主要也是最直接的部分。其工作过程与机械式挖掘机也基本相同,两者的主要区别在于动力装置和工作装置不同。液压挖掘机在动力装置与工作装置之间采用了容积式液压传动系统(即采用各种液压元件),直接控制各系统机构的运动状态,进行挖掘工作。液压挖掘机分为全液压传动和非全液压传动两种。例如WY-160型、WY250型和H121型等为全液压传动,若其中一个机构的动作采用机械传动,即称为非全液压传动,WY-60型因其行走机构采用机械传动方式,所以是非全液压传动。一般情况下,液压挖掘机的工作装置及回转装置必须是液压传动,只有行走机构既可为液压传动也可为机械传动。

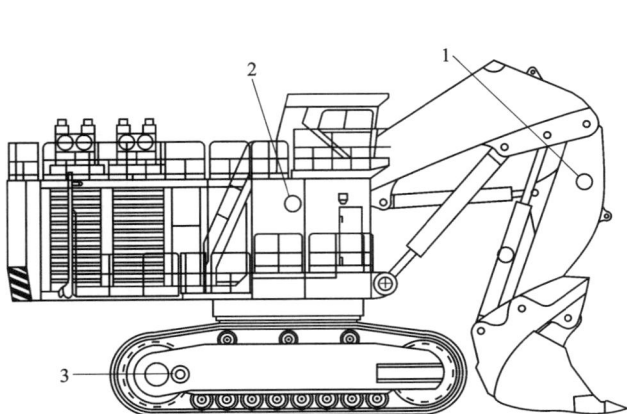

1—工作装置;2—回转装置;3—行走装置。

图 10-17　矿用正铲液压挖掘机的结构组成

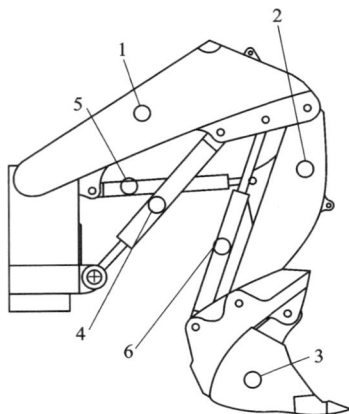

1—大臂;2—斗臂;3—铲斗;4—大臂油缸;
5—斗臂油缸;6—转斗油缸。

**图 10-18　矿用正铲液压单斗挖掘机
工作装置结构示意图**

10.4.2.2　矿用正铲液压挖掘机的工作原理

矿用正铲液压单斗挖掘机的结构如图10-19所示,作业轨迹如图10-20所示。矿用正铲液压挖掘机的基本组成和工作过程与反铲式挖掘机相同。铲斗1的斗底利用转斗油缸3来开启,斗臂4铰接在大臂6的顶端,由双作用的斗臂油缸5使其转动。斗臂油缸5的一端铰接在大臂6上,另一端铰接在斗臂4上。其铰接形式有两种:一种是铰接在斗臂4的前端,另一种是铰接在斗臂4的尾端。大臂6为单杆式,顶端呈叉形,以便与斗臂4铰接。大臂6有单节和双节两种。单节的大臂又分为长、短两种备品,可根据需要更换。双节的大臂则由上、下两节拼装而成,根据拼装点的不同,大臂的工作长度也不同。在中小型液压挖掘机中,正铲装置与反铲装置往往可以通用,它们的区别仅仅在于铲斗的安装方向,正铲挖掘机用于挖掘停机面以上的土壤,故以最大挖掘半径和最大挖掘高度为主要尺寸,它的工作面较大,挖掘工作要求铲斗有一定的转角。另外,由于在工作时受整机的稳定性影响较大,所以正铲挖掘机常用斗柄油缸进行挖掘。正铲铲斗采用斗底开启卸土方式,用油缸实现其开闭动作,这样可以增加卸载高度、节省卸载时间。正铲过程中,大臂6参与运动,斗臂4无推压运动,切削土壤厚度主要由转斗油缸3来控制和调节。

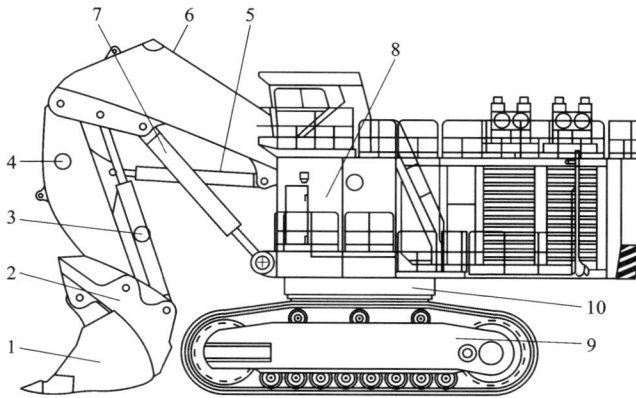

1—铲斗；2—铲斗托架；3—转斗油缸；4—斗臂；5—斗臂油缸；6—大臂；

7—大臂油缸；8—司机室；9—履带；10—回转台。

图 10-19　矿用正铲液压单斗挖掘机结构示意图[2]

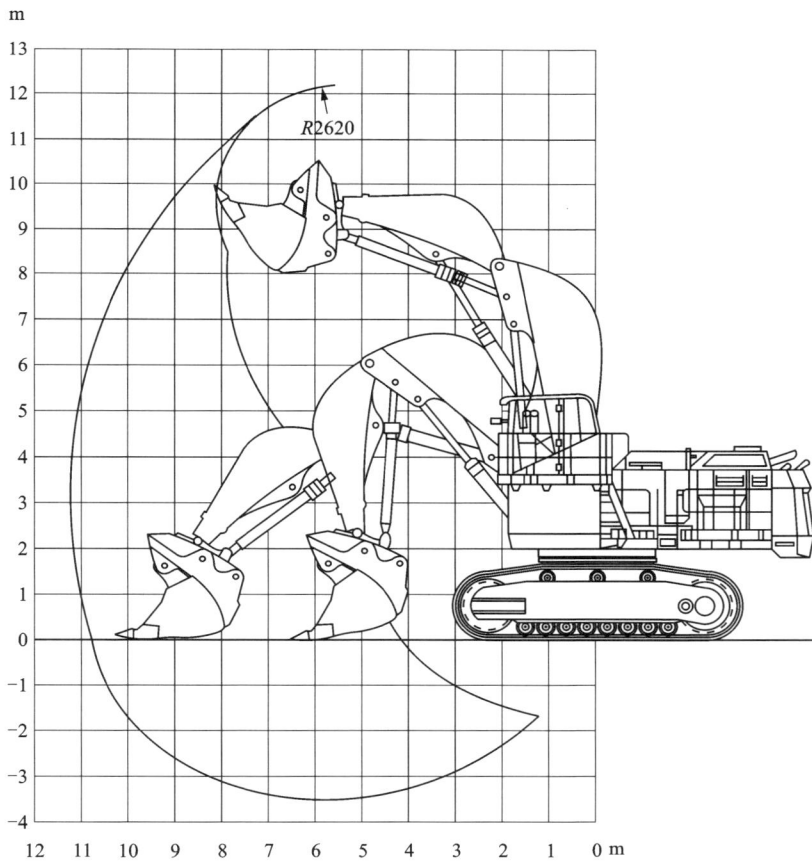

图 10-20　矿用正铲液压挖掘机铲斗作业轨迹

10.4.3 矿用反铲液压挖掘机的结构与工作原理

10.4.3.1 矿用反铲液压挖掘机的结构

矿用反铲液压挖掘机主要由回转装置、工作装置、行走机构构成，图 10-21 为某大型反铲液压挖掘机整体结构简图。其工作装置如图 10-22 所示，主要由动臂、动臂油缸活塞杆、动臂油缸缸筒、斗杆油缸缸筒、斗杆油缸活塞杆、斗杆、铲斗油缸缸筒、铲斗油缸活塞杆、摇杆、连杆、铲斗等构成。动臂的底部和动臂油缸活塞杆都与上部回转平台铰接，动臂油缸缸筒与动臂中部铰接，动臂与回转平台的铰接点高于动臂油缸活塞杆与回转平台铰接点，且靠近后部，以此保证动臂油缸有足够的作用力臂。斗杆也有焊接箱形、铸焊混合等不同结构形式。斗杆的一端与动臂的头部铰接，斗杆油缸缸筒铰接在动臂的中部上端，斗杆油缸活塞杆铰接在斗杆上。铲斗铰接在斗杆端部，铲斗油缸活塞杆通过中间部件即摇杆和连杆与铲斗相连，为铲斗提供所需动力。

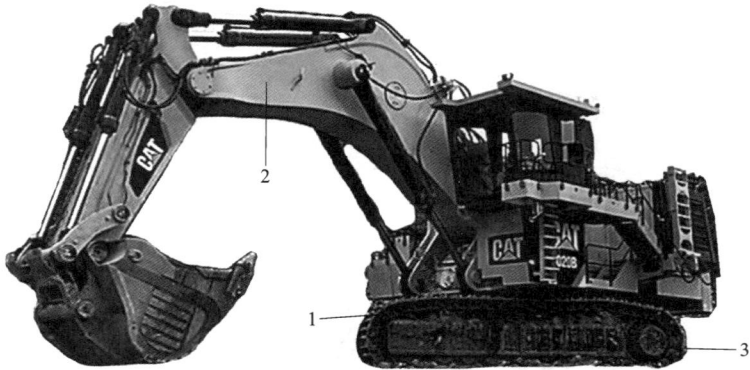

1—回转装置；2—工作装置；3—行走机构。

图 10-21 某大型反铲液压挖掘机结构组成

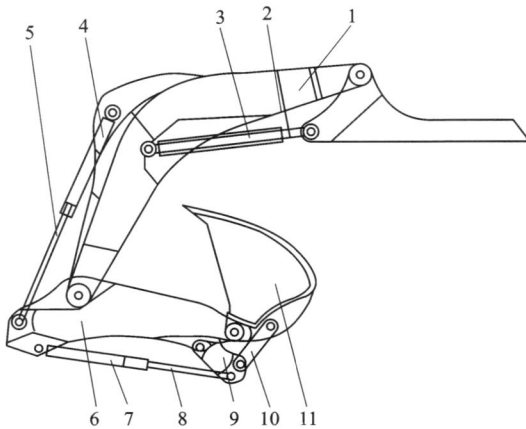

1—动臂；2—动臂油缸活塞杆；3—动臂油缸缸筒；4—斗杆油缸缸筒；5—斗杆油缸活塞杆；
6—斗杆；7—铲斗油缸缸筒；8—铲斗油缸活塞杆；9—摇杆；10—连杆；11—铲斗。

图 10-22 反铲液压挖掘机工作装置结构简图

10.4.3.2　矿用反铲液压挖掘机的工作原理

矿用反铲液压挖掘机的铲斗是向下挖掘，是目前市面上最常见、使用最广泛的工作装置，它的主要工作范围是停机面以下一至三类土，其挖土特点是"后退向下，强制切土"，其作业轨迹如图 10-23 所示。图 10-21 中，回转装置是连接液压挖掘机上部回转平台与下部行走机构的枢纽，工作装置通过铰接的方式连接在上部回转平台，驾驶室总成、配重、发动机、液压泵、各类液压阀及相关部件都固定在上部回转平台上。回转装置由回转驱动装置和回转支承组成，驱动装置固定于上部回转平台，由制动补油阀、回转马达、二级行星减速器和回转小齿轮等组成。压力油驱动马达转动，高速马达经二级行星减速器减速后带动回转小齿轮转动。小齿轮与回转支承的内齿轮啮合，小齿轮转动时带动上部平台做 360° 全回转。回转支承对上部工作装置起着支撑作用，使上部工作装置和底盘之间能相对转动，同时将铲斗上的载荷通过底盘传递至地面。行走机构由四轮一带、张紧装置、中心回转接头、行走驱动装置、行走架构成，用于驱动挖掘机行走。行走驱动装置采用履带行走装置，其主要优点是牵引力大、接地比压小、越野性能及稳定性好，对土壤有足够的附着力，爬坡能力强，在任何路面行驶均有良好的通过性，而且转弯半径小、机动性较好；主要缺点是行走速度低、行走和转弯的功率消耗大。行走机构的液压控制系统采用 4 个液压马达驱动，左右各由两个马达带动驱动轮的驱动方式。工作装置是超大型液压挖掘机直接完成挖掘任务的装置，它采用连杆机构原理，由动臂、斗杆、铲斗三部分铰接而成，其各部分运动由两个相同液压油缸的伸缩来驱动实现。

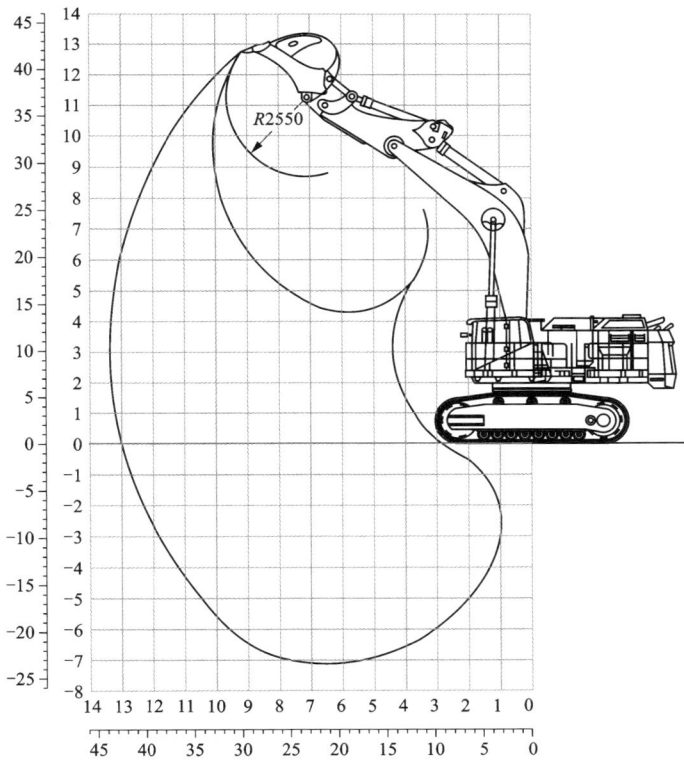

图 10-23　反铲液压挖掘机铲斗作业轨迹

10.4.4　矿用液压挖掘机型号

根据标准《矿用液压挖掘机》(JB/T 13011—2017)，矿用液压挖掘机产品型号以工作质量为主要特征。具体型号的表示方法如图 10-24 所示。

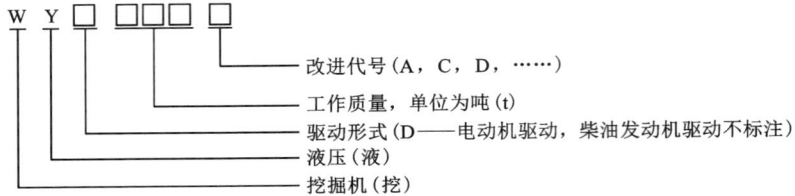

W　Y　□　□□□　□

改进代号(A，C，D，……)

工作质量，单位为吨(t)

驱动形式(D——电动机驱动，柴油发动机驱动不标注)

液压(液)

挖掘机(挖)

图 10-24　矿用液压挖掘机产品型号表示

工作质量为 390 t 的电动矿用液压挖掘机，表示为 WYD390。

需要说明的是，对于液压挖掘机产品型号，国内一些厂家有自己的表示方式。

10.4.5　矿用液压挖掘机主要工作尺寸

10.4.5.1　正铲液压挖掘机主要工作尺寸

正铲液压挖掘机主要工作尺寸如图 10-25 所示。

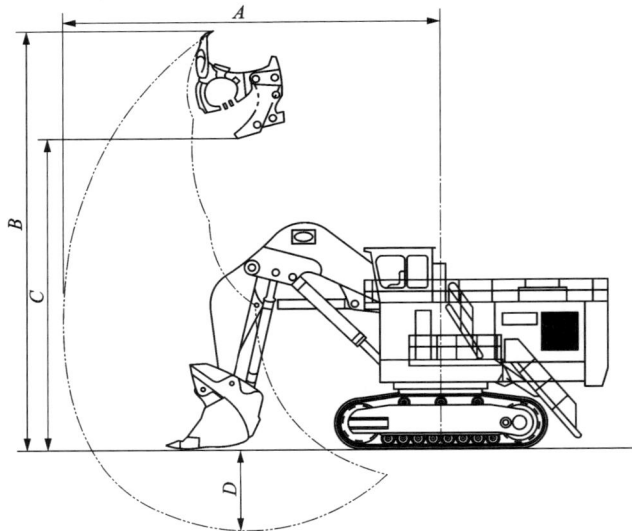

A—最大挖掘半径；B—最大挖掘高度；C—最大卸载高度；D—挖掘深度。

图 10-25　正铲液压挖掘机简图

10.4.5.2　反铲液压挖掘机主要工作尺寸

反铲液压挖掘机主要工作尺寸如图 10-26 所示。

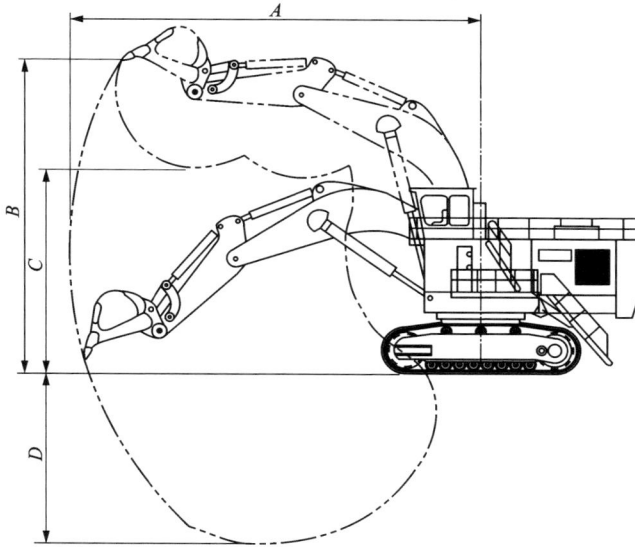

A—最大挖掘半径；*B*—最大挖掘高度；*C*—最大卸载高度；*D*—挖掘深度。

图 10-26 反铲液压挖掘机简图

10.4.6 矿用液压挖掘机的参数

矿用液压挖掘机的主要参数有整机质量、标准斗容量、发动机功率、爬坡能力、接地比压、循环作业时间等。

（1）整机质量

整机质量是指整机处于工作状态下的质量，具体指安装标准反铲或正铲等工作装置时，在燃油、液压油、润滑油、冷却液充足，并配备随机修理工具和1名司机时的工作质量。

（2）标准斗容量

铲斗容积标定是按照铲斗内壁尺寸和堆尖物料的体积确定的，计量单位为 m^3。

（3）发动机功率

发动机功率指发动机的额定功率，具体指在给定转速和标准状况下，除自身及包括风扇、水箱、空气滤清器、消声器、发电机、空压机等各种附件消耗以外的净功率，计量单位为 kW。

（4）爬坡能力

挖掘机以最大油门进行爬坡时，达到发动机的最大功率输出或者以轮胎、履带出现滑移情况为止，计算出的最大爬坡角度或百分比，称为该机的爬坡能力。

（5）接地比压

接地比压指履带式挖掘机整机质量与履带接地面积之比，或者轮胎式挖掘轮载荷与其接地面积之比，计量单位为 MPa。

（6）循环作业时间

循环作业时间指挖掘机按一定的回转角度完成一次挖掘作业，即提升—回转—卸载—回到初始挖掘的位置时，整个循环所需用的时间，计量单位为 s。

10.4.7 矿用液压挖掘机标准斗容量计算方法

液压挖掘机铲斗的具体构造如图 10-27 所示。正铲斗和反铲斗分别依据 GB/T 21941—2008 和 GB/T 21942—2008 国家标准的规定，铲斗容积标定是按照铲斗内壁尺寸和堆尖物料的体积确定的，计量单位为 m^3。对不同结构形状的铲斗，其铲斗容积是把装在铲斗内的物料作为集合体，并分成若干简单的几何形状来进行计算的。

图 10-27 液压挖掘机铲斗示意图

10.4.7.1 标定面

标定面是指由切削刃到背板上缘之间的连线沿斗宽方向所形成的水平面，如图 10-28~图 10-32 所示。

平装容量 V_s 是位于标定面以下的容量。

堆尖容量 V_T 是位于标定面以上的以 1:2 的坡度堆积物料的体积。

铲斗额定容量 V_R 是平装容量与堆尖容量之和。

10.4.7.2 基本型铲斗

基本型铲斗背板位置不高于两侧板后角交点所连成的线，切削刃位置不高于两侧板前角交点所连成的线，如图 10-28 所示。

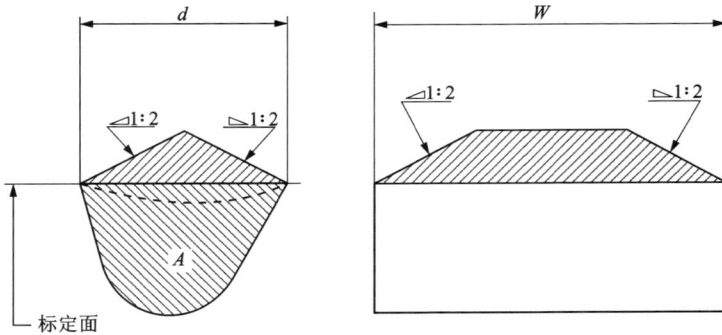

图 10-28 基本型铲斗

铲斗容积按式（10-4）~式（10-6）计算。

平装容量：

$$V_s = AW \tag{10-4}$$

堆尖容量：

$$V_T = \frac{d^2 W}{8} - \frac{d^3}{24} \tag{10-5}$$

铲斗额定容量：

$$V_R = V_s + V_T \tag{10-6}$$

式中：A 为标定面以下的铲斗内部横截面面积，m^3；W 为铲斗内侧宽度，m；d 为铲斗中部截面内，切削刃口与背板上缘之间的距离，m。

10.4.7.3　切削刃凸出型铲斗

切削刃凸出型铲斗标定面为通过切削刃口与背板上缘之间的连线沿斗宽方向所形成的水平面，如图 10-29 所示。

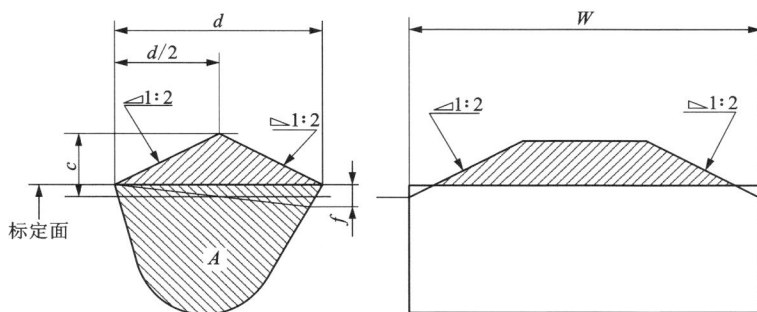

图 10-29　切削刃凸出型铲斗

铲斗容积按式(10-7)~式(10-9)计算。

平装容量：

$$V_s = AW - \frac{2df^2}{3} \tag{10-7}$$

堆尖容量：

$$V_T = \frac{d^2 W}{8} - \frac{d^2}{6}(f+c) \tag{10-8}$$

铲斗额定容量：

$$V_R = Vs + V_T \tag{10-9}$$

式中：f 为铲斗中部截面内，切削刃凸出高度垂直标定面的投影距离，m；c 为物料堆积高度，其是铲斗中部截面内，从堆尖顶作沿垂直于标定面的直线，到侧板上缘前后两点连线交点的距离，m。

10.4.7.4　背板凸出型铲斗

背板凸出型铲斗标定面为通过背板上缘与切削刃口之间的连线沿斗宽方向所形成的水平面，如图 10-30 所示。

铲斗容积按式(10-10)~式(10-12)计算。

平装容量：

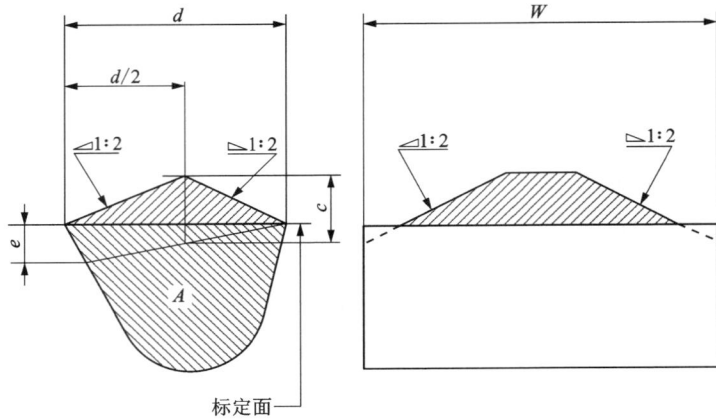

图 10-30 背板凸出型铲斗

$$V_s = AW - \frac{2de^2}{3} \tag{10-10}$$

堆尖容量：

$$V_T = \frac{d^2 W}{8} - \frac{d^2}{6}(e+c) \tag{10-11}$$

铲斗额定容量：

$$V_R = V_s + V_T \tag{10-12}$$

式中：e 为背板高度垂直于标定面的投影距离，m。

10.4.7.5　非直线切削刃型铲斗

非直线切削刃型铲斗标定面为通过切削刃凸出高度 1/3 处的假想横截线与背板上缘之间的连线沿斗宽方向所形成的水平面，如图 10-31 所示。

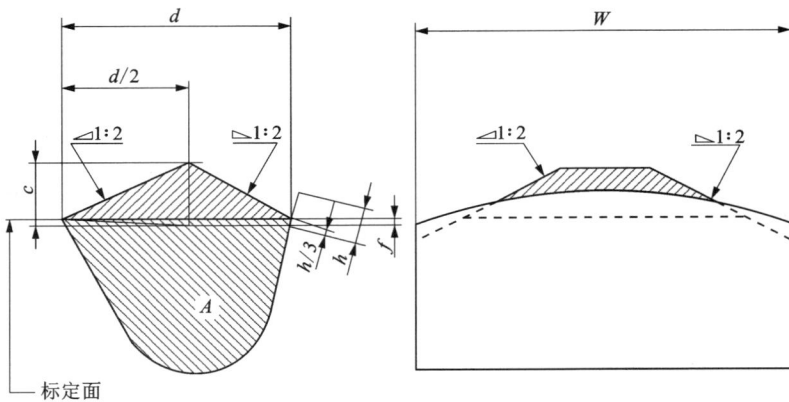

图 10-31　非直线切削刃型铲斗

铲斗容积按式(10-13)~式(10-15)计算。

平装容量:

$$V_s = AW - \frac{2df^2}{3} \tag{10-13}$$

堆尖容量:

$$V_T = \frac{d^2 W}{8} - \frac{d^2}{6}(f+c) \tag{10-14}$$

铲斗额定容量:

$$V_R = V_s + V_T \tag{10-15}$$

10.4.7.6 切削刃凸出和背板凸出型铲斗

对于直线型切削刃,标定面通过背板上缘和切削刃口;对于非直线型切削刃,标定面如图 10-32 所示。

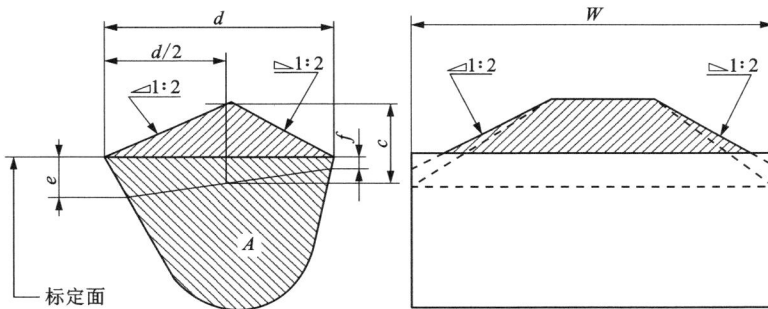

图 10-32 切削刃凸出和背板凸出型铲斗

铲斗容积按式(10-16)~式(10-18)计算。

平装容量:

$$V_s = AW - \frac{2d(e^2 + ef + f^2)}{3} \tag{10-16}$$

堆尖容量:

$$V_T = \frac{d^2 W}{8} - \frac{d^2}{6}(f+e+c) \tag{10-17}$$

铲斗额定容量:

$$V_R = V_s + V_T \tag{10-18}$$

10.4.7.7 铲斗额定容量的表示方法

按表 10-5 确定铲斗额定容量时,如果计算值小于表中给定的容量值且其相差超过 2%,则铲斗额定容量取下一挡较小的值。

表 10-5　铲斗容积标定

单位：m³

铲斗额定容量的范围	标称值的增量
≤0.6	0.02
0.6~1.5	0.05
1.5~2.5	0.1
2.5~5.0	0.2
5.0~10.0	0.5
>10.0	1.0

示例：

表 10-5 中，对于 1.5 m³~2.5 m³ 的铲斗容量，标称值应为 1.6 m³、1.7 m³、1.8 m³、1.9 m³、2.0 m³、2.1 m³、2.2 m³、2.3 m³、2.4 m³、2.5 m³。

如果计算值为 2.25 m³，在 2.2 至 2.3 m³ 范围内，2.25 比 2.3 低 2.17%，计算值低于表中给定的容量值，且其差值超过 2%，所以应取值为 2.2 m³，即铲斗容量的标称值为 2.2 m³。

10.5　矿用机械挖掘机与矿用液压挖掘机比较

10.5.1　矿用机械挖掘机优缺点

矿用机械挖掘机的优点：

(1)正铲挖掘时，动臂倾斜角度不变，斗柄和铲斗做转动和推压运动，形成复杂的运动轨迹，以满足工作要求。

(2)由于其有足够大的提升力和推压力，并且是推压强制运动，因此可用于各种土壤，特别适宜铲装爆后岩堆的散料。

(3)将工作装置稍加改装即可作为吊车使用。

矿用机械挖掘机的缺点：

(1)动臂与斗柄的布置和连接的结构特点，决定了正铲挖掘机不宜挖掘低于停机平面的工作面，而只适用于挖掘高出停机平面的工作面。

(2)铲斗是电铲的主要部件，它直接承受挖掘矿石的作用力，所以磨损较大。另外，铲斗上的挖掘力来自绳拉力在垂直方向的分力，一般情况下，只有 28%~60% 的绳静态拉力用于挖掘。

(3)由于工作装置的重量必须很大才能承受其挖掘力，因此为了平衡挖掘力，机械式电铲的整机重量很大，还可能需要进行配重。

10.5.2　矿用液压挖掘机优缺点

矿用液压挖掘机的优点：

(1)质量比机械式挖掘机轻。当传递相同功率时，液压传动装置比机械传动装置的尺寸小、结构紧凑，其质量可减轻 30%~40%。

(2)传动平稳、工作可靠、生产效率高。液压系统中设置各种安全阀、溢流阀，即使偶然出现过载或误操作的情况，也不会发生人身安全事故或者对机器造成损坏。

（3）操作简单、灵活，改善了司机的工作条件。此外，液压系统容易实现自动化操纵，可与电动、气动联合组成自动控制和遥控系统。

（4）工作装置的类型可以拓展，可以配置各种新型的工作装置，如组合型动臂、伸缩式动臂、底卸式装载斗等；另外，便于替换和调节工作装置，一般小型液压挖掘机可配有 30～40 种替换工作装置。

（5）维护检修简单。由于液压挖掘机不需要庞大复杂的中间机械传动系统，简化了结构，易损件减少了将近 50%，所以维护、检修工作大为简化。

（6）液压元件易于实现标准化、系列化和通用化，便于组织专业化生产，提高质量和降低成本。

矿用液压挖掘机的缺点：

（1）制造维修困难。液压元件的制造精度要求较高，装配要求严格，维修也较困难，一旦液压系统出现故障，确定故障发生的原因和排除故障原因较困难，维护修理要求也较高。

（2）液压油的黏度受温度的影响较大，在高温和低温下都对工作效率产生影响；油液的泄漏也会对平稳性和传动效率造成影响，还会造成环境污染。

（3）液压系统比较复杂，矿山工作条件又比较恶劣，特别是高压系统元件寿命短，维修比较困难。因此，液压挖掘机多用于比较松软的煤矿、爆后采矿场和表土中作业。

10.6　矿用机械挖掘机的主要生产厂家与技术参数

国内最早开始研制矿用生产机械挖掘机的公司是太原重型机械集团有限公司和辽宁抚挖重工机械股份有限公司，后来四川邦立重机有限责任公司也开始生产；国外主要是美国的卡特彼勒公司、比塞洛斯-伊利公司（现被卡特彼勒公司收购），还有被日本小松集团收购的哈尼斯弗格公司。

10.6.1　太原重型机械集团有限公司

太原重工矿用机械挖掘机主要型号及技术参数见表 10-6。

表 10-6　太原重工的矿用机械挖掘机主要型号及技术参数

型号	工作质量/t	主电机功率/kW	斗容范围/m³	额定载荷/t	配套矿车载荷/t
WK-4D	220	250	4～6	9	40
WK-12C	490	2×350	8～16	22	80～154
WK-15	630		12～20	30	
WK-20A	792	2×560	16～34	36	154～220
WK-20C	880	2×560	16～37	45	154～220
WK-27A	980	2×700	23～46	49	154～240
WK-35	1080	2×700	25～54	65	172～326
WK-45	1375		31～61	82	172～363
WK-55	1560	2×1000	36～76	110	220～363
WK-75	1988	2×1760	46～100	135	≥291

10.6.2 辽宁抚挖重工机械股份有限公司

抚挖重工矿用机构挖掘机的主要型号及技术参数见表10-7。

表 10-7 抚挖重工矿用机构挖掘机的主要型号及技术参数

型号	工作质量/kg	功率/kW	反铲斗容/m³	正铲斗容/m³
WD400	212000	250		4~4.6
WD1200	465000	760		12

10.6.3 美国卡特彼勒公司

美国卡特彼勒公司的矿用机构挖掘机主要型号及技术参数见表10-8。

表 10-8 美国卡特彼勒公司的矿用机构挖掘机主要型号及技术参数

型号	铲斗容积/m³	整机质量/t	功率/kW	最大挖掘高度/m	最大挖掘半径/m
7925	18.4~39.0	793259			20.6
7935	20.6~55.8	1202927	777~1087		22.8
7945HF	30.6~61.2	1435156	945~1322		22.8
7945	30.6~62.7	1386178	934~1308	16.3	

10.6.4 美国比塞洛斯-伊利公司

美国比塞洛斯-伊利公司的矿用机构挖掘机主要型号及技术参数见表10-9。

表 10-9 美国比塞洛斯-伊利公司的矿用机构挖掘机主要型号及技术参数

型号	铲斗容积/m³	整机质量/t	功率/kW	最大挖掘高度/m	最大挖掘半径/m
195B	6~12.0	334	448	12.7	17
280B	6.1~16.8	440	522	13.4	19
295B	10~19.1	545	597	15.1	19.4
395B	26	839	1500	17.7	23.3

10.6.5 美国哈尼斯弗格公司

美国哈尼斯弗格公司的矿用机构挖掘机主要型号及技术参数见表10-10。

表 10-10　美国哈尼斯弗格公司的矿用机构挖掘机主要型号及技术参数

型号	铲斗容积/m³	整机质量/t	功率/kW	最大挖掘高度/m	最大挖掘半径/m
P&H1900	7.7	270	300~450	13.3	17.6
P&H2100	11.5	476	450~600	13.3	18.3
P&H2300	12.2~15.2	621	550~700	15.5	20.7
P&H2800	19	851	650~800	16	23.6
P&H4100	58.1	1458		18.06	23.8

10.7　矿用液压挖掘机的主要生产厂家与技术参数

目前国内的矿用液压挖掘机主要生产厂家有太原重工、中联重科、徐工、三一重工、邦立重机等，液压挖掘机是太原重工研制的大型露天矿山采矿设备，有 WY260、WY390、WYD260、WYD390 等系列，驱动方式有柴油驱动和电机驱动，其中多项产品和技术在国内大型矿用液压挖掘机中属于首创。国外生产厂家有美国卡特彼勒公司、德国利勃海尔公司、日本日立建机公司、日本小松集团等。

10.7.1　太原重型机械集团有限公司

太原重工液压挖掘机主要型号及技术参数见表 10-11。

表 10-11　太原重工液压挖掘机主要型号及技术参数

型号	工作质量/kg	功率/kW	标准斗容/m³
WYD260	260000	1000	15
WY260	260000	1119	15
WYD390	389000	1450	22
WY390	389000	1492	22

图 10-33 为太原重工 WYD260 型液压挖掘机，图 10-34 为太原重工 WYD390 型液压挖掘机。

图 10-33　太原重工 WYD260 型液压挖掘机

图 10-34　太原重工 WYD390 型液压挖掘机

10.7.2　徐工集团工程机械股份有限公司

徐工液压挖掘机主要型号及技术参数见表 10-12。

表 10-12　徐工液压挖掘机主要型号及技术参数

型号	工作质量/kg	功率/kW	斗容/m³
XE2800E	280000	1200	15 正铲
XE3000	285000	1193	15 正铲
XE4000	380000	1491	22 正铲
XE7000E	660000	2×1250	34 正铲
XE7000	672000	2×1193	34 正铲

10.7.3　中联重科集团股份有限公司

中联重科液压挖掘机主要型号及技术参数见表 10-13。

表 10-13　中联重科液压挖掘机主要型号及技术参数

型号	工作质量/kg	功率/kW	斗容/m³
ZE3000ELS	295000	1044	17 正铲
ZE1250E	119000	567	5.3 反铲
ZE1250ESP	120000	567	7.0 反铲

10.7.4　三一重工股份有限公司

三一重工液压挖掘机主要型号及技术参数见表 10-14。

表 10-14　三一重工液压挖掘机主要型号及技术参数

型号	工作质量/kg	功率/kW	反铲斗容/m³	正铲斗容/m³
SY750H	76200	377	4.2/4.6	

10.7.5　四川邦立重机有限责任公司

邦立重机液压挖掘机主要型号及技术参数见表 10-15。

表 10-15　邦立重机液压挖掘机主要型号及技术参数

型号	工作质量/kg	功率/kW	正铲斗容/m³
CE1000-7	105000	450	5
CE1250-7	121000	503	6.5

10.7.6　德国利勃海尔集团

表 10-16 为德国利勃海尔液压挖掘机主要型号及技术参数。

表 10-16　德国利勃海尔液压挖掘机主要型号及技术参数

型号	工作质量(反/正)/kg	发动机功率/kW	铲斗容积/m³
R9100B	113500/116000	565	7.3
R9150B	130000	565	8.3
R9200	205000/210000	810	12.5
R9250	250000/253500	960	15
R9350	302000/310000	1120	18
R9400	345500/353000	1250	22
R995	441000/450000	1600	26.5
R996B	672000/676000	2240	34
R9800	800000/810000	2984	42

10.7.7　美国卡特彼勒公司

表 10-17 为美国卡特彼勒液压挖掘机主要型号及技术参数。

表 10-17　美国卡特彼勒液压挖掘机主要型号及技术参数

型号	工作质量(反/正)/kg	发动机功率/kW	反铲斗容/m³	正铲斗容/m³
6015B	140000	606	8.1	
6020B	230200	778	12.0	
6030	296000/294000	1140	17.0	16.5
6040	407000/405000	1516	22	22
6050	537000/528000	1880	28	26
6060	570300/569000	2240	34	34

10.7.8　日本日立建机公司

表 10-18 为日本日立建机公司(简称日本日立)液压挖掘机主要型号及技术参数。

表 10-18　日本日立液压挖掘机主要型号及技术参数

型号	工作质量/kg	发动机功率/kW	反铲斗容/m³	正铲斗容/m³
EX1200-5D	111000	567	3.0~6.5	
EX1200-7	185900	567		5.9~6.5
EX1900-5	242000	765		11.0~15.0
EX1900-6	191000	810	15	
EX2500-5	242000	1007		15
EX2500-6	248000	1044	15	
EX2600-6	254000	1119	17	15
EX3600-5	350000	1400		21
EX3600-6	359000	1450	21	
EX5500-5	518000	1400×2	29	27.0~30.6
EX5600-5	537000	1119	34	29
EX8000	780000	1400×2		40

10.7.9　日本小松公司

表 10-19 为日本小松公司液压挖掘机主要型号及技术参数。

表 10-19　日本小松公司液压挖掘机主要型号及技术参数

型号	工作质量/kg	发动机功率/kW	斗容/m³
PC2000-8	200000	713	12~13.7 反铲
PC3000-6	253000	940	12~20 反铲
PC4000-6	380000	1400	16~22 正铲
PC5500-6	527000	1880	20~36 正铲
PC8000-6	700000	3000	28~50 正铲

图 10-35~图 10-39 为小松公司部分产品。

图 10-35　小松 PC2000-8 型挖掘机

图 10-36　小松 PC3000-6 型挖掘机

图 10-37 小松 PC4000-6 型挖掘机

图 10-38 小松 PC5500-6 型挖掘机

图 10-39 小松 PC8000-6 型挖掘机

10.8 应用实例

10.8.1 太原重工股份有限公司机械挖掘机

作为国内主要的机械式挖掘机生产厂家，太原重工已生产各类挖掘机 1400 余台，国内市场占有率 95% 以上，标准斗容从 4 m^3 提高至 75 m^3，适用于各种大型露天煤矿、铁矿及有色金属矿山的剥离和采装作业，产品已经出口到俄罗斯、南非、智利、印度、秘鲁、伊朗、利比里亚等 20 余个国家。以下介绍太原重工研制的 WK 系列电铲挖掘机产品应用实例，如表 10-20 所示。

表 10-20 太原重工 WK 系列电铲挖掘机产品应用实例

序号	型号	图片	使用
1	WK-12C		在秘鲁铁矿有 2 台于 2013 年 4 月投入使用，最终增至 6 台

续表 10-20

序号	型号	图片	使用
2	WK-20A		本钢南芬铁矿有 1 台，于 2011 年 12 月投产使用
3	WK-27A		包钢巴润矿业有限公司有 WK-27A 型挖掘机在使用，运行情况反映良好
4	WK-35		自 2007 年研制成功并投入使用以来，WK-35 型挖掘机作为主要机型已经遍布国内各大千万吨级以上露天矿山，并且在海外市场也逐渐占据了一席之地。 第一台 WK-35 型挖掘机于 2007 年在神华准格尔黑岱沟矿投入使用。该机型在行业内有较高的认可度。 2011 年出口俄罗斯 5 台 WK-35 型挖掘机

续表 10-20

序号	型号	图片	使用
5	WK-55	 	是太原重工自主研发的主要产品。随着设计改进不断完善，WK-55 型挖掘机性能逐步稳定可靠。国内用户有中煤平朔、神华准能等大型露天煤矿。 成功出口智利和南非，2013 年 12 月在南非英美资源铂金矿投入使用
6	WK-75		2012 年 WK-75 型挖掘机在大唐国际锡林浩特矿业有限公司现场进行调试并投入使用

10.8.2 其他应用实例

表 10-21 是国内露天矿挖掘机的配置情况。

表 10-21 国内露天矿挖掘机配置情况

矿山名称	挖掘机斗容 /m³	运输设备类型	矿岩硬度系数 f	运输距离 /km	线路坡度 /(°)	挖掘机综合功率 /(万 t·a⁻¹)
大孤山铁矿	10 4 7.6	80~150 t 电动机车	12~16(矿) 8~12(岩)	11.6 13.5	2.0(上坡)	306.3 190.7 890.7
齐大山铁矿	4	20 t 汽车 80 t 电动机车	12~18(矿) 5~12(岩)	0.67 5.24	8(下坡) 2.2(下坡)	351.0 129.5
歪头山铁矿	4	80 t 电动机车	12~15(矿) 8~10(岩)	1.0 1.3	3.7(下坡)	148.0

续表 10-21

矿山名称	挖掘机斗容/m³	运输设备类型	矿岩硬度系数f	运输距离/km	线路坡度/(°)	挖掘机综合功率/(万t·a⁻¹)
白云鄂博铁矿	4 6.1	80~150 t汽车	8~16(矿) 6~16(岩)	3.0 4.0	3.5(下坡)	82.3 132.4
德兴铜矿	16.8 4	100 t汽车 27 t汽车	6~8(矿) 5~7(岩)	0.43 0.91	0(平)	1673.2 88.7
朱家包包铁矿	4	80~150 t电动机车 25 t汽车	12~14(矿) 10~14(岩)	9 8	3.5(下坡)	81.3
海城镁矿	4 1	27 t汽车 80 t电动机车	12~14(矿) 8~10(岩)	1.4 1.4	10(下坡)	114.3 37.3
水厂铁矿	4 10	27 t汽车 窄轨电动机车	4~8(矿) 4~6(岩)	1.0 1.3	7(下坡) 1.5(下坡)	173.2 491.6
兰尖铁矿	4	20~27 t汽车	12~18(矿) 10~16(岩)	1.0 1.3	8(下坡)	212.1

参考文献

[1] 中国国家标准化管理委员会. 矿用机械正铲式挖掘机：GB/T 10604—2017[S].
[2] 中华人民共和国工业和信息化部. 矿用液压挖掘机：JB/T 13011—2017[S].
[3] 中国国家标准化管理委员会. 土方机械液压挖掘机和挖掘装载机的反铲斗和抓铲斗容量标定：GB/T 21941—2008[S].
[4] 中国国家标准化管理委员会. 土方机械装载机和正铲挖掘机的铲斗容量标定：GB/T 21942—2008[S].
[5] 连春平. 大型矿用挖掘机智能化现状及发展趋势[J]. 露天采矿技术，2023，38(5)：70-73.
[6] 朱宴南，赵炎龙，靳润，等. WK12型矿用挖掘机提升机构优化设计[J]. 矿山机械，2024，52(1)：72-74.

第 11 章

露天矿用汽车

11.1 概述

露天矿用汽车是一种重型自卸车，主要用于露天矿山完成岩石土方剥离与矿石运输任务，其工作特点为运程短、承载大，常用大型电铲或液压铲进行装载，往返于采掘点和卸矿点。

矿用汽车问世于 20 世纪 60 年代，随着矿用汽车装载质量的增大以及新技术、新工艺、新材料的不断应用，经过持续研发和改进，一些主要总成或部件的性能得到大幅提升，为矿用汽车大型化发展提供了有效的配件支持和技术保障，整车性能不断提高。功能更加完备、性能更加良好、质量和体积更大的车型不断问世，现有车型的载重吨位在 30 t 到 450 t 之间。

露天矿山大型化是全球矿山开采的发展趋势，必然要求开采设备在技术和性能上相应跟进，现有的大型矿用汽车具有燃油消耗少、生产效率高、运营成本低等优点，可以大幅提高矿山生产率和经济效益。

同时，矿用汽车各制造商广泛吸纳以微电子技术为核心的高科技成果，并在矿用汽车上逐步应用先进的电子信息处理技术，如近距离雷达防撞报警技术、电子视野图像识别技术、脉冲激光器修正技术、GIS/GNSS 定位与生产监控调度技术、光纤陀螺仪导向技术等，使得矿用汽车越来越数字化、智能化，最终向着无人驾驶方向发展。

目前国外生产矿用汽车的制造商主要有：卡特彼勒公司、小松公司、别拉斯公司、日立-尤克力德公司、利勃海尔集团。经过世界范围内的竞争、并购和整合，这几家公司均已发展成为全球跨国公司，占据了国际市场大量的份额，年产量近千台。

国内矿用汽车制造商主要有：内蒙古北方重工业集团有限公司、徐州工程机械集团有限公司、中国中车股份有限公司、中国航天三江集团有限公司等。

矿用汽车大型化一方面能满足市场需要，另一方面能提高规模效益，因此近几年各种超大型露天矿用汽车在竞争市场。2016 年在美国的拉斯维加斯 MINExpo 展会上，制造商们推出了各自的新产品：卡特彼勒推出新的 MT5300AC 型矿用汽车，有效载重为 290 t；白俄罗斯别拉斯（Belaz）推出 Belaz-75710 型矿用汽车，有效载重为 450 t；利勃海尔（Liebherr）推出两种新的矿用汽车，有效载重为 240 t 的 T264 型和有效载重为 363 t 的 T284 型。对比各厂家前几年的型号，车辆的最大载重量还保持在原有范围，并未明显提高；另外配套装载设备的能力也限制了露天矿用汽车载重量的快速增长，可见矿用汽车大型化的发展趋势在放缓。

近几年国内外矿用汽车正在向低排放、数字化、智能化和无人驾驶方向发展。

1）低排放

2011 年生效的 EPA Tier4i（Tier4 过渡标准）和欧盟 Stage Ⅲ B 标准要求：功率在 560 kW（761 hp）以上的矿用汽车尾气排放颗粒（PM）和氮氧化物（NO_x）减少，并要调节碳氢化合物（HC）和一氧化碳（CO）排放。2014—2015 年生效的 EPA Tier4 最终标准和欧盟 Stage Ⅲ A 标准要求：NO_x 和 PM 比 Tier3 和 Stage Ⅲ 水平减少 90%，EPA Tier4 和 Stage Ⅲ A 不能互换。针对日益严格的排放标准，需要从发动机和矿用汽车两方面来考虑解决排放问题，在发动机方面可以采用更低排放的发动机，双燃料的发动机、混合动力系统；在矿用汽车方面则提高质量利用系数 δ（δ 为有效载重量与自重之比），即以轻量化技术来积极解决排放的问题。

（1）低排放发动机。

卡特彼勒采用发动机技术和柴油机氧化催化剂（DOC）相结合的方法，达到了 EPA Tier4 最终排放标准要求。康明斯公司采用选择性催化还原技术（SCR），MTU 公司主要利用冷却排气再循环（EGR）和高压共轨燃油喷射技术（第三代燃油喷射）来满足发动机的排放要求。

（2）双燃油发动机。

在露天矿年生产预算中，柴油和润滑油年费用大约占 40%，而其中柴油费用占比较高。液化天然气（LNG）的价格比柴油低得多，是柴油的最佳替代品，卡特彼勒与专门从事天然气发动机研究的西港创新公司（Westport）合作，共同开发双燃油大功率矿用发动机，双方将西港创新的高压直喷技术（HPD1）和卡特彼勒矿用发动机技术相结合，开发天然气燃油系统。高压直喷技术可用天然气取代 95% 的柴油（按能量计算），若保持功率不变，CO_2 排放量减少大约 22%。卡特彼勒计划先开发研究用于 CAT793、CAT795AC、CAT797 三种矿用汽车的双燃油发动机。

（3）混合动力系统。

将动力电池（或带有电动机）与柴油机结合起来就构成一种混合动力系统，在公路汽车上已有成功的实例，卡特彼勒公司、小松公司、利勃海尔公司和别拉斯公司都在研究开发，特别是美国通用电气公司和日本小松公司以及美国能源部组成研发团队，论证了混合动力系统的优点。该系统能充分利用下坡（特别是重载下坡）缓行时所产生的能量给电池充电从而降低燃油消耗率，进而缓解排放问题。

（4）车辆轻量化。

降低自重、提高其质量利用系数 δ 是矿用汽车设计改进的一个趋势，总吨位不变的情况下矿用汽车自重减少 1 t，载重量就能增加 1 t，从而提高运输效率。早期的矿用汽车质量利用系数 δ 通常仅为 1.3 左右，很少超过 1.4。近年来新型矿用汽车的质量利用系数 δ 也随之增大，如卡特彼勒公司的 793C 型 δ 为 1.36，797 型 δ 为 1.42；利勃海尔公司的 T262 型 δ 为 1.43，T282 型 δ 为 1.58，TI272 型 δ 已达 1.95。

2）数字化

为适应市场对矿用汽车安全性、经济性的需求，矿用汽车多采用微电子技术等科技成果来发展和完善各种功能。卡特彼勒公司在发动机上采用电子控制燃油喷射装置（EUI），既可节省燃油，又使尾气排放满足环保要求，电子控制器可将发动机信息与机械动力传动系统的信息统筹起来，使汽车性能达到最佳化，并可延长机件的使用寿命。使用新型全自动动力换挡变速箱，电子离合压力控制（electronic clutch pressure control，ECPC）技术可使换挡平滑，减少磨损；制动控制模块可实现自动减速控制和牵引控制，使发动机转速及油冷却系统保持最佳状态，并能快速下坡；关键信息管理系统（VIMS）可提供机械状态的各种信息（检测的各种参数和故障诊断信息）。利勃海尔公司采用了 AC 变频控制鼠笼电机，使用了 Statex Ⅲ 型电脑控制系统，电脑可显示汽车作业参数和各系统状况以及故障信息等，并可保存备查且与全矿联网。小松公司推出了 730E（AC）型新矿用汽车，装备有 KOMATSU XPLUS 装置，它以无线方式发送矿用汽车作业信息到安全网站，不需要增加信息技术基础设施，例如作业小时数、设备状态、空闲时间、燃油消耗以及生产作业信息等都可在线存取，方便对汽车的运行状态和故障问题进行分析和远程诊断，为矿用汽车无人驾驶和提高车辆的经济性提供了基础。

3）无人驾驶

随着全球定位系统（GPS）在大型露天矿山生产与管理系统中的扩大使用，无人驾驶汽车技术也步入了发展的轨道。2008 年卡特彼勒公司和卡内基梅隆大学（Carnegie Mellon University）机械人研究所合作，开发研究大型矿用汽车自动化技术，使有效载重 240 t 的矿用汽车实现无人操作自动化。力拓集团（Rio Tinto）在其所有的西澳大利亚 West Angelas 铁矿对小松无人操作运输系统（AHS）进行了试验，而后于 2011 年从小松公司订购了 150 台无人操作自动化矿用汽车应用于其所有的皮尔巴拉地区最大的 Yandi-coogina 铁矿。

激光雷达、毫米波雷达、惯性导航等传感器的性能提升和普及以及上述传感器数据与 GNSS 数据的融合算法的提升，进一步为实现矿用汽车无人驾驶提供了支持。

2018 年 9 月底，由内蒙古北方重工业集团有限公司北方股份研制的首台无人驾驶矿用车进入矿山测试，该矿用汽车长 13.1 m、宽 6.7 m、高 6.8 m，最大载重达 172 t。通过安装激光雷达与毫米波雷达，该矿用车能够实现环境探测双重保障，达到 360°感知，有效解决了矿区内扬尘较多、常规摄像头难以发挥作用的难题。采用智能机器人和车辆线控技术，该矿用车能够在矿山现场流畅、精准、平稳地完成倒车入位、精准停靠、自动倾卸、轨迹运行、自主避障等动作。利用载波相位差分技术，该矿用汽车能够实现车辆准确行驶与精准停靠，能够将横向误差和航向误差最小控制在 2 cm 内。

由上述内容可知，汽车的吨位需要与矿山的铲装设备的铲斗容积有合理的匹配关系，同时矿山道路的修筑受到矿山地形的制约，因而露天矿用汽车的大型化发展会受到一定制约。矿用汽车下阶段的发展应集中于采用微电子技术、车联网、互联网+、低排放和无人驾驶等科技来发展低排放、智能化、无人化的设备，完善矿用汽车与各种采矿配套设备协同工作、集群工作的功能，实现提升采矿效率、降低矿山运行成本的目的，达到数字矿山、智慧矿山的目标。

11.2　矿用汽车技术特点与分类

矿用汽车通常采用液力机械传动系统或者电传动系统、全液压转向系统、油气悬架系统，具有较大的爬坡能力和较高的载重自重比（最大载重量与整车整备质量的比值），载重 30~450 t，以及有较低的比功率（满载质量与发动机功率的比值）。如利勃海尔的 TI272 车型载重自重比达到 1.95，一般矿用汽车的比功率都能达到 5 kW/t。

矿用汽车按驱动桥（轴）形式可分为后轴驱动、中后轴驱动（三轴车）和全轴驱动等形式。露天矿用汽车按传动方式分类如表 11-1 所示。

表 11-1 露天矿用汽车按传动方式分类

传动方式	特点
电传动式	由内燃机带动发电机，以电力驱动电动机，经轮边减速器驱动车轮行走。"电传动汽车"也称为电动轮汽车。采用架线辅助系统双能源矿用自卸车时采用柴油机，架空输电作为动力
液力机械传动式	在传动系统中采用液力变矩器，能够提供较大的低速牵引力，不足之处是液力传动效率较低。液力机械传动可有效地用于 100 t 以上乃至 363 t 的矿用汽车
机械传动式	机械传动式汽车传动效率可达 90%，经济性能好。但是，随着车辆载重量的增加，变速箱挡数增多，结构复杂，要求操纵熟练，驾驶员也易疲劳。机械传动仅用于小型矿用汽车

11.3 整机组成及工作原理

矿用汽车一般由柴油发动机提供动力，经变速箱和主减速器及轮边减速器传递到后车轮，或者由发动机带动发电机，利用装于后车轮内部的轮边电动机驱动车轮；矿用汽车的货箱由两个多级液压举升缸提供的动力实现自卸功能；转向系统一般为全液压转向。矿用汽车主要结构见图 11-1。

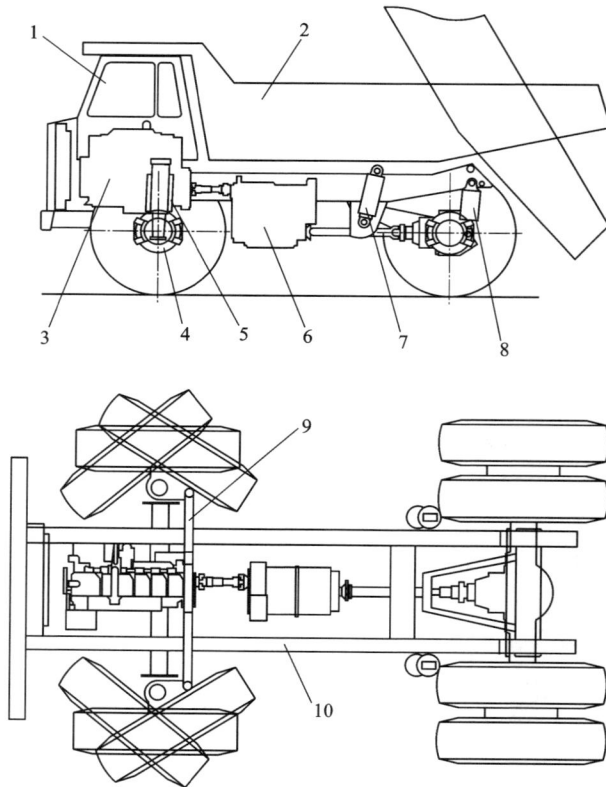

1—驾驶室；2—货箱；3—发动机；4—制动系统；5—前悬架；
6—传动系统；7—举升缸；8—后悬架；9—转向系统；10—车架。

图 11-1 矿用汽车主要结构

11.3.1　发动机

矿用汽车多采用大功率柴油发动机，按冷却方式可分为风冷柴油机和水冷柴油机两种，露天矿用汽车多用水冷；在较大功率的车辆上，多采用增压技术以解决要求柴油机体积小、功率大的矛盾。

目前生产矿用汽车常用的发动机的厂家有康明斯、卡特彼勒、小松、MTU、沃尔沃，具体型号如表11-2所示。

表 11-2　矿用汽车常用发动机

厂家	型号	功率/kW	转速/$(r \cdot min^{-1})$
康明斯	QSK19	377~597	1800~2100
	QSK23	567~708	1800~2100
	QST30	567~895	1800~2100
	QSK45	895~1491	1800~1900
	QSK50	1119~1491	1800~1900
	QSK60	1398~2125	1800~1900
	QSK78	2610	1900
	QSL9	186~298	1800~2200
	M11	308	2100
	QSX15	336~503	1800~2100
	KTA38	728~928	1500~1800
	KTA50	1020~1280	1500~1800
卡特彼勒	3512C	1230~1500	1800
	3516C	1650~2500	1800
	3516B	1750~2500 kV·A	1500
	C175-16	2500~3100	1800
	C175-20	3150~4000	1800
小松	SAA6D140E-3	379	2000
	SAA6D140E-5	338	2000
	SAA6D170E-5	551	2000
	SAA12V140E-3	895	1900
	SSA16V159	1491	1900
	SDA16V160	1865~2700	1900
	SDA17V170	2611	1900

续表 11-2

厂家	型号	功率/kW	转速/(r·min⁻¹)
MTU	MTU 16V4000	1520~3433	1500~2100
	MTU 20V4000	2245~4300	1500~2100
沃尔沃	D11	273~332	950~1800
	D12	250~368	1700~2400
	D13	280~382	1400~2300
	D16	397~551	1800~2200

11.3.2　电传动系统

11.3.2.1　电传动矿用汽车分类

电传动系统可以分为电机+驱动桥与轮边电机驱动形式，大型露天电驱动矿用汽车均为轮边电机驱动形式。

电传动系统按照不同电能转化形式可进行如下分类。

（1）直-直电传动系统。

直-直电传动系统即直流发电机-直流电动机系统，由直流发电机发出的直流电，可直接供给直流电动机（图 11-2），同时发电机与电动机之间不安装任何功率变换装置。该系统常直接改变发电机电势来进行调速，比如改变电动机电枢端电压或者改变电动机励磁。直-直电传动系统中，采用串激电动机驱动牵引电动机，这种电机固有机械特性良好（扭矩和转速的关系曲线近似于一条双曲线），因此该系统具有较为良好的调速性能，尤其在调速精度要求较高的系统应用广泛。

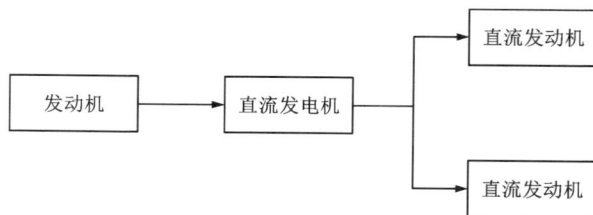

图 11-2　直-直电传动系统示意图

（2）交-直电传动系统。

交-直电传动系统即交流发电机-直流电动机系统，由交流发电机发出的交流电，经过整流器整流交流电变成直流电后，直接供给直流电动机（图 11-3）。与直-直电传动系统相比较，该系统运行可靠、维修简便，在 20 世纪 70—90 年代广泛应用，现在运行中的老型车辆还在使用这种系统。

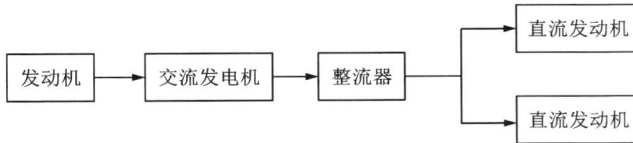

图 11-3　交-直电传动系统示意图

（3）交-直-交电传动系统。

交-直-交电传动系统随着交流变频变流调速技术的发展以及大功率电力电子器件的问世获得了较快发展，这个系统将交流电转为直流电，再经过逆变，直流电变成可变频率交流电（图 11-4），可方便供各个牵引电机使用，因而同样体积限制下可设计和制造出功率密度更大、转速更高的牵引电机。交流电机同时运行可靠，维护方便。当前除白俄罗斯别拉斯厂家的部分矿用电动轮自卸卡车依旧采用交-直电传动系统外，世界上其他厂家多数矿用自卸卡车采用交-直-交电传动驱动系统。美国通用电气公司厂家、德国西门子（Siemens）厂家新近推出的电动轮自卸卡车电传动系统，均采用交-直-交传动系统，可见交-直电传动系统已广泛被交-直-交电传动系统替代。

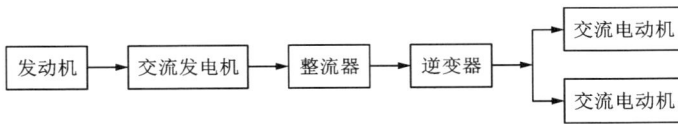

图 11-4　交-直-交电传动系统示意图

11.3.2.2　电传动系统特点

电传动系统的速度调节性能好、响应速度快，从零速到额定转速所需的时间很短，可显著增强驱动能力，连续可变的特性允许机械设备及车辆运行更加平稳，降低运营成本，维修更方便。

与机械传动结构形式相比，电驱动系统整体构成减少了许多零件部分和中间环节，驱动链需求更短、传动效率高，且机械磨损少、构造简单，提升了传输效率和可靠性。各类型电传动系统特点如表 11-3 所示。

表 11-3　各类型电传动系统特点

电传动系统类型	构造	质量（体积）	可靠性	电机成本	交流效率	控制系统成本	控制技术
直-直	简单	大	差	高	无变流	低	简单
交-直	一般	较大	一般	较高	一般	一般	一般
交-直-交	复杂	小	高	低	低	较高	较复杂

电力驱动车辆具有恒定功率控制功能，发动机不会超速或超载，这将有助于延长发动机和传动部件寿命。相关数据显示，电传动车辆的完好率约比液力机械类传动车辆高 12%。

11.3.3 液力机械传动系统

液力机械传动车型中大多带有液力变矩器，具有软连接及降速增扭的特点，可以保护传动系统的部件，同时产生较大的转矩输出，称为液力机械传动系统，如图 11-5 所示。

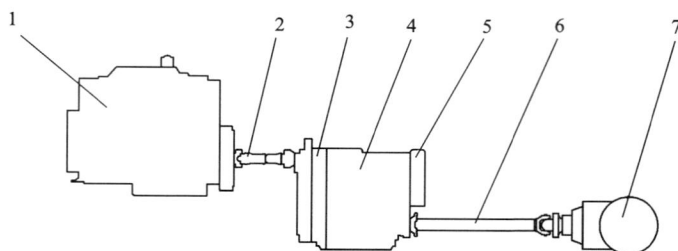

1—发动机；2—前传动轴；3—液力变矩器；4—齿轮箱；5—液力缓行器；6—后传动轴；7—后桥。

图 11-5 矿用汽车液力机械传动系统

在车辆满载连续下坡过程中，液力缓行器将车辆的动能转化为油液的热能，起到辅助制动的作用，减轻制动器的工作负荷，降低由过多摩擦产生的热衰退现象。

机械传动系统中以变速器的种类为依据，可以分为带液力变矩器的液力机械变速器，以及不带变矩器的纯机械变速器。液力变矩器可以提高车辆系统牵引力，并且具有软连接能力，在矿山车辆载重量大、启停频繁的工况下，具有保护传动系统部件的能力；液力机械变速器带有自动换挡装置，能够降低驾驶人员的劳动强度。

11.3.3.1 变速器

矿用汽车使用的变速器按轮系形式可分为定轴式变速器和行星式变速器；按操纵方式可分为机械式换挡变速器和动力换挡变速器。

定轴式变速器中所有齿轮都有固定的旋转轴线，故称为定轴式变速器，有两种换挡方式：机械式换挡和动力换挡。

行星式变速器中部分齿轮存在轴线旋转，即同时进行自转与公转运动，故称为行星轮，这类变速器称为行星齿轮变速器，只有一种换挡方式，即动力换挡。

动力换挡变速器操纵轻便，换挡迅速，换挡时中断动力的时间短，可以实现带负荷不停车换挡，故亦称为负载换挡变速器，通常与液力变矩器配合使用，有助于降低驾驶员操纵强度，提高地下辅助车辆的生产效率。

动力换挡的液力机械自动变速器技术含量较高，是矿用汽车传动系统中的高端产品，露天矿用汽车与地下矿用汽车均有使用液力机械变速器的机型。载重 100 t 以上的矿用汽车液力机械变速器，目前只有卡特彼勒能够生产；艾里逊变速器是露天矿用汽车产品中使用较多的产品，其 8000 系列传递功率为 823 kW 左右。地下矿用汽车载重吨位较小，也有较多液力机械变速器。

以液力机械行星传动变速器为例，介绍变速器的结构及其工作原理。图 11-6 为液力机械自动换挡变速器的三维结构图，图 11-7 为其示意图。

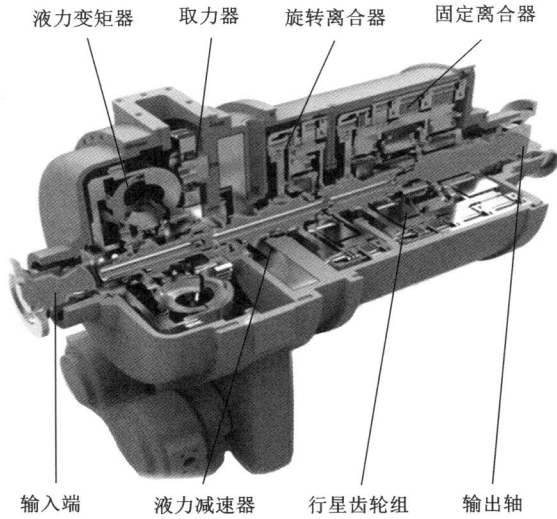

图 11-6　液力机械自动换挡变速器的三维结构图

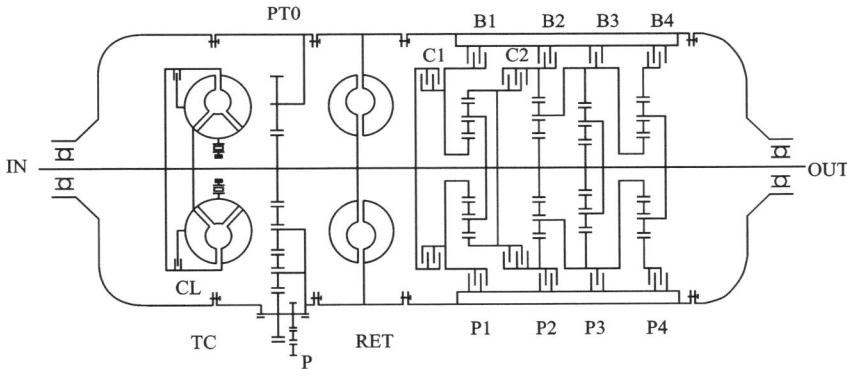

图 11-7　液力机械自动换挡变速器的示意图

11.3.3.2　液力变矩器

液力变矩器是由泵轮、涡轮和导轮组成的液力元件，位于发动机和机械变速器之间，以液压油为工作介质，传递发动机的输出转矩，输出不同的转矩和转速，同时实现离合的作用，其结构如图 11-8 所示。

液力变矩器的循环圆内充满着变速器油，不工作时油液处于静止状态，不传递任何能量。当液力变矩器工作时，发动机带动泵轮转动，并将转矩传递给泵轮；泵轮的叶片带动循环圆内的油液一起运动，由于液力变矩器工作

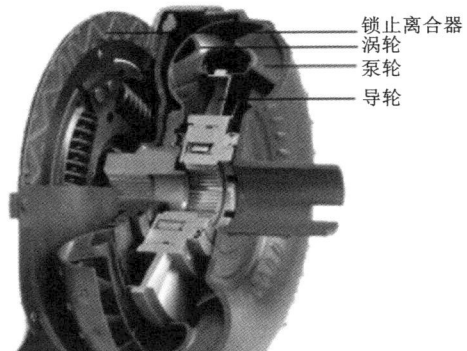

图 11-8　液力变矩器结构图

轮的叶片大都弯曲成一定的角度，因此泵轮内叶片带动油液一起做牵连的圆周运动，同时迫使油液沿叶片间通路做相对运动。油液在离开泵轮时获得一定的动能和压力能，从而将发动机的机械能转变成液体的动能和压力能。液体离开泵轮后，以高速流入涡轮，迫使涡轮开始旋转，同时使涡轮获得一定的转矩以克服外界的阻力作用。油液从涡轮出口处流出，随后进入导轮，经过导轮后再流回泵轮，至此油液完成一个工作循环。

循环圆中的油液在流过导轮的叶片时，相对运动的速度可能发生两种变化，一是速度发生变化，根据管中流动的伯努利方程，只有当叶片间的通路断面发生变化时才有可能；二是速度方向发生改变，油液进入叶片后和离开叶片前，其运动方向完全由叶片的形状和进出口安装角度所决定。油液速度和方向的改变都将导致油液动量矩的变化，而动量矩的变化将导致在导轮上给予液体反作用转矩，因此导轮在给予液体反作用转矩的同时，还将油液的压力能变为油液的动能进入泵轮，这样油液由泵轮出口流出时将具有更高的动能，冲击涡轮时使涡轮能够吸收更多的液能，以获得较高的转矩和转速，起到变矩的作用。

液力变矩器具有良好的自动适应能力，可以根据车辆的行驶阻力在一定范围内自动地、无级地变速变矩；由于液力变矩器的工作介质是液体，因此具有减震的作用，可以大大降低传动系统中产生的动载荷；采用液力传动后，车辆可以平稳起步，并在较大范围内无级变速，可以降低换挡频率；因为液力变矩器本身就是一个无级自动变速器，可以扩大原动机的动力范围，因此变速器本身的挡位可以相应减少。

11.3.3.3　液力缓速器

频繁或长时间地使用行车制动器，容易出现摩擦片过热的制动效能热衰退现象，严重时导致制动失效，威胁到行车安全。车辆也因为频繁更换制动蹄片和轮胎导致运输成本的增加。为了解决这一问题，各种车辆辅助制动系统迅速发展，液力缓速器就是其中一种。

液力缓速器由一个动轮和一个定轮组成，两者均为叶轮，工作时两轮形成的工作腔内充满工作油液，动轮旋转导致工作液体在工作腔内循环，并产生能量交换，动轮的能量由于液体的摩擦和冲击损失变为液体的热能。根据液力缓速器的性能特点可知：液力缓速器在高转速时制动效能大，因此应尽可能在较高转速时使用液力缓速器。随着转速降低，制动能力降低，当转速接近于零时，制动效能接近于零；液力缓速器是一个能耗装置，因此只有车辆需要制动时它才工作，当车辆不需要减速制动时，液力缓速器不工作，因此，液力缓速器一般只有在工作时充油，不工作时放油。

液力缓速器是一种高效、安全、大功率的辅助制动装置，制动时产生反向阻力矩，将车辆动能转换为热能，快速降低车速。车辆在安装了液力缓速器后可以有效地提高驾驶安全性、乘坐舒适性和路面适应性，具有下坡平均车速高、车辆运输经济性好等特点。

11.3.3.4　行星齿轮传动系统

行星齿轮传动系统结构紧凑、传动效率高、齿间负荷小，便于实现自动换挡。简单的行星齿轮组包括太阳轮、行星架和齿圈，其也被称为三构件机构。确定构件间的运动关系，首先需要固定其中一个构件，然后确定主动件及其运动速度和方向，从动件的运动速度和方向也随之确定。在上述变速器中，变速器齿轮部分由多排行星齿轮组构成，太阳轮 S1 与太阳轮 S2 连接，齿圈 R1 与行星架 C2、C3、C4 连接，齿圈 R2 与太阳轮 S3 和 S4 相连在前进离合器的一端，独立的行星架 C1 和齿圈 R3、R4 分别与 3、2、1 挡离合器相连，如图 11-9 和图 11-10 所示。

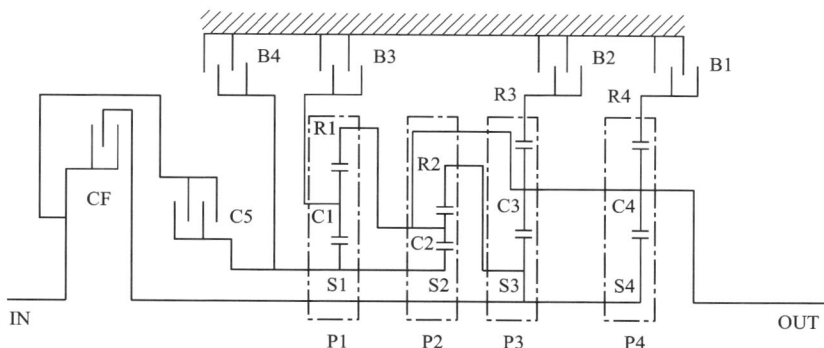

图 11-9 液力机械自动变速器行星减速系统示意图

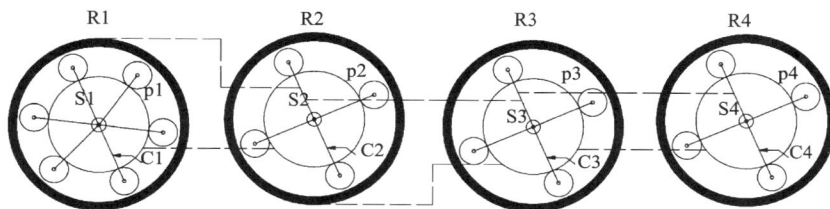

图 11-10 行星齿轮组间连接关系

11.3.3.5 换挡控制方式

液压换挡系统是液力机械自动变速器的核心部分，与车辆的动力性和平顺性息息相关，换挡控制机构能否快速跟随控制指令以及跟随精度是影响自动变速器换挡品质的重要因素。矿用汽车液力机械自动变速器液压换挡系统采用的换挡技术包括液压控制与电液控制。

（1）液压控制。

液压控制的特点是液压操纵，主要根据发动机节气门开度和汽车行驶速度两个参数产生液压换挡控制信号，并借助液压执行机构进行换挡操纵，其控制特性取决于液压阀的结构参数。液控换挡系统结构复杂，液压阀数量较多，并且对加工精度要求较高，同时通用性和可移植性差，无法实现精确的换挡品质控制，因此逐步被淘汰。

（2）电液控制。

从 20 世纪 80 年代开始，电磁阀被应用到液力机械自动变速器换挡控制中。作为一种电液元件，电磁阀使人的控制思想可以直接作用到换挡控制对象上，不仅极大地提高了控制精度和控制品质，而且为后来的智能控制奠定了基础。

图 11-11 为一种自动变速器液压控制系统原理简图，其主要由四个子系统组成：第一个子系统为 PWM 开关电磁阀，其通过接收 PWM 信号来控制先导压力腔的压力；第二个子系统为调压阀，在换挡电磁阀产生的控制压力、反馈弹簧以及反馈油压的共同作用下，调压阀调节通往离合器及缓冲器的油压；第三个子系统为离合器及蓄能器；第四个子系统为主油路供油调节系统。在不同型号的变速器上，电液控制的实施原理有所不同。

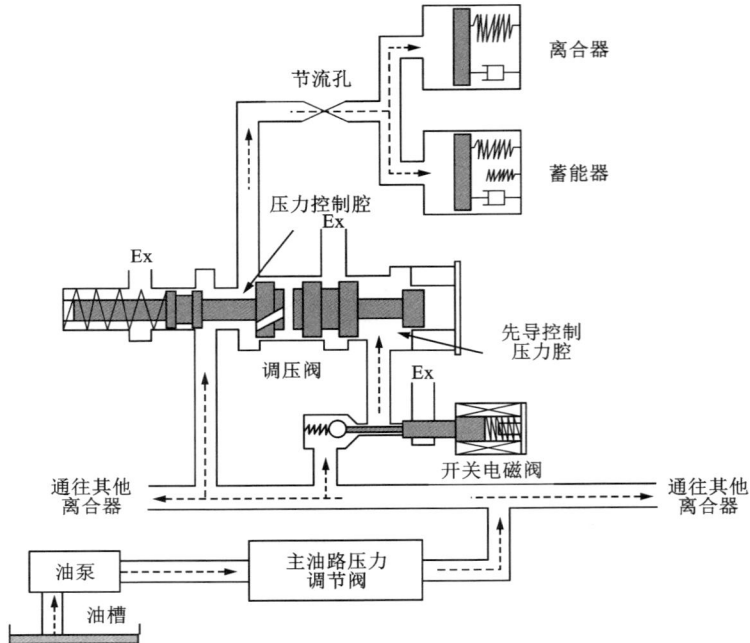

图 11-11 自动变速器液压控制系统原理简图

电磁阀换挡缓冲控制系统是以开关电磁阀作为先导阀，后面具有功率放大作用的调压阀构成二级油压缓冲执行结构。当给电磁阀输入控制信号时，电磁力迫使阀球做一定频率的开关动作，交替地使进油口与出油口或出油口与泄油口相通，控制油液间歇供油，表现为与电磁阀输出口相连的油腔内油压的周期性波动，等效于有一平均压力作用于调压阀右侧。调压阀阀芯右端受到电磁阀输出油压作用，电磁阀左端受到弹簧力和调压阀输出反馈油压的作用。当开关电磁阀接收信号，电磁阀输出油压变化，调压阀阀芯的开口量跟着变化导致输出油压改变，从而达到控制输出油压的目的。

11.3.4 悬架系统

大部分露天矿用汽车与部分地下矿用汽车都采用油气悬架系统。矿用汽车油气悬架缸多采用油气同腔的单气室结构，气体是弹性元件，利用节流油液产生阻尼缓解振动，系统构成简单、承载能力高、安装尺寸要求小、维护工作量较小。

在油气悬架中，油液是传力介质，气体是弹性介质，因此充油充气量——更确切地说是充气量，将直接影响悬架的静特性曲线，影响悬架的刚度，从而影响汽车的行驶平顺性。充气量多，悬架刚度小，悬架的静挠度和动挠度都变大，有利于提高汽车在不平路面上的行驶平顺性，但受到悬架总行程的限制，充气量不能太多；充气量少，悬架刚度大，悬架的静挠度和动挠度都变小，会使车身的振动加剧，影响汽车在不平路面上的行驶平顺性，因此充气量要适量。油气悬架的减振主要通过油液流过阻尼孔和单向阀产生的阻尼来实现，并且充油量在一定程度上还影响车架的高度，因此充油量也要适量，见图 11-12。

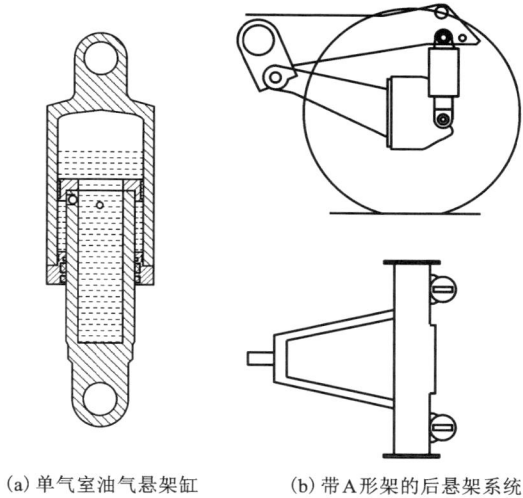

(a) 单气室油气悬架缸　　　　(b) 带A形架的后悬架系统

图 11-12　矿用汽车悬架系统简图

11.3.5　转向系统

露天矿用汽车与地下矿用汽车的转向系统都采用全液压转向系统，通过操作设置于液压回路的计量泵控制转向轮的转向角度。车身转向系统由连杆机构组成，转向轮之间的转角关系由连杆机构的角度等参数保证，根据连杆的数量可分为四边形机构或六边形机构等。矿用汽车全液压动力转向系统简图及原理图见图 11-13、图 11-14。

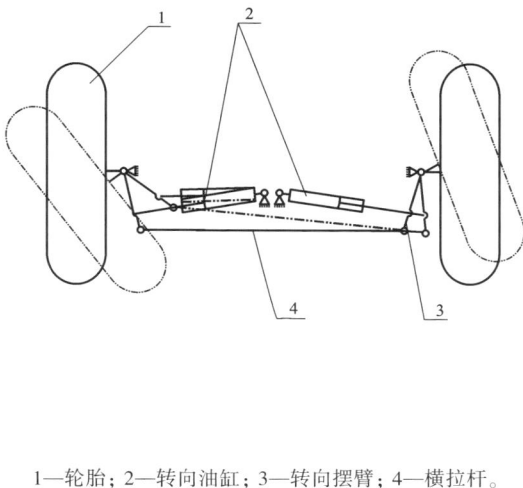

1—轮胎；2—转向油缸；3—转向摆臂；4—横拉杆。

图 11-13　矿用汽车全液压动力转向系统简图

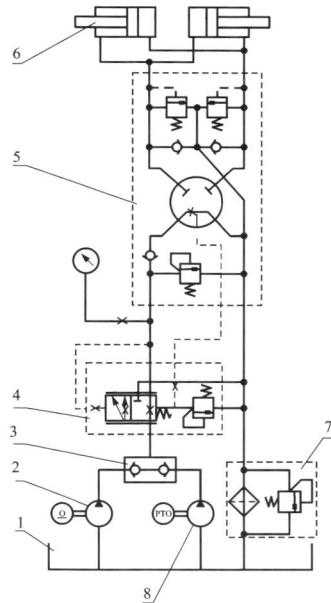

1—油箱；2—转向油泵；3—梭阀；4—优先阀；
5—全液压转向器(带阀块)；6—转向油缸；
7—回油过滤器；8—应急转向油泵。

图 11-14　矿用汽车全液压动力转向系统原理图

289

转向液压系统主要包括一个定量泵、一个负荷传感转向器和一个优先阀(静态信号型)。优先阀能在系统负载变化或(和)方向盘转速变化的情况下,优先保证转向器所需流量。

转向机构的设计及前轮定位参数直接影响汽车行驶的平顺性、操纵稳定性、运行的安全性和车轮的使用寿命。转向梯形机构的设计主要是根据给定条件设计出转向梯形,保证转向过程中所有车轮均绕同一瞬时转向中心转动,以避免或减少前轮的侧滑。

11.3.6　驱动桥

驱动桥是机械传动底盘、部分电传动底盘的主要组成部分,它由主减速器、差速器、半轴、轮边减速器、制动器和桥壳等部件组成。

主传动的作用是增大扭矩和改变扭矩的传递方向;差速器使驱动车轮在转向或不平路面上行驶时,左右驱动轮以不同的角速度旋转;半轴将扭矩与转速从差速器传递到轮边减速器,轮边减速器进一步增大从半轴输出的扭矩;制动器用于工作制动;驱动桥壳把矿用汽车的重量传递到车轮并将作用在车轮上的各种力传到车架,同时驱动桥壳又是主减速器、差速器和车轮传动装置的外壳。

矿用汽车要求驱动桥能够合理分配主传动及轮边减速器的传动比,以保证车辆的最佳动力性和经济性。矿山车辆爬坡运行工况较多,因此要求有较大的传动比,以发挥出充分的牵引力。驱动桥各部件在工作可靠、保证一定使用寿命的前提下,应保证所要求的离地间隙,做到质量轻、体积小。制动器要求制动可靠、性能稳定、寿命长、易维护。此外,还要求驱动桥结构简单、修理保养方便、制造容易、工作可靠、噪声小、故障少等。

11.3.6.1　主减速器

主减速器的分类如下:

(1)按主传动的减速形式分为单级减速主减速器和两级减速主减速器。一般车辆采用单级减速传动形式,它结构简单,通常由一对圆锥齿轮组成,传动比不能过大,否则从动圆锥齿轮及壳体结构尺寸大、离地间隙小、车辆通过性能差。两级减速主传动由一对圆锥齿轮副和一对圆柱齿轮副组成,可获得较大的传动比和离地间隙,但结构复杂。

(2)按主从动锥齿轮轴线的布置形式分为两轴垂直相交式、两轴相交但不垂直式和两轴垂直但不相交式三种。

(3)按主动锥齿轮的支撑形式分为骑马式和悬臂式。前者结构中,主动锥齿轮前后两端的轴颈均以轴承支承,刚度大,在大中型轮式机械上使用较多,但结构复杂;后者以其轮齿大端一侧的轴颈悬臂式支承于一对轴承的外侧,结构简单,但承载能力受限制。

(4)按锥齿轮齿型分为直齿锥齿轮、零度圆弧锥齿轮、螺旋锥齿轮、延伸外摆线锥齿轮、双曲线齿轮。直齿锥齿轮制造简单、轴向力小,没有附加轴向力。但不发生根切的最少齿数多,齿轮重叠系数小,齿面接触区小,故传动噪声大、承载能力小,主传动上较少使用。零度圆弧锥齿轮轴向力和最少齿数同直齿锥齿轮,传动性能介于直齿锥齿轮和螺旋锥齿轮之间,即同时啮合的齿数比直齿锥齿轮多,传递载荷能力较大,传动较平稳。螺旋锥齿轮最少齿数可为5~6个,结构尺寸小,且同时啮合齿数多、重叠系数大、传动平稳、噪声小、承载能力高、使用广泛,但有轴向附加力,轴向推力大,加重了支承轴承的负荷。延伸外摆线锥齿轮性能和特点与螺旋锥齿轮相似。双曲线齿轮最少齿数可少到5个,噪声最小,啮合平稳性较高。

为实现主减速器的主从动锥齿轮啮合良好、可靠且安静平滑地工作，需改善齿轮加工质量，调整齿轮的装配间隙，选择轴承形式和主减速器壳体的刚度，同时考虑齿轮的支撑等影响因素。这里主要介绍主减速器的支撑与啮合(图11-15)。

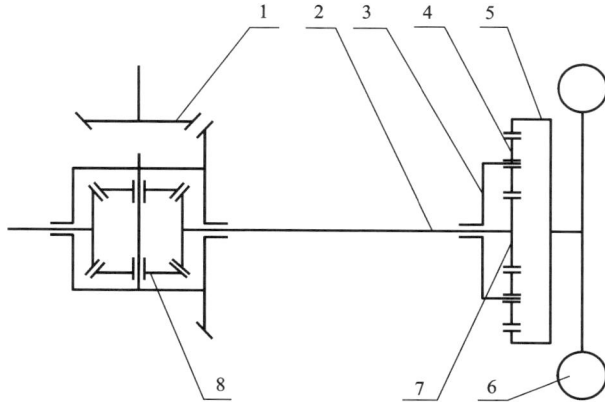

1—主减速器输入齿轮；2—半轴；3—行星齿轮架轮胎；4—行星齿轮；
5—齿圈；6—轮胎；7—太阳轮；8—差速器。

图11-15　矿用汽车后桥主减速器与轮边减速器

主减速器锥齿轮支撑有两种形式：跨置支撑和悬臂支撑。

跨置支撑的特点是锥齿轮的两端均用轴承支撑，小齿轮轴的外端承受轴向力和径向力，内端承受径向力，这样可以增大支撑刚度，减少轴承负荷，提高齿轮的承载能力；但主动齿轮和从动齿轮之间的空间很小，给主动齿轮小头轴承的铸造与加工增加了困难，在主减速器需要传递较大的转矩时，常采用跨置式支撑。而悬臂式支撑刚性差，只适用于传递较少扭矩的场合。

11.3.6.2　差速器

矿用汽车在行驶过程中，由于转弯时外侧车轮走过的距离比内侧车轮走过的距离大，在高低不平的路面左右车轮接触地面走过的实际路程也不相等，因此车轮经常出现行程不同的情况。如果用同一根整轴以相同的转速驱动两侧车轮，必然会引起车轮在行驶面上滑移或滑转现象，致使车轮磨损加剧、功率损失增大、转向困难、操纵性变差，因而驱动桥中要设置差速器。

差速器的结构形式很多，在地下无轨设备上常用的有普通对称式圆锥行星齿轮差速器、强制锁住式差速器、牙嵌式自由轮差速器和带有摩擦元件的圆锥齿轮差速器等。普通对称式圆锥行星齿轮差速器是地下无轨机械设备驱动桥上使用最多的一种差速器，其结构见图11-16，主要由左右两半组成的差速器壳2、十字轴3、左右半轴齿轮7和行星齿轮5等组成。

左右差速器壳用螺钉连为一体，在分界面处固定安装十字轴3，两端通过锥柱轴承8支撑在主减速器壳体9上；行星齿轮5与左右半轴齿轮7常啮合，空套在十字轴3上，齿轮背面加工成球形，便于对着正中心，并装有球形行星齿轮垫片4；左右半轴齿轮7的颈部滑动支撑在差速器壳2的座孔中，并通过内孔花键和半轴相连，齿轮背面与壳体之间安装有半轴齿轮垫片6；差速器壳体上有窗孔，靠主减速器壳体内的润滑油经由窗孔来润滑各零件。普通锥齿轮式差速器工作原理如图11-17所示。

图 11-16 中的标注：

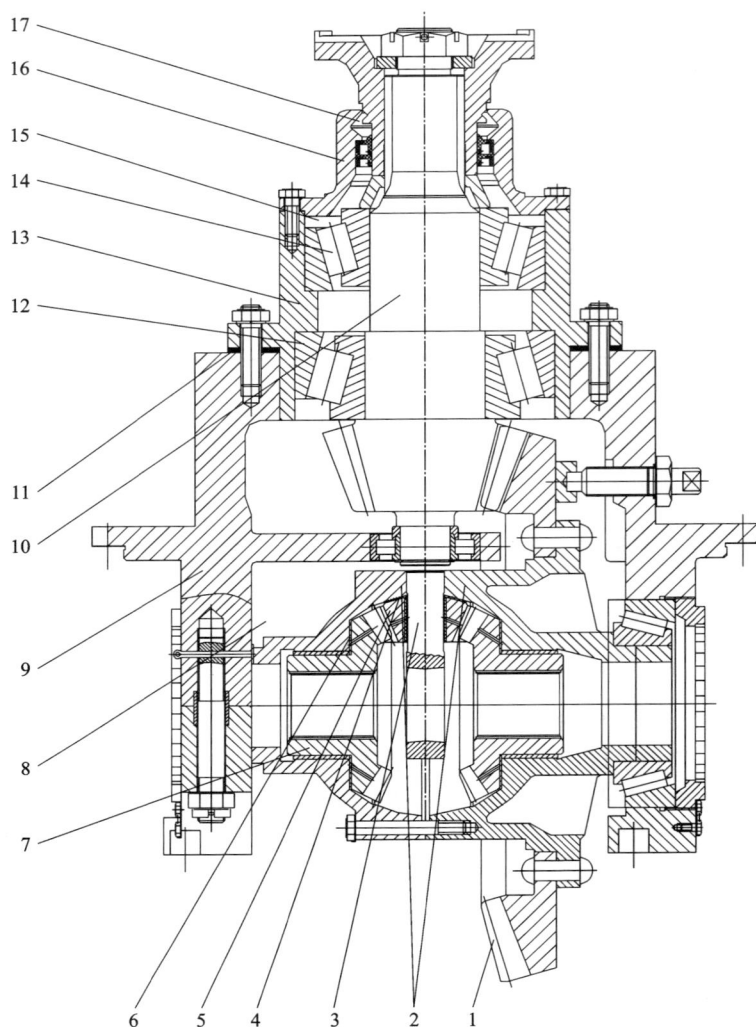

1—从动锥齿轮；2—差速器壳；3—十字轴；4—行星齿轮垫片；5—行星齿轮；6—半轴齿轮垫片；
7—左右半轴齿轮；8—锥柱轴承；9—主减速器壳体；10—主动锥齿轮；11—调整垫片；12—锥柱轴承；
13—托架；14—锥柱轴承；15—螺母；16—密封盖；17—油封。

图 11-16 驱动桥的主减速器与差速器

差速器在转弯时起差速作用的原因是两侧驱动轮上的阻力矩不同，因此机械直线行驶时，倘若两侧驱动轮遇到的路面情况不同，或由各种因素引起滚动半径差异，差速器同样能起到差速作用。

当轮式机械转弯时，两侧驱动轮得到的扭矩之和仍等于传到差速器壳上的扭矩；内侧车轮得到的扭矩比外侧车轮得到的扭矩大，但扭矩的差值只能等于差速器的内摩擦力矩。

因为普通对称式圆锥行星齿轮差速器的内摩擦阻力矩 T_r 很小，可以忽略不计，所以在差速器起差速作用的情况下，仍然可以认为扭矩是被平均分配给两个半轴齿轮的，这就是普通对称式圆锥行星齿轮差速器的"差速不差矩"的特点。

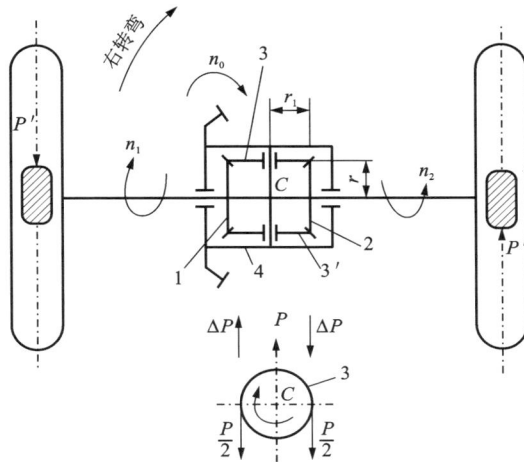

1—左半轴齿轮；2—右半轴齿轮；
3、3′—行星齿轮；4—差速器壳。

图 11-17　普通锥齿轮式差速器工作原理

11.3.6.3　轮边减速器

轮边减速器是一套降速增扭的齿轮传动装置。从发动机经离合器、变速器和分动器把动力传递到前、后桥的主减速器，再从主减速器的输出端传递到轮边减速器及车轮，以驱动汽车行驶。在这一过程中，轮边减速器的工作原理就是把主减速器传递的转速和扭矩经过降速增扭后，再传递到车轮，以便车轮在地面附着力的反作用下产生较大驱动力，从而减少了轮边减速器前面各零件的受力。轮边减速器的特点是可以降速增扭，驱动力强，还可以使驱动桥获得较大的离地间隙，但是也有结构复杂、传动效率低、装配技术要求高等缺点。

1）机械传动轮边减速

矿用汽车广泛采用行星齿轮式轮边减速器，因为其具有较大的传动比、受力状态较好、外形尺寸小，可以直接置于驱动车轮轮毂之内，其结构如图 11-18 所示。

在驱动桥壳两端分别用螺钉固定住花键套 4，在它的外圆花键上安装齿圈架 5，二者由挡圈 7 通过螺钉 6 连接在一起；齿圈 8 与齿圈架 5 通过齿形花键连接，并用卡环 18 限制齿圈轴向移动，因此齿圈 8 是固定件。太阳轮 9 通过花键安装在半轴外端，端头由卡环定位；行星齿轮 16 通过滚针轴承支撑在与行星架 15 固定安装的行星齿轮轴 13 上，它分别与太阳轮 9 和齿圈 8 啮合；行星架 15 和轮毂 17 用螺钉固定在一起，轮毂 17 通过一对大、小锥柱轴承支承在花键套 4 上；从差速器和半轴传来的力矩经太阳轮 9、行星齿轮 16、行星架 15，最后传到轮毂 17（即驱动车轮）上，使驱动车轮旋转，从而驱动机械行驶。

行星齿轮式轮边减速器采用闭式传动，它的外侧由固定在行星架 15 上的端盖 10 封闭。端盖 10 上安装有挡销 12，防止半轴向外窜动；还加工有螺塞孔，用来加注润滑油并控制油面高度，平时用螺塞 11 封堵；轮毂 17 内侧与花键之间安装着浮动油封 3，防止润滑油漏入制动器中。

2）电动轮边减速

与机械传动相比，电动轮驱动方式可以一直发挥发动机的最大功率，且具有空间上便于

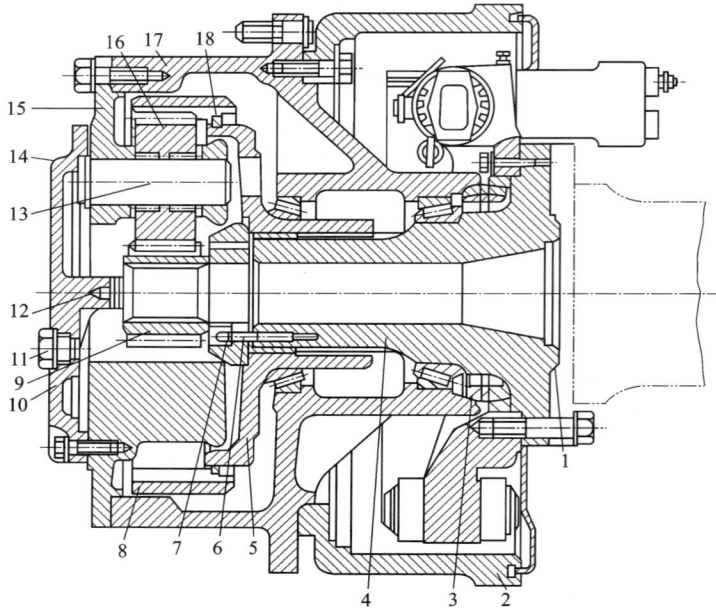

1—密封圈；2—制动鼓；3—浮动油封；4—花键套；5—齿圈架；6—螺钉；7—挡圈；8—齿圈；9—太阳轮；
10—端盖；11—螺塞；12—挡销；13—行星齿轮轴；14—箱盖；15—行星架；16—行星齿轮；17—轮毂；18—卡环。

图 11-18　行星齿轮式轮边减速器

布置、易于控制、制动性能高等优点，在百吨级以上的矿用汽车中被广泛应用。电动轮矿用自卸车通过发动机带动发电机，将机械能转化为电能，然后由电能驱动电动机，再由电动机通过轮边减速器，将动力传递给车轮，以保证车辆在多种复杂路面上都能拥有足够的牵引力。

轮边减速器是电动轮矿用自卸车中唯一的减速增扭机构，其装配图如图 11-19 所示。现在国内外采用的轮边减速器多为二级或三级行星齿轮减速机构，同一轮边减速器的不同级减速机构、不同吨位电动轮矿用自卸车使用的轮边减速器在结构及功能上都有很大的相似性，即具有一定的横向功能相关度和结构相关度，以及纵向功能相似度和几何相似度。

电动轮边减速器的组成主要包括动力传递机构、执行与连接机构、润滑与密封系统和冷却系统。

（1）动力传递机构。

动力传递机构包括主传动轴、法兰盘、一级齿轮、二级齿轮、三级齿轮、一级行星轮轴、二级行星轮轴、三级行星轮轴、轴承、行星架等，其功能是将电动机的高速度、低扭矩的动力进行减速增扭，以满足车辆行驶需要。

（2）执行与连接机构。

齿轮动力传到轮毂，再由轮毂传到轮辋上。轮毂将一、二、三级的内齿圈连接在一起作为动力输出，将齿轮的动力最终传到轮辋上。轮辋隔圈对轮辋起着轴向定位作用。

（3）润滑与密封。

整个系统采用稀油润滑，在主动盖与轮毂上有加油口与放油口，便于操作。电动机壳与

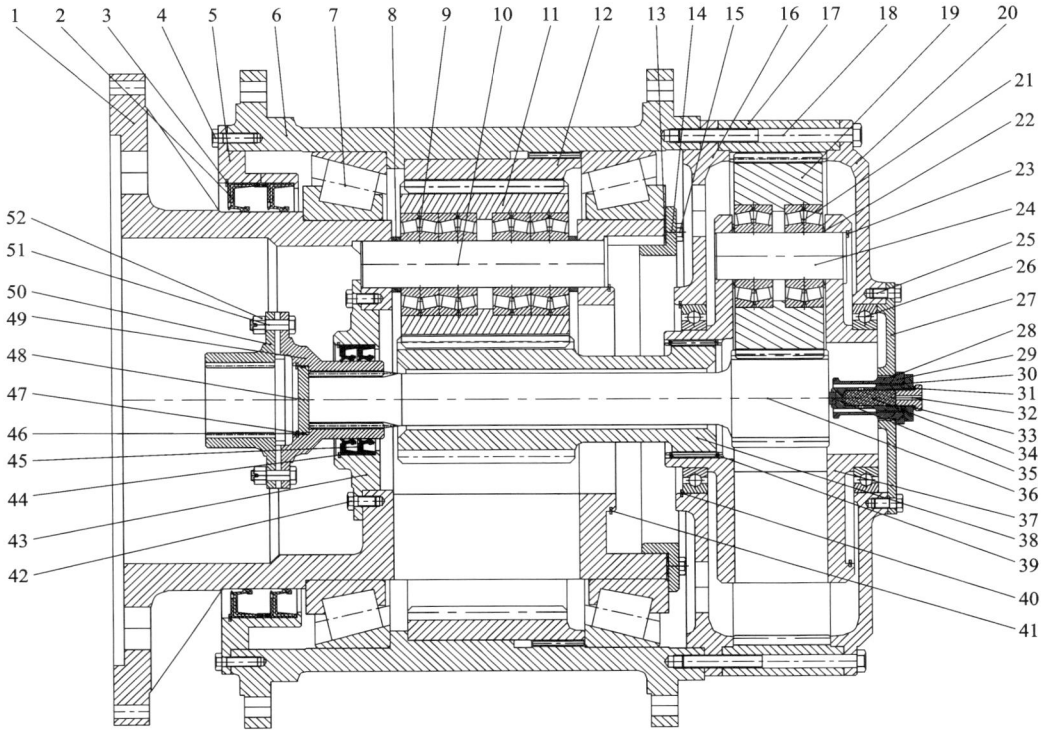

1—二级行星架；2—骨架密封圈；3—卡环；4—六角头螺栓 M12×40；5—密封端盖(外)；6—轮毂；7—圆锥滚子轴承；
8—挡环；9—调心滚子轴承；10—二级行星轮轴；11—二级行星轮；12—二级内齿圈；13—垫圈；14—轴承挡圈；
15—螺栓 M12×45；16—主动盖；17—一级内齿圈；18—连接螺栓 M16×197；19—一级行星轮；20—端盖；
21—调心滚子轴承；22—挡圈；23—定位卡环；24—一级行星轮架；25—六角头螺栓 M12×25；26—深沟球轴承；
27—外端盖；28—油封；29—呼吸器套；30—O 形密封圈；31—呼吸器；32—呼吸器堵；33—组合密封垫；
34—呼吸器过滤网；35—输入轴限位器；36—输入轴；37—一级行星架；38—连接轴；39—卡环；40—挡圈；
41—限位卡圈；42—螺栓 M12×25；43—密封端盖；44—油封卡环；45—骨架密封圈；46—油封；47—卡环；
48—挡板；49—输入轴法兰盘；50—电机轴法兰盘；51—螺栓 M12×45；52—螺母 M12。

图 11-19　电动轮边减速器

轮毂连接处有 2 个大型骨架密封圈，可以在外部通过润滑油嘴向空腔内添加黄油。主动盖与轮毂、轴承端盖与主动盖接合部都有 O 形密封圈，在主动盖上装有呼吸器，通气不漏油，与外界进行空气交换。

（4）冷却系统。

电动轮矿用自卸车轮边减速器由于其功率大、产热多，单靠自然冷却不能保持所产生的损耗与散发热量之间的热平衡，需要进行强制冷却。强制冷却方式有风扇吹风冷却、水管冷却和润滑油循环冷却。

11.3.6.4　半轴与驱动桥壳

1）半轴

轮式驱动桥的半轴是安装在差速器和轮边减速器之间的实心轴，用于传递动力，按驱动桥外端轴承装置方法的不同可分为半浮式、3/4 浮式和全浮式三种，全浮式半轴如图 11-20 所示。

在全浮式半轴的结构中，多采用一对圆锥滚子轴承支承轮毂，而且两个轴承的圆锥滚子的锥顶应相向安装，轴承应有一定的预紧，调好以后由锁紧螺母锁紧，如图 11-20(a) 和 (c)所示；图 11-20(b)为球轴承的结构方案。半轴本身的结构形状以端部锻成突缘(法兰)的为最常见，如图 11-20(a)和(b)所示；在重型轮式机械上，有时将半轴外端做成花键，并经花键套连接半轴与轮毂，如图 11-20(c)所示。

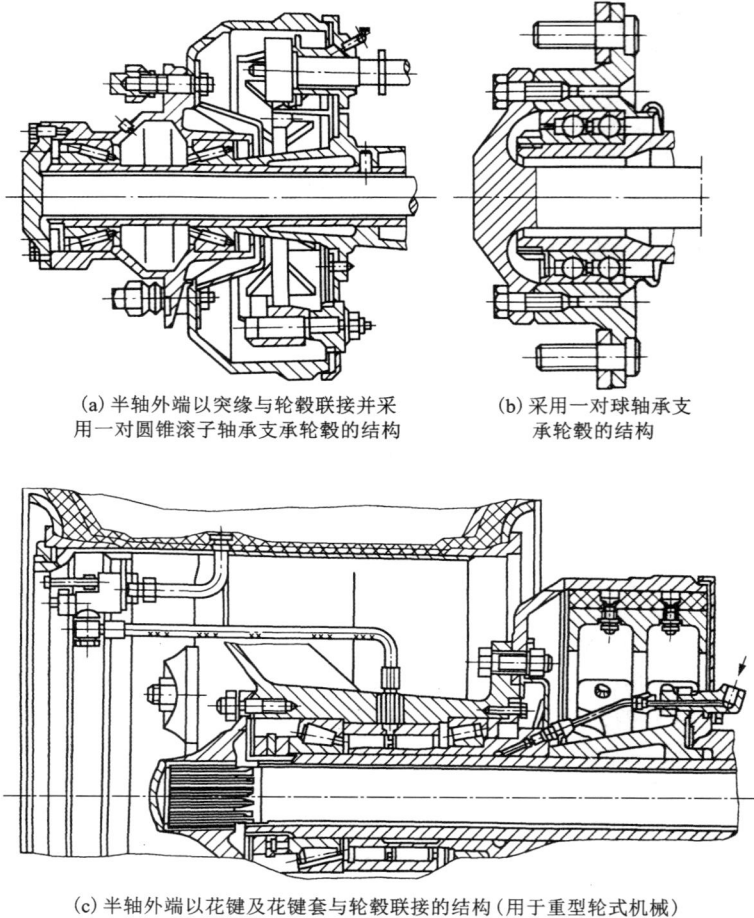

(a) 半轴外端以突缘与轮毂联接并采用一对圆锥滚子轴承支承轮毂的结构

(b) 采用一对球轴承支承轮毂的结构

(c) 半轴外端以花键及花键套与轮毂联接的结构(用于重型轮式机械)

图 11-20　全浮式半轴的结构形式与安装

由于车轮所承受的垂向力、纵向力、侧向力以及由这些力所引起的弯矩都经过轮毂、轮毂轴承传给桥壳，因此全浮式半轴只承受扭矩而不承受弯矩，但在实际工作中，加工和装配精度的影响及桥壳、轴承支轴刚度不足等导致全浮式半轴仍承受一定的弯矩。具有全浮式半轴的驱动桥的外端结构比较复杂，需采用形状复杂且尺寸较大、质量较大的轮毂，制造成本高，但其工作可靠。

2) 驱动桥桥壳

驱动桥桥壳支承着轮式机械荷重，并将载荷传给车轮，作用在驱动车轮上的牵引力、制动力、横向力也是经过桥壳传到悬架及车架或车厢上，所以桥壳既是承载件又是传力件，同时也是主减速器、差速器及驱动车轮的传动装置的外壳。其结构形式可分为可分式、整体式和组合式，如图 11-21 所示。

按组合件数的不同，可分式桥壳可分为二段可分式和三段可分式桥壳两种。二段式可分式桥壳应用较多，其整个桥壳由一个垂直接合面分为左右两个部分，每一部分均由一个铸件壳体和一个压入其外端的半轴套管组成。半轴套管与壳体用铆钉连接，在装配主减速器及差速器后，左右两半桥壳通过在中央接合面处的一圈螺栓连成一个整体。这种桥壳结构比较简单，外形尺寸小且易于加工，但桥壳的强度和刚度较低，半轴套管压入桥壳部分的铆接处及左右两半的连接螺栓容易损坏，已逐渐被淘汰。

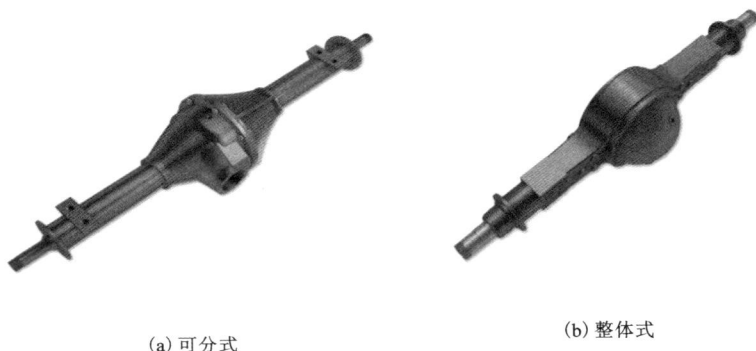

(a) 可分式   (b) 整体式

图 11-21 可分式、整体式桥壳

整体式桥壳的特点是将整个桥壳做成一个整体，此时桥壳可看成是一根整体的空心梁，因此与可分式桥壳相比，其强度及刚度都比较大。整体式桥壳的另一个特点是桥壳与主传动壳分作两体，主减速器齿轮及差速器总成均装在与桥壳分开的独立壳体（即主减速器壳）里，构成一个单独的总成，即主减速器与差速器总成，调整好后再由桥壳中部前面装入桥壳内，并与桥壳用螺栓紧固在一起。这种结构对于主减速器和差速器的拆装、调整、维修和保养等都十分方便，是整体式桥壳的最大优点。

组合式桥壳又称为支架式桥壳，是先将主减速器壳与部分桥壳铸成一体，在其左右两端压入无缝钢管，再用销钉或焊接固定而成。与可分式桥壳相比，组合式桥壳的主减速器及差速器轴承同样直接支承在桥壳上，因而轴承座支承刚性好；同时由于组合式桥壳后端开有主减速器及差速器的拆装孔并备有后盖，因此其主减速器及差速器的拆装调整比可分式桥壳方便。与整体式桥壳相比，组合式桥壳的铸件尺寸较小、重量较轻，但不能将主减速器及差速器总成调整好后再装入桥壳，此外，组合式桥壳对加工精度要求较高，整个桥壳的刚度与整体式桥壳相比也差。

11.4 矿用汽车主要生产厂家与技术参数

11.4.1 内蒙古北方重工业集团有限公司

表 11-4 为内蒙古北方重工业集团有限公司（简称北方重工）矿用汽车技术参数，图 11-22 为北方重工 NTE330。

表 11-4 北方重工矿用汽车技术参数

型号	TR30	TR35A	TR50	TR60	TR100	NTE240	NTE260	NTE330	NTE360
载重/t	28	32	45	55	91				
堆装容积/m³	18	21.1	27.5	35	57	156	156	218	218
发动机	Cummins QSL9	Cummins M11-C335	Cummins QSX15-C	Cummins QSK19-C700	Cummins KTA38-C	Cummins QSK60	Cummins QSK60	Cummins QSK60 2 Stage (MTU 16V 4000)	Cummins QSK78 Tier I (MTU 20 V 4000 C23 Tier II)
功率/kW	224	250	392	522	783	2500	2500	2700	3500(3755)
最小转弯半径/m						15.2	15.2	16.2	16.2
最高车速/(km·h⁻¹)	50	56	65	57	47.6	64	56	59	59
整车质量/t	20	23	34	41	69				
尺寸(长×宽×高)/(mm×mm×mm)	7650×3500×3800	7950×3400×4190	8875×4240×4245	9130×4980×4820	10820×5150×4850	14800×7640×7300	14400×8350×7400	15350×9390×7820	15350×9390×7820

图 11-22 北方重工 NTE330

11.4.2 徐州工程机械集团有限公司

表 11-5 为徐州工程机械集团有限公司(简称徐工)矿用汽车技术参数,图 11-23 所示为徐工 XDE200。

表 11-5 徐工矿用汽车技术参数

型号	XDM100	XDE130	XDE200	XDE240	XDE320	XDE400
载重/t	91	120	180	230	300	360/400
功率/kW	783	899	1511	1864	2014	2800
转速/(r·m⁻¹)	2100	1800		1900	1900	1800
最高车速/(km·h⁻¹)	48	50	56	56	60	50/40
整车质量/t	158	202	320	165	210	620/660

图 11-23　徐工 XDE200

11.4.3　卡特彼勒公司

表 11-6 为卡特彼勒矿用汽车技术参数，图 11-24 所示为卡特彼勒 795F。

表 11-6　卡特彼勒矿用汽车技术参数

型号	785D	789D	793D	793F	795F AC	797F
载重/t	131~143	181	218	226.8	313	363
堆装容积/m³	85	108~191	129	159~190	181~252	240~267
发动机	Cat 3512C HD	3516C HD	Cat 3516B HD EUI	Cat C175-16	Cat C175-16	Cat C175-20
功率/kW	1082	1566	1801	1976	2536	2983
最小转弯直径/m	33.2	30.23	32.66	33	38.7	42
最高车速/(km·h⁻¹)	54.8	57.2	54.3	60	64	67.6
尺寸(长×宽×高) /(mm×mm×mm)			12862×7680 ×6494			15080×9755 ×7709

图 11-24　卡特彼勒 795F

11.4.4　小松公司

表 11-7 为小松公司矿用汽车技术参数, 图 11-25 为小松 830E-AC。

表 11-7　小松公司矿用汽车技术参数

型号	HD325-6	HM400-2	HD465-7E0	HD785-7	730E	830E-AC	930E-4	930E-4SE
载重/t	36.5	38	55	91	183.73	221.684	291.79	290.448
堆装容积/m³	24	22.3	34.2	60	111	147	211	211
发动机	小松 SAA6D 140E-3	小松 SAA6D 140E-5	小松 SAA6D 170E-5	小松 SAA 12V 140E-3	小松 SSA16 v159	小松 SDA16 V160	小松 SDA 16V160	小松 SDA 17V170
功率/kW	379	338	551	895	1491	1865	2700	2611
转速/(r·min⁻¹)	2000	2000	2000	1900	1900	1900	1900	
最小转弯半径/m	7.2	8.7	8.5	10.1	14	14.2	14.8	14.8
最高车速/(km·h⁻¹)	70	58.5	70	65	55.7	48.8	64.5	64.5
尺寸(长×宽×高)/(mm×mm×mm)	8365×4525×4150	11310×3450×3720	9355×5395×4400	10290×6885×5050	12830×7540×6250	14150×7320×6880	15600×8690×7370	

图 11-25　小松 830E-AC

11.4.5　别拉斯公司

表 11-8 为别拉斯公司矿用汽车技术参数, 图 11-26 为别拉斯 75302。

表 11-8　别拉斯公司矿用汽车技术参数

型号	75450	7555B	7555E	75570	75135	75170	75302	75315	75320	75604	75710
载重/t	45	55	60	90	110~130	154~160	220	240	290	360	450
堆装容积/m³	27.7	33.3; 35.3	37.3	53.3; 60; 93	71.2	96.5	147	141.1	170.6	199; 218	269.5
发动机	Cummins QSX15-C	KTTA 19-C	QSK 19-C	QST 30-C	KTA 38-C	QSK 45-C	MTU 16V4000	MTU DD 16V4000	Cummins QSK 60-C	MTU 20 V4000	MTU DD 16V4000
功率/kW	447	522	560	783	895	1491	1715	1864	2125	2800	3430

续表 11-8

型号	75450	7555B	7555E	75570	75135	75170	75302	75315	75320	75604	75710
最小转向半径/m	9	9	9	11	13	14	15	15	16	17.2	19.8
最高车速/(km·h^{-1})	55	55	55	60	50	50	43	64	64	64	64
尺寸(长×宽×高)/(mm×mm×mm)	8560×4240×4475	8890×4740×4560	8890×4740×4560	10350×5400×5340	11500×6400×5900	12300×6850×6200	13390×7820×6650	14180×8060×6720	15500×8580×7060	15400×9420×7470	20600×9750×8170

图 11-26　别拉斯 75302

11.4.6　日立-尤克力德公司

　　表 11-9 为日立-尤克力德公司矿用汽车技术参数，图 11-27 所示为日立-尤克力德 EH5000AC-3。

表 11-9　日立-尤克力德公司矿用汽车技术参数

型号	EH3500AC-3	EH4000AC-3	EH5000AC-3
载重/t	181	221	296
堆装容积/m^3	117	106	148
发动机	Cummins QSKTA50-CE	Cummins QSKTA60-CE	Cummins QSKTTA60-CE
功率/kW	1491	1864	2125
转速/(r·min^{-1})	1900	1900	1900
整车质量/t	322	384	500
尺寸(长×宽×高)/(mm×mm×mm)	13560×6860×7000	14390×7580×7310	15490×8610×7520

图 11-27　日立-尤克力德 EH5000AC-3

11.4.7　利勃海尔公司

表 11-10 为利勃海尔公司矿用汽车技术参数,图 11-28 为利勃海尔 T284。

表 11-10　利勃海尔公司矿用汽车技术参数

型号	T236	T264	T284
载重/t	100	221	363
发动机		MTU 16V4000 C23R	MTU 20 V4000 C23
功率/kW	895	2013	3000
转速/(r·min^{-1})	1900	1900	1900
最高车速/(km·h^{-1})	55	64	64

图 11-28　利勃海尔 T284

11.5　应用实例

11.5.1　白云鄂博矿区

包钢集团白云鄂博矿区作为世界上最大的稀土矿区,建立于 1958 年,区域面积为 328.64 km^2,是国家级"独立工矿区",采用了内蒙古北方重型汽车股份有限公司 MT4400(载重 236 t）、NTE240（载重 220 t）、MT3600（载重 172 t）、NTE150（载重 136 t）车型。

2018 年 9 月，包钢集团正式开启"5G 网络条件下无人驾驶及操作的智慧矿山技术的开发及应用"项目；2019 年 5 月，白云鄂博矿区无人驾驶项目正式发布，成为全球首个基于 5G 网络条件的无人驾驶矿车应用。该应用通过加装激光雷达、毫米波雷达、高清摄像头、差分定位天线、惯导等传感器和车辆控制单元，结合 5G-V2X 无线通信等技术，基于矿区三维

图 11-29　包钢集团白云鄂博矿区使用的内蒙古北方重型汽车股份有限公司 **MT3600** 矿用汽车

建模数据、实时路测数据、边缘计算能力和无人驾驶调度系统算法，实现了 MT3600、NTE150 等不同车型自主路径规划、精准停靠、自动装卸、停车避让等作业任务。图 11-29 为包钢集团白云鄂博矿区使用的内蒙古北方重型汽车股份有限公司 MT3600 矿用汽车。

11.5.2　洛阳栾川钼业集团股份有限公司

洛阳栾川钼业集团股份有限公司主要从事基本金属、稀有金属采选和矿产贸易业务，是全球最大的白钨生产商和第二大钴、铌生产商，全球前五大钼生产商和领先的铜生产商，基本金属贸易业务位居全球前三。

2016 年，洛阳栾川钼业集团股份有限公司实现钻机、挖掘机、矿用卡车近距离遥控操作。2017 年，挖掘机、钻机、矿用卡车实现远程操控。2018 年 6 月，40 余台纯电动矿用卡车投入运行，该公司成为国内首家纯电动新能源矿用卡车研制及规模应用企业。2018 年 9 月，15 台纯电动矿用卡车智能驾驶试运行。2019 年，实现了基于 5G 网络的钻、铲、装超远程精准控制和纯电动矿用卡车智能编队运行。

参考文献

［1］土方机械基本类型识别、术语和定义：GB/T 8498—2008［S］.

［2］王运敏.中国采矿设备手册［M］.北京：科学出版社，2012.

［3］王新中.国内外矿用挖掘机发展状况［J］.矿山机械，2004（9）：52-53，5.

［4］王国彪.国外大型矿用挖掘机的现状与发展［J］.矿山机械，1999（11）：8-13.

［5］矿用机械正铲式挖掘机：GB/T 10604—2017［S］.

［6］土方机械 机械挖掘机铲斗 容量标定：JB/T 8291—2013［S］.

［7］矿用液压挖掘机：JB/T 13011—2017［S］.

［8］史青录.液压挖掘机［M］.北京：机械工业出版社，2011.

［9］陈正利.我国挖掘机行业的形成与发展、现状及前景［J］.建设机械技术与管理，2004（11）.

［10］王运敏.现代采矿手册（中册）［M］.北京：冶金工业出版社，2012.

［11］葛磊，董致新，李运华，等.系列化液压挖掘机数字样机研究［J］.机械工程学报，2019，55（14）：186-196.

第 12 章

地下矿用汽车

12.1　概述

从美国瓦格纳 1960 年开发出第一台 10 t 地下矿用汽车开始，地下矿用汽车到目前已经形成了 6 t、8 t、10 t、12 t、16 t、20 t、25 t、30 t、35 t、50 t 等多种吨位型号。地下矿用汽车多采用前后车架铰接折腰转向、四轮驱动、全封闭多盘湿式制动器，驻车制动采用弹簧制动器和循环液压油强制冷却系统，举升机构采用双缸举升卸载，发动机采用电控水冷发动机，传动系统使用变速箱一体的全自动动力换挡变速器等，具有良好的机动性，满足地下矿山恶劣环境下的运输需求。

国外的生产厂商如山特维克汤姆洛克(Sandvik Tamrock)公司控股的法国 EM 公司、加拿大 EJC 公司和芬兰 TORO 公司三家子公司均是世界著名的地下无轨设备生产公司。加拿大 MTI 公司、德国鲍尔斯(Paus)公司、瑞典基鲁纳(Kiruna)采矿运输公司等是著名的地下矿用汽车生产厂商。美国卡特彼勒公司收购了生产地下矿用汽车的澳大利亚埃尔芬斯通(Elphinstone)公司，把生产出的地下矿用汽车以埃尔芬斯通品牌命名。国外这些地下汽车制造公司在新产品开发、研制及系列化生产时均采用了当代最新的汽车技术、控制技术、计算机技术等，设计时全部采用计算机辅助设计、计算机仿真、可靠性分析及试验验证等新技术和新方法，使所设计的产品更加实用、先进，不论是动力性能、经济性能还是运输生产率和效率都有较大的提高，能很好地满足地下矿山的运输需求。

国内的北京矿冶研究总院、北京安期生技术有限公司、烟台兴业机械股份有限公司等单位先后研制了多种系列的地下矿用汽车。大部分型号地下矿用汽车的发动机采用德国道依茨公司生产的低污染风冷柴油机，前车架和后车架采用中间铰接、折腰双缸转向，摆动机构采用中间回转摆动机构，这些产品的主要技术指标达到了国外同类产品的技术水平，具有较高的性价比。

按照国外的经验，要使无轨矿山发挥综合经济效益，需要有与铲运机配套使用的地下矿用汽车等无轨辅助设备，数量一般为 1~4 倍。显然，我国地下矿用汽车等辅助设备无法满足地下矿山无轨采矿的运输要求，使铲运机难以发挥作用，因此应加快发展地下矿用汽车。今后，地下矿用汽车将向微型化、大型化、机电液仪一体化、智能化方向发展。现代汽车技术、控制技术、计算机技术等新技术和新材料越来越多地应用于地下矿用汽车，将会进一步提高地下矿用汽车的动力性、经济性、可靠性、安全性和舒适性等，实现自动控制、电子控制和故障诊断, 减少排放, 尽可能实现零污染, 改善地下汽车的作业环境。地下矿用汽车的发展趋势介绍如下。

1) 大型化与微型化

地下矿用汽车大型化是地下矿用汽车发展趋势之一。随着地下矿山生产能力的增加和深部作业开拓的需要, 地下矿用汽车的载重量不断增大。大型地下矿用汽车生产效率高、燃油消耗少、运营成本低, 可以大幅度提高地下矿山劳动生产率和经济效益。

为适应小型矿山、黄金矿山以及一些特殊条件的矿山(如核工业原料矿山)要求, 部分厂家的产品也向着微型化方向发展, 逐步发展成无人驾驶的遥控地下矿用汽车。

2) 安全可靠的制动技术

地下矿用汽车的制动器向着弹簧制动、液压解除全封闭多盘湿式制动器新技术方向发展。

3) 卸料方式多样化

地下矿用汽车大部分采用后倾翻式卸料, 可边行驶边卸料, 卸净率高、卸载方便、效率高。当卸载空间受到限制时, 可采用伸缩式车厢卸料; 当需要侧卸时, 可采用侧卸式车厢。

4) 设备自动化、机电液仪一体化

国外新型的地下矿用汽车或铲运机都应用了现代汽车技术的最新成果。电控柴油机在地下矿用汽车上得到了广泛的应用, 先通过传感器把车辆的各种信号传给计算机, 然后通过计算机控制喷油提前角、喷油时间和喷油量, 使发动机处于最佳状态。由于采用了电控技术, 柴油机燃油充分燃烧, 动力性能好、排放低、油耗少、寿命长; 一些发动机具有监控、自动检测及故障诊断功能, 可动态监测地下矿用汽车的运行工况, 能根据地下矿用汽车运行工况的变化进行识别, 自动选择最佳参数, 实现智能控制; 变速箱挡位控制逐渐由机械换挡发展为自动换挡; 液压系统的操纵阀和控制阀由多个模块集成。整车的高度自动化将成为现代地下矿用汽车的发展趋势。

5) 逐步实现零排放

地下矿用汽车最理想的动力源是电力或天然气发动机等零排放动力, 能改善地下矿山运输环境; 也可设计成混合动力汽车, 在地下运输时采用零排放动力, 如蓄电池、燃料电池、机械电池、天然气发动机等; 露天运行时切换成柴油机, 可极大地改善地下环境, 这也是今后地下矿用汽车的发展趋势。

6) 以人为本, 高度重视人机环境设计

地下矿山运输条件和作业条件恶劣、巷道窄, 活动空间有限, 因此地下矿用汽车总体设计时要特别注重采用人机工程学原理和技术, 驾驶室采用隔热、隔音全封闭结构, 保证安全、舒适, 操纵简单省力, 快捷高效; 引入电子监控仪表盘、声光信号报警等人性化的设计理念, 为操纵人员创造安全舒适的作业环境。

7) 信息化、智能化和无人化

国外大型矿用汽车借助于全球定位系统 GNSS、GIS 和 GPE 等信息技术和高性能的数据通信网络技术, 开发了大型计算机管理软件, 对车辆的各种参数进行了智能化实时监控和管理, 使资源实现了极大的共享, 极大地提高了管理效率, 降低了管理成本。具有人工智能的机器人和无人驾驶车辆进入实用化阶段, 不仅大幅度降低汽车运营成本, 而且也不用担心司机地下作业的安全, 这也是地下矿用汽车的发展趋势。

12.2 地下矿用汽车技术特点与分类

12.2.1 地下矿用汽车技术特点

相比于露天矿用汽车,地下矿用汽车结构特点见表12-1。

表 12-1 地下矿用汽车结构特点

序号	特点	概述
1	低排放	采用低排放柴油机和各种有效的净化装置,使柴油机燃烧完全,从而减少有害气体排放量
2	铰接车体	绝大部分地下矿用汽车铰接车体、液压转向,车体宽度窄、转弯半径小,机动、灵活,提高了车辆的通过性
3	车体高度低	车体高度低,降低了重心高度,减少倾覆力矩,提高行驶稳定性,以便在狭窄低矮地下空间作业
4	四轮驱动	牵引力大,爬坡能力强
5	湿式制动	采用湿式多盘制动器,制动灵敏、可靠,保证行驶的安全性
6	横向摆动	因巷道运输道路高低不平,为了提高其通过性能,地下矿用汽车都具有横向摆动机构,四轮在任何情况下都能全轮着地,时刻具有足够附着力
7	无悬架	由于巷道高度限制,除了重型和特种地下矿用汽车采用悬架装置,一般车桥与车架都是刚性连接,无悬架装置

这些结构特点具有如下优点。

(1)地下矿用汽车运输机动灵活、应用范围广、生产能力大,可将采掘工作面的矿岩直接运送到各个卸载场地,能在大坡度、小弯道等不利条件下运输矿岩、材料、设备等。

(2)在合理运距条件下,生产运输环节少,显著提高劳动生产率。

(3)在矿山全套设施建成前,可用于提前出矿。

地下矿用汽车也具有如下缺点。

(1)地下矿用汽车虽然有废气净化装置,但柴油发动机排出的废气仍会污染地下空气,目前不能得到彻底解决,因此必须加强通风,增加了通风费用。

(2)由于地下矿山路面不好,轮胎消耗量大,备件费用增加。

(3)维修工作量大,需要技术熟练的维修工人和装备良好的维修设施。

(4)要求巷道断面尺寸较大,增加了井巷开凿费用。

12.2.2 地下矿用汽车分类

地下矿用汽车的分类方式可概括为如下几种。

(1)按卸载方式不同分类,地下矿用汽车可分为后卸式、推卸式、侧卸式和底卸式四类。侧卸式和底卸式两种形式适用于一些特殊场合,一般很少采用。

后卸式汽车是用液压油缸将车厢前端顶起,使矿岩从车厢后端靠自溜卸载。后卸式汽车的主要缺点是卸载空间较大,在地下卸载时需在卸载处开凿卸载硐室。与推卸式汽车相比,后卸式汽车成本低、自重较轻、速度较快、运量较大,维修保养费用也较低。

推卸式汽车车厢内的矿岩是被液压油缸驱动的卸载推板推出车厢后端而卸载,其卸载高度较低,但结构复杂。

(2)按轮轴配置数分类,分为双轮轴式和多轮轴式。

(3)按传动方式分类,分为液力机械式、机械式、全液压式和电动轮式。

(4)按动力源分类,分为电动、柴油和混合动力式。

(5)按车架结构分类,分为前后车架中央铰接折腰转向方式和整体车架偏转转向轮转向方式。

(6)按驾驶室位置分类,分为驾驶室前置式、中置式、后置式和侧置式。

12.3 地下矿用汽车整机组成及工作原理

与露天矿用汽车类似,地下矿用汽车也一般由柴油发动机提供动力,由变速箱和主减速器及轮边减速器将动力传递到车轮,或者由发动机带动发电机,利用装于车轮内部的轮边电动机驱动车轮;货箱由一个或两个多级液压举升缸提供的动力实现自卸功能;转向系统一般为全液压转向系统,主要结构见图 12-1。

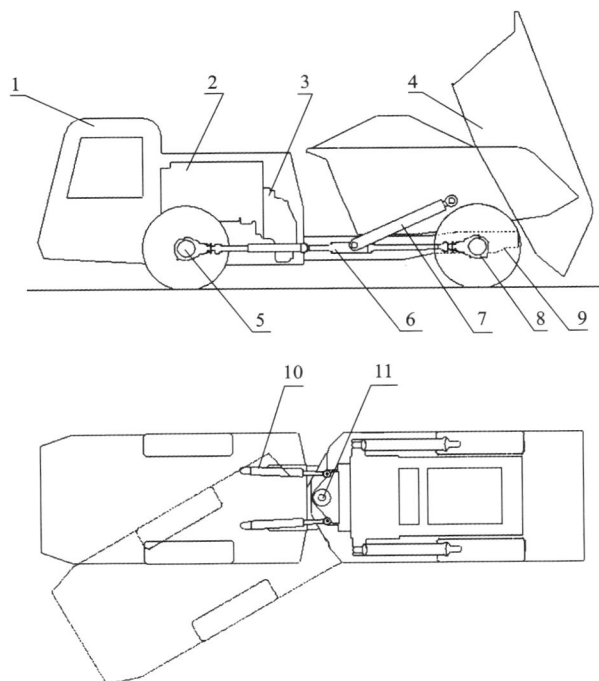

1—驾驶室货箱;2—发动机;3—变速箱;4—货箱;5—前驱动桥;6—传动轴;
7—举升油缸;8—后驱动桥;9—车架;10—转向油缸;11—铰接系统。

图 12-1 地下矿用汽车主要结构

12.3.1 发动机

12.3.1.1 国外地下矿用发动机排放标准

发动机是地下矿用汽车的主要动力源,发动机性能的好坏、安全与否直接影响地下矿用汽车的性能、使用与安全,也直接影响地下作业人员的健康与安全。在 20 世纪 60 年代,地下采矿柴油机往往是用汽车或露天工业用柴油机改装而成,但是地下无轨采矿设备(包括地下矿用汽车)对柴油机有特殊要求。20 世纪 70—80 年代,美国、德国、日本、英国等国为地下无轨采矿设备设计了专用柴油机系列,如德国道依茨(DEUTZ)公司风冷低污染的柴油机。随着对环境保护的重视,人们对柴油机废气排放的要求越来越严格,70 年代、80 年代地下采矿广泛采用低污染柴油机;到了 90 年代,当时的污染柴油机已逐渐不适应。随着科学技术的发展,市面上出现了许多柴油机新技术、新材料和新结构,从而使柴油机的技术达到新的水平。卡特彼勒、底特律(Detroit)、道依茨、康明斯(Cummins)等世界著名柴油机制造商先后开发出许多用于地下无轨采矿设备的柴油机,目前这类柴油机在地下无轨采矿设备中获得广泛应用。

地下采矿对发动机的安全要求比露天采矿更严格。目前世界上大多数生产地下矿用柴油机的制造厂都认可 USMSHA(美国劳动部矿山安全与健康管理局)关于地下矿用发动机有关标准规定。

USMSHA 要求:地下矿用柴油机必须满足地下矿用柴油机的有关规定,通过 USMSHA 批准,并列入 USMSHA 批准的产品目录。USMSHA 宣布从 2001 年 3 月 20 日起,对金属与非金属矿,地下矿用柴油机必须符合 USMSHA 30CFR Part7、57、72(地下金属矿与非金属矿安全与健康标准)的规定。

在 USMSHA 批准的用于地下矿山的发动机产品目录中有几个重要参数:功率、转速、额定通风量和颗粒指数。功率与转速说明地下矿用柴油机在额定通风量以上使用,才能保证在规定的转速下输出足额的功率;额定通风量是保证柴油机在额定转速时,输出足额功率前提下,把柴油机净化后仍然高于允许空气中有害物质的浓度降低到许用浓度以下,按规定的方法计算出来的通风量;颗粒指数指的是柴油机在规定封闭环境下,按规定的工况试验把柴油机废气排放物中颗粒浓度降到 $1\ \mathrm{mg/m^3}$ 所需的通风空气量。

非道路移动机械用柴油机排气污染物排放限值见表 12-2。

表 12-2　非道路移动机械用柴油机排气污染物排放限值

阶段	额定净功率(P_{max}) /kW	CO /(g·kW^{-1}·h^{-1})	HC /(g·kW^{-1}·h^{-1})	NO$_x$ /(g·kW^{-1}·h^{-1})	HC+NO$_x$ /(g·kW^{-1}·h^{-1})	PM /(g·kW^{-1}·h^{-1})
第三阶段	$P_{max}>560$	3.5	—	—	6.4	0.2
	$130 \leqslant P_{max} \leqslant 560$	3.5	—	—	4.0	0.2
	$75 \leqslant P_{max} < 130$	5.0	—	—	4.0	0.3
	$37 \leqslant P_{max} < 75$	5.0	—	—	4.7	0.4
	$P_{max} < 37$	5.5	—	—	7.5	0.6

部分地下矿用汽车的发动机型号和安全指标见表12-3～表12-5。

表 12-3 USMSHA 批准目录中部分康明斯公司地下矿用汽车的发动机型号和安全指标

发动机型号	发动机功率/kW/转速/$(r \cdot min^{-1})$	通风率/cfm	颗粒物指数 cfm/hp*	批准号
QSL9.0	186.5/2000	4.25	5.66	07-ENA060006
QSL9.0	208.9/2000	6.14	6.37	07-ENA060006
QSL9.0	243.8/2100	6.14	6.61	07-ENA060006
QSC-215C	160.4/2200	6.84	5.66	07-ENA050005
QSB6.7	144/2200	4.0	4.48	07-ENA060010
QSB6.7	160.4/2500	4.0	4.48	07-ENA060010
QSB6.7	179/2500	4.48	4.72	07-ENA060010
QSB6.7	205/2500	5.19	4.97	07-ENA060010
QSB4.5	82.1/2500	2.12	3.3	07-ENA070006
QSB4.5	97/2500	2.83	4.0	07-ENA070006
QSB4.5	119.4/2500	3.3	4.0	07-ENA070006
QSB4.5	126.8/2500	3.07	4.0	07-ENA070006

表 12-4 部分卡特彼勒公司地下矿用汽车的发动机型号和安全指标

发动机型号	发动机功率/kW/转速/$(r \cdot min^{-1})$	批准号
C6.6	89～209/1800～2500	CSA 1204 07-ENA080004
C7	187/1800～2200	CSA 1211
C9	242～261/1800～2200	MSHA
C11	287/1800～2100	CSA 1207
C12	328/1800～2100	
C15	403/1800～2100	CSA 1184
C18	470～522/1800～2100	CSA 1183
C27	205/2500	CSA1209
3176C	201/2200	CSA 1099, 1162 7E-B0012
3406E	283/2000	CSA 1151, 1152 7E-B018

1 cfm = 1.7 m^3/h; 1 hp = 745.7 W。

表 12-5 **MSHA 批准目录中部分道依茨公司地下矿用汽车的发动机型号及参数**

发动机型号	发动机功率/kW/转速/$(r \cdot min^{-1})$	通风率/$(m^3 \cdot s^{-1})$	颗粒物指数/$(m^3 \cdot s^{-1})$	批准号
BF4M1012	95/2300	11500	4500	7E-B059
BF4M1012C	115/2300	8500	7500	7E-B008
BF4M1012E	93/2300	11500	4500	7E-B058
BF4M1012EC	118/2300	8500	7500	7E-B057
BF6M1012	145/2300	17500	5500	7E-B007
BF6M1012C	174/2300	16000	8500	7E-B059-0
BF6M1012CP	161/2100	11000	14500	7E-B008
BF6M1012E	141/2300	17500	5500	7E-B058
BF6M1012EC	170/2300	16000	8500	7E-B057
BF6M1012ECP	182/2100	12000	15000	7E-B007
BF6M1015C	300/2100	18500	17500	7E-B002-0
BF8M1015C	364/1900	24000	18000	7E-B009

12.3.1.2 国内非道路用发动机排放标准

为防治中国非道路用移动机械污染物排放对环境的污染，改善空气质量，生态环境部和质监总局宣布，自 2014 年 10 月 1 日起，凡进行排气污染物排放型式核准的非道路移动机械用柴油机都必须符合中国第三阶段（China Ⅲ）要求。自 2015 年 10 月 1 日起，所有制造和销售的非道路移动机械用柴油机，其排气污染物排放必须符合中国第三阶段（China Ⅲ）要求。该标准修改采用欧盟（EU）指令 97/68/EC（截至修订版 2004/26/EC）《关于协调各成员国采取措施防治非道路移动机械用发动机气态污染物和颗粒物排放的法律》中有关非道路移动机械用柴油机的技术内容，规定了第三阶段非道路移动机械用柴油机排气污染物排放限值和测量方法。

12.3.2 传动系统

地下矿用汽车的传动系统与露天矿用汽车传动系统原理基本一致，可以分为机械传动与电传动两种类型。

机械传动形式示意图如图 12-2 所示，铰接式地下矿用汽车一般采用前后驱动桥形式，发动机的动力系统经变速器与传动轴等将动力传递到前后驱动桥。

由柴油发动机为动力的四轮独立电驱动地下矿用汽车示意图如图 12-3 所示。系统由发动机、发电机、驱动电机、功率控制元件、制动电阻等组成。柴油发动机带动发电机发出电能，整流器将交流电变换成直流，逆变器将直流电变换成交流驱动四个轮边电机。车辆制动时，电动机作为发电机通过逆变器将交流变换成直流，且通过电阻消耗。在有滑线电源系统的条件下，可增加滑线驱动装置；在长距离上坡工况中使用滑线驱动方式，可进一步减少发动机排放，降低油耗。

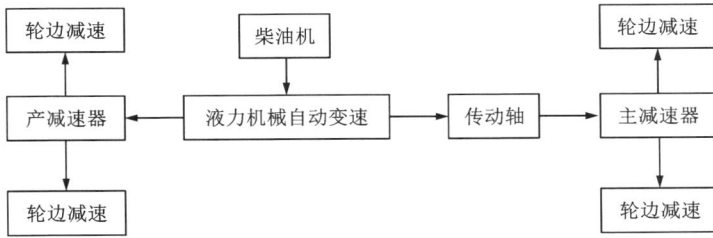

图 12-2　柴油发动机动力的机械传动系统地下矿用汽车

以电池为动力的四电驱动地下矿用汽车示意图如图 12-4 所示。行驶过程中动力电池的电能驱动 4 个轮边电机，制动时电动机作为发电机通过逆变器将交流变换成直流，直流为蓄电池充电，剩余部分在电阻上消耗。如果具有架线驱动系统支持，可安装滑线装置，在驱动时由电网电能驱动轮边电机；有滑线电源系统的条件下，可增加滑线驱动装置。

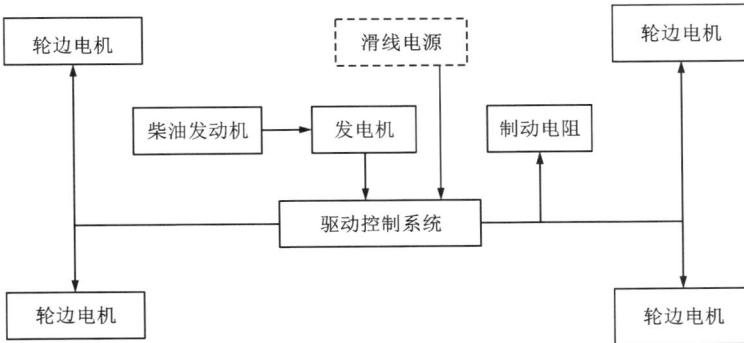

图 12-3　柴油发动机动力的电驱动地下矿用汽车示意图

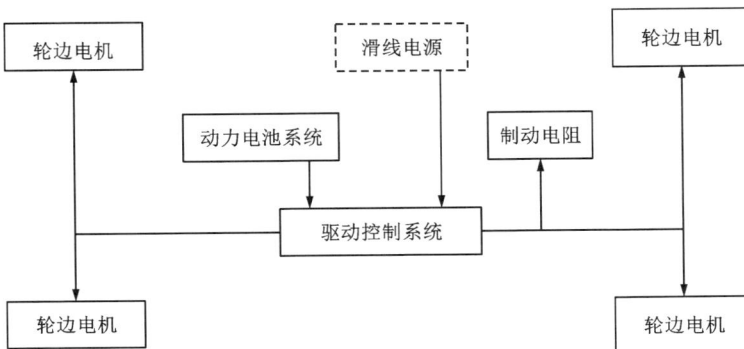

图 12-4　电池动力的电驱动地下矿用汽车示意图

电驱动地下矿用汽车也有采用前后两个整体式机械驱动桥的，电动机安装于主减速器处，驱动控制系统中不需要考虑左右两侧驱动轮的差速控制算法。

12.3.3 铰接式底盘

地下矿用汽车的车架一般分为前车架和后车架,两者采用中央铰接式结构连接,左右两侧转向角最大可达45°,铰接式底盘的优点是质心低、转向半径小、机动性好、通过性好,如图12-1所示。

12.3.4 转向机构

铰接式底盘采用全液压转向系统,前后车由上下铰销连接而成,可以在水平面内作相对转动,见图12-1。

铰接式转向也有一些缺点:所需功率比偏转轮转向大,机械的横向稳定性差,前驱动轮没有定位角,车轮会出现振摆的情况,机械蛇形前进,直线行驶性能差,方向盘无自动回正作用。

铰接车转向时,最大转向阻力矩是原地静态时的转向阻力矩,行走时的转向阻力矩是静态时的1/3~1/2,故一般用静态时的转向阻力矩为计算依据,这样可保证在不利条件下实现转向。铰接车的转向阻力矩不仅与车桥载荷有关,而且与转向角有关,转向阻力矩随着转向角的增大而增大。

12.4 地下矿用汽车主要生产厂家与技术参数

12.4.1 北京安期生技术有限公司

表12-6为北京安期生技术有限公司生产的AJK系列地下矿用汽车主要技术参数,图12-5为北京安期生技术有限公司生产的AJK-15型地下矿用汽车。

表 12-6 北京安期生技术有限公司生产的 AJK 系列地下矿用汽车主要技术参数

型号		AJK2050	AJK3100	AJK3120	AJK3150	AJK3200	AJK4250
空载质量/t		7.5	10	12	13	19	23
满载质量/t		12.5	20	25	28	39	48
容积/m³		2.5	5	6	7.5	10	12.5
柴油机	型号	Deutz BF4L914	Deutz BF4M1013EC	Deutz BF4M1013EC	Deutz BF6M1013EC	CUMMINS QSL9	CUMMINS QSL11
	功率/kW /转速 /(r·min⁻¹)	69/2300	107/2300	107/2300	148/2300	224/2100	250/2100
	输出扭矩 /(N·m)/ 转速 /(r·min⁻¹)	355/1600	520/1400	520/1400	727/1400	1369/1200	1674/1400
尺寸(长×宽×高) /(mm×mm×mm)		6080×1600 ×2130	7845×1780 ×2300	7853×1989 ×2300	8145×2242 ×2300	9046×2280 ×2400	9200×2850 ×2500

图 12-5 北京安期生技术有限公司生产的 AJK-15 型地下矿用汽车

12.4.2 烟台兴业机械股份有限公司

表 12-7 为烟台兴业机械股份有限公司生产的 XYUK 系列地下矿用汽车主要技术参数，图 12-6 为烟台兴业机械股份有限公司生产的 XYUK-20 型地下矿用汽车。

表 12-7 烟台兴业机械股份有限公司生产的 XYUK 系列地下矿用汽车主要技术参数

型号		XYUK-5	XYUK-8	XYUK-10	XYUK-12	XYUK-15	XYUK-20	XYUK-30	XYUKA-30	XYUK-40
尺寸(长×宽×高)/(mm×mm×mm)		5700×1430×2000	7767×1780×2360	7816×1780×2360	8060×1955×2360	8375×2050×2360	9080×2280×2450	9920×2800×2560	10093×3500×2000	10410×3070×2810
车厢容积/m³		2.5	4	5	6	7.5	10	15	15	20
额定载重/t		5	8	10	12	15	20	30	30	40
操作质量/t		7.05	12.38	12.4	13.9	15.8	19.6	31	30.4	36.8
发动机功率/kW		66	120	120	120	160	240	315	315	405
最大牵引力/kN		65	128	128	128	165	290	320	320	404
行驶速度/(km·h⁻¹)		0~20	0~25	0~25	0~25	0~25	0~28	0~27.2	0~27.2	0~33.7
最小转弯半径/mm	内侧	3500	4890	4890	4741	4778	4553	5204	4743	5028
	外侧	5200	7374	7374	7376	7567	7725	8914	8914	9043

图 12-6 烟台兴业机械股份有限公司生产的 XYUK-20 型地下矿用汽车

12.4.3　招远华丰机械设备有限公司

表 12-8 为招远华丰机械设备有限公司生产的 UK 系列地下矿用汽车主要技术参数，图 12-7 为招远华丰机械设备有限公司生产的 UK-10 型地下矿用汽车。

表 12-8　招远华丰机械设备有限公司生产的 UK 系列地下矿用汽车主要技术参数

型号	UK-10	UK-16	UK-20	UK-25
尺寸（长×宽×高）/（mm×mm×mm）	7770×2230×1980	7895×2180×2235	8860×2420×2400	8900×2930×2380
车斗堆容积/m³	6	8	10	13
卸载角度/（°）	62	65	60	65
车重/t	13	13.8	19	23
满载质量/t	25	29.8	39	25
爬坡能力/（°）	15	15	15	15
行驶速度/（km·h⁻¹）	0~25	0~25	0~33	0~31
装载高度/mm	1900	1900	2150	2380

图 12-7　招远华丰机械设备有限公司生产的 UK-10 型地下矿用汽车

12.4.4　湖北恒立工程机械有限公司

表 12-9 为湖北恒立工程机械有限公司生产的 HLK 系列地下矿用汽车主要技术参数，图 12-8 为湖北恒立工程机械有限公司生产的 HLK-12 型地下矿用汽车。

表 12-9　湖北恒立工程机械有限公司生产的 HLK 系列地下矿用汽车主要技术参数

型号	HLK-10	HLK-12	HLK-15	HLK-20	HLK-25
空载质量/t	10	12	13	20	23
满载质量/t	20	24	28	40	48
车厢容积/m³	5	6	7.5	10	15
发动机型号	DEUTZ BF4M1013C	DEUTZ BF4M1013C	DEUTZ BF6M1013C	CUMMINS QSL	DEUTZ BF10L413
功率/kW/转速/（r·min⁻¹）	104/2300	104/2300	144/2300	224/2100	170/2300
最大扭矩/（N·m）/转速/（r·min⁻¹）	516/1400	516/1400	720/1400	882/2088	840/1500
最大牵引力/kN	160	160	160	221.3	231.7

图 12-8　湖北恒立工程机械有限公司生产的 HLK-12 型地下矿用汽车

12.4.5　青岛中鸿重型机械有限公司

表 12-10 为青岛中鸿重型机械有限公司生产的 FT 系列地下矿用汽车主要技术参数，图 12-9 为青岛中鸿重型机械有限公司生产的 FT20 型地下矿用汽车。

表 12-10　青岛中鸿重型机械有限公司生产的 FT 系列地下矿用汽车主要技术参数

型号	FT12	FT15	FT20
载重/t	12	15	20
空载质量/t	14	15	21.5
车厢容积/m³	6	7.5	10
发动机型号	道依茨 F8L413FW	道依茨 F8L413FW	奔驰 OM926LA
功率/kW/转速/(r·min⁻¹)	36/2300	136/2300	220/2200
最大扭矩/(N·m)/转速/(r·min⁻¹)	665/1500	665/1500	1200/1300
变速箱	DANA R32366 系列	DANA R32366 系列	DANA R36000 系列
变矩器	DANA C270 系列	DANA C270 系列	DANA C5000 系列
驱动桥	DANA 16D 系列	DANA 16D 系列	DANA 19D 系列
制动类型	POSI-STOP	POSI-STOP	POSI-STOP
尺寸(长×宽×高)/(mm×mm×mm)	7320×2048×2315	7325×2243×2315	9203×2440×2530

图 12-9　青岛中鸿重型机械有限公司生产的 FT20 型地下矿用汽车

12.4.6　瑞典安百拓公司

表 12-11 为安百拓公司生产的地下矿用汽车技术参数，图 12-10 为安百拓公司生产的 MT2010 型地下矿用汽车。

表 12-11 安百拓公司生产的地下矿用汽车技术参数

型号	MT2010	MT431B	MT436B	MT436LP	MT42	MT5020	MT2200	MT65	MT54
载重/t	20	28.1	32.7	32.7	42	50	22	65	54
容积/m³	10	16.8	13.8	14.8	19	25.5	11.3	25.9	24.5
发动机型号	Cummins QSK9-C300, Tier3	Detroit Diesel DDEC IV Serise60	Detroit Diesel DDEC IV Serise60	Detroit Diesel DDEC IV Serise60	Cummins QSK15, Tier3	Cummins QSK19-C650, Tier2	Cummins QSL9 EPA Tier 3	Cummins QSK19 EPA Tier 2	Cummins QSK19 EPA Tier 2
功率/kW	224	298	298	298	388	485	242	567	567
转速 /(r·min⁻¹)	2100	2100	2100	2100	2100	2100	2100	2100	2100
尺寸(长×宽×高) /(mm×mm×mm)	9146×2210 ×2444	10110×2795 ×2745	10184×3084 ×2678	10182×3353 ×2320	10900×3050 ×2705	11227×3440 ×2829	9243×2435 ×2665	11526×不详 ×2900	11437×3202 ×2800

图 12-10 安百拓公司生产的 MT2010 型地下矿用汽车

12.4.7 瑞典山特维克公司

表 12-12 为山特维克公司生产的地下矿用汽车技术参数，图 12-11 为山特维克公司生产的 TH320 型地下矿用汽车。

表 12-12 山特维克公司生产的地下矿用汽车技术参数

型号		TH315	TH320	TH430	TH430L	TH545i	TH551i	TH663i
载重/t		15	20	30	30	45	51	63
容积/m³		7.5	10.5	14.5	15	22	28	36
发动机	型号	Volvo TAD851VE	Mercedes OM 926 LA	Volvo TAD1342VE	Volvo TAD1342VE	Volvo TAD1641VE-B	Volvo TAD1642VE-B	Volvo TAD1643VE-B
	功率/kW	185	240	310	310	450	515	565
	转速/(r·min⁻¹)	2200	2200	2100	2100	1800	1900	1900
操作质量/t		18.4	22.6	28.61	28.27	36	41	43
尺寸(长×宽×高) /(mm×mm×mm)		7710×2207 ×2395	9080×2234 ×2497	10259×2946 ×2635	10523×3590 ×2000	10700×3150 ×2906	11583×3200 ×2901	11583×3476 ×2901

图 12-11　山特维克公司生产的 TH320 型地下矿用汽车

12.4.8　加拿大 DUX 公司

表 12-13 为 DUX 公司生产的 DT 系列地下矿用汽车主要参数，图 12-12 为 DUX 公司生产的 DT-24 型地下矿用汽车。

表 12-13　DUX 公司生产的 DT 系列地下矿用汽车主要参数

型号		DT-05	DT-07	DT-12	DT-20 N	DT-24	DT-26N	DT-33N	DT-50
载重/t		5	6.4	11	20	22	26	33	50
容积/m³		2.6	3.8	6	9.2	12.5	14.5	19.6	28
发动机	型号	Deutz D914 L05	Deutz D914 L05	Cummins QSB4.5	Cummins QSB6.7	Cummins QSL9	Cummins QSM11	Cummins QSM11	Detroit60 DDEC
	功率/kW	72.5	72.5	110	164	224	298	298	429
	转速 /(r·min⁻¹)	2300	2300	2300	2300	2100	2100	2100	2100
尺寸(长×宽×高) /(mm×mm×mm)		5950× 1400× 2005	6275× 1525× 2085	6810× 1830× 2335	8230× 2085× 2415	9300× 2285× 2490	10260× 2285× 2490	10235× 2745× 2695	10800× 3125× 3225
操作质量/t		7.2	7.8	10.5	17.6	23.5	22.7	27.2	42.

图 12-12　DUX 公司生产的 DT-24 型地下矿用汽车

12.4.9 美国卡特彼勒公司

表 12-14 为卡特彼勒公司生产的地下矿用汽车技术参数，图 12-13 为卡特彼勒公司生产的 AD22 型地下矿用汽车。

表 12-14 卡特彼勒公司生产的地下矿用汽车技术参数

型号		AD22	AD30	AD45B	AD60
载重/t		22	30	45	60
容积/m³		9	14.4	21.3	26.9
发动机	型号	Caterpillar C11 ACERT	Caterpillar C15 ACERT	Caterpillar C18 ACERT	Caterpillar C27 ACERT
	功率/kW	242	305	439	600
	转速/(r·min⁻¹)	2100	1800	2000	2000
自重/t		21.338	28.87	40	51.2
尺寸(长×宽×高)/(mm×mm×mm)		9583×2315×2320	10118×2690×2547	11194×3000×2831	12125×3346×3436

图 12-13 卡特彼勒公司生产的 AD22 型地下矿用汽车

12.4.10 德国 GHH 公司

表 12-15 为 GHH 公司主要的地下矿用汽车型号与参数，图 12-14 为 GHH 公司生产的 MK-A15 型地下矿用汽车。

表 12-15 GHH 公司主要的地下矿用汽车型号与参数

型号	MK-A15	MK-A20	MK-A35	MK-A20LP	MK-A35LP	MK-A20Ex	SK-A30
载重/t	15	20	35	20	35	20	30
容积/m³	7.5	10	23	9.5	17	10	21.5
发动机型号	Deutz F8L413FW	Deutz F10L413FW	Deutz TCD2015V06	Deutz TCD2013L06	Deutz TCD2015V06	Caterpillar C9Acert	Deutz TCD12.0
功率/kW	136	170	300	181	300	205	300
转速/(r·min⁻¹)	2300	2300	2000	2300	2000	2200	2000
尺寸(长×宽×高)/(mm×mm×mm)	8318×1830×2480	9154×2200×2555	10574×3500×2897	9012×3200×1689	10975×3500×2300	9417×2200×2555	10883×3470×2897
自重/t	14.1	16.6	31.65	18.955	31.65	18.955	36.309

图 12-14　GHH 公司生产的 MK-A15 型地下矿用汽车

12.5　应用实例

大冶有色某铜矿采用了北京安期生技术有限公司生产的载重 12 t 地下矿用汽车 AJK312，如图 12-15 所示。巷道运输距离 3000 m，辅助斜坡道不大于 15%，具有三个工作面，掘进工程量每年 3000 m³ 矿石。矿用卡车下坡时速平均 15 km/h，上坡时速平均约 6.7 km/h，车辆下井和运矿返回地面一个工作循环所需时间约 39 min，每天每台设备要运输车次约 10 车次，需要工作时间约 10 h。2 台 12 t 卡车每天两班，每班实际工作 6 h，每年 330 d，可完成约 38000 m³ 掘进工程量。

图 12-15　北京安期生技术有限公司生产的 AJK312 载重 12 t 地下矿用汽车

参考文献

[1] 战凯. 地下矿用汽车技术的研发现状[J]. 有色金属, 2005(4): 84-89.

[2] 高梦熊, 赵金元, 万信群. 地下矿用汽车[M]. 北京: 冶金工业出版社, 2016.

[3] 黄琼, 徐华建. 国外地下矿用汽车发展现状[J]. 矿山机械, 2008, 36(24): 4-8.

第 13 章

地下无轨辅助车辆

13.1 概述

辅助车辆在生产中的作用，一是为主体设备创造正常运行的条件，发挥主体设备的效率，如二次破碎、加油、维修等；二是确保生产安全，如撬毛、喷锚支护等；三是解放工人繁重的体力劳动，如装药、喷射混凝土等；四是保证整体生产的高效进行，如各种辅助运输等。因此，辅助车辆已成为地下矿山机械化生产必不可少的设备，它的使用能充分发挥主体设备的效率，加快地下矿山的建设速度，迅速扩大开采规模，对提高劳动生产率和经济效益有很重要的作用。一般地下矿山使用的辅助车辆很多，约为铲运机或地下汽车数量的 4 倍。地下无轨辅助车辆分类见表 13-1。

表 13-1　地下无轨辅助车辆分类

序号	按照功能分类	举例
1	辅助作业类	装药车，撬毛车，锚杆车，碎石车，喷浆台车，液压起重臂
2	辅助运输类	材料运输车，混凝土输送车，炸药运输车
3	服务类	检修车，加油车，升降台车
4	载人类	运人车，指挥车

20 世纪 70 年代中后期，我国开始无轨辅助车辆的研制工作，曾先后研制出喷浆车、装药车等，但由于设备性能和质量都存在一些问题，而未能在矿山推广使用；从 80 年代初开始，冶金部矿山司组织有关单位联合攻关，研制了 YCK-3 型井下运料车、DLJ-1 型井下检修车、MAC-1 型锚杆安装车、BC-2 型井下装药车、DYC-1 型井下油车和 YS-5000 型液压碎石车 6 种辅助车辆，并于 1986 年通过部级鉴定；1991 年，WG-2 型井下油车和 WF-2 型井下维修车通过部级鉴定；1992 年，DZY-220 型地下装药车通过部级鉴定。

与此同时，有些矿山从瑞典、美国、芬兰、法国、加拿大等国引进了一批井下无轨辅助车辆，据不完全统计有运人车、维修车、材料车、锚杆台车、炸药车、加油车、撬毛车、喷浆车、充填车、服务车等；近年来，国内在消化、吸收国外产品技术的基础上，又研制出一些无轨辅助车辆，如 JFC 井下服务车、CDD10 顶板作业车、HPC-11 型混凝土喷射车、HC-15 型混凝土输送车、SPZ-6B 型混凝土喷射机及 MGJ-1、CGM40、CTM3-1 型锚杆台车等，此外还研制出 UYT-2、JY-5、JY-8 等型号的辅助车辆通用底盘。通过引进先进技术，我国矿山机械的研制开发技术有了长足的进步，重大技术装备的攻关研究取得了一批科研成果，大大提高了有色金属矿山的技术装备水平，已成功研制开发了 0.76 m³、1 m³、2 m³、3 m³、4 m³ 的柴油及电动铲运机、2 t 及 5 t 通用底盘，锚喷支护车辆和露天矿装药台车与一些单台的无轨辅助设备已在国内的一些矿山运用。

当前生产地下辅助车辆的主要公司有芬兰挪曼尔特（NORMET）公司、瑞典 GIA 公司、美国 GETMAN 公司、加拿大 DUX 公司、MACLEAN 公司、BTI 公司等。国外地下矿山无轨设备的发展趋势是围绕着提高效率、降低成本这一核心，继续向微型化、大型化、液压化、自动化方向发展，电子技术、传感技术、控制技术也越来越多地应用于无轨设备上，自动化和机电一体化的进程加快，采矿机器人业已出现；技术装备已从单纯加大设备规格，转向优化性能、提高适应能力、运转可靠性、安全性和舒适性，增设微机控制和设备故障预测与诊断，降低设备运转对环境的污染程度，增强作业人员的作业安全性。

为了达到一机多用的目的，节省设备投资，缩短辅助车辆研制周期，方便使用单位维护和管理，大多数地下辅助车辆都采用模块化设计，即在通用底盘上（一般以低污染柴油机为动力，四轮驱动，铰接车体，液压转向和制动）装备不同的工作装置，构成不同的辅助车辆；或在某专用的车辆上采用模块化的部件，组成同一车型不同规格的辅助车辆；或外购别人的车体后装上自己的工作装置，构成多种地下辅助车辆。例如鲍尔斯公司在通用底盘 Univers 50 上配置大量不同的附件，构成混凝土搅拌车、升降平台、油车、装药车等；挪曼尔特（NORMET）公司生产的新型胺油炸药装药车，有 9 种不同功率模块组成 66~170 kW 的功率输出，在车辆的中部可安装驾驶室或司机棚，5 种不同型号的吊篮大臂可使工作高度在 6~12 m 进行调节。

自动化是地下辅助车辆发展的另一个方向。井下操作逐步向半自主操作、全自动操作方向发展，例如瑞士迈高（MEYCO）的巴斯夫（BASF）公司投产的 Imgical 5 和 10 混凝土喷射系统，能够使操作者在所选的地下矿内以手动模式、半自动模式、全自动模式操纵喷嘴；安装在瑞典 LKAB 矿的 BTI 公司破碎机可以在 LKAB 矿自动控制室内利用无线直接控制运行，一个操作员可同时操作多达 3 台 BTI 公司破碎机；阿特拉斯公司生产的 Scaletec 撬毛台车采用 RCS（rig control system）控制系统，RCS 基于 CANbus 实现撬毛台车自动化，并为操作者和维修人员提供故障诊断信息。

增强可靠性和安全性是地下辅助车辆的重要技术环节。为了确保地下辅助车辆运行的安全，需不断增强制动系统、转向系统、操作系统的可靠性。近年来，国外在地下无轨辅助车辆上，大都采用全封闭湿式多盘制动、液压释放的制动系统，大大增强了制动的安全可靠性；驾驶室采用了 ROPSFOPS 结构，操作舒适、保证远离危险；采用经过 USMSHA 认证的排放达到标准的发动机。此外，采用遥控和自控也是增强安全性的保证。

随着世界上大厚矿体逐渐减少，许多采矿公司把注意力转向薄矿体和矿脉，加之黄金热仍在持续，因此许多大型设备公司也推出了一些小型辅助车辆。如瑞典阿特拉斯·科普柯公司的 Boltec300 型锚杆台车，柴油-电力驱动，车宽仅 1.7 m，可爬 25% 坡度，能安装任何类型的锚杆；美国 Eimco 公司生产的运人、运料两用车 U3-4BX，外形尺寸（长×宽×高）仅为 7.2 m×1.5 m×1.6 m，外侧转弯半径为 4.9 m，可载重 3 t。

通用底盘可以分为更换后车架式底盘与更换工作装置式底盘两种类型，见图 13-1。更换后车架式底盘是一种多功能通用底盘，为中央铰接式，前车体为动力端，其配置是固定的，安装有发动机、变矩器、变速箱、前桥、行驶、转向液压系统等配件；后车体为工作端，固定安装有不同功能的工作装置、后桥、工作液压系统等，但用户可购买一个前车体和几个不同工作机构的后车体。这种结构针对一种功能在相对长的一段时间内使用，更换后车体便可更换功能，如北京矿冶研究总院研制的多功能服务车、挪曼尔特(NORMET)公司的 Utimec 产品。

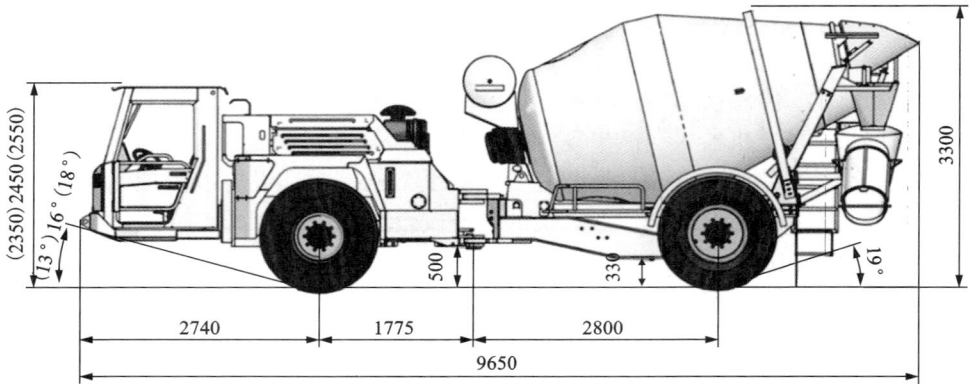

(a) Utimec LF 600搅拌器

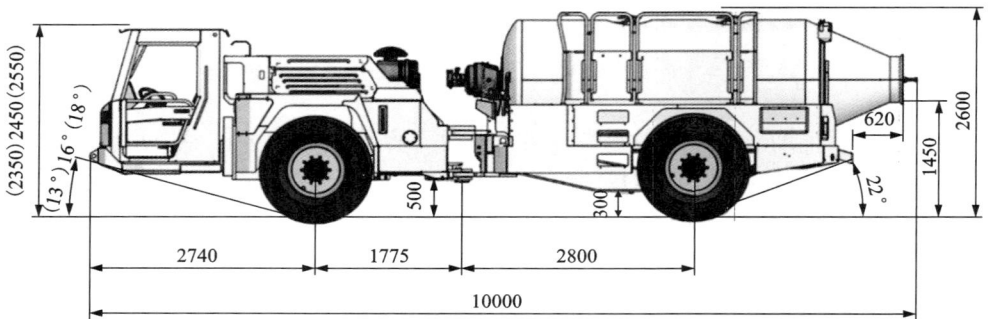

(b) Utimec LF 600自动搅拌机

图 13-1　Utimec 通用底盘

更换工作装置式底盘是一种最新式的多功能通用底盘，针对在较短时间内需更换不同使用功能的工作装置或机构而专门设计，底盘完全通用，工作装置完全独立，在同一底盘上快速更换工作装置即可改变作业用途。用户可购买一个底盘和不同用途的多种工作装置，根据井下不同的作业要求快速更换工作装置，更换一次工作

图 13-2　Multimec MF 100 通用底盘

装置的时间一般仅需几分钟，如挪曼尔特(NORMET)公司的 Multimec 产品(图 13-2)。

通用底盘车由通用底盘和工作装置或工作机构组成,包括各种厢式车、平板车以及容器车等。通用底盘由前后车架组成,两车架采用中间铰接,以北京矿冶研究总院研制JR-5型多功能通用底盘车为例说明其结构组成,见图13-3。

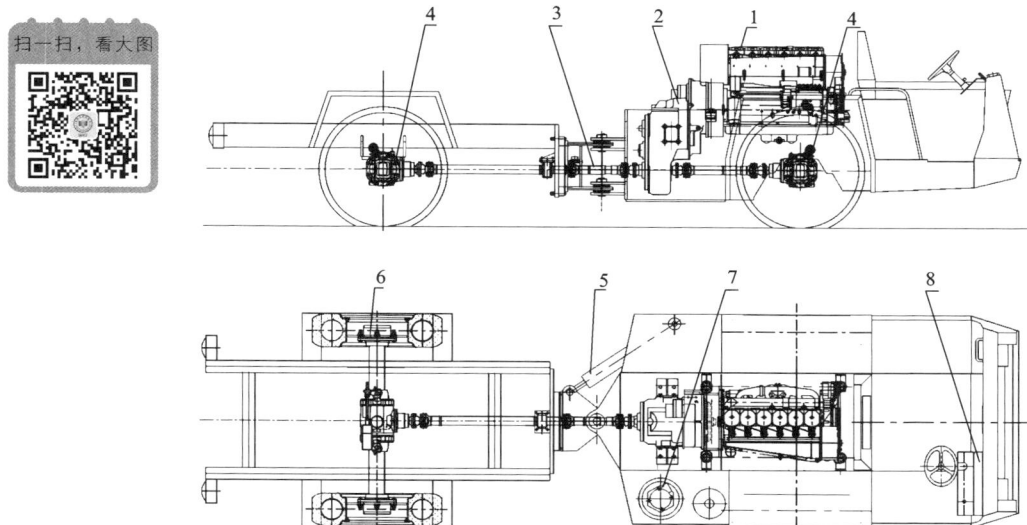

1—柴油机;2—变矩器、变速箱;3—传动轴;4—车桥;5—转向系统;6—制动系统;7—液压系统;8—电气系统。

图13-3 JR-5型多功能通用底盘结构

该通用底盘除车架外,还有其他系统,分述如下。

(1)动力系统,以低污染柴油机为动力,并配有废气净化装置。

(2)传动系统,采用液力机械传动,由变矩器、变速箱、前后驱动桥和传动轴组成。

(3)转向系统,采用中间铰接液压转向,前后车体用球关节轴承和销轴连接,形成上下两组同心铰接点,并有摆动机构。

(4)制动系统,包含行车制动、驻车制动、紧急制动,前/后桥紧急/停车制动系统采用弹簧制动、液压释放的制动器。

(5)液压系统,分为转向制动液压系统、变矩器、变速箱液压系统和工作机构液压系统三大部分。

(6)电气系统,电气部分由蓄电池、启动电机、发电机、预热监控器、预热塞、预热启动开关、电磁铁、零位开关和各种仪表、信号灯组成;发动机的保护报警电路由断带报警开关、缸盖温度报警开关、发动机油压欠压报警开关、发动机油温过高报警开关等组成,电压为24 V,采用负极搭铁。

13.2 混凝土喷浆台车

喷射混凝土是借助喷射机械,利用压缩空气或其他动力,将一定配比的水泥、砂子、石子和速凝剂的拌和物,通过管路压送到喷嘴处,以较快的速度(30~120 m/s)喷射到受喷面上凝结硬化而形成的一种混凝土。与普通混凝土相比，喷射混凝土在物理力学性质和围岩支护特性方面具有自捣、密贴、柔性、施工机械化程度高、施工速度快、成本低、适用范围广等特点，因此混凝土喷射支护在地下矿山、地下工程、水电涵洞、交通隧道等施工中已得到广泛应用，见图13-4。

喷射混凝土的设备主要有混凝土喷射机和混凝土喷射机械手，混凝土喷射机是实施喷射混凝土作业的主要机械。

随着喷射混凝土支护技术的发展，大断面地下工程及软弱围岩条件下的喷射混凝土工程日益增加。在这种条件下，采用人工操作喷嘴不能适应及时紧跟工作面喷射混凝土的要求，而且粉尘较多、有回弹物散落、作业条件差、劳动强度大，喷拱时尤其困难。而混凝土喷射机械手能对喷嘴进行远距离控制，明显改善了作业条件。

混凝土喷射车就是在专用发动机底盘上安装混凝土喷射设备，实施快速喷射支护作业，其工作机构是混凝土喷射机和混凝土喷射机械手。

图13-4 GETMAN SST 混凝土喷浆台车

混凝土喷浆台车主要生产厂家与产品技术参数如下。

13.2.1 江西鑫通机械制造有限公司

表13-2为江西鑫通机械制造有限公司（鑫通）混凝土喷射车型号及技术参数，图13-5为HP3-3015外形图。

表13-2 鑫通混凝土喷射车型号及技术参数

基本参数	CSP-30	ZTC-30	HP3-3015
搭载形式	车载式	工程底盘	经济型工程底盘
整机质量/kg	16800	17000	16800
发动机型号	YCJ160	暂无	暂无
发动机功率	160 hp	92 kW	74 kW
电动机额定功率/kW	75	55	75
最大出口压力/MPa	7.5	7.5	7.5
理论输送量/($m^3 \cdot h^{-1}$)	30	30	30
喷射高度/m	15.8	16.8	15
喷射宽度/m	25	30	26
尺寸（长×宽×高）/(mm×mm×mm)	11500×2500×3410	8450×2680×2364	7800×2740×3250

图 13-5　HP3-3015 外形图

13.2.2　美国 GETMAN 公司

表 13-3 为美国 GETMAN 公司混凝土喷射车型号及技术参数，图 13-6 为 SST 外形图。

表 13-3　美国 GETMAN 公司 SST 混凝土喷射车技术参数

技术参数	SST
满载质量/t	14. 515
适用巷道尺寸/m	3. 5×3. 5～10. 3×6. 2
发动机型号(可选)	Mercedes Benz OM904LA，129 kW（173 hp）@ 2200 r/min
	Cummins QSB4. 5，127 kW（170 hp）@ 2200 r/min
	Mercedes Benz OM906LA，150 kW（201 hp）@ 2200 r/min
	Cummins QSB6. 7L，164 kW（220 hp）@ 2200 r/min
转向角度	两侧各转向 40°
尺寸(长×宽×高)/(mm×mm×mm)	10217×2216×2660
泥浆泵输出量(理论值)/(m³·h⁻¹)	31
上部覆盖面(高×宽×深)/(m×m×m)	6. 2×10. 2×3
下部覆盖面(高×宽×深)/(m×m×m)	2. 9×3. 6×3
最大垂直喷浆/m	11. 2
最大水平喷浆/m	8. 4

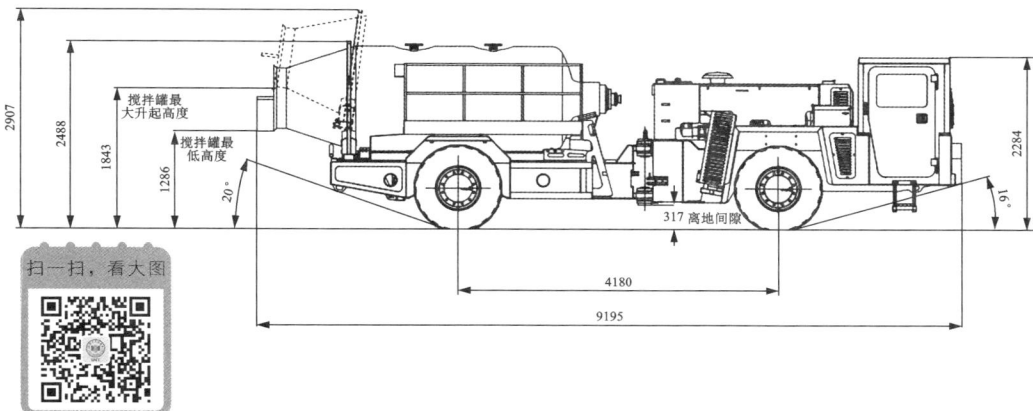

图 13-6　SST 外形图

325

13.3　混凝土输送车

混凝土输送车主要是与地下混凝土喷射车或混凝土喷射机配套使用，用于输送按一定水灰比配制的混凝土，也可将砂、水泥和水按一定配比加入输送车搅拌筒内进行搅拌，然后再运送到喷射施工地点。

地下混凝土输送车的搅拌筒采用水平布置的方式，整车高度与地表用搅拌筒倾斜式布置的混凝土输送车相比明显降低，因此可用于地下矿山、铁路隧道、水电工程、地铁和国防等工程中的混凝土输送。混凝土输送车的应用，改善了我国井下喷锚支护中混凝土喷射料运输和供料的半机械化或人工供料的落后状态，提高了混凝土喷射支护作业的机械化程度。

混凝土输送车主要由行走底盘和工作机构两部分组成，行走底盘包括传动系统、前后铰接车架、全液压转向系统、湿式多盘制动系统和电气系统等，工作机构主要由混凝土搅拌筒和搅拌筒旋转及卸料的液压驱动系统组成。

在运送混凝土的途中，由于车辆的振动及混凝土的固有特性，混凝土容易产生离析，因此需搅拌筒保持低速转动，通过搅拌筒内的螺旋叶片不停地搅拌筒内的混

图 13-7　Variomec 1050M 型混凝土输送车

凝土物料，使其保持均匀。图 13-7 为 Variomec 1050M 型混凝土输送车。

混凝土输送车主要生产厂家及产品技术参数如下。

13.3.1　美国 GETMAN 公司

表 13-4 为美国 GETMAN 公司混凝土运输车技术参数。

表 13-4　美国 GETMAN 公司 A64 HD R 50 混凝土运输车技术参数

技术参数	指标
满载质量/t	14.515
发动机型号(可选)	Mercedes Benz OM904LA, 129 kW (173 hp)@ 2200 r/min
	Cummins QSB4.5, 127 kW (170 hp)@ 2200 r/min
	Mercedes Benz OM906LA, 150 kW (201 hp)@ 2200 r/min
	Cummins QSB6.7L, 164 kW (220 hp)@ 2200 r/min
转向角度	两侧各转向 40°
尺寸(长×宽×高)/(mm×mm×mm)	9195×2134×2488
搅拌桶容量/m³	3.8

13.3.2　德国 GHH 公司(GHH)

表 13-5 为 GHH 混凝土运输车型号及技术参数，图 13-8 所示为 MK 混凝土运输车外形参数图。

表 13-5　GHH 混凝土运输车型号及技术参数

基本参数	MK-A5	MK-A12
自重/t	18.4	31.65
转向内径/mm	5400	5330
转向外径/mm	8450	9630
发动机型号	Deutz F10L413FW	Deutz TCD2015 V06
功率/kW	170	300
尺寸(长×宽×高)/(mm×mm×mm)	10173×2157×3142	12316×3200×3000
搅拌桶容量/m³	5	12

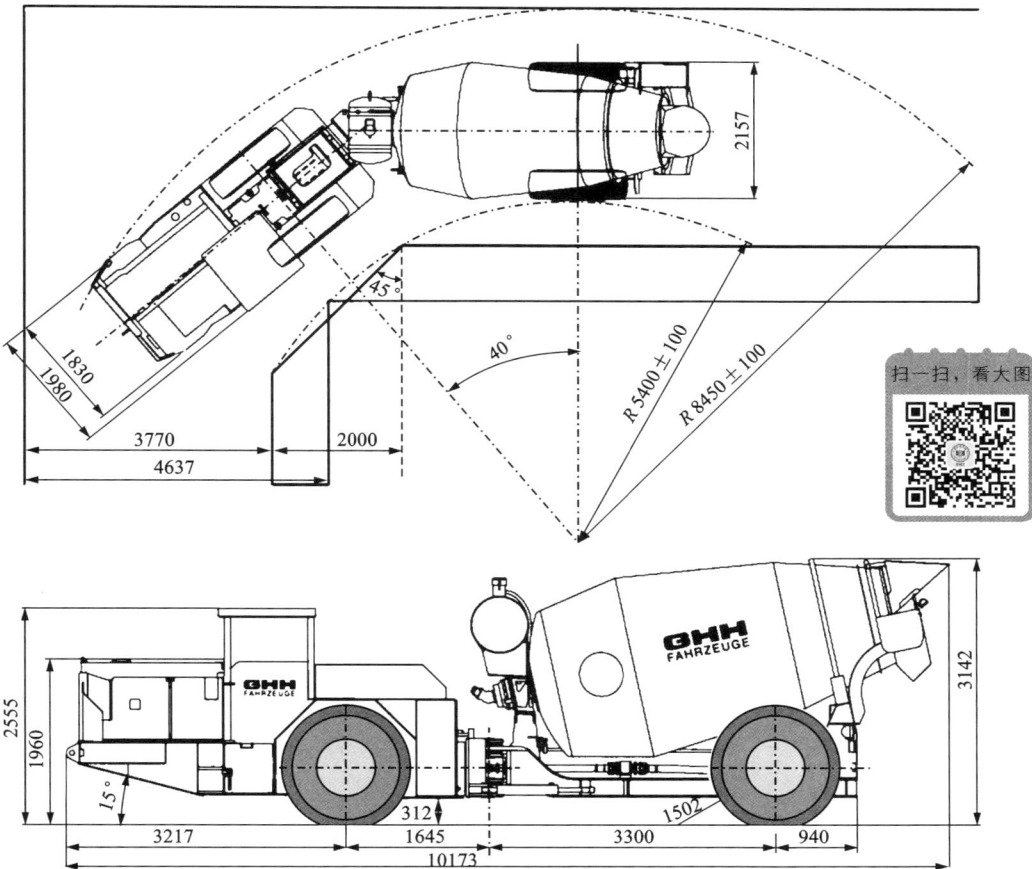

图 13-8　MK 混凝土运输车外形参数图

327

13.4 锚杆台车

锚杆台车主要用于地下矿山采场、巷道及其他地下工程锚杆支护施工，一般可钻装长度达5 m、直径为16~45 mm的锚杆。按锚杆形式可分为钢筋砂浆锚杆钻装车、树脂锚杆钻装车、楔缝式锚杆钻装车、胀管式锚杆钻装车和多功能锚杆钻装车。

锚杆钻装车可完成钻锚杆孔、注浆、在锚杆架上选取锚杆并安装捣实等动作，用同样的锚杆机头可完成灌注树脂和水泥两种作业，无须更换任何部件，行走方式为柴油机四轮驱动，其基本结构如图13-9所示。

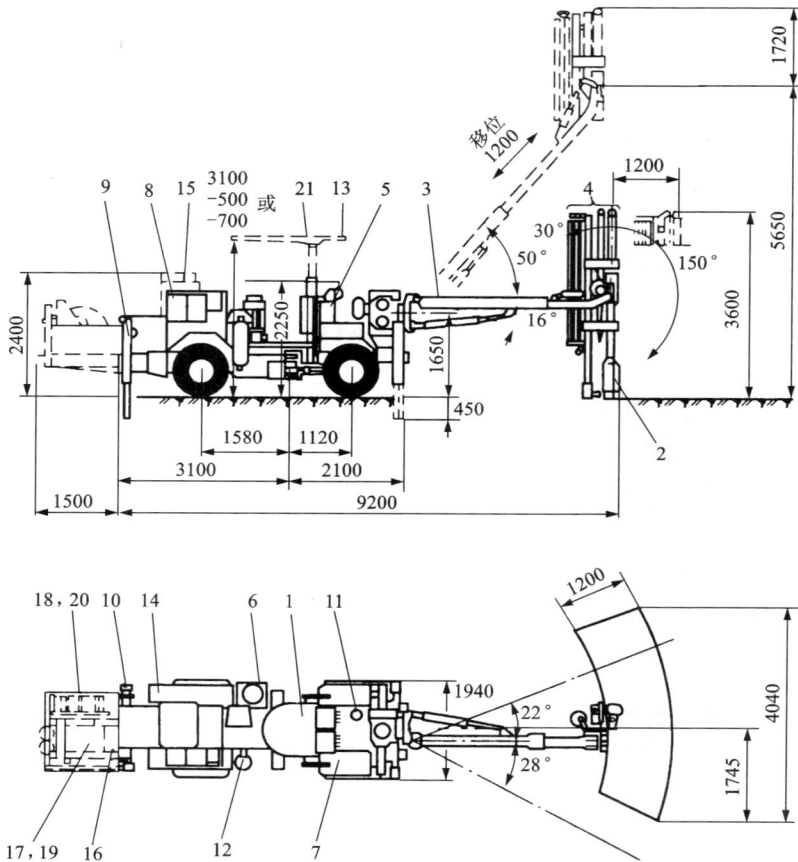

1—发动机与底盘；2—凿岩机；3—支臂；4—供灌浆筒和水泥料用的锚杆机头；5—控制盘；6—动力箱；7—油冷却器；8—主开关系统；9—液压支腿(4个)；10—水减压阀；11—钎尾集中注油器；12—空气净化器；13—作业照明和行驶照明；14—水压泵；15—钎尾润滑装置；16—接地保护和过电流保护装置；17—自动电缆卷筒；18—自动水管卷轮；19—手动电缆卷轮；20—手动水管卷轮；21—安全棚柱；其中14~21为选配件。

图13-9 锚杆钻装车的基本结构

锚杆可以是胀管式或楔缝式，也可以灌注筒装树脂或水泥，或者直接灌注加强筋或锚杆。装8根锚杆的架子为回转式，另有一个闭锁系统，能使筒子恰好停在正确位置，不受阻地取出锚杆。

锚杆台车主要生产厂家与产品技术参数如下。

13.4.1　江西鑫通机械制造有限公司

表 13-6 为鑫通锚杆车型号及技术参数，图 3-10 为 DS1-31 外形图。

表 13-6　鑫通锚杆车型号及技术参数

基本参数	DS1-150	DS1-90	DS1-31
适应断面/(m×m)	18×13.3	11.47×8.5	6.6×6.5
凿孔直径/mm	45~102	45~76	41~76
钎杆长度/mm	4915/5525/6400	3700/4305/4915/5525	3090/3700/4300
钻孔深度/mm	4610/5214/6000	3405/4000/4610/5214	2795/3440/4000
钻孔速度/(m·min^{-1})	0.8~2	0.8~2	0.8~2
主电机功率/kW	75	75	55
总质量/t	29	21	11.8
发动机功率/kW	120	92	80
尺寸(长×宽×高)/(mm×mm×mm)	17257×2615×3818	17000×2250×3010	11927×1750×2727
最小转弯半径/m	内 4.8/外 8.2	内 4.3/外 9.4	内 3.1/外 4.9
爬坡能力/%	25	14	暂无

图 13-10　DS1-31 外形图

13.4.2　浙江开山重工股份有限公司(开山重工)

表 13-7 为开山重工锚杆车型号及技术参数，图 13-11 为 KM211 外形尺寸图。

表 13-7　开山重工锚杆车型号及技术参数

基本参数	KM211	KM311
尺寸(长×宽×高)/(mm×mm×mm)	10700×2000×1500/2000	10700×1750×2000/3000
总质量/t	12	12
适应断面/m	2.5×2.8 以上	2.5×3 以上
转弯半径/mm	内≥3250/外≥6600	内≥3280/外≥6000
凿孔直径/mm	32~51	32~51
冲击功率/kW	8	8

续表 13-7

基本参数	KM211	KM311
钻臂型号	K26F	K26F
钻臂回转角度/(°)	360	360
柴油机型号	Cummins QSB3.9-C80-31	Cummins QSB3.9
柴油机功率/kW	60	60
主电机功率/kW	45	45
行走速度/(km·h⁻¹)	10	10
最大爬坡能力/%	25	25

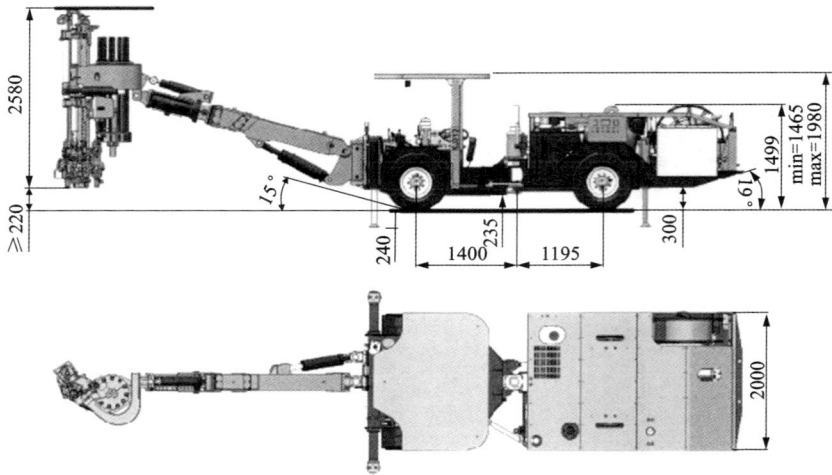

图 13-11　KM211 外形尺寸图

13.4.3　张家口宣化华泰矿冶机械有限公司(宣化华泰)

表 13-8 为宣化华泰锚杆车型号及技术参数，图 13-12 为 HT92 外形图。

表 13-8　宣化华泰锚杆车型号及技术参数

基本参数	HT92	基本参数	HT93
钻孔直径/mm	38/42	适应巷道断面(宽×高)/(m×m)	6×3.5
锚杆长度/mm	1500/1800/2000	运行状态尺寸(长×宽×高)/(mm×mm×mm)	7800×1400×2400
钻杆长度/mm	2005/2175/2475	钎杆长度/mm	2475
供电电压/V	380	推进器长度/mm	3280
额定功率/kW	55	钻孔直径/mm	33~40
装机容量/kW	62	钻孔深度/mm	2100

续表 13-8

基本参数	HT92	基本参数	HT93
爬坡能力/(°)	14	钻臂数量/个	1
柴油机功率/kW	53.1	钻臂摆臂度/(°)	左右各27
最小转弯半径/mm	3500/5500	臂身回转角度/(°)	±180
外形尺寸(长×宽×高)/(mm×mm×mm)	9025×1450(前轮1650)×2080	臂身升降范围/(°)	+25,−15
整机质量/t	11.5		

图 13-12 HT92 外形图

13.4.4 襄阳亚舟重型工程机械有限公司(亚舟重工)

表 13-9 为亚舟重工锚杆车型号及技术参数,图 13-13 为 YZ-900-420 外形图。

表 13-9 亚舟重工锚杆车型号及技术参数

基本参数	YZ-900-420	YZ-1100-420
总重/t	24	32
适应断面/m	6×6~12×9	6×6~15×11
转弯半径/mm	内≥4850 /外≥6900	内≥5400 /外≥7770
凿孔直径/mm	50~102	32~102
钻杆长度/mm	4310/4920	4310/4920
钻孔深度/mm	4020/4500	4020/4500
钻孔速度/(m·min⁻¹)	2~3	2.5~4
主电机功率/kW	75	75
凿岩机型号	L28	L28
钻臂回转角度/(°)	正180/反180	正180/反180
柴油机功率/kW	92	150
尺寸(长×宽×高)/(mm×mm×mm)	11650×2200×2500/3300	3650×2650×2800/3500
行走速度/(km·h⁻¹)	≤25	≤25

图 13-13 YZ-900-420 外形图

13.4.5 瑞典山特维克公司(山特维克)

表 13-10 为山特维克锚杆车型号及技术参数,图 13-14 为 DS511 外形图。

表 13-10 山特维克锚杆车型号及技术参数

基本参数	DS511	DS422i	DS421	DS411	DS311	DS2710
锚杆臂	Sandvik SB120S	TBR60i	TBR60	TBR60	B26XLB	B26B
凿孔深度/m	1.5~6	暂无	暂无	1.5~3	1.5~3	1.525~2.44
最小转向半径/mm	4900	5200	3800	3350	3360	3030
发动机型号	MB OM904LA	QSB4.5	MB OM904LA	MB OM904LA	BF4M2011	Deutz TCD 3.6 L4
发动机功率/kW	110	119	110	110	62	74
总质量/t	25	29	25	23	15~18	11.5
尺寸(长×宽×高)/(mm×mm×mm)	15200×2500×3600	13700×3290×3050	12420×2810×3200	11370×2740×2940	11430×1875×3100	9000×1600×2750
凿孔直径/mm	33~43	51~57	51~64	33~43	33~41	33~41

图 13-14 DS511 外形图

13.4.6 瑞典安百拓(安百拓)

表13-11为安百拓锚杆车型号及技术参数,图13-15为Boltec 235外形图。

表 13-11 安百拓锚杆车型号及技术参数

基本参数	Boltec SL	Boltec S	Boltec E	Boltec M	Boltec 235
总质量/t	12.8	13.7	27	21.6	—
发动机型号	Deutz TD 2011 L04	Deutz D914 L04	Deutz TCD 2013 L4	Deutz TCD 2013 L4	Deutz D914 L04
功率/kW	55	55	120	120	58
转向角度/(°)	左右各35	左右各40	左右各40	左右各40	左右各41
尺寸(长×宽×高)/(mm×mm×mm)	10000×2480×1770	10020×2115×2841	15376×2501×3098	13937×2245×3021	6192×1930×2300
凿岩/钻探系统	COP 1132	COP RR11	COP RR11	COP RR11	COP 1132
锚杆	MBU 16SL	—	—	—	—
吊杆	BUT 32SL	BUT 32	BUT 45 M	BUT 35 HBE	—

图 13-15 Boltec 235 外形图

13.5 锚索台车

锚索台车是指在岩石中钻孔和安装锚索的自行式支护机械,主要用于加固大块岩体,适用于空场采矿法、分层充填法等采场帮壁与顶板加固以及采区矿柱、天井、大型岩硐、隧道和露天边坡加固,主要由锚索机头、钻臂、注浆系统、送索系统、液压系统、汽水系统、控制系统和行走底盘组成,如图13-16所示。锚索机头为二工位转架,以液压顶为转动中心,转架设有由液压凿岩机、链条推进器和钎杆贮存接卸机构组成的钻孔机构和由水泥砂浆管和钢索导入钻孔机构组成的装索机构。

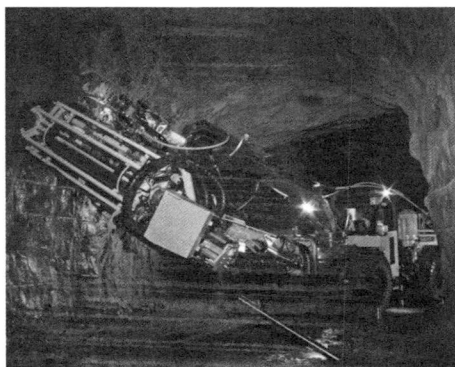

图 13-16 安百拓 Cabletec LC 锚索台车

13.6　装药车

随着我国矿业的发展，矿山开采逐渐由露天开采转为地下开采，并且开采深度不断加深，而我国的地下开采技术起步较晚，虽然发展迅速，但与国外先进水平相比还有一定差距。在地下开采中，"钻、爆、装、运"是四个主要的环节，而爆破的机械化、自动化、智能化水平远远落后于其他几个环节，已经成为阻碍矿山开采能力提高的一个因素。因此，大力发展地下装药的机械化、自动化、智能化，降低工人劳动强度，提高工人作业安全，实现作业现场的减人无人化，是地下装药智能化的发展方向，也是未来智能矿山的关键组成部分。

地下装药技术是在露天装药技术基础上发展起来的。国外的地下装药车已经完成机械化向自动化转变，近些年来正在向智能化过渡。澳大利亚学者提出了视觉寻孔、自动装药的智能化装药方案，在装药过程中首次加入了视觉伺服炮孔定位、机械臂的自动控制，实现了自动寻孔功能。

2014 年，北京矿冶研究总院研制的 BCJ-41 型地下乳化装药车(见图 13-17)在整车一体自动化上实现了突破，该车不仅实现了遥控对孔、自动送退管，而且实现了卷管与送退管自动匹配、数字化可视操作、实时状态监测、炸药配方比例自动调节等多项先进技术。

今后，装药车研究将主要集中在以下几个方面。

(1)系统建模和控制技术。车辆的无人化自主行驶是智能装药车乃至车辆行业的重要研究方向。首先，自主行驶的基础是控制，控制的基础是建模，车辆模型的建立能够为高效智能的控制方法提供基础，也是实现智能控制、智能调度的关键环节。其次，机械臂的建模也是重要的研究方向，机械臂快速精确地对孔，需要精确建模以及快速稳定控制方案的支持，在此基础上采取快速稳定的控制方法，才能为实现装药车的整体智能化提供重要支撑。

(2)图像识别技术。真实炮孔的图像识别技术是当前智能装药车的主要瓶颈。澳大利亚学者的研究首次把图像识别引入智能装药技术当中，虽然智能装药车能够在一定程度上识别真实炮孔但结果仍不太准确，所以需要人为修正识别结果，而且此方案需要事先通过三维激光扫描仪扫描隧道环境。国内的炮孔识别技术用激光测距/单摄像头实时识别方案替代三维激光仪，但对隧道周围环境和炮孔特征量的要求较高。图像识别技术在矿山领域的应用仍处在初级阶段，因此成为限制智能化矿山、智能装药车发展的主要瓶颈，这也是今后矿山发展的重点研究方向。

(3)智能矿山一体化。炮孔相对位置、设计装药参数等数据需要装药的上一个流程提供，而这些数据的传递需要服务器级别的调度平台来处理。此外，井下车辆的定位导航和自主行驶也需要调度平台来下达指令、实时监控，才能实现装药过程的智能化。

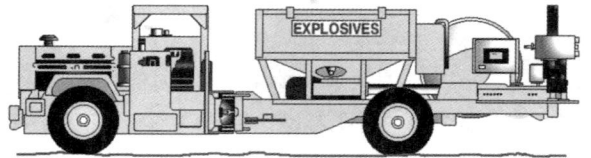

图 13-17　乳化炸药的地下装药车

地下装药车型号繁多，但基本结构大致相同，主要由三部分组成，即发动机、底盘和工作装置(装药系统、操作控制系统)。图 13-17 为乳化炸药的地下装药车。

装药车主要生产厂家及产品技术参数如下。

13.6.1　湖北天腾重型机械股份有限公司(天腾重机)

表 13-12 为天腾重机装药台车技术参数,图 13-18 为天腾重机装药台车外观图。

表 13-12　天腾重机装药台车技术参数

技术参数	指标
发动机功率/kW	110
最大摸高/mm	5330
转弯半径/mm	内 3700
	外 5830
最大爬坡能力/(°)	≤16
整车质量/kg	10000
发动机功率/kW	110
尺寸(长×宽×高)/(mm×mm×mm)	8200×1850×2450

图 13-18　天腾重机装药台车外观图

甘肃省金昌市金川集团三矿区,属于铜镍矿,年产量 400 万 t,该矿山采用了湖北天腾重机的装药台车 2 台,该设备应用于非煤矿山井下爆破作业炸药安全装填。

13.6.2　北京北矿亿博科技有限责任公司

表 13-13 为混装乳化装药车型号及技术参数,图 13-19 所示为 BCJ-4I 外形图。

表 13-13　BCJ-4I 混装乳化装药车技术参数

技术参数	指标
装药速度/(kg·min⁻¹)	20~50
装药量/kg	2000~2500
工作高度/m	6
最小转弯半径/mm	内 4100
	外 6500
车厢容积/L	4000
尺寸(长×宽×高)/(mm×mm×mm)	8600×2100×2850

图 13-19　BCJ-4I 外形图

13.6.3 张家口宣化华泰矿冶机械有限公司

表 13-14 为装药台车型号及技术参数，图 13-20 为 HTZY-100 装药台车外观图。

表 13-14 HTZY-100 装药台车及技术参数

技术参数	指标
整机质量/t	12.5
额定功率/kW	74
电机功率/kW	15
工作臂/mm	2×1500
吊篮尺寸/(mm×mm×mm)	1300×1300×1100
水平摆角/(°)	±40
罐体容积/L	500
最大工作压力/MPa	0.8
最小转弯半径/mm	内 3500/外 6000
尺寸(长×宽×高)/(mm×mm×mm)	11500×1850×2340(2940)

图 13-20 HTZY-100 装药台车外观图

13.6.4 芬兰挪曼尔特公司(挪曼尔特)

表 13-15 为挪曼尔特装药车型号及技术参数，图 13-21 为 Charmec LC 605 D(V)外形尺寸图。

表 13-15 挪曼尔特装药车型号及技术参数

基本参数		Charmec LC 605 D(V)	Charmec MC 605 D(V)	Charmec MF 605 D
发动机	型号	Deutz TCD 2012 L6	Deutz TCD 2013 L4	Deutz TCD 2013 L4
	功率/kW	155	120	120
	转速/(r·min^{-1})	2300	2300	2300

续表 13-15

基本参数	Charmec LC 605 D(V)	Charmec MC 605 D(V)	Charmec MF 605 D
最大举升高度/mm	6500	6500	6500
最大举升宽度/mm	8800	8800	8800
举升能力/t	0.5	0.5	0.45
大臂旋转角度/(°)	±30	±30	±30
平台旋转角度/(°)	-18~60	-18~60	-18~60
尺寸(长×宽×高)/(mm×mm×mm)	12250×2310×2550	11750×2000×2700	10450×2150×2500

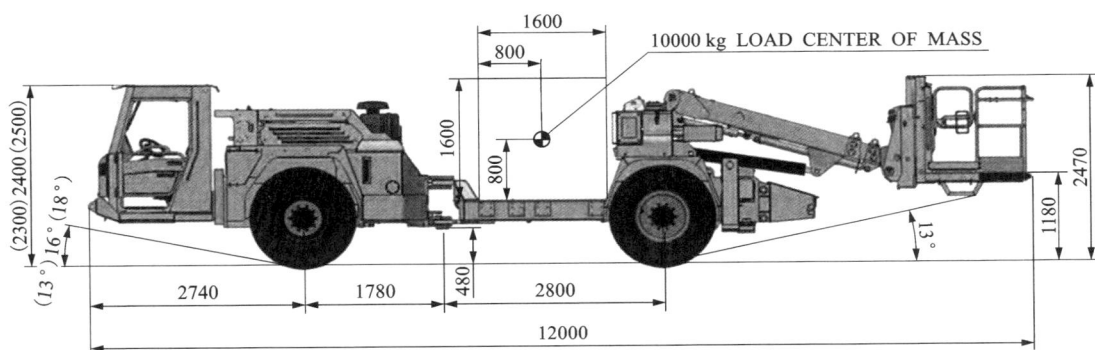

图 13-21　Charmec LC 605 D(V) 外形尺寸图

13.7　碎石车

地下液压碎石车主要用于非煤矿山井下采掘、巷道工程、采石场等超大块岩石(矿石)的二次破碎,将一次破碎产生的大块矿岩破碎,达到采掘作业中设备对矿岩块度的要求。地下液压碎石车主要由液压碎石器、支臂机构、底盘(含发动机)三部分组成,见图 13-22。

图 13-22　江西鑫通 XTSJ 碎石车

碎石车主要生产厂家与产品技术参数如下。

13.7.1 湖北天腾重型机械股份有限公司(天腾重机)

表 13-16 为天腾重机矿用破碎台车型号及技术参数,图 13-23 为 UPT-119-2800 外形图。

表 13-16 天腾重机矿用破碎台车型号及技术参数

技术参数	UPT-119/2800	UPT-119/2000
最大破碎体积/m³	1.5	1.5
钎杆直径/mm	120	100
冲击能量/J	2800	2000
破碎锤质量/kg	1100	1000
发动机功率/kW	119	119
左右摆动角度/(°)	±30	±30
转弯半径/mm	内 3028	内 2700
	外 5319	外 4900
自重/t	18	16
尺寸(长×宽×高)/(mm×mm×mm)	8590×1890×2280	7630×1838×2180

图 13-23 UPT-119-2800 外形图

八一钢铁蒙库铁矿,年产量 240 万 t,采用湖北天腾重机 UPT-119-2800 型矿用破碎台车 4 台,应用于非煤矿山井下采掘、巷道工程、采石场等超大块岩石(矿石)的二次破碎。

铜陵有色安庆铜矿,年产量 100 万 t,采用湖北天腾重机 UPT-119-2800 型矿用破碎台车 1 台,应用于非煤矿山井下采掘、巷道工程、采石场等超大块岩石(矿石)的二次破碎。

铜陵有色沙溪铜矿,年产量 250 万 t,采用湖北天腾重机 UPT-119-2800 型矿用破碎台车 1 台,应用于非煤矿山井下采掘、巷道工程、采石场等超大块岩石(矿石)的二次破碎。

13.7.2 江西鑫通机械制造有限公司

表 13-17 为 XTSJ 碎石车型号及技术参数,图 13-24 为 XTSJ 碎石车外形图。

表 13-17　XTSJ 碎石车型号及技术参数

基本参数	XTSJ-500	XTSJ-400
破碎锤直径/mm	125	95
破碎锤打击频率/(次·min^{-1})	350~650	540~1260
发动机功率/kW	道依茨 63	道依茨 45
转弯角度/(°)	40	38
转弯半径/mm	内 2790	内 2540
	外 5300	外 4500
自重/t	14.5	8.9
尺寸(长×宽×高)/(mm×mm×mm)	8600×2059×2650	6945×1568×2000

图 13-24　XTSJ 碎石车外形图

13.7.3　烟台兴业机械股份有限公司

表 13-18 为移动式碎石车型号及技术参数，图 13-25 为 XYSJ-500 外观图。

表 13-18　移动式碎石车型号及技术参数

技术参数	XYSJ-400	XYSJ-500
破碎锤直径/mm	85	100
发动机功率/kW	58	63
转弯角度/(°)	±38	±38
转弯半径/mm	内 2540	内 2790
	外 4500	外 5300
自重/t	8.8	15.1
尺寸(长×宽×高)/(mm×mm×mm)	6945×1568×2705	8600×2050×2650

图 13-25　XYSJ-500 外观图

13.8 撬毛台车

撬毛台车又称巷道清理机、撬顶台车,见图 13-26。该设备是为用机械代替人工撬毛作业而研发,实现了撬毛作业的机械化,主要适用于地下矿山采掘工程及各种井下开挖工程隧道、撬洞等撬毛作业和敲帮问顶工作,能快速有效地清除爆破作业后易冒落、垮塌、比较隐蔽的工作面顶板和两帮不稳固的岩石,防止发生冒顶片帮事故,确保作业现场人员以及设备的安全。

图 13-26 撬毛台车

13.8.1 冲击式撬毛车

冲击式撬毛车是使用液压或气动冲击锤,敲击可能松动的悬浮岩石,直到将其击落。冲击式撬毛车适用于硬岩,是机械化撬毛的主要方式,其结构如图 13-27 所示。

图 13-27 冲击式撬毛车

13.8.2 刮削式撬毛车

刮削式撬毛车是利用铲斗的齿或特殊的尖端去刮削岩石表面以寻找松动的岩石,当尖端碰到松动的岩石时,就将其刮离岩体。刮削式撬毛车比较适用于软岩,图 13-28 是 BTI 公司推出的刮削式撬毛车。

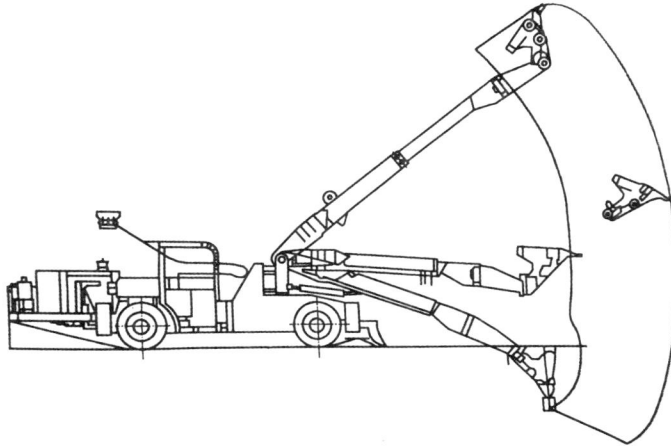

图 13-28　刮削式撬毛车

13.8.3　主要生产厂家与产品技术参数

1) 湖北天腾重型机械股份有限公司

表 13-19 为天腾重机撬毛台车型号及技术参数, 图 13-29 所示为 XMPYT-97/700 外形图。

表 13-19　天腾重机撬毛台车型号及技术参数

技术参数	XMPYT-97/700	XMPYT-74/500	XMPYT-45/450
发动机功率/KW	97	74	54
最大摸高/mm	9000	8000	6000
钎杆直径/mm	57	45	45
冲击能量/J	100～700	100～500	100～500
内转弯半径/mm	3800	4000	2100
外转弯半径/mm	5800	6000	3800
自重/t	11.5	9.5	5.6
尺寸(长×宽×高)/(mm×mm×mm)	9230×2150×2200	8800×1990×2200	5200×1600×1850

图 13-29　XMPYT-97/700 外形图

山东黄金三山岛金矿，年产量 200 万 t，该矿山采用湖北天腾重机的 XMPYT-97/700 型的撬毛台车 4 台，应用于井下采场及巷道。

山东莱钢莱芜矿业，属于铁矿，年产量 150 万 t，该矿山采用了湖北天腾重机的 XMPYT-45/450 型的撬毛台车 14 台，应用于井下采场及巷道。

八一钢铁蒙库铁矿，年产量 240 万 t，该矿山采用了湖北天腾重机的 XMPYT-97/700 型的撬毛台车 4 台，应用于井下巷道排险及矿房排险。

金川集团二矿区，属于铜镍矿，年产量 400 万 t，该矿山采用了湖北天腾重机的 XMPYT-97/700 型的撬毛台车 2 台，应用于井下巷道排险及矿房排险。

江西新钢集团良山铁矿，年产量 120 万 t，该矿山采用了湖北天腾重机的 XMPYT-45/450 型的撬毛台车 2 台，应用于井下采场及巷道的撬毛排险作业。

湖南柿竹园有色金属公司，属于多金属矿山，年产量 200 万 t，该矿山采用了湖北天腾重机的 45/450 型的撬毛台车 1 台，应用于巷道排险，服务年限 5 年。

2）江西鑫通机械制造有限公司

表 13-21 为 XTQMJ-97/700 技术参数，图 13-30 所示为 XTQMJ-97/700 外观图，图 13-31 为 XTQMJ-97/700 外形尺寸及工作范围。

表 13-20　XTQMJ-97/700 技术参数

技术参数		指标
发动机	功率/kW	97
	最大扭矩/(N·m)	248.9
最大摸高/mm		8500
最大模宽/mm		8039
工作臂总长/mm		7200
轴距/mm		3500
转弯角度/(°)		40
转弯半径/mm		内 3070/外 5267
自重/t		9.5
尺寸(长×宽×高)/(mm×mm×mm)		8500×2200×2100

图 13-30　XTQMJ-97/700 外观图

◎ 俯视图

◎ 转弯半径

◎ 正视图

◎ 工作臂半径

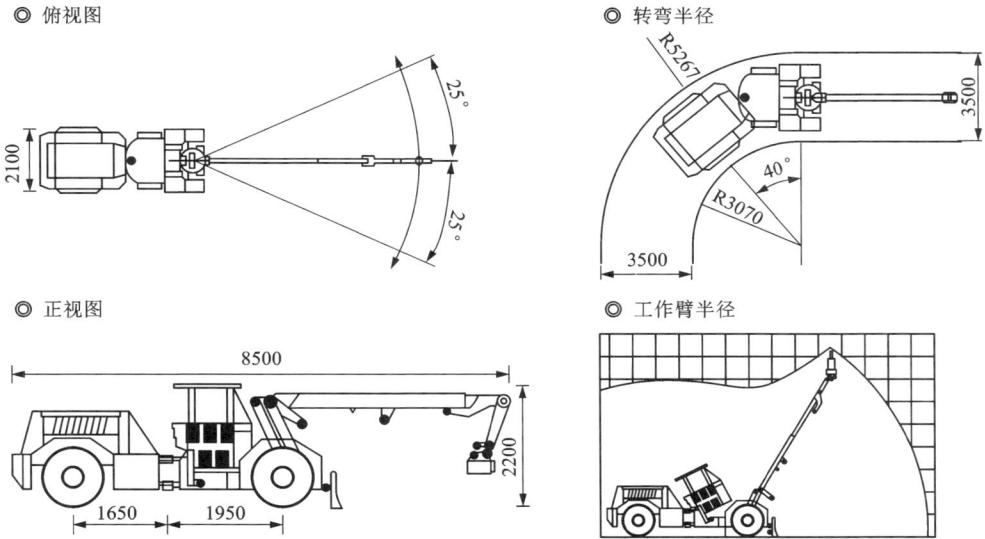

图 13-31　XTQMJ-97/700 外形尺寸及工作范围

3）烟台兴业机械股份有限公司

表 13-21 为撬毛台车型号及技术参数，图 13-32 为 XYQMS-200 外观图。

表 13-21　撬毛台车型号及技术参数

技术参数		XYQMS-200	XYQM-200	XMPYT-58/700
发动机功率/kW		58	63	86.5
行驶速度/(km·h⁻¹)		0~10	0~19.4	0~23.6
质量/t		9.1	15.1	12000
最大转向角度/(°)		±38	±38	±40
最小转弯半径/mm	内	2530	2932	4118
	外	4320	5309	6202
钎杆直径/mm		68	68	45
尺寸(长×宽×高)/(mm×mm×mm)		7485×1570×1940	8961×2047×2553	7066×1800×2500

图 13-32　XYQMS-200 外观图

4)张家口宣化华泰矿冶机械有限公司(宣化华泰)

表 13-22 为宣化华泰公司 XMPYT-74 撬毛台车技术参数, 图 13-33 为 XMPYT-74 外形图。

表 13-22 宣化华泰公司 XMPYT-74 撬毛台车技术参数

技术参数	XMPYT-74
自重/t	11
额定功率/kW	74
最大撬毛高度/mm	8100
工作臂摆动角度/(°)	±25
液压锤摆动角度/(°)	上 85/下 78
最小转弯半径/mm	内 3810/外 5700
最大伸出长度/mm	7500
最小离地间隙/mm	≥280
尺寸(长×宽×高)/(mm×mm×mm)	8730×1650×2000

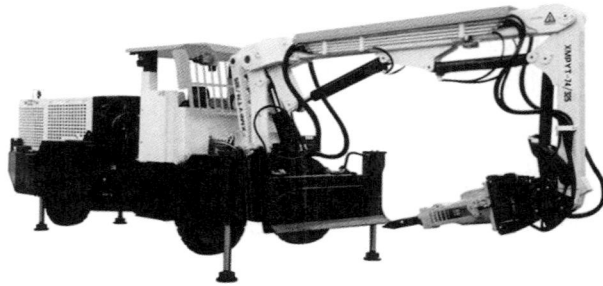

图 13-33 XMPYT-74 外形图

5)加拿大 BTI 公司

表 13-23 为 BTI 撬毛车型号及技术参数, 图 13-34 为 HFS16 Hammer Feed Scaler 外形, 图 13-35 为 HFS16 Hammer Feed Scaler 外形尺寸图。

表 13-23 BTI 撬毛车型号及技术参数

基本参数	HFS16 Hammer Feed Scaler	RMS18 Scaler	ScaleBOSS 3D Scaler	VPS16 Vibratory Pick Scaler
自重/t	20. 527	20. 7	15. 910	20. 527
转弯内半径/m	3. 3	3. 7	2. 6	3. 6
转弯外半径/m	7. 2	6. 5	4. 6	7. 6
最大水平伸展距离/m	9. 37	12. 9	2	9. 1
悬臂摆动角度/(°)	±30	±90	±30	±25
尺寸(长×宽×高)/(mm×mm×mm)	11900×2200×2600	10300×2100×2600	8500×1900×2600	12170×2700×2600

图 13-34　HFS16 Hammer Feed Scaler 外形图

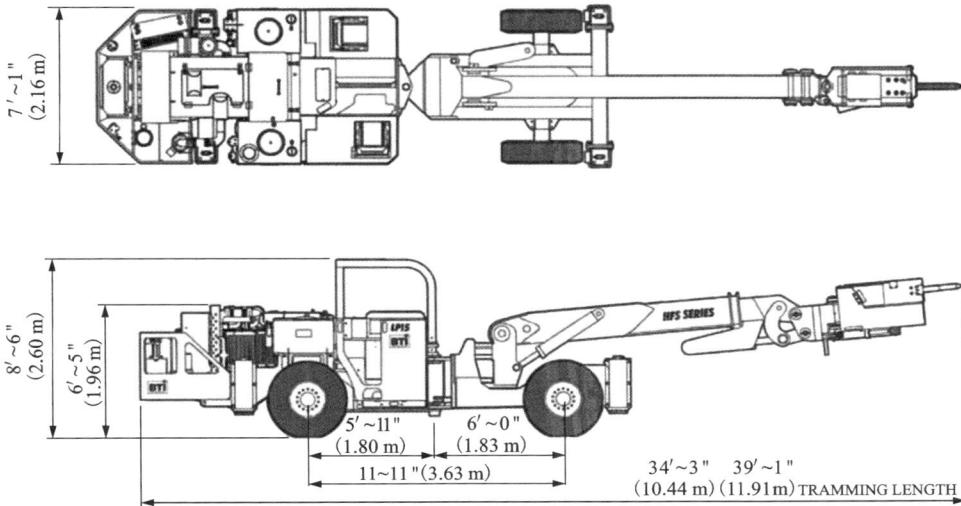

图 13-35　HFS16 Hammer Feed Scaler 外形尺寸图

6）芬兰挪曼尔特公司（挪曼尔特）

表 13-24 为挪曼尔特 Scamec 2000 撬毛车技术参数，图 13-36 为 Scamec 2000 S 外观图，图 13-37 为 Scamec 2000 S 外形尺寸。

表 13-24　挪曼尔特 Scamec 2000 撬毛车技术参数

技术参数	Scamec 2000 S	Scamec 2000 M	Scamec 2000 L
自重/t	24.2	26.2	27.5
转弯内半径/m	6.79	6.79	6.79
转弯外半径/m	4.05	4.05	4.05
最大水平伸展距离/m	11	14	15.5
最大垂直伸展距离/m	8.4	9.8	11.5

续表 13-24

技术参数	Scamec 2000 S	Scamec 2000 M	Scamec 2000 L
悬臂摆动角度/(°)	±45	±45	±40
尺寸(长×宽×高) /(mm×mm×mm)	12580×2650×2400	13850×2650×2400	13950×2650×2400

图 13-36　Scamec 2000 S 外观图

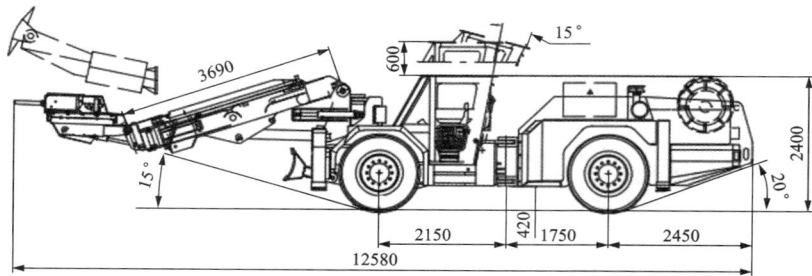

侧视图

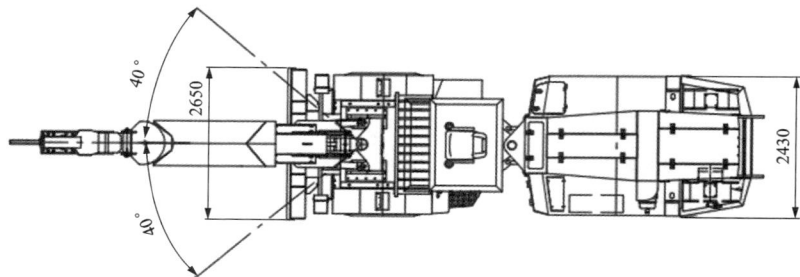

俯视图

图 13-37　Scamec 2000 S 外形尺寸

7)德国 GHH 公司

表 13-25 为 GHH 撬毛车型号及技术参数,图 13-38 所示为 LF-7HB 外观图,图 13-39 所示为 LF-7HB 外形尺寸图。

表 13-25　GHH LF-7HB 撬毛车型号及技术参数

技术参数	LF-7HB
自重/t	33.6
额定功率/kW	180
最大撬毛高度/mm	7850
工作臂摆动角度/(°)	42
最小转弯半径/(mm×mm×mm)	内 3672±200
	外 10388±200
尺寸(长×宽×高)/mm	16426×3300×2440

图 13-38　LF-7HB 外观图

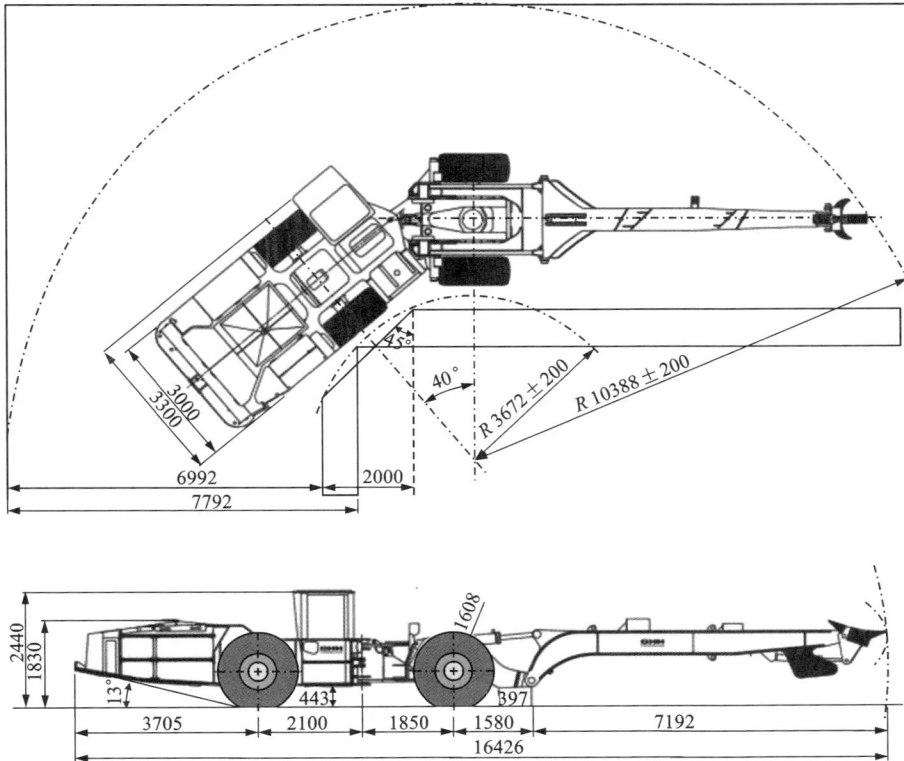

图 13-39　LF-7HB 外形尺寸图

8）美国 GETMAN 公司

表 13-26 为 GETMAN S3120 撬毛台车技术参数，图 13-40 为 S3120 外形图。

表 13-26　GETMAN S3120 撬毛台车技术参数

基本参数		指标	
发动机	型号	Cunmins QSB4.5	Mercedes OM904LA
	功率/kW	127	129
	转速/(r·min⁻¹)	2200	2200
最大撬毛高度/mm		7700	
工作臂摆动角度/(°)		左右各 25	
内转弯半径/mm		3116	
外转弯半径/mm		5905	
尺寸(长×宽×高)/(mm×mm×mm)		10607×2138×2473	

图 13-40　S3120 外形图

13.9　加油车

地下加油车是为了满足大规模无轨采矿矿山的无轨车辆油料补给需求而研制的，主要是为井下无轨设备运输和补给燃油、润滑油和液压油等。

按功能来分，井下加油车有两种形式，即燃油车和润滑车。燃油车的功能单一，只运送燃油，因为燃油的消耗量比较大，所以很多地下矿山使用这种专用燃油车；而润滑车上通常配备多个容器，可以运输和泵送燃油、液压油、废油、润滑脂、发动机机油和液力油等。

按结构形式来分，井下加油车有两种形式，即专用加油车和通用底盘+加油工作装置。

无论是进口设备还是国产设备，目前我国地下矿山辅助车辆使用的油品种类主要包括发动机机油、发动机柴油、液力传动油、驱动桥用油、液压油和润滑脂等。井下加油车的组成一般由行走底盘与工作装置组成，行走底盘一般采用铰接式井下车辆通用底盘，工作装置的动力采用液压马达带输油泵的形式，主要由输油泵、各种油箱、输油软管及其缠绕盘、加油枪和各种控制阀等组成，见图 13-41。

井下加油车的工作原理与普通加油车的工作原理一致，是利用底盘的液压系统带动液压马达，由马达驱动输油泵完成自吸油料入罐及进入别的容器卸油、加油等。

图 13-41 井下加油车

加油车主要生产厂家与产品技术参数如下。

13.9.1 烟台兴业机械股份有限公司

表 13-27 为兴业机械 CY4000 加油车型号及技术参数。

表 13-27 兴业机械 CY4000 加油车型号及技术参数

型号	CY4000
发动机功率/kW	86.5
行驶速度/(km·h⁻¹)	0~23.6
质量/t	8.6
最大转向角度/(°)	40
最小转弯半径/mm	内 3860
	外 6080
油罐容积/L	4000
尺寸(长×宽×高)/(mm×mm×mm)	7330×1900×2300

13.9.2 芬兰挪曼尔特公司(挪曼尔特)

表 13-28 为挪曼尔特底盘型号及技术参数, 图 13-42 所示为 MF 100 外形尺寸图。

表 13-28 挪曼尔特底盘型号及技术参数

技术参数			Multimec MF 100	Multimec SF 060
载重/kg			10000	6000
发动机	型号		Deutz TCD 2013 L4	Deutz TCD 2012 L4
	功率/kW		120	96
	转速/(r·min⁻¹)		2300	2200
自重/t			9.7	9.5
功率/载重/(km·t⁻¹)			12	16
自重/载重			0.97	1.583
外形尺寸(长×宽×高)/(mm×mm×mm)			8000×2000×2300	7800×1800×2250

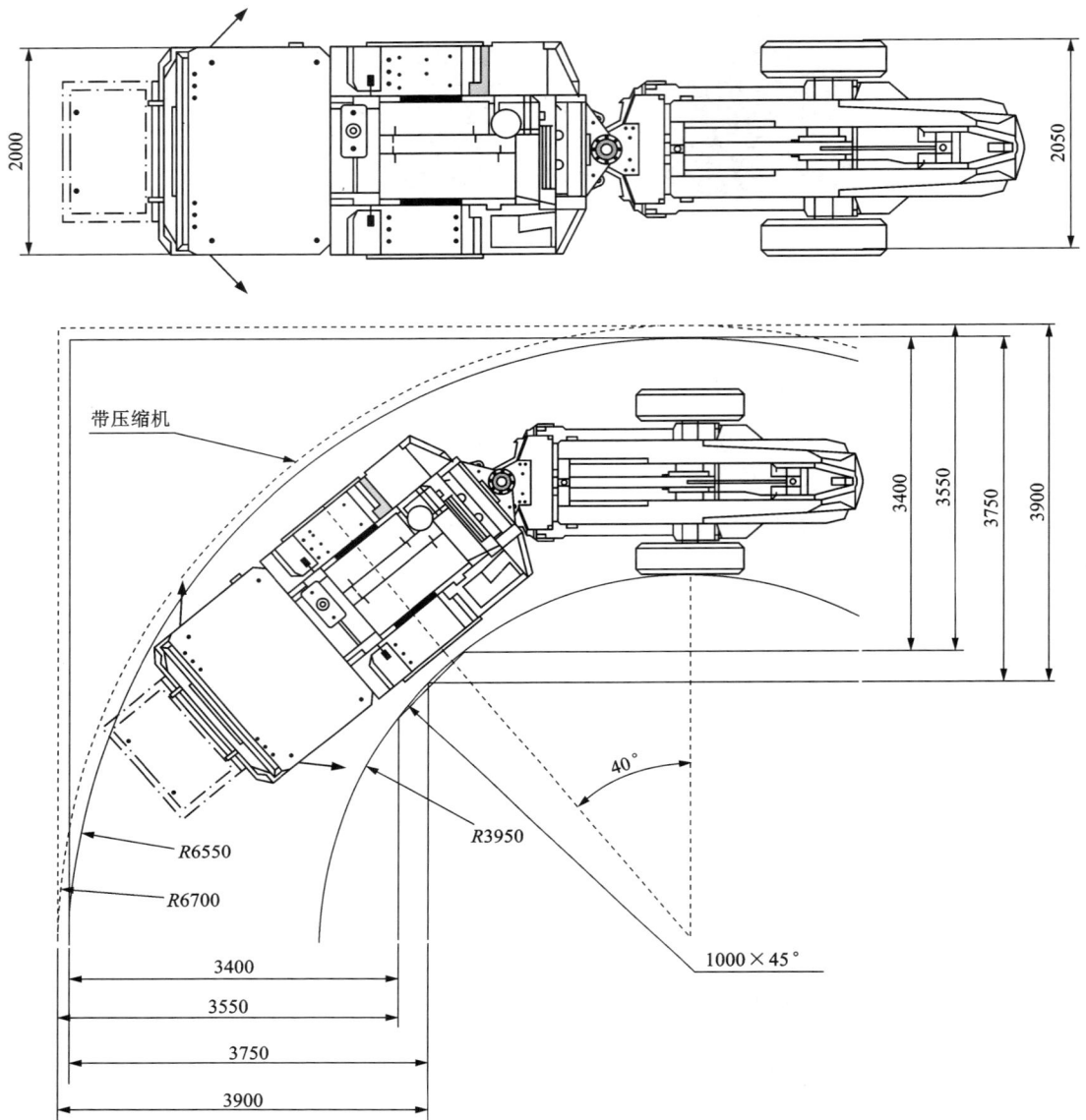

图 13-42　MF 100 外形尺寸图

13.10　检修车

随着地下采矿设备机械化程度的不断提高，设备的检(维)修工作也越来越复杂，简单少量的检修工具常常难以完成如此繁重的检修工作，同时，一些笨重的起吊、焊接等检修工具也会因来回搬运而降低检修效率。为了提高地下矿山的检修质量、缩短检修工时、减少检修成本、改善检修作业条件，国外许多地下矿山都使用了地下检修车来完成地下设备的故障检测与维修工作，国内也有少数地下矿山在使用；此外，有时顶板危岩处理、管路及动力线安装、检测和少量装药等作业则需升降台车来完成；根据各矿山的需要，还有一些不同装置组合的车辆，如将起吊设备与升降平台组合成综合服务车等。本章主要叙述地下检(维)修车和升降台车，对组合车辆略作介绍，各矿山可根据自己作业的需要和巷道断面尺寸选购。

如上所述，地下检修车在地下矿山生产中起着非常重要的后勤保障作用，现在地下检修车已逐渐具有设备故障简易诊断与检(维)修等综合功能。

地下检修车(图13-43)种类繁多，但基本结构大致相同，主要由三部分组成：发动机和底盘(含传动系、转向系、制动系、行驶系等)，工作装置(含各种检测维修设备等)，操作控制系统。

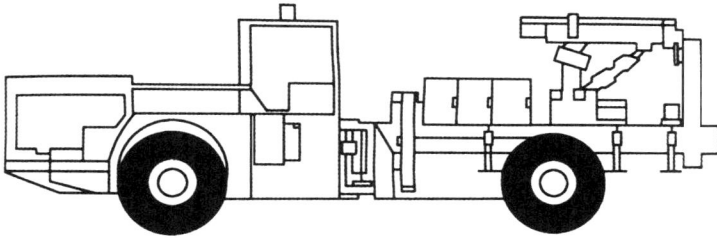

图 13-43　地下检修车

13.11　升降台车

地下升降台车(图13-44)是一种多功能、多用途的服务运输和辅助作业车，它的工作机构是可以举升到一定高度的工作平台。

在地下矿山生产采掘过程中，常常需要对矿山进行顶板管理、装药、管路维护以及设备检修等工作。升降台车大多为悬臂式、剪式和转臂式，传动形式多为电动机械式或液压式两种，使用交流或直流电源，产品的外形尺寸较大，主要结构件多为铝合金制造。

地下升降台车的基本结构大致相同，主要由三部分组成：发动机和底盘(含传动系、转向系、制动系、行驶系等)，工作装置(各种类型平台)，操作控制系统。

图 13-44　地下升降台车

升降台车主要生产厂家与产品技术参数如下。

13.11.1　湖北天腾重型机械股份有限公司

表13-29为天腾重机UC-2C尺寸及技术参数，图13-45所示为UC-2C地下升降台车外形图。

表 13-29 天腾重机 UC-2C 尺寸及技术参数

技术参数	指标
发动机功率/kW	97 kW
自重/t	8.7
转弯半径/mm	内 3830
	外 6200
最大举升质量/kg	2000
最大举升高度/mm	3000
尺寸(长×宽×高)/(mm×mm×mm)	7380×1850×2330

图 13-45　UC-2C 地下升降台车外形图

金川集团三矿区采用了湖北天腾重机的 UC-2C 型地下升降平台车 3 台,应用于井下巷道及矿房,辅助井下人员工作或货物运输。

13.11.2　烟台兴业机械股份有限公司

表 13-30 为兴业机械 UC-2 尺寸及技术参数。

表 13-30　兴业机械 UC-2 尺寸及技术参数

技术参数	指标
发动机功率/kW	86.5
行驶速度/(km·h^{-1})	0~23.6
自重/t	8.4
最大转向角度/(°)	40
最小转弯半径/mm	内 3860
	外 6080
最大举升质量/kg	2000
最大举升高度/mm	4800
尺寸(长×宽×高)/(mm×mm×mm)	7300×1900×2100

13.11.3　芬兰挪曼尔特公司

表 13-31 为挪曼尔特剪式升降台车型号及技术参数,图 13-46 所示为 MF 540 外观图,图 13-47 所示为 MF 540 外形尺寸图。表 13-32 为悬臂式升降台车型号及技术参数,图 13-48 所示为 MF 125 外观图,图 13-49 所示为 MF 125 外形尺寸图。

表 13-31　挪曼尔特剪式升降台车型号及技术参数

技术参数		Utilift MF 540	Utilift MF 540 Tier 4f	Utilift SF 330
发动机	型号	Deutz TCD 2013 L4	Cummins QSB 4.5	Deutz TCD 2012 L4
	功率/kW	120	119	96
	转速/(r·min^{-1})	2300	2300	2200
举升平台/(mm×mm)		2000×4000	2000×4000	1800×3200

续表 13-31

技术参数	Utilift MF 540	Utilift MF 540 Tier 4f	Utilift SF 330
平台侧边高度/mm	550	550	
最大举升高度/mm	4500	4500	3500
自重/t	12.9	12.9	9.7
举升能力/t	4.5	4.5	3.0
尺寸(长×宽×高) /(mm×mm×mm)	8700×2000×2650	8700×2000×2650	8500×1800×2550

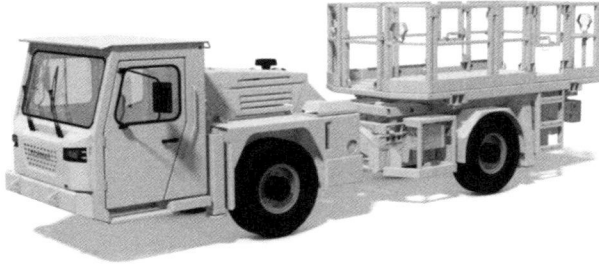

图 13-46　MF 540 外观图

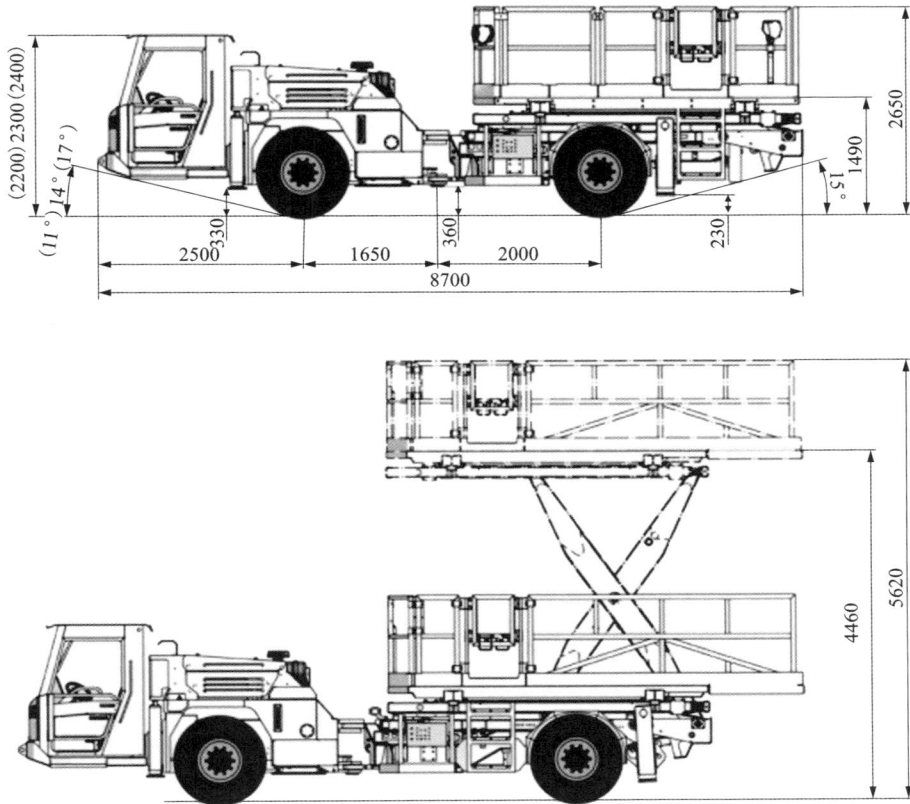

图 13-47　MF 540 外形尺寸图

表 13-32 悬臂式升降台车型号及技术参数

技术参数		Himec MF 125	Himec MF 125 Tier 4f	Himec MF 905	Himec SF 605
发动机	型号	Deutz TCD 2013 L4	Cummins QSB 4.5	Deutz TCD 2013 L4	Deutz TCD 2012 L4
	功率/kW	120	119	120	96
	转速/(r·min⁻¹)	2300	2300	2300	2200
最大举升高度/mm		12000	12000	8700	6400
最大举升宽度/mm		13500	13500	11000	8400
自重/t		14	14.2	11	11
举升能力/t		0.5	0.5	0.5	0.5
尺寸(长×宽×高) /(mm×mm×mm)		11800×2000×2300	11800×2000×2300	10350×2000×2300	9250×1800×2400

图 13-48 MF 125 外观图

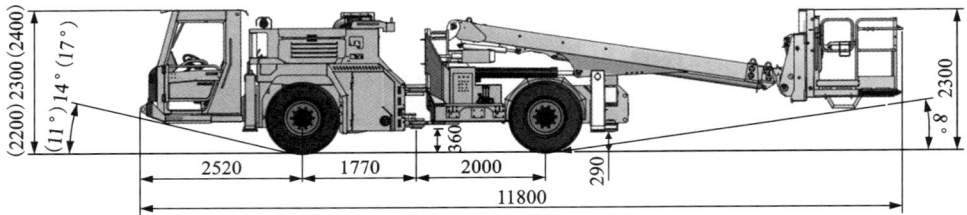

图 13-49 MF 125 外形尺寸图

13.11.4 美国 GETMAN 公司

表 13-33 为 GETMAN 升降台车型号及技术参数,图 13-50 所示为 A64-SL 外观图,图 13-51 所示为 A64-SL 外形尺寸图。

表 13-33 GETMAN 升降台车型号及技术参数

技术参数		A64-SL		A64-Service	
发动机	型号	Cummins QSB 4.5	Mercedes Benz OM904LA	Cummins QSB 4.5	Mercedes Benz OM904LA
	功率/kW	127	129	127	129
	转速/(r·min⁻¹)	2200	2200	2200	2200

续表 13-33

技术参数	A64-SL	A64-Service
升降台尺寸/(mm×mm)	2130×3350	
最大举升高度/mm	4200	
举升能力/t	2.72	
尺寸(长×宽×高)/(mm×mm×mm)	7868×2153×2483	7712×2286×2500

图 13-50   A64-SL 外观图

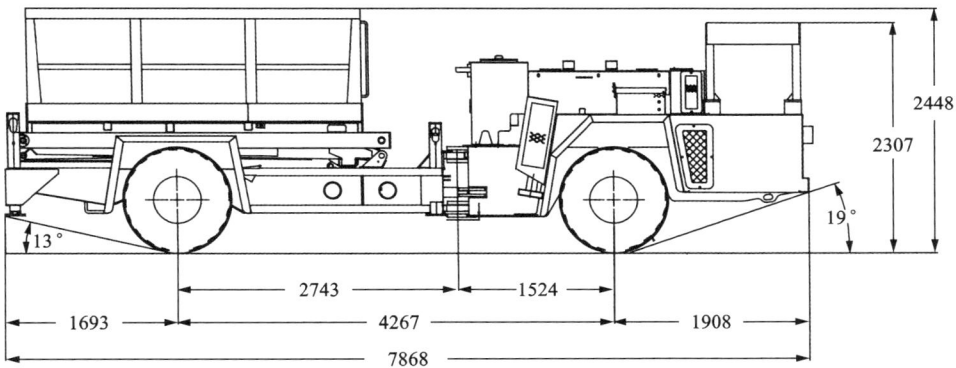

图 13-51   A64-SL 外形尺寸图

13.12   无轨运人车辆

无轨运人车辆(图 13-52)指专门运送生产作业人员,在地下矿山斜坡道和巷道中行驶的自行轮式车辆,要求能适应矿山井下的特殊环境,外延、外露部件应考虑矿山井下岩石的撞击,开口的结构和位置应避免岩石的散落造成堵塞及损坏。无轨运人车辆应采取必要的防撞措施,配备行车、驻车和应急制动系统,且行车和应急制动系统至少有一个为失效安全型。

地下矿山无轨运人车辆应符合国家关于金属非金属地下矿山无轨运人车辆执行新标准：AQ 2070—2019《金属非金属地下矿山无轨运人车辆安全技术要求》。

图 13-52 RU-15 无轨运人车辆

主要生产厂家与产品技术参数如下。

13.12.1 金诺矿山设备有限公司(金诺矿山)

表 13-34 为金诺矿山井下专用人员运输车技术参数,图 13-53 所示为 MF328PER 外形尺寸图。

表 13-34 金诺矿山井下专用人员运输车技术参数

技术参数		指标
发动机 (道依茨 TCD 2013 L4)	功率/kW	120
	转速/(r · min^{-1})	2300
上 1 : 7 斜坡时的最大行驶速度/(km · h^{-1})		9
最大行驶速度/(km · h^{-1})		25
内转弯半径/mm		4650
外转弯半径/mm		7700
外形尺寸(长×宽×高)/(mm×mm×mm)		9700×2400×2550

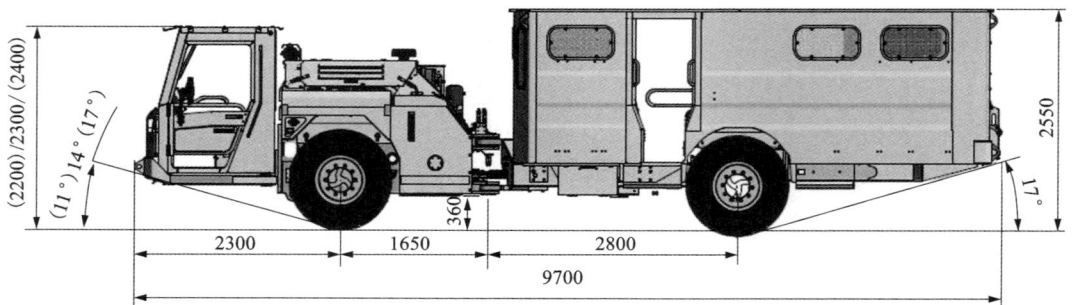

图 13-53 MF328PER 外形尺寸图

13.12.2 北京安期生技术有限公司

表 13-35 为安期生 AYR322 地下运人车辆技术参数, 图 13-54 所示为安期生 AYR322 地下运人车辆外形尺寸图, 图 13-55 所示为安期生 AYR322 地下运人车辆外形图。

表 13-35 安期生 AYR322 地下运人车辆技术参数

技术参数	AYR322
发动机功率/kW	97
最大行驶速度/$(km \cdot h^{-1})$	24.5
自重/t	9.9
额定乘员/人	22
内转弯半径/mm	3710
外转弯半径/mm	6400
外形尺寸(长×宽×高)/$(mm×mm×mm)$	8250×2180×2400

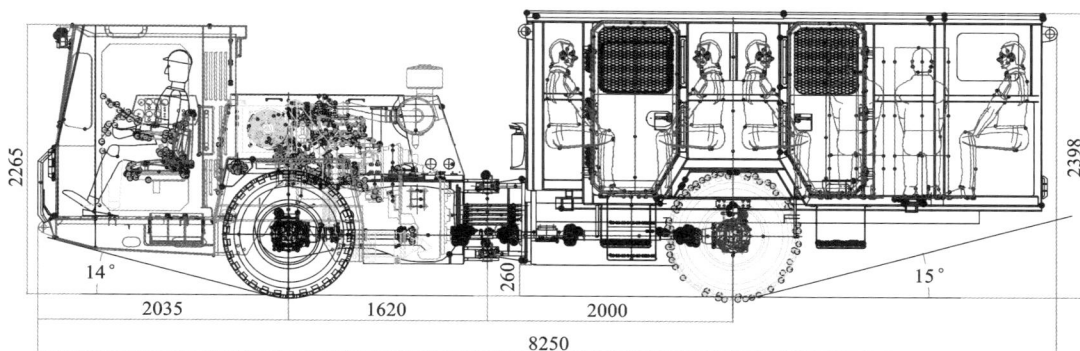

图 13-54 安期生 AYR322 地下运人车辆外形尺寸图

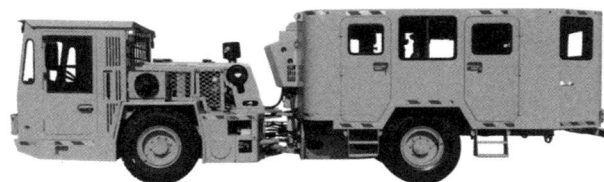

图 13-55 安期生 AYR322 地下运人车辆外形图

13.12.3 烟台兴业机械股份有限公司

表 13-36 为烟台兴业无轨运人车辆型号及技术参数, 图 13-56 所示为 RU-13 外形图。

表 13-36 烟台兴业无轨运人车辆型号及技术参数

型号	RU-6	RU-13
发动机功率/kW	58	86.5
最大行驶速度/(km·h^{-1})	18.4	23.6
自重/t	7.8	8.1
额定乘员/人	6	13
内转弯半径/mm	3410	3870
外转弯半径/mm	5180	5970
外形尺寸(长×宽×高)/(mm×mm×mm)	6255×1430×2200	7220×1860×2410

图 13-56 RU-13 外形图

13.12.4 汶上弘德工程机械有限公司(汶上弘德)

表 13-37 为汶上弘德无轨运人车辆型号及技术参数, 图 13-57 所示为汶上弘德工程机械 RU-9 外形图。

表 13-37 汶上弘德无轨运人车辆型号及技术参数

技术参数	RU-9	RU-18
发动机功率/kW	110	110
最大行驶速度/(km·h^{-1})	25±2	25±3
自重/t	4.08	5.3
额定乘员/人	9	18
内转弯半径/mm	5350	6000
外转弯半径/mm	7200	8100
外形尺寸(长×宽×高)/(mm×mm×mm)	4950×1850×2070	5950×2100×2300

图 13-57 汶上弘德工程机械 RU-9 外形图

西乌珠穆沁旗银漫矿业有限责任公司于 2020 年 7 月投入运营 2 台汶上弘德工程机械有限公司的 RU-9 无轨运人车辆，每天早上、下午接送工人 2 次，送饭 1 次；每次运行时每车 9 人，上下井共需 2 h，运距 40 km。

玉溪矿业有限公司于 2019 年 3 月购入 5 台汶上弘德工程机械有限公司的 RU-16 无轨运人车辆，早上每车下井 3 次，中午、下午、晚上各 1 次；每次运行时每车 16 人，上下井共需 1 h，运距 20 km。

中国黄金西藏华泰龙矿业有限公司于 2019 年 7 月购入 1 台汶上弘德工程机械有限公司的 RU-18 无轨运人车辆，每天每车接送工人、送饭 6 次；每次运行时每车 16~18 人，上下井共需 1 h，运距 25 km。

13.12.5 美国 GETMAN 公司

表 13-38 为 GETMAN 井下专用人员运输车辆型号及技术参数，图 13-58 所示为 A64-16 外形图。

表 13-38 GETMAN 井下专用人员运输车辆型号及技术参数

技术参数		A64-16		A64-23	
发动机	型号	Cummins QSB 4.5	Mercedes OM904	Cummins QSB 4.5	Mercedes OM904
	功率/kW	127	129	127	129
	转速/(r·min^{-1})	2200	2200	2200	2200
最大推荐纵向行驶坡度/%		20		20	
内转弯半径/mm		3769		3542	
外转弯半径/mm		6351		6478	
尺寸(长×宽×高)/(mm×mm×mm)		7563×2286×2292		8755×2832×2292	

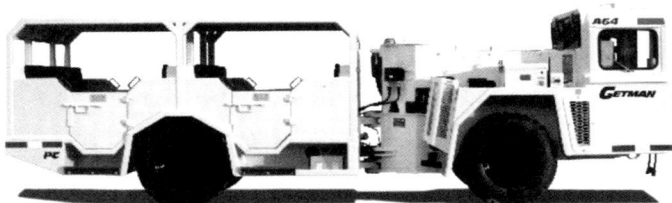

图 13-58 A64-16 外形图

13.13 爆破器材运输车

无轨爆破器材运输车(图13-59)是专为地下非煤矿山设计制造的一种运输爆破器材材料的设备。运输车以柴油机为动力,机械传动,四轮驱动,正向驾驶,液压转向,转向角大,转弯灵活、半径小,适用于中等断面的巷道作业。

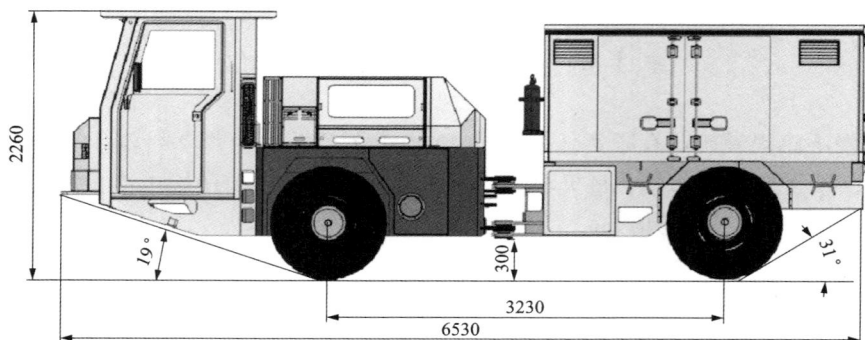

图 13-59 FCB-3 外形图

主要生产厂家与产品技术参数如下。

13.13.1 湖北天腾重型机械股份有限公司

表13-39为天腾重机爆破器材运输车技术参数,图13-60所示为FCB-3矿用柴油机无轨爆破器材运输车外形图。

表 13-39 天腾重机 FCB-3 爆破器材运输车技术参数

技术参数	FCB-3
发动机功率/kW	110
自重/t	8.8
载重/kg	3000
转弯半径/mm	内 3850
	外 5870
最大爬坡能力/(°)	≤18
尺寸(长×宽×高)/(mm×mm×mm)	6530×1850×2260

图 13-60 FCB-3 矿用柴油机无轨爆破器材运输车外形图

金日盛矿业,属于铁矿,年产量200万t,该矿山采用了湖北天腾重机的FCB-3矿用柴油机无轨爆破器材运输车2台,应用于井下爆破器材的运输。

13.13.2　美国 GETMAN 公司

表 13-40 为 A64 炸药运输车型号及技术参数，图 13-61 所示为 A64 炸药运输车外观图，图 13-62 所示为 A64 炸药运输车外形尺寸图。

表 13-40　A64-ExC 炸药运输车型号及技术参数

技术参数		指标	
发动机	型号	Cunmins QSB4.5	Mercedes Benz OM904LA
	功率/kW	127	129
	转速/(r·min⁻¹)	2200	2200
轴距/mm		3048	
离地间隙/mm		283	
内转弯半径/mm		3147	
外转弯半径/mm		5397	
尺寸(长×宽×高)/(mm×mm×mm)		7235×2084×2264	

图 13-61　A64 炸药运输车外观图

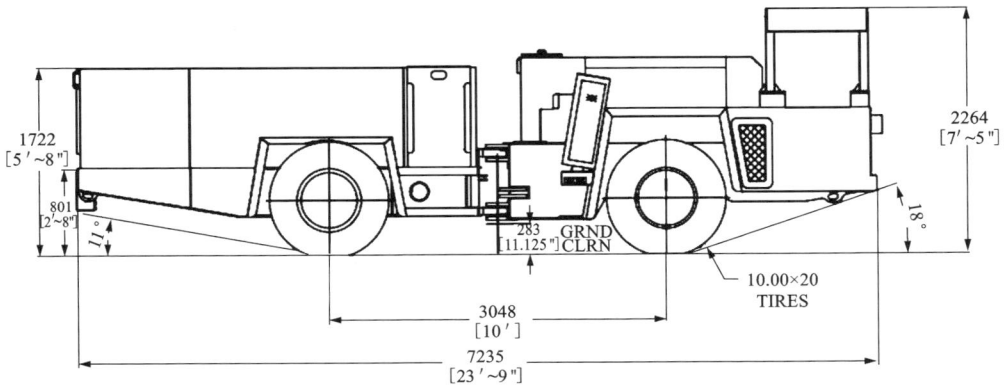

图 13-62　A64 炸药运输车外形尺寸图

参考文献

[1] 石博强，饶绮麟. 地下辅助车辆[M]. 北京：冶金工业出版社，2006.

[2] 赵昱东. 地下无轨矿山辅助设备(车辆)综述[J]. 矿业快报，2007(2)：4-7.

[3] 赵昱东. 地下无轨矿山辅助设备(车辆)综述(续)[J]. 矿业快报，2007(3)：14-17.

[4] 王明钊，臧怀壮，龚兵，等. 地下装药车智能化发展概况[J]. 采矿技术，2016，16(1)：70-72.

下　篇

第 1 章

轨道运输设备

地下电机车运输具有运量大、用途广、清洁节能、维修简单等优点，在长距离运输中显示出经济方面的优势。在矿山运输中，电机车运输仍然占有相当大的比重。

国外一些矿山的电机车运输系统达到了非常高的自动化水平，如瑞典基律纳（Kiruna）铁矿用计算机自动控制整个运输系统，实现了矿石装载、电机车运输、卸载的全自动化运行。近年来，国内不少大型矿山纷纷采用井下电机车无人驾驶运输系统，提高了井下有轨运输自动化、智能化水平，提高了井下电机车运输安全水平，达到了减员增效并提升运输能力的效果。

随着矿山生产规模的扩大，电机车质量在不断提高。基律纳铁矿使用 65 t 电机车，云南迪庆有色普朗铜矿使用 65 t 电机车。双机或多机牵引也被广泛采用。冬瓜山铜矿、马钢张庄铁矿等采用 20 t 电机车双机牵引 12 辆 10 m³ 底侧卸式矿车。

矿车容积也不断加大，车型以自卸式为主。基律纳铁矿使用 17 m³ 底卸式矿车，普朗铜矿使用南非加里逊制造有限公司生产的 20 m³ 底卸式矿车，赞比亚谦比西铜矿、冬瓜山铜矿、甘肃金川有色集团公司二矿区、云南昆钢大红山铁矿、马钢张庄铁矿等使用 10 m³ 底侧卸式矿车。

为适应大吨位电机车和大容积矿车的运输，线路结构也发生了变化，轨距、轨型趋向于加大。基律纳铁矿轨距为 891 mm，轨型 50 kg/m；普朗铜矿轨距为准轨 1435 mm，轨型 50 kg/m。

国内外大型金属矿山地下电机车运输实例见表 1-1。

表1-1　国内外大型金属矿山地下电机车运输实例

序号	使用地点	运输能力	列车组成	主要运输参数	运输系统自动化程度
1	云南迪庆有色普朗铜矿（3660 m 有轨运输水平）	1250 万 t/a，38000 t/d	1 台 CJY 65/1435 G P W R 750 型架线式工矿电机车单机牵引 11 辆 20 m³ 底卸式矿车运输，6 列矿石运输列车同时工作，1 列车备用	(1) 道碴道床，线路铺轨采用 50 kg/m 钢轨，1435 mm 轨距，运输线路转弯半径不小于 70 m；(2) 架线电压为直流 750 V；(3) 每个矿石溜井底部安装 1 台规格是 4.5 m×5.6 m 的座式振动放矿机为矿车装矿，振动放矿机能力为 3000 t/h；(4) 有动力源卸载站，卸载站入口有 8 套驱动装置，出口有 4 套驱动装置	智能派配矿、远程遥控装矿、电机车远程遥控/自动运行、自动卸矿、运行状态实时显示、自动记录生产数据等
2	马钢张庄铁矿	500 万 t/a	20 t 电机车双机牵引 12 辆 10 m³ 底侧卸式矿车，4 列车同时工作，1 列车备用	(1) 道碴道床，线路铺轨采用 43 kg/m 钢轨，900 mm 轨距，运输线路最小转弯半径为 50 m；(2) 架线电压为直流 550 V；(3) 加权平均运距为 3 km	井下电机车无人驾驶运行、自动放矿、轨道障碍物识别、防碰撞预警等功能
3	铜陵有色冬瓜山铜矿（-1000 m 运输中段）	330 万 t/a，10000 t/d	CJY20-9/550GP 变频电机车前后双机牵引 12 辆 10 m³ 底侧卸式矿车	(1) 装载站 8 个，卸载站 1 个，运输距离为 2400 m；(2) 900 mm 轨距，架线电压为直流 550 V；(3) 溜井下部设置 XZG3000×1800 型悬吊式振动放矿机	远程遥控装矿、电机车自动运行、自动卸矿，运行状态通过无线通信实时显示于调度室内
4	云南红牛铜矿（4047 m 主平硐）	4000 t/d	14 t 电机车双机牵引 16 台 4 m³ 底侧卸式矿车，5 列车同时工作，1 列车备用	(1) 道碴道床，线路铺轨采用 38 kg/m 钢轨，762 mm 轨距，运输线路最小转弯半径为 30 m；(2) 架线电压为直流 550 V	矿石装载、电机车运输、卸载的自动化运行
5	瑞典基律纳（Kiruna）铁矿（1365 m 主运输水平）	3500 万 t/a	6 列矿车，1 列车由 20 辆 17 m³ 底卸式矿车组成	线路铺轨采用 50 kg/m 钢轨，891 mm 轨距	矿石装载、电机车运输、卸载的自动化运行

1.1　牵引电机车

根据动力来源不同，地下电机车分为架线式和蓄电池式两大类。架线式电机车使用的电压一般是 250 V 和 550 V，当运输距离长、运量大、安全措施可靠时，大型矿山可采用直流 750 V。蓄电池式电机车使用的电压一般为 48 V、90 V、110 V、132 V、140 V、192 V、256 V 等。

蓄电池式电机车分为一般型、安全型和防爆特殊型 3 种。

一般型适用于无瓦斯煤尘爆炸危险的矿山巷道运输。

安全型(A)适用于有良好的通风条件,瓦斯、煤尘不能聚集的矿山巷道运输。

防爆特殊型(KBT)因配备了防爆特殊型电源装置和隔爆型电机电器,使得整车具有防爆性能,适用于有瓦斯煤尘爆炸危险等的矿山巷道运输。

除上述电机车外,还有架线蓄电池式和架线电缆式双能源电机车。架线蓄电池式电机车既能从架线上取得电能进行工作,也可在不便架线的地区或有瓦斯爆炸危险的巷道使用防爆蓄电池组供电进行工作。架线电缆式双能源电机车装有电缆滚筒,电缆一端可与架线连接,所以电机车在不便架线地区行驶时,可用电缆供电,但运输距离不能太长。

根据电气驱动方式的不同,地下电机车可分为直流电机车和交流变频电机车。

直流电机车是采用直流驱动方式,利用架空线或者蓄电池组提供的直流电驱动直流电动机运行,再通过齿轮减速器、轮对等驱动电机车行驶。直流电机车的调速方式有电阻调速和斩波调速 2 种。

交流变频电机车变频调速的基本原理是根据电动机转速与工作电源输入频率成正比的关系,通过改变电动机工作电源频率来达到改变电动机转速的目的。交流变频电机车是采用交流变频方式,将架空线或者蓄电池组提供的直流电通过变频器逆变为频率可调的三相交流电,驱动交流异步电动机运行,再通过齿轮减速器、轮对等驱动电机车行驶。由于采用了先进的矢量控制技术,交流变频电动机可以实现直流电动机的启动转矩和牵引特性,使电机车重载启动强劲有力。与传统的直流电机车比较,交流变频电机车不易损坏,司控器无触头、无磨损,并能将制动时的机械能转变为电能回馈给电网或者给蓄电池组充电。交流变频电机车具有可靠性高、维护费用低、调速范围广、操作简单安全、节能等特点,近年来得到广泛应用。

架线式电机车一般用于出矿阶段运输,蓄电池式电机车多用于开拓阶段运输或作为某些运输环节上的短距离运输,以及受条件限制不能使用架线式电机车的地方。

电机车型式和规格的选择依据主要是运输量、运距、使用地点、装卸矿方式、车辆型式等,电机车参数与阶段运输量的关系见表 1-2。

表 1-2 电机车参数与阶段运输量的关系

运输量 /(万 t·a⁻¹)	机车质量 /t	矿车容积 /m³	轨距 /mm	轨型 /(kg·m⁻¹)
8~15	1.5~3	0.6~1.2	600	12~15
15~30	3~7	0.7~1.2	600	15~22
30~60	7~10	1.2~2.0	600	22~30
60~100	10~14	2.0~4.0	600,762	22~30
100~200	14,10 双机	4.0~6.0	762,900	30~38
200~400	14~20,14~20 双机	6.0~10.0	762,900	38~43
>400	40~50,20 双机	>10.0	900,准轨 1435	43,43 以上

地下电机车运输一般采用单机牵引。对于大中型矿山，运输任务特别繁忙或有特殊要求时，通过技术经济比较，如双机或多机牵引方式效益明显时，应予以采用。双机(多机)牵引可分为首部、首中、首尾牵引3种方式，见表1-3。

表1-3 电机车牵引方式

项目	机车在列车中的位置及控制	优缺点
单机牵引	机车置于列车首部	列车组成简单，解体组列方便灵活； 受电和控制系统简单； 连接器受力大
双机首部牵引	2台机车串联置于列车首部； 统一受电，集中控制，同步运行和制动	列车组成简单，解体组列方便灵活； 控制系统复杂； 连接器受力大
双机首中牵引	2台机车分别置于列车首部和中部； 分别受电，集中控制，同步运行和制动	列车组成复杂，解体组列不方便； 受电和控制系统复杂； 电缆易损坏； 连接器受力大
双机首尾牵引	2台机车分别置于列车首部和尾部； 分别受电，集中控制，同步运行和制动	可双向行驶，调车作业简便； 列车组成较复杂，解体组列不方便； 受电和控制系统复杂； 电缆易损坏； 连接器受力大

1.1.1 架线式电机车

1.1.1.1 工作原理与结构

架线式电机车主要由机械和电气两大部分组成，典型架线式电机车结构示意图如图1-1所示。

机械部分主要由车架、走行装置(齿轮传动装置、轮对、轴承箱、弹簧托架等)、制动装置、撒砂装置、缓冲器、司机室等组成。

电气部分主要由司机控制器、自动开关、牵引电动机、空压机电机、照明灯、电气箱、供电装置(受电弓或蓄电池箱)等组成。

电气部分的核心为牵引电动机的调速，有电阻调速、IGBT斩波调速和变频调速3种。

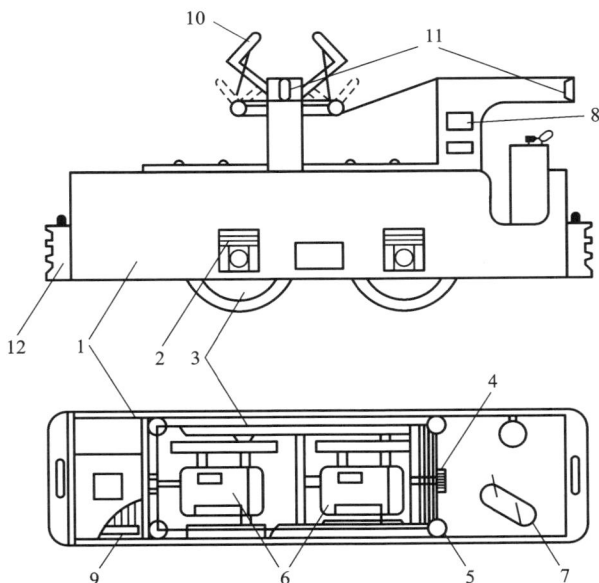

1—车架；2—轴承箱；3—轮对；4—制动系统；
5—砂箱；6—牵引电动机；7—司机控制器；8—自动开关；
9—启制动电阻；10—受电弓；11—车顶；12—连接缓冲装置。

图1-1 架线式电机车结构示意图

1) 车架

机车车架是由 Q235 不同厚度的厚钢板按照图纸工艺要求焊接成整体式高强度的箱形框架结构。其中,左右侧板厚度为 30~100 mm(与机车吨位对应,吨位越大,钢板越厚),整体框架能承受很大的垂直载荷和因振动、冲击、转弯而产生的附加垂直力、纵向力及横向力。

车架是电机车的主体构件,起传递牵引力、安装机械部件和电气设备的作用。车架结构示意图如图 1-2 所示,整个车架由两块隔板分成 3 个室。前室与顶棚一起构成司机室,司机室内装有仪表、司机控制器、手轮等。中间为机械室,安装有走行装置、制动装置、撒砂装置、牵引电动机、空压机、电源装置(蓄电池箱或受电弓装于车架上方)等。启制动电阻(如有)等安装在后室内。在车架侧板下部开有缺口,用于安装轴承箱。

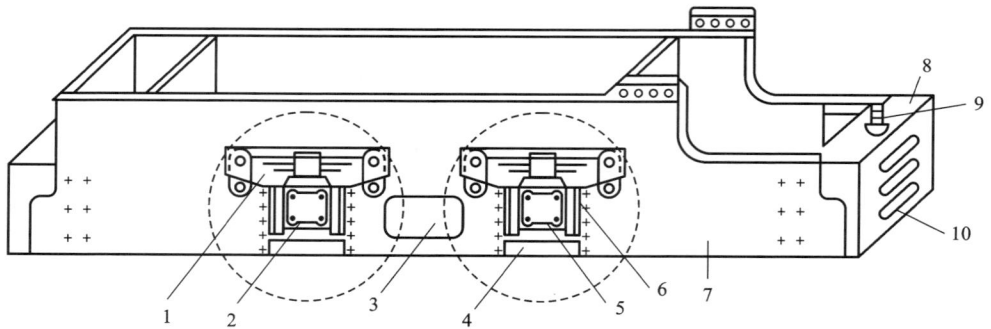

1—侧孔上部;2—侧孔下部;3—调整闸瓦侧孔;4—轴承箱下限板;5—轴承箱;
6—轴承箱端面;7—车架侧板;8—缓冲器;9—连接销;10—连接器口。

图 1-2　车架结构示意图

2) 走行装置

走行装置主要由齿轮传动装置、轮对、轴承箱、弹簧托架等组成,电动机的扭矩经一级或二级减速后传递到轮对。

(1)齿轮传动装置。

电机车的齿轮传动装置有两种类型,一种是单级开式齿轮传动装置(图 1-3),另一种是两级闭式齿轮减速箱(图 1-4)。

早期的电机车采用单级开式齿轮传动装置,牵引电动机的一侧用抱轴承安装在轮对的轴上,另一侧机壳上的挂耳经弹簧吊挂在车架上。这种安装方式在车轮和车架因振动产生上、下相对位移时,不仅能保证传动齿轮的正常啮合,还能减缓牵引电动机受到的冲击和振动。开式齿轮传动方式的传动效率低,并且因为传动比不能大,所以只能使用转速低、体积大的牵引电动机。

两级闭式齿轮减速箱第一级采用螺旋伞齿轮,由弹性联轴器把牵引电动机的小螺旋伞齿轮 1 传动大螺旋伞齿轮 2;第二级采用圆柱正齿轮,由大锥齿轮 2 带动轴上的小正齿轮 3 传动到装在车轴上的大正齿轮 4。这种二级传动结构比电机车抱轴式一级传动的传动比大大提高,所以牵引电机重量轻、效率高、转动惯量小。

电机车采用两级闭式齿轮减速箱,提高了传动效率,延长了齿轮的使用寿命。

齿轮采用表面渗碳,材质为 20CrMnTi,减速箱材质为球墨铸铁。

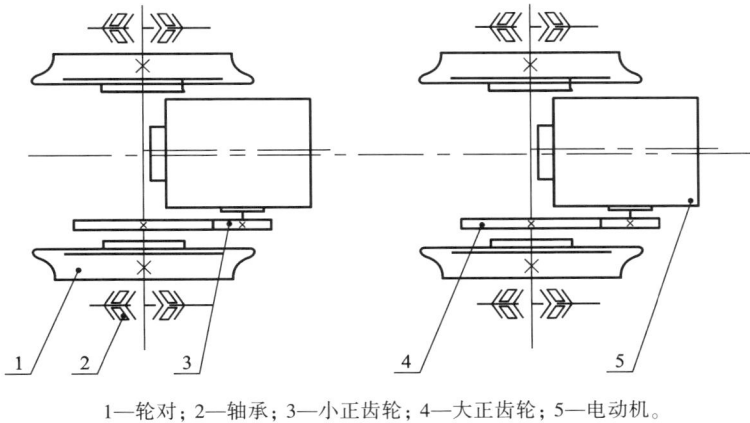

1—轮对；2—轴承；3—小正齿轮；4—大正齿轮；5—电动机。

图 1-3　单级开式齿轮传动装置

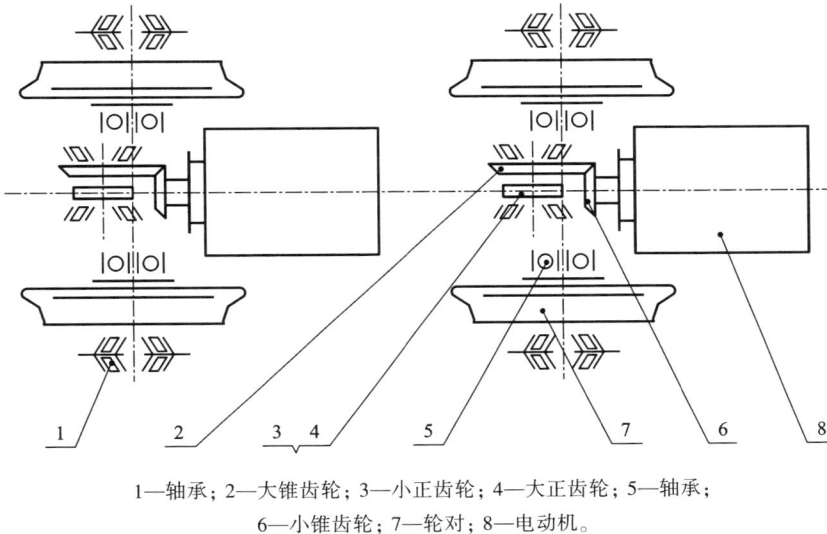

1—轴承；2—大锥齿轮；3—小正齿轮；4—大正齿轮；5—轴承；

6—小锥齿轮；7—轮对；8—电动机。

图 1-4　两级闭式齿轮减速箱

（2）轮对。

5 t 以下的电机车使用整体铸钢车轮，6 t 以上的电机车使用分体式车轮，车轮由轮毂和轮芯组合而成，其优点是轮毂磨损到极限后可只更换轮毂，不更换整个轮对。轮毂在热态下热套在轮芯上，车轮则采用 30~45 t 的压力压装在轮轴上。轮对结构图如图 1-5 所示。轮轴材质为合金结构钢 40Cr，经调质处理，轮毂材质为轧制的轮毂钢。

（3）轴承箱。

轴承箱与轮对两端的轴颈配合安装。轴承箱两侧的滑槽与车架上的导轨配合，上面有安装弹簧托架的座孔。车架靠弹簧托架支承在轴承箱上，轴承箱是车架与轮对的连接点。轨道不平时，轮对与车架的相对运动发生在轴承箱的滑槽与车架的导轨之间，并依靠弹簧托架起缓冲作用。轴承箱如图 1-6 所示。

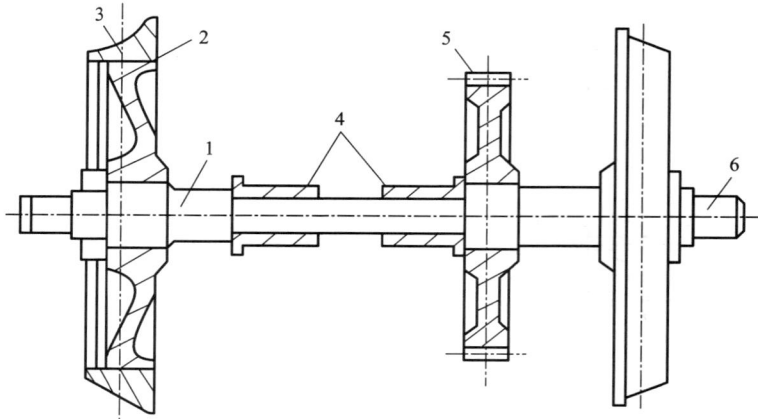

1—车轴；2—轮芯；3—轮毂；4—轴瓦；5—齿轮；6—轴颈。

图 1-5 轮对结构图

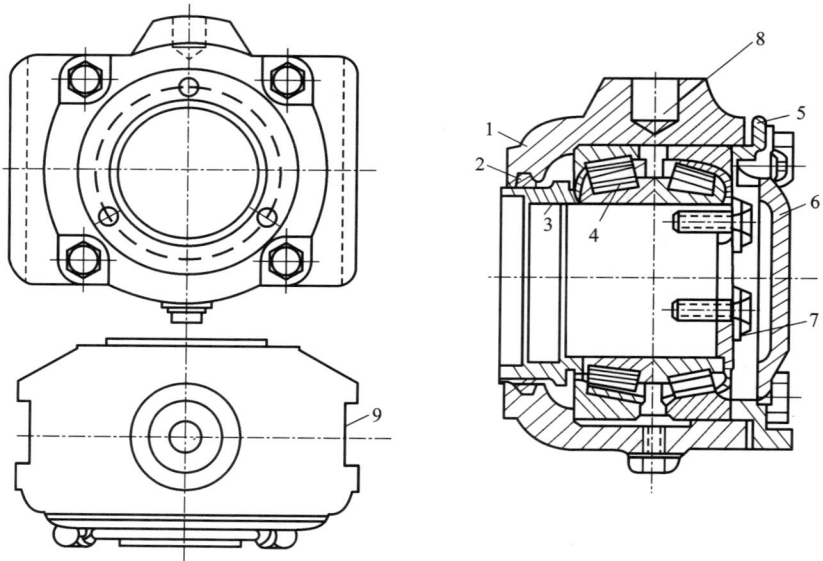

1—箱体；2—毡圈；3—止推环；4—滚柱轴承；5—止推盖；
6—端盖；7—轴承压盖；8—座孔；9—滑槽。

图 1-6 轴承箱

（4）弹簧托架。

弹簧托架是一个组件，由弹簧、连杆、均衡梁组成，它的作用是缓冲来自轨道的冲击，同时改善车轮与钢轨的黏着性能。图 1-7 所示为一种使用板簧的弹簧托架，每个轴承箱上座装有一副板簧，板簧用连杆与车架相连。均衡梁在轨道不平或局部有凹陷时起均衡各车轮上的负荷的作用。

板式弹簧使用已有几十年，现在由性能更好的橡胶弹簧替代。

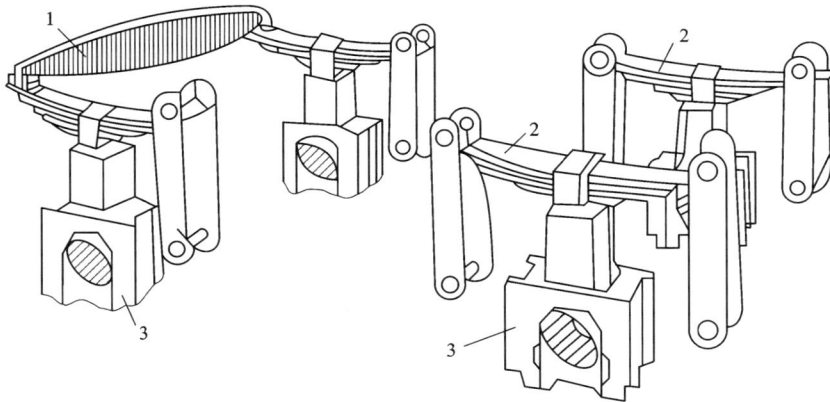

1—均衡梁；2—板簧；3—轴承箱。

图1-7 板簧式弹簧托架

　　较大吨位的电机车的减震装置是由4对V形橡胶弹簧所组成的一系4点支承装置，每组弹簧置于一个轴承箱上，该弹簧具有三向弹性，用以承受前后、左右、上下三个维度的载荷，具有强度高、吸震性好等优点。整车除轮对、齿轮箱及电动机的部分重量为簧下重量外，其余均为簧上重量。

　　3）制动装置

　　电机车的制动装置主要作为电机车减速、限速、制停以及驻车用，分为机械制动、电气制动和空气制动。

　　机械制动利用制动闸或制动器进行。电机车的制动闸多为闸瓦式，用杠杆使闸瓦紧压车轮踏面，借助闸瓦与车轮的摩擦力形成制动力矩。其操作方式有手动、气动、液动3种，手动操作的制动装置如图1-8所示，图中手轮1通过连杆使闸瓦8、9向车轮加压，产生摩擦阻力。为加大制动力，4个车轮上都装有闸瓦，用正、反向调节螺杆10调整闸瓦与轮面的间隙，使各闸瓦同时接触。

　　电气制动是牵引电动机的能耗制动，不需要专门设置，用控制器改变电气线路即可。

　　只有10 t以上的机车才装有空气动力制动系统。空气动力制动系统主要用于电机车常用和紧急制动，司机脚踩脚踏阀板，电机车实施制动，储气罐内的高压气体进入制动气缸，推动活塞杆带动连杆机构，使闸瓦抱紧车轮，阻碍车轮旋转，达到制动的目的；司机脚离开脚踏阀踏板，则缓解；当脚踩制动失效时，司机用手扳动紧急手制动阀，列车即可实施紧急制动。机车配置辅助电机，驱动空压机，管路密封性好，更换便捷。气路原理如图1-9所示。紧急制动时，电气（电阻）制动与空气动力制动应同时使用。

　　空压机及制动系统由空压机及电动机、储气罐、气压继电器、接触器、脚踏开关、电磁阀组成。当空气压力达到0.65 MPa时，气压继电器断开，使得接触器也断开，从而使空压机停止工作。当空气压力下降到0.5 MPa时，气压继电器闭合，使得接触器也闭合，从而使空压机重新工作。

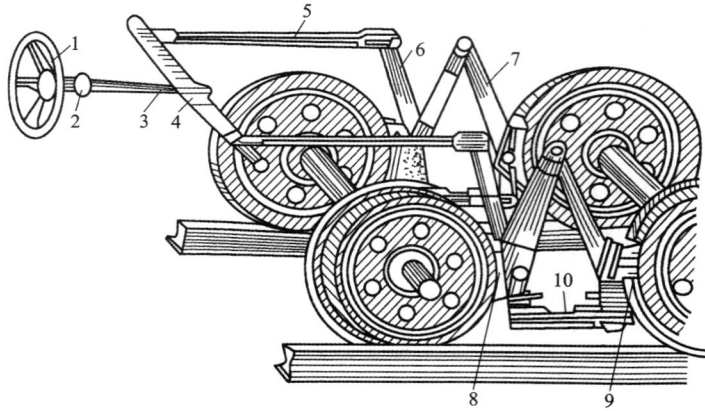

1—手轮；2—衬套；3—螺杆；4—螺母；5—拉杆；
6、7—制动杆；8、9—闸瓦；10—正、反向调节螺杆。

图 1-8 手动制动装置

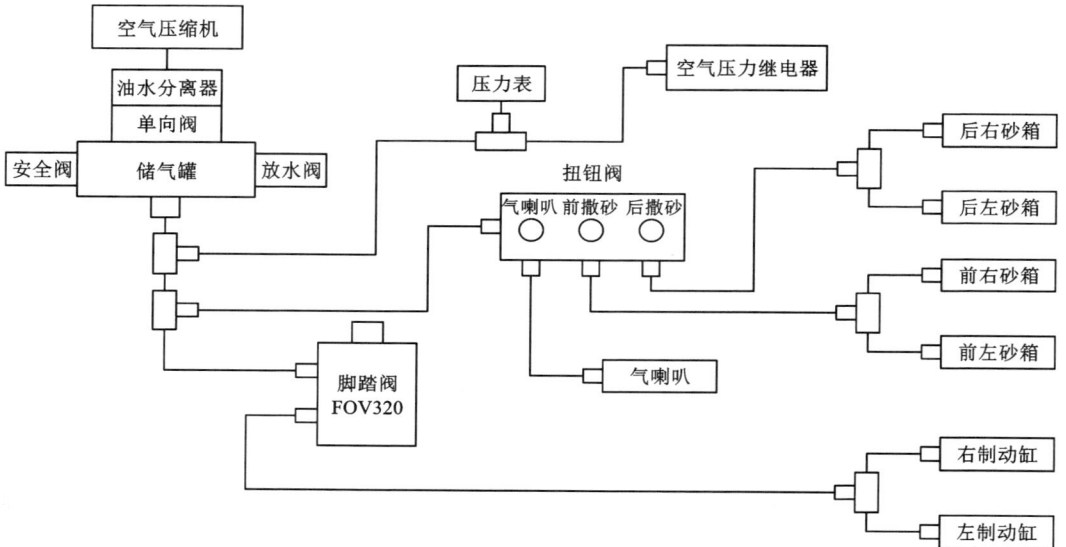

图 1-9 空气制动原理图

当遇到紧急情况或需要停车时，司控主手柄必需回零位后再踩脚踏开关，控制电磁气阀动作将车刹住。

4）撒砂装置

撒砂装置是为提高电机车的黏着系数而设置的。它利用摇摆振动落砂原理工作，两组砂箱（每组 2 个）分别置于轮对两侧，能向机车运行中的减载轮对前方轨道上撒砂，以增大车轮与轨面间的黏着系数，防止启动或加速时车轮空转。图1-10为电机车撒砂装置图。

司机的脚踏力使砂箱摆动，砂粒从砂管座中逸出。砂子均事先经过干炒，以免因潮湿造成堵塞。当机车有压缩空气时，则可采用机械撒砂。

5）缓冲器和连接器

缓冲器和连接器安装于电机车前、后端，内有弹力弹簧，用以缓冲矿车对电机车的冲击，如图1-11所示。其上装有供联结矿车用的牵引销。

连接器是连接被牵引的列车或矿车。为了能连接不同牵引高度的矿车，电机车上的连接器做成了多层接口。目前电机车的连接器还多是手动摘挂，也有改用自动连接器的。

6）司机室

司机室由薄钢板焊成，与车架一端一起组成司机室，防止滴水和落石等的损害，保护司机和电气设备的安全。为方便司机控制箱的接线与维修和司机的出入，司机室两侧分别设有推门，端部有较大的玻璃窗，以扩大司机视野。弹性座垫由人造革和泡沫塑料组成，紧固在支架上，与司机室内支持件构成可折翻座椅。

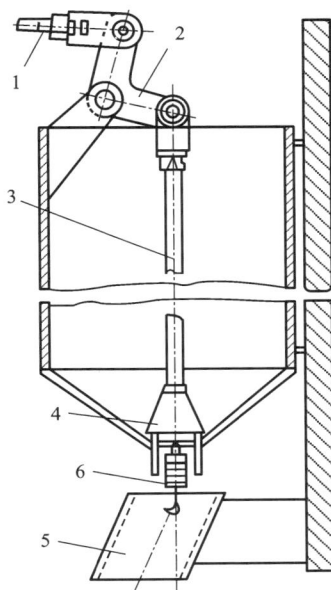

1、3—拉杆；2—摇臂；4—锥体；
5—出砂导管；6—弹簧。

图1-10 电机车撒砂装置图

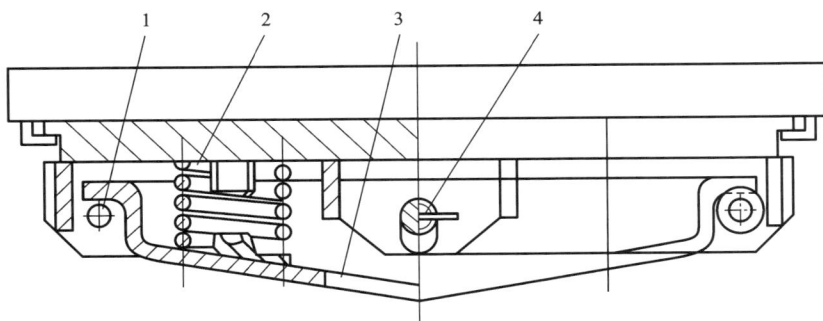

1—销子；2—弹簧；3—缓冲器壳；4—牵引销。

图1-11 缓冲器结构图

7）受电弓

架线式直流电机车的供电系统如图1-12所示。交流电在变流室整流后，正极接在架空线上，负极接在轨道上。架空线是沿运行轨道上空架设的裸导线，机车上的受电弓与架空线接触时可将电流引入车内，经车上的控制器控制牵引电动机运转，从而带动电机车及矿车运行。电流经轨道流回。因此，架线式电机车的轨道必须按电流回路的要求接通。

架线式直流电机车用受电弓从架空线上获取电能，受电弓结构示意图如图1-13所示。受电弓按其本身构造可分为弓式和接触式两种。矿用电机车多采用弓式。弓式受电弓的构造

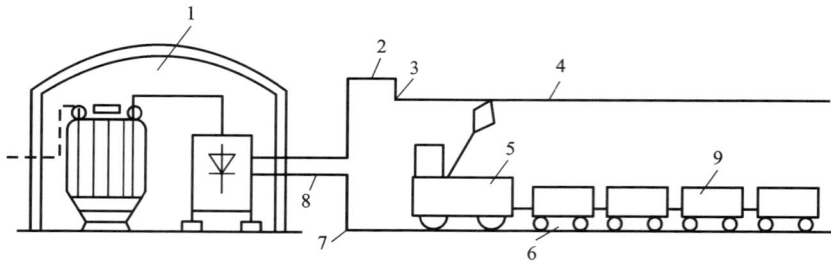

1—牵引变流室；2—馈电线；3—馈电点；4—架空裸导线；
5—电机车；6—运输轨道；7—回电点；8—回电线；9—矿车。

图1-12 架线式直流电机车的供电系统图

是一个轻便的框架，其上部装有用硅铝或紫铜做成的接触条，作为受电弓与架空线的接触部分，通过利用弹簧的作用力接触架空线而实现滑动。接触条中间部分开纵槽填以润滑脂，可减小摩擦阻力、减少电火花产生。

受电弓对架空线的压力一般为40~60 N，受电弓采用弹簧升弓，绳索收弓。

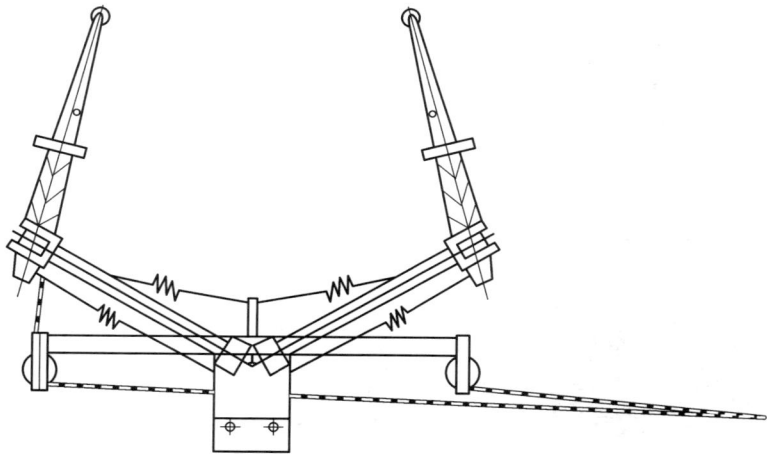

图1-13 受电弓结构示意图

8）司机控制器

司机控制器是操纵牵引电动机及电机车运行的设备，一般由壳体、底座、主轴部件、反向轴部件组成，其外形结构如图1-14所示。司机控制器包括控制和换向两部分，前者称为主控制器，后者称为换向器。主控制器具有完成电机车启动、调速以及电气制动等功能。换向器具有改变电机车前进或后退方向的功能。主控制器和换向器之间设有机械闭锁。

9）牵引电动机

直流电机车的牵引电动机多采用串励直流电动机。它的结构为典型的电动机结构，主要部件与一般直流电动机一样。电动机外壳全部密封，无通风装置，以自然冷却方式进行散热。直

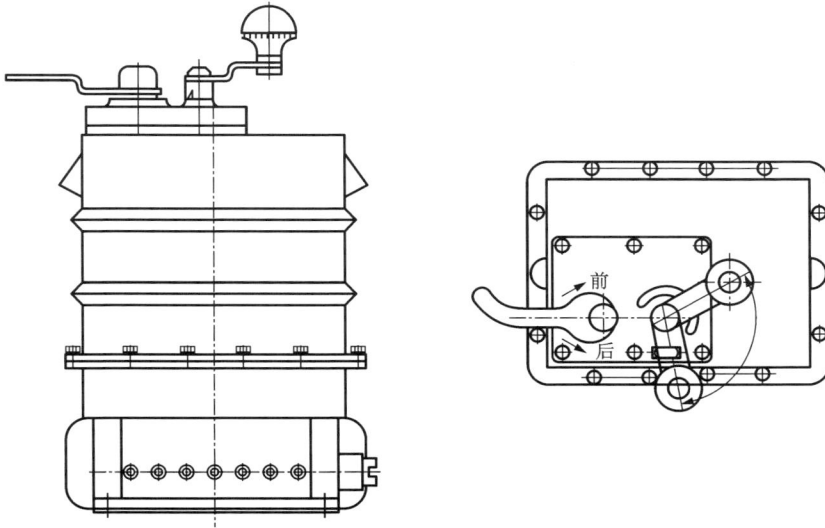

图1-14 司机控制器外形图

流牵引电动机分为矿用一般型、矿用隔爆型、湿热带型或高原型,其中矿用隔爆型可用于含甲烷、煤尘爆炸性混合物的场所,湿热带型可用于湿热带环境,高原型可用于高原环境。

交流变频调速电机车采用交流异步电动机,具有牵引力大、性能安全可靠、调速平滑且范围宽广、节能效果显著等特点,近年获得了广泛的应用。交流牵引电动机分为矿用一般型和矿用隔爆型,矿用隔爆型可用于含甲烷、煤尘爆炸性混合物的场所。

10)自动开关与照明装置

自动开关是电机车主回路的电源开关,实际上也是电动机动力回路的保护装置。

电机车前、后均装有照明灯,这些灯通常由接触网供电。除两端照明灯外,电机车还有利于插座和插销接入接触网的携带用灯。

1.1.1.2 特点与应用范围

架线式电机车结构简单、维护容易、用电效率高、运输费用低,是目前应用范围最广泛的一种电机车。但是需配套有整流和架线设施,不够灵活,架线对巷道尺寸及人员通行有一定影响,受电弓与架线之间容易产生火花,在有瓦斯的矿山不能使用。

对于长距离和大运量的大、中型矿山,增加巷道的通过能力,可以实行双机牵引或双机重联牵引,能大大增加牵引力,提高矿山运输能力。

1.1.1.3 主要生产厂家与产品技术参数

1)湘电重型装备有限公司

湘电重型装备有限公司生产的架线式直流电机车技术参数见表1-4,架线式交流变频电机车技术参数见表1-5。

2)湘潭市电机车厂有限公司

湘潭市电机车厂有限公司生产的架线式直流电机车技术参数见表1-6,架线式交流变频电机车技术参数见表1-7。

表1-4 湘电重型装备有限公司架线式直流电机车技术参数

序号	产品新型号	产品老型号	整备质量/t	轨距/mm	小时制牵引力/kN	小时制速度/(km·h⁻¹)	最大牵引力/kN	直流电压/V	牵引电机功率×台数/(kW×台)	总长	车架宽	轨面距顶棚高	牵引高度	轴距	轮径	变电器工作高度	最小曲线半径/m	调速方式	制动方式	备注
										机车外形及主要尺寸/mm										
1	CJY 1.5/6, 7, 9 G 100	ZK1.5-6, 7, 9/100	1.5	600, 762, 900	2.55	4.54	3.68	100	3.5×1	2340	950/950/1100	1550	320	650	φ460	1600~2000	5	电阻	机械	内车架、单电机
2	CJY 1.5/6, 7, 9 G 250	ZK1.5-6, 7, 9/250	1.5	600, 762, 900	3.24	6.6	3.68	250	6.5×1	2370	914/1076/1214	1550	320	650	φ460	1800~2200	5	电阻	机械	外车架、单电机
3	CJY 3/6, 7, 9 G 250	ZK3-6, 7, 9/250-2	3	600, 762, 900	5.74	7.5	7.35	250	6.5×2	2750	920/1082/1244	1550	210/320	850	φ520	1800~2200	6	电阻	机械	双电机、二级传动
4	CJY 6/6, 7, 9 G 250	ZK6-6, 7, 9/250	6	600, 762, 900	11.97	10	14.7	250	18×2	4430	1050/1212/1350	1600	320/430	1150	φ680	2000~2400	7	电阻	机械、电气	二级传动
5	CJY 6/6, 7, 9 G 550	ZK6-6, 7, 9/550	6	600, 762, 900	11.97	10	14.7	550	18×2	4430	1050/1212/1350	1600	320/430	1150	φ680	2000~2400	7	电阻	机械、电气	主副司机室、二级传动
6	CJY 7/6, 7, 9 G 250	ZK7-6, 7, 9/250	7	600, 762, 900	13.05	11	17.15	250	21×2	4470	1054/1354/1354	1500	320/430	1100	φ680	1800~2200	7	电阻	机械、电气	一级传动
7	CJY 7/6, 7, 9 G B 250	ZK7-6, 7, 9/250-Z	7	600, 762, 900	13.05	11	17.15	250	21×2	4470	1054/1354/1354	1500	320/430	1100	φ680	1800~2200	7	IGBT斩波	机械、电气	一级传动
8	CJY 7/6, 7, 9 G 550	ZK7-6, 7, 9/550	7	600, 762, 900	15.09	11	17.15	550	24×2	4456	1054/1354/1354	1500	320/430	1100	φ680	1800~2200	7	电阻	机械、电气	一级传动
9	CJY 7/6, 7, 9 G B 550	ZK7-6, 7, 9/550-Z	7	600, 762, 900	15.09	11	17.15	550	24×2	4456	1054/1354/1354	1500	320/430	1100	φ680	1800~2200	7	IGBT斩波	机械、电气	一级传动

续表 1-4

序号	产品新型号	产品老型号	整备质量/t	轨距/mm	小时制 牵引力/kN	小时制 速度/(km·h⁻¹)	最大牵引力/kN	直流电压/V	牵引电机功率×台数/(kW×台)	总长	车架宽	轨面距顶棚高	牵引高度	轴距	轮径	受电器工作高度	最小曲线半径/m	调速方式	制动方式	备注
10	CJY 10/6,7,9 G 250	ZK10-6,7,9 G/250	10	600 762 900	13.05	11	24.53	250	21×2	4470	1054 1354 1354	1500	320 430	1100	φ680	1800~2200	7	电阻	机械、电气	一级传动
11	CJY 10/6,7,9 G B 250	ZK10-6,7,9/250-Z										1550						IGBT斩波	机械、电气	一级传动，侧板加厚
12	CJY 10/6,7,9 G 250(B)	ZK10-6,7,9/250-0(1)								4530	1052 1214 1352	1550						电阻/IGBT斩波	机械、电气	一级传动
13	CJY 10/6,7,9 G 550	ZK10-6,7,9/550						550	24×2	4470	1332	1500						电阻/IGBT斩波	机械、电气	一级传动
14	CJY 10/6,7,9 G B 550	ZK10-6,7,9/550-Z			15.09					4530	1054 1354 1354	1550				2000~2400		IGBT斩波	机械、电气	一级传动
15	CJY 10/6,7,9 G 550(D)	ZK10-6,7,9/550-9									1052 1214 1352							电阻/IGBT斩波	机械、电气	一级传动，侧板加厚
16	CJY 10/6,7,9 G 250(C)	ZK10-6,7,9/250-3			18.93	10.5		250	30×2	4660	1050 1212 1350	1600		1220		1900~2400	10	电阻/IGBT斩波	机械、电气	一级传动
17	CJY 10/6,7,9 G 550(B)	ZK10-6,7,9/550-4						550		4840	1050 1212 1350							电阻/IGBT斩波	机械、电气	二级传动

续表 1-4

序号	产品新型号	产品老型号	整备质量/t	轨距/mm	参数 小时制 牵引力/kN	速度/(km·h⁻¹)	最大牵引力/kN	直流电压/V	牵引电机功率×台数/(kW×台)	机车外形及主要尺寸/mm 总长	车架宽	机面距顶棚高	牵引高度	轴距	轮径	受电器工作高度	最小曲线半径/m	调速方式	制动方式	备注
18	CJL 20/6、7、9 GY 550(D)	ZK10-6、7、9/550-6C.1	10×2	600 762 900	18.9×2	10.5	24.53×2	550	30×4	4800	1050 1212 1350	1600	320 430	1220	φ680	1900~2400	10	电阻	机械、电气、空气	双机牵引
19	CJY 14/6、7、9 GY 550(B)	ZK14-6、7、9/550-5C	14	600 762 900	26.68	12.87	34.34	550	52×2	4880	1060 1350 1350	1700	320 430	1700	φ760	2000~3200	15	电阻	机械、电气、空气	二级传动
20	CJY 14/6、7、9 GY 550(C)	ZK14-6、7、9/550-6C		600 762 900						5440						1000~2500		IGBT斩波	机械、电气、空气	二级传动
21	CJY 20/7 GY 550		20	762	39.23	15	50	550	85×1	7200	1400	1700	320 430	2500	φ840	2000~3200	30	电阻	机械、电气、空气	
22	CJY 20/9 GY 550	ZK20-9/550-2C.1		900						7900	1750	1900	780			2200~3400	30	电阻	机械、电气、空气	间接控制
23	CJY 20/9 GY 550			900			49			7300	1600	1900	780			2200~3400	25	IGBT斩波	机械、电气、空气	二级传动

1. 型号意义
C—工矿电机车；J—架线式；Y—单司机室；L—双司机室；G—钢轮；Z—斩波；GY 中的 Y—带翘板配底卸式或侧卸式底卸式矿车使用；B—设计序号。
2. 使用环境
(1)周围空气最高温度不超过 40℃，最低温度不低于 20℃；
(2)最湿月的月平均最大相对湿度不大于 95%（同月月平均最低温度不超过 25℃）。

表1-5 湘电重型装备有限公司架线式交流变频电机车技术参数

序号	产品新型号	整备质量/t	轨距/mm	参数 小时制 牵引力/kN	参数 小时制 速度/(km·h⁻¹)	最大牵引力/kN	直流电压/V	牵引电机功率×台数/(kW×台)	总长	车架宽	轨面距顶棚高	牵引高度	轴距	轮径	最小曲线半径/m	调速方式	制动方式	备注
1	CJY 7/6、7、9 G P	7	600 762 900	15.09	11	17.2	550 (250)	22×2	4440	1052 1352 1352	1600	320 430	1100	φ680	7	变频	机械、电气	一级传动、单司机室、受电弓工作高度1800~2200 mm
2	CJY 10/6、7、9 G P	10	600 762 900	17.5	12	25	550 (250)	30×2	4800	1050 1212 1350	1600	320 430	1220	φ680	10	变频	机械、电气、空气	两级传动、单司机室、受电弓工作高度1800~2400 mm
3	CJY 14/6、7、9 G P	14	600 762 900	28.28	14.5	34.34	550	60×2	5200	1060 1222 1360	1700	320 430	1500	φ760	15	变频	机械、电气、空气	两级传动、单司机室、受电弓工作高度1800~2500 mm
4	CJY 20/6、7、9 G P	20	600 762 900	34 34 40	14 14 12	49 49 50	550	75×2 75×2 65×2	5660 5660 7240	1220 1382 1750	1700 1700 2000	320/430 595 595	1600 1600 2400	φ760 φ760 φ840	15 15 25	变频	机械、电气、空气	两级传动、单司机室、受电弓工作高度2200~3200 mm，600 mm轨距受电弓工作高度1800~2400 mm

续表 1-5

序号	产品新型号	整备质量/t	轨距/mm	参数 小时制 牵引力/kN	参数 小时制 速度/(km·h⁻¹)	最大牵引力/kN	直流电压/V	牵引电机功率×台数/(kW×台)	机车外形及主要尺寸/mm 总长	车架宽	轨面距顶棚高	牵引高度	轴距	轮径	最小曲线半径/m	调速方式	制动方式	备注
5	CJY 30/7, 9 G P	30	762 900	39.23	14.5	73.5	550	110×2	7900	1750	1900	780	2500	φ840	25	变频	机械、电气、空气	两级传动、单司机室、变电弓工作高度 2200~3400 mm

1. 型号意义

C—工矿电机车；J—架线式；Y—单司机室；G—钢轮；P—变频。

2. 使用环境

(1)周围空气最高温度不超过40℃，最低温度不低于-20℃；

(2)最湿月的月平均最大相对湿度不大于95%(同月的月平均最低温度不超过25℃)。

表 1-6 湘潭市电机车厂有限公司架线式直流电机车技术参数

序号	产品新型号	产品旧型号	整备质量/t	轨距/mm	参数 小时制 牵引力/kN	参数 小时制 速度/(km·h⁻¹)	最大牵引力/kN	直流电压/V	牵引电机功率×台数/(kW×台)	机车外形及主要尺寸/mm 总长	车架宽	轨面距顶棚高	牵引高度	轴距	轮径	受电器工作高度	最小曲线半径/m	调速方式	制动方式	备注
1	CJY 1.5/6, 7, 9 G	ZK1.5-6, 7, 9/100	1.5	600 762 900	2.55	4.54	3.68	100	3.5×1	2340	950 950 1100	1550	320	650	φ460	1600~2000	5	电阻	机械	内车架、单电机、一级传动
2	CJY 1.5/6, 7, 9 G	ZK1.5-6, 7, 9/250	1.5	600 762 900	3.24	6.6	3.68	250	6.5×1	2370	914 1076 1214	1550	210320	650	φ460	1800~2200	5	电阻	机械	外车架、单电机、一级传动

续表 1-6

序号	产品新型号	产品旧型号	整备质量/t	轨距/mm	参数 小时制 牵引力/kN	参数 小时制 速度/(km·h⁻¹)	最大牵引力/kN	直流电压/V	牵引电机功率×台数/(kW×台)	机车外形及主要尺寸/mm 总长	车架宽	轨面距顶棚高	牵引高度	轴距	轮径	受电器工作高度	最小曲线半径/m	调速方式	制动方式	备注
3	CJY 3/6、7、9 G	ZK3-6、7、9/250	3	600 762 900	4.71	9.1	7.36	250	12×1	2960	940 920 1082 1220	1550	210 320	816	φ650	1800~2200	5.7	电阻或斩波	机械	一级传动
4	CJY 3/6、7、9 G	ZK3-6、7、9/550			6.1	10.6		550	24×1	2960				816	φ650		5.7			一级传动
5	CJY 3/6、7、9 G	ZK3-6、7、9/250-1			5.74	7.5		250	6.5×2	2760				850	φ520		6			二级传动
6	CJY 3/6、7、9 G	ZK3-6、7、9/250-2			574	7.5		250	6.5×2	2760				850	φ520		6			二级传动
7	CJY 6/6、7、9 G	ZK6-6、7、9/250	6	600 762 900	11.94	10	14.7	250	18×2	4430	1050 1212 1350	1600	320 430	1150	φ680	2000~2400	7	电阻或斩波	机械	二级传动
8	CJY 6/6、7、9 G	ZK6-6、7、9/250-C						250												双机牵引，二级传动
9	CJL 6/6、7、9 G	ZK6-6、7、9/550						550												双司机室，二级传动
10	CJY 7/6、7、9 G	ZK7-6、7、9/250	7	600 762 900	13.05	11	17.2	250	21×2	4470	1054 1354或1216 1354	1550	320 430	1100	φ680	1800~2200	7	电阻或斩波	机械	一级传动
11	CJY 7/6、7、9 G	ZK7-6、7、9/550			15.09	11		550	24×2											一级传动

续表 1-6

序号	产品新型号	产品旧型号	整备质量/t	轨距/mm	小时制牵引力/kN	小时制速度/(km·h⁻¹)	最大牵引力/kN	直流电压/V	牵引电动机功率×台数/(kW×台)	总长	车架宽	机面距顶棚高	牵引高度	轴距	轮径	受电器工作高度	最小曲线半径/m	调速方式	制动方式	备注
12	CJY 10/6、7、9 G	ZK10-6、7、9/250	10	600 762 900	13.05	11	24.5	250	21×2	4470	1054 1354 或 1216 1354	1550	320 430	1100	φ680	1800~2200	7	电阻或斩波	机械、电气	一级传动
13	CJY 10/6、7、9 G	ZK10-6、7、9/250-0(1)																		一级传动、侧板加厚型(50 mm)
14	CJY 10/6、7、9 G	ZK10-6、7、9/250-3			18.93	10.5			30×2	4660	1050 1212 1350	1600		1220		2000~2400	10			二级传动
15	CJY 10/6、7、9 G	ZK10-6、7、9/550	10	600 762 900	15.09	11	24.5	550	24×2	4470	1054 1354 或 1216 1354	1550	320 430	1100	φ680	1800~2200	7	电阻或斩波	机械、电气	一级传动
16	CJY 10/6、7、9 G	ZK10-6、7、9/550-8								4530										一级传动、侧板加厚型(80 mm)
17	CJY 10/6、7、9 G	ZK10-6、7、9/550-4			18.93	10.5			30×2	4660	1050 1212 1350	1600		1220		2000~2400	10			二级传动
18	CJY 10/6、7、9 G	ZK10-6、7、9/550-6C.1								4800							1800~2200			双机牵引

续表 1-6

序号	产品新型号	产品旧型号	整备质量/t	轨距/mm	参数 小时制 牵引力/kN	参数 小时制 速度/(km·h⁻¹)	最大牵引力/kN	直流电压/V	牵引电机功率×台数/(kW×台)	机车外形及主要尺寸/mm 总长	车架宽	轨面距顶棚高	牵引高度	轴距	轮径	受电器工作高度	最小曲线半径/m	调速方式	制动方式	备注
19	CJY 14/6、7、9 G	ZK14-6、7、9 G	14	600 762 900	26.68	12.87	34.3	250 或 550	52×2	4800	1050 1350 或 1212 1350	1700	320 430	1700	φ760	2000~3200	12	电阻 或 斩波	机械、电气、空气	二级传动
20	CJY 20/6、7、9 G(B)	ZK20-6、7、9 G	20	600 762 900	39.23 37.3	15 14.4	49	550	85×2 78×2	7400 7100	1750 1600	1900	320 430	2500 2200	φ840	2000~3200	30 25	电阻 或 斩波	机械、电气、空气	二级传动
21	CJY 30/7、9 G(B)	ZK30-7、9/550-(0)	30	762 900	43	13.2	72	550	85×2	7100	1410	1700	320	2200	φ840	1900~2400	32	电阻	机械、电气、空气	中置司机室

1. 新型号意义

C—工矿电机车；J—架线式；Y—单司机室；L—双司机室；G—钢轮；B—斩波调速；P—变频调速。

2. 旧型号意义

Z—架线式；K—井下矿用；L—露天矿用；C—带翘板配底卸式或侧卸式或底卸式矿车使用；其他数字分别代表黏重、轨距、电压设计序号。

表 1-7 湘潭市电机车厂有限公司架线式交流变频电机车技术参数

序号	产品新型号	整备质量/t	轨距/mm	参数			直流电压/V	牵引电机功率×台数/(kW×台)	最小曲线半径/m	制动方式
				小时制		最大牵引力/kN				
				牵引力/kN	速度/(km·h⁻¹)					
1	CJY 7/6、7、9 GP	7	600 762 900	15.16	9.8	18.2	250 550	22×2 22×2	7 7	机械、电气
2	CJY 10/6、7、9 GP	10	600 762 900	15.16 19.13 15.16 19.13	9.8 10.59 9.8 10.5	26	250 550	22×2 30×2 22×2 30×2	7 10 7 10	机械、电气
3	CJY 14/6、7、9 GP	14	600 762 900	27.16	11.2	36.4	550	45×2	12	机械、电气、空气
4	CJY 20/6、7、9 GP	20	600 762 900	41.04	12.5	52	550 750	65×2 75×2	12 30	机械、电气、空气
5	CJY 30/7、9 GP	30	762 900	60	12.73	78	550	110×2	30	机械、电气、空气

1.1.2　蓄电池电机车

1.1.2.1　工作原理与结构

蓄电池电机车与架线式电机车供电装置有所不同，蓄电池电机车不需要架设牵引电网，由装在车上的蓄电池组供电。除供电部分器件不同外，其他部分的结构基本相同。机械部分有区别的是架线式电机车采用铸铁制作的刚性缓冲器，而蓄电池电机车采用带弹簧的缓冲器，以减缓电池组所受的冲击。

蓄电池式电机车都配有电源装置，一般每台机车配备 2 台电源装置，电源装置由蓄电池箱体、蓄电池、插销联结器和连接导线及定位件组成。

防爆蓄电池式电机车必须配装防爆特殊型电源装置，其各部分的技术要求如下。

（1）蓄电池为矿用特殊型蓄电池，这种蓄电池要求氢气析出量小，双极柱结构，有可靠的极板绝缘，高强度和绝缘可靠的蓄电池外壳，封口严密可靠，采用特殊排气栓等。

（2）蓄电池箱用以容纳和保护蓄电池，箱体及箱盖均由具有足够强度的金属材料制成。为保证蓄电池箱箱体具有良好的绝缘和耐腐蚀性，箱体和箱盖均用绝缘强度高、耐腐蚀性能好和不易燃烧的材料覆盖，绝缘覆盖层的绝缘电阻不小于 5 MΩ。蓄电池箱还要具备排液功能，保证箱体内蓄电池析出的氢气能被及时排出。蓄电池箱体与箱盖之间设有可靠的联锁装置，保证电源装置装在机车上箱盖后不能被打开。

（3）蓄电池的布置和连接导线。蓄电池应分组分布在几个间隔内，且每个蓄电池四周用定位件固定，以防止移动。蓄电池极柱与连接导线之间的连接方式是用铅锑合金焊接，保证连接安全可靠，不会松动，消除产生火花的可能性。

蓄电池电机车普遍采用铅酸蓄电池作为动力电源，但近年来随着电化学技术的不断发展以及生产制造成本的不断降低，磷酸铁锂蓄电池逐步在取代铅酸蓄电池。磷酸铁锂蓄电池相对于铅酸电池具有如下优点。

（1）循环特性好，使用寿命长。铅酸蓄电池的循环寿命一般不超过 500 次，而磷酸铁锂蓄电池一般可以达到 2000 次以上，甚至能达到 3000 次以上。

（2）能量密度高。磷酸铁锂蓄电池的能量密度是铅酸蓄电池的 3~4 倍，在相同电压规格和容量下，可以减轻电池的重量，减少占用空间。

（3）支持大电流充、放电。铅酸蓄电池一般需要 10 h 左右才能完成充电，而磷酸铁锂蓄电池的充电时间可缩短至 3~4 h。磷酸铁锂蓄电池允许的放电倍率较高，因此应用磷酸铁锂蓄电池的电机车的加速性能和爬坡性能明显优于应用铅酸蓄电池的电机车。

（4）安全性能高。磷酸铁锂蓄电池通过严格的安全测试，即使在恶劣的交通事故中也不会发生爆炸。

（5）环保性能好。磷酸铁锂蓄电池在充放电过程中无析气现象，在井下相对密闭的环境中充电不会带来安全隐患，也不会对操作人员造成伤害。

1.1.2.2　特点与应用范围

蓄电池式电机车具有可靠的防爆性能，可以用于有瓦斯、煤尘积存较多的巷道运输；但由于蓄电池要定期充电，需要配置充电设备，初期投资和后期运营费较高。因此，这种电机车比较适用于巷道掘进运输以及产量较小或巷道不太规则的矿山应用。

1.1.2.3　主要生产厂家与产品技术参数

（1）湘电重型装备有限公司生产的非防爆特殊型蓄电池式电机车技术参数见表 1-8，蓄电池式交流变频电机车技术参数见表 1-9。

表 1-8 湘电重型装备有限公司非防爆特殊型蓄电池式电机车技术参数

序号	产品新型号	产品旧型号	整备质量/t	轨距/mm	小时制牵引力/kN	小时制速度/(km·h⁻¹)	最大牵引力/kN	蓄电池组直流电压/V	蓄电池组电容量/(A·h)(5小时率)	牵引电机功率×台数/(kW×台)	总长	车架宽	轨面距顶棚高	牵引高度	轴距	轮径	最小曲线半径/m	调速方式	制动方式	备注
1	CDY 2.5/4、6、7、9 G 48（A）	XK2.5-4、6、7、9/48-1	2.5	457 600	2.55	4.54	6.13	48	308	3.5×1	2330	914 914 1076 1214	1550	320	650	φ460	5	电阻	机械	
2	CAY 2.5/4、6、7、9 G 48（B）	XK2.5-4、6、7、9/48-2A		762 900																
3	CDY 5/6、7、9 G 90	XK5-6、7、9/90	5	600 762 900	7.06	7	12.26	90	385	7.5×2	3050 2960	900	1535 1550	210 320	900	φ520	6	电阻	机械	
4	CAY 8/6 G 110（A）	XK8-6/110-1A	8	600	11.18	6.2	19.62	110	400	11×2	4430	1054	1600	210 320	1100	φ680	7	电阻	机械	一级传动
5	CAY 8/7、9 G 132（A）	XK8-7、9/132-1A	8	762 900	11.18	7.5	19.62	132	400	11×2	4430	1354	1600	210 320	1100	φ680	7	电阻	机械	一级传动
6	CTY 8/6、7、9 G 144	XK8-6、7、9/144-KBT	8	600 762 900	12.83	7.8	19.62	144	缓 440	15×2	4470	1050 1212 1350	1600	320 430	1150	φ600	7	电阻	机械、电气	两级传动
7	CAY 8/6、7、9 G 144-A	XK8-6、7、9/144-A							400											
8	CTL 12/7、9 G 192（B）	XK12-7、9/192-2KBT	12	762 900	16.48	8.7	29.43	192	560	22×2	5100	1220	1600		1220	φ680	10			两级传动、双司机室
9	CTY 12/7、9 G 192	XK12-7、9/192-1KBT.1									5100	1212 1350	1600	320 430	1220	φ680	10			两级传动、单司机室
10	CTY 12/6 G 192（B）	XK12-6/192-1KBT.2		600							4560	1050	1550		1000	φ520	7			两级传动、单司机室
11	CTY 12/6 GY 192（A）	XK12-6/192-1KBT.C			15.19	9.8					4530	车架 908 电源箱 1050	1550	446	1100	φ520	7	电阻	机械、电气、空气	两级传动、双司机室
12	CTL 12/6 GY 192（B）	XK12-6/192-2KBT.C			16.48	8.7					5382		1600		1220	φ680	10			两级传动、双司机室
13	CTY 12/6 GY 192（C）	XK12-6/192-3KBT.C									4740	1050 1212 1350	1600	320 430	1220	φ680	10			两级传动、单司机室
14	CTL 12/6 GY 192（D）	XK12-6/192-4KBT.C									5320		1600		1220		10			两级传动、双司机室

续表 1-8

序号	产品新型号	产品旧型号	整备质量/t	轨距/mm	小时制 牵引力/kN	速度/(km·h⁻¹)	最大牵引力/kN	直流电压/V	电容量/(A·h)(5小时率)	牵引电机功率×台数/(kW×台)	总长	车架宽	轨面距顶棚高	牵引高度	轴距	轮径	最小曲线半径/m	调速方式	制动方式	备注
15	CDY 15/7、9 G 256(A)	XK15-7、9/256-1	15	762 900	18.93	9.6	36.78	256	620	30×2	5200	1400	2120	320 430	1400	φ680	15	电阻	机械、电气、空气	
16	CDY 15/7、9 G 208	XK15-7、9/208	15	762 900	29.4	9.8	44.14	208	730	40×2	5580	1400	2140	320 430	2200	φ600	20	IGBT斩波	机械、电气、空气	
17	CDY 18/7、9 G 208(A)	XK18-7、9/208-1	18	762 900	29.4	9.8	44.14	208	730	40×2	5500	1400	2100	320 430	2200	φ600	20	IGBT斩波	机械、电气、空气	

表 1-9　湘电重型装备有限公司蓄电池式交流变频电机车技术参数

序号	产品新型号	整备质量/t	轨距/mm	小时制 牵引力/kN	速度/(km·h⁻¹)	最大牵引力/kN	直流电压/V	电容量/(A·h)(5小时率)	牵引电机功率×台数/(kW×台)	总长	车架宽	轨面距顶棚高	牵引高度	轴距	轮径	最小曲线半径/m	调速方式	制动方式	备注
1	CTL 8/6、7、9 G P 140	8	600 762 900	11.85	8.5	19.6	140	440	15×2	4860	1050 1212 1350	1600	320 430	1150	φ680	7	变频	机械、电气、空气	两级传动、双司机室
2	CTY 8/6、7、9 G P 140	8	600 762 900	12.83	7.8	19.6	140	440	15×2	4490	1050 1212 1350	1600	320 430	1150	φ680	7	变频	机械、电气	两级传动、单司机室

续表 1-9

序号	产品新型号	整备质量/t	轨距/mm	参数 小时制 牵引力/kN	参数 小时制 速度/(km·h⁻¹)	最大牵引力/kN	蓄电池组 直流电压/V	蓄电池组 电容量/(A·h)(5小时率)	牵引电机 功率×台数/(kW×台)	机车外形及主要尺寸/mm 总长	车架宽	轨面距顶棚高	牵引高度	轴距	轮径	最小曲线半径/m	调速方式	制动方式	备注
3	CTL 12/6、7、9 G P 192	12	600 762 900	16.48	9.7	29.43	192	560	22×2	5100	1050 1212 1350	1600	320 430	1220 1600	φ680	10	变频	机械、电气、空气	两级传动、双司机室
4	CTY 12/6、7、9 G P 192	12	600 762 900	16.48	9.7	29.43	192	560	22×2	4740	1050 1212 1350	1600	320 430	1220	φ680	10	变频	机械、电气	两级传动、单司机室
5	XJK 18/7、9 G P 210	18	762 900	35	7.8	45	210	560	40×2	5300	1400	2250	320 430	2100	φ680	20	变频	机械、电气、空气	
6	XJK 25/7 G P 300	25	762	51.3	10	61.25	300	620	75×2	6250	1400	2300	320 430	2330	φ680	30	变频	机械、电气、空气	
7	XJK 45/9 G P 504	45	900	100	7.43	130	504	630	110×2	8650	1500	2600	320 430	2700	φ840	30	变频	机械、电气、空气	

1. 型号意义
C—工矿电机车；J—架线式；T—防爆特殊型蓄电池式；Y—单司机室；L—双司机室；G—钢轮；Z—斩波；GY中的Y—带塑料履板底配卸式或侧底卸式矿车使用；X—蓄电池式；JK—交流调速；P—变频。
2. 使用环境
(1) 周围空气最高温度不超过40℃，最低温度不低于20℃；
(2) 最湿月的月平均最大相对湿度不大于95%（同月的月平均最低温度不超过25℃）。

（2）湘潭市电机车厂有限公司生产的蓄电池式电机车技术参数见表1-10，蓄电池式交流变频电机车技术参数见表1-11。

表1-10　湘潭市电机车厂有限公司蓄电池式电机车技术参数

序号	产品新型号	产品旧型号	整备质量/t	轨距/mm	小时制牵引力/kN	小时制速度/(km·h⁻¹)	最大牵引力/kN	直流电压/V	电容量/(A·h)(5小时率)	牵引电机功率×台数/(kW×台)	总长	车架宽	轨面距顶棚高	牵引高度	轴距	轮径	最小曲线半径/m	调速方式	制动方式	备注
1	CTY 2.5/4、6、7、9 G	XK2.5-4、6、7、9/48-1		457 600 762 900					308											
2	CTY 2.5/4、6、7、9 G	XK2.5-4、6、7、9/48-2A	2.5		2.55	4.54	6.13	48		3.5×1	2360	914 914 1076 1214	1550	320	650	φ460	5	电阻	机械	
3	CTY 8/6、7、9 G 144	XK8-6、7、9/48-1KBT							330											
4	XC-96-1	XC-96-1	10	1435	5.2	9.5	12.26	96	400	7.5×2	6000	2050	2450	320	3000	φ520	30	电阻	机械	包括动车和拖车，载重34人
5	CTY 5/6、7、9 G(B)	XK5-6、7、9/90	5	600 762 900	7.06	7	12.26	90	330	7.5×2	2960 2960 2860	920 1082 1220	1550	210 320	850	φ520	6	电阻	机械	
6	CTY 5/6、7、9 G(B)	XK5-6、7、9/90-KBT							385									斩波	机械	

续表 1-10

序号	产品新型号	产品旧型号	整备质量/t	轨距/mm	参数 小时制 牵引力/kN	参数 小时制 速度/(km·h⁻¹)	最大牵引力/kN	蓄电池组 直流电压/V	蓄电池组 电容量/(A·h)(5小时率)	牵引电机 功率×台数/(kW×台)	机车外形及主要尺寸/mm 总长	车架宽	轨面距顶棚高	牵引高度	轴距	轮径	最小曲线半径/m	调速方式	制动方式	备注
7	CTY 8/6、7、9 G(B)	XK8-6、7、9/110-1A	8	600 762 900	11.18	6.2	19.62	110	370	11×2	4430	1054 1216 1354	1550	210 320	1100	φ680	7	电阻或斩波	机械	一级传动
8	CTY 8/6、7、9 G(B)	XK8-6、7、9/110-KBT							440		4430		1600							一级传动
9	CTL 8/6、7、9 G(B)	XK8-6、7、9/110-1KBT									4580		1600							一级传动、双司机室
10	CTY 8/6、7、9 G(B)	XK8-6、7、9/132-1A				7.5		132	370		4430		1550							一级传动
11	CTY 8/6、7、9 G(B)	XK8-6、7、9/132-KBT							440		4430		1600							一级传动
12	CTL 8/6、7、9 G(B)	XK8-6、7、9/132-1KBT									4580		1600							一级传动、双司机室

续表 1-10

序号	产品新型号	产品旧型号	整备质量/t	轨距/mm	小时制牵引力/kN	小时制速度/(km·h⁻¹)	最大牵引力/kN	蓄电池组直流电压/V	蓄电池组电容量/(A·h)(5小时率)	牵引电机功率×台数/(kW×台)	总长	车架宽	轨面距顶棚高	牵引高度	轴距	轮径	最小曲线半径/m	调速方式	制动方式	备注
13	CTY 8/6、7,9 G(B)	XK8-6、7,9/144-KBT	8	600 762 900	12.83	7.8	19.62	144	440	15×2	4470	1050 1212 1350	1600	320 430	1150	φ600	7	电阻		蓄电池并联、二级传动
14	CTY 8/6、7,9 G(B)	XK8-6、7,9/144-A							440		4470					φ600			机械	蓄电池并联、二级传动
15	CTY 8/6、7,9 G(B)	XK8-6、7,9/140-KBT						140	440		4420					φ680				二级传动
16	CTL 8/6、7,9 G(B)	XK8-6、7,9/140-2KBT							440		4850					φ680		斩波		双司机室、二级传动
17	CTY 12/6、7,9 G(B)	XK12-6、7,9/192	12	600 762 900	16.48	8.7	29.43	192	560	22×2	4740	1050 1212 1350	1600	320 430	1220	φ680	10	电阻或斩波	机械、电气、空气	
18	CTY 12/6、7,9 G(B)	XK12-6、7,9/192-1KBT.1									5100									双司机室
19	CTL 12/6、7,9 G(B)	XK12-6、7,9/192-2KBT									5100									双司机室
20	CTL 12/6、7,9 G(B)	XK12-6、7,9/192-3KBT									5100									双司机室、蓄电池并联
21	XG 12/6、7,9/256	XG 12/6、7,9/256			18.93	9.6		256	620	30×2	5250				1750		15			中置司机室、蓄电池并联

续表 1-10

序号	产品新型号	产品旧型号	整备质量/t	参数 轨距/mm	小时制 牵引力/kN	小时制 速度/(km·h⁻¹)	最大牵引力/kN	蓄电池组 直流电压/V	蓄电池组 电容量/(A·h)(5小时时率)	牵引电机 功率×台数/(kW×台)	总长	车架宽	轨面距顶棚高	牵引高度	轴距	轮径	最小曲线半径/m	调速方式	制动方式	备注
22	CTY 15/6、7、9 G	XK15-6、7、9/256	15	600 762 900	18.93	9.6	36.18	256	620	30×2	5200	1500	1920	320 430	1400	φ680	15	电阻	机械、电气、空气	蓄电池串并联
23	CTY 18/7、9 B	XK18-7、9/208	18	762 900	25.68	10.32	44.15	208	730	40×2	5100	1500	1900	320 430	2100	φ600	20	IGBT斩波	机械、电气、空气	
24	XDQ 60/15-14EX	XDQ 60/15-14EX	15	1435	11.26	6.6	29.4	120	500(免维护)	11×2	6200	1500	1000	240	3000	φ600	40	SCR斩波	机械、气液	双司机室防爆等级 dⅡBT4

1. 新型号意义
C—工矿电机车；T—蓄电池防爆特殊型；Y—单司机室；L—双司机室；G—钢轮；B—斩波调速；P—变频调速。
2. 旧型号意义
X—蓄电池式；T—井下矿用；G—工程车；KBT—煤矿防爆特殊型；A—安全型；C—带翘板配底卸式或侧底卸式矿车使用；其他数字分别代表黏重、轨距、电压设计序号。

表1-11　湘潭市电机车厂有限公司蓄电池式交流变频电机车技术参数

序号	产品新型号	整备质量/t	轨距/mm	参数		蓄电池组		牵引电机功率×台数/(kW×台)	最小曲线半径/m	制动方式
				小时制	最大牵引力/kN	直流电压/V	电容量/(A·h)(5小时率)			
				牵引力/kN　速度/(km·h⁻¹)						
1	CTY 8/6、7、9 GP CTL 8/6、7、9 GP	8	600 762 900	13.12　　7.7	20.8	110 132 144 140	370 / 440 370 / 440 矮440 / 440 440 / 440	15×2	7	机械、电气
2	CTY 12/6、7、9 GP CTL 12/6、7、9 GP	12	600 762 900	17.18　　8.7	31.2	192	560	22×2	10	机械、电气、空气
3	XG 12-6、7、9/256-D(I)	12	600 762 900	20.92　　9.6	31.2	256	560	30×2	15	机械、电气、空气
4	CTY 15/6、7、9 GP	15	600 762 900	20.92　　9.6	39	256	620	30×2	15	机械、电气、空气
5	CTY 18/6、7、9 GP	18	600 762 900	30.74　　9.8	46.8	208	730	45×2	20	机械、电气、空气

1.2 轨道运输车辆

在矿山运输矿石、废石的矿车主要有固定车厢式、翻斗式、单侧曲轨侧卸式、底卸式、底侧卸式及梭式等。

矿车的选择主要根据运输矿物种类、矿石性质(块度、粉矿和泥水含量、黏结性等)、运输量和运距、装卸矿方式、料流的落差、使用地点等条件来确定。

矿车选型主要考虑以下几种情况。

(1)对于运输系统比较复杂的矿山,矿车选型须通过技术经济比较后确定。

(2)为减少列车编组、调度和维修方面的复杂性,全矿力求车型和规格最少,选用一种或两种为宜(辅助车辆除外)。

(3)根据设计需要和可能,尽量选用有较大容积的矿车。

(4)由于单侧曲轨侧卸式矿车在卸矿时产生很大的冲击,故一般不选用4 m³以上的大型矿车。

(5)底侧卸式矿车比底卸式矿车优点多,应优先选用。

1.2.1 固定车厢式矿车

1.2.1.1 工作原理与结构

固定车厢式矿车由车厢、车架(包括缓冲器)、插销、连接器和轮对等构成,车厢固定在车架上,卸载时必须将矿车推入翻车机,把整个矿车翻转过来才能卸出矿石。车厢通常用5 mm以上的钢板焊接而成,车厢底制成半圆形,车厢上口焊有扁钢或者角钢,车架由纵梁和兼作横梁的碰头座构成,车架纵梁与碰头座之间通常为铆接或焊接,矿车的其他组成部分都装在车架上。其结构形式如图1-15所示。

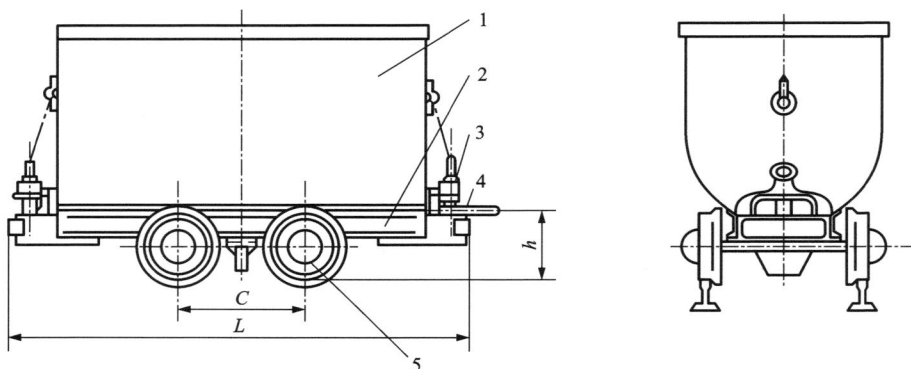

1—车厢;2—车架;3—插销;4—连接器;5—轮对。

图1-15 固定车厢式矿车结构图

1.2.1.2　特点与应用范围

固定车厢式矿车的主要优点：结构简单，制造容易，使用可靠，车皮系数较小，容积系数较大，卸载较干净，运输过程中不漏矿、不污积巷道，便于机械化清扫，坚固耐用，维修简便；缺点：卸矿设施结构较为复杂，地下卸载站硐室或地面卸矿站工程量大，卸载效率较低且矿石易结底。

固定车厢式矿车不太适用于运输黏结性较强的矿石，在中小型矿山应用较多。

1.2.1.3　产品型号及技术参数

固定车厢式矿车产品型号表示方法如下：

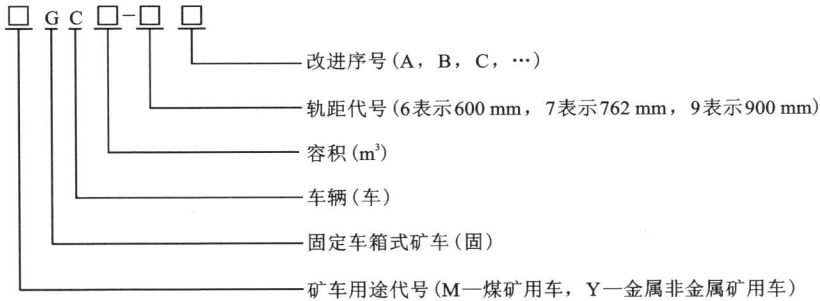

金属非金属矿用固定车厢式矿车基本参数与尺寸见表1-12。

表1-12　金属非金属矿用固定车厢式矿车基本参数与尺寸表

型号	容积/m³	装载量/t	轨距 G	外形尺寸/mm			轴距 C/mm	轮径 D/mm	牵引高 h/mm	牵引力/kN	自重/kg
				长度 L	宽度 B	高度 H					
YGC0.5-6	0.5	1.25	600	1200	850	1000	400	300	320		≤450
YGC0.7-6	0.7	1.75	600	1500	850	1050	500	300	320		≤500
YGC1.2-6	1.2	3	600	1900	1050	1200	600	300	320		≤720
YGC1.2-7			762								≤730
YGC2-6	2	5	600	3000	1200	1200	1000	400	320	60	≤1330
YGC2-7			762								≤1350
YGC4-7	4	10	762	3700	1330	1550	4300	450	320		≤2620
YGC4-9			900								≤2900
YGC10-7	10	25	762	7200	1500	1550	4500（850）	450	320	80	≤7000
YGC10-9			900								≤7080

注：1. 高度 H 和牵引高 h 自轨面算起；

2. 装载量按物料松散密度 $\rho=2500\ kg/m^3$ 计算；

3. 括号内尺寸表示为转向架自身轨距。

1.2.2 翻斗式矿车

1.2.2.1 工作原理与结构

翻斗式矿车由车厢、车架、翻转轨、止动板和轮对等构成(图1-16),车厢支撑在车架的翻转轨上。由于翻转轨的圆心稍低于重载时车厢的重心,故卸载时通过人力打开止动板,稍加外力即可使车厢在翻转轨上翻转,从而完成卸载。煤矿用翻斗式矿车车厢一般为 V 形,金属非金属矿用车厢一般为 U 形。

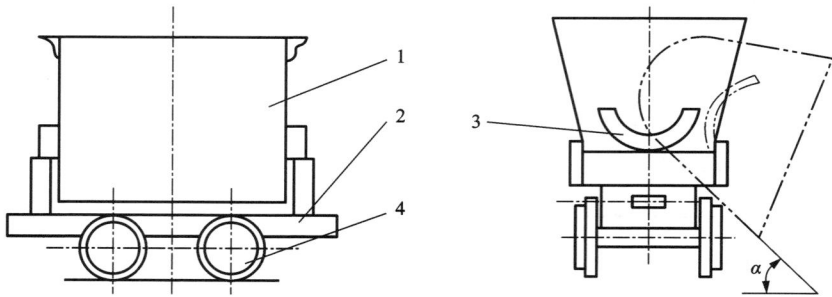

1—车厢;2—车架;3—翻转轨;4—轮对。

图 1-16 翻斗式矿车结构图

1.2.2.2 特点与应用范围

翻斗式矿车的主要优点:结构简单,卸载方式灵活,卸车设备(无动力翻车架)简单,人工翻卸时无须卸车设备;缺点:车皮系数较大,维修量大,人工翻卸时劳动强度较大,卸车效率不高。

翻斗式矿车运输能力较小,主要用于运输废石及井下充填料、巷道衬砌用料以及粉矿回收等,在小型矿山可同时用于运输矿石和废石。

1.2.2.3 产品型号及技术参数

翻斗式矿车产品型号表示方法如下:

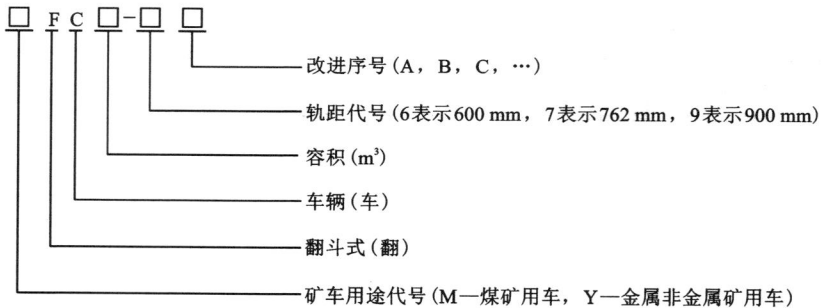

金属非金属矿用翻斗式矿车基本参数与尺寸见表1-13。

表1-13 金属非金属矿用翻斗式矿车基本参数与尺寸表

| 型号 | 容积 /m³ | 装载量 /t | 轨距 G /mm | 外形尺寸/mm | | | 轴距 C /mm | 轮径 D /mm | 牵引高 h /mm | 牵引力 /kN | 卸载角 α/(°) | 自重 /kg |
				长度 L	宽度 B	高度 H						
YFC0.5-6	0.5	1.25	600	1500	850	1050	500					≤550
YFC0.55-6	0.55	1.38	600	1600	850	1150	500					≤570
YFC0.60-6	0.6	1.63	600	1600	920	1200	550					≤610
YFC0.70-6	0.70	1.75	600	1650	980	1200	600	300	320	60	≥40	≤710
YFC0.70-7			762									≤720
YFC0.75-6	0.75	1.88	600	1700	980	1250	600					≤740
YFC0.75-7			762									≤750
YFC1.10-6	1.10	2.00	600	2400	980	1250	700					≤900
YFC1.10-6			762									≤900

注：1. 高度 H 和牵引高 h 自轨面算起；

2. 装载量按物料松散密度 $\rho = 2500 \text{ kg/m}^3$ 计算。

1.2.3 单侧曲轨侧卸式矿车

1.2.3.1 工作原理与结构

单侧曲轨侧卸式矿车由车厢、车架、引导轮以及轮对等组成(图1-17)，车厢与车架之间采用铰接连接，车厢的一侧固定并安装有卸载用的引导轮，另一侧设置可以打开的活动侧门。正常装载及运输矿石时侧门由挂钩勾住且不能开启；卸矿时，借助装在卸矿点的专用卸载曲轨作为车厢固定侧的引导轮导引，使车厢向活动侧门一侧倾斜，此时侧门挂钩松脱，侧门打开进行卸载。

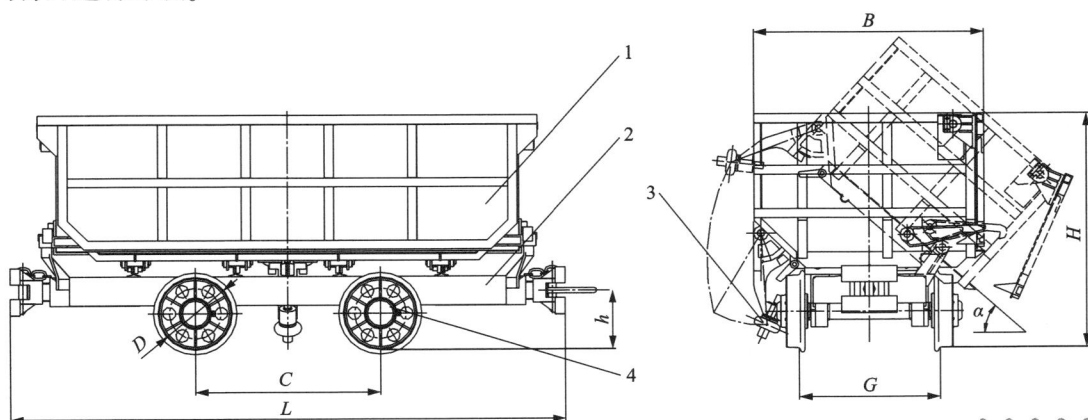

1—车厢；2—车架；3—引导轮；4—轮对。

图1-17 单侧曲轨侧卸式矿车结构图

扫一扫，看大图

1.2.3.2　特点与应用范围

单侧曲轨侧卸式矿车的主要优点：可在列车运行时连续卸载，卸载效率高，卸车设备（卸载曲轨）结构简单；缺点：由于其卸载时需要借助卸载曲轨使车厢倾斜，车厢受到了较大的侧向力。矿车容积越大，装载的矿石重量越大，所受到的侧向力也越大，容易导致车厢变形，零部件也容易损坏，使矿车的维护、检修工作量加大。同时，单侧曲轨侧卸式矿车的引导轮在卸载曲轨上运行时所产生的阻力也越大，使得机车牵引能力降低，因此，单侧曲轨侧卸式矿车容积不宜做得太大。目前国内应用最多的单侧曲轨侧卸式矿车容积多在 2.5 m^3 以下，4 m^3 以上的一般不推荐使用。

单侧曲轨侧卸式矿车矿石、废石皆可运输，在中小型矿山应用较为普遍。但由于其侧门容易洒漏粉矿和泥水，在含粉矿及泥水量较大的矿山和矿石价格较为贵重的矿山不太适用。

1.2.3.3　产品型号及技术参数

单侧曲轨侧卸式矿车产品型号表示方法如下：

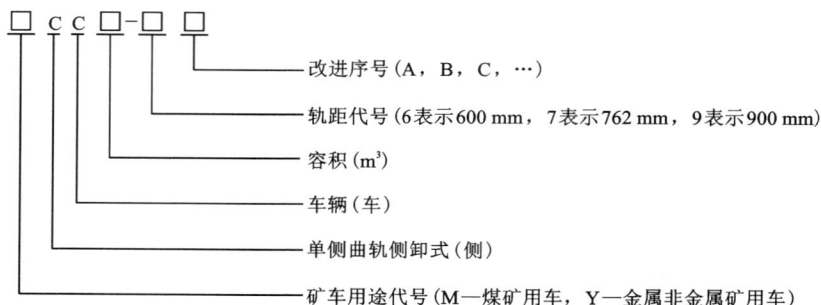

改进序号（A，B，C，…）

轨距代号（6表示600 mm，7表示762 mm，9表示900 mm）

容积（m^3）

车辆（车）

单侧曲轨侧卸式（侧）

矿车用途代号（M—煤矿用车，Y—金属非金属矿用车）

金属非金属矿用单侧曲轨侧卸式矿车基本参数与尺寸见表 1-14。

表 1-14　金属非金属矿用单侧曲轨侧卸式矿车基本参数与尺寸表

型号	容积 /m^3	装载量 /t	轨距 G /mm	外形尺寸/mm			轴距 C /mm	轮径 D /mm	牵引高 h/mm	牵引力 /kN	卸载角 α/(°)	自重 /kg
				长度 L	宽度 B	高度 H						
YCC0.7-6	0.7	1.75	600	1650	980	1050	600	300				≤750
YCC1.2-6	1.2	3.0	600	1900	1050	1200	600	300				≤1000
YCC1.6-6	1.6	4.0	600	2500	1200	1300	800	350				≤1670
YCC2-6	2.0	5.0	600	3000	1250	1300	1000	400	320	60	≥40	≤1830
YCC2-7			762					400				≤1880
YCC2.5-6	2.5	6.25	600	3500	1250	1300	1100	400				≤2510
YCC2.5-7			762					400				≤2510
YCC4-7	4.0	10.0	762	3900	1400	1650	1300	450	430			≤3230
YCC4-9			900					450				≤3300

注：1. 高度 H 和牵引高 h 自轨面算起（空载时）；

　　2. 装载量按物料松散密度 $\rho = 2500$ kg/m^3 计算。

1.2.4　底卸式矿车

1.2.4.1　工作原理与结构

底卸式矿车主要由车厢、车架、缓冲器、连接器、轮对等组成(图1-18),车厢两侧壁焊有支撑翼板,车底一端与车厢端壁铰接,另一端装设卸载轮,车体两端均设有缓冲装置,另有连接器用于连接矿车与矿车、矿车与机车。采用底卸式矿车运输时,要在运输线路内设置卸载站。当矿车经过卸载站,车厢悬空,并沿托辊向前移动时,矿车底架借其自重及所载矿石重量自动向下张开,车厢底架后端的卸载轮沿卸载曲轨向下方滚动,车底门逐渐开大。所载矿石重量及矿车底架自重作用会使矿车受到一个水平推力,推动矿车继续前进。矿车通过卸载中心点时,将矿石全部卸净。卸载轮滚过曲轨拐点逐渐向上,车架与车厢逐渐闭合。

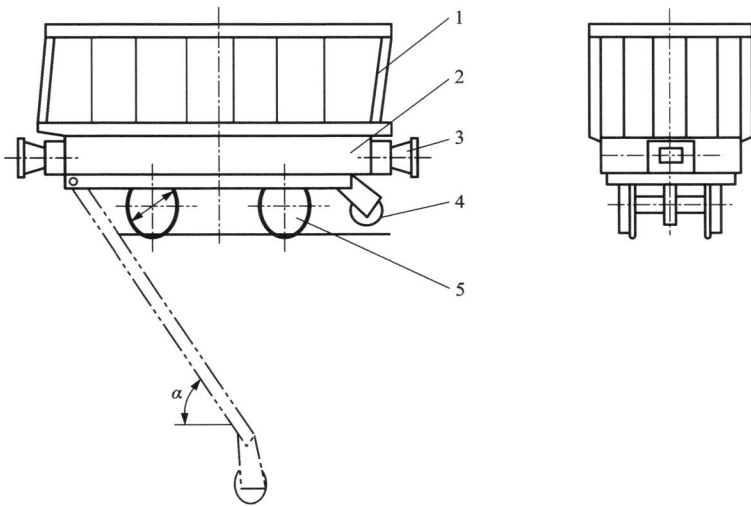

1—车厢；2—车架；3—缓冲装置；4—卸载轮；5—轮对。

图1-18　底卸式矿车结构图

1.2.4.2　特点与应用范围

底卸式矿车的主要优点:能够实现连续装、卸矿,装、卸矿时间短,运输能力大,运输效率高,卸矿干净,矿石不易结底;缺点:矿车结构复杂,制造成本高,车体宽度较固定式和单侧曲轨侧卸式矿车大,增加了巷道工程量,卸矿站工程量大且结构复杂,卸载时冲击力大、对曲轨冲击严重,且矿车经卸载站卸载完毕后,不能沿卸载站原路返回,需另设回车线。

底卸式矿车适用于大中型矿山,常用规格有2 m³、4 m³、6 m³,目前国内在用的最大规格矿车为普朗铜矿使用的进口20 m³底卸式矿车。

1.2.4.3　产品型号及技术参数

底卸式矿车产品型号表示方法如下:

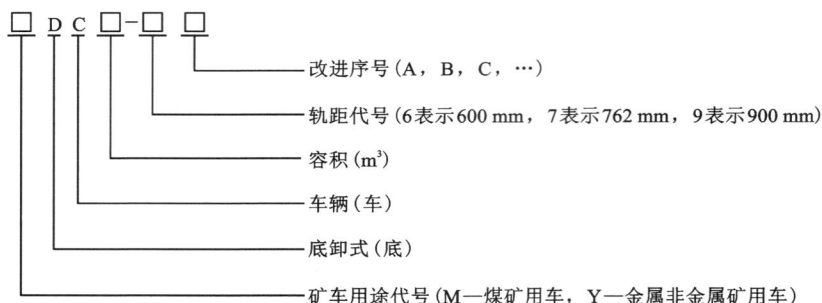

金属非金属矿用底卸式矿车基本参数与尺寸见表 1–15。

表 1–15 金属非金属矿用底卸式矿车基本参数与尺寸表

型号	容积 /m³	装载量 /t	轨距 G /mm	外形尺寸/mm			轴距 C /mm	轮径 D /mm	牵引高 h/mm	额定牵引力 /kN	卸载角 α/(°)	自重 /kg
				长度 L	宽度 B	高度 H						
YDC2–7	2	5	762	3070	1420	1280	1000	400	450	60	≥50	≤2400
YDC4–7	4	10	762	3900	1600	1600	1300	450	600			≤4320
YDC6–7	6	15	762	5400	1750	1650	2500 (800)	400	730			≤6320
YDC6–9	6	15	900									≤6380

注：1. 高度 H 和牵引高 h 自轨面算起；

2. 装载量按物料松散密度 $\rho = 2500 \ \text{kg/m}^3$ 计算；

3. 括号内尺寸表示为转向架自身轨距。

1.2.5 底侧卸式矿车

1.2.5.1 工作原理与结构

底侧卸式矿车由车厢、车架、轮对、卸载轮等组成（图 1–19），车厢和车架通过销轴铰接连为一体（销轴位于侧面），在矿车进入卸载站时，车厢上的翼板支撑在卸载站托轮上，卸载轮沿位于矿车下方的卸载曲轨运行，此时车架变成了可以打开的车门，从而完成矿石的卸载。

1.2.5.2 特点与应用范围

底侧卸式矿车的主要优点：车厢前高后低，矿车编组后前后车辆相互搭接，可连续装矿且矿石不会洒落在两车厢间隙内；卸载曲轨及其支撑均位于车架下方，卸矿过程中矿石不会冲击卸载曲轨；矿车卸载与其运行方向无关，空矿车可沿原路返回（车架需再打开一次）；卸载速度快、卸车效率高、矿石不易结底。缺点：矿车结构复杂，制造成本高，车体宽度较大，增加了巷道工程量，卸矿站工程量大且结构复杂。

底侧卸式矿车适用于大中型矿山。

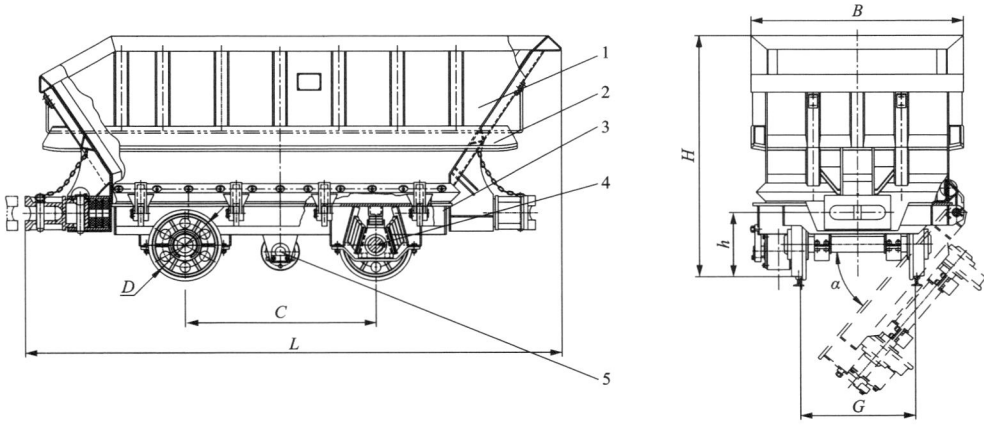

1—车厢；2—翼板；3—车架；4—轮对；5—卸载轮。

图 1-19 底侧卸式矿车结构图

1.2.5.3 产品型号及技术参数

底侧卸式矿车产品型号表示方法如下：

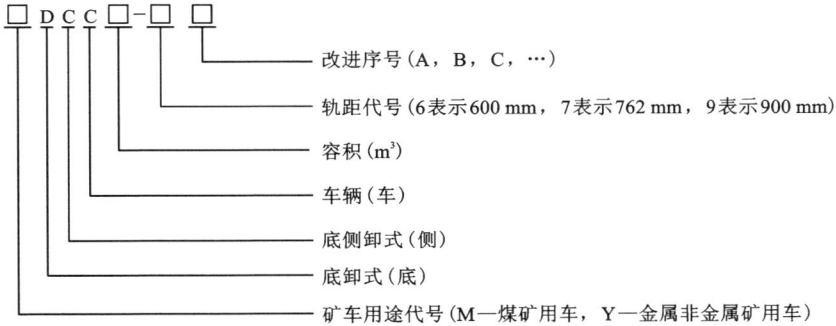

金属非金属矿用底侧卸式矿车基本参数与尺寸见表1-16。

表 1-16 金属非金属矿用底侧卸式矿车基本参数与尺寸表

型号	容积/m³	装载量/t	轨距 G/mm	外形尺寸/mm			轴距 C/mm	轮径 D/mm	牵引高 h/mm	额定牵引力/kN	卸载角 α/(°)	自重/kg
				长度 L	宽度 B	高度 H						
YDCC2-6	2	5	600	2880	1200	1310	1000	400	395			≤2250
YDCC4-7	4	10	762	3650	1450	1700	1300	450	430			≤3800
YDCC6-7	6	15	762	4700	1800	1650	1950(850)	400	520			≤7150
YDCC6-9	6	15	900	4700	1800	1650	1950(850)	400	520	60	≥50	≤7150
YDCC10-9	10	25	900	5400	2050	1850	2000(850)	500	500			≤11000
YDCC10-9A	10	25	900	5400	2050	1850	2200	500	500			≤9350

注：1. 高度 H 和牵引高 h 自轨面算起；

2. 装载量按物料松散密度 $\rho = 2500 \ kg/m^3$ 计算；

3. 括号内尺寸表示为转向架自身轨距。

1.2.6 梭式矿车

1.2.6.1 工作原理与结构

梭式矿车简称梭车,主要由车厢、刮板或链条输送机、转向架、牵引杆等组成(图 1-20),车厢安装在 2 个转向架上,车厢底部装有电力驱动的刮板或链板运输机。装载时将岩石从车厢受矿端装入,连续转动的刮板或链板运输机将岩石逐渐运往卸矿端,待整个梭车装满后,由矿用电机车牵引至卸载地点,再启动运输机即可将废石卸出。

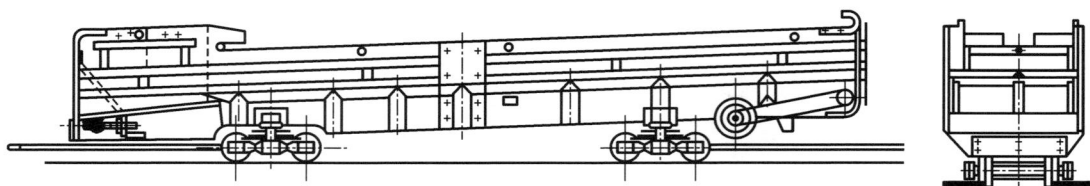

图 1-20 梭式矿车结构图

1.2.6.2 特点与应用范围

梭式矿车容积大,转弯半径小,卸载速度快、物料不结底,前端和两侧均可卸料,短距离运输时效率高,运行可靠性强。梭式矿车可单车使用,也可编组后成列使用。梭式矿车运行过程中严禁搭载人员。

梭式矿车在矿山巷道掘进过程中使用较为普遍。

1.2.6.3 产品型号及技术参数

梭式矿车产品型号表示方法如下:

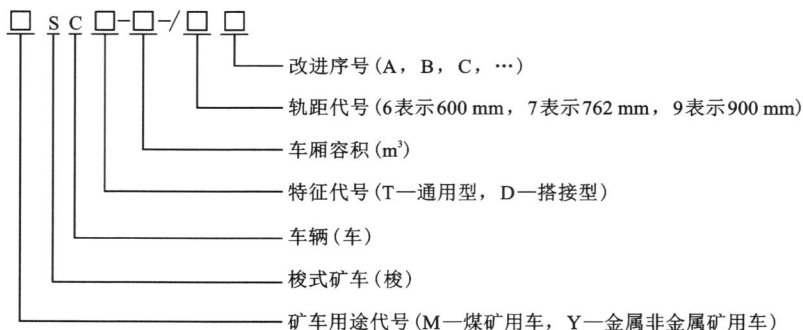

□ S C □-□-/□□

改进序号(A,B,C,…)

轨距代号(6表示600 mm,7表示762 mm,9表示900 mm)

车厢容积(m³)

特征代号(T—通用型,D—搭接型)

车辆(车)

梭式矿车(梭)

矿车用途代号(M—煤矿用车,Y—金属非金属矿用车)

金属非金属矿用梭式矿车基本参数与尺寸见表 1-17。

表1-17　金属非金属矿用梭式矿车基本参数与尺寸表

小型梭车型号		YSCT-4/□	YSCT-6/□	YSCT-8/□	YSCD-4/□	YSCD-6/□	YSCD-8/□
容积/m³		4	6	8	4	6	8
自重/t		≤6.5	≤8.5	≤10	≤6.5	≤8.5	≤10
载重/t		10	15	20	10	15	20
轨距/mm		600, 762	600, 762, 900		600, 762	600, 762, 900	
外形尺寸/m	长	≤6.25	≤7.16	≤9.57	≤6.25	≤7.10	≤9.60
	宽	≤1.29	≤1.50	≤1.50	≤1.27	≤1.50	≤1.50
	高	≤1.62	≤1.64	≤1.64	≤1.68	≤1.73	≤2.01
单车最小转弯半径/m		12.0	15.0	15.0	12.0	15.0	15.0
搭接最小转弯半径/m		—	—	—	20.0	20.0	20.0
接载高度/m		1.2	1.2	1.2	1.2	1.2	1.2
卸载时间/min		1.0	1.2	1.5	1.0	1.2	1.5
最大运行速度/(km·h⁻¹)		20	20	20	15	15	15
电动机最大功率/kW		11.0	13.0	13.0	11.0	13.0	13.0
转向架中心距/mm		3000	3600	5400	3000	3600	5400
大型梭车型号		YSCT-12/□ YSCD-12/□	YSCT-14/□ YSCD-14/□	YSCT-20/□ YSCD-20/□	YSCT-25/□ YSCD-25/□	YSCD-30/□	YSCD-35/□
容积/m³		12	14	20	25	30	35
自重/t		≤10	≤14	≤24	≤25	≤28	≤36
载重/t		25	28	40	50	68	75
轨距/mm		600, 762, 900					
外形尺寸/m	长	9.54	11.25	12.9	14.3	17.8	19.8
	宽	1.40, 1.46	1.72	1.77	1.77	1.9	1.95
	高	1.68, 2.27	1.80, 2.31	2.36, 2.66	2.40, 2.92	3	3.24
单车最小转弯半径/m		15.0	15.0	22.0	25.0	30.0	35.0
搭接最小转弯半径/m		20.0	20.0	30.0	30.0	35.0	40.0
接载高度/m		1.45	1.4	1.4	1.7	1.7	1.8
卸载时间/min		2.0	2.0	4.0	4.0	4.5	5.0
最大运行速度/(km·h⁻¹)		15	15	15	15	15	15
电动机最大功率/kW		18.5	18.5	22×2	22×2	30×2	30×2
转向架中心距/mm		5400	5450	6250	6863	7250	7600

1.2.7　斜井人车

1.2.7.1　工作原理与结构

供人员上、下井使用，垂直深度超过50 m的斜井，应设专用斜井人车运送人员。斜井人车可单节运行，也可多节组列运行，通常节数为三节，即首车一节、挂车一节、尾车一节，组列后采用提升机牵引，完成在斜井中运送人员的任务。斜井人车的安全装置(包括开动机构、制动机构和缓冲器等)均安设在首车上，当断绳跑车或遇到紧急情况需要手动刹车时，通过开动机构中各部件的动作，打开制动机构进行制动。斜井人车按制动方式的不同分为插爪式和抱轨式。插爪式斜井人车(图1-21)采用插爪插入枕木进行制动，抱轨式斜井人车(图1-22)采用抱爪抓捕钢轨进行制动。

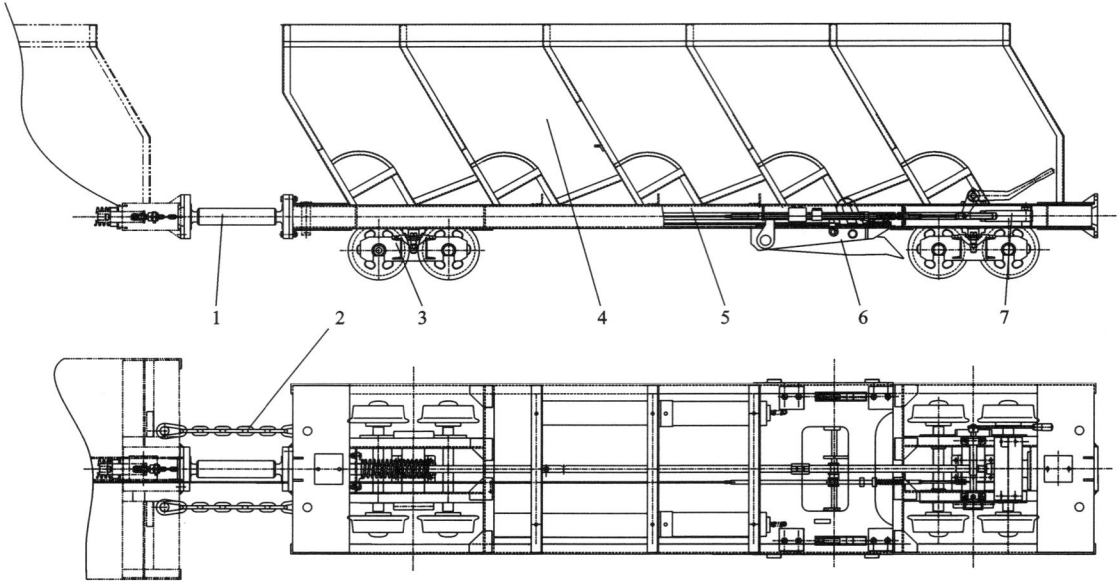

1—牵引装置；2—保护链；3—转向器；4—车体；5—缓冲木；6—制动器；7—联动机构。

图 1-21　插爪式斜井人车结构图(单位：mm)

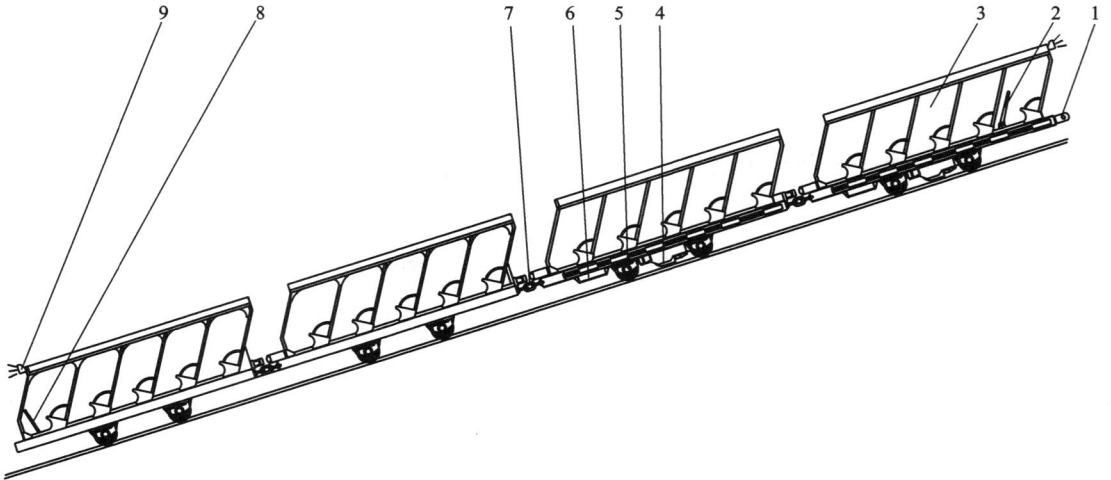

1—主牵引杆；2、8—手动操纵装置；3—车体；4—制动装置；
5—轮对；6—缓冲装置；7—连接链及碰头；9—照明灯。

图 1-22　抱轨式斜井人车结构图

1.2.7.2　特点与应用范围

斜井人车一次运输人员数量多，运输效率较高，可以同斜井物料提升系统共用提升机和轨道，在国内矿山的应用历史悠久，为矿山斜井运送人员起到过重要作用，目前仍有不少矿山在用。

与另外一种常用的斜井人员运输方式——斜井架空乘人索道相比，斜井人车运输系统构成复杂，故障环节多，维修工作量大，安全可靠性较低，动力消耗高，有被斜井架空乘人索道取代的趋势。

1.2.7.3　产品型号及技术参数

斜井人车产品型号表示方法如下：

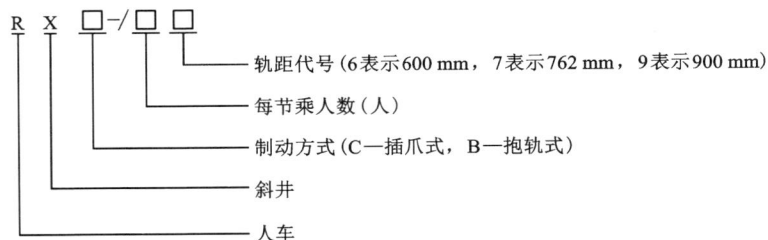

```
R X □-/□□
          └── 轨距代号(6表示600 mm，7表示762 mm，9表示900 mm)
        └──── 每节乘人数(人)
      └────── 制动方式(C—插爪式，B—抱轨式)
    └──────── 斜井
  └────────── 人车
```

斜井人车基本参数与尺寸见表1-18。

表1-18　斜井人车基本参数与尺寸表

型号	允许最大牵引力/kN	巷道倾角/(°)	每节车乘人数/人	组列后最小弯道半径/m 垂直	组列后最小弯道半径/m 水平	外形尺寸/mm 长度	外形尺寸/mm 宽度	外形尺寸/mm 高度	转向架中心距/mm	轨距/mm	质量/kg 头车	质量/kg 挂车
RXC-10/6	60	6~30	10	12	12	4970	1025	1475	3200	600	1705	1825
RXC-12/6			12			5170	1060	1470		600	1920	1900
RXC-15/6			15			4970	1200	1475		600	1755	1900
RXC-15/7						4970	1200	1475		762	1830	1975
RXC-15/9						4970	1335	1475		900	1940	2080
RXB-8/6	40	10~40	8		8	3950	1070	1470	3100	600	1800	950
RXB-10/6	60		10		12	4410	1040	1535		600	2000	1250
RXB-15/6			15		12	3950	1200	1540		600	2200	1100
RXB-28/9	100		28			5470	1500	1532		900	3000	1600

1.2.8　平巷人车

1.2.8.1　工作原理与结构

平巷人车由车体、轮对、转向架、连接及碰头组成(图1-23)，前、后端设有端板，顶部设有金属顶棚，车厢底板铺设花纹钢板。为保证启停及运行的平稳性，在人车的牵引装置以及人车的前后端均设有弹簧缓冲装置，并在人车行走机构的转向架内设有弹簧减震装置。

1.2.8.2 特点与应用范围

平巷人车是矿山井下平巷和平硐运送工作人员的重要设施，《金属非金属矿山安全规程》规定：采用电机车运输的矿井，由井底车场或平硐口到作业地点所经平巷长度超过 1500 m 时，应设专用人车运送人员。

平巷人车通常由电机车牵引，可单车运行也可组列运行，运行速度不超过 3 m/s，运输线路倾角不超过 3°。采用平巷人车运送人员，不但能够减少工作

1—连接及碰头；2—端板；3—顶棚；4—车体；5—轮对及转向架。

图 1-23 平巷人车结构图

人员体力消耗，提高生产效率，还能够避免安全事故，使人身安全更有保障。平巷人车在大规模、现代化矿山中应用较为普遍。

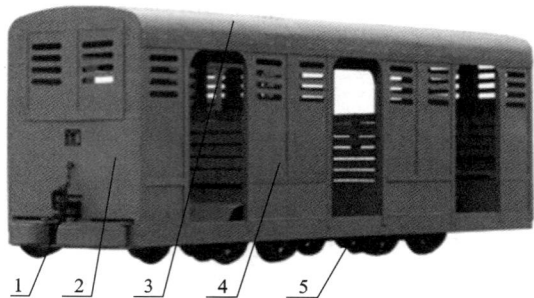

1.2.8.3 产品型号及技术参数

平巷人车产品型号表示方法如下：

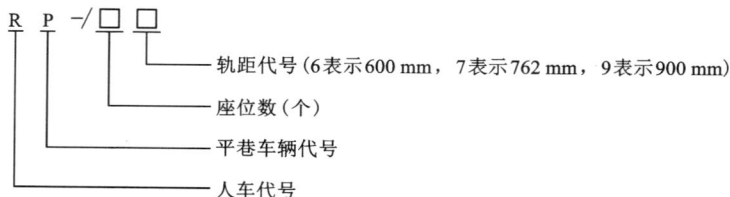

R P —/□ □
　　　　　└── 轨距代号(6表示600 mm，7表示762 mm，9表示900 mm)
　　　　└──── 座位数(个)
　　└────── 平巷车辆代号
　└──────── 人车代号

平巷人车型号及基本参数见表 1-19。

表 1-19 平巷人车型号及基本参数

基本参数	RP-18/9	RP-18/7	RP-12/6
座位数/个	18		12
外形尺寸(长×宽×高)/(mm×mm×mm)	4300×1400×1530		4280×1030×1525
轨距/mm	900	762	600
转向架中心间距/mm	1500		
牵引高(距轨面)/mm	320		
允许最大牵引力/kN	30		
最大运行速度/(m·s⁻¹)	3		
最小转弯半径/m	9		8

1.2.9　材料车

1.2.9.1　工作原理与结构

材料车通常由车厢、车架、轮对、连接及碰头组成(图1-24)，车厢固定在车架上。为便于材料的装卸，材料车的车厢一般为框架式结构，且两端无端壁。

1.2.9.2　特点与应用范围

材料车是矿山运输支护材料、坑木等各种材料及小型设施的常用辅助运输车辆，可单辆或数辆组列后由电机车或绞车牵引在轨道上运行，在各种类型及规模的矿山均有广泛应用。

1.2.9.3　产品型号及技术参数

材料车产品型号表示方法如下：

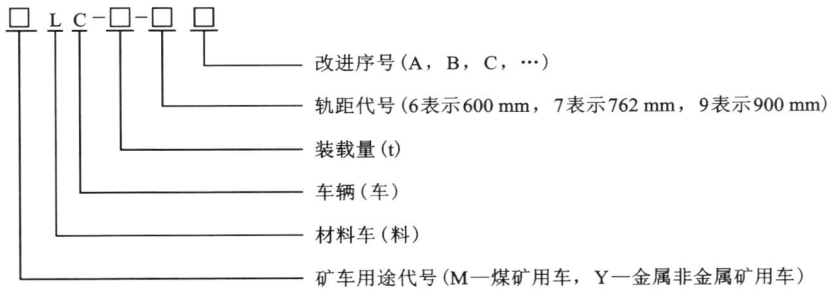

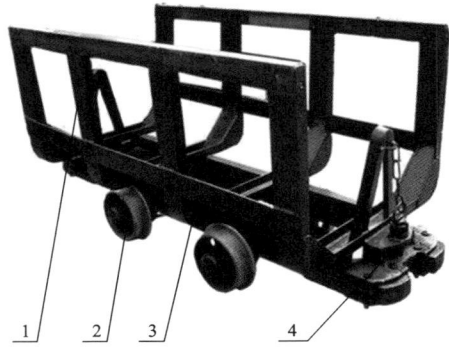

1—车厢；2—轮对；3—车架；4—连接及碰头。

图1-24　材料车结构图

改进序号(A，B，C，…)

轨距代号(6表示600 mm，7表示762 mm，9表示900 mm)

装载量(t)

车辆(车)

材料车(料)

矿车用途代号(M—煤矿用车，Y—金属非金属矿用车)

金属非金属矿用材料车基本参数与尺寸见表1-20。

表1-20　金属非金属矿用材料车基本参数与尺寸表

型号	装载量/t	轨距/mm	外形尺寸/mm			轴距/mm	轮径/mm	牵引高/mm	牵引力/kN	自重/kg
			长	宽	高					
YLC1-6	1	600	1900	1050		600	300			≤580
YLC1-7	1	762	1900	1050		600	300			≤590
YLC3-6	3	600	3000	1200	1200	1000	400	320	60	≤990
YLC3-7	3	762	3000	1200		1000	400			≤1040
YLC3-9	3	900	3000	1200		1000	400			≤1060

1.2.10　平板车

1.2.10.1　工作原理与结构

平板车结构简单，通常由轮对、底板、插销及连接链组成(图1-25)，底板常采用铆焊结构，且四周无车帮，便于较大尺寸材料及设备的运输。

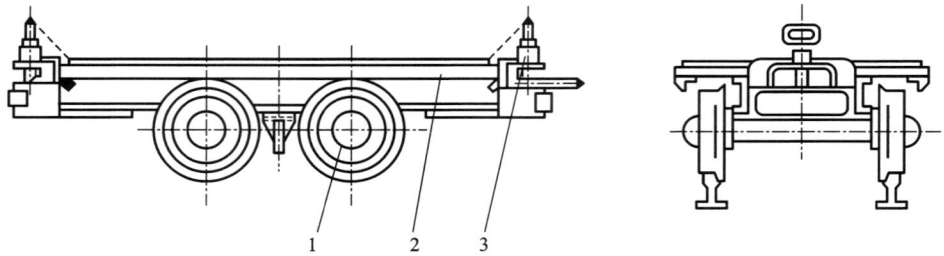

1—轮对；2—底板；3—插销及连接链。

图 1-25　平板车结构图

1.2.10.2　特点与应用范围

平板车结构简单，坚固耐用，维修方便，是矿山运输支护材料、坑木等各种材料及小型设施的常用辅助运输车辆，可单辆或数辆组列后由电机车或绞车牵引在轨道上运行，在各种类型及规模的矿山均有广泛应用。平板车由于四周无车帮，在保证稳定及安全的前提下，可运输超过其底板尺寸的较大型材料及设备。

1.2.10.3　产品型号及技术参数

平板车产品型号表示方法如下：

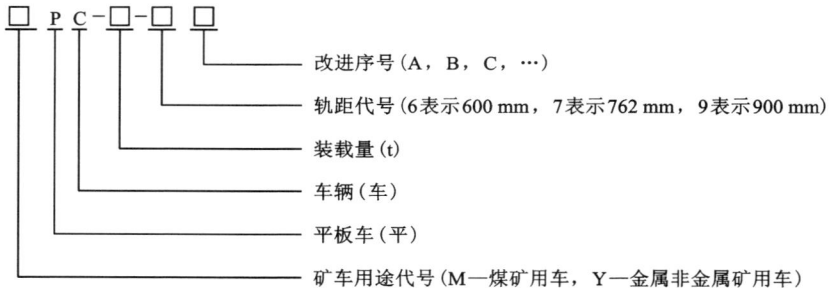

金属非金属矿用平板车基本参数与尺寸见表 1-21。

表 1-21　金属非金属矿用平板车基本参数与尺寸表

| 型号 | 装载量/t | 轨距 G/mm | 外形尺寸/mm | | | 轴距 C/mm | 轮径 D/mm | 牵引高 h/mm | 牵引力/kN | 自重/kg |
			长 L	宽 B	高 H					
YPC1-6	1	600	1500	850	400	500	300	320	60	≤430
YPC3-6	3	600	1900	1050	425	600	300			≤530
YPC3-7	3	762	1900	1050	425	600	300			≤540
YPC5-6	5	600	3000	1200	510	1000	400			≤1000
YPC5-7	5	762	3000	1200	510	1000	400			≤1050
YPC5-9	5	900	3000	1200	510	1000	400			≤1080

1.3　矿车装载设备

1.3.1　振动放矿机

1.3.1.1　工作原理与结构

振动放矿机是借助矿石重力并以振动电机为振源，利用振动电机的激振力驱动台板做周期运动，将矿物抛起做向前运动，以达到强制放矿目的。由于振动放矿机台板有激振力，因而更容易破拱，消除堵塞，使重力放矿改变为可控放矿，因此，振动放矿技术在矿石具有重力势能的场合均可采用，振动放矿机多安装于溜井或矿仓底部，用矿石转载或者向矿车装矿。

目前国内生产的振动放矿机类型较多，较为常用的有 FZC 系列(含 SFZC 系列)、XZG 系列。其中 FZC 系列(含 SFZC 系列)常采用坐式安装，XZG 系列常采用悬吊式安装，如图 1-26~图 1-28 所示。

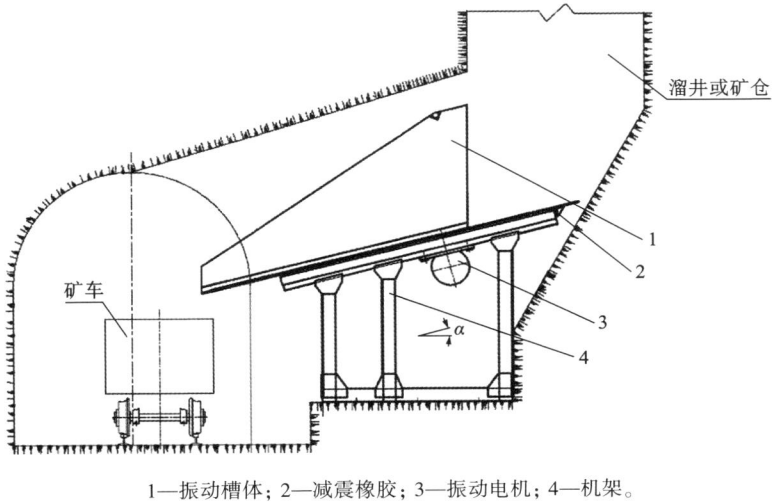

1—振动槽体；2—减震橡胶；3—振动电机；4—机架。

图 1-26　FZC 系列振动放矿机安装配置简图

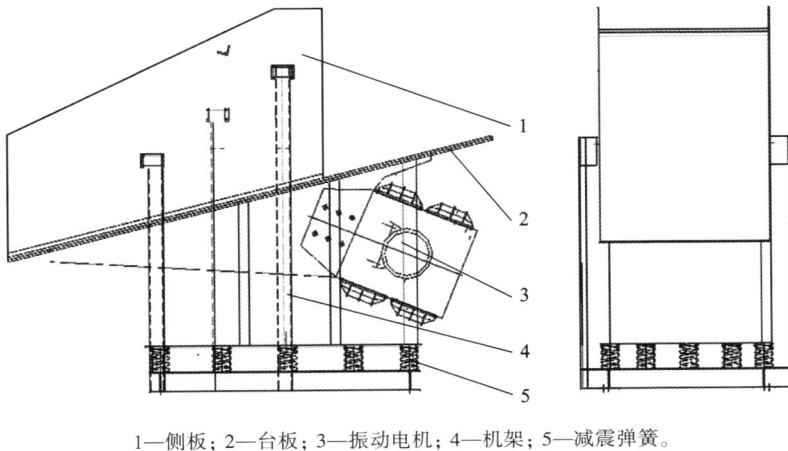

1—侧板；2—台板；3—振动电机；4—机架；5—减震弹簧。

图 1-27　SFZC 系列振动放矿机结构简图

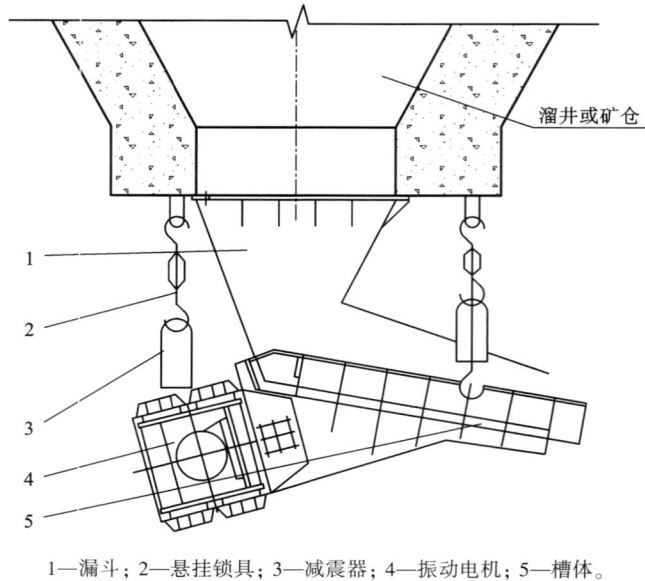

1—漏斗；2—悬挂锁具；3—减震器；4—振动电机；5—槽体。

图 1-28　XZG 系列振动放矿机结构简图

1.3.1.2　特点与应用范围

振动放矿机可显著改善大块矿、粉矿、黏性矿及冻结矿的出矿条件，实现均匀、连续、可控地放矿。

振动放矿机扩大了矿石通道的有效断面，不仅使矿石流动性增强，基本消除了放矿过程中的卡漏、结拱和堆滞现象，而且增大了可通过的矿石块度，减少了采场二次爆破工作量。

振动放矿机体积小、重量轻，结构简单，易于制造，价格低廉，安装方便，维修量小，生产能力大，放矿效率高，在井下、地表皆可使用，广泛应用于采场装矿、主溜井、阶段溜井、矿(料)仓转载及放矿。

部分矿山采用振动放矿机向颚式破碎机给料，也得到了良好的应用效果。

1.3.1.3　产品型号及技术参数

（1）FZC 系列振动放矿机。

FZC 系列振动放矿机以 ZDJ 振动电机为振源，根据不同的生产条件要求，以轻型化和组合化的方式合理选取有关参数，编制出主要型号 10 个、派生型号 25 个，共计 35 个常用型号。根据台板数量的不同，FZC 型振动放矿机有单台板式和多台板式。

FZC 系列振动放矿机型号表示方法如下：

```
FZC-□/□×□-□×□
         ├── 振动电机数量(单台时无需标注)
         ├── 单台振动电机功率(kW)
         ├── 振动台板数量(单台板时不需标注)
         ├── 振动台面宽度(m)
         ├── 振动台面长度(m)
         └── 振源附着式振动出矿机
```

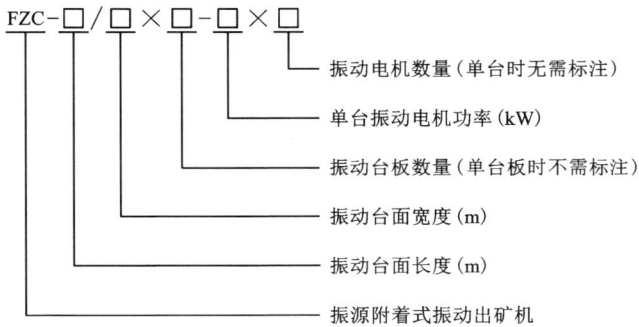

FZC 系列振动放矿机基本参数与尺寸见表 1-22。

（2）SFZC 系列振动放矿机。

SFZC 系列振动放矿机是在 FZC 系列基础上进行的升级、优化，通常由机架、台板（槽体）、橡胶弹簧激振器、钢弹簧减震装置组成。与激振器联结在一起的台板（槽体）安装在减震装置上，采用双质体振动给料技术，振动电机产生的激振力经过橡胶弹簧的剪切运动后倍增；在减震装置的作用下，设备运行平稳。SFZC 系列振动放矿机集双质体振动技术、侧板不参振技术、单台板放矿技术于一体，产品性能更加稳定，放矿过程更加平稳、高效。

SFZC 系列振动放矿机常用型号表示方法如下：

```
SFZC-□/□-□
       ├── 振动电机功率(kW)
       ├── 振动台面宽度(m)
       ├── 振动台面长度(m)
       └── 双质体振源附着式振动出矿机
```

SFZC 系列振动放矿机基本参数与尺寸见表 1-23。

（3）XZG 系列振动放矿机。

XZG 系列振动放矿机同样采用双质体振动给料技术，其安装在平衡架上的振动电机通过主振弹簧与槽体相连，通过橡胶剪切弹簧二次给力，使给料机在近共振情况下振动，激振力小，采用"抛物式圆振筛原理"将物料充分抛起而达到给料量，改变了以往的直线式给料方式，以快速滚动式运动，减少了对槽体的摩擦力，避免了槽体承受过大的动应力及传动部承受过大的作用力，使用寿命延长，能量消耗较小、噪声小，启动停车迅速平稳。此外，XZG 系列振动放矿机即使是空车也能平稳运转，可解除因漏斗放空或卡矿造成电机烧坏的后顾之忧，极大提高了生产效率和经济效益，并可满足间断或连续的工作要求，就算是空载或重载也不会对电机造成损害。

XZG 系列振动放矿机基本参数与尺寸见表 1-24。

表 1-22 FZC 系列振动放矿机基本参数与尺寸表

机号	型号规格	台面长度 /m	台面宽度 /mm	台面面积 /m²	倾角 α/(°)	振频 /(r·min⁻¹)	振动幅值 /mm	最大激振力 /kN	功率 /kW	生产效率 /(t·h⁻¹)	埋设深度 L_A/m	眉线高度 h/m	眉线角度 θ/(°)	机重 /kg
1	FZC-1.6/1-1.5	1.6	1.0	1.6	12	1420	0.8	10	1.5	300~360	0.6	0.6	40	440
2△	FZC-1.8/0.9-1.5	1.8	0.9	1.6	12	1420	0.9	10	1.5	350~400	0.6	0.7	40	430
3	FZC-2/0.8-1.5	2.0	0.8	1.6	14	1420	0.9	10	1.5	310~370	0.6	0.7	38	490
4	FZC-2.3/0.7-1.5	2.3	0.7	1.6	16	1420	0.8	10	1.5	290330	0.7	0.7	38	575
5△	FZC-2/1-3	2.0	1.0	2.0	14	960	3.0	20	3.0	850~1000	0.7	0.7	40	690
6	FZC-2.3/0.9-3	2.3	0.9	2.1	14	960	3.0	20	3.0	770~910	0.8	0.8	40	870
7△	FZC-2.3/1.2-3	2.3	1.2	2.8	14	960	1.8	20	3.0	630~760	0.8	0.8	40	960
8	FZC-2.8/1-3	2.8	1.0	2.8	18	960	1.7	20	3.0	580~690	0.9	0.9	41	1000
9	FZC-2.3/1.2-3	2.3	1.2	2.8	14	1420	0.9	30	4.0	630~730	0.9	0.8	41	1010
10	FZC-2.5/1.2-3	2.5	1.2	3.0	16	960	1.7	20	3.0	590~720	0.8	0.8	39	980
11	FZC-3.1/1-3	3.1	1.0	3.1	18	960	1.7	20	4.0	560~670	0.8	0.9	38	1060
12△	FZC-2.5/1.2-4	2.5	1.2	3.0	16	1420	0.9	30	4.0	660~770	0.8	0.9	41	1030
13	FZC-3.1/1-4	3.1	1.0	3.1	18	1420	1.0	30	4.0	760~870	0.9	0.9	38	1110
14	FZC-3.5/0.9-4	3.5	0.9	3.2	18	1420	1.0	30	4.0	730~830	0.9	1.0	37	1130
15△	FZC-2.5/1.4-5.5	2.5	1.4	3.5	14	960	2.0	40	5.5	990~1180	0.9	0.9	41	1360
16	FZC-3.5/1.4-5.5	3.5	1.0	3.5	18	960	2.0	40	5.5	980~1150	1.1	1.1	40	1525
17	FZC-2.8/1.4-5.5	2.8	1.4	3.9	14	960	1.8	40	5.5	900~1080	1.0	1.0	41	1460
18△	FZC-3.1/1.2-5.5	3.1	1.2	3.7	14	960	1.8	40	5.5	910~1090	1.1	1.1	40	1515
19	FZC-3.1/1.4-5.5	3.1	1.4	4.3	14	960	1.7	40	5.5	920~1120	1.0	1.1	39	1600
20△	FZC-3.5/1.2-5.5	3.5	1.2	4.2	14	960	1.8	40	5.5	870~1050	1.0	1.1	36	1670

续表1-22

机号	型号规格	台面长度/m	台面宽度/mm	台面面积/m²	倾角α/(°)	振频/(r·min⁻¹)	振动幅值/mm	最大激振力/kN	功率/kW	生产效率/(t·h⁻¹)	埋设深度L_A/m	眉线高度h/m	眉线角度θ/(°)	机重/kg
21	FZC-4.5/1-5.5	4.5	1.0	4.5	18	960	1.8	40	5.5	830~980	1.0	1.1	34	2040
22	FZC-3.1/1.4-7.5	3.1	1.4	4.3	14	960	2.0	50	7.5	1260~1500	1.1	1.1	40	1875
23	FZC-3.5/1.2-7.5	3.5	1.2	4.2	14	960	2.1	50	7.5	1220~1440	1.2	1.2	39	1810
24	FZC-4.5/1-7.5	4.5	1.0	4.5	18	960	2.0	50	7.5	1290~1510	1.2	1.4	39	2225
25△	FZC-3.5/1.4-7.5	3.5	1.4	4.9	14	960	1.8	50	7.5	1160~1380	1.0	1.2	37	2000
26	FZC-4/1.2-7.5	4.0	1.2	4.8	18	960	1.6	50	7.5	870~1040	1.2	1.2	39	1935
27	FZC-5/1-7.5	5.0	1.0	5.0	18	960	1.6	50	7.5	840~1010	1.2	1.4	37	2355
28	FZC-4/1.6-10	4.0	1.6	6.4	16	960	1.8	75	10.0	1570~1870	1.2	1.4	40	2355
29△	FZC-5/1.4-10	5.0	1.4	7.0	18	960	1.7	75	10.0	1300~1550	1.4	1.4	38	2800
30	FZC-3.1/1×2-4×2	3.1	1.0×2	3.1×2	18	1420	1.0	30×2	4.0×2	1520~1740	0.9	0.9	38	2220
31	FZC-3.5/1×2-5.5×2	3.5	1.0×2	3.5×2	18	960	2.0	40×2	5.5×2	1960~2300	1.1	1.1	40	3050
32	FZC-3.1/1.2×2-5.5×2	3.1	1.2×2	4.0×2	14	960	1.8	40×2	5.5×2	1820~2180	1.1	1.1	40	3030
33△	FZC-3.5/1.2×2-5.5×2	3.5	1.2×2	4.5×2	14	960	1.8	40×2	5.5×2	1740~2100	1.0	1.1	36	3310
34	FZC-3.5/1.4×2-7.5×2	3.5	1.4×2	5.0×2	14	960	1.8	50×2	7.5×2	2320~2760	1.0	1.2	37	3970
35	FZC-4/1.2×2-7.5×2	4.0	1.2×2	5.0×2	18	960	1.6	50×2	7.5×2	1740~2080	1.2	1.2	38	3870

注：1. 机号中标有△者为主要机型，未标△者为派生机型；

2. FZC 系列振动放矿机的设计是以矿石松散密度 γ=2.1 t/m³ 考虑的，当 γ 值高达 2.5 t/m³ 时，振动放矿机仍能正常工作。

表 1-23 SFZC 系列振动放矿机基本参数与尺寸表

机号	型号规格	台面长度 /m	台面宽度 /mm	台面面积 /m²	倾角 α/(°)	振频 /(r·min⁻¹)	振动幅值 /mm	最大激振力 /kN	功率 /kW	生产效率 /(t·h⁻¹)	埋设深度 L_A/m	眉线高度 h/m	眉线角度 θ/(°)
1	SFZC-1.8/0.9-1.5	1.8	0.9	1.6	14	960	3.0	10	1.5	410~470	0.6	0.65	40
2	SFZC-2/1-3	2.0	1.0	2.0	14	960	3.0	25	3.0	500~800	0.7	0.7	40
3	SFZC-2.3/1.2-3	2.3	1.2	2.8	14	960	3.0	25	3.0	650~850	0.8	0.8	40
4	SFZC-2.5/1.2-4	2.5	1.2	3.0	14	960	3.0	35	4.0	650~850	0.8	0.9	40
5	SFZC-2.5/1.4-5.5	2.5	1.4	3.5	14	960	3.0	40	5.5	1000~1300	0.9	0.9	40
6	SFZC-3.1/1.4-5.5	3.1	1.4	4.3	14	960	3.0	40	5.5	1000~1250	1.1	1.1	40
7	SFZC-3.5/1.2-5.5	3.5	1.2	4.2	14	960	3.5	50	7.5	1000~1400	1.2	1.2	39
8	SFZC-3.5/1.4-7.5	3.5	1.4	4.9	14	960	3.5	50	7.5	1100~1400	1.2	1.2	37
9	SFZC-4/1.6-10	4.0	1.6	6.4	16	960	4.0	60	10.0	1200~1500	1.2	1.4	40
10	SFZC-5/1.4-10	5.0	1.4	7.0	18	960	4.0	60	10.0	1200~1450	1.2	1.4	39
11	SFZC-5/1.6-10	5.0	1.6	8.0	18	960	4.0	75	10.0	1200~1450	1.4	1.4	39
12	SFZC-4.2/2.0-15	4.2	2.0	8.4	18	960	4.0	100	15.0	1400~1700	1.3	1.3	39
13	SFZC-4.5/2.4-15	4.0	2.4	9.6	18	960	4.0	100	15.0	1500~1900	1.4	1.3	39

表 1-24　XZG 系列振动放矿机基本参数与尺寸表

型号	槽体尺寸（宽×长×高）/（mm×mm×mm）	生产效率/（t·h⁻¹）	给料粒度/mm	振动频率/Hz	振幅/mm	电流/A	电压/V	功率/kW	外形尺寸（宽×长×高）/（mm×mm×mm）	设备重量/kg
XZG1	200×600×100	10	50	1000	2.0	0.32	380	0.2	350×970×70	70
XZG2	300×800×120	20	50	1000	2.5	0.4	380	0.2	350×1140×740	140
XZG3	400×900×150	40	70	1000	2.5	0.62	380	0.2	390×1185×840	200
XZG4	500×1100×200	80	100	1000	3.0	1.24	380	0.45	640×1570×850	350
XZG5	700×1200×250	140	150	1000	3.0	1.74	380	0.75	792×1600×1190	650
XZG6	900×1600×250	240	200	1000	3.5	3.5	380	1.5	1092×2200×1640	1240
XZG7	1100×1800×250	350	250	1000	3.5	8.4	380	2.4	1332×2400×1700	1900
XZG8	1300×2200×300	600	300	1000	4.0	10.5	380	3.7	1556×2960×2100	3000
XZG9	1500×2400×300	800	350	1000	4.0	11.4	380	5.5	1776×3500×2200	3700
XZG10	1800×2500×375	900	500	1000	5.0	17.2	380	7.5	2500×3630×2230	6450
XZG11	2000×2800×375	1200	500	1000	5.0	22.4	380	10.0	2640×4030×2310	7630
XZG12	2200×2800×450	1200	500	1000	5.0	22.4	380	10.0	2640×4030×2311	7631

1.3.2 装矿闸门

1.3.2.1 用途及分类

为了把矿石或废石由采场溜井、主溜井或矿仓装入矿车或箕斗中，或在地面矿仓转运矿石或废石，必须在溜井或矿仓口设置装矿闸门。这样可以把矿石或废石顺利装入运输容器，提高装运工作的效率。

装矿闸门种类较多，按照是否计量、安装地点、构造形式、动力来源等大致分为以下几类。

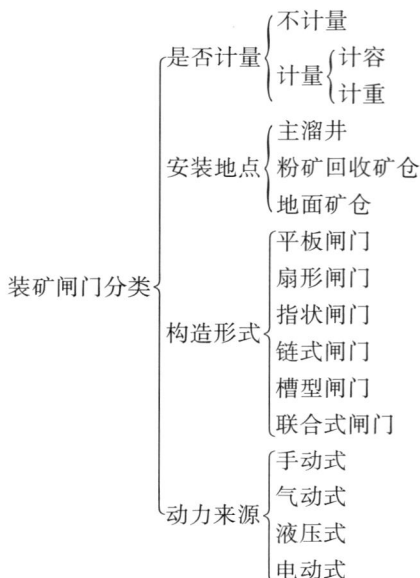

$$
\text{装矿闸门分类}
\begin{cases}
\text{是否计量}
\begin{cases}
\text{不计量} \\
\text{计量}
\begin{cases}
\text{计容} \\
\text{计重}
\end{cases}
\end{cases} \\[2mm]
\text{安装地点}
\begin{cases}
\text{主溜井} \\
\text{粉矿回收矿仓} \\
\text{地面矿仓}
\end{cases} \\[2mm]
\text{构造形式}
\begin{cases}
\text{平板闸门} \\
\text{扇形闸门} \\
\text{指状闸门} \\
\text{链式闸门} \\
\text{槽型闸门} \\
\text{联合式闸门}
\end{cases} \\[2mm]
\text{动力来源}
\begin{cases}
\text{手动式} \\
\text{气动式} \\
\text{液压式} \\
\text{电动式}
\end{cases}
\end{cases}
$$

装矿闸门早些年在矿山应用得较为普遍，甚至不少矿山能否正常生产运行很大程度上取决于装矿闸门能否正常工作。近些年随着振动放矿技术的不断发展和完善，新建矿山采用装矿闸门的情况越来越少，下面仅对扇形闸门和指状闸门进行介绍。

1.3.2.2 扇形闸门

扇形闸门可用于采场溜井、粉矿回收矿仓等多种场合，既能向矿车装矿，也能向箕斗装矿。

图 1-29 中，扇形闸门的回转轴固定在溜槽两侧立板及溜槽底板的下部，扇形闸门的启闭由电液推杆控制。该结构形式的扇形闸门与溜槽均采用钢板焊接而成，由于是一个整体构件，装拆容易，搬运方便，缺点是结构强度较弱，易产生变形，适用于装载块度在 350 mm 以下的矿石或粉矿。

图 1-30 所示为采用扇形闸门向箕斗装矿的计量漏斗结构图。为保证提升系统的效率并减少装矿时的撒矿量，箕斗通常采用计量漏斗进行装矿。计量漏斗上部为箱体，下部为封闭斜溜槽结构，扇形闸门的开启及关闭一般采用电液推杆或者电动绞车控制。为了防止往箕斗装矿时撒矿，在计量漏斗溜槽的前端通常设有一个活动溜嘴，装矿时该活动溜嘴伸入箕斗斗箱内，装矿完毕后恢复原位，活动溜嘴同样采用电液推杆控制。

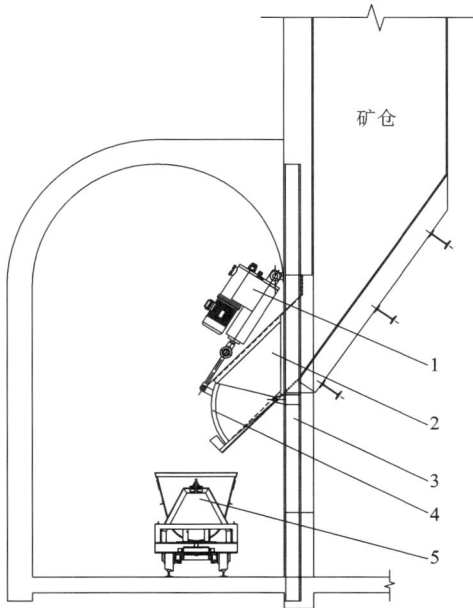

1—电液推杆；2—溜槽；3—预埋框架；
4—扇形闸门；5—矿车。

图1-29　装车用电液推杆驱动扇形闸门

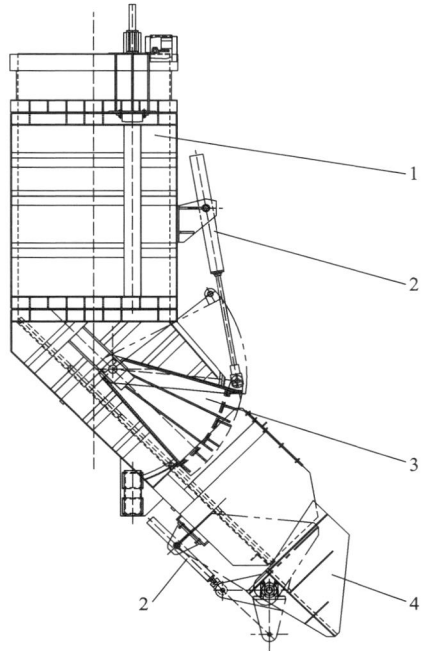

1—计量漏斗箱体；2—电液推杆；
3—扇形闸门；4—活动溜嘴。

图1-30　箕斗装矿用计量漏斗

1.3.2.3　指状闸门

　　指状闸门，是一种像弯曲的手指的控料闸门，主要用于溜井放矿或调节给料量。指状闸门通常为多指结构。大型指状闸门的指爪是单独活动的，当某个指爪下落被大块矿石顶住时，其余指爪仍可下落；小型指状闸门为了达到一定的重量，通常将多个指爪固定在一根通轴上（图1-31）。

　　指状闸门的指爪多用废旧钢轨制成，也有用型钢与指爪件采用螺栓连接或铆接制成。为了在开启闸门时不兜矿，一般将指爪弯曲成大于90°，根据使用经验，指爪弯曲在90°～105°时较为合适。指状闸门通常采用气缸或液压推杆传动开闭，闸门全部打开即可下料，关闭则停止下料。当指状闸门用在粉矿多且含水较多的矿石时，通常在指爪的前方加设辅助闸门或挡板；对于某些矿山主溜井，为了便于电机车通过、减小装矿时矿石的落差，通常将指状闸门与活动溜槽组合成联合式闸门（图1-32）。

　　指状闸门结构简单，易于制造，尤其是利用废旧钢轨制造时较为经济。

　　近年来，指状闸门与振动放矿机配套使用效果不错。普朗铜矿设计采用FZC4.5/1.4×4型4台板振动放矿机向矿车装矿。在振动放矿机停机时，为防止物料继续下滑、掩埋下方设备和矿车轨道，在振动放矿机台板上方配置了反扇形指状闸门（图1-33），振动放矿机停机时，通过电液推杆将指状闸门关闭，可有效防止跑矿事故的发生。

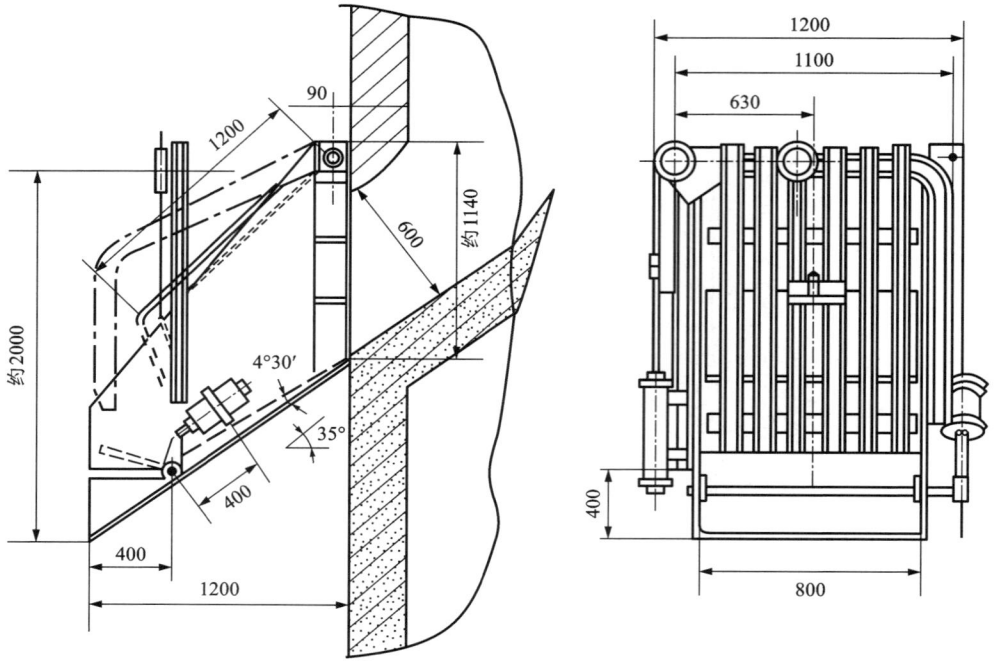

图 1-31 600×800 气动指状闸门

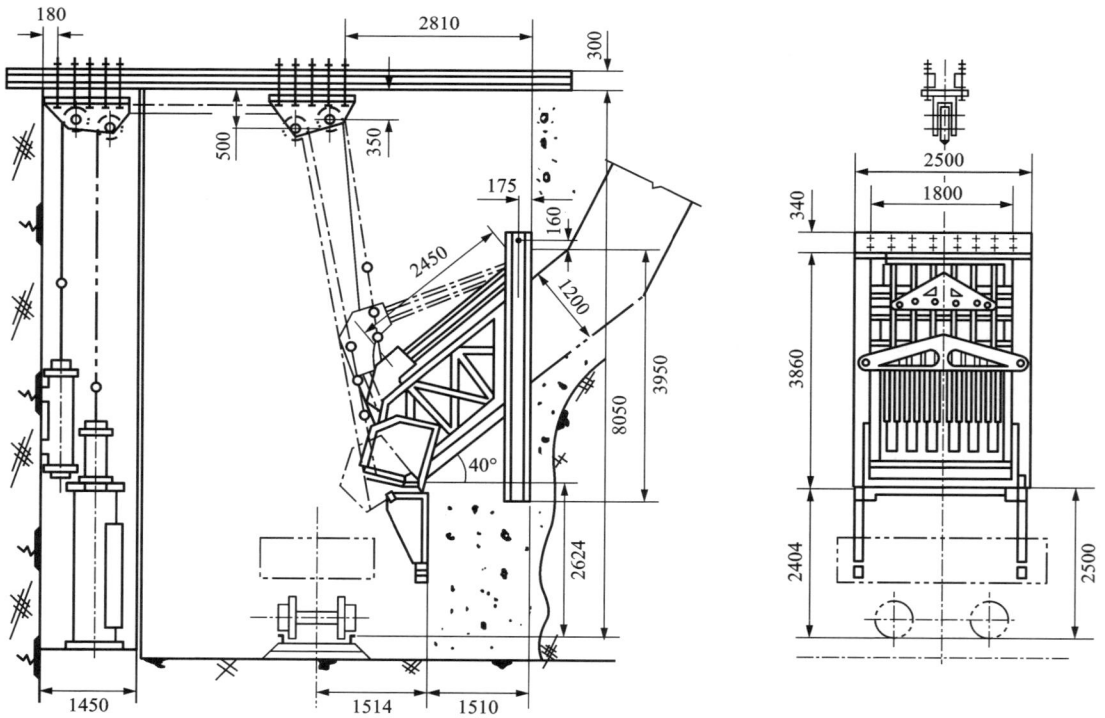

图 1-32 1200×1800 气动指状闸门与活动溜槽组成的联合式闸门

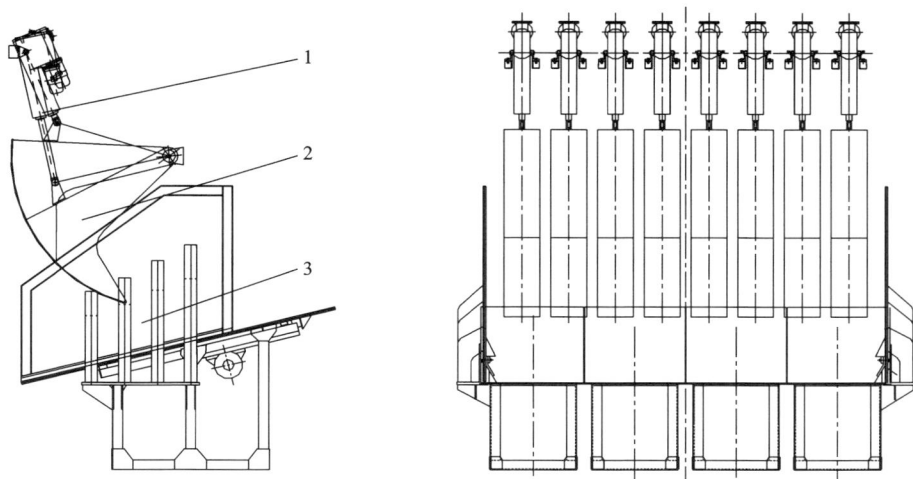

1—电液推杆；2—反扇形指状闸门；3—FZC4.5/1.4×4 型振动放矿机。

图 1-33 指状闸门与振动放矿机配合使用

1.3.3 板式给料机

1.3.3.1 工作原理与结构

板式给料机通过联轴器和减速器驱动链轮轴旋转，链轮齿与链条啮合拖动链条上的链板做连续直线运动，从而实现输送链板上物料的目的。

板式给料机主要由驱动装置、链板装置、拉紧装置、主轴装置、机架、支重轮、托链轮等组成（图 1-34）。

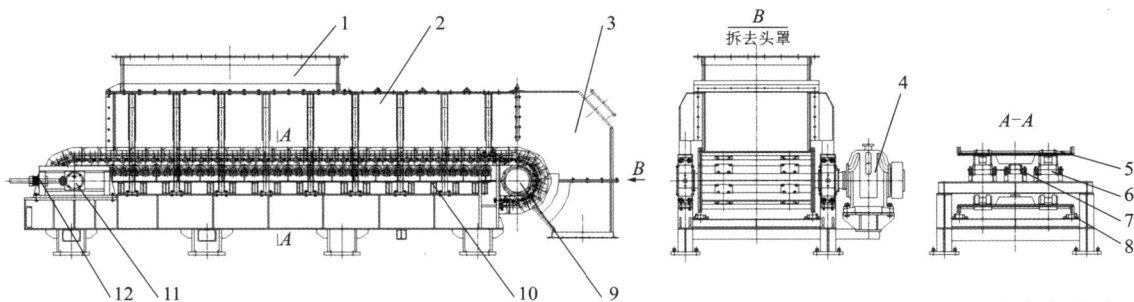

1—受料漏斗；2—栏板；3—头罩；4—驱动装置；5—链板装置；6—托链轮；
7—支重轮；8—下托轮；9—头轮；10—机架；11—尾轮；12—拉紧装置。

图 1-34 板式给料机结构示意图

1.3.3.2 特点与应用范围

板式给料机是一种短距离转载、输送设备，能承受深仓仓压，可满载启动，给矿均匀可靠，输送能力大且可调整，输送矿石块度可达 1200 mm，安装角度范围大（在 0°~25°均可使用），设备运行安全可靠、故障率低；缺点是设备笨重，价格较贵，用于井下时装矿硐室工程量较大，设备运输、安装及检修较为复杂。

板式给料机常安装于主溜井下方向破碎机给矿或者向带式输送机给料。

1.3.3.3　产品型号及技术参数

板式给料机按其承受仓压的大小及给矿粒度的尺寸，通常分为重型、中型和轻型。

板式给料机型号表示方法如下：

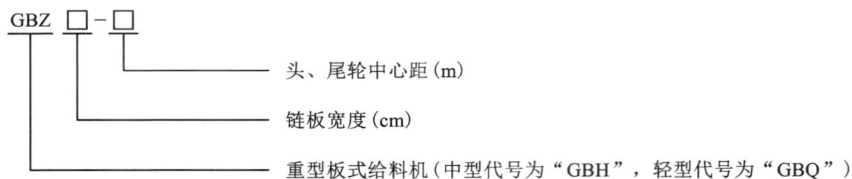

```
GBZ □-□
        │  │  └──── 头、尾轮中心距(m)
        │  └─────── 链板宽度(cm)
        └────────── 重型板式给料机(中型代号为"GBH"，轻型代号为"GBQ")
```

板式给料机基本参数与尺寸见表1-25。

表1-25　板式给料机基本参数与尺寸表

型式	序号	型号及规格	链板速度 /(m·s⁻¹)	运料粒度 /mm	安装最大角度 /(°)	生产能力 /(m³·h⁻¹)	电机功率 /kW	外形尺寸/mm 长	宽	高	总质量 /t
重型	1	GBZ120-4.5	0.05	≤500	15	100	13	6983	5197	2080	31.29
	2	GBZ120-5						7593			33.44
	3	GBZ120-5.6						8183			34.33
	4	GBZ120-6						8683			35.91
	5	GBZ120-8					22	10533	5337		41.39
	6	GBZ120-8.7						11383			43.21
	7	GBZ120-10						12583			46.69
	8	GBZ120-12						14653			51.89
	9	GBZ120-15					30	17658	5506		62.14
	10	GBZ150-4		≤600		150	13	6613	5497		33.20
	11	GBZ150-6					22	8683	5636		39.81
	12	GBZ150-7						9633			43.40
	13	GBZ150-8						10533			46.01
	14	GBZ150-9					30	11683	5806		50.32
	15	GBZ150-12						14653	5923		60.00
	16	GBZ180-8		≤800		240	40	10533	6222		51.44
	17	GBZ180-9.5						12033			57.48
	18	GBZ180-10						12593			59.67
	19	GBZ180-12						14653			66.11
	20	GBZ240-4		≤1000		400	30	6613	6706		44.77
	21	GBZ240-5						7533			50.73
	22	GBZ240-5.6						8133			62.43
	23	GBZ240-10					40	12593	6822		76.45
	24	GBZ240-12						14653			85.41
	25	GBZ240-8	0.062~0.186	≤400	12	610~1830	50~150	11000	4100	1150	75.00
	26	GBZ340-8	0.169	≤1200	15	1667	2×60				89.50

续表 1-25

型式	序号	型号及规格	链板速度/(m·s⁻¹)	运料粒度/mm	安装最大角度/(°)	生产能力/(m³·h⁻¹)	电机功率/kW	外形尺寸/mm			总质量/t
								长	宽	高	
中型	1	GBH80-2.2	0.025~0.15	≤300	20	15~91	5.5	3840	2853	1185	3.72
	2	GBH80-4					7.5	5640	2893	1185	4.92
	3	GBH100-1.6		≤350		22~131	5.5	3240	3053	1235	3.56
	4	GBH100-3						4640	3123	1235	4.54
	5	GBH120-1.8		≤400		35~217	7.5	3440	3323	1285	3.97
	6	GBH120-2.2						3840			4.27
	7	GBH120-2.6						4240			4.56
	8	GBH120-3						4640			4.89
	9	GBH120-4						5640			5.69
	10	GBH120-4.5						6140			6.12
	11	GBH120-6	0.0058~0.04			9~63		7460	3586	1253	8.04
轻型	1	GBQ50-6	0.16	≤160	20	62	7.5	7476	2736	980	3.89
	2	GBQ80-6						7476	3096		4.27
	3	GBQ80-10				107		11476	3096		5.82
	4	GBQ80-12					10	13476	3126		6.56

1.4 卸矿设备

1.4.1 翻车机

翻车机(又称翻笼),是固定式矿车的主要卸矿设备,如图1-35所示。根据运输系统和生产能力的不同要求,翻车机的构造形式大致分类如下。

按动力方式分:手动、电动和液压动力。

按翻卸车辆数分:单车和双车。

按待卸列车连接状态分:摘钩和不摘钩。

按电机车是否通过分:电机车通过式和不通过式。

图 1-35 翻车机

电机车通过式翻车机，国外有的矿山已在使用，因电机车能直接通过，适用于环形调车系统，生产能力较大；但设备结构复杂，重量大。

翻车机的基本组成部分：旋转笼体、传动装置、传动轮、支持轮、旋转定位器及其操纵装置、挡矿板、防尘罩以及机座。有些翻车机还设有阻车器和矿车清扫器。

常用的翻车机：$0.7\ m^3$ 单车和双车；$1.2\ m^3$ 单车和双车；$2\ m^3$ 单车和双车；$4\ m^3$ 单车和双车；$10\ m^3$ 单车翻车设备。

1.4.2 卸载曲轨

1.4.2.1 工作原理与结构

卸载曲轨是侧卸式矿车的主要卸矿设备，由支撑结构、导轨和引轨组成，如图 1-36 所示。矿车卸载时，其导轨引导矿车上的引导轮沿导轨运行，使矿车车厢侧倾，实现车辆卸载，导轨根据矿车卸载时卸载引轮的运行轨迹做成曲线状，导轨两端向下倾斜，中间设有水平段。卸载时，机车牵引矿车向前运动，位于侧卸式矿车一侧的引导轮沿导轨一端的倾斜段向上爬升，使车厢倾斜，活动侧门被逐渐开启，运行至中间水平段时，矿车侧门全部打开，完成卸载；车辆继续向前运动，卸载引轮进入导轨另一端

图 1-36 卸载曲轨

的倾斜段并沿导轨向下运动，使得车厢逐渐复位；引轮完全离开导轨后，车厢复位完成，侧门关闭。卸载曲轨两端还设有引轨，其作用是当矿车需要卸载时，将引轨向矿车方向移出，使卸载引轮先水平向外摆动以进入曲轨实施卸载；当车辆只需通过曲轨安装处时，可将引轨收起，此时矿车卸载引轮不进入卸载曲轨，直接通过。

1.4.3 卸载站

1.4.3.1 工作原理与结构

根据矿车种类的不同，矿车卸载站主要分为底卸式矿车卸载站和底侧卸式矿车卸载站。

底卸式矿车卸载站主要卸载设备为卸载曲轨和承载托轮等。卸载时，车厢翼板被承载托轮支撑，车厢悬空，矿车底部在矿石重力作用下被打开，车底连同转向架一起绕铰轴转动进行卸载；卸载完毕，矿车继续运行，车底被卸载曲轨抬起并复位。底卸式矿车卸载站卸载干净、效率高，但卸矿过程中卸载曲轨受矿石冲击大。

底侧卸式矿车卸载站的结构形式与底卸式矿车卸载站类似，区别在于卸载过程中，矿石从矿车车底侧壁卸出，矿石不冲击卸载曲轨。

1.5　应用实例

1.5.1　普朗铜矿

普朗铜矿采用地下开采方式,采矿方法为自然崩落法。矿山工作制度为330 d/a,3班/d,8 h/班。矿山生产规模为矿石1250万 t/a,38000 t/d,最大出矿块度为1200 mm。

3660 m 为有轨运输水平,采场采出的矿石通过溜井下放到3660 m 水平,溜井底部振动放矿机为矿车装矿,矿石运至矿石卸载站后卸入储矿溜井。

矿石运输采用65 t架线式电机车单机牵引11辆20 m³底卸式矿车,共6列矿石运输列车同时工作,1列车备用。每个矿石溜井底部安装1台规格为4.5 m×5.6 m 的座式振动放矿机为矿车装矿,振动放矿机能力为3000 t/h。

中段设置2个有动力源卸载站,单个卸载站入口8套驱动装置,出口4套驱动装置。

3660 m 中段采用道碴道床,线路铺轨采用50 kg/m 钢轨、1435 mm 轨距,运输线路转弯半径不小于70 m。

电机车、矿车维修车间设在3660 m 平硐口附近,坑内有轨设备需维修时,利用蓄电池电机车经3660 m 平硐拉出至有轨设备维修车间维修。

3660 m 有轨运输水平采用无人驾驶电机车运输控制系统。

1.5.2　紫金山金铜矿

紫金山金铜矿采用汽车+溜井+电机车或者汽车+溜井+皮带的运输方式,井下运输循环轨道全长8.3 km,采用16台 ZK20-9/550-2C 架线式电机车24 h 不间断运行。受限于井下环境,原有的人工驾驶方式作业时间长、驾驶室空间狭小、人工升降弓劳动强度大、司机容易疲劳驾驶,生产过程存在较大的安全隐患。同时,由于司机的驾驶技术差异,每台电机车的维修周期相差较大。

为进一步提高井下运输安全和运行效率,2018年开始进行井下电机车无人驾驶建设,对紫金山金铜矿原有的16台电阻式电机车的控制系统、制动系统、升降弓系统、道岔系统、通信系统进行整体改造,系统具备井下机车、人员精确定位(定位精度≤0.5 m)、远程放矿、实时视频传输、自动派车、自动卸矿、机车防碰撞、信集闭控制系统等功能,实现了井下电机车全自动无人驾驶的新型生产作业方式。

参考文献

[1] 郑锡恩. 采矿设计手册:矿山机械卷[M]. 北京:中国建筑工业出版社,1986.
[2] 汪建. 瑞典基律纳铁矿考察报告[J]. 矿业工程,2011,9(1):57-62.
[3] 王栋梁,温灿国. 锂离子蓄电池在矿用电机车上的应用[J]. 矿山机械,2011,39(4):40-43.

第 2 章

带式输送机

2.1 概述

带式输送机是一种以输送带作牵引和承载构件，通过承载物料的输送带的运动进行物料输送的连续输送设备。带式输送机中各部分的作用分别为：输送带绕经传动滚筒和尾部滚筒形成无极环形状；上下输送带由托辊支承以限制输送带的挠曲垂度；拉紧装置为输送带正常运行提供所需的张力；工作时驱动装置驱动传动滚筒，通过传动滚筒和输送带之间的摩擦力驱动输送带运行，物料被装在输送带上和带子一起运动。带式输送机一般是在端部卸载，当采用专门的卸载装置时，也可在中间卸载。

带式输送机可以实现散料输送连续化，具有输送能力大、爬坡能力强、操作简单、安全可靠、自动化程度高、投资少、效率高、运输营运和维护费用低、节能环保等优异特性，被广泛应用于国民经济各行业。

在我国露天金属矿开采向着深凹方向发展（开采深度在 200 m 以上），矿山生产规模不断扩大的情况下，随着我国运输机械设备的迅速发展，自动控制技术以及智能化技术不断应用于矿山生产运输，汽车运输、破碎机以及带式输送机运输相结合的半连续运输方式成为矿山中矿石、废石运输的发展方向。

在地下开采的矿山中，带式输送机作为一种重要的连续运输设备，已被广泛应用在矿山生产运输环节。20 世纪 80 年代以来，很多矿山矿井主运输系统采用多条带式输送机组成运输系统和矿仓转载进行接力运输。

2.1.1 分类与应用范围

带式输送机已广泛应用于国民经济各行业，近年来，在露天矿和地下矿的联合运输系统中，带式输送机又成为重要的组成部分。带式输送机的种类繁多，按承载能力可分为轻型、通用型、重型；按能否移动可分为固定式、移动式、移置式、可伸缩式；按输送带的结构类型可分为普通带、钢丝绳芯带、钢绳牵引、压带、钢带、网带、管状带、波状挡边带、花纹带；按承载方式可分为托辊式、气垫式、深槽型；按输送机线路布置可分为直线型、平面弯曲型、空间弯曲型；按驱动方式可分为单滚筒驱动、多滚筒驱动、线摩擦驱动、磁性驱动；等等。

目前，在金属矿山中应用最为广泛的是以下三大类带式输送机。

2.1.1.1　固定式通用带式输送机

1）特点

（1）输送距离长。世界上单机最长的带式输送机为美国铝业公司所有，其长度达到 19 km，带速为 7 m/s；世界上最长的带式输送机系统安装在撒哈拉沙漠西部，用来输送磷酸盐，其总长为 100 km，由 11 条输送机组成。

（2）输送能力大。最宽的带式输送机输送带宽度达到 4 m；运量最大的带式输送机达到 20000 m^3/h。

（3）输送线路可以呈水平、倾斜布置，因而可以适应地形条件，减少投资。

（4）结构简单、可靠性高、营运成本低。

2）应用范围

固定式通用带式输送机广泛应用于冶金、矿山、建材、化工、轻工等领域。由单机或多机组合成运输系统来输送物料时，可输送物料堆积密度不超过 2800 kg/m^3 的各种散状物料及成件物品物料。

固定式通用带式输送机适用的工作环境温度为 −25～40℃，输送的物料温度一般不超过 60℃，如有耐热、耐寒、防水、防腐、防爆、阻燃等要求的工作环境，则需选用特种输送带，并另行采取相应的防护措施。当输送坚硬的矿岩料时，最大粒度不宜超过 350 mm；输送普通物料时，最大粒度不宜超过 500 mm。《金属非金属矿山安全规程》规定，普通带式输送机倾角向上不大于 15°，向下不大于 12°。

2.1.1.2　曲线带式输送机

曲线带式输送机就是通常所说的平面转弯带式输送机。随着输送技术的发展，尤其在野外长距离输送的情况下，传统的直线式输送系统应用起来受到限制，而曲线带式输送机除了在竖向平面上实现凹、凸弧曲线布置外，还可在水平平面上实现横向曲线布置，更好地适应地形坡度的变化以及避开相关障碍物，进而简化输送系统，减少输送机的安装和运行成本。

1）产品特点

（1）可竖直和水平转弯，水平转弯半径一般不低于 1000B（B 为输送带宽度，单位为 mm），满足力学平衡条件、侧边应力条件以及输送带外侧不离开托辊的条件。

（2）使用通用带式输送机的标准部件。水平转弯段采用整体倾角可调的托辊组。

（3）需计算水平转弯段的输送带张力、阻力、跑偏量等，以进行各种工况下运行的动力学分析，这比通用带式输送机技术要求更高。

2）应用范围

曲线带式输送机适用于各种复杂地形条件下的散状物料的长距离输送，输送物料的密度、粒度、使用的环境与固定式通用带式输送机完全相同，但减少了整个输送系统的单机数量，简化了输送系统的供电与控制，便于管理与维护，解决了转运站带来的一系列问题，如粉尘、噪声、附属设备的安装与维护。随着人们节能要求和环保意识的不断提高，再加上大型曲线带式输送机自身可适应地形、地貌布置的特点，以及其在工程造价方面的优势，大型曲线带式输送机的市场前景越来越好。

2.1.1.3　管状带式输送机

管状带式输送机是在普通带式输送机基础上发展起来的，由呈正六边形或正八边形布置的辊子强制输送带卷裹成边缘互相搭接的圆管状而输送物料的一种新型特种带式输送机。

1)产品特点

(1)大倾角输送。由于输送带将物料包裹在圆管内，增加了物料与输送带之间的摩擦力，所以，这种输送机可以实现比普通带式输送机更大的输送倾角。

(2)输送线路更容易按空间弯曲布置。由于圆管是各向同性的结构，所以承载和回程输送带均为圆管的管状带式输送机，可以按较小的转弯半径实现平面和垂直方向上的空间转弯。

(3)最大程度地防止中途物料洒落、减少环境污染，并使物料不被异物混入等。

2)应用范围

管状带式输送机具有输送倾角大，曲率半径小，机身横截面积小，三维空间弯曲输送，输送带不跑偏，便于输送线路布置、维护、管理等优点，但物料的块度受输送带宽度限制，不宜用于输送线路短且要多处受料或卸料的场合。

2.1.2 现状与发展趋势

自 20 世纪 90 年代初期起，我国带式输送机发展迅速，在技术水平、质量保证方面有了空前的发展，尤其是在大功率、长距离带式输送机方面，各种新型的输送机技术(如自动张紧技术、转弯技术、柔性制动技术、输送带在线监测监控技术)及传动技术(包括变频传动、液黏传动、无变速箱直联传动等)相继出现并得到大量应用。曲线带式输送机、管状带式输送机后来居上；隧道连续带式输送机、露天矿移置式带式输送机、排土机等特种带式输送机技术获得突破与发展；运距、运量等多项技术指标位居世界前列。

与国外相关技术相比，我国的带式输送机技术还存在着明显差距，主要体现在以下方面：其一，设计理念的差异；其二，设计计算方法上的差异；其三，主要零部件(如输送带、电机、减速器、制动器等)产品可靠性与使用寿命等质量的差距；其四，检测方法和手段上的差距(如输送带在线检测、输送带接头工艺与接头效率等)。

随着科学技术水平的不断提升，为满足国民经济各行业的需求，带式输送机正呈现出以下发展趋势。

(1)向大型化方向发展：超长运距、超大运量、高带速、高带强、高功率等大型化带式输送机的应用越来越多，并挑战一个个应用极限。

(2)向多功能方向发展：双向往返输送、连续延伸、电动检修小车等功能更加丰富。

(3)向节能环保方向发展：对清扫、除尘、消防、环保、节能、安全等要求越来越高。降噪托辊、低滚动阻力输送、低阻力溜槽、无动力抑尘导料槽、密闭输送等节能环保带式输送技术正蓬勃发展。

(4)向高可靠性、长寿命方向发展：进一步提高带式输送机零部件的性能、可靠性，以及延长使用寿命，是未来发展与研究的主要课题之一。

(5)向全自动化、智能化方向发展：PLC 控制、工业监视、变配电、照明、安全保护装置、故障自动诊断与报警等自动化、智能化技术越来越完善。

(6)现代设计手段的应用：动态分析技术、有限元分析技术、离散元分析技术、专业软件设计等现代设计技术得到越来越广泛的应用。

2.2 固定式通用带式输送机

2.2.1 概述

国内固定式通用带式输送机主要有 DTⅡ、DTⅡ(A)系列。DTⅡ、DTⅡ(A)系列主要分为轻型、中型、重型，可以适应普通帆布输送带、尼龙带或聚酯带、钢丝绳芯输送带等的使用要求。

DTⅡ(A)型固定式通用带式输送机以其带宽 B、传统滚筒代号直径 D 和传动滚筒许用扭矩(顺序号)作为产品代号。DTⅡ(A)型固定式通用带式输送机产品代号实例：DTⅡ(A)BD·X。其中 D—带式输送机；T—通用型；Ⅱ(A)—新系列；B—输送机带宽，cm；D—传动滚筒直径(不包括胶层厚度)，cm；X—传动滚筒扭矩顺序号(1，2，3)。

固定式通用带式输送机因具有运输能力强、运输距离长、运行可靠、操作简便、易于实现自动化和经济效益显著等特点，得到了日益广泛的应用和发展。

2.2.2 固定式通用带式输送机的组成与主要部件

固定式通用带式输送机典型整机结构如图 2-1 所示。它主要包括以下几个部分：电动机、减速器、高速轴联轴器、低速轴联轴器、输送带、滚筒、托辊、头架、尾架、中间架、拉紧装置、制动装置、清扫装置、保护装置、导料槽、卸料装置等。

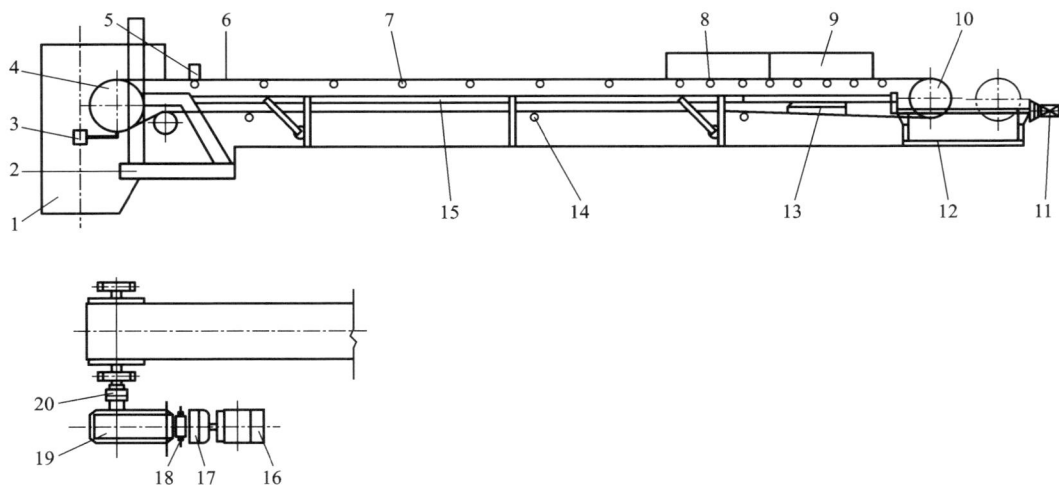

1—头部漏斗；2—机架；3—头部清扫器；4—传动滚筒；5—安全保护装置；
6—输送带；7—承载托辊；8—缓冲托辊；9—导料槽；10—改向滚筒；
11—螺旋拉紧装置；12—尾架；13—空段清扫器；14—回程托辊；15—中间架；
16—电动机；17—液力偶合器；18—制动器；19—减速器；20—联轴器。

图 2-1 固定式通用带式输送机典型整机结构

2.2.2.1 输送带

输送带是输送机中的曳引构件和承载构件，是输送机最主要的部件之一。输送带用量大，成本高。输送带由芯体和覆盖层组成，芯体承受拉力，覆盖层保护芯体不受损伤和腐蚀。芯体材料有织物和钢丝绳两类，织物芯体的材料是棉帆布、尼龙帆布、聚酯帆布等。覆盖层材料有聚氯乙烯(PVC)和橡胶，其中PVC覆盖胶具有生产工艺简单、价格低等优点，但存在摩擦系数小、易老化等缺点；橡胶覆盖层摩擦系数大，但带体较重，价格较贵。橡胶可根据使用条件来选用，如普通胶、耐热胶、耐寒胶、耐磨胶、耐油胶、耐酸碱胶和耐燃胶。

输送带类型分为多层芯输送带、整编芯输送带和钢丝绳芯输送带。

1) 分类

(1) 多层芯输送带。

多层芯输送带是由多层帆布作芯、层与层之间用橡胶黏结的，外表面再覆以橡胶覆盖层、边胶，经硫化结合成的整体，因此也称为分层橡胶输送带或普通输送带。帆布层材质主要由尼龙组成，也有部分是锦纶的。上覆盖胶接触货载，为承载面，其厚度一般为 3 mm；下覆盖胶是非承载面，其厚度一般为 1 mm，在使用时要安装正确。多层芯输送带强度低，易发生层间开裂现象。

(2) 整编芯输送带。

整编芯输送带又分为塑料整芯输送带(简称塑料带)和橡塑复合整芯输送带。塑料整芯输送带的芯体是用棉纤和合成纤维(锦纶或涤纶)并股捻成线，按经(纵向)纬(横向)方向编织成三层或三层以上的整体织物结构，浸以塑料树脂(聚氯乙稀)塑化成形，再覆以 PVC 覆盖层加热挤压而成。橡塑复合整芯输送带 PVG 的芯体与塑料带相同，其区别是上、下覆盖胶用橡胶经硫化压制而成，其摩擦系数较塑料整芯输送带高。整编芯输送带的特点是成本低、强度高、带体薄、弯曲性能好，具有良好的抗冲击、抗撕裂能力，使用中不会发生层间开裂现象，但伸长率较高，一般为 1%，因而其拉紧装置的行程较大。它是输送带的发展方向之一，大多数条件下可取代多层芯输送带。

(3) 钢丝绳芯输送带。

钢丝绳芯输送带是以钢丝绳芯衬垫覆盖橡胶制成的输送带，由钢丝绳、芯胶、覆盖层和边胶构成，其结构图如图 2-2 所示。采用新型结构钢丝绳作抗拉体，芯胶有足够的渗透空间进入各个股丝间，橡胶与钢丝绳的黏合强度大，防锈蚀性好，能缓解股丝之间相互剪切及股丝扭转，因此钢丝绳芯输送带具有

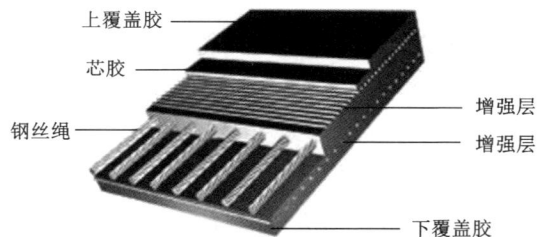

图 2-2　钢丝绳芯输送带结构图

拉伸强度大、使用伸长小、抗冲击好、接头可靠、寿命长、成槽性好、耐曲挠性好、抗疲劳破坏性能优异、抗撕裂强度高以及带面用坏后可以翻新等优点，适于长距离、大运量、高速度输送物料。钢丝绳芯输送带按覆盖胶性能分，有普通型、阻燃型、耐热型、耐磨型、耐寒型、耐酸碱型、耐油型等；按内部结构分，有普通结构型、横向增强型、预埋线圈防撕裂型等。普通结构型由纵向排列的钢丝绳作带芯，外包芯胶和覆盖胶。钢丝绳结构有 6×7-WSC、6×19-WSC 和 6×19W-WSC 3 种，但经供需双方协商，也可供应其他结构的钢丝绳。芯胶用具有良好黏合性能的橡胶，以保证钢丝绳具有较高的拔出强度。覆盖层的材料目前仍采用橡胶。横向增强型又称防撕裂型，与普通型的区别如下：在覆盖胶内，横向加了按一定间距排列的细钢丝绳或 1~2 层合成纤维线绳的加强体，增强了输送带的防撕裂性。

2）发展方向

钢丝绳芯输送带目前的发展方向：一是注重提高抗冲击、防撕裂、耐磨损、智能性等性能，钢丝绳芯输送带的最大强度已达到 10000 N/mm，带体宽度可达 3.5～4 m，使用寿命最高为 15 年以上；二是具有功能性和特殊要求的输送带发展迅速，形成了输送带的重点产品，例如耐高热钢丝绳芯输送带、阻燃钢丝绳芯输送带、管状钢丝绳芯输送带、长距离防撕裂钢丝绳芯输送带等，其中矿井用阻燃钢丝绳芯输送带的应用极为广泛；三是特殊用途输送带发展迅速，例如耐寒、耐油、耐酸碱以及大倾角提升了钢丝绳芯输送带的性能，增加了产量，尤其是随着合成橡胶工业的发展，耐寒钢丝绳芯输送带和覆盖胶的特殊配合可使用温度范围为 −70～70℃；四是重视节能、环保型输送带的开发。

3）输送带类型选择

短距离带式输送机（80 m 以内）输送带的张力较小，织物芯输送带可满足要求。而聚酯织物芯输送带比棉织物芯输送带伸长率小、抗拉强度高，宜优先选用。当采用分层织物芯输送带时，应合理地选择输送带层数。层数过少，会造成输送带槽性在托辊组间变平缓，从而引起撒料及增大运行阻力；层数过多，厚度和刚度增大，不利于运转的稳定性，易引起脱层，增加滚筒的直径。根据国内外经验及制造厂的建议，织物芯输送带的层数宜为 3～6 层，除特殊要求外，最多不应超过 8 层。

大输送量、长距离带式输送机及提升高度大的带式输送机，一般张力都大，宜采用钢丝绳芯输送带。普通结构型钢丝绳芯输送带一般无横向承拉构件，容易被金属件、坚硬或大块物料划伤撕裂。当输送堆积密度大的块状物料时，在受料点容易划伤、撕裂输送带，特别是当受料点物料的直接落差较大时，更容易出现输送带的纵向撕裂事故。为保证输送带运行的可靠性，除在受料点采取措施以避免或减少撕裂事故的发生外，还宜采用抗冲击、耐撕裂的横向增强型（防撕裂型）钢丝绳芯输送带。

4）输送带覆盖层的确定

当输送密度大、粒度大或磨琢性强的物料时，应选用较大的输送带的上覆盖层厚度。对工作循环时间较短的输送带，当被输送的物料堆积密度大、粒度尺寸较大时，宜适当加大上覆盖层厚度，以保证输送带在规定使用期内不会出现覆盖层过早磨损而使芯层暴露造成损害的情况。

为减小输送带运行阻力，下覆盖层厚度不宜过大，但分层织物芯输送带应有合理的上、下覆盖层厚度比例，以避免产生横向起拱。德国工业标准《连续搬运设备 输送散状物料的带式输送机 计算及设计基础》（DIN 22101—2002）规定，上、下覆盖层厚度比例宜控制在 3∶1 以内，对于钢丝绳芯输送带则不限制这个比值。

织物芯输送带的下覆盖层厚度，应满足在计划试用期内输送带芯层不会因覆盖层与滚筒或托辊磨损而暴露的要求。

普通用途钢丝绳芯输送带的覆盖层厚度不应小于 0.7 倍的钢丝绳直径，且不得小于 4 mm。应根据输送带工作条件，选择相应的覆盖层厚度；同时，覆盖层的厚度，不应小于表 2-1 中钢丝绳芯输送带的覆盖层最小厚度。当输送的物料粒度粗、密度大、硬度大、磨琢性强、工作条件恶劣、受料高度高时，需适当提高覆盖层厚度。当在钢丝绳芯输送带覆盖层内设有预埋线圈等检测保护元件时，覆盖层的最小厚度应考虑增加保护元件后厚度增加的因素。输送带覆盖层性能包括覆盖层拉伸强度、扯断伸长率、磨耗性能等，应根据被输送物料的性质选择相应性能的覆盖层。输送磨琢性及冲击性强的大块物料时,如岩石类硬物料,在强划裂工作条件下,应选用拉伸强度大和耐磨性能好的覆盖层,拉伸强度不宜小于 20 MPa,磨耗量不宜大于 150 mm。对一些磨损性强的物料,可选用 D 级强耐磨性覆盖层。

表 2-1　钢丝绳芯输送带的覆盖层最小厚度　　　　　　　　　mm

输送带纵向拉伸强度 /(N·mm⁻¹)	普通钢丝绳芯输送带 上、下覆盖层厚度	阻燃钢丝绳芯输送带 上、下覆盖层厚度
630	5	5
800	5	5
1000	6	6
1250	6	6
1600	6	6
2000	6	8
2500	6	8
3150	8	8
3500	8	8
4000	8	8
4500	8	8
5000	8.5	8.5
5400	9	9

5)主要生产厂家

目前国内输送带的主要生产厂家有青岛华夏橡胶工业有限公司、山西凤凰胶带有限公司、山东康迪泰克工程橡胶有限公司、浙江双箭橡胶股份有限公司、上海富大胶带制品有限公司等。

6)地下矿山带式输送机对输送带的特殊要求

带式输送机在井下使用过程中,若某种因素造成输送带打滑,输送带与驱动滚筒会产生剧烈摩擦,而且如果输送带不具备阻燃性能,达到一定温度时就会导致输送带发热燃烧,产生大量有毒有害气体,造成矿工中毒窒息和财产损失,因此井下带式输送机应采用阻燃型输送带。同时,井下采场铲运的原矿中易混入钻杆、锚杆等铁器,容易引起输送带纵向划破,因此在靠近原矿溜井使用的带式输送机,优先使用抗撕裂增强型结构输送带,并设置有效的除铁装置,以延长输送带的使用寿命。地下矿山的使用环境很差,湿度很大,钢丝绳芯输送带的伸长率小,当滚筒与输送带间卷进矿石、尘土等物料时,容易使钢丝绳芯拉长,甚至拉断。因此,输送带的清扫问题应引起足够重视。

2.2.2.2　滚筒

按在钢丝绳芯带式输送机中所起的作用,可将滚筒分为传动滚筒和改向滚筒两大类。

1)传动滚筒

传动滚筒由连接键、滚筒轴、轴承与轴承座、胀套、接盘、筒皮、覆盖胶等部分组成,如图 2-3 所示。

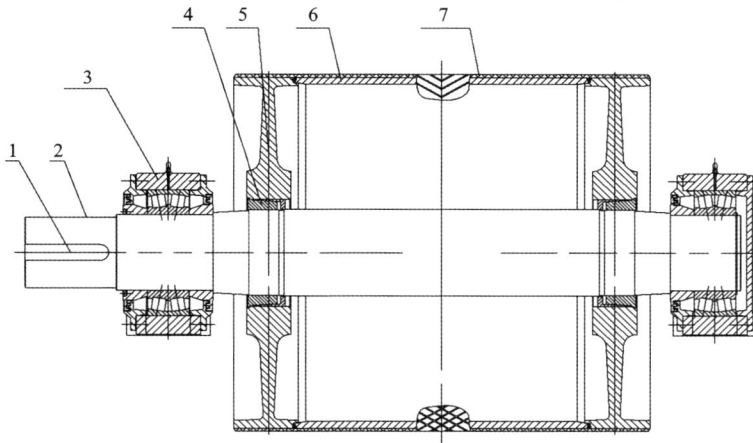

1—键；2—轴；3—轴承座；4—胀套；5—接盘；6—筒皮；7—覆盖胶。

图 2-3 滚筒组的结构简图

由于钢丝绳芯带式输送机滚筒承受的合力和扭矩均很大，故在结构上，滚筒轴要求为锻钢的整体轴；滚筒轴与接盘的连接采用胀套连接的方式；接盘与筒皮采用铸焊筒体结构。

传动滚筒是传递动力的主要部件。滚筒直径有 500 mm、630 mm、800 mm、1000 mm、1250 mm、1400 mm、1600 mm 等。同一种滚筒直径又有几种不同的轴径和中心跨距供设计者选用。

传动滚筒表面有裸露光钢面、人字形和菱形花纹橡胶覆面。小功率、小带宽及环境干燥时可采用裸露光钢面滚筒。人字形花纹橡胶覆面的摩擦系数大，防滑性和排水性好，但有方向性。菱形花纹橡胶覆面用于双向运行的输送机。用于重要场合的滚筒，最好采用硫化橡胶覆面；用于阻燃、隔爆时，应采取相应的措施。

带式输送机滚筒直径应根据输送带带芯的类型、张力等因素确定。驱动滚筒直径的大小，直接影响输送带绕经滚筒时的附加弯曲应力和输送带在滚筒上的比压。为延长输送带的使用寿命，要限制驱动滚筒的最小直径。

《带式输送机工程设计标准》（GB 50431—2020）规定，最小传动滚筒直径 D 按下式选取：

$$D = C_0 d_B$$

式中：d_B 为芯层厚度或钢绳直径，mm；C_0 为计算系数，棉织物为 80，尼龙为 90，聚酯为 108，钢丝绳芯为 145。

《金属非金属矿山安全规程》（GB 16423—2020）规定钢丝绳芯带式输送机的卷筒直径应不小于钢丝绳直径的 150 倍，不小于钢丝直径的 1000 倍，且最小直径不应小于 400 mm。

2）改向滚筒

改向滚筒用于改变输送带的运行方向或增加输送带与传动滚筒间的围包角。改向滚筒用于 180°改向时，一般放在尾部或垂直拉紧装置处；用于 90°改向时，放在垂直拉紧装置的上方。增面滚筒一般用于小于或等于 45°的场合。

改向滚筒有光面滚筒和胶面滚筒两种。与输送带承载表面接触时，改向滚筒应选用胶面滚筒，而只与输送带非承载表面接触时，改向滚筒一般也选用胶面滚筒，只有在转动功率小、输送物料较清洁时才选用光面滚筒。

输送机传动滚筒和改向滚筒直径的匹配见表 2-2。

按稳定工况确定的最小滚筒直径见表 2-3。

一般情况下，先通过计算确定传动滚筒直径，然后按表 2-2 和表 2-3 所定的匹配关系来确定其他滚筒直径。只有当合力不够时，才选用比匹配关系更大的滚筒直径。

表 2-2 输送机滚筒直径匹配表 mm

带宽	传动滚筒直径	≈180°尾部改向滚筒直径	≈180°部探头滚筒直径	≈90°改向滚筒直径	<45°改向滚筒直径
500	500	400	500	315	250
650	500	400	500	315	250
	630	500	630	400	315
800	500	400	500	315	250
	630	500	630	400	315
	800	630	800	500	400
	1000	800	1000	630	500
1000	630	500	630	400	315
	800	630	800	500	400
	1000	800	1000	630	500
1200	630	500	630	400	315
	800	630	800	500	400
	1000	800	1000	630	500
1400	800	630	800	500	400
	1000	800	1000	630	500
	1250	1000	1250	800	630
1600	800	630	800	500	400
	1000	800	1000	630	500
	1250	1000	1250	800	630
1800	800	630	800	500	400
	1000	800	1000	630	500
	1250	1000	1250	800	630
2000	1000	800	1000	630	500
	1250	1000	1250	800	630
	1400	1250	1400	1000	800
2200	1000	800	1000	630	500
	1250	1000	1250	800	630
	1400	1250	1400	1000	800
	1600	1400	1600	1250	1000
2400	1000	800	1000	630	500
	1250	1000	1250	800	630
	1400	1250	1400	1000	800
	1600	1400	1600	1250	1000

表 2-3　按稳定工况确定的最小滚筒直径　　　　　　　　　　　　mm

传动滚筒 直径 D	允许的最高输送带张力利用率								
	60% ~ 100%			30% ~ 60%			≤30%		
	滚筒组别			滚筒组别			滚筒组别		
	A	B	C	A	B	C	A	B	C
500	500	400	315	400	315	250	315	315	250
630	630	500	400	500	400	315	400	400	315
800	800	630	500	630	500	400	500	500	400
1000	1000	800	630	800	630	500	630	630	500
1250	1250	1000	800	1000	800	630	800	800	630
1400	1400	1250	1000	1250	1000	800	1000	1000	800
1600	1600	1400	1250	1400	1250	1000	1250	1250	1000

注：A 为传动滚筒，B 为改向滚筒（180°），C 为改向滚筒（<180°）。

3）主要制造厂家

滚筒为标准定型产品。一般带式输送机的主机厂家均能生产制造传动滚筒与改向滚筒。滚筒可在 DTⅡ系列、DTⅡ（A）系列、DX 系列带式输送机设计选用手册内选型。

2.2.2.3　驱动装置类型

驱动装置的作用是将电动机的动力传递给输送带，并带动输送机运行。多数带式输送机都采用单滚筒驱动，但随着运量和运距不断增大，要求传动滚筒传递的牵引力相应增加，因而出现了双滚筒及多滚筒驱动。每个传动滚筒可配一个或两个驱动单元，传动滚筒轴的末端用联轴器与驱动单元连接。驱动系统是带式输送机最重要的部件之一。如何合理选择带式输送机驱动装置，是带式输送机设计中的关键，也是带式输送机设计是否合理、运行是否正常、维修费用和维修量多少的关键。合理选定驱动方式的目的主要是改善传动性能，降低输送带的张力，减少投资成本，增强输送机运行的可靠性。带式输送机驱动装置类型如下。

1）Y 系列电动机+联轴器+减速器

Y 系列电动机+联轴器+减速器直连驱动方式的优点是结构简单，维护工作量小，维修费用低，可靠性高，缺点是软启动性能差，电动机启动时对电网的冲击大。其一般用在功率为37 kW 及以下、机长小于 150 m 的单机驱动带式输送机上。

2）电动滚筒组合式

电动滚筒组合式驱动装置是将电动机和减速齿轮副装入滚筒内部，使之与传动滚筒组合在一起的驱动装置。驱动装置不占空间，适用于功率较小的短距离带式输送机及空间布置紧凑的小型带式输送机，特别是可逆配仓带式输送机或其他移动设备上的输送机。但电动机在滚筒体内部，散热条件差，因而电动滚筒不适合长期连续运转，也不适合在环境温度大于40℃的场合下使用，其功率范围为 2.2~55 kW。凡有隔爆、阻燃等特殊要求时，则应与制造厂协商后，再另行选配。

3）Y 系列电动机+限矩型液力偶合器+减速器

Y 系列电动机+限矩型液力偶合器+减速器是带式输送机常用的一种驱动方式，限矩型液力偶合器分为带后辅室限矩型液力偶合器和不带后辅室限矩型液力偶合器。由于带后辅室限矩型液力偶合器在电动机启动时，液力油由后辅室通过节流孔缓慢进入液力偶合器工作腔，所以其启动性能优于不带后辅室限矩型液力偶合器。由于限矩型液力偶合器受散热条件限制，所以 Y 系列电动机+限矩型液力偶合器+减速器驱动方式一般用在单机功率为 45 kW 以上、机长小于 1500 m 的带式输送机上。

优点：性价比高，结构简单紧凑，维护工作量小，维修费用低，可保护电动机过载，多台电动机驱动时能平衡电机功率，可分台延时启动，减小带式输送机启动时对电网的冲击，可靠性高，价格低，是机长小于 1500 m 的带式输送机的常用驱动方式。缺点：软启动性能较差，不宜用于下运带式输送机及要求具有调速功能的带式输送机。

4）Y 系列电动机+调速型液力偶合器+减速器

Y 系列电动机+调速型液力偶合器+减速器是大型带式输送机常用的一种驱动方式，一般用在机长大于 800 m 的长距离大型带式输送机上。

优点：结构较简单，维护工作量较小，电动机可空负荷启动，保护电动机过载，多台电动机驱动时可分台延时启动，减小带式输送机启动时对电网的冲击，可靠性较高，软启动性能较好，具有启动可控性能，即启动时间可控、启动速度曲线可控，价格较低。

缺点：液力偶合器启动时，由于液力偶合器工作腔油量变化和速度变化曲线为非线性关系且具有滞后性，所以可控性动态响应慢，做闭环控制难度较大，有时有渗油现象发生，不宜用于下运带式输送机及要求具有调速功能的带式输送机。

5）Y 系列电动机+CST

Y 系列电动机+CST 驱动装置是美国道奇公司专为带式输送机设计的，具有较高可靠性的机电一体化驱动装置，一般用在长距离布置复杂的大型带式输送机上。

优点：软启动性能良好，启动时速度曲线线性可控，停车时速度曲线也可控，可做闭环控制，电动机空负荷启动，结构简单，维护工作量小，多台电动机驱动时可分台延时启动，减小带式输送机启动时对电网的冲击。

缺点：对维修工及润滑油的要求高，设备价格高，不宜用于下运带式输送机及要求具有调速功能的带式输送机。

6）变频调速电动机+减速器

随着低、中、高压变频技术日臻成熟，变频控制装置价格也越来越便宜，变频调速电动机+减速器驱动装置目前在大中型带式输送机中得到了广泛应用。

优点：软启动性能优良，启动和停车时速度曲线线性可控，电气制动性能好，可无级变速，可控性能优良，可做闭环控制；简化了驱动装置的机械部分，维修量较少，设备运行可靠性高。对于下坡运输输送带，采用能四象限运行的变频调速系统，也能满足控制要求。

缺点：电气控制系统相对较复杂，优质的数字化变频器价格较高。

7）低速同步电动机直接驱动带式输送机传动滚筒的直驱系统

低速同步电动机直接驱动带式输送机传动滚筒的驱动方式是一种具有调速功能的最佳驱动方式，一般用在电动机单机功率大于 1500 kW 的带式输送机上。

低速同步电动机直接驱动带式输送机的传动滚筒，无减速系统，机械传动效率接近 100%，可节约电能；无减速系统及附属的液压系统、冷却系统维护难度降低，维护量减少，维护成本降低，系统运行更加平稳，振动更小、噪声更低，可靠性提高，从而提高了生产效率。同步电动机转速不受负载和其他因素的影响，因此比异步电动机调速性能好，调速高效区广，功率因数高，尤其在重载启动时，其优势更为明显，对电网的冲击小。变频启动和停车时，使用矢量控制，双闭环(速度环、电流环)调节，速度曲线线性精准可控，有效解决了带式输送机动态张力波对输送带和设备造成的危害。在多电机驱动的情况下，通过主从控制，实现了多驱功率平衡和速度同步。对于下坡运输输送带，不仅能满足控制要求，还能进行能量反馈。目前，国内使用的直接驱动电动机分为两种，一种为永磁同步电动机，一种为大型交流低速变频调速同步电动机(电励磁同步电动机)。同时，在国内带式输送机直接驱动系统中使用较多的是永磁同步电动机，其定子结构与普通的感应电动机结构非常相似，其主要区别是，永磁同步电动机的转子上设有高质量的永磁体磁极，使用功率范围为 35~500 kW。

缺点：低速同步电动机价格十分昂贵，电气和控制系统相对复杂，设备造价高。

综上所述，带式输送机驱动功率较大，在选择驱动装置时，带式输送机不需要调速，且机长小于1500 m、工况简单、驱动功率为 315 kW 以下的非下运带式输送机与 Y 系列电动机+限矩型液力偶合器+减速器是常用的驱动方式；对于变频调速电动机+减速器的驱动方式，由于变频技术日臻成熟，其变频控制装置价格也越来越低，目前在各种工况条件下的大中型带式输送机中应用得越来越多；随着永磁材料性能的改善及电力电子技术的进步，低速大转矩永磁同步电动机越来越成熟，永磁同步电动机直驱系统在带式输送机中将得到越来越广泛的应用。

2.2.2.4 电动机

带式输送机主驱动电机主要采用三相异步电动机，基于超大运量、超长距离、复杂工况、大功率(1500 kW 以上)运行的带式输送机可用低速同步电动机直接驱动。

1）Y2 系列三相异步电动机(380 V)

小功率带式输送机普遍使用 Y2 系列电动机，Y2 系列电动机是 Y 系列电动机的更新换代产品，是一般用途的全封闭自扇冷式鼠笼型三相异步电动机。它是我国 20 世纪 90 年代的最新产品，其整体水平在当时已达到国外同类产品 20 世纪 90 年代初的水平。

Y2 系列电动机的安装尺寸和功率等级符合 IEC 标准，与德国 DIN 42673 标准一致，也与 Y 系列电动机一样，其外壳防护等级为 IP54，冷却方法为 IC411，连续工作制(S1)。采用 F 级绝缘，温升按 B 级考核(除 315L2-2、4，355 全部规格按 F 级考核外)，并要求考核负载噪声指标。

Y2 系列电动机额定电压为 380 V，额定频率为 50 Hz。电动机运行地点的海拔不超过1000 m；环境空气温度随季节变化，但不超过40℃；最低环境空气温度为-15℃；最湿月的月平均最高相对湿度为90%，同时该月的月平均最低温度不高于25℃。

Y2 系列电动机有两种设计，适用于一般机械配套和出口需要，在轻载时有较高效率，在实际运行中有较佳节能效果，且具有较高堵转转矩的设计称为 Y2-Y 系列。中心高 63~355 mm，功率为 0.12~315 kW。电动机符合 JB/T 8680.1-1998 要求，符合 Y2 系列(1P54)三相异步电动机(机座号 63~355)技术条件。

型号含义：如 Y2-200L1-2Y 中"Y2"表示异步电动机第二次改型设计，"200"表示中心高，"L"表示机座长短号，"1"表示铁芯长度序号，"2"表示极数，"Y"表示第一种设计(可省略)。

第二种设计是满载时效率较高，更适用于长期运行和负载率较高的使用场合，如水泵、风机配套，此设计称为 Y2-E 系列，中心高 80~280 mm，功率为 0.55~90 kW。Y2 系列(1P54)三相异步电动机(机座号 80~280)型号含义：如 Y2-200L2-6E 中"Y2"表示异步电动机第二次改型设计，"200"表示中心高，"L"表示机座长短号，"2"表示铁芯长度序号，"6"表示极数，"E"表示第二种设计。

对于有调速要求或采用变频控制的带式输送机，可采用 YVF2 系列(IP54)变频调速专用三相异步电动机(机座号 80~355)，其技术条件执行标准 JB/T 7118—2014，本标准规定了 YVF2 系列电动机的型式、基本参数与尺寸、技术要求、检验规则、标志、包装及保用期的要求，适用于 YVF2 系列变频调速专用三相异步电动机，凡属本系列电动机所派生的各种系列电动机也可参照执行。YVF2 系列(IP54)变频调速专用三相异步电动机是一种交流、高效、节能型调速电动机，可与国内外变频器配套使用，该产品运行可靠、维护方便。电动机单独装有轴流风机，在不同转速下均有较好的冷却效果。电动机的功率、安装尺寸和外形与 Y2 系列(IP54)三相异步电动机相同(除风罩比 Y2 系列电动机稍长，即电动机总长增加)，以便用户的配套和选用。冷却方式：IC416，使用单独的轴流风机强迫通风，保证了电机在低速(1~2 Hz)时恒转矩长期可靠运行，机座号：80~355；功率：0.55~315 kW；额定电压：380 V；额定频率：50 Hz；工作制：S1；外壳防护等级：IP54。此外，电机还具有噪声低、振动小、调速范围广、外观新颖等优点。

2)低压大功率变频调速三相异步电动机(690 V)

对于电动机功率为 250~630 kW，采用变频调速电动机+减速器驱动方式的带式输送机越来越多，由于低压变频控制装置价格较低，低压大功率变频调速三相异步电动机性价比最高。

低压大功率变频调速三相异步电动机能与国内外各种变频装置配套，组成变频调速系统，具有较高的精度和高的动态性能。电动机的调速范围广、过载能力强、运行稳定、可靠、效率高等。电动机基本技术要求符合 IEC60034-1 和 GB 755 等国际和国家标准，安装尺寸符合 IEC60072-1 推荐标准。使用条件：海拔不超过 1000 m 时能正常运行；F 级适用于环境空气温度不超过 40℃的一般场所；H 级适用于环境空气温度不超过 60℃的场所，最低环境空气温度为-15℃(空水冷电机不低于 0℃)。如果电动机在环境温度高于或低于上述规定使用时，应按 GB 755—2019 的规定处理。基本形式：额定电压为 690 V，额定频率为 50 Hz，恒转矩调速为 1~50 Hz，恒功率调速为 50~100 Hz。防护等级：IP54。绝缘等级：F 级或 H 级。冷却方式：IC416 电动机带有轴流式风机，强迫冷却；IC666 电动机顶部带有空/空冷却器，强迫冷却；IC86W 电动机顶部带有空/水冷却器，强迫冷却。基准工作制：S1 或 S9。安装方式：B3。接线方式：△接法。根据用户要求，可带超温保护开关、防潮加热带、编码器及超速开关等其他配件。

3)Y 系列、Y2 系列、YX2 系列高压三相异步电动机(3 kV、6 kV、10 kV)

Y 系列、Y2 系列、YX2 系列高压三相异步电动机效率符合《高压三相笼型异步电动机能效限定值级能效等级》(GB 30254—2013)。本系列电动机是在吸收、消化德国西门子紧凑型高压电动机的基础上，结合长期生产紧凑型高压电机设计制造经验及客户订单和技术要求，全新设计的新一代紧凑型高压高效率大功率三相异步电动机。

该系列电动机采用了电磁优化设计、风扇风路优化设计、放大定子冲片外径，使用了新技术、新材料、新工艺，制造过程严格监控，具有效率高、噪声小、成本低、运行可靠、结构紧凑等优点。

Y2 系列、YX2 系列高压高效三相异步电动机(机座号为 31~560)的基本参数如下：

中心高：H355、H400、H450、H500、H560；

电压：3~6 kV；

频率：50 Hz；

功率范围：185~1600 kW；

极数：2 P、4 P、6 P、8 P；

外壳防护等级：IP54、IP55；

绝缘等级：155（F）；

冷却方式：IC411。

更大功率的带式输送机可以选用上海上电电机股份公司、兰州电机股份有限公司、长沙电机厂有限责任公司等厂家生产的 YX 系列、YXKK 系列、YXKS 系列高效高压三相异步电动机，产品系列如下：电机机座号为 355～1000 mm，功率为 185～14000 kW，额定电压为 3 kV、6 kV 及 10 kV，额定频率为 50 Hz，防护等级为 IP23、IP54、IP55，安装方式为 B3、V1，冷却方式为 IC01、IC611、IC616、IC81W，工作制为 S1。电动机采用钢板焊接箱式结构，外形美观、安装维护方便；定子绕组采用 F 级绝缘真空压力浸无溶剂漆工艺（VPI）处理，绝缘性能优良，机械强度高，运行可靠。

4）VF 系列变频调速高压三相异步电动机

随着电力电子技术、微电子技术的发展和中高压变频技术的不断进步，高压变频器技术越来越成熟。大型带式输送机采用变频调速电动机+减速器驱动装置越来越多，VF 系列变频调速高压三相异步电动机是使用最多的电动机。

2012 年，由上海电器科学研究所（集团）有限公司等负责起草的 GB/T 28562—2012《YVF 系列高压变频调速三相异步电动机技术条件（机座号 355～630）》，对高压变频电机进行了规范。2015 年成功开发了新一代 YVF315～630 系列高压变频调速三相异步电动机，该系列产品也是我国高压变频调速电动机的升级换代产品，各种性能符合国家标准，已批量进入市场。

YVF315～630 系列高压变频调速三相异步电动机的基本技术参数如下：

型号：YVF315～630；

额定功率：160～4000 kW；

额定电流：11～425 A；

额定电压：6～10 kV；

额定频率：50 Hz；

变频范围：0～50 Hz；

工作制定额：S1；

防护等级：IP55。

5）交流低速永磁同步变频电动机

目前，国内带式输送机直接驱动系统中使用较多的是永磁同步电动机，其定子结构与普通的感应电动机结构非常相似，其主要区别在于转子上设有高质量的永磁体磁极。以永磁体的磁通代替后者的励磁绕组励磁，可使电机结构更为简单。近年来，永磁材料性能的改善及电力电子技术的进步，推动了新原理、新结构永磁同步电机的开发，有力地促进了电机产品技术、品种及功能的发展，永磁同步电动机已形成系列化产品，其容量从小到大，已达到兆瓦级，且应用范围越来越广；与传统异步电动机进行比较，永磁同步电动机具有结构简单、体积小、质量轻、损耗少、效率高、可靠性强和多机驱动时通过主从控制可实现功率平衡等优点。在开发高性能永磁同步电动机的过程中，需要更好地解决不可逆退磁问题，电机在低频时的转矩脉振、扭矩不够问题，以提高低速控制性能，更好地解决电动机散热问题。

解决带式输送机用永磁同步变频电机和变频调速直驱控制系统的主要生产厂家有山东欧

瑞安电气有限公司、上海精基实业有限公司、苏州惠航驱动有限公司，其生产的永磁同步变频电机主要技术参数如下：

功率范围：35~2100 kW；

转速范围：50~105 r/min；

电压等级：380 V、660 V、1140 V、6000 V；

扭矩范围：3183~169778 N·m；

冷却方式：IC46W 水冷；

防护等级：IP54；

电机绝缘等级为：H 级。

6）交流低速变频调速同步电动机

目前交流低速变频调速同步电动机在矿井提升机、球磨机、轧钢机等大型机械中得到越来越广泛的应用。这种直接驱动传动方式也在超大运量、超长距离、复杂工况条件下，需大功率运行的带式输送机中得到应用。国内上海上电电机股份公司、哈尔滨电机厂有限责任公司可按用户要求生产低速变频调速同步电动机，其主要技术参数如下：

功率范围：1000~6000 kW；

转速范围：40~100 r/min；

电压等级：1140 V、3450 V、6000 V；

冷却方式：IC37；

防护等级：IP44；

电机绝缘等级为：F 级。

7）高原电机

我国矿产资源开发在向地表深部、高原等方向发展，高原矿山越来越多，一般电动机的正常使用环境温度为−5~40℃，并且所在地应在海拔 1000 m 以下。高原地区的主要特征为空气压力或空气密度小；空气温度较低，且温度变化较大；空气绝对温度较小；太阳辐射照度较高；降水量较少；每年大风日多。这对电机运行带来不利影响，因而在设计、制造上要采取相应的措施。在高原使用的电工产品必须符合《特殊环境高原电工电子产品第一部分：通用技术要求》（GB/T 20626.1—2017），高原电机要求在海拔高、气压低、缺氧、高寒、温差大、风沙大等恶劣条件下运行，所以高原电机需要更高的绝缘水平、良好的通风散热结构以及电机防振、防沙等结构。海拔对电机的效率影响不大，但对电机的功率有较大影响，由于海拔高、空气稀薄，转子和定子之间间隙的导磁能力差，直接影响电机的额定功率输出。电机在高原运转时，实际功率会有所降低。选定电机时需将使用海拔及环境温度告知电机厂，让电机厂计算电机功率降低余量及绝缘温升需求。

2.2.2.5 减速器

下面将介绍国产常用减速器。

1）类型

固定式通用带式输送机选用的减速器通常为卧式安装，按布置方式分为垂直轴和平行轴两种类型。原有国产垂直轴减速器选用 DBY、DCY 圆锥圆柱齿轮减速器，平行轴减速器选用

ZLY、ZSY 型硬齿面圆柱齿轮减速器，目前按照标准 JB/T 8853—2015，统称为锥齿轮圆柱齿轮减速器，本标准规定了锥齿轮圆柱齿轮减速器的型号、标记与尺寸、基本参数、技术要求、承载能力与选用方法。适合减速器使用的环境温度为−20~45℃。

锥齿轮圆柱齿轮减速器型号用 H1、H2、H3、H4、R2、R3、R4 表示，H 表示圆柱齿轮减速器，R 表示锥齿轮圆柱齿轮减速器，数字表示传动级数。

标记方法：

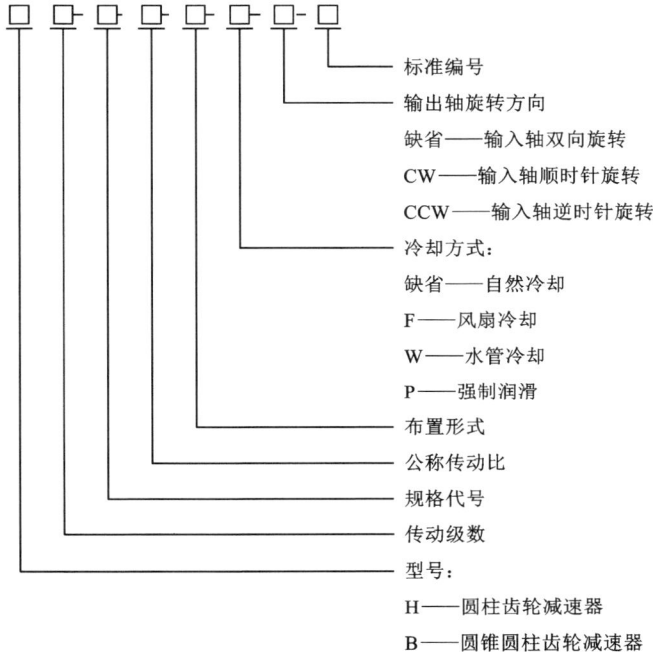

标记实例：符合标准 JB/T 8853—2015 的规定、两级传动、10 号规格、公称传动比为 11.2、第一种布置形式、风扇冷却、输入轴双向旋转的圆柱齿轮减速器，其标记为 H2-10-11-11.2-Ⅰ-F-JB/T 8853—2015。

带式输送机常用的圆柱齿轮减速器（平行轴减速器）为 H2、H3，锥齿轮圆柱齿轮减速器（垂直轴减速器）为 R2、R3。

2）基本参数

（1）H2 基本参数。

规格范围：13~22。

速比：6.3~20（另有速比 22.4、25、28，部分规格可选）。

额定机械强度功率范围：44~4508 kW（高传动比功率小，如：速比 22.4，规格 22，输入转速 750 r/min，最大功率为 1583 kW）。

（2）H3 基本参数。

规格范围：5~22。

速比：22.4~90（另有速比 100、112，部分规格可选）。

额定机械强度功率范围：8.3~2953 kW（高传动比功率小，如：速比 90，规格 22，输入转速 750 r/min，最大功率为 408 kW）。

（3）R2 基本参数。

规格范围：4~18。

速比：5~11.2（另有速比 12.5、14，部分规格可选）。

额定机械强度功率范围：41~2736 kW（高传动比功率小，如：速比11.2，规格18，输入转速 750 r/min，最大功率为 1614 kW）。

（4）R3 基本参数。

规格范围：4~22。

速比：12.5~71（另有速比 80、90，部分规格可选）。

额定机械强度功率范围：10.6~2784 kW（高传动比功率小，如：速比71，规格22，输入转速 750 r/min，最大功率为 522 kW）。

3）减速器选用计算

减速器的承载能力受机械强度和热平衡许用功率限制，因此，减速器选用必须通过两个功率表*确定。

（1）确定公称传动比。

$$i' = \frac{n_1'}{n_2}$$

式中：i' 为计算传动比；n_1' 为输入转速；n_2 为输出转速。

根据计算传动比，查额定机械强度功率表，得到和 i' 绝对值最接近的公称传动比 i。将输入转速与 1500 r/min、1000 r/min、750 r/min 进行比较，取最接近的值作为公称输入转速 n_1，以确定减速器额定机械强度功率 P_N。

（2）确定额定机械强度功率。

$$P_N \leqslant P_N' = P_2 \times \frac{n_1'}{n_1} \times f_1 \times f_2 \times f_3 \times f_4$$

式中：P_N' 为计算功率；P_N 为减速器额定机械强度功率；P_2 为载荷功率；f_1 为工作机系数（见锥齿轮圆柱齿轮减速器 JB/T 8853—2015 表 B.1）；f_2 为原动机系数（见锥齿轮圆柱齿轮减速器 JB/T 8853—2015 表 B.2）；f_3 为安全系数（见锥齿轮圆柱齿轮减速器 JB/T 8853—2015 表 B.3）；f_4 为启动系数（见锥齿轮圆柱齿轮减速器 JB/T 8853—2015 表 B.4）。

（3）校核。

校核输入轴上的最大转矩，如启动转矩、制动转矩、峰值工作转矩折算到输入轴上的转矩，应满足如下公式：

$$P_N \geqslant \frac{T_A \times n_1' \times f_5}{9550}$$

式中：T_A 为输入轴上的最大转矩；f_5 为峰值转矩系数（见锥齿轮圆柱齿轮减速器 JB/T 8853—2015 表 B.5）。

（4）校核热功率平衡。

减速器不带辅助冷却装置时，应满足如下公式：

---

* 指机械强度公称输入功率表、热平衡许用功率表。

$$P_2 \leqslant P_G = P_{G1} \times f_6 \times f_7$$

式中：P_G 为减速器额定热功率；P_{G1} 为无辅助冷却装置时的额定热功率（见锥齿轮圆柱齿轮减速器 JB/T 8853—2015 附录 A）；f_6 为环境温度系数（见锥齿轮圆柱齿轮减速器 JB/T 8853—2015 表 B.6）；f_7 为海拔系数（见锥齿轮圆柱齿轮减速器 JB/T 8853—2015 表 B.7）。

若 $P_2 > P_G$，则需要选用更大规格的减速器重复上述计算，也可以采用冷却盘装置或进行强制润滑。

当减速器带有冷却风扇时，应满足如下公式：

$$P_2 \leqslant P_G = P_{G2} \times f_6 \times f_7$$

式中：P_{G2} 为带有冷却风扇时的额定热功率（见锥齿轮圆柱齿轮减速器 JB/T 8853—2015 附录 A）。

4）常用国外品牌减速器或传动装置

（1）弗兰德（FLENDER）减速器。

德国弗兰德集团是世界级专业动力传动设备制造商，成立于 1899 年，总部在德国博霍尔特市，2005 年弗兰德集团被西门子自动化与驱动集团收购，成为西门子公司旗下的机械传动装置子公司。西门子机械传动（天津）有限公司前身是弗兰德集团于 1996 年投资兴建的全资子公司弗兰德机电传动（天津）有限公司，公司坐落在北辰高科技产业园区内，成为驱动技术集团在中国的运营公司。公司的动力传动设备产品包括标准减速机、齿轮马达、蜗轮蜗杆减速机、重型减速机、工业应用型产品、风力发电产品、联轴器、齿轮及其他零部件等，应用于轻工、建材、矿山、电力、冶金、港口装卸、化工及环保行业。弗兰德减速器 H 系列、B 系列常用作带式输送机减速器，其选型计算见表 2-4。

表 2-4　带式输送机选用 H 系列、B 系列减速器选型计算表

序号	说明	符号	参数计算			
1	确保带式输送机的安全系数	f_1	f_1	日带载运行时间 t/h		
				$t \leqslant 0.5$	$0.5 < t \leqslant 10$	$t > 10$
			带式输送机 < 150 kW	1.0	1.2	1.3
			带式输送机 ≥ 150 kW	1.1	1.3	1.4
2	确定电动机转速	n_1	≤ 1500			
3	确定输入与输出轴关系	H、B	平行轴选 H 系列，直交轴选 B 系列			
4	确定减速比	i	$i = \dfrac{n_1}{n_2}$			
5	减速机的传动效率	η	单级 98%、二级 96%、三级 94%、四级 92%			
6	以带式输送机所需扭矩或功率，确认减速器输入功率	P_1	$P_1 = \dfrac{T_2 \times n_1}{9550 \times i \times \eta}$　或 $P_1 = \dfrac{P_2}{\eta_T}$			
7	根据计算，查转动能力表，确认减速器规格	T_{N2} P_{N1}	$T_{N2} \geqslant T_2 \times f_1$ 或 $P_{N1} \geqslant P_1 \times f_1$			

续表 2-4

序号	说明	符号	参数计算				
8	确认输出形式		输出轴形式及安装方位				
9	峰值扭矩校核	$P_{N1} \geq T_A \times n_1 \times \dfrac{f_3}{9550}$ T_A 为电动机峰值扭矩	峰值扭矩系数 f_3	日带载运行时间 t/h			
					$1 \sim 5$	$6 \sim 30$	$\begin{matrix}31 \sim \\ 100\end{matrix}$	>100
				单向负荷	0.5	0.65	0.7	0.85
				交变负荷	0.7	0.98	1.1	1.25
10	选定连接安装和附件后，校核轴许用强度	F_r、F_a					
11	确认润滑方式、选用润滑油		卧式安装时，所有需要润滑的零部件均浸在润滑油中，或采用飞溅润滑方式，也可按用户要求提供强制润滑方式				
12	确认冷却方式		如满足以下条件，则减速器不带辅助冷却装置： $P_1 \leq PG_1 \times f_4 \times f_6 \times f_8 \times f_9$； 如满足以下条件，则减速器带冷却风扇可满足要求： $P_1 \leq PG_2 \times f_4 \times f_6 \times f_8 \times f_{10}$； 如满足以下条件，则减速器带冷却盘管可满足要求： $P_1 \leq PG_3 \times f_4 \times f_6 \times f_8 \times f_{11}$； 如满足以下条件，则减速器带冷却盘管和风扇可满足要求： $P_1 \leq PG_4 \times f_4 \times f_6 \times f_8 \times f_{12}$； 如需要较高的热容量，则按用户要求提供外部强制冷却装置				

注：T_2 为带式输送机所需扭矩；P_2 为带式输送机所需功率；T_A 为输入轴（电动机）峰值扭矩；P_1 为输入（电动机）功率；T_{N2} 为减速器额定输出扭矩；P_{N1} 为减速器额定输出功率；PG_1 为不带辅助冷却装置的减速器热容量；f_1 为带式输送机的安全系数；f_3 为峰值扭矩系数；f_4、f_5 分别为不带辅助冷却装置或仅带冷却风扇、带冷却盘或带冷却盘和风扇环境的环境温度系数；f_6、f_7 分别为不带辅助冷却装置或仅带冷却风扇、带冷却盘或带冷却盘和风扇环境的海拔高度系数；f_8 为减速器供油系数。对于卧式安装减速箱，$f_8 = 1.0$；当采用强制润滑时，$f_8 = 1.05$；f_9、f_{10}、f_{11}、f_{12} 分别为不带辅助冷却装置、带冷却风扇、带冷却盘管、带冷却盘管和风扇的减速器热容量系数；PG_1、PG_2、PG_3、PG_4 分别为不带辅助冷却装置、带冷却风扇、带冷却盘管、带冷却盘管和风扇的减速器热容量。

弗兰德减速器 H 系列、B 系列减速机应用在大型带式输送机上时，减速机速比范围为 5～400，减速器最大额定输出功率为 5366 kW。

（2）赛威减速器。

德国赛威（SEW）传动设备公司（简称赛威公司）成立于 1931 年，是专业生产电动机、减速机和变频控制设备的国际集团。自 1995 年进入中国以来，赛威公司先后在天津、苏州、广州、沈阳等地区建立制造中心和装配基地，其业务涵盖多个行业。

赛威减速器 M 系列、ML 系列、Q 系列大型减速机应用在大型带式输送机上时，M 系列大型减速机速比范围为 6～1800，最大输出扭矩为 186 kN。ML 系列大型减速机速比范围为 6～2000，最大输出扭矩为 650 kN，Q 系列大型行星减速机速比范围为 20～2800，最大输出扭矩为 1200 kN。赛威减速器的选型计算基本同弗兰德减速器。

（3）CST 系统。

美国道奇（DODGE）公司制造的可控启动传输系统（controlled start trans-mission system，CST 系统）是 20 世纪 80 年代初研制的机械减速与液压控制相结合的软特性可控传输系统，它具有优良的启动、停车、调速和功率平衡性能，是大型带式输送机和重型刮板输送机上较理想的动力传输装置。CST 系统集成了齿轮箱和一套湿式离合器系统，能使主驱动电机在空载条件下启动。位于低速轴端的湿式离合器系统包含一套动摩擦片和静摩擦片，靠油压推动环形活塞。油通过油泵在闭合的回路内，经过摩擦片之间循环，并通过热交换器冷却。当液压油对活塞进行施压时，离合器啮合，使得输出轴转动，精确地控制启动加速度并在预定的控制时间内达到额定带速。

一条带式输送机可以由一台电动机及一台 CST 系统驱动，也可以由多台电动机及多台 CST 系统驱动。在带式输送机启动之前，驱动电动机和 CST 系统的输出轴保持不动，当驱动电动机满转速时，控制系统逐渐增加每台 CST 系统离合器上的液压压力，启动带式输送机并逐渐加速到满速度，这使得带式输送机在被加速至满速度之前有一个缓慢而均匀的预拉伸过程。加速时间可以根据需要在规定范围内调整。启动驱动电动机可以按顺序空载启动，所以电动机的冲击电流非常小。由于驱动电动机可以根据运行负载进行选择，所以 CST 系统驱动可以选用功率较小的电动机。

齿轮箱装有驱动控制反馈装置，包括液压阀块、比例阀、调压阀、过滤器、压力表和传感器等。这些装置通过硬接线或数据网络和由 PLC 组成的 CST 控制器连接。CST 控制器最多可以控制 4 台 CST 系统，如果采用头部和中间传动或头尾传动，则需要增加相应的控制器，控制器之间采用光缆进行通信连接。CST 系统带有冷却系统，包括冷却泵和热交换器。

CST 系统的优点如下。

（1）可控启动：40~300 s 或更长。

（2）可控停车：对带有倾角的上运带式输送机，可进行大于自由停车时间的可控停车。

（3）多机传动功率平衡误差：≤2%。

（4）主电机空载顺序启动对电网的冲击降低到最小。

（5）适用于满载启动。

（6）可靠的过载保护性能。

（7）输送机全工况条件下稳定运行。

CST 系统的缺点如下。

（1）在软启动和调速过程中，发热量极大，传动效率低。

（2）对润滑油的质量要求高，对液压元器件的维护技术要求高，且液压及控制系统复杂。

（3）使用 CST 装置系统，初期投资费用高。

CST 系统的主要型号和技术指标如下。

（1）速比 i。

CST 系统主机减速器速比 $i = 15.38 \sim 57.66$；AGMA 标准速比有 13 挡：15.38，17.09，18.91，20.9，23.16，25.63，28.36，31.39，34.74，38.44，45.00，47.08，57.66。根据 CST 系统主机减速器的结构，改变第一级外啮合齿轮的传动比，即可获得 CST 系统的不同速比。

（2）输出功率 P。

CST 系统采用输出力矩作为其产品型号的标定，CST 系统产品系列的输出力矩范围为

26~288 kN·m；采用 4 极或 6 极异步电动机时，额定转速为 1480 r/min 或 990 r/min，速比为 15.38~57.66，则输出功率范围为 102~3115 kW。

　　4）液黏启动装置

　　液黏启动装置与 CST 系统属同一类型的国产液黏性软启动装置，其利用液体的黏性（即油膜剪切力）来传递扭矩。机械本体结构由主、从动轴，主、从动摩擦片，控制油缸，弹簧，箱体及密封件等组成。当主动轴带动主动摩擦片旋转时，摩擦片之间的黏性流体形成油膜带动从动摩擦片旋转，通过调控油缸中的油压大小来调节主、从动摩擦片之间的油膜厚度，从而改变从动轴的输出转速和转矩，实现机械设备的可控软启动以及调速功能。液黏启动装置工作原理与 CST 系统基本相同，但不是与减速器的低速轴连接，而是与高速轴相连，这样做一方面可以减小摩擦片的规格，另一方面比较容易控制。它主要解决了进口 CST 系统价格昂贵、维护费用高、出现故障只能依靠美国道奇公司维修的问题。NRQD 系列液体黏性软启动装置选型见表 2-5。

　　液体黏性软启动装置的选用型号含义

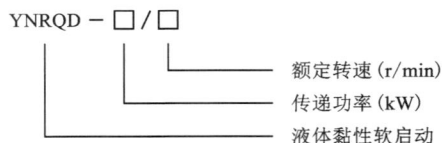

$$\text{YNRQD} - \square/\square$$

　　额定转速（r/min）
　　传递功率（kW）
　　液体黏性软启动

表 2-5　NRQD 系列液体黏性软启动装置选型表

型号	转速/(r·min⁻¹)	适配功率范围/kW
NRQD250	1000	75~280
	1500	
NRQD350	1000	280~4000
	1500	
NRQD500	1000	400~500
	1500	
NRQD650	1000	500~710
	1500	

2.2.2.6　拉紧装置

　　带式输送机的正常运转必须使输送带具有一定的张紧力，提供张紧力的设备就是拉紧装置。"拉紧"，具有吸收输送带伸长和为输送带提供张紧力两层含义。一般的输送机拉紧装置的作用如下。

　　（1）使输送带有足够的张力，以保证输送带与传动滚筒间能产生足够的驱动力，防止打滑。

　　（2）保证输送带各点的张力不低于某一给定值，以防止输送带在托辊之间过分松弛而撒料和增加运行阻力。

　　（3）补偿输送带的弹性及塑性变形。

　　（4）为输送带重新接头提供必要的行程。

带式输送机拉紧装置的基本类型，按拉紧装置的结构可分为螺旋拉紧装置、重锤式拉紧装置、绞车拉紧装置、液压拉紧装置及组合式拉紧装置；按拉紧力状态可分为固定式拉紧装置、自动式拉紧装置和重锤式拉紧装置。下面将分别介绍几种固定式拉紧装置、恒张力拉紧装置、自动式拉紧装置和组合式拉紧装置。

1）固定式拉紧装置

固定式拉紧装置主要是指在输送机的运行过程中，拉紧滚筒位置保持不变的拉紧装置。由于在带式输送机运行时无法对拉紧行程进行调整，所以要在输送机启动之前充分拉紧，以保证带式输送机在运行时张力重新分配后满足摩擦传动的要求。在安装固定式拉紧装置后，拉紧一次可运行一段时间，但还要收紧一次，以消除蠕变。固定式拉紧装置常用的有螺旋拉紧装置、固定式绞车拉紧装置等类型。

（1）螺旋拉紧装置。

螺旋拉紧装置一般通过丝杠手动调整或通过小型液压缸调节，在达到所需的拉紧力后再锁紧固定。螺旋拉紧装置一般放在带式输送机的机尾架上，以尾部滚筒作为拉紧滚筒。当机头滚筒作为拉紧滚筒时，螺旋拉紧装置放在机头架上。

螺旋拉紧装置的特点是结构简单、布置紧凑。但螺旋拉紧装置手动调整的拉力和行程较小，拉紧力的调整凭经验和输送带的状态进行操作，不能自动保持预拉力恒定，需经常进行调节。其一般应用在小型带式输送机和安装在移动设备上的带式输送机上。

（2）固定式绞车拉紧装置。

固定式绞车拉紧装置是在输送机停机状态下通过绞车调整拉紧滚筒位置，对拉紧力进行调整的装置。电动绞车一般采用蜗轮蜗杆减速器带动卷筒来缠绕钢绳，通过滑轮组与拉紧滚筒来拉紧小车连接，借助测力传感器显示调整拉紧力值来张紧输送带，或通过液力绞车缠绕钢绳来张紧输送带。

固定式绞车拉紧装置的特点是布置简单、灵活，操作简单，拉紧力大，允许有大的拉紧行程；缺点是只能根据所需要的拉紧力调定固定的拉紧力，拉紧力不能自动调节。当绞车和控制系统出现问题时，输送机不能产生恒定的拉紧力或产生拉紧力失效现象，故其安全可靠性相对较低。目前，固定式绞车拉紧装置基本被液压拉紧装置代替。

2）恒张力拉紧装置

恒张力拉紧装置是拉紧装置施加于输送带的拉力在任何工况下都不变的拉紧方式。重锤式拉紧装置是恒张力拉紧典型方式，普通液压拉紧装置也常作为恒张力拉紧装置。

重锤式拉紧装置是利用重锤的重量产生拉紧力，并保证输送带在各种工况下均有恒定的拉紧力，可以自动补偿由于温度改变和磨损而引起的输送带的伸长变化。

重锤式拉紧装置的优点如下。

（1）可以提供恒定的拉紧力。

（2）重锤拉紧时，不需其他驱动便可产生所需拉紧力。

（3）由于重锤处于垂直自由移动状态，可以随时自动调整拉紧行程。

但是它也存在一些缺点。

（1）体积较大且笨重，特别是拉紧力较大时，调整距离由重锤所在空间而定。在工程中，经常会遇到安装高度不能满足拉紧行程，平面空间又非常有限的情况。

（2）换向滚筒一般都安装在带式输送机的下方位置，在整机运转过程中，不易观察到换向滚筒及输送带的运行情况，输送带跑偏磨边、换向滚筒磨损等现象；如果工作条件不好，在实际运行过程中，一些杂物或石子等从防护罩的边缘掉入换向滚筒与运行的输送带之间，可使换向滚筒磨损，严重时可使输送带划伤、割断。因此，在带式输送机运行时应特别注意，及时观察中部换向滚筒的工作情况，并加强散落物料的防护及清扫工作，充分发挥垂直拉紧装置的优势。

（3）检修时松带、紧带、增减张力很不方便，且劳动强度大，效率低。如果输送带断裂，重锤失控跌落会产生危害，故垂直重锤式拉紧装置周围要设安全保护措施，一般在垂直重锤式拉紧滚筒下方设安全栏杆。

（4）由于是恒力拉紧，张紧力不能调节，在输送机启动阶段以及输送量发生变化时，输送带会因张力不足而引起输送带打滑；张紧力不合适，会使输送带在启动和非稳定运行过程中产生振动。

重锤式拉紧装置主要有以下 2 种应用形式。

①垂直重锤式拉紧装置。垂直重锤式拉紧装置的拉紧滚筒和重锤箱共同提供了带式输送机所需的拉紧力。为满足拉紧行程的要求，一般利用带式输送机走廊或者栈桥的高度等空间位置来安装。垂直重锤式拉紧装置一般适用于拉紧行程不太大的场合。

②车式重锤塔架拉紧装置。垂直重锤式拉紧装置受安装高度的限制，拉紧行程有限。为增加拉紧行程，采用车式重锤塔架拉紧装置。由安装在塔架内的重锤式装置带动钢丝绳来拉动（或拉紧）车上的改向滚筒，使之在拉紧装置架上水平移动。由于塔架的高度不受带式输送机安装高度的限制，因此相对于垂直重锤式拉紧装置，车式重锤塔架拉紧装置可以在带式输送机的安装高度不足时提供需要的拉紧行程。但是其设备相对比较复杂，占地面积大，同时拉紧行程受塔架高度的限制。

3）自动式拉紧装置

带式输送机不断向长距离、大运量、高速度和大功率发展，需要考虑在不同的工作状态下提供不同的张紧力，以延长输送带的使用寿命。在输送机启动、制动时，为保证启动、制动力的传递所需要的张紧力不同，输送带的张力分布也不相同，需要考虑在这 2 种工况下满足输送带的垂度条件所需要的张紧力也相应增大，所以在启动、制动过程中，要有大于正常运行时的张紧力。另外，需满足启动和制动时的拉紧力比正常运行时的拉紧力大 1.3~1.5 倍的要求，一旦调定后，系统即可按预定程序工作。目前，最先进的液压自动拉紧装置能自动地根据输送带的不同运行状态，而对输送带张紧快速作出响应；通过采用 PLC 及类比例控制技术，对拉紧装置实现液压伺服控制，克服带式输送机的大滞后性，及时补偿输送带的伸长量，可减少输送带张力冲击，保证输送机正常启动、平稳运行，保护输送带接头，避免输送带受冲击而断带，延长输送带的使用寿命。

自动式拉紧装置包括自动绞车拉紧装置、液压自动拉紧装置和由电动绞车与液压自动拉紧装置组合而成的拉紧装置等。

（1）自动绞车拉紧装置。

自动绞车拉紧装置可分为电动绞车自动拉紧装置和液力绞车自动拉紧装置。电动绞车自动拉紧装置由电动绞车、钢丝绳、滑轮组、拉紧小车、张力传感器及电气系统组成。

电动绞车自动拉紧装置的优点：根据安装的拉力传感器，可实时检测输送带的张力，并与设定值进行比较；通过与输送机系统的控制联动，经电源继电器及磁力启动器传动到电动绞车电机,控制电机正转、反转及停止;通过减速器和滑轮组驱动张紧绞车在拉紧轨道上前进、停止及后退,拉紧或放松皮带,设定拉紧力,满足带式输送机的启动、稳定运行、制动工况。

电动绞车自动拉紧装置的缺点:由于电动绞车运行速度无法调节,且张力快速变化,故难以达到设定的张力值,控制精度差;电动绞车直接启动和停车对负载冲击大,仅靠机械闸进行制动控制,安全性差;测力传感器易损坏或失灵。目前,电动绞车拉紧装置仅作为一种固定式拉紧方式,作为自动拉紧装置使用得极少。

(2)液压自动拉紧装置。

液压自动拉紧装置由液力绞车、液压站、钢丝绳、滑轮组、拉紧小车和电气系统等组成。液压自动拉紧装置的优点是:能根据输送机的工况及对输送带张力的不同要求,按指定的数值进行恒张力拉紧;其采用低速大扭矩液压马达,拉紧力大;液力驱动绞车允许有大的拉紧行程,并且动态响应快,与输送机的集控装置联动,可实现对拉紧系统的集中控制。

液压自动拉紧装置是一种可变张力的拉紧装置,其拉紧原理与自动绞车拉紧装置相同,不同之处在于拉紧力一个是绞车,另一个是液压缸。

①特点

A.改善带式输送机运行时输送带的动态受力效果,输送带受到突变载荷时尤其明显。

B.拉紧力可以根据带式输送机的实际需要任意调节(其调节范围由所选拉紧装置的型号规格确定)。系统一旦调定后,即按预定的程序自动工作,使输送机处在理想的工作状态下运行,大大改善输送带的受力状况。

C.响应快。输送机启动时,输送带松边会突然松弛伸长,引起"打带"、冲击现象。此时,拉紧装置能迅速收缩油缸,及时吸收伸长的输送带,从而大大缓和输送带的冲击,使启动过程平稳,避免发生断带事故。

D.具有断带时自动停止输送机的保护功能。

E.结构紧凑,安装空间小,便于使用。

②工作原理

图 2-4 所示为液压自动拉紧装置液压系统原理图。

为满足带式输送机对拉紧力的要求,液压系统可自动控制油压。为此,需将溢流阀和电接点压力表的整定值从大到小依次调整为溢流阀 3、13,电接点压力表 7、10 或压力变送器 9。

液压系统的工作原理如下。

合上控制开关内的空气开关手把后,系统处于待命停机状态。

在手动工况下,当手动换向阀处在中位时,油泵排出的压力油经手动换向阀 5 返回油箱,这时油泵为卸荷工况。

当手动换向阀处在左位时,油泵排出的压力油经手动换向阀 5 进入油缸无杆腔及液控单向阀 6 的液控口(图 2-4 中虚线所示),打开液控单向阀 6,有杆腔中油液经液控单向阀 6 及手动换向阀 5 进入油箱,同时活塞杆外伸。

当手动换向阀处在右位时,油泵排出的压力油经手动换向阀 5 及液控单向阀 6 进入油缸有杆腔,无杆腔中油液经手动换向阀 5 进入油箱,同时活塞杆回缩。当活塞杆收回阻力上升至蓄能器充气压力时,油泵排出的压力油经手动换向阀 5 及液控单向阀 6 进入蓄能器 11,使系统压力逐渐上升,当压力上升至溢流阀 13 设定值时,油液开始溢流。

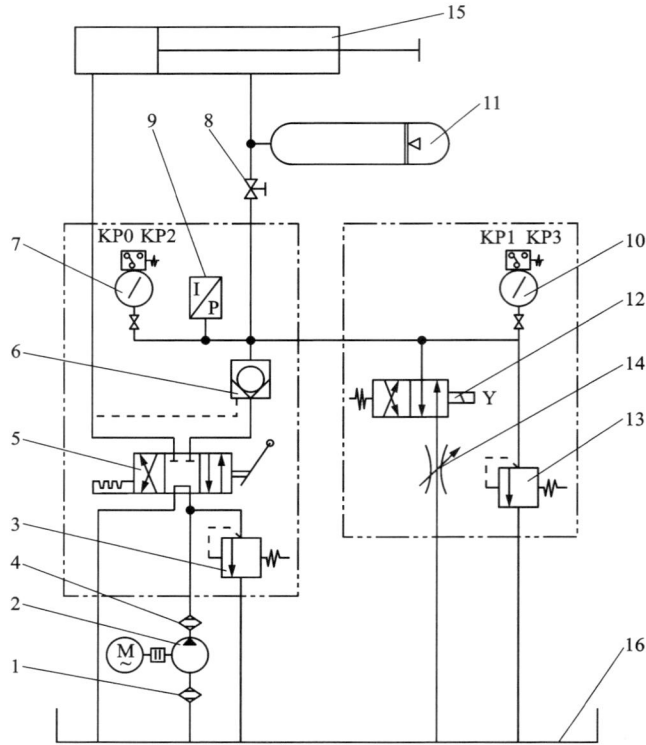

1—粗过滤器；2—油泵；3、13—溢流阀；4—精过滤器；5—手动换向阀；6—液控单向阀；7、10—电接点压力表；
8—截止阀；9—压力变送器；11—蓄能器；12—电磁换向阀；14—节流阀；15—油缸；16—油箱；
KP0/KP2/KP1/KP3—压力表电接点。

图 2-4　液压自动拉紧装置液压系统原理图

在自动工况下，输送机发出启动信号后，这时系统压力上升至启动压力值，发出允许启动信号，直至输送机进入下一个状态信号（或通过时间延时）。

当启动过程结束，正常运行信号发出（或时间延时）后，电磁换向阀 12 的电使系统压力下降至正常运行压力上限值，电磁换向阀 12 失电。此后，系统处于自动保压阶段，系统压力保持在设定值上下允许范围内，直至输送机进入下一个工作状态。

输送机停机后，这时系统的工作状态与正常运行状态一致，输送机处于待命状态，直至输送机进入下一个工作状态。

目前，液压自动拉紧装置由于其优异的拉紧性能和便于使用的特点，而广泛作为恒张力拉紧装置和自动式拉紧装置。

对于输送量大、单机长度长、电动机功率大、采用高强度输送带的大型带式输送机，越来越倾向于采用动态分析方法进行优化设计。常见的液压自动拉紧装置的技术要求如下。

A. 应采用 PLC 及类比例控制技术，在机房电控箱上采用人机界面（液晶）输入、输出控制面板进行各参数的设定及张紧装置工作状态的显示，以确保张紧力的控制精度。

B. 可根据需要对带式输送机启动张紧力和正常运行张紧力自动进行调节，能够自动实现启动张紧力为正常运行张紧力 1.1~1.5 倍的要求；张紧力预先设定后，液压系统能够按照设定程序自动工作，张紧力变化时响应快，必须保证带式输送机正常启动、制动和稳定运行及满足所需的张紧力和张紧行程。

C.应设置手动、自动 2 种控制方式，手动控制方式用于设备安装、调试及检修，自动控制方式用于正常生产；设备纳入系统程控，具备远程和就地操作功能，其机旁电控箱配有与程控系统相关的接口，能与程控系统进行联锁控制。

D.应具有在断带时及时提供断带检测信号，以控制带式输送机自动停机的保护功能和输送带打滑时自动增加拉紧力的保护功能(即在接收到输送机集中控制室或其他检测装置发出的打滑信号后做出上述相应的处理)。还应考虑系统突然停电(电源发生故障)时，能否采取相应的保护措施，以保证带式输送机正常停机。

E.应设置完备的设备运行状态检测及显示系统(即在人机界面上实时显示液压系统工作压力、输送带张紧力、系统油液污染报警等)，以保证设备的运行可靠性及方便设备的检查、维护。

F.应设有备用张力控制系统，在主系统出现故障时可切换至备用系统工作，以确保设备的连续运行可靠性。

③主要生产厂家和技术参数

液压自动拉紧装置生产厂家较多，主要生产厂家有徐州五洋科技有限公司、徐州三峰科技有限公司、山东科大机电科技股份有限公司等。选择设备型号时，应根据其对拉紧小车的最大拉紧行程和最大拉紧力确定。徐州五洋产品型号意义如下：

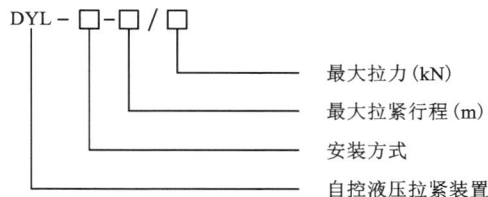

$$DYL-\square-\square/\square$$

最大拉力 (kN)
最大拉紧行程 (m)
安装方式
自控液压拉紧装置

型号示例：DYL-01-6/100 表示第一种安装方式，最大拉紧行程为 6 m，最大拉力为 100 kN。

根据拉紧小车的最大拉紧行程，选择拉紧油缸、滑轮、钢丝绳与拉紧小车相连的组合方式，形成常见的 4 种安装方式。第一种安装方式，拉紧小车的最大拉紧行程(4~12 m)等于 2 倍油缸的伸缩行程，最大拉紧力(50~400 kN)等于 1/2 倍油缸最大拉力；第二种安装方式，拉紧小车的最大拉紧行程(6~18 m)等于 3 倍油缸的伸缩行程，最大拉紧力(50~300 kN)等于 1/3 倍油缸最大拉力；第三种安装方式，拉紧小车的最大拉紧行程(6~24 m)等于 4 倍油缸的伸缩行程，最大拉紧力(50~200 kN)等于 1/4 倍油缸最大拉力；第四种安装方式，拉紧小车的最大拉紧行程(1.5~5 m)等于 1 倍油缸的伸缩行程，最大拉紧力(100~600 kN)等于 1 倍油缸最大拉力。

4)组合式拉紧装置

针对距离超过 3 km 的带式输送机的拉紧行程长、拉紧力大等特点，采用单一的拉紧方式难以有效满足长距离带式输送机的拉紧要求，但采用组合式拉紧装置能有效满足使用要求。常用的组合式拉紧装置有重锤拉紧与绞车组合拉紧和自动液压拉紧与绞车组合拉紧装置两种。

（1）重锤拉紧与绞车组合拉紧装置。

这种拉紧装置由重锤拉紧、重锤防坠落装置、拉紧车、防断绳保护装置及慢速电动绞车等部分组成，绞车拉紧装置拉紧行程大，用于实现长距离的拉紧行程，绞车拉紧并调节重锤拉紧装置能使其处于一个合理的位置，用绞车吸收输送带接头的冗长及输送带的永久伸长，由重锤拉紧装置吸收输送带的弹性伸长及输送带在运行中的伸长。另外，在重锤上、下2个行程极限点和拉紧车轨道两端行程极限点要设计行程开关，在两侧拉紧车轨道处要设置紧急拉绳保护开关。应用此种拉紧装置的带式输送机在维护检修时，可先将张紧绞车松开，将重锤箱落地后进行检修，检修后再利用张紧绞车将重锤箱拉起到合适位置，使得维护和检修更加方便。

（2）自动液压拉紧与绞车组合拉紧装置。

自动液压拉紧与绞车组合拉紧是在液压自动拉紧装置的基础上增加绞车而组成的拉紧装置系统。因此，它具有自动液压拉紧装置的所有优点，适用于长距离的固定带式输送机。

自动液压拉紧与绞车组合拉紧装置如图2-5所示。液压自动拉紧装置由液压泵站、拉紧油缸、蓄能站、张力传感器、钢丝绳、滑轮组、拉紧小车、电气系统等组成。液压自动拉紧装置能根据带式输送机的运行工况及输送带张力的不同要求，自动调节输送带的拉紧力，保证带式输送机可靠启动、平稳运行。带式输送机启动时，拉紧油缸在蓄能站的作用下，能自动调整活塞杆及时拉紧输送带，保证输送带所需张力。当带式输送机处于稳定运行阶段时，液压泵站仅起到"补油"的作用，泵站的运行时间短。液压自动拉紧装置与输送机的集控装置联动。

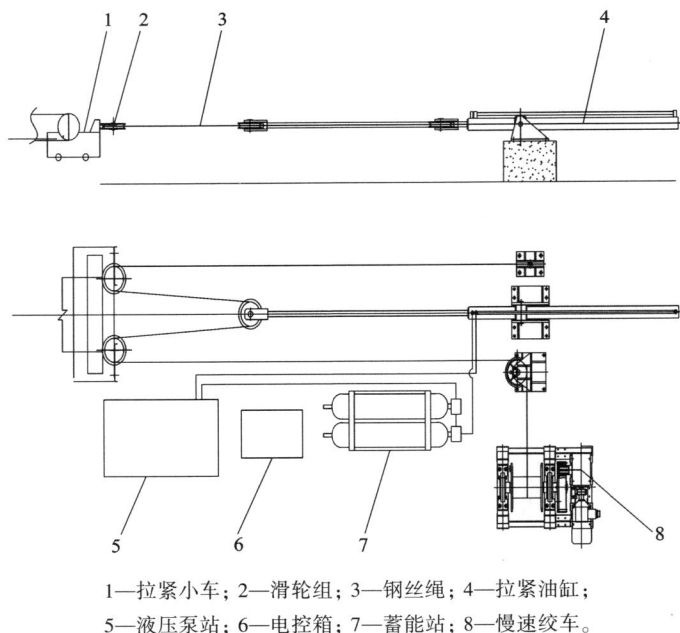

1—拉紧小车；2—滑轮组；3—钢丝绳；4—拉紧油缸；
5—液压泵站；6—电控箱；7—蓄能站；8—慢速绞车。

图2-5　自动液压拉紧与绞车组合拉紧装置

在带式输送机设计中，合理地选择拉紧装置的形式并将拉紧装置布置在相应的位置是保证输送机正常运转、启动和制动的必要条件。拉紧装置布置一般考虑以下因素。

（1）宜设在带式输送机稳定运行工况的输送带最小张力处，可以减少拉紧力。

（2）拉紧装置宜设在紧靠传动滚筒的输送带绕出侧，以利于启动和制动时不发生打滑现象。在双滚筒驱动时，一般拉紧装置设置在后一个传动滚筒的分离点；考虑传递制动力的要求，也可设置在两个传动滚筒之间。

（3）对于长度较短的带式输送机或向上输送的带式输送机，拉紧装置宜布置在带式输送机尾部，将尾部滚筒作为拉紧滚筒，这样具有滚筒数量少、故障点少、维修简便的优点。

（4）长距离带式输送机的位置，应进行张力分析后确定。对于特别长的带式输送机，经过动态分析后，考虑拉紧装置拉紧力的作用区域，必要时可以设计两个拉紧装置。

（5）采用任何形式的拉紧装置都必须布置成拉紧滚筒绕入和绕出输送带分支，且与滚筒位移线平行，其中施加的拉紧力要通过滚筒中心。

2.2.2.7 托辊

1）分类

托辊用于支撑输送带及其上的承载物料，并保证输送带稳定运行。托辊按用途不同分为承载托辊和回程托辊两大类。托辊种类见表2-6。

表2-6 托辊种类

承载托辊	槽形托辊	35°槽形托辊
		45°槽形托辊
	槽形前倾托辊	35°槽形前倾托辊
		45°槽形前倾托辊
	过渡托辊	10°过渡托辊
		20°过渡托辊
		30°过渡托辊
		10°±5°可调槽角过渡托辊
		20°±5°可调槽角过渡托辊
	缓冲托辊	35°缓冲托辊
		45°缓冲托辊
		单辊式平行缓冲托辊
		双辊式平行缓冲托辊
	调心托辊	摩擦上调心托辊
		锥形调心托辊
		摩擦上平调心托辊
	平行上托辊	单辊式平行上托辊
		双辊式平行上托辊

续表 2-6

	平行下托辊	单辊式平行下托辊
		双辊式平行下托辊
	平行梳形托辊	单辊式平行梳形托辊
		双辊式平行梳形托辊
回程托辊	V 形托辊	10°V 形下托辊
	V 形前倾托辊	10°V 形前倾下托辊
	V 形梳形托辊	10°V 形梳形托辊
	下调心托辊	摩擦下调心托辊
		锥形下调心托辊
	反 V 形托辊	反 V 形托辊
	螺旋托辊	螺旋托辊

槽形托辊：用于承载分支（上分支）输送带，如图 2-6 所示。有 35°、45°两种槽角，常用 35°槽形托辊。45°槽形托辊常用于下运角度较大，防止物料下滚的地方。

槽形前倾托辊：35°槽形托辊的侧辊朝运行方向前倾 1.5°，使输送带的对中性好，不易跑偏。

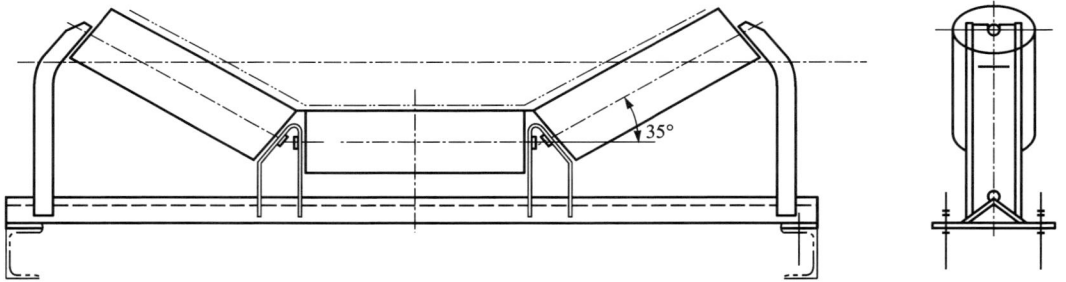

图 2-6 槽形托辊

过渡托辊：用于头部或尾部滚筒至第一组槽形托辊之间。可使输送由平行逐步成槽形或由槽形逐步展平，用以减小输送带边缘张力，防止突然摊平时撒料，过渡托辊有 10°、20°、30°三种槽角。

缓冲托辊：结构见图 2-7，有 35°和 45°槽角，槽形为橡胶圈式缓冲托辊，安装在受料段导料槽的下方，可吸收输送物料下落时对输送带的冲击动能，延长输送带的使用寿命。为了减少托辊的维修量，在输送物料块度较大、下料点落差较大的场合下，需在输送物料下落点使用缓冲床，其结构如图 2-8 所示。

回程托辊：用于下分支支撑输送带，有平行、V 形、反 V 形几种，V 形与反 V 形托辊能降低输送带跑偏的可能性，V 形和反 V 形两种形式配套使用，形成菱形断面，能更有效地防止输送带跑偏。此外，还有梳形托辊和螺旋托辊，能清除输送带上的黏料，保持带面清洁。

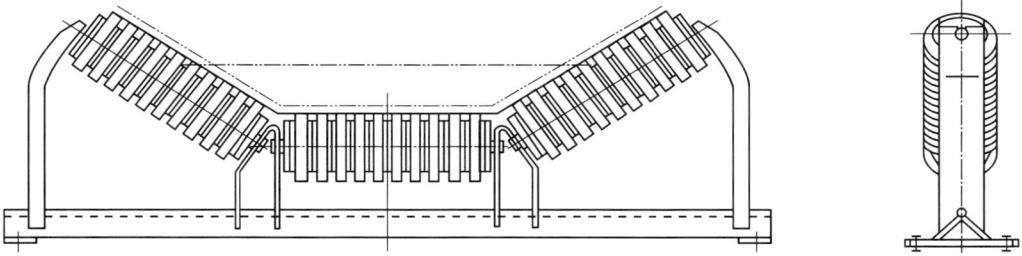

图 2-7　缓冲托辊

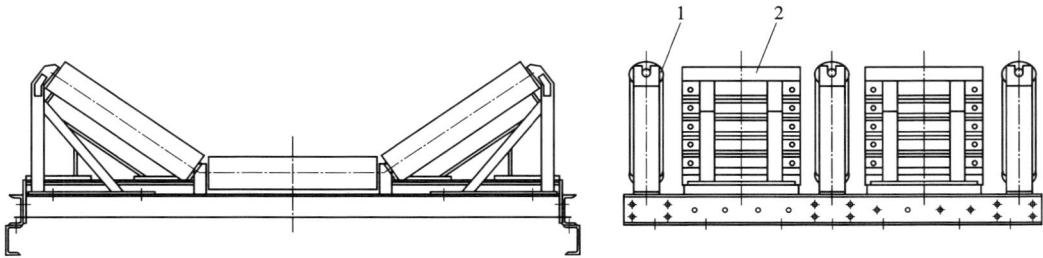

1—托辊；2—缓冲床。

图 2-8　缓冲床

调心托辊：有直辊式、摩擦式（图 2-9）、锥形（图 2-10）和全自动调心托辊（图 2-11）四种，可防止输送带跑偏，起对中和调偏作用，上分支和下分支均可选用。前倾式槽形托辊也起调心、对中作用。

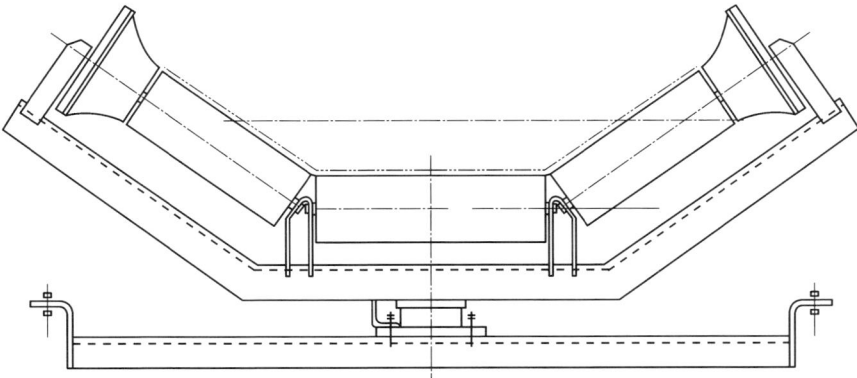

图 2-9　摩擦上调心托辊

回程分支（下分支）托辊：有平行下托辊（图 2-12）、V 形托辊、V 形前倾托辊（图 2-13）、V 形梳形托辊（图 2-14）、螺旋形托辊和反 V 形托辊等几种。

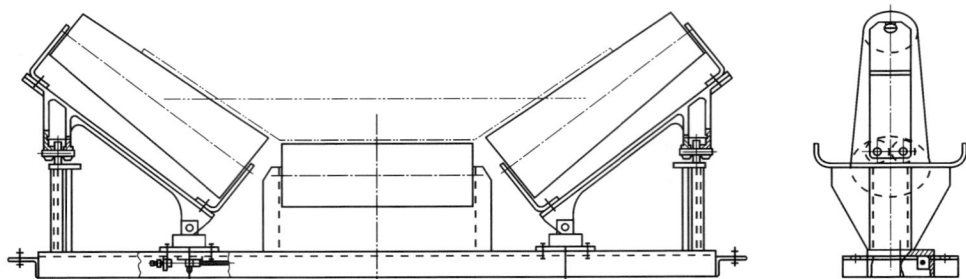

图 2-10　锥形上调心托辊

胶带运行方向

胶带运行方向

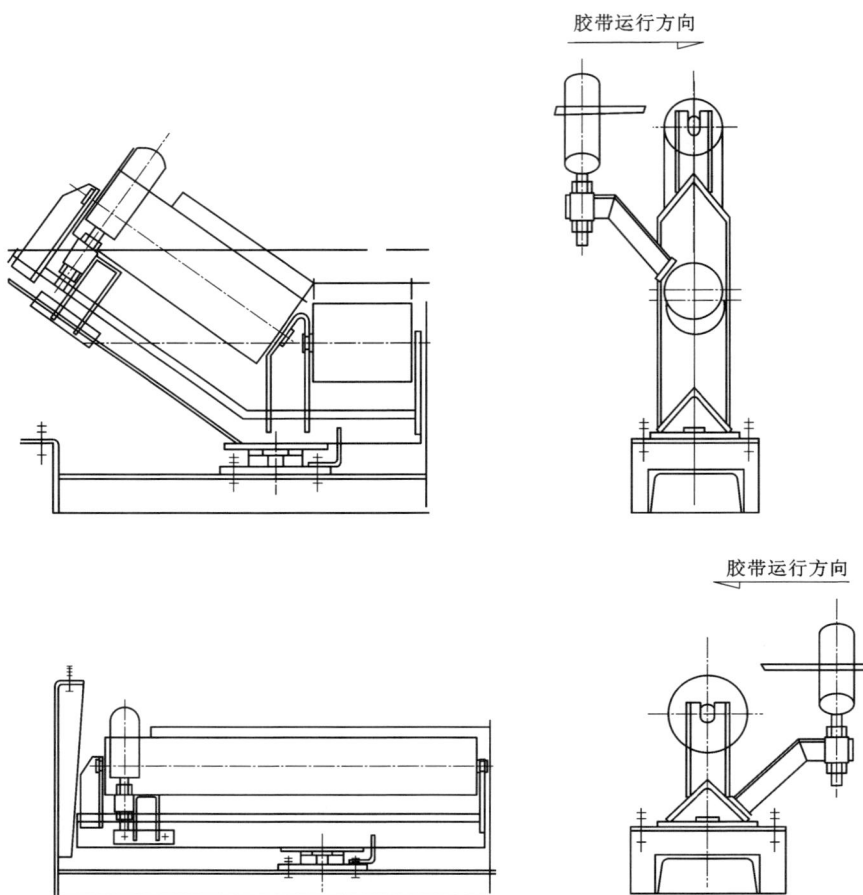

图 2-11　全自动调心托辊

　　V 形托辊和 V 形前倾下托辊用于较大带宽，可使空载输送带对中，V 形与反 V 形组装在一起的防偏效果更好。

　　V 形梳形托辊和螺旋形托辊能清除输送带上附着的黏料，保持带面清洁，且运行平稳不跑偏。

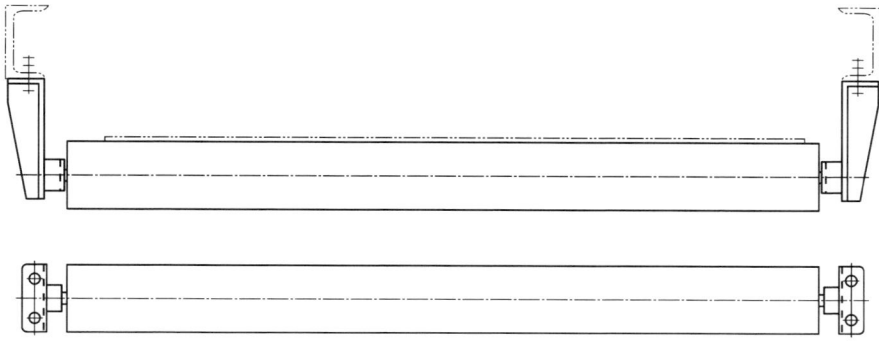

图 2-12 平行下托辊

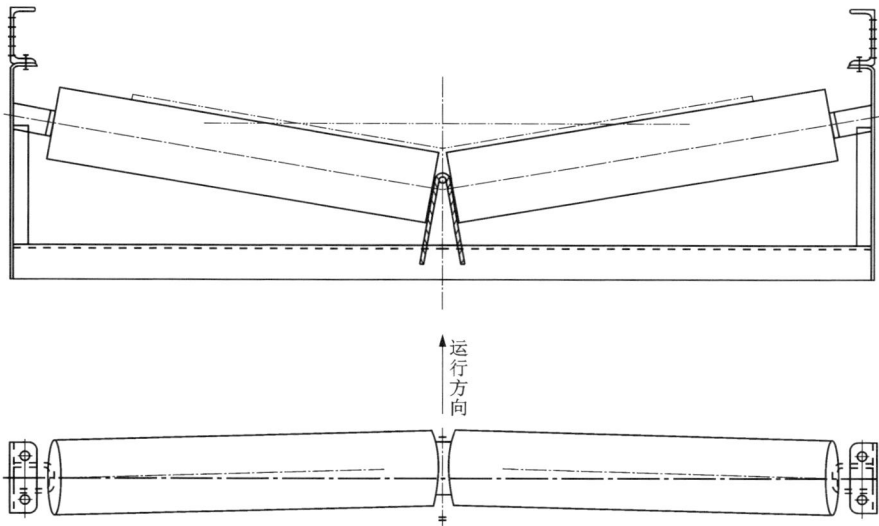

运行方向

图 2-13 V 形前倾托辊

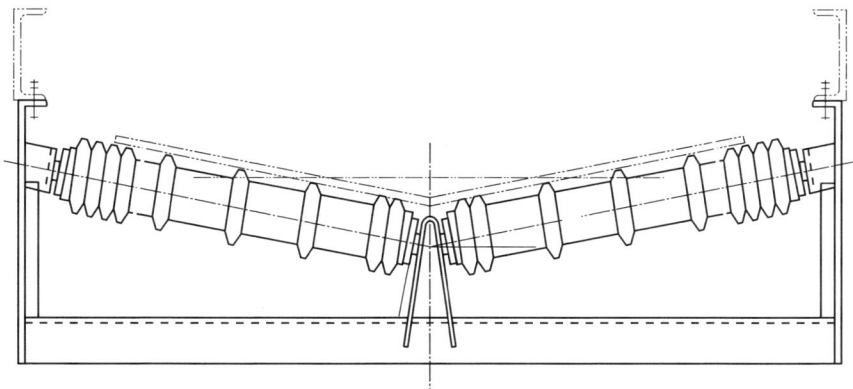

图 2-14 V 形梳形托辊

2）主要生产厂家与产品结构参数

托辊为标准定型产品。一般带式输送机主机厂家均能生产制造托辊组，所有类型的托辊均可在 DTII 型、DTII（A）型、DX 型带式输送机设计选用手册内选型。专门生产制造托辊的合资厂家主要有 JRC、陆美佳、焦作三岛等。

2.2.2.8 制动装置

制动装置是带式输送机安全运输的关键设备之一，其作用有两个：一是正常停机，即输送机在空载或满载情况下停车时，能可靠地制动住输送机；二是紧急停机，即当输送机工作不正常或发生紧急事故时（如输送带被撕裂或跑偏等），能迅速而又合乎要求地制动住输送机。

制动装置按工作性质分为制动器和逆止器两类，前者用于输送机的停车，后者用于上运输送机在停机时防止其倒转。制动装置的选用应按输送机的具体使用条件来确定，如水平运输若需要准确停车或紧急制动，应装设制动器。大型的重要的输送机出现机械故障时可能会倒转，要求除了电动制动器，还要使用机械逆止器作为一种安全措施。带式输送机逆止器与制动器的选用建议见表 2-7。

表 2-7 逆止器与制动器选用建议表

输送机类型	逆止器	制动器	需要控制的力
水平输送机	不需要	输送带与物料不允许滑行，或需要控制时需要	减速力减去摩擦阻力
上运输送机	提升功率等于或大于摩擦功率时需要	通常不需要，除非更喜欢制动器而不用逆止器	倾斜载荷张力减去摩擦阻力
下运输送机	不需要	需要	减速力加上倾斜载荷张力减去摩擦阻力

1）逆止器

上运输送机应通过具体计算来判断是否逆转，若发生逆转，则安装逆止器。当一台输送机使用两个以上逆止器时，为防止各逆止器的工作不均匀，每台逆止装置都必须满足整台输送机所需的逆止力，并应验算与逆止装置相连的减速器输出轴或传动滚筒轴及其连接件的强度。同时，在安装时必须正确确定其旋转方向，否则会造成人员伤害和机器损坏。带式输送机常用的逆止器有滚柱逆止器和非接触式逆止器。

（1）滚柱逆止器。

滚柱逆止器如图 2-15 所示，星轮装在减速器低速轴背离驱动滚筒的轴伸上，同滚筒转向一致；固定套圈固定在基础上。向上运输时，星轮切口内的滚柱位于切口的宽侧，不妨碍星轮在固定套圈内转

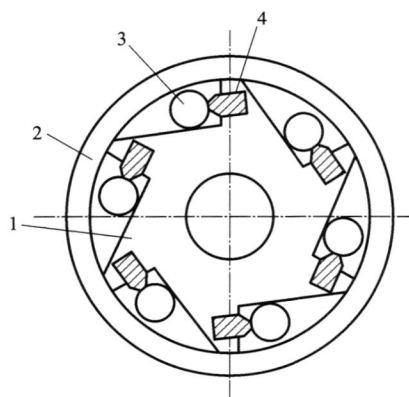

1—滚柱逆止器星轮；2—固定套圈；
3—滚柱；4—弹簧柱销。

图 2-15 滚柱逆止器

动。停车后，输送带驱动滚筒倒转时，星轮反向转动，滚柱挤入切口的窄侧，愈挤愈紧，将星轮楔住。滚筒被制动时不能倒转。GN 型滚柱逆止器主要应用于逆止力矩小于 50 kN·m 的场合，DTⅡN₁ 型滚柱逆止器主要应用于逆止力矩小于 25 kN·m 的场合。

（2）非接触式逆止器。

非接触式逆止器结构如图 2-16 所示，主要由内圈 1、楔块 4、外圈 5 组成。内圈 1 安装在减速器的高速轴伸或中间轴伸上，靠键和轴伸连接在一起，装在内圈上的两个单列向心球轴承 6 托持着外圈 5，同时又作为端盖 8 和防转端盖 11 的定位止口，外圈 5 用内六角螺钉和防转端盖 11 紧固在一起。防转端盖 11 通过固定在它柄上的销轴 12 与基础上的防转轴座（图中点画线部分）连接，内圈 1 工作面和外圈 5 之间是由轭板的挡销 13 组成的楔块装配，楔块装配上有若干个楔块 4。复位弹簧 14 分别套在楔块两端的圆柱上，弹簧的一端插入楔块 4 端面的小孔中，另一端靠在挡销 13 上。楔块 4 装配的外端面装有两个外凸的止动环，止动环分别嵌入楔块 4 装配两边的挡环 7 和固定挡环 3 的缺口中，固定挡环 3 和挡环 7 分别装在内圈 1 上并紧靠在内圈 1 中间台阶的两边，在内圈 1 与防转端盖 11 之间装有一套迷宫密封 2，端盖 8 的前端装有盖 9，用以防尘和固定标牌。

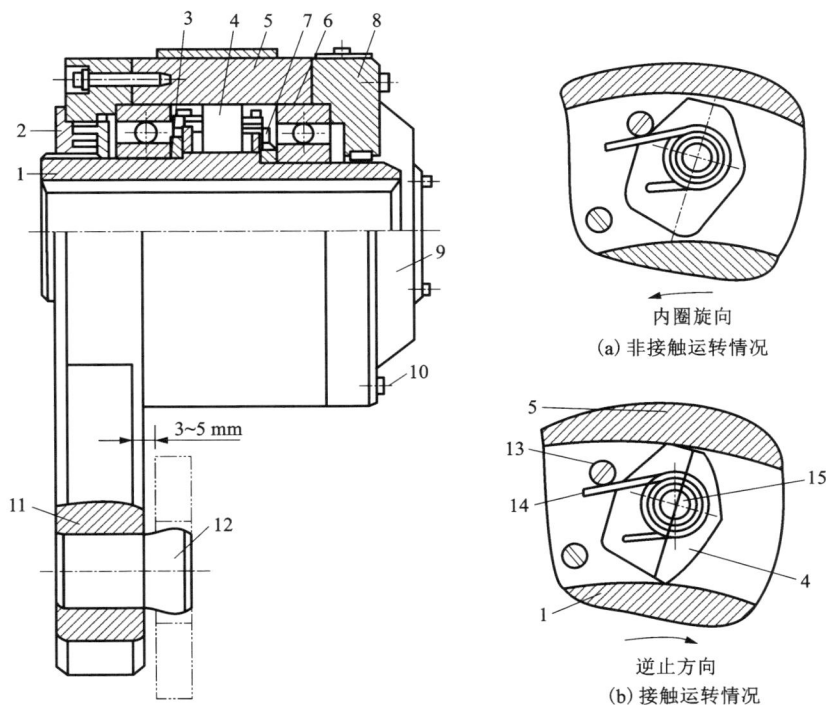

1—内圈；2—迷宫密封；3—固定挡环；4—楔块；5—外圈；6—向心球轴承；7—挡环；8—端盖；
9—盖；10—螺钉；11—防转端盖；12—销轴；13—挡销；14—复位弹簧；15—圆柱。

图 2-16　非接触式逆止器结构

NF 型非接触式逆止器主要技术参数见表 2-8。

表 2-8　NF 型非接触式逆止器主要技术参数

逆止器 代　号	额定逆止力矩 /(N·m^{-1})	最高转速 /(r·min^{-1})	最小非接触转速 /(r·min^{-1})	最大质量 /kg
NF10	100	1500	450	27
NF16	1600	1500	450	31
NF25	2500	1500	425	38
NF40	4000	1500	425	49
NF63	6300	1500	400	62
NF80	8000	1500	400	73
NF100	10000	1500	400	98
NF125	12500	1500	375	154
NF160	16000	1000	375	175
NF200	20000	1000	350	214

2）制动器

制动装置是带式输送机中的一项安全防护装置，依据输送机的长度、载荷量、制动力矩以及运行速度等因素进行选型。一般情况下，机械式摩擦制动装置采用闸瓦式制动器，具有退距充分以及简单可靠的优点，但闸瓦式制动器的制动力矩相对较小，且尺寸较大，制造工艺也比较复杂。盘式制动器的制动力矩则相对较大，且制动力可调，同时又具有安全可靠以及维护方便等优点，因而在我国大型带式输送机中得到了广泛的应用。

（1）电动液压推杆制动器。

闸瓦式制动器通常采用电动液压推杆制动器，如图 2-17 所示。制动器装在减速器输入轴的制动轮联轴上，闸瓦式制动器通电后，由电-液驱动器推动松闸。失电时弹簧抱闸，制动力是由弹簧和杠杆加在闸瓦上的。这种制动器有定型系列产品。闸瓦式制动器的结构紧凑，但制动副的散热性能不好，不能单独用于下运带式输送机。

（2）盘式制动装置。

制动装置是带式输送机安全运输的关键设备之一。针对大功率带式输送机的制动技术要求，目前国内已成功研发和应用了大功率可控盘式制动装置。

可控盘式制动装置主要由机械盘闸和可控液压站组成，其工作原理是通过制动装置对工作盘施加摩擦制动力而产生制动力矩，通过液压站调整制动器中油压的大小，从而调整制动力矩的大小。液压站采用了电液比例控制技术，因此制动系统的制动力矩可以根据工作需要自动进行调整，实现良好的可控制动，其优点如下。

①与电控装置配合，使带式输送机停车减速度保持在 0.05~0.3 m/s^2。

②最大制动力矩整定方便。

③系统突然断电，仍能确保带式输送机平稳地减速停车。

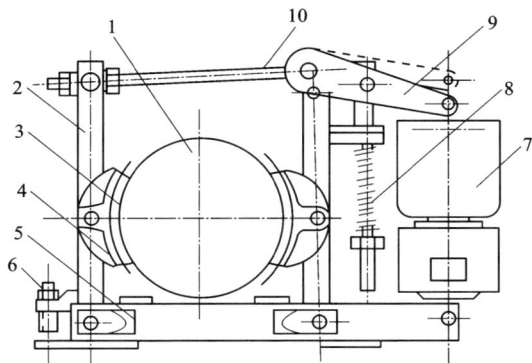

1—制动轮；2—制动臂；3—制动瓦衬垫；4—制动瓦块；5—底座；
6—调整螺钉；7—电液驱动器；8—制动弹簧；9—制动杠杆；10—推杆。

图 2-17　电动液压推杆制动器

④具有先进、可靠的超速和打滑检测及保护功能。

⑤液压系统调试、安装方便，工作可靠性高；液压系统油泵电机为间歇式工作，节能降耗。

⑥适用于地面和有爆炸性危险的井下，对环境湿度要求比较低。

⑦在输出制动力相同的情况下，尺寸和质量都较小。

⑧在制动盘厚度方向的热膨胀量小，受热后不会像闸瓦式制动器那样影响制动器间隙，散热性好。

盘式制动装置一般有两种安装形式，安装在减速器低速轴上和安装在传动滚筒的轴上。图 2-18 所示为安装在电动机与减速器之间的一套制动装置，其中图 2-18(a)所示为总体布置，图 2-18(b)所示为盘式制动器。

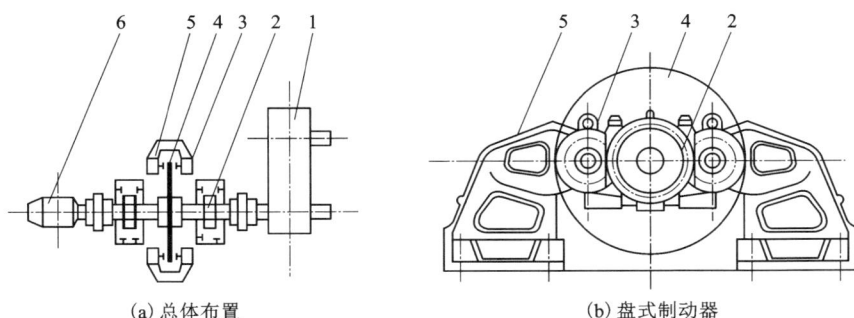

(a) 总体布置　　　　　　　　(b) 盘式制动器

1—减速器；2—制动盘轴承座；3—制动缸；4—制动盘；5—制动缸支座；6—电动机。

图 2-18　盘式制动器

机械主体主要由制动盘、制动器、支架和底座等部分组成。按制动盘的结构来划分，有双层式结构和单层式结构；按有无伸出轴来划分，有有轴和无轴两种结构形式，其中无轴的制动装置采用胀套连接或键连接。双层式结构制动盘适用于下运带式输送机，单层式结构制动盘适用于上运、平运带式输送机或地面用带式输送机。

目前盘式制动装置的生产厂家较多，主要有徐州五洋科技有限公司、山东科大机电科技股份有限公司等。徐州五洋产品 KPZ 系列制动装置中，制动力矩小于 142 kN·m 的制动装置分为有轴和无轴两种结构形式；制动力矩大于等于 142 kN·m 的制动装置皆为无轴结构形式。

液压泵站分为标准型和简化型。与简化型相比，标准型多配有一套备用系统，当主系统不能正常工作时，启用备用系统，以保证生产正常进行。另外，标准型液压系统采用了电液比例控制技术，实现了系统压力的精确可调。两种泵站均配有手动泵，以保证断电时能够开闸，不影响皮带机的正常运行。

KPZ 系列盘式制动装置按照制动盘直径进行分类，共 8 个型号，各型号盘式制动装置的制动力矩见表 2-9。

表 2-9　KPZ 系列盘式制动装置参数表（制动力矩）　　　　　　　kN/m

制动器正压力/kN	制动盘直径/mm							
	800	1000	1200	1400	1600	1800	2000	2400
25	10	14						
40		20	25					
63		31	40	48/96	57/114			
100		45	59	76/152	91/182	210//315		
160			94	118/236	142/284	336//504	380//570	
200				152/304	182/364	420//630	476//714	610//910
320						690//1030	780//1160	960//1440

注：直径 1400~1600 mm 系列里一个"/"表示制动器分别为 2 副和 4 副，直径 1800~2400 mm 系列里一个"//"则表示制动器分别为 4 副和 6 副。

KPZ 系列盘式制动装置的型号表示方法如下：

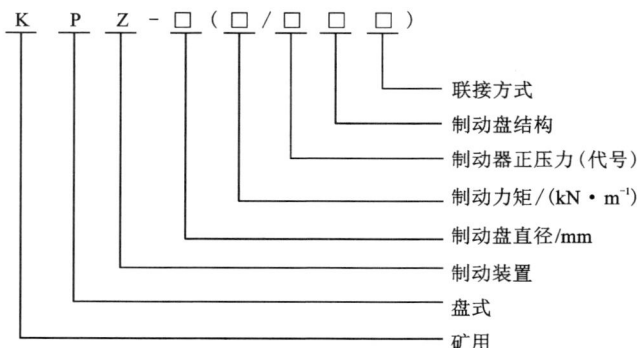

1. 制动盘结构：单层式制动盘（代号 D）；双层式制动盘（代号缺省）。
2. 连接方式有三种：联轴器连接（代号缺省）、键连接（代号 J）、胀套连接（代号 Z）。

采用联轴器连接时，盘式制动装置有轴；采用其他两种连接方式时，盘式制动装置无轴，直接安装于滚筒或减速机伸出轴。

制动盘直径为 1400 mm、制动力矩为 152 kN·m、制动器正压力为 100 kN、双层式结构制动盘、采用胀套连接的制动装置表示为 KPZ-1400(152/4Z)；制动盘直径为 1000 mm、制动力矩为 20 kN·m、制动器正压力为 40 kN、单层式结构制动盘、采用联轴器连接的制动装置表示为 KPZ-1000(20/2D)。

2.2.2.9　输送机安全保护、监测装置及系统连锁控制

带式输送机的安全保护设计应符合现行国家标准《带式输送机安全规范》(GB 14784—2013)的有关规定。在带式输送机的输送线路中，必须装设下列检测保护装置。

1) 拉线保护装置

转载站应设紧急停机开关。当带式输送机两侧设有人行道时，应在带式输送机两侧沿线同时设拉线保护装置。带式输送机沿线的拉线保护装置间距不宜超过 60 m，常用沿线紧急停机用双向拉绳开关见图 2-19。

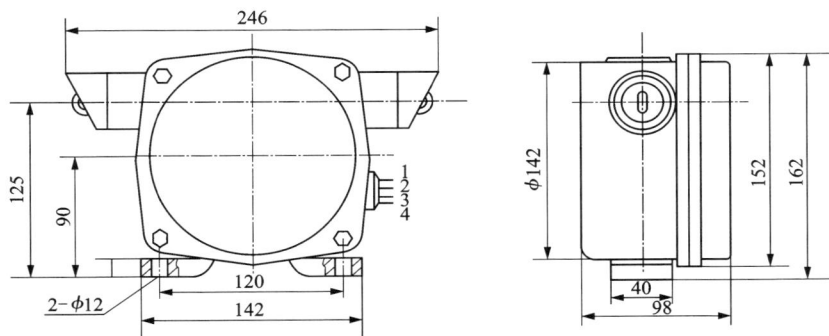

图 2-19　常用沿线紧急停机用双向拉绳开关

2) 输送带打滑检测装置

输送带打滑检测装置用于监视传动滚筒和输送带之间的线速度之差，并能报警、自动张紧输送带或正常停机，常用打滑检测装置如图 2-20 所示。输送带打滑检测装置的选择，应符合下列规定。

(1) 对于小型短距离带式输送机，可设输送带速度检测装置。

(2) 对于长距离、张力大的大型带式输送机，输送带的打滑检测装置应能对带式输送机启动、稳定运行、制动全过程进行速度检测。

(3) 输送带允许的速度滑差率，应根据输送带张力、带速等条件确定。输送带张力较大时，在各种工况下允许存在速度滑差率，宜按下列范围选取：

报警信号：速度滑差率大于或等于 8%；

停机信号：速度滑差率大于或等于 8% 及运行时间大于或等于 20 s，或速度滑差率大于或等于 12% 及运行时间大于或等于 5 s。

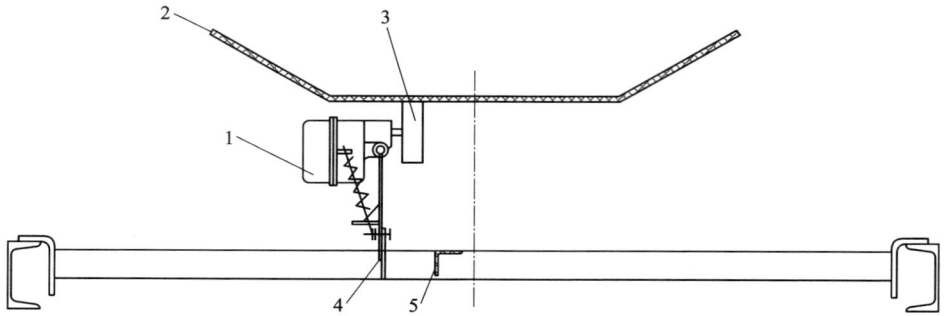

1—打滑检测装置；2—输送带；3—触轮；4—支架；5—支撑件。

图 2-20　常用打滑检测装置

3）输送带防跑偏装置

输送带的跑偏是带式输送机最常见的故障之一，跑偏的现象和原因很多，要根据不同的跑偏现象和原因采取不同的调整方法，才能有效地解决问题。防跑偏装置的种类很多，常用的方法是安装各类调心托辊以及液压自动纠偏装置。

输送带防跑偏装置一般安装在带式输送机头部、尾部、凸弧段或凹弧段的两侧机架上。对于长距离带式输送机，可在带式输送机中间段增设防跑偏装置。

4）钢丝绳芯输送带纵向撕裂保护装置

对于长距离带式输送机，广泛采用钢丝绳芯输送带来增强其拉伸强度，但容易造成纵向撕裂。钢丝绳芯带式输送机是厂矿生产运输的大动脉，一旦断带，将会带来极大的损失。在我国，矿用钢芯带纵向撕裂事故时有发生，因此，非常有必要设置钢丝绳芯输送带纵向撕裂监控系统，实现对钢芯带纵向撕裂故障及时、可靠的监控。一般，采用的技术手段如下。

（1）在皮带张力层中设计纵横钢丝网，增强皮带强度，使其遇硬物时不易刺穿，一旦过负荷则跳闸。

（2）在带中设计电子感应层，一旦被异物刺入，则有信号反馈，并使之停机。

（3）在上、下皮带之间设计金属网或板件，且配以电器保护开关，一旦被异物刺入或引起物料作用在网或板上，将受力带动电器开关动作而停机。

输送带纵向撕裂保护装置宜设在受料点等输送带易撕裂处。在重要的向上输送的钢丝绳芯输送带带式输送机，宜在钢丝绳芯输送带的接头设监测装置。

5）向下输送的带式输送机保护装置

对于向下输送的带式输送机，应采取避免带式输送机运行超速事故的超速保护和失电保护措施。当向下输送的带式输送机超速达到一级限定值时，应自动停止向带式输送机给料；当超速达二级限定值时，应自动制动减速并进行停车。超速的限定值应根据设备的具体情况确定。一级限定值不宜大于额定速度的 5%，二级限定值不宜大于额定速度的 10%。当供电系统因故障停电时，向下输送的带式输送机应能自动进入要求的制动停机工况。

6）拉紧保护和料流检测装置

带式输送机拉紧装置为动力拉紧时，应设瞬时张力检测装置，拉紧装置应装设行程限位开关。

由多台带式输送机组成的输送系统，应装设料流检测装置，并装设防物料堵塞溢料的溜槽堵塞检测装置。

7）电气保护

带式输送机的驱动系统，应进行完善的电气保护。主回路应有电压、电流表指示器，并应有断路、短路、漏电、欠压、过流（过载）、缺相、接地等保护和大型电机、减速器润滑系统等的温度检测保护。

带式输送机工程输送系统，应设有行政管理通信和生产调度通信。

8）输送机系统连锁控制

对于由多台输送机组成的运输系统，必须具有运输连锁控制系统，宜采用可编程序控制器为主机的集中控制，并应设上位计算机。上位计算机应对系统各电气设备的状态进行监视和显示参数，并应完成生产数据的文件管理。带式输送机输送系统的电气联锁，应符合生产要求，并保证安全，同时应可靠、简单、经济。

带式输送机输送系统的启动和停止程序，应按工艺要求确定。常规正常启动时，自系统终端设备开始，逆物料输送方向顺序启动；正常停机时，系统始端供料设备开始，顺物料输送方向依次停机。带式输送机输送系统中任何一台设备因故障停机时，应使来料方向的带式输送机和供料设备同时停机；紧急停车时（按动控制室或机房的紧急停止开关），所有设备一起停机。当带式输送机工程输送系统中间有料仓时，可根据具体情况处理。

为保证设备的维护和检修，带式输送机输送系统应能就地操作解除联锁，使控制系统能方便切换成单机控制模式。

2.2.3　主要生产厂家与产品技术参数

2.2.3.1　主要生产厂家

主要生产厂家有四川省自贡运输机械集团股份有限公司、北方重工集团有限公司、沈阳起重运输机械有限责任公司、焦作科瑞森机械制造有限公司、衡阳运输机械有限公司、铜陵蓝天股份有限公司铜陵运输机器厂、山东山矿机械有限公司。

2.2.3.2　产品技术参数

带宽 B、带速 v 与输送能力 Q 的匹配见表 2-10。

表 2-10　带宽 B、带速 v 与输送能力 Q 的匹配表　　　　　　　　　m^3/h

$v/(m \cdot s^{-1})$		2.0	2.5	3.15	4.0	5.0	6.5
B/mm	800	388~550	485~688	612~865			
	1000	632~888	790~1110	1000~1400			
	1200	926~1300	1158~1625	1460~2050	1852~2600		
	1400	1276~1800	1595~2250	2010~2830	2552~3600	3190~4500	
	1600	1700~2380	2125~2975	2680~3850	3400~4890	4250~5950	
	1800	2180~3070	2725~3838	3440~4840	4360~6140	5450~7675	7090~9980
	2000	2740~3840	3425~4800	4320~6050	5480~7680	6850~9600	8900~12500
	2200	4032~6120	5040~7650	6350~9639	8064~11240	10080~15300	13120~19890
	2400	4910~7531	6138~9414	7733~11861	9820~15062	12276~18828	15960~24480

2.2.4　应用实例

1）云南昆明钢铁（集团）有限责任公司大红山铁矿主井带式输送机

云南昆明钢铁（集团）有限责任公司大红山铁矿主井带式输送机，带宽 $B=1200$ mm、带速 $v=4$ m/s、输送能力 $Q=1000$ t/h、长度 $L=1850$ m、提升高度 $H=421.4$ m、功率 3×710 kW（采用 3 台 CST1120），输送带带强为 ST4500 N/mm。2005 年一次性试车成功。

该带式输送机用于矿深部开采工程斜井（倾角 14°）向地面输送铁矿石，设置双速运行、可控启动传输 CST 驱动，探头式头部液压盘式制动器具有倒断带捕捉、双重逆止、动态控制、功率自动平衡等功能。输送带带强达 ST4500 N/mm，创造了当时国内最高输送带带强的纪录。滚筒合张力 $P=1500$ kN、扭矩 $T=200$ kN·m，为当时国内之最。

2）向家坝水电站长距离带式输送机系统

向家坝水电站长距离带式输送机系统主要技术参数见表 2-11。

表 2-11　向家坝水电站长距离带式输送机系统主要技术参数

名称	B1	B2	B3	B4	B5
输送物料	半成品砂石料				
输送能力/（t·h^{-1}）	3000				
带宽/mm	1200				
带速/（m·s^{-1}）	4.0				
机长/m	6721.027	6651.472	8298.307	3926.815	5498.572
提升高度/m	−211	−24	−103.5	−44.5	−63
驱动型式	CST+CSB				
驱动功率/kW	900	3×900	4×1150	4×1150	2×1150

续表 2-11

名称	B1	B2	B3	B4	B5
张紧装置	液压拉紧				
输送带带强 /(N·mm^{-1})	ST2000	ST3150	ST2500		

向家坝水电站骨料输送线系统采用 5 条头尾相接的长距离带式输送机，建设时的主要骨料来源位于距工地 59 km 的太平灰岩料场。工程设计采用长达 31 km 的长距离带式输送机输送线，通过输送隧道，把总量 3000 万 t 的砂石料转运到向家坝工地。该项目于 2007 年 4 月一次性负载运行成功。

3）西藏巨龙铜业驱龙铜矿带式输送机运输系统

（1）项目概况。

该系统的矿石运输设计采用汽车+半移动式破碎站+带式输送机联合运输方案。一期生产规模 150000 t/d（10000 t/h），矿石带式输送机运输线路：破碎站下部带式输送机（10000 t/h）→转运带式输送机（10000 t/h）→主运输带式输送机→选厂原矿堆场。

转运带式输送机受料点输送带带面标高 5171.6 m，线路沿地形布置，由南往北穿过露天境界，中间有 1 个水平转弯，转弯半径 4000 m，终点位于主运输带式输送机尾部，卸料点输送带带面标高 5025 m，转运带式输送机水平长 2850 m，整体下运高度 -146.6 m。

一期主运输带式输送机起点位于露天坑北部沟口附近，受料点输送带带面标高 5011.6 m，终点位于一期选厂原矿堆场，卸料点输送带带面标高 4425 m，带式输送机水平长 5836 m，高差 -586.6 m。一期主运输带式输送机布置方式为地面+支架+隧道，主运输带式输送机全线设柴油驱动专用检修小车，跨在输送机两侧轨道上运行，用于线路巡检、更换托辊等。驱龙铜矿带式输送机运输系统主要技术参数见表 2-12。

表 2-12　驱龙铜矿带式输送机运输系统主要技术参数

输送机名称	转运带式输送机	一期主运输带式输送机
水平机长/m	2850	5836
提升高/m	-146.6	-586.6
设计能力/(t·h^{-1})	10000	10000
局部峰值能力/(t·h^{-1})	10500	10500
水平转弯半径/m	4000	
带宽/mm	1800	1800
带速/(m·s^{-1})	5.7	7.5
输送带规格	ST2800	ST7800
驱动滚筒直径/mm	2040	2540

续表 2-12

输送机名称	转运带式输送机	一期主运输带式输送机
拉紧形式	变频绞车张紧	变频绞车张紧
装机功率/kW	2×2000, 2.3 kV	2×6000, 1226 V
减速器/台	2	无
驱动方式	双滚筒、双电机变频驱动	双滚筒、双电机变频驱动
电机转速/(r·min^{-1})	992	56
承载托辊规格/(辊径 mm×辊长 mm(槽角))	ϕ194×670(35°)	ϕ194×670(35°)
承载托辊规格间距/m	1.5	1.5
回程托辊规格/(mm×mm)	ϕ194×1000(10°)	ϕ194×670(10°)
承载托辊规格间距/m	6	6
制动装置	低速轴盘式制动器	盘式制动器

　　驱龙铜矿矿石输送机系统由德国蒂森克虏伯公司负责设备供货、安装调试。其中主运输带式输送机的 2 台 6000 kW 电机采用进口西门子低速同步电机，电机转子通过法兰直接与驱动滚筒轴相连，省去了减速器及相关的润滑和冷却系统，驱动滚筒另一侧安装盘式制动器。该系统的主变压器和主变频器采用进口西门子产品，ST7800 钢丝绳芯输送带采用德国凤凰产品，驱动滚筒采用进口蒂森克虏伯产品，盘式制动器采用斯文博格产品。

　　（2）评述。

　　西藏驱龙铜矿矿石主运输带式输送机于 2021 年底投入使用，创造了国内和国际多项纪录。

　　①世界上装机功率最大的下运输送机；

　　②带速达 7.5 m/s，为国内输送机最高带速；

　　③国内海拔最高、运量最大的输送机；

　　④ST7800 钢丝绳芯输送带为国内使用的最高带强；

　　⑤首次使用跨在输送机两侧轨道上运行的专用检修小车，减轻了高原复杂地形环境下工人的劳动强度。

2.3　管状带式输送机

2.3.1　概述

　　管状带式输送机是日本 JPC 公司 1964 年在普通带式输送机基础上发展起来的，是由呈正六边形或正八边形布置的辊子强制输送带卷裹成边缘互相搭接的圆管状而输送物料的一种新型特种带式输送机。管状带式输送机为密闭输送，在输送过程中不污染环境，且布置灵活，特别适合地形复杂、障碍物多的场合，具有结构紧凑、断面小、节省空间等显著特点，在国内外都得到了广泛应用。

我国已制定了管状带式输送机行业标准《圆管带式输送机》(JB/T 10380—2013)，但还没有开展定型设计，国内各厂家生产的管状带式输送机参数尺寸、部件结构也不尽相同。本节所介绍的是四川省自贡运输机械集团股份有限公司引进的日本普利司通公司管状带式输送机产品及技术参数，其他如华电重工股份有限公司等厂家的产品情况，则基本相同。

2.3.1.1　管状带式输送机工作原理和性能特点

1)工作原理

管状带式输送机主要由头部过渡段、尾部过渡段、中部成管段、走廊以及输送带、保护装置等组成。

管状带式输送机的头部、尾部受料点、卸料点及拉紧装置等位置的结构与普通带式输送机完全一样。其主要区别在于：从尾部开始，输送带由平行向槽形和深槽形逐渐过渡，而后物料被输送带包裹起来卷成圆管状；在成管段，输送带被安装在框架上，且被呈多边形布置的托辊强行裹成圆管，物料被密封在圆管内随输送带稳定运行。当要到达头部时逐渐过渡，管状带式输送机由圆管状变成深槽形、槽形，最后到头部滚筒展开卸料。输送带回程段与运行段相同。

2)性能特点

管状带式输送机除具有普通带式输送机的性能特点外，还具有如下特点。

(1)密闭输送物料。

由于物料被围包在管状输送带内密闭运行，故物料不会散落及飞扬，也不受刮风、下雨等外界环境的影响，可减少物料在运输途中的损耗，输送块料、粉料、有毒及起尘物料时均不会造成环境污染。

(2)小半径空间转弯。

由于输送带被裹成圆管状，且托辊如圆形箍筋一样围住输送带，因此管状带式输送机具有小半径弯曲能力，输送带不仅可以在水平方向弯曲，在垂直方向弯曲，还可以在水平和垂直两个方向弯曲，有利于输送线沿复杂地形布置。管状带式输送机系统全程无须设转运站、密闭通廊(物料有保暖防冻要求的除外)，无须安装除尘设施，由一条管状带式输送机取代多条普通带式输送机，既可以节省转运站建造成本，又可以减少设备投资、降低系统故障率和减少物料损失，便于企业生产组织与管理。

(3)大倾角输送。

输送带为圆管状，增大了物料与输送带的摩擦系数，故输送线路的最大倾角可增大为普通带式输送机的1.5倍左右。

(4)双向往返输送。

由于管状带式输送机的上、下分支输送带均呈圆管状，故可以利用下分支反向输送物料，实现两种物料的双向往返输送功能。

(5)节省占地面积。

由于管状带式输送机六边形布置的托辊被安装在桁架内的窗式框架上，因此管状带式输送机无须另建栈桥，且管状带式输送机宽度相当于同输送量普通带式输送机的一半，只占用空间高度，故占地面积小。

2.3.1.2　应用范围与条件

（1）应用范围。

管状带式输送机可广泛应用于冶金、煤炭、矿山、建材、化工等领域，可输送各种粉状、颗粒状、块状等散状物料。物料在圆管带式输送带中的充填系数 ψ 一般为 75%，最大不应超过 80%；充填系数在 75% 且管径相同时，降低充填系数可增大输送物料的粒度。

（2）应用条件。

物料堆积密度：$\leqslant 2500\ kg/m^3$。

物料最大粒度：$\leqslant 1/3 d_p$（d_p 为管内径，mm，下同）。

物料最大填充率：$\leqslant 75\%$。

管状带式输送机最大倾角：$\leqslant 1.5$ 倍普通带式输送机最大倾角。

2.3.1.3　线路布置

圆管带式输送机的头部和尾部过渡段的长度，由输送带的管径和输送带的类型确定，同时也取决于输送带所允许的伸长率。图 2-21(a) 和图 2-21(b) 分别为头部和尾部过渡段。如果过渡段太短，则输送带边缘会产生较大的附加张力，使其过早疲劳损坏，严重时边缘发生撕裂；如果过渡段太长，将减小整个输送线路的密封长度。

表 2-13 为过渡段长度及最小长度。

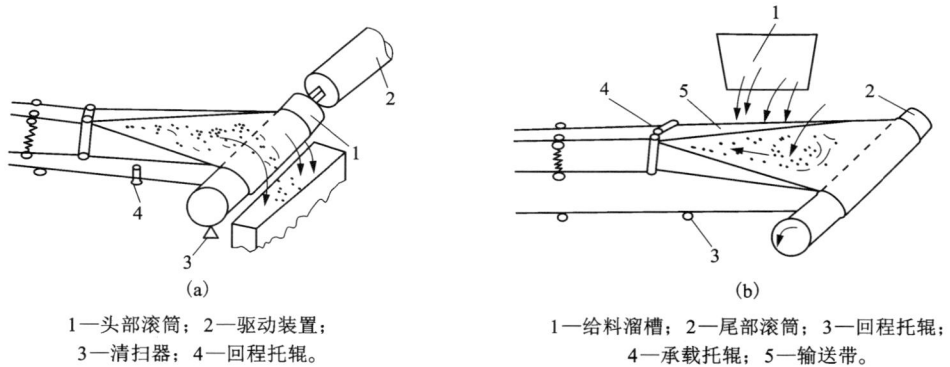

1—头部滚筒；2—驱动装置；
3—清扫器；4—回程托辊。

1—给料溜槽；2—尾部滚筒；3—回程托辊；
4—承载托辊；5—输送带。

(a)　　　　　　　　　　　　　　　　(b)

图 2-21　头部和尾部过渡段

表 2-13　过渡段长度及最小长度

管径 d_p/mm	织物带		钢丝绳带	
	过渡段长度 L_1/m	最小输送长度 L_2/m	过渡段长度 L_1/m	最小输送长度 L_2/m
150	3.81	17.10	7.62	36.00
200	5.18	19.80	10.36	39.62
250	6.40	22.86	12.80	45.72
300	7.60	25.00	15.24	50.00
350	8.84	29.87	17.68	59.74

续表 2-13

管径 d_p/mm	织物带		钢丝绳带	
	过渡段长度 L_1/m	最小输送长度 L_2/m	过渡段长度 L_1/m	最小输送长度 L_2/m
400	10.2	34.74	20.42	69.50
500	12.80	39.92	25.60	79.86
600	15.24	50.00	30.48	100.00
700	17.83	59.74	35.66	119.50
850	21.04	69.80	43.28	139.60

转弯角度、转弯半径(也称曲率半径)、头尾过渡段直线长度符合表 2-14 的规定。

表 2-14　不同输送带种类与最大转弯角度、最小曲率半径、头尾过渡段最小直线长度的关系

输送带种类	最大转弯角度/(°)	最小曲率半径/mm	头、尾过渡段最小直线长度 L_s
聚酯尼龙织布带	90	$300 \times d_p$	$L_s = 25 \times d_p + 2P$
钢丝绳芯带	45	$700 \times d_p$	$L_s = 50 \times d_p + 4P$

注：①P 为六边形窗式托辊布置距离(mm)。②如果使用了增面滚筒，L_s 长度应从增面滚筒开始计算；如果使用了重锤拉紧装置，L_s 长度应从改向滚筒开始计算。③L_s 意义见图 2-22。

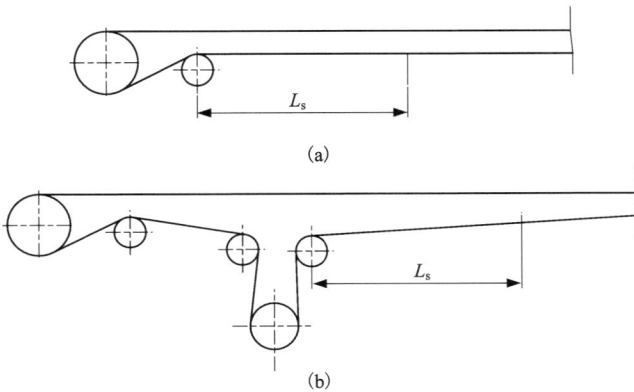

(a)

(b)

图 2-22　不同布置方式下 L_s 取值

2.3.2　管状带式输送机的主要部件

管状带式输送机的基本结构与普通带式输送机基本相同，主要由头部滚筒、尾部滚筒、改向滚筒、驱动装置、拉紧装置、托辊组、机架、桁架、支柱、走廊和输送带、保护装置等部分组成。

2.3.2.1　输送带

输送带是圆管带式输送机承载物料的承载件和牵引件，圆管状输送带要有良好的弹性、纵向柔性及适当的横向刚性和抗疲劳性能。其结构设计特殊，因而对带芯材料要求严格，两边搭接部分要有良好的可挠曲性，以保证输送带在成管后的密封和稳定性能。根据不同张力等条件的要求，输送带可采用尼龙织物芯层和钢丝绳芯等材料；输送带规格的选择，要考虑输送带的输送能力、最大张力值、输送距离、使用条件及安全系数等；输送带的连接一般应采用硫化连接。

由于管状带式输送机对输送带的横向刚性有要求，必须具有适当的横向刚度，因此输送带既不能太硬也不能太软。如果输送带太硬（横向刚度太大），将会使输送带搭接处上翘，导致密封效果不好；如果太软（横向刚度太小），将会使输送带裹成管时往下塌，形成扁管现象。因此，输送带是否具有合理的横向刚度对其能否正常运行起到至关重要的作用。

管状带式输送机输送带与普通带式输送机输送带的材料结构形式完全相同，根据不同的承载能力，可选用聚酯尼龙棉帆布输送带或钢丝绳芯输送带等。但与普通带式输送机输送带相比，管状带式输送机输送带的芯层结构有一定的差别，同时对输送带的芯层材料要求较高，输送带搭接部分要有良好的可挠曲性，故边缘芯层设计较薄，以保证输送带形成管状后的密封性和稳定性。输送带搭接的宽度既不能太宽，也不能过窄，其搭接宽度推荐为 $1/3d_p$ ~ $1/2d_p$。管状带式输送机输送带的安全系数要求也与普通带式输送机输送带相同。

2.3.2.2　滚筒

管状带式输送机滚筒包括传动滚筒和改向滚筒，滚筒直径 D 和长度 L 符合《带式输送机基本参数与尺寸》（GB 987—1991）和《带式输送机滚筒基本参数与尺寸》（GB 988—1981）之规定。所有滚筒均可在 DTII、DTII（A）带式输送机设计手册范围内选型。

1）滚筒直径

滚筒直径见表 2-15。

表 2-15　滚筒直径　　　　　　　　　　　　　　　　　　　　mm

滚筒直径 D	200, 250, 315, 400, 500, 630, 800, 1000, 1250, 1400, 1600, 1800

2）滚筒长度 L

滚筒长度 L 见表 2-16。

表 2-16　滚筒长度　　　　　　　　　　　　　　　　　　　　mm

名义管径 D_g	输送带宽度 B	滚筒长度 L
100	360	500
150	600	750
200	800	950
250	1000	1150
300	1100	1300

续表 2-16

名义管径 D_g	输送带宽度 B	滚筒长度 L
350	1300	1600
400	1600	2000
450	1700	2000
500	1850	2200
560	2000	2400
600	2250	2600
630	2350	2800
700	2450	2900
800	2900	3400
850	3100	3600

2.3.2.3　中间支架（窗式框架）

管状带式输送机中部成管段一般采用窗式框架结构形式。六边形管状托辊安装在窗式框架上，有单六边形安装（图 2-23）和双六边形交错安装（图 2-24）两种形式。

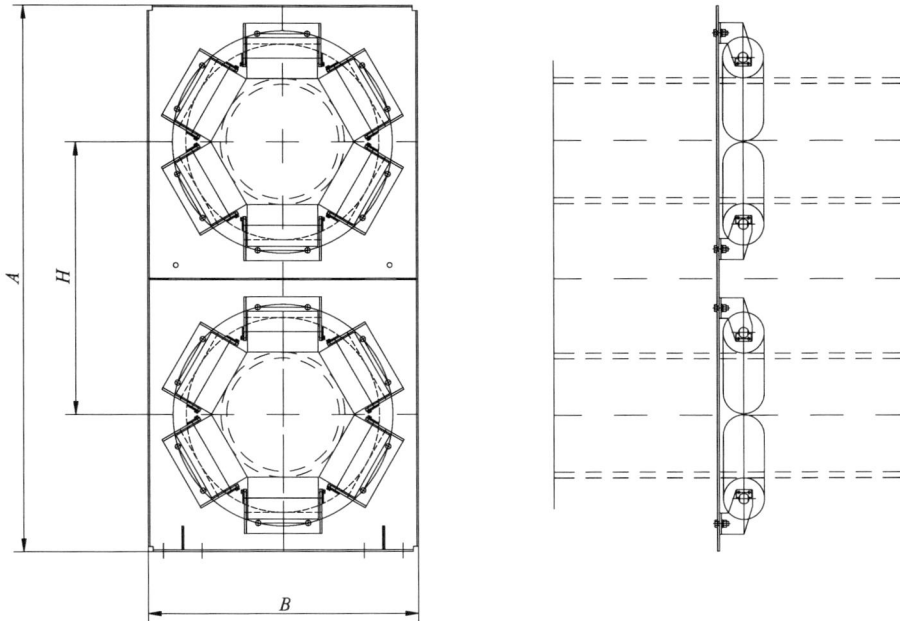

图 2-23　单六边形安装

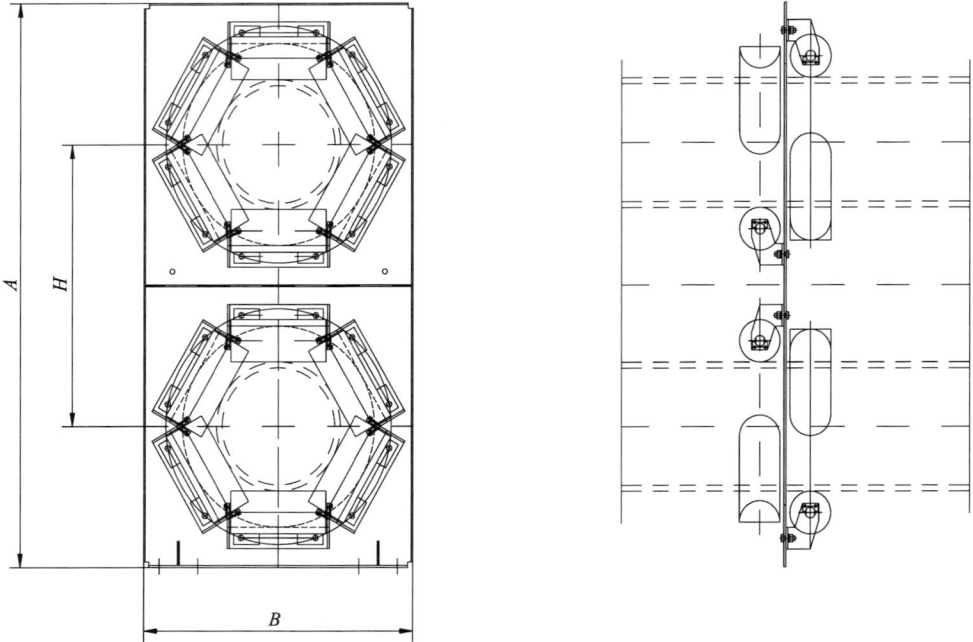

图 2-24 双六边形交错安装

2.3.2.4 中间支架

管状带式输送机自带走道和桁架，可不另建栈桥，节省费用。图 2-25 为管状带式输送机支架截面结构形式图。

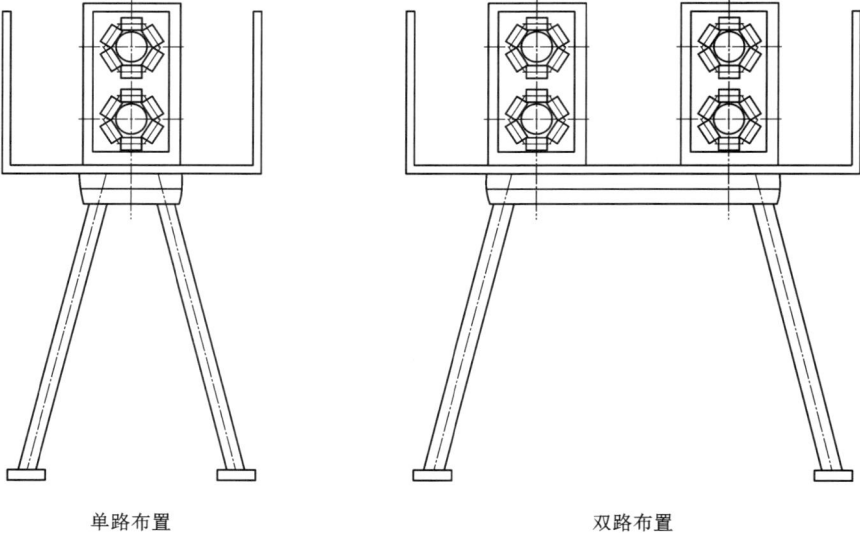

单路布置   双路布置

图 2-25 管状带式输送机支架截面结构形式图

2.3.3 主要生产厂家与产品技术参数

2.3.3.1 国内主要厂家

国内主要厂家有四川省自贡运输机械集团股份有限公司、华电重工股份有限公司、上海科大重工集团有限公司、衡阳运输机械有限公司、山东山矿机械有限公司、焦作科瑞森机械制造有限公司。

2.3.3.2 国外主要厂家

国外主要厂家有日本普利司通 TPE 公司、德国科赫公司（KOCH Solutions）、德国大陆集团（Continental AG）。

2.3.3.3 产品技术参数

由于目前我国没有开展管状带式输送机的定型设计，因此，国内各厂家生产的管状带式输送机参数尺寸、部件结构也不尽相同。表 2-17 和表 2-18 分别为四川省自贡运输机械集团股份有限公司管状带式输送机产品的技术参数。

（1）管径与带宽系列。

表 2-17　管径与带宽系列　　　　　　　　　　　　　　　　　　　　　　　　　　mm

管径	100	150	200	250	300	350	400	(450)	500	600	700	850
带宽	400	600	780	1000	1150	1350	1530~1600	1700~1800	1850~1900	2200~2300	2550~2650	3100~3150

（2）输送能力。

表 2-18　管径 d_p、带速 v 和输送能力 I_v 的关系　　　　　　　　　　　　　　m^3/h

$v/(m \cdot s^{-1})$	d_p/mm											
	100	150	200	250	300	350	400	(450)	500	600	700	850
0.8	17	37	66	118	138							
1.0	21	47	83	148	173	238						
1.25	26	59	104	185	216	297	482	518	688			
1.6	33	75	132	232	276	380	616	663	881	1238	1618	2327
2.0	42	94	166	296	346	472	770	829	1100	1548	2022	2909
2.5			208	370	432	594	964	1035	1376	1935	2528	3636
3.15				457	543	748	1213	1305	1734	2438	3185	4581
4.0						1540	1657	2200	3096	4044	5818	
5.0									2750	3870	5056	7272

注：表中的输送能力按物料填充率75%计算。

2.3.4 应用实例

1）贵州瓮福磷矿管状带式输送机

贵州瓮福磷矿管状带式输送机见图 2-26。

图 2-26 贵州瓮福磷矿管状带式输送机

其主要技术参数如下：

输送物料：硫铁矿渣，堆积密度 $\gamma = 1.6$ t/m³；

污泥废渣，堆积密度 $\gamma = 1.52$ t/m³，粒度不超过 50 mm；

运量：140 t/h；

管径：d_p 250 mm（带宽 $B = 1000$ mm）；

带速：51 m/min；

机长：1906 m；

提升高度：93.1 m；

驱动布置：头部双滚筒三电机；

驱动型式：380 V Y 系列电机；

驱动功率：3×90 kW；

张紧装置：头部垂直重垂张紧；

输送带带强：ST2000。

贵州瓮福磷矿管状带式输送机是四川省自贡运输机械集团股份有限公司于 1997 年全套引进日本普利司通 TPE 公司（BRIDGSTONE TPE CO. LTD）的管状带式输送机设计制造技术，为贵州宏福实业开发有限公司瓮福磷矿建造的国内第一台管状带式输送机。

该管状带式输送机输送长度达 1906 m，为当时亚洲最长之一。除约 300 m 在厂区外，其余布置在野外，沿途共跨过四个山头和一条河流，绕过两座山，穿过两个建筑群，爬上山的半山腰卸料。其中，通过吴家河时采用了独一无二的斜拉桥方案，斜拉桥跨距达 213 m，为世界最大跨距管状带式输送机。

2）山东日照港岚山港区矿石输送管状带式输送机系统

山东日照港岚山港区矿石输送管状带式输送机系统见图 2-27。

图 2-27　山东日照港岚山港区矿石输送管状带式输送机系统

日照港岚山港区矿石输送管状带式输送机主要技术参数见表 2-19。该系统于 2013 年建成并投入运行，由 C2、C3、C4 共三条管带机组成，具有管径大、带强高、运量大、带速高等特点。

表 2-19　主要技术参数

名称	C2 管带机	C3 管带机	C4 管带机
输送物料	铁矿石，堆积密度 $\gamma = 2.2$ t/m^3，粒度不超过 75 mm		
运量/(t·h^{-1})	5500		
管径/mm	d_p 500（带宽 $B = 1900$）		
带速/(m·s^{-1})	5.0		
机长/m	2983.244 m	3628.166 m	1428.356 m
提升高度/m	15.1	2.1	7.942
驱动布置	头部三滚筒三电机+尾部单电机	头部三滚筒三电机+尾部单电机	头部双滚筒双电机
驱动型式	690 V 变频电机		
驱动功率/kW	4×1150	4×1150	2×1150
张紧装置	头部双垂拉	头部双垂拉	头部垂拉
输送带带强	ST2500	ST2500	ST1600

（1）设计运量达 5500 t/h，实际运行最高运量超过 7000 t/h，创造了当时管状带式输送机输送量世界纪录。

（2）带速达 5.0 m/s，为国内管状带式输送机最高带速。

（3）单机装机功率达 4×1150 kW，为国内管状带式输送机最大装机容量之一。

3）山西阳泉燕龛煤矿管状带式输送机

山西阳泉燕龛煤矿管状带式输送机见图 2-28。

图 2-28　山西阳泉燕龛煤矿管状带式输送机

其主要技术参数如下：

输送物料：原煤，堆积密度 $\gamma = 0.9$ t/m³，粒度不超过 25 mm；

运量：额定 1000 t/h，最大 1200 t/h；

管径：d_p 400 mm（带宽 $B = 1600$ mm）；

带速：4.0 m/s；

机长：8283 m；

提升高度：−172.264 m；

最大上运高度：136.464 m；

最大下运高度：−270.925 m；

驱动布置：头部双滚筒双电机+尾部双滚筒双电机；

驱动型式：10 kV 高压变频电机；

驱动功率：4×1250 kW；

张紧装置：头部双垂拉+液压张紧；

输送带带强：ST2500；

平面总转弯角度：178°；

立面总转弯角度：155.5°。

山西阳泉燕龛煤矿管状带式输送机于 2014 年建成并投入使用，具有输送距离长、驱动功率大、带强高、危险工况下输送带安全系数偏低、地形复杂、转弯多、立面起伏大、运行工况十分复杂等技术特点。

（1）输送距离达 8283 m，创造了管状带式输送机输送距离最长的世界纪录。

（2）单机功率达 4×1250 kW，创造了管状带式输送机装机功率最大的国内纪录。

（3）是世界上地形最复杂的越野管状带式输送机之一。

（4）首次采用了双垂拉+液压张紧的"复合张紧"专利技术，解决了长距离越野管状带式输送机在危险工况下输送带安全系数偏低的技术难题。

（5）首次采用 10 kV 高压变频多点驱动技术。

（6）首次应用带通话功能的一体化安全保护装置技术。

（7）应用了防噪声托辊环保技术。

（8）采用了高度自动化、智能化控制技术。

2.4　排土机

2.4.1　概述

排土机属于大型露天矿山连续或半连续开采工艺用成套设备之一，用于大型露天煤矿、铁矿以及有色金属矿山的表土剥离作业。它具有输送能力大、能源消耗少、持续投入小、维护费用低、工作效率高等优点；能减轻对环境的污染，绿色环保。国内露天矿连续或半连续剥离系统采用的排土机以进口为主。

2.4.2　分类与特点

按照排土机结构形式的不同，可将排土机分为配重臂上置式排土机（图 2-29）和配重臂下置式排土机（图 2-30）。

图 2-29　配重臂上置式排土机

图 2-30　配重臂下置式排土机

配重臂上置式排土机为传统结构形式排土机，其配重臂位于受料臂上方；电气室安装在配重臂上，粉尘对电气室内的设备损害小。因为配重臂相对地面位置较高，整机重心较高；风载引起的倾覆力矩较大，对整机的稳定性有一定的影响。

配重臂下置式排土机为紧凑结构式排土机，其配重臂位于受料臂下方；整机重心较低，与配重臂上置式排土机相比，其稳定性更高。排土机的电气室位于配重臂上，靠近地面，便于电气室维护检修。由于电气室位于受料臂下方，使电气室布置空间受限；受料臂下方粉尘较大，对电气室的密封性要求较高。

2.4.3 排土机的组成与主要部件

排土机主要由行走装置、回转装置、回转钢结构、受料臂、排料臂、配重臂、卸料小车、电气系统、润滑系统、电气室、司机室等组成。

(1)行走装置。

行走装置由行走驱动装置、驱动轮、张紧轮、支轮、拖带轮、履带链、履带架等组成。

(2)回转装置。

回转装置由回转驱动装置、回转支承、防护罩等组成。

(3)回转钢结构。

回转钢结构由回转平台、塔架组成,排土机的司机室安装在塔架上。

(4)受料臂。

受料臂由受料臂主钢结构、受料臂带式输送机、走台等组成。

(5)排料臂。

排料臂由排料臂主钢结构、排料臂带式输送机、走台等组成。

(6)配重臂。

配重臂由配重臂主钢结构、配重块等组成,排土机的电气室安装在配重臂上。

(7)卸料小车。

卸料小车由卸料小车行走装置、主钢结构、地面带式输送机拉紧装置、卸料站、走台等组成。

(8)电气系统。

电气系统由供电系统、电气驱动系统、控制系统、状态监测和保护系统等组成。

(9)润滑系统。

润滑系统由润滑泵站、换向阀、分配器、管路等组成。

2.4.4 应用范围

排土机用于年产千万吨级及以上露天煤矿、铁矿、有色金属矿山的表土剥离作业。排土机位于连续或半连续开采系统的最末端,是连续或半连续开采系统的关键设备;排土机接收从地面带式输送机卸载的物料后,将物料有序地排弃至排土场的同时推进排土场;受排土机工作尺寸的限制,当排土场推进到一定程度时,需要对排土机及与排土机配套使用的地面移置式带式输送机进行移设。由于连续或半连续开采工艺在露天开采工艺中的优越性,排土机在国内外改扩建和新建大型露天矿工程中拥有广阔的应用前景。

2.4.5 主要生产厂家与产品技术参数

排土机的主要制造厂家为太原重工股份有限公司,其生产的排土机的主要技术参数见表2-20。

表 2-20　太原重工股份有限公司排土机的主要技术参数表

参数	指标				
额定排岩能力/(t·h⁻¹)	2000	4000	6000	9000	18000
行走速度/(m·min⁻¹)	0~6	0~6	0~6	0~8	0~8
带宽/mm	1200	1400	1600	1800	2400
带速/(m·s⁻¹)	2.5	4	4.6	5.6	6.3

矿山要根据工况条件、开采规模、开采工艺和相关设备匹配等情况综合考虑，以选用合适的排土机。

2.4.6　应用实例

太原重工股份有限公司生产制造的 9000 t/h 配重臂下置式排土机(图 2-31)于 2017 年在太钢集团袁家村铁矿投产并达产。该排土机是太重独立自主研发制造的国内首台 9000 t/h 排土机，其额定排岩能力是当时国产排土机中最大的，主要技术指标处于国内领先、国际先进水平。

图 2-31　9000 t/h 配重臂下置式排土机

参考文献

[1]《采矿手册》编委会.采矿手册 5[M].北京：冶金工业出版社，1988.

第 3 章

竖井提升

3.1 概述

竖井提升是通过竖井井筒提升矿石、废石、设备、材料和升降人员等的运输工作。竖井提升系统是矿山井下生产系统和地面相连接的枢纽，在地下矿山生产的全过程中占有极其重要的地位。

3.1.1 竖井提升分类

竖井提升可分为生产矿井提升和在建矿井提升。生产矿井提升根据提升用途可分为主井提升、副井提升、混合井提升，在建矿井提升主要有凿井期间提升。

主井提升专门用于提升矿石，提升设备一般采用单绳缠绕式提升机或多绳摩擦式提升机，小型矿山也可采用矿用提升绞车；提升容器一般采用箕斗，有的小型矿山采用罐笼兼作主副井提升。

副井提升主要用于升降人员、运送材料和设备、提升废石等，提升设备一般采用单绳缠绕式提升机或多绳摩擦式提升机，小型矿山也可采用矿用提升绞车；提升容器采用罐笼。

混合井提升一般是指同一条竖井井筒内安装有 2 套提升设备，一套作为主井提升，另一套作为副井提升，主要是为了节省井筒投资。

凿井期间，提升使用的提升设备多采用单绳缠绕式提升机或矿用提升绞车，提升容器以吊桶为主。凿井绞车(亦称稳车)是建井施工中的关键设备，仅供悬吊吊盘、伞钻、抓岩机、吊泵、风筒、压缩空气管、注浆管、安全梯等凿井设备和拉紧提升容器的导向绳，不用于提升。

3.1.2 竖井提升系统组成

竖井提升系统是一个复杂的系统，通常由提升设备、电气控制设备、天轮、提升钢丝绳、提升容器、装卸载设备和罐道等设备组成。根据选用的提升设备、提升容器类型的不同，可组成各有特点的竖井提升系统。

3.1.2.1 竖井单绳缠绕式提升系统

采用单绳缠绕式提升设备的竖井提升系统称为竖井单绳缠绕式提升系统。竖井单绳缠绕式提升系统如选用单筒提升机或提升绞车，其提升容器可以是箕斗、罐笼或吊桶；如选用双筒提升机或提升绞车，则 2 个提升容器的组合通常为双箕斗、双罐笼、箕斗–平衡锤、罐笼–平衡锤、箕斗–罐笼等，图 3-1 所示为竖井单绳缠绕式双箕斗提升系统示意图。

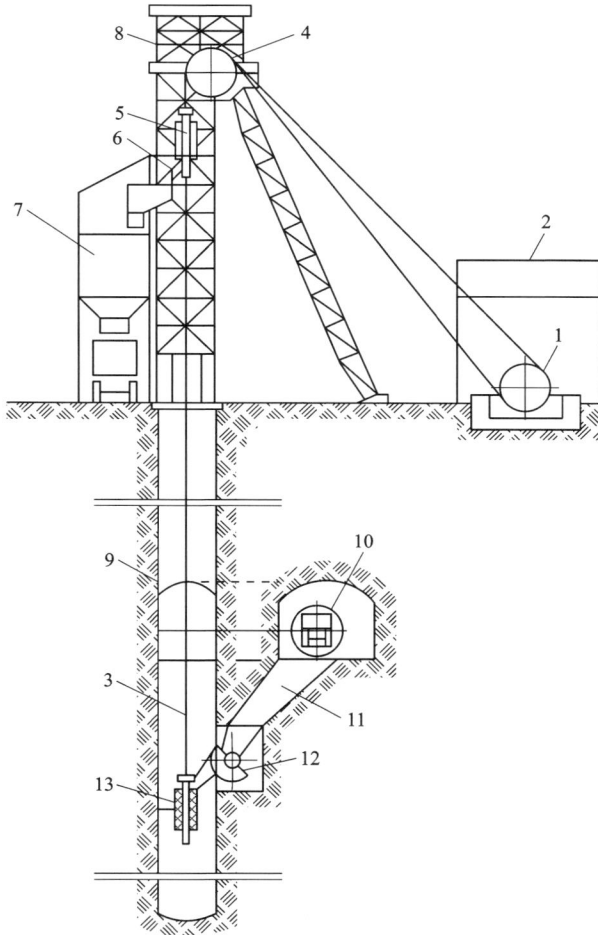

1—双筒单绳缠绕式提升机；2—提升机房；3—提升钢丝绳；4—天轮；5—重箕斗；6—卸载曲轨；
7—地面矿仓；8—地面井架；9—井筒；10—井下硐室；11—井底矿仓；12—装载设备；13—空箕斗。

图 3-1 竖井单绳缠绕式双箕斗提升系统示意图

从井下采出的矿石储存于井底矿仓 11，通过装载设备 12 将矿石装入停在井底的空箕斗 13 中。此时，重箕斗 5 正位于地面井架 8 上的卸载曲轨 6 处，通过卸载曲轨把矿石卸入地面矿仓 7 中。

双筒单绳缠绕式提升机 1 安装于地面提升机房 2，上、下两个箕斗分别与提升机的两根钢丝绳连接，两根提升钢丝绳 3 绕过地面井架 8 上的天轮 4 后，以相反的方向缠绕于提升机卷筒上。当提升机运转时，两根钢丝绳一上一下通过井筒 9 提升重箕斗和下放空箕斗，如此循环反复，以完成矿井提升任务。

3.1.2.2 竖井多绳摩擦式提升系统

采用多绳摩擦式提升机的竖井提升系统称之为竖井多绳摩擦式提升系统。根据多绳摩擦式提升机安装位置的不同，可以将其分为井塔式或落地式，提升容器的组合通常为双箕斗、箕斗－平衡锤、罐笼－平衡锤、箕斗－罐笼、双罐笼等，图 3-2 所示为井塔式多绳摩擦式罐笼－平衡锤提升系统示意图。

多绳摩擦式提升机 1 安装于井塔 4 的顶部，数根提升钢丝绳 3 等距离地搭在提升机摩擦轮的衬垫上，提升钢丝绳 3 的两端通过连接装置分别与罐笼 8 和平衡锤 5 上部相连。导向轮 2 用于增加钢丝绳在主导轮上的围包角并缩短提升容器间的中心距。尾绳 6 的两端通过尾绳连接装置分别与罐笼 8 和平衡锤 5 底部相连，尾绳自由地悬挂在井筒 7 中，用来平衡提升钢丝绳 3 产生的两端张力差。当电动机带动提升机摩擦轮转动时，衬垫与提升钢丝绳之间产生的摩擦力可带动提升钢丝绳及提升容器沿井筒上下升降，完成提升任务。

3.1.2.3 多绳缠绕式提升系统

多绳缠绕式提升系统采用多绳缠绕式提升机[布雷尔(Blair)式提升机]，如图 3-3 所

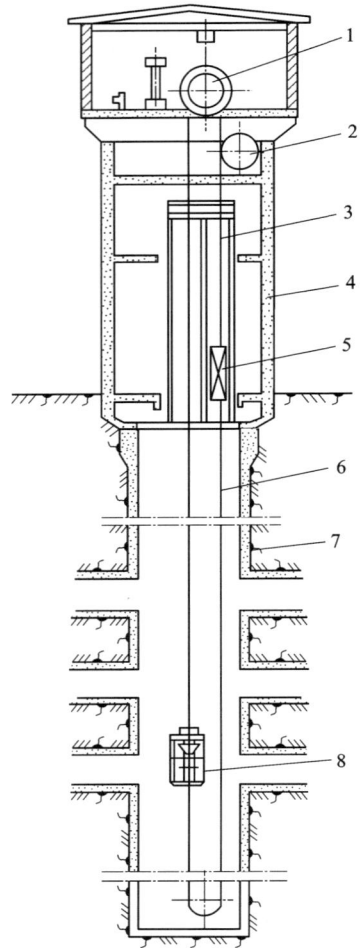

1—多绳摩擦式提升机；2—导向轮；
3—提升钢丝绳(首绳)；4—井塔；
5—平衡锤；6—尾绳；
7—井筒；8—罐笼。

**图 3-2 井塔式多绳摩擦式
罐笼－平衡锤提升系统示意图**

示。多绳缠绕式提升机的工作原理与单绳缠绕式提升机相同，不同的是，多绳缠绕式提升机采用几根提升钢丝绳同时缠绕在一个分段的卷筒上，共同承受提升容器的载荷，属于多绳多层缠绕式，主要用于深井和超深井提升。这种提升方式目前在国内矿山尚无应用实例，在国外矿山已有应用，南非约翰内斯堡金地公司南帝普金矿采用德国西马格特宝机械公司生产的布雷尔式多绳双滚筒缠绕式提升机用于主井提升。

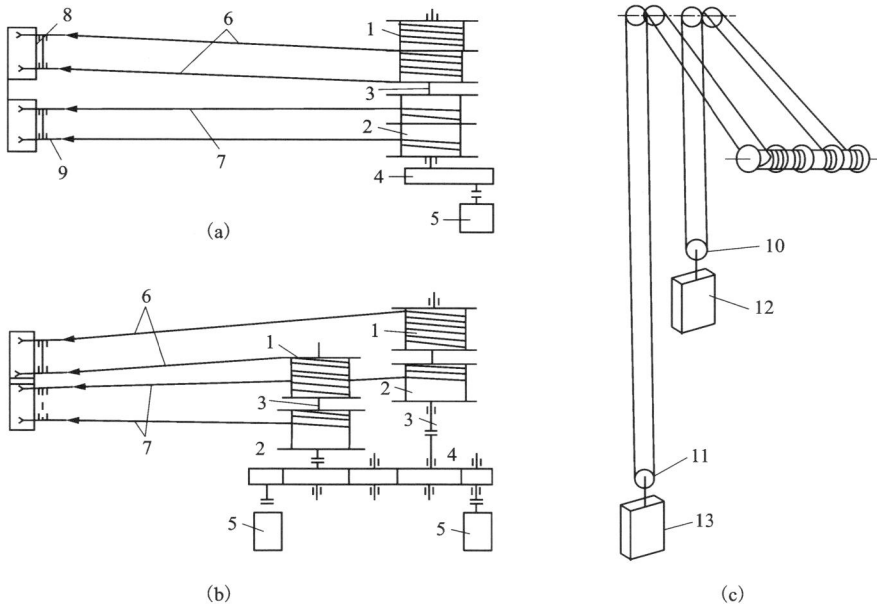

1、2—提升机卷筒；3—连接轴；4—减速器；5—电动机；6、7—提升钢丝绳；
8—井架；9—天轮；10、11—滑轮；12、13—提升容器。

图 3-3　多绳缠绕式提升系统示意图

3.1.3　矿井提升设备发展趋势

矿井提升设备是竖井提升系统中的关键设备。近几十年来，由于矿井开采深度的加大，大型提升设备的需求量不仅在数量上增加很快，而且在提升机卷筒的方式、制动方式和电力拖动等方面都有了很大的改进。无论是煤矿还是金属非金属矿山，无论是国内还是国外，随着矿井开采深度的加大，提升的井筒越来越深，缠绕式提升机由于缠绕层数的限制，已不能满足开采的需要，因而被多绳摩擦式提升机所代替。由于多绳摩擦式提升机存在各绳张力不平衡及绳多维护困难等问题，近十几年来又由多绳小滚筒向少绳大滚筒方向发展，在同样的载荷下用六根小直径钢丝绳或用四根大直径钢丝绳均可满足载荷要求的情况下，采用后者的偏多。

过去，提升设备大多采用异步电动机配合机械减速器的传统驱动方案。异步电动机调速范围受限，必须通过多级减速器实现低速大扭矩输出，导致传动系统结构复杂、能耗损失严重，且减速器成为整套设备中故障率最高、维护成本最大的薄弱环节。随着电力电子技术的突破性发展，采用变频调速技术的机电一体化驱动系统正在引领行业变革。

现代变频调速系统通过大功率 IGBT 器件与先进控制算法的结合，使交流电动机实现了宽范围精准调速。相较于传统方案，采用变频驱动的永磁同步电机可与滚筒直联，彻底摒弃机械减速装置。这不仅简化了传动链结构，更使系统效率大幅提升，同时解决了减速器维护困难、漏油污染、齿轮磨损等历史性难题。

在超深井开采的发展趋势下，现代变频调速系统展现出独特优势：模块化多电平拓扑的高压变频器已突破 20 MW 功率等级，矢量控制技术使动态响应时间缩短至毫秒级，四象限运行特性更实现了势能发电的高效回馈。相较于早期直流驱动系统，变频调速方案消除了电刷维护、换向火花等安全隐患，其全封闭结构更能适应矿山恶劣工况。当前，永磁同步电机与智能变频器的组合正在成为超深井提升机的标配，通过直接转矩控制技术，系统可在零速下输出满载转矩，更好地解决了千米级深井重载启停难题。

在自动化发展方面，现代变频器内置的智能控制单元可与PLC、工业互联网平台无缝对接，实现速度闭环、载荷监测、故障自诊断等核心参数的实时优化。这种数字化驱动模式使我国思山岭铁矿等超深井项目成功实现无人值守运行，提升循环周期进一步缩短，能耗指标达到国际先进水平。

矿井提升设备的发展总趋势是向大负载高速、大型化方向发展，以达到高效、低能耗、低成本的目的。同时，为了确保提升机安全运行，在提升设备可能出现故障的各个重要环节上设有各种检测、控制、自诊断、保护和记录装置，如对负载、速度、温度、压力、加减速、产量、运行时间、位置等进行记录和控制，采用PLC、计算机控制已成为电控系统的基本配置，有的还开发了专用计算机软件。目前，我国金属矿山正在逐步由千米开采深度向更深部发展，地质探矿工作发现了越来越多的超大型深部矿床，金属矿山开发已不断向深井开采方向发展，并且规模不断扩大。近年来，一批超深井矿山已经到了开发利用阶段或建设阶段，矿山开采深度在1200 m以上，如思山岭铁矿、陈台沟铁矿、济宁铁矿、岔路口钼铅锌多金属矿、会泽铅锌矿、安徽金寨沙坪沟钼矿、莱州汇金纱岭金矿等，这些超深井矿山对矿井提升提出了更大的挑战，超深井大载重高速提升装备和控制关键技术研究是未来竖井提升技术的重点研究内容。

3.2 提升机

矿井提升设备有多种结构形式，按钢丝绳工作方式的不同，可以分为缠绕式和摩擦式，其中缠绕式又可分为单绳缠绕式和多绳缠绕式。依据卷筒直径，单绳缠绕式提升设备分为矿井提升机和矿用提升绞车，其中卷筒直径2 m及2 m以上的称为矿井提升机，卷筒直径2 m以下的称为矿用提升绞车。

3.2.1 单绳缠绕式提升机

3.2.1.1 结构与组成

单绳缠绕式提升机根据卷筒数量可分为单卷筒和双卷筒两种。

单卷筒缠绕式提升机：钢丝绳的一端固定在提升机的卷筒上，另一端绕过天轮与提升容器相连，卷筒转动时，钢丝绳向卷筒上缠绕或放出，带动提升容器升降。由于只有一根钢丝绳，单卷筒缠绕式提升机只能用作单钩提升。

双卷筒缠绕式提升机有两个卷筒，与提升机主轴固定连接的卷筒称为固定卷筒，经调绳离合器与提升机主轴相连的卷筒称为活动卷筒。打开调绳离合器时，两个卷筒可以相对转动，以便调节绳长或改变提升水平。每个卷筒各缠绕一根钢丝绳，两根钢丝绳各固定在一个卷筒上，分别从卷筒上、下方引出，卷筒转动时，一个提升容器上升，另一个容器下降，因此其可以用作双钩提升。

缠绕式提升机主要由电动机、减速器、主轴、卷筒、主轴承、调绳离合器(但卷筒无此装置)、联轴器、深度指示器、制动器、液压站、润滑站、电控装置等组成，双卷筒缠绕式提升机结构示意图如图3-4所示。

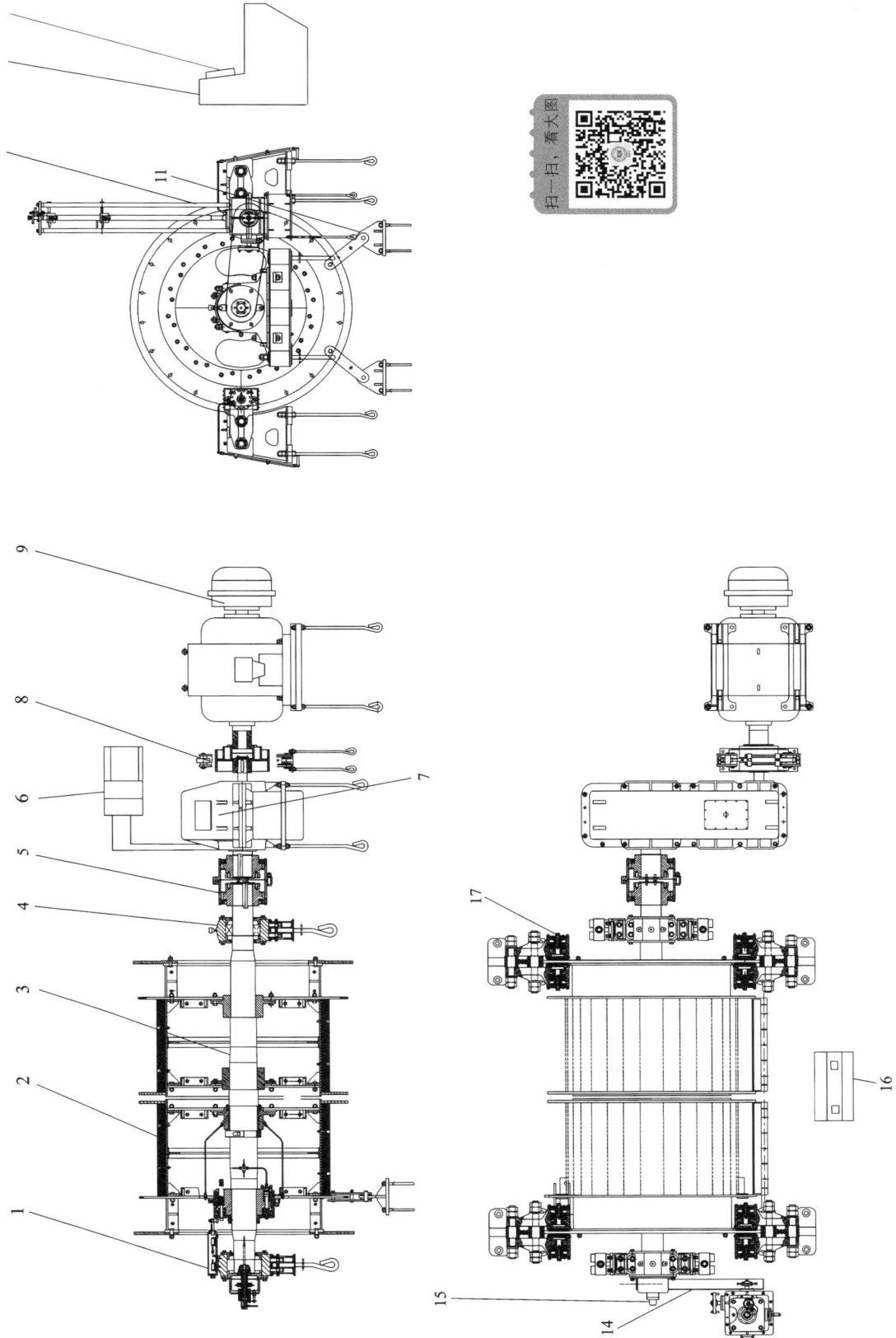

图3-4　双卷筒缠绕式提升机结构示意图

1—调绳离合器（单卷筒无此装置）；2—卷筒；3—主轴；4—轴承座；5—低速端联轴器；6—润滑站；7—减速器；8—高速端联轴器；9—电动机；10—牌坊式深度指示器；11—定车装置；12—操纵台；13—数字式深度指示器；14—深度指示器传动装置；15—测速装置；16—液压站；17—盘形制动器。

缠绕式提升机的工作原理：电动机通过减速器将动力传递给缠绕钢丝绳的卷筒，实现提升容器的提升和下放；通过电气传动实现调速，盘形制动器由液压站和电控系统控制制动；通过各种位置指示系统，实现提升容器的深度指示；通过各种传感器控制元件组成的机、电、液联合控制系统，实现整机的监控与保护；通过提升机信号系统，实现提升机内外的信息传输。

缠绕式提升机的卷筒可采用整体式、两瓣式、四瓣式等多种形式，便于运输和安装，卷筒绳槽可采用加工螺旋绳槽、折线绳槽或木衬及塑衬压制的螺旋绳槽，层间可设置钢丝绳过渡装置；还可采用平行轴圆弧齿轮减速器或采用渐开线行星轮减速器。

缠绕式提升机的液压站分中低压和中高压两种。中低压液压站有恒制动力电气延时和液压延时二级制动两种；中高压液压站有恒减速和恒制动力矩二级制动两种，采用油缸后置式盘形制动器，电-液联合控制。

双卷筒缠绕式提升机配置有调绳离合器，调绳离合器用于解决多水平提升问题，以及当钢丝绳伸长时，通过调节钢丝绳绳长达到双容器的相应准确停车位置。调绳时应注意安全操作，调绳过程中不允许提升人员或重物。调绳之前必须将固定卷筒上的提升容器下放到井底并将游动卷筒闸住，然后打开调绳离合器，稍将固定卷筒提起一点，测试制动器能否闸住，以免发生调绳坠罐事故。近年来发生过提升机在运行过程中调绳离合器自行脱开的事故，因此现场维修人员必须经常检查调绳离合器闭锁装置的完好情况。

3.2.1.2　基本参数

依据《单绳缠绕式矿井提升机》(GB/T 20961—2018)，单绳缠绕式矿井提升机的型号表示方法为：

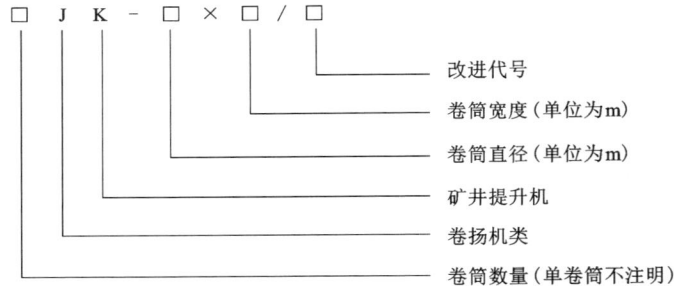

依据型号代号说明：
改进代号
卷筒宽度(单位为m)
卷筒直径(单位为m)
矿井提升机
卷扬机类
卷筒数量(单卷筒不注明)

单绳缠绕式矿井提升机的基本参数见表3-1、表3-2。

表 3-1　单卷筒缠绕式提升机基本参数

| 序号 | 型号 | 卷筒 | | | 钢丝绳最大静张力/kN | 钢丝绳最大直径/mm | 最大提升高度或斜长 | | | 最大提升速度/(m·s⁻¹) |
		个数	直径/m	宽度/m			一层缠绕/m	二层缠绕/m	三层缠绕/m	
1	JK-2×1.5	1	2.0	1.50	60	25	280	605	962	7.0
2	JK-2×1.8	1		1.80			350	746	1176	
3	JK-2.5×2	1	2.5	2.00	90	31	393	832	1312	9.0
4	JK-2.5×2.3	1		2.30			463	974	1528	

续表 3-1

序号	型号	卷筒			钢丝绳最大静张力 /kN	钢丝绳最大直径 /mm	最大提升高度或斜长			最大提升速度 /(m·s⁻¹)
		个数	直径 /m	宽度 /m			一层缠绕 /m	二层缠绕 /m	三层缠绕 /m	
5	JK-3×2.2	1	3.0	2.20	130	37	435	917	1447	12.0
6	JK-3×2.5			2.50			506	1060	1664	
7	JK-3.5×2.5		3.5	2.50	170	43	501	1049	1654	12.0
8	JK-3.5×2.8			2.80			572	1193	1871	
9	JK-4×2.2		4.0	2.20	245	50	415	875	1395	
10	JK-4×2.7			2.70			532	1110	1752	
11	JK-4.5×3		4.5	3.00	280	56	597	1242	1958	14.0
12	JK-5×3		5.0	3.00	350	62	593	1232	1948	
13	JK-5×3.5			3.50			710	1469	2307	

注：①最大提升高度或斜长是按照钢丝绳最大直径计算的参考值。②最大提升速度是按一层缠绕计算时的提升速度。③本表中产品规格为优先选用的规格。

表 3-2　双卷筒缠绕式提升机基本参数

序号	型号	卷筒				钢丝绳最大静张力 /kN	钢丝绳最大静张力差 /kN	钢丝绳最大直径 /mm	最大提升高度或斜长			最大提升速度 /(m·s⁻¹)
		个数	直径 /m	宽度 /m	两卷筒中心距 /mm				一层缠绕 /m	二层缠绕 /m	三层缠绕 /m	
1	2JK-2×1	2	2.0	1.00	1090	60	40	25	163	369	605	7.0
2	2JK-2×1.25			1.25	1340				222	487	784	
3	2JK-2.5×1.2		2.5	1.20	1290	90	55	31	205	453	738	9.0
4	2JK-2.5×1.5		2.5	1.50	1590				276	595	953	
5	2JK-3×1.5		3.0	1.50	1590	130	80	37	270	584	942	12.0
6	2JK-3×1.8			1.80	1890				341	727	1159	
7	2JK-3.5×1.7		3.5	1.70	1790	170	115	43	312	667	1074	
8	2JK-3.5×2.1			2.10	2190				407	858	1364	
9	2JK-4×2.1		4.0	2.10	2190	245	165	50	392	828	1324	
10	2JK-4.5×2.2		4.0	2.20	2290	280	185	56	410	864	1385	
11	2JK-5×2.3		5.0	2.30	2390	350	230	62	429	900	1446	14.0
12	2JK-5.5×2.4		5.5	2.40	2490	425	280	68	447	936	1506	
13	2JK-6×2.5		6.0	2.50	2590	500	320	75	457	957	1543	

注：①最大提升高度或斜长是按照钢丝绳最大直径计算的参考值。②最大提升速度是按一层缠绕计算时的提升速度。③本表中产品规格为优先选用的规格。

表 3-1、表 3-2 列出的为《单绳缠绕式矿井提升机》（GB/T 20961—2018）中规定的型号及基本参数。近些年来，由于相关安全标准及规程对提升机的钢丝绳缠绕层数有限制要求，部分矿山采取增大卷筒宽度以降低缠绕层数的方法，向提升机生产厂家定制非标提升机。为了保证其使用的安全性，目前矿用产品安全标志的发放原则是非标型号提升机的卷筒宽度不得大于其卷筒直径。

目前，国内生产单绳缠绕式提升机的生产厂家主要有中信重工机械股份有限公司、锦州矿山机器（集团）有限公司、四川矿山机器（集团）有限责任公司、湖南创安防爆电器有限公司、贵阳高原矿山机械股份有限公司、湘煤立达矿山装备股份有限公司等企业。

3.2.1.3 选用原则

单绳缠绕式提升机是较早出现的一种提升机，目前在我国矿山中应用得较为普遍。单绳缠绕式提升机工作可靠，结构简单，但其最大提升高度受钢丝绳允许的最大静载荷与钢丝绳缠绕层数的限制，仅适用于浅井及中等深度的矿井。实际应用中，深度小于 600 m 的矿井一般多采用单绳缠绕式提升机，深度小于 300 m 的矿井可优先考虑单绳缠绕式提升机。

依据国家矿山安全监察局《关于加强非煤矿山安全生产工作的指导意见》（矿安〔2022〕4 号文）要求，新建提升深度超过 300 m 且单次提升超过 9 人的竖井提升系统，严禁使用单绳缠绕式提升机。

2013 年 9 月 6 日，国家安全生产监督管理总局发布《金属非金属矿山禁止使用的设备及工艺目录（第一批）》（安监总管〔2013〕101 号），该目录明确规定，KJ 型单绳缠绕式矿井提升机、JKA 型单绳缠绕式矿井提升机、XKT 型单绳缠绕式矿井提升机自发布之日起一年后禁止使用（即自 2014 年 9 月起禁止使用）。这些纳入淘汰设备目录中的提升设备的技术性能和安全性能均比较差，无法满足当时安全标准或规程的要求。对于这些技术落后的设备，最好的办法是淘汰更换，或按现行标准要求进行技术改造。

在单绳缠绕式矿井提升设备中，卷筒直径 2 m 以下的称为矿用提升绞车。依据采用的制动器，矿用提升绞车可分为采用带式制动器的带式制动矿用提升绞车、采用块式制动器的 JTK 型矿用提升绞车和采用液压盘型制动器的 JTP 型矿用提升绞车。带式制动矿用提升绞车和 JTK 型矿用提升绞车结构陈旧，操作不便，制动性能无法满足现行安全标准要求，安全保护装置不齐全，技术性能和安全性能差，已纳入《金属非金属矿山禁止使用的设备及工艺目录（第一批）》（安监总管〔2013〕101 号），该目录明确要求：带式制动矿用提升绞车和 JTK 型矿用提升绞车不能用于主提升，不允许用于升降人员。

矿用提升绞车中，JTP 型矿用提升绞车的结构与单绳缠绕式矿井提升机类似，采用液压盘形制动器，其制动效果好，安全保护装置齐全，可用于煤矿、金属非金属矿山的斜井和小型竖井升降人员和物料。

3.2.2 多绳摩擦式提升机

3.2.2.1 结构与组成

摩擦式提升机的工作原理与缠绕式提升机明显不同，摩擦式提升机的提升钢丝绳不是缠绕在卷筒上，而是套挂在摩擦轮（主导轮）上，两端各悬挂一个提升容器（或平衡锤），摩擦轮转动时，借助于安装在摩擦轮上的摩擦衬垫与钢丝绳之间的摩擦力来传动钢丝绳，使钢丝绳两端的提升容器上下移动。由于提升钢丝绳不是缠绕在卷筒上，多绳摩擦式提升机的提升高度不受卷筒容绳量的限制，故适用于深井提升；同时，由于提升载荷由数根钢丝绳承担，提升钢丝绳的直径就比相同载荷下的单绳缠绕式提升机小，摩擦轮直径小。因此，在同样的提升载荷下，多绳摩擦式提升机具有体积小、重量轻等特点。由于使用了多根钢丝绳，几根钢丝绳同时被拉断的可能性极小，因此多绳摩擦式提升机可以不设置防坠器，有效提高了设备的安全性。由于其显著的优越性，选用多绳摩擦式提升机的新建矿山越来越多。

目前，我国生产和使用的摩擦式提升设备均为多绳结构，统称为多绳摩擦式提升机。

多绳摩擦式提升机由电动机、减速器、主轴装置、深度指示器、制动装置、液压站、电控系统等组成，多绳摩擦式提升机结构示意图如图 3-5 所示。

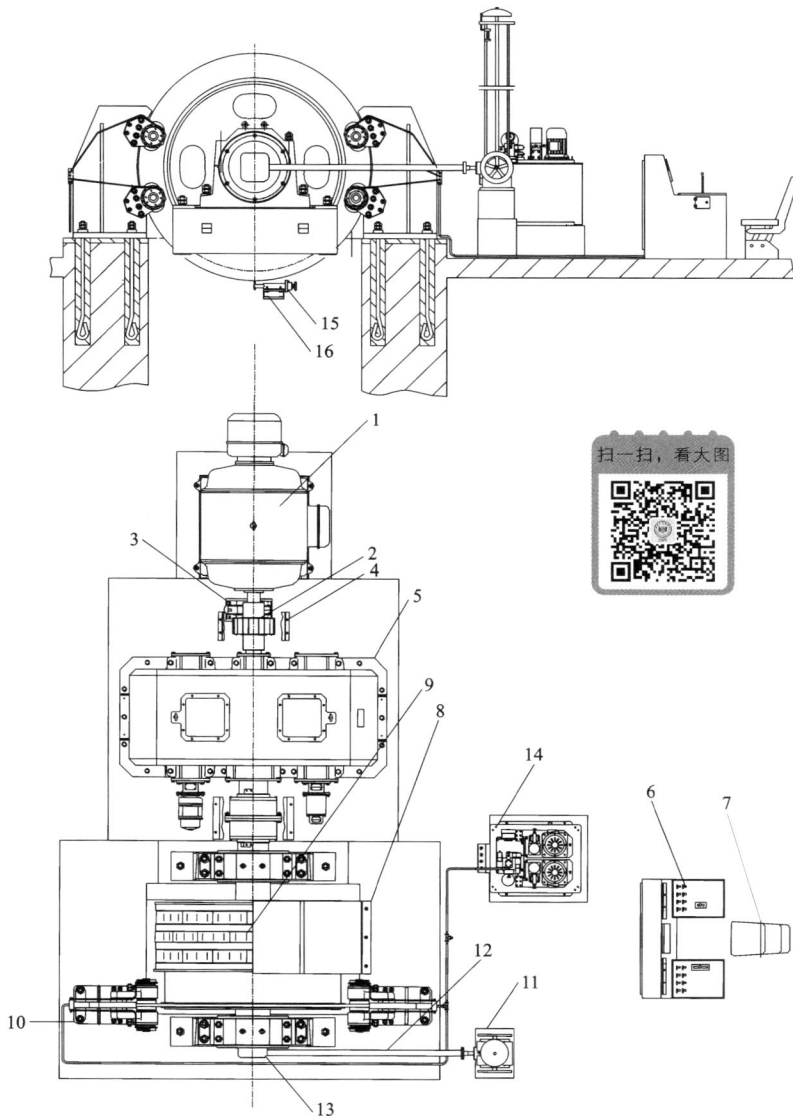

1—电动机；2—联轴器；3—测速装置；4—护罩；5—减速器；6—操作台；7—司机座椅；
8—摩擦轮护板；9—摩擦轮；10—盘形制动器；11—深度指示器；12—深度指示器传动装置；
13—深度指示器发送装置；14—液压站；15—车槽架；16—车刀装置。

图 3-5　多绳摩擦式提升机结构示意图

（1）根据安装方式分类。

多绳摩擦式提升机根据安装方式的不同，分为井塔式和落地式两种。

井塔式提升机安装在井塔顶层的机房中，其优点是机房与井塔合成一体，节省场地，钢丝绳不暴露在露天，不受雨雪的侵蚀；但缺点是井塔的重量大，基建时间长，造价高，且不宜用于地震多发地区。井塔式提升机安装时分为带导向轮和不带导向轮两种形式，当提升钢丝绳两端提升容器的中心距需小于摩擦轮直径时，应装设导向轮。

落地式提升机安装在设于地面的机房中，井架高度低，投资小，抗震性能好；缺点是提升钢丝绳暴露在露天，弯曲次数多，影响钢丝绳的工作条件及使用寿命。

（2）根据拖动方式分类。

根据提升机拖动方式的不同，摩擦式提升机的结构具有不同的传动形式。图3-6（a）为传统的电机、减速器、摩擦轮结构形式，电机10输出的转速经减速器7减速后传递至摩擦轮。

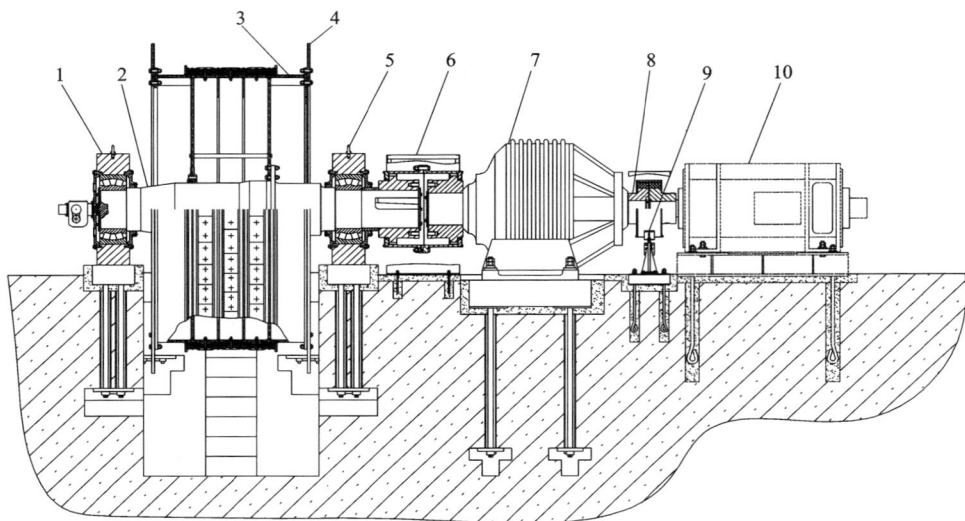

1—轴承座；2—主轴；3—摩擦轮；4—制动盘；5—轴承座；
6—联轴器；7—减速器；8—挠性联轴器；9—惯性制动；10—电机。

图3-6（a）　带减速器式多绳摩擦式提升机

图3-6（b）所示为电机与摩擦轮直连的结构形式，省去了中间减速器，电机1输出的转速直接传递至摩擦轮。采用该种结构的电机一般为直流电机和交-直-交变频器同步电动机。

图3-6（c）、图3-6（d）所示均为电动机内置式多绳摩擦式提升机，该种提升机由贵阳高原矿山机械股份有限公司生产，其典型特征为直接将低频永磁电动机内置于摩擦轮内，摩擦轮作为电机的外转子进行驱动。其特点是传动效率高，安装占地面积小，而且由于没有减速器、联轴器、润滑站等中间环节设备，使用维护工作量小。目前，该种结构提升机已在煤矿和金属非金属矿山逐步应用。

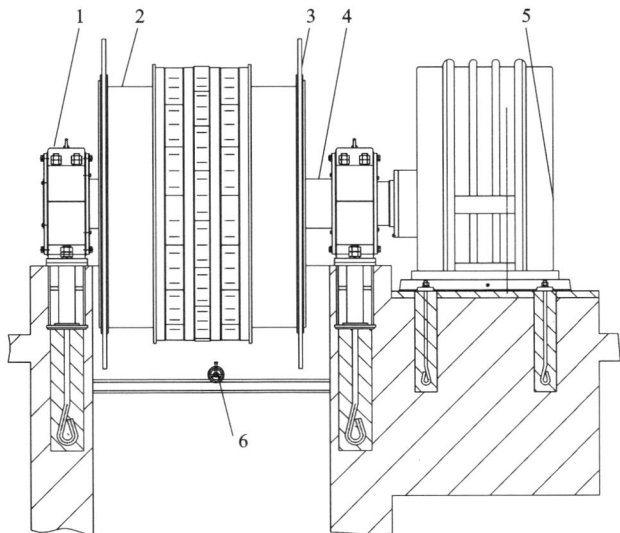

扫一扫，看大图

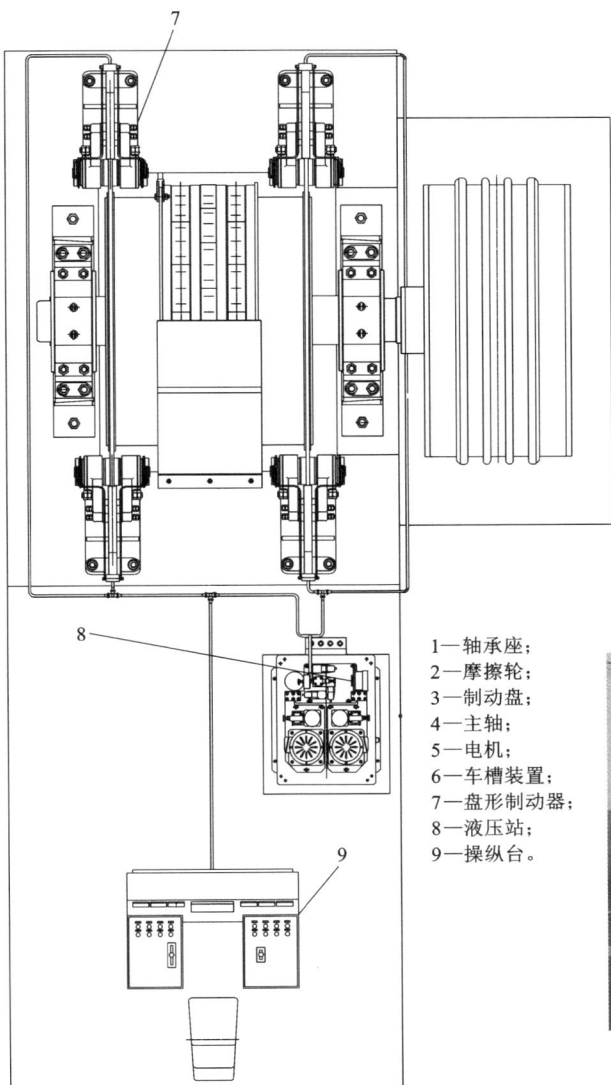

1—轴承座；
2—摩擦轮；
3—制动盘；
4—主轴；
5—电机；
6—车槽装置；
7—盘形制动器；
8—液压站；
9—操纵台。

图 3-6(b)　电机与摩擦轮直连的多绳摩擦式提升机

图 3-6(c)　电动机内置式多绳摩擦式提升机

489

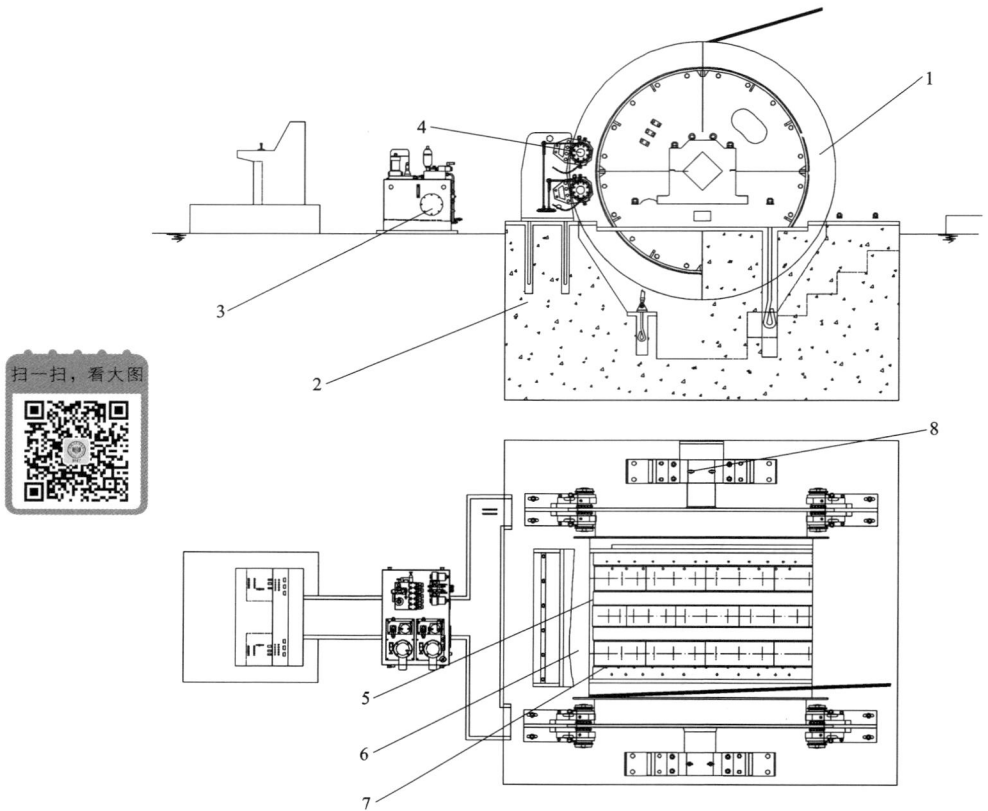

1—制动盘；2—地基；3—液压站；4—盘形制动器；5—绳槽；6—内装电机；7—摩擦轮；8—主轴。

图 3-6(d)　JKMDN-2.8×4P 永磁电机内置式多绳摩擦式提升机

3.2.2.2　基本参数

依据《多绳摩擦式提升机》(GB/T 10599—2023)，多绳摩擦式提升机的型号表示方法如下：

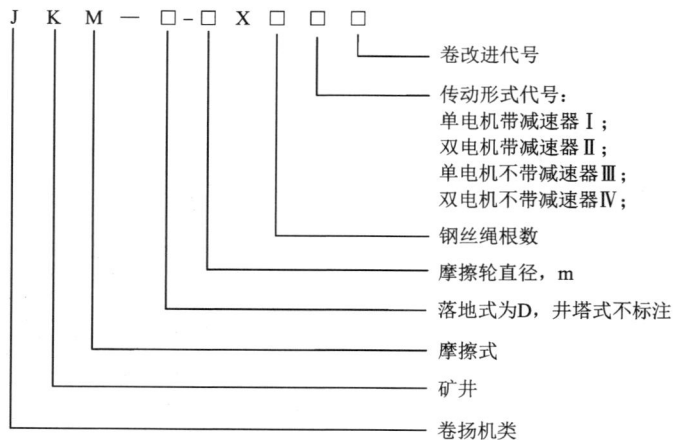

落地式多绳摩擦式提升机的基本参数见表 3-3；井塔式多绳摩擦式提升机的基本参数见表 3-4。

表 3-3　落地式多绳摩擦式提升机基本参数

序号	产品型号	摩擦轮直径/m	钢丝绳根数/根	摩擦系数	钢丝绳最大静张力差/kN	钢丝绳最大静张力/kN	钢丝绳最大直径/mm	钢丝绳间距/mm	最大提升速度		天轮直径/m	钢丝绳仰角/(°)
									有减速器/(m·s⁻¹)	无减速器/(m·s⁻¹)		
1	JKMD-1.6×4	1.60	4	0.25	120	35	16	250	8.0		1.60	40~<90
2	JKMD-1.85×4	1.85	4		180	55	20		10.0		1.85	
3	JKMD-2×4	2.00	4		215	65	22				2.00	
4	JKMD-2.25×4	2.25	4		280	80	24				2.25	
5	JKMD-2.8×4	2.80	4		420	120	30	300	15.0	16.0	2.80	
6	JKMD-3×4	3.00	4		480	140	32				3.00	
7	JKMD-3.25×4	3.25	4		620	180	36				3.25	
8	JKMD-3.5×4	3.50	4		700	200	38				3.50	
9	JKMD-3.5×6	3.50	6		1050	300	38				3.50	
10	JKMD-4×4	4.00	4		950	270	44	350		18.0	4.00	
11	JKMD-4×6	4.00	6		1400	400	44				4.00	
12	JKMD-4.5×4	4.50	4		1200	350	50				4.50	
13	JKMD-4.5×6	4.50	6		1750	500	50				4.50	
14	JKMD-5×4	5.00	4		1400	400	54				5.00	
15	JKMD-5×6	5.00	6		2000	600	54				5.00	
16	JKMD-5.5×4	5.50	4		1750	500	60				5.50	
17	JKMD-5.5×6	5.50	6		2400	700	60				5.50	
18	JKMD-5.7×4	5.70	4		1850	530	62				5.70	
19	JKMD-6×4	6.00	4		2000	600	66			20.0	6.00	
20	JKMD-6×6	6.00	6		2700	700	66				6.00	
21	JKMD-6.2×4	6.20	4		2200	630	68				6.20	
22	JKMD-6.5×4	6.50	4		2500	700	72				6.50	
23	JKMD-6.5×6	6.50	6		3250	900	72				6.50	
24	JKMD-6.75×4	6.75	4		2650	730	74	400			6.75	
25	JKMD-6.75×6	6.75	6		3500	900	74				6.75	
26	JKMD-7×4	7.00	4		2800	800	76				7.00	
27	JKMD-7×6	7.00	6		3750	1000	76				7.00	
28	JKMD-7.5×4	7.50	4		3200	900	82	425			7.50	
29	JKMD-7.5×6	7.50	6		4450	1200	82				7.50	

注：①本表中产品规格为优先选用的规格。②选用时，如系统防滑计算不能满足要求，可对整个提升系统进行调整，仍不能满足要求时，可提高一挡选用。③对于装机功率较大、单机传动难以满足使用要求的大型多绳摩擦式提升机，优先选用Ⅳ型双机拖动方式。

表 3-4　井塔式多绳摩擦式提升机基本参数

序号	产品型号	摩擦轮直径/m	钢丝绳根数/根	摩擦因数	钢丝绳最大静张力 有导向轮/kN	钢丝绳最大静张力 无导向轮/kN	钢丝绳最大静张力差/kN	钢丝绳最大直径 有导向轮/mm	钢丝绳最大直径 无导向轮/mm	钢丝绳间距/mm	最大提升速度 有减速器/$(\mathrm{m\cdot s^{-1}})$	最大提升速度 无减速器/$(\mathrm{m\cdot s^{-1}})$	导向轮直径/m
1	JKM-1.3×4	1.30	4	0.25	—	150	40	—	16	200	5.0	—	—
2	JKM-1.6×4	1.60			—	165	50	—	20		8.0		
3	JKM-1.85×4	1.85			180	200	55/60	20	22		10.0	16.0	≥0.08d
4	JKM-2×4	2.00			215		65	22	—				
5	JKM-2.25×4	2.25			280		80	24					
6	JKM-2.8×4	2.80	4		420		120	30		250	15.0		
7	JKM-2.8×6		6		620		180						
8	JKM-3×4	3.00	4		480		140	32					
9	JKM-3×6		6		740		220						
10	JKM-3.25×4	3.25	4		620		180	36		300			
11	JKM-3.5×4	3.50	4		700		200	38					
12	JKM-3.5×6		6		1050		300						
13	JKM-4×4	4.00	4		950		270	44					
14	JKM-4×6		6		1400		400						
15	JKM-4.5×4	4.50	4		1200		350	50					
16	JKM-4.5×6		6		1750		500						
17	JKM-5×4	5.00	4		1400		400	54				18.0	
18	JKM-5×6		6		2000		600						
19	JKM-5×8		8		2550		700						
20	JKM-5.5×4	5.50	4		1750		500	60		350			
21	JKM-5.5×6		6		2400		700						
22	JKM-5.5×8		8		3250		900						
23	JKM-6×4	6.00	4		2000		600	66					
24	JKM-6×6		6		2700		700						
25	JKM-6×8		8		3750		1000						
26	JKM-6.5×4	6.50	4		2500		700	72		375		20.0	
27	JKM-6.5×6		6		3250		900						
28	JKM-6.5×8		8		4450		1200						
29	JKM-6.75×4	6.75	4		2650		730	74					
30	JKM-6.75×6		6		3500		900						
31	JKM-6.75×8		8		4650		1250						
32	JKM-7×4	7.00	4		2800		800	76		400			
33	JKM-7×6		6		3750		1000						
34	JKM-7×8		8		5000		1350						
35	JKM-7.5×4	7.50	4		3200		900	82					
36	JKM-7.5×6		6		4450		1200						
37	JKM-7.5×8		8		5800		1500						

注：①钢丝绳最大静张力差一栏中，对应序号3、产品型号 JKM-1.85×4，分子表示有导向轮，分母表示无导向轮。②本表中产品规格为优先选用的规格。③d 为实际选用钢丝绳直径，单位为毫米（mm）。④选用时，如系统防滑计算不能满足要求，可对整个提升系统进行调整，仍不能满足要求时，可提高一挡选用。⑤对于装机功率较大、单机传动难以满足使用要求的大型多绳摩擦式提升机，优先选用Ⅳ型双机拖动方式。

目前，国内生产多绳摩擦式提升机的生产厂家主要有中信重工机械股份有限公司、锦州矿山机器(集团)有限公司、四川矿山机器(集团)有限责任公司、贵阳高原矿山机械股份有限公司、山西新富升机器制造有限公司、湘煤立达矿山装备股份有限公司、西马格特宝有限公司、上海 ABB 工程有限公司等企业。

3.2.2.3 优缺点

与单绳缠绕式提升机相比，多绳摩擦式提升机适用于深井重载提升。由于单绳缠绕式提升机的提升高度受卷筒容绳量的限制，提升能力又受单根钢丝绳强度的限制，故对于深井、产量大的矿井，单绳缠绕式提升机已不能满足提升的需要，因此自 20 世纪 70 年代以来，多绳摩擦式提升机得到广泛应用。与单绳缠绕式提升机相比，多绳摩擦式提升机具有下列优点：

(1)由于钢丝绳不是缠绕在摩擦轮上，对摩擦轮无容绳量要求，因而摩擦轮的宽度较缠绕式卷筒小，可适应提升深度和载荷较大矿井的使用要求，这是多绳摩擦式提升机的显著优点。

(2)由于提升容器是由数根提升钢丝绳共同悬挂的，故提升钢丝绳直径比相同载荷下单绳提升的小，摩擦轮直径也小。因而在同样提升载荷下，多绳摩擦式提升机具有体积小、重量轻、节省材料、容易制造、安装和运输方便等优点。在发生事故的情况下，多根钢丝绳同时断裂的可能性极小，因而安全可靠性较高，不需要在提升容器上装设断绳防坠器，这也给矿井提升提供了有利条件。

(3)由于多绳摩擦式提升机的运动质量小，故拖动电动机的容量与耗电量均相应减小。

(4)在卡罐和过卷的情况下，提升钢丝绳将打滑，因而可以避免断绳事故的发生。

(5)由于多绳摩擦式提升机采用数根提升钢丝绳，一般都采用偶数，因而可以采用相同数量的左捻和右捻钢丝绳，以使提升钢丝绳在运动中产生的扭力相互抵消，从而减轻提升容器因钢丝绳扭力而产生的对罐道的侧向压力，既降低了运动中的摩擦阻力，又可减轻与罐道间的单向磨损，延长罐道与罐耳的使用寿命。

(6)当多绳摩擦式提升机安装在井塔上时，简化了提升系统及井口地面的布置，减少了占地面积，也改善了井塔建筑的受力情况。因此，无须设置为抵消斜向拉力的支撑腿(对于单绳缠绕式提升机的井架，一般都必须设置支撑腿)，节约钢材和建筑材料。

(7)当多绳摩擦式提升机安装在井塔上时，由于提升钢丝绳只在井筒中运行，不与室外空气接触，因而几乎不受气候变化(雨、雪、结冰及气温骤然变化)的影响。

多绳摩擦式提升机也有其缺点，主要有：

(1)由于提升容器是由数根提升钢丝绳共同悬挂的，因而悬挂新绳和更换钢丝绳的工作量都比较大，且维护起来较复杂。同时，为了保证每根钢丝绳运行中的受力相等(或趋于相等)，除了在提升容器上要设平衡装置，对提升钢丝绳的质量和结构的要求都比较高；当提升钢丝绳中有一根需要更换时，必须将提升钢丝绳全部同时更换，且要求换用具有同样弹性模量、规格和强度的钢丝绳，以保证在实际运动中的钢丝绳具有相同的伸长性能。

(2)由于使用数根直径较细的提升钢丝绳，因而钢丝绳的外露面积增加了，在井筒中受矿井腐蚀性气体侵蚀的面积也相应增大。由于钢丝绳直径较小，钢丝绳的绳股中钢丝直径也较小，耐腐蚀性能显著降低，这些因素将对钢丝绳的使用寿命产生不利的影响。尤其是某些矿井的井筒淋水呈酸性，腐蚀将是影响钢丝绳(提升钢丝绳及平衡尾绳)使用寿命的重要原因之一。

(3)井塔投资高、基建时间长。多绳摩擦式提升机安装在井塔上时，由于设备吊运的工作量较大，给安装和维修都带来不便。为了解决井塔上工作及检修人员的上下问题，还需要设置电梯。

（4）多绳摩擦式提升机是依靠提升钢丝绳与摩擦轮上的衬垫产生的摩擦力提升的，因而对衬垫的质量要求较高，要求衬垫具有较高的摩擦系数、较好的耐磨性和耐压性能，其材质的优劣直接影响提升机的生产能力、工作安全性及应用范围。为了保证提升钢丝绳与衬垫之间具有足够的摩擦系数，提升钢丝绳不能使用普通的钢丝绳油润滑，需使用特殊的润滑油脂，增加了使用成本。

（5）多绳摩擦式提升机的提升钢丝绳两端分别连接两个提升容器（或一个提升容器，一个平衡锤），而且钢丝绳的长度是固定的，不能用于凿井提升。

3.2.3 多绳缠绕式提升机

多绳缠绕式提升机又称布雷尔（Blair）式提升机，简称 BMR。该机型由南非罗伯特·布雷尔专门为超深井提升而设计，1958 年开始在南非等国的一些深井（1000～2400 m）使用，卷筒直径为 2.5～7.1 m。多绳缠绕式提升机由于没有尾绳平衡，需装备较大功率的电动机，因此其机器体积和重量比多绳摩擦式提升机大。为确保钢丝绳之间的张力平衡及相同的提升速度，应装设多钢丝绳张力平衡装置及误缠绕排绳检测装置。

多绳缠绕式提升机的工作原理与单绳缠绕式提升机相同，不同的是采用数根提升钢丝绳的同时缠绕在一个卷筒上，共同承受提升容器的载荷，属于多绳多层缠绕式。多绳缠绕式提升机主要应用于超过 1200 m 的深井提升。在深井小吨位提升工况下，多绳缠绕式提升机较单绳缠绕式提升系统有一定优势，这种设备已经在南非等国外矿山应用，国内应用还是空白。

目前，生产多绳缠绕式提升机的厂家主要有国外的西马格特宝（SIEMAG TECBERG GmbH）、艾法史密斯（FLSmidth）等，图 3-7 所示为南帝普金矿使用的布雷尔式提升机（多绳双滚筒缠绕式提升机），其主要技术参数见表 3-5。南帝普金矿井筒深 3000 m，提升机牵引 4 根 3350 m 长的钢丝绳，该提升机选用滚筒直径 7.1 m，以便使钢丝绳压力小于 3 MPa。井筒内的两个箕斗各自悬挂在两根钢丝绳上，钢丝绳则

图 3-7 南帝普金矿使用的布雷尔式提升机

分别缠绕在分隔的滚筒上。根据每个卷筒的长度和钢丝绳所具有的最大可允许倾斜度，两个双绳滚筒以互为 4.5°的角度排列，为此需在两个卷筒之间安装虎克万向接头。两台直联式交流电机提供的驱动功率约 13000 kW，并以悬臂配置方式连接在提升机的两自由端。由于使用了虎克万向接头，所以从第二台卷筒中可以获得补偿转矩，从而降低了所需的电机转矩。这种系统同"电气连接式的布雷尔提升机"不同，从机械原理的角度看，电气连接式提升机是由两台完全独立的机器所组成的。提升机一共配置有 32 对 BE200 制动器，作用在每个卷筒上的两个制动盘上，制动单元可提供 12800 kN 的力，保证提升机能在正常载荷状态下安全停车。

表3-5 南帝普金矿使用的布雷尔式提升机参数表

提升类型	生产提升	钢丝绳/容器数量	2
提升能力/(t·月$^{-1}$)	255000	钢丝绳直径/mm	49
容器	平衡式2箕斗	钢丝绳质量/(kg·m^{-1})	10.18
提升距离/m	3000	钢丝绳断裂载荷/kN	1878
载荷/t	31	制动类型	盘闸制动，每个滚筒2个闸盘
提升速度/(m·s^{-1})	18		
提升机机型	DDBW/7100/D（布雷尔式多绳双滚筒）	闸座数量/个	8
卷筒直径/m	7.1	制动单元数量和型号	32对，BE200型
绳盘宽/m	1.9	制动控制类型	4个独立的通道
钢丝绳层数	4	紧急制动类型	全封闭回路受控式制动
每隔间载荷/kN	1050		

3.3 提升容器与悬挂装置

我国矿山竖井提升中，主井提升普遍采用箕斗，副井提升普遍采用罐笼，凿井期间提升通常采用吊桶。

提升容器悬挂装置是指竖井提升容器（罐笼、箕斗）与钢丝绳的连接装置，分为单绳悬挂装置、多绳悬挂装置、尾绳悬挂装置三类。

3.3.1 罐笼

罐笼是一种多用途竖井提升容器，可供提升矿石、废石、人员、材料和设备，既可用于主井提升，也可用于副井提升。罐笼可分为单绳罐笼和多绳罐笼两大类。

3.3.1.1 单绳罐笼

单绳罐笼适用于单绳缠绕式提升机或矿用提升绞车，按其层数的不同可分为单层罐笼、双层罐笼和多层罐笼，矿山使用较多的是单层罐笼和双层罐笼。

图3-8所示为单绳单层罐笼结构示意图。罐笼罐体是由横梁6及立柱7组成的金属框架结构，两侧包有钢板8。罐体的节点采用铆焊结合的形式。罐体的四角为切角形式，这样不仅有利于井筒布置，还使制作更方便。罐笼通过主拉杆3和楔形绳环2与提升钢丝绳1相连。罐笼顶部设有半圆弧形的淋水棚5和可打开的罐盖13，以供运送长材料。罐笼两端装有帘式罐门9。为了将矿车推进罐笼，罐笼底部铺设有轨道11。为了防止提升过程中矿车在罐笼内移动，罐笼底部还装有阻车器及自动开闭装置。在罐笼上装有滑动罐耳12或橡胶滚轮罐耳，以使罐笼沿装设在井筒内的罐道运行。在罐笼上部装有用于断绳时动作的防坠器4，以保证生产及升降人员的安全。

冶金类单绳罐笼的技术规格和主要技术参数见表3-6。

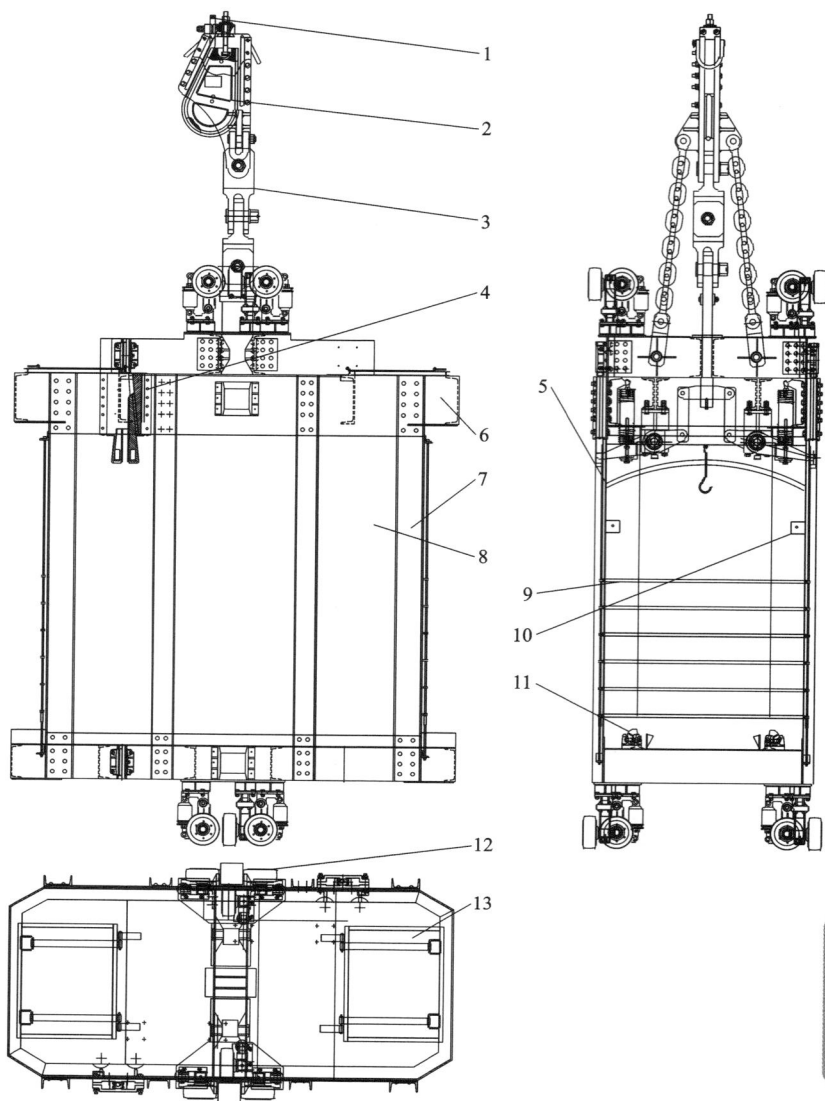

1—提升钢丝绳；2—楔形绳环；3—主拉杆；4—防坠器；5—淋水棚；6—横梁；7—立柱；
8—钢板；9—帘式罐门；10—扶手；11—轨道；12—滑动罐耳(用于钢丝绳罐道)；13—罐盖。

图 3-8　单绳单层罐笼结构示意图

表 3-6　冶金类单绳罐笼的技术规格和主要技术参数

序号	层数	断面尺寸/(mm×mm)	适用矿车型号
1	1层或2层	1300×980	YGC0.5、YFC0.5
2	1层或2层	1800×1150	YGC0.5、YGC0.7、YFC0.5
3	1层或2层	2200×1350	YGC1.2、YCC1.2、YFC0.5、YFC0.7
4	1层或2层	3300×1450	YGC2、YCC2、YFC0.5×2、YFC0.5×4
5	1层或2层	4000×1450	YFC0.7×2
6	1层或2层	4000×1800	YFC0.7×2

3.3.1.2　多绳罐笼

多绳罐笼适用于多绳摩擦式提升机。多绳罐笼与单绳罐笼的结构稍有不同，图 3-9 为多绳双层罐笼结构图，其与单绳罐笼的不同点为：罐笼不装设防坠器；连接装置增设有钢丝绳张力平衡装置，用于自动调节各提升钢丝绳的张力；底部设有尾绳悬挂装置，用于与平衡尾绳连接。

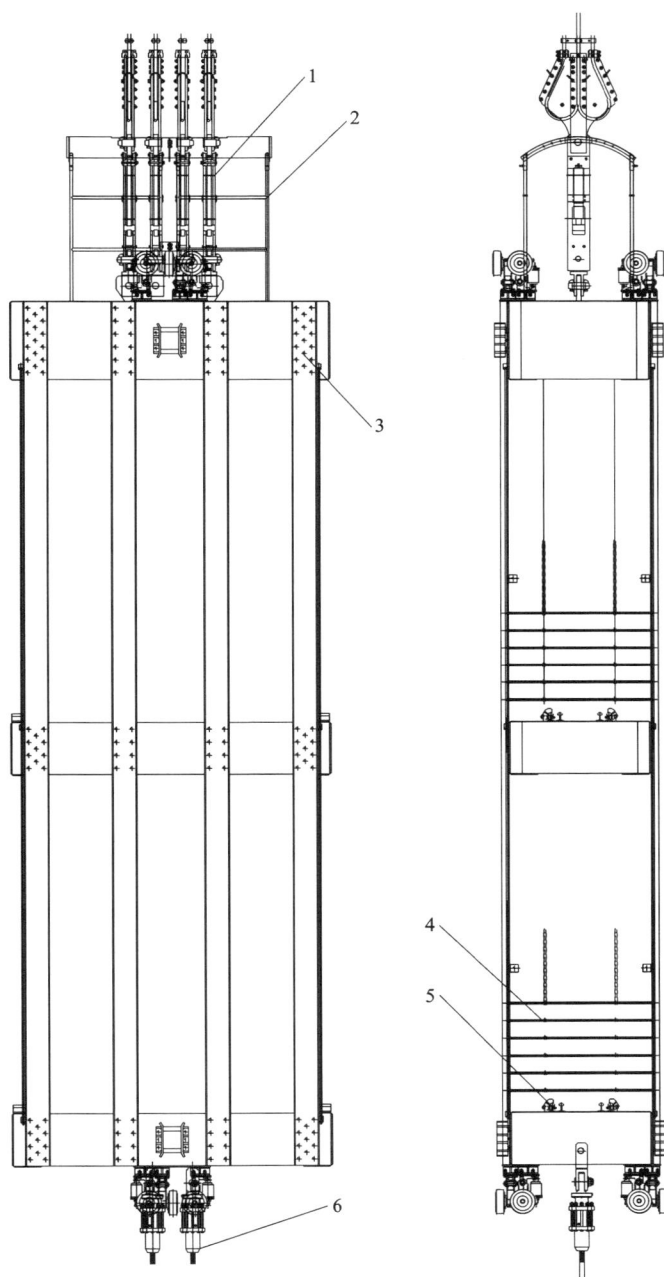

1—张力自动平衡装置；2—安全棚；3—框架；4—帘子门；5—罐内阻车器；6—尾绳悬挂装置。

图 3-9　多绳双层罐笼结构图

冶金类多绳罐笼的技术规格及主要技术参数见表3-7。

表3-7　冶金类多绳罐笼技术规格及主要参数

序号	层数	断面尺寸/(mm×mm)	适用矿车型号
1	1层或2层	1300×980	YGC0.5、YFC0.5
2	1层或2层	1800×1150	YGC0.5、YGC0.7、YFC0.5
3	1层或2层	2200×1350	YGC1.2、YCC1.2、YFC0.5、YFC0.7
4	1层或2层	3300×1450	YGC2、YCC2、YFC0.5×2、YFC0.5×4
5	1层或2层	4000×1450	YFC0.7×2、YGC1.2×2
6	1层或2层	4000×1800	YFC0.7×2、YGC2、YCC2

国内罐笼的生产厂家主要有徐州煤矿安全设备制造有限公司、烟台市昆仑黄金设备有限公司、遵化市冀东盛方机械制造有限公司、山东金岭矿业股份有限公司、徐州市永兴机械制造有限公司、徐州赛夫特矿山安全设备有限公司等企业。

3.3.1.3　罐笼安全技术要求

为了保证使用安全，罐笼必须取得矿用产品安全标志，不允许矿山企业自制非标罐笼。罐笼制造应遵循《罐笼安全技术要求》（GB 16542—2010），其结构要求主要如下。

（1）单层或多层罐笼最上层的净高（带弹簧的主拉杆除外）不应小于1.9 m，其他各层净高不应小于1.8 m。

（2）提升人员时，按允许乘载人数计算，每人所占底板面积不应小于0.2 m²。

（3）提升矿车时，矿车与罐体两侧的最小安全间隙：固定车厢不应小于50 mm，翻转车厢不应小于75 mm，矿车与罐体两端的最小安全间隙不应小于100 mm。

（4）罐体内两侧应设置供乘罐人员扶握的扶手，扶手的高度应为（1600±50）mm。

（5）用于载矿车的罐笼，罐体内应设置坚固可靠的阻车器，阻车器的阻爪在阻车时不应自行打开；罐笼底板应敷设轨道，且应敷设与轨道等长的护轨，严防罐内矿车掉道。

（6）罐体顶部应设顶盖门，多层罐笼的中间隔板上应设人孔。顶盖门和人孔应用可打开的厚度不小于4 mm的钢板封闭。

（7）罐体偏心力矩不应大于200 N·m。

（8）专作升降人员用的或既作升降人员用，又作升降物料用的单绳罐笼，应装设可靠的防坠器。

3.3.2　竖井箕斗

箕斗只能用于提升矿石和废石，既可用于竖井提升，也可用于斜井提升。竖井提升使用的箕斗，按结构形式的不同可分为底卸式箕斗和翻转式箕斗，一般情况下，底卸式箕斗多用于多绳提升，翻转式箕斗适用于单绳提升。斜井提升常用的箕斗有前翻式箕斗和后卸式箕斗。

3.3.2.1　竖井底卸式箕斗

竖井底卸式箕斗多用于多绳提升，其结构形式有很多种，过去一些矿井普遍采用扇形闸门底卸式箕斗，现在新建矿井多采用平板闸门底卸式箕斗（图3-10）。

箕斗由连接装置 1、斗箱 5、框架 6、闸门 7 等组成。

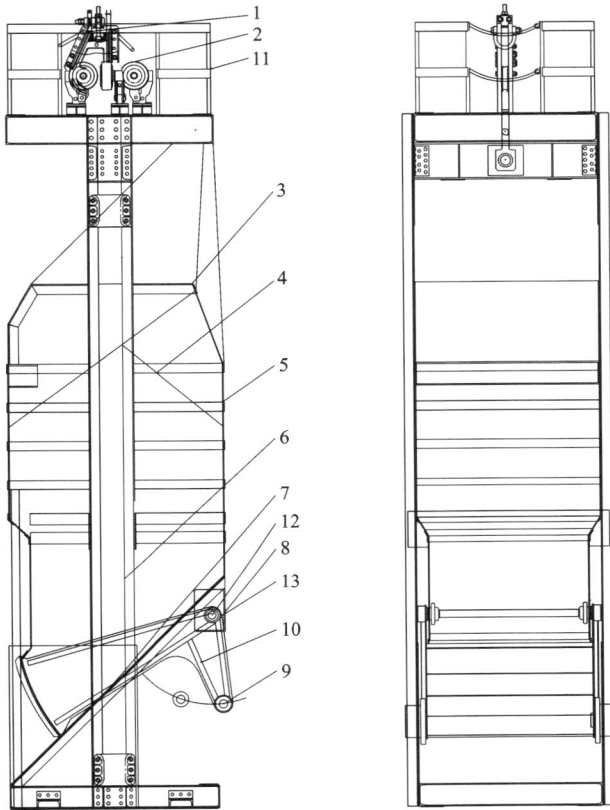

1—连接装置；2—罐耳；3—溜矿板；4—堆矿线；5—斗箱；6—框架；7—闸门；
8—连杆；9—滚轮；10—曲轨；11—平台；12—滚轮；13—机械闭锁装置。

图 3-10 平板闸门底卸式箕斗

箕斗的导向装置可采用钢丝绳罐道，也可以采用钢轨或组合钢罐道。采用钢丝绳罐道时，除应考虑箕斗本身的平衡外，还要考虑装载矿石后仍能维持平衡，所以在斗箱上部装载口处安设可调节的溜矿板 3，以便调节矿石堆顶部中心的位置。

图 3-10 为箕斗采用曲轨连杆打开折页平板门的结构形式。这种闸门与老式扇形闸门相比有以下优点：闸门结构简单、严密；关闭门的冲击力小；卸载时撒掉的矿石量少；箕斗卸载时闸门开启主要借助矿石的压力，因而传递到卸载曲轨上的力较小，改善了井架受力状态；过卷时闸门打开后，即使脱离卸载曲轨，也不会自动关闭，因此可以缩短卸载曲轨的长度。这种闸门主要有以下缺点：箕斗运行过程中由于矿石重力的作用，使闸门处于被迫打开的状态。因此箕斗必须装设可靠的闭锁装置（两个防止闸门自动打开的扭转弹簧），且必须经常认真检查闭锁装置。

3.3.2.2 竖井翻转式箕斗

竖井翻转式箕斗具有结构简单、坚固、耐矿石冲击、工作可靠、自重小等优点，多用于竖井单绳提升系统。

竖井翻转式箕斗主要由框架、斗箱、卸载滚轮和悬挂装置等部分组成，其结构如图 3-11 所示，斗箱 2 用旋转轴 4 与框架 3 铰接在一起，斗箱上部有卸载滚轮 5，角板是为了在过卷时支撑斗箱，使滚轮由卸载曲轨过渡到过卷曲轨。

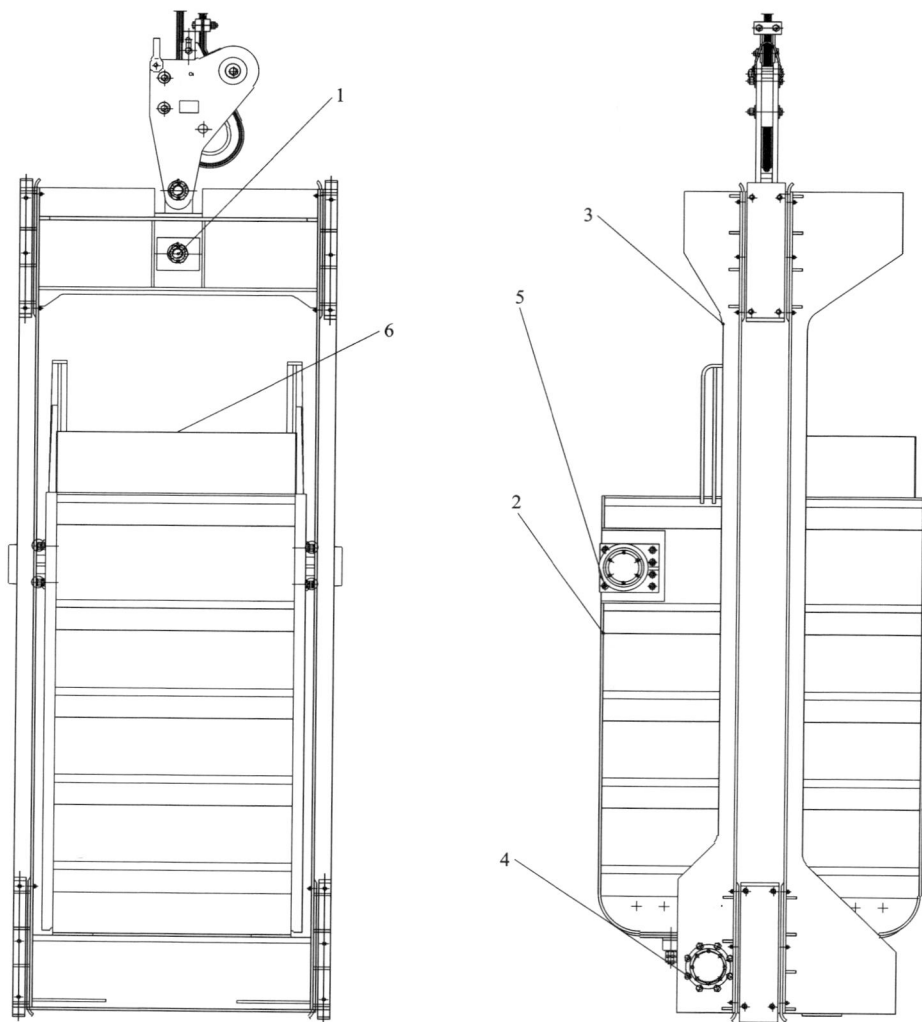

1—连接板；2—斗箱；3—框架；4—旋转轴；5—卸载滚轮；6—角板。

图 3-11 竖井翻转式箕斗

由于箕斗的底部及前后部斗壁最易损坏，常在斗底铺以木板后再垫上钢板，以防止潮湿的矿物或粉矿黏于斗底，降低斗箱的有效容积。有些矿山在斗底上垫有一层橡胶皮，效果较好。此外，斗箱前后壁常作成双层，里层为衬板，磨损后可以更换。这种措施减少了经常大修的麻烦，延长了箕斗使用寿命。箕斗用悬挂装置(楔形绳环)与提升钢丝绳连接。

翻转式箕斗的卸载过程如图 3-12 所示，图中标示出了卸载过程的三个不同位置。为了把矿石全部卸净,斗箱的倾斜角度必须大于矿石的自然安息角,一般取 45°。为此,箕斗斗箱必须绕旋转轴回转 135°。当箕斗滚轮 1 进入卸载曲轨 2 的水平段,斗箱上的角板 5′ 与托轮 4 开始接触的瞬间,滚轮 1 失去支持;离开卸载曲轨 2 进入过卷曲轨 3,接着过卷的瞬间,角板 5″ 离开托轮 4,卸载滚轮 1 开始沿过卷曲轨 3 做向上运动。箕斗卸载后下降时的运动按进入曲轨的反向进行。

在卸载滚轮 1 沿卸载曲轨 2 上升时,其框架被提升的距离称为卸载高度。一般可取卸载高度为斗箱高度的 2.5 倍。

由图 3-12 可知,此种箕斗在卸载时,由于卸载曲轨支撑一部分斗箱重量,有自重不平衡现象,因此,多绳摩擦提升设备多采用底卸式箕斗。

翻转式箕斗型号表示方法:

徐州煤矿安全制造设备公司生产的翻转式箕斗规格见表 3-8。

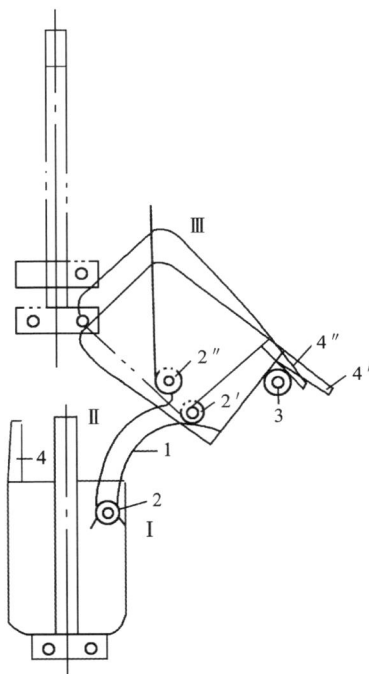

1—曲轨;2—滚轮;3—托轮;4、4′、4″—角板。
Ⅰ—正常位置;Ⅱ—卸载位置;Ⅲ—过卷位置。

图 3-12 翻转式箕斗卸载过程示意图

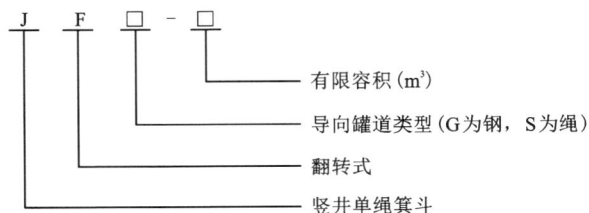

表 3-8 翻转式箕斗规格

序号	型号	有效容积/m³	斗箱断面尺寸/(mm×mm)	箕斗自重/kg
1	JFS(G)-1.2	1.2	1128×1028	2965
2	JFS(G)-1.6	1.6	1128×1028	3400
3	JFS(G)-2.0	2.0	1236×1132	4150
4	JFS(G)-2.5	2.5	1236×1132	4567
5	JFS(G)-3.2	3.2	1536×1236	5830
6	JFS(G)-4.0	4.0	1536×1236	6455
7	JFS(G)-4.5	4.5	1536×1236	7325

3.3.3　悬挂装置

悬挂装置用于竖井提升容器(罐笼、箕斗)与钢丝绳的连接,与提升钢丝绳的连接可分为单绳悬挂装置、多绳悬挂装置和尾绳悬挂装置,后者用于摩擦式提升机尾绳的连接。

3.3.3.1　单绳悬挂装置

单绳悬挂装置用于单绳缠绕式提升机的提升钢丝绳与提升容器的连接,目前应用较多的是楔形绳环。

楔形绳环采用双面夹紧结构,其结构如图3-13所示。两块侧板2用螺栓连接在一起,钢丝绳绕装在楔块1上,当拉紧钢丝绳时,楔块挤进由梯形铁4(能自动调位)和5与侧板构成的楔壳内,将钢丝绳两边卡紧。吊环3和调整孔6、7用来调整钢丝绳长度。限位板8在拉紧钢丝绳后用螺栓拧紧,以阻止楔块松脱。楔形绳环有以下特点:钢丝绳直线进入,能防止在最危险部分产生附加弯曲应力,可降低断丝现象,延长钢丝绳使用寿命;双面夹紧具有较大的楔紧安全系数,可防止钢丝绳因载荷的变化在楔面上产生滑动及磨损;自动调位结构能使钢丝绳上的夹紧压力分布均匀,且其长度较短,可减少容器的总高度,具有安全性高、外形尺寸小、装卸速度快等优点。

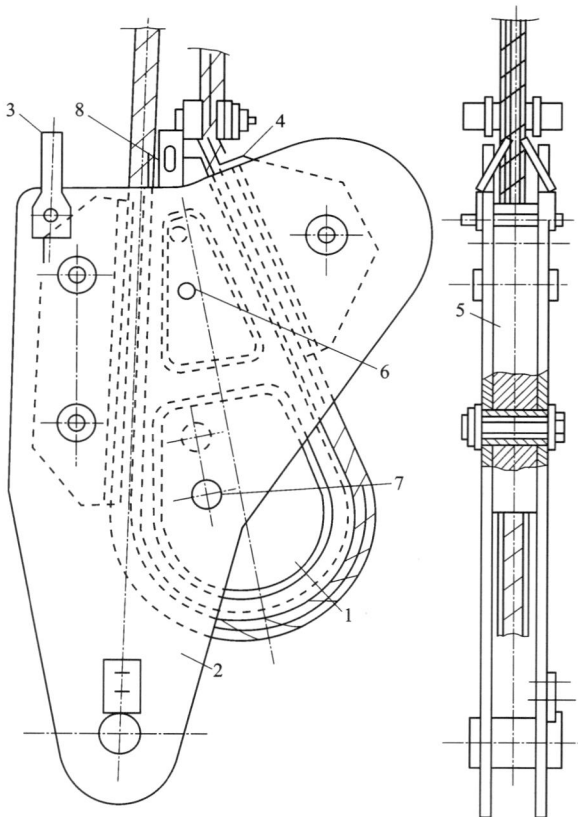

1—楔块;2—侧板;3—吊环;4、5—梯形铁;6、7—调整孔;8—限位板。

图3-13　楔形绳环

《提升容器钢丝绳悬挂装置 楔形绳环》（MT 214.1-1990）中给出了楔形绳环规格，见表3-9。

表3-9　楔形绳环规格

基本参数		XS 55	XS 75	XS 90	XS 110	XS 150	XS 200
设计破坏载荷/kN		550	750	900	1100	1500	2000
允许工作载荷/kN	用于提升物料	55	75	90	110	150	200
	用于提升人员和物料	42	57.5	69	85	115	154
提升钢丝绳直径/mm		16.5~25.5	22~31	25~35	27.5~37	31~45	39~55
楔紧角/(°)		24					
楔子圆弧半径/mm		90	110	120	130	160	190
质量/kg		62	93	115	140	227	293

3.3.3.2　多绳悬挂装置

多绳悬挂装置用于多绳摩擦式提升机的提升钢丝绳与提升容器的连接，由楔形绳环、张力自动平衡装置等部件组成，其结构见图3-14。楔形绳环与单绳悬挂装置的结构形式相同，用于摩擦式提升机的每根提升钢丝绳与张力自动平衡装置的连接。张力自动平衡装置采用闭环无源液压连通自动调整平衡系统，能较好地实现各根提升钢丝绳在动、静状态下的张力自动平衡。

张力自动平衡装置由中板2、上连接销3、挡板4、压板5、侧板6、连通油缸7、连接组件8、中连接销10等组成抽拉扣环结构，通过上连接销3和上部楔形绳环1连接，通过换向叉11、下连接销12和下部提升容器相连，多个这样的结构加上连接组件8（软管、阀门、通管）就形成了张力自动平衡悬挂装置。

这种悬挂装置的工作原理如下：无论提升容器是运动或静止，只要各钢丝绳存在张力差，张力大的钢丝绳通过中板2、垫板9、侧板6、压板5压缩连通油缸使连通油缸7活塞杆压缩，悬挂伸长，钢丝绳的张力变小；油缸内的油液通过连通管进入张力小的连通油缸，使其活塞杆往外伸长，通过垫板9、中板2、压板5、侧板6使悬挂缩短，钢丝绳张力变大，直到每根钢丝绳的张力均相等，连通油缸的运动才相应停止。XSZ型多绳摩擦式提升机钢丝绳张力自动平衡首绳悬挂装置是针对国内外普遍使用的液压螺旋式和液压垫块式调绳器存在的不能自动调整钢丝绳张力平衡而研制的一种实用新型产品。该装置现已系列化，可供老矿井改造及新矿井设计时选用。

张力自动平衡装置型号表示方法：

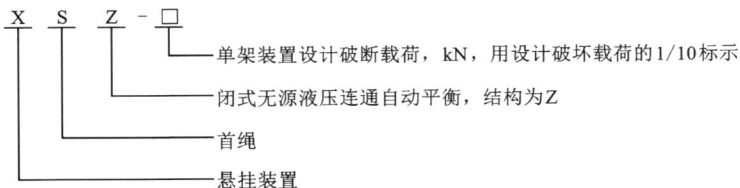

```
X   S   Z  - □
│   │   │    └── 单架装置设计破断载荷，kN，用设计破坏载荷的1/10标示
│   │   └─────── 闭式无源液压连通自动平衡，结构为Z
│   └─────────── 首绳
└─────────────── 悬挂装置
```

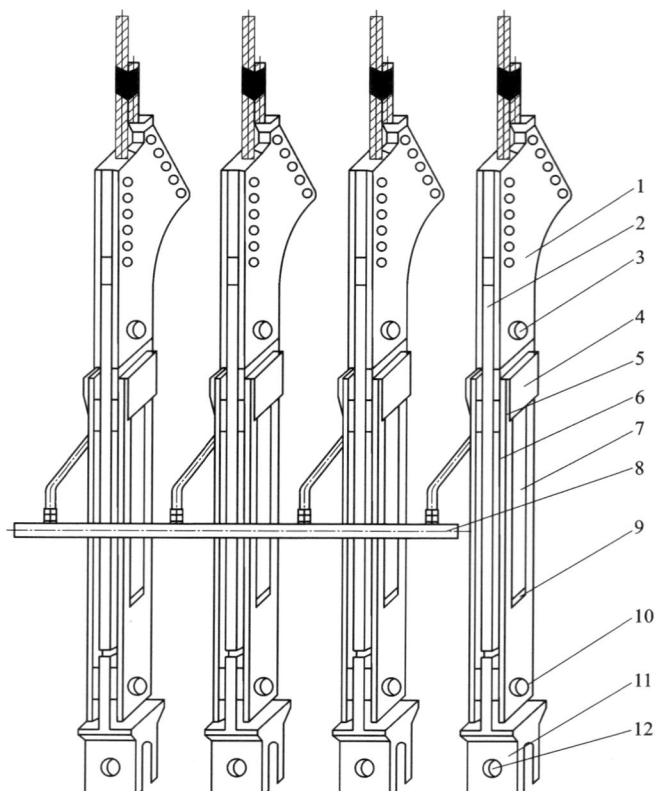

1—楔形绳环；2—中板；3—上连接销；4—挡板；5—压板；6—侧板；7—连通油缸；8—连接组件；
9—垫板；10—中连接销；11—换向叉；12—下连接销。

图 3-14 采用张力自动平衡装置的多绳悬挂装置结构图

烟台市昆仑黄金设备有限公司生产的 XSZ 型张力自动平衡装置型号规格及主要技术参数见表 3-10。

表 3-10 XSZ 型张力自动平衡装置型号规格及主要技术参数

参数	XSZ60	XSZ90	XSZ135	XSZ170	XSZ200
单架设计破坏载荷/kN	600	900	1350	1700	2000
单架允许工作载荷/kN	60	90	135	170	200
最大调绳距离/mm	355	540	685	735	865
适用钢丝绳直径范围/mm	15~20	19~28	28~35	30~40	35~45
适用最大静张力/kN	180	270	400	500	600
提升钢丝绳间距/mm	200	300	300	300	300
单架设备总重/kg	308	429.5	643	798	857

3.3.3.3　尾绳悬挂装置

在多绳摩擦式提升系统中，为了减少上升侧与下放侧钢丝绳的张力差，必须使用尾绳以平衡钢丝绳的重量，从而避免钢丝绳的滑动。

根据使用的尾绳结构的不同，尾绳悬挂装置可分为圆尾绳悬挂装置与扁尾绳悬挂装置。

（1）圆尾绳悬挂装置。

圆尾绳悬挂装置适用于圆尾绳与提升容器或平衡锤底部的连接。圆尾绳悬挂装置通常采用旋转连接器进行悬挂，以消除提升过程中由于钢丝绳长度和重量变化引起的钢丝绳扭转力。圆尾绳悬挂装置见图 3-15，由一个推力轴承、两个向心轴承以及连接叉、销轴、吊杆、锥形套等部件组成，上部用销轴和提升容器的框架尾绳梁连接，下部通过锥形套采用浇注合金方法将尾绳绳头连接起来。圆尾绳悬挂装置规格见表 3-11。

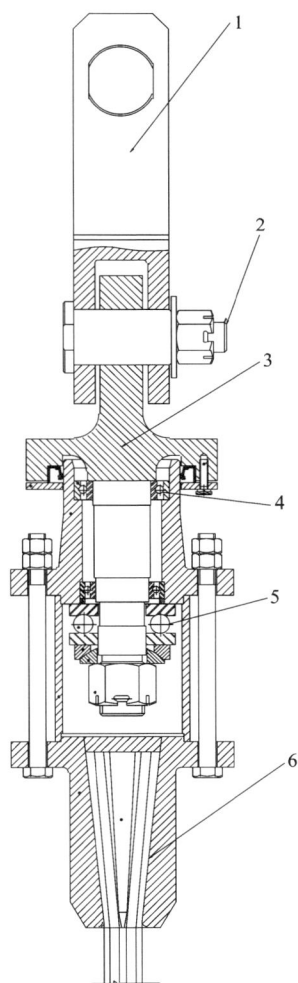

1—连接叉；2—销轴；
3—吊杆；4—单列向心球轴承；
5—单列推力球轴承；6—锥形套。

图 3-15　圆尾绳悬挂装置

表 3-11　圆尾绳悬挂装置规格

基本参数		WY60	WY80	WY110	WY150
设计破坏载荷/kN		600	800	1100	1500
允许工作载荷/kN	用于提升物料	60	80	110	150
	用于提升人员和物料	46	62	85	115
适用的圆尾绳直径 d/mm		28～35	32～43	40～51	45～62
主吊杆螺纹 d_1/mm		M42×3	M48×3	M56×4	M64×4
单向推力球轴承型号		8409	8410	8412	8413
质量/kg		65	93	128	179

（2）扁尾绳悬挂装置。

扁尾绳悬挂装置适用于扁尾绳与提升容器或平衡锤底部的连接，其结构如图 3-16 所示，由连接叉、销轴、桃形环等部件组成，上部用销轴和提升容器的框架尾绳梁连接，下部通过桃形环、绳卡将尾绳固定。

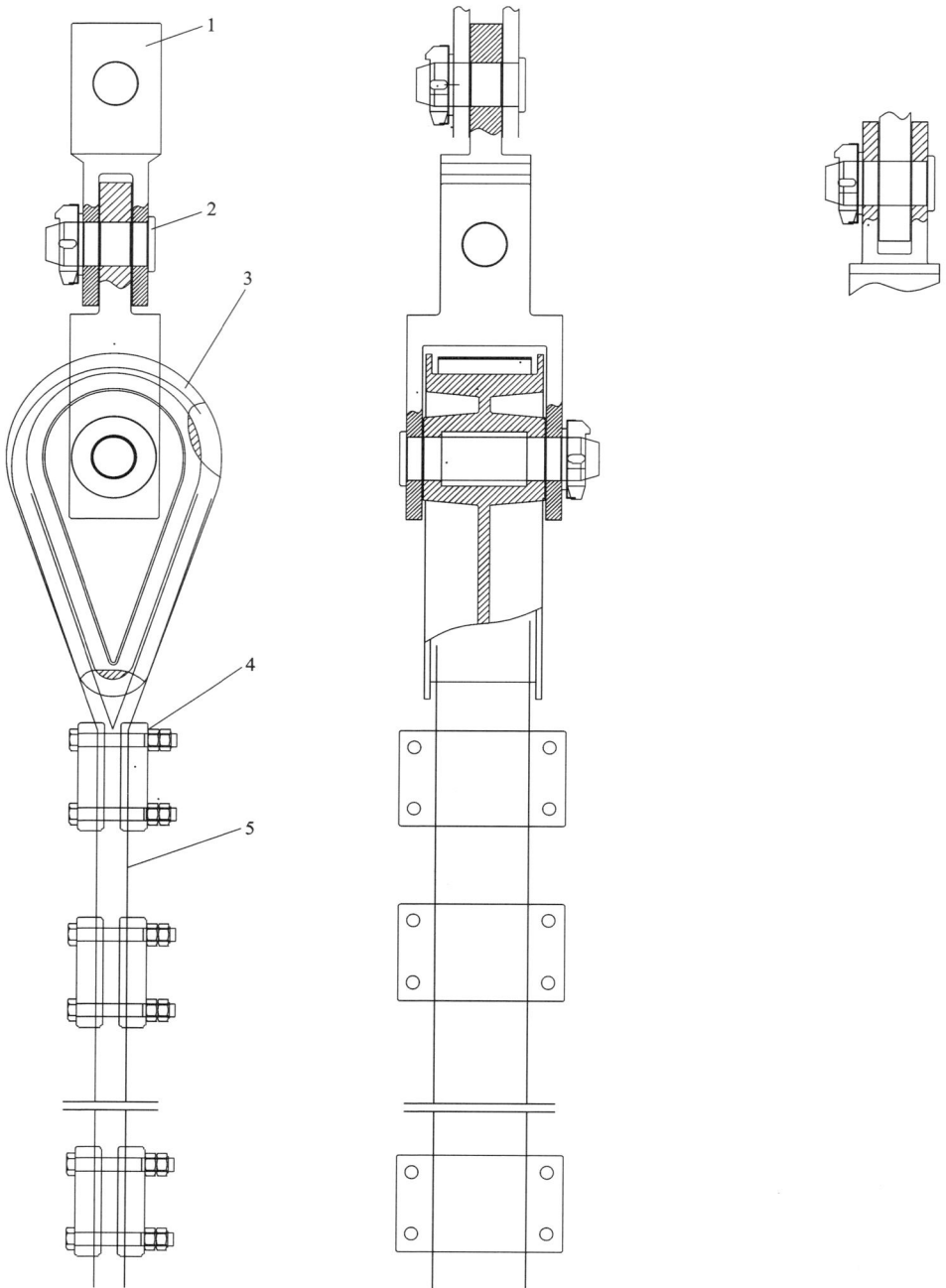

1—连接叉；2—销轴；3—桃形环；4—绳卡；5—尾绳。

图 3-16　扁尾绳悬挂装置

扁尾绳悬挂装置的型号规格和主要技术参数见表 3-12。

表 3-12　扁尾绳悬挂装置的型号规格和主要技术参数

型号	设计破坏载荷/kN	允许工作载荷/kN		扁尾绳规格
		用于提升物料	用于提升人员和物料	
WB60	600	60	46	71×16, 75×17, 88×15, 94×16
WB80	800	80	62	94×16, 100×17, 107×18, 113×19, 119×20
WB110	1100	110	85	113×19, 113×20, 132×21, 139×23, 143×24
WB150	1500	150	115	147×24, 155×25, 163×27, 166×26, 170×28

扁尾绳在防止扭转方面具有很大的优越性, 使用效果较好。但是扁尾绳的生产工艺复杂, 成本高, 价格昂贵。

3.4　钢丝绳

钢丝绳是矿井提升系统的重要组成部分, 直接关系到矿井正常生产及人员生命安全。矿井提升系统涉及的钢丝绳主要有提升钢丝绳、罐道绳、尾绳、制动绳、缓冲绳等。

3.4.1　结构、分类及特点

矿用提升钢丝绳都是采用丝→股→绳结构, 即先由钢丝捻成绳股, 再由绳股捻成绳。钢丝绳各部分名称如图 3-17 所示。

制造钢丝绳的钢丝是由优质碳素结构圆钢冷拔而成的, 一般直径为 0.4~4 mm, 钢丝的抗拉强度为 $1400 \sim 2000$ N/mm^2; 为了增加抗腐蚀能力, 钢丝表面可以镀锌, 称为镀锌钢丝, 未镀锌的称为光面钢丝。在由钢丝捻成股时有一个股芯, 在由股捻成绳时有一个绳芯。股芯一般为钢丝, 绳芯有金属绳芯和纤维绳芯两种, 前者由钢丝组成, 后者可用剑麻、黄麻或有机纤维制成。绳芯的作用是支持绳股, 使绳富于弹性, 可贮存润滑油, 防止内部钢丝腐蚀生锈, 并减少钢丝之间的摩擦。

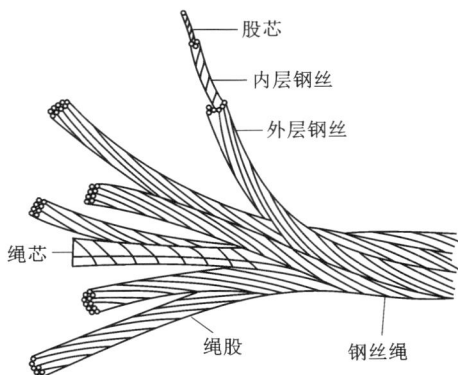

图 3-17　提升钢丝绳结构图

钢丝绳有很多种, 结构不同, 则性能也不相同。根据不同的特点有不同的分类方法。

(1)依钢丝绳的捻法, 可分左同向捻、右同向捻、左交互捻、右交互捻 4 种(图 3-18)。绳股在绳中的捻向为左(右)螺旋时, 称为左(右)捻钢丝绳。钢丝在股中的捻向与绳股在绳中的捻向相同时称为同向捻(顺捻)，相反时称为交互捻(逆捻)。同向捻钢丝绳比较柔软，表面较光滑，弯曲应力较小，因而寿命较长，但有较大的恢复力，容易旋转打结；交互捻钢丝绳则与上述情况相反。

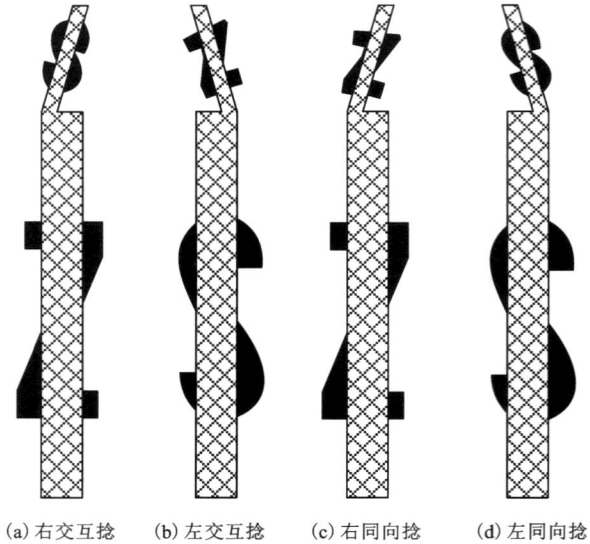

(a) 右交互捻　　(b) 左交互捻　　(c) 右同向捻　　(d) 左同向捻

图 3-18　钢丝绳的捻法

(2)依钢丝在股中的接触情况，可分为点接触式钢丝绳、线接触式钢丝绳和面接触式钢丝绳 3 种。点接触式钢丝绳，股中内外层钢丝以等捻角不等捻距来捻制，一般以相同直径的钢丝来制造，钢丝间呈点接触状态。线接触式钢丝绳，股中内外层钢丝以等捻距不等捻角来捻制，一般以不同直径的钢丝来制造，钢丝间呈线接触状态。两种绳相比较，线接触式钢丝绳比较柔软，无应力集中现象，使用寿命较长。为了改善丝间状态，将线接触式钢丝绳的绳股经特殊碾压加工，使钢丝产生塑性变形，钢丝间呈面接触状态，然后再捻制成绳，称为面接触式钢丝绳，而且所有线接触钢丝绳均可制成面接触钢丝绳。面接触式钢丝绳结构紧密，表面光滑，抗磨损和抗腐蚀性能好，使用寿命较长。

(3)依绳股断面形状，可分为圆形股绳和异形股绳。圆形股绳的绳股断面为圆形，异形股绳的绳股断面为三角形或椭圆形，提升应用最多的是三角股绳，椭圆股则用以制造多层股不旋转绳，三角股绳具有承压面积大、抗磨损、强度大和寿命长等优点。

(4)特种钢丝绳是指结构比较特殊的钢丝绳，在矿井提升中应用的有多层股不旋转钢丝绳，密封、半密封钢丝绳和扁钢丝绳。各种钢丝绳的特点见表 3-13。

钢丝绳品种繁多、应用广泛，为了便于管理和市场流通，必须按统一的标记方法标识钢丝绳。目前我国规定按《钢丝绳术语、标记和分类》(GB 8706)进行钢丝绳的标记。

表 3-13　各种钢丝绳的主要特点

钢丝绳结构	优点	缺点	主要用途
圆形股钢丝绳	易于用眼检查断丝情况，挠性大，易制造，价位低	随载荷变化有旋转趋势，外部钢丝易磨损	提升钢丝绳，尾绳，罐道绳，制动绳，缓冲绳
三角股钢丝绳	易于用眼检查断丝情况，相同条件下比圆形股钢丝绳强度大，寿命长，抗挤压性能好，外层钢丝比圆形股钢丝绳耐磨损	随载荷变化有旋转趋势，挠性比圆形股钢丝绳差	提升钢丝绳，罐道绳
多层股不旋转钢丝绳	旋转性小；有相当大的挠性	内部钢丝不易检查	尾绳，凿井提升钢丝绳
密封、半密封钢丝绳	不旋转、抗磨、抗腐蚀性能好，相同条件下强度最大，弹性变形小	内部钢丝不易检查，直径大时断面易变形，挠性小，制造复杂，价格高	罐道绳，提升钢丝绳
扁钢丝绳	不旋转，易于检查，某一方向上有很大的挠性	易磨损，生产效率低、价格高	尾绳，凿井提升钢丝绳

3.4.2　主要技术参数

钢丝绳的钢丝为优质碳素结构钢冷拔而成，钢丝的直径一般为 0.2~4.4 mm（直径过细的钢丝易于磨损，过粗则难以保证抗弯疲劳性能）。钢丝绳钢丝的公称抗拉强度分为 1370 MPa、1570 MPa、1670 MPa、1770 MPa、1870 MPa、1960 MPa，其中，公称抗拉强度为 1370 MPa 的钢丝只用于制造扁钢丝绳。在承受相同载荷的情况下，抗拉强度大的钢丝绳的绳径可以选小一些，但抗拉强度过高的钢丝绳的可弯曲性能差。通常矿井提升钢丝绳的公称抗拉强度可选用 1570 MPa、1670 MPa 和 1770 MPa。钢丝绳的主要技术参数有钢丝绳直径、公称抗拉强度、最小破断拉力和拆股钢丝的反复弯曲和扭转次数等，其具体参数在相关钢丝绳标准中进行了明确规定。目前涉及矿用钢丝绳的标准较多，主要有《重要用途钢丝绳》（GB/T 8918—2006）、《矿井提升用钢丝绳》（GB 33955—2024）、《压实股钢丝绳》（YB/T 5359—2020）、《密封钢丝绳》（YB/T 5295—2010）、《平衡用扁钢丝绳》（GB/T 20119—2006）、《金属非金属矿山提升钢丝绳检验规范》（AQ 2026—2010）等。

实际选用时，还应参考钢丝绳制造厂家提供的技术参数。

3.4.3　钢丝绳的选择

3.4.3.1　提升钢丝绳的选用原则

提升钢丝绳是矿井提升设备的一个重要组成部分，提升钢丝绳选择是否合理关系到提升设备的安全可靠性和经济性，应引起足够的重视。选择提升钢丝绳时，应根据使用条件和提升钢丝绳的特点来考虑。

我国提升钢丝绳多用同向捻绳，至于是左捻还是右捻，其选择原则是绳的捻向与绳在卷筒上的缠绕螺旋线方向一致。我国单绳缠绕式提升机多为右螺旋缠绕，故应选右捻绳，目的是防止钢丝绳松捻；多绳摩擦式提升机为了克服绳的旋转性给容器导向装置造成磨损，一般选左、右捻各一半。

此外,还应考虑如下因素。

(1)在井筒淋水大,水的酸碱度较高且处于出风井中的提升钢丝绳,因腐蚀严重,应选用镀锌钢丝绳。

(2)以磨损为主要损坏原因时,如斜井提升,采区上、下山运输等,应选用外层钢丝较粗的钢丝绳或三角股钢丝绳。

(3)以弯曲疲劳为主要损坏原因时,应优先选用线接触式或三角股钢丝绳。

(4)用于高温和有明火的地方,如煤矿矸石山等,应选用金属绳芯钢丝绳。

(5)单绳提升的2根主提升钢丝绳必须采用同一捻向或者阻旋转钢丝绳。

钢丝绳的推荐应用范围见表3-14。

表 3-14 钢丝绳的推荐应用范围

用途	名称	结构	备注
立井提升	三角股钢丝绳	6V×37S、6V×37、6V×34、6V×30、6V×43、6V×21	
	线接触钢丝绳	6×19S、6×19W、6×25Fi、6×29Fi、6×26WS、6×31WS、6×36WS、6×41WS	推荐同向捻
	多层股钢丝绳	18×7、17×7、35W×7、24W×7	用于钢丝绳罐道的立井
		6Q×19+6V×21、6Q×33+6V×21	
开凿立井提升（建井用）	多层股钢丝绳及异形股钢丝绳	6Q×33+6V×21、17×7、18×7、34×7、36×7、6Q×19+6V×21、4V×39S、4V×48S、35W×7、24W×7	
立井平衡绳	钢丝绳	6×37S、6×36WS、4V×39S、4V×48S	仅适用于交互捻
	多层股钢丝绳	17×7、18×7、34×7、36×7、35W×7、24W×7	
斜井提升(绞车)	三角股钢丝绳	6V×18、6V×19	
	钢丝绳	6×7、6×9W	推荐同向捻
高炉卷扬	三角股钢丝绳	6V×37S、6V×37、6V×30、6V×34、6V×43	
	线接触钢丝绳	6×19S、6×25Fi、6×29Fi、6×26WS、6×31WS、6×36WS、6×41WS	
立井罐道及索道	三角股钢丝绳	6V×18、6V×19	
	多层股钢丝绳	18×7、17×7	推荐同向捻
露天斜坡卷扬	三角股钢丝绳	6V×37S、6V×37、6V×30、6V×34、6V×43	
	线接触钢丝绳	6×36WS、6×375、6×41WS、6×49SWS、6×55SWS	推荐同向捻
钢丝绳牵引胶带输送机、索道及地面缆车	线接触钢丝绳	6×19S、6×19W、6×25Fi、6×29Fi、6×26WS、6×31WS、6×36WS、6×41WS	推荐同向捻,6×19W 不适合

续表 3-14

用途	名称	结构	备注
挖掘机 （电铲卷扬）	线接触钢丝绳	6×19S+IWR、6×25Fi+IWR、6×19W+IWR、6×29Fi+IWR、6×26WS+IWR、6×31WS+IWR、6×36WS+IWR、6×55SWS+IWR、6×49SWS+IWR、35W×7、24W×7	推荐同向捻
	三角股钢丝绳	6V×30、6V×34、6V×37、6V×37S、6V×43	

3.4.3.2　其他钢丝绳的选用原则

（1）罐道钢丝绳应当优先选用密封式钢丝绳。

每个提升容器（平衡锤）有 4 根罐道绳时，每根罐道绳的刚性系数不得小于 500 N/m，每个提升容器的罐道绳张紧力应相差 5%～10%，内侧张紧力大，外侧张紧力小。

每个提升容器（平衡锤）有 2 根罐道绳时，每根罐道绳的刚性系数不得小于 1000 N/m，各罐道绳的张紧力应当相等。

（2）尾绳可采用扁钢丝绳，使用圆形平衡钢丝绳时，必须有避免平衡钢丝绳扭结的装置。

（3）罐道钢丝绳直径不小于 28 mm。

3.4.4　使用与维护

3.4.4.1　使用之前的检查验收

新的钢丝绳到货后应立即开包检查，核对实物与产品质量证明书和标牌的符合性，并依据合同约定的产品标准对产品外观和性能进行验收，以确保钢丝绳能够与提升设备相匹配。

1）外观检查

（1）检查钢丝绳直径、结构、长度和重量是否与订货要求相符。

（2）检查钢丝绳表面和捻制质量是否存在有关产品标准中不允许出现的缺陷。

2）性能检验

主要检验钢丝绳的破断拉力或破断拉力总和，拆股钢丝的抗拉强度、反复弯曲、扭转等性能指标。

检验应委托有资质的检验机构进行检测。制造商提供的钢丝绳产品质量证明书应妥善保存，建议和设备说明书存放在一起，目的是在使用过程中对钢丝绳进行定期全面检查时备用。

3.4.4.2　绳头的连接与固定

将钢丝绳固定在提升设备上或将连接装置与钢丝绳连接时，需要对钢丝绳绳头（端部）进行处理。绳头加工和连接质量的好坏不仅关系到使用安全，而且直接影响钢丝绳的使用寿命。主要绳头加工方法如下。

（1）压板固定法。采用碳钢压板或长板条将钢丝绳端固定在卷筒上，这种固定法构造简单、更换方便。

（2）立井提升楔形连接法。先将钢丝绳端部绕过楔套、插入楔子，然后将绳端用低碳钢丝捆扎，利用楔套的楔紧作用将钢丝绳端固定。楔形连接装置性能应符合相关规定。其安全系数应符合下列要求：升降人员或升降人员及物料的连接装置和其他有关部分，不小于 13；升降物料的连接装置和其他有关部分，不小于 10。

（3）插编索扣法。将钢丝绳股末端反向插入钢丝绳主体内，在钢丝绳端部构成一个环孔或环眼。根据《钢丝绳吊索 插编索扣》（GB/T 16271—2009）的要求：每股插接次数不少于 5 次，索扣的实际破断拉力应不低于钢丝绳最小破断拉力的 75%，索扣经 20000 次疲劳试验后，其破断拉力应不小于主体钢丝绳最小破断拉力的 70%。

（4）绳夹法。该固接法是采用 U 形绳夹将钢丝绳端固定或连接。根据《钢绳夹》（GB/T 5976）的要求：绳夹的最少数量根据钢丝绳直径大小分组分为 3~7 个，绳夹间距应均匀分布并为绳径的 6~7 倍，所有绳夹夹座应置于钢丝绳较长部分，U 形螺栓应置于钢丝绳较短部分，绳夹不得在钢丝绳上交替布置，即绳夹夹座均应置于钢丝绳较长部分，且朝向一致。固定处的强度至少为钢丝绳自身的 80%。

对于立井单绳提升，钢丝绳与提升容器之间使用桃形环连接时，钢丝绳应由桃形环上平直的一侧穿入，用不少于 5 个绳夹（其间距为 200~300 mm）与首绳卡紧，然后再卡一视察圈（使用带模块楔紧装置的桃形环除外），提升容器应用带拉杆的耳环和保险链（或其他类型的连接装置），分别连接在桃形环上。安装好的保险链，不准有打结现象。多绳提升的钢丝绳用专用桃形绳夹时，回绳头应用 2 个以上绳夹与首绳卡紧。

（5）合金或树脂熔铸固接法。在距试样两端一个夹持长度处用软铁丝等材料牢固捆扎，去掉端头捆扎丝，制成帚头状，在任何情况下都不得对裸露的钢丝进行校直，但允许弯曲成钩形，制成帚头状的钢丝绳试样应将纤维芯切至捆扎处，为了浇铸牢固，应清除帚头钢丝表面油污，可浸沾少量助镀剂，但不得损伤钢丝表面。浸沾后的钢丝用铅锡合金或其他合金浇铸成圆锥体，但不得改变钢丝性能。将绳头钢丝拆散成锥状，除去纤维绳芯后，用煤油、盐酸溶液、氢氧化钠溶液清洗干净绳头钢丝，在涂上溶剂、沾上合金后，再将其放在锥形模具中，并浇入熔融合金或树脂，冷却凝固后脱模即成。

3.4.4.3　钢丝绳在卷筒上的缠绕方向

安装新钢丝绳之前，应当检查与钢丝绳相关的部件，如卷筒、天轮、摩擦轮、导向轮和导向滚的条件和尺寸，以确认相关部件的条件和尺寸是否符合原设备制造商或有关规程、标准的规定。

除非原设备制造说明书中另有规定，钢丝绳在光滑的和带轮槽的卷筒上的缠绕方向必须保证钢丝绳是捻紧而不是松捻。钢丝绳的缠绕方向应符合图 3-19 的规定。左右捻向的钢丝绳在卷筒上缠绕的方向，必须是使钢丝绳捻紧而非捻松的方向。右捻的钢丝绳，如卷筒自上向下旋转，则钢丝绳应自左向右排列，如卷筒自下向上旋转，则钢丝绳应自右向左排列；相反，如果是左捻的钢丝绳，如卷筒自上向下旋转，则钢丝绳应自右向左排列，如卷筒自下向上旋转，则钢丝绳应自左向右排列。

当利用旧绳安装新绳时，有一种方法是在新绳和旧绳的末端分别装上一个绳套来连接新绳和旧绳，绳套应牢固地贴敷在钢丝绳上，绳的两端用一根足够强度的纤维绳连接，这样可以避免旋转从旧绳传递到新绳。如果使用钢丝绳连接，则应选用阻旋转型钢丝绳或具有相同捻制方向的新钢丝绳。

3.4.4.4　绳索偏角

天轮到提升机卷筒的钢丝绳最大偏角应不超过 $1°30'$。图 3-20 表示一组螺旋角为 α 的

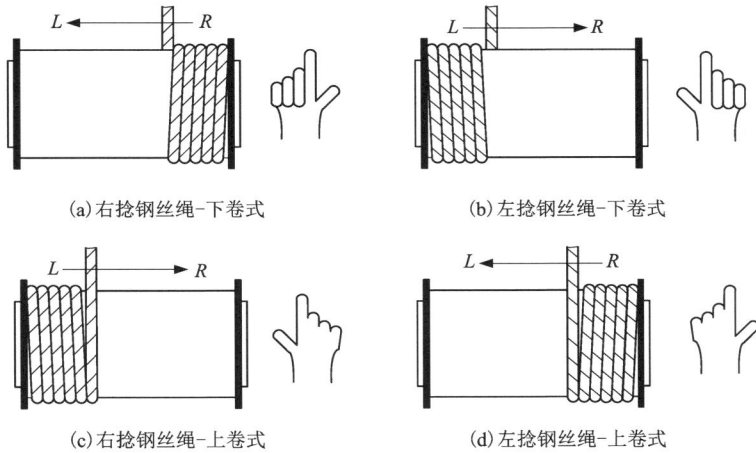

(a)右捻钢丝绳-下卷式　　　　　　　　　　(b)左捻钢丝绳-下卷式

(c)右捻钢丝绳-上卷式　　　　　　　　　　(d)左捻钢丝绳-上卷式

图 3-19　钢丝绳在卷筒上的缠绕方向

带螺旋槽的宽卷筒和天轮。当钢丝绳向卷筒的边缘卷绕时,钢丝绳相对天轮偏斜一定角度(绳索偏角)β_1 或 β_r。在卷筒上,钢丝绳相对卷筒的偏斜角度则为$(\beta_1+\alpha)$ 或者$(\beta_r-\alpha)$。

　　当钢丝绳进入滑轮时,由于存在绳索斜角,则钢丝绳最先与滑轮的边缘接触。当钢丝绳继续在天轮上经过时,钢丝绳将沿着轮槽边缘运动,直到天轮轮槽的底部。在这个过程中,钢丝绳将一边滚动一边滑动(图3-21),滚动的结果是随着钢丝绳在轮槽中绕进或绕出时钢丝绳将围绕自身轴线旋转,同时钢丝绳的捻距出现或缩短或延长的现象,结果导致疲劳性能降低,严重时钢丝绳会出现灯笼状或绳芯挤出等结构被破坏现象。

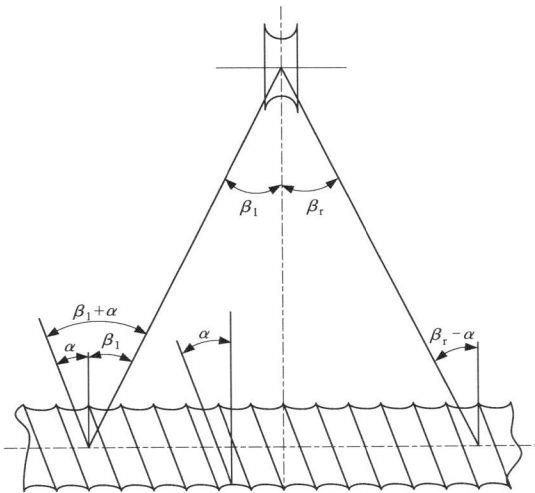

图 3-20　绳索与轮槽偏角

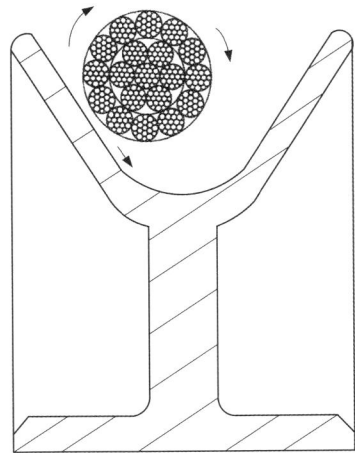

图 3-21　绳索偏角导致钢丝绳旋转

　　过大的绳索偏角将使钢丝绳过早地折回并横过卷筒,造成靠近卷筒轮缘的钢丝绳缠绕圈之间出现缝隙,同时在交叉位置增加对钢丝绳的压力。

3.4.4.5 天轮和导向轮

提升装置的天轮、导向轮等的最小直径与钢丝绳直径的比值应符合《金属非金属矿山安全规程》(GB 16423—2020)中的相关规定。天轮轮缘应高于绳槽内的钢丝绳,高出部分应大于钢丝绳直径的 1.5 倍。对于带衬垫的天轮,衬垫应紧密固定。衬垫磨损深度相当于钢丝绳直径,或沿侧面磨损达到钢丝绳直径的一半时,应立即更换。天轮、导向轮等上的绳槽直径最少应比钢丝绳的公称直径大 5%,一般应控制在 5% ~ 10%,以保证钢丝绳与绳槽的接触面积尽可能增大,合适的绳槽与钢丝绳的接触面积如图 3-22(a)所示。绳槽过宽[图 3-22(b)]会导致钢丝绳在绳槽中滑动,加剧钢丝绳的疲劳断丝;绳槽过窄时[图 3-22(c)],钢丝绳会因卡在绳槽中而受到严重挤压和磨损。

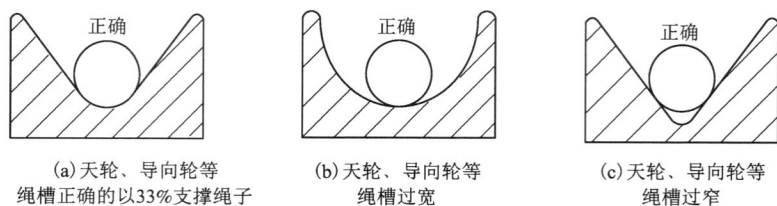

(a) 天轮、导向轮等
绳槽正确的以33%支撑绳子

(b) 天轮、导向轮等
绳槽过宽

(c) 天轮、导向轮等
绳槽过窄

图 3-22 绳槽与钢丝绳接触面积

实际应用中绝对不允许钢丝绳的实际直径大于卷筒的螺距。

如果绳槽过度磨损,还可以对其重新加工。但是加工之前,应对天轮、导向轮等绳槽进行检查,以确认经加工后的绳槽底部还有足够的强度。

3.4.4.6 钢丝绳的磨合

钢丝绳安装完毕后,新钢丝绳应在低速、低负荷下(如 10%钢丝绳破断拉力下)磨合运行一定次数,以保证新钢丝绳能够自我调整并逐渐适应工作条件。但绝对不允许在满负荷或超负荷条件下对钢丝绳进行磨合运转。

3.4.4.7 使用中的破坏因素

钢丝绳作为易损件和消耗性材料,使用中正常的疲劳和磨损失效是不可避免的,为了增强安全可靠性能,就要避免使用中可能导致钢丝绳破坏的违规操作。

(1)反向弯曲。

钢丝绳通过滑轮和卷筒时,如果采用反向弯曲,钢丝绳的使用寿命比同向弯曲降低约50%,因此,一般情况下,应尽量避免在设计中采用反向弯曲。在不可避免的情况下,应设法增加两者之间的间距。

(2)扭结。

钢丝绳扭结会使钢丝绳的破断拉力损失约 50%,解卷方法错误或使用中处于松弛状态的钢丝绳被突然拉紧等都会产生扭结现象。

(3)冲击载荷。

钢丝绳受到冲击载荷时,其冲击值比想象中的要大得多,有时会直接造成钢丝绳断裂。冲击载荷(F)的计算经验公式如下:

$$F = Q_j \times \left[1 + \left(1 + \frac{2ES_0h}{Q_jL} \right)^{1/2} \right] \tag{3-1}$$

式中：Q_j 为静载荷；E 为钢丝绳弹性模量；S_0 为钢丝绳金属横截面积；h 为自由落体高度；L 为钢丝绳悬挂长度。

（4）加速度和减速度。

钢丝绳在提升开始和停止时，运行的加速度或减速度（a）会给钢丝绳带来一个附加的张力，其计算公式见式（3-2）。如果运行中加速度或减速度过高，必将给钢丝绳施加比较大的冲击载荷。

$$F = Q_j \times \left(\frac{1+a}{g} \right) \tag{3-2}$$

提升钢丝绳运行中的加速度或减速度应符合《金属非金属矿山安全规程》（GB 16423）的规定。

（5）腐蚀。

提升钢丝绳使用的环境条件是非常恶劣的，含酸碱盐等的矿井水及含有 SO_2、H_2S、CO_2 等气体的浸蚀，泥土矿尘等杂质的沉积黏附，都会使钢丝绳表面的油脂失去防锈防腐功能，加速钢丝绳的腐蚀速度。尤其是在淋水和高速气流的冲刷下，钢丝绳油脂会很快脱落，使腐蚀和磨损更加严重。

（6）其他。

其他非正常的钢丝绳外界破坏因素，如挤压、卡阻、碰撞、乱卷、受热或电火花灼伤、天轮卷筒等配套装置不符合规定或损坏导致钢丝绳失效、未按规定补充涂油造成钢丝绳过早磨损或腐蚀失效等。

3.4.4.8　使用中的润滑和涂油

钢丝绳制造期间，原有的润滑剂对于钢丝绳在运输、存储和使用前期是可以提供足够的保护作用的；然而，为了获得最佳的使用性能，大多数钢丝绳将得益于使用期间涂油的应用，润滑剂的种类选择主要取决于钢丝绳的使用条件和钢丝绳工作的环境条件。

使用期间所涂的润滑剂必须与制造期间使用的润滑剂一致。对于摩擦驱动钢丝绳，所涂润滑剂不得降低其摩擦性能，应依照钢丝绳制造商或原设备制造商的推荐。

使用期间典型的涂油方法是用刷子涂油、点滴涂油、便携式压力喷射涂油或高压喷射涂油。高压喷射涂油是在高压下将润滑剂强力喷入钢丝绳中，这样不仅可以同时清洗钢丝绳，还能除去湿气、残余油垢和其他污染物。

错误地使用润滑剂也可能导致钢丝绳性能降低，严重时会检测不到钢丝绳内部的腐蚀情况。

涂油过多或涂油类型错误还可能导致钢丝绳表面积累杂质或砂粒等，进而对钢丝绳、天轮和卷筒造成磨损损坏，甚至会给钢丝绳是否达到报废标准的真实条件的评估带来困难。

3.4.5　检查与试验

3.4.5.1　使用中钢丝绳的检查和更换

1）检查周期

钢丝绳的检查一般分为日常检查、定期检查和专项检查，检查的项目、部位和周期应按照相关的规程或标准执行。

2）检查部位

应对钢丝绳全长所有可见部位进行检查，同时应特别注意下列部位：

（1）运动绳和固定绳的始末。

（2）通过天轮或绕过天轮的绳段；在重复作业的机构中，应特别注意机构吊载期间绕过天轮的任何部位。

（3）位于定滑轮的绳段。

（4）由于外部因素（如轮槽边缘）可能引起磨损的绳段。

（5）腐蚀和疲劳的内部检查。

（6）卷筒上钢丝绳由上层转到下层的临界段。

（7）处于热环境的绳段。

对于绳端固定部位，还应特别注意这些部位的检查：从固定端引出的绳段；绳端固定装置的变形或磨损；可拆卸装置（如压板、楔形接头、绳夹等）的内部绳段和绳端。

3）报废标准

钢丝绳的报废标准应按照相关的规程和标准执行。

实际操作中，主要应考虑并判断下列项目的使用安全程度。

（1）断丝的性质和数量。

（2）绳端断丝。

（3）断丝的局部聚集。

（4）断丝的增加率。

（5）外部磨损。

（6）外部及内部腐蚀。

（7）畸变（如扭结、弯折、局部压扁、绳芯挤出、绳股挤出、绳径局部减小、绳径局部增大、钢丝挤出、灯笼状畸变、波浪形、股松弛等）。

（8）绳径减小（绳芯损坏所致）。

（9）绳股断裂。

（10）弹性降低。

（11）永久伸长的增加率。

（12）由受热和电弧影响引起的损坏。

3.4.5.2　钢丝绳的检验

《金属非金属矿山安全规程》（GB 16423—2020）对矿用钢丝绳使用前和使用中的检验有明确的要求：提升钢丝绳、平衡钢丝绳、罐道钢丝绳、制动钢丝绳使用前均应进行检验，并有相关责任人员签字的检验报告。经过检验的钢丝绳储存期不超过 6 个月，超过 6 个月应重新检验。

在用的缠绕式提升钢丝绳应按下列要求进行检验。

断丝和磨损情况日常检查：作业人员每日检查 1 次；提升管理部门每周检查 1 次；矿山管理部门每月检查 1 次；检查时钢丝绳速度不大于 0.3 m/s；由于卡罐或突然停车等情况而使钢丝绳在运行中受到猛烈拉力时，应立即停止钢丝绳的运转并对其进行检查。

定期检验：升降人员或升降人员和物料用的，自悬挂时起每 6 个月检验 1 次；有腐蚀性气体的矿山，每 3 个月检验 1 次；专门升降物料用的，自悬挂时起 1 年内进行第 1 次检验，以后每 6 个月检验 1 次；悬挂吊盘等用的，自悬挂时起每年检验 1 次。

钢丝绳的定期检验应由有专业资质的检验、检测机构进行，并提供检验报告。达到报废标准的钢丝绳应立即更换。所有检查和处理结果均应记录存档。

钢丝绳的检验过程主要包括报验、备样、力学性能试验和试验结果判定等，检验依据为《金属非金属矿山提升钢丝绳检验规范》（AQ2026）。钢丝绳的检验主要包括外观检验和力学性能检验两部分。悬挂前新绳和在用钢丝绳的检测重点各有不同。

1）悬挂前新绳的外观检验

（1）钢丝绳直径的测量。

钢丝绳直径应用带有宽钳口的游标卡尺测量，其钳口的宽度应足以跨越两个相邻的股。新绳试样长度应不小于 1.5 m（进行钢丝绳整绳破断力检验时，还应根据检验方法的要求提供足够长度的试样），在相距至少 0.4 m 的两处选取 2 个截面，并在同一截面上互相垂直地测量 2 个数值。将 4 个测量结果的平均值作为钢丝绳的实测直径，实测直径与公称直径相比其偏差为圆股 $\frac{+5\%}{0}$、异形股 $\frac{+6\%}{0}$、压实股 $\frac{+7\%}{0}$。

（2）拆股钢丝直径的测量。

用分辨率不低于 0.01 mm 的千分尺，尽量在未受损伤处的同一横截面互相垂直的方向上测量；至少在 3 个不同部位测量，且将测量值的算术平均值作为拆股钢丝的测试直径。钢丝的实测直径允许偏差见表 3-15。

表 3-15　直径允许偏差　　　　　　　　　　　　　　　　　mm

公称直径 d	光面、B 级和 AB 级	A 级
0.08≤d<0.20	±0.005	—
0.20≤d<0.40	±0.01	—
0.40≤d<0.60	±0.01	±0.03
0.60≤d<1.00	±0.02	±0.03
1.00≤d<1.60	±0.02	±0.04
1.60≤d<2.40	±0.03	±0.05
2.40≤d<3.70	±0.03	±0.06
3.70≤d<5.20	±0.04	±0.07
5.20≤d≤6.00	±0.05	±0.08

（3）钢丝绳不松散度检查。

《金属非金属矿山提升钢丝绳检验规范》（AQ 2026—2010）规定，将钢丝绳一端解开相对称的两个股，约两个捻距长，当这两个股重新恢复到原位后，不应自行再散开（多层股、四股扇形股及编结使用的钢丝绳除外），但允许直径略有增大。

（4）拆股钢丝的表面状态。

拆股钢丝的表面状态应符合《重要用途钢丝绳》（GB/T 8918）中的相关规定，压实股钢丝绳符合《压实股钢丝绳》（YB/T 5359—2020）的相关规定。

（5）钢丝绳外观主要缺陷的检验。

钢丝绳外观主要缺陷：断丝、跳丝、缺丝、钢丝交错或松紧不均匀、捻制不良、绳股打结、错接、麻芯外露、锈蚀、涂油不良、表面损伤。对于镀锌钢丝绳，在外观主要缺陷检查时应注意是否存在钢丝绳镀层脱落、镀疤等情况。

2）在用钢丝绳的外观检验

（1）绳径变细量（磨损程度）的检测。

《金属非金属矿山提升钢丝绳检验规范》（AQ 2026—2010）规定，钢丝绳试样直径与公称直径相比，其缩小不应超过 10%。

（2）拆股钢丝直径的测量。

用分辨率不低于 0.01 mm 的千分尺，尽量在未受损伤处的同一横截面互相垂直的方向上进行测量；至少在 3 个不同部位测量，测量值的算术平均值作为拆股钢丝的测试直径。钢丝的实测直径应符合《制绳用圆钢丝》（YB/T 5343—2015）的规定。

（3）锈蚀状况的外观检查。

《金属非金属矿山提升钢丝绳检验规范》（AQ 2026—2010）规定，钢丝绳不应有锈蚀严重、点蚀麻坑形成沟纹、外层钢丝松动或断股现象。若出现上述情况，不论断丝数或绳径变细多少，都必须立即更换。

（4）在用钢丝绳断丝。

在用钢丝绳的钢丝损坏形式主要有疲劳断丝、强力拉伸断丝、磨损断丝、扭转断丝与锈蚀断丝。断丝情况不同，断口不同，如疲劳断丝的断口齐平。若送检样品存在此类断丝情况，说明钢丝绳已接近使用后期，应通知客户注意，且做好更换新绳的准备。磨损断丝的钢丝，断口两侧呈斜茬，断口扁平，出现在钢丝绳磨损严重的部位。锈蚀断丝的钢丝，断头呈钎尖状，锈蚀严重的钢丝绳在使用后期会出现这种情况。在拉力超过强度极限后，或钢丝绳松弛"打结"而又突然受到拉力作用，会出现钢丝扭断的情况，断口呈扭劈斜茬形状。钢丝绳出现断丝，会使钢丝绳强度降低。如果断丝集中在一个捻距内或同一断面内，则会严重影响钢丝绳强度，可能会造成事故。同一截面内钢丝断丝数量较多时，则说明该点有可能是钢丝绳的最大受力点，也从侧面反映出钢丝绳产品质量有问题，可定性为脆断。脆断系钢丝含杂质可能超标。因送检样品多属端头，端头部分所反映的问题可间接反映出钢丝绳中间部位的损坏程度。检测检验机构对在用钢丝绳端头样品的外观进行检测时，要对各种可能出现的问题做到心中有数，可减少风险因素。

3）钢丝绳力学性能检验

《金属非金属矿山提升钢丝绳检验规范》（AQ 2026—2010）规定，在悬挂前，应对新钢丝绳进行拉断、弯曲和扭转 3 种试验，并以公称直径和抗拉强度为准对试验结果进行计算和判定，当不合格钢丝的断面积与钢丝总断面积之比达到 6% 时，不应用于升降人员；达到 10%，不应用于升降物料；以合格钢丝拉断力总和为准算出的安全系数，应符合《金属非金属矿山安全规程》（GB 16423—2020）的规定。

如果安全系数不符合以上规定，则不应使用该钢丝绳。

使用中的钢丝绳，可只进行钢丝的拉断和弯曲 2 种试验。试验结果仍以公称直径为准进行计算和判定：不合格钢丝的断面积与钢丝总断面积之比达到 25%（三角股芯的低碳钢丝、填充丝和补棱丝不计在内）时，应更换；以合格钢丝拉断力总和为准算出的安全系数，应符合下列规定。

在用的提升钢丝绳，定期检验时安全系数小于下列数值的应更换：专作升降人员用的，

7.0；升降人员和物料用的，升降人员时 7.0 或升降物料时 6.0；专作升降物料用的，5.0；悬挂吊盘等用的，5.0。

《金属非金属矿山提升钢丝绳检验规范》（AQ 2026—2010）中明确规定：提升用钢丝绳新绳须进行钢丝绳整绳破断试验（或最小破断钢丝拉力破断总和），但是应优先采用整绳破断拉力的方法进行检验和考核。

（1）钢丝破断拉力检验。

钢丝破断拉力检验的目的是检查钢丝抗拉强度值和计算最小钢丝破断拉力总和。检验时应按《金属材料 拉伸试验 第 1 部分：室温试验方法》（GB/T 228.1）规定的程序进行，钳口之间的距离应不小于 100 mm。

（2）钢丝反复弯曲检验。

钢丝反复弯曲检验是检查钢丝的耐反复弯曲性能并显示其缺陷的试验。检验应按照《金属材料 线材 反复弯曲试验方法》（GB/T 238）的规定程序进行。检验要达到检测出每根钢丝丝样断裂时反复弯曲次数的目的。试验机必须按照图 3-23 所示的原理和表 3-16 中列出的尺寸制造。

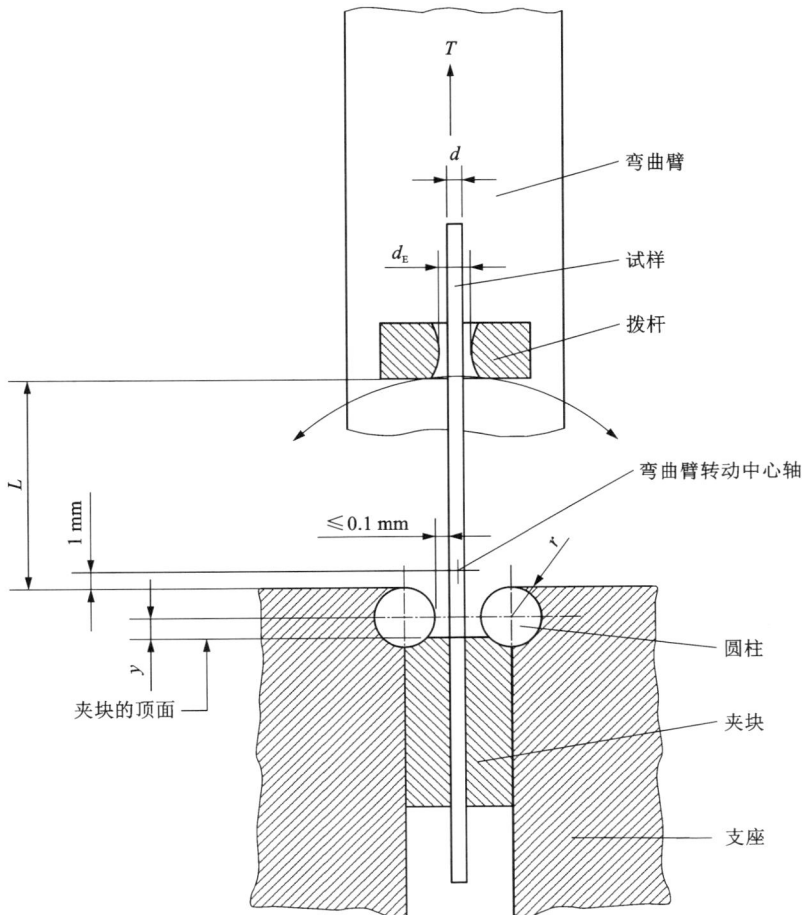

图 3-23　反复弯曲试验原理图

表 3-16 反复弯曲试验参数　　　　　　mm

圆形金属线材公称直径 d	圆柱支辊半径 r	距离 L	拨杆孔直径 d_g^*
$0.3 \leqslant d < 0.5$	1.25 ± 0.05	15	2.0
$0.5 \leqslant d < 0.7$	1.75 ± 0.05	15	2.0
$0.7 \leqslant d < 1.0$	2.5 ± 0.1	15	2.0
$1.0 \leqslant d < 1.5$	3.75 ± 0.1	20	2.0
$1.5 \leqslant d < 2.0$	5.0 ± 0.1	20	2.0 和 2.5
$2.0 \leqslant d < 3.0$	7.5 ± 0.1	25	2.5 和 3.5
$3.0 \leqslant d < 4.0$	10.0 ± 0.1	35	3.5 和 4.5
$4.0 \leqslant d < 6.0$	15.0 ± 0.1	50	4.5 和 7.0
$6.0 \leqslant d < 8.0$	20.0 ± 0.1	75	7.0 和 9.0
$8.0 \leqslant d \leqslant 10.0$	25.0 ± 0.1	100	9.0 和 11.0

注：* 较小的拨杆孔直径适用于较细直径的线材（见第 1 栏），而较大的拨杆孔直径适用于较粗直径的线材（见第 1 栏）。对于第 1 栏所列范围直径，应选择合适的拨杆孔直径以保证线材在孔内自由活动。

钢丝试样应尽量平直，但试验时，在试验弯曲的平面内允许有轻微的弯曲。必要时，可以用手矫直试样；在不能用手矫直试样时，可在木材、塑性材料或铜的平面上用相同材料的锤头矫直。矫直过程中不应损伤线材表面，且试样也不应产生任何扭曲，有局部硬弯的线材不应矫直。

试验时，应首先使拨杆处于垂直位置，将试样从拨杆孔插入，在两夹持面之间夹住其一端，使试样垂直于两圆弧中心线的水平面，将试样的自由端垂直位置向右弯曲 90°，返回起始垂直位置，作为第一次弯曲。然后向左进行一次 90° 反复弯曲，作为第二次弯曲。如此，依次连续进行反复弯曲以达到标准规定的次数或到试样折断为止。试验断裂的最后一次弯曲不计入弯曲次数。试验结果应符合《金属非金属矿山提升钢丝绳检验规范》（AQ 2026—2010）的相关规定。

（3）钢丝扭转试验。

扭转试验是检查钢丝在扭转时的变形性能并显示不均匀性及内外缺陷的试验，是钢丝绳的主要韧性参数，试验应按照《金属材料 线材第 1 部分：单向扭转试验方法》（GB/T 239.1—2023）规定程序进行。

钢丝的扭转试验是将试验丝样的两端置于线材扭转试验机夹头内夹紧，使丝样承受一定的拉紧力，根据 GB/T 239.1 规定的方法进行 360° 单向，扭转一圈为扭转一次，直至达到产品规定的扭转次数或试验丝样扭断为止。

钢丝扭转试验机原理图如图 3-24 所示。

钢丝试样应尽量平直，必要时，可以用手矫直试样；在不能用手矫直试样时，可在木材、塑性材料或铜的平面上用相同材料的锤头矫直。矫直过程中不应损伤线材表面，且试样也不应产生任何扭曲，有局部硬弯的线材不应矫直。

试验机夹头钳口应有足够的硬度，夹头钳口硬度应在 55HRC 至 65HRC 之间，两夹头必须保持在同一轴线上，并使试样轴线与扭转轴线相重合，且不对试样施加任何弯曲力。试验机的两夹头中的一个夹头应能转动，但不能沿轴线移动，另一个夹头应仅能沿轴线移动而不

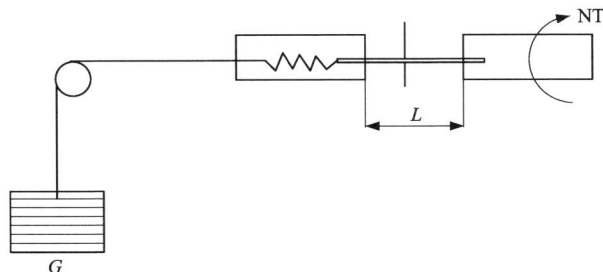

图 3-24　钢丝扭转试验机原理图

能转动。试验机中可以沿轴线移动的夹头应有能使试样拉紧的装置，试验机应有记录扭转次数的记录装置及测量夹头标距的刻度尺。试验机钳口之间的公称标距长度应按表 3-17选定。

表 3-17　根据线材公称直径或特征尺寸所确定的夹头间标距长度

线材公称直径 d 或特征尺寸 D/mm	两夹头间标距长度 L（公称值）[①]/mm
$0.1 \leqslant d(D) < 1$	$200d(D)$
$1 \leqslant d(D) < 5$	$100d(D)$
$5 \leqslant d(D) \leqslant 10$	$50d(D)$
$10 < d(D) \leqslant 14$	$22d(D)$[②]

注：①夹头间标距长度最大为 300 mm；②适用于钢线材。

将试样加入试验机夹头后，以合适的恒定速度旋转可转动夹头，直至试样达到规定的扭转次数或断裂为止。扭转速度应符合《金属材料　线材第 1 部分：单向扭转试验方法》（GB/T 239.1—2023）中表 3 的规定。

当试样的扭转次数、表面及断口符合有关标准规定时，该试验有效。如果试样未达到规定的扭转次数而发生断裂，且断口位置在距离夹头 $2d$ 范围内时，则该次试验无效。如果试验过程中发生严重劈裂，则最后一次扭转次数不计，扭转试验的断裂类型应符合《金属材料　线材第 1 部分：单向扭转试验方法》（GB/T 239.1—2023）中附录 C 的规定。试验结果应符合《金属非金属矿山提升钢丝绳检验规范》（AQ 2026—2010）的规定。

（4）钢丝绳整绳破断拉伸试验。

钢丝绳整绳破断拉伸试验是将钢丝绳试样置于拉力机上，在试样的两端缓慢施加一个拉力负荷，直至钢丝绳出现断丝、断股或断绳，以测定钢丝绳破断拉力或其他力学性能。

钢丝绳的整绳破断试验是考核钢丝绳捻制质量的主要手段。钢丝绳绳股、股丝张力不匀是造成钢丝绳破坏、影响使用寿命的重要因素。单丝拉力试验计算出的单丝破断拉力总和往往大于整绳破断拉力值，而整绳破断拉力值更接近实际提升的情况。因此为保证矿井安全提升，对矿用钢丝绳进行整绳破断试验具有特别重要的意义。

整绳破断拉伸试验应依据新标准 GB/T 8358—2023《钢丝绳破断拉力测定方法》规定的方法进行，若试验时钢丝绳试样在距离夹头 $6d$ 或 50 mm（两者取其小者）内破断，则该试验无效；当实测破断拉力符合相关标准规定时，该试验有效，否则该试验无效。判定结果以试样断股（单股绳断丝）时的拉力，作为实测破断拉力。

钢丝绳的整绳破断试验有多种方法，一般有套压法、缠绕法、直接夹持法、浇铸法等。

①套压法是将钢丝绳试样用套管压紧后再夹持在试验机钳口内直接进行拉伸的试验方法。本方法适用于金属芯类钢丝绳的破断拉伸，对于纤维芯钢丝绳，若采用套压法，建议在套压处去掉纤维芯，并以同股径的钢芯充实此段，再套压。

②缠绕法是将钢丝绳试棒直接缠绕在卷轮上进行拉伸的试验方法。本方法一般适用于绳径小于 30 mm 的钢丝绳，对于直径大于 30 mm 的钢丝绳，建议采用浇铸法。

③直接夹持法是将钢丝绳试验直接夹持在试验机钳口内进行拉伸的试验方法。本方法适用于 1×3、1×7、1×19 等结构的钢丝绳的检验。

④浇铸法是将钢丝绳试样两端打散且把清洗干净的散头置于模具内用熔融的金属浇铸，待冷却至常温后，去掉模具，将成样夹持在试验机钳口座内直接进行拉伸的方法。本方法一般适用于绳径大于 6 mm 或者丝径大于 0.5 mm 的钢丝绳。

3.5　辅助设备

3.5.1　罐笼提升辅助设备

3.5.1.1　罐笼承接设备

在使用罐笼提升的竖井中，由于在各中段需进出矿车或设备，因此必须通过罐笼承接设备将罐笼内的轨道与各中段平台的固定轨道衔接起来，才能保证正常进出矿车或设备。提升罐笼的提升钢丝绳在运行过程中因载荷的变化，使钢丝绳长度发生不同程度的变化，提升机司机是无法掌握这些变化的，对于双罐笼竖井提升，井上和井下的罐笼难以同时对准进出车平台位置。此时需要采用罐笼承接设备才能调节、补偿提升钢丝绳长度的不同变化，以满足提升机司机正确操作的停罐要求，保证各中段能顺利进出矿车或设备。目前，常用的罐笼承接设备有摇台和托台。

（1）摇台。

摇台作为罐笼的承接设备，容易与提升信号系统实现闭锁，是一种比较理想的设备，其应用范围广，适用于井口、井底和多水平提升的中间运输巷道。

摇台是一种可上下摆动，用于补偿提升钢丝绳的弹性伸长、残余伸长及提升停罐的位置误差，使竖井各水平上的固定轨道与罐笼内轨道相衔接的设备，其操作方式有手动、气动、液动、电动和电液动控制等多种类型。

摇台由能绕轴旋转的两个钢臂构成，图 3-25 所示为气动/手动两用摇台结构示意图，摇台位于井口两侧通向罐笼进出口处。当罐笼停于装卸载位置时，动力缸 3 中的压缩空气排出，装有轨道的钢臂 1 靠自重绕轴 5 转动落下搭在罐笼底座上，将罐内的轨道与车场的轨道连接起来，以方便罐内矿车出罐和井口矿车进入罐内。固定在轴 5 上的摆杆 6 用销子 7 与活套在轴 5 上的摆杆套 9 相连，摆杆套 9 前部装有滚子 10。矿车进入罐内后，压缩空气进入动力缸 3，推动滑车 8，滑车 8 推动摆杆套 9 前的滚子 10，使轴 5 转动抬起钢臂 1，罐笼即可进行正常的提升运行。

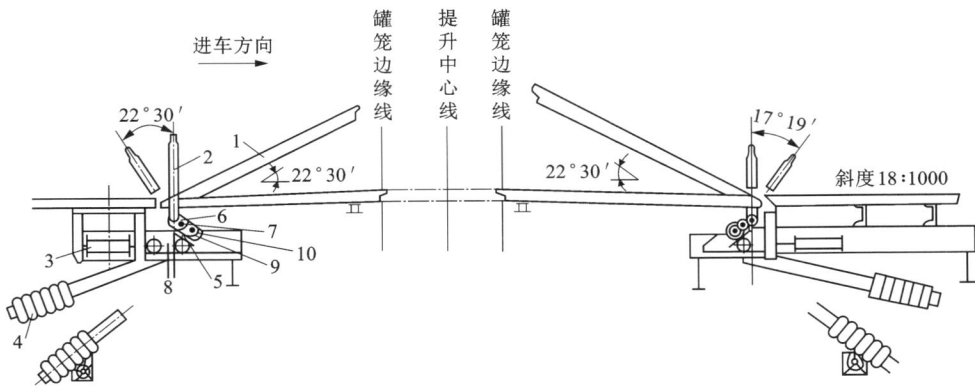

1—钢臂；2—手把；3—动力缸；4—配重；5—轴；
6—摆杆；7—销子；8—滑车；9—摆杆套；10—滚子。

图 3-25　摇台结构示意图

当动力缸发生故障或其他原因时，也可用临时手把 2 进行人工操作。此时要将销子 7 去掉，并使配重 4 部分的质量大于钢臂 1 部分的质量。这时钢臂 1 的下落靠手把 2 转动轴 5，抬起钢臂靠配重 4 实现。

使用钢丝绳罐道的罐笼，用摇台作承接装置时，为防止罐笼由于进出车的冲击造成罐笼摆动过大，可在井口与井底的金属支撑结构上专设一段刚性罐道(也称稳罐道)进行稳罐。稳罐道与罐笼上的稳罐罐耳相配合使用。在中间水平位置，因不能设刚性罐道，可采用气动或液动的专门稳罐装置。当罐笼停于中间水平位置时，稳罐装置可自动伸出凸块将罐笼抱稳。

摇台的调节范围受摇臂长度的限制，目前用于上井口的有 600~1000 mm 臂长，用于下井口的有 1500~3000 mm 臂长，其补偿高度最大可达 700 mm。应用时，根据提升罐笼载荷、提升钢丝绳特性和提升高度等因素，确定要求的补偿高度，选用相应规格的摇台。

使用摇台时还必须注意，为了保证提升安全，摇台应与提升机闭锁，即摇台未回位，提升机无法投入运行。

徐州市工大三森科技有限公司生产的 KDF 型限力锁定双释放摇台如图 3-26 所示。该摇台适用范围广、承载能力强、补偿范围大，具有过载保护功能。其规格及性能参数见表 3-18。

扫一扫，看大图

图 3-26　KDF 型限力锁定双释放摇台

表 3-18　KDF 型限力锁定双释放摇台规格及性能参数

型号	锁罐力/kN	上下释放高度/mm
KDF-80	800	-600~200
KDF-120	1200	-700~300
KDF-160	1600	-700~300

为满足深竖井大吨位提升需求，长沙矿山研究院有限责任公司提出一种基于剪刀叉原理的新型大行程载荷突变柔性补偿摇台，其补偿行程可达 1000 mm。其结构示意图如图 3-27 所示。

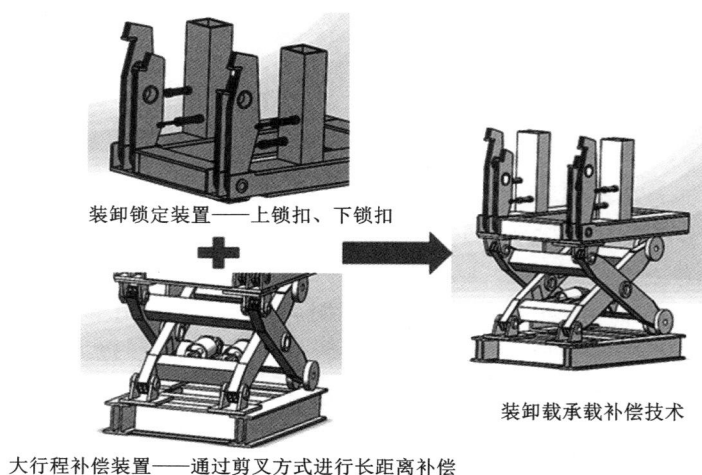

装卸锁定装置——上锁扣、下锁扣

大行程补偿装置——通过剪叉方式进行长距离补偿

装卸载承载补偿技术

图 3-27　大行程载荷突变柔性补偿摇台

（2）托台。

托台的作用是当罐笼提升到竖井井口或井底停车位置时，通过操作使罐笼落在托台上，罐笼的质量和冲击载荷由托台承担，提升钢丝绳可不受力，此时可进行装卸车工作。老式托台操作复杂，装卸车工作完成再提升时，要事先将罐座上的罐笼稍微提起，托台靠配重可自动收回原位。若提升机司机操作不慎，则易发生过卷，使提升效率降低，不利于实现自动化操作。

图 3-28 所示托台是具有活动底盘的多绳提升罐笼的承接装置，使用液压油缸传动。当罐笼停稳在低于出车平台上的某一位置时，油缸活塞杆作向上运动，带动罐托升起，罐托便将罐笼内的活动底盘从停稳位置徐徐托起，直至对准出车平台轨面为止，此时罐笼即可进行装卸。当罐笼下放时，操纵换向阀使活塞杆及罐托下降，返回原始位置，罐笼即可通过。

使用托台时，为了保证提升安全，托台应与提升机闭锁，即托台未回位，提升机无法投入运行。

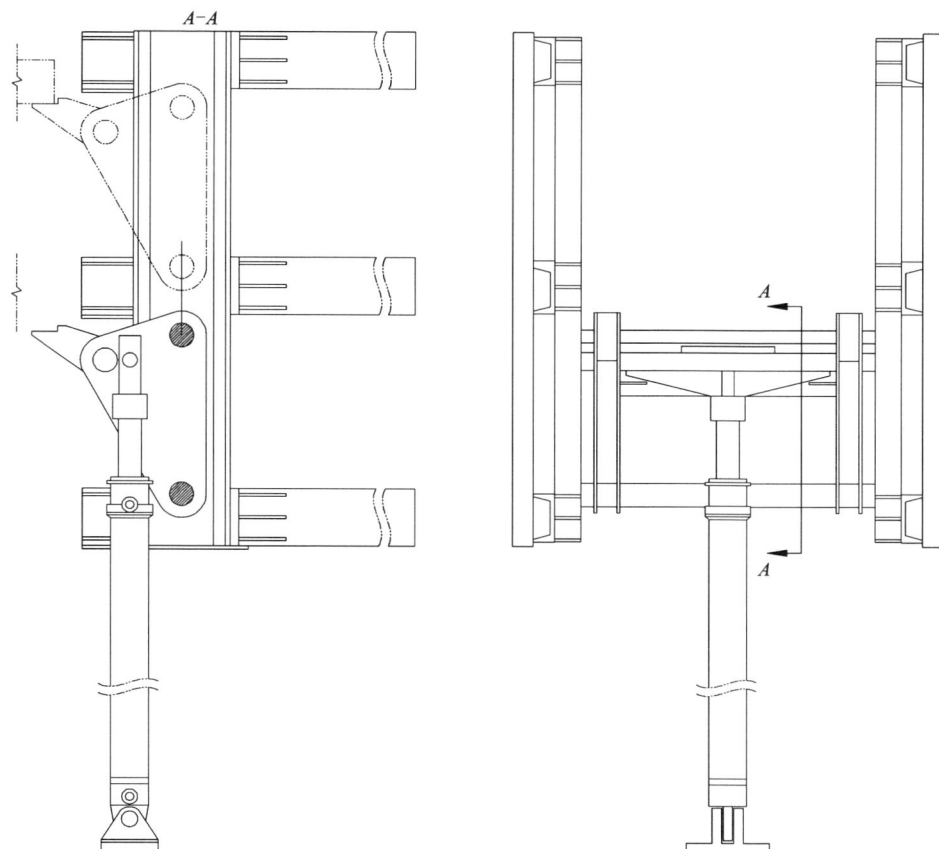

图 3-28　托台

3.5.1.2　安全门

安全门是用来关闭井口，防止人员或其他物体掉入竖井中的安全设施，竖井副井提升的各中段井口都应装有安全门。安全门应具有可靠的防护作用，不仅要开启灵活，还要便于井口的各种作业。《金属非金属矿山安全规程》(GB 16423—2020) 中明确规定：提升系统与安全门应有未关闭联锁。安全门按操作方式可分为手动、气动、电动、液动等。

(1)手动安全门。

手动安全门在一些老矿井中较常见，其开与闭是由井口推车工或把钩工来完成。常用的手动安全门结构见图 3-29。

手动安全门主要是由扁铁、角钢等材料焊接而成。此门多配合钢罐道和绳罐道使用，也有的用在木罐道上。两根扁钢横梁 3 固定在井口的金属结构上，作为安全门的导轨，两扇安全门 1 的滑轮 4 搭在横梁 3 上，当罐笼装卸载完成后，把钩工移动到井口门并关闭井口，待另一罐笼提升到井口时，把钩工再推开安全门，准备装卸载。

(2)气动安全门。

气动安全门是采用气缸为原动力进行动作的安全门。常见的气动安全门按照动作类型分为滑移式、折叠式、铰链门扇式。

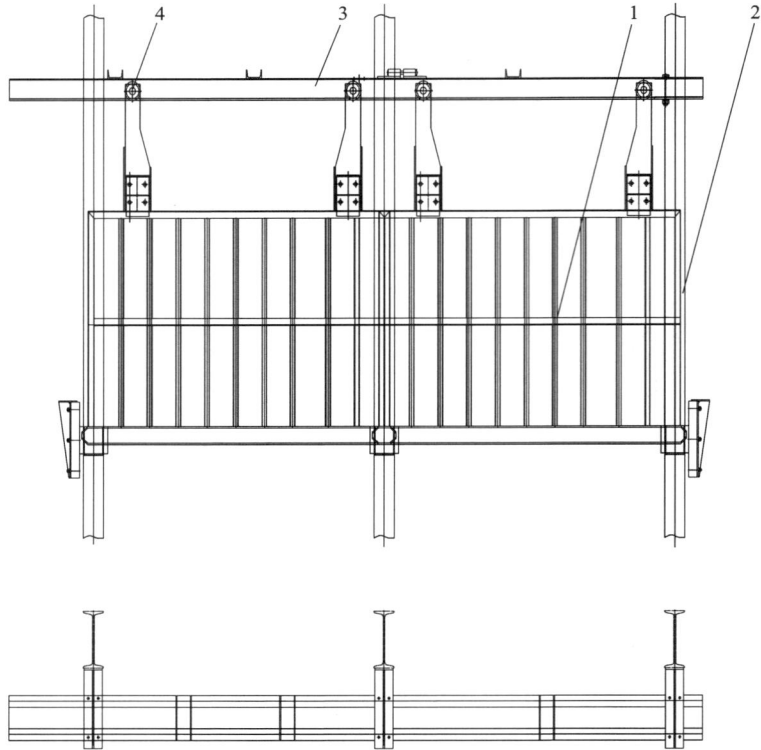

1—安全门；2—立柱；3—横梁；4—滑轮。

图 3-29 手动安全门

气动安全门结构如图 3-30 所示，主要由安全门、滑轮、横梁、气动缸等部件组成。其工作原理如下：由信号工在操作室操作气动阀，将动力送入位于井口金属结构上安装的气动缸 2，使气动缸里的活塞带动横梁 3(导轨)的一端向上提起，井口安全门即沿导轨滑向低于水平位置的一端，以便罐内进出车或上下人员。待装卸车完成或上下人员后，信号工再操作气动阀把手，关闭气动缸下面的进气阀，打开气动缸上面的气阀，使气动缸里的活塞下移，使横梁导轨下落至原来位置，安全门滑向进出车的一端，将井口关闭。

这种气动安全门的特点是安全门、摇台及阻车器可以集中控制，容易实现闭锁和自动化的规定，节省劳动力，安全可靠。其缺点主要是增加了井口装备和日常维修量。向井下运送长料时，需将安全门及导轨临时拆除，待完成任务后再重新安装。

(3)电动安全门。

电动安全门传动装置通常由电动机、摩擦轮、钢丝绳所组成，设置在中间的支架上，传动钢丝绳在摩擦轮上缠绕一周，其两端固定在门圈两旁的上端。为了使钢丝绳保持一定的张力，在绳端设有张紧弹簧，当摩擦轮作正反转时，即可带动门扇左右移动。为了方便材料装卸工作的进行，整个安全门的结构设置在一副可转动铰链上。在通常的情况下使用电动机启闭门扇，在需装卸长材料时，可将整个门的结构绕铰轴侧向打开。电动安全门的动作平稳，但在井筒内淋水较大时，需做好电动机及终端开关的防潮措施，才能保证电动安全门可靠地工作。

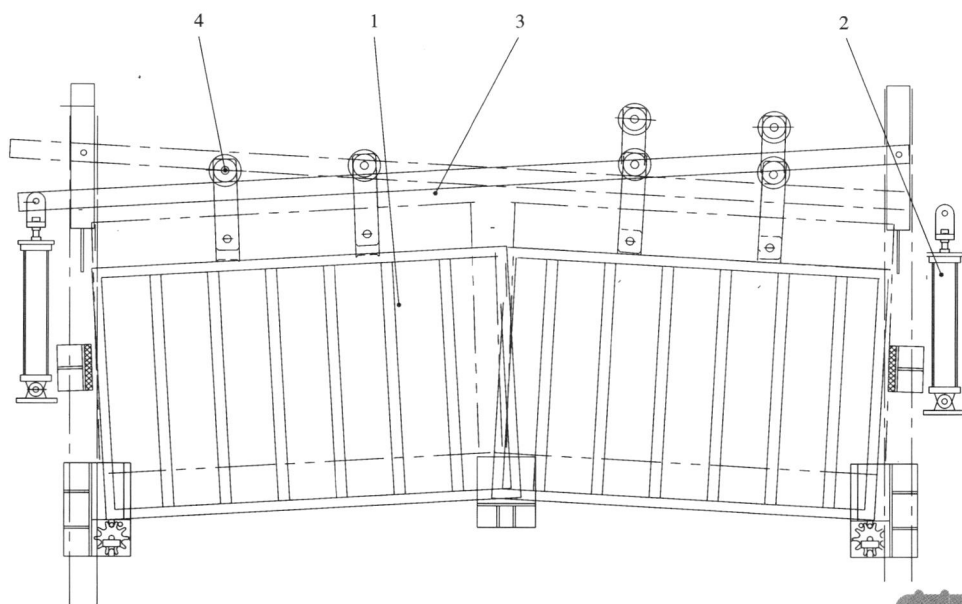

1—安全门；2—气动缸；3—横梁；4—滑轮。

图 3-30　气动安全门

扫一扫，看大图

（4）液动安全门。

随着井口液动操车设备的应用，液动安全门也广泛应用于矿井中。液动安全门的优点：采用稳定可靠的动力源，与操车设备联动方便等。矿井中用到的液动安全门有水平移动式、上抬式、旋转式等。

图 3-31 所示为链式平移液动安全门，采用液压马达 1 为原动力，通过链条 2 的传动，带动框架 4 的平移，从而完成打开、关闭的转换。

3.5.1.3　推车机

井口推车装置是用来将矿车推入罐内，将罐内矿车顶出罐笼的一种专用设备。目前使用较普遍的有钢丝绳推车机、链条推车机和销齿进罐推车机 3 种，其动力有电动、气动和液动3 种。

（1）电动绳式推车机。

电动绳式推车机如图 3-32 所示，主要由电动机、减速器、摩擦卷筒、滑车、推爪、绳轮、阻车器、钢丝绳和轨道等部件组成。

电动绳式推车机的工作原理：电动机 7 启动后带动减速器 8 转动，减速器 8 慢速轴上的摩擦卷筒 9 旋转后，驱动钢丝绳在摩擦卷筒 9 上按照需要的方向运动，滑车 10 在运行轨道上带动推爪 5 推动矿车 4 的碰头前进至阻车器 3 的位置，待罐笼提升至井口停稳后，操作阻车器 3，打开推爪 5，推车机前进，将矿车推入罐内；再将阻车器闭合拦阻后来的矿车，操作推车机后退至推车位置，等待下次的推车任务。

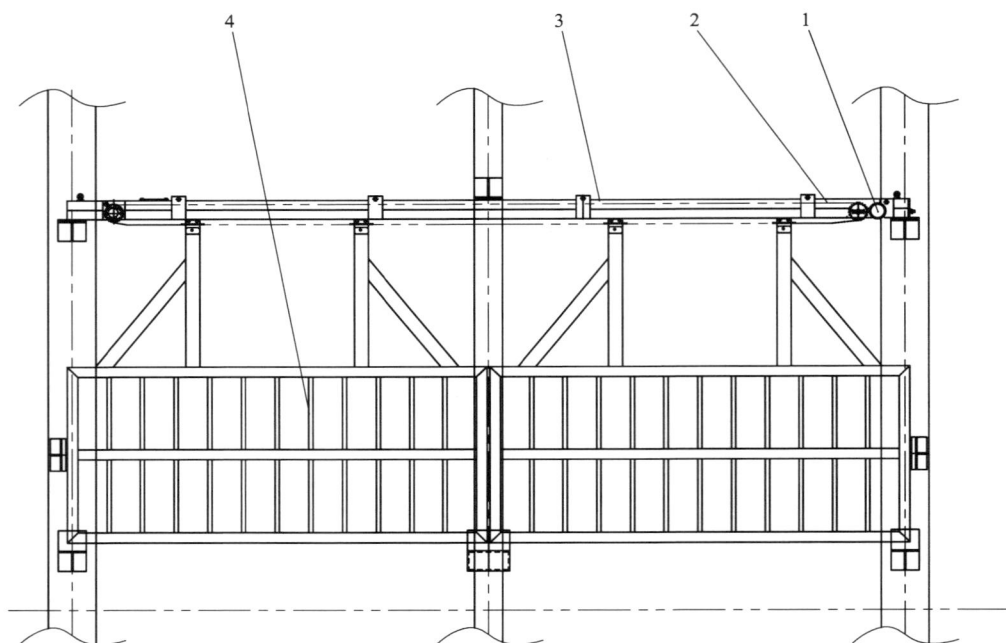

1—液压马达；2—链条；3—横梁；4—框架。

图 3-31　液动安全门

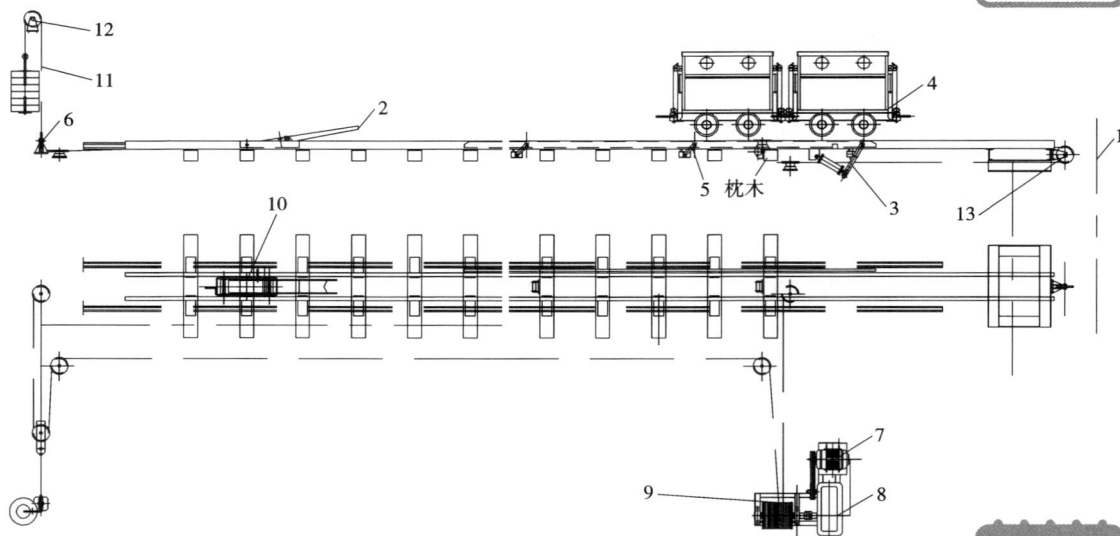

1—罐笼；2—钢臂；3—阻车器；4—矿车；5—推爪；6—绳轮；7—电动机；
8—减速器；9—摩擦卷筒；10—滑车；11—钢丝绳；12—压绳轮；13—回绳轮。

图 3-32　电动绳式推车机

（2）电动链式推车机。

电动链式推车机见图3-33，由电动机、减速器、联轴器、万向接头、链轮、链条、滑车和推爪等部件组成。

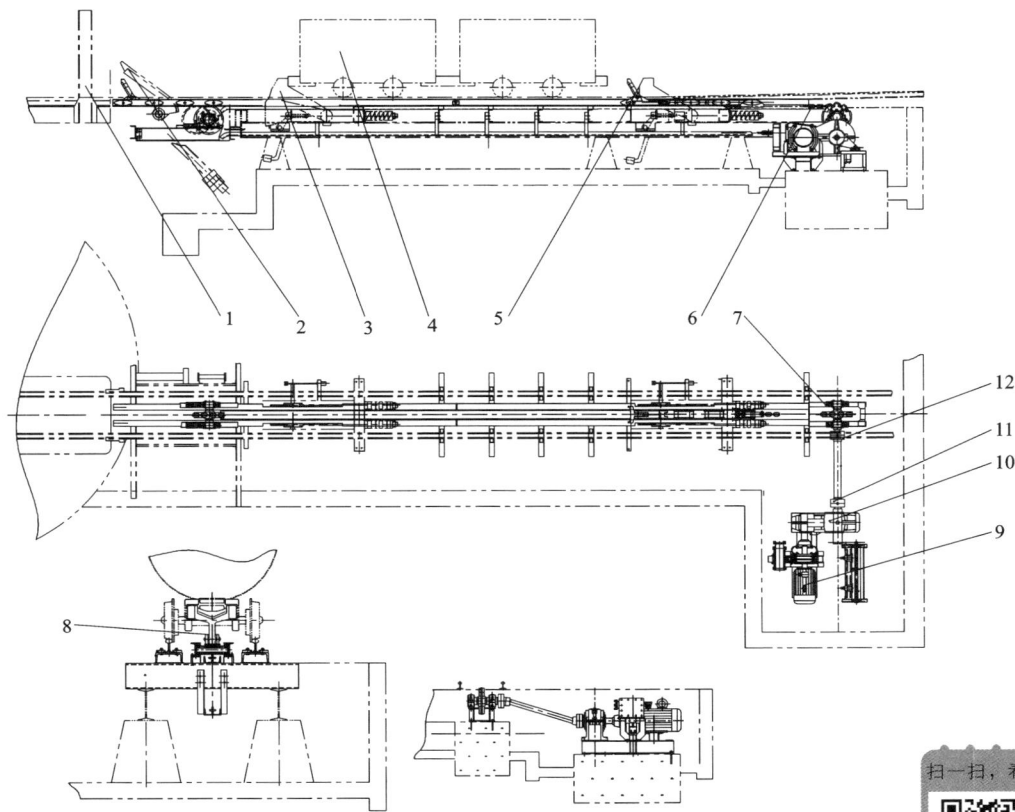

1—罐笼；2—钢臂；3—阻车器；4—矿车；5—推爪；6—链条；
7—链轮；8—滑车；9—电动机；10—减速器；11—联轴器；12—万向接头。

图3-33　电动链式推车机

电动链式推车机的工作原理：电动机9启动后带动减速器10的高速轴转动，经过减速器10变速后，减速器10的慢速轴带动链轮7转动，链轮7驱动链条6走动，使链条6牵引滑车8和推爪5推动矿车的碰头前进至阻车器3的阻爪前停住，待罐笼1提升至井口装卸载位置停稳后，此时由井口信号工操作井口安全门的控制按钮或手把将安全门移开，再将阻车器3打开，然后才能操作推车机将矿车推入罐内，完成推车任务。信号工再将阻车器3和安全门关闭，推车机退回原位置，等待下次的推车任务。

（3）销齿进罐推车机。

销齿传动属于齿轮传动的一种特殊形式，由齿轮和销齿组成，主要用于矿山井口、井底车场运输线路，推动矿车进行调车作业与进出罐笼、进出翻车机等作业，适用于矿山使用的各种型号的矿车。销齿进罐推车机系统布置如图3-34所示，其技术参数见表3-19。

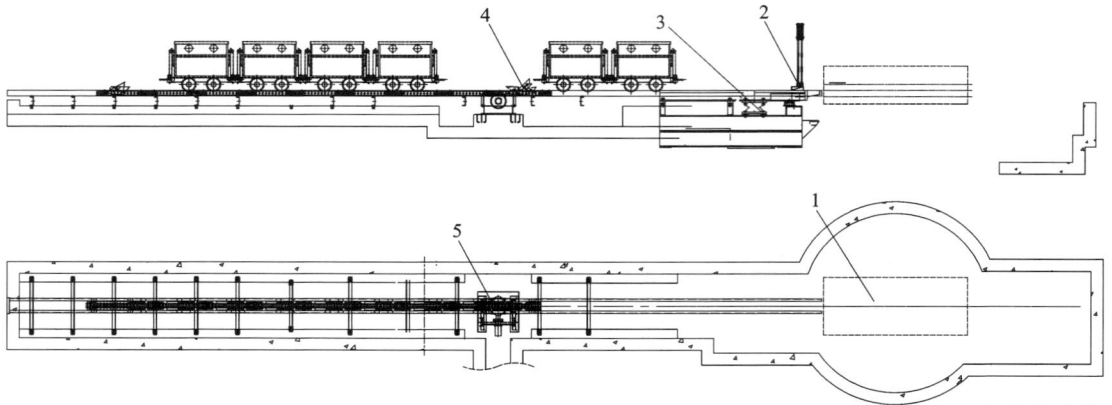

1—罐笼；2—安全门；3—自适应补偿托罐摇台；4—阻车器；5—销齿进罐推车机。

图 3-34 销齿进罐推车机系统布置图

表 3-19 销齿进罐推车机技术参数

型号	轨距 /mm	推车数	推力 /kN	推速 /(m·s⁻¹)	最大推车行程 /mm	传动方式	备注
TXY-11/S	600	1(1 t、1.5 t 标准矿车)	7.84	0.99			
TXY-11/X							
TXY-15/S	600、900	2(1 t、1.5 t 标准矿车) 1(3 t 标准矿车)	8.5~15	0.5~1.2	12000 或根据客户要求设计	销齿	液压
TXY-15/X							
TXY-18.5/S							
TXY-18.5/X							

注：推车机的推力、速度及推车行程均可根据用户要求调节。

销齿进罐推车机的特点如下。

①采用 PLC 实现了集中控制，按顺序闭锁控制环节少，简单可靠，可根据需要随时调整参数，控制精确，操作方便，适用于恶劣的工作环境。

②结构合理，布置简单，占用空间小，机械设计新颖，工作可靠、灵敏，维修工作量少。

③可最大限度地满足现场需要，能推车、调车、进罐推车，缓慢启动、快速运动、缓慢停止工作，既降低了能耗，又减轻了对罐笼、罐道的冲击，延长了设备使用寿命，减少了维护量，提高了生产效率。

④推车机速度、推力可自动调整，滑轮装有自润滑轴承，外壳包含高分子复合耐磨材料，这样大大延长了设备的使用寿命，并减小了噪声。

⑤推爪可自动起落，可控性强。

⑥易操作，适合老系统操作工的习惯操作顺序。

3.5.1.4 阻车器

线路阻车器是用于窄轨线路上的一种停车设备，它能使运动着的矿车停止在某一要求的地点，如翻车机、罐笼以及道岔的前面。阻车器一般安设在自动滑行坡道上，尤其应用在矿井井口。阻车器一旦失灵，将阻止不住运动着的矿车，会发生跑车事故，从而损坏设施，甚至危及人身安全。因此，线路阻车器既是矿井生产中不可缺少的专用设备，也是一种安全设备。

阻车器的种类有单式和复式两种。单式阻车器作为停车之用，复式阻车器除停止列车外，还起分解列车的作用，即限数放车，故又名"限数阻车器"。复式阻车器主要用于将整列车分配到罐笼或翻卸设备中。这种配车方式既简单又可靠。阻车器配车方法有多种形式，有用杠杆控制的，有设前、后两阻爪方式的，也有用星轮控制的。在线路上一般使用的是设前、后两阻爪方式的阻车器，如图3-35所示。

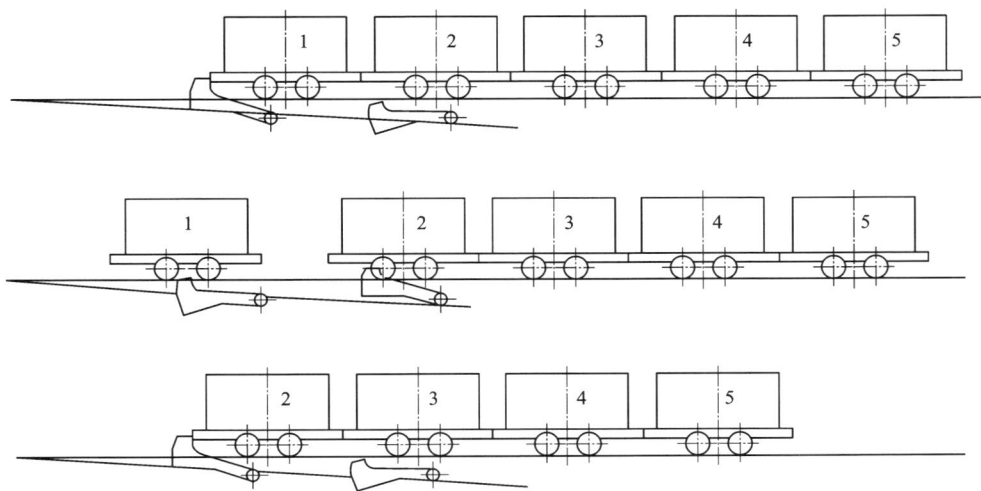

图 3-35　复式阻车器动作状态图

阻车器的动作要求：当前爪阻车时，后爪落下不起阻车作用；当前爪落下放车时，后爪一定要阻住后面的矿车。前、后两副爪是互相联系的，其联系方式有连杆机构直接联系，气、液缸管路联系。

阻车器由于用途、操纵方式和阻车方式等的不同而形成了各种型式。按用途可分为单式阻车器、复式阻车器；按阻车方式可分为阻矿车车轮式、阻矿车车轴式、阻矿车挡板式和阻矿车碰头式；按操纵方式可分为手动式(用手柄经杠杆系统操纵)、外动力操纵式(用气缸、液缸、电动减速装置、电磁铁和电力液压推动器等装置操纵)和自动操纵式。其中自动操纵式阻车器有2种操纵方式，一种是采用机械直接传动方式，利用与阻车器相配合使用的设备的运动，通过杠杆直接拨动阻车器的开闭，如利用翻车机的回转、罐笼的升降和矿车的运行等作为动力，碰撞连动阻车器的杠杆系统，使阻车器自动开、闭；另一种是采用电气操纵方式，利用相配合使用的设备来碰撞电气开关，以操纵阻车器的开闭。

阻车器是一个重要的安全设备，一般应满足如下要求。

(1)阻车器应能自锁，即要求阻车器的阻爪在阻车时不得自行打开。

(2)阻车器的阻爪位置应在操纵台上有信号显示，以便操作人员随时消除隐患事故。

（3）阻车器的开、闭应与相配合的设备连锁，尤其在罐笼井口及井底使用的阻车器要与罐笼的升降进行连锁。当罐笼不到位时，阻车器的阻爪一定是处于阻车位置。

3.5.2　竖井箕斗装卸载设备

3.5.2.1　竖井箕斗装载设备

竖井箕斗装载设备用于竖井箕斗装矿，分为计量仓式、计量输送机式和回转簸箕式。

（1）计量仓式。

计量仓式是用一个有计量控制的小仓（定量斗）定量地向箕斗斗箱内装矿。此装载设备与竖井箕斗配套，常用的为直立仓式。

图 3-36 所示为直立仓式竖井箕斗装载设备示意图，这种装载设备主要由斗箱、溜槽、闸门、控制缸和称重装置组成。当箕斗 7 到达井底装矿位置时，通过控制元件开启控制缸 2，将闸门 4 打开，斗箱 1 中的矿石便沿溜槽 5 全部被装入箕斗，然后利用称重装置 6 来控制斗箱 1 中的装矿量。

直立仓式装载设备的仓底设有称重装置，预先按箕斗吨位向斗箱内定量装矿，其闸门动作可与井底矿仓下给料机、装载输送机配合，再和称重装置连锁，实现装载程序控制。这种装置计量准确，自动化程度高，现已被广泛采用。直立仓式装载设备主要特点如下。

①预先计量，可消除箕斗装载的过载现象，减少了箕斗装载时的洒矿现象。

②箕斗悬吊装载可使提升机启动时提升钢丝绳不受到冲击，延长钢丝绳的寿命。

③采用外动力开启闸门，使装载设备不易产生误动作，安全可靠，也为提升系统自动化创造了条件。

（2）计量输送机式。

计量输送机式不需开凿较大的硐室，适用于大型矿井大吨位箕斗的装载。计量输送机式装载设备主要采用带式输送机。

图 3-37 所示为定量输送机装载设备示意图。定量输送机 2 安设在称重装置（负荷传感器）6 上。输送机 2 通过矿仓闸门 7 装矿，当装矿量达到规定重力时，由负荷传感器 6 发出信号，矿仓闸门 7 关闭，输送机停止运行。待空箕斗到达装矿位置时，输

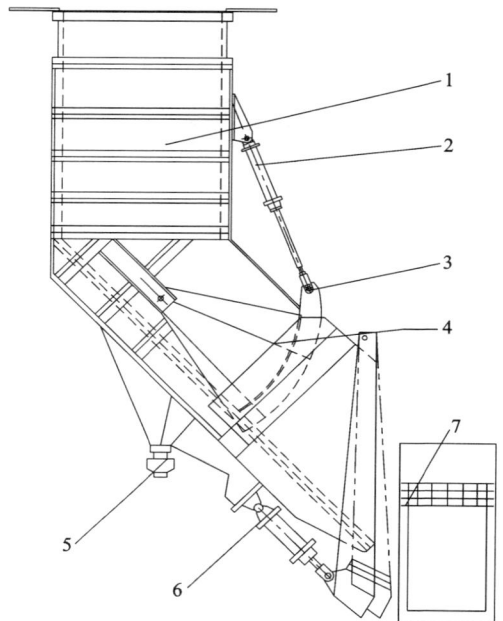

1—斗箱；2—控制缸；3—拉杆；4—闸门；
5—溜槽；6—称重装置；7—箕斗。

图 3-36　直立仓式竖井箕斗装载设备

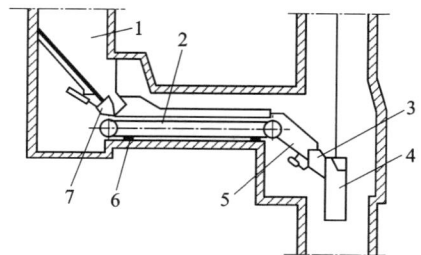

1—矿仓；2—定量输送机；3—活动过渡溜槽；4—箕斗；
5—中间溜槽；6—负荷传感器；7—矿仓闸门。

图 3-37　定量输送机装载设备示意图

送机以一定速度启动,将胶带上的矿石全部快速装入箕斗。

目前,定量输送机主要采用带式输送机,基本结构为机头(包括驱动)、机尾和中间段体,中间段是秤体,由支承架和底梁构成双门型支架,悬浮地安装在测重装置上。输送机以慢速运行载矿达到所需装矿吨位时停机,将矿暂存在输送机上。当箕斗到达装载位置后,开启输送机并以一定速度快速地将矿石送入箕斗。输送机为双速驱动,慢速贮矿,快速卸矿,自动计量控制。

(3)回转簸箕式。

回转簸箕式多用于 20 世纪 50—60 年代兴建的单绳缠绕式提升系统中,因撞击大、计量性能差,回转簸箕带矿关闭时撒矿量多,故应用得渐少,已被计量仓式装载设备所替代。

3.5.2.2　竖井箕斗卸载设备

竖井箕斗卸载设备又称箕斗闸门开闭装置,通常有固定卸载曲轨和活动卸载直轨 2 种,用于在卸载位置打开箕斗闸门卸矿。

1)固定卸载曲轨

卸载曲轨(图 3-38)是依靠曲轨打开箕斗闸门卸矿的装置。曲轨形状按箕斗闸门逐渐打开时的闸门滚轮运行(或斗箱倾斜)轨迹设置。闸门结构与滚轮位置不同,曲轨形状也随之不

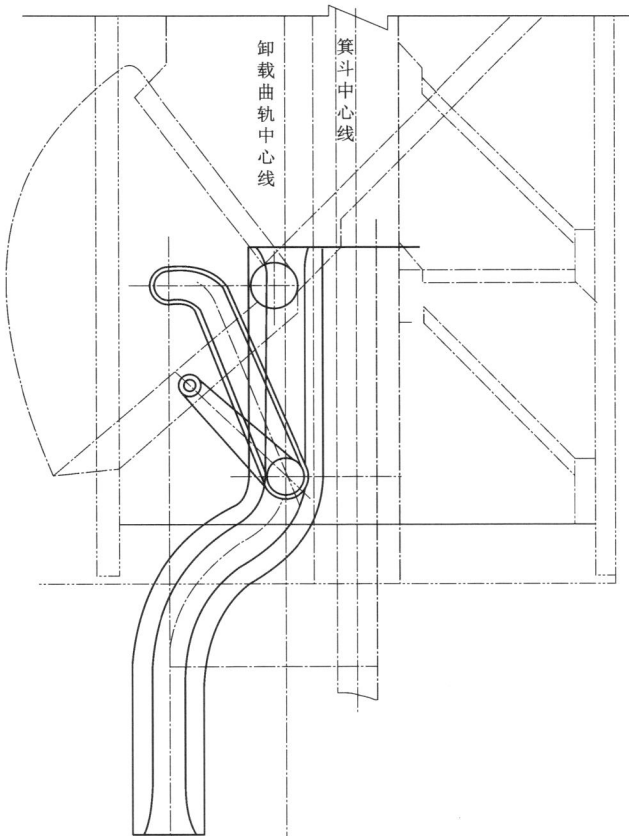

图 3-38　固定卸载曲轨

同。曲轨安装于井塔(井架)内套架上。箕斗上提运行进入曲轨前,有一段慢速运行的爬行段;当提升至卸载位置时,箕斗闸门两侧滚轮相应进入曲轨。滚轮沿曲轨继续上提的过程即为箕斗闸门逐渐打开的过程。待闸门全部打开,箕斗即停止运行,此时闸门最外点已进入井口受矿仓受料范围内,矿石沿溜矿板卸入受矿仓。卸矿完毕,箕斗下放,滚轮沿曲轨反向运行,闸门关闭。

2)活动卸载直轨

活动卸载直轨系采用外动力进行卸载。当箕斗进入卸载点时,箕斗斗箱上的导轮沿卸载直轨运行;当箕斗继续运行到某位置时(由行程开关控制),箕斗停止运行,箕斗框架保持稳定不动,此时通过外动力拉动箕斗斗箱往外倾斜进行卸料。

外动力开闭装置为依靠气(液)动控制机构打开箕斗闸门卸矿的装置,包括箕斗闸门开闭装置和舌板承接装置,如图 3-39 所示。

(1)闸门开闭装置。

闸门开闭装置依据箕斗闸门结构形式来设置。开闭方式主要有上提抓捕式和水平推移式 2 种。

①上提抓捕式适用于垂直平板闸门箕斗或侧卸扇形闸门箕斗,由垂直气(液)缸、捕爪、导轨及阀类管件等组成。箕斗到达卸矿位置并停稳后,捕爪沿导轨上行开启闸门卸矿,卸矿完毕,放下捕爪退入导轨下部曲线段,闸门关闭,箕斗下行。

图 3-39 活动卸载直轨

②水平推移式适用于底卸扇形闸门类型箕斗,由水平气(液)缸、导轨滑板和滑板行走轮等组成。箕斗到达卸载位置时,闸门滚轮进入滑板导轨。箕斗停稳后,气(液)缸动作带动滑板导轨移动,打开闸门,卸矿完毕,采取反向动作关闭闸门,箕斗下行。

采用外动力开闭装置时,箕斗提升运行可不经爬行段而直接减速停车。

(2)舌板承接装置。

舌板为井口受矿仓与箕斗卸载口之间设置的活动溜矿板,可承接撒矿之用,由气(液)缸、承接板、支座和阀类管件等组成,为外动力操作,安装于受矿仓上。舌板承接装置有倾斜滑动、水平移动和旋转等多种方式。

闸门开闭装置及舌板承接装置可单体动作,也可包含在装卸载控制系统内,实现自动化运行。

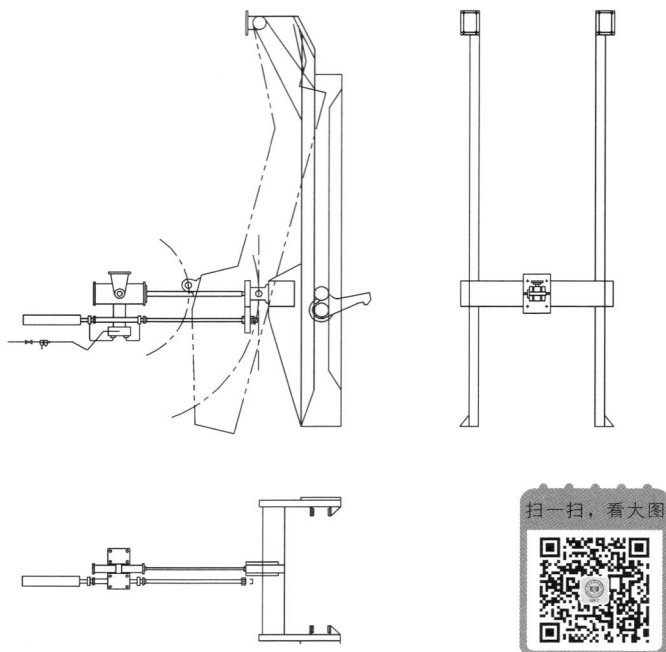

3.6　防坠与缓冲保护装置

3.6.1　防坠器

竖井提升是矿井生产系统中的重要环节，为了保证生产和人员的安全，专作升降人员用的或既作升降人员用又作升降物料用的单绳提升罐笼，应装设可靠的防坠器。

防坠器的作用是，当提升钢丝绳或连接装置断裂时，可以使罐笼平稳地支承到井筒中的罐道或制动绳上，避免罐笼坠入井底，引发事故。防坠器通常与罐笼配套使用。

根据防坠器的使用条件和工作原理的不同，防坠器可分为木罐道防坠器、制动绳防坠器和钢轨罐道防坠器。目前我国广泛采用制动绳防坠器。

3.6.1.1　制动绳防坠器

制动绳防坠器以井筒中专门设置的制动钢丝绳为支承件，钢丝绳罐道和刚性罐道的井筒均可适用。制动绳防坠器主要有滑楔式和滚动楔式，现在矿井中普遍采用滚动楔式制动绳防坠器。这种防坠器的启动机构、传动机构和抓捕机构均设置在罐笼上，缓冲机构则设置在井架平台上，并沿井筒全长敷设制动钢丝绳。制动钢丝绳穿过防坠器的抓捕机构，上端通过连接器与缓冲钢丝绳相连，下端直到井底水窝并用拉紧装置拉紧后固定。

滚动楔式制动绳防坠器的结构原理图如图3-40所示，工作原理：在正常提升过程中，主拉杆3与提升钢丝绳相连，提升钢丝绳的拉力通过主拉杆3使弹簧1处于拉伸状态，传动机构通过杠杆的端部插入抓捕机构下部楔子的方孔内。发生断绳时，在拉伸弹簧1的作用下，杠杆端部抬起，拨杆6推动滑楔2上移，使之抓捕制动绳，抓捕机构采用楔形自锁机构，在滑

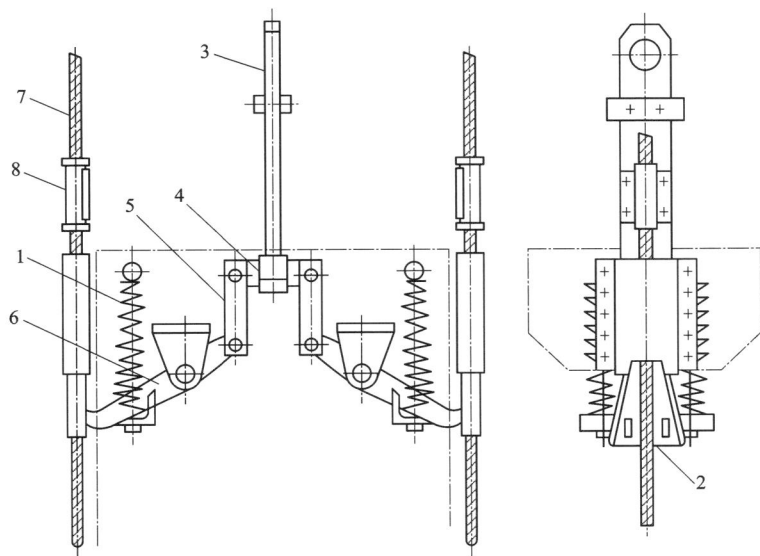

1—弹簧；2—滑楔；3—主拉杆；4—横梁；5—连板；6—拨杆；7—制动钢丝绳；8—导向套。

图3-40　滚动楔式制动绳防坠器原理图

楔 2 的斜面上设有一排滚子，外壳是一个长方形的盒子。在滑楔 2 与制动钢丝绳 7 接触后，开始产生摩擦力而制动下坠的罐笼。产生摩擦力的压力首先来自弹簧 1，然后来自罐笼的自重，罐笼越重，摩擦力越大，最终将下坠的罐笼制动在制动钢丝绳上，防止坠罐。抓捕后，滑楔 2 与钢丝绳 7 间不产生相对滑动，提高了抓捕的可靠性，而抓捕后又很容易解脱和复位。

为吸收罐笼的动能和减少对井架的冲击，制动绳上端通过缓冲器与井架相连，防坠器制动时制动绳是在一定的摩擦力作用下滑动一段距离，从而吸收了罐笼的动能并减少了冲击。

图 3-41 所示为制动绳防坠器系统布置图。制动绳 7 的上端通过连接器 6 与缓冲钢丝绳 4 相连，缓冲钢丝绳 4 通过装于天轮平台 2 上的缓冲器 5，再绕过圆木 3 在井架的另一边自由悬垂，绳端用合金浇铸成锥形杯，以防缓冲绳从缓冲器中被全部拔出。制动绳的另一端穿过罐笼 9 上的抓捕器 8 伸到井底，用拉紧装置 10 固定在井底水窝的梁上。

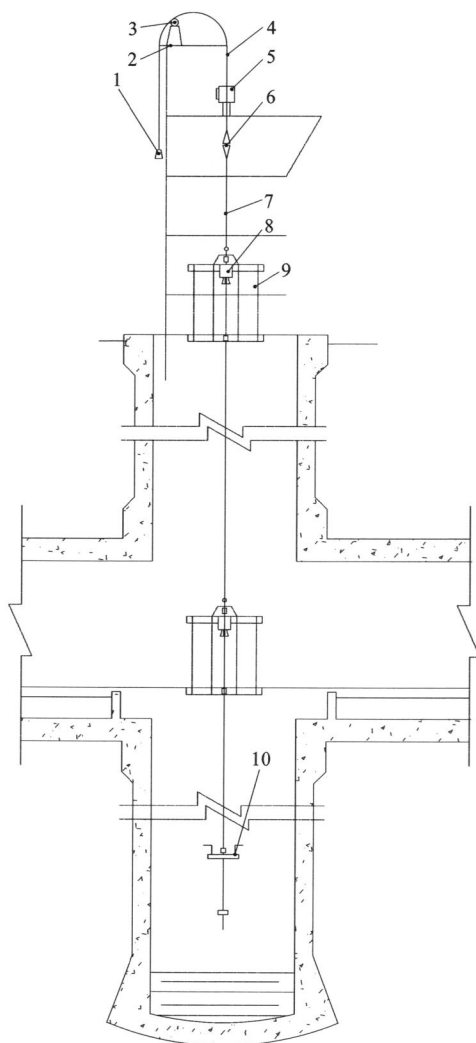

1—合金绳头；2—天轮平台；3—圆木；4—缓冲钢丝绳；5—缓冲器；
6—连接器；7—制动绳；8—抓捕器；9—罐笼；10—拉紧装置。

图 3-41　制动绳防坠器系统布置图

缓冲器的结构如图 3-42 所示，缓冲器中有三个小轴 5 和两个带回头的滑块 6，缓冲钢丝绳 3 在其间绕过，滑块的背面连有螺旋杆 1，转动螺旋杆 1 便可以带动滑块 6 左右移动，借以改变缓冲钢丝绳在小圆轴和滑块上的围抱角，从而调节缓冲力的大小。

每台罐笼通常有两个钢丝绳缓冲器设置在井架平台上。缓冲钢丝绳的结构要求选用交互捻的普通圆股钢丝绳，若采用同向捻或三角股钢丝绳时，绳股和钢丝会发生严重的松散现象，造成缓冲力不稳定，对制动性能产生不利影响。由于制动绳防坠器是利用专设的缓冲器吸收下坠罐笼的动能，因此只要调节缓冲器产生的阻力，就可以调整断绳时制动罐笼的制动减速度。

防坠器的安全技术要求如下：

（1）防坠器应具有矿用产品安全标志。

（2）对于制动绳防坠器，缓冲器、制动绳张紧装置、连接器应保持完整，其螺纹连接件和锁紧件应齐全、紧固，并有防松措施；缓冲器末端缓冲绳的余留长度应为制动距离的 2 倍以上，缓冲绳的端部必须用合金浇注成锥体形，且合金浇注处的钢丝无抽出现象；制动绳应处于张紧状态，且不妨碍制动绳运动。

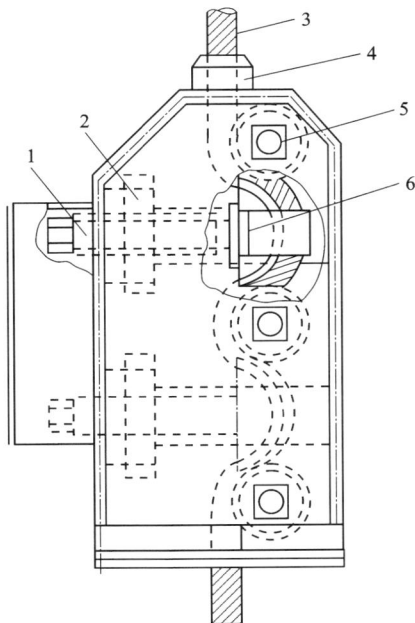

1—螺旋杆；2—螺母；3—缓冲钢丝绳；
4—密封；5—小轴；6—滑块。

图 3-42　缓冲器结构图

（3）防坠器的各个连接和抓捕机构不应存在永久变形，不应存在偏斜相咬现象，抓捕器的运动零件不应落入杂物间。

（4）防坠器的各个连接和传动部件应动作灵活，轴销齐全；对于抓捕机构为滑楔的制动绳防坠器，连杆行程与连杆最大行程之比应小于 3/4；对于抓捕机构为滚动滑楔的制动绳防坠器，滚动楔子的外露长度应为（220±5）mm；制动绳防坠器的导向套磨损应在极限范围之内。

（5）静负荷试验时，防坠器应能稳定制动提升容器。对于木罐道防坠器，抓捕器下滑距离应小于 200 mm；对于制动绳式防坠器，抓捕器下滑距离应小于 40 mm，缓冲绳在缓冲器中不得有拉动现象。

（6）脱钩试验时，防坠器应能稳定制动住提升容器，同时应满足下列要求：

①两组抓捕机构制动时的动作时间差用提升容器通过的距离来表示，不得超过 0.50 m；

②防坠器动作空行程时间不应大于 0.25 s；

③对于木罐道防坠器，防坠器下滑距离不应超过 400 mm，提升容器相对于井架的下落高度应小于 600 mm；对于制动绳防坠器，防坠器相对于制动钢丝绳的下滑距离不应超过 150 mm，提升容器相对于井架的下落高度应小于 400 mm；

④对于制动绳防坠器，重罐试验时，缓冲绳必须从缓冲器中拉出；

⑤防坠器制动过程中的负加速度应符合：在最小终端载荷（相当于罐笼内只乘一人）时，最大允许负加速度不大于 50.0 m/s^2，制动过程持续时间不应超过 0.25 s；在最大终端载荷

时，制动绳防坠器的负加速度不应小于 $10.0 \ m/s^2$，当最大终端载荷同最小终端载荷的比值大于 3 时，制动减速度不应小于 $5.0 \ m/s^2$；木罐道防坠器加速度不应小于 $5.0 \ m/s^2$。

为了保证防坠器的安全性，应对防坠器进行定期试验。

《金属非金属矿山安全规程》(GB 16423—2020)明确规定：新安装或大修后的单绳罐笼防坠器应进行脱钩试验，合格后方可使用；在用防坠器每半年进行 1 次不脱钩试验；每年进行 1 次脱钩试验。为了保证使用安全，有下列情况之一时，应按《金属非金属矿山竖井提升系统防坠器安全性能检测检验规范》(AQ 2019—2008)的要求，由安全生产监督管理部门认定的安全生产检测检验机构对防坠器进行检验和判定，合格后方可使用，具体有以下三个时间段。

(1)新安装、大修后投入使用前。

(2)闲置时间超过一年，重新投入使用前。

(3)经过重大自然灾害可能使井架或罐道结构件强度、刚度、稳定性受到损坏的提升机系统使用前。

目前国内生产的制动绳防坠器的型号规格表示方法如下：

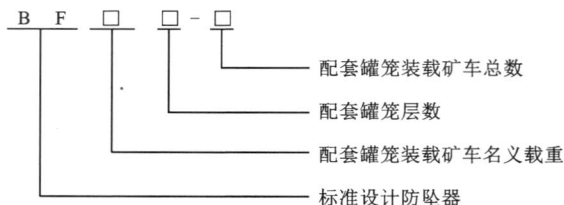

徐州煤矿安全制造设备公司生产的制动绳防坠器规格见表 3-20。

表 3-20　制动绳防坠器规格表

产品型号	BF-0511	BF-111	BF-112	BF-122	BF-152	BF-311	BF-321
最大计算制动力/kN	60	122	221	189	286	286	345
最大终端载荷/kg	2500	5300	9590	8200	12311	11800	15000
缓冲钢丝绳直径/mm	28	43	43	43	43	43	43
制动钢丝绳直径/mm	21.5	26	31	31	31	34	40
制动绳中心距/mm	960~1110	1116	1394	1116	1290	1556	1556
弹簧最大工作负荷/kN	1.5	3.14	5	3.9	5	5	7.5
楔子最大行程/mm	110	130	140	140	140	140	140

3.6.1.2　木罐道防坠器

木罐道防坠器以木罐道兼作断绳时的支承件，其结构形式很多，但都是采用弹簧启动机构和简单的杠杆传动机构，抓捕机构则采用带齿的制动爪。木罐道防坠器结构如图 3-43 所示，木罐道防坠器由两个抓捕器 8、两个小杠杆 7、两个连板 6、一个平衡板 5 及开动机构组成，其中开动机构由弹簧 3、弹簧座 2、主拉杆 1、拉杆螺母 4 组成。罐笼正常运行时悬挂装置带动主拉杆 1 向上运动并压缩弹簧 3，通过平衡板 5 及连板 6 使小杠杆 7 向上转动，抓捕器

8 通过主轴与小杠杆 7 连接,随小杠杆 7 同时做反向旋转,此时两个抓捕器 8 向下转动,使抓捕器 8 与罐道木之间保持一定间隙,保证罐笼能顺利地作上下运动。当提升钢丝绳断绳时,主拉杆 1 失去拉力,在弹簧 3 的作用下,使小杠杆 7 带动抓捕器 8 向上旋转,抓捕器 8 的制动爪刺入罐道木,以实现制动。

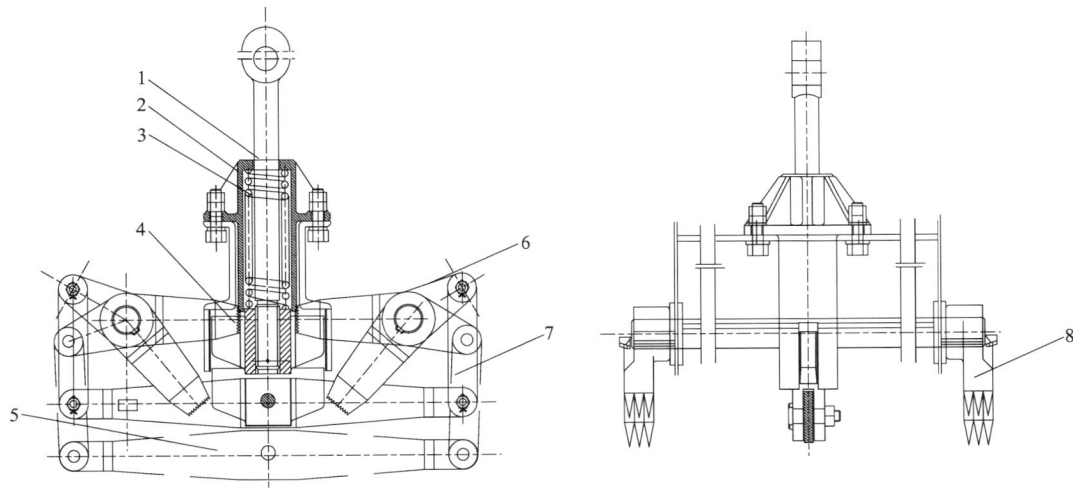

1—主拉杆;2—弹簧座;3—弹簧;4—拉杆螺母;5—平衡板;6—连板;7—小杠杆;8—抓捕器。

图 3-43 木罐道防坠器结构图

木罐道防坠器抓捕时,制动爪的齿刺入罐道木中,依靠对罐道木的切割阻力制动罐笼。每台罐笼一般有四个制动爪,分两组设在两根木罐道的两侧。制动爪有单齿和多齿两种,单齿为平铲状,在制动过程中往往会将罐道木成块劈下,从而使制动力急剧下降。多齿制动爪的齿形一般为三角形,制动过程中在罐道木上切割出几排沟槽,都对罐道木的整体损坏程度不大,制动力较为稳定。但在罐道木磨损严重或罐道梁等支承结构强度不足时,也有抓捕不可靠的情况发生。

竖井使用木罐道防坠器时,木罐道既是作为提升容器在井筒中运行时的导向装置,也是在提升钢丝绳破断之后作为防止罐笼下坠的支承元件。木罐道的结构、使用维护情况以及罐道木的物理机械性能与防坠器制动效果都有密切关系。我国大多数矿井的罐道木采用的是红松或落叶松,有的矿井也使用水曲柳,有些国家采用橡木罐道,使用效果很好。为了保证防坠器制动效果,必须加强木罐道的维护与检修,使其始终处于完好状态。

木罐道防坠器的安全技术要求和定期试验要求参见第 3.6.1.1 节"制动绳防坠器"。

3.6.2 过卷缓冲装置

过卷是指竖井提升过程中提升容器运行超过其正常停车位置的事故现象,过卷高度又称过卷距离,指为避免过卷可能造成的破坏,在确定井架高度时留有的安全距离。过卷缓冲装置是用于吸收过卷时提升容器的动能,在规定的过卷高度内对提升容器产生缓冲制动作用的保护装置。

《金属非金属矿山安全规程》(GB 16423—2020)中明确要求竖井提升系统应设防过卷装置。楔形罐道和过卷缓冲装置是较常用的防过卷装置,深度大于 800 m 的竖井应设卷缓冲装置,使过卷容器在缓冲装置内平稳停住,并不再反向下滑或反弹。近几年来,出现了一些新型结构的过卷缓冲装置,如多盘摩擦式过卷缓冲装置、钢带塑性变形式过卷缓冲装置等,这些新型结构的过卷缓冲装置在矿山的应用越来越多。

3.6.2.1 楔形罐道

楔形罐道通常为木罐道,结构简单,具有阻挡、吸能和捕捉的功能。其接触罐耳的两侧有一定斜度,安装在井上过卷高度内及井下过放高度内。容器过卷时,罐耳挤压楔形罐道,将容器的动能转变为罐道挤压变形能和摩擦功,使容器缓冲制动在楔形罐道上,防止过卷容器撞击井塔(井架)设备或井下过放容器墩罐。

楔形罐道一般由一根或几根经防腐处理的整体木材制成,通常采用红松、水曲柳或硬榨木。楔形罐道示意图如图 3-44 所示。

《金属非金属矿山安全规程》(GB 16423—2020)明确规定:楔形罐道的楔形部分的斜度为 1%,其长度(包括较宽部分的直线段)应不小于过卷高度的 2/3,楔形罐道顶部需设封头挡梁。多绳摩擦提升时,井底楔形罐道的安装位置应使下行容器比上提容器提前接触楔形罐道,且提前距离应不小于 1 m。

3.6.2.2 防撞梁

防撞梁是在楔形罐道或其他形式的过卷缓冲装置未能有效制动住过卷容器时,防止继续运行的容器撞击井架,而在楔形罐道的末端设置的承撞设施。防撞梁必须具有足够的强度及刚度。一般用工字钢或组合型钢制成,梁上还装有缓冲木或缓冲橡胶垫,以减缓提升容器的撞击。

3.6.2.3 多盘摩擦式过卷缓冲装置

多盘摩擦式过卷缓冲装置是利用多盘缓冲器中的动盘与静盘间摩擦阻力作为缓冲制动力,其布置图如图 3-45 所示,图示为一组,实际应用中两组为一套。缓冲制动横梁 2 安装在过卷开关以上位置,正常提升时提升容器不接触缓冲横梁。当竖井提升出现过卷情况时,提升容器撞上缓冲制动横梁 2,拉着缓冲制动横梁 2 上行,缓冲制动横梁 2 通过连接的缓冲钢丝绳 3 与多盘缓冲器 4 外滚筒相连,容器上行拉动滚筒转动。滚筒转动的阻力由多盘缓冲器中动盘与静盘间的摩擦阻力设定。

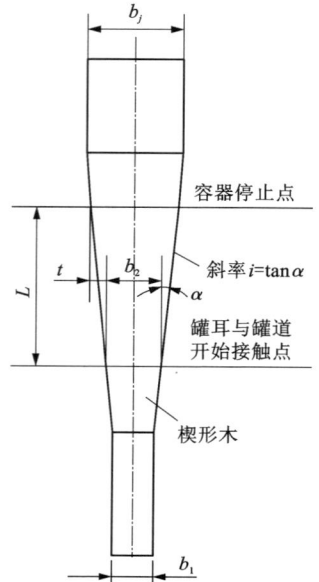

图 3-44 楔形罐道示意图

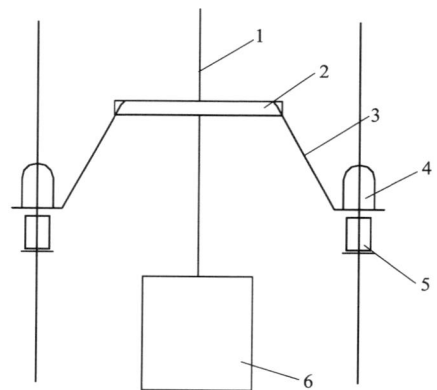

1—提升钢丝绳;2—缓冲制动横梁;3—缓冲钢丝绳;
4—多盘缓冲器;5—罐道梁;6—提升容器。

图 3-45 多盘摩擦式过卷缓冲装置布置示意图

　　为了防止过卷后的提升容器在停止后下坠,在井架适当的位置安装有托架,该托架在提升容器撞上缓冲制动横梁后自动伸出,可托住过卷停止后可能下坠的提升容器,起到防坠作用。

3.6.2.4　钢带式过卷缓冲装置

　　钢带式过卷缓冲装置是基于钢带的塑性变形能量作为缓冲力进行设计的一种缓冲装置,其布置示意图如图 3-46 所示。缓冲装置由缓冲钢带、缓冲器、缓冲横梁等组成,缓冲横梁 6 安装在正常提升上限位开关以上,正常提升时提升容器 5 不接触缓冲横梁 6。当竖井提升出现过卷情况时,提升容器 5 撞上过卷缓冲横梁 6,并推动横梁上行,带动横梁两头的钢带缓冲器对缓冲钢带进行挤压,把缓冲钢带挤压为 S 形,依靠钢带的塑性变形能量产生缓冲制动力,该缓冲制动力可以通过缓冲器调整轮 3 进行调整。

　　为了防止过卷后的提升容器在停止后下坠,在井架适当的位置安装有托架,该托架在提升容器撞上缓冲横梁后自动伸出,可托住过卷停止后可能下坠的提升容器,起到防坠作用。

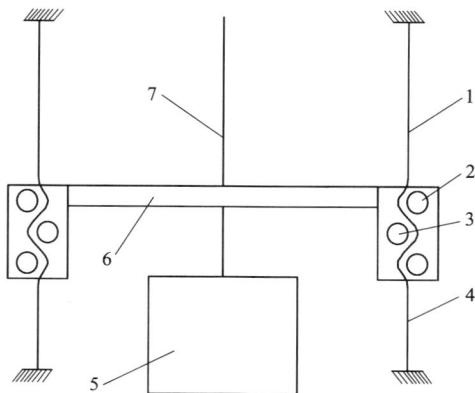

1—缓冲钢带上部; 2—缓冲器定轮;
3—缓冲器调整轮; 4—缓冲钢带下部;
5—提升容器; 6—缓冲横梁; 7—提升钢丝绳。

图 3-46　钢带塑性变形式过卷缓冲装置布置示意图

　　钢带式缓冲装置的型号编制方法如下:

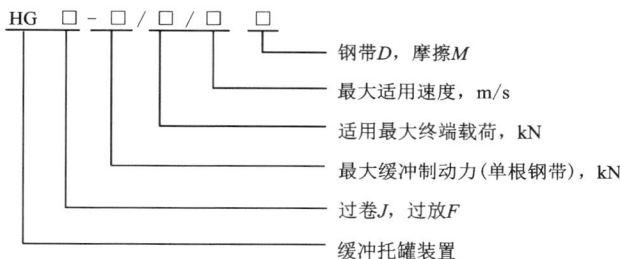

　　钢带式缓冲装置的主要制造商有武汉市云竹机电新技术开发有限公司、徐州市工大三森有限公司等,其生产的钢带塑性变形式缓冲装置的技术参数见表 3-21。

表 3-21　钢带塑性变形式缓冲装置技术参数表

产品型号	最大制动力/kN	最大适应速度/(m·s⁻¹)	最大终端载荷/kN	减速度/g 罐笼	减速度/g 箕斗	最大缓冲距离/m	吸能器数量/台	最大托罐力/kN
HGJ-200/6/150M	200	6	150	≤1	≤1.5	6.25	4	450
HGF-200/6/150M	200	6	150	≤2		6.25	4	—
HGJ-1200/10/600M	1200	10	600	≤1	≤1.5	10	4	1800

续表 3-21

产品型号	最大制动力/kN	最大适应速度/(m·s⁻¹)	最大终端载荷/kN	减速度/g		最大缓冲距离/m	吸能器数量/台	最大托罐力/kN
				罐笼	箕斗			
HGF-1200/10/600M	1200	10	600	≤2		10	4	—
HGJ-2000/11/1200M	2000	11	1200	≤1	≤1.5	10	8	3600
HGF-2000/11/1200M	2000	11	1200	≤2		10	8	—
HGJ-250/11/1200D	250	11	1200	≤1	≤1.5	10	8	3600
HGF-250/11/1200D	250	11	1200	≤2		10	8	—
HGJ-800/15/2500D	800	15	2500	≤1	≤1.5	12	12	7500
HGF-800/15/2500D	800	15	2500	≤2		12	12	—

3.7 竖井罐道

竖井提升系统中，为了防止提升容器运行时的横向摆动，确保提升容器高速、安全、平稳运行，必须沿竖井井筒纵向装设提升容器的导向装置——罐道。竖井罐道是竖井提升系统中不可缺少的组成部分。

按结构形式的不同，竖井罐道可分为刚性罐道和柔性罐道两种。刚性罐道按罐道材质的不同可分为木罐道、钢轨罐道、型钢组合罐道及特种型钢罐道等，刚性罐道通常都是依靠固定在井壁上的罐道梁支撑，也有利用井壁打锚杆直接固定的。柔性罐道是采用拉紧的钢丝绳作罐道，即钢丝绳罐道。

3.7.1 钢丝绳罐道

钢丝绳罐道是利用钢丝绳作为提升容器的导向装置。钢丝绳上端固定在井塔（或井架）上，下端用重锤拉紧，也有下端固定，上端拉紧的。井筒中不需设置罐道梁。

钢丝绳罐道装置包括罐道钢丝绳（有时还设有防撞钢丝绳）、固定装置和拉紧装置以及在井口、井底等进出车处附设的刚性罐道等。

钢丝绳罐道的优点：结构简单、安装方便、建井工期短、节约钢材和投资费用，由于钢丝绳具有一定的柔性，提升容器运行平稳，没有冲击，改善了提升系统的受力情况，可以采用较高的提升速度等。钢丝绳罐道使用寿命长、维护简单、费用低、更换罐道绳较简单，对生产的影响较小，井筒作为通风巷道时的阻力比较小，减轻了井壁的负荷，改善了井壁的整体密封性能。

钢丝绳罐道的缺点：由于钢丝绳是柔性的，要求井筒内提升容器之间及提升容器与井壁之间的间隙要加大，以增加井筒断面积，其通常要比钢罐道的井筒直径大 0.5 m 左右。钢丝绳悬挂在井塔（或井架）上使井塔（或井架）负荷增大，由于所使用的井底拉紧装置加深了井底水窝，井上、井下出车水平处还要设置辅助刚性罐道。

3.7.1.1 罐道钢丝绳

罐道钢丝绳最好采用密封钢丝绳，因为密封钢丝绳的刚性大，而且较耐磨损。也有使用普通圆股钢丝绳的，只是其耐磨性能差，使用寿命短。

罐道钢丝绳的直径，除了满足张紧力的要求、保证足够的强度外，还应考虑长期的磨损及刚度、矿井井深、提升钢丝绳端部载荷和提升速度等因素。另外，还可根据经验确定罐道钢丝绳的直径，见表3-22。

表 3-22 罐道钢丝绳直径表

井深/m	绳端载重/kN	提升速度/($m \cdot s^{-1}$)	罐道钢丝绳直径/mm
<150	<30	2~3	20.5~25
150~200	30~50	3~5	25~30.5
200~300	50~80	5~6	30.5~35.5
300~400	60~120	6~8	35.5~40.5
>400	80~120 或更大	>8	40.5~50

3.7.1.2 钢丝绳罐道布置

1）钢丝绳罐道布置时应考虑的条件

（1）应尽可能使罐道绳远离提升容器的回转中心，以增大罐道绳的抗扭力矩，减少提升容器在运行中的摆动和扭转。

（2）应尽可能增加容器之间及容器与井壁之间的间隙尺寸。

（3）应便于在井口、井底设置稳罐的刚性罐道和罐道梁，并保证罐耳通过时有足够的间隙。

（4）应便于布置和安装罐道绳的固定及拉紧装置。

（5）尽可能对称于提升容器布置，使各罐道绳受力均匀。

2）钢丝绳罐道的布置形式

钢丝绳罐道的布置形式一般有对角（二根）、三角（三根）、四角（四根）等，见表3-23。在深井中，国外还有设六根罐道绳布置。

表 3-23 钢丝绳罐道的布置形式

布置形式	图示	罐道绳数目/根	适用条件与优缺点
对角	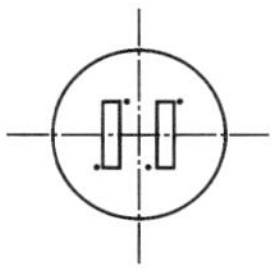	2	适用于浅井和提升终端载荷不大的小型矿井

续表 3-23

布置形式	图示	罐道绳数目/根	适用条件与优缺点
三角		3	适用于提升终端载荷不大的中、小型矿井
三角		3	适用于提升终端载荷不大的中、小型矿井
四角		4	适用于提升终端载荷较大的深井和大中型矿井，提升容器运行较平稳，是常用的布置形式
单侧		4	适用于提升终端载荷较大的深井和大中型矿井，与四角布置相比，提升容器运行平稳，有利于增大容器之间的间隙，便于防撞绳布置及大型设备的升降

3.7.1.3 钢丝绳罐道安全间隙确定

钢丝绳罐道安全间隙可采用表 3-24 中的公式进行计算。

表 3-24　钢丝绳罐道安全间隙的计算公式

序号	单绳提升		多绳提升	
	一套提升设备	二套提升设备	一套提升设备	二套提升设备
方法1	$\Delta_1 = 250 + Q \times \sqrt{H}$ $\Delta_2 = 0.8\Delta_1$	$\Delta_2 = 250 + \dfrac{Q_1 + Q_2}{2}\sqrt{H}$ $\Delta_2 = 0.8\Delta_1$		
方法2	$\Delta_1 = 250 + 1.2Qv$ $\Delta_2 = 0.8\Delta_1$	$\Delta_1 = 250 + 0.6 \times (Q_1 v_1 + Q_2 v_2)$ $\Delta_2 = 0.8\Delta_1$	$\Delta_1 = 150 + Qv$ $\Delta_2 = 0.8\Delta_1$	$\Delta_1 = 150 + 0.5 \times (Q_1 v_1 + Q_2 v_2)$ $\Delta_2 = 0.8\Delta_1$
方法3	$\Delta_1 = (100 \sim 200) + \dfrac{1000}{nK}Qv$ $\Delta_2 = 0.8\Delta_1$		$\Delta_1 = (100 \sim 200) + \dfrac{110}{nK}Qv$ $\Delta_2 = 0.8\Delta_1$	

注：Q、Q_1、Q_2 为提升最大终端载荷，t；H 为提升高度，m；v_1、v_2、v_3 为提升最大速度，m/s；Δ_1 为容器之间的间隙；Δ_2 为容器与井壁之间的间隙，mm；N 为罐道绳根数；K 为罐道绳最小刚性系数。

3.7.1.4　钢丝绳罐道的固定和拉紧装置

目前，国内矿山对钢丝绳罐道的拉紧方式主要有螺杆拉紧、重锤拉紧、液压螺杆拉紧及液压张紧。

（1）螺杆拉紧。

螺杆拉紧是将拉紧装置安设在井架上，如图 3-47 所示。罐道钢丝绳的上端与拉紧装置的螺杆相连接，下端固定在井底的钢架上，将螺杆拧紧，使罐道钢丝绳具有一定的张力。这种拉紧方式的优点是结构简单，易于安装和加工，占用空间位置小，适用于提升终端载荷不大的浅井（一般井深不超过 200 m）。由于采用人工拧紧螺杆的方式拉紧，罐道绳获得的拉紧力不大，刚性较小，包括罐道绳自重的最大拉力约 3.5 t，如果改为机械拧紧螺杆的方式，则拉紧力可适当提高。由于冬、夏季井筒内温度变化及在使用中罐道绳的伸长等，需要经常检查和调节螺杆拉紧装置。

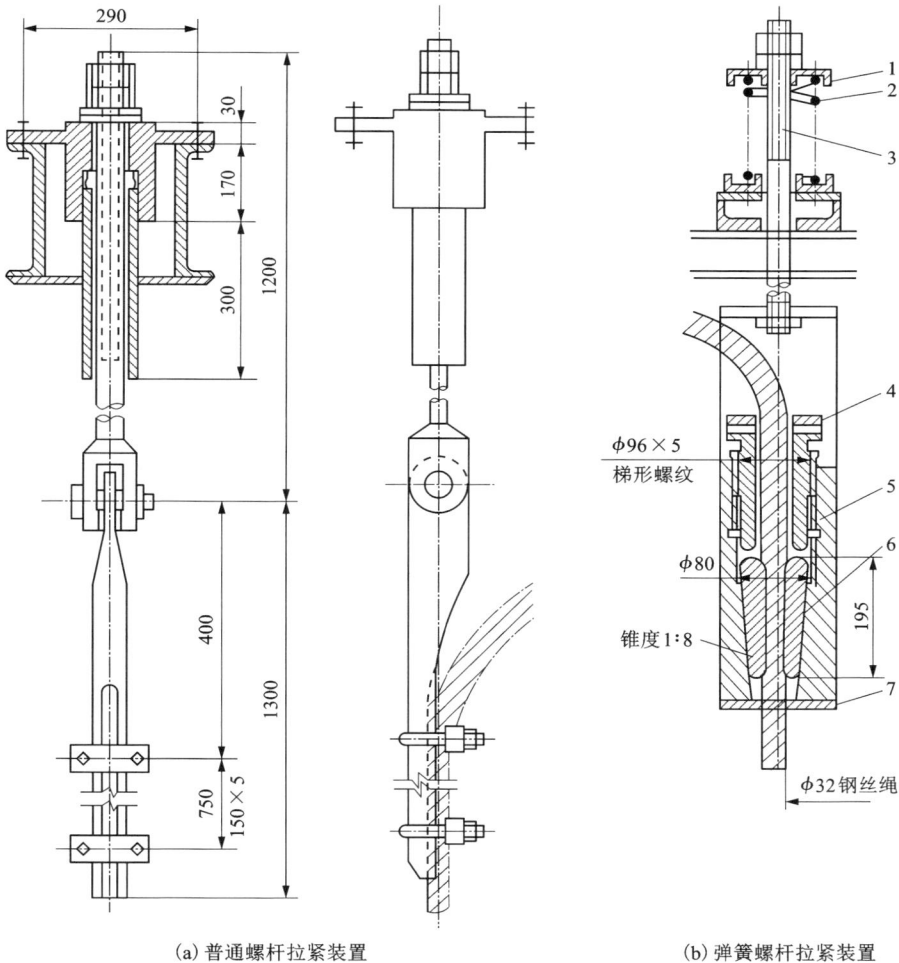

（a）普通螺杆拉紧装置　　　　　　　（b）弹簧螺杆拉紧装置

1—弹簧压盖；2—弹簧；3—拉紧杆；4—顶丝；5—楔形卡紧连接器外套；6—楔形卡；7—拉紧器外架。

图 3-47　螺杆拉紧装置

螺杆拉紧装置的螺杆一般用直径为 40 mm 的一级螺纹钢制作，全长约 1.2 m，螺纹长 0.8~1.0 m，其螺杆调整长度为 0.6 m。为防止罐道绳松弛，减少经常调绳的次数，可采用增加压缩弹簧的方法，即弹簧螺杆拉紧装置，如图 3-47(b)所示，利用弹簧伸缩起到一定的自动调整拉紧力的作用。

（2）重锤拉紧。

重锤拉紧是将罐道绳上端通过固定装置固定于井架上，下端在井底固定一个重锤使罐道绳拉紧，如图 3-48 所示。采用重锤拉紧时，在井架上固定罐道绳多采用楔块固定装置，如图 3-48(a)所示。其原理是利用两块楔形钢块，当罐道绳向下拉紧时，楔形钢块向下移动以夹紧罐道绳。此种固定装置能使罐道绳卡紧，且牢固可靠，拉紧力大，不损伤罐道绳。井底的重锤拉紧装置如图 3-48(b)所示，上部是倒置的楔形固定装置夹紧罐道绳，下部为重锤坠块。重锤拉紧的优点是可获得较大的拉紧力，且拉紧力保持不变，不需要经常调整和检修，但占用空间位置大，要求竖井有较深的水窝，一般适用于拉紧力较大的矿井(井深>200 m)。

（3）液压螺杆拉紧。

液压螺杆拉紧是将罐道绳下端用倒置的固定装置固定在井底专设的钢梁上，上端用设在井架上的液压螺杆拉紧装置将罐道绳拉紧，如图 3-49 所示。

液压螺杆拉紧装置主要由液压油缸、活塞杆、活塞体及梯形螺纹杆组成。液压油缸的活塞杆、活塞体均为空心结构，其上部托着空心梯形螺纹杆。安装时，先将罐道绳穿过梯形螺纹杆、活塞体及活塞杆的空心部分，并直达井底，然后用倒置的固定装置将罐道绳下端固定。在井架上用手动液压泵向油缸内注入高压油，使活塞向上移动，安装在梯形螺杆上的固定装置也相应上移，拉紧罐道绳。当梯形螺杆上移到罐道绳所需拉紧力的位置时，拧紧梯形螺杆上的两个圆螺母即可使罐道绳保持所需的拉紧力。当活塞达到最大行程但仍需要提高拉紧力时，可以在防撞梁上安装临时设施，卡住罐道钢丝绳，然后松开梯形螺杆上的圆螺母及固定装置，排出油缸内的积油，这时的活塞及梯形螺纹杆恢复到初始位置，拧紧圆螺母和梯形螺杆上的固定装置，最后拆除临时设施，依照上述过程进一步拉紧罐道钢丝绳。

这种利用液压拉紧装置来调整罐道绳张紧力的拉紧方式，调整方便省力，取消了重锤，竖井井底水窝深度较小，是一种较先进的调绳拉紧装置。其缺点是换绳较麻烦。

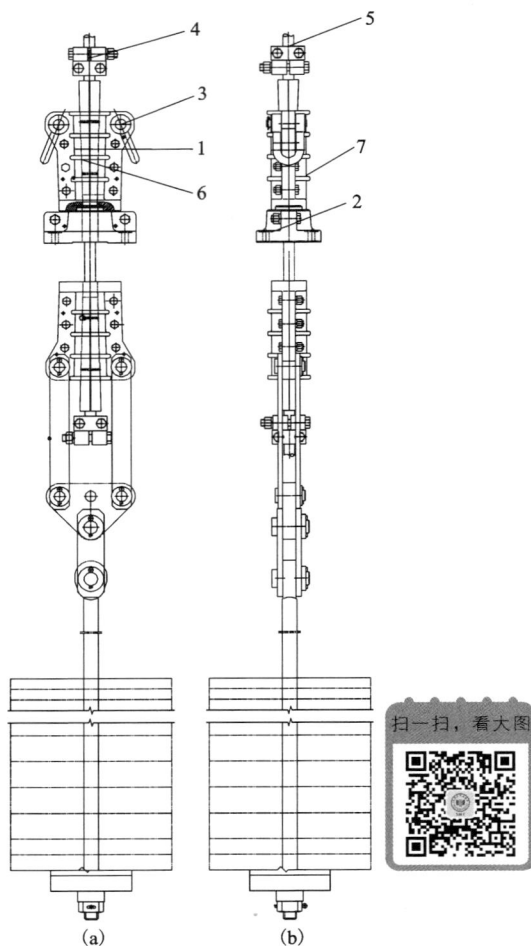

1—双楔块固紧器；2—底座；3—吊环；4—绳卡；
5—罐道绳；6—楔块；7—楔套。

图 3-48 重锤拉紧装置

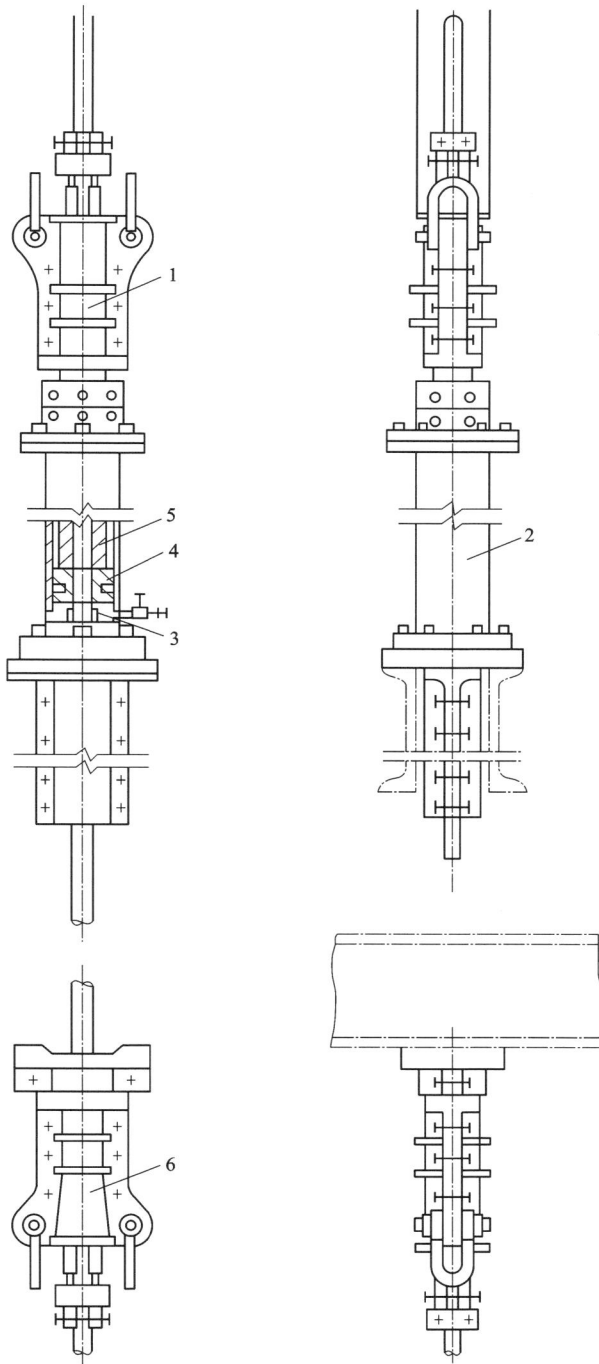

1—井上固定装置；2—液压油缸；3—活塞杆；4—活塞体；5—梯形螺纹杆；6—井底倒置的固定装置。

图 3-49 液压螺杆拉紧装置

（4）液压张紧。

钢丝绳罐道液压张紧装置的结构如图 3-50 所示，其主要由固定装置、调压油缸两部分组成。其中油缸为立式，通过油缸底座用螺栓使整个液压拉紧装置固定在井上防撞梁上部的楼板或梁上。钢丝绳罐道液压张紧装置是通过油缸的伸缩来达到拉紧的目的，其技术参数见表 3-25。

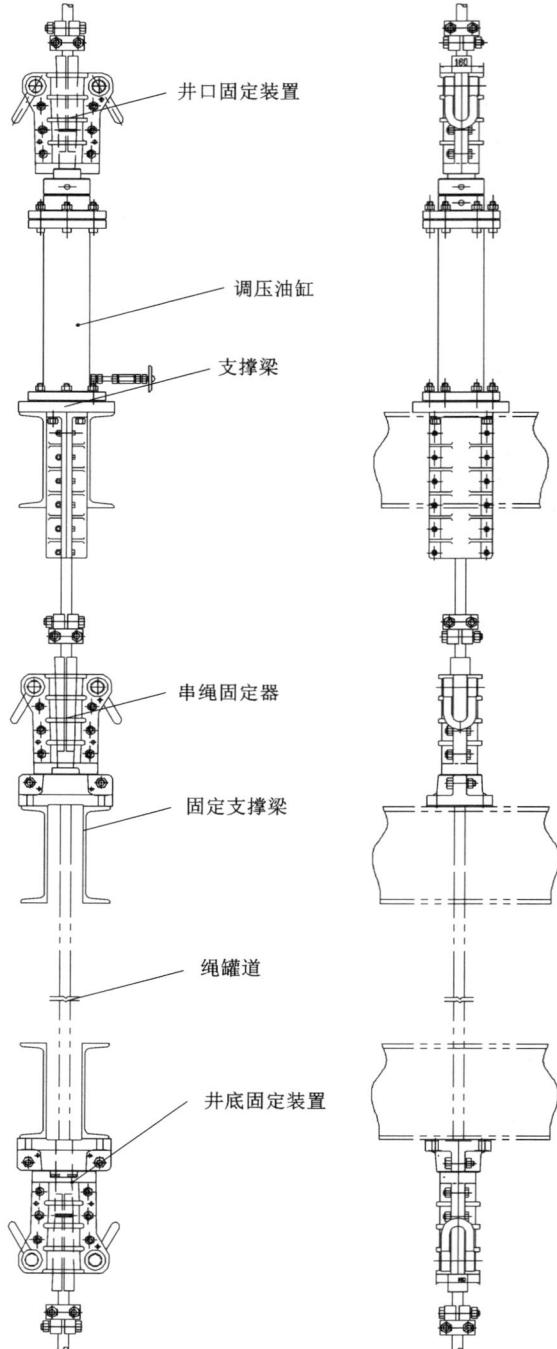

图 3-50　钢丝绳罐道液压张紧装置结构图

表 3-25 钢丝绳罐道液压张紧装置技术参数

钢丝绳罐道型号	最大工作载荷/kN	罐道钢丝绳直径 d/mm	油缸			推荐适用井筒深度/m	质量/kg
			内径/mm	工作压力/MPa	行程/mm		
SGY-10	100	32~38.5	140	9.8	500	<600	456
SGY-20	200	32~45	180	10.4	500	<1000	816
SGY-32	320	45~50	220	10.2	500	<1500	1182

3.7.2 木罐道

木罐道是采用木料制作的罐道，一般采用木质致密的橡木、水曲柳、红松等木料制作，其断面为矩形，断面尺寸常用的有 180 mm×160 mm、180 mm×220 mm 等。木罐道的强度偏低、使用寿命短，适用于提升终端载荷不大，服务年限不长，或是井深较浅的竖井井筒。

为防止腐化生虫，木罐道在使用前应用盐水浸泡。如用在腐蚀性较大的井筒中，木罐道比钢质罐道耐腐蚀。

由于木罐道存在使用寿命短、维护工作量大、消耗优质木材较多等缺点，用作井口、井底导向及多绳摩擦式提升系统的楔形罐道已较少采用。

木罐道的连接与固定应保证罐道接头处有足够的强度和刚度，其接头处要平滑，以最大限度地减少冲击载荷。木罐道的接头处既可布置在罐梁上，也可布置在两层罐梁之间。如接头布置在两层罐梁之间，安装较麻烦，接头处需用罐道接头木，木材消耗较多，但罐道的强度较大；如接头布置在罐梁上，则相反。当两根木罐道安在同一罐梁两侧时，两根木罐道接头应错开。木罐道的接头方式有多种，常用的有简易接头法、斜榫接头法和公母榫接头法，如图 3-51 所示。图 3-51(a)、图 3-51(b) 所示为梁上布置接头，图 3-51(c) 所示为两梁之间布置接头。

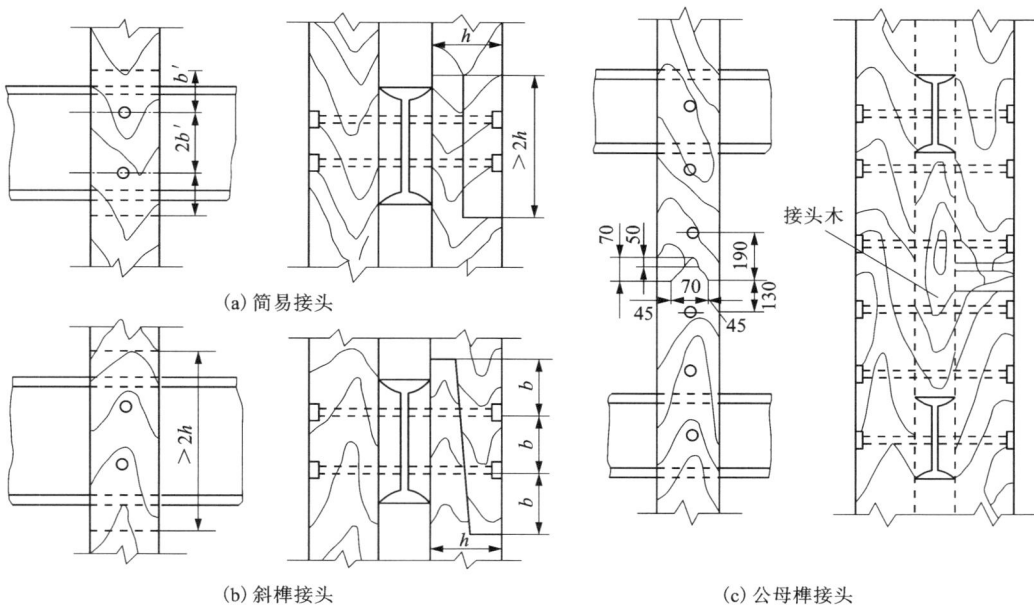

(a) 简易接头

(b) 斜榫接头

(c) 公母榫接头

图 3-51 木罐道接头布置及接头方法示意图

　　木罐道与工字钢及槽钢罐梁的固定如图3-52所示。为使木罐道与工字钢罐梁固定牢靠，连接紧密，在木罐道与工字钢罐梁之间应加入块木，用2~3根螺栓连接紧密，螺栓头埋入木罐道内的长度不得小于10 mm。为防止罐道沿垂直方向移动，工字钢罐梁和块木应卡入木罐道内5~10 mm。为防止罐道在水平方向移动，在工字钢罐梁上下两面紧靠木罐道两侧还焊有4块等边角钢，以紧紧压住木罐道。单、双面罐梁的固定方式如图3-53所示。

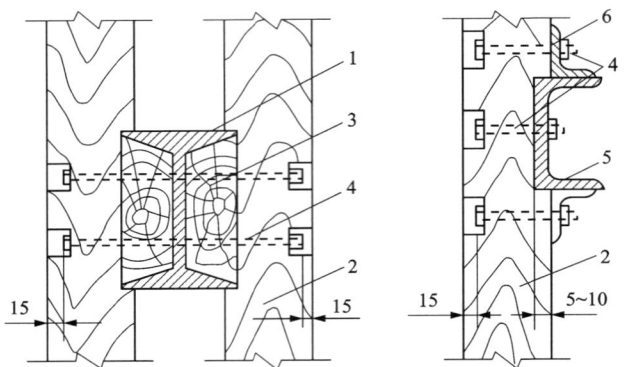

(a) 木罐道与工字钢罐梁连接　　　(b) 木罐道与槽钢罐梁连接

1—工字钢罐梁；2—木罐道；3—块木；
4—螺栓；5—槽钢罐梁；6—角钢。

图 3-52　木罐道与罐梁连接固定方式

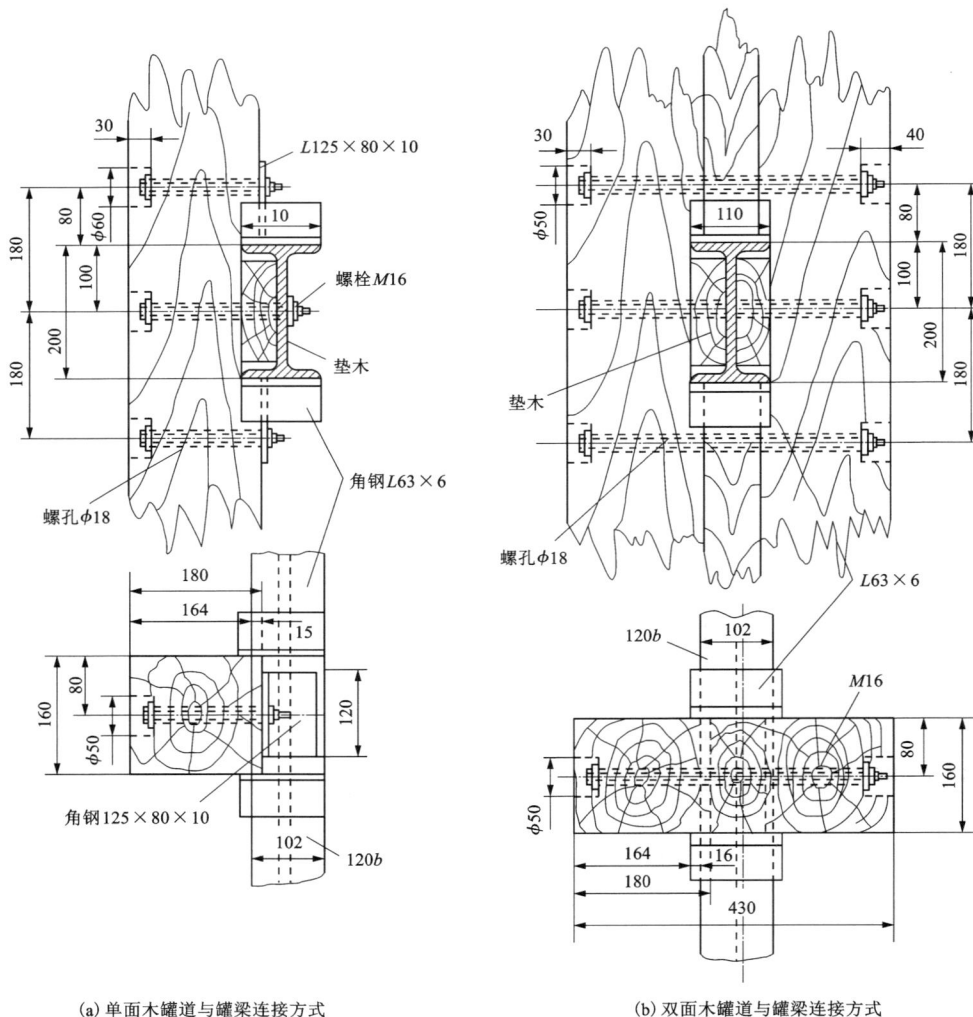

(a) 单面木罐道与罐梁连接方式　　　　　(b) 双面木罐道与罐梁连接方式

图 3-53　木罐道与工字钢罐梁单、双面固定方式

3.7.3　型钢组合罐道

型钢组合罐道又称空心矩形金属罐道，由两个角钢或槽钢组合焊接而成，其特点是截面因数大、刚性强、抗侧向弯曲和扭转性能好。其配合摩擦因数小的橡胶滚轮罐耳使用时，运行平稳，罐道与罐耳磨损小，使用年限较长，为深井、大容器重载荷、高速度提升创造了有利条件。近年来，国内外大型和特大型矿井越来越多地使用这种罐道，尤其适合于年产量高、终端载荷大、速度快、服务年限长的深井。型钢组合罐道的结构如图 3-54 所示。

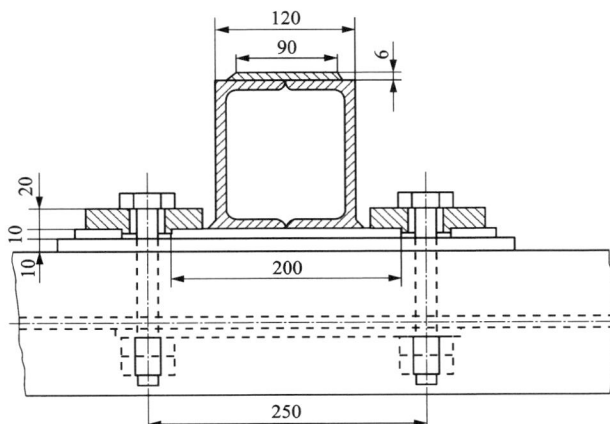

图 3-54　型钢组合罐道的结构图

我国使用的型钢组合罐道多是由两根 16 号槽钢组合而成。按槽钢放置方向分，有立放和卧放两种。当采用多绳提升、罐道在罐笼端面布置时，罐道主要受力方向是沿罐笼长轴方向，采用立放槽钢罐道对受力有利，因此多数矿井采用这种形式。槽钢立放布置时，罐道靠罐梁一侧每隔 0.5~1.0 m 就焊上一块 10 mm 厚的扁钢，以加强两槽钢之间的连接。

卧放槽钢的特点是罐道侧向抗弯能力较大，并且断面为封闭形，抗腐蚀性强，故罐道在罐笼两侧布置时采用卧放式较适宜，但是钢材消耗量大。

目前，型钢组合罐道与罐道梁的连接与固定方式主要有螺栓连接与压板固定两种。

（1）螺栓连接与固定方法如图 3-55 所示。在组合罐道靠罐梁一侧焊有连接板（角钢），用螺栓直接与罐梁连接。这种方法牢固可靠，罐道不会向下滑动，但要求罐道和罐梁的加工与安装精度较高（罐梁层间距与罐道的长度必须符合设计要求）。

（2）压板连接与固定方法如图 3-56 所示。罐道和罐梁上焊有连接板，通过压板及压板螺栓将罐道连接板压紧，依靠压板与罐道连接板之间的摩擦力使罐道固定在罐梁上。此种方法允许罐道与罐梁上下左右有一定的调整余地，其安装比较方便，但压板松动时，罐道会下滑。因此，当罐道安装好后，需在每根罐道紧靠罐梁上缘的罐道上焊一块防滑角钢，以便罐道支托于每层罐梁上。

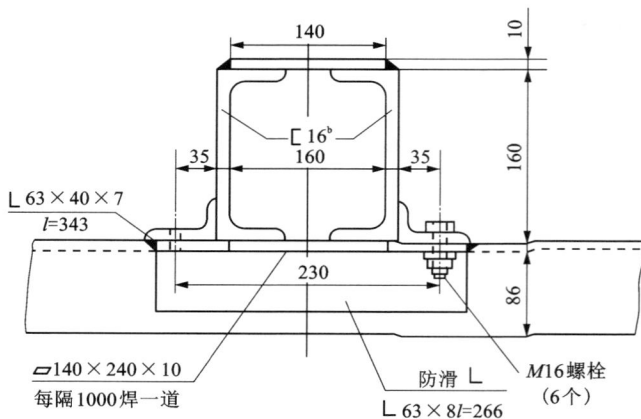

图 3-55　型钢组合罐道与罐道梁的螺栓连接与固定方法

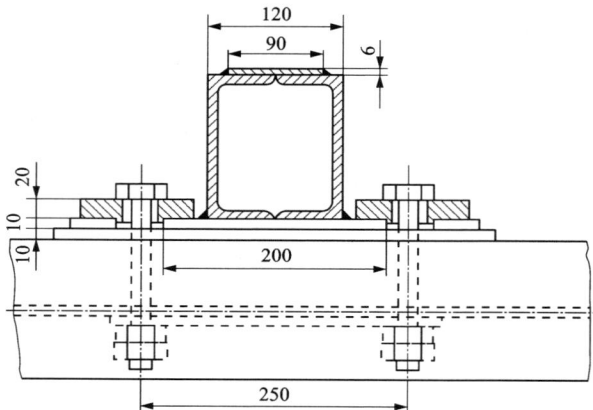

图 3-56　型钢组合罐道与罐道梁的压板连接与固定方法

3.8　设备选型与应用

3.8.1　竖井提升方式选择

影响竖井提升方式选择的因素很多,诸如矿山规模、运输方式、矿井通风、具体提升任务(主井、副井或混合井提升)、矿岩物理性质等。因此,一般应经方案比较后再确定。相关设计规范给出的选择建议如下。

1)《有色金属采矿设计规范》(GB 50771—2012)中竖井提升方式宜符合规定

(1)矿石提升量小于 700 t/d,井深小于 300 m 时,宜采用一套罐笼提升;矿石提升量大于 1000 t/d,井深超过 300 m 时,宜采用箕斗提升矿石,罐笼提升人员、材料等;矿石提升量为 700~1000 t/d 时,应根据具体技术经济条件合理确定。

（2）当矿山含泥水较多、矿石黏性较大，不宜采用高溜井放矿时，宜采用罐笼提升。

（3）废石提升量大于 500 t/d、井深超过 300 m 时，宜采用箕斗提升。

（4）多阶段同时作业时，宜采用单容器带平衡锤提升。

提升机类型选择应符合下列规定。

（1）提升高度小于 300 m 时，宜采用单绳缠绕式提升机，单绳提升宜采用双钩提升方式。

（2）提升高度大于 300 m 时，宜采用多绳摩擦式提升机。

（3）提升高度大于 1400 m 时，可采用布雷尔（Blair）式提升机。

2）《冶金矿山采矿设计规范》（GB 50830—2013）中竖井提升应符合规定

（1）满足摩擦提升防滑条件的竖井，应采用多绳摩擦式提升机，并宜选用电子电力变流器供电的交、直流传动系统。

（2）年提升能力大于 30 万 t 的竖井，宜采用箕斗提升系统。

（3）两个以上水平同时生产时，罐笼提升宜采用单罐笼配平衡锤的提升方式。

（4）竖井缠绕式提升宜采用双钩提升方式。

（5）依据国家矿山安全监察局《关于加强非煤矿山安全生产工作的指导意见》（矿安〔2022〕4 号文）要求，新建提升深度超过 300 m 且单次提升超过 9 人的竖井提升系统，严禁使用单绳缠绕式提升机。

3.8.2 竖井单绳缠绕式提升

3.8.2.1 提升容器选择

竖井提升容器有罐笼、箕斗和罐笼-箕斗的组合形式等。罐笼能完成矿石、废石、人员、材料和设备的综合提升任务，灵活性大；其缺点是容器质量大，提升能力小。箕斗的优点是容器质量小，提升能力大，便于实现自动化；其缺点是只能提升矿石和废石，不能升降人员、材料和设备，井上、井下均需设置转载矿仓，还要设置粉矿回收设施，基建工程量大，基建时间长。罐笼-箕斗的组合式容器集中了两者的优点，能较好地完成综合提升任务，但容器质量大，结构复杂，井上、井下都要相应地增加一些辅助设施。

金属矿山产量较大，一般不用罐笼作为主要提升设备，多用于辅助提升。只有在矿井产量不大或有特殊原因时，才用罐笼作为主要提升设备。竖井单绳缠绕式提升采用罐笼提升时应选用单绳罐笼，用于提升人员时应装有动作可靠的防坠器。

一般来说，加大提升容器，降低提升速度，提升机、井筒装备都要加大，增加建井投资，可节约用电；反之，加大提升速度，可选用较小的提升容器和提升机，投资较少，但增加了电耗，应根据不同条件而定。一次合理提升量应使得初期投资费和运转费的加权平均总和最小。总之，根据确定的一次合理提升量选择标准的提升容器。

3.8.2.2 钢丝绳的选择与计算

缠绕式提升装置宜采用同向捻钢丝绳，钢丝绳结构可采用 6×26WS+FC、6×36WS+FC、6V×34+FC、6V×37+FC、6×25TS+FC、6×28TS+FC 等。

（1）钢丝绳选用的有关规定。

钢丝绳安全系数是钢丝绳的全部钢丝破断拉力总和与其所承受的载荷之比，即钢丝绳强度与额定载荷的比值。合理选择钢丝绳安全系数的目的是使钢丝绳具有足够的强度，以满足钢丝绳的安全使用，避免发生断绳事故。

《金属非金属矿山安全规程》(GB 16423)明确规定了缠绕式提升钢丝绳悬挂时的安全系数应符合下列规定:

①专作升降人员用的,不小于9.0;

②升降人员和物料用的,升降人员时不小于9.0,升降物料时不小于7.5;

③用作应急提升人员的,不小于7.5;

④专作升降物料用的,不小于6.5。

钢丝绳选用除考虑安全系数规定外,还应考虑提升钢丝绳在卷筒和天轮上因弯曲而产生的应力对钢丝绳寿命的影响。为了减少弯曲应力对钢丝绳寿命的影响,《金属非金属矿山安全规程》(GB 16423—2020)明确表明缠绕式提升机的卷筒和天轮的直径与钢丝绳直径之比,应符合下列规定:

①用作竖井、斜井和凿井提升的,不小于60;

②用作排土场提升或运输的,不小于50;

③悬挂吊盘、吊泵、管道用绞车的,不小于20;

④凿井时提升物料的绞车卷筒,不小于20。

(2)竖井单绳提升钢丝绳选择计算。

图3-57所示为竖井单绳提升钢丝绳的示意图,L是钢丝绳的悬垂长度,Q_0是绳端荷重(kg),钢丝绳单位长度的重量为M。这时在钢丝绳上部截面A处承受的最大静拉力Q_j的计算式为:

$$Q_j = (M \cdot L + Q_0) \cdot g \qquad (3-3)$$

式中:g为重力加速度,m/s²。

由《重要用途钢丝绳》(GB/T 8918—2006)第6.2.5条可知:

$$M = Kd^2 \qquad (3-4)$$

式中:d为钢丝绳的公称直径,mm;K为钢丝绳的重量系数,K值见《重要用途钢丝绳》(GB/T 8918—2006)表2和《压实股钢丝绳》(YB/T 5359—2020)表11~表17。

将式(3-4)代入式(3-3)得:

$$Q_j = (Kd^2 \cdot L + Q_0) \cdot g \qquad (3-5)$$

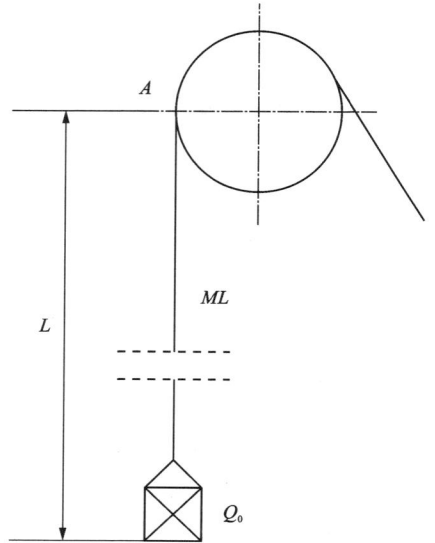

图3-57 竖井单绳提升钢丝绳示意图

根据《钢丝绳术语、标记和分类》(GB/T 8706—2017)和《重要用途钢丝绳》(GB/T 8918—2006),钢丝绳的最小破断拉力(理论计算的钢丝绳破断拉力最小值)的计算式为:

$$F_0 = K' \cdot d^2 \cdot R_0 \qquad (3-6)$$

式中:F_0为钢丝绳的最小破断拉力,N;d为钢丝绳公称直径,mm;R_0为钢丝绳(或钢丝)公称抗拉强度,MPa;K'为某一指定结构钢丝绳的最小破断拉力系数[K'值见《重要用途钢丝绳》(GB/T 8918—2006)表2和《压实股钢丝绳》(YB/T 5359—2020)表4]。

根据《重要用途钢丝绳》(GB/T 8918—2006),钢丝绳最小钢丝破断拉力总和[《钢丝绳术语、标记和分类》(GB/T 8706—2017)中称之为钢丝计算破断拉力总和]可表示为:

$$F_h = K_h F_0 \qquad (3-7)$$

式中：K_h 为破断拉力换算系数[其值见《重要用途钢丝绳》(GB/T 8918—2006)附录 A 和《压实钢丝绳》(YB/T 5359—2020)表 11~表 17]。

将式(3-6)代入式(3-7)，得：

$$F_h = K_h \cdot K' \cdot d^2 \cdot R_0 \tag{3-8}$$

将式(3-6)和式(3-8)代入式(3-3)，得：

$$(Kd^2 \cdot L + Q_0) \cdot g \leqslant \frac{K_h \cdot K' \cdot d^2 \cdot R_0}{m}$$

$$Kd^2 \cdot L \cdot g + Q_0 \cdot g \leqslant \frac{K_h \cdot K' \cdot d^2 \cdot R_0}{m}$$

$$\frac{K_h \cdot K' \cdot d^2 \cdot R_0}{m} - Kd^2 \cdot L \cdot g \geqslant Q_0 \cdot g$$

$$d^2 \left(\frac{K_h \cdot K' \cdot R_0}{g \cdot m} - K \cdot L \right) \geqslant Q_0$$

$$d \geqslant \sqrt{\frac{Q_0}{\left(\dfrac{K_h \cdot K' \cdot R_0}{g \cdot m} - K \cdot L \right)}} \tag{3-9}$$

式(3-9)为选择计算钢丝绳直径的一般公式，通常称为静力计算公式。计算前应先确定 R_0 和钢丝绳结构，并查出 K_h、K' 和 K 三个系数；再将已知的 Q_0、L、m 和 g 一并代入式(3-9)，就可求出 d 值；最后，从钢丝绳标准中选择绳径与计算值相近，并略大于计算值的钢丝绳。

选定了钢丝绳的直径之后，应根据"钢丝绳选用的有关规定"复核提升装置的天轮，卷筒的最小直径与钢丝绳直径之比，提升装置的卷筒，天轮的最小直径与钢丝绳中最粗钢丝的最大直径之比，使其符合规定。如果校核结果不满足要求，或者按所选的钢丝绳计算绞车的容绳量不足等，可以改选其他类型或强度较高的钢丝绳，使绳径变小。如果仍不满足要求，可更换较大型的提升机或降低提升量。

以上选择钢丝绳直径的计算方法适用于矿井提升系统。有时还会遇到下述情况，如根据生产的要求加大提升载荷，或者在换绳时要改用另外一种结构或强度的钢丝绳。这时，由于最大静拉力与钢丝绳最小钢丝破断拉力总和都是已知的，故可按 $\dfrac{F_h}{Q_j} \geqslant m$ 对安全系数进行校核。

3.8.2.3　提升机的选择与计算

单绳缠绕式提升机的主要尺寸是卷筒的直径和宽度。

(1)提升机卷筒直径的选择。

卷筒直径与钢丝绳直径之比、提升机卷筒上绕绳部分的最小直径与钢丝绳中最粗钢丝的直径之比应满足"钢丝绳选用的有关规定"中的规定。

(2)提升机卷筒宽度的选择及缠绕层数的计算。

提升机卷筒宽度的选择与提升高度、卷筒直径、钢丝绳直径、钢丝绳缠绕层数等相关。

缠绕式提升机卷筒缠绕钢丝绳的层数应符合下列规定：

①卷筒表面带有平行折线绳槽和层间过渡装置的，升降人员时不超过 3 层，专用于升降物料时不超过 4 层；

②卷筒表面带有螺旋绳槽和层间过渡装置的，升降人员时不超过 2 层，专用于升降物料时不超过 3 层；

③卷筒表面无绳槽的，升降人员时缠绕 1 层，专用于升降物料时不超过 2 层；

④应急提升人员的，不超过 3 层；

⑤凿井期间提升人员的，不超过 3 层。

（3）提升机最大静张力及最大静张力差的验算。

按卷筒的直径和宽度选定提升机规格后，应验算提升机最大静张力及最大静张力差，其数值都不应超过提升机技术规格表中的规定值，否则应重新选择具有更大静张力及静张力差的提升机。

3.8.2.4 运动学和动力学参数计算

1）提升速度的确定

合理的提升速度按式（3-10）计算：

$$v = (0.3 \sim 0.5)\sqrt{H} \tag{3-10}$$

式中：H 为最大提升高度，m；0.3~0.5 为系数，当 $H < 200$ m 时取下限，$H > 600$ m 时取上限；v 为提升速度，m/s。

根据式（3-10）计算出的 v 值，选择与其接近的提升机标准速度 v_m，但必须符合《金属非金属矿山安全规程》的（GB 16423—2020）规定。

（1）竖井用罐笼升降人员时，最高速度应不超过 $v = 0.5\sqrt{H}$，且最大应不超过 12 m/s。

（2）竖井升降物料时，提升容器的最高速度应不超过 $v = 0.6\sqrt{H}$。

用箕斗提升时，重箕斗进入卸载曲轨的速度，一般应为 0.5 m/s；空箕斗离开卸载曲轨的速度，一般应为 1.5 m/s。

2）提升加、减速度的确定

《金属非金属矿山安全规程》（GB 16423—2020）规定，竖井用罐笼升降人员的加速度和减速度，不得超过 0.75 m/s²；升降物料时的加速度和减速度，不得超过 1.0 m/s²。

当手工操作时，加、减速度时间一般不得少于 5 s；当采用自动化操作时，加减速度时间一般不得少于 3 s。

3）提升速度图和提升力图

对提升系统的运动参数和与运动规律相适应的提升力变化进行计算，可为选择提升电动机和控制设备提供依据，并可为提升机的强度计算提供原始数据。下面以双罐笼提升和双箕斗提升为例，给出了提升速度图和提升力图的计算方法。

（1）双罐笼提升速度图计算。

罐笼提升一般采用三阶段速度图，也可以采用非对称的五阶段速度图（带爬行阶段），下面以三阶段速度图（图 3-58）为例进行计算，见表 3-26。

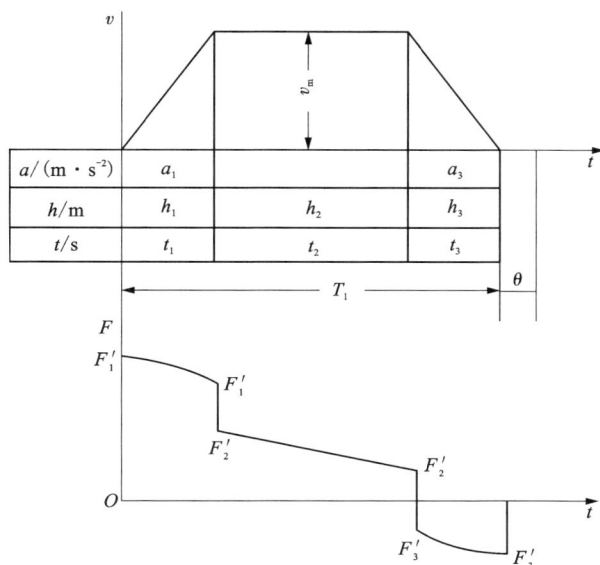

图 3-58　罐笼提升三阶段速度图和力图

表 3-26　罐笼提升速度图计算

项目	公式、符号
加速度、减速度/$(m \cdot s^{-2})$	a_1、a_3
加速、减速运行时间/s	$t_1 = \dfrac{v_m}{a_1}$，$t_3 = \dfrac{v_m}{a_3}$
加速、减速运行距离/m	$h_1 = \dfrac{1}{2} v_m t_1$，$h_3 = \dfrac{1}{2} v_m t_3$
等速运行距离/m	$h_2 = H - h_1 - h_3$
等速运行时间/s	$t_2 = \dfrac{h_2}{v_m}$
一次提升运行时间/s	$T_1 = t_1 + t_2 + t_3$
停歇时间/s	θ
一次提升全时间/s	$T = T_1 + \theta$
每小时提升次数/次	$n_3 = \dfrac{3600}{T}$

（2）双罐笼提升力图计算。

①变位质量总和：

$$\sum M = Q + 2Q_r + 2pL_p + qL_p + m_{ij} + m_{ic} + m_{il} + 2m_{it} + m_{id} \tag{3-11}$$

式中：Q 为一次提升量，kg；Q_r 为罐笼自重（包括连接装置）及其中所装矿车的自重，kg；L_p 为一根钢丝绳全长，m，$L_p = H_0 + \frac{1}{2}\pi D_t + L_x + l + (n_1 + n_0)\pi D$；$l$ 为试验绳长，一般取 30 m；n_1 为摩擦圈数，取 3；n_0 为多层缠绕供移动的圈数，一般取 2~4；D 为卷筒直径（圆整到标准值）；L_x 为钢丝绳弦长，m；L_q 为一根尾绳的全长，m，$L_q = H + 2h_w$；h_w 为尾绳环高度，m；m_{ij} 为主轴装置变位质量，kg，可由产品技术规格表查出；m_{ic} 为减速齿轮变位质量，kg，可由产品技术规格表查出；m_{il} 为联轴器变位质量，kg，可由产品技术规格表查出；m_{it} 为一个天轮的变位质量，kg，可由产品技术规格表查出或用以下经验公式算出。

对于铸造式天轮：

$$m_{it} = 90D_t^2 \tag{3-12}$$

对于装配式天轮：

$$m_{it} = 140D_t^2 ; \tag{3-13}$$

m_{id} 为电动机转子的变位质量：

$$m_{id} = \frac{4J_d}{D^2}i^2 \tag{3-14}$$

式中：J_d 为电动机转子的转动惯量，kg·m^2，可由产品技术规格表查出；i 为减速器传动比；其他符号意义同前。

②罐笼提升系统动力（F）方程式：

$$F = [KQ - \Delta(H - 2x)]g + \sum ma \tag{3-15}$$

式中：K 为矿井阻力系数，对于罐笼提升，$K=1.2$，对于箕斗提升，$K=1.15$；Δ 为每米尾绳与首绳重量差，$\Delta = q-p$，kg/m，无尾绳时，$q=0$；x 为提升容器所在位置，m；a 为加速度或减速度（减速度取负号），m/s^2；F 为罐笼提升系统动力，N；其他符号意义同前。

③动力计算（无尾绳时），见表 3-27。

表 3-27 双罐笼提升动力计算 N

项目	公式、符号
t_1 阶段开始罐笼提升动力	$F_1' = (KQ + pH)g + \sum ma_1$
t_1 阶段终了罐笼提升动力	$F_1'' = [KQ + p(H - 2h_1)]g + \sum Ma_1$
t_2 阶段开始罐笼提升动力	$F_2' = [KQ + p(H - 2h_3)]g$
t_2 阶段终了罐笼提升动力	$F_2'' = [KQ - p(H - 2h_3)]g$
t_3 阶段开始罐笼提升动力	$F_3' = [KQ - p(H - 2h_3)]g - \sum Ma_3$
t_3 阶段终了罐笼提升动力	$F_3'' = (KQ - pH)g - \sum Ma_3$

（3）双箕斗提升速度图计算。

箕斗提升一般采用六阶段速度图，对于底卸式箕斗提升，也可采用对称五阶段速度图。下面以六阶段提升图（图 3-59）为例进行计算，见表 3-28。

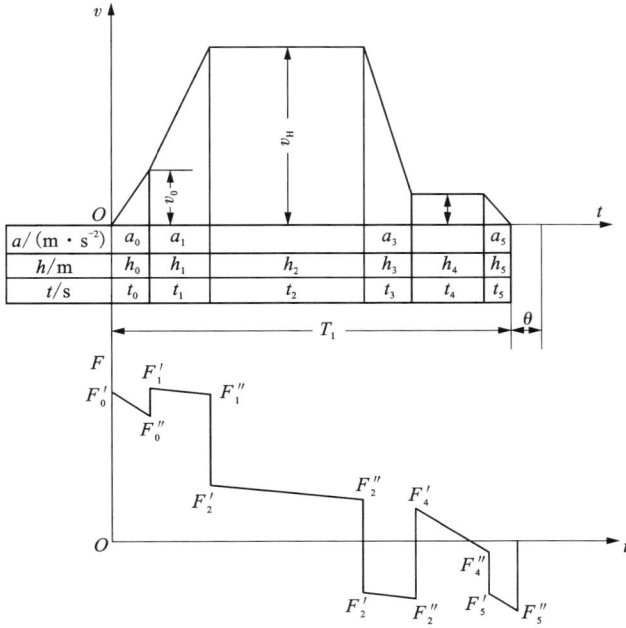

图 3-59 箕斗提升六阶段速度图和力图

表 3-28 箕斗提升六阶段速度图计算

项目	公式、符号、数据
箕斗在曲轨内下行距离/m	h_0
空箕斗离开曲轨的运行速度/($m \cdot s^{-1}$)	$v_0 = 1.5$
空箕斗在曲轨内的运行时间/s	$t_0 = \dfrac{2h_0}{V_0}$
空箕斗在曲轨内的加速度/($m \cdot s^{-2}$)	$a_0 = \dfrac{v_0}{t_0}(\leqslant 0.3)$
箕斗在曲轨外的加速度/($m \cdot s^{-2}$)	a_1
箕斗在曲轨外的加速运行时间/s	$t_1 = \dfrac{v_m - v_0}{a_1}$
箕斗在曲轨外的加速运行距离/m	$h_1 = \dfrac{v_m + v_0}{2}t_1$
重箕斗进入曲轨的速度/($m \cdot s^{-1}$)	$v_4 = 0.3 \sim 0.5$
重箕斗在曲轨内的制动减速度/($m \cdot s^{-2}$)	$a_5 \leqslant 0.3$

续表 3-28

项目	公式、符号、数据
重箕斗在曲轨内的减速运行时间/s	$t_5 = \dfrac{v_4}{a_5}$
重箕斗在曲轨内的减速运行距离/m	$h_5 = \dfrac{1}{2}v_4 t_5$
重箕斗在曲轨内的等速运行距离/m	$h_4 = h_0 - h_5 + (0.5 \sim 2)$
重箕斗在曲轨内的等速运行时间/s	$t_1 = \dfrac{h_4}{v_4}$
箕斗在曲轨外的减速度/$(\text{m} \cdot \text{s}^{-2})$	a_3
箕斗在曲轨外的减速运行时间/s	$t_3 = \dfrac{v_\text{m} - v_4}{a_3}$
箕斗在曲轨外的减速运行距离/m	$h_3 = \dfrac{v_\text{m} + v_4}{2} t_3$
箕斗在曲轨外的等速运行距离/m	$h_2 = H - h_0 - h_1 - h_3 - h_4 - h_5$
箕斗在曲轨外的等速运行时间/s	$t_2 = \dfrac{h_2}{v_\text{m}}$
一次提升时间/s	$T_1 = t_0 + t_1 + t_2 + t_3 + t_4 + t_5$
停止时间/s	θ
一次提升全时间/s	$T = T_1 + \theta$
每小时提升次数/次	$n_\text{s} = \dfrac{3600}{T}$

(4)双箕斗提升力图计算。

①变位质量总和按公式(3-11)结合具体条件计算。

②箕斗提升系统动力方程式计算如下。

提升开始(空箕斗在卸载曲轨内):

$$F_0 = \left[KQ + \alpha_c Q_r - \Delta(H - 2x) \right] g + \sum M a_0 \qquad (3-16)$$

箕斗在曲轨外运行时,与罐笼提升动力方程式相同。重箕斗开始进入卸载曲轨后:

$$F_{4-5} = \left[(K - \beta)Q - \alpha_c Q_r - \Delta(H - 2x) \right] g - \left(\sum M - \beta Q \right) a_5 \qquad (3-17)$$

式中:α_c 为空箕斗在卸载曲轨上的自重减轻系数(自重不平衡系数),对于翻转式箕斗,$\alpha_{c\max} = 0.35 \sim 0.4$,对于底卸式箕斗,$\alpha_{c\max} \approx 0$;$\beta$ 为重箕斗在卸载曲轨上载重的减轻系数,对于翻转式箕斗,$\beta_{\max} = 0.8 \sim 1.0$,对于底卸式固定曲轨,$\beta_{\max} = 0.4$,对于底卸式活动直轨,$\beta_{\max} = 0$。

③动力计算(无尾绳时),见表 3-29。

表 3-29 箕斗提升动力计算(无尾绳时) N

项目	公式、符号
t_0 阶段开始	$F_0' = (KQ + \alpha_c Q_r + pH)g + \sum Ma_0$
t_0 阶段终了	$F_0'' = [KQ + p(H - 2h_0)]g + \sum Ma_0$
t_1 阶段开始	$F_1' = [KQ + p(H - 2h_0)]g + \sum Ma_1$
t_1 阶段终了	$F_1'' = F_1' - 2ph_1 g$
t_2 阶段开始	$F_2' = F_1'' - \sum Ma_1$
t_2 阶段终了	$F_2'' = F_2' - 2ph_2 g$
t_3 阶段开始	$F_3' = F_2'' - \sum Ma_3$
t_3 阶段终了	$F_3'' = [KQ - p(H - 2h_4 - 2h_5)]g - \sum Ma_3$
t_4 阶段开始	$F_4' = [KQ - p(H - 2h_4 - 2h_5)]g$
t_4 阶段终了	$F_4'' = F_4' - \dfrac{h_0 - h_5}{h_0}(\beta Q + \alpha_c Q_r)g$
t_5 阶段开始	$F_5' = F_4'' - \left(\sum M - \dfrac{h_0 - h_5}{h_0}\beta Q\right)a_5$
t_5 阶段终了	$F_5'' = [(K - \beta)Q - \alpha_c Q_r - pH]g - \left(\sum M - \beta Q\right)a_5$

3.8.2.5 提升机与井筒相对位置的确定

竖井井筒位置选定后,确定提升机的安装位置时主要应考虑矿井地面工业广场的总体布置、井筒四周地形条件、装卸载方便程度及地面生产运输系统等因素。在井筒中布置一套或两套提升设备,应视具体情况和综合分析确定。

对于双钩提升,井架上的天轮有两种布置方式:安装在同一垂直面内,如图 3-60(a)所示;安装在同一水平轴线上,如图 3-60(b)所示。

当提升机安装地点初步确定后,要计算井架高度、提升机轴线与井筒中心线的距离以及由这两个参数导出的绳弦长、内、外偏角和绳弦仰角。

(1)井架高度 H_j。

井架高度是指井口水平到上面天轮轴线间的垂直距离。

当天轮安装在同一水平轴线上时,井架高度为:

$$H_j = H_x + H_r + H_g + 0.75R_t \tag{3-18}$$

式中:H_x 为卸载高度,由井口水平到卸载位置容器底座的高度,对于罐笼提升,通常 $H_x = 0$,对于箕斗提升,其 H_x 与矿仓高度及箕斗卸载方式有关,通常 $H_x = 18 \sim 25$ m;H_r 为容器全高,指容器底至连接装置最上面绳卡的距离;H_g 为过卷高度,指容器从正常卸载位置提升到容器的任一部分与天轮轮缘接触时所走的距离。

《金属非金属矿山安全规程》(GB 16423—2020)表明提升竖井的井塔或者井架内和竖井井底应设置过卷段,过卷段高度应符合下列规定:

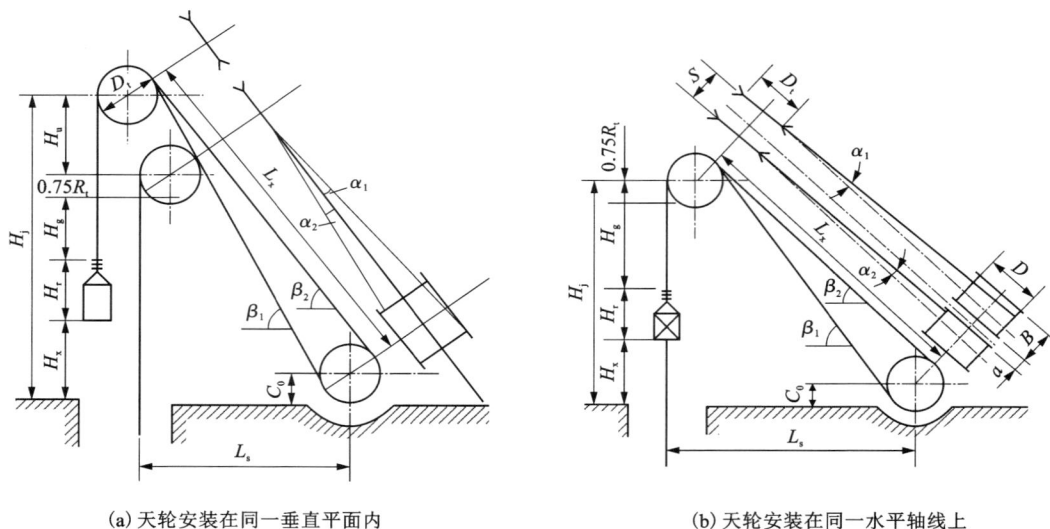

(a) 天轮安装在同一垂直平面内　　　　　　　　(b) 天轮安装在同一水平轴线上

图 3-60　缠绕式提升机与井筒的相对位置

①提升速度大于 6 m/s 时，不小于最高提升速度下运行 1 s 的距离或者 10 m；

②提升速度为 3~6 m/s 时，不小于 6 m；

③提升速度小于 3 m/s 时，不小于 4 m；

④凿井期间用吊桶提升时，不小于 4 m。

当两天轮位于同一垂直面内时，井架最小高度：

$$H_j = H_x + H_r + H_g + 0.75R_t + D_t + (0.5 \sim 1) \tag{3-19}$$

式中：R_t 为天轮直径，$D = 2R_t$，m。

《金属非金属矿山安全规程》(GB 16423—2020)对天轮直径也做了规定，参见第 3.8.2.2 节"钢丝绳选用的有关规定"。

(2)卷筒中心线至井筒中心线的水平距离 L_s。

确定原则：提升机房基础不与井架基础相接触，避免由于井架振动，引起提升机房及提升机基础的振动和损坏。

其最小距离应满足经验公式：

$$L_s \geqslant 0.6H_j + 3.5 + D \tag{3-20}$$

式中：D 为卷筒直径，m。

(3)钢丝绳弦长 L_x。

钢丝绳弦长是指绳弦与卷筒接触点到绳弦与天轮接触点的距离。根据理论研究，钢丝绳弦横向振动的自振频率与绳弦长度及提升高度有关。钢丝绳弦长主要取决于绳弦长度，当超过 60 m 时，其自振频率与提升机卷筒转动产生的任何规则冲击，通常都可能激发绳弦激烈的横向振动，故通常限制弦长在 60 m 以内。

对弦长的计算，一般用卷筒与天轮的中心距离代替。

$$L_x = \sqrt{(H_j - C_0)^2 + \left(\left(L_s - \frac{D_t}{2}\right)\right)^2} \qquad (3-21)$$

式中：C_0 为卷筒中心线与井口的高差，一般 $C_0 = 1 \sim 2$ m。

当弦长因特殊原因超过 60 m 时，可在地面适当地方加设拖绳轮，以减少绳弦振动。

（4）钢丝绳的内、外偏角

钢丝绳的偏角是指绳弦与天轮平面所成的角度。在提升过程中，钢丝绳沿卷筒表面缠绕，绳弦不断沿卷筒轴直线移动，这两个极限状态分别形成了最大内偏角和最大外偏角。

最大外偏角：

$$a_1 = \arctan \frac{B - \dfrac{B-a}{2} - 3(d+\varepsilon)}{L_x} \qquad (3-22)$$

单绳缠绕时，最大内偏角：

$$a_2 = \arctan \frac{\dfrac{S-a}{2} - \left[B - \left(\dfrac{H+30}{\pi D} + 3\right)(d+\varepsilon) \right]}{L_x} \qquad (3-23)$$

式中：S 为两天轮间距，m；a 为两卷筒内支轮间距，m；B 为卷筒宽度，m；d 为钢丝绳直径，m；ε 为卷筒上绳圈间距，m；H 为提升高度，m。

双层缠绕时，钢丝绳一定会绕至卷筒内缘，最大内偏角：

$$a_2 = \arctan \frac{\dfrac{S-a}{2}}{L_x} \qquad (3-24)$$

过大的偏角将使钢丝绳与天轮轮缘的磨损加剧，甚至有跳出天轮的危险。过大的内偏角会出现咬绳问题，绳弦有可能与已缠在卷筒上的相邻的绳圈相碰或摩擦，从而发生振动，使钢丝绳严重磨损。

图 3-61、图 3-62 所示为不咬绳内偏角与缠绳间隙曲线，它与卷筒直径、钢丝绳缠绕间隙、钢丝绳直径等参数有关。随着卷筒和钢丝绳直径的增加，钢丝绳间隙减少，咬绳现象趋于严重。

由图可见，卷筒直径为 3 m 的提升机，其绳径为 34 mm，当缠绳间隙为 2 mm 时，不咬绳的内偏角为 51.8′；其内偏角为 1°30′ 时，则缠绳间隙必须增大到 3.7 mm 以上才能避免咬绳。显然 $\dfrac{3000}{1520}$ 增大，会减少卷筒容绳量。采用变 ε 的方法（即减少外偏角部分的 ε 值），增大内偏角部分的 ε 值，可在一定程度上解决咬绳问题。

《金属非金属矿山安全规程》（GB 16423—2020）规定：天轮到提升机卷筒的钢丝绳最大偏角，应不超过 1°30′。限制偏角，主要是防止钢丝绳与天轮轮缘彼此磨损。当钢丝绳多层缠绕时，偏角宜取 1°10′，以改善钢丝绳的缠绕状况。另外，内偏角应保证钢丝绳在卷筒上放出时不"咬绳"。

（5）钢丝绳仰角。

钢丝绳弦与水平线所构成的仰角，应按提升机技术要求的规定值检验。JK 系列提升机曾限定下出绳角不得小于 15°，这是考虑下出绳角过小时，钢丝绳有可能与提升机基础相接触，造成钢丝绳磨损。

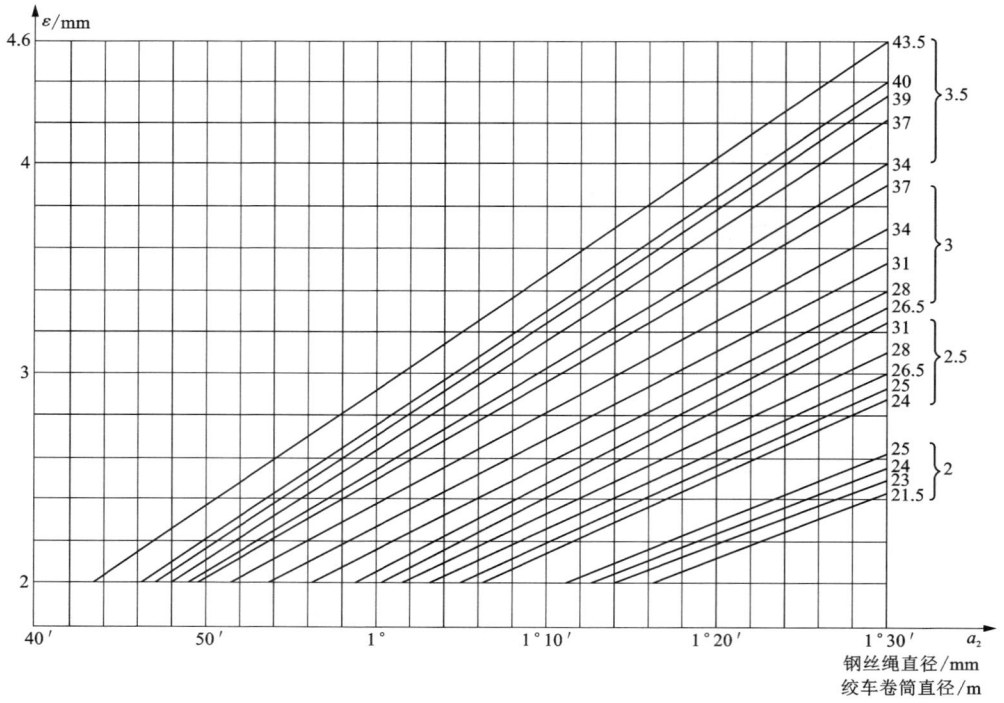

图 3-61 不咬绳内偏角与缠绳间隙的关系曲线(卷筒直径为 2~3.5 m)

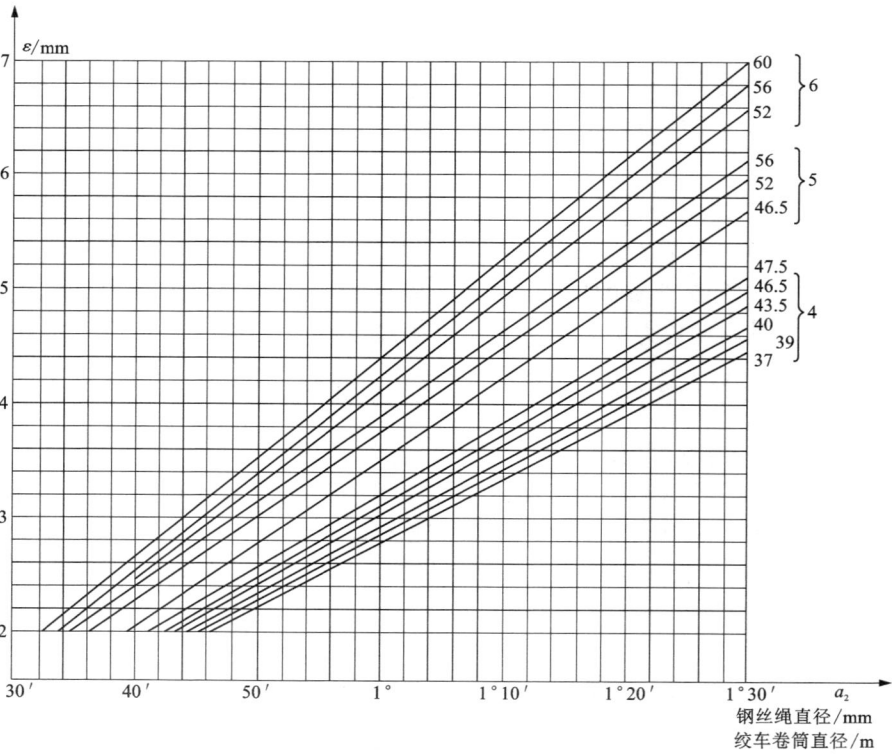

图 3-62 不咬绳内偏角与缠绳间隙的关系曲线(卷筒直径为 4~6 m)

下出绳角 β_1：

$$\beta_1 = \arctan\frac{H_j - C_0}{L_s - R_t} + \arcsin\frac{D_t + D}{2L_x} \tag{3-25}$$

上出绳角 β_2：

$$\beta_2 = \arctan\frac{H_j - C_0}{L_s - R_t} - \arcsin\frac{D_t - D}{2L_x} \tag{3-26}$$

上述提升机与井筒相对位置的五个因素相互制约和关联。当 H_j、H_s 确定后，其他参数如不能满足要求，可适当调整 L_s，以使各参数均满足要求。在特殊情况下，应根据实际条件具体分析。

3.8.2.6 使用要求

采用竖井单绳缠绕式提升系统时，必须符合下列要求。

（1）用于升降人员和物料的单绳罐笼，应符合《罐笼安全技术要求》（GB 16542—2010）的规定，且应取得矿用产品安全标志证书。

（2）用于升降人员的单绳罐笼，应安装防坠器。

（3）提升容器和平衡锤，应沿罐道运行。提升容器的罐道，应采用木罐道、型钢罐道或钢丝绳罐道。竖井内用带平衡锤的单罐笼升降人员或物料时，平衡锤的质量应符合设计要求，平衡锤和罐笼用的钢丝绳规格应相同。

（4）提升容器的导向槽（器）与罐道之间的间隙，应符合下列规定：

木罐道，每侧应不超过 10 mm；

钢丝绳罐道，导向器内径应比罐道绳直径大 2~5 mm；

型钢罐道不采用滚轮罐耳时，滑动导向槽每侧间隙不应超过 5 mm；

型钢罐道采用滚轮罐耳时，滑动导向槽每侧间隙应保持 10~15 mm。

（5）竖井内提升容器之间、提升容器与井壁或罐道梁之间的最小间隙，应符合表 3-30 中的规定。

罐道钢丝绳的直径应不小于 28 mm；防撞钢丝绳的直径应不小于 40 mm。

表 3-30 竖井内提升容器之间以及提升容器最突出部分和井壁、罐道梁、井梁之间的最小间隙

mm

罐道和井梁布置		容器与容器之间	容器与井壁之间	容器与罐道梁之间	容器与井梁之间	备注
罐道布置在容器一侧		200	150	40	150	罐道与导向槽之间为 20
罐道布置在容器两侧	木罐道	—	200	50	200	有卸载滑轮的容器时，滑轮和罐道梁间隙增加 25
	钢罐道	—	150	40	150	
罐道布置在容器正门	木罐道	200	200	50	200	
	钢罐道	200	150	40	150	
钢丝绳罐道		450	350	—	350	设防撞绳时，容器之间最小间隙为 200

凿井时，两个提升容器的钢丝绳罐道之间的间隙，应不小于（250+H/3）mm（其中 H 为以 m 为单位的井筒深度的数值），且应不小于 300 mm。

（6）钢丝绳罐道应优先选用密封式钢丝绳。每根罐道绳的最小刚性系数应不小于 500 N/m。每个提升容器的罐道绳张紧力应相差 5%~10%，内侧张紧力大，外侧张紧力小。

井底应设罐道钢丝绳的定位装置。拉紧重锤的最低位置到井底水窝最高水面的距离，应不小于 1.5 m。应有清理井底粉矿及泥浆的专用斜井、联络道或其他形式的清理设施。

（7）天轮到提升机卷筒的钢丝绳最大偏角，应不超过 1°30′。

（8）对于采用钢丝绳罐道的单绳提升系统，两根主提升钢丝绳应采用不旋转钢丝绳。

（9）竖井罐笼提升系统的各中段马头门，应根据需要使用摇台。除井口和井底允许设置托台外，特殊情况下也允许在中段马头门设置自动托台。摇台、托台应与提升机闭锁。

（10）竖井提升系统应设过卷保护装置，过卷高度应符合下列规定：

提升速度低于 3 m/s 时，不小于 4 m；

提升速度为 3~6 m/s 时，不小于 6 m；

提升速度高于 6 m/s、低于或等于 10 m/s 时，不小于最高提升速度下运行 1 s 的提升高度；

提升速度高于 10 m/s 时，不小于 10 m；

凿井期间用吊桶提升时，不小于 4 m。

（11）缠绕式提升设备应有定车装置，以便调整卷筒位置和检修制动装置。

3.8.3　竖井多绳摩擦式提升

3.8.3.1　提升容器的确定

竖井多绳摩擦式提升采用罐笼提升时，应选用多绳罐笼，与提升钢丝绳的连接多采用由楔形绳环、张力自动平衡装置等部件组成的多绳悬挂装置，罐笼的底部安装有尾绳悬挂装置，根据使用的尾绳结构不同，尾绳悬挂装置可采用圆尾绳悬挂装置或扁尾绳悬挂装置。

近年来，由于多绳摩擦式提升机及钢丝绳罐道得到广泛应用，竖井提升逐步向深井、大产量方向发展，与此相适应的底卸式箕斗被广泛采用。

3.8.3.2　钢丝绳的选择与计算

1）钢丝绳选用的有关规定

《金属非金属矿山安全规程》（GB 16423—2020）中摩擦式提升钢丝绳悬挂时的安全系数应符合下列规定：

专作升降人员用的，不小于 8.0；

升降人员和物料用的：升降人员时不小于 8.0，升降物料时不小于 7.5；

专作升降物料用的，不小于 7.0；

用于平衡尾绳时，不小于 7.0。

2）多绳摩擦提升钢丝绳的选择计算

多绳摩擦提升钢丝绳的选择计算方法与单绳基本相同，只是用几根钢丝绳代替一根钢丝绳，所以可以将式（3-9）改写为：

$$d \geqslant \sqrt{\dfrac{Q_0}{n \cdot \left(\dfrac{K_h \cdot K' \cdot R_0}{g \cdot m} - K \cdot L \right)}} \qquad (3-27)$$

式中：d 为单根钢丝绳的直径，mm；n 为提升钢丝绳数；其余各参数符号释义与式（3-9）相同。

由以上公式计算出钢丝绳直径后，也应校核轮径与绳径的比值、轮径与丝径的比值，以确保符合规定要求，具体参见"摩擦轮直径"。

3）提升钢丝绳品种结构的选择

（1）提升钢丝绳的选择。

由于三角股钢丝绳具有比同直径圆股钢丝绳强度高、承压面积大、耐磨和抗挤压等特点，所以多绳摩擦式提升机应优先选用三角股钢丝绳，而且左向捻和右向捻各占一半，可采用 6V×34+FC、6V×37+FC、6×25TS+FC、6×28TS+FC 等。在钢丝绳的位置排列上，应该相互交错排列悬挂，以减少钢丝绳松股的扭力。

鉴于摩擦轮式提升钢丝绳不能涂用普通的钢丝绳油脂，在用于井筒淋水偏大、酸碱度高等工作条件较差的场合时，应该选用耐腐蚀的镀锌钢丝绳。

（2）平衡尾绳的选择。

平衡尾绳目前可以选用以下种类。

①多层异型股（不旋转）钢丝绳。这种钢丝绳的优点是运行中旋转扭力小，缺点是内层股断丝不易被检查出来，且在运转中容易由于外层股松捻而脱出。

②扁钢丝绳。这种钢丝绳的主要缺点是生产效率低，成本较高。优点是抗横向振动性强，不旋转，运行稳定可靠，而且可以根据需要的单位质量编织，能够做到尾绳与提升钢丝绳的总单位质量相等。

③圆股钢丝绳。这种钢丝绳可采用普通点接触圆股钢丝绳作为平衡尾绳，一些生产矿井对此已有多年的运行经验。它的优点是价格低廉、货源容易解决。为了防止圆股钢丝绳在尾绳环处扭结，其悬挂装置为转环式。在尾绳环处的过卷高度以下部位，应设置木挡板，作为尾绳的导向装置；或用硬塑料代替木挡板，以提高抗腐蚀性能。

以上三种钢丝绳中，后两种选用得较多。

3.8.3.3　提升机的选择与计算

（1）摩擦轮直径。

在摩擦式提升系统设计中，摩擦轮（主导轮）直径的确定应该在数值上等于或大于所提升的双提升容器之间的中心距；对于单容器提升，则为平衡锤中心与提升容器中心之间的距离，这样可以使提升系统简化，省去导向轮装置，井塔的高度也相应降低，节省了设备投资及建设费用。

多绳摩擦提升系统中，两提升容器的中心距小于主导轮直径时，应装设导向轮；主导轮上的钢丝绳围包角应不大于200°。

摩擦式提升机的主导轮、导向轮、天轮直径与钢丝绳直径或钢丝直径之比，必须符合《金属非金属矿山安全规程》（GB 16423—2020）的规定。

摩擦式提升机的摩擦轮、天轮和导向轮的最小直径与钢丝绳直径之比，应符合下列规定：

塔式提升机的摩擦轮直径，有导向轮时不小于100，无导向轮时不小于80；

落地式提升机的摩擦轮和天轮直径，不小于100；

塔式提升机的导向轮直径，不小于80。

（2）衬垫的压力验算。

无论是使用聚氯乙烯塑料衬垫还是聚氨酯橡胶衬垫，提升钢丝绳作用在主导轮衬垫上的压力不能超过2.0 MPa，如果计算出的压力值超过规定的允许值，就应采用增加提升钢丝绳数量、加大主导轮直径或加大钢丝绳直径等办法来解决。但是，改变数值后则需要重新验算，必须保证压力符合制造厂的规定。

（3）防滑验算。

摩擦式提升机必须进行防滑验算。尽管国内外对于防滑问题的叙述各有不同，但出发点都是一个，即钢丝绳两端张力应符合一定的关系，并在计算时都以欧拉公式为基础。

《金属非金属矿山安全规程》（GB 16423—2020）规定：多绳摩擦提升系统的静防滑安全系数应大于1.75，动防滑安全系数应大于1.25，重载侧和空载侧的静张力比应小于1.5。

同时规定：摩擦轮式提升装置常用闸或保险闸发生作用时，全部机械的减速度不得超过钢丝绳的滑动极限。

满载下放时，应检查减速度的最低极限；满载提升时，应检查减速度的最高极限。

3.8.3.4 运动学和动力学参数计算

1）提升速度的确定

提升速度的确定与单绳缠绕式提升相同。

2）提升加、减速度的确定

提升加、减速度除了与单绳缠绕式提升有相同的规定外，还受防滑条件的限制。

（1）提升货载时，防滑条件允许的加速度（按等重尾绳系统计算）为：

$$a_1 \leqslant \frac{\left(T_{jx} - \frac{W}{2}\right)(e^{\mu\alpha}-1) - \sigma_{dmin}(Qg+W)}{m_x(e^{\mu\alpha}-1) + \sigma_{dmin}(m_s+m_x)} \tag{3-28}$$

式中：T_{jx} 为下放（空载）绳的静张力，$T_{jx} = (Q_r+npH_0')g$，N［H_0' 为钢丝绳最大悬垂长度，m；n 为主（首）绳数］；W 为矿井阻力，$W = 0.005 \times 2npH_0'g + 0.02(T_{js}+T_{jx}-2npH_0'g)$，N［$T_{js}$ 为上升（重载）绳的静张力，$T_{js} = (Q+Q_r+npH_0')g$，N］；m_s 为上升（重载）绳运动质量，$m_s = \dfrac{T_{js}}{g}$，kg；m_x 为下放（空载）绳运动质量，$m_x = \dfrac{T_{jx}}{g} + m_{idl}$，kg（$m_{idl}$ 为全部导向轮变位质量），它加在 m_s 还是 m_x 中，应视其使 a_1 最小而定，kg；σ_{dmin} 为动防滑安全系数，《安全规程》规定 $\sigma_{dmin} = 1.25$；e 为自然对数的底，$e = 2.718$；μ 为钢丝绳与衬垫的摩擦系数，一般取 $\mu = 0.2$ 或 0.25；α 为钢丝绳在主导轮上的围包角，rad；a_1 为提升货载时防滑条件允许的加速度，m/s²。

（2）提升货载时，防滑条件允许的减速度：

$$a_3 \leqslant \frac{\left(T_{js}+\dfrac{W}{2}\right)(e^{\mu\alpha}-1)+\sigma_{dmin}(Qg+W)}{m_s'(e^{\mu\alpha}-1)+\sigma_{dmin}(m_s'+m_x')} \tag{3-29}$$

式中：a_3 为提升货载时防滑条件允许的减速度，m/s^2；m_s' 为上升（重载）绳运动质量，$m_s' = \dfrac{T_{js}}{g}+m_{idl}$，kg；$m_x'$ 为下放（空载）绳运动质量，$m_x' = \dfrac{1}{g}T_{jx}$，kg。

（3）下放货载时，防滑条件允许的减速度：

$$a_3' \leqslant \frac{\left(T_{jx}+\dfrac{W}{2}\right)(e^{\mu\alpha}-1)-\sigma_{dmin}(Qg-W)}{m_s''(e^{\mu\alpha}-1)+\sigma_{dmin}(m_s''+m_x'')} \tag{3-30}$$

式中：a_3' 为提升货载时防滑条件允许的减速度，m/s^2；m_s'' 为上升（空载）绳运动质量，$m_s'' = \dfrac{T_{js}'}{g}+m_{idl}$，kg；$m_x''$ 为下放（重载）绳运动质量，$m_x'' = \dfrac{1}{g}T_{jx}'$，kg；$T_{js}'$ 为上升（空载）绳的静张力，$T_{js}' = (Q_r+npH_0'g)$，N；T_{jx}' 为下放（重载）绳的静张力，$T_{jx}' = (Q+Q_r+npH_0')g$，N。

3）防滑验算

（1）静防滑：

$$\sigma_j = \frac{T_{jx}(e^{\mu\alpha}-1)}{T_{js}-T_{jx}} \geqslant 1.75 \tag{3-31}$$

（2）动防滑

因为所取加、减速度不大于防滑条件的加、减速度，故不需要再进行防滑验算。

（3）安全制动

提升货载时，防滑极限减速度 $a_{3j}(m/s^2)$：

$$a_{3j} = \frac{\left(T_{js}+\dfrac{W}{2}\right)(e^{\mu\alpha}-1)+(Qg+W)}{m_s'(e^{\mu\alpha}-1)+(m_s'+m_x')} < 5 \tag{3-32}$$

下放货载时，防滑极限减速度 $a_{3j}'(m/s^2)$：

$$a_{3j}' = \frac{\left(T_{js}'+\dfrac{W}{2}\right)(e^{\mu\alpha}-1)-(Qg-W)}{m_s''(e^{\mu\alpha}-1)+(m_s''+m_x'')} > 1.5 \tag{3-33}$$

4）提升速度图和提升力图

多绳摩擦式提升的速度图和提升力图的计算方法与单绳缠绕式提升相同。

（1）多绳罐笼提升速度图计算。

由于罐笼提升对停车位置的准确性要求较高，因而在减速阶段需要有一个低速爬行阶段，于是组成了五阶段速度图（图 3-63）。爬行速度一般取 0.4~0.5 m/s；爬行距离，自动控制时取 2~2.5 m，手动控制时取 5 m。最后的制动减速度取 0.4~0.5 m/s²。具体计算方法同单绳缠绕式提升。

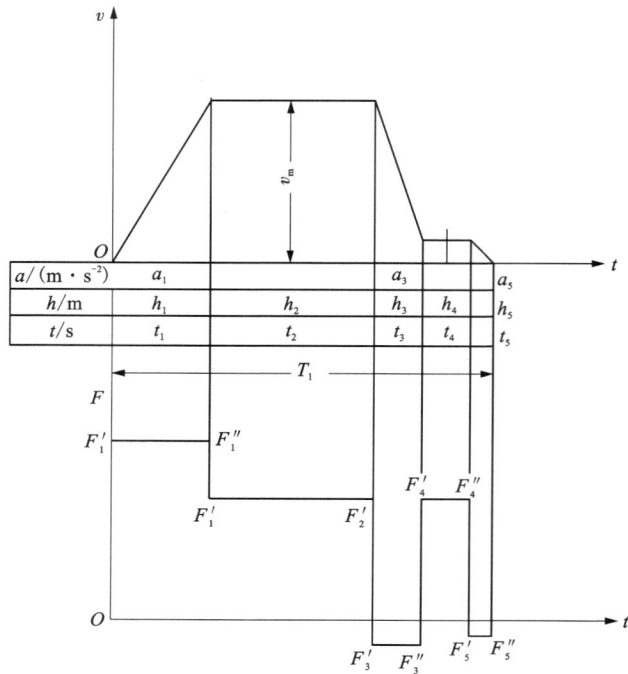

图 3-63　多绳罐笼提升五阶段速度图和提升力图

（2）多绳罐笼提升力图计算（按等重尾绳提升系统计算）。

①变位质量总和：

$$\sum M = Q + 2Q_r + npL_p + n_w qL_q + m_{ij} + m_{ic} + m_{il} + m_{ild} + m_{id}$$

$$(3-34)$$

式中：$\sum M$ 为变位质量总和，kg；n_w 为尾绳根数；L_p 为一根首绳长，$L_p = H + 2(h_{ta} - h_x)$，m；$h_{ta}$ 为井塔高度，m（图 3-64）；h_x 在箕斗提升时为卸矿高度，罐笼提升时为装卸平台水平高度，m；其他符号意义同前。

有导向轮时（$\alpha > \pi$）的井塔高度：

$$h_{ta} = h_x + h_r + h_{gj} + \frac{1}{4}D_d + h_j \qquad (3-35)$$

无导向轮时（$\alpha = \pi$）的井塔高度

$$h_{ta} = h_x + h_r + h_{gj} + \frac{1}{4}D_d \qquad (3-36)$$

式中：h_{ta} 为井塔高度，m；h_x 在箕斗提升时为卸载高度，罐笼提升时为装卸平台水平高度，m；D_d 为导向

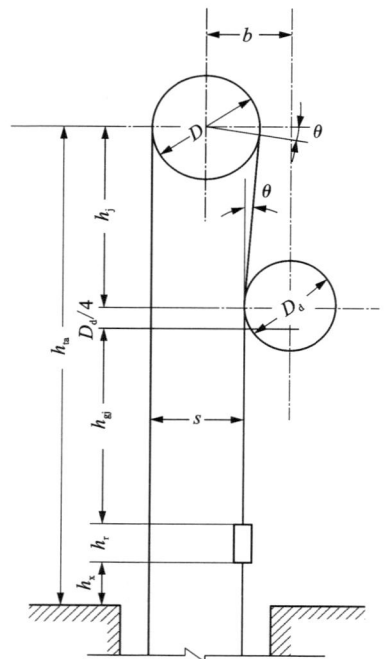

图 3-64　井塔高度计算

轮直径，m；h_r 为提升容器全高，m；h_{gj} 为过卷高度，m；h_j 为主导向轮与导向轮轴线的垂直

距离，$h_j \geqslant \dfrac{0.5D + 0.5D_d}{\sin \theta} - b\cos \theta$，m。

②动力计算。分阶段按公式(3-37)计算。

$$F = [KQ - \Delta(H - 2x)]g + \sum ma \qquad (3-37)$$

式中：K 为矿井阻力系数，对于罐笼提升，$K = 1.2$，对于箕斗提升，$K = 1.15$；Δ 为尾绳与首绳重量差，$\Delta = q - p$，无尾绳时，$q = 0$，kg/m；x 为提升容器所在位置，m；a 为加速度或减速度（减速度取负号），m/s^2；F 为罐笼提升系统动力，N。

3) 多绳箕斗提升速度图的计算

多绳箕斗采用固定曲轨卸载时，可采用六阶段速度图；采用气缸(油缸)带动的活动直轨卸载时，可以采用五阶段速度图，它们的计算方法与前面单绳缠绕式提升相同阶段速度图相同。

4) 多绳箕斗提升力图的计算

根据底卸式箕斗采用固定曲轨或活动直轨卸载形式的不同，分别按式(3-16)、式(3-17)或式(3-18)计算各阶段动力。

3.8.3.5 提升机与井筒相对位置的确定

(1)塔式摩擦提升机的井塔高度。

塔式摩擦提升机的井塔高度的计算式为(图 3-65)：

$$H_t = H_x + H_r + H_g + H_{md} + 0.75R \qquad (3-38)$$

式中：H_t 为井塔高度，m；H_{md} 为摩擦轮与导向轮间的高差，无导向轮时 $H_{md} = 0$，有导向轮时，一般当 $D < 2.25$ m 时取 4.5 m，$D = 2.8$ m 时取 5.0 m，$D = 3.25$ m 时取 6 m，$D = 3.5$ m 时取 6.5 m；R 为摩擦轮半径，m；其他符号意义同前。

多绳摩擦提升时，井底楔形罐道的安装位置应使下行容器比上提容器提前接触楔形罐道，提前距离应不小于 1 m。

(2)落地式摩擦提升机的井架高度。

落地式摩擦提升机的井架高度(两天轮上下布置，置于不同标高上)，参照缠绕式提升机井架高度确定。两天轮中心线垂直距离 $H_{jt} = D_t + (0.5 \sim 1.5)$ m。

(3)有导向轮时钢丝绳对摩擦轮的围包角。

为满足容器间在井筒布置中的中心距要求，塔式提升机常配置导向轮，导向轮会在一定范围内加大围包角，但一般多把同包角 α 限制在 195° 之内。《金属非金属矿山安全规程》(GB 16423—2020)规定：多绳摩擦提升系统中，两提升容器的中心距小于主导轮直径时，应

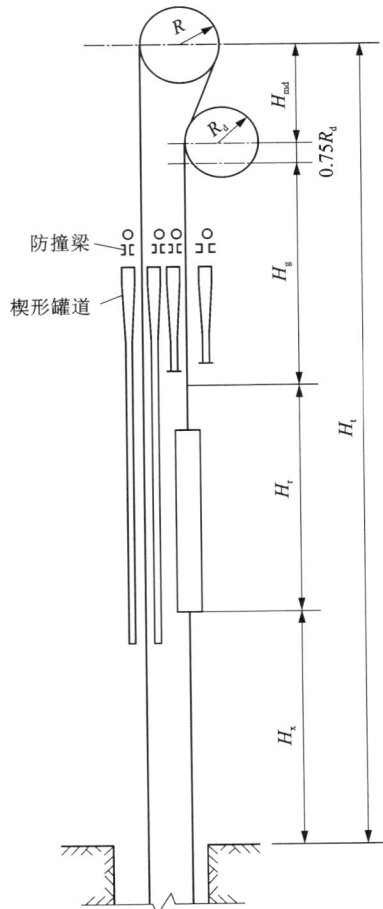

图 3-65 井塔高度计算圈

装设导向轮；主导轮上钢丝绳围包角应不大于 200°。

围包角（rad）（图 3-66）的计算式为：

$$\alpha = \pi + \frac{\pi}{180}(\beta - \gamma) = \pi + \frac{\pi}{180}\left(\arcsin\frac{R+R_d}{b} - \arctan\frac{\alpha}{H_{md}}\right) \qquad (3-39)$$

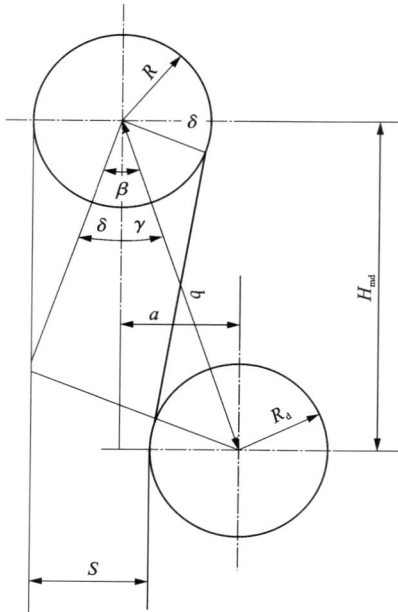

图 3-66　摩擦轮围包角计算图

（4）尾绳环高度。

尾绳环高度是最低装车（卸载）水平容器底至尾绳环端部的高度：

$$H_h = H_g + (5\sim6) \qquad (3-40)$$

式中：H_g 为过卷（过放）高度，m；5~6 m 的附加高度是考虑防止尾绳扭结挡梁以及尾绳连接装置的高度。

通常 $H_h = 15\sim20$ m，井底水平到尾绳环端部的高度不小于 5 m。

3.8.3.6　使用要求

采用竖井多绳摩擦式提升系统时，必须符合下列要求。

（1）用于升降人员和物料的多绳罐笼，应符合《罐笼安全技术要求》（GB 16542—2010）的规定，且应取得矿用产品安全标志证书。

（2）多绳摩擦式提升系统中，两提升容器的中心距小于主导轮直径时，应装设导向轮；主导轮上钢丝绳围包角应不大于 200°。

（3）应对多绳摩擦式提升系统进行防滑校验，静防滑安全系数应大于 1.75，动防滑安全系数应大于 1.25，重载侧和空载侧的静张力比应小于 1.5。

（4）平衡钢丝绳（尾绳）的长度，应满足罐笼或箕斗过卷的需要。使用圆形平衡钢丝绳时，应有避免平衡钢丝绳扭结的装置。平衡钢丝绳（尾绳）最低处，不应被水淹或渣埋。

（5）多绳摩擦提升机的首绳，使用中有一根不合格的，应全部更换。

（6）多绳摩擦提升时，井底楔形罐道的安装位置应使下行容器比上提容器提前接触楔形罐道，提前距离应不小于 1 m。

（7）采用扭转钢丝绳作为多绳摩擦提升机的首绳时，应按左右捻相间的顺序悬挂。悬挂前，对钢丝绳应进行除油处理。

（8）运转中的多绳摩擦提升机，应每周检查一次首绳的张力，若各绳张力反弹波时间差超过 10%，应进行调绳。

（9）若用扭转钢丝绳作为尾绳，提升容器底部应设尾绳旋转装置，挂绳前，尾绳应破劲。井筒内最低装矿点的下面，应设尾绳隔离装置。

（10）采用多绳摩擦提升机时，粉矿仓应设在尾绳之下，粉矿仓顶面距离尾绳最低位置应不小于 5 m。穿过粉矿仓底的罐道钢丝绳，应用隔离套筒予以保护。

（11）提升容器和平衡锤，应沿罐道运行。提升容器的罐道，应采用木罐道、型钢罐道或钢丝绳罐道。竖井内用带平衡锤的单罐笼升降人员或物料时，平衡锤的质量应符合设计要求，平衡锤和罐笼用的钢丝绳规格应相同。

（12）提升容器的导向槽（器）与罐道之间的间隙，应符合下列规定：

木罐道，每侧应不超过 10 mm；

钢丝绳罐道，导向器内径应比罐道绳直径大 2~5 mm；

型钢罐道不采用滚轮罐耳时，滑动导向槽每侧间隙不应超过 5 mm；

型钢罐道采用滚轮罐耳时，滑动导向槽每侧间隙应保持 10~15 mm。

（13）竖井内提升容器之间、提升容器与井壁或罐道梁之间的最小间隙，应符合表 3-30 规定。

罐道钢丝绳的直径应不小于 28 mm，防撞钢丝绳的直径应不小于 40 mm。

（14）钢丝绳罐道，应优先选用密封式钢丝绳。每根罐道绳的最小刚性系数应不小于 500 N/m。每个提升容器的罐道绳张紧力应相差 5%~10%，内侧张紧力大，外侧张紧力小。

井底应设罐道钢丝绳的定位装置。拉紧重锤的最低位置到井底水窝最高水面的距离，应不小于 1.5 m。应有清理井底粉矿及泥浆的专用斜井、联络道或其他形式的清理设施。

（15）竖井提升系统应设过卷保护装置，过卷高度应符合下列规定：

提升速度低于 3 m/s 时，不小于 4 m；

提升速度为 3~6 m/s 时，不小于 6 m；

提升速度高于 6 m/s、低于或等于 10 m/s 时，不小于最高提升速度下运行 1 s 的过卷高度；

提升速度高于 10 m/s 时，不小于 10 m。

3.8.4 应用实例

3.8.4.1 云南驰宏锌锗股份有限公司会泽铅锌矿 3 号竖井提升系统

云南驰宏锌锗股份有限公司会泽铅锌矿 3 号竖井井口标高 2380.5 m，井底标高 854 m，井筒直径 6.5 m，井深 1526.5 m，为我国第一条超过 1500 m 的竖井。

3 号竖井提升任务为提人提物的组合提升，提升系统平面布置图如图 3-67 所示，提升系统图如图 3-68 所示。该提升系统选用 1 台 JKMD-5.5×6(Ⅲ)落地式多绳摩擦式提升机，采用箕斗罐笼互为平衡的提升系统。两个提升容器分别为箕斗和罐笼，箕斗为 13 m³ 底卸式箕斗，罐笼为 5000 mm×2000 mm 双层罐笼。

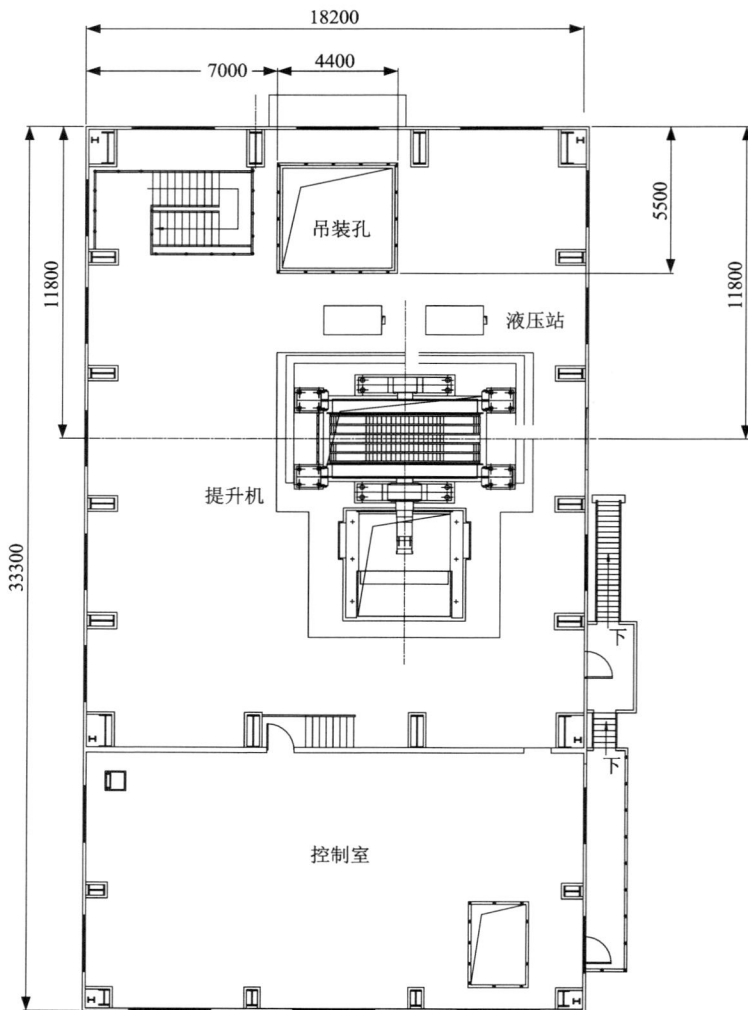

图 3-67 提升机平面布置图

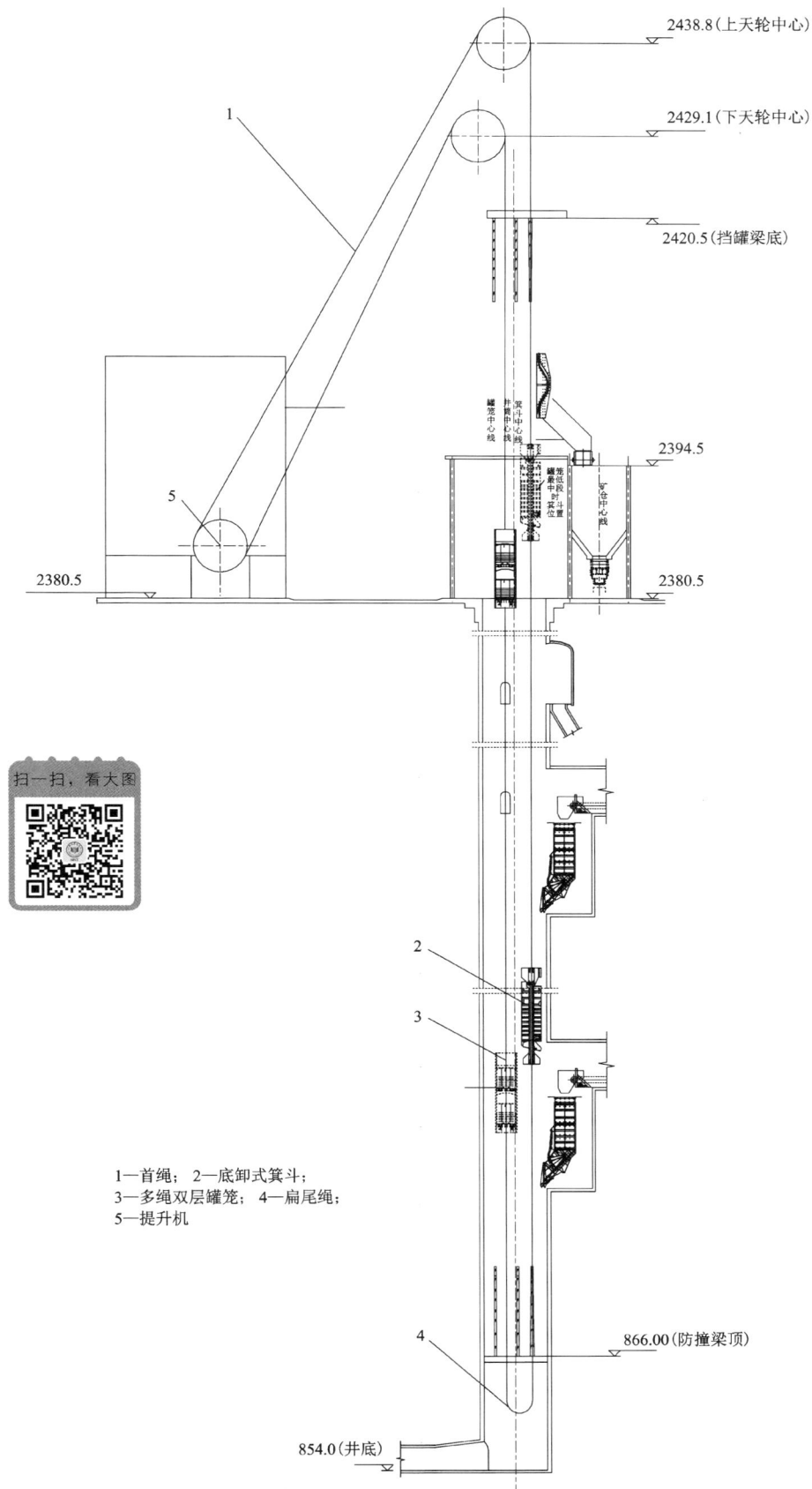

扫一扫，看大图

2438.8（上天轮中心）

2429.1（下天轮中心）

2420.5（挡罐梁底）

2394.5

2380.5

2380.5

866.00（防撞梁顶）

854.0（井底）

1—首绳；　2—底卸式箕斗；
3—多绳双层罐笼；　4—扁尾绳；
5—提升机

图 3-68　罐笼箕斗提升系统图

575

3 号竖井摩擦式提升系统主要技术参数见表 3-31。

表 3-31 3 号竖井摩擦式提升系统主要技术参数表

提升设备	型号	JKMD-5.5×6（Ⅲ）落地式多绳摩擦提升机
提升机	钢丝绳最大静张力/kN	1900
	钢丝绳最大静张力差/kN	>150
	摩擦轮钢丝绳间距/mm	350
	提升速度/(m·s⁻¹)	12（最大 14）
	摩擦轮直径/m	5.5
	天轮直径/m	5.5
钢丝绳	首绳型号	DYFORM 6×36WS+SFC
	绳径/mm	55（6 根）
	单位质量/(kg·m⁻¹)	12.45
	抗拉强度/MPa	1770
	破断力总和/kN	2430
	尾绳型号	P8×4×19
	断面尺寸/(mm×mm)	20633（宽×厚）
	单位质量/(kg·m⁻¹)	18.68
	抗拉强度/MPa	1570
	破断力总和/kN	3300
箕斗	规格型号	13 m³ 底卸式箕斗
	有效装载量/kg	30350
	箕斗质量/kg	38000
罐笼	规格型号	5×2 m 多绳双层罐笼
	罐笼质量/kg	38000
	一次最大乘坐数/人	100
	最大载重/kg	15175（平衡配重，提矿时必须加载至罐笼内）
罐道	罐道形式	组合刚性罐道
电动机	规格型号	低速直联式交流变频同步电机
	功率/kW	3700
	电压/V	3150
	转速/(r·min⁻¹)	41.67（最大 48.61）

该提升系统参数及设备配置如下。

（1）提升机。

设计采用进口品牌 ϕ5.5 m×6 落地式多绳摩擦式提升机，卷筒直径 5.5 m，提升首绳 6 根，天轮直径 5.5 m，最大静张力不小于 1900 kN，最大静张力差不小于 150 kN。

（2）电动机。

设计采用进口品牌 3700 kW 低速直联式交流变频同步电机，过载系数不小于 2.2。

（3）提升速度。

设计提升速度为 12 m/s，但最大提升速度预留到 14 m/s，提升人员时取 10 m/s，验绳速度为 0.5 m/s。

（4）提升容器。

箕斗为 13 m³ 底卸式箕斗，混合矿、氧化矿、废石的有效装载量分别为 30.35 t、21.18 t、20.01 t，箕斗质量为 38 t(含首、尾绳悬挂装置)。

罐笼尺寸根据下放最大件尺寸确定，设计采用底板尺寸为 5000 mm×2000 mm 的双层罐笼，一次最大乘坐人数 100 人，罐笼质量与箕斗质量相同，为 38 t。当箕斗提矿时，为降低张力差，设计采用活动配重的形式，即在罐笼内装入矿石质量一半的配重 15.175 t。

（5）钢丝绳。

提升首绳选用 DYFORM 6×36WS+SFC 型压实股钢丝绳，可与提升机绳槽实现面接触，性能稳定，具有良好的耐磨性、抗挤压性和出众的抗疲劳性能，适合超千米深井提升系统。钢丝绳规格：直径 55 mm，抗拉强度 1770 MPa，质量 12.45 kg/m，破断拉力总和 2430 kN，根数 6。平衡尾绳选用 P8×4×19 钢丝绳，抗拉强度 1570 MPa，质量 18.68 kg/m，根数 4。

（6）罐道形式。

3 号竖井提升系统为多点装载、多点卸载系统，设计采用组合刚性罐道。

（7）箕斗装载设施。

箕斗装载点有 3 个，1554 m 为前期废石装载点，1244 m 为前期矿石装载点，而且为了满足 924 m 中段探矿要求，前期也需形成 894 m 装矿皮带道。该装载点同时兼顾粉矿回收。在各装载点设置 13 m³ 计量漏斗，皮带道上部矿仓底部设置 XZG10 型振动放矿机，功率 7.5 kW；将矿石装到给料皮带上，再由给料皮带装入计量漏斗，皮带宽度 1.2 m，功率 37 kW。装载系统由 PLC 控制，并与提升机主控系统闭锁。

（8）箕斗卸载设施。

箕斗提升物料有 3 种，即混合矿、氧化矿和废石，其中混合矿卸载点在地表 1800 m，氧化矿和废石卸载点在地表 2400 m。1800 m 卸载点采用平移式直轨卸载。地面卸载采用常规固定式曲轨卸载，地面设置有两个矿仓，且分别储存氧化矿和废石，氧化矿和废石提升到地表后用固定曲轨卸载，通过安装在矿仓顶部的分配小车将 2 种物料分别卸至各自矿仓。

（9）安全设施。

由于提升容器终段载荷很大，箕斗满载时达到 68 t 以上，同时运行速度较高，一旦发生过卷事故，将对井架或井底设施造成严重的冲击破坏，引发严重伤亡事故，因此，应在箕斗和罐笼两侧设置上部设计防过卷和井底防过放装置。当箕斗或罐笼全速过卷(过放)时，该装置可以通过缓冲制动器的制动力，将容器以不大于 $1g$ 的减速度进行制动，使容器在过卷距离内由全速减速到静止，以避免安全事故的发生。同时，在罐笼一侧设置缓冲托罐装置，以保证罐笼在过卷后下坠的过程中能托住罐笼，不使它继续下落，从而保证罐内人员的安全。经过计算，在箕斗和罐笼两侧各设置 8 套 HGJ-800/14/2000D 型防过卷缓冲装置和 4 套 HGF-800/14/2000D 型防过放缓冲装置，在罐笼侧设置 4 套缓冲托罐装置。

（10）运行模式。

竖井提升系统设有全自动运行和手动运行 2 种模式。

（11）监视系统。

提升系统设有运行监视保护系统，在提升机房、皮带道箕斗装矿点、各中段马头门和箕斗卸矿点均设有摄像监视系统。提升机控制室和井口信号房都可以直接监视上述各工作地点的工作情况。

（12）其他设施。

提升机房内设 75 t/20 t 桥式起重机，供安装和检修使用。

在井架天轮平台以下设置 1 个调绳装置平台，设置 1 套 ZMTS 型调绳装置，以满足提升系统在运行一定时间后由钢丝绳延长而造成的容器对位不准的，或者各钢丝绳张力不平衡程度超出自动平衡悬挂装置的调节范围时，需要调节绳长的要求。

3.8.4.2　新疆阿舍勒铜矿主井提升系统

新疆阿舍勒铜矿主井担负 10000 t/d 的铜矿石提升任务，主井井口标高 910 m，井下装矿皮带道设在 -280 m，井底标高 -332 m，井筒深度 1242 m，井筒直径 5.2 m。根据提升能力、提升高度，并考虑阿舍勒当地气候条件，采用双箕斗井塔式摩擦式提升机，提升机平面布置图如图 3-69 所示，提升系统图如图 3-70 所示。

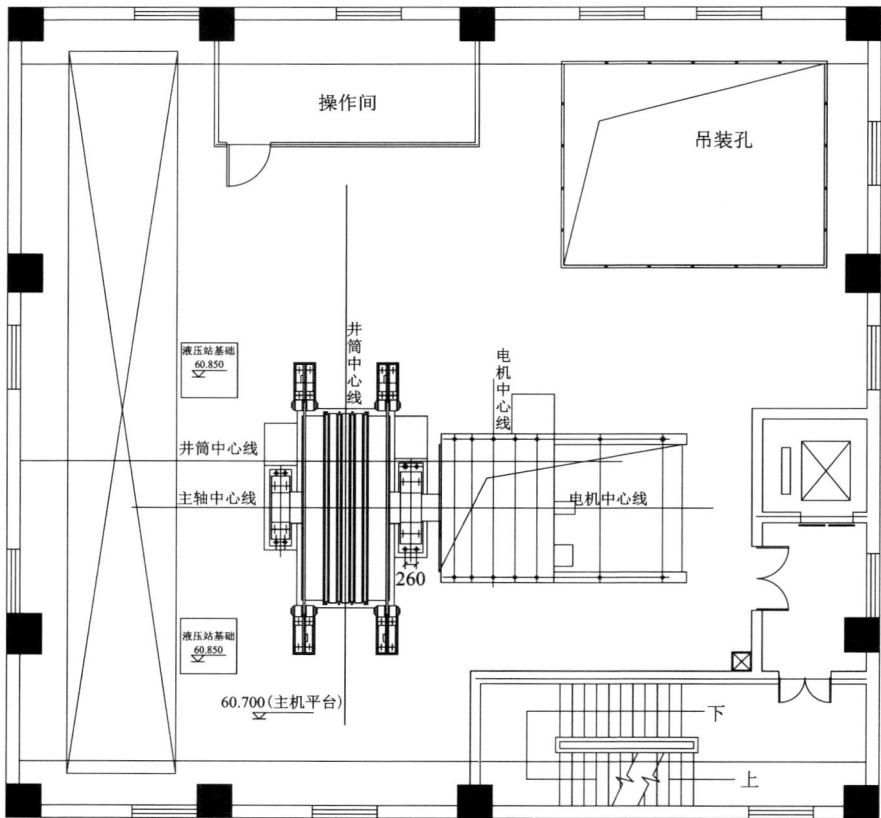

图 3-69　提升机平面布置图

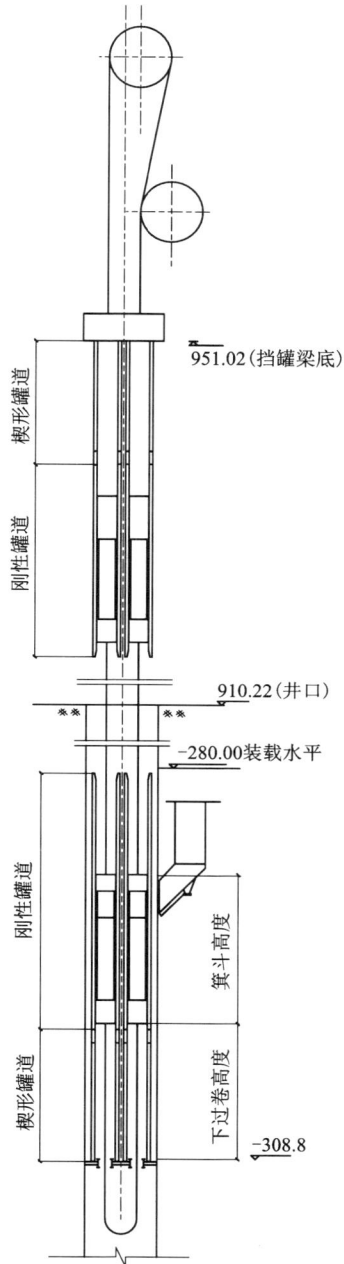

图 3-70　提升系统图

主井摩擦式提升系统主要技术参数见表 3-32。

表 3-32　主井摩擦式提升系统主要技术参数表

设备	型号	JKM4.5×4(Ⅲ)四绳井塔式多绳提升机
提升机	钢丝绳最大静张力/kN	980
	钢丝绳最大静张力差/kN	340
	摩擦轮钢丝绳间距/mm	300
	最大提升速度/(m·s^{-1})	16.5
	导向轮直径/m	4.5
钢丝绳	首绳型号	6×36WS+FC 1770
	绳径/mm	45
	根数/根	4(左右同向捻各 2 根)
	单位质量/(kg·m^{-1})	8.41
	抗拉强度/MPa	1770
	破断力总和/kN	1580
	尾绳型号	34×7+FC 1570
	绳径/mm	54
	根数/根	3(捻向一致)
	单位质量/(kg·m^{-1})	11.4
	抗拉强度/MPa	1570
箕斗	规格型号	9.5 m³ 多绳底卸式箕斗(有效容积 8 m³)
	有效装载量/kg	20500
	箕斗质量/kg	20000(含首尾绳悬挂装置)
电动机	规格型号	TDBS-4000 交流电机
	功率/kW	4300
	电压/V	3150
	转速/(r·min^{-1})	70.03(对应提升速度 16.5 m/s)

该提升系统参数及设备配置如下。

(1)提升机。

选用 JKM-4.5×4(Ⅲ)型四绳井塔式多绳摩擦式提升机,提升机主导轮直径 4500 mm,配套导向轮直径 4500 mm,提升机最大静张力 980 kN,最大静张力差 340 kN。采用进口高性能 K25 摩擦衬垫,摩擦系数 $\mu \geqslant 0.25$,衬垫比压为 2.0 MPa。

(2)电动机。

选用 TDBS-4000 低速直联式交流变频调速同步电机,电机功率 4300 kW,电压等级 3150 V,转速 70.03 r/min,过载系数 $\lambda > 2$。

（3）提升容器。

选用容积 9.5 m³ 多绳底卸式箕斗，采用张力自动平衡悬挂装置，包括悬挂装置质量在内的箕斗总质量为 20 t，有效载重 20.5 t。

（4）钢丝绳。

提升钢丝绳选用布顿的 6×36WS+FC 型压实股钢丝绳，钢丝绳抗拉强度等级 1770 MPa，直径 45 mm，钢丝绳破断拉力总和 1580 kN，每米质量 8.41 kg，根数为 4 根。平衡尾绳选用 34×7+FC 多层股不旋转钢丝绳，钢丝绳抗拉强度等级 1570 MPa，直径 54 mm，每米质量 11.4 kg，根数为 3 根。

（5）钢丝绳罐道。

钢丝绳罐道选用 2 层 Z 形密封钢丝绳，共 8 根，直径 44 mm，质量 10.74 kg/m，钢丝抗拉强度等级 1180 MPa。钢丝绳罐道采用悬挂装置悬挂于主井井塔+42.8 m 平台，采用井底重锤拉紧，每个拉紧重锤质量不小于 12 t。

（6）装、卸矿及计量设备。

井下-280 m 装矿采用振动放矿机将矿石给至皮带机，再由皮带机向计量斗装矿，计量斗控制一次装载量，箕斗到位后由计量斗向箕斗装矿。振动放矿机规格为 XZG9（2400 mm× 1500 mm）型双质体振动放矿机，电机功率为 7.5 kW，放矿能力为 1000 t/h；皮带机规格为带宽 1.2 m，带速 1.25 m/s，装机功率 45 kW，长度 30 m；计量斗设置 2 个，分别对应 2 个箕斗，每个计量斗容积 9.5 m³，采用计容和计重两种控制方式，控制每斗装载量不超过 20.5 t；计量斗上部的皮带给矿口设置 1 台分配小车（由电液推杆推动），由小车控制向 2 个计量斗装矿。

（7）井底粉矿回收及排水设备。

主井井底标高-332 m，在-280 m 以下用钢板做成粉矿回收仓，并与重锤间隔开，箕斗装、卸载洒落的粉矿均集中下落至粉矿回收仓，在-332 m 用粉矿闸门将粉矿装至矿车，再由副井罐笼提升系统提至-250 m 转运皮带中段，卸至成品矿仓。粉矿闸门采用电液推杆驱动，电机功率为 7.5 kW。

在-332 m 井底水平设置污水沉淀池，并配置 2 台 D46-50×3 型水泵（$Q = 46$ m³/h，$H = 150$ m，37 kW，380 V），一用一备，将沉淀后的清水排至-200 m 水平，进入泵房水仓。

（8）辅助设施。

井塔主机平台设在+60.7 m，在主机平台上部设置 1 台 50 t/10 t 吊钩桥式起重机，作为设备安装、检修用，起重机跨度为 16.5 m。

3.9　矿用电梯

矿用电梯是针对矿山井下的特殊环境和使用要求设计制造的特种电梯，不但要求具有常规电梯的通用功能和安全性能，还应具有防水、防潮、防腐、防震、防冲击波等特殊性能，以满足矿山井下特殊的环境条件和使用要求。矿用电梯适用于从地面至井底、井下各开采中段之间升降人员或物料，因其具有安全可靠、自动化程度高、使用维护方便、性价比高等特点，在金属非金属地下矿山中的应用越来越多。

3.9.1　结构与特点

矿用电梯的工作原理与摩擦式提升机类似，轿厢与对重的相对运动是靠曳引绳和曳引轮间的摩擦力实现的，图 3-71 所示为矿用电梯的曳引传动关系图，安装在机房的电动机 1 通过减速器 3、制动器 2、曳引轮 5 组成的曳引机进行驱动，曳引钢丝绳 4 通过曳引轮 5，一端连接轿厢 7，另一端连接对重装置 8，轿厢 7 与对重装置 8 的重力使曳引钢丝绳 4 压紧在曳引轮 5 绳槽内产生摩擦力，这样电动机转动带动曳引轮转动，驱动钢丝绳，拖动轿厢和对重装置做相对运动，从而使轿厢在井道中沿导轨做上下往复运动，执行垂直升降的任务。

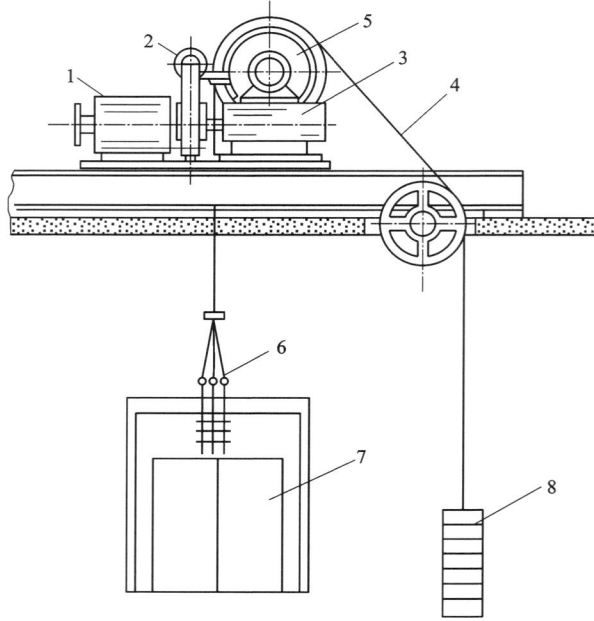

1—电动机；2—制动器；3—减速器；4—曳引钢丝绳；5—曳引轮；6—绳头组合；7—轿厢；8—对重装置。

图 3-71 矿用电梯的曳引传动关系

矿用电梯由机房、井道、轿厢和层站四个部分组成，总体结构图如图 3-72 所示。

矿用电梯与地面建筑用电梯不同，它不但要求具有常规电梯的通用功能和安全性能，还应具有防水、防潮、防腐、防震、防冲击波等特殊性能，以满足矿山井下特殊的环境条件和使用要求。因此，地面民用电梯不能直接作为矿用电梯使用，国内矿山在这方面有不少失败的案例。

3.9.2 应用范围

矿用电梯可用于从地面至井底、井下各开采中段之间升降人员或物料。矿用电梯以其安全可靠、自动化程度高、使用维护方便、性价比高等特点，正逐步被国内矿山企业认可并选用，目前，已有 200 多台矿用电梯在全国地下矿山运行。

当阶段高度大于 50 m，且开采年限较长时，可以考虑采用矿用电梯升降人员、材料或设备等。近年来，在对主井井底洒落的粉矿进行清理回收时，也有采用矿用电梯的，通常是将清理的粉矿装入矿车，然后由井下客货两用电梯提升到上一阶段水平。矿用电梯还可用于升降井底装矿人员、破碎硐室的操作维修人员、材料和备品备件等。

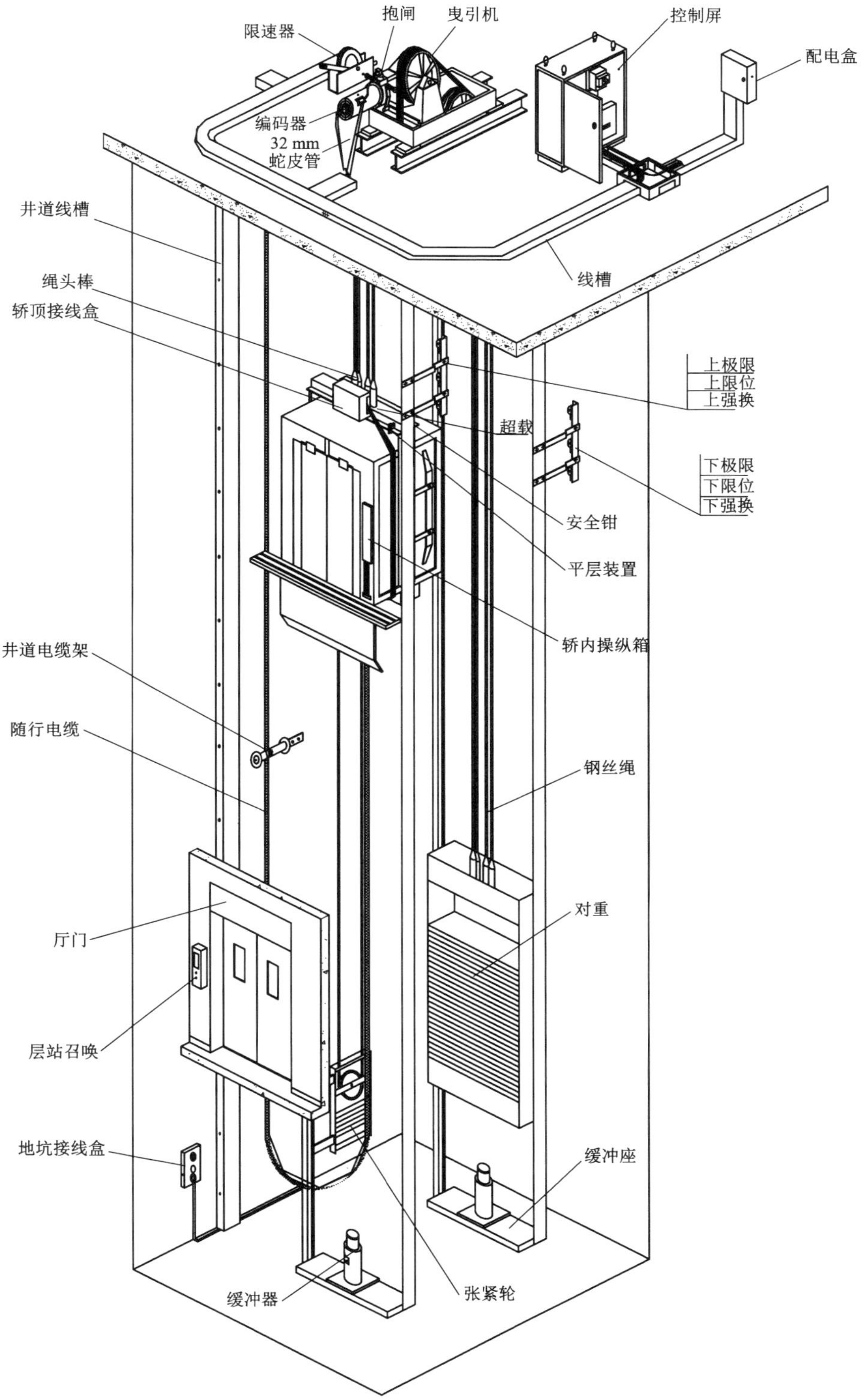

限速器　抱闸　曳引机　控制屏

配电盒

编码器
32 mm
蛇皮管

井道线槽

线槽

绳头棒
轿顶接线盒

上极限
上限位
上强换

超载

下极限
下限位
下强换

安全钳

平层装置

轿内操纵箱

井道电缆架

随行电缆

钢丝绳

对重

厅门

层站召唤

地坑接线盒

缓冲座

缓冲器　张紧轮

图 3-72　矿用电梯总体结构图

目前，国内矿用电梯的生产单位主要有湖北电梯厂有限公司，其自主研发的防水、防潮、防腐、防震、防冲击波系列特种电梯产品，适用于矿山井下特殊环境。湖北电梯厂有限公司生产的矿用电梯，载重量为 400~5000 kg，运行速度为 0.5~1.6 m/s，提升高度为 45~250 m，层站数量为 2~13 层，适用于金属非金属地下矿山提升人员和物料。

3.9.3　安全保护与联锁

为了保证矿用电梯的安全运行，矿用电梯一般应具有下列安全保护与联锁功能。

3.9.3.1　检修活动板门有效闭合的联锁保护

当设置有检修活动板门时，应设置监测检修活动板门关闭状态的联锁保护装置。当检修活动板门未关闭时，应防止矿用电梯曳引机启动或立即使其停止运转，并切断制动器电源。

3.9.3.2　层门锁紧和闭合的联锁保护

应设置层门锁紧状态和层门闭合位置的联锁保护装置。层门未锁紧或未闭合时，应防止矿用电梯曳引机启动或立即使其停止运转，并切断制动器电源。

3.9.3.3　层门防撞保护

动力驱动的自动层门应具有防撞保护功能。在层门关闭过程中，当乘客或物体通过入口被门扇撞击或将被撞击时，层门能重新自动开启。层门再次自动关闭时的动能不应大于 4 J，该作用可在每个主动门扇最后 50 mm 的行程中被消除。

当轿门和层门联动时，该保护功能可以由轿门的防撞保护装置实现。

3.9.3.4　无锁门扇闭合位置联锁保护

当采用间接机械连接的无锁门扇时，应设置其闭合位置的联锁保护装置。未闭合时，应防止矿用电梯曳引机启动或立即使其停止运转，并切断制动器电源。

3.9.3.5　轿门防撞保护

动力驱动的自动轿门应具有防撞功能。在自动轿门关闭过程中，当人员或物体通过入口被撞击或即将被撞击时，轿门应重新自动开启。轿门再次自动关闭时的动能不应大于 4 J，该作用可在每个主动门扇最后 50 mm 的行程中被消除。

3.9.3.6　轿门的闭合位置联锁保护

应设置轿门闭合位置的联锁保护。轿门未闭合时，应能防止矿用电梯曳引机启动或立即使其停止运转，并切断制动器电源。

3.9.3.7　轿厢安全窗锁紧状态联锁保护

应设置安全窗锁紧状态的联锁保护装置。安全窗未锁紧时，应防止矿用电梯曳引机启动或立即使其停止运转，并切断制动器电源。

3.9.3.8　防跳装置联锁保护

设置有补偿绳时，应设置补偿绳防跳装置联锁保护装置。当补偿绳跳动超过极限时，矿用电梯应停止运行。

3.9.3.9　安全钳动作联锁保护

矿用电梯应具有安全钳动作联锁保护功能。当安全钳发生作用时，曳引机应停止运转，同时曳引机的制动装置实施制动。

3.9.3.10　超速保护

矿用电梯应具有轿厢下行超速保护和轿厢上行超速保护功能。

　　（1）当轿厢下行速度达到限速器的电气保护速度时，曳引机应停止运转，同时曳引机的制动装置实施制动。当轿厢下行速度超过限速器机械保护速度时，安全钳应发生制动作用。

　　（2）当轿厢上行速度达到限速器的电气保护速度时，矿用电梯曳引机应停止运转，同时曳引机的制动装置实施制动。当轿厢上行速度超过限速器机械保护速度时，轿厢上行超速保护装置应发生作用。

3.9.3.11　限速器状态保护

　　应具有限速器复位状态联锁保护功能。如果限速器未复位，矿用电梯不能启动。

3.9.3.12　限速器绳断裂或松弛保护

　　应设置限速器绳断裂或松弛保护装置。当限速器绳断裂或松弛时，矿用电梯曳引机应停止运转，同时曳引机的制动装置实施制动。

3.9.3.13　轿厢上行超速保护装置动作的联锁保护

　　应具有轿厢上行超速保护装置动作联锁保护功能。当轿厢上行超速保护装置发生作用时，矿用电梯曳引机应停止运转，同时曳引机的制动装置实施制动。

3.9.3.14　终端缓冲保护

　　矿用电梯应安装终端缓冲器。当采用耗能型缓冲器时，应装设缓冲器复位保护装置，确保在缓冲器恢复后矿用电梯能正常运行。缓冲器应设置在轿厢和对重装置的行程底部极限位置。

3.9.3.15　极限位置保护

　　矿用电梯应设置轿厢上、下极限位置保护装置。轿厢达到极限位置时，矿用电梯曳引机应停止运转，同时曳引机的制动装置实施制动，且不应自动恢复运行。

3.9.3.16　轿门锁紧状态联锁保护

　　当轿门设有轿门锁时，应设置轿门锁紧状态的联锁保护。当轿门未有效锁紧时，矿用电梯不能启动或立即使其停止运转，并切断制动器电源。

3.9.3.17　盘车手轮联锁保护

　　采用可拆卸盘车手轮时，应设置盘车手轮联锁保护功能。当装上盘车手轮时，应能切断曳引电机和制动器的电源。

3.9.3.18　超载保护

　　应具有轿厢超载保护功能，以在超载情况下防止矿用电梯正常启动；轿厢内应有音响和发光信号，以便通知使用人员；动力驱动门应保持在完全打开位置；手动门应能从轿厢内正常开启。

3.9.3.19　曳引机制动器断电装置故障保护

　　应具有曳引制动器断电装置故障保护功能。至少采用两个独立的电气装置切断制动器电源，且两个独立的电气装置应串联于电源电路中。当矿用电梯停止时，如果其中一个电气装置失效，最迟到下一次运行方向改变时，应防止矿用电梯再运行。

3.9.3.20　曳引电机运行保护

　　矿用电梯应设有曳引电机运转时间保护功能。在下述情况下，应能使矿用电梯停止并保持在停止状态：①当启动矿用电梯时，曳引机不转；②轿厢或对重向下运动时，由于障碍物阻碍停止下行，曳引绳在曳引轮上打滑。

　　曳引电机运转时间保护应不大于 45 s。若要恢复正常运行，只能通过手动复位。恢复断开的电源后，曳引机无须保持在停止位置。曳引电机运转时间保护不应影响到轿厢检修运行和紧急电动运行。

矿用电梯应设置曳引电机超温保护装置。曳引电机任意一组绕组温度超过设计温度时，轿厢到达最近的目标层站后不能再继续运行。矿用电梯应在曳引电机得到充分冷却后自动恢复正常。

3.9.3.21　安全回路意外接地故障保护

应具有安全回路意外接地故障保护功能。当有电气安全装置的电路意外接地时：①应使矿用电梯立即停止运转，或在第一次正常停止运转后，不能再启动；②应只能通过手动复位方式恢复矿用电梯再运行。

3.9.3.22　承接装置的联锁保护

设有承接装置的矿用电梯，应具有承接装置位置的联锁保护功能。当承接装置处于打开位置时，矿用电梯应不能启动和运行。

3.9.4　使用要求

3.9.4.1　基本要求

（1）矿用电梯不应运送易燃易爆和腐蚀性危险物品等。

（2）应按照制造单位的要求定期对矿用电梯进行检查和维护保养。

（3）矿用电梯系统的各部分，包括机房设施、轿厢、端接装置、安全钳、上行超速保护装置、限速器、曳引机、导靴、导轨、阻车器、承接装置、缓冲器、张力调节装置、门系统和钢丝绳及各种保护装置和闭锁装置等，每天应由专职人员检查一次，发现问题应立即处理，并将检查结果和处理情况记录存档。

（4）当矿用电梯使用完毕后，司机或管理人员应将轿厢停于基站，并将操纵盘上的开关全部断开，关闭基站层门，切断基站呼梯盒上的钥匙开关。

（5）放炮作业可能对矿用电梯有影响时，矿用电梯应停止运行，并撤出轿厢人员。

（6）矿用电梯在安装、改造或者重大维修后且投入使用前应进行验收检验。投入使用后还应对矿用电梯进行定期检验，检验周期不超过一年。检测检验机构应具备国家规定的资质条件。为了加强对矿山井下使用的矿用电梯的管理，国家安全生产长沙矿山机电检测检验中心牵头起草了《金属非金属矿山在用矿用电梯安全 检验规范》（AQ 2058—2016），该标准规定了金属非金属矿山在用矿用电梯安全检验的一般要求、技术要求、检验规则和检验方法，适用于矿用电梯的检测检验。

3.9.4.2　机房及相关设备要求

（1）矿用电梯应设置专用机房。井下机房长度超过 6 m 时，应采取通风措施。

（2）机房不应存放易燃、易爆和有毒物品，应配备干粉或干冰等适用于电气设备的灭火器，灭火器应在有效期限内，取灭火器时应不需要任何工具。

（3）在通往机房和滑轮间的门或活板门的外侧应标记"机房重地，闲人免进"，或者有其他类似警示标志。只有经过认证的专业人员才能进入矿用电梯的机房。

（4）机房应设置永久性电气照明和应急照明。

（5）机房底板强度应不低于 6000 N/m²。钢结构机房底板应可靠固定，机房顶部应采取防渗漏措施。

（6）机房通道门的宽度应不小于 0.60 m，高度应不小于 1.80 m，且门不应向机房内开启。

（7）机房设备的安装应便于维护和检修。

（8）当导向滑轮安装在井道的顶层空间时，应位于轿顶投影部分的外面，并且能够安全地从轿顶或从井道外进行检查、测试和维修。

（9）当重导向的单绕或复绕的导向滑轮安装在轿顶的上方时，从轿顶上应能完全安全地触及导向轮的轮轴。

（10）供人员进出的检修活板门，其净通道尺寸应不小于 0.80 m×0.80 m，且开门后能保持在开启位置。检修活板门应具有足够的强度，当处于关闭位置时，应至少能支撑两个人的重量。检修活板门不应向下开启。

（11）主开关的安装位置应便于操作。

（12）如果不同矿用电梯的部件共用一个机房，则不同矿用电梯的部件应分别标记，每台矿用电梯的主开关应与曳引机、控制柜、限速器、盘车手轮等采用相同的标志。

（13）机房内钢丝绳和楼板孔洞的间隙应在 20~40 mm，位于井道上方的开口必须采用圈框，此圈框应当凸出地面至少 50 mm。

（14）对于可拆卸的盘车手轮，应放置在机房内容易接近的地方。

（15）机房应有防鼠措施。

3.9.4.3　层站要求

（1）井道与各层站的连接处应有足够的照明装置和设置高度不小于 1.5 m 的栅栏或金属网。

（2）当矿用电梯用于提升矿车时，层门入口处应装设有效的阻车装置。

（3）在层门外的应明示额定载重量和额定乘客人数。

（4）层门钥匙应由专人管理。

3.9.4.4　井筒设施要求

（1）井道内应设置梯子间。

（2）在井道最高位置、中间位置和坑底最高允许水位之上的 0.5 m 处应分别装设永久性电气照明装置。在所有的门关闭时，轿顶面以上和底坑地面以上 1 m 处的照度应不低于 50 lx。

（3）采用柔性导轨的矿用电梯，坑底应设柔性导轨的定位装置。张紧重锤的最低位置到坑底最高允许水位的距离，应不小于 1.5 m。

（4）柔性导轨应有 20~30 m 备用长度；柔性导轨的定位装置和张紧装置应定期检查，及时串动和转动柔性导轨。

（5）井道内防护措施应符合下列要求：

①对重装置在坑底运行区域应采用刚性隔障保护，该隔障从坑底地面上不大于 0.50 m 处，向上延伸到离坑底地面至少 2.50 m 的高度，该隔障沿宽度方向的两侧应分别超出对重装

置 0.10 m 以上。

②采用柔性导轨的矿用电梯,轿厢与对重装置的防撞措施应满足相关规程规定。

(6)坑底空间应符合《电梯制造与安装安全规范》(GB/T 7588)关于底坑的要求。

(7)如果缓冲器设置于轿厢底部随轿厢运行,应在坑底设置支撑物(如缓冲器支座),以确保在轿厢意外下行时,坑底空间符合《电梯制造与安装安全规范》(GB/T 7588)的要求,保证底坑内作业人员的安全。

(8)应有防止底坑积水的措施。

3.9.4.5　曳引钢丝绳要求

(1)矿用电梯曳引钢丝绳的使用期限应根据使用条件确定,但最长不应超过 2 年。

(2)应定期检查曳引钢丝绳的截面积损失和断丝情况,当截面积损失和断丝达到提升用钢丝绳的报废规定时,应同时全部更换。

(3)各曳引钢丝绳受力水平应相近,其偏差应不大于 5%。

3.9.4.6　曳引轮要求

(1)当各绳槽磨损相差达到曳引钢丝绳直径的 10%,或因严重凹凸不平而影响使用时,应重新加工绳槽或更换曳引轮。

(2)当曳引钢丝绳与绳槽底的间隙不超过 1 mm 时,应重新加工绳槽或更换曳引轮。重新加工时,应确保切口下部的轮缘厚度不小于相应钢丝绳的直径。

3.9.4.7　导轨要求

1)刚性导轨

(1)每根导轨应至少有 2 个导轨支架,其间距宜不大于 2.50 m(如果间距大于 2.50 m,应有计算依据)。

(2)支架应安装牢固,焊接支架应采用双面连续焊缝,锚栓(如膨胀螺栓)固定应在井道壁的混凝土构件或坚固岩石上使用。

(3)各列导轨工作面与每 5 m 铅垂线之间测量值的最大相对偏差:①轿厢导轨和设有安全钳的 T 形对重导轨应不大于 1.2 mm;②不设安全钳的 T 形对重导轨应不大于 2.0 mm。

(4)两列导轨顶面的距离偏差值:轿厢导轨应不大于 2.0 mm,对重导轨应不大于 3.0 mm。

2)滑动导靴与导轨

滑动导靴与导轨的啮合长度不应小于 30 mm。

3.9.5　应用实例

吉林省通化钢铁集团板石矿业有限责任公司上青矿在 4~6 组延伸工程中安装了 1 台矿用电梯,服务水平为 -6 m 至 +280 m,用于升降人员及提升井下粉矿矿车,矿用电梯型号为 MGVF3000/1.0-XH,制造单位为湖北电梯厂有限公司,安装完成日期为 2020 年 6 月。矿用电梯系统平面布置图如图 3-73 所示,系统图如图 3-74 所示。

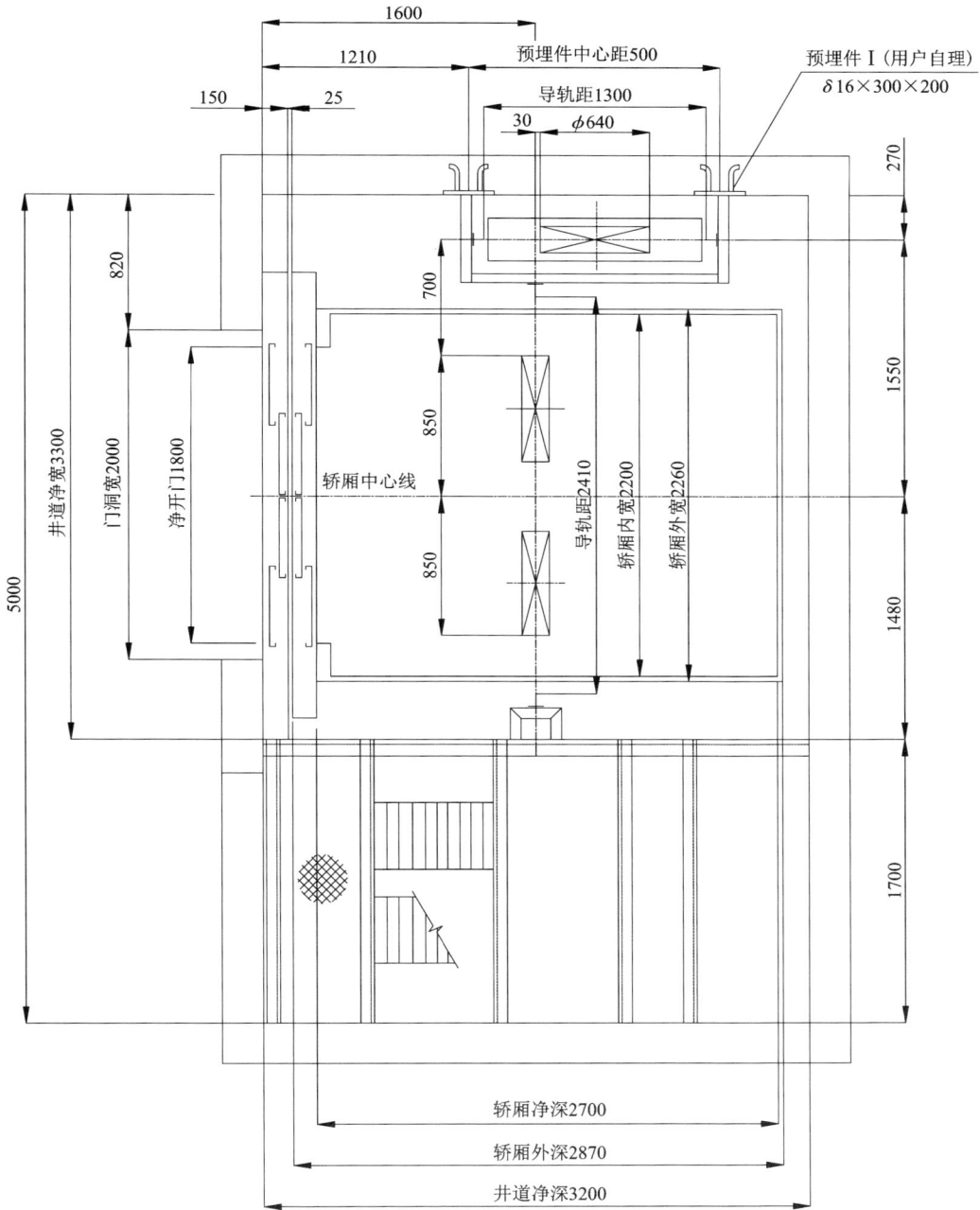

图 3-73 矿用电梯系统平面布置图

环形手拉葫芦
/手动单轨小车

曳引机

控制柜

曳引绳

轿厢

对重

缓冲器

积水坑

≥3500

顶层高5000

280 m

提升高度286 m

预埋件间距2000

160 m
105 m
55 m

2350

净门高2100

≤400

1210

1500

2350

净门高2100

−6 m

2000

1600

1000

1000

扫一扫，看大图

590

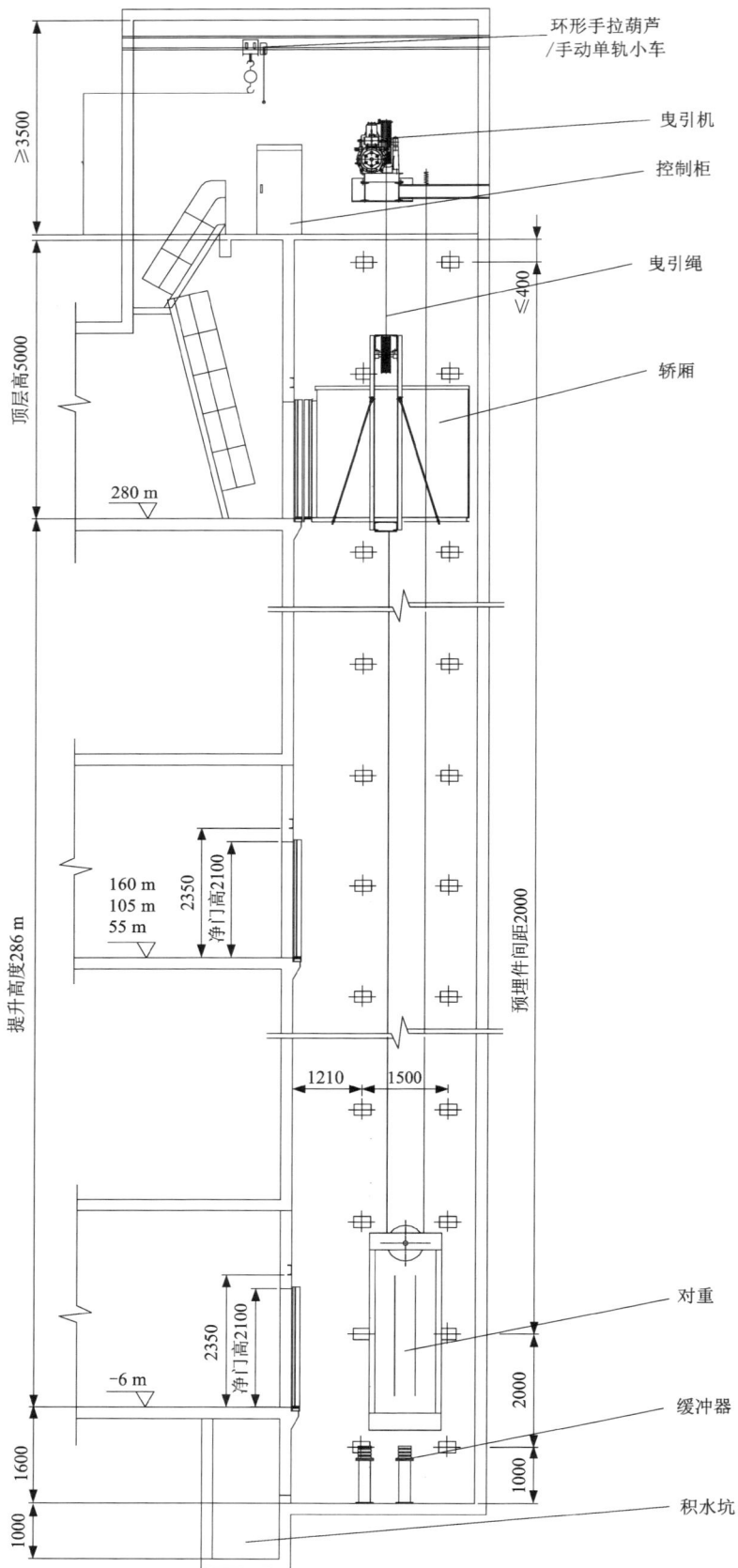

图 3-74 矿用电梯系统图

该矿用电梯的主要技术参数见表3-33。

表3-33　矿用电梯主要技术参数表

序号	项目名称	技术参数
1	额定载重/kg	3000
2	用途	升降人员、提升井下粉矿矿车
3	额定速度/($m \cdot s^{-1}$)	1.0
4	驱动方式	变频调速
5	控制方式	信号
6	电机功率/kW	37
7	停层站数/层	5
8	提升高度/m	286
9	轿厢尺寸/(mm×mm×mm)	2200×2700×2300（宽×深×高）
10	开门尺寸/(mm×mm)	1800×2100（宽×高）
11	开门方式	中分双折
12	停站水平/m	−6，+55，+105，+160，+280
13	粉矿回收矿车	0.7 m^3 翻斗式矿车，轨距600 mm

参考文献

[1] 周彬.金属非金属矿山建设项目安全管理实用手册[M].北京：煤炭工业出版社，2016.

[2] 《采矿手册》编委会.采矿手册5[M].北京：冶金工业出版社，1988.

[3] 王运敏.中国采矿设备手册（下册）[M].北京：科学出版社，2007.

[4] 王运敏.现代采矿手册（下册）[M].北京：冶金工业出版社，2012.

[5] 于励民，仵自连.矿山固定设备选型使用手册（上册）[M].北京：煤炭工业出版社，2007.

第 4 章

斜井提升

4.1 概述

斜井提升主要应用于中、小型矿井的生产。与竖井提升相比，斜井提升具有投资小、基建快、提升设备型号少、地面布置较简单等优点，但有提升速度较低、提升量小、钢丝绳磨损较快、甩车道易掉道和易跑车等缺点。随着采矿技术的不断发展，斜井提升中存在的一些缺点已在实践中逐步得到克服，因此，斜井提升在中小型矿井的生产中还会得到进一步的发展和应用。

根据使用的提升容器的不同，斜井提升可以分为串车提升、箕斗提升、人车提升及台车提升等，这些提升方式也可用于露天矿斜坡道的提升和下放工作。

串车提升采用矿车组提升，由于使用设备简单，安装容易，故使用范围比较广。串车提升又可分为单钩提升和双钩提升两种。其中，单钩提升便于多水平提升，井筒断面小，铺设轨道少，可以节约投资和维护费用。

斜井坡度大于 30° 时，用串车提升就易使矿物洒出，此时宜采用箕斗提升。斜井箕斗提升具有容器自重小、提升量大、许用提升速度较高、停车时间短、装卸载自动化效率高等优点。但需要开凿地下装载硐室，安装专门的装卸载设备，所以投资较高，设备安装的周期长。此外，为了提升废石、运送人员和材料，需要另设一套副井提升系统。

人车提升采用斜井人车，根据需要可以采用单节车厢，也可组列使用，用于斜井中运送人员。

台车提升使用斜井罐笼。斜井罐笼，又称斜井台车，可应用于坡度较大的斜井。它是在倾斜的底盘上安装三脚架，形成承载矿车的平台，用于提升矿石、废石，运送人员和材料。由于斜井罐笼的井上、井下车场复杂，提升量小，所需井筒的断面大等，斜井罐笼在我国应用得不多。

4.2 斜井提升系统组成

4.2.1 斜井串车提升

斜井串车提升是小型矿山常用的提升方式，具有设备简单、投资少、见效快等优点。斜井串车提升可分为单钩提升和双钩提升两种，单钩提升采用单卷筒提升设备，只需铺设 1 条矿车轨道；双钩提升采用双卷筒提升设备，需要铺设 2 条矿车轨道。双钩提升与单钩提升的差别在于提升重串车与下放空串车同时进行。图 4-1 所示为双钩提升的斜井串车提升系统示意图。

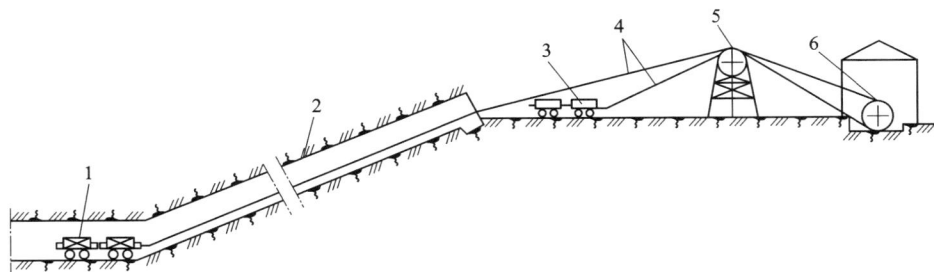

1—重矿车组；2—斜井井筒；3—空矿车组；4—钢丝绳；5—天轮；6—提升机。

图 4-1　双钩提升的斜井串车提升系统示意图

斜井串车双钩提升的工作方式：双筒单绳缠绕式提升机 6 的两根钢丝绳 4 跨过天轮 5 分别与重矿车组 1 和空矿车组 3 相连，井底的把钩工将重矿车组 1 挂至牵引钢丝绳 4 上，通过井上、井下的信号联系，由提升设备司机开动提升机 6 将井下的重矿车组 1 运到地面，同时把井口的空矿车组 3 放至井底。单钩提升的工作方式：井底重车提升到地面后，摘钩，再挂上空车，下放到井底。

生产规模较小的矿山多采用矿车串车提升。矿车串车提升适用于倾角不大于 25°的斜井，最大倾角以不大于 30°为宜。考虑便于上、下车场调车和组车，所使用的矿车容积一般为 $0.5 \sim 1.2 \ m^3$。

斜井串车提升具有投资少、建井速度快、使用的转载设备少、系统环节少、不需倒装、可减少粉尘和粉矿的产生的优点。采用单钩串车提升时，井筒断面较小、建井工程量少，更能节约初期投资。但单钩串车提升能力较低，故年产量较大时宜采用双钩串车提升。

根据提升量的大小不同，可在井上、井下设置甩车场或平车场。

采用斜井串车提升时，每次提升的串车数量应根据提升设备的钢丝绳最大静张力、钢丝绳最大静张力差等参数进行合理选择，严禁超载运行。

采用斜井串车提升时，由于矿车每次提升到上部车场或下放到下部车场都要摘钩，然后再挂上新的矿车，频繁的摘挂钩环节因失误易发生跑车事故，因此提升矿车的斜井应设置常闭式防跑车装置，并经常保持完好。设置常闭式防跑车装置的目的就是一旦出现跑车现象，防跑车装置可以捕捉住矿车，以免矿车一直飞车到斜井底，撞坏斜井内的设施，对斜井内的人员造成伤害。此外，斜井上部和中间车场应设阻车器或挡车栏（阻车器或挡车栏在车辆通过时打开，车辆通过后关闭），斜井下部车场应设躲避硐室。

采用矿车提升物料的最高速度应满足：斜井长度不大于 300 m 时，不应超过 3.5 m/s；斜井长度大于 300 m 时，不应超过 5 m/s。

采用串车提升时，应保证连接装置的安全系数，矿车的连接钩、环和连接杆的安全系数不得小于 6。

4.2.2 斜井箕斗提升

斜井箕斗提升具有生产能力大、提升速度快、容器自重小、装卸载自动化等优点，但需要安设装卸载设备和矿仓，故较串车提升投资大、设备安装时间长。此外，为了解决人员、材料、设备等的运送问题，还需另设一套副井提升设备。当斜井提升量较大或斜井倾角大于30°时，应采用斜井箕斗提升。

斜井箕斗提升多采用双钩提升系统，图4-2所示为斜井双箕斗提升系统示意图。其工作方式：双筒单绳缠绕式提升机8的两根提升钢丝绳7跨过井架5上的天轮6分别与两个斜井箕斗相连，通过装载装置2将井下矿仓中的矿石（或废石）装入井底斜井箕斗1中，通过斜井上、下的信号联系，开动双筒单绳缠绕式提升机8将井下的斜井箕斗1运至地面，通过地面卸载装置4进行自动卸料，同时把井口的空斜井箕斗放至井底，如此循环往复。

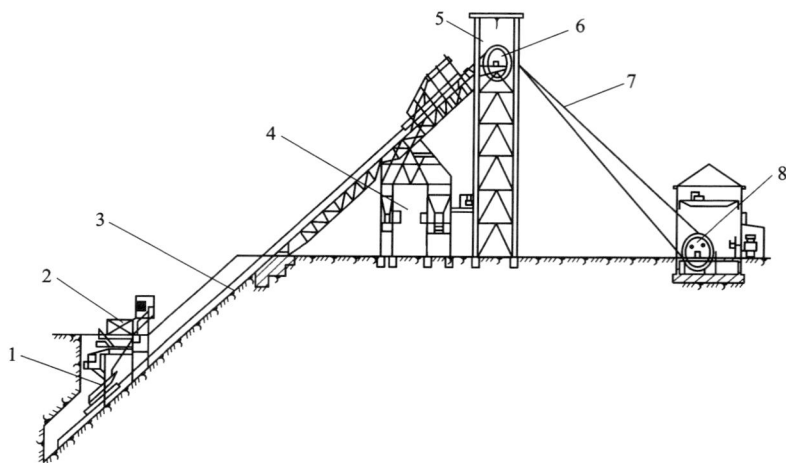

1—斜井箕斗；2—装载装置；3—斜井轨道；4—卸载装置；
5—井架；6—天轮；7—提升钢丝绳；8—双筒单绳缠绕式提升机。

图 4-2 斜井双箕斗提升系统示意图

斜井箕斗的实际载重量应根据提升设备的钢丝绳最大静张力、钢丝绳最大静张力差等参数进行合理选择，严禁超载运行。

采用斜井箕斗提升物料的最高速度应满足：斜井长度不大于300 m时，不应超过5 m/s；斜井长度大于300 m时，不应超过7 m/s。

4.2.3 斜井人车提升

斜井人车提升与斜井串车提升基本一致，只是提升容器由矿车改为斜井人车。

供人员上、下的斜井，垂直深度超过50 m的，应设专用人车运送人员。目前矿山普遍使用的专用人车为矿用斜井人车。

矿用斜井人车是煤矿、金属非金属矿山斜井运送人员的主要运输工具，可分为插爪式和抱轨式两种结构形式，由于两者制动系统的结构原理不同，适用巷道倾角和对轨道道床要求不一样, 选用时应特别注意, 实际使用过程中不允许超范围使用。插爪式斜井人车只适用于木轨枕, 适用巷道倾角为 10°~30° 的斜井。抱轨式斜井人车可适用于木轨枕、水泥轨枕和整体道床, 适用巷道倾角为 10°~40° 的斜井。依据国家矿山安全监察局《矿山安全落后工艺及设备淘汰目录(2024)》要求, 普通轨插爪式人车已禁止在非煤矿山使用。

人车提升时可单节运行, 也可组列运行, 组列运行时应根据提升设备的能力及钢丝绳型号规格等因素进行合理选择, 严禁超载运行。斜井人车不应与矿车混合串车提升。

采用斜井人车提升时, 应满足以下要求。

(1)应采用专用人车运送人员, 专用人车应有顶棚, 并装有可靠的断绳保险器。列车每节车厢的断绳保险器应相互连接, 并能在断绳时起作用。断绳保险器应既能自动, 也能手动。

运送人员的列车应有随车安全员, 随车安全员应坐在装有断绳保险器操纵杆的第一节车厢内。运送人员的专用列车的各节车厢之间, 除连接装置外, 还应附挂保险链。对于连接装置和保险链, 应经常检查, 定期更换。

(2)采用专用人车运送人员的斜井, 应装设符合规定的声、光信号装置:

①每节车厢均能在行车途中向提升司机发出紧急停车信号;

②多水平运送时, 各水平发出的信号应有区别, 以便提升司机辨认;

③所有收发信号的地点, 均应悬挂明显的信号牌。

(3)采用专用人车运送人员时的最高速度, 不应超过下列规定:

①斜井长度不大于 300 m 时, 3.5 m/s; 斜井长度大于 300 m 时, 5 m/s; 专用人车的运行速度不得超过人车设计的最大允许速度。

②斜井运输人员的加速度或减速度, 应不超过 0.5 m/s^2。

(4)提升斜井人车的提升设备卷筒缠绕钢丝绳的层数一般不超过两层。

(5)在用斜井人车的断绳保险器, 每日进行一次手动落闸试验, 每月进行一次静止松绳落闸试验, 每年进行一次重载全速脱钩试验。

斜井人车的断绳保险器是在提升系统发生断绳事故时, 防止跑车事故发生的最后一道防线, 必须确保断绳保险器始终处于正常状态。为此, 使用单位必须定期进行脱钩试验, 确保设备的完好性, 保证生产安全, 目前斜井人车的定期试验依据标准为《矿山在用斜井人车安全性能检验规范》(AQ 2028—2010)。

4.3　斜井提升容器

在斜井提升中, 提升容器有斜井箕斗、矿车、斜井人车、斜井台车等, 其中斜井台车应用得少。

4.3.1　斜井箕斗

斜井箕斗主要分为前翻式和后卸式两种。

(1)前翻式箕斗。

前翻式箕斗具有结构简单、坚固、自重轻等优点, 适用于提升重载, 地下矿山使用得较多; 其缺点是卸载时动载荷大, 有自重不平衡现象, 卸载曲轨较长。小型矿山斜井倾角较大时, 通常采用这种箕斗。后卸式箕斗比前翻式箕斗使用范围广, 其优点是卸载比较平稳, 动载荷小；其缺点是结构复杂，自重大，当斜井倾角过大时卸载较困难。因此，在倾角不大的主斜井中，可选择后卸式箕斗。底卸式箕斗在我国矿山使用很少。

目前，国内生产斜井箕斗的生产厂家主要有江西蓝翔重工有限公司、徐州赛夫特矿山安全设备有限公司、烟台市昆仑黄金设备有限公司、徐州市永兴机械制造有限公司等。

前翻式箕斗示意图如图4-3所示。前翻式箕斗必须配套卸载架进行矿石的卸载工作。当到达卸载位置时，依靠卸载架将斗箱后部抬起，斗箱1前倾，矿石从前门4卸出。

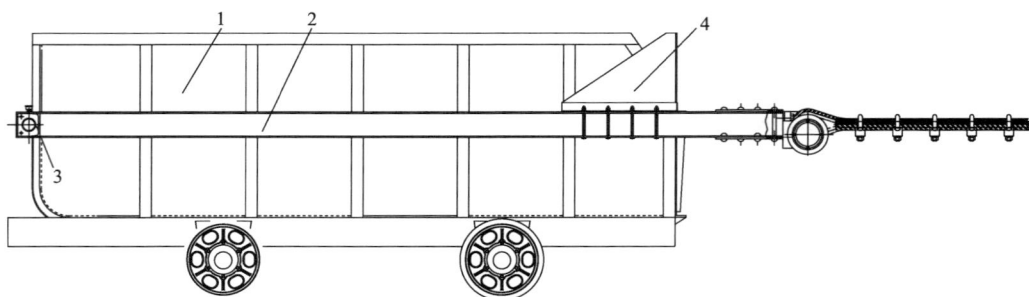

1—斗箱；2—斗架；3—旋转轴；4—前门。

图4-3　前翻式箕斗示意图

江西蓝翔重工有限公司生产的前翻式斜井箕斗规格见表4-1。

表4-1　前翻式箕斗规格表

序号	型号	技术特征					
		适用井筒倾斜角度/(°)	名义载重/t	斗箱有效容积/m³	轨距/mm	额定牵引力/kN	自重/kg
1	JXQ6-5	≤25	5	2	600	60	1378
2	JXQ6-7.5		7.5	3	600	60	1976
3	JXQ6-10		10	4	600	60	2240
4	JXQ6-15		15	6	600	60	3153
5	JXQ6-20		20	8	600	60	4105

前翻式斜井箕斗代号示例：

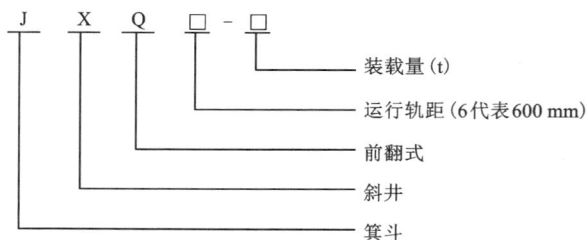

J　X　Q　□－□

装载量(t)

运行轨距(6代表600 mm)

前翻式

斜井

箕斗

（2）后卸式箕斗。

后卸式箕斗示意图如图4-4所示。斗箱1和主框2在箕斗中部以铰链连接。斗箱后部安有与其铰接的扇形闸门3，闸门上安有一对卸载滚轮6。斗箱上还安有前后两对车轮，前轮4的轮缘宽，后轮5的轮缘窄。箕斗前后轮缘宽度不一致，目的是当箕斗进入卸载位置时使斗箱倾斜，箕斗顺利卸载。后卸式箕斗技术规格见表4-2。

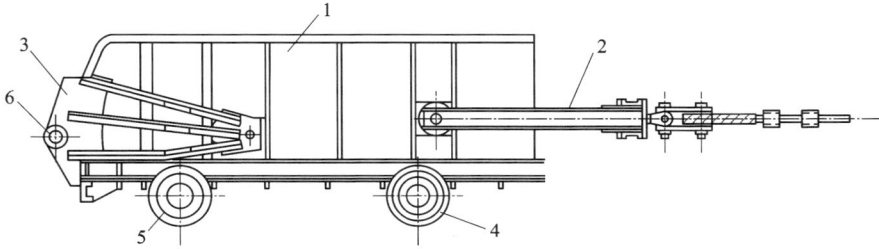

1—斗箱；2—主框；3—扇形闸门；4—前轮；5—后轮；6—卸载滚轮。

图4-4　后卸式箕斗示意图

表4-2　后卸式箕斗规格表

序号	型号	适用井筒倾斜角度/(°)	名义载重/t	斗箱有效容积/m³	运行时轨距/mm	卸载时轨距/mm	长度L/mm	宽度B₃/mm	高度H（从轨面算起）/mm	推荐轨道钢轨规格/(kg·m⁻¹)	质量/kg
1	JXH-3		3	3.3	1300	1300	5505	1630	1485	24	3354
2	JXH-4	20~35	4	4.4	1400	1500	6145	1730	1600		3491
3	JXH-6		6	6.6			7385	1770	1840	38	4858
4	JXH-8		8	8..8	1500	1500	8340	1870	1900		6310

后卸式斜井箕斗代号示例：

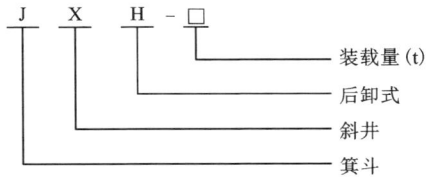

```
J   X   H  -□
             装载量(t)
           后卸式
         斜井
       箕斗
```

4.3.1.1　斜井箕斗装载设备

斜井箕斗装载设备一般采用定量斗箱式，其结构如图4-5所示，主要由矿仓、给矿机、溜槽、斗箱、扇形闸门、开闭机构、溜矿嘴等部分组成。

该装载设备的工作原理：矿仓1的矿石通过给矿机2的往复行程动作将矿石经溜槽3输送到定量斗箱4，待空箕斗下放到装载位置时，操纵开闭机构7，将扇形门6打开，使定量斗箱4里的矿石沿溜矿嘴5装到箕斗8内，装料完毕后，关闭扇形门6，上提箕斗8。此时可再次操纵给矿机2向定量斗箱4内输送矿石，如此循环装载。

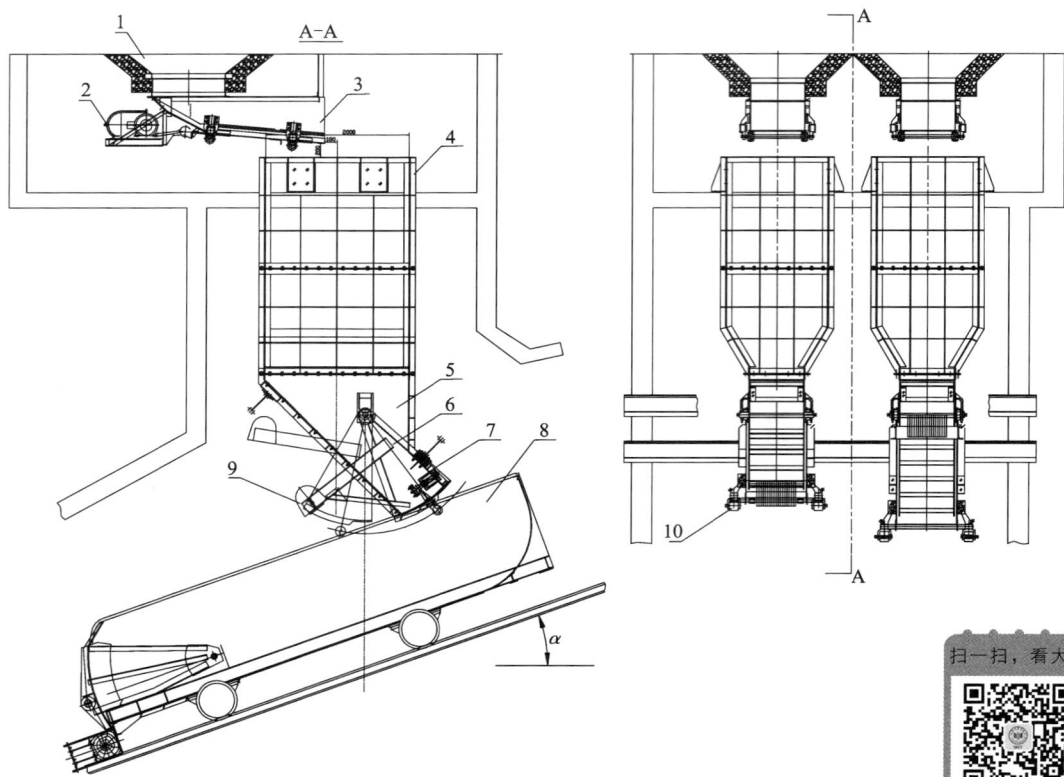

1—矿仓；2—给矿机；3—溜槽；4—定量斗箱；5—溜矿嘴；
6—扇形门；7—开闭机构；8—箕斗；9—重锤；10—扇形门滚轮。

图 4-5 斜井箕斗装载设备示意图

4.3.1.2 斜井箕斗卸载设备

斜井箕斗卸载主要是通过卸载曲轨实现，斜井箕斗卸载示意图如图 4-6 所示。

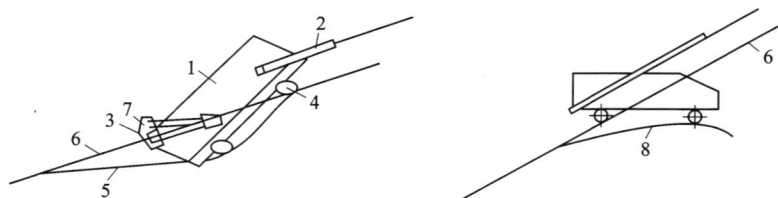

(a) 后卸式斜井箕斗卸载示意图   (b) 翻转式斜井箕斗卸载示意图

1—斗箱；2—主框；3—卸载滚轮；4—前轮；5—卸载曲轨；6—宽轨；7—扇形闸门；8—正常轨。

图 4-6 斜井箕斗卸载示意图

图 4-6(a) 所示为后卸式斜井箕斗卸载示意图，当箕斗运行到卸载位置时，前轮沿宽轨 6 往上运行，而后部车轮仍沿正常轨道进入曲轨 5，使箕斗后部低下去，这时闸门上的小引轮被宽轨 6 托住，使闸门 7 打开，从而实现自动卸载。

图 4-6(b)为翻转式斜井箕斗卸载示意图,当箕斗运行到卸载位置时,因前轮宽,沿弯曲的正常轨 8 运行,后轮较窄,沿宽轨 6 运行,使箕斗翻转卸载。

4.3.2　斜井人车

斜井人车是矿山斜井运送人员的重要安全设备。根据安全制动装置抓捕方式的不同,其可分为插爪式人车和抱轨式人车,前者以插爪插入枕木进行制动,已被禁止使用,后者以抱爪抓捕钢轨进行制动,其型号表示方法如下:

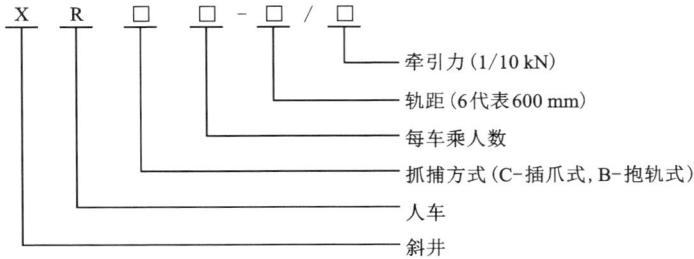

4.3.2.1　抱轨式斜井人车

抱轨式斜井人车适用于木轨枕、水泥轨枕和整体道床,倾角为 10°~40°的斜井(巷);不适用于有可燃气体爆炸危险的回风斜井(巷)。

抱轨式斜井人车的制动装置如图 4-7 所示,制动时,人车制动装置的左抱爪和右抱爪同时抱住钢轨,在人车缓冲装置的阻力下制动停车。

湖南永安煤矿机械制造有限公司生产的抱轨式斜井人车的规格见表 4-3。

目前,国内生产斜井人车的生产厂家主要有湖南永安煤矿机械制造有限公司、郴州矿山机械有限公司、葫芦岛钢强矿山设备制造有限公司等。

表 4-3　抱轨式斜井人车规格表

型号	最大牵引力/kN	最大运行速度/(m·s⁻¹)	适用轨距/mm	使用巷道倾角/(°)	载人数	最大缓冲距离/mm	最小曲率半径/mm	组列关系
XRB10-6/6	60	4	600	10~40	10	1500	12000	10°~25°,两头两挂,两头一挂;26°~40°,两头或两头一挂
XRB15-6/6					15			

4.3.2.2　插爪式斜井人车

插爪式斜井人车适用于木轨枕,倾角为 10°~30°的斜井。

使用插爪式斜井人车的斜井,铺设的枕木露出地面高度应不得小于 100 mm,且不应出现腐烂现象。

插爪式斜井人车示意图如图 4-8 所示。制动时,人车制动装置的左右插爪同时下落,插入铺设在地面的枕木,在人车缓冲装置的阻力下制动停车。

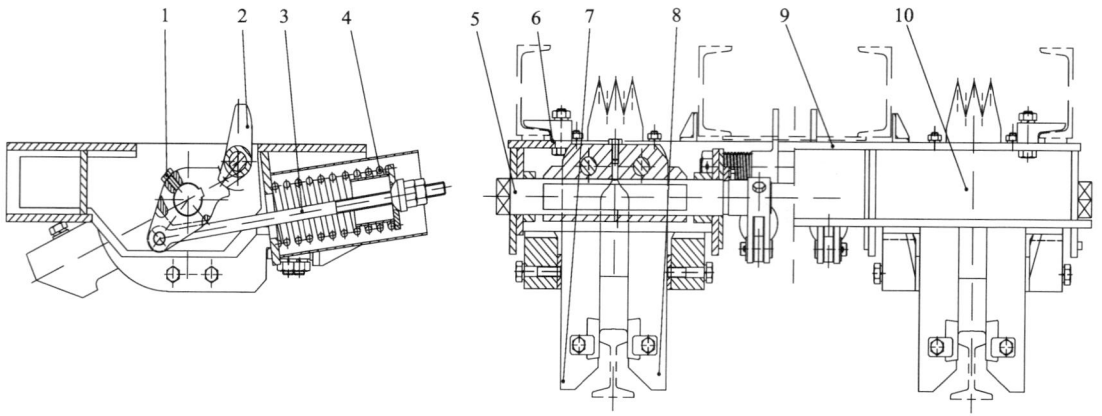

1—螺栓；2—支撑块；3—拉杆；4—弹簧；5—扁轴；6—轮壳；
7—左抱爪；8—右抱爪；9—底座；10—楔形箱。

图 4-7　抱轨式斜井人车制动装置

湖南省涟邵机械制造有限公司生产的插爪式斜井人车规格见表4-4。

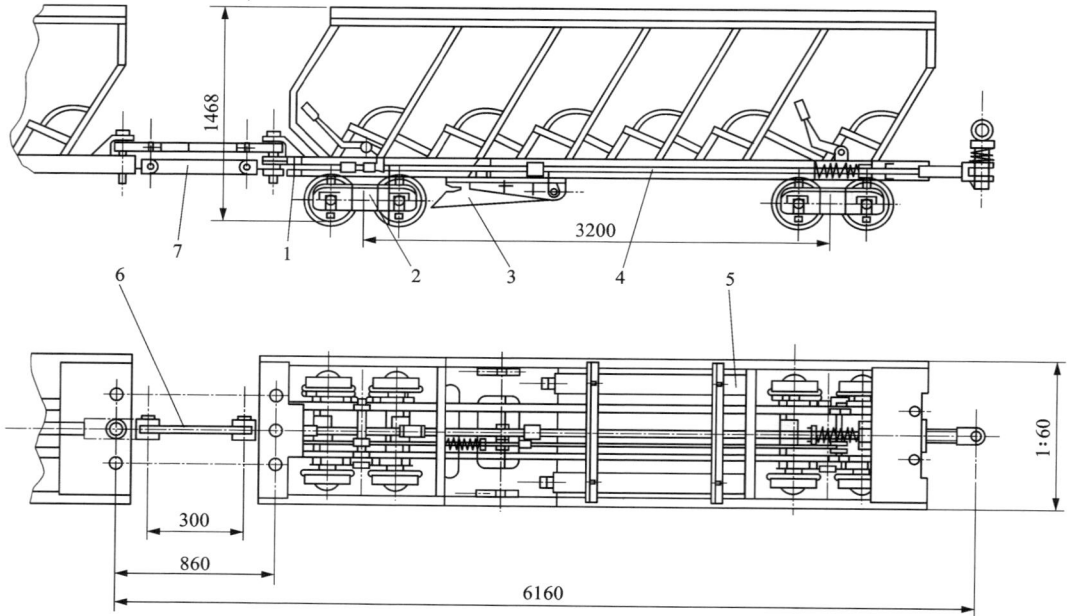

1—车体；2—转向架；3—插爪；4—开动机构；5—缓冲器；6—连接装置；7—支撑与限位装置。

图 4-8　插爪式斜井人车

表4-4　插爪式斜井人车规格表

型号	最大牵引力/kN	最大运行速度/(m·s⁻¹)	适用轨距/mm	使用巷道倾角/(°)	载人数	最大缓冲距离/mm	最小曲率半径/mm	适用轨道/(kg·m⁻¹)
XRC8-6/6	60	2	600	10~30	8	1670	12000	15, 18, 22, 24
XRC10-6/6					10			
XRC15-6/6		4			15			
XRC18-6/6					18			

4.4　斜井防跑车装置

斜井防跑车装置又名跑车防护装置,是在倾斜井巷内安装的能将运行中断绳或脱钩的车辆拦住的装置或设施。在斜井串车提升中,为了防止跑车造成人员伤亡、损坏设备等事故,需要设置防跑车装置,以保证跑车后将矿车及时阻住,防止事故范围的进一步扩大。

为了保证安全可靠,防跑车装置应是常闭式结构,安装于矿山倾斜井巷轨道提升运输线路中,分斜巷上口设施和斜巷内设施两类。

斜巷上口设施指斜井井口及变坡点以下一定长度内的安全设施,通常称为安全挡、挡车栏或挡车器。其一般由操纵和挡车两部分机构组成,操纵常用手把连杆、矿车碰撞联动或绞车联控控制,挡车机构多为型钢结构。

斜巷内设施指设于斜巷上部及下部或沿巷隔段设置的安全设施,俗称"捞车器"。防跑车装置均为自动控制。当矿车超速下行时能实现自动监测、信号控制并及时拦挡矿车。防跑车装置通常由监控机构、挡车机构、缓冲机构和收放绞车等部分组成,其典型布置示意图如图4-9所示。

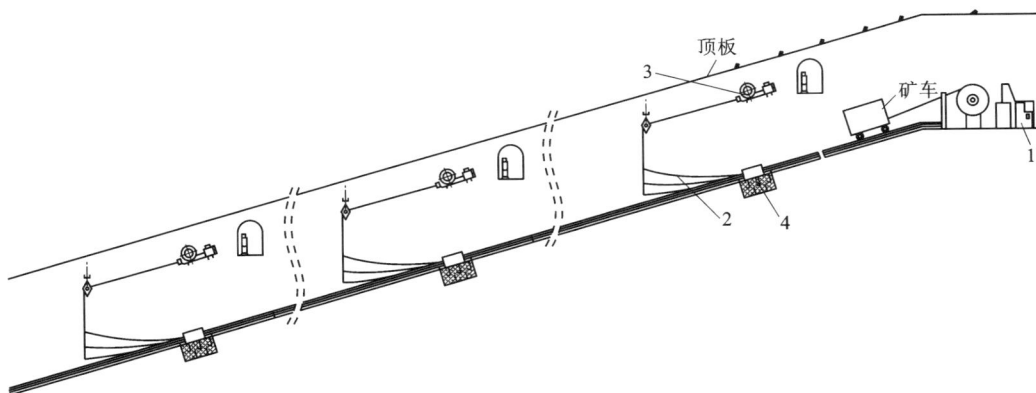

1—监控机构；2—挡车栏；3—收放绞车；4—缓冲机构。

图4-9　防跑车装置布置示意图

4.4.1 防跑车装置的工作原理

防跑车装置采用传感器对矿车的运行位置进行检测，当矿车运行时，传感器就以脉冲或高低电平的形式将信号传送给主控，主控箱通过 PLC 逻辑控制分析后发出相应的指令，控制辅助控制器和状态报警显示柜。

辅助控制器在接收到主控制器的指令后，通过继电器之间的逻辑分析控制电动收放绞车的提起或下放。

显示柜在接收到主控箱的指令后，立刻执行显示矿车的距离，显示收放机构的提起和下放的状态或显示故障代码，执行语音报警等相应指令。

当绞车正常向下送车时，传感器检测到最前面的矿车到达距离挡车网位置，将信号传送给主控箱，主控箱发出指令给辅助控制器，从而控制收放机构提起。当传感器检测到最后面的矿车通过挡车网位置时，再次给主控箱传送信号，主控箱发出指令给辅助控制器，从而控制收放机构下放。

若发生矿车跑车事故，矿车被处于"常闭"状态的挡车栏缓冲拦截，报警显示柜上 LED 显示故障代码的同时，报警器响并发出报警信号。

4.4.2 防跑车装置的主要组成

4.4.2.1 监控机构

防跑车装置的监控机构主要由声光监控、速度监控和位移监控组成。声光监控的功能是显示挡车栏的收放状态和故障信号，且当有故障信号出现时，报警器开始报警。速度监控采用速度传感器对矿车的运行位置进行检测，当矿车运行时，传感器就以脉冲或高低电平的形式将信号传送给电控箱。位移监控采用位移传感器对挡车网的提起和下放状态进行检测，并将信号发送给电控箱。

4.4.2.2 挡车机构

防跑车装置的挡车机构由压板式缓冲吸能器、钢丝绳、防护管、钢丝绳卡等零部件组成，如图 4-10 所示。当发生跑车时，矿车撞击拦车网，所产生撞击力使缓冲钢丝绳从压板缓冲器中抽出，压板与缓冲钢丝绳的相对摩擦力提供拦截跑车时所需的缓冲力，挡车栏随车下行，将跑车矿车的动能逐渐转化成缓冲器摩擦机构的热能，使矿车减速并最后停下来，实现缓冲拦截，将跑车事故的危害程度降到最低。此类挡车机构无法防止撞击时产生火花，所以禁止用于有瓦斯、煤尘爆炸性气体混合物的环境中。

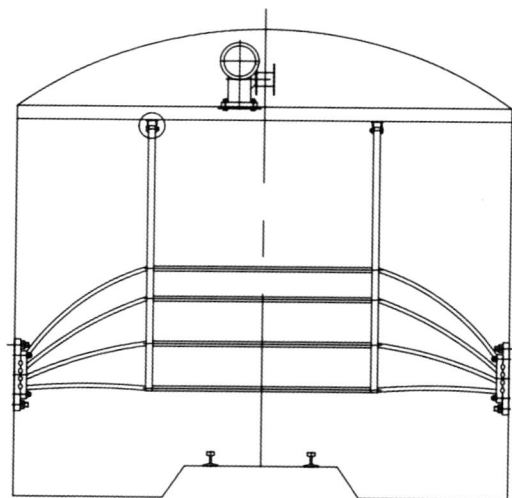

图 4-10 挡车机构

4.4.2.3 缓冲机构

防跑车装置的缓冲机构通过压板式

缓冲器本身的摩擦力使矿车产生减速度，使矿车速度逐渐降低，至最终停下来。压板式缓冲器是该装置实现缓冲机构的关键部件，它主要由主压板、副压板等组成，主压板和副压板上均有两道绳槽，有两道钢丝绳被主、副压板通过螺栓固定在一起，如图4-11所示。

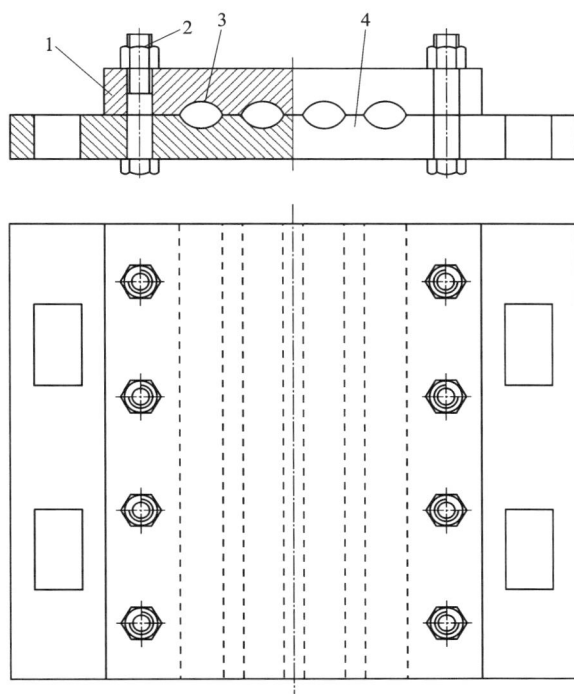

1—主压板；2—螺栓；3—绳槽；4—副压板。

图4-11 压板式缓冲器

4.4.2.4 收放绞车

防跑车装置的收放绞车由电动机、减速器、卷筒和钢丝绳等组成，如图4-12所示。收放绞车在防跑车装置辅助控制箱的控制下，通过电动机的正反转带动减速器、卷筒和钢丝绳运动，起到拉起和降落挡车栏的作用。

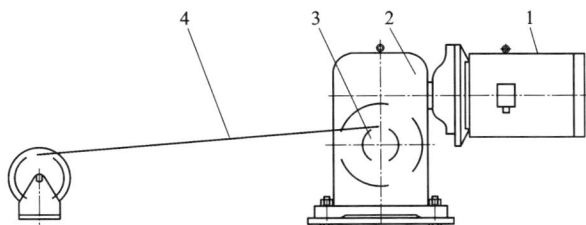

1—电动机；2—减速器；3—卷筒；4—钢丝绳。

图4-12 收放绞车

4.5 斜井提升设备选型与应用

4.5.1 斜井提升方式的选择

矿山应根据自身的条件和实际情况选择合适的斜井提升方式。

矿车组提升(串车提升)适用于倾角 25°以下的斜井,最大倾角以不超过 30°为宜。矿车组提升分为单钩和双钩两种,单钩矿车组提升的优点是需要的井筒断面小、投资少、维护费用低且便于多水平提升,缺点是生产能力低、电耗大。双钩矿车组提升则有产量大、电耗小等优点,但具有井筒断面大、井上井下车场复杂、投资多、不利于多水平提升等缺点。一般而言,当采用单钩矿车组提升能满足产量要求时,不采用双钩矿车组提升。矿车组提升具有易发生跑车事故、矿车容易掉道等缺点。

斜井箕斗提升投资多,施工时间长,所以当斜井倾角小于 28°时,尽量采用矿车组提升。但是斜井箕斗提升允许的速度较大,停车时间较短,所以在年产量较大的矿井中,不论倾角大小都可采用斜井箕斗提升。但当倾角小于 18°时,也可以采用带式输送机提升。

当斜井提升量较大或者斜井倾角大于 30°时,应采用箕斗提升。箕斗提升可机械化操作,运行速度高,稳定性好,运行安全;缺点是需要设置箕斗装载和卸矿设施,增加了运输环节和工程量。

供人员上、下的斜井,垂直深度超过 50 m 的,应设专用人车运送人员。我国斜井运送人员一般采用斜井人车提升,但斜井人车的维护管理要求较高,一旦维护管理不到位,容易导致重大事故。近些年来,越来越多的矿山采用架空乘人装置(俗称猴车)运送人员。

斜井提升设备主要采用单绳缠绕式矿井提升机和 JTP 型矿用提升绞车,其结构原理及技术参数见竖井提升相关章节内容。JTK 型块式制动矿用提升绞车和 JT 型带式制动矿用提升绞车严禁用于斜井主提升。

《有色金属采矿设计规范》(GB 50771—2012)中规定,对斜井提升方式的选取应符合下列规定。

(1)倾角小于 30°的斜井,可采用串车提升;倾角大于 30°的斜井,应采用箕斗或台车提升。

(2)矿石提升量小于 500 t/d、斜长小于 500 m 时,宜采用串车提升;矿石提升量大于 800 t/d、斜长超过 500 m 时,宜采用箕斗提升;矿石提升量为 500~800 t/d 时,应根据具体技术经济条件确定合理的提升方式。

(3)台车宜用于材料、设备等辅助提升。

(4)斜井提升机应采用单绳缠绕式提升机。

4.5.2 提升容器的选择

(1)串车提升采用矿车组提升,基建量小,投资省,转载设备少,系统环节少,不需倒装,可以减少粉矿的产生。串车提升适用于倾角 25°以下的斜井,最大倾角不宜超过 30°。一般认为,斜井矿车组提升速度低,提升量小,存在劳动生产率低、易发生跑车事故、矿车易掉道等缺点。

（2）箕斗提升运行速度高，稳定性好，自动化程度高，适用于提升量较大或者倾角大于30°时的斜井提升。箕斗提升的缺点是需要设置箕斗装载和卸载设施，增加了运输环节和工程量。

（3）斜井台车提升的最大优点是斜井倾角可高达40°左右，阶段车场与斜井连接简单，缺点是运输量小。在实际应用中，多作为材料、设备等辅助性提升。

（4）斜井人员运送一般采用斜井人车提升，也有采用架空乘人装置（猴车）运送人员。

4.5.3　主要参数确定

4.5.3.1　提升工作时间

小型矿山一般只有一个提升斜井，它既要提升矿石和废石，又要下放材料、设备以及升降人员等。日提升矿石和废石工作时间的选取应根据提升工作时间平衡表确认，一般三班作业可取 16.5 h，两班作业可取 12 h。

4.5.3.2　提升不均衡系数 C

矿车组提升时取 1.2，箕斗提升设置装卸载矿仓时取 1.15，不设置装卸载矿仓时取 1.2。

4.5.3.3　装卸载停歇时间

单钩矿车组提升地表摘挂钩时间取 30～60 s，下部车场摘挂时间可取 30 s，地表用甩车场时应另加变换方向时间 10 s；双钩矿车组提升摘挂钩总时间可取 30 s。

箕斗装卸矿（采用计算装置装矿）停歇时间可取 10～20 s。

4.5.3.4　提升速度

斜井提升的最高速度，一般应符合下列规定。

（1）运输人员或用矿车运输物料，斜井长度不大于 300 m 时，为 3.5 m/s；斜井长度大于 300 m 时，为 5 m/s；

（2）用箕斗运输物料，斜井长度不大于 300 m 时，为 5 m/s；斜井长度大于 300 m 时，为 7 m/s；

（3）斜井运输人员的加速度或减速度，应不超过 0.5 m/s²。

4.5.3.5　提升加、减速度

小型矿山提升加、减速度多为手工操纵，其加、减速时间一般不小于 5 s，加、减速度一般可取 0.3～0.5 m/s²。

箕斗提升时，重箕斗进入和空箕斗离开卸载曲轨时的加、减速度都不大于 0.3 m/s²。

在倾角很小的斜井提升中，需要根据自然加、减速度校验所选取的加、减速度。

（1）为避免下放钢丝绳松弛，应按空车下放条件，校验启动加速度：

$$a_1 \leqslant (\sin \alpha - f_1 \cos \alpha) g \tag{4-1}$$

式中：a_1 为启动加速度，m/s²；α 为检验处斜井倾角，（°）；f_1 为提升容器运行时的阻力系数，其值一般取 0.01～0.015。

（2）为避免上升钢丝绳松弛，应按重车上提的条件，校验提升终了时的减速度：

$$a_3 \leqslant (\sin \alpha + f_1 \cos \alpha) g \tag{4-2}$$

式中：a_3 为提升终了时的减速度，m/s²。

4.5.4 运动学和动力学参数计算

4.5.4.1 斜井双钩矿车组提升

1）斜井双钩矿车组提升速度图计算

当上部调车场为平车场、下部为甩车场时，采用七阶段速度图（图4-13），其计算见表4-5。

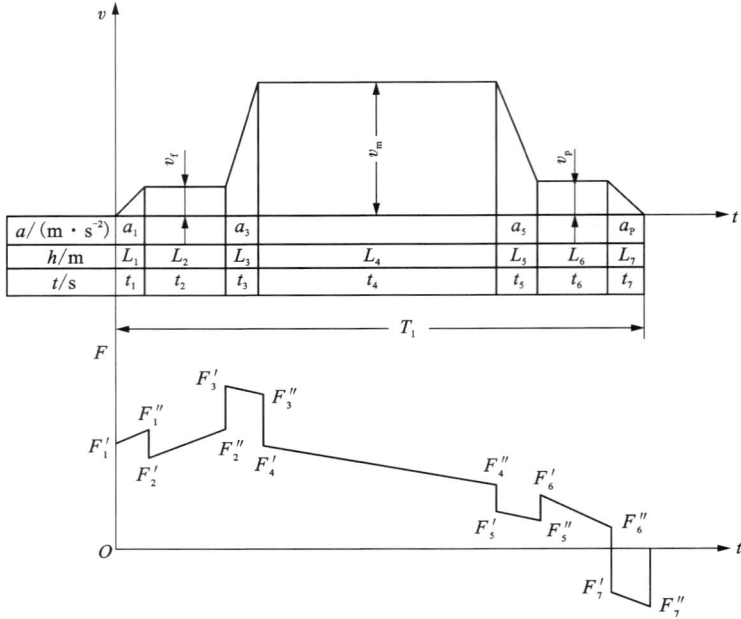

图 4-13 斜井双钩矿车组提升速度图和力图

表 4-5 斜井双钩矿车组提升速度图计算

项目	公式、符号、数据
甩车道长度/m	L_f
重矿车沿甩车道运行速度/$(m \cdot s^{-1})$	$V_f = 1.5$
重矿车沿甩车道启动加速度/$(m \cdot s^{-2})$	$a_f \leqslant 0.3$
启动加速运行时间/s	$t_1 = \dfrac{V_f}{a_f}$
重矿车沿甩车道等速运行距离/m	$L_2 = L_f - L_1$
重矿车沿甩车道等速运行时间/s	$t_2 = \dfrac{L_2}{V_f}$
加速度/$(m \cdot s^{-2})$	$a_3 = 0.5$
加速运行时间/s	$t_3 = \dfrac{V_m - V_f}{a_3}$

续表 4-5

项目	公式、符号、数据
加速运行距离/m	$L_3 = \dfrac{V_m + V_f}{2} t_3$
减速度/$(m \cdot s^{-2})$	$a_5 = 0.5$
重矿车沿平车场运行速度/$(m \cdot s^{-1})$	$V_p = 1.5$
减速运行时间/s	$t_5 = \dfrac{V_m - V_p}{a_5}$
减速运行距离/m	$L_5 = \dfrac{V_m + V_p}{2} t_5$
重矿车沿平车场运行制动减速度/$(m \cdot s^{-2})$	$a_p \leqslant 0.3$
重矿车沿平车场制动运行时间/s	$t_7 = \dfrac{V_p}{a_p}$
重矿车沿平车场制动运行距离/m	$L_7 = \dfrac{1}{2} V_p t_7$
平车场长度/m	L_p（如 $L_p < L_f$，则按 L_f 计算）
重矿车沿平车场等速运行距离/m	$L_6 = L_p - L_7$
重矿车沿平车场等速运行时间/s	$t_6 = \dfrac{L_6}{V_p}$
等速运行距离/m	$L_4 = L - L_f - L_p - L_3 - L_5$
等速运行时间/s	$t_4 = \dfrac{L_4}{V_m}$
一次纯提升时间/s	$T_1 = t_1 + t_2 + t_3 + t_4 + t_5 + t_6 + t_7$
停歇时间/s	θ
一次提升全时间/s	$T = T_1 + \theta$
每小时提升次数	$n_s = \dfrac{3600}{T}$

2）提升力图计算

（1）变位质量总和。

$$\sum M = n_k (q + 2q_r) + 2pL_p + m_{ij} + m_{ic} + m_{il} + 2m_{it} + m_{id} \tag{4-3}$$

式中：$\sum M$ 为变位质量总和，kg；n_k 为矿车数；q 为一台矿车的载重，kg；q_r 为一台矿车的自重，kg；其他符号意义同前。

（2）上部平车场倾角 $\varphi = 0$，井筒倾角为 α，下部甩车道内倾角 β 认为以行程为函数按直线规律由 0 变到井筒倾角 α。

（3）动力计算。

动力计算见表4-6。

表 4-6　斜井双钩矿车组提升动力计算 N

项目	公式、符号
重车沿甩车道提升，空车沿上部平车场下放	
t_1 阶段加速开始	$F_1' = [n_k(q+q_r)f_1 + pL(\sin\alpha + f_2\cos\alpha)]g + W + (\sum M - n_k q_r)a_0$
t_1 阶段加速终了	$F_1'' = [n_k(q+q_r)(\sin\beta_1 + f_1\cos\beta_1) + p(L-2L_1)\sin\alpha + pLf_2\cos]g + W + (\sum M - n_k q_r)a_0$
t_2 阶段开始	$F_2' = F_1'' - (\sum M - n_k q_r)a_0$
t_2 阶段终了	$F_2'' = [n_k(q+q_r)(\sin\alpha + f_1\cos\alpha) + p(L-2L_f)\sin\alpha + pLf_2\cos\alpha]g + W$
重车沿井筒提升，空车沿井筒下放	
t_3 阶段开始	$F_3' = \{[n_k q + p(L-2L_f)]\sin\alpha + [n_k(q+2q_r)f_1 + pLf_2]\cos\alpha\}g + W + \sum Ma_1$
t_3 阶段终了	$F_3'' = F_3' - 2pL_3 g\sin\alpha$
t_4 阶段开始	$F_4' = F_3'' - \sum Ma_1$
t_4 阶段终了	$F_4'' = F_4' - 2pL_4 g\sin\alpha$
t_5 阶段开始	$F_5' = F_4'' - \sum Ma_5$
t_5 阶段终了	$F_5'' = F_5' - 2pL_5 g\sin\alpha$
重车沿上部平车场运行，空车沿甩车道下放	
t_6 阶段开始	$F_6' = F_5'' + \sum Ma_5$
t_6 阶段终了	$F_6'' = [-p(L-2L_7)\sin\alpha - n_k q_r(\sin\beta_6 - f_1\cos\beta_6) + pLf_2\cos\alpha]g + W$
t_7 阶段开始	$F_7' = F_6'' - (\sum M - n_k q - n_k q_r)a_5$
t_7 阶段终了	$F_7'' = [n_k q_r f_1 - pL(\sin\alpha - f_2\cos\alpha)]g - (\sum M - n_k q - n_k q_r)a_5 + W$

注：W 为矿井阻力，$W = 0.1n_k qg\sin\alpha$；f_2 为钢丝绳移动的阻力系数，钢丝绳全部支承在托滚上，$f_2 = 0.15 \sim 0.20$；钢丝绳局部支承在托滚上，$f_2 = 0.25 \sim 0.40$；钢丝绳全部在底板上拖动时，$f_2 = 0.4 \sim 0.6$；$\beta_1 = \dfrac{L_1}{L_f}\alpha$；$\beta_0 = \dfrac{L_7}{L_f}\alpha$。

4.5.4.2　斜井单钩矿车组提升

斜井单钩矿车组提升时，井上、井下均采用甩车场，其提升步骤如下。

（1）把重列车自下部甩车场提过上部出口道岔。

（2）沿着甩车道把重列车下放到上部甩车场。

（3）把空列车自上部甩车场沿甩车道提过出口道岔。

（4）沿井筒将空列车下放至下部甩车场。

（1）和（4）项采用五阶段速度图，（2）和（3）项采用三阶段速度图。一个提升循环可组成十六阶段速度图，根据速度图可以计算其力图。变位质量总和要按实际情况计算，具体计算从略。

4.5.4.3　斜井箕斗提升

斜井提升用的箕斗有前翻式与后卸式两种。

（1）提升速度图计算。

对于斜井箕斗提升，当卸载曲轨较长时，采用七阶段速度图；当卸载曲轨较短时，采用六阶段速度图（图4-14），它们的计算与前面相同阶段的速度图相同。前翻式箕斗卸载距离 L_0，无资料时取 6~8 m。

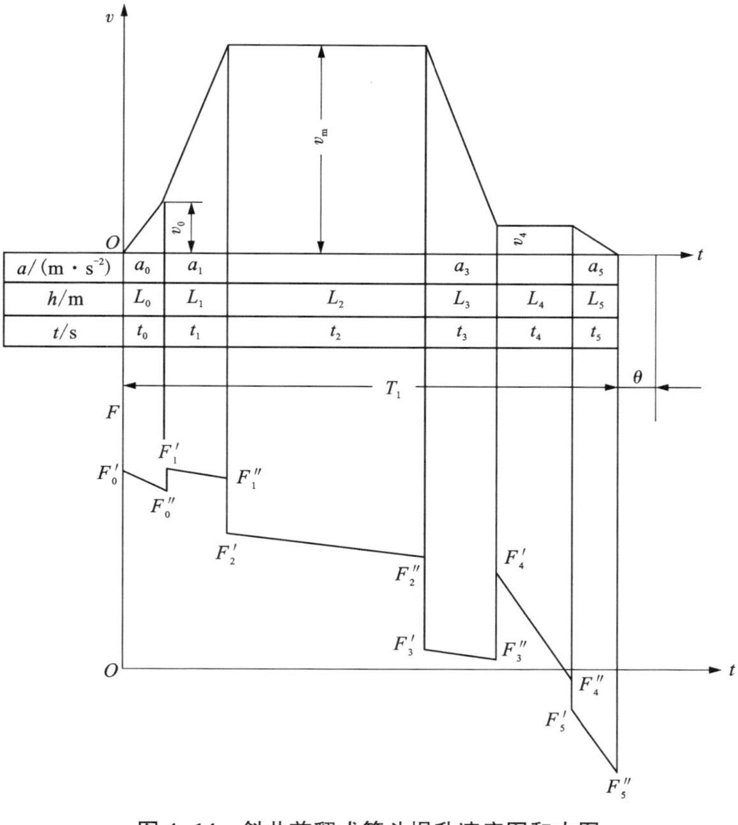

图 4-14　斜井前翻式箕斗提升速度图和力图

图中 v 表示斜井箕斗运行速度，F 表示斜井箕斗提升系统力，a 表示加速度，L 表示提升距离，t 表示斜井提升一次全时间。具体的符号见右表。

提升速度图和力图中参数及含义

项目	符号	单位
提升距离	L	m
主加速度	a_0、a_1	m/s^2
主加速时间	t_0、t_1	s
主加速距离	L_0	m
主减速度	a_3	m/s^2
主减速时间	t_3	s
主减速距离	L_3	m
爬行速度	v_4	m/s
爬行时间	t_4	s
爬行距离	L_4	m
制动减速度	a_3	m/s^2
制动减速时间	t_5	s
制动减速距离	L_5	m
匀速运行距离	L_2	m
匀速运行速度	v_2	m/s
匀速运行时间	t_2	s
单程运行时间	T	s
加速阶段力	F_0、F_1	kN
匀速阶段力	F_2	kN
减速阶段力	F_3	kN
爬行匀速阶段力	F_4	kN
制动减速阶段力	F_5	kN

（2）提升力图计算。

斜井箕斗提升有时为了卸载方便，在装卸地点的倾角与井筒的倾角 α 不同，设装卸处的倾角为 β，卸载处的倾角为 φ，其动力计算见表4-7。

表 4-7　斜井前翻式箕斗提升(按六阶段速度图)动力计算　N

项目	公式、符号
t_0 阶段开始	$F_0' = \left[Q\sin\beta + Q_r(\sin\beta - \sigma\sin\varphi) + pL\sin\alpha + Qf_1\cos\beta + Q_rf_1(\cos\beta + \sigma\cos\varphi) + pLf_2\cos\alpha \right]g + W + \sum Ma_0$
t_0 阶段终了	$F_0'' = \left\{ \left[Q + p(L - 2L_0) \right]\sin\alpha + \left[(Q + 2Q_r)f_1 + pLf_2 \right]\cos\alpha \right\}g + W + \sum Ma_0$
t_1 阶段开始	$F_1' = F_0'' + \sum M(a_1 - a_0)$
t_1 阶段终了	$F_1'' = F_1' - 2pL_1g\sin\alpha$
t_2 阶段开始	$F_2' = F_1'' - \sum Ma_1$
t_2 阶段终了	$F_2'' = F_2' - 2pL_2g\sin\alpha$
t_3 阶段开始	$F_3' = F_2'' - \sum Ma_3$
t_3 阶段终了	$F_3'' = F_3' - 2pL_3g\sin\alpha$
t_4 阶段开始	$F_4' = F_3'' - \sum Ma_3$
t_4 阶段终了	$F_4'' = F_4' - \dfrac{L_0 - L_5}{L_0}(F_4' - |F_{j5}''|)$
提升终了静阻力	$F_{j5}'' = \left[\delta Q_r(\sin\varphi + f_1\cos\varphi) - (Q + Q_r)(\sin\beta - f_1\cos\beta) - pL(\sin\alpha - f_2\cos\alpha) \right]g + W$
t_5 阶段开始	$F_5' = F_4'' - \sum Ma_5$
t_5 阶段终了	$F_5'' = F_{j5}'' - \sum Ma_5$
当井筒倾角不大时，重箕斗卸载的同时空箕斗装载	
提升终了静阻力	$F_{j5}'' = \left[\delta Q_r(\sin\varphi + f_1\cos\varphi) - (Q + Q_r)(\sin\beta - f_1\cos\beta) - pL(\sin\alpha - f_2\cos\alpha) \right]g + W$
t_5 阶段开始	$F_5' = F_4'' - \sum Ma_5$
t_5 阶段终了	$F_5'' = F_{j5}'' - \sum Ma_5$
当井筒倾角大于30°时，重箕斗卸载时空箕斗不装载	
提升终了静阻力	$F_{j5}'' = \left[\delta Q_r(\sin\varphi + f_1\cos\varphi) - Q_r(\sin\beta - f_1\cos\beta) - pL(\sin\alpha - f_2\cos\alpha) \right]g + W$
t_5 阶段开始	$F_5' = F_4'' + \sum Ma_5$
t_5 阶段终了	$F_5'' = F_{j5}'' - \left(\sum M - Q \right)a_5$

注：σ 为前翻式箕斗作用于钢丝绳上部分的质量系数，$\sigma = 0.53 \sim 0.65$(对于后卸式箕斗，$\sigma = 0.15 \sim 0.2$)。

4.5.5　提升机与井口相对位置的确定

斜井串车提升是中小型矿井的主要提升形式，其车场形式有平车场和甩车场两种，甩车场多用于单钩提升，平车场多用于双钩提升。

当提升机安装地点初步确定后，要计算的位置参数主要有以下几个。

4.5.5.1　井架高度 H_j

斜井井架高度根据总平面布置的要求来确定。

（1）斜井甩车场（图4-15）。

井架高度 $H_j(\mathrm{m})$：

$$H_j = l'\sin\gamma - R_t \tag{4-4}$$

式中：γ 为根据井口车场设计的栈桥倾角，一般为 $8° \sim 12°$；l' 为井口至钢丝绳与天轮接触点斜长，m，应由车场设计要求而定，也可由下式计算。

$$l' = L_B + L_T + L_g + R_T \tag{4-5}$$

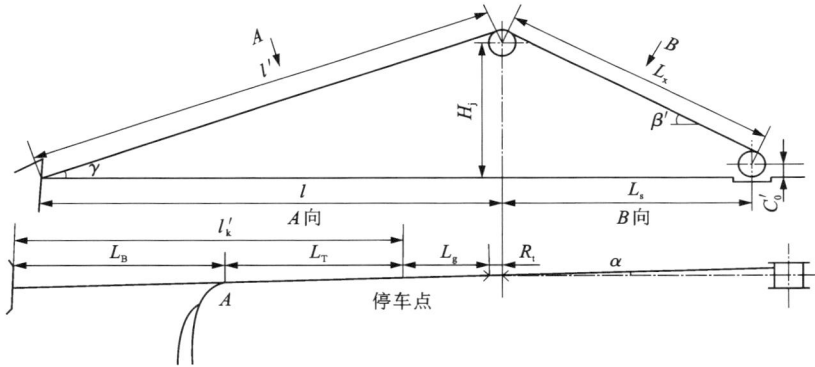

图4-15　斜井甩车场单钩串车提升系统

（2）斜井平车场（图4-16）。

井架高度 H_j：

$$H_j = (L - L_B - L_T)\tan\gamma' - R_t \tag{4-6}$$

式中：L 为井口至天轮中心的水平距离，根据车场设计来确定，m；γ' 为钢丝绳的牵引角，为使矿车在变坡点不掉道，$\gamma' \leqslant 9° \sim 10°$。

双钩提升时，需使矿车通过钢丝绳底部之处，钢丝绳距地面高度不小于 2.5 m。

4.5.5.2　钢丝绳弦长

为了减少钢丝绳与天轮边缘的磨损，以及为了减少钢丝绳在卷筒上缠绕时因咬绳而产生的磨损，外偏角 α_1 和内偏角 α_2 均不得大于 $1°30'$，单层缠绕时，内偏角应保证不咬绳。由于偏角的限制，可计算出最小弦长 $L_{x\min}$。

1）固定天轮最小弦长

（1）单钩提升。

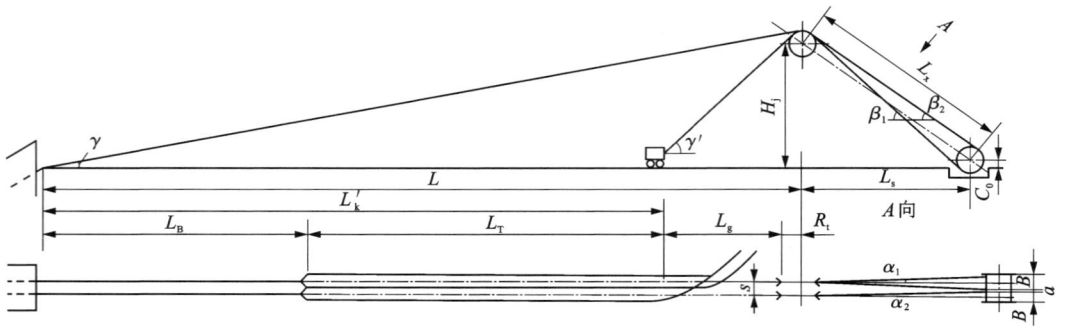

图 4-16　斜井平车场双钩串车提升系统

$$L_{x\min} = \frac{B}{2\tan\alpha} \qquad (4-7)$$

（2）双钩提升。

按外偏角 α_1 计算：

$$L'_{x\min} = \frac{2B+\alpha-S}{2\tan\alpha_1} \qquad (4-8)$$

按内偏角 α_2 计算：

$$L''_{x\min} = \frac{S-\alpha}{2\tan\alpha_2} \qquad (4-9)$$

式中：B 为卷筒宽度，m；α 为两卷筒间距离，m；S 为两天轮间水平距离，m。

双钩提升，按内、外偏角计算后，应取其中的大者作为最小弦长。

2）游动天轮最小弦长（图 4-17）

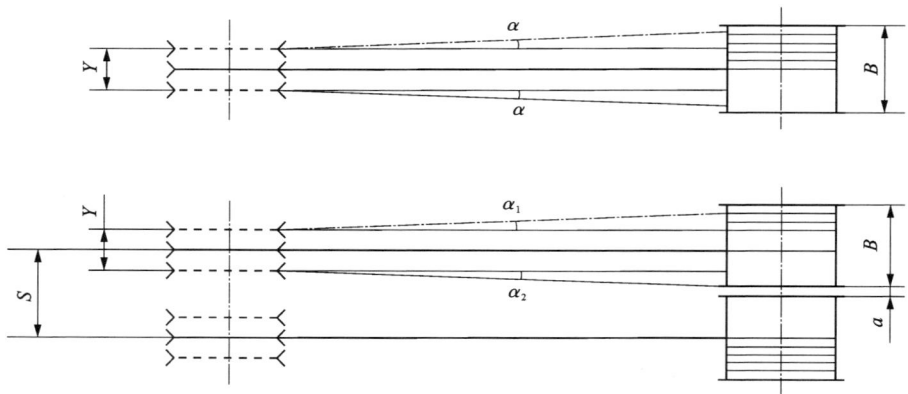

图 4-17　游动天轮最小弦长示意图

（1）单钩提升。

$$L_{x\min} = \frac{B-\gamma}{2\tan\alpha} \tag{4-10}$$

（2）双钩提升。

按外偏角计算：

$$L'_{x\min} = \frac{2B+\alpha-S-\gamma}{2\tan\alpha_1} \tag{4-11}$$

按内偏角计算：

$$L''_{x\min} = \frac{S-\alpha-\gamma}{2\tan\alpha_2} \tag{4-12}$$

式中：γ 为游动天轮移动距离，$\gamma = 1$ m。

双钩提升，按内、外偏角计算后，应取其中的大者作为最小弦长。

上述最小弦长计算均为多层缠绕时的计算方法。

4.5.5.3　提升机卷筒中心至天轮中心的水平距离 L_s

$$L_s = \sqrt{L_{x\min}^2 - (H_j - C_o)^2} \tag{4-13}$$

式中：C_o 为提升机卷筒中心至地面高度，一般可取 0.5 m。

将 L_s 圆整为接近大整数，然后再求实际弦长：

$$L_x = \sqrt{L_s^2 + (H_j - C_o)^2} \tag{4-14}$$

对于斜井，因井架较低（尤其是游动天轮的井架），所以求出最小弦长后就圆整为整数，并作为水平距离 L_s，再求出实际弦长 L_x。

弦长一般不应超过 60 m，因超过 60 m 时绳弦易引起振动，严重时会使绳从天轮中跳出。另外，由钢丝绳自重引起的垂度过大，会使得车场一侧摘挂钩十分困难。若绳弦长度大于 60 m，应在适当地点上设托绳辊。

4.5.5.4　计算偏角

1）固定天轮

（1）单钩提升。

$$\alpha = \arctan\frac{B}{2L_x} \tag{4-15}$$

（2）双钩提升。

按外偏角 α_1 计算：

$$\alpha_1 = \arctan\frac{2B+a-S}{2L_s} \tag{4-16}$$

按内偏角 α_2 计算：

$$\alpha_2 = \arctan\frac{S-a}{2L_x} \tag{4-17}$$

2）游动天轮

（1）单钩提升。

$$\alpha = \arctan\frac{B-Y}{2L_x} \tag{4-18}$$

（2）双钩提升。

按外偏角 α_1 计算：

$$\alpha_1 = \arctan \frac{2B+a-S-Y}{2L_x} \qquad (4-19)$$

按内偏角 α_2 计算：

$$\alpha_2 = \arctan \frac{S-a-Y}{2L_x} \qquad (4-20)$$

4.5.6 应用实例

云南保山金厂河铜锌铁矿开采规模：铅锌铜矿 1500 t/d、独立铜矿 800 t/d，总规模 2300 t/d，2 号斜井提升系统担负矿山上部铅锌铜矿石和铜矿石的提升任务。2 号斜井井口标高 1886.165 m，井底标高 1630 m，倾角 28°，斜长 585 m，提升高度约 275 m，最低服务中段 1660 m，装载点标高 1635 m。

2 号斜井提升系统选用 2JK-3×1.5/20E 单绳双筒提升机，双箕斗提升系统，采用固定曲轨卸载，其斜井提升系统配置图如图 4-18 所示。

2 号斜井提升系统主要技术参数见表 4-8。

表 4-8 2 号斜井提升系统主要技术参数表

提升系统		双箕斗提升系统
最大提升速度/(m·s⁻¹)		4.38
提升机	型号	2JK-3×1.5 双筒单绳缠绕式提升机
	最大静张力/kN	130
	最大静张力差/kN	80
	减速比	$i=20$
电动机	型号	Z500-2A 直流电机
	规格	514 kW、440 V、558 r/min
箕斗型式及规格		6 m³ 后卸式斜井箕斗
卸载方式		曲轨卸载
道床型式		整体混凝土道床
钢轨型号		43 kg/m 重型钢轨
轨距/mm		1400
提升钢丝绳	型号	6 V×34+FC 三角股钢丝绳
	直径/mm	34
	抗拉强度/MPa	1770
	单位质量/(kg·m⁻¹)	4.59
	破断拉力总和/N	867449

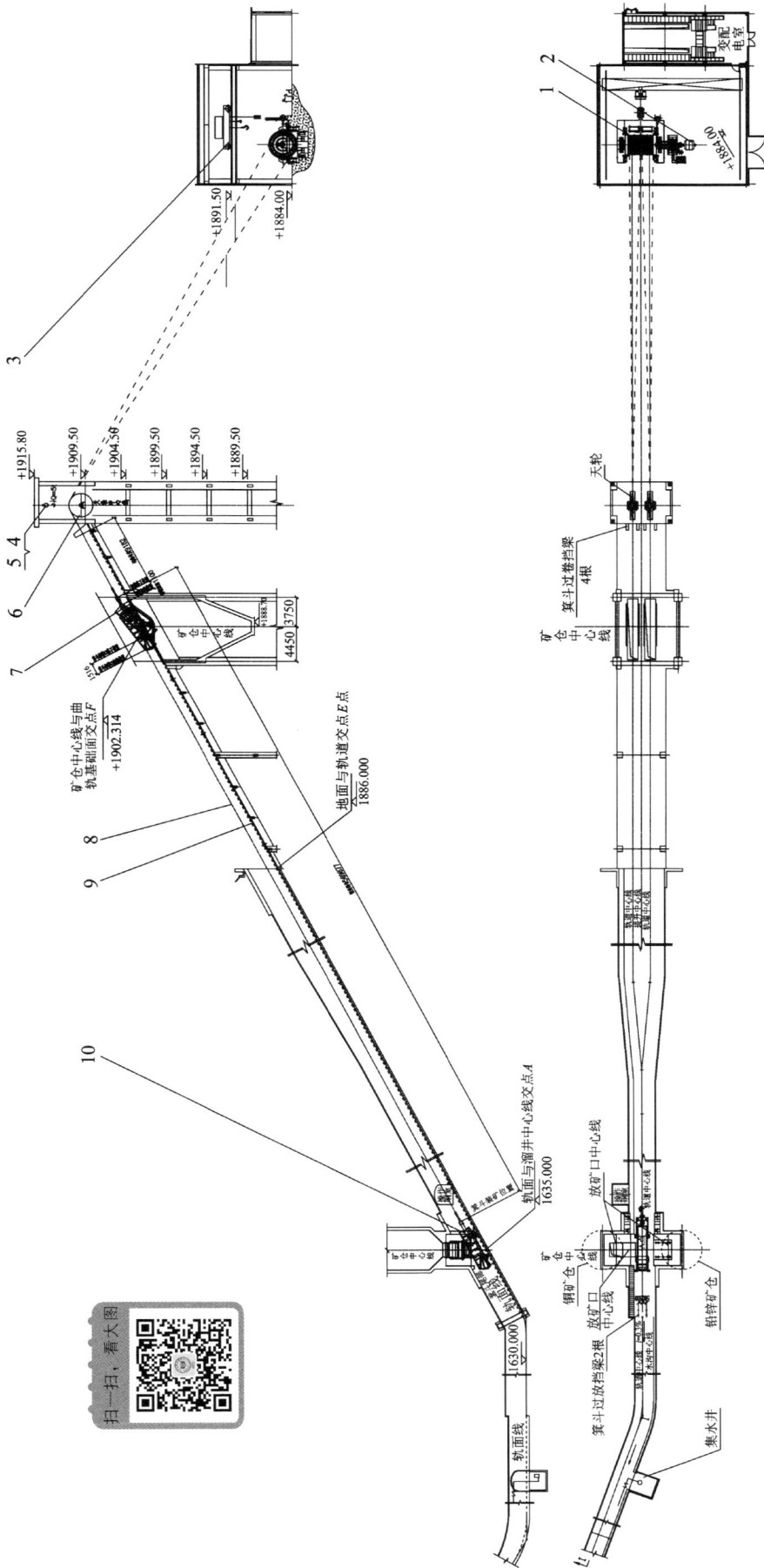

图4-18 2号斜井提升系统配置图

1—提升机；2—电机；3—起重机；4—手拉葫芦；5—手动单轨小车；6—固定天轮；7—卸载曲轨；8—钢丝绳；9—钢轨；10—后卸式箕斗。

该提升系统参数及设备配置如下。

（1）提升机。

选用 2JK-3×1.5 单绳双筒提升机，提升机允许最大静张力 130 kN、允许最大静张力差 80 kN，减速机速比 $i=20$，最大提升速度 $V=4.38$ m/s，钢丝绳缠绕层数为 2 层。钢丝绳最大绳偏角为 1.15°（内偏角），钢丝绳两个出绳角分别为 31.4°、28.2°。机房内配置一台 20/5 t、$L_k=16.5$ m 吊钩桥式起重机，作为检修使用。

（2）电动机。

采用 Z500-2A 直流电动机，电动机功率 514 kW，转速 558 r/min，电压 440 V。

（3）提升容器。

采用双箕斗提升，后卸式箕斗，箕斗容积 6 m³，自重约 10.5 t，一次提升量 9.93 t（允许最大载重 12 t）。

（4）钢丝绳。

提升钢丝绳型号 6 V×34+FC，直径 34 mm，$\rho=4.59$ kg/m，$Q_p=867.45$ kN，提升钢丝绳安全系数为 6.94>6.5。

（5）装、卸矿设施。

在 1635 m 标高设装矿点，采用双侧溜井装矿，两侧溜井分别装铅锌铜和独立铜矿石，分时段运输。矿石通过溜井下的振动放矿机向箕斗装矿，由箕斗提出地表。矿石经箕斗斜井提出地表后，通过卸载曲轨卸入井口矿仓，然后经矿仓底部破碎机粗碎后接皮带运往多金属选厂的中细碎车间。

（6）斜井轨道。

斜井轨道以双轨为主，在装矿点前 15 m 处，斜井双轨变单轨，以满足双箕斗装两种矿石的需求。轨型采用 38 kg/m，道床采用整体道床。

（7）粉矿回收。

自 1660 m 平巷掘粉矿回收斜井至 2 号箕斗斜井井底。当井底粉矿达到一定量后，采用装岩机将粉矿装入矿车，然后通过粉矿回收斜井提升至 1660 m 中段，再倒入至主溜井；或通过 4 号斜井提至 1884 m 中段出地表，再转运至选矿厂。

参考文献

[1] 周彬. 金属非金属矿山建设项目安全管理实用手册[M]. 北京：煤炭工业出版社，2016.

[2]《采矿手册》编委会. 采矿手册 5[M]. 北京：冶金工业出版社，1988.

[3] 王运敏. 中国采矿设备手册（下册）[M]. 北京：科学出版社，2007.

[4] 王运敏. 现代采矿手册（下册）[M]. 北京：冶金工业出版社，2012.

[5] 于励民，仵自连. 矿山固定设备选型使用手册（上册）[M]. 北京：煤炭工业出版社，2007.

第 5 章

排水设备

5.1 概述

在矿山建设和生产过程中，随时都有涌水进入矿井(坑)。矿山排水设备的任务就是将矿井(坑)水及时排至地面或坑外，为矿山开采创造良好的条件，确保矿山安全生产。

矿井(坑)涌水主要来源于大气降水、地表水和地下水以及老窿、旧井巷积水和充填的回水等。

根据矿山开采方式的不同，矿山排水分为地下矿排水和露天矿排水。

矿山排水方法有自流式和扬升式两种。在地形条件允许的情况下，利用自流排水最经济、最可靠，但它受地形限制，大多数矿山需要借助水泵将水扬至地表或坑外。

离心式水泵的转速高、体积小、重量轻、效率高，在矿山排水中被广泛应用。当排水量和扬程都较小时，宜选用单级单吸卧式离心式水泵；当排水量较大、扬程较小时，宜选用单级双吸卧式离心式水泵；当所需扬程较大时，则选用多级卧式离心式水泵。抗灾排水系统应选用潜水电泵。

5.2 离心式水泵工作原理与结构特征

5.2.1 工作原理

离心式水泵的主要部件是叶轮、叶片、轴、螺旋形泵壳等。离心式水泵结构简图如图5-1所示。

水泵启动前，先由注水漏斗向泵内注水，然后启动水泵，叶轮随轴旋转，叶轮中的水也被叶片带动旋转。这时，水在离心力的作用下以很高的速度和压力从叶轮边缘向四周甩出去，并由泵壳导流，再经压水口流出。此时，在叶轮入口会形成一定的真空，吸水井中的水在大气压力作用下经吸水管进入叶轮。叶轮不断旋转，可使排水不间断进行。

由此可见，离心泵主要是靠叶轮在水中旋转，叶轮中叶片与水相互作用把能量传递给水，并使其增加能量。

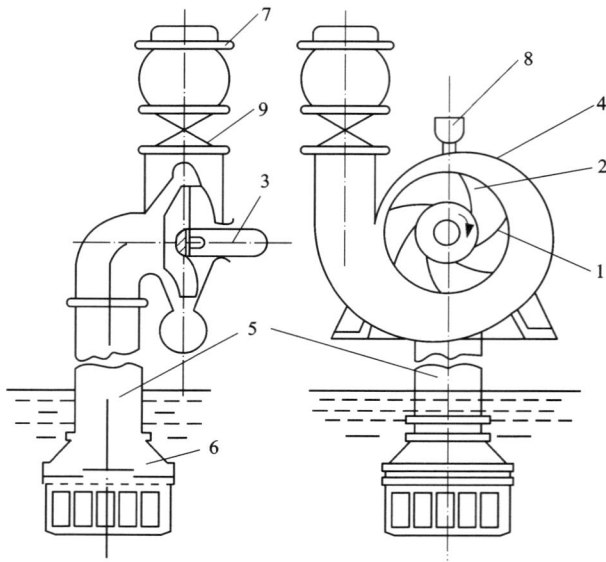

1—叶轮；2—叶片；3—轴；4—外壳；5—吸水管；
6—滤水器底阀；7—排水管；8—注水漏斗；9—闸阀。

图 5-1 离心式水泵结构简图

5.2.2 结构特征

几种典型的离心式水泵及其主要结构分述如下。

5.2.2.1 单级单吸离心式水泵

单级单吸离心式水泵是构造最简单的一种离心式水泵，它的工作轮为单面进口，呈现为单级单吸卧式悬臂结构。一种是采用止推轴承平衡轴向推力，另一种是在工作轮上钻有平衡孔来平衡轴向推力。单级单吸离心式水泵的典型结构如图 5-2 所示。

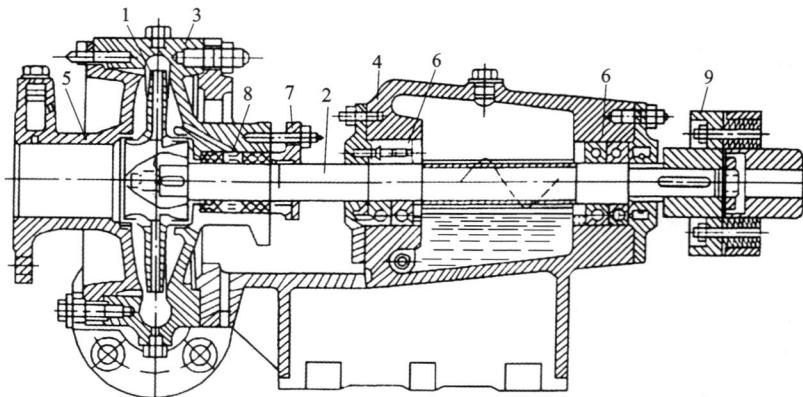

1—工作轮；2—轴；3—螺旋壳；4—轴承架；5—吸水连管；
6—滚珠轴承；7—填充剂压盖；8—水封；9—弹性联轴器。

图 5-2 单级单吸离心式水泵结构示意图

5.2.2.2　单级双吸离心式水泵

单级双吸离心式水泵的工作轮为双面进口,具有对称形蜗壳,且扬程小、流量大。这种水泵的扬程最大者为百余米,其流量很大,可达每小时数千立方米。因此,除矿山采用外,其还广泛应用于水利工程,且不断向更大规格发展。单级双吸离心式水泵的典型结构如图5-3所示。

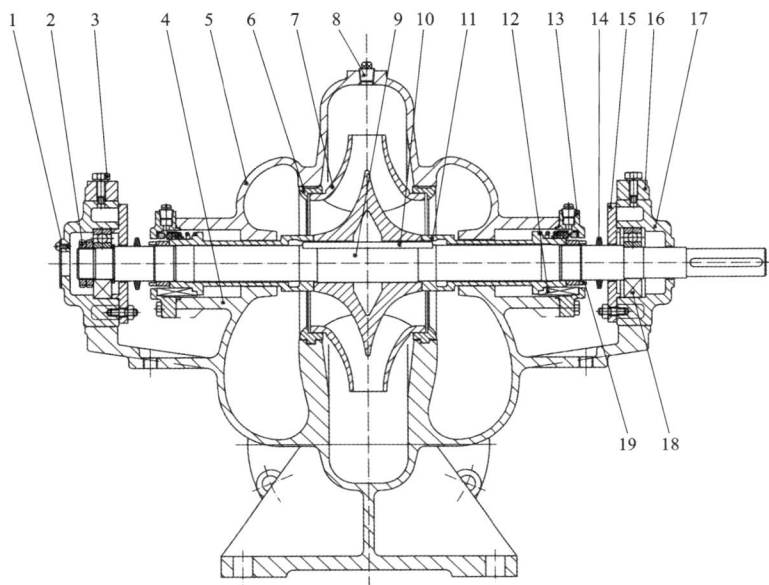

1—端盖;2—圆螺母;3—固定螺钉;4—泵体;5—泵盖;6—双吸密封环;7—叶轮;8—丝堵;9—轴;
10—键;11—机械(或填料)密封轴套;12—机械(或填料);13—机械(或填料)密封压盖;
14—挡水圈;15—轴承压盖;16—轴承体压盖;17—轴承体;18—轴承;19—轴套螺母。

图5-3　单级双吸离心式水泵结构示意图

5.2.2.3　卧式多级离心式水泵

卧式多级离心式水泵是用导流器式的泵壳分段组成,工作轮依次串联在一根轴上,由导流器和回流道引导水流,只有最后一级采用螺壳,结构很紧凑。水泵的段数通常在2到10之间,也有超过10段的。中间各段的构造相同,各个段用拉杆螺栓固定在一起。多级离心式水泵结构如图5-4所示。

在运转过程中,多级离心式水泵转子上作用着轴向力,该力将推动转子轴向移动。因此,必须设法消除或平衡此轴向力,方能使泵正常工作。多级离心式水泵轴向力大多用平衡盘来平衡。平衡盘安装在末级叶轮之后,随主轴一起旋转。平衡盘装置中有两个间隙,一个是由轴套外圆形成的径向间隙 b_1,另一个是平衡盘内端面形成的轴向间隙 b_2,平衡盘后面的平衡室与泵吸入口连通,其工作原理如图5-5所示。

径向间隙前的压力是末级叶轮后腔的压力 p_3,通过径向间隙 b_1 下降为 p_4,又经过轴向间隙 b_2 下降为 p_5,平衡盘后面的压力为 p_6(稍小于 p_5)。平衡盘前面的压力 p_4 大于后面的压力 p_6,其压差在平衡盘上产生平衡力 F,指向右方,用以平衡作用在主轴上的指向左方的轴向力 A。

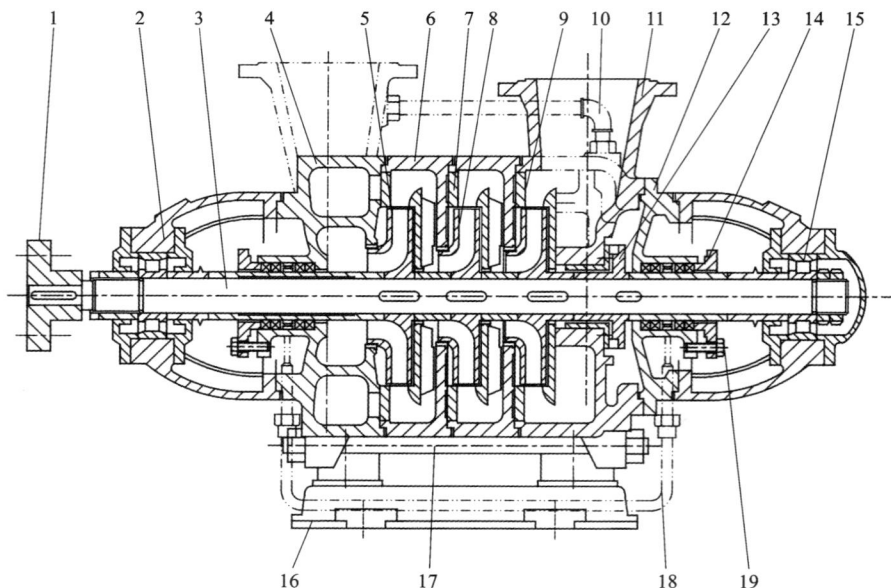

1—联轴器；2—轴承体；3—主轴；4—吸水段；5—首级叶轮；6—中段；7—导叶；8—叶轮；
9—末级导叶；10—回水管；11—出水段；12—填料函体；13—平衡盘；14—填料压盖；
15—轴承；16—底板；17—拉杆螺栓；18—水封管；19—轴套。

图 5-4　多级离心式水泵结构示意图

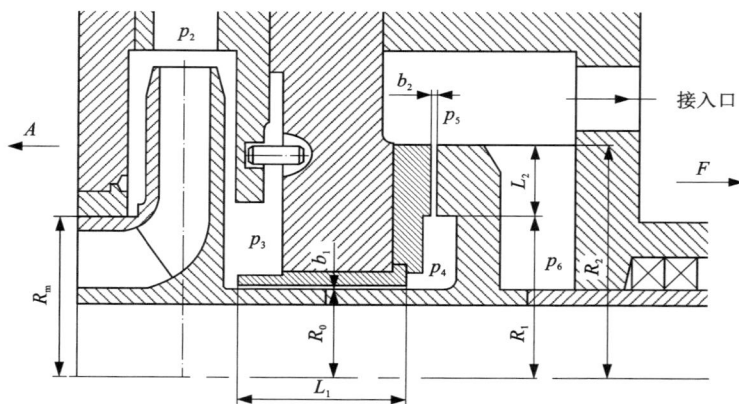

图 5-5　平衡盘工作原理图

泵在工作过程中，由于工况点的变化和密封环磨损等因素的影响，使轴向力也相应发生变化，主轴做相应移动以达到新的平衡。鉴于平衡盘的工作具有左右移动的特点，一般不配备止推轴承。但是，为提高泵的可靠性，有些带平衡盘的泵配备了止推轴承，部分轴向力由止推轴承承受。

当平衡盘移动的位移过大时，很容易和平衡盘座之间发生碰撞、摩擦，长此以往，平衡盘很容易损坏，故需经常更换。

无磨损平衡盘设计的模块化多级离心式水泵通过在水泵非驱动轴端增加定位保护装置的

方式，在轴向方向对平衡盘的移动距离进行了限制，这样平衡盘便不会和平衡盘座之间发生碰撞、摩擦，从而大大延长了平衡盘的使用寿命。平衡盘轴向定位保护装置包括设在泵轴末端的定位轴承套，定位轴承套设置在和泵壳连接的平衡盘保护套内，平衡盘保护套和定位轴承套之间存在轴向间隙，两者的设置方式符合定位轴承套处于内极限位置时平衡盘和平衡盘座之间存在轴向间隙的特点。

无磨损平衡盘设计的模块化多级离心式水泵结构如图 5-6 所示。

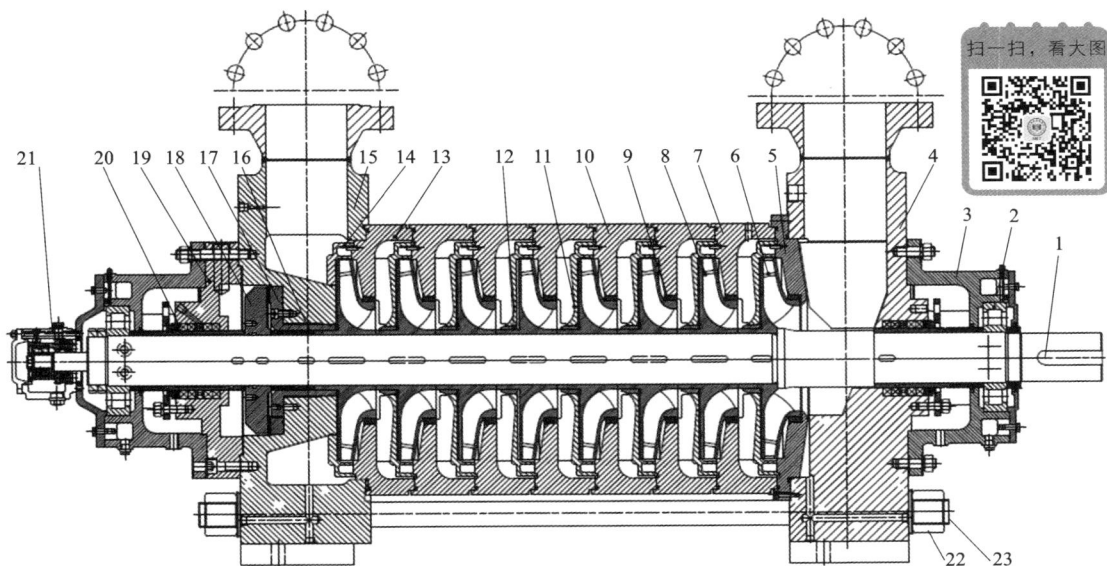

1—轴；2—圆柱滚动轴承；3—轴承体部件；4—进水段；5—进水泵盖；6—首级叶轮；7—首级中段；
8—叶轮；9—叶轮密封环；10—次级中段；11—导叶；12—导叶套；13—末级中段；14—末级导叶；
15—出水段；16—节流套；17—平衡环；18—平衡盘；19—出水轴封体；20—填充剂密封部件；
21—平衡盘轴向定位保护装置；22—穿杆螺栓螺母；23—穿杆螺栓。

图 5-6　模块化多级离心式水泵结构图

自平衡型卧式多级离心式水泵是通过把叶轮分为两组，两组叶轮背靠背布置，使作用在叶轮上的轴向力相互抵消来实现轴向力的平衡。对称布置叶轮是因为有级间泄漏，轴向力并没有完全平衡。如图 5-7 所示，吸入叶轮 1，排出叶轮 6，在叶轮 3 和叶轮 6 之间设有间隙密封，泄漏从 6 级叶轮后盖板侧流向 3 级叶轮的后盖板侧，使 3 级叶轮后盖板侧的压力升高，

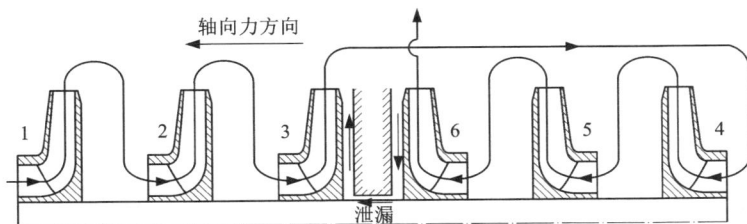

图 5-7　叶轮对称布置产生的轴向力

从而产生附加的指向吸入端的轴向力，使级间密封的效果不好。产生这种附加轴向力的另一个原因是，级间泄漏使 6 级叶轮后盖板侧泵腔的液体内向流动，3 级后盖板侧泵腔的液体外向流动。内向流动使本来按抛物线分布的压力减小，外向流动使此处的压力增加，同样产生附加的指向吸入端的轴向力。

减小指向吸入端轴向力的措施主要有：①减小级间泄漏（减小密封间隙、增加密封长度、采用螺旋密封等）；②把 3 级叶轮后盖板车削掉一小部分；③在间隙处安装机械密封（装配要求高）。

自平衡型离心式水泵首级叶轮有单吸和双吸两种结构形式，水泵结构见图 5-8。

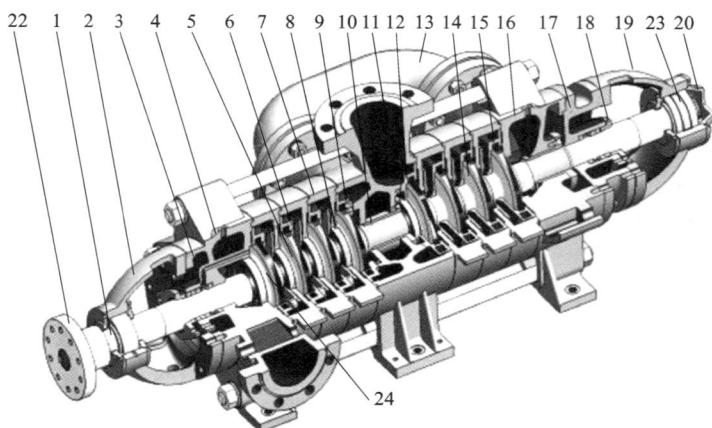

(a) 自平衡型多级离心式水泵结构示意图（首级为单吸结构）

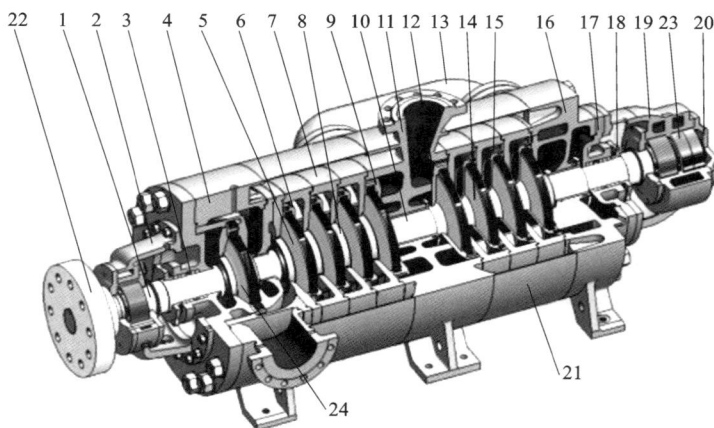

(b) 自平衡型多级离心式水泵结构示意图（首级为双吸结构）

1—轴；2—前轴承体；3—填充剂环；4—进水段；5—正叶轮；6—正导叶；7—中段；8—密封环；9—末级正导叶；10—节流、减压装置；11—出水段；12—末级反导叶；13—过渡管；14—反叶轮；15—反导叶；16—次级进水段；17—尾盖；18—填充剂压盖；19—后轴承体；20—轴承端盖；21—泵罩；22—联轴器；23—轴承；24—首级叶轮。

图 5-8 自平衡型离心式水泵结构

5.2.2.4 潜水电泵

潜水电泵由充水式高压或低压潜水三相异步电动机与双吸或单吸多级离心泵直接相连组成一个整体,在潜水电泵外面安装有吸水罩(拦污栅、过滤网罩、吸水罩),整体潜入水中运行,防护等级 IPX8。其具有不怕水淹、结构紧凑、效率高、温升低、噪声小、运行性能稳定、安全可靠、易于自动控制、安装试验维护方便等特点。

双吸潜水泵两个吸入口,两组叶轮背靠背对向分布,两组叶轮数量相等、方向相反,所产生的水推力大小相等,方向相反,总轴向水推力为 0。单吸潜水泵有一个吸水口,两组叶轮背靠背对向分布,叶轮总级数为偶数时,每组叶轮数量相等,方向相反,轴向水推力为 0;叶轮级数为奇数时,下泵末级叶轮被设计为带有平衡孔的双口环(平衡)叶轮,于是两组叶轮产生的轴向水推力仍然为 0。双吸、单吸潜水电泵结构分别如图 5-9、图 5-10 所示。

根据不同的功率,湿式(充水式)潜水电机在电机内部设置不同的散热系统(如泵轮、螺旋槽等),使电机内部的充水不断循环冷却。定子线圈采用防水辐照交联聚乙烯铜线组,内设两组绕组温度传感器和水位传感器,分别监控绕组温度和水位;另外,还配有环境水位传感器,监控水位变化。所有监控信号由控制电缆送至潜水泵专用综合保护仪,同时还可配备动静态绝缘监控仪,以确保潜水泵安全、可靠运行。

5.2.3 水泵主要部件

5.2.3.1 工作轮

工作轮按吸水口数目的不同可分为单面进水和双面进水;在构造上,工作轮又可分为封闭式和敞开式,如图 5-11 所示。离心式水泵中封闭式单面进水的工作轮较多。敞开式工作轮多用于污水泵或砂泵,其敞开的叶道由泵壳前盖遮住,且前盖可拆开,以清除叶道污垢和堵塞物。

5.2.3.2 导流部件

旋转着的工作轮将它吸入的水以很快的速度(绝对速度可达 50 m/s)向四周排出。固定不动的流通部分的作用是将这些水流汇集,引导其送入排水管或下一级工作轮中,并降低速度(速度降为 1~5 m/s)。为了提高水泵效率,应当避免水流在固定的流通部分发生冲击、涡流,并逐渐降低速度,使动压变为静压。

一般单级离心泵的泵壳和多级离心泵的导流段,其内部工作面如蜗壳形,见图 5-12,这种结构的导流性好,阻力较小。它可使由工作轮出来的水流进入螺道时速度降低,而螺道断面逐渐扩大以汇集全部水流,最后水经扩散器(接管部分)再次降低速度并全部排出。

对于多级离心式水泵,导流器和回流道依次把水引入下一个工作轮,最后由螺壳经扩散器进入排水管道,过程如图 5-13 所示。

水泵的导流器也称为导水轮,装于工作轮外围,上面具有扩散形的流道,与由工作轮出来的水流方向相符合,如图 5-12 所示。导流器通常用于分段式离心式水泵,图 5-13 为水在带导流器的分段离心式水泵中的流动情况。由工作轮 1 排出来的水进入导流器 2,在此减速后导入回流道 3,最后引入下一个工作轮。最后一个工作轮排出的水经过导流器引入螺道 4,汇集后流入扩散器 5,再次降低速度后送入排水管道中。

5.2.3.3 主轴与轴承

离心式水泵的主轴由碳素钢锻制或机制而成(对于酸性水,则选用不锈钢)。水泵的工作轮通常用键固定于轴上,轴的两端安装滚动轴承。

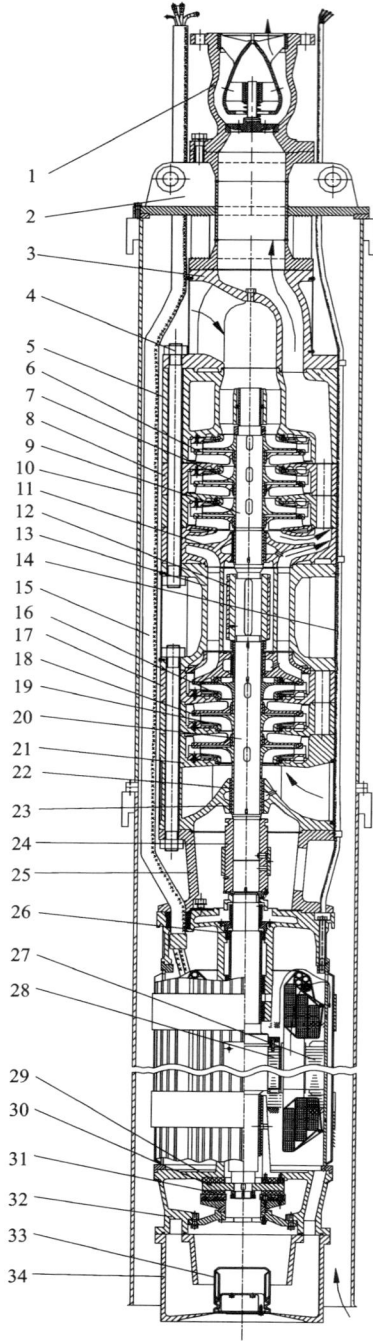

1—逆止阀；2—连接法兰；3—吸入吐出体；4—拉杆螺母；5—上吸入体；6—上导叶；7—上叶轮；
8—上中段；9—上泵轴；10—吸罩；11—吐出段；12—连接套、连接壳；13—中间连接体；14—控制电缆；
15—动力电缆；16—平衡叶轮；17—下中段；18—下导叶；19—下叶轮；20—下泵轴；21—下吸入体；
22—镀铬轴套；23—轴承；24—泵机连接套；25—泵机连接体；26—上导轴承；27—定子；28—转子；
29—上推力轴承；30—滑板；31—下推力轴承；32—下导轴承；33—调节囊；34—底座。

图 5-9　双吸潜水电泵结构示意图

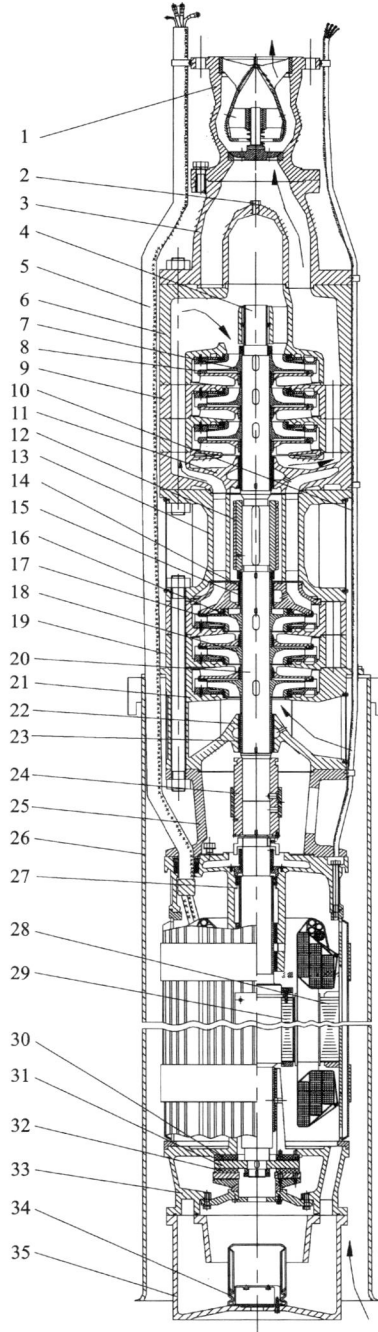

1—逆止阀；2—排气阀；3—出水壳；4—上泵轴；5—动力电缆；6—上吐出体；7—上叶轮；
8—上导叶；9—上中段；10—控制电缆；11—单吸吐出段；12—连接套、连接壳；13—中间连接体；14—镀铬轴套；
15—轴承；16—平衡叶轮；17—下导叶；18—下叶轮；19—下中段；20—下泵轴；21—下吸入体；
22—镀铬轴套；23—轴承；24—泵机连接套；25—泵机连接体；26—吸罩；27—上导轴承；28—定子；
29—转子；30—上推力轴承；31—滑板；32—下推力轴承；33—下导轴承；34—调节囊；35—底座。

图 5-10　单吸潜水电泵结构示意图

(a) 封闭式

(b) 敞开式

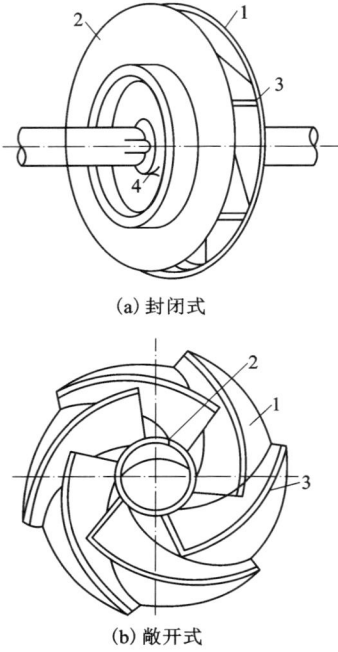

1—后轮盖；2—轮壳；3—叶片。

图 5-11　水泵工作轮结构示意图

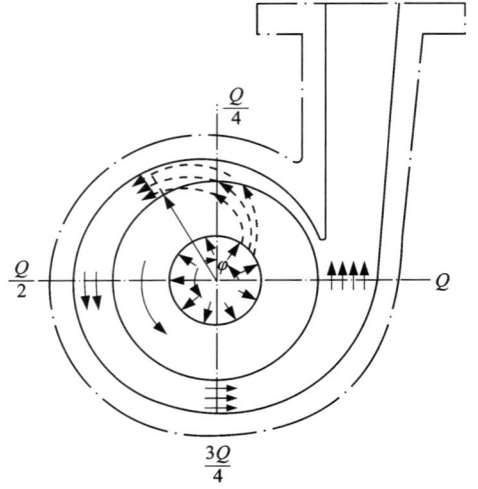

图 5-12　水在螺壳中的流动

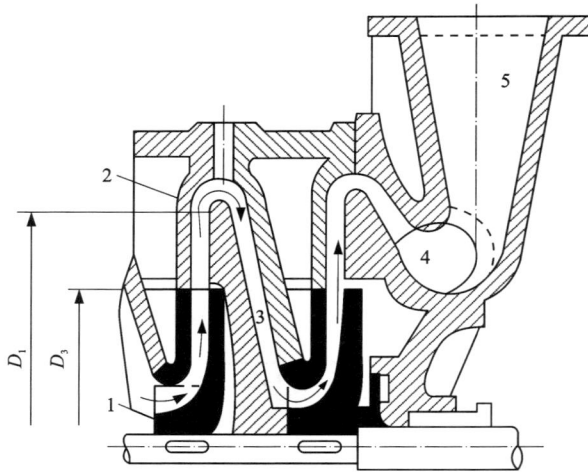

1—工作轮；2—导流器；3—回流道；4—螺道；5—扩散器。

图 5-13　水在带导流器的分段离心式水泵中的流动

水泵可用滚动轴承或滑动轴承，一般多采用滚动轴承。滑动轴承允许带平衡盘的水泵转子做轴向移动。轴承安装于特设的套中。

5.2.3.4　密封构件

1）密封环

水泵的密封环装设在工作轮入口处的泵壳上，防止压力水由泵壳与工作轮之间的间隙返回入口。密封环的好坏不仅关系着水泵的流量，而且对效率也有很大的影响。密封环构造样式繁多，常见的密封环如图 5-14(a)所示。密封环 K 固定在泵壳上，它与工作轮颈之间需要一定的径向间隙和一定的间隙长度。图 5-14(b)所示 K 为水泵的密封环，此环活动地装在泵壳上。当水泵工作时，密封环借水的压力紧贴于壳壁上，因此环与壁的径向间隙可以做得相当大(1.5~2 mm)。这种环和固定的密封环相比，允许水泵的轴有较大的挠度，但环与工作轮颈之间的径向间隙却做得很小，因此不需要很长的间隙长度即能满足要求。

　　2)填充剂箱

　　在水泵的轴伸出泵壳处设置了填充剂箱以用于密封，水泵排水端的填充剂箱用来防止压力水漏出，而吸水一端则能防止空气进入。填充剂箱如图 5-15 所示，由以下零件组成：箱(泵壳的一部分)内塞填充剂 2(石棉线或浸过油的棉线或麻)，其左有插套 4，右为压盖 1。当拧紧压盖 1 上的螺钉时，压盖 1 填充剂紧抱于水泵轴 5 或轴套 6(保护轴用)上，即达到密封的目的。

　　水泵吸水一端的填充剂箱中有水封环 3，由水泵引入压力水，以阻止空气进入并润滑填充剂。对于排送污水和泥浆的水泵，两端的填充剂箱均应有水封环，并用高于该水泵压力的清水注入其中。水泵在运转过程中，填充剂箱里有少量水滴出才正常。

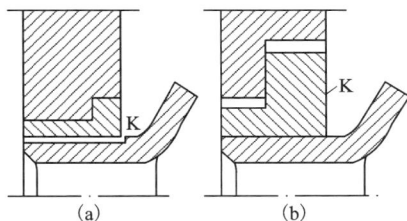

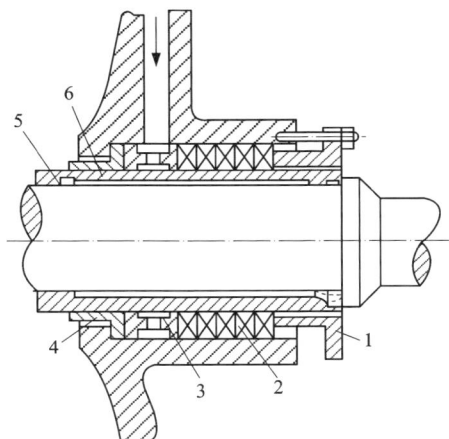

1—压盖；2—填充剂；3—水封环；
4—插套；5—水泵轴；6—轴套。

图 5-14　密封环的装设　　　　　　图 5-15　水泵的填充剂箱

5.3　地下矿排水设施

5.3.1　地下矿排水系统的确定

　　地下矿排水系统包括平面和立面两方面的内容。

　　就平面而论，有集中排水和分区排水之分。若矿区范围不大，通常采用集中排水；若矿区范围很大，井筒数目较多，可以考虑分区排水，各分区自成系统。

　　就立面而论，有一段排水和分段排水之分。若矿井开采水平数不多，且下水平涌水量大于上水平涌水量时，通常采用一段排水，即将泵房建在最下水平，一次性将水排至地表。若矿井较深，开采水平数较多，则情况比较复杂，一般应通过技术经济比较来确定排水系统。

采用一段排水时，系统简单，开拓工程量小，基建投资和管理费用低，但上一水平的水要流到下一水平再排出，则增加了电耗。在一般情况下，若上部水平涌水量很大，下部水平涌水量很小，宜采用分段排水，主排水泵房通常建立在涌水量最大的水平；反之，宜采用一段排水。

在技术经济合理的前提下，排水系统应尽量简化。

5.3.2 地下矿排水设备的选择计算

5.3.2.1 排水设备选择

根据《金属非金属矿山安全规程》（GB 16423—2020）的规定，井下主要排水设备应包括工作水泵、备用水泵和检修水泵。工作水泵应能在 20 h 内排出一昼夜正常涌水量；工作水泵和备用水泵应能在 20 h 内排出一昼夜的设计最大排水量。备用水泵能力不小于工作水泵能力的 50%；检修水泵能力不小于工作水泵能力的 25%。只设 3 台水泵时，水泵型号应相同。

5.3.2.2 按正常涌水量和排水高度初选水泵

1）按正常涌水量确定排水设备所必须的排水能力

$$Q' = \frac{Q_{zh}}{20} \qquad (5-1)$$

式中：Q' 为正常涌水期间排水设备所必须的排水能力，m^3/h；Q_{zh} 为矿井正常涌水量，m^3/d。

2）按排水高度估算排水设备所需要的扬程

$$H' = KH_p \qquad (5-2)$$

式中：H' 为排水设备所需要的扬程，m；K 为扬程损失系数（对于竖井，$K = 1.08 \sim 1.1$，井筒深时取小值，井筒浅时取大值；对于斜井，$K = 1.1 \sim 1.25$，倾角大时取小值，倾角小时取大值）；H_p 为排水高度，可取与配水巷连接处水仓底板至排水管出口中心的高差，m。

3）初选水泵

水泵的型号规格应根据 Q'、H' 和水质情况选择。

在选择水泵时，还应注意以下两点。

（1）在满足扬程 H' 的前提下，应尽可能选择高效率、大流量的水泵，以节约能源，减少水泵台数，增强排水系统的可靠性。

（2）应注意所选水泵的"允许吸上真空高度 H_s"或"必需汽蚀余量 NPSH"，使之满足水仓和泵房在配置上的需要。

4）确定所需水泵台数

所需水泵台数应根据水泵流量和 5.3.2.1 节所述的原则确定，使之既能满足正常排水的需要，又能满足最大排水的需要。

5.3.2.3 排水管直径的选择

$$d'_p = \sqrt{\frac{4nQ}{3600\pi v_{jj}}} \qquad (5-3)$$

式中：d'_p 为排水管所需要的直径，m；n 为向排水管中输水的水泵台数；Q 为一台水泵的流量，m^3/h；v_{jj} 为排水管中的经济流速，随管径、管材和地区电价而定，一般可取 $1.2 \sim 2.2$ m/s

(管径大时取大值, 管径小时取小值; 管材价格昂贵时取大值, 管材价格低廉时取小值; 电价高时取小值, 电价低时取大值; 如因流速降低, 管径增大, 导致井筒断面增大时, 经方案比较, 可适当提高流速, 最大不宜超过 3.0 m/s)。

根据计算得到的 d_p' 选择标准管径 d_p。

5.3.2.4　排水管中的水流速度

$$v_p = \frac{4nQ}{3600\pi d_p^2} \tag{5-4}$$

式中: v_p 为排水管中的水流速度, m/s。

5.3.2.5　吸水管直径的选择

吸水管直径一般比水泵出口大 25~50 mm:

$$d_x' = d_{ch} + (25\sim50) \tag{5-5}$$

式中: d_x' 为吸水管所需要的直径, mm; d_{ch} 为水泵出水口直径, mm。

根据计算得到的 d_x' 选择标准管径 d_x。

5.3.2.6　吸水管中的水流速度

$$v_x = \frac{4nQ}{3600\pi d_x^2} \tag{5-6}$$

式中: v_x 为吸水管中的水流速度, m/s。

5.3.2.7　管道中扬程损失的计算

1) 扬程损失的一般方程

$$h = \sum h_y + \sum h_{j\mu} \tag{5-7}$$

$$h_y = \lambda \frac{L}{d} \frac{v^2}{2g} \tag{5-8}$$

$$h_{j\mu} = \xi \frac{v^2}{2g} \tag{5-9}$$

式中: h 为计算管段的总扬程损失, m; h_y 为计算管段的沿程阻力损失, m; $h_{j\mu}$ 为计算管段的局部阻力损失, m; v 为计算管段的水流速度, m/s; g 为重力加速度, m/s²; L 为计算管段的直线长度, m; d 为计算管段的内径, m; λ 为计算管段的沿程阻力系数; ξ 为计算管段的局部阻力系数。

对于钢管和铸铁管, 当 $v \geq 1.2$ m/s 时:

$$\lambda = \frac{0.021}{d^{0.3}} \tag{5-10}$$

$v < 1.2$ m/s 时:

$$\lambda = \frac{0.0179}{d^{0.3}}\left(1 + \frac{0.867}{v}\right)^{0.3} \tag{5-11}$$

对于塑料管:

$$\lambda = \frac{0.01344}{(dv)^{0.226}} \tag{5-12}$$

对于橡胶软管:

$$\lambda = 0.02 \sim 0.05 \tag{5-13}$$

2）水泵吸水管和排水管中的扬程损失

$$h_x + h_p = \sum \left(\lambda_x \frac{L_x}{d_x} + \sum \xi_x \right) \frac{v_x^2}{2g} + \sum \left(\lambda_p \frac{L_p}{d_p} + \sum \xi_p \right) \frac{v_p^2}{2g} \tag{5-14}$$

式中：下角标 x、p 分别表示吸水管、排水管，其余符号的含义同前。

5.3.2.8　水泵所需总扬程的计算

$$H_z = H_p + K(h_x + h_p) \tag{5-15}$$

式中：H_z 为水泵所需总扬程，m；H_p 为排水系统最低吸水位（一般可取水仓底板）至排出口中心的高度，m；K 为考虑排水管内壁淤积而使阻力增加的系数（此系数随各矿水质和净化效果不同，出入颇大，一般较混浊的矿水，可取 $K=1.7$；清水，可取 $K=1$）；其余符号的含义同前。

根据上述计算得到的 H_z 和 Q' 校验初选水泵是否合适。如果合适，即可使用；如果不合适，则需要重新选择水泵。

水泵型号规格有限，很难满足全部需要，必要时可与制造厂家协商，单独订货。当水泵流量、扬程在一定范围内大于实际需要时，常可采用切削叶轮直径并做静平衡试验的办法解决。

叶轮被切削后，水泵的流量、扬程和功率可按下式计算：

$$\frac{Q}{Q_1} = \frac{D}{D_1}; \quad \frac{H}{H_1} = \left(\frac{D}{D_1} \right)^2; \quad \frac{N}{N_1} = \left(\frac{D}{D_1} \right)^3 \tag{5-16}$$

式中：D 为叶轮未切削时的直径；D_1 为叶轮被切削后的直径；Q、H、N 分别为叶轮未切削时水泵的流量、扬程和功率；Q_1、H_1、N_1 分别为叶轮被切削后水泵的流量、扬程和功率。

根据实验数据，依比转速而定的叶轮直径切削极限值见表 5-1。

表 5-1　叶轮直径切削极限值

水泵叶轮比转速	允许切削量/%	每切削 10% 时，水泵效率的概率降低比例/%
40~120	20~15	1.0~1.5
120~200	15~10	1.5~2.0
200~300	10~7	2.0~2.4

注：叶轮直径切削的最大值不超过 20%。

有时水泵难选，可在技术经济合理的前提下，通过调整排水管径予以解决。

5.3.2.9　确定水泵工况

根据经验，在一般情况下，水泵的理论工作点为：一个是考虑排水管内径因淤积而缩小 10%（$K=1.7$）的工作点，以此点所对应的流量作为水泵排水能力的理论值；一个是不考虑排水管内壁淤积（$K=1$）的工作点，以此点所对应的流量、扬程和允许吸上真空高度 H_s（或必需汽蚀余量 NPSH）作为计算水泵功率和校验水泵吸上高度的理论数据。但是，注意以上两点均必须在水泵的合理工作范围（高效区）以内；并且，考虑排水管内径缩小 10% 的工作点的效率一般不得低于 65%，以达节能之目的。

1）一台水泵向一条管路输水时工况的确定

（1）在坐标图上绘制水泵性能曲线。

（2）求管道阻力系数。

$$R' = \frac{H'_z - H_p}{Q^2} \tag{5-17}$$

$$R'' = \frac{H''_z - H_p}{Q^2} \tag{5-18}$$

式中：H'_z 为考虑排水管内径因淤积而缩小 $10\%(K=1.7)$ 的水泵总扬程，m；H''_z 为不考虑排水管内壁因淤积（$K=1$）的水泵总扬程，m；其余符号含义同前。

（3）先根据 $H = H_p + R'Q^2$，给出一定数量的 Q 值，求得相应的 H 值，然后在水泵性能曲线图上把不同的 Q、H 所对应的点连起来绘制管路特性曲线 $C-E'$，如图 5-16 所示。这两条曲线的交点 M' 即考虑排水管内径缩小 10% 的工作点。同样，根据 $H = H_p + R''Q^2$ 在水泵性能曲线图上绘制管路特性曲线 $C-E''$，可求得不考虑排水管内壁淤积的工作点 M''。与 M' 和 M'' 对应的流量、扬程、效率和允许吸上真空高度分别为 Q'_M、H'_M、η'_M、H'_s 和 Q''_M、H''_M、η''_M、H''_s。

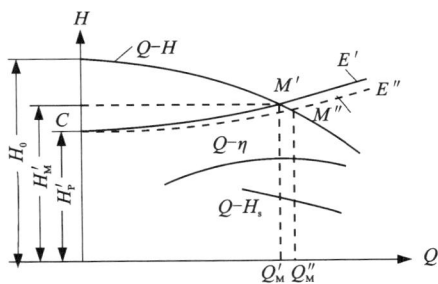

图 5-16　一台水泵向一条管路输水时的工作状况

2）两台相同水泵向一条管路输水时并联工况的确定

两台相同水泵向一条管路输水时并联工作的合成性能曲线，是在相同扬程的条件下，将两台水泵流量相加绘制而成的，如图 5-17 中的 $Q-H_{(I+II)}$ 曲线。该合成性能曲线与管路特性曲线 $C-E'$ 的交点 1 即考虑排水管内径缩小 10% 的两台水泵并联时的工作点。与点 1 对应的 $Q = Q'_1 + Q'_1 = 2Q'_1$，与点 3 对应的 Q_1 是一台水泵单独运转时的流量。一般 $Q = (1.8 \sim 1.6)Q_1$。$C-E''$ 为不考虑排水管内壁淤积的管路特性曲线。

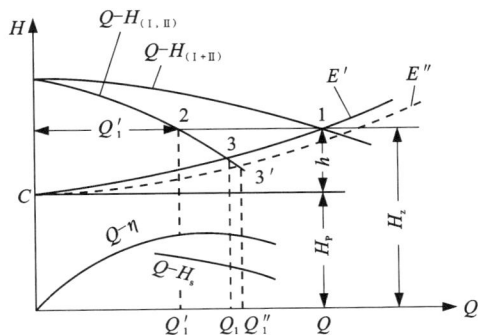

H_z 为水泵总扬程（m）；H_p 为水泵总排水高度（m）；h 为总扬程损失（m）；

1—考虑排水管内壁淤积时两台水泵并联的工作点；2—并联工作时每台水泵的工作点；

3—1 台水泵单独工作时的工作点；3'—不考虑排水管内壁淤积时 1 台水泵单独工作时的工作点。

图 5-17　两台相同水泵向一条管路输水时的工况

3）三台（或多台）相同水泵向一条管路输水时并联工况的确定

方法与两台相同水泵向一条管路输水时并联工况的确定方法相同，如图 5-18 所示。

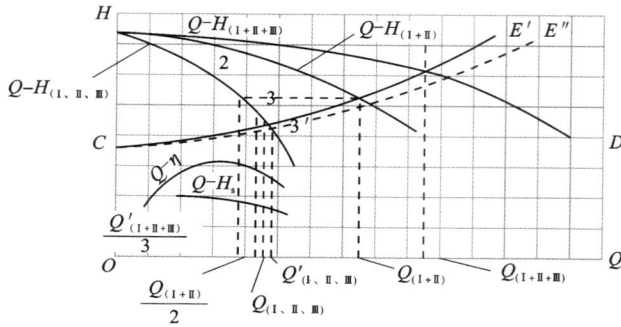

图 5-18 三台相同水泵向一条管路输水时的工况

4）三台相同水泵向两条管路输水时并联工况的确定

如图 5-19 所示，先绘制每条管路的特性曲线 C-E，再绘制两条管路的合成特性曲线 C-E'。这种合成性能曲线的绘制法，是在同一扬程下把管路中的流量加起来。点 1 定出两条管路的输水量，点 2 定出每台水泵的输水量，点 3 定出一台水泵在两条并联管路中单独运转时的输水量，点 4 定出每条管路的输水量。C-E' 为考虑排水管内壁淤积的合成特性曲线，C-E'' 为不考虑排水管内壁淤积的合成特性曲线。

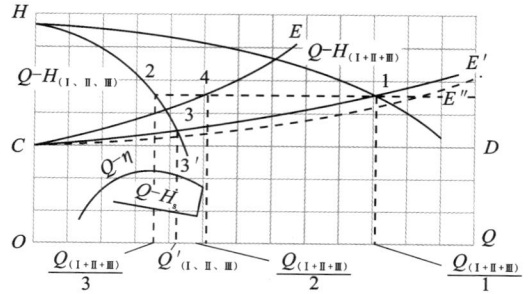

图 5-19 三台相同水泵向两条管路输水时的工况

5）两台相同水泵串联时工况的确定

两台相同水泵串联时的合成性能曲线是把两条 $Q-H_{(I、II)}$ 性能曲线在同一输水量下把扬程相加绘制而成，如图 5-20 所示。

水头 H_0 相当于排水管路闸门关闭时两台水泵的串联工作。点 A 是在给定的管路特性曲线 C_1-E' 和排水高度 H_p 时，一台水泵的工作状况。点 A_1 是在同一管路特性曲线时，两台水泵串联的工作状况。串联工作的水泵输水量为 $Q_{(I+II)}$，它比 Q_I 大些。

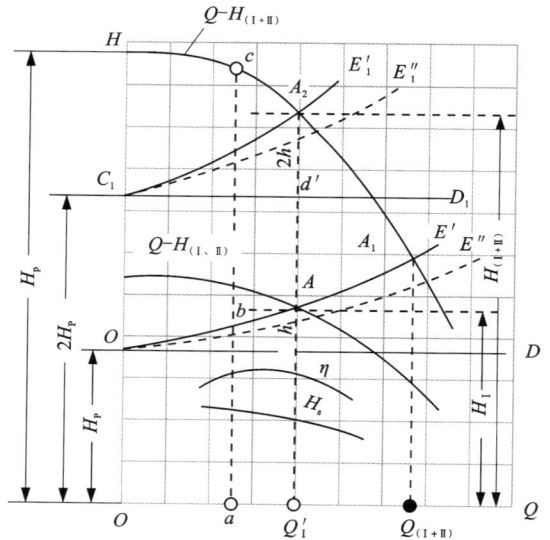

图 5-20 两台相同水泵串联时的工况

如图 5-20 所示，如果排水高度 H_p 加倍，即假定增为 $2H_p$，并假定管路的水头损失，如线段 $A_2d = 2h_A$ 所示也为之前的 2 倍，则水泵将在极限点 A_2 的情况下工作，其流量为 Q_1，总扬程等于 $H_{(Ⅰ+Ⅱ)} = 2H_Ⅰ$。

图中 C_1-E'、C_1-E_1' 为考虑排水管内壁淤积时的管路特性曲线，C_1-E''、C_1-E_1'' 为不考虑排水管内壁淤积时的管路特性曲线。

应该注意，两台不相同水泵串联时其流量必须相等，否则流量较小的泵会产生严重的过负荷，串联在后面的泵的构造必须坚固，否则会被破坏。串联运转在设计中一般很少采用。

5.3.2.10　水泵吸上高度的验算

水泵在具体安装地点的吸上高度(指泵轴中心线至最低吸水位的垂直距离)必须满足：

$$H_x \leqslant H_s - (10.3 - H_d) - (H_q - 0.24) - h_x - \frac{v_x^2}{2g} \tag{5-19}$$

或

$$H_x \leqslant H_d - H_q - h_x - \text{NPSH} \tag{5-20}$$

式中：H_x 为水泵在具体安装地点的吸上高度，m；H_s 为水泵在不考虑排水管内壁淤积条件下最不利工作点(例如并联水泵单独运转时)的最大允许吸上真空高度，m；NPSH 为水泵在不考虑排水管内壁淤积条件下最不利工作点(例如并联水泵单独运转时)的必需汽蚀余量，m；H_d 为水泵安装地点的大气压头，m；H_q 为饱和蒸汽压头，m；10.3 为标准大气压头，m；0.24 为水温在 20℃ 时的饱和蒸汽压头，m；其余符号含义同前。

如不能满足式(5-19)或式(5-20)的要求，可根据不同情况分别采取下列措施。

(1)另选 H_s 比较高或 NPSH 比较小的水泵，或换用潜水泵。

(2)采用压入(潜没)式泵房。

(3)采用高位正压引水泵房。

(4)当公式或公式的左端小于右端的数值不大，而且客观条件又不允许换泵或改变泵房形式时，可适当降低泵房标高。但这样做之后，应在由井底车场通往泵房的通道内设置高于井底车场轨面 0.5 m 的"驼峰"，借以达到与"泵房地坪高出井底车场轨面 0.5 m"相同的防水患效果。

表 5-2 为依海拔高度而定的大气压头，表 5-3 为按水温而定的饱和蒸汽压头。

表 5-2　依海拔而定的大气压头

海拔高度/m	大气压头/m	海拔高度/m	大气压头/m
-600	11.3	800	9.4
0	10.3	900	9.3
100	10.2	1000	9.2
200	10.1	1500	8.6
300	10.0	2000	8.4
400	9.8	3000	7.3
500	9.7	4000	6.3
600	9.6	5000	5.5
700	9.5		

表 5-3 按水温而定的饱和蒸汽压头

水温/℃	饱和蒸汽压头/m	水温/℃	饱和蒸汽压头/m
0	0.06	50	1.25
5	0.09	60	2.02
10	0.12	70	3.17
15	0.17	80	4.82
20	0.24	90	7.14
30	0.43	100	10.33
40	0.75		

5.3.2.11 验算正常涌水期间一昼夜水泵工作时间

$$T_{zh} = \frac{Q_{zh}}{Q_g} \tag{5-21}$$

式中：T_{zh}、Q_{zh} 分别为正常涌水期间一昼夜水泵工作时间和工作流量，单位分别为 h、m^3/h；Q_g 为考虑排水管内壁淤积条件下水泵工作点（并联水泵时应为联合工作点）所对应的流量，m^3/h。

5.3.2.12 水泵轴功率的计算

$$N_{zh} = \frac{H_{dan} Q_{dan} \rho_s g}{3600 \times 1000 \eta_{dan}} \tag{5-22}$$

式中：N_{zh} 为水泵轴功率，kW；H_{dan}、Q_{dan}、η_{dan} 分别为串并联或非串并联排水系统在不考虑排水管内壁淤积条件下一台水泵单独运转时的扬程（m）、流量（m^3/h）和效率；ρ_s 为矿井水的密度，一般取 1020 kg/m^3；g 为重力加速度，9.81 m/s^2。

5.3.2.13 确定电动机功率

$$N_d = K \frac{N_{zh}}{\eta_{ch}} \tag{5-23}$$

式中：N_d 为电动机功率，kW；η_{ch} 为传动效率，直联时取 1，联轴节时取 0.95~0.98；K 为富裕系数，水泵轴功率大于 100 kW 时可取 1.1，水泵轴功率小于或等于 100 kW 时，可取 1.1~1.2。

根据 N_d 和水泵转速 n 选择标准电动机，电动机应能承受额定转速 1.2 倍的反转转速，且历时 2 min 而无有害变形。

主排水泵宜选用鼠笼型高、低压电动机。主排水泵电动机在 200 kW 及以下时，宜选用低压电动机；355 kW 及以上时，宜选用高压电动机；200~355 kW 时，电动机电压等级的选择应结合国家节能政策进行技术经济比选。

5.3.3 地下矿排水管路

5.3.3.1 管路数量的确定

根据《金属非金属矿山安全规程》（GB 16423—2020）的规定，应设工作排水管路和备用排水管路。水泵出口应直接与工作排水管路和备用排水管路连接。工作排水管路应能配合工作水泵在 20 h 内排出一昼夜正常涌水量；全部排水管路应能配合工作水泵和备用水泵在 20 h 内排出一昼夜的设计最大排水量。检修任意一条排水管路时，其他排水管路应能完成正常排水任务。

5.3.3.2　管道材料的选择

排水管路宜选用无缝钢管、螺旋焊接钢管或直缝焊接钢管。

管材许用应力可按表 5-4 取值，表中未列入的，其许用应力可按屈服强度的 0.4 倍或抗拉强度的 0.25 倍取值，并应圆整。

表 5-4　管材许用应力　　　　　　　　　　　　　MPa

序号	钢号	无缝钢管	螺旋焊接钢管（双面焊，全探伤）	直缝焊接钢管
1	10	85	85	79
2	20	100	100	92
3	Q295	110	110	100
4	Q345	130	130	110
5	Q390	140	140	128
6	Q420	160	160	147

5.3.3.3　管壁厚度的计算

排水管路的管壁厚度计算和选择应符合下列规定。

（1）钢管管壁厚度应按下列公式计算。

$$\delta = \delta' + c \tag{5-24}$$

$$\delta' = \frac{p \times D_w}{2.3 \times ([\sigma] \times \varphi - 6.4) + p} \tag{5-25}$$

$$c = 0.15(\delta' + 1) \tag{5-26}$$

式中：δ 为计入附加厚度的管壁计算厚度，cm；δ' 为管子计算壁厚，cm；c 为计入制造负偏差和腐蚀的附加厚度，cm；p 为计算管段的最大工作压力，MPa；D_w 为管子外径，cm；$[\sigma]$ 为管材许用应力，MPa；φ 为管子焊缝系数，无缝钢管可取 1，螺旋焊接钢管双面焊（全部探伤）可取 1，螺旋焊接钢管双面焊（不探伤）可取 0.7。

（2）若排水高度较大，应分段选择管壁厚度。

5.3.3.4　排水管路敷设与安装

1）排水管路宜敷设于副井或主井井筒内；如果地质地形条件允许且技术经济合理时，也可通过钻孔壁管排水，钻孔壁管宜采用钢管，并应全部焊接连接。

2）斜管子道和斜井井筒中的排水管路敷设与安装

（1）排水管路沿底板敷设时可采用混凝土墩支承；沿井壁敷设时可采用梁支承或吊挂，间距可取 4~10 m；沿人行道侧巷道壁敷设时，若需架高敷设，其最低点至人行道踏步的高度不得小于 1.8 m。

（2）在倾斜管路的最下部和中间若干处设置的防滑支墩或支承梁应按防止管路下滑的要求设计；支墩和支承梁应做强度和防滑稳定性计算。

3）竖井井筒排水管路设计

（1）当井筒中有梯子间或罐道梁时，排水管路宜靠近梯子间梁或罐道梁，并宜与提升容器长边平行布置。

（2）排水管路在井筒中的布置应留有安装、检修和更换空间。

（3）在排水管路下部，应设置弯头管座或直管座及其支承梁；当排水管路垂高较大时，宜在中间加设若干直管座及其支承梁，其间距可取 100~150 m。

（4）在下端与支承梁刚性连接的排水管路段，当上端设有支承梁时，宜设置管路伸缩装置，并应与上端直管座连接。

（5）排水管路应卡定在井筒中的防弯梁上，相邻防弯梁的间距不得大于管路纵向稳定计算值，防弯梁宜借用罐道梁或梯子间梁，不能借用时应设置单独的防弯梁，管子和梁的卡定方式应为导向卡。

4）排水管路的连接

（1）条件允许时应采用焊接连接，垂直管段宜采用外套管焊接。

（2）应根据钢管母材材质选择焊条，并应符合国家现行有关焊接标准的规定。

（3）井深超过 1000 m 时，1000 m 以下的管路宜对连接处采取加强措施，管路与通往管子道弯头的连接宜采取加强措施。

（4）不便焊接处，排水管路可部分或全部采用法兰连接或快速管接头连接。

5）井筒排水管路安装完毕后，应进行水压试验。试验压力可取工作压力的 1.1 倍。

6）排水管路、附件及支承梁应做防腐蚀处理，防腐方法宜采用长效防腐涂层体系。

5.3.4 主排水泵房

主排水泵房的设计，首先要根据所选水泵决定泵房的形式。

当采用卧式离心泵时，首先要决定水泵位于水仓的上方还是下方。前者靠水泵所产生的负压引水，称之为吸入式泵房或普通泵房。后者具有正压引水条件，称之为压入式泵房或潜没式泵房。

当采用潜水泵时，可以设潜水泵井，也可以利用钻孔直接排水。

在满足水泵吸程及通风条件下，正常排水系统宜采用吸入式离心泵房。

正常排水系统在下列情况下宜采用潜水泵房：

(1)采用吸入式离心泵房，吸水高度不能满足要求时。

(2)采用吸入式离心泵房，导致通风困难，泵房温度过高，而采取降温措施又不经济时。

(3)采用吸入式离心泵房，噪声超过规定，而采取降噪措施又不经济时。

5.3.4.1 吸入式（普通）泵房

1）一般规定和要求

(1)主排水泵房一般设于敷设排水管路的井筒附近，并与主变电所联合布置。

(2)主排水泵房应至少有 2 个出口，一个通往井底车场，另一个用斜巷通往井筒。

通往井底车场的通道中，应设置易于关闭的防水防火密闭门和栅栏门。当中段采用轨道运输时，通往井底车场的通道内应铺设轨道，转运通道的宽度应使转运最大设备时两侧的间隙均不小于 150 mm，转运通道的转向处应设置转运设施。

通往井筒的斜巷与井筒连接处应高出井底车场 7 m 以上，并应设置平台。该平台必须与井筒中的梯子间相通，以便人员行走。斜巷断面应满足安装排水管和电缆后人员通行要求。斜巷倾角一般为 30°左右，其中应设人行阶梯。

（3）吸入式主排水泵房的底板应比其出口与井底车场连接处的底板高出 0.5 m。

（4）泵房应有流向吸水井一侧不低于 3‰ 的坡度。

（5）配水巷与水仓、吸水井之间应设配水闸阀。配水巷和吸水井中应设人行爬梯。

（6）水泵电动机容量大于 100 kW 时，泵房内应设起重梁。泵房内水泵总台数超过 5 台或单台电动机功率在 1600 kW 及以上时，可设置起重机。

（7）泵房应有良好的通风和照明条件。正常排水时，泵房的温度不得高于 30°；超过时，应采取降温措施。

（8）正常排水时，泵房噪声不得大于 85 dB（A）。

2）泵房布置

为减小硐室宽度，水泵一般顺轴向单排布置。如水泵台数较多（6 台以上）、泵房围岩条件较好时，为缩短泵房长度，便于管理，水泵也可双排布置。

（1）水泵单排布置。

①泵房长度。

$$L_{bf} = n_T L_{jz} + L_{jk}(n_T + 1) + L_{gy} \tag{5-27}$$

式中：L_{bf} 为泵房长度，m；n_T 为水泵台数，台；L_{jz} 为水泵机组（水泵和电动机）的总长度，m；L_{jk} 为水泵机组间的净空距离，m，该距离应保证相邻机组工作时，能顺利抽出另一机组的电动机转子（可按电动机转子长度加 0.5 m 裕量计算）；L_{gy} 为隔音值班室长度，m，不需要时可取消。

②泵房宽度。

$$B_{bf} = b_{jc} + b_{gc} + b_{jq} \tag{5-28}$$

式中：B_{bf} 为泵房宽度，m；b_{jc} 为水泵基础宽度，m；b_{gc} 为水泵基础边缘到有轨道一侧墙壁的距离，应使通过最大设备时每侧尚有不小于 200 mm 的间隙，m；b_{jq} 为水泵基础边缘到吸水井一侧墙壁的距离，m。

③泵房高度。

泵房高度应满足安装和检修时起吊设备的要求。当设起重机时，车轮轨面高度可按下式计算：

$$H = h_1 + h_2 + h_3 + h_4 + h_5 \tag{5-29}$$

式中：H 为起重机轨面至地坪的高度，m；h_1 为起重机轨面至吊钩中心的极限距离，m；h_2 为起重绳的垂直长度，水泵为 $0.8x$，电动机为 $1.2x$，x 为起重部件宽度，m；h_3 为最大一台水泵或电动机的高度，m；h_4 为最大一台水泵或电动机吊离基础面的高度，一般不小于 0.3 m；h_5 为最大一台水泵或电动机基础面至泵房地坪的高度，m。

利用上述公式计算的起重机轨面至地坪的高度应尽可能兼顾泵房内管子的吊装。

泵房的总高度需根据起重机轨面至地坪的高度及起重机安装要求确定。

当设起重梁时，起重梁安装高度可参照式（5-29）计算。

④水泵基础。

水泵基础的长和宽一般应比设备底座的最大外形尺寸每边大 100～150 mm。基础面至泵房地坪的高度一般不小于 100 mm，最小不得小于 50 mm。

地脚螺栓直径、基础预留孔尺寸可根据表 5-5 选择。

地脚螺栓长度约等于 20 倍螺栓直径加螺栓外露长度。

表 5-5　地脚螺栓直径与设备地脚螺栓孔径关系表

地脚螺栓 孔径 D/mm	12~13	14~17	18~22	23~27	28~33	34~40	41~48	49~55	56~65
地脚螺栓 直径 d/mm	10	12	16	20	24	30	36	42	48

（2）水泵双排布置。

水泵双排布置泵房尺寸的计算方法与单排布置时完全一样，只不过宽度增加而已（约为单排布置的 1.6 倍）。两者相比，水泵双排布置的优缺点如下。

优点：

①硐室长度缩短一半，占用面积较少，有利于井底车场的总平面布置；

②硐室长度缩短一半，便于巡视管理；同时动力、控制、信号电缆及铺轨长度均减小；

③硐室宽敞，便于检修，设备运行时通风条件较好；

④泵房内管路环形布置，水泵组合成并联运行比较灵活，排水系统调度方便。

缺点：硐室跨度大，底部有数条相距较近的配水仓穿过，工程比较复杂，施工难度大。因此，泵房采用双排布置时，应针对硐室周围的岩层性质和水文地质条件，选择合适的支护形式和施工方法。

3）引水设备

吸入式离心水泵应采用无底阀射流引水方式；当水泵台数多，技术经济比较确认合理时，可采用真空泵引水。

喷射泵宜以排水管中的压力水作为能源，以压缩空气或供水管中的压力水作为备用能源，两者不得同时使用；两种能源之间应装设隔离阀门，其压力应按两种能源中压力较大者取值。

当采用真空泵时，其台数不应少于 2 台，且应互为备用。

ZPB 型喷射泵主要技术规格见表 5-6。

表 5-6　ZPB 型喷射泵主要技术规格表

型号	ZPBD 型	ZPBZ 型	ZPBG 型
工作压力水/MPa	0.2~1.6	1.6~4.0	4.0~10.0
压缩空气/MPa	≥0.5	≥0.5	≥0.5

注：喷射泵成套供应范围包括高压阀门、低压阀门、真空表、管道及过滤网等。

5.3.4.2 潜水泵泵井

潜水泵用于井下排水有以下优点。

(1)在矿井淹没的情况下,仍能保持设计排水能力,其防水患能力是一般卧式离心泵无法比拟的,特别适合于大水或有突然涌水向下的矿山使用。

(2)水泵效率较高,可节约能源。

(3)电动机产生的热量会被水带走,可解决一般泵房多台大泵运转时的通风散热问题。

(4)电动机潜入水下,运转平稳,噪声小。

(5)易于地面集中控制,有利于实现水泵工作的遥控和自动化。

潜水泵泵井布置方式应采用立式或斜卧式,并应符合下列规定。

(1)有多个泵井时宜靠近布置。

(2)立式布置时,泵井内应设置爬梯和操作平台,并应铺设活动盖板;泵井应有通往起吊平台的通道,并应满足通风要求。

(3)斜卧式布置时,泵井内应设置台阶;泵井、钻孔排水的管子道、配水闸阀通道长度不能满足扩散通风时,应采取通风措施。

泵井内设备布置应符合下列规定。

(1)当一个泵井内布置多台潜水电泵时,故障检修的潜水电泵不应影响其他潜水电泵的正常运行。

(2)采用立式布置时,一个泵井内最多安装 4 台潜水电泵;采用斜卧式布置方式时,一个泵井内宜安装 2 台潜水电泵,最多不应超过 3 台。

(3)当一个泵井内布置多台潜水电泵时,相邻潜水电泵应上下交错布置。

(4)潜水电泵吸水口至泵井底应留有沉淀空间,并应设置清理设施。

(5)潜水电泵上部应留有足够的淹没高度,避免潜水电泵脱水运行。

(6)潜水电泵出口的止回阀宜安装在直管座的上部。

5.3.4.3 泵房辅助设施

1)防水门

吸入式或压入式泵房在与井底车场相同的出入口处,应设置密闭的防水门。防水门所承受的压力应大于或者等于泵房斜通道与井筒连接处至井底车场轨面的水柱压力。

泵房防水门应能在突然涌水时迅速关闭。防水门应向泵房外面开门。

2)栅栏门

栅栏门应设置在不妨碍防水门开关的地方,且处于常闭状态,以限制非工作人员随便进出泵房并保证泵房风流畅通。

3)配水闸阀

配水闸阀应操作可靠,其直径根据下式计算:

$$D_N \geqslant 27\sqrt{Q_p} \tag{5-30}$$

式中:D_N 为配水闸阀公称直径,mm;Q_p 为通过配水闸阀的最大流量,m³/h。

PZ1 型配水闸阀主要技术参数见表 5-7。

表 5-7 **PZ1 型配水闸阀主要技术参数表**

基本参数		PZ1-400	PZ1-500	PZ1-600	PZ1-800	PZ1-1000	PZ1-1200
公称直径/mm		400	500	600	800	1000	1200
介质		水					
介质温度		常温					
操作行程/mm		216	216	290	290	314	396
压力 /MPa	工作压力	0.1					
	试验压力	0.25					
操作方式		手动操作					
制造工艺		铸造/焊接					
质量 /kg	带法兰短管	370	450	637	851	1431	1446
	不带法兰短管	289	345	494	656	1122	1221

注：PZ1-800、PZ1-1000、PZ1-1200 为直角钢板焊接铸造组合形式。

5.4 露天矿排水设施

5.4.1 露天矿排水系统的确定

露天矿排水涉及面广，影响因素多，其最佳排水系统应根据水文资料和采矿规划，按照防、排、储相结合的原则，通过技术经济比较确定。

露天矿排水有以下几种基本方式。

(1)自流排水。

(2)露天排水(明排)：采场底部集中排水；采场内分段截流固定泵站排水。

(3)井巷排水(暗排)。

根据情况，一个矿山也可以同时使用上述不同方式的组合排水系统。各种不同排水方式的适用条件及其优缺点见表 5-8。

表 5-8 **排水方式分类及使用条件**

序号	排水方式	使用条件	优点	缺点
1	自流排水	山坡型露天有自流排水条件，部分可利用排水平硐导通；有旧的井巷设施可利用；采场积水结冰，不适于露天排水	节省能源，基建投资少；井巷对边帮有疏干作业，有利于边帮稳定；排水经营费很低；管理简单	受地形条件限制；井巷自流排水布置较复杂，基建工程量大，投资多

续表 5-8

序号	排水方式	使用条件	优点	缺点
2	露天排水 采场底部集中排水系统 采场分段接力排水系统	集中排水主要适用汇水面积小,水量小的中、小型露天矿; 分段排水主要适用汇水面积大、水量大的露天矿; 采场允许淹没高度大,采场不宜结冰; 采场下降速度慢(分段排水下降速度快)	基建工程量小,投资少; 施工简单; 排水经营费低(与井巷排水比); 分段截流时,采场底部集水少	泵站与管线移动频繁,分段排水泵站多,分散; 开拓延深工程受影响; 坑底泵站易被淹没
3	井巷排水 集中一段排水系统 分段接力排水系统	采场小,泵站布设困难; 水量大,新水平准备要求快; 需井巷疏干的露天矿; 深部有坑道可以利用; 采场积水结冰,不适合露天排水	改善穿爆采装运等工艺作业条件; 对边帮有疏干作业,有利于边帮稳定; 不受淹没高度限制; 泵站固定	井巷工程量多; 投资多、基建时间长; 设备多,能耗大,前期排水经营费高
4	联合排水	联合排水方式优于单一排水时	充分利用相关排水方式的优点	排水环节多; 管理较复杂

5.4.2 露天矿排水设备的选择计算

5.4.2.1 露天矿排水的特点

(1)采场直接接纳大气降水,雨季和旱季、开采初期和开采后期的水量变化幅度大,尤其是暴雨时,涌水量剧增,有时达正常涌水量的几倍甚至几十倍。

(2)采场最低工作水平,暴雨时允许淹没一定时间和一定深度。遇设计确定的暴雨频率时,允许淹没高度不得超过一个台阶;对于坑底允许淹没时间,露天排水方式应小于7天,井巷排水方式应小于5天。

(3)当采用"明排"方案时,随开采水平的不断下降,坑底储水池(水仓)和排水设备要经常移动。

(4)要保护排水设施不受采矿场爆破的影响。

(5)在一般情况下,水中悬浮的固体颗粒较多,水质浑浊。

由于露天矿排水具有以上特点,因而在设备选择方面也存在一些不同于地下矿排水的特殊要求。

5.4.2.2 排水设备选择的一般要求

(1)大型露天矿确定排水能力时,应进行贮排平衡计算。

(2)应设工作水泵和备用水泵。工作水泵应能在 20 h 内排出一昼夜正常涌水量,全部水泵应能在 20 h 内排出一昼夜的设计最大排水量。

(3)暴雨量较小的地区在同一台阶上应选用同一规格的水泵;当暴雨径流量为正常排水量的3倍及以上时,可选用2种不同规格的水泵。

(4)移动泵站水泵的扬程不宜超过 100 m。

5.4.2.2 露天矿排水设备的选择计算

露天矿排水设备的选择计算,除上述特点和特殊要求外,基本上与地下矿排水设备的选择计算相同。

5.4.3 露天矿排水管路

5.4.3.1 线路选择的一般要求

（1）采场内，永久性固定排水管路应沿非工作帮敷设；在采场外，应充分利用地形，尽量利用自流排水。

（2）采场内，外排水管路均应做到长度最短，工程量最小，施工维修方便。

（3）排水管路应尽量避开滑坡、塌方、工程地质不良地段以及易发生滚石和泥石流的危险地区。如必须穿过以上地区时，应采取有效的防治措施。

5.4.3.2 管路数量的确定

应设工作排水管路和备用排水管路。工作排水管路应能配合工作水泵在 20 h 内排出一昼夜正常涌水量；全部排水管路应能配合工作水泵和备用水泵在 20 h 内排出一昼夜的设计最大排水量。任意一条排水管路进行检修时，其他排水管路应能完成正常排水任务。

5.4.3.3 管路的敷设

根据情况，管路可以明设，也可以埋设。若管路服务年限较长，应尽量埋设。

1）明设

（1）当管路坡度为 15° 以上时，管道下面应设挡墩支承，以防下滑。

（2）架设管道在拐弯处，需设固定支墩。在直线部分每隔一定距离处，应设滑动支墩和固定支墩。

（3）在寒冷地区，一般应采取保温措施，并在停水时将管道放空。

2）埋设

（1）非冰冻地区管道的管顶埋深，主要由外部载荷、管材强度等因素决定，一般不小于 0.7 m。

（2）冰冻地区管道的管顶埋深除取决于上述因素外，还需考虑土壤的冰冻深度，一般可参照表 5-9 埋设。采取相应防冻措施后，管道也可被埋设在冰冻线以上。

表 5-9 管顶在冰冻线以下的距离 t

管道公称直径/mm	$D_g \leqslant 300$	$300 < D_g \leqslant 600$	$D_g > 600$
t/mm	$D+200$	$0.75D$	$0.5D$

注：D_g 为管道公称直径，D 为管道外径。

3）管道穿越障碍物

管道穿越铁路、公路时，一般应在路基下加套管或设地沟，其交角宜近于 90°，不小于 45°。

（1）管道穿越铁路采用套管时，从套管上表面至枕木底的距离不小于 1 m。套管每端伸出钢轨外的距离不小于 3 m。

（2）管道穿越公路采用套管时，如为砾石路面，套管顶面到路面的距离不小于 0.5 m。如为沥青灌入路面或铺砌路面，套管顶面到路面的距离不小于 0.25 m，套管每端至少要伸出路肩 1.0 m。

套管一般用钢管、铸铁管或不透水接头的钢筋混凝土管。地沟一般用钢筋混凝土、混凝土或砖石砌筑。

4）管路的附属设施

（1）当排水管路很长，出采场后沿地形起伏敷设时，在最高点一般应设排气阀，以便及时排除管内空气，防止发生气阻现象；或在排水管放空时引入空气，防止管内产生负压。

（2）顺地形起伏敷设的管道，在低洼处应设置泄水阀及泄水管，泄水管应接至河沟或低洼处。泄水管直径一般为输水管直径的1/3。

（3）排水管路应考虑发生水锤的可能，必要时可设水锤消除器。

5.4.3.4　管道材料的选择及管壁厚度的计算

露天矿永久性排水管道宜选用无缝钢管或焊接钢管。露天采场内经常移动的临时性排水管道宜选用无缝钢管或焊接钢管，用法兰连接。

管壁厚度的计算同地下矿排水管道。

5.4.4　露天矿排水固定泵站

5.4.4.1　分段截流（平盘）固定泵站

分段截流排水方式的各阶段（平盘）固定泵站多采用普通卧式离心泵，其泵房尺寸和设备配置原则上和井下泵房相同，但屋面要视具体情况适当考虑防砸措施。

5.4.4.2　井巷排水固定泵站

露天矿井巷排水固定泵站应参照地下矿主排水泵房的有关规定进行设计。

为保证泵站安全，必须在井下巷道的适当位置设置防水门。防水门的工作压力应大于或等于采场封闭圈内最高水平至防水门所在水平的高差。防水门下应埋设泄水管，主要是因为排泄由露天坑底流出的高压水的高压泄水（消能）管必须直接通入水仓，为了让排泄地下水和正常降雨径流量的低压泄水管可以直接通入水仓，也可以与通往水仓的水沟相连。泄水管上均应安装闸阀，以控制流量，使之与泵站的排水能力相适应。泄水管和闸阀的工作压力均应大于或等于防水门的工作压力。

泄水管闸阀硐室和泵房内应设水位指示装置。当水位升到一定高度时，应打开直接通入水仓的高压泄水管上的闸阀，关闭低压泄水管上的闸阀。

5.4.5　露天矿排水移动泵站

随开采水平不断下降的移动泵站，应视当地降雨特征和采场的具体条件进行设计。露天矿常见的几种移动泵站如下。

5.4.5.1　半固定泵站

半固定泵站是露天矿广泛使用的一种排水泵站。这种泵站使用普通卧式离心泵，安装简单，操作方便。其最大的缺点是，受水泵吸程的限制，只能在一定限度内（一般不超过5 m）满足水位变化的要求。因此，这种泵站在一般情况下仅适合于排水量不大、服务年限较短、移设频繁的场合；而受淹后影响较大，损失严重的多雨地区的大型露天矿不宜采用。

半固定泵站应根据水泵吸程尽可能设置在离最低工作水平高一些的地方，以减少受淹的风险。

5.4.5.2　浮船泵站

浮船泵站即水泵船（水泵船又称趸船），早已广泛应用于江河湖泊的取水工程中。水泵船应用于露天矿排水的优点是，不受水泵吸程的限制，水位变化幅度可达 10~35 m 或更大范围，水位变化速度可达 2 m/h。因此，多雨地区的大、中型露天矿比较适用水泵船。其缺点是，泵船体积大，质量大，需要空间大，采场降段时移位比较麻烦。

5.4.5.3　潜水泵移动泵站

潜水泵移动泵站应用普遍，有一般半固定泵站和水泵船无法比拟的优点，如不怕水淹，不需要泵房，安装移设方便，易实现远距离遥控。其缺点是，潜水泵价格高于同规格普通卧式离心泵。

5.5　排水自动化

矿山排水是保证矿山安全生产的重要措施之一，其自动控制系统应考虑以下最低限度的要求。

（1）以水仓（泵池）水位作为水泵的启停条件，在满足此条件的前提下，再根据水泵均匀磨损、电价避峰填谷的原则实现水泵的启停。

（2）应能监视并记录水泵机组的工作状况（如真空度、流量、压力、轴承温度、机组振动等）。

（3）应能监视并记录电气设备的工作状况（如电压、电流等）。

（4）系统应具备故障报警、诊断功能。

（5）系统控制应具备就地手动控制、就地自动控制和远程控制 3 种工作方式。

（6）应安装实时监视水泵房及变电所的工业电视视频监控系统。

5.6　主要生产厂家与产品技术参数

1）长沙佳能通用泵业有限公司

公司生产的 D(P)、DF(P)、DY(P)、MD(P) 系列卧式多级离心泵（自平衡型）分为单吸多级结构和双吸多级结构。该产品的典型特点是在结构上彻底取消传统的用于平衡轴向力的平衡盘系统，依靠叶轮对称布置自动平衡轴向力，使得多级泵运行具有节能高效、平稳可靠、易损件少、运行成本低等优点。

水泵型号说明：

D（DF、DY、MD）S450-95×13（P）

D：卧式多级清水离心泵；

DF：矿用耐腐蚀卧式多级离心泵；

DY：卧式多级离心油泵；

MD：矿用耐磨卧式多级离心泵；

450：水泵的设计点流量，单位为 m^3/h；

95：水泵的设计点单级扬程，单位为 m；

13：水泵级数；

P：自平衡型。

水泵的性能范围如图 5-21 所示，性能参数见表 5-10。

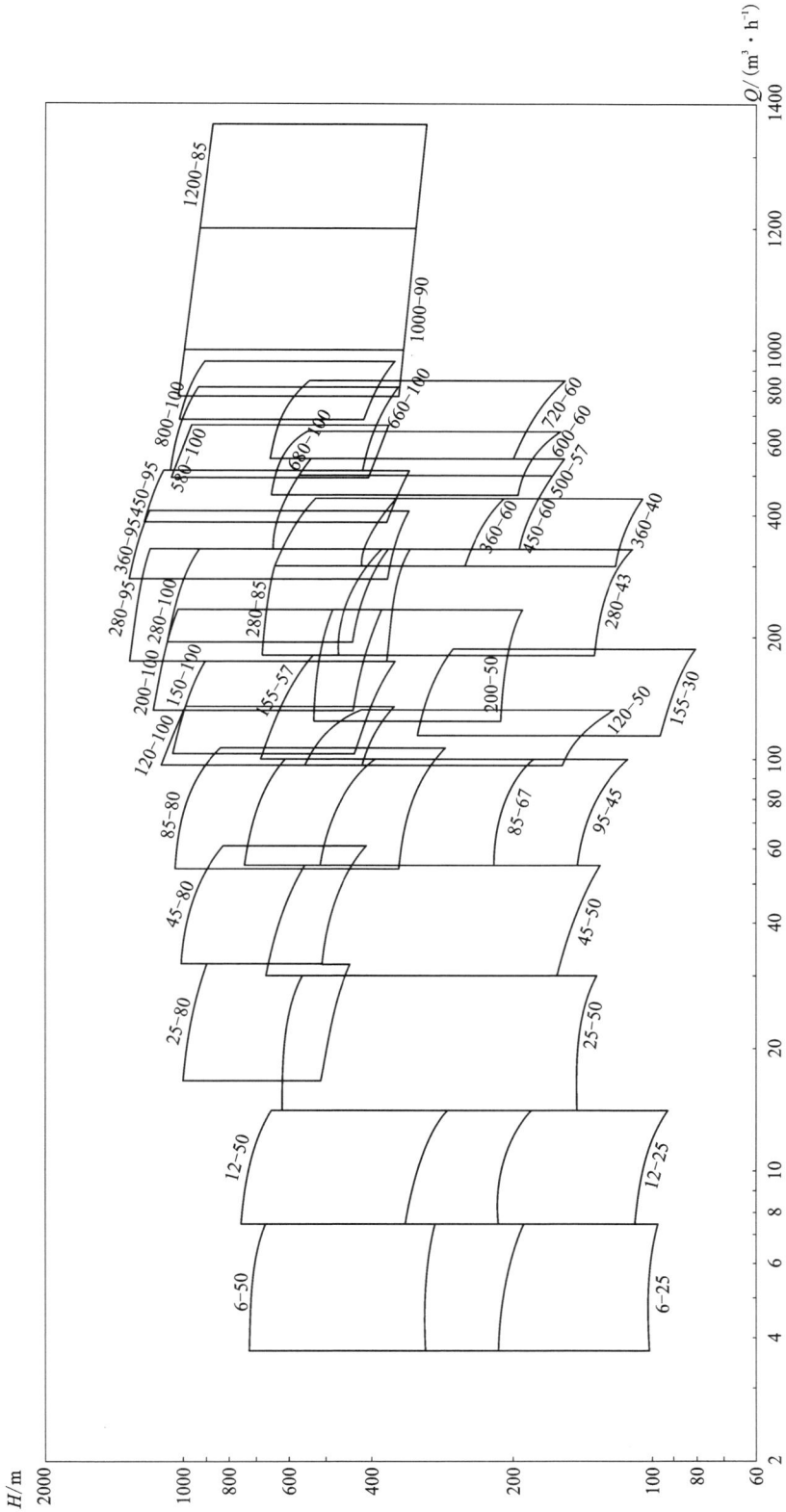

图 5-21 卧式多级离心泵(自平衡型)性能范围

表 5-10 卧式多级离心泵(自平衡型)性能参数表

序号	泵型号	设计点流量 /(m³·h⁻¹)	级数	扬程范围 /m	转速 /(r·min⁻¹)	电机功率范围 /kW	设计点效率 /%	必需汽蚀余量 /m
1	6-25	6.3	4~12	100~300	2950	7.5~18.5	47.5	2.0
2	6-50	6.3	4~14	200~700	2950	18.5~55	31.5	3.0
3	12-25	12.5	4~12	100~300	2950	11~30	56	2.0
4	12-50	12.5	4~14	200~700	2950	22~75	46.5	2.0
5	25-50	25	3~12	150~600	2950	22~110	56	2.7
6	25-80	25	6~12	476~954	2950	75~160	57	3.3
7	46-50	46	3~12	150~600	2950	37~160	65	2.8
8	45-80	45	6~12	480~960	2950	160~280	57.5	4.0
9	85-45	85	3~10	135~450	2950	55~185	74	4.2
10	85-67	85	3~10	201~670	2950	90~280	70.5	4.0
11	85-80	85	4~12	320~960	2950	132~450	68	4.5
12	120-50	120	3~10	150~500	2950	90~280	74.5	5.1
13	120-100	120	4~11	394~1083.5	2950	220~630	73	4.5
14	155-30	155	3~10	90~300	1480	75~220	76.5	3.7
15	155-67	155	3~9	201~603	2950	132~450	75.5	5.0
16	150-100	150	4~10	394~985	2950	280~710	73	4.5
17	200-50	200	4~10	208~520	2950	200~500	76	4.9
18	200-100	200	4~11	400~1100	2980	355~1000	78	4.5
19	280-43	280	3~10	129~430	1480	160~500	78.5	4.7
20	280-65	280	3~10	195~650	1480	250~900	76	3.7
21	280-95	280	4~12	352~1112	1480	500~1600	72.5	2.7
22	280-100	280	4~10	400~1000	2980	500~1250	78.5	5.5
23	360-40	360	3~10	120~400	1480	185~630	81.5	4.7
24	360-60	360	4~10	240~600	1480	400~1000	74.5	4.0
25	360-95	360	4~10	352~1112	1480	560~1800	73	2.8
26	450-60	450	3~10	180~600	1480	355~1120	80	4.2
27	450-95	450	4~12	352~1112	1480	710~2240	75	3.0
28	500-57	500	3~10	171~570	1480	355~1250	82	5.0
29	580-60	580	3~10	180~600	1480	450~1400	82.5	4.1
30	580-100	580	4~10	388~1018	1480	1000~2800	76	3.0
31	600-60	600	3~10	180~600	1480	450~1400	82.5	4.1
32	680-100	680	4~10	388~1018	1480	1250~3150	77	3.3
33	720-60	720	3~10	180~600	1480	560~1800	81	4.5

续表5-10

序号	泵型号	设计点流量 /(m³·h⁻¹)	级数	扬程范围 /m	转速 /(r·min⁻¹)	电机功率 范围 /kW	设计点 效率 /%	必需汽蚀 余量 /m
34	800-100	800	4~10	394~985	1480	1400~3550	80	4.6
35	1000-90	1000	3~10	252.5~900	1480	1000~4000	83	4.4
36	1200-85	1200	4~10	325~847	1480	1600~4000	85	5.5

2）扬州长江水泵有限公司

公司生产的HDMG（F）、MD型泵为单吸或双吸进口的卧式节段式多级离心泵，泵的进、出水壳体采用高强度的铸锻件结构，泵的进、出口用法兰焊接在泵体上，泵的吸入口和排出口通常向上，有特殊需要时也可以向下或者水平布置。泵体的中段由高强度的穿杠螺栓连接，中段之间的密封采用O形圈或金属面硬密封，进、出水段和吸入室及泵盖之间的静密封采用金属缠绕密封。

HDMG（F）、MD型泵的轴向力由平衡盘或平衡鼓承受。根据需要，平衡盘平衡的泵可以增加平衡盘轴向定位保护装置，使平衡盘不再是易损件。平衡盘两端的轴密封可以采用填料密封或机械密封，轴承采用滚动轴承、滑动轴承及瓦块式推力轴承，润滑采用油环润滑或强制油润滑。泵可以在不拆卸进、出口管路的情况下更换轴承、密封及平衡装置。

水泵型号说明：

HDMG（HDMGF、MD）160-53A×16

HDMG：高压多级离心泵；

HDMGF：耐腐蚀多级离心泵；

MD：耐磨多级离心泵；

160：水泵的额定流量，单位m³/h；

53：单级扬程，单位m；

A：叶轮水力模型代号；

16：水泵级数。

模块化卧式多级离心泵的性能参数见表5-11。

表5-11　模块化卧式多级离心泵性能参数表

序号	泵型号	设计点 流量 /(m³·h⁻¹)	级数	扬程范围 /m	转速 /(r·min⁻¹)	电机功率 范围 /kW	设计点 效率 /%	必需汽蚀 余量 /m
1	160-53	160	2~16	106~848	1480	75~560	76.1	1.6
2	160-53A	160	2~16	90~720	1480	75~500	76.1	1.6
3	160-53B	160	2~16	82~656	1480	75~450	77.8	1.6
4	160-53C	160	2~16	70~560	1480	45~400	77.8	1.6
5	200-50	200	2~16	100~800	1480	90~710	75.8	1.7

续表 5-11

序号	泵型号	设计点流量 /(m³·h⁻¹)	级数	扬程范围 /m	转速 /(r·min⁻¹)	电机功率范围 /kW	设计点效率 /%	必需汽蚀余量 /m
6	200-50A	200	2~16	86~688	1480	75~630	75.8	1.7
7	280-83	280	2~14	166~1162	1480	200~1400	75.2	2.2
8	280-83A	280	2~14	156~1092	1480	185~1250	77.1	2.4
9	280-83B	280	2~14	132~924	1480	160~1120	77.1	2.4
10	280-83C	280	2~14	118~826	1480	132~1000	78.7	2.4
11	280-83D	280	2~14	100~700	1480	132~800	78.7	2.4
12	280-83E	280	2~14	96~672	1480	110~800	79.7	2.3
13	280-83F	280	2~14	82~574	1480	90~630	79.7	2.3
14	300-94	300	2~14	188~1316	1480	250~1800	76.2	2.3
15	300-94A	300	2~14	146~1022	1480	185~1400	74.8	2.6
16	300-94B	300	2~14	126~882	1480	160~1120	74.8	2.6
17	330-90	330	2~14	180~1260	1480	250~1800	77.4	2.7
18	330-90A	330	2~14	152~1064	1480	220~1600	77.4	2.7
19	330-90B	330	2~14	136~952	1480	185~1250	79.0	2.7
20	330-90C	330	2~14	116~812	1480	160~1120	79.0	2.7
21	350-87	350	2~14	174~1218	1480	250~1800	77.1	2.7
22	350-87A	350	2~14	146~1022	1480	220~1600	78.7	2.5
23	350-87B	350	2~14	136~952	1480	200~1400	78.7	2.5
24	350-87C	350	2~14	126~882	1480	185~1400	78.7	2.5
25	350-87D	350	2~14	114~798	1480	160~1120	78.8	2.7
26	360-95	360	2~14	190~1330	1480	280~2000	77.6	2.9
27	360-95A	360	2~14	164~1148	1480	250~1800	77.6	2.9
28	360-95B	360	2~14	146~1022	1480	220~1600	78.7	2.6
29	360-95C	360	2~14	134~938	1480	200~1400	78.7	2.6
30	400-65	400	2~14	130~910	1480	220~1400	82.0	2.7
31	400-65A	400	2~14	116~812	1480	185~1400	81.6	3.0
32	400-65A	400	2~14	98~686	1480	160~1120	81.6	3.0
33	430-84	430	2~14	168~1176	1480	315~2240	79.0	2.8
34	430-84A	430	2~14	156~1092	1480	280~1800	82.0	3.0
35	430-84B	430	2~14	144~1008	1480	280~1800	79.0	2.8

续表 5-11

序号	泵型号	设计点流量/(m³·h⁻¹)	级数	扬程范围/m	转速/(r·min⁻¹)	电机功率范围/kW	设计点效率/%	必需汽蚀余量/m
36	430-84C	430	2~14	134~938	1480	250~1600	82.0	3.0
37	450-83	450	2~14	166~1162	1480	315~2240	79.0	2.8
38	450-83A	450	2~14	154~1078	1480	315~2000	79.0	3.0
39	450-83B	450	2~14	106~742	1480	185~1400	80.9	3.0
40	450-83C	450	2~14	90~630	1480	160~1120	80.9	3.0
41	460-116	460	2~14	232~1624	1480	450~3150	77.7	3.2
42	460-116A	460	2~14	200~1400	1480	400~2800	77.7	3.2
43	460-116B	460	2~14	180~1260	1480	355~2500	79.6	3.1
44	460-116C	460	2~14	164~1148	1480	315~2240	78.5	3.2
45	460-116D	460	2~14	154~1078	1480	280~2000	79.6	3.1
46	460-116E	460	2~14	138~966	1480	280~2000	78.5	3.2
47	480-113	480	2~14	226~1582	1480	450~3150	78.0	3.4
48	480-113A	480	2~14	194~1358	1480	400~2800	78.0	3.4
49	480-113B	480	2~14	176~1232	1480	355~2500	79.6	3.3
50	480-113C	480	2~14	150~1050	1480	315~2000	79.6	3.3
51	480-113D	480	2~14	132~924	1480	250~1800	81.9	3.4
52	480-113E	480	2~14	112~784	1480	220~1600	81.9	3.4
53	500-85	500	2~14	170~1190	1480	355~2500	80.0	3.1
54	500-85A	500	2~14	152~1064	1480	280~2000	84	3.3
55	500-85B	500	2~14	146~1022	1480	280~2000	80	3.1
56	500-85C	500	2~14	130~910	1480	250~1800	84	3.3
57	500-85D	500	2~14	124~868	1480	250~1600	84	3.3
58	500-112	500	2~14	224~1568	1480	450~3150	78	3.4
59	500-112A	500	2~14	192~1344	1480	400~2800	78	3.4
60	560-123	560	2~14	246~1722	1480	560~4000	77.1	3.3
61	560-123A	560	2~14	210~1470	1480	500~3550	77.1	3.3
62	560-123B	560	2~14	140~910	1480	315~2240	82	3.6
63	560-123C	560	2~14	116~812	1480	250~1800	82	3.6
64	600-118	600	2~14	236~1652	1480	630~4500	76.6	3.6
65	600-118A	600	2~14	204~1428	1480	500~3550	76.6	3.6

续表 5-11

序号	泵型号	设计点流量/(m³·h⁻¹)	级数	扬程范围/m	转速/(r·min⁻¹)	电机功率范围/kW	设计点效率/%	必需汽蚀余量/m
66	600-118B	600	2～14	174～1218	1480	400～2800	82.4	3.6
67	600-118C	600	2～14	148～1036	1480	355～2500	82.4	3.6
68	620-107	620	2～14	214～1498	1480	560～4000	79.6	3.6
69	620-107A	620	2～14	184～1288	1480	450～3150	79.6	3.6
70	620-107B	620	2～14	172～1204	1480	450～3150	82.4	3.6
71	620-107C	620	2～14	144～1008	1480	355～2500	82.4	3.6
72	620-107D	620	2～14	132～924	1480	315～2240	82.8	3.7
73	650-106	650	2～14	212～1484	1480	560～4000	79.6	3.8
74	650-106A	650	2～14	208～1456	1480	560～4000	81.9	2.4
75	650-106B	650	2～14	194～1358	1480	560～3550	79.6	3.8
76	650-106C	650	2～14	178～1246	1480	450～3150	81.9	2.4
77	650-106D	650	2～14	166～1162	1480	450～3150	81.4	2.4
78	650-106E	650	2～14	136～952	1480	355～2500	81.4	3.8
79	650-106F	650	2～14	114～798	1480	315～2000	81.4	3.8
80	700-100	700	2～14	200～1400	1480	560～4000	81.4	2.7
81	700-100A	700	2～14	168～1176	1480	450～3150	82.4	3.3
82	700-100B	700	2～14	144～1008	1480	400～2800	82.4	3.3
83	700-100C	700	2～14	128～896	1480	355～2500	81.0	3.3
84	700-100D	700	2～14	106～742	1480	315～2240	81.0	3.3
85	760-115	760	2～14	230～1610	1480	710～5000	80	2.5
86	760-115A	760	2～14	196～1372	1480	630～4500	80	2.5
87	800-112	800	2～14	224～1568	1480	710～5000	80	2.6
88	800-112A	800	2～14	256～1792	1480	800～5600	83.5	2.2
89	800-112B	800	2～14	190～1330	1480	630～4500	80	2.6
90	800-112C	800	2～14	200～1400	1480	630～4500	84	2.6
91	800-112D	800	2～14	172～1204	1480	560～4000	84	2.6
92	800-112E	800	2～14	160～1120	1480	500～3550	84.7	2.6
93	800-112F	800	2～14	134～938	1480	400～2800	84.7	2.6
94	820-100	820	2～14	200～1400	1480	630～4500	83.8	2.8
95	820-100A	820	2～14	170～1190	1480	560～4000	83.8	2.8

续表 5-11

序号	泵型号	设计点流量 /(m³·h⁻¹)	级数	扬程范围 /m	转速 /(r·min⁻¹)	电机功率范围 /kW	设计点效率 /%	必需汽蚀余量 /m
96	820-100B	820	2~14	160~1120	1480	500~3550	84.7	2.8
97	820-100C	820	2~14	134~938	1480	450~3150	84.7	2.8
98	830-108	830	2~14	216~1512	1480	710~5000	83.5	2.2
99	830-108A	830	2~14	250~1750	1480	800~5600	83.5	2.2
100	830-108B	830	2~14	202~1414	1480	630~4500	84.5	2.3
101	830-108C	830	2~14	172~1204	1480	560~4000	84.5	2.3
102	830-108D	830	2~14	156~1092	1480	500~3550	85	2.3
103	830-108E	830	2~14	134~938	1480	450~3150	85	2.3
104	880-60	880	2~14	120~840	1480	400~2800	85.2	3
105	880-60A	880	2~14	100~700	1480	355~2500	85.2	3
106	880-123	880	2~14	246~1722	1480	800~5600	84	2.4
107	880-123A	880	2~14	206~1442	1480	710~5000	84	2.4
108	880-123B	880	2~14	198~1386	1480	710~4500	84	2.4
109	880-123C	880	2~14	190~1330	1480	630~4500	83	2.9
110	880-123D	880	2~14	160~1120	1480	560~4000	83	2.9
111	880-123E	880	2~14	154~1078	1480	500~3550	85	2.4
112	980-93	980	2~14	186~1302	1480	710~5000	84.5	2.7
113	980-93A	980	2~14	236~1652	1480	900~6300	84.1	2.7
114	980-93B	980	2~14	202~1414	1480	800~5600	84.1	2.7
115	980-93C	980	2~14	156~1092	1480	630~4000	84.5	2.7
116	980-93D	980	2~14	154~1078	1480	560~4000	84.5	2.7
117	980-93E	980	2~14	128~896	1480	500~3550	84.5	2.7
118	1100-86	1100	2~14	172~1204	1480	710~5000	85	3.8
119	1100-86A	1100	2~14	146~1022	1480	560~4500	85	3.8
120	1100-86B	1100	2~14	130~910	1480	560~4000	85	3.8
121	1100-86C	1100	2~14	155~1078	1480	560~4500	85	3.8
122	1250-78	1250	2~15	156~1170	1480	710~5600	85	3.9
123	1250-78A	1250	2~15	192~1440	1480	900~7100	85	4.2
124	1250-78B	1250	2~14	162~1134	1480	800~5600	85	4.2

公司生产的 FPXT 系列浮船泵站系统用于大型露天矿排水。其采用可拼拆型浮船结构，拆装灵活方便，运输方便，四周设有定位锚，用于船体在上面的定位，船上设置 4 个调节水舱和 2 个辅助水舱，用于控制船体吃水深度。

浮船泵站内的水泵配置 4~5 套不同的叶轮水力模型并共用 1 个外壳，更换方便，高效节能,可以保证多个工况下水泵在高效区运行。水泵和电机放到船舱内,可以在不动管路和电机的情况下拆除上半部分壳体,直接提出转子,在船上完成拆卸检修。水泵进口设置在船舱内,通过整套浮船系统自重以及浮船内部设置调节吃水深度,使水流倒灌进入水泵,从而解决了泵抽真空启动上水的问题。

船上配有起吊设施,方便拆卸维修,同时整个船体顶舱设有排风换气扇,能保证舱内通风散热。甲板设有控制室,可控制整个泵站的实际运行情况。

FPXT 系列浮船泵站性能参数见表 5-12。

表 5-12 FPXT 浮船泵站性能参数表

序号	型号	叶轮模型号	流量 /(m³·h⁻¹)	扬程 /m	效率 /%	必需汽蚀余量/m	电机功率 /kW	转速 /(r·min⁻¹)
1	FPXT150-12	I	596	109.2	81	4	250	1480
		II	547	92	80.2	3.6	185	
		III	503	81	78.5	3.3	160	
		IV	459	62.7	77	3	132	
2	FPXT200-12	I	833	94	84	3.5	280	1480
		II	774	79	82.5	3.5	220	
		III	700	63.5	80.5	3.5	185	
		IV	642	47	78.5	3.5	132	
3	FPXT200-16	I	700	76	78	3.3	250	1480
		II	800	92	78	2.7	315	
		III	900	120	80	3.2	450	
		IV	800	130	80	3.4	400	
		V	800	156	81	2.5	500	
4	FPXT250-18	I	1296	214	83	3.8	1120	1480
		II	1152	183	82	3.6	800	
		III	1008	159	80.5	3.2	630	
		IV	972	135	79	3.1	560	
5	FPXT300-18	I	1450	25	83	4.3	200	1480
		II	1450	39	85	4.3	315	
		III	1550	47	86.5	4.6	315	
		IV	1700	55	89	4.8	355	
		V	1000	70	85	3.9	250	

续表 5-12

序号	型号	叶轮模型号	流量/(m³·h⁻¹)	扬程/m	效率/%	必需汽蚀余量/m	电机功率/kW	转速/(r·min⁻¹)
6	FPXT300-20	Ⅰ	2000	40	83.5	5.1	315	1480
		Ⅱ	1600	52	84	4.2	315	
		Ⅲ	1600	65	85	4.3	400	
		Ⅳ	1700	80	86	4.5	500	
		Ⅴ	1800	100	87	4.9	630	
7	FPXT300-25	Ⅰ	1500	78	80	3.6	450	1480
		Ⅱ	1600	94	82	3.8	560	
		Ⅲ	1700	115	82.5	4.2	710	
		Ⅳ	1800	136	84	3.9	900	
		Ⅴ	2000	165	85	4.3	1250	
8	FPXT350-30	Ⅰ	2500	30	83	5.7	710	1480
		Ⅱ	3000	42	85	5.9	500	
		Ⅲ	2130	52	86	5.5	400	
		Ⅳ	2500	62	86.5	5.8	560	
		Ⅴ	2660	73	87.5	5.5	710	
9	FPXT350-32	Ⅰ	2520	103	90	7	900	1480
		Ⅱ	2165	102	89	6	800	
		Ⅲ	2268	90	89.5	6.5	710	
		Ⅳ	2070	77.5	88	6	560	
10	FPXT350-35	Ⅰ	2520	155	89	7	1400	1480
		Ⅱ	2250	137	88.5	6.8	1120	
		Ⅲ	2070	115	87.5	6.6	900	
		Ⅳ	1890	103	86.5	6.5	710	
11	FPXT400-35	Ⅰ	2800	54	84.3	5.3	560	1480
		Ⅱ	2400	77	85	5.1	710	
		Ⅲ	2800	87	85	5.5	900	
		Ⅳ	3000	97	85.5	5.2	1120	
		Ⅴ	3300	117	86	5.7	1400	

注：FPXT150-12 中，FPXT 为浮船泵站系统，150 为浮船泵站出口公称口径(mm)，12 为浮船规格型号。

3) 合肥恒大江海泵业股份有限公司

该公司生产的潜水电泵性能范围如图 5-22 所示，产品规格见表 5-13。

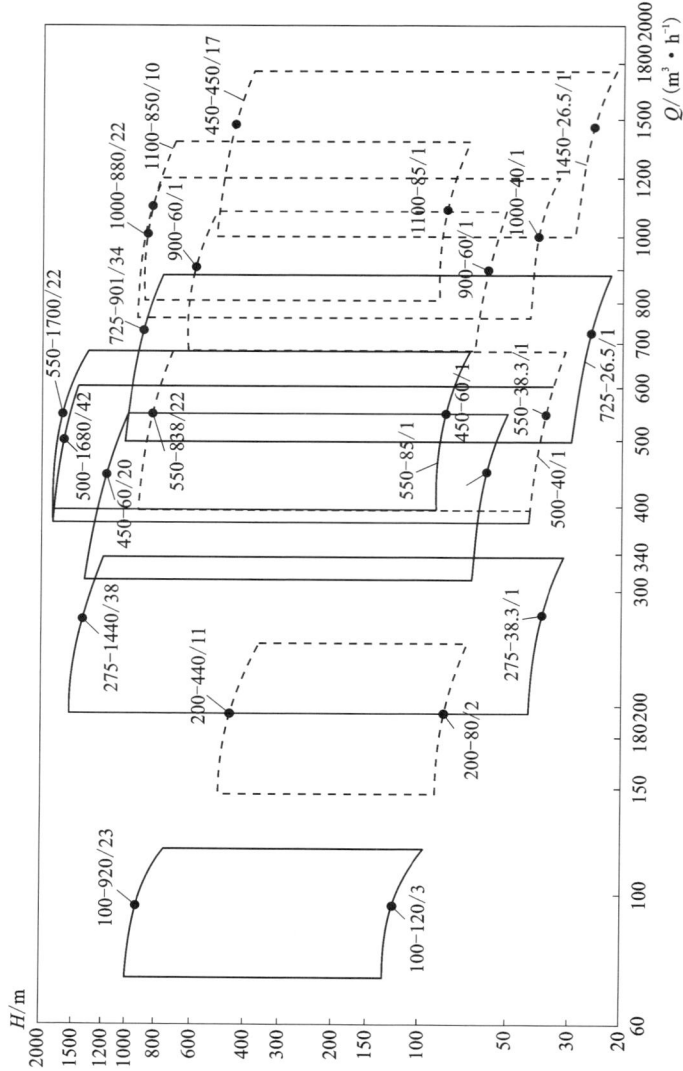

图 5-22 潜水电泵性能范围

表 5-13 潜水电泵产品规格表

序号	吸入方式	流量 /(m³·h⁻¹)	扬程范围 /m	电压等级范围 /V	功率范围 /kW
1		100	120~920	380~1140	55~400
2		275	38~1440	380~10000	55~2000
3	单吸	450	180~1200	6000~10000	360~2500
4		550	85~1700	380~10000	220~4000
5		725	26~901	380~10000	75~2800

续表 5-13

序号	吸入方式	流量 /(m³·h⁻¹)	扬程范围 /m	电压等级范围 /V	功率范围 /kW
6		200	80~440	380~1140	75~400
7		550	38~838	380~10000	100~2000
8	双吸	900	120~600	6000~10000	500~2500
9		1100	85~850	380~10000	450~4000
10		1450	26~450	380~10000	160~2800

参考文献

［1］郑锡恩. 采矿设计手册矿山机械卷［M］. 北京：中国建筑工业出版社，1986.

［2］王运敏. 中国采矿设备手册（下册）［M］. 北京：科学出版社，2007.

［3］关醒凡. 现代泵理论与设计［M］. 北京：中国宇航出版社，2011.

［4］扬州长江水泵有限公司. 多级离心泵平衡盘轴向定位保护装置：CN102852864A［P］. 2013.

［5］陈俭平. PLC 技术在矿山井下水泵自动化排水中的应用［J］. 矿山机械，2010，38（18）：57-60.

［6］王跃. 矿山井下排水泵房自动化系统的设计与应用［J］. 矿山机械，2017，45（2）：80-82.

第 6 章

井下排泥设施

6.1 概述

地下矿山涌水经过采掘工作面和巷道，会夹带大量泥沙进入水仓。尤其是工程地质不良的矿山中裂隙、断层及溶洞中的泥沙，由于井下水的渗透而被夹带到坑内，以及采用充填法的矿山，充填料中的细颗粒物质从采场滤水构筑物的缝隙中随充填废水流出而沉积在水沟、沉淀池及水仓内。这部分泥沙进入水仓后，会逐渐形成淤泥，如不及时清仓排泥，将会减少水仓容积，加剧排水设施的磨损，降低排水效率，甚至影响井下的正常生产。因此对于涌水中含泥量较大的矿山，污水进入水仓前经沉淀池或专用沉淀巷道预先沉淀，不仅可以减少水仓的清理量，同时可控制进入水仓的泥沙粒度，满足某些清仓设备对固体颗粒粒度的要求。

井下排泥是指将井下水仓或沉淀池中清理出的泥沙排运至地表或其他指定地点的方法。对于特定矿山，井下排泥方法应根据矿山水文地质条件、生产规模、充填采矿方法以及配套的排泥条件，因地制宜选择合适的污水沉淀和水仓布置方式，以及井下排泥工艺和清理设备，有效保证地下矿山排水系统的正常工作。一般作业流程：排干水仓或沉淀池的清水后，清理沉淀在水仓或沉淀池的泥沙，再排运清理出的水仓泥沙。由于水仓与预先沉淀的沉淀池或沉淀巷道清理方法基本相同，因此，此处分别对井下水仓清理和泥沙处理及排运两道工序进行介绍。

6.2 井下水仓清理

国内矿山井下沉淀池和水仓的清理采用人工或机械清理。

人工清理水仓，需要在井下水仓中铺设矿车轨道，在水仓入口处安装电动绞车，工人作业时在水仓巷道里用铁锹等工具往矿车里铲装泥浆。由于矿车在水仓底部装满泥浆后要在斜坡道上由绞车提升，再加上泥浆中混有大量的水，因此矿车中泥浆不可能装满，否则会在运输过程中发生洒漏，造成二次污染。这一方法既是最简单的，又是最落后的，其工作环境恶劣，劳动强度大，工作效率低。

机械清理方式多种多样，各种清理方式各有特点，尚无标准通用工艺和专用系列产品，选用时应根据矿山开采的具体条件、泥量大小、泥沙性质、环保要求、矿山规模及服务年限综合考虑。常用的水仓机械清理方式主要有装载设备装车清理、风动排泥罐清理、潜水排污泵清理和水仓专用自行式泥沙清理车清理。

6.2.1　装载设备装车清理

6.2.1.1　常见设备

为了解决人工往矿车里铲装泥浆效率低下问题，有的矿山在有条件的情况下采用机械化装载设备装车，目前适合的装载机械有装岩机、耙碴机、铲运机等。

6.2.1.2　特点及使用范围

此种清仓排泥方式简单，机动灵活。它把专用沉淀巷道或水仓内经过一定时间沉淀稍干的泥沙，直接装入矿车，运至合适地点。相对于人工装车，它的主要优点是清理机械化程度高，效率高，工人劳动强度低，劳动定员少；主要缺点是不适合井底水仓以及泥浆中混有大量水的水仓，采用铲运机装车清理时需设置倒车硐室以及装车硐室；主要适用于矿体走向长度较大、泥沙量大的大型矿山，在主排水泵房水仓之前设置的专用过水沉淀巷道清理泥沙和箕斗竖井井底清理粉矿，这些场合的井巷底板与运输巷道底板基本相平，而且泥水分离比较彻底。

6.2.2　风动排泥罐清理

6.2.2.1　工作原理

在水仓中每隔一定距离装设排泥罐，排泥罐的顶面低于水仓的底面，为了更有利于向排泥罐中罐泥，在水仓长度方向上的水仓底面还做了 $1/35 \sim 1/12$ 的斜度。控制气动管路换向阀开启压气罐的上部气缸，提升钟罩式上盖，依靠泥和水的重力自动地流进排泥罐中，然后关闭排泥罐的上盖，再将压缩空气吹入排泥罐中，利用空气的压力把罐中的泥和水从罐底的管道把它们排到脱水设备或运输设备中。

6.2.2.2　特点及使用范围

由于沉淀的泥浆流动非常困难，其水仓底面的斜度很小，因此能够自流进入排泥罐排走的泥浆也很少，有时需要人工高压风或水造浆，甚至有的排泥罐因长期未使用而被泥浆埋死，造成无法工作。排泥罐所使用的气缸、密封零件及管道阀门维修量大且维修困难，容易锈蚀，耗风量也大，因此目前使用得越来越少。

6.2.3　潜水排污泵清理

6.2.3.1　工作原理

潜水排污泵是一种用来输送含固体颗粒、纤维等固液混合液体(如生活污水、工业废水、泥浆等)的泵类产品，该产品系列齐全，结构紧凑，体积小，移动方便，安装简便，水力性能先进、成熟，性能可靠，质量稳定，适用于水仓或井底水窝排污。国内产品有 QW 型无堵塞潜水排污泵，进口的产品有 ITT-FLYGT(飞力)潜水排污泵。

由于水仓内沉积的泥浆具有上稀下稠的特点，沉淀时间过长时泥沙流动性较差，有时需要人工造浆，通常是使用高压水枪在水仓内造浆，使其达到排污泵需要的泥浆浓度。水仓或沉淀池一般敷设高压水管和排泥管各一根，水仓底板向吸水井方向设下坡。连接潜水排污泵的软管长度一般为 10~20 m，因此水仓中高压水管和排泥管可间隔 30 m 设一个法兰接头。用水枪还可以清理水仓两帮及底板。飞力潜水排污泵也可在泵轴上安装搅拌头，将作业面下部的泥沙搅起。潜水排污泵的管道把泥水排到了脱水设备或排运设备进行处理。

在清理井底水仓时，潜水排污泵移动方式有以下两种：将泥浆泵用夹具固定在平板车最前端，通过平板车在轨道上移动实现水仓长度方向的移动；在井底水仓巷道顶板增加一根纵向工字钢梁，采用电动葫芦或手动葫芦加移动小车吊挂泥浆泵，沿巷道纵向移动。在水仓断面方向，可采用多台潜水排污泵并联运行，便于清理水仓宽度上的泥浆，如图 6-1 所示。

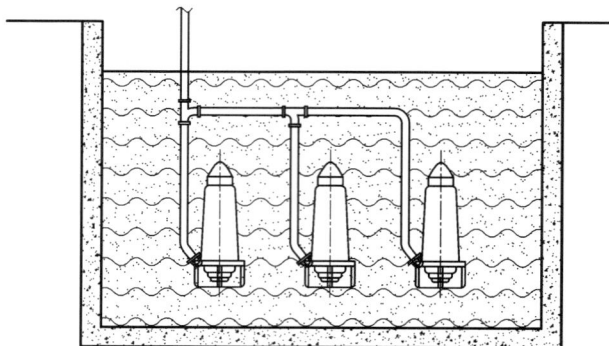

图 6-1 潜水排污泵并联安装示意图

6.2.3.2 特点及使用范围

采用潜水排污泵清理井底水仓，主要优点为水泵为通用成熟产品，能耗低、效率高，可取代风动排泥罐；主要缺点为沿水仓巷道移动不方便，泵存在死水位，清理不彻底，并且电机需采用水套式内循环冷冻系统，能保证电泵在无水(干式)状态下安全运行。采用潜水排污泵清泥，尤其适合于沉淀池、吸水井、井底水窝排泥，因此，有的矿山仅在水仓中使用高压水枪，将泥浆赶到吸水井，再通过潜水排污泵把泥水排到脱水设备或排运设备进行处理。

6.2.3.3 主要生产厂家与产品技术参数

1) QW 型无堵塞潜水排污泵

产品概述：QW 型无堵塞潜水排污泵是在引进国外先进技术的基础上，结合国内水泵的使用特点而研制成功的泵类产品，具有节能效果显著、防缠绕、无堵塞、自动安装和自动控制等特点，在排送固体颗粒和长纤维垃圾方面，具有独特效果。QW 型潜水式无堵塞排污泵结构图如图 6-2 所示。

该系列泵采用独特叶轮结构和新型机械密封，能有效地输送含有固体物和长纤维的泥浆。与传统叶轮相比，该泵叶轮采用单流道或双流道形式，类似于一个截面大小相同的弯管，具有非常好的过流性，合理的蜗室使得该泵效率高，经动静平衡试验的叶轮在运行中无振动。

(1)产品特点。

①采用大流道抗堵塞水力部件设计，大大提高污物通过能力，能有效地通过泵口径的 5 倍纤维物质和直径为泵口径约 50% 的固体颗粒。

②设计合理，配套电机合理，效率高，节能效果显著。

③机械密封采用双端面串联密封，材质为硬质耐腐碳化钨，具有耐用、耐磨等特点，可以使泵安全连续运行 8000 h 以上。

④泵结构紧凑，体积小，移动方便，安装简便，无须建泵房，潜入水中即可工作，大大减少工程造价。

⑤泵油室内设有油水探头，当水泵侧机械密封损坏后，若水进入油室，探头会发出信号，

对泵实施保护。

⑥可根据用户需要配备全自动安全保护控制柜，对泵的漏水、漏电、过载及超温等进行监控，保证泵的运行可靠安全。

⑦双导轨自动耦合安装系统，给泵的安装、维修带来了极大的方便，人可不必为此而进出污水坑。

⑧浮球开关可根据所需的水位变化，自动控制泵的停启，无须专人看管。

⑨在使用扬程范围内保证电机运行不过载。

⑩电机可根据使用场合采用水套式内循环冷却系统，能保证电泵在无水(干式)状态下安全运行。

⑪安装方式有固定式自动耦合安装和移动式自由安装两种，可满足不同的使用场合。

（2）使用条件。

①介质温度不超过+40℃，间歇使用(最长不超过 5 min)为+70℃，重度为 1.0～1.3 kg/dm^3，pH 为 5～9。

②无内自流循环冷却系统的泵，电机部分露出液面不超过 1/2。

③铸铁材质的使用范围为 pH 5～9。

④1Cr18Ni9Ti 不锈钢材质可使用一般腐蚀性介质。

⑤使用环境海拔高度不超过 1000 m，超过时应在订货时提出。

（3）QW 型潜水无堵塞排污泵的型号意义。

50QWP15-10-1.1：

50：泵排出口径为 50 mm；

QW：潜水无堵塞排污泵；

P：不锈钢材质；

15：设计流量为 15 m^3/h；

10：设计扬程为 10 m；

1.1：电机功率 1.1 kW。

（4）QW 型潜水无堵塞排污泵的性能范围。

流量 Q：7～2500 m^3/h；扬程 H：5～60 m。

（5）主要生产厂家。

主要生产厂家有上海奥一泵业制造有限公司、上海凯仕泵业集团有限公司、长沙中联泵业股份有限公司等水泵专业生产厂家。

2）飞力潜水排污泵

飞力公司(FLYGT)，总部设在瑞典首都斯德哥尔摩，成立于1901年，是全球最大的水泵制造集团——ITT 工业公司的全资子公司。飞力公司是全球潜水泵、潜水搅拌器和曝气系统的领先供应商。1996年，飞力公司在沈阳市西部经济技术开发区投资 2500 万美元建立了ITT 飞力(沈阳)泵业有限公司，是全球的五个先进生产基地之一，已经在北京、上海、沈阳、杭州、青岛、徐州、郑州、大庆、成都、香港等地建立了服务中心。

技术特点：飞力自搅拌重载潜水耐磨泥浆泵可以直接淹没到水仓内，对沉淀泥浆进行轴向冲击搅拌，对高浓度泥浆实现可靠泵送，通过对泥浆泵的移动实现水仓大面积的清理，通过全橡胶柔性软管(无钢丝缠绕)泵将泥浆送至沉淀清理池、废弃巷道或脱水装置。

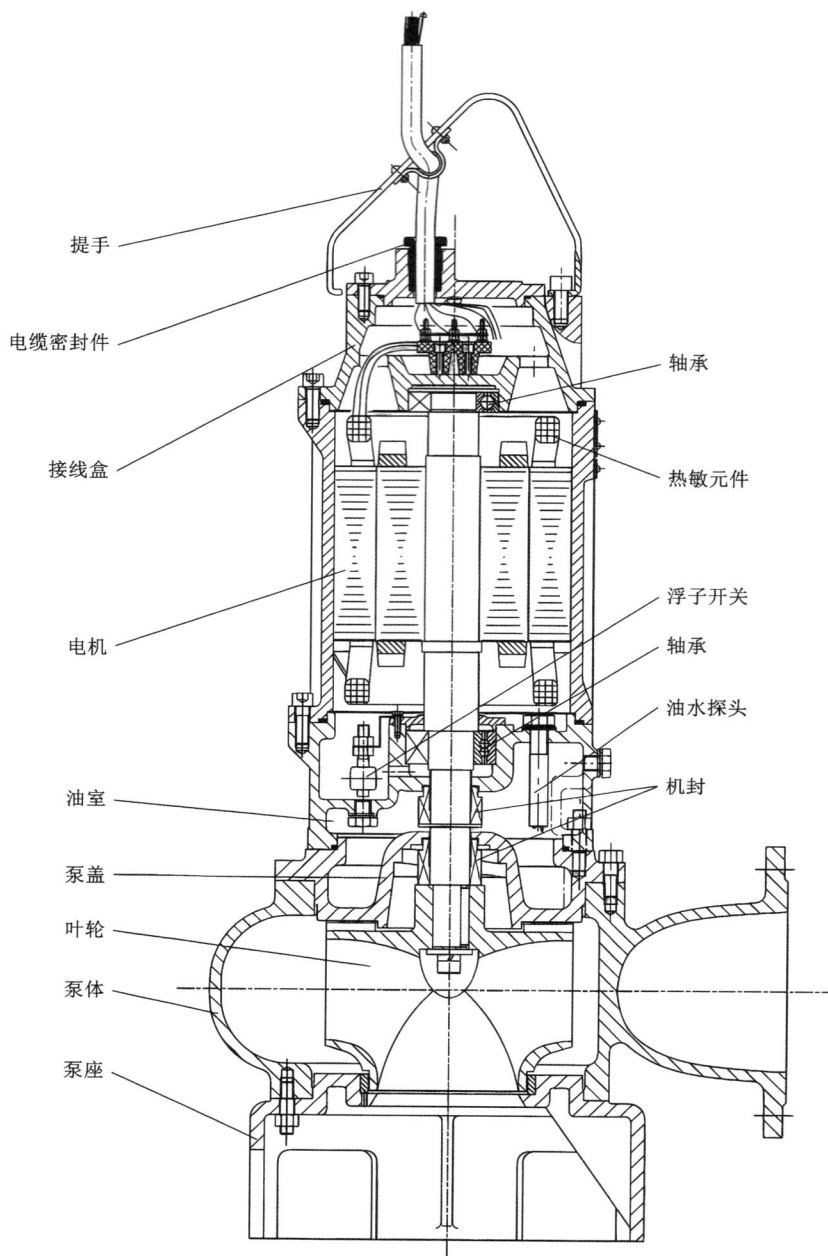

提手

电缆密封件

接线盒

电机

油室

泵盖

叶轮

泵体

泵座

轴承

热敏元件

浮子开关

轴承

油水探头

机封

图 6-2 QW 型潜水无堵塞排污泵结构图

　　过流部件为硬质高铬合金，HRC60；电机绝缘等级为 H 级，防护等级 IP68；电机具有内冷却系统，泵能够干式运行，不烧电机，具有强制冷却、热敏开关保护功能；具有高铬合金搅拌头，轴向搅拌；专用高可靠泥浆泵双机械密封；移动式安装；高效率、低能耗。

　　应用范围：适用于高浓度、大比重的泥浆，对沉淀时间长、泥沙流动性较差的泥浆具有搅拌功能，保证浆体充分悬浮。

飞力自搅拌重载潜水耐磨泥浆泵结构图如图6-3所示。

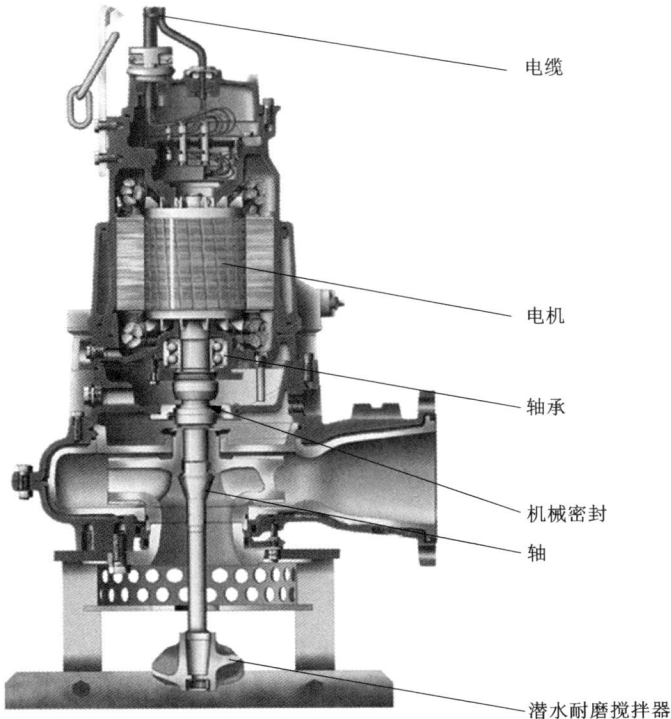

图6-3　飞力自搅拌重载潜水耐磨泥浆泵结构图

性能范围：16个型号，泵壳材料有铸铝、铸铁两种，功率为0.75~90 kW，流量最大可达504 m³/h，最大扬程为190 m。

6.2.4　水仓专用自行式泥沙清理车

目前，国内涌水中泥沙量较大的矿山已开始使用一种胶轮式或履带式自行式的泥沙清理车。在清理车前部安装铰接式螺旋集料器，可在整机微动的情况下，让螺旋集料器前后左右摆动以收集物料，利用车上的吸管将泥沙吸入送到车上料斗内，再由泵送机构通过输送管输送到脱水设备或运输设备中。目前，国内有多个厂家生产清仓机，但尚无统一标准，下述两种产品有一定代表性。

1）飞翼清仓机

（1）工作原理与结构。

湖南省长沙市的飞翼股份有限公司的清仓机采用由两个液压马达独立驱动的履带式行走执行机构，作为整机连接支撑的平台，配有双螺旋集泥装置和下链刮板机运输作为装载机构，将泥浆刮运到料斗里，由泵送机构通过输送管输送到脱水设备或运输设备中。

清仓机主要由挖装部、行走部、泵送系统、液压系统、电控部分等组成，主机总体结构如图6-4所示。

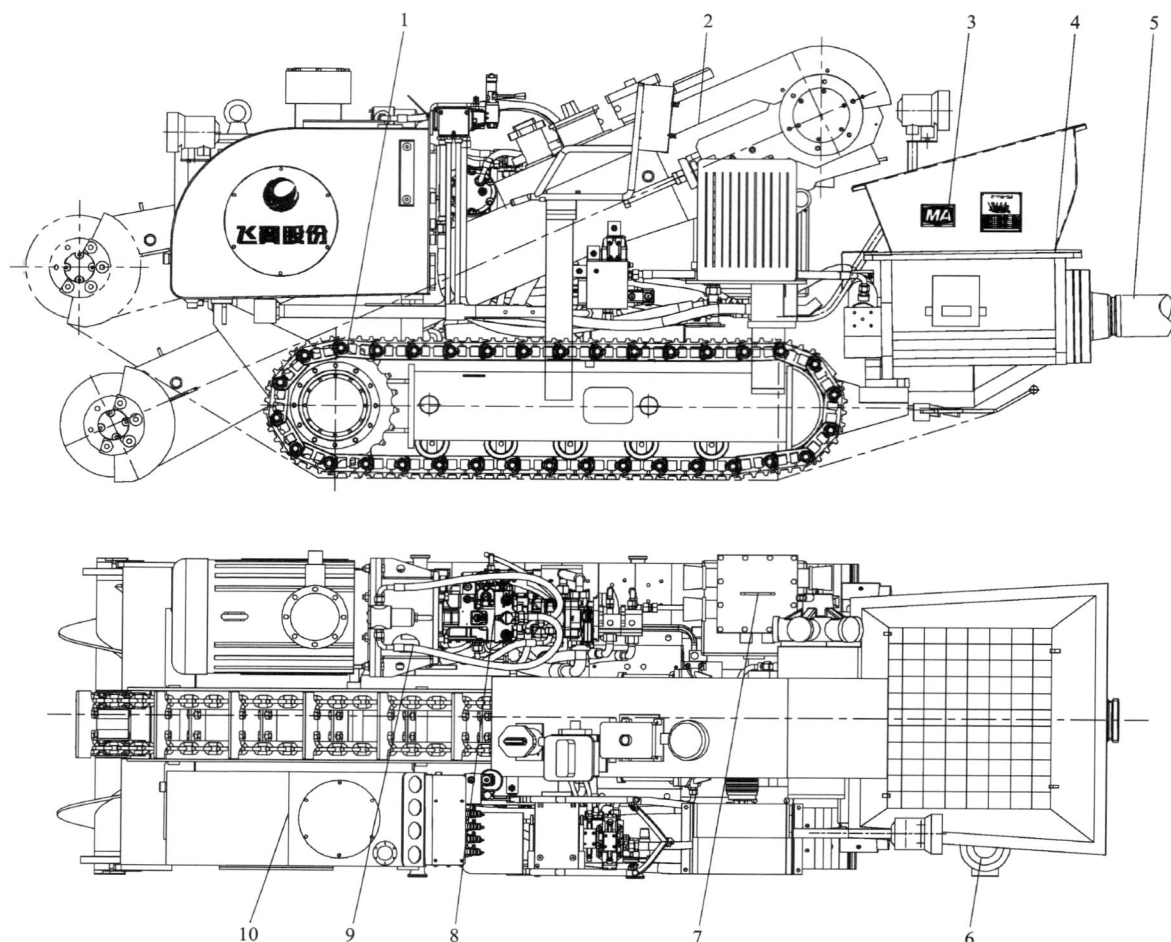

1—行走机构；2—挖装机构；3—标牌；4—泵送机构；5—输送管总成；
6—润滑系统；7—电气系统；8—动力总成；9—油配管总成；10—液压油箱。

图 6-4 清仓机结构

①挖装部。

挖装部采用双螺旋集泥装置和下链刮板机运输作为装载机构，可输送各种状态的煤泥，对黏性比较大的煤泥和松散物料均能适应，集泥装置悬臂可升降，集泥范围大、效率高。其结构主要由驱动部、链传动(刮板)和双螺旋给煤筒等组成。它是清仓机工作的第一步，其工作原理为：驱动部由液压马达驱动主链轮转动，带动单排套筒滚子链拉动螺旋给煤轮轴旋转，把煤泥收集到轮轴中间；套筒滚子链上装有刮板，将煤泥刮运到料斗里，完成挖装工作。为了适应煤泥厚度的变化，挖装部可上下移动。

②泵送系统。

泵送系统的主要功能是将煤泥由管道输送到指定的地点。泵送系统主要由一个料斗、两个液压缸与活塞、两个料缸与活塞、换向摆缸、换向 S 形管阀和搅拌叶片等组成，如图 6-5 所示。

工作原理：由挖装部采集的煤泥进入料斗后，S形管阀在摆动油缸的作用下左右摆动，交替地与两个料缸对接进行泵送，接通的料缸则吸料，未接通的料缸就送料。料缸中的煤泥在压力的作用下将煤泥输出。活塞油缸如此交替地做往复运动，连续稳定地排料，将煤泥输送到远处。

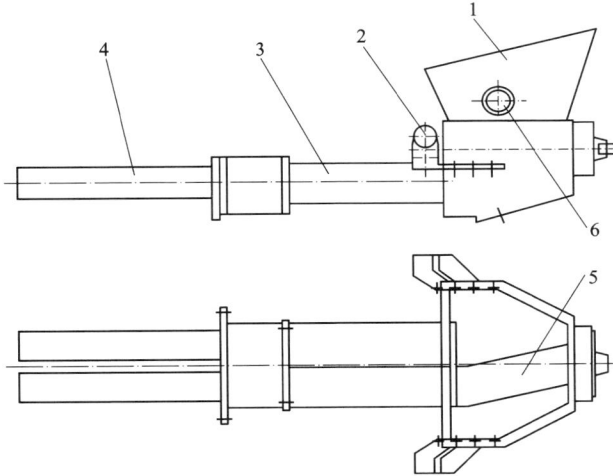

1—料斗；2—换向摆缸；3—两个料缸与活塞；
4—泵两个液压缸与活塞；5—换向S形管阀；6—搅拌系统。

图6-5　泵送系统图

③行走部。

行走部是清仓机行走的执行机构，也是整机连接支撑的基础，主要由履带、张紧机构、机架和支撑板组成。其中，两条履带分别由两个液压马达独立驱动，整个设备可实现原地旋转。

清仓机的特点：

a)整机结构紧凑，体积小，可整机下井、自行走；

b)采用履带式行走机构，牵引力大，行走灵活，爬坡能力强；

c)采用双螺旋集泥装置，集泥悬臂可升降，集泥范围大，效率高；

d)链条刮板运输机对黏性比较大的物料有较强的运输能力；

e)清仓机工作适应角度为±2°；

f)输送方量大，输送距离远，泵送排量可无级调节；

g)液压系统采用全液压换向，换向冲击小；工作油路环节少；阀组质量优良、体积小、维修方便；主油泵采用世界名牌产品，性能卓越，工作可靠；

h)分配阀采用先进的S形管阀，可自动补偿间隙，密封性能好，结构简单可靠，易损件更换方便；

i)具有反泵功能，当发生短暂堵管现象时，能作为清除堵管的一种手段；

j)采用开式液压系统，全手动控制，安全可靠；

k)具有停车制动功能。

④设备技术参数。

飞翼股份有限公司生产 MQC-45 型和 MQC-90 型清仓机,使用较多的产品为 MQC-45 型清仓机,其性能参数见表 6-1。

表 6-1 MQC-45 型清仓机技术参数

技术参数		指标
外形尺寸(长×宽×高)/(mm×mm×mm)		(4000±120)×(1200±36)×(1595±48)
电动机	型号	YBK2-225M-4(660/1140)
	功率/kW	45
	额定电压/V	660/1140
输送距离	水平/m	1000±20
	垂直/m	250±5
液压系统	额定压力/MPa	32±2
	主油泵排量/(mL·r⁻¹)	75
	辅油泵排量/(mL·r⁻¹)	45
	行走马达排量/(mL·r⁻¹)	排量:45 mL/r、减速比:55.3
	刮板运输马达排量/(mL·r⁻¹)	400
	油箱容量/L	300
泵送系统	输送缸径×最大行程/(mm×mm)	$\phi150×600$
	主油缸(缸径×杆径×最大行程)/(mm×mm×mm)	$\phi90×\phi60×600$
	换向次数/(次·min⁻¹)	23±2
行走部	行走形式	履带式
	平均速度/(m·min⁻¹)	5
	爬坡能力/(°)	−18~18
	液压马达扭矩/(N·m)	6633
	最大牵引力/kN	29.5
挖装部	装载形式	双螺旋集泥装置
	装载宽度/mm	1200±12
	装载高度/mm	1070±10
	卧底量/mm	≥25
	清仓能力/(m³·h)	≥15
	液压马达扭矩/(N·m)	688

2）徐州天科 MQC 型清仓机

（1）工作原理与结构。

徐州天科机械制造有限公司针对煤矿井下水仓泥浆的清挖和处理而设计的 MQC 系列专用清理设备，配套的水仓清仓机的外形结构图如图 6-6 所示，它主要由挖装系统、行走系统、泵送系统和液压系统、电气系统等组成。

图 6-6　MQC 型清仓机外形结构图

挖装由左右两个螺旋完成，把水仓中的泥浆收集到清仓机的中部，通过摆动油缸控制左螺旋和右螺旋展开的角度，不仅可以覆盖水仓的全断面，还可以适应水仓断面大小变化和水仓转弯，一次性清理水仓中的煤泥。两螺旋机反方向运转将水仓中的泥浆向提斗机中央进行汇集，上料装置为提斗输送机，将泥浆等沿槽斗输送到泥浆泵料斗中。双螺旋采泥装置和下提斗输送机由液压马达驱动。

行走部是清仓机的移动功能部件，同时也是整机连接和支撑的基础，由履带、张紧机构、机架和支撑板组成。履带由两个液压马达独立驱动，驱使清仓机完成前、后、左、右方向的移动。

泵运系统由料斗、料缸、活塞、换向摆缸、S 形换向管阀和输送管等组成，其作用是把集中于料斗内的泥污经输送管输送到远方指定地点，完成第二级输送。

液压系统由液压泵、液压马达、液压驱动缸、负载反馈式比例阀、操作控制阀及系统管路组成，起能量转换及液压驱动作用。

电气部分由矿用隔爆型真空电磁启动器、电动机、电源隔离控制箱、操作控制箱和照明装置等组成。动力电源为交流 50 Hz，额定电压 660 V 或 1140 V 的三相中性点不接地电源。

（2）特点及使用范围。

其主要特点如下：

①前轮铰接式转向配合螺旋集料器，可在整机微动的情况下，让螺旋集料器前、后、左、右摆动收集物料，摆动范围为±45°；

②设备转弯半径小于 12 m，操作灵活；

③柱塞泥浆泵采用混凝土泵输送方式，浓度高，颗粒大，距离远。水平距离不低于 1000 m，垂直距离 50 m，输送颗粒直径不超过 30 mm，流量为 30 m³/h；

④行走方式为轮胎式或履带式，爬坡能力达±20°。

（3）设备主要技术参数（表 6-2）。

表 6-2 MQC-45 配套清挖输送车设备的技术参数

生产能力 /(m³·h⁻¹)	输送压力 /MPa	输送距离（垂高）/m	输送距离（水平）/m	集料螺旋上下行程/mm	电控形式
≥35	1.5	≥50	≥1000	−100～+500	隔爆型
装机功率 /kW	行走速度 /(m·min⁻¹)	适应坡度 /(°)	左右摆动 /(°)	外形尺寸 /(mm×mm×mm)	电压/V
45	15	±20	45	4760×1750×1670	660/1140

（4）水仓专用自行式的泥沙清理车使用注意事项。

①水仓使用条件：一般水仓（巷道）断面高度大于 2.2 m；水仓（巷道）断面宽度大于 2.3 m；转弯半径大于 12 m，水仓（巷道）入口坡度小于 18°；沉积物厚度小于 1 m。水仓长度较大时，在水仓上部预先安装水管和排泥管，可每隔一定距离设一个法兰接头。

②清理水仓前和清理过程中，应对水仓进行充分通风，防止有害有毒气体影响工人身体健康。

③操作时应理顺电缆和液压管路，防止挤拉挂坏。铲挖过程中应避免异物进入输送泵，保障输送泵正常工作。泵运速度跟不上铲挖和刮运时，应停止铲挖或放慢铲挖速度。污泥较干时泵运阻力增大，应适量加水稀释。应经常检查、更换液压系统的过滤器及滤芯，防止油液污染；应注意油池油位，防止吸空；液压系统声音异常时应及时停机检查并处理。工作结束时应加水冲刷料斗及泵运系统管道，防止沾泥。

④由于排泥作业是间断性的，可考虑设置清理车停放硐室，需要长时停机时，应把机器停置于通风良好处，注意日常防护。

6.3　泥沙处理及排运

从井下水仓中采用人工清理或装载设备装车清理出来的泥沙，一般含水率较低，可直接进入矿山运输系统。从井下水仓中通过泵送系统的泥浆，由于含水率高，分两种方式处理：一种为通过高扬程泵利用排水管路或者专门的排泥管路将坑内泥沙排至地表进行处理；另一种为送到脱水设备处理成含水率较低的泥沙，进入矿山运输系统。含水率较低的泥沙一般在井下可找到合适的存放空间，用于回填井下采空区，堆放在废旧巷道或进入废石提升运输系统。

高压泵送排泥通常有密闭泥仓高压水排泥和浆体泵泵送排泥两种方式，另一种为压滤脱水处理方式，分述如下。

6.3.1　密闭泥仓高压水排泥

井下水仓输送过来的泥浆进入密闭泥仓，装满后关闭阀门，利用高压水泵排出的高压水，迫使泥浆通过排水管道（或排泥管道）排至地表或其他指定地方。采用这种清仓排泥方式时，泥浆不经过水泵而达到排泥和排水的目的，既保护了水泵，又减少了泥沙运输环节和减轻了清理水仓的繁重劳动。

密闭泥仓一般为高强度钢筋混凝土结构，外形为一个密闭的倾斜巷道，内衬卷制后焊接钢板，上下两端用钢筋混凝土配筋封口，但留下了管道孔及检修门孔，呈鱼雷型。排泥工艺流程为喂泥出气—排水带泥—放水进气—喂泥出气，所以连接的高压管道及阀门多。但其施工条件差，施工质量要求高，长期使用易出现密闭泥仓的入孔变形、与管道密封处漏水等情况，导致密闭泥仓不能使用。此外，这种排泥方式的泥浆浓度波动大，管路布置复杂，高压闸阀切换频繁，导致阀门、管道等的维修量也很大。原来适用于排泥高度小于 500 m 的大中型矿山，目前随着开采深度不断加大，已基本不再使用。

6.3.2 浆体泵泵送排泥

1）工作原理与结构

水隔离泵、液压隔膜泵和柱塞泵广泛应用在选厂尾砂输送中，具有泵流量范围大、扬程高、浓度高、寿命长、运营费用低、磨损少等优点，是目前最适用于长距离高浓度浆体输送的泵送设备，因此也在矿山井下排泥中使用。

浆体泵通常安装在专门的硐室内，并根据泵送要求设置缓冲泥浆池，再进入隔离泵并喂入泥搅拌桶，搅拌均匀后送至浆体泵吸入。浆体泵工作时，需用喷射泵或其他机械向泥浆池送泥浆，通过排泥管道排至地表或其他指定地方。

一般而言，浆体输送泵采用容积式泵可靠性较高，其中又以液压隔离泵可靠性最高，其次为柱塞泵、水隔离泵和离心式渣浆泵。

液压隔膜泵是在三缸往复泵和隔膜计量泵的基础上开发研制的，借助隔膜元件将输送浆料全部隔离在介质流道侧，使活塞部件处在液压油下工作，因此大大延长了密封件的使用寿命。该泵具有隔膜限位补油、双隔膜破裂监测报警及均流无沉积等优点，适合于输送颗粒浓度大、易沉淀、腐蚀性强的介质。目前在选厂尾砂输送中，液压隔膜泵有逐步代替其他隔离泵的趋势。隔膜泵的工作原理是通过来回运动的活塞来挤压隔膜内的浆体，而在挤压作用下，浆体则由进出口逆止阀的开和关来实现连续向前流动。

隔膜泵机组主要由泵、减速机、电机用联轴器连接，减速机、电机安装在各自独立的底座上，传动机座直接安装在水泥基础上。泵组配变频电机，通过变频器调速，即可改变泵速而达到输送流量的无级调节，满足系统工艺流程要求，产品外形如图6-7所示。

2）特点及使用范围

浆体输送泵具有效率高、运行可靠、磨损小、寿命长、操作和维护方便等特点，适合在开采深度不大的矿山排泥时使用。但由于坑内泥沙作为矿山产出的一种废料，将其排到地表要进行第二次处理，进入地表污水处理系统或是进入尾砂浓密

图6-7 液压隔膜泵外形图

系统处理，这样既对矿山环境造成了一定的污染，又增加了泥沙处理的费用。对于坑内泥沙量较大的深井矿山，由于受到排泥设备扬程的限制，加大了浆体泵的功率和排泥管道的壁

厚，而且排泥工作年工作小时数少，排泥系统的基建投资和生产经营费用大幅增加。因此，浆体泵泵送排泥目前在矿山应用受到一定限制。

3）主要生产厂家与技术参数

液压隔膜泵的主要生产厂家为重庆水泵厂有限责任公司、中国有色（沈阳）泵业有限公司。

液压隔膜泵流量范围 $2\sim800$ m³/h，最高压力不超过 25 MPa，输送浆料介质时选用低速泵，最大颗粒粒径小于 8 mm，浓度小于 74%，温度小于 200℃。输送溶液类介质时选用中速泵。

6.3.3　泥浆压滤脱水处理

尾砂或精矿的压滤处理都有成熟的设备和工艺，矿山井下水仓内沉淀的泥沙物理性质虽然与尾砂或精矿有区别，但可以参照尾砂或精矿系统的工艺流程对水仓的泥浆进行处理。

目前国内煤矿系统开发了一种新型的水仓煤泥清挖处理系统，它主要由煤泥清挖车、粗分机、加压系统、压滤脱水系统组成。该系统采用模块化设计，各个子系统之间相对独立，又有机联系，整套系统可分解拆卸，满足井下安装的需要。清挖处理系统设备示意图如图 6-8 所示。

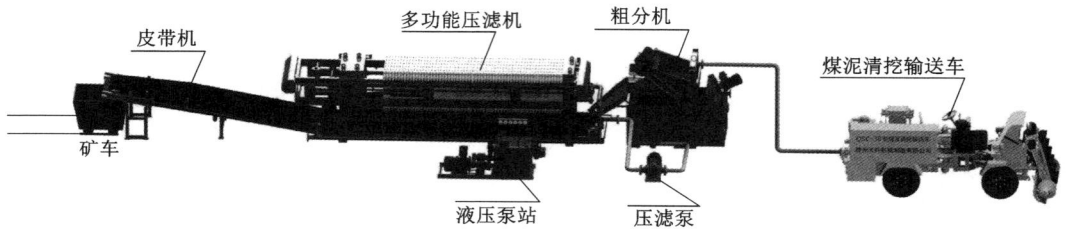

图 6-8　清挖处理系统设备示意图

1）工作原理与结构

MQC 系列清仓机压滤脱水设备主要包括粗细分离和缓冲贮存装置、矿用泥浆压滤泵、压滤机和排运皮带装置等，水仓中的泥浆通过清仓机排水管路排入粗细分离和缓冲贮存装置，过滤掉大颗粒物料，进入缓冲贮存装置后从底口由压滤泵加压排出，进入压滤脱水系统设备，粗细分离以后的粗颗粒泥沙和泥浆压滤以后的砂饼通过皮带机进入矿车装车，压滤以后分离的水经溢流管排出后回流到另一水仓，再由井口主排水泵排出。

（1）粗细分离装置。

井下水仓泥浆颗粒粗细不均，当粗颗粒（直径 0.5 mm 以上）含量较大时，需要将从水仓泵送过来的泥浆粗细颗粒分离，并为下一步细泥的处理提供缓冲存储。本装置适用于井下水仓泥浆和多种浆料的粗细颗粒分离，并含缓冲容器，内设搅拌系统，外形如图 6-9 所示。

（2）压滤泵。

压滤泵是为井下泥浆输送而研制的浓泥浆压滤机专用压滤泵。该泵是液压马达驱动，为液压泵站提供动力，恒功率作业，对压滤机起到过载保护的作用。这样就避免了因压力升高而使煤泥浆外泄，保护了脱水设备的正常运行，延长了滤布的使用寿命，提高了劳动效率。设备外形如图 6-10 所示。

图6-9　粗细分离装置外形图

图6-10　压滤泵外形图

（3）压滤机。

单双互换压滤脱水设备含液压泵站、卸料皮带机。两个工作室交替作业，整个工作过程可以连续进行。设备配有高强度耐磨滤板、耐磨单丝滤布，配套液压控制系统要求结构紧凑，工作压力稳定；具有高压过滤、自动冷却和过载保护功能，且有温度、压力显示功能和机构自锁功能，并能拆装运输。耐磨滤板、滤板功能数量为66块。设备外形见图6-11。

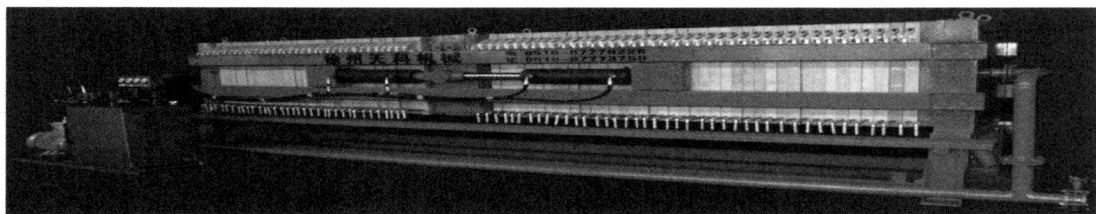

图6-11　压滤机外形图

2）主要技术特点及使用范围

坑内泥沙作为矿山产出的一种废料，采用高压泵送排泥将其排到地表后，均要进行第二次处理，进入地表污水处理系统或是进入尾砂浓密系统处理，这样既增加了泥沙处理的费用，又对矿山环境造成了一定的污染。特别是对于坑内泥沙量较大的深井矿山，采用脱水设备处理成含水率较低的泥沙，用于回填井下采空区、堆放在废旧巷道或进入废石提升运输系统，是一种值得优先采用的处理方法。

多功能压滤机要求达到工作区域单双互换，把间歇性的压滤设备变成连续工作设备，把脱水设备的工作区域分成两个区域，利用液压油缸的伸缩功能使两区域轮换工作。一个区域的滤板压紧，用压滤泵注液，注满液后进行保压；此时另一个区域的滤板松开，可以卸料，这样能使整个系统形成连续作业，提高了工作效率，避免了压滤加压泵频繁启动，延长了泵的使用寿命。

设备采用全液压动力，各种动力参数均可以实现自动控制。

系统液压泵站具有配置合理、结构紧凑、高压过滤、过载保护、自动冷却的特点；具有温度、压力显示功能；系统工作压力稳定，无冲击、泄漏。

装有先进的拉板小车卸料机构，使滤板能够自动卸料，减轻工人的劳动强度，节省卸料时间。

在脱水设备下面设有小带式输送机，使落料能够自动装上矿车。带宽800 mm，卸料高度1250 mm以上。

根据现场泥浆性状，确定滤布材质、滤板数量、系统压力，确保压滤效果。

MQC-15煤矿用清仓机压滤脱水设备技术参数见表6-3。

表6-3　MQC-15煤矿用清仓机压滤脱水设备技术参数（系统设备MQC-15）

设备	技术参数	指标
粗细分离缓冲系统装置 HG-4.0	容积/m³	2.5
	功率/kW	4
	电机电压/V	660/1140
压滤泵 2(1/2)PN-215	流量/(m³·h⁻¹)	25
	扬程/m	70
	功率/kW	22
	电机电压/V	660/1140
多功能压滤机 MDYZ	入料浓度/%	40~50
	处理量(干物料)/(t·h⁻¹)	5~8
	出料水分/%	28~30
	回收物料粒度/mm	0.02~13
	电机电压/V	660/1140
	电机功率/kW	11+4

6.4　应用实例

6.4.1.1　江西铜业集团公司永平铜矿油隔离泥浆泵排泥

永平铜矿井下采矿生产井深240 m，日生产矿石6000 t，为空场嗣后充填采矿法回采矿石。排泥硐室设在主排水泵房附近，通过联络道与主水泵房相连。排泥硐室内装备1台2DGN-30/7型油隔离泥浆泵，流量30 m³/h，压力7.0 MPa，配套电机型号Y315L1-8，功率90 kW，电机转速740 r/min。水仓中的淤泥用高压水枪稀释后，由80QW-30-7.5型潜污泵通过管路扬入搅拌桶，搅拌均匀后送至油隔离泥浆泵吸入口，通过油隔离泥浆泵输送到排泥管,经北进风管缆井中的排泥管路直接排出地表至泥浆堆放处。该油隔离泥浆泵从 2013 年开始使用以来,效果良好。

6.4.1.2　陕西彬长文家坡矿业公司 MQC-45 压滤式水仓清挖系统

文家坡矿业公司采用 MQC-45 压滤式水仓清挖系统处理水仓煤泥,设备配置如下。

(1)MSYZ100/1000 PLC 自动控制煤泥专用压滤机 1 台[水平布置,L＝4800 mm;滤板数:(62+4)件。单、双向组合压滤机,改变油缸安装位置,可分别组合成单作用和双向双作用压滤机]。

(2)专配液压站(结合 PLC 控制系统新设计)1 台。

(3)压滤泵 1 台(GM1-250BD31 液压马达驱动)。

(4)QSC-30 型清挖输送车 1 台(胶轮四驱型;装载方式为螺旋提斗式;吸排阀采用夹管阀;配 45 kW-4P/660/1140 防爆电机 1 台;四联泵。吸口配三通及蝶阀,可实现直接吸取或从料斗中吸取煤泥浆料)。

(5)煤泥粗分机(结合 PLC 控制系统增加低液位防吸空控制装置)1 台。

(6)滤油机 1 台。

该设备于 2017 年调试成功,目前运行正常。

6.4.1.3　郑煤集团(河南)白坪煤业公司压滤式水仓清挖系统

郑煤集团(河南)白坪煤业公司是一个年产 180 万 t 原煤的现代化矿井,井下水仓内仓长 280 m,外仓长 420 m,水仓断面 3.5 m×3 m,水仓底部与入口落差 6 m。颗粒分布范围 0.02~12 mm,压滤后煤泥运输方式为 1 t 煤车。2010 年投入使用,使用情况良好。

白坪煤业公司压滤式水仓清挖系统设备配置如下。

(1)MSYZ100/1000 自动拉板煤泥专用压滤机 1 台,水平布置。

(2)液压站 1 台。

(3)煤泥清挖泵 2 台,其中 1 台 380.2,1 台 380.1(配 BMR-125 油马达),仓内输送泵进、出口均用 3 inch* 排砂管。

(4)缓冲搅拌罐(ϕ1200,分体式)1 台(出口法兰为 3 inch,电机功率为 4 kW)。

(5)自行式搅拌车 1 台(轨距 600 mm,螺旋滚筒直径 500 mm、长度 1800~2600 mm),配 YB2-112M-4 电机 2 台,武进产摆线减速机 1 台,浙江星海产两级蜗轮蜗杆减速机 1 台,接口通径为 3 inch。

(6)滤油机 1 台。

该设备于 2011 年调试成功,使用效果良好。

参考文献

[1] 郑锡恩.采矿设计手册矿山机械卷[M].北京:中国建筑工业出版社,1986.

[2] 张荣理,何国纬,李铎.采矿工程设计手册(中册)[M].北京:煤炭工业出版社,2003.

[3] 吴翠艳.MQC-75 型煤矿水仓清仓机的设计及应用[J].矿山机械,2009,37(15):13-15.

---

* 1 inch＝2.54 cm。

第 7 章

矿石粗破碎设备

7.1 概述

出矿(岩)块度较大或大块较多的矿山,通常在露天采场、地下采掘工作面、溜井旁或矿山地面上设置粗破碎设施,将矿岩破碎至运输设备所要求的块度。矿石粗破碎承担着减小原矿粒度,为后续碎磨提供合格粒度物料的任务。同时,矿石粗破碎后粒度变小,更便于高效运输。从采矿场输出的矿岩上限粒度在 400 至 1500 mm 之间,粗破碎后上限粒度一般在150 至 300 mm 之间。

目前,旋回破碎机、颚式破碎机、锤式破碎机和轮齿式破碎机是矿石粗破碎的主体设备,这些主体设备通常以破碎站形式应用在矿山。粗破碎站大致分为三类:固定式破碎站、半移动式破碎站和移动式破碎站。

采选融合是数十年来矿山设备发展的趋势之一。早期的矿石粗破碎环节设置在选矿厂。从 20 世纪 50 年代开始陆续出现的新运输设备和破碎设施彻底改变了传统的采矿和选矿工艺。矿石的粗破碎环节由选矿厂搬到了采矿场,矿石运输费用大幅度降低,生产效率极大提高,采矿场作业环境也得到改善。

近些年来,半移动式破碎站在我国露天矿山得到越来越多的应用,全移动式破碎站已经在煤矿得到应用,正在向金属矿山渗透。为了实现地下金属矿山的半连续和连续采矿作业,我国科技人员从 20 世纪 80 年代开始进行了许多有益的尝试,暂时还未有工业化应用。

作为金属矿山广泛应用的粗碎设备,旋回破碎机和颚式破碎机性能近些年提升很快,无论固定式还是半移动式破碎站,无论是地面还是井下破碎站,都有越来越出色的表现。旋回破碎机和颚式破碎机的结构越来越紧凑,处理能力不断提升,运营成本逐步下降。自动控制系统不仅保护了破碎机本身,同时也提升了设备性能。随着颚式破碎机处理能力的不断提高,其已经成为一种广受欢迎的旋回破碎机的替代品。由于体积较小,颚式破碎机也适合在狭窄空间中应用,例如井下采矿和移动式破碎。

7.2　分类与特点

作为矿石粗破碎的主体设备，目前主要有旋回破碎机、颚式破碎机、锤式破碎机和轮齿式破碎机四种，各自特点见表 7-1。其中，旋回破碎机和颚式破碎机在金属矿山中的应用最广泛。

表 7-1　粗碎设备类型与特点

名称	原理	优点	缺点
旋回破碎机	做旋摆运动的动锥周期性地靠近定锥，破碎腔内的物料不断受到挤压、弯曲和冲击等作用而被破碎	破碎腔深度大，工作连续，生产能力强； 工作平稳，震动较轻，设备基础质量较小； 可挤满给矿，大型旋回破碎机允许直接给入原矿石，无须增设矿仓和给矿机； 易于启动，可满仓带载启动； 片状产品较少	结构复杂，价格较高； 设备质量大，机身高； 安装和维护较复杂； 处理含泥较多及黏性较高矿石时，排矿口容易堵塞
颚式破碎机	活动颚板周期性地接近固定颚板，物料主要受到挤压作用而被破碎	构造简单，重量轻，价格低廉，便于运输和维修； 外形高度小，所需厂房高度低； 工作可靠，调节排矿口方便； 破碎含泥较多及黏性较大矿石时，不易堵塞	衬板易磨损； 处理量稍低； 产品粒度不均匀且条状或片状较多； 要求均匀给矿，需设置给矿设备
锤式破碎机	物料受高速回转锤头冲击，物料高速撞击固定衬板，以及物料间相互碰撞而被破碎	破碎比大，一般为 10~15； 生产效率高，产品均匀，过粉碎现象少； 结构简单，操作、维护容易	锤头和蓖条筛磨损快； 破碎黏湿物料时，易堵塞蓖条筛缝
轮齿式破碎机	物料在两轮齿间被夹住，受剪切和拉伸作用而被破碎；物料通过轮齿区、轮齿与破碎梁区域，经进一步破碎而排出	特别高的生产能力； 明显低矮的机架； 非常安全可靠的过载保护装置； 较好的筛分、粒度控制和粒度均整功能； 特别适用于黏性、含水量较高物料	不适用于抗压强度超过 250 MPa 的矿岩物料； 轮齿磨损更换费用高

所选择的粗破碎设备主机类型与规格，应能适应矿石物理性质，满足处理能力和产品粒度要求，还需考虑设备配置因素。与破碎性能相关的矿石物理性质主要包括矿石硬度、密度、黏性、含黏土量、水分、给矿中最大粒度及粒级组成等。

粗破碎设备主机类型选型原则如下。

(1) 对于坚硬或中等硬度矿石，适于选用颚式破碎机或旋回破碎机。颚式破碎机投资和运行成本低，应优先选用。目前大规格颚式破碎机处理量已经超过 1000 t/h。

(2) 对于中等硬度或较软矿石，可以选用颚式破碎机、轮齿式破碎机或锤式破碎机。与颚式破碎机相比，锤式破碎机能得到更小的产品粒度，轮齿式破碎机低矮且具备筛分、粒度控制和粒度均整功能。

(3) 应用于地下或空间受限制场合时，应优先选用颚式破碎机和轮齿式破碎机。

确定破碎机规格所依据的主要技术参数包括以下几种。

(1)最大给矿粒度。适宜的给料口尺寸能保证原矿顺利喂入破碎机,使其正常工作。通常原矿最大给矿粒度不应大于设备给矿口宽度的0.8~0.85倍。如果所选破碎机给料口尺寸偏小,即所选破碎机型号偏小,虽然可以降低设备投资,但会有较多的过大块需要二次破碎,影响破碎作业的连续性。如果所选破碎机给料口尺寸偏大,即破碎机型号偏大,虽然能保证破碎作业的连续性,但会增大设备投资,同时增加所需设备空间。

(2)最大排料粒度。破碎机排料口尺寸决定了排料粒度。对于颚式破碎机,产品中最大排料粒度尺寸约为破碎机紧边排料口尺寸的1.6~1.8倍。对于旋回破碎机,最大排料粒度通常为$d=(1.25~1.65)e$。e为动锥离开固定锥时,两截锥体下端的距离。软矿石$d=1.25e$,中等硬度矿石$d=1.45e$,硬矿石$d=1.65e$。粗碎破碎机产品粒度的选择,既应充分考虑与后续作业(中碎)设备的衔接,也应考虑粗碎设备本身的合理破碎比。破碎机排料口尺寸过大,排料将难以喂入后续设备。排料口尺寸过小,将加重破碎机的负荷,从而使其处理量降低,破碎机衬板磨损加重。

(3)处理量。处理量指在一定给矿粒度和所要求排矿粒度条件下,单位时间(h)内1台破碎机能够处理的矿石量(t/h)。破碎机处理量与矿石性质(如硬度、粒度、容重)、破碎机类型和规格尺寸、破碎机操作条件(如给矿均匀程度)等因素有关,目前还没有符合生产实际的理论计算公式。在破碎机选型时,可以使用经验公式(7-1)进行计算,然后依据已有设备生产实际数据来确定。随着破碎机技术发展,设备处理能力有了很大提高,经验公式的计算结果也未必准确,此处仅作为一个参考。

$$Q=K_1K_2K_3K_4q_s \tag{7-1}$$

式中:Q为设计条件下的破碎机处理量,t/h;K_1为矿石硬度修正系数,$K_1=1-0.05(f-14)$或查表7-2,f为矿石普氏硬度;K_2为矿石密度修正系数,$K_2=\rho_s/1.6\approx\rho/2.7$,$\rho_s$为矿石松散密度$(t/m^3)$,$\rho$为矿石密度$(t/m^3)$;$K_3$为给矿粒度修正系数,$K_3=1+(0.8-d_{max}/B)$或查表7-3,$d_{max}$为给矿最大粒度(mm),$B$为给矿口宽度(mm);$K_4$为水分修正系数,查表7-4;$q_s$为中硬矿石、松散密度1.6 t/m^3、开路破碎时的处理量,t/h,颚式或旋回破碎机按式$q_s=q_0b$计算或按照设备样本数据选取,q_0为单位排矿口宽度处理量$[t/(mm·h)]$,分别查表7-5和表7-6,b为破碎机排矿口宽度(mm)。

表7-2　矿石硬度修正系数 K_1

矿石硬度等级	软		中硬				硬			特硬	
普氏硬度	10	11	12	13	14	15	16	17	18	19	20
K_1	1.20	1.15	1.10	1.05	1.0	0.95	0.90	0.85	0.80	0.75	0.70

表7-3　给矿粒度修正系数 K_3

d_{max}/B	0.3	0.4	0.5	0.6	0.7	0.85
K_3	1.5	1.4	1.3	1.2	1.1	1.0

表 7-4　水分修正系数 K_4

矿石含水率/%	4	5	6	7	8	9	10	11
K_4	1.0	1.0	0.95	0.90	0.85	0.80	0.75	0.65

表 7-5　颚式破碎机 q_0

破碎机规格/(mm×mm)	600×900	900×1200	1200×1500	1500×2100
$q_0/(t \cdot mm^{-1} \cdot h^{-1})$	0.95~1.00	1.25~1.30	1.90	2.70

表 7-6　旋回破碎机 q_0

破碎机规格/mm	500	700	900	1200	1400	1600
$q_0/(t \cdot mm^{-1} \cdot h^{-1})$	2.5	3.0	4.5	6.0~7.0	9.0~10.0	12.5~13.5

7.3　旋回破碎机

旋回破碎机属于圆锥破碎机的一种,又称为粗碎用圆锥破碎机,因动锥体做旋回摆转运动而得名。旋回破碎机已问世130多年,其工作原理和基本结构没有重大变化,但在大型化、性能参数、结构优化、可靠性提升以及自动化控制系统应用等方面都不断取得新进展。

7.3.1　结构与特点

各厂商对旋回破碎机规格的标识方式不同,分别有动锥底部直径、给料口宽度/排料口宽度、给料口尺寸/动锥底部直径等方式。

旋回破碎机如图7-1所示。动锥悬挂在机器上部的横梁上,并利用偏心套筒偏心地安装在中空的定锥体内,旋回破碎机的破碎腔为动锥和定锥之间的环形空间。动锥绕轴旋转时,会依次靠近或离开定锥。当动锥靠近定锥时,处于两者之间的矿石就被压碎;反之,当动锥离开定锥时,已被破碎的物料靠自重排出。在破碎腔内,物料还受到弯曲作用而被碎裂。在任一瞬间,都有一部分物料被压碎,而它对面的那一部分则同时向下排出,因此其工作是连续的。

根据排料口调整和过载保护装置是机械式还是液压式,旋回破碎机分为机械式和液压式两大类。

机械式旋回破碎机目前已经很少应用,主要由工作机构、传动机构、调整装置、保险装置和润滑系统等部分组成。其主轴上端有调整螺母,旋转调整螺帽,动锥(破碎锥)即可下降或上升,使排料口随之变大或变小。超载时,靠切断传动皮带轮上的保险销实现保护。

图 7-1　旋回破碎机

液压式旋回破碎机与机械式破碎机的不同之处在于，在主轴悬吊点的支撑环处安装液压缸，让动锥重量及破碎力作用在液压缸上；或者是在主轴底部设置液压缸，让主轴坐落在液压缸的柱塞上，柱塞下液压油的流入或流出可以使动锥向上或向下移动，从而改变排料口大小。超载时，主轴向下压力增大，迫使柱塞下液压油进入液压传动系统中的蓄能器，使动锥随之下降以增大排料口，排出随物料进入破碎腔的非破碎物（铁器、木块等），以实现保护，如图 7-2 所示。

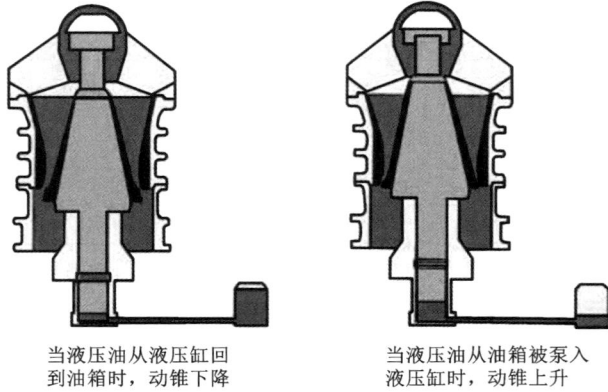

当液压油从液压缸回　　　　　　当液压油从油箱被泵入
到油箱时，动锥下降　　　　　　液压缸时，动锥上升

图 7-2　排料口调整和过载保护装置

液压旋回破碎机结构如图 7-3 所示，其主要由以下几部分组成。

（1）传动部。

传动轴横放在机座内，轴架内装有青铜衬套，传动轴在衬套中转动。电动机动力经传动带、联轴器、传动轴、圆锥齿轮副传递给偏心轴套。偏心轴套转动时，就带动主轴与压合于其上的动锥体一起转动。动锥的中心线就以横梁上的固定悬点为顶点沿着锥面轨迹旋转。

（2）机座部。

机座是破碎机的主要零件之一，由地脚螺钉固定在地基上。机座的中心筒内压配有大轴套，偏心轴套就在此衬套中旋转。机座中心筒用四根筋板与机座连为一体。筋板与中心筒上面设有锰钢护板，以免落下的矿石砸坏筋板和中心筒。在机座的侧壁上，有检查机器用的人孔，机器正常工作时用盖子盖住。

（3）偏心套部。

偏心轴套装在机座中心筒的大轴套内，在中心套筒与大圆锥齿轮之间放有三片止推圆盘。下面的圆盘为钢制，用圆柱销固定在中心套筒的上端以防转动；上面的圆盘也为钢制，用螺钉固定在大圆锥齿轮上，并与其一起转动；中间的圆盘采用青铜制作。偏心轴套采用内外浇铸巴氏合金材料，为使巴氏合金铸牢，在偏心轴套内表面加工有密布的燕尾槽。使用过程中偏心套受到冲击负荷作用时，易形成裂纹和剥落，产生磨屑堵塞油路，导致过铁死机，加速偏心套损坏，需费时、费力更换偏心套。为此，一些公司采用高抗冲击耐磨材料高分子合金——改性铸型尼龙替代巴氏合金。在冲击载荷条件下，改性尼龙材料的承受能力优于巴氏合金，属于耐疲劳性高的材料。在轴与偏心套间产生冲击时，巴氏合金会破裂剥离。但是改性铸型尼龙比金属材料有更好的弹性，它不易破损，具有退让性，还有很高的抗冲击强度和很好的柔韧性。改性尼龙偏心套使用寿命是巴氏合金偏心套的三倍。

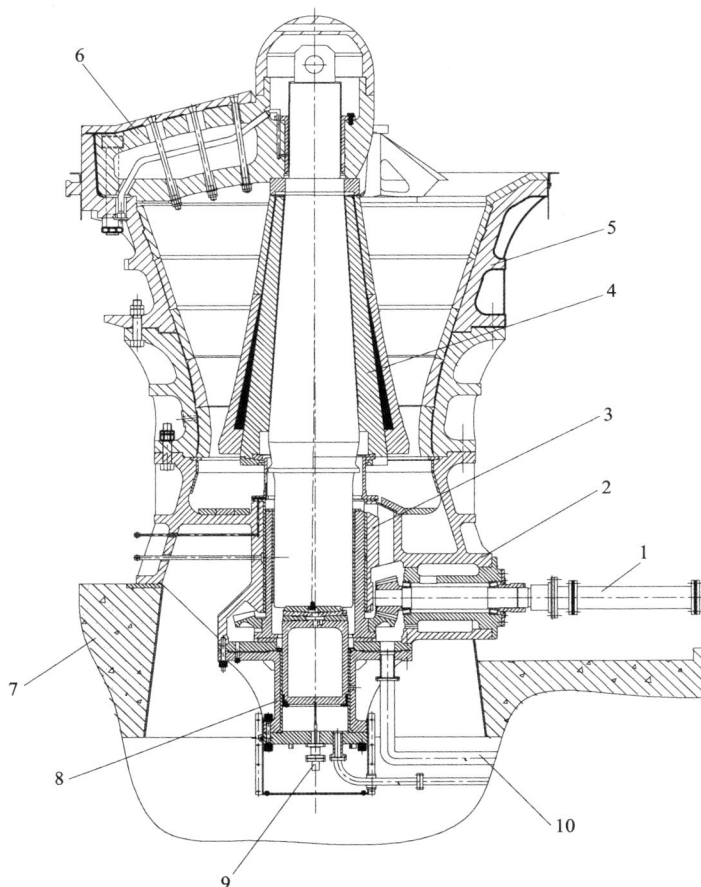

1—传动部；2—机座部；3—偏心套部；4—破碎圆锥部；5—中架体部；
6—横梁部；7—基础部；8—液压缸部；9—液压部；10—稀油润滑部。

图 7-3　液压旋回破碎机结构

（4）破碎圆锥部。

破碎圆锥部也称动锥，由底部液压油缸支承，上部插入横梁中心孔锥形衬套内。破碎机旋转时，锥形套下部是锥面，能满足动锥旋摆运动要求。动锥外表面衬有可更换的环形锰钢衬板，在衬板与锥体之间浇铸锌合金，同时用螺帽把衬板压紧在躯体上，以增强衬板的强度和配合度。锥体和主轴采用静配合，其间浇注锌合金。主轴的底端固连着上摩擦盘，上摩擦盘的底面为凸球面，它和中摩擦盘的球面相配合。因摩擦作用，动锥产生自转；空转时，自转的方向与公转的方向相同；给入矿石后，自转的方向与公转的方向相反。

（5）中架体部。

中架体由上、下两部分环体组成，上下环体经止口相配，用螺栓连接。架体内有四圈锰钢衬板，衬板和架体之间浇筑一层锌合金，以增强衬板与架体的贴合度。中架体下部和机座相连，上部与横梁相接。机座与中架体之间通过止口定位并用螺钉紧固。

（6）横梁部。

横梁部主要是为主轴上端提供一个支撑点，使主轴上端插入横梁的中心孔里。由于液压旋回破碎机的动锥采用底部液压油缸支承，其顶部支撑结构比普通悬挂式旋回破碎机要简单得多。横梁中心孔里装有锥形衬套，主轴上端插入锥形衬套锥形孔内。衬套的锥形孔正好能满足主轴做锥面旋回运动的要求。工作时，主轴轴头就在锥形衬套锥形孔中做旋摆滑滚运动。当调整旋回破碎机排矿口时，主轴轴头可以在锥形衬套里上下移动。为防止横梁被矿石打伤，横梁上设有护板。

（7）基础部。

固定式破碎站宜采用钢筋混凝土结构，半移动式破碎站宜采用钢结构，移动式破碎站宜采用自行式履带结构。

（8）液压缸部。

液压油缸用螺栓连接固定在机座底部，用于支撑动锥，承受工作时的轴向力。缸体内柱塞上方安装有三个摩擦盘，上摩擦盘固定在主轴下端，下摩擦盘固定在柱塞上，中摩擦盘上表面是球面，下表面是平面。破碎机工作时，中摩擦盘上球面与上摩擦盘、中摩擦盘下平面与下摩擦盘之间都有滑动。中摩擦盘以小于上摩擦盘的转速转动。摩擦盘上具有相对运动的表面都有油沟进行润滑。油缸下部靠 YX 形密封圈和 Q 形密封圈密封。改变油缸的油量就能调整破碎机排矿口。

（9）液压部。

液压系统由单级叶片泵、单向阀、溢流阀、单向节流阀、截止阀、蓄能器和油箱等组成。蓄能器起保险作用，内部充气压力约为 1.3 MPa。单向节流阀起过铁动作快、复位动作慢的作用，以减轻复位时对破碎机的强烈冲击。

（10）稀油润滑部。

破碎机配备干、稀油润滑装置。干油润滑系统由手动干油泵、给油器和滤油器组成，用于润滑横梁中心孔上的轴承。稀油润滑系统由油泵、冷却器、过滤器等组成，用于润滑油缸上的摩擦盘，以及偏心套内外、圆锥齿轮下部的摩擦盘、齿轮和传动轴承。

7.3.2 应用范围

旋回破碎机主要用于大、中型采选厂，水泥厂和大型采石厂，用于粗碎各种硬度岩矿物料。其破碎比通常为 3~5。最大给料粒度为破碎机给料口尺寸的 80%~85%，其产品粒度通常为 200~350 mm。

7.3.3 主要生产厂家与产品技术参数

（1）美卓奥图泰公司。

表 7-7 为美卓奥图泰 SUPERIOR ⓒ MKII 系列旋回破碎机主要技术参数。

表 7-7 美卓奥图泰 SUPERIOR ⓒ MKII 系列旋回破碎机主要技术参数

型号	电机功率 /kW	电机转速 /(r · min⁻¹)	给料口宽度 /mm	松边排料口 尺寸/mm	生产能力 /(t · h⁻¹)	总质量 /t
42-65	375	600	1065	140~175	1635~2320	119
50-65	375	600	1270	150~175	2245~2760	145

续表 7-7

型号	电机功率 /kW	电机转速 /(r·min⁻¹)	给料口宽度 /mm	松边排料口 尺寸/mm	生产能力 /(t·h⁻¹)	总质量 /t
54-75	450	600	1370	150~200	2555~3385	242
62-75	450	600	1575	150~200	2575~3720	302
60-89	600	600	1525	165~230	4100~5550	387
60-110	1000	514	1525	175~250	5575~7605	588
60-110E	1200	600	1525	175~250	5535~8890	553

（2）艾法史密斯公司。

表 7-8 为艾法史密斯 NT 系列旋回破碎机主要技术参数。

表 7-8　艾法史密斯 NT 系列旋回破碎机主要技术参数

型号	电机功率 /kW	电机转速 /(r·min⁻¹)	给料口宽度 /mm	松边排料口 尺寸/mm	生产能力 /(t·h⁻¹)	总质量 /t
1100×1750	375		1100	125~175	1780~2730	
1300×1750	375		1270	125~175	1650~2560	
1370×1950	450		1370	125~200	1800~3160	
1600×2000	450		1575	125~200	1750~2920	
1525×2260	600		1525	175~225	3700~5485	
1525×2790	750	514	1525	175~275	5485~8200	

（3）山特维克矿山工程机械有限公司。

表 7-9 为山特维克 CG 系列旋回破碎机主要技术参数。

表 7-9　山特维克 CG 系列旋回破碎机主要技术参数

型号	电机功率 /kW	电机转速 /(r·min⁻¹)	给料口宽度 /mm	松边排料口 尺寸/mm	生产能力 /(t·h⁻¹)	总质量 /t
CG650	375	460	1150	100~175	910~2460	181
CG820	450	440	1350	130~205	1350~3350	262
CG840	600	430	1550	150~235	2370~5540	451
CG850	800	420	1550	150~235	3090~6980	523
CG880	1100	410	1650	175~250	4810~9750	748

（4）蒂森克虏伯公司。

蒂森克虏伯公司除生产 KB 系列旋回破碎机（主要技术参数见表 7-10）外，还生产 BK 系列颚旋式破碎机。与标准旋回破碎机不同的是，颚旋式破碎机具有特殊形状的向一侧延伸的进料口（图 7-4）。进料口通常带齿板，与上部定锥衬板形成初级破碎腔，经过初级预先破碎的大物料进入位于下部的环形破碎腔进行进一步破碎（少部分已经能排出的物料直接经破碎腔下落排出），以达到最终要求的粒度。由于一侧入料口延伸加大并装有齿板，颚旋式破碎机能处理比任何相似规格的旋回破碎机更大的给料块。

表 7-10　蒂森克虏伯 KB、BK 系列旋回破碎机主要技术参数

型号	电机功率/kW	偏心套转速/(r·min⁻¹)	给料口宽度/mm	松边排料口尺寸/mm	生产能力/(t·h⁻¹)	总质量/t
KB54-67	450	137	1370	130~185	1200~4300	180
KB54-75	650	137	1370	130~200	1300~5300	215
KB63-75	650	137	1600	150~215	1700~6000	270
KB63-89	1000	130	1600	150~240	2300~8500	332
KB63-114	1200	127	1600	175~240	3000~10300	530
KB63-130	1500	125	1600	170~300	3700~14400	495
BK54-67	450	137	1350	130~200	900~4000	175
BK63-75	650	137	1675	130~200	1100~4900	209

图 7-4　蒂森克虏伯 BK 系列颚旋式破碎机

（5）中信重工机械股份有限公司。

表 7-11 为中信重工 PXZ 系列旋回破碎机主要技术参数。

表 7-11　中信重工 PXZ 系列旋回破碎机主要技术参数

型号	电机功率/kW	电机转速/(r·min⁻¹)	给料口宽度/mm	松边排料口尺寸/mm	生产能力/(t·h⁻¹)	总质量/t
PXZ42-65	400	590	900	140~175	1800~2850	122
PXZ50-65	400	590	1050	150~175	2200~2950	158
PXZ54-75	650	590	1180	150~200	2620~4000	229
PXZ63-79	650	590	1400	150~200	2670~4325	284
PXZ60-89	800	590	1300	160~230	4200~5810	355
PXZ60-113	1200	590	1300	160~260	5430~10000	552

（6）北方重工集团有限公司。

北方重工集团生产 PXZ（重型）、PXQ（轻型）和 PXF（引进）三个系列旋回破碎机，其主要技术参数见表 7-12。PXZ 系列用于破碎中等以上硬度的各种物料，PXQ 系列用于破碎中等以下硬度的各种物料，PXF 系列用于大型露天矿山和选矿厂。

表 7-12　北方重工 PXZ、PXQ 和 PXF 系列旋回破碎机主要技术参数

型号	电机功率 /kW	电机转速 /(r·min^{-1})	给料口宽度 /mm	松边排料口尺寸/mm	生产能力 /(t·h^{-1})	总质量 /t
PXZ0506	130	585	500	60	140~170	44
PXZ0710	155	730	700	100	310~400	91
PXZ0909	210	730	900	90	380~510	141
PXZ0913	210	730	900	130	625~770	141
PXZ0917	210	730	900	170	815~910	141
PXZ1216	400/450	500	1200	160	1250~1480	228
PXZ1221	400/450	500	1200	210	1500~2000	228
PXZ1417	450/500	500	1400	170	2100~2500	309
PXZ1422	450/500	500	1400	220	2000~2500	309
PXZ1619	630	500	1600	190	2500~3000	481
PXZ1623	630	500	1600	230	4300~4800	481
PXQ0710	130	585	700	100	200~240	—
PXQ0913	155	730	900	130	350~400	—
PXQ1215	210	735	1200	150	720~815	—
PXF5474	450	490	1372	152	2200~2500	—
PXF5484	450	490	1372	203	2500~3000	—
PXF6089	560/630	490	1524	178	4000~4500	—
PXF60110	800/900/1000	490	1524	175~280	4500~8000	—
PXF7293	630	295	1829	178	3800~5000	—

7.4　颚式破碎机

颚式破碎机出现于 1858 年，由动颚和静颚两块颚板组成破碎腔，模拟动物的两颚运动，从而完成物料破碎作业。它虽然是一种古老的破碎设备，但是由于结构较简单、工作可靠、维修方便、机型齐全并已大型化等优点，至今仍在冶金、矿山、建筑、材料、化工和铁路等领域获得广泛应用。在金属矿山中，它用于对坚硬或中硬矿石进行粗碎和中碎。

7.4.1　结构与特点

按动颚运动特征，颚式破碎机主要分为简单摆动型和复杂摆动型两种，如图 7-5 所示。

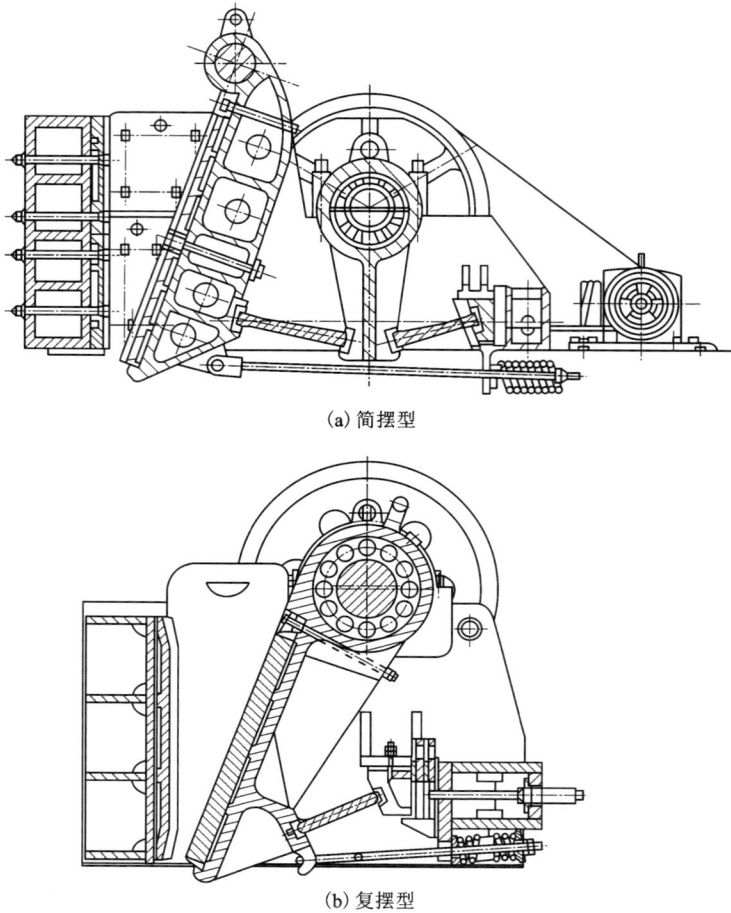

（a）简摆型

（b）复摆型

图 7-5　颚式破碎机主要类型

由于运动轨迹简单，故称其为简单摆动型颚式破碎机，简称简摆颚式破碎机。简摆颚式破碎机如图 7-5（a）所示，动颚悬挂在芯轴上，可左右摆动。偏心轴旋转时，连杆做上下往复运动，带动两块推力板也做往复运动，从而推动动颚在左右方向做往复运动，实现破碎和卸料。此种破碎机采用曲柄双连杆机构，虽然动颚能承受很大的破碎反力，但其偏心轴和连杆却受力不大，所以曾经制成大型机和中型机，用来破碎坚硬的物料。此外，这种破碎机工作时，动颚上每点的运动轨迹都是以芯轴为中心的圆弧，圆弧半径等于该点至轴心的距离，上端圆弧小，下端圆弧大，因而破碎效率较低。由于动颚垂直位移较小，因而动颚颚板的磨损小。由于简摆颚式破碎机处理能力很小，并且采用需强制润滑的滑动轴承，结构较为复杂，目前除应用于破碎铁合金等异常坚硬物料外，已经很少使用。

复摆颚式破碎机如图 7-5（b）所示，动颚上端直接悬挂在偏心轴上，作为曲柄连杆机构的连杆，由偏心轴的偏心直接驱动，动颚的下端铰连着推力板(肘板)支撑到机架的后壁上。当偏心轴旋转时，动颚上各点的运动轨迹是由悬挂点的圆周线(半径等于偏心距)，逐渐向下变成椭圆形，越向下部，椭圆形越扁，直到下部与推力板连接点的轨迹为圆弧线。由于这种设备动颚上各点的运动轨迹比较复杂，故称为复杂摆动型颚式破碎机，简称复摆颚式破碎机。

　　与简摆颚式破碎机相比，复摆颚式破碎机处理能力强，构件较少，结构更紧凑，重量更轻，维护更简单。随着技术的进步，大规格复摆颚式破碎机得到了越来越广泛的应用。

　　复摆颚式破碎机的结构如图7-6所示，主要由前机架、后机架、侧板、定颚衬板、侧护板、动颚衬板、动颚、偏心轴、调整楔块、肘板、拉杆等组成。

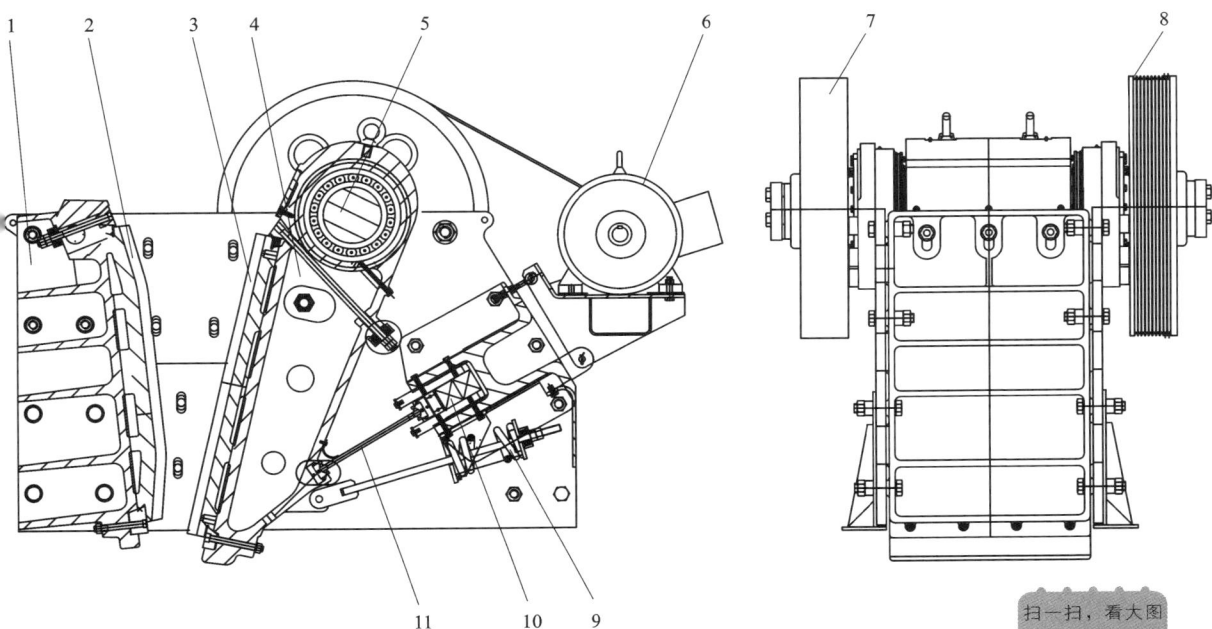

1—机架；2—定颚衬板；3—动颚衬板；4—动颚；5—偏心轴；6—电动机；
7—飞轮；8—皮带轮；9—弹簧拉杆装置；10—调整楔块；11—肘板。

图7-6　复摆颚式破碎机结构

　　(1)机架。机架是破碎机的基础部件，其必须具有足够的强度和刚度。机架可以为整体铸钢件、整体焊接件或螺栓拼装件。早期颚式破碎机机架基本上采用整体铸钢件，架体笨重，且不可修复。目前，中小型颚式破碎机多为整体焊接件，大型颚式破碎机可以采用整体焊接件或螺栓拼装件。采用整体焊接结构时，需要焊后退火处理，以消除焊接应力。采用螺栓拼装结构时，机架可以分体运输，在井下组装。非焊接、销孔联结、螺栓紧固结构的机架，不仅实现了轻量化，而且其使用寿命更长，维修成本更低。

　　(2)动颚总成。动颚是支承衬板且直接参与破碎矿石的部件，要求有足够的强度和刚度，其结构应坚固耐用。动颚体有箱型和非箱型两种结构，一般为整体铸钢件。动颚总成中的四盘轴承均为润滑脂润滑，可采用手动润滑装置或自动润滑系统。

　　(3)颚板。颚板包括定颚衬板和动颚衬板，是直接与矿石接触的零件，其不仅应具有足够的表面硬度和耐磨性,还要有良好的韧性,材料多采用高锰钢。颚板有多种类型,应根据矿石性质和粒度要求选用。中小型颚式破碎机采用整体式颚板,大型颚式破碎机多采用分体式颚板,也可采用整体式颚板。整体式颚板易于安装,更换快捷,停机时间短,适用于维护空间受限的情况(如移动式破碎站)。分体式颚板可以翻转、上下互换使用,颚板使用寿命更长,材料利用率高,吨耗成本降低;但由于增加了中间楔块,故更换不方便。

(4)肘板。肘板是破碎机的安全部件,多采用铸铁材料。不可破碎物进入破碎腔后,肘板断裂,排料口扩大,铁器等从破碎腔内排出。也有公司采用弹性肘板,过载时折弯变形,铁器等排出后则恢复原状,既保护了主机,也省去了肘板更换时间,提高了破碎机作业率。

(5)排料口调整系统。如图7-7所示,排料口尺寸的调整是通过弹簧拉杆装置、肘板垫片增减或S形楔块调整的方式实现的。肘板垫片增减方式虽然简单,但需要停机进行,费时费力。目前,S形楔块调整方式逐渐代替了肘板垫片增减方式。S形楔块调整装置(图7-8)可以采用丝杠等机械方式,也可以采用液压缸等液压方式,实现无极、不停机调整。

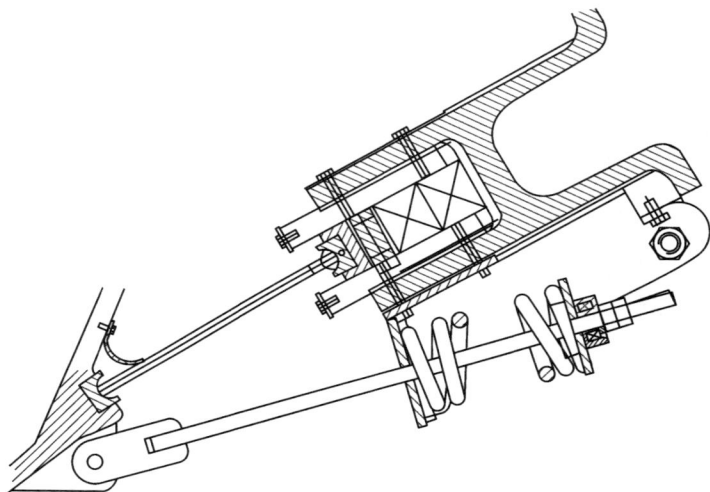

图7-7 排料口调整系统

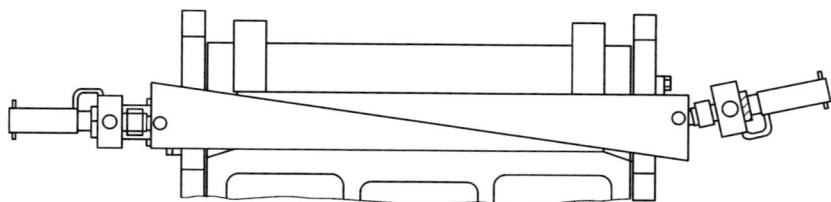

图7-8 S形楔块调整装置

20世纪90年代,北京矿冶研究总院成功研发了外动颚式破碎机,这一新型破碎设备在100多个矿山得到了应用。

外动颚式破碎机突破传统设计观念,将四连杆机构中的连杆作为破碎机动颚部的边板,动颚是连杆上延伸曲线。新的结构使设备运动学性能得到极大改善,动颚与连杆分离,使得动颚的运动特征不再受连杆的运动约束。外动颚式破碎机结构和设备外形分别如图 7-9 和图 7-10 所示。

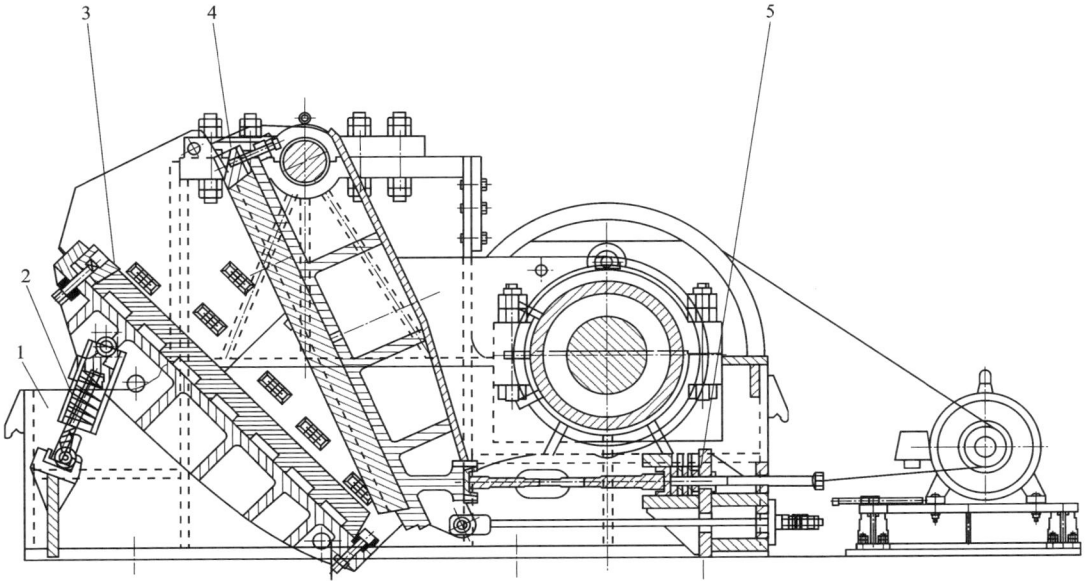

1—机架部;2—拉紧部;3—动颚部;4—可调颚部;5—排料口调整部。

图 7-9 外动颚式破碎机结构

图 7-10 外动颚式破碎机外形

与普通颚式破碎机相比,外动颚式破碎机具有以下特点。

(1)机器高度降低,适合于硐室空间和高差受限制场合。

(2)破碎比大,粒度更小。

(3)处理能力强。

(4)金属磨蚀量小。

(5)可实现个性化产品设计,满足不同用户需求,为大型矿山提供高可靠性、大处理能力颚式破碎机，为中、小型地下矿或坑采提供大破碎比颚式破碎机。

为了最大限度地发挥颚式破碎机性能，以及延长破碎机磨耗件使用寿命，设计选型时需要注意以下两点。

（1）超大规格给料会降低颚式破碎机生产能力，并可能导致破碎机组件承受额外应力，因此通常在原矿仓前设置固定格筛。

（2）给料中粉状物料过多，一方面会增大破碎机所承受载荷，另一方面会加快破碎腔底部衬板的磨损。因此，当给料中粉状物料过多时，可以考虑在颚式破碎机前增设预先筛分，使用棒条筛将小于紧边排料口的粉状物料预先筛除。

7.4.2 应用范围

产品广泛适用于矿山、冶金、建材、煤炭、化工、水电、公路铁路、机场港口等长时间连续破碎抗压强度不超过 320 MPa 的各种矿石或岩石的作业，一般用于粗碎或中碎作业。

7.4.3 主要生产厂家与产品技术参数

（1）美卓奥图泰。

表 7-13 为美卓奥图泰 C 系列颚式破碎机主要技术参数。

表 7-13 美卓奥图泰 C 系列颚式破碎机主要技术参数

技术参数	C80	C96	C106	C116	C120	C130	C150	C160	C200
给料口长度/mm	800	930	1060	1150	1200	1300	1400	1600	2000
给料口宽度/mm	510	580	700	760	870	1000	1200	1200	1500
排料口调整范围/mm	40~175	60~175	70~200	70~200	70~175	100~250	125~250	150~300	175~300
处理能力/(t·h⁻¹)	55~335	105~390	150~500	165~520	175~540	270~831	340~880	430~1145	630~1435
电机功率/kW	75	90	110	132	160	160	200	250	400
转速/(r·min⁻¹)	350	330	280	260	230	220	220	220	200
主机质量/kg	7670	9759	14350	18600	26000	40100	51200	76500	121500

（2）山特维克矿山工程机械有限公司。

表 7-14 为山特维克 CJ 系列颚式破碎机主要技术参数。

表 7-14　山特维克 CJ 系列颚式破碎机主要技术参数

基本参数	CJ211	CJ409	CJ411	CJ412	CJ612	CJ613	CJ615	CJ815
给料口尺寸 /(mm×mm)	1100×700	895×660	1045×840	1200×830	1200×1100	1300×1130	1500×1070	1500×1300
外形尺寸 /(mm× mm× mm)	2.39×2.45 ×2.17	2.55×1.88 ×2.38	2.99×2.09 ×2.82	3.23×2.57 ×2.95	3.61×2.35 ×3.51	3.76×2.47 ×3.85	4.11×3 ×3.33	4.50×2.9 ×4.19
给料高度/m	1.12	1.58	1.88	1.93	2.50	2.68	2.39	3.05
排矿口 (CSS) 范围/mm	60~200	50~175	75~225	75~275	125~275	125~300	125~300	150~300
总质量/kg	14300	13200	20600	25800	34500	41500	53000	63500
电动机功率/kW	90	75	110	132	160	160	200	200
破碎机转速 /(r·min⁻¹)	270	270	240	240	210	225	200	200

（3）北京凯特破碎有限公司。

表 7-15 为凯特公司外动颚式破碎机主要技术参数。

表 7-15　凯特公司外动颚式破碎机主要技术参数

型号	给料口尺寸 /(mm×mm)	最大进料粒度 /mm	排放口调整范围 /mm	给料高度 /mm	处理能力 /(m³·h⁻¹)	电机功率 /kW	主轴转速 /(r·min⁻¹)	整机重量 /t	外形尺寸 /(mm×mm×mm)
PW6090	600×900	510	60~140	1240	35~100	75	244	18.1	2843×2342×1636
PW75106	750×1060	630	65~140	1536	55~160	90	244	28.9	3736×2690×2105
PW75150	750×1500	630	65~140	1605	77~240	110	260	52.8	3680×3426×2140
PW90120	900×1200	750	80~165	2088	65~240	110	260	51.5	4204×3062×2616
PW100120	1000×1200	850	110~200	2068	150~280	110	260	52.0	3915×3065×2635
PW120150	1200×1500	1020	150~300	2375	275~575	200	217	102	4700×3752×3206

（4）上海建设路桥机械设备有限公司。

表 7-16 为上海路桥 PE 和 PV 系列颚式破碎机主要技术参数。

表 7-16　上海路桥 PE 和 PV 系列颚式破碎机主要技术参数

型号	进料口尺寸 /(mm×mm)	最大进料粒度 /mm	出料口调整范围 /mm	生产能力 /(t·h⁻¹)	功率 /kW	质量 /t
PE-500×750	500×750	425	50~100	45.6~100	55	10.3
PE-600×900	600×900	500	65~160	48~120	55/75	15.5

续表 7-16

型号	进料口尺寸 /（mm×mm）	最大进料粒度 /mm	出料口调整范围 /mm	生产能力 /（t·h⁻¹）	功率 /kW	质量 /t
PE-750×1060	750×1060	630	80~140	51~208	110	25.1
PE-800×1060	800×1060	650	100~200	136~228.8	110	28.3
PE-870×1060	870×1060	670	200~260	288~384	110	28.7
PE-900×1200I	900×1200	750	100~200	144~304	132	50
PE-900×1200	900×1200	750	100~200	136~228.8	110	43.3
PE-1000×1200	1000×1200	850	195~265	315~342	132	50.6
PE-1200×1500	1200×1500	1020	150~350	300~800	220	83
PE-1500×1800	1500×1800	1200	220~350	450~1000	355	122
PV710	710×1100	600	110~175	169~330	90	17.1
PV912	900×1200	750	155~250	236~470	132	39.3

7.5　锤式破碎机

对于抗压强度在 200 MPa 以下的中等硬度脆性物料，可以使用锤式破碎机进行矿石粗碎作业。粗碎用锤式破碎机型式一般为单转子不可逆式。通过单段破碎作业，可以将大块物料直接破碎到大小约 25 mm。锤式破碎机具有结构简单、破碎比大、生产能力强、能耗低、所占空间小等特点，可将两段或三段破碎合为一次完成，从而简化破碎流程，减少设备投资。

7.5.1　结构与特点

锤式破碎机主要由上机体、转子、锤头、箅条和下机体等组成，如图 7-11 所示。物料由给料机喂入破碎机进料口，并落向旋转的转子，再被悬挂于锤盘之间高速运转的锤头打击，以至破碎或被抛起。被抛起的物料在破碎机腔中互撞或与反击板碰撞，以进一步减小粒度。物料从转子和破碎板之间通过时进一步破碎，或在转子和箅子之间进一步细碎，直到颗粒通过箅缝排出为止。

锤式破碎机具有如下特点。

（1）进料粒度大，破碎比大，破碎比可达 40~80，粗、中碎一步到位，工艺流程简化。

（2）处理能力强，达 50~1000 t/h。

（3）综合能耗低，电耗为 0.5~1.0 kW·h/t。

（4）产品粒形好，呈立方体状。

（5）箅条间隙可调，产品粒度可控。

（6）具备可靠排铁、抗金属异物的安全性。

锤式破碎机规格型号一般用转子工作直径加转子长度来表示。

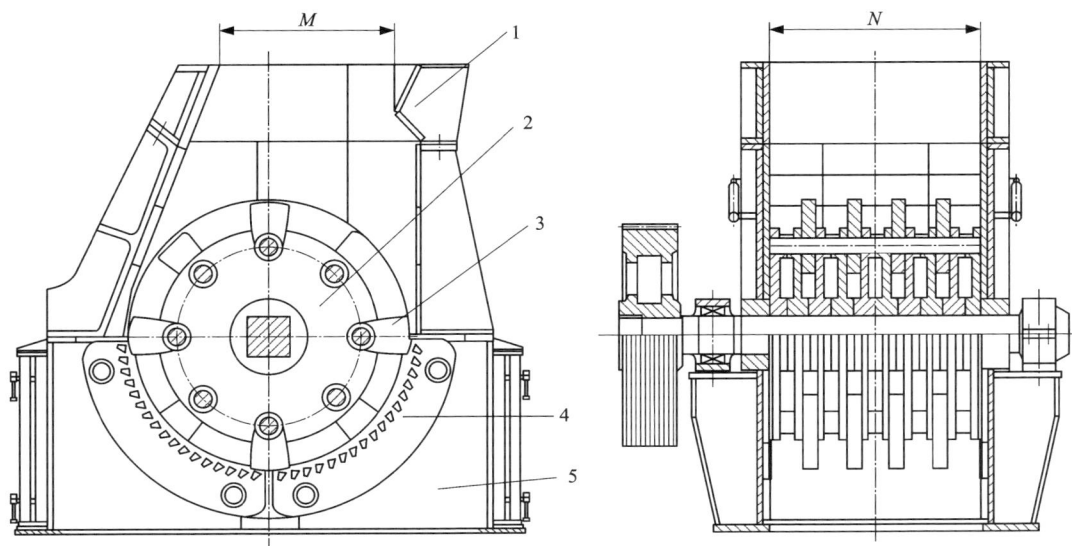

1—上机体；2—转子；3—锤头；4—蓖条；5—下机体。

图7-11 粗碎用锤式破碎机结构简图

7.5.2 应用范围

应用领域：广泛应用于水泥、陶瓷、玻璃、人工砂石、煤炭、非金属矿山和新型绿色建材等行业。

适用物料：主要用于破碎石灰石、白云石等中硬、脆性、含水分小、泥量小的物料。

7.5.3 主要生产厂家与产品技术参数

(1)北京首钢机电有限公司。

PCD系列锤式破碎机系统是北京首钢机电有限公司引进联邦德国O&K公司MAMMUT破碎设备系统专有技术生产的粉碎设备，主要技术参数见表7-17。

表7-17 北京首钢机电有限公司PCD系列锤式破碎机主要技术参数

型号	喂料口尺寸/（mm×mm）	最大喂料口尺寸/mm	出料粒度（95%）<25 mm	处理能力/（t·h^{-1}）	平均电机功率/kW
PCD-3028(MB 84/135)	1860×2800	1900	25	800~1000	1500
PCD-2724(MB 70/90)	1780×2480	1800	25	600~800	1200
PCD-2523(MB 56/75)	1500×2330	1500	25	500~600	900
PCD-2522(MB 52/75)	1500×2210	1500	25	400~550	750
PCD-2519(MB 44/75)	1500×1880	1500	25	250~450	600
PCD-2017(MB 44/50)	1320×1740	1200	25	200~250	350
PCD-2014(MB 36/50)	1320×1450	1200	25	150~200	315
PCD-1812(MB 28/45)	1100×1250	900	25	100~150	200
PCD-1809(MB 20/45)	1050×890	700	25	50~80	100

（2）上海建设路桥机械设备有限公司。

该公司单转子锤式破碎机有 PCF 和 PCD 两个系列，结构上稍有不同，技术参数见表 7-18 和表 7-19。

表 7-18 上海路桥 PCF 系列锤式破碎机技术参数

型号	最大进料粒度 /（mm×mm×mm）	出料粒度/mm	生产能力/(t·h⁻¹)	电机功率/kW	质量/t
PCF-1412	600×600×900		80~120	220	27
PCF-1616 I	800×800×800		150~240	315	42
PCF-1616 II	800×800×1000		180~240	315/355	43.3
PCF-1818	750×750×800		300~350	560	70
PCF-2018	1000×1000×1000		350~500	710	89
PCF-2022	1000×1000×1500	25~75	500~600	800	111
PCF-2022 II	1000×1000×1500		600~700	900	122
PCF-2022 III	1000×1000×1500		700~800	900	130
2PCF-1818	1000×1000×1200		700~900	710×2	119
2PCF-2022	1000×1000×1500		900~1200	800×2	142

表 7-19 上海路桥 PCD 系列锤式破碎机技术参数

型号	转子直径×转子宽度 /（mm×mm）	最大进料边长 /mm	出料粒度 /mm	生产能力 /(t·h⁻¹)	功率 /kW	质量 /kg
PCD1609	1680×918	600	25~75	50~70	132	23900
PCD1612 II	1680×1250	850	25~75	100~140	220	31400
PCD2014	2000×1480	1200	25~75	150~250	355	49800
PCD2519	2530×1900	1500	25~75	250~450	710	94200
PCD2425	2740×2550	1500	25~75	800~1000	1400	129900
PCD2428	2740×2720	1850	25~75	800~1300	1400	140000

7.6 轮齿式破碎机

轮齿式破碎机也称作双齿辊筛分破碎机，是英国人 Allen Parth 于 1978 年为地下煤矿设计、制造的物料处理设备，相继获得英国、美国等国家发明专利。随后其创立 MMD 矿山机械发展有限公司，研发、销售此类破碎机及配套给料设备。21 世纪以来，Krupp、FLSmidth、山东莱芜煤矿机械有限公司、中信重工机械股份有限公司和上海建设路桥机械设备有限公司等国内外厂商也相继开发生产此类设备。MMD 矿山机械发展有限公司 1500 系列轮齿式破碎机处理能力超过 12000 t/h，最大给料粒度超过 1500 mm，产品粒度为 300~450 mm。随着机械制造和材料工业的发展，轮齿式破碎机在金属矿山、非金属矿山得到了广泛应用，主要用于抗压强度不超过 250 MPa 的岩矿物料的粗破碎。

7.6.1　结构与特点

轮齿式破碎机由驱动装置(电动机)、液力偶合器、齿轮减速箱、联轴器、轮齿轴、轮齿、箱体和润滑装置等组成,如图 7-12 所示。

轮齿式破碎机通过高扭矩、低转速传动系统,驱动两根小直径大轮齿破碎轴,实现对物料的筛分破碎。轮齿式破碎机的工作过程是一个 3 级破碎过程,如图 7-13 所示。第 1 级破碎:矿岩石被相对应的轮齿咬合住,在齿尖处产生应力集中,沿节理面破碎;第 2 级破碎:矿岩石在轮齿前端和轮齿根部三点作用下,因张力而破碎;第 3 级:矿岩石在轮齿和破碎梁之间被进一步破碎。

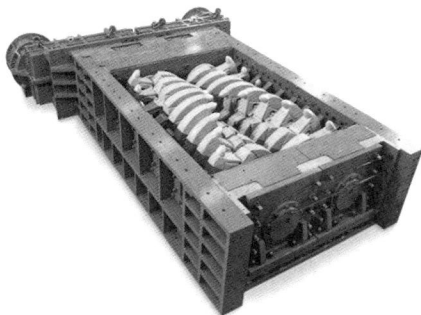

图 7-12　轮齿式破碎机

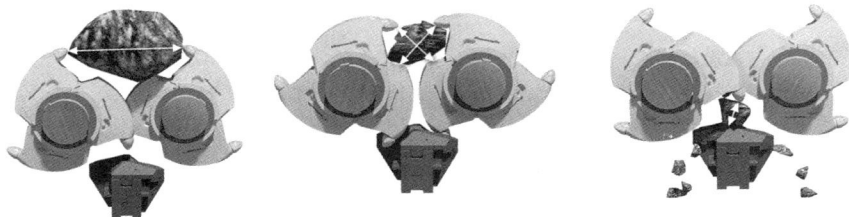

图 7-13　轮齿式破碎机 3 级破碎过程

轮齿式破碎机具有旋转筛分功能,交错排列的轮齿设计使合格物料通过轮盘空隙以及轮盘与侧壁间的缝隙直接排出,如图 7-14 所示。

轮齿式破碎机采用深度螺旋布齿结构(图 7-15),大块物料被轮齿推动沿轴线向另一端移动,使物料布满整个破碎机腔体,实现轴线全长破碎。同时,超大块物料可以从破碎机一端排出。

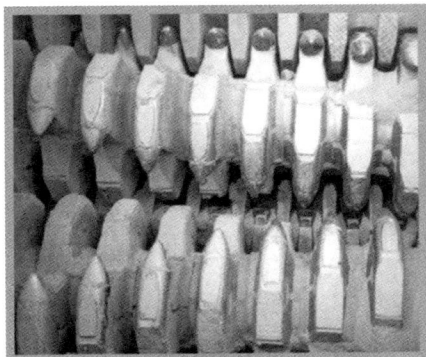

图 7-14　轮齿式破碎机旋转筛分功能

图 7-15　轮齿式破碎机深度螺旋布齿结构

轮齿式破碎机多为定制产品，制造商均有自己的参数确定原则。其主要参数介绍如下。

（1）两轮齿轴中心距（图7-16）：依据被破碎物料硬度及给料粒度尺寸确定，原则上中心距等于两轮轴上的对等齿形距离，也就是给料容许的最大粒度。合理破碎比为2~5。

（2）轮齿结构（图7-17）：依据给料尺寸，确保机器正常工作时的轮齿强度，确定轮齿结构形式、尺寸和材质。

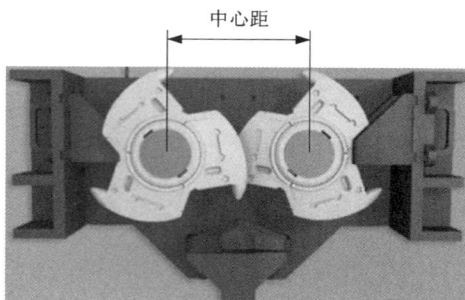

图7-16 两轮齿轴中心距

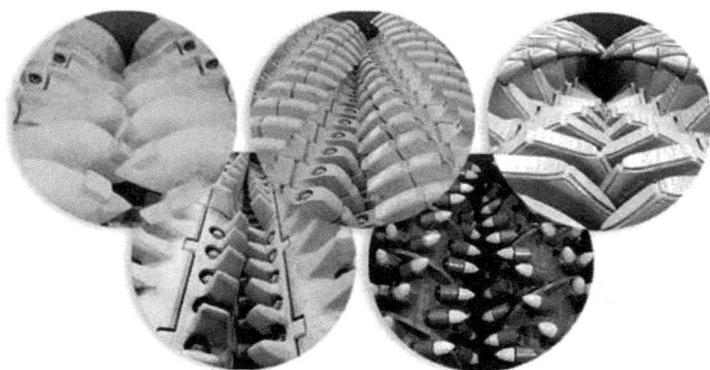

图7-17 轮齿结构

（3）处理能力：有学者认为轮齿式破碎机的处理能力就是单位时间通过两轮齿间隙的物料体积，即

$$Q=K(V_1-V_2) \tag{7-2}$$

式中：Q为轮齿式破碎机处理能力；K为物料填充系数，$K \approx 0.4 \sim 0.6$；V_1为辊齿看作物料时单位时间内通过两齿辊之间的物料总体积；V_2为单位时间内通过两辊之间所有辊齿的体积。

在两轮齿轴中心距、轮齿结构等确定后，通常通过调整破碎腔长度（图7-18）来满足处理能力要求。

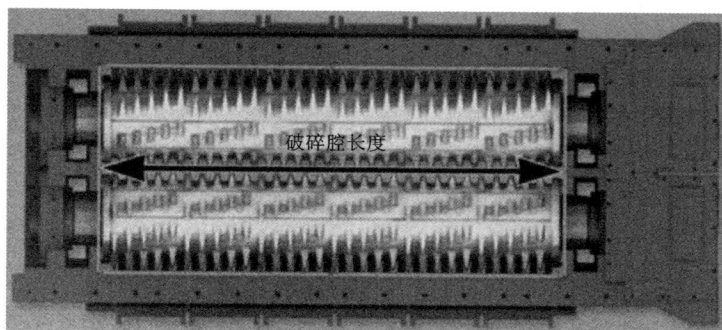

图7-18 轮齿式破碎机破碎腔长度

7.6.2　应用范围

轮齿式破碎机可用来破碎露天矿表层岩石、煤岩、石灰石、黏土矿、铁矿石、金矿石、铀矿、镍矿、铝矾土矿、滑石、石膏、焦炭、玻璃、工业及生活废料、垃圾，其对含水量、含泥量不敏感，高泥高水分物料不会影响机器的正常运转。

7.6.3　主要生产厂家与产品技术参数

表 7-20 为英国 MMD 矿山机械发展有限公司轮齿式破碎机产品系列介绍。

表 7-20　英国 MMD 矿山机械发展有限公司轮齿式破碎机产品系列

项目	产品系列（轮齿轴中心距）					
	500	625	750/850	1000	1300	1500
特点	固定/可调中心距、单轴/双轴、双台 110 kW 电机	固定/可调中心距、双台 132 kW 电机	配备 3 齿齿环，单台 400 kW 电机	配备 3 齿齿环，单台 400 kW 电机	配备 3 齿齿环，双台 400 kW 电机	配备 3 齿齿环，双台 400 kW 电机
用途	各工业领域	各工业领域	各工业领域	各工业领域	尤其适用剥离物	尤其适用油砂矿、剥离物

7.7　二次破碎设备

用于矿山和采石场大块二次破碎的设备称为碎石机，其利用破碎锤冲击破碎大块矿（岩）石。碎石机也用于拆毁建筑物、冶炼厂打炉衬，以及破碎混凝土、沥青路面、冻土、硬土层等。据报道，苏联使用碎石机破碎大块的成本比爆破法降低 50%。美国某矿山用液压破碎锤进行二次破碎，该机械法的成本仅为爆破法的 25%。

二次破碎设备的远程操作和自动控制系统开始在矿山应用。北京

图 7-19　二次破碎设备的 5G 远程视频遥控操作系统

北矿智能科技有限公司将图像识别及自动控制等技术引入二次破碎设备，实现二次破碎作业的远程操作和自动控制。通过实时捕获溜井口格筛上矿石深度图像，经机载计算机进行图像特征提取，并通过多元信息融合和模式识别技术完成矿石块度分析和位置识别，最终控制破碎锤自动完成大块矿石破碎及矿石堆退散。图 7-19 为二次破碎设备的 5G 远程视频遥控操作系统。

7.7.1 分类、特点与选型

碎石机分类与特点见表7-21。

表 7-21 碎石机的分类及特点

分类			特点	备注
破碎锤使用动力	落锤式破碎机		靠锤的自重下落冲击凿杆,破碎大块矿石	趋势是使用液压碎石机,故本节只讲述液压碎石机
	气动碎石机		靠压气驱动破碎锤活塞冲击凿杆,破碎大块矿(岩)石	
	液压碎石机		靠高压油驱动破碎锤活塞冲击凿杆,破碎大块矿(岩)石	
安装方式	自行式	履带式碎石机	行走速度低(≤3.2 km/h),一般功率较大	适合露天短距离移动作业
		轮胎式碎石机	行走速度高(≥18 km/h),机动性好	作业范围大,地下、地面广泛使用
	固定式	机座式碎石机	有底座,工作机构都铰接在底座上,回转机构为360°回转盘或120°~180°的销轴转架	应用广泛
		悬吊式碎石机	破碎锤用伸缩支臂或提升钢绳吊在巷道顶板或钢框架上的两根水平横梁上,由行车机构位移对准大块	用于扒矿巷道或溜井格筛
		靠壁式碎石机	支臂系统安装在硐室帮壁支承板上	较少使用

近年碎石机在我国发展很快,但矿山使用经验不多,因此用户要与供货商详细讨论,进行选型。选型原则如下。

7.7.1.1 碎石机外形选择

碎石机的外形要与巷道尺寸相适应(露天不受限制)。一般容易出现的问题是巷道断面尺寸小,而车辆外形尺寸大,使得购买的碎石车无法下井工作,或为了使得碎石车下井,而加大巷道尺寸,增加了巷道开拓的工作量。如果没有现成的机型可供选择,用户应与供应商讨论定制产品。但定制的产品通常价格较高,用矿山井下现成使用的铲运机或其他车辆的底盘进行改装,是一种较好的解决方法。

7.7.1.2 液压破碎锤的选择

碎石机的主要工作机构是液压破碎锤,液压破碎锤的主要性能参数是冲击能与冲击频率。选择液压破碎锤主要就是选择它的冲击能与冲击频率。国外常常把冲击能与冲击频率综合起来称为冲击功率。

首先要确定破碎一定尺寸大块所需的总冲击能,总冲击能确定后,单次冲击能的确定是和冲击频率有关的,冲击频率高,单次冲击能可小些,冲击频率低,则单次冲击能就要大些,但倾向于选择冲击能较大的液压破碎锤。实践证明,破碎比能是随着液压锤冲击能的增大而减小的。由于大块矿岩的性质、构造节理、形状和大小等因素的复杂性,加之大块矿岩下面的底板的刚度条件也差异较大,破碎大块矿岩所需的总冲击能尚无可靠的理论推导公式,目前常用半理论半经验公式[即式(7-3)]来计算破碎大块岩石所需的总冲击能。

$$A = \frac{\sigma^2 V}{2E_r} \frac{K}{R} \tag{7-3}$$

式中：A 为破碎大块岩石所需总冲击能，J；V 为大块岩石的体积，m^3；σ 为岩石的抗压强度；E_r 为岩石的弹性模量；K 为冲击能量吸收系数，视底板具体条件而定，一般取 $K = 2 \sim 2.5$；R 为冲击能量集中系数，一般取 $R \leqslant 5$。

由此可以看出，破碎一块特定的大块岩石所需的总冲击能，首先取决于矿岩的抗压强度，其次是矿岩的体积和弹性模量等因素。

液压破碎锤的单次冲击能应根据破碎大块的总冲击能与破碎一定的大块所需的打击次数而定，计算公式如下：

$$E \geqslant \frac{A}{n} \tag{7-4}$$

式中：E 为液压破碎锤的单次冲击能，J；A 为破碎大块矿岩所需总冲击能，J；n 为破碎大块矿岩所需打击次数，一般 $n = 10 \sim 50$。

液压破碎锤的冲击频率取决于二次破碎生产率的需要，同时也取决于液压系统的压力、流量、功率等。在保证必需的冲击能的前提下，尽可能选择冲击频率大一些的液压锤。20 世纪 70—80 年代，曾经流行的高能低频液压锤每分钟只打击十几次至几十次，这类液压锤几乎都已退出市场；现在中型液压破碎锤的冲击频率一般为 $350 \sim 800$ 击/min，并具有冲击能越大、冲击频率越小的一般规律。

7.7.1.3　支臂机构的选型

支臂机构的作用是将液压破碎锤移动到所需要的位置上，进行破碎作业。支臂机构总的选型原则：底盘一次定位，液压锤的作业范围大；动作灵活，在作业范围内无盲区。

7.7.2　结构与特点

7.7.2.1　碎石机基本结构

图 7-20 为机座式碎石机结构。它由基座、回转架、液压破碎锤、支臂机构等组成，另外还有操作室和液压泵站。

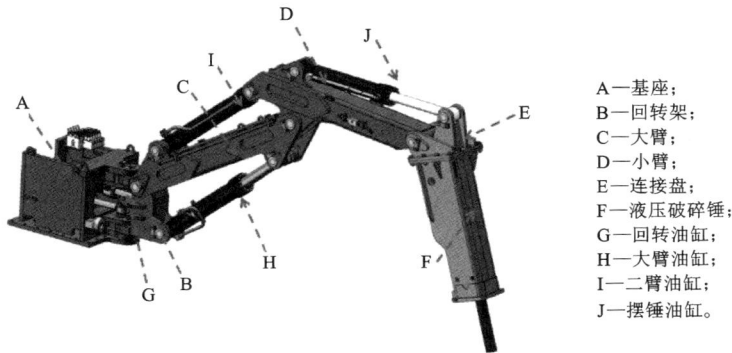

A—基座；
B—回转架；
C—大臂；
D—小臂；
E—连接盘；
F—液压破碎锤；
G—回转油缸；
H—大臂油缸；
I—二臂油缸；
J—摆锤油缸。

图 7-20　机座式碎石机结构

图 7-21 所示为轮胎自行式碎石机，因工作机构是安装在标准底盘车上，所以也称碎石车。其工作机构与机座式碎石机相同。

图 7-21　轮胎自行式碎石机

7.7.2.2　液压破碎锤的结构及工作原理

因工作机构的主体是破碎锤，所以碎石机的工作原理主要是破碎锤的工作原理。目前广泛使用的破碎锤是液压破碎锤(简称液压锤)，其支臂只是起到把破碎锤对准大块矿(岩)石和加压的作用。液压破碎锤的结构及工作原理，详见液压凿岩机相关章节。

7.7.2.3　主要技术参数

(1)液压锤的主要技术参数。

主要有冲击能(J)、冲击频率(Hz)、工作油压(MPa)、工作流量(L/min)、外形尺寸、质量(kg)。

(2)支臂的主要技术参数。

主要有变幅变位范围(垂直移动范围，水平摆动范围)、支臂质量等。

(3)底盘的主要技术参数。

如为固定式，主要是机座的安装尺寸和总重。如为自行式，都是采用自行式通用底盘(主要有整机功率和总重、运行速度、转弯半径、外形尺寸、最小离地间隙等)。

7.7.3　应用范围

碎石机用于矿山和采石场大块二次破碎，也用于拆毁建筑物、冶炼厂打炉衬以及破碎混凝土、沥青路面、冻土、硬土层等。

7.7.4　主要生产厂家与产品技术参数

(1)加拿大 BTI 公司。

加拿大 BTI 公司(Breaker Technology Inc.)是地下矿山无轨辅助设备全球主要供货商之一，该公司生产的移动式液压碎石机和固定式液压碎石机自 20 世纪 90 年代开始进入中国，目前在山东黄金三山岛金矿、新城金矿、焦家金矿、大红山铜矿、开阳磷矿、宜昌三宁磷矿、招远尹格庄金矿、梅山铁矿、首钢杏山矿、攀钢兰尖铁矿、冬瓜山铜矿、江铜永平铜矿、凡口铅锌矿和普朗铜矿等矿山应用。

加拿大 BTI 公司移动式液压碎石机如图 7-22 所示，主要技术参数见表7-22。固定式液压碎石机主要技术参数见表7-23，液压破碎锤主要技术参数见表7-24。

图 7-22 加拿大 BTI 公司移动式液压碎石机

表 7-22 加拿大 BTI 公司移动式液压碎石机主要技术参数

技术参数	指标	
底盘型号	LP15-ARN（窄型）	LP15-ARW（宽型）
车身宽度/mm	1829	2134
柴油机型号	DEUTZ BF4M1012C 或 CAT C4.4	
功率/kW	82~155@2300 r/min	
净化方式	ECS 尾气催化净化装置	
驱动系统与方式	液力传动、四轮驱动	
变矩器与变速箱	DANA-CLARK C2000/20000 系列，动力换挡	
驱动桥	DANA-CLARK 113	
横向摆动角/(°)	前轴摆动±10	
转向系统与方式	铰接车架，液压转向	
转向角/(°)	±45	
液压系统/MPa	载荷反馈变量泵，21	
工作制动	前后桥各自独立的液压制动系统，双回路封闭多盘油冷式制动器	
停车制动	前后桥液压松闸弹簧制动	
工作臂型号	PB12X	
搭载破碎锤型号	BX20, BX30, BX40, BXR50, BXR65	BX20, BX30, BXR50, BXR65
轮胎	10.00-20PR14/12.00-20PR16	

表 7-23 加拿大 BTI 公司固定式液压碎石机主要技术参数

型号	最大向下臂展/m	最大向前臂展/m	锤头垂直时水平臂展/m	摆动角度/(°)	匹配破碎锤型号
MBS12H	2.4	4.8	3.5	220	BX10-BX30
MBS13H	2.2	5.0	3.9	220	BX10-BX30
PB12H	3.6	5.5	3.8	150	BX10-BX30

续表 7-23

型号	最大向下臂展 /m	最大向前臂展 /m	锤头垂直时水平臂展 /m	摆动角度 /(°)	匹配破碎锤型号
NT12	3.0	5.7	4.0	170	BX10-BX30
NT16	3.9	6.3	4.6	170	BX10-BX30
NT20	4.9	7.5	5.8	170	BX10-BX30
NT24	6.7	9.4	7.3	170	BX10-BX30
MRH16	4.5	7.2	5.0	170	BX20-BXR85
MRH20	5.4	8.4	6.2	170	BX20-BXR65
MRH25	6.5	9.7	7.6	170	BX20-BXR50
MRH30	7.5	11.1	9.1	150	BX20-BXR65
MRH16T	4.0	7.1	4.9	330	BX20-BXR85
MRH20T	5.0	8.3	6.1	330	BX20-BXR65
MRH25T	6.2	9.5	7.5	330	BX20-BXR50
MRXT24	5.3	9.6	7.0	330	BX40-BXR85
TTX30	7.4	11.8	9.1	330	BXR50-BXR120
TTX36	9.8	13.5	10.8	330	BXR50-BXR100
TTX40	11.3	14.8	11.9	330	BXR50-BXR85
TTX45	12.8	16.3	13.4	330	BXR50-BXR85
TRX46	13.9	17.6	13.9	330	BXR85-BXR160
TRX52	15.8	19.5	15.8	330	BXR85-BXR160
TRX58	17.0	21.3	21.11	330	BXR85-BXR160

表 7-24 加拿大 BTI 公司液压破碎锤主要技术参数

型号	冲击功级别		工作质量	工作流量	工作压力	频率	钎杆直径
	ft-lb	J	kg	L/min	MPa	击/min	mm
BX4	400	550	190	40	12	950	53
BX6	600	800	200	50	12	1000	62
BX8	800	1080	333	55	14	900	70
BX10	1000	1350	430	80	14	900	78
BX15	1500	2000	615	100	14	700	85
BX20	2000	2700	930	110	16	550	105
BX30	3000	4100	1210	140	16	550	120
BX40	4000	5400	1740	160	17	500	135
BXR50	5000	6800	1900	220	19	561	140
BXR65	6500	8800	2200	230	19	487	150
BXR85	8500	11500	2950	250	19	426	160
BXR100	10000	13500	3550	340	19	460	170

续表 7-24

型号	冲击功级别		工作质量	工作流量	工作压力	频率	钎杆直径
	ft-lb	J	kg	L/min	MPa	击/min	mm
BXR120	12000	16300	4100	400	19	413	180
BXR160	16000	21500	5630	450	19	318	200

（2）山东元征行机械设备有限公司。

山东元征行机械设备有限公司生产如图 7-23 所示的 B 系列固定式工作臂，其具有以下特点。

①B 系列固定式工作臂专门设计了坚固的钢结构，大臂和小臂采用 Q355 矩形管结构，在长期震动、交变剪切力工况下抗断裂能力强。

②加强支轴点、超大尺寸的轴销以及钢套确保了卓越的强度以及精确度。

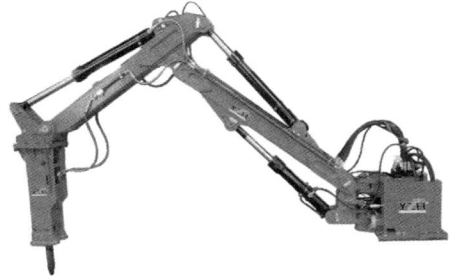

图 7-23　元征行 B 系列固定式工作臂

③液压油缸专为工作臂应用而设计。带有缓冲装置，超大直径的活塞和活塞杆，确保了在苛刻环境中重负荷工作的耐久性。

④易于维修的基座具有 170°的摆动范围。B 系列固定式工作臂的回转油缸通过回转架将扭矩直接传输至臂，回转油缸安装有关节轴承，可减小工作臂左右摆动时对回转架和基座的冲击。

B 系列固定式工作臂工作参数示意图如图 7-24 所示，表 7-25 为其主要技术参数。

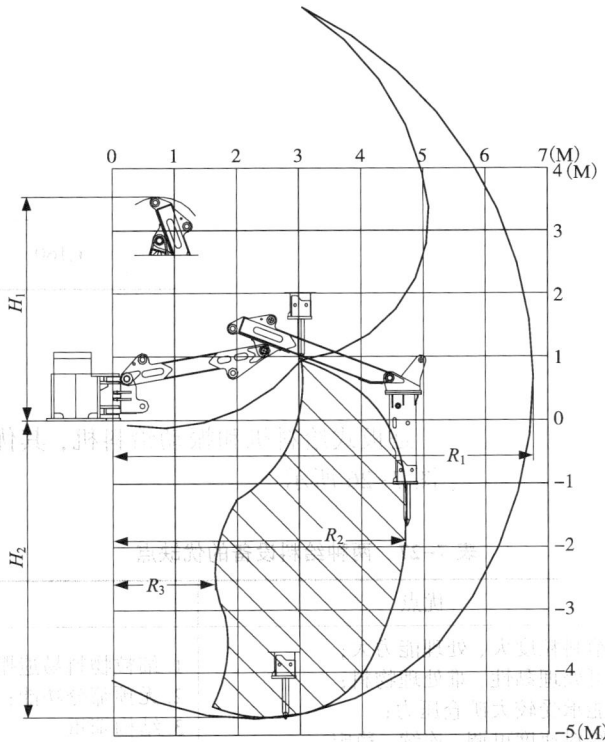

图 7-24　B 系列固定式工作臂工作参数示意图

表 7-25　元征行 B 系列固定式工作臂主要技术参数

技术参数	B300	B350	B450	B500	B600
质量/kg	1500	3500	4000	4800	5500
(R_1) 水平伸展/mm	4880	6000	6795	7400	8430
(R_2) 垂直最大/mm	3270	3950	4720	5630	6330
(R_3) 垂直最小/mm	1570	1860	1640	2220	2300
(H_2) 深度/mm	3170	4070	4710	5100	5810
(H_1) 高度/mm	2170	3250	3540	4300	4940
(B_1) 大臂长度/mm	1750	2050	2250	3000	3500
(B_2) 小臂长度/mm	1250	1430	2070	2070	2520
摆动角度/(°)	170	170	170	170	170
配锤钎杆直径(最大)/mm	75	125	125	125	125
推荐的液压站功率/kW	37	45～55	45～55	45～55	45～55

（3）美卓奥图泰。

表 7-26 为美卓奥图泰液压破碎锤系统主要技术参数。

表 7-26　美卓奥图泰液压破碎锤系统主要技术参数

技术参数	工作臂						
	MB293	MB302	MB352	MB432	MB655	MB676	MB1059
工作臂伸出长度/m	2.9	3.0	3.5	4.3	6.5	6.7	10.5
破碎锤	MH400/MH550	MH300/MH400	MH400/MH550	MH1100	MH1100	MH1750	MH2200
破碎锤质量/kg	400/550	300/400	400/550	1100	1100	1750	2200
动力单元	MPU18	MPU18	MPU18	MPU30	MPU30	MPU37	MPU45
额定功率/kW	18	18	18	30	30	37	55
使用机型	—	C80/C96/C106/C116	C120/C130	C150	C160	C200	粗碎旋回

7.8　给料设备

矿山粗破碎系统的给料设备主要是板式给料机和振动给料机，其优缺点见表 7-27。两种给料设备的外形分别如图 7-25、图 7-26 所示。

表 7-27　两种给料设备的优缺点

给料设备	优点	缺点
板式给料机	1. 给料粒度大、处理能力大； 2. 可处理黏性、难处理物料； 3. 能承受较大矿仓压力； 4. 给料速度可调，连续，稳定	1. 细粒物料易遗撒； 2. 无预筛分功能； 3. 结构笨重

续表7-27

给料设备	优点	缺点
振动给料机	1. 构造简单，质量轻； 2. 能承受一定矿仓压力； 3. 底板改棒条，可有预筛分功能	1. 不能处理黏性物料； 2. 给料稳定性稍差

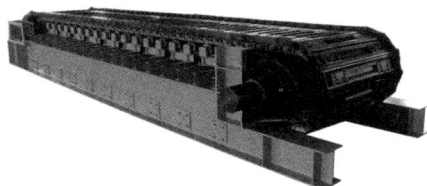

图7-25 板式给料机

图7-26 振动给料机

给料设备的选型参数如下。

（1）给料机所能承受的粗碎系统矿仓的矿柱压力。

（2）给料块度、粒级、含水含泥量。

（3）粗碎系统处理能力。

（4）破碎机主机对给矿速度、均匀性和冲击性要求。

板式给料机可以承受较大的矿柱压力，抗冲击性能好，给矿量大，给矿均匀，速度可调，设备耐用，使用寿命长。但设备笨重，价格较贵。板式给料机按其承受矿仓中矿柱压力和给矿块度的大小可分为重型、中型或轻型。由于粗破碎系统工作条件较为恶劣，可靠性要求较高，通常采用重型板式给料机。板式给料机链板宽度一般按最大给料粒度的2.0~2.5倍（大块含量少时取小值）选取，长度按照矿仓容积及配置要求确定。板式给料机有水平和倾斜两种布置方式，倾斜布置可以加大矿仓容积及降低系统配置高度。如果布置条件许可，其下部应设斜溜槽，并与下部溜井或矿仓相连，让板式给料机掉落的粉矿能直接落在斜槽上，自溜入溜井或矿仓，或者在板式给料机下部配粉料刮板承接板式给料机掉落的粉矿，粉料刮板与板式给料机同步运行，使粉矿混入矿石中。

振动给料机是使用振动电机或振动器作为激振源的给料设备。振动给料机种类繁多，应用广泛。作为粗破碎系统的给料设备，一般选用座式振动给料机，其能承受一定的矿柱压力。激振源为振动电机时，一般采用倾斜布置；激振源为振动器（一般选用机械式振动器）时，可采用水平布置。振动给料机给矿量大，但给矿不均匀。振动给料机的底板设有棒条时，可以变成棒条振动筛。棒条振动筛的工作原理、结构与振动给料机类似，但其具有筛分功能。

在矿石粗破碎设置预先筛分，能将原料中不需破碎的物料先行筛除，从而增加破碎系统的处理能力，延长破碎机磨损件使用寿命，降低破碎腔阻塞概率。在破碎系统处理能力不变的情况下，通过预先筛分可降低粗碎设备规格等级。但设置预先筛分环节，会使系统复杂、适应性变差。

7.9 粗破碎站及应用

在矿岩石采掘作业中使用的破碎站大致分为三类：固定式破碎站、半移动式破碎站和移动式破碎站。固定式破碎站是指破碎主机及配套设备安装在坚固混凝土基础之上的破碎系统。半移动式破碎站的破碎主机及配套设备通常采用钢架支腿支撑，可能有少量的混凝土基础用于增强稳定性。移动式破碎站是指具备行走机构，可以整体移设的破碎系统。移动式破碎站又分为两类，即配置行走驱动系统的自移式破碎站和没有行走驱动系统的他移式破碎站。

固定式破碎站是最早采用的破碎站形式之一，其通常设置在采掘作业现场外的一个固定场地，大多具有坚实的混凝土基础或钢结构，被破碎物料运输至此先被粉碎或再进一步筛分，然后再被运输至下一道处理工序。固定式破碎站的优点是投资少，受矿山爆破影响较小，能布置较大容量的贮矿设施来调节物料的转运；缺点是建造周期长，采矿场到破碎站的汽车运输距离远。

半移动式破碎站通常应用在大型露天矿山。随着采掘工作面的推进，半移动式破碎站可以用多轮拖车或履带运输车在露天坑内进行移设。其典型应用方法是单斗挖掘机将矿岩石装载到自卸车，自卸车将物料转运到破碎站。

移动式破碎站紧随单斗挖掘机移动，单斗挖掘机将原矿直接卸入破碎站给料系统，从而省去了自卸车。矿岩石先被破碎成能采用胶带机输送的块度，然后被转载到移动式和固定式胶带输送系统上。

随着技术进步和环境保护意识的增强，半移动式和移动式破碎站在矿山应用得越来越多。半移动式、移动式破碎站具有如下特点：①移动便捷，机动性强，可大大节省基建时间，并且能大幅降低矿岩石运输成本；②结构紧凑，智能高效；③节能环保，能源消耗降低。

矿石粗破碎选用固定式破碎站，还是半移动式或移动式破碎站，需要综合考虑矿山开采规模与采掘方式、地质条件、矿岩石性质、破碎机主机类型、给料方式与排料方式、移设方式与移设频率等因素。

通常，半移动式或移动式破碎站是依据用户的特定需求而设计制造的，其选用要考虑下述因素。

(1)矿山开采规模和采掘方式：当有多个分散开采点时，如采用自行式破碎站，每台挖掘机都有一台破碎机和相应的带式输送机跟随，将导致投资过大。当开采具有足够厚度的均质片状原生平伏矿床和不规则矿床时，有多个工作面工作，可采用半移动式破碎机。

(2)地质条件：移动式破碎机和带式运输的使用还与矿区地质条件有关，例如当地层潮湿、松软，修建和维护公路费用高而无法使用汽车运输时，就不得不使用带式运输系统。1956年德国使用第一台大型移动式破碎机和1985年投产的南斯拉夫奥马尔斯卡铁矿就是这种情况。

(3)矿岩石性质：破碎机主机类型选择的首要依据是矿岩石类型。如轮齿式破碎机处理量高，适应性非常强，能处理含水量高、黏度大的矿岩石。但其适用于脆性、中等硬度以下的露天矿表层岩石、煤炭、焦炭、黏土、石灰石、花岗岩、铜矿、金矿、镍矿、铁矿、石膏、滑石、硅灰石、高岭土等。一般破碎硬岩选用颚式破碎机和旋回式破碎机，破碎中硬矿岩多用旋回式、颚旋式、颚式、锤式和反击式破碎机。通常，旋回式和颚旋式破碎机多用于半移动式破碎站，轮齿式、锤式、反击式破碎机多用于自行式破碎站。

(4)破碎机主机选型还要依据给料块度、最终粒度和生产能力进行。

(5)给料方式和排料方式：半移动式、移动式破碎站的给料方式可以是挖掘机直接给矿或汽车运输。给料机类型选择方面，小型矿山选择振动给料机，大、中型矿山选择重型板式给料机或汽车直接倾倒给矿。

（6）移设方式和移设频率：道路坡度、开采工作面位置和开采进度等都影响着半移动式、移动式破碎站的移设方式和移设频率。

7.9.1　地下矿山粗破碎站

年产矿石 30 万 t 以上并采用深孔或中深孔崩矿的地下矿，宜设置井下破碎站，可以减少采场大块二次破碎、改善井下作业环境、提高提运能力和采矿效率、降低成本。国内外地下矿山目前大多使用固定式破碎站，通常设置在主溜井或箕斗井旁侧，以集中处理矿岩。

地下破碎系统设计中，破碎机型式和台数根据矿石性质、年产量等因素确定。破碎硐室应装设起吊设施，以利于设备安装和检修。

地下破碎站常用的粗碎破碎设备有颚式和旋回式破碎机两种。当一台颚式破碎机处理能力不能满足需求时，应通过技术经济分析，来最终决定是选用两台颚式破碎机还是一台旋回破碎机。

主机为颚式破碎机的地下破碎站设备配置实例如图 7-27 所示。某金属矿山选用 PEWA120150 外动颚破碎机一台，采用一台重型板式给料机给料，破碎后的矿石直接落到胶带输送机上外运，安装维修起吊设备为 32 t 双梁桥式起重机。破碎机进料口尺寸 1200 mm× 1500 mm，电动机功率 $N=200$ kW，采场出矿最大块度 700 mm，破碎机处理能力 235～275 m^3/h。

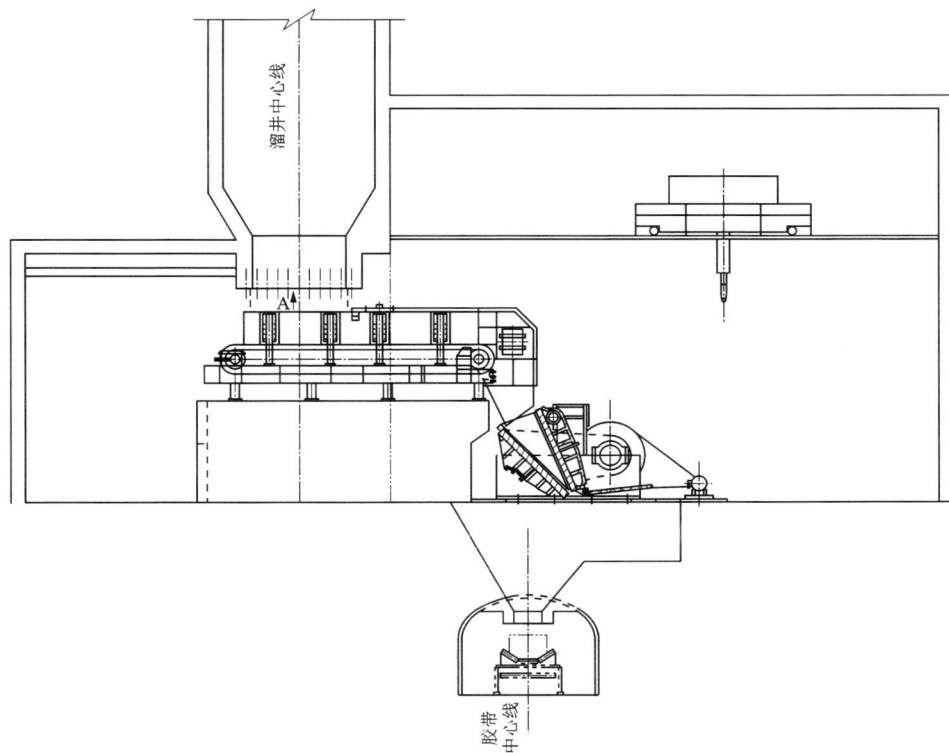

图 7-27　主机为颚式破碎机的地下破碎站设备配置实例

主机为旋回破碎机的地下破碎站设备配置实例如图 7-28 所示。某金属矿山选用旋回破碎机一台，采用二台重型板式给料机给料，破碎后的矿石落入矿石仓，安装维修起吊设备为电动双梁桥式起重机。

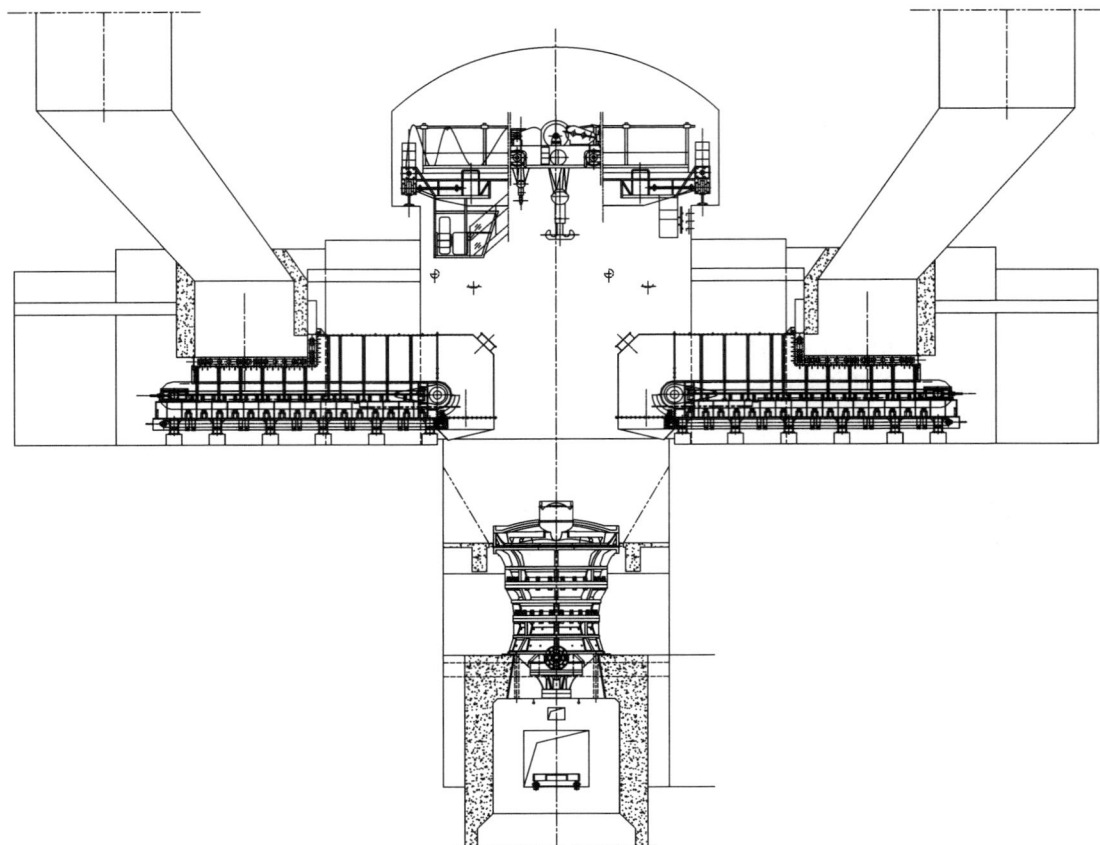

图 7-28 主机为旋回破碎机的地下破碎站设备配置实例

大红山铁矿设计生产能力 400 万 t/a，采场出矿最大块度 850 mm，破碎后块度小于 250 mm，为适应胶带输送机运输，在采 1#胶带输送机道上方 344 m 标高处设井下破碎设施，选用 42″进口旋回破碎机一台，处理能力 1000 t/h，振动给矿机给矿，起吊设备为 50 t 双梁桥式吊车，使用固定式液压碎石机破碎大块。破碎硐室采用双侧布置形式，大件道和辅助斜坡道相接。为适应 400 m 标高上、下小矿体的开采，以及在中、后期提升和破碎系统未建成前就有可能开采 400～340 m 标高间的部分矿体，破碎机的布置采取了坑下 25～40 t 自卸卡车可直接进破碎硐室卸矿的灵活布置形式。

7.9.2 地表固定式粗破碎站

固定式破碎站常设于露天开采境界外附近、中间阶段上、平硐口或竖井口旁侧，具体位置依可供利用的地形高差及工程地质条件而定。与半移动式破碎站相比，其优点是投资少、受爆破影响较小，能布置较大容量的贮矿设施来调节物料转运；缺点是加大了露天采场内粗物料的汽车运距，站房建、构筑物工程量大，施工时间较长，初期基建投资大。

地表固定式粗破碎站适用于大、中、小型矿山。主体破碎设备可以选用旋回破碎机、颚式破碎机、轮齿式破碎机和锤式破碎机等。其给料方式具有多样性，可以汽车直接卸入，也可以设缓冲矿槽由给矿装置给入。给料设备一般采用重型板式给料机、振动给料机和棒条振动筛等。

地表固定式破碎站设置时应注意如下事项。

（1）旋回破碎机能直接受矿，可以不设缓冲矿槽；颚式破碎机和锤式破碎机等类型的破碎机一般应设置缓冲矿槽。

（2）为处理超大尺寸物料，可考虑在破碎机受料仓或缓冲矿槽顶部或旁侧设置碎石机等二次破碎设备。

（3）卸载口的数目依运输形式及车流密度而定。大型矿山粗破碎站的卸载口，在地形条件许可时应尽量采用对侧双向卸载。自卸汽车的卸载口，必须在受矿仓口边缘设置坚固的轮挡，以保证汽车后退时的安全。轮挡高度应按车轮直径及斗箱倾卸时的后缘位置确定，一般应不小于轮径的2/5。

（4）许多冶金、有色露天矿采用年工作日达330天的连续工作制，每日三班作业，为缩短停机时数，大都采用整体部件更换检修制。因而要求在主体破碎设备旁侧留有足够的更换部件堆放和检修场地。起重机的起升能力应按设备最大件或不便于拆卸的最大部件质量来确定。

主机为颚式破碎机的地表固定式破碎站设备的配置实例如图7-29所示。某金属矿山选用CT4254颚式破碎机一台，设有缓冲矿槽，采用一台重型板式给料机给料，破碎后的矿石直

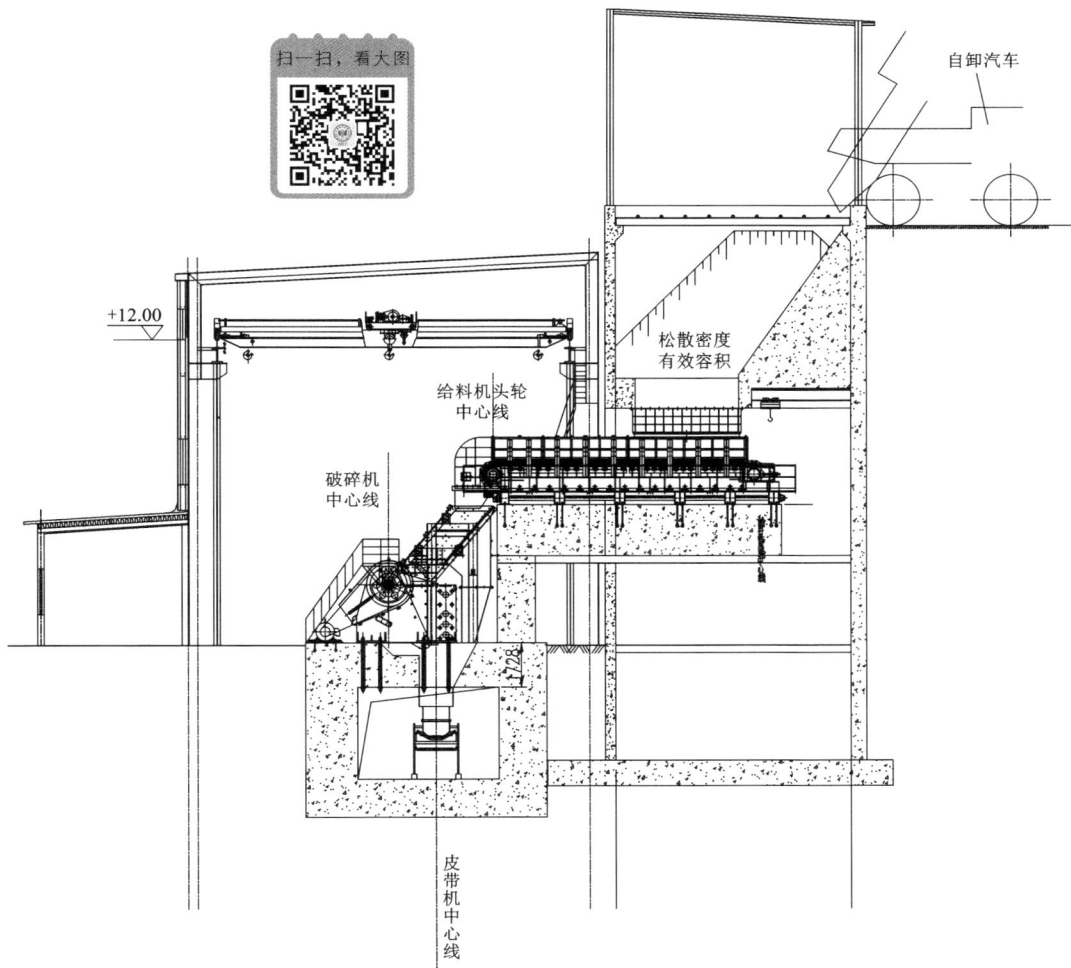

图7-29 地表固定式颚式破碎站设备配置示意图

接落到胶带输送机上外运，安装维修起吊设备为 32 t 双梁桥式起重机。破碎机进料口尺寸 1060 mm×1370 mm，电动机功率 $N=200$ kW，采场出矿最大块度 850 mm，破碎机处理能力 600 t/h。

主机为旋回破碎机的地表固定式破碎站设备的配置实例如图 7-30 所示。某金属矿山选用旋回破碎机一台，汽车将原矿直接卸入破碎机受料仓，破碎后的矿石落入缓冲仓，安装维修起吊设备为电动双梁桥式起重机。

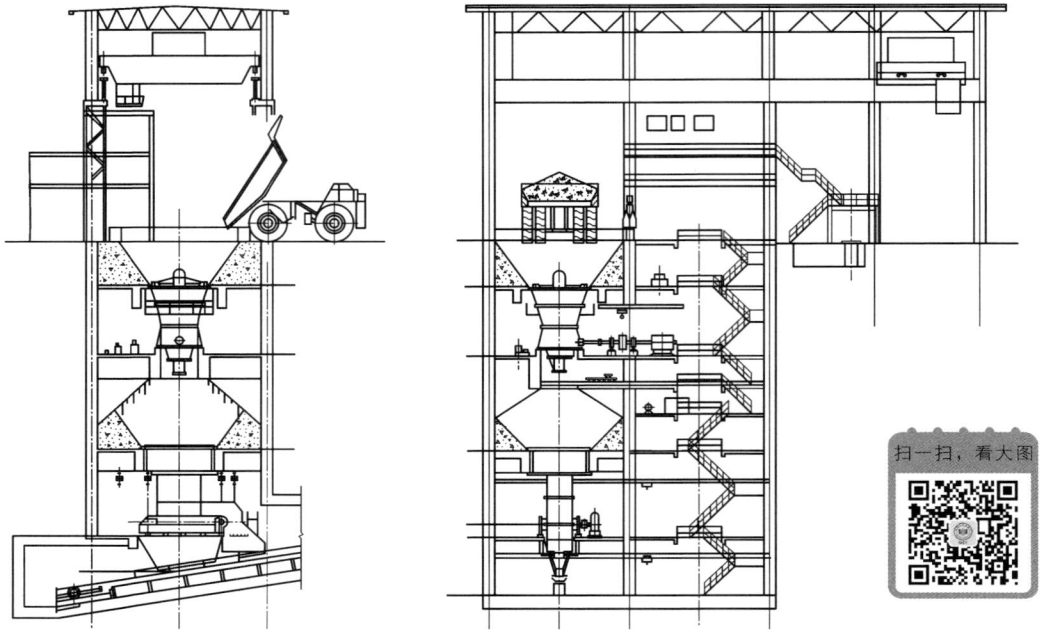

图 7-30　地表固定式旋回破碎站设备配置示意图

峨口铁矿的破碎系统为三段一闭路流程。粗碎选用 PX1200/180 旋回式破碎机，设置于采场外 1653 m 标高的固定位置上。设计中将它考虑为永久性破碎站，因而其基础为坚固的钢筋混凝土结构。每年在系统检修中更换磨损的上下环、动锥及衬板，已服务 33 年，预计还需要服务 30 年。

本钢南芬露天铁矿采出的 -1200 mm 矿块，用 80 t 电机车牵引，经过公司计控处所设 120 t 轨道衡称重后进入南芬选矿厂粗破碎；直接倒入 PX1400/170 旋回破碎机，破碎机的产品粒度 -320 mm，进入中碎原矿槽；经重型板式给矿机、皮带运输机输送到 φ2100 mm 标准型弹簧圆锥破碎机；碎矿后产品粒度 -60 mm，进入细碎原矿槽；再经 1500 mm ×4000 mm 自定中心振动筛进行预先筛分，筛下产品粒度 -12 mm，进入磨选车间，筛上产品进入 φ1650 mm 短头型弹簧圆锥破碎机细碎。上述破碎系统由典型的固定式破碎站组成。

7.9.3　半移动式粗破碎站

半移动式粗破碎站是将机体安放在露天采场内合适的工作水平上，随着作业台阶的推进、延深用履带式运输车或其他牵引设备将破碎机组进行整体（或分体）运移，如齐大山铁矿、首钢水厂铁矿破碎站。半移动式破碎站一般由三部分装置组成（又称三模块：给料设备、破碎设备、卸料设备)组成。半移动式破碎站可以与地面无混凝土基础连接,或者与少量的混凝土基础连接。其于每个设站处的生产周期从几个月到几年不等,一次迁移通常在数日内完成。破碎机主机采用旋回破碎机、双齿辊破碎机或颚式破碎机。

当采矿面下移时,半移动式破碎站可以借助其他搬运设备在较短时间内移置到新的工作平台,安装完成后可以继续进行工作。其常用的移置方式有履带车整体移置和卡车分体运输移置。

由于半移动式破碎站并不能自行行走,无法紧跟在单斗挖掘机后进行给料、破碎和转载,还需要卡车进行运输。虽然缩短了卡车运距,但并没有完全减掉卡车运输环节。这种半移动式破碎站多适用于大型金属露天矿的深部开采,在一些露天煤矿的表土剥离中也有应用。

对于大型露天矿山,目前常用栈桥式旋回半移动式破碎站和重板给料旋回半移动式破碎站。

(1)栈桥式旋回半移动式破碎站(图7-31)。

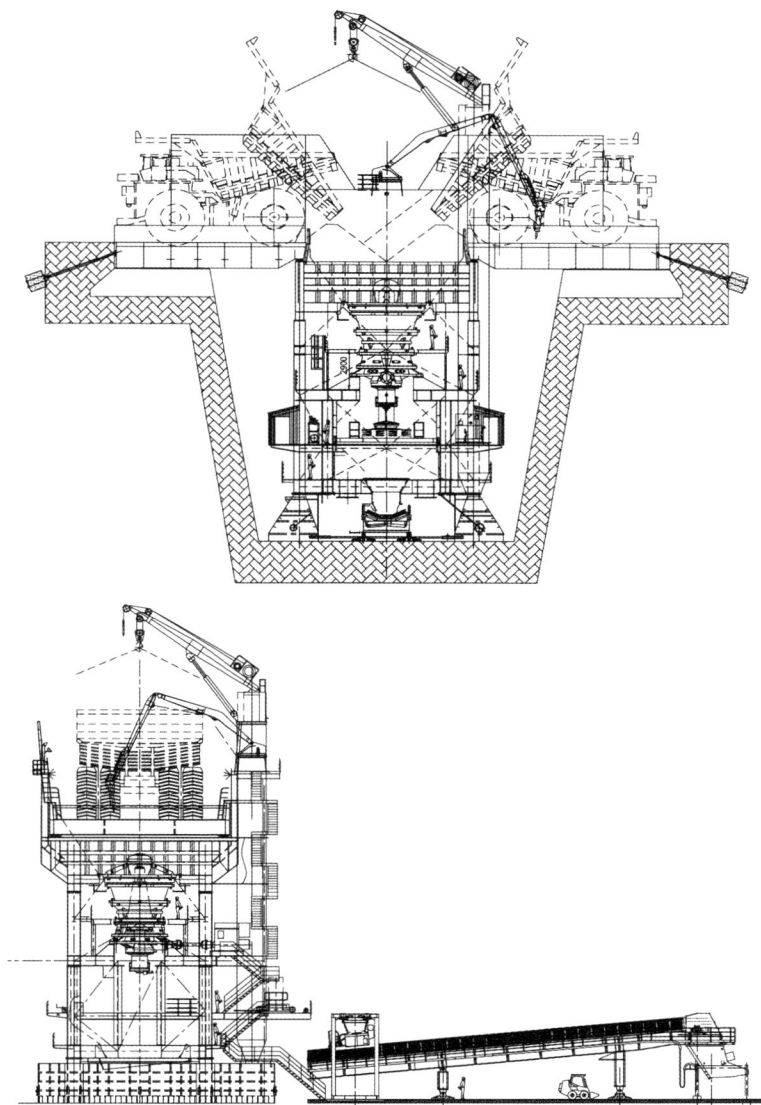

图 7-31 栈桥式旋回半移动式破碎站

栈桥式旋回半移动式破碎站由卡车栈桥给料系统、破碎机主机结构系统和可移置排料胶带机系统组成。

卡车栈桥是破碎站的给料部分，破碎站三面为凹槽倾斜挡土墙结构，在破碎机顶部设两个对翻的卡车栈桥坡道，在卡车栈桥上直接对破碎机进行倾卸给料。破碎机的受料仓在两个栈桥的中间，允许自卸车同时翻卸。

破碎机主机结构部分由斗式受料仓、旋回破碎机、出料仓三部分组成，包括旋回破碎机、主体钢结构、受料仓、悬臂吊车、碎石锤、维修小车、出料仓、液压站、润滑站、电气控制室、检修葫芦、通风除尘以及空调设施等。

自卸车经卡车坡道将物料倾卸在受料斗内，经破碎机破碎后的物料再经过出料平台的出料仓落在移置式排料胶带机上，然后转运给长距离胶带机。

栈桥式半移动破碎站由于其适应性强、破碎能力大、移置时间短、后期维护检修相对简单、生产运营费用低等优点，更受用户推崇。

（2）重板给料旋回半移动式破碎站（图7-32）。

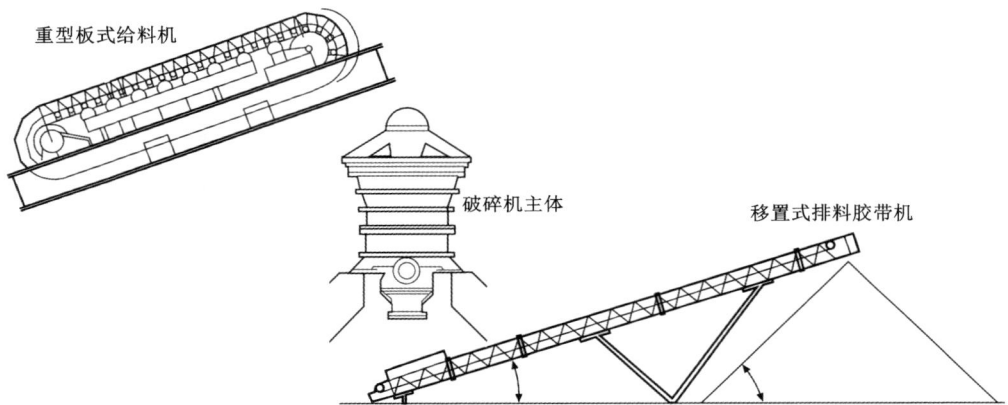

图7-32 重板给料旋回半移动式破碎站

此类半移动式破碎站由三部分组成：重型板式给料机部分、破碎机主体部分和移置式排料胶带机部分。

重型板式给料机部分主要包括重型板式给料机、受料漏斗、栏板、主机架、伸缩装置、粉料回收机、变频或液压调速装置、液压站、走台、梯子以及检修用起重设备等。重型板式给料机有倾斜布置和水平布置两种。

破碎机主体部分包括控制塔楼和旋回破碎机，塔楼和旋回破碎机都有自己独立的支撑体。破碎机工作时，主机架上部产生的振动不会直接传递到控制塔楼，塔楼上的设备不会受到振动的损伤，延长了设备控制系统的使用寿命，降低了噪声，改善了操作人员工作条件。

移置式排料胶带机部分主要是一条数十米长的胶带机，胶带机由变频电机驱动。在排料胶带机的上方安装一台悬挂式磁性除铁器，用于清理磁性金属物体。在除铁器的下方还设置一个金属探测器，当金属物体到达此位置时，金属探测器将发出信号。

大型露天矿山使用的半移动式破碎站本身不能自行，需要为其配备专门的移动设备——履带运输车或轮胎运输车。运输车可行驶到破碎机下面，用液压装置将破碎机顶起，并将其移至新的地点。这种破碎机设置在采场内靠近采矿工作面的平台。它可以根据需要，在几个月到几年移动一次，以便同采掘工作面保持较小的距离和高差。整体可移式破碎机能将机组整体搬运，其移设工作可在数日内完成。组件可移式破碎机将机组分成给料装置、破碎机和卸料装置三部分，也可拆卸成尺寸和重量更小的组件来搬运。拆卸和重新安装在一个月内完成。破碎站一般不超过 5 年就移设一次。

（1）整体下移：用履带运输车（图 7-33）将破碎站整体（总重量在履带车运输范围内）驮运至指定位置，如图 7-34 所示。

图 7-33　履带运输车

图 7-34　破碎站移置

（2）分部下移：将破碎站解体，分部分用平板运输车运至指定的平面位置，再重新安装。图 7-35 所示为轮胎运输车。

（3）整体下移与分部下移相结合：将破碎站移除一部分后的整体用履带运输车驮运，其他移除的部分用平板运输车运到指定位置，再重新安装。

运输车一般为履带式，其生产国家主要有美国和德国。美国杜瓦尔公司制造了世界上最大的履带运输车，其运载能力为 1200 t，柴油机功率为

图 7-35　轮胎运输车

900 kW。德国克虏伯公司制造的运输车的最大运载能力为 200～1200 t，负载爬坡能力为 20%。

半移动式破碎站基本上为用户定制产品，需要供应商和用户充分沟通协商。目前，世界上最主要的大型半移动式破碎站生产厂商包括蒂森克虏伯公司、山特维克矿山工程机械有限公司、北方重工集团有限公司和中信重工机械股份有限公司等。

1996 年鞍钢齐大山铁矿从德国克虏伯公司引进了两台半移动式破碎站，分别用于破碎矿石和岩石。使用 63-89 液压旋回破碎机，电机功率 597 kW，生产能力为矿石 4100 t/h、岩石 6100 t/h，最大给料粒度均为 1500 mm，排料粒度均为 350 mm，半移动式破碎站工作高度 13 m。1997 年 10 月投产。2002 年采场下降到 -45 m，11 月 28 日开始移设。历时 21 天，行程 1.5 km，途经 3 个弯道，采用了 TR850 型履带式运输车，其爬行纵坡能力为 12%，最小转弯半径 18 m，移设最重件为 800 t，高度 24 m。2006 年 3 月进行了第二次迁移。2008 年 2 月进行第三次迁移，历时 8 h，下移 42 m，行程 800 m。

首钢水厂铁矿半连续开采工艺由三条皮带运输系统组成。一条为矿石运输系统：汽车→半移动式破碎站→胶带运输机→选矿破碎流程。另一条为岩石运输系统，分别为西部胶带排岩系统和东部胶带排岩系统。西排岩半移动式破碎站设在采场西部边缘 117 m 水平，于 1998 年 5 月正式交付生产并运行，由一台 60-89 型旋回式破碎站及三条固定式胶带机，一条移置式胶带机等组成。设计年生产能力达 1600 万 t，实际最高可达 2300 万 t。东排岩半移动式破碎站设在采场东部 -20 m 水平，于 2006 年 3 月投入生产，由一座蒂森克虏伯公司 KB63-75 型液压旋回半移动式破碎站、四条固定式胶带机、一条移置式胶带机及奥钢联生产的排土机组成，设计年生产能力 2000 万 t。矿石半移动式破碎站由一座蒂森克虏伯公司 KB63-75 型液压旋回半移动式破碎站、两条固定式胶带机和电控系统组成。2006 年 8 月建成投产，设计能力为 3000 t/h，翻卸平台设在 -20 m 水平。

缅甸莱比塘铜矿应用中信重工 PSZ4000-B 半移动式破碎站，主机型号 PXZ60-89，物料类型为铜矿，矿石硬度 $F \leqslant 9$，矿石密度 2.55 t/m³，矿石堆密度 1.88 t/m³，最大进料粒度 1200 mm，排料粒度 $\leqslant 250$ mm，处理量 4200~5800 t/h。

7.9.4　双齿辊自移式破碎站

自移式破碎站根据行走装置的不同，又分为履带型、轮胎型、液压迈步型和轨轮型。轨轮型适用于单向进路采矿和坡度小于 3% 的场合，其承载能力和运行不受气候条件影响，但破碎机移动角度受到限制，因而适应范围较小。迈步型可用于松软路面（地面压力 0.15~0.25 MPa），能向任意方向移动，但行走速度低（20~80 m/h），只适合于中、小型设备和移动次数少的场合。轮胎型适用于路面坚实（地面压力 0.4~0.9 MPa）、需要经常移动的场合，设备质量可超过 1500 t，道路坡度最大可达 10%，行走速度为 200~1000 m/h。使用轮胎型破碎站时，道路投资费用较大，在岩石比较坚硬和磨蚀性较大时轮胎磨损严重，但破碎作业时轮胎无负荷，且可以在普通公路上行驶。履带型行走机构坚固耐用，对地面不平度的适应性强，对地压力低（0.1~0.3 MPa），行走速度为 0.3~0.6 km/h，道路坡度可达 10%。由于履带型行走装置能更好地适应露天矿开采工作面恶劣的底板条件，而且具有足够的附着力，能适应不平的路面，以及具有良好的通过性和大的承载能力，故目前比较常用。

近年来，大型自移式破碎站已经成功应用于大型露天采矿场，国际上最大的自移式破碎站处理能力已达 10000 t/h。截至 2022 年，受高度限制，大型自移式破碎站一般采用处理能力大但低矮的轮齿式破碎机，通常用于处理剥离物、煤炭、油砂等中等硬度物料。相信随着科学技术的进步，未来也许能将其应用于金属矿山。

双齿辊自移式破碎站通常布置在采掘工作面和工作面运输皮带机之间，通过电铲或挖掘机把物料送入料斗。然后由板式给料机将物料送入双齿辊筛分式破碎机，使物料经破碎后达到适合经济高效皮带机长距离运输的粒度。这套系统包括以下几个模块：①双齿辊筛分破碎机；②板式给料机；③过渡胶带机和转载胶带机；④主体框架和钢结构；⑤给料斗；⑥履带行走和摆动机构。

蒂森克虏伯公司自移式破碎站如图7-36所示。

图7-36 蒂森克虏伯公司自移式破碎站

英国MMD公司拥有世界先进水平的齿辊筛分式破碎机，并以此为基础，在世界范围内设计、制造、安装了上百套自移式、半移动和固定式破碎站。目前全球仅有的三台破碎能力超过10000 t/h的自移式破碎站(图7-37)全部由MMD公司开发制造。

图7-37 MMD自移式破碎站

MMD1400自移动式破碎站由MMD1400系列双齿辊筛分破碎机、MMD D9系列板式给料机、过渡胶带机和转载胶带机、主体框架和钢结构、给料斗、履带行走和摆动机构等几个模块组成，如图7-38所示。其主要参数和性能如下。

(1)移动速度：最大可达12 m/min。

(2)平均处理量可达到10000 t/h，峰值可达到12000 t/h。

(3)入料粒度达到2.4 m³，出料粒度为350 mm。

(4)尺寸紧凑，重量轻(61 m×15.4 m×18 m，1760 t)，重心相对较低，可抵御不同的天气条件。

（5）整个破碎站由不同模块构成，更便于维护、安装和运输。

（6）维修时间少于2.5%。

（7）与回转半径18 m的电铲配合，整个系统开采接近70 m时才需要移动工作面胶带输送机。

（8）更广的工作范围：受料斗和电铲的夹角可以达到270°。

（9）超大受料斗，受料斗最多可以装载350 t的物料。

（10）可调的处理速度，变频调速板式给料机可以控制处理物料输送速度。

（11）精准的物料转载，排料胶带机可以从−7°到+15°上下摆动，并且可以水平+60°旋转，精准实现物料转载。

（12）远程控制：自移式破碎站在正常工作时可以设置成远程操作，不需要人工进入现场操作。

（13）陡坡行进：在大多数地带，自移式破碎站纵向爬坡度10°，横向爬坡度为5°。

（14）操作简单，在自移式破碎站顶端的操作室，所有的处理过程都是可控并可见的。

（15）进出方便，自移式破碎站拥有8个进入点。在工作状态中，破碎站的每一个部分都清晰可见，以保证安全。

山特维克矿山工程机械有限公司生产的PF300系列自移式破碎站（图7-39），可以配备不同类型破碎机，满足客户多样性需求。该破碎站在不需要临时支撑的情况下，能够通过液压铲斗或者电铲接收物料，并且在各种环境下保持整套破碎系统自由移动。

图7-38　采用MMD1400的9000 t/h
露天自移式破碎站

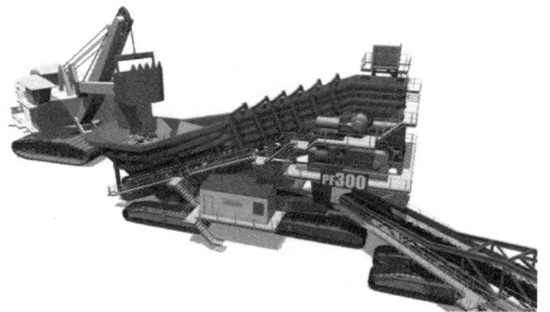

图7-39　山特维克PF300系列自移式破碎站

7.9.5　小型自移式破碎站

小型自移式破碎站行走机构通常为履带式，如图7-40所示。其移动起来更加灵活，作业场地适应性更强，可以爬坡作业，但结构较为复杂，成本较高。在矿山行业，一个完整的矿岩石破碎筛分系统大致

图7-40　履带型自移式破碎站

由粗碎破碎站、二级破碎站或三级破碎站、筛分站和转载皮带站等部分构成。粗碎破碎站一般由受料斗、振动给料机、破碎机主机、排料皮带、除铁器、履带行走机构、液压系统和发电机组等构成。破碎机主机通常为颚式破碎机，也可以选用反击式破碎机或锤式破碎机。小型自移式破碎站已经广泛应用于砂石和建筑垃圾回收再利用领域。

山特维克矿山工程机械有限公司生产供采矿、建筑垃圾回收等行业应用的规格齐全的颚式破碎站、圆锥破碎站、反击破碎站和筛分站等。其移动颚式破碎站技术参数见表7-28，外形如图7-41所示。

表 7-28 山特维克移动颚式破碎站

型号	质量/kg	给料口尺寸/(mm×mm)	最大给料粒度/mm
QJ241	32568	1000×650	520
QJ341	48194	1200×750	650
UJ440i	62500	1200×830	760
UJ440E	71300	1200×830	760
UJ540	97000	1200×1100	975
UJ640	124000	1500×1100	975

图 7-41 山特维克移动颚式破碎站

美卓奥图泰公司生产 Lokotrack 系列移动式破碎筛分站，其移动颚式破碎站的核心设备是 C 系列颚式破碎机，还配有发动机、给料机、振动筛、排料皮带和履带行走机构等，主要技术参数见表7-29。

表 7-29 美卓移动颚式破碎站主要技术参数

型号	LT96	LT106	LT116	LT120	LT120E	LT130E
颚式破碎机	C96	C106	C116	C120	C120	C130
给料口尺寸/(mm×mm)	930×580	1060×700	1150×800	1200×870	1200×870	1300×1000
发动机功率/kW	170	224	310	310	310	403
外形尺寸(长×宽×高)/(mm×mm×mm)	12450 2500 3100	15200 2800 3400	15600 3000 3600	16650 3000 3900	16650 3000 3900	21500 3500 3900
质量/kg	28000	40000	50000	6000	6300	103000

浙江省泰玛士(Tarmac)矿业(湖南)有限公司杨家埠石灰石矿，主要为华东地区的沥青作业供应高质量的石灰石骨料，年开采量300万t，使用了LT140移动式破碎站，采用C140颚式破碎机，给料口尺寸为1400 mm×1070 mm。

7.9.6 轮胎型他移式破碎站

轮胎型他移式破碎站(图7-42)适用于较为平整的作业场地，一般不配置驱动系统，需要外接电源，结构相对简单，制造成本较低。其种类繁多，应根据用途和工艺要求的不同，灵活选配。在矿山行业，一个完整的矿岩石破碎筛分系统大致由粗碎破碎站、二级破碎站或三级破碎站、筛分站和转载皮带站等部分构成。粗碎破碎站一般由受料斗、振动给料机、破碎机主机、排料皮带、除铁器、液压支腿和底盘等构成。破碎机主机通常为颚式破碎机，也可以选用反击式破碎机或锤式破碎机。

图7-42 轮胎型他移式破碎站

轮胎型他移式破碎站在金属矿山很少应用，多应用于砂石行业。山特维克矿山工程机械有限公司和上海建设路桥机械设备有限公司生产此类设备，分别如图7-43和图7-44所示。

图7-43 山特维克轮胎型破碎站

图7-44 上海建设路桥机械设备有限公司CW轮式破碎站

7.9.7　其他应用实例

7.9.7.1　冬瓜山铜矿

井下采用 1 台 42-65MK-Ⅱ旋回破碎机进行矿石粗碎，粗碎后矿石粒度为 −250 mm，矿石密度为 3.2 t/m³，矿石松散系数为 1.6。通过主井提升至地表，由皮带输送至选矿厂粗矿仓，进入选矿厂半自磨机。由中国有色工程设计研究总院负责设计，设计处理能力 13000 t/d，2004 年 10 月投产。

7.9.7.2　缅甸莱比塘铜矿

应用中信重工机械股份有限公司 PXZ60-89 旋回式破碎机处理铜矿石，矿石硬度 $f \leq 9$，矿石密度 2.55 t/m³，矿石堆密度 1.88 t/m³，最大进料粒度 1200 mm，处理量 4200~5800 t/h。

7.9.7.3　河南安阳钢铁集团舞阳矿业

矿石来源：露天采矿场。

矿石类型：铁矿。

原矿最大粒径：1000 mm。

普氏硬度：$f=12 \sim 14$。

矿石密度：3.3 t/m³。

松散密度(堆比重)：2.0 t/m³。

水分：<3%。

设计规模：360 万 t/a，11000 t/d。

工作制度：18 h/d。

粗碎选用 1 台 C160 颚式破碎机。

7.9.7.4　尖山铁矿

2 台美卓奥图泰公司 C200 型颚式破碎机于 2014 年在尖山铁矿用于地下矿石破碎，处理量达到 1000 t/h。

7.9.7.5　澳大利亚 FMG 公司 Solomon 铁矿

MMD 公司 3 套 1300 系列轮齿式破碎机于 2012 年在澳大利亚 FMG 公司 Solomon 铁矿应用。

通过能力：5400 t/h。

物料：铁矿 190 MPa。

研磨指数：0.07~0.32。

湿度：12%~16%。

松散密度：1.8 t/m³。

入料粒度：1800 mm。

出料粒度：400 mm。

7.9.7.6　遵义氧化铝厂

MMD 公司 625 系列轮齿式破碎机应用于中铝贵州遵义氧化铝厂铝矾土三级破碎，将 750 mm 原矿依次破碎到 200 mm、80 mm、25mm。

7.9.7.7　谷家台铁矿

莱芜矿业有限公司谷家台铁矿原为主副竖井罐笼混合提升，为了提高产量，将斜井重新恢复提升轨道后，安装了 5 m³ 前倾箕斗。作为辅助提升，井下矿石需要经过初级破碎后通过主溜井、计量漏斗、装矿漏斗后装到斜井箕斗内，再由地面提升机通过斜井轨道提升到地表后完成矿石运输。原井下已经建成了固定的破碎及装卸硐室，现状态无法按照正常设计布置传统的破碎设备，为此使用了 1 台 8/220CHD 中心距固定的双齿辊轴筛分破碎机破碎磁铁矿。入料粒度−900 mm，出料粒度−250 mm。应用表明，双齿辊初级筛分破碎机运行稳定、生产效率高、能耗低、维护量少。

7.9.7.8　二次破碎

（1）赤峰山金红岭有色矿业有限责任公司（铅锌矿，图 7-45）。

设备型号：B450 碎石机。

液压站：55 kW。

控制方式：光纤远程视频遥控。

液压破碎锤：YZH1000。

图 7-45　赤峰山金红岭矿碎石机应用现场

（2）甘肃镜铁山矿业有限公司（铁矿，图 7-46）。

设备型号：B550 碎石机。

液压站：55 kW。

控制方式：无线遥控。

液压破碎锤：Rammer2577。

图 7-46　甘肃镜铁山矿碎石机应用现场

参考文献

［1］段希祥.碎矿与磨矿［M］.3 版.北京：冶金工业出版社，2012.

［2］中华人民共和国工业和信息化部.复摆颚式破碎机：JB/T 1388—2015［S］.

［3］中华人民共和国工业和信息化部.简摆颚式破碎机：JB/T 3264—2015［S］.

［4］中华人民共和国工业和信息化部.旋回破碎机：JB/T 3874—2010［S］.

［5］中华人民共和国工业和信息化部.单段锤式破碎机：JB/T 7354—2015［S］.

［6］中华人民共和国工业和信息化部.矿用双齿辊破碎机：JB/T 11112—2010［S］.

［7］中华人民共和国住房和城乡建设部，中华人民共和国国家质量监督检验检疫总局.有色金属采矿设计规范：GB50771—2012［S］.

［8］中华人民共和国住房和城乡建设部，中华人民共和国国家质量监督检验检疫总局.冶金矿山采矿设计规范：GB50830—2013［S］.

［9］于润沧.采矿工程师手册［M］.北京：冶金工业出版社，2009.

［10］采矿设计手册编写委员会.采矿设计手册［M］.北京：中国建筑工业出版社，1988.

［11］任成达.双齿辊初级筛分破碎机在谷家台铁矿的应用［J］.现代矿业，2015(11)：246-248.

第 8 章

矿井通风设备

8.1 概述

地下矿山生产过程中会产生大量的粉尘及有毒、有害气体,有的矿岩中还会析出放射性和爆炸性气体,此外,井下空气的温度、湿度也发生着变化。这些不利因素,对生产作业人员的安全和健康造成了极大的威胁。《金属非金属矿山安全规程》(GB 16423—2020)规定:所有矿井必须建立完善的机械通风系统。矿山应根据生产变化,及时调整通风系统,并绘制全矿通风系统图。矿井通风的基本任务:不断地向作业地点供给足够量的新鲜空气,稀释和排除各种有毒、有害气体、放射性和爆炸性气体以及粉尘,调节气候,确保作业地点良好的空气质量,创造一个安全、舒适的工作环境,保证矿山作业人员的安全和健康,提高劳动生产率。

矿井通风系统可归纳为主扇通风系统和多级机站通风系统。

主扇通风系统指在回风段、进风段或进回风段设置一级或多级风机站,将作业面污风抽出或把新鲜风流压入井下的通风方式,分为压入式、抽出式和压抽混合式。我国金属非金属矿山大部分采用抽出式通风。

多级机站通风系统指在矿井主通风风路的进风段、需风段和回风段内各设置若干级风机站,接力地将地表新鲜空气经进风井巷有效地送至需风区段或需风点,并将作业产生的污浊空气经回风井巷排出地表所构成的通风系统。目前新建矿山多采用多级机站通风系统。

机械通风系统均是采用通风机进行强制通风。

矿用通风机按其用途可分为三种:用于全矿井或矿井某一区域的通风机,称为主要通风机,简称主通风机;用于矿井通风网路内某些分支风路中借以调节其风量、协助主通风机工作的通风机,称为辅助通风机;借助风筒用于矿井中无贯穿风流的局部地点通风的通风机,称为局部通风机。

矿用通风机按其结构原理可分为轴流式与离心式两大类。

8.2 轴流式通风机

8.2.1 轴流式通风机的组成和主要部件

矿用大型轴流式通风机结构组成如图 8-1 所示。中、小型轴流式通风机结构如图 8-2 所示。

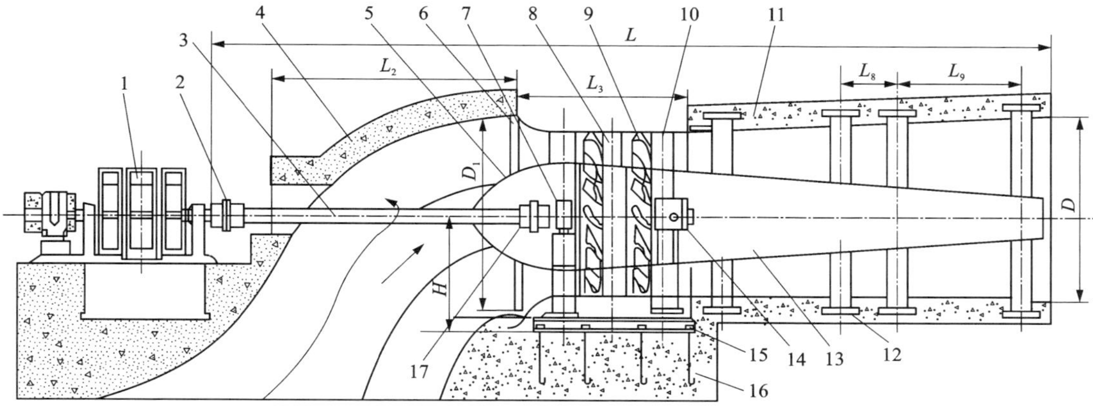

1—电动机；2—联轴器；3—传动轴；4—集流室；5—流线罩；6—集流器；
7—轴承座；8—中间整流器；9—叶轮；10—后整流器；11—扩散器；12—支座；
13—导流器；14—轴承座；15—机架；16—地脚螺栓；17—联轴器。

图 8-1　矿用大型轴流式通风机结构组成

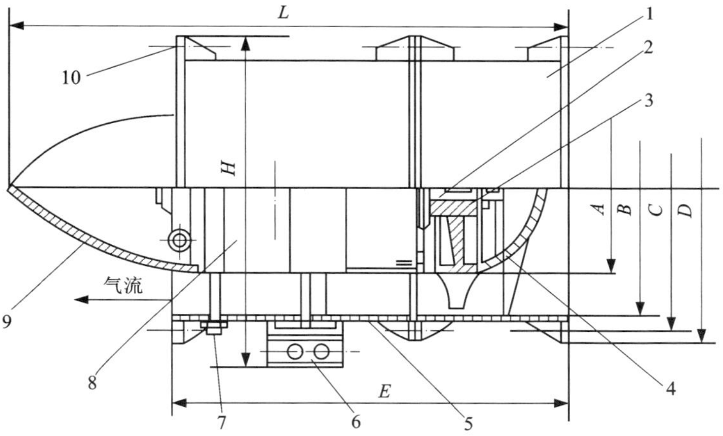

1—前壳体；2—电动机轴；3—叶轮；4—流线罩；5—后壳体；
6—支架；7—连接螺栓；8—电动机；9—导流器；10—法兰。

图 8-2　中小型轴流式通风机结构

　　轴流式通风机的主要部件主要有以下几种：

8.2.1.1　叶轮

　　叶轮由若干扭曲的机翼形叶片和轮毂组成。叶轮的机翼形叶片是传递能量的重要部件，它的形状直接关系到通风机的送气压力、工作效率和能耗大小。国内外对叶型的研究均很重视。叶型种类很多，国内外常用的几种叶型有 RAF-6E 叶型、CLARKY 叶型、LS 叶型、葛廷根(Gottingen)叶型、圆弧板叶型等。

8.2.1.2　集流器

　　通风机集流器的作用是使气流在其中得到加速，在压力损失很小的情况下保证进气速度场均匀。集流器对通风机性能的影响很大，与无集流器的风机相比，设计良好的集流器可使风机效率提高 10%~15%。集流器工作面的形状一般为圆弧形。

8.2.1.3　整流罩和整流体

为使进气条件更为完善，降低风机的噪声，在叶轮或进口导叶前必须安装与集流器相适应的整流罩，以构成通风机进口气流通道，如图 8-3 所示。

试验表明，设计良好的整流罩可使风机流量提高 10% 左右。

整流罩的形状可设计成半圆形或半椭圆形，也可与尾部整流体一起设计成流线形状，如图 8-4 所示。其最大直径距前端的距离为 $0.4l$。在设计中，可将风机轮毂直径作为此流线型体的最大直径，取 $0.4l$ 的头部作为集流器，取其余 $0.6l$ 长的尾部作为扩散筒的整流体。

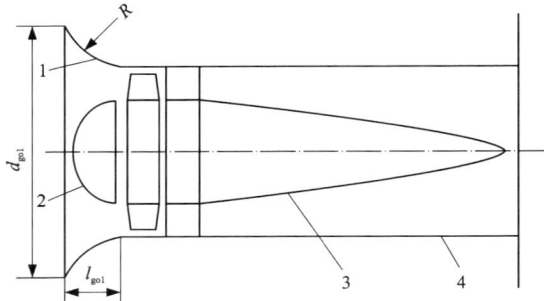

1—集流器；2—整流罩；3—整流体；4—扩散筒。

图 8-3　通风机进口气流通风装置

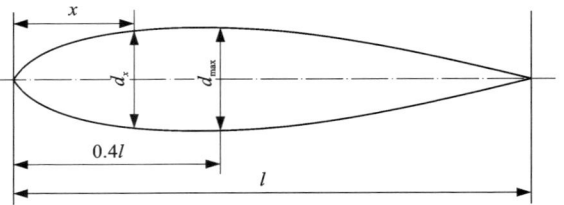

图 8-4　流线型整流体

流线型体的型线坐标见表 8-1。

表 8-1　流线型体的型线坐标　　　　　　　　　　　　　　%

x/l	0	1.25	2.5	5	10	20	30	40	50	60	70	80	90	95	100
d_x/d_{max}	0	24.8	34.8	48.4	66.2	86.5	96.8	100	97.7	90.5	78.2	60.0	34.7	18.9	0

8.2.1.4　扩散筒

轴流式通风机在设置后导叶以后，其出口动压仍然很大，占全压的 30% 以上。因此必须在其后面安装扩散筒，以进一步提高风机的静压效率。目前，一般装有扩散筒的轴流式通风机的最高静压效率为 82%~85%。

（1）扩散筒的结构形式

扩散筒的结构形式随外筒和芯筒（整流体）的形式不同而异，如图 8-5 所示。等直径外筒及锥形或等直径整流体，比流线型整流体制造方便。

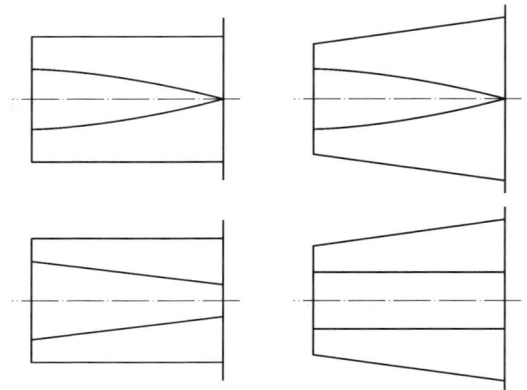

图 8-5　扩散筒的形式

（2）扩散筒的效率

对于一般通风机，效率可取 $\eta_d = 0.8 \sim 0.85$。

（3）扩散筒尺寸的确定

扩散筒的长度 L 可按经验公式选择：

$$L = (1.5 \sim 2.2)D \qquad (8-1)$$

式中：L 为扩散筒长度，m；D 为扩散筒进口直径，m。

由于从后导叶出来的气流的扭速很小，故通常认为气流是轴向流入扩散筒。为了保证气流在扩散筒中流动时流动损失较小，扩散筒的扩压度不能太大。

若把轴流式通风机扩散筒的环形通道换算成当量圆锥（图8-6），以符号 θ 表示当量扩张角，则：

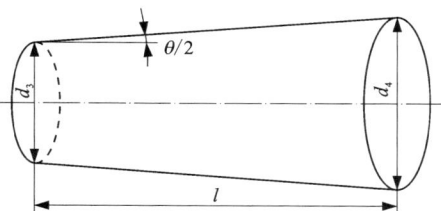

图8-6 当量圆锥尺寸换算示意图

$$\tan\frac{\theta}{2} = \frac{d_4 - d_3}{2l} \qquad (8-2)$$

式中：θ 为扩张角，（°）；d_3、d_4 分别为当量圆锥的进出口直径，m；$\theta \leqslant 8° \sim 12°$；$l$ 为扩散筒长度，m。

8.2.2 典型矿用轴流式通风机的结构和特点

8.2.2.1 2K60 型矿井轴流式通风机

2K60 型矿井轴流式通风机结构如图8-7所示。该风机有 No.18、No.24、No.28 三种机号，最高静压可达 4905 Pa，风量范围 $20 \sim 25$ m^3/s，最大轴功率为 960 kW。风机主轴转速有 1000 r/min、750 r/min、650 r/min 3 种。

该型号通风机的标注方法为 2K60-1No.18。符号含义：2——该型号通风机为双级叶轮；K——矿井用通风机；60——该型号通风机轮毂比的 100 倍；1——该型号通风机为第一次设计结构；No.18——通风机叶轮直径为 1800 mm。

2K60 型矿井轴流式通风机为双级叶轮，轮毂比为 0.6，叶轮叶片为扭曲机翼形叶片，叶片安装角可在 15°~45°做间隔 5°的调节，每个叶轮上可安装 14 个叶片，装有中、后导叶，后导叶也采用机翼形扭曲叶片，因此在结构上保证了风机有较高的效率。

该型号通风机根据使用需要，可以用调节叶片安装角或改变叶片数的方法来调节风机性能，以求在高效率区内有较大的调节幅度（考虑动反力，共有 3 种叶片组合）。

该型号通风机为满足反风的需要，设置了手动制动闸及导叶调节装置。当需要反风时，用手动制动闸停车制动后，既可用电动执行机构遥控调节装置，也可利用手动调节装置调节中、后导叶的安装角，实现反风，其反风量不小于正常风量的 60%。

8.2.2.2 GAF 型轴流式通风机

GAF 型轴流式通风机是引进德国技术的产品。该型号通风机规格品种繁多（基本型号分 4 个系列 896 种规格），最大静压 18600 Pa，风量 $50 \sim 1800$ m^3/s，最大全压效率为 0.83。该型号通风机除具有广泛的调节范围外，最突出的特点是配有液压动叶可调装置，可实现在不停机的情况下调整叶片安装角度，以适应工况变化的要求。图8-8所示为 GAF 轴流式通风机结构示意图。

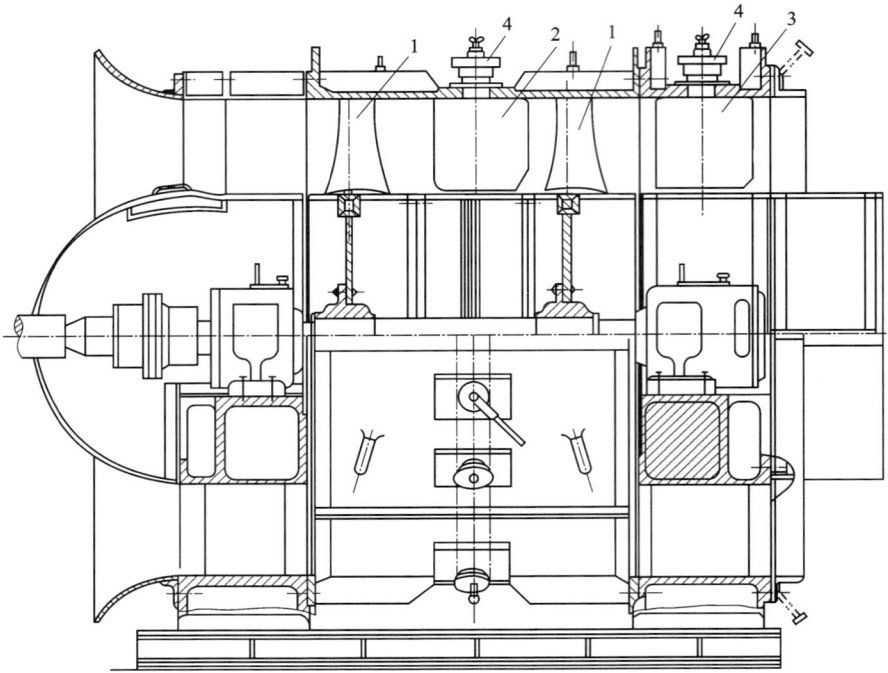

1—叶轮；2—中导叶；3—后导叶；4—绳轮。

图 8-7　2K60 型矿井轴流式通风机结构图

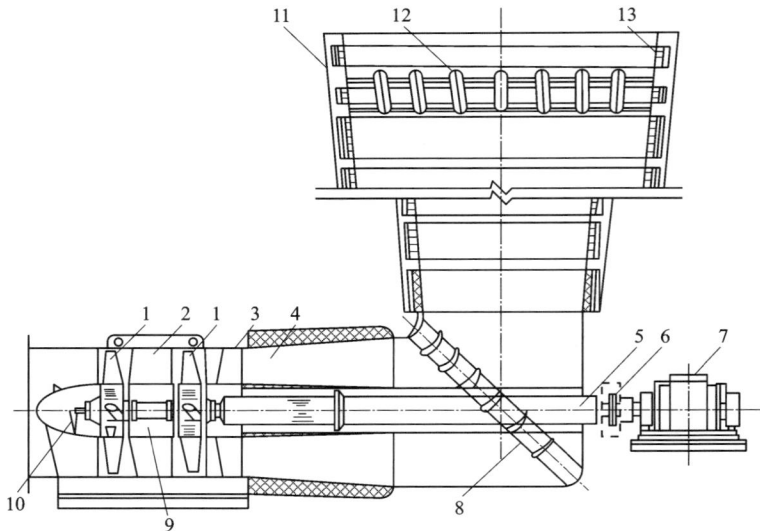

1—叶轮；2—中导叶；3—后导叶；4—扩散器；5—传动轴；6—刹车机构；7—电动机；
8—整流叶栅；9—轴承箱；10—动叶调节控制头；11—立式扩散器；12—消声器；13—消声板。

图 8-8　GAF 型轴流式通风机结构示意图

8.2.2.3　FS 型矿井轴流式通风机

FS 型矿井轴流式通风机,是中钢集团武汉安全环保研究院(原冶金部安全环保研究院)根据我国矿井通风及多级机站通风系统对通风机的实际需求而研制的一种高效节能型通风机。该型号通风机属于矿用低风压、大风量型通风机,叶片机翼呈曲面,叶轮全压效率高且高效区宽广,采用了独特的稳流环装置,以消除传统轴流通风机在高风压区出现的不稳定失速的隐患,流量-压力特性曲线非常平滑,适用于多台风机联合运转。该型号通风机可实现反风,反风量大于 60%。叶轮全压效率为 90%,风量范围为 0.83～175 m^3/s,全压范围为200～3227 Pa,高效区域较宽。该型号通风机容量大,覆盖的工作区域广,可根据工况点需要选择合适的叶轮直径、轮毂比转速和叶片安装角。

FS 系列通风机共有 4 种轮毂比(0.35、0.40、0.45、0.50)、4 种转速(1470 r/min、980 r/min、730 r/min、580 r/min)、20 余种机号(No7.1～No28)。

该型号通风机的标注方法为 FS180-63B。符号含义:FS——FS 型风机;180——风机机壳内径 180 cm;63——轮毂直径 63 cm(轮毂比 $d = 63/180 \approx 0.35$);B——转速代号 980 r/min(A 代表 1470 r/min,4 级电动机;C 代表 730 r/mm,8 级电动机;D 代表 580 r/min,10 级电动机)。

图 8-9 所示为 FS 型轴流式通风机结构示意图。其主要部件由集流器、带稳流环的机壳、叶轮、传动组及带后导叶的扩散器组成。

叶片采用机翼扭曲叶形,具有气动性能好、噪声低等特点。由于采用了稳流环装置,该型号通风机可在井下多级机站通风系统中灵活应用,可进行轴流式通风机在系统中多台的串联、并联运转或单独运转,且不会产生喘振或任何由工况引起的不稳定情况。

"稳流环"把叶轮顶部最先出现的分离涡和逆流收集起来,引

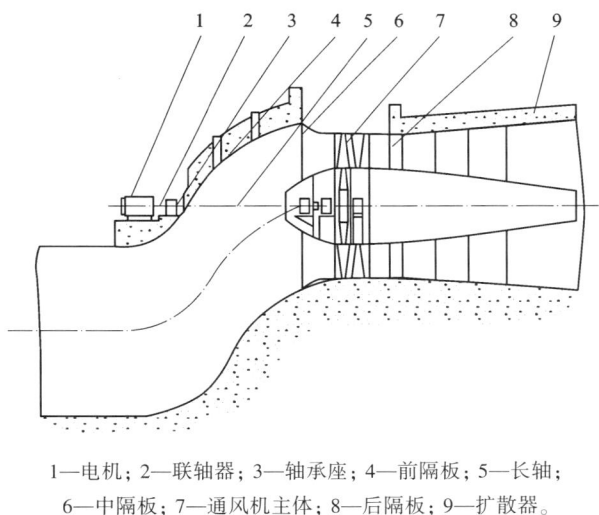

1—电机;2—联轴器;3—轴承座;4—前隔板;5—长轴;
6—中隔板;7—通风机主体;8—后隔板;9—扩散器。

图 8-9　FS 型轴流式通风机结构示意图

导到主流中去,不使它们扩展,从而避免叶片(轮)根部诱导漩涡的产生,改善了流动条件。当工况处于高风阻区时,一旦叶轮顶部出现逆流,可经稳流环的环形腔从另一侧流出与主流汇合,逆流就被抑制。

在井下作为矿井辅助通风机使用时,FS 型轴流式通风机可采用直联式传动,较大的通风机可采用剖分结构,以便于下井安装。

8.2.2.4　FKZ、FKCDZ(K、DK)系列矿用节能通风机

淄博风机厂有限公司生产的新一代 FKZ、FKCDZ(K、DK)系列矿用节能通风机,是在原矿用节能通风机的基础上,通过技术改进、结构完善、提高性能和扩大机号而设计的。该系列通风机运转效率更高、噪声更低、性能优,节能效果更明显;同时,主风筒内设有稳流环装

置,特性曲线无驼峰,保证通风机在任何阻力状态下都可稳定运转。

　　为优化该系列通风机的性能,满足各类大、中、小型非煤矿山的需求,使低、中、高阻力和大、中、小风量的各类型通风网,均可选到在高效区运转的主通风机、辅助通风机和多级机站风机。该系列通风机采用 0.40 和 0.45 两种轮毂比、单机和对旋两种结构形式,即分为FKZ、FKCDZ(K40、K45 和 DK40、DK45),并且 FKZ(K40)分别采用 4、6、8 极电机为 3 种转速,FKZ(K45)分别采用 4、6 极电机为 2 种转速,FKCDZ(DK40、DK45)分别采用 6、8 极电机为 2 种转速。这样,各个机号与 2 种轮毂比、2 种结构形式和 3 种转速,按一定的方式"组合",便使该系列通风机共有 93 种规格。

　　原 K、DK 系列矿用节能通风机的型号标注方法为 K40-4-NO.15。符号含义:K——矿用风机("DK"为对旋型矿用风机);40——轮毂比 $d=0.40$("45"为 $d=0.45$);4——电机极数 4,$n=1450$ r/min("6"为 6 极;$n=980$ r/min;"8"为 8 极,$n=730$ r/min);NO.15——机号为 15(即工作轮直径 $D=15$ dm)。

　　新一代 FKZ、FKCDZ 系列矿用节能通风机的型号表示方法(举例)如下:

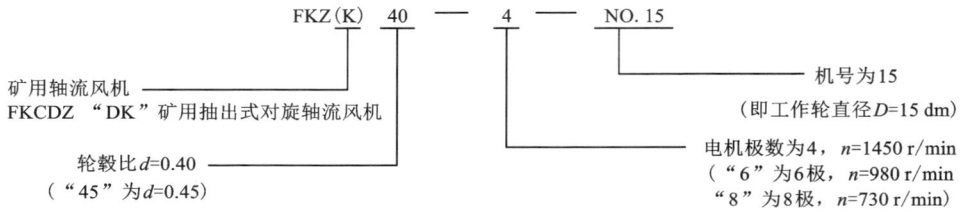

　　FKZ、FKCDZ(K、DK)系列通风机型号新、旧表示方法对应关系见表 8-2。

表 8-2　通风机型号新、旧表示方法对应关系

原通风机型号表示方法	现通风机型号表示方法
K40-4-NO.	FKZ-4-NO.
K40-6-NO.	FKZ-6-NO.
K40-8-NO.	FKZ-8-NO.
DK40-6-NO.	FKCDZ-6-NO.
K45-6-NO.	FKZ-6-NO.
DK45-6-NO.	FKCDZ-6-NO.

　　新一代 FKZ、FKCDZ 系列无驼峰矿用节能通风机性能范围和主要技术参数,分别见表 8-3、表 8-4。表中所列参考质量为包括电机和扩散器的整机质量。

　　FKZ 系列通风机结构示意图如图 8-10 所示,外形尺寸表分别见表 8-5、表 8-6。

　　FKCDZ 系列通风机及其扩散器结构示意图如图 8-11 所示,外形尺寸表分别见表 8-7、表 8-8。

表 8-3　新一代 FKZ(K)、FKCDZ(DK) 系列无驼峰矿用节能通风机性能范围和主要技术参数(一)

FKZ(K40-4) (n=1450 r/min)

机号	8	9	10	11	12	13	14	15
风速/(m³·s⁻¹)	4.4~9.5	6.2~13.5	8.5~18.6	11.3~24.7	14.7~32.1	18.7~40.8	23.4~50.9	28.7~62.6
全压/Pa	108~497	136~629	168~776	203~939	242~1118	284~1312	329~1512	387~1746
功率/kW	5.5	11	15	30	37	55	90	110
电机型号	Y132S-4	Y160M-4	Y160L-4	Y200L-4	Y225S-4	Y250M-4	Y280M-4	Y315S-4
参考质量/kg	508	682	1015	1308	1563	1890	2365	3528

FKZ(K40-6) (n=980 r/min)

机号	7	8	9	10	11	12	13	14	15	16	17	18	19	20	21	22
风速/(m³·s⁻¹)	2.0~4.3	3.0~6.4	4.2~9.1	5.8~12.5	7.7~16.7	9.9~21.7	12.6~27.5	15.8~34.4	19.4~42.3	23.6~51.4	28.3~61.6	33.6~73.1	39.5~86.0	46.0~100.3	53.3~116.1	61.3~113.4
全压/Pa	38~174	49~227	62~287	77~355	93~429	111~510	130~599	150~695	173~798	197~908	222~1008	249~1149	277~1280	307~1418	339~1563	372~1716
功率/kW	1.1	2.2	3	5.5	7.5	15	18.5	30	37	55	75	90	110	160	200	250
电机型号	Y90L$_1$-6	Y112M-6	Y132S-6	Y132M$_2$-6	Y160M-6	Y180L-6	Y200L$_1$-6	Y225M-6	Y250M-6	Y280M-6	Y315S-6	Y315M-6	Y315L$_1$-6	Y355M$_1$-6	Y355M$_3$-6	Y355L$_2$-6
参考质量/kg	350	468	603	924	1137	1395	1650	1952	2828	3364	4042	4591	5061	7009	7703	8924

FKZ(K40-8) (n=730 r/min)

机号	11	12	13	14	15	16	17	18	19	20	21	22	23	24	25	26
风速/(m³·s⁻¹)	5.7~12.4	7.4~16.1	9.4~20.5	11.8~25.6	14.5~31.5	17.6~38.3	21.1~45.9	25.0~54.5	29.4~64.1	34.3~74.7	39.7~86.5	45.7~99.4	52.2~113.6	59.3~129.1	67.0~146	75.4~164.2
全压/Pa	52~238	61~283	72~332	84~386	96~443	109~504	123~568	138~637	154~710	170~787	188~867	206~952	225~1041	245~1133	266~1229	288~1330
功率/kW	4	5.5	7.5	11	15	22	30	37	55	75	90	110	132	160	200	250
电机型号	Y160M$_1$-8	Y160M$_2$-8	Y160L-8	Y180L-8	Y200L-8	Y225M-8	Y250M-8	Y280S-8	Y315S-8	Y315M-8	Y315L$_1$-8	Y315L$_2$-8	Y355M$_1$-8	Y355M$_2$-8	Y355L$_2$-8	Y450S$_3$-8
参考质量/kg	1087	1283	1510	1773	2578	2976	3405	3905	4766	6216	6800	7420	8616	9317	11666	13638

续表 8-3

FKZ(K45-4) (n=1450 r/min)								
机号	8	9	10	11	12	13	14	15
风速/(m³·s⁻¹)	6.6~12.5	9.5~17.8	13.0~24.0	17.3~32.6	22.5~42.3	28.6~53.8	35.7~67.2	43.9~82.6
全压/Pa	357~685	452~867	558~1071	675~1295	804~1542	943~1810	1094~2099	1256~2409
功率/kW	7.5	15	30	45	75	90	132	200
电机型号	Y132M-4	Y160L-4	Y200L-4	Y225M-4	Y280S-4	Y280M-4	Y315M-4	Y315L$_2$-4
参考质量/kg	547	735	1169	1442	1876	2205	2891	3887

FKZ(K45-6) (n=980 r/min)														
机号	7	8	9	10	11	12	13	14	15	16	17	18	19	20
风速/(m³·s⁻¹)	3.0~5.7	4.5~8.4	6.4~12.0	8.7~16.5	11.6~22.0	15.1~28.5	19.2~36.3	23.9~45.3	29.4~55.7	35.7~67.6	42.8~81.1	50.9~96.2	59.8~113.2	69.8~132.0
全压/Pa	125~240	163~313	207~396	255~489	309~592	367~704	431~827	500~959	574~1101	653~1252	737~1414	826~1585	920~1766	1019~1956
功率/kW	1.5	3	5.5	7.5	15	18.5	30	45	55	90	110	160	200	250
电机型号	Y100L-6	Y132S-6	Y132M$_2$-6	Y160M-6	Y180L-6	Y200L$_1$-6	Y225M-6	Y280S-6	Y280M-6	Y315M-6	Y315L$_1$-6	Y315M$_1$-6	Y355M$_3$-6	Y355L$_2$-6
参考质量/kg	375	512	649	998	1248	1495	1789	2246	3148	3991	4436	5384	5955	6810

表 8-4　新一代 FKZ(K)、FKCDZ(DK) 系列无驼峰矿用节能通风机性能范围和主要技术参数（二）

FKCDZ(DK40-6) (n=980 r/min)							
机号	15	16	17	18	19	20	21
风速/(m³·s⁻¹)	18.2~43.6	22.1~52.9	26.5~63.5	31.5~75.4	37.0~88.6	43.2~103.4	50.0~119.7
装置静压/Pa	382~1690	435~1923	491~2171	551~2433	614~2711	680~3004	750~3312
功率/kW	2×37	2×55	2×75	2×90	2×132	2×160	2×200
电机型号	Y250M-6	Y280M-6	Y315S-6	Y315M-6	Y315L$_2$-6	Y355M$_1$-6	Y355M$_3$-6
参考质量/kg	4649	5582	6789	7731	8627	11997	13179

续表 8-4

FKCDZ (DK40-8)（$n = 730$ r/min）

机号	18	19	20	21	22	23	24	25
风速/(m³·s⁻¹)	23.5~56.1	27.6~66.0	32.2~77.0	37.3~89.1	42.8~102.5	48.9~117.1	55.6~133.0	62.9~150.4
装置静压/Pa	306~1350	341~1504	377~1750	416~1838	457~2017	499~2204	543~2400	589~2605
功率/kW	2×37	2×55	2×75	2×90	2×110	2×132	2×160	2×200
电机型号	Y280S-8	Y315S-8	Y315M-8	Y315L$_1$-8	Y315L$_2$-8	Y355M$_1$-8	Y355M$_2$-8	Y355L$_2$-8
参考质量/kg	6715	8312	10943	11959	13039	15262	16490	20793

FKCDZ (DK45-6)（$n = 980$ r/min）

机号	12	13	14	15	16	17	18	19	20
风速/(m³·s⁻¹)	10.7~27.6	13.6~35.0	17.0~43.8	20.9~53.8	25.4~65.3	30.4~78.3	36.1~93.5	42.5~109.4	49.5~127.6
装置静压/Pa	698~1374	819~1613	950~1871	1091~2148	1241~2444	1400~2759	1570~3093	1750~3446	1939~3819
功率/kW	2×22	2×37	2×55	2×75	2×90	2×132	2×160	2×200	2×250
电机型号	Y200L2-6	Y250M-6	Y280M-6	Y315S-6	Y315M-6	Y315L$_2$-6	Y355M$_1$-6	Y355M$_3$-6	Y355L$_2$-6
参考质量/kg	2492	3130	3905	5991	6906	7778	9406	10392	14269

FKCDZ (DK45-8)（$n = 730$ r/min）

机号	16	17	18	19	20	21	22
风速/(m³·s⁻¹)	18.9~48.7	22.7~58.4	26.9~69.3	31.6~81.5	36.9~95.1	42.7~110.1	49.1~126.6
装置静压/Pa	688~1356	777~1531	871~1716	971~1912	1076~2119	1186~2336	1302~2563
功率/kW	2×37	2×55	2×75	2×90	2×110	2×160	2×200
电机型号	Y280S-8	Y315S-8	Y315M-8	Y315L$_1$-8	Y315L$_2$-8	Y355M$_2$-8	Y355L$_2$-8
参考质量/kg	5585	7120	7940	8715	11318	13665	15118

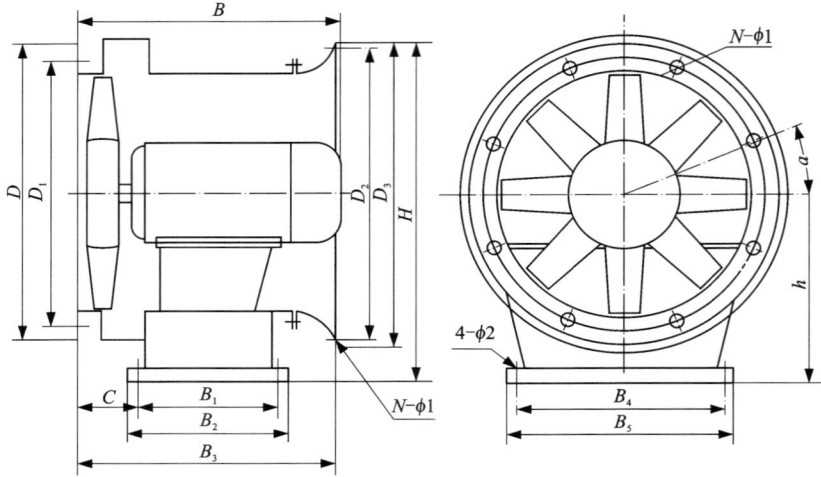

图 8-10 FKZ(K40、K45)系列通风机结构示意图

表 8-5 FKZ(K40、K45)系列通风机外形尺寸(一)

mm

机号	D	D_1	D_2	D_3	B_4	B_5	H	h	$N-\phi_1$	$4-\phi_2$	$a/(°)$
7	846	787	935	994	597	643	1035	538	16-ϕ15	15	11.25
8	956	892	1063	1127	692	744	1171.5	608	16-ϕ15	15	11.25
9	1066	997	1190	1259	773	825	1308.5	679	16-ϕ15	15	11.25
10	1179	1105	1318	1392	850	902	1447	751	16-ϕ15	15	11.25
11	1289	1210	1445	1524	953	1023	1583	821	16-ϕ15	19	11.25
12	1399	1315	1573	1657	1034	1104	1725.5	897	16-ϕ15	19	11.25
13	1510	1421	1701	1790	1115	1185	1863	968	24-ϕ15	19	7.5
14	1620	1526	1828	1922	1216	1306	1999	1038	24-ϕ15	19	7.5
15	1734	1635	1956	2055	1297	1387	2137.5	1110	24-ϕ15	23	7.5
16	1845	1741	2085	2189	1374	1464	2280.5	1186	24-ϕ19	23	7.5
17	1955	1846	2213	2322	1465	1565	2417	1256	24-ϕ19	23	7.5
18	2066	1952	2341	2455	1546	1646	2554.5	1327	24-ϕ19	23	7.5
19	2177	2058	2468	2587	1627	1727	2691.5	1398	30-ϕ19	23	6
20	2291	2167	2596	2720	1718	1828	2835	1475	30-ϕ19	23	6
21	2401	2272	2733	2853	1795	1905	2971	1545	30-ϕ23	27	6
22	2511	2377	2851	2985	1876	1986	3108.5	1616	30-ϕ23	27	6
23	2622	2483	2979	3118	1957	2067	3246	1687	30-ϕ23	27	6
24	2732	2588	3108	3252	2058	2188	3388	1762	30-ϕ23	27	6
25	2846	2697	3236	3385	2139	2269	3526.5	1834	36-ϕ23	27	5
26	2956	2802	3363	3517	2216	2346	3663.5	1905	36-ϕ27	30	5

表8-6　FKZ(K40、K45)系列通风机外形尺寸(二)

机号	FKZ(K40)-4(n=1450 r/min) B	B1	B2	B3	C	FKZ(K40)-6(n=980 r/min) B	B1	B2	B3	C	FKZ(K40)-8(n=730 r/min) B	B1	B2	B3	C	FKZ(K45)-4(n=1450 r/min) B	B1	B2	B3	C	FKZ(K45)-6(n=980 r/min) B	B1	B2	B3	C
7						439.2	197.5	267.5	431.7	44.2											449.1	237	307	479.6	52.6
8	475.2	279.5	357.5	532.3	47.8	409.8	230.5	308.5	483.3	47.8						583.4	301	379	563.4	57.4	543.4	266	344	528.4	57.4
9	605.4	369	447	652.4	57.4	483.4	275.5	353.5	558.9	57.4						711.7	383.5	461.5	677.7	68.2	601.7	318	396	612.2	68.2
10	643	395	473	709	67	527	328	406	642	67						850	429	507	755	79	680	390	468	716	79
11	753.6	484	566	797.6	58.6	583.6	426	508	739.6	58.6	583.6	396	478	709.6	58.6	938.3	526.5	608.5	853.3	71.8	803.3	468	550	794.8	71.8
12	805.2	545	627	889.2	68.2	703.2	471	553	815.2	68.2	598.2	423	505	767.2	68.2	1081.6	568	650	926.6	82.6	886.6	520	602	878.6	82.6
13	897.8	606	688	980.8	77.8	762.8	547	629	921.8	77.8	637.8	469	551	843.8	77.8	1150.9	632	714	1022.4	93.4	945.9	582	664	972.4	93.4
14	1029.4	671	761	1044.4	71.4	824.4	630	720	1003.4	71.4	719.4	548	638	921.4	71.4	1439.2	721.5	811.5	1111.7	88.2	1119.2	681	771	1071.2	88.2
15	1233	743	833	1147	79	904	685	775	1089	79	779	617	707	1021	79	1447.5	790	880	1212	97	1187.5	740	830	1162	97
16						1045.6	712	811	1160.6	93.1	843.6	636	735	1084.6	93.1						1465.8	793	892	1260.8	112.3
17						1373.2	783	882	1242.2	92.7	1063.2	721	820	1180.2	92.7						1484.1	850	949	1329.6	113.1
18						1459.8	820.5	919.5	1310.3	102.3	1149.8	785	884	1274.8	102.3						1733.4	897	996	1400.4	123.9
19						1475.4	852	951	1372.4	111.9	1405.4	826	925	1346.4	111.9						1751.7	944	1043	1487.2	134.7
20						1722	952	1059	1491	113.5	1492	877.5	984.5	1416.5	113.5						1770	1021	1128	1584	137.5
21						1737.6	961	1082	1559.6	130.1	1507.6	882	1003	1480.6	130.1										
22						1754.2	1023	1144	1652.2	139.7	1524.2	924	1045	1553.2	139.7										
23											1769.8	994	1115	1653.8	149.3										
24											1786.4	1061	1182	1711.4	138.9										
25											1802	1124	1245	1805	146.5										
26											1818.6	1128	1262	1862.6	162.6										

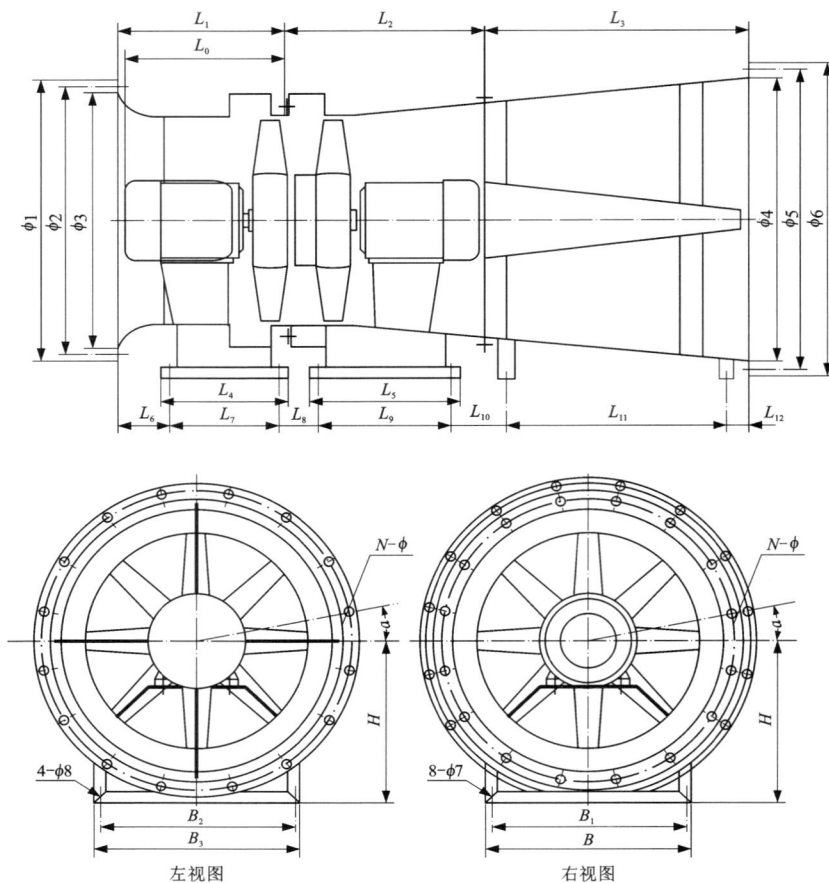

图 8-11　FKCDZ(DK40、DK45)系列通风机及其扩散器结构示意图

表 8-7　FKCDZ(DK40、DK45)系列通风机及其扩散器外形尺寸(一)　　　　　　mm

机号	ϕ_1	ϕ_2	ϕ_3	ϕ_4	ϕ_5	ϕ_6	L_6	L_{12}	B	B_1	B_2	B_3	H	$N-\phi$	$8-\phi_7$	$4-\phi_8$	$\alpha/(°)$
12	1657	1573	1470	1575	1680	1764	276	133	1104	1034	936	1056	897	16-ϕ15	19	23	11.25
13	1790	1701	1592.5	1707	1817	1906	297	133	1185	1115	1024	1144	968	24-ϕ15	19	23	7.5
14	1922	1828	1715	1838	1953	2047	302	133	1306	1216	1112	1232	1038	24-ϕ15	19	23	7.5
15	2055	1956	1837.5	1969	2091	2190	325	135	1387	1297	1200	1320	1110	24-ϕ15	19	23	7.5
16	2189	2085	1960	2101	2228	2332	355.5	155	1464	1374	1258	1408	1186	24-ϕ19	23	23	7.5
17	2322	2213	2082.5	2232	2364	2473	366.5	155	1565	1465	1346	1496	1256	24-ϕ19	23	23	7.5
18	2455	2341	2205	2363	2501	2615	387.5	155	1646	1546	1434	1584	1327	24-ϕ19	23	23	7.5
19	2587	2468	2327.5	2494	2637	2756	408.5	155	1727	1627	1522	1672	1398	30-ϕ19	23	23	6
20	2720	2596	2450	2626	2776	2900	425.5	192	1828	1718	1580	1760	1475	30-ϕ19	23	27	6
21	2852	2723	2572.5	2757	2912	3041	468.5	192	1905	1795	1668	1848	1545	30-ϕ23	27	27	6
22	2985	2851	2695	2888	3048	3182	489.5	192	1986	1876	1756	1936	1616	30-ϕ23	27	27	6
23	3118	2979	2817.5	3020	3185	3324	510.5	192	2067	1957	1844	2024	1687	30-ϕ23	27	27	6
24	3252	3108	2940	3151	3321	3465	511.5	222	2188	2058	1902	2112	1762	30-ϕ23	27	33	6
25	3385	3236	3062.5	3282	3459	3608	534.5	224	2269	2139	1990	2200	1834	36-ϕ23	27	33	5

表 8-8　FKCDZ(DK40、DK45)系列风机及其扩散器外形尺寸(二)　　　mm

型号	机号极数代号		L_0	L_1	L_2	L_3	L_4	L_5	L_7	L_8	L_9	L_{10}	L_{11}
FKCDZ (DK40)	15	6	1014.1	1074.1	1067	2002.3	798	898	708	160.2	808	274.9	1732.3
	16	6	1143.7	1214.7	1198	2074.5	905	1005	806	187.8	906	312.4	1764.5
	17	6	1362.5	1293.5	1418	2058.5	975	1075	876	186.5	976	461.5	1748.5
	18	6	1436.3	1358.8	1495	2185.5	1011.5	1111.5	912.5	205.2	1012.5	491.1	1875.5
		8	1126.3	1228.3	1185	2495.5	881	981	782	205.2	882	311.6	2185.5
	19	6	1444.9	1443.9	1505	2378.7	1068	1168	969	223.8	1069	433.6	2068.7
		8	1374.9	1337.9	1435	2448.7	962	1062	863	223.8	963	469.6	2138.7
	20	6	1687.8	1555.8	1753	2336.7	1173	1273	1066	228.6	1166	614.7	1952.7
		8	1457.8	1426.3	1523	2566.7	1043.5	1143.5	936.5	228.6	1036.5	514.2	2182.7
	21	6	1697.4	1576.4	1764	2529.9	1150	1250	1029	261.2	1129	644.7	2145.9
		8	1467.4	1512.4	1534	2759.9	1086	1186	965	261.2	1065	478.7	2375.9
	22	8	1481.2	1547.2	1549	2949.9	1092	1192	971	279.9	1071	476.8	2565.9
	23	8	1725.9	1646.9	1797	2905	1163	1263	1042	298.5	1142	642.9	2521
	24	8	1739.7	1681.7	1813	3093.1	1209	1309	1088	277.3	1188	651.9	2649.1
	25	8	1752.4	1754.4	1831	3281.2	1255	1355	1134	293.9	1234	613	2833.3
FKCDZ (DK45)	12	6	879	912	977	1577	678.2	798.5	596.2	212.8	716.2	220.8	1311
	13	6	1024.5	1048.5	1128.5	1638	785.8	905.8	703.8	237.7	823.8	247.7	1372
	14	6	1163	1198	1265	1710	942.4	1062.4	852.4	230.6	972.4	238.6	1444
	15	6	1367.5	1261.5	1489.5	1704	983	1103	893	253.5	1013	401.5	1434
	16	6	1452	1342.5	1580	1825	1030.1	1150.1	931.1	287.4	1051.1	452.4	1515
		8	1142	1227	1270	2135	914.6	1034.6	815.6	287.4	935.6	257.9	1825
	17	6	1469.5	1436.5	1603.5	2014	1115.2	1235.2	1016.2	292.3	1136.2	383.5	1704
		8	1399.5	1345.5	1533.5	2084	1024.2	1144.2	925.2	292.3	1045.2	404.8	1774
	18	6	1715	1532	1857	1973	1181.8	1301.8	1082.8	317.2	1202.8	553.7	1663
		8	1485	1427.5	1627	2203	1077.3	1197.3	978.3	317.2	1098.3	428.2	1893
	19	6	1732.5	1580.5	1880.5	2161	1201.4	1321.4	1102.4	342.1	1222.4	540.6	1851
		8	1502.5	1521.5	1650.5	2391	1142.4	1262.4	1043.4	342.1	1163.4	369.6	2081
	20	6	1748	1646	1906	2350	1260	1380	1153	353	1273	539.5	1966
		8	1518	1564	1676	2580	1178	1298	1071	353	1191	391.5	2196
	21	8	1765.5	1674.5	1929.5	2539	1244.6	1364.6	1123.6	391.9	1243.6	568.4	2155
	22	8	1783	1738	1953	2728	1279.2	1399.2	1158.2	416.8	1278.2	540.3	2344

新一代 FKZ、FKCDZ 系列通风机具有以下特点:

(1)采用扭曲机翼形叶片,气动效率高,节能效果极为显著。

(2)性能多样,规格齐全,能够与各种阻力和风量类型的通风网很好匹配,可保持长期高效运转。

(3)设有稳流环装置,特性曲线无驼峰。没有喘振危险,在任何阻力状态下均可安全稳定运转,并适用于多风机联合运转。

(4)采用电机与叶轮直联的结构,整体稳定性好,安装方便,维修容易,装置局阻低。比皮带和长轴的传动效率高,没有传动故障,没有断轴危险,轻度地基下沉和滑移不影响正常运转。

(5)结构紧凑,防潮性能好。通风机主体采用钢构、型钢组焊结构,叶片为钢板材料,中空,叶片及整体强度高,抗井下爆破冲击波的能力强,可安装在地表,也适合安装于井下,特别适合作为多级机站通风系统的机站风机。

(6)可反转反风,反风率大于 60%,不需修筑反风道。

(7)叶片安装角可调,可根据矿井生产的变化随时调节通风机工况。

(8)土建工程量小,节省投资。

(9)噪声较小。

新一代 FKZ、FKCDZ 系列通风机作为主通风机和机站风机时,应配备专用扩散器。地表主通风机配带扩散器可将部分动压转化为静压,降低出口动压损失,以达到节能的目的。安装于井下的通风机配备扩散器,既可降低局阻系数,又可降低扩散器出口动压值,从而可大幅度降低通风机的局部阻力,节省通风电耗。FKZ(K40、K45)系列通风机扩散器的结构示意图如图 8-12 所示,FKZ(K40、K45)系列风机扩散器的外形尺寸见表 8-9。

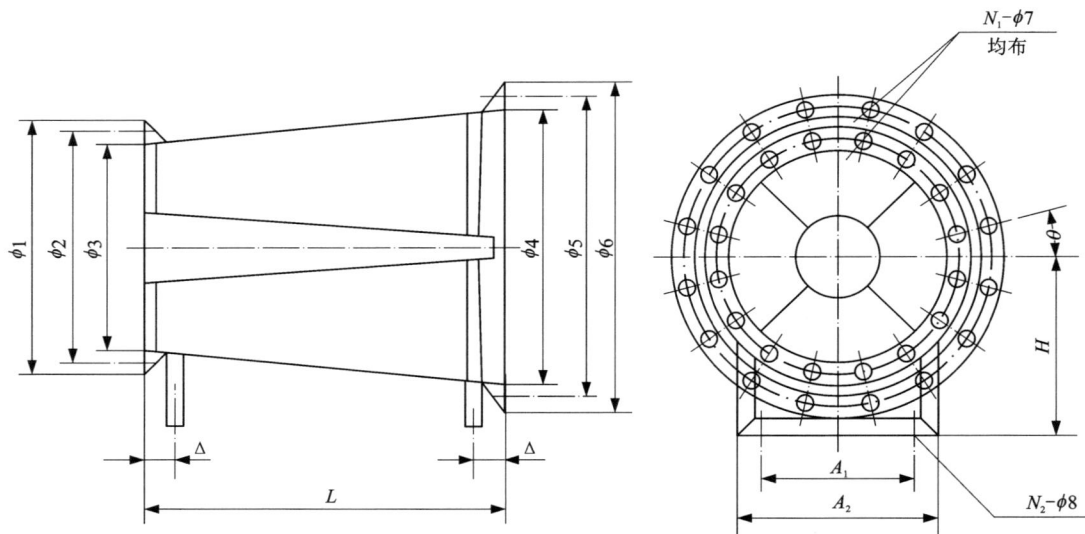

图 8-12 FKZ(K40、K45)系列通风机扩散器结构示意图

mm

表 8-9 FKZ（K40、K45）系列通风机扩散器外形尺寸

参数	7	8	9	10	11	12	13	14	15	16	17	18	19	20	21	22	23	24	25	26
ϕ_1	846	956	1066	1179	1289	1399	1510	1620	1734	1845	1955	2066	2177	2291	2401	2511	2622	2732	2846	2956
ϕ_2	787	892	997	1105	1210	1315	1421	1526	1635	1741	1846	1952	2058	2167	2272	2377	2483	2588	2697	2802
ϕ_3	700	800	900	1000	1100	1200	1300	1400	1500	1600	1700	1800	1900	2000	2100	2200	2300	2400	2500	2600
ϕ_4	919	1050	1182	1313	1444	1575	1707	1838	1969	2102	2232	2363	2494	2626	2757	2888	3020	3151	3282	3414
ϕ_5	997	1133	1270	1408	1544	1680	1817	1953	2091	2228	2364	2501	2637	2776	2912	3048	3185	3321	3459	3596
ϕ_6	1056	1197	1339	1482	1623	1764	1906	2047	2190	2332	2473	2615	2756	2900	3041	3182	3324	3465	3608	3750
N_1-ϕ_7	16~15	16~15	16~15	16~15	16~15	16~15	24~15	24~15	24~15	24~19	24~19	24~19	30~19	30~19	30~23	30~23	30~23	30~23	36~23	36~23
N_2-ϕ_8	4~19	4~19	4~19	4~19	4~19	4~23	4~23	4~23	4~23	4~23	4~23	4~23	4~23	4~27	4~27	4~27	4~27	4~33	4~33	4~33
L	1295	1480	1665	1850	2035	2220	2405	2590	2775	2960	3145	3330	3515	3700	3885	4070	4255	4440	4625	4810
$\triangle$	113	113	113	113	113	133	133	133	135	155	155	155	155	192	192	192	192	222	224	224
A_1	516	604	692	780	868	936	1024	1112	1200	1258	1346	1434	1522	1580	1668	1756	1844	1902	1990	2078
A_2	616	704	792	880	968	1056	1144	1232	1320	1408	1496	1584	1672	1760	1848	1936	2024	2112	2200	2288
H	538	608	679	751	821	897	968	1038	1110	1186	1256	1327	1398	1475	1545	1616	1687	1762	1834	1905
$\theta/(°)$	11.25	11.25	11.25	11.25	11.25	11.25	7.5	7.5	7.5	7.5	7.5	7.5	6	6	6	6	6	6	5	5

8.3 离心式通风机

8.3.1 离心式通风机的结构形式

离心式通风机结构简单，叶轮和机壳一般都采用结构钢板焊制，少数采用铆接，制造容易。离心式通风机结构组成如图 8-13 所示。

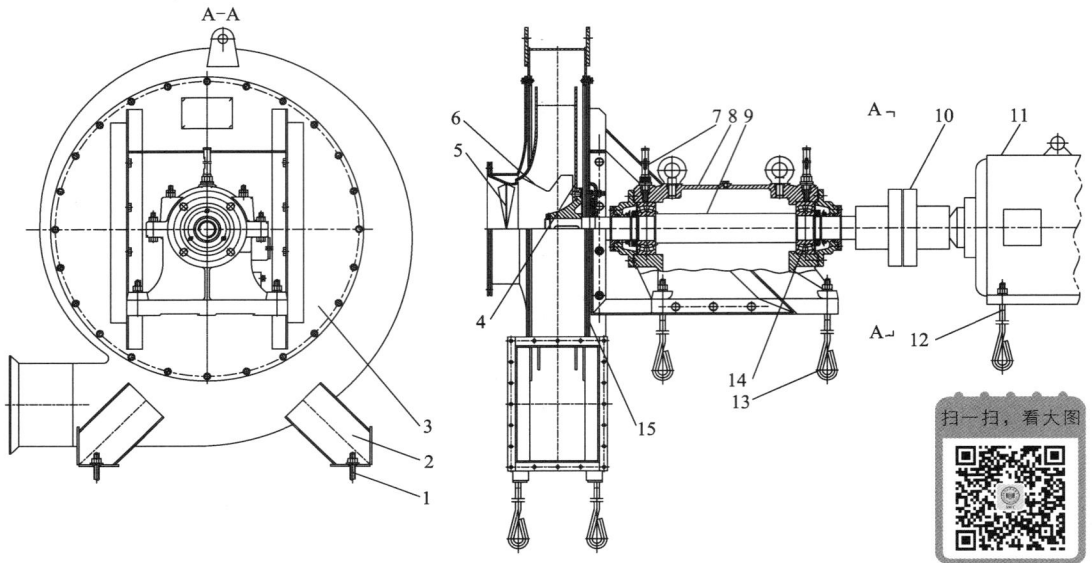

1—地脚螺栓；2—支架；3—机壳；4—叶轮；5—调节风门；6—集流器；7—温度计；8—轴承箱；
9—传动轴；10—联轴器；11—电动机；12—地脚螺栓；13—地脚螺栓；14—轴承；15—法兰。

图 8-13 离心式通风机的结构组成（由电动机通过联轴器拖动）

不同的离心式通风机，其结构差异主要体现在以下方面：

8.3.1.1 旋转方式不同

离心式通风机分右旋转和左旋转两种。从原动机一端正视，叶轮旋转为顺时针方向的称为右旋转，用"右"表示；叶轮旋转为逆时针方向的称为左旋转，用"左"表示。但叶轮只能顺着蜗壳螺旋线的展开方向旋转。

8.3.1.2 进气方式不同

离心式通风机的进气方式有单侧进气（单吸）和双侧进气（双吸）两种。

单吸通风机又分单侧单级叶轮和单侧双级叶轮两种。在同样情况下，双级叶轮产生的风压是单级叶轮的两倍。双吸单级通风机是双侧进气，在同样情况下，这种通风机的流量是单吸的两倍。单吸离心通风机结构示意图如图 8-14 所示，双吸单级离心通风机示意图如图 8-15 所示。

在特殊情况下，离心式通风机的进风口装有进气室，按叶轮"左"或"右"的回转方向，各有 5 种不同的进口角度位置，如图 8-16 所示。

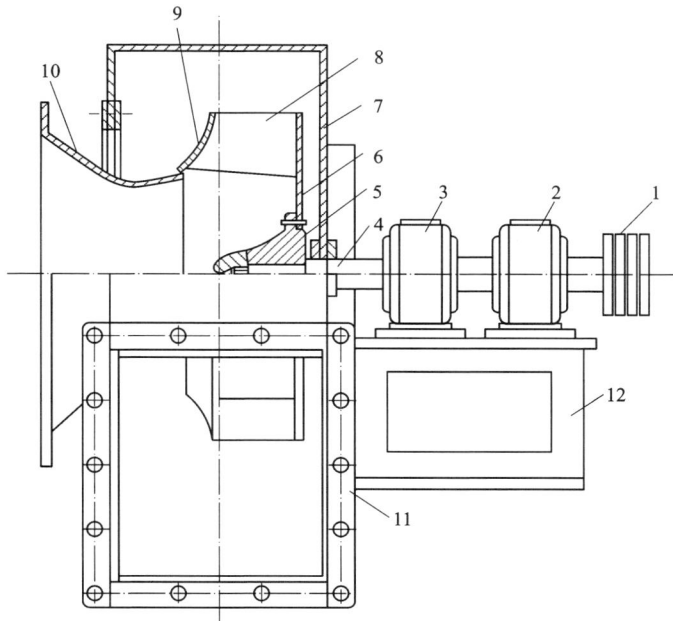

1—三角皮带轮；2、3—轴承座；4—主轴；5—轴盘；6—后盘；
7—蜗壳；8—叶片；9—前盘；10—进风口；11—出风口；12—底座。

图 8-14　单吸离心通风机结构示意图

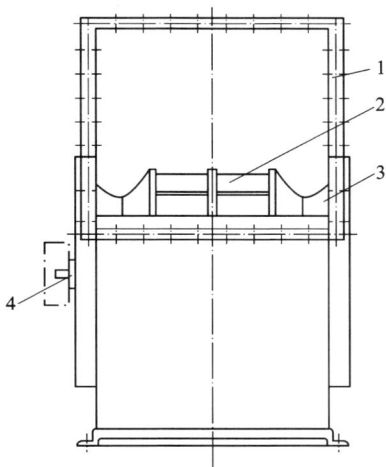

1—机壳；2—叶轮；3—集流器；4—主轴。

图 8-15　双吸单级离心通风机示意图

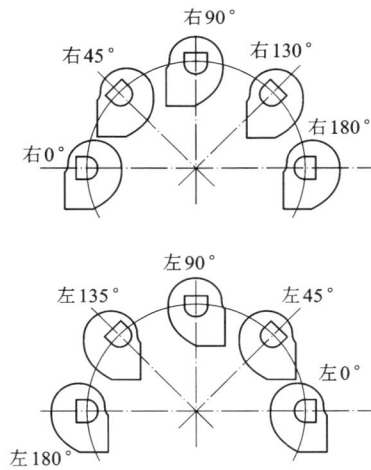

图 8-16　进气室角度位置示意图

8.3.1.3　出风口位置不同

根据使用要求，离心式通风机蜗壳出风口方向，规定了如图 8-17 所示的 8 个基本出风口位置（从原动机侧看）。

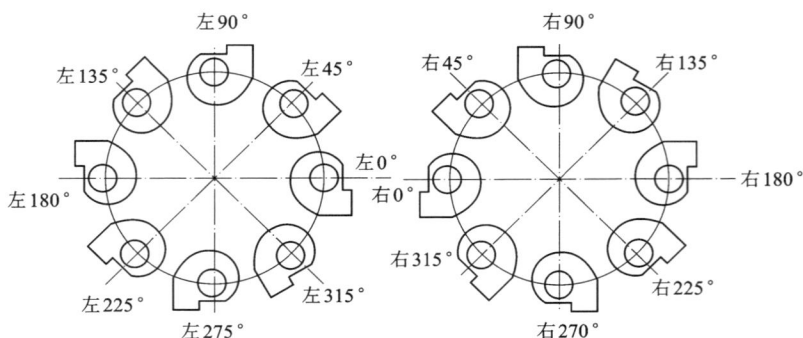

图 8-17　出风口位置示意图

如基本角度位置不够，可以采用下列补充角度：15°、30°、60°、75°、105°、120°、150°、165°、195°、210°。

8.3.1.4　传动方式不同

离心式通风机的传动方式有多种。如果离心式通风机的转速与电动机的转速相同，大号通风机可以采用联轴器，将通风机和电动机直联传动，这样可以使结构简化紧凑，减小机体。小号通风机则可以将叶轮直接装在电动机轴上，使结构更加紧凑。如果离心式通风机的转速和电动机的转速不相同，则可以采用通过胶带轮变速的传动方式。

通常是将叶轮装在主轴的一端，这种结构称为悬臂式，其优点是拆卸方便。对于双吸或大型单吸离心式通风机，一般是将叶轮放在两个轴承的中间，这种结构称为双支承式，其优点是运转比较平稳。

我国生产的离心式通风机采用的传动机构形式如图 8-18 所示。A 式为电动机直联（风

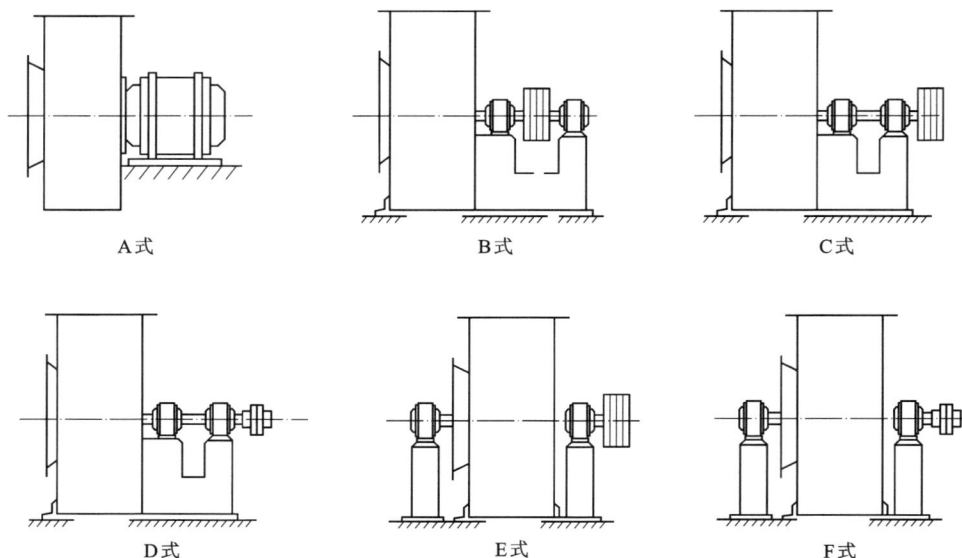

图 8-18　离心式通风机传动机构形式

机叶轮直接装在电动机轴上）；B、C、E 式为皮带轮传动（其中，B 式为叶轮悬臂安装，皮带轮在两轴承中间；C 式为皮带轮悬臂安装在轴的一端，叶轮悬臂安装在轴的另一端；E 式为皮带轮悬臂安装，叶轮安装在两轴承之间）；D、F 式为联轴器传动（其中，D 式为叶轮悬臂安装，F 式为叶轮安装在两轴承之间）。

8.3.2　离心式通风机的主要部件

8.3.2.1　叶轮

叶轮是通风机的心脏部分，它的几何形状和尺寸对通风机的特性有重要的影响。离心式通风机的叶轮一般由前盘、后（中）盘、叶片和轴盘等组成，有焊接和铆接两种形式。

叶轮前盘的形式有平前盘、锥形前盘和弧形前盘等几种，如图 8-19 所示。其中，平前盘叶轮制造简单，但一般对气流的流动情况有不良影响。

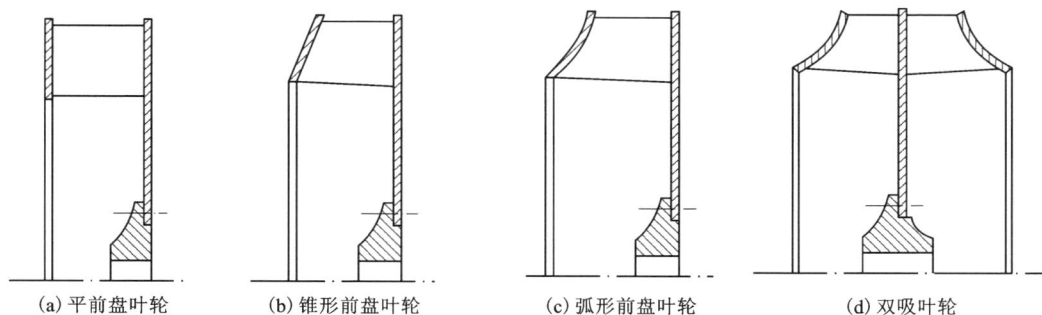

|（a）平前盘叶轮|（b）锥形前盘叶轮|（c）弧形前盘叶轮|（d）双吸叶轮|

图 8-19　叶轮结构形式示意图

锥形前盘叶轮和弧形前盘叶轮制造比较复杂，但其气动效率和叶轮强度都比平前盘叶轮优越。我国生产的 4-72 型和 4-73 型离心式通风机都采用了弧形前盘叶轮。

双侧进气的离心式通风机叶轮，两侧各有一个相同的前盘，叶轮中间有一个通用的中盘，中盘铆在轴盘上。

叶轮上的主要部件是叶片。离心式通风机叶轮的叶片一般为 6~64 个。由于叶片出口安装角和叶片形状不同，叶轮的结构形式也不同。

（1）叶片出口角不同。离心式通风机的叶轮，根据叶片出口角的不同，可分为如图 8-20 所示的前向、径向和后向 3 种。叶片出口角 β_{b2} 大于 90° 的为前向叶片，等于 90° 的为径向叶片，小于 90° 的为后向叶片。

（2）叶片形状不同。离心式通风机叶片形状可分为平板形、圆弧形和中空机翼形等几种，如图 8-21 所示。平板形叶片制造简单。中空机翼形叶片具有优良的空气动力特性，叶片强度高，通风机的气动效率一般较高。如果将中空机翼形叶片的内部加上补强筋，可以提高叶片的强度和刚度，但工艺性比较复杂。中空机翼形叶片磨漏后，杂质易进入叶片内部，使叶轮因失去平衡而产生振动。

目前，前向叶轮一般都采用圆弧形叶片。在后向叶轮中，大型通风机多采用机翼形叶片，中、小型通风机则多采用圆弧形叶片和平板形叶片。我国生产的 4-72 型和 4-73 型离心通风机均采用中空机翼形叶片。

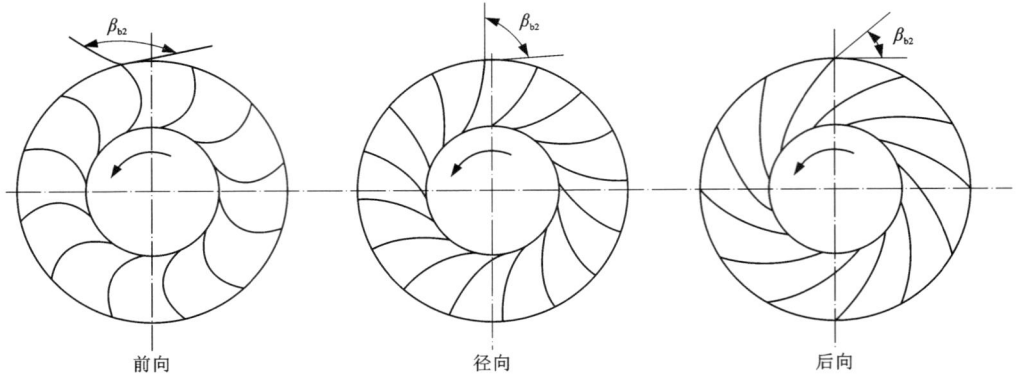

图 8-20 前向、径向和后向叶轮示意图

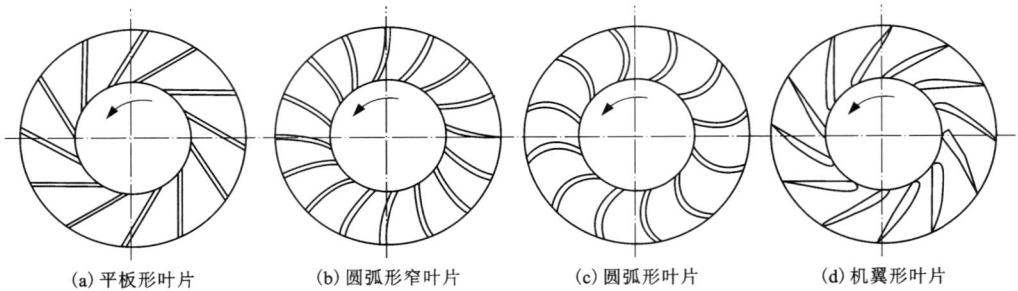

图 8-21 叶片形状

8.3.2.2 机壳

离心式通风机的机壳由蜗壳、进风口和风舌等零部件组成。

(1)蜗壳。蜗壳是由蜗板和左右两块侧板焊接或咬口而成。蜗壳的作用是收集从叶轮出来的气体,并将气体引导到蜗壳的出口,经过出风口,把气体输送到管道中或排到大气中去。有的通风机将气体的一部分动压通过蜗壳转变为静压。蜗壳的蜗板是一条对数螺旋线。为了制造方便,一般将蜗壳设计成等宽矩形断面。

(2)进风口。进风口又称集风器,它是保证气流均匀地充满叶轮的进口,使气流流动损失最小。离心式通风机的进风口有筒形、锥形、筒锥形、筒弧形、弧形、弧锥形、弧筒形等多种。

8.3.2.3 进气箱

进气箱一般只安装在大型或双吸离心式通风机上,其主要作用是可使轴承装于通风机的机壳外边,便于安装与检修,对改善风机的轴承工作条件更为有利。对于进风口直接装有弯管的通风机,在进风口前装上进气箱,能减少因气流不均匀进入叶轮而产生的流动损失。一般断面逐渐有些收敛的进气箱的效果较好。

8.3.2.4 前导器

一般在大型离心式通风机或要求特殊性能调节的通风机的进风口或进风口的流道内装有前导器。通过改变前导器叶片角度的方法,可扩大通风机性能、使用范围和提高调节的经济性。前导器有轴向式和径向式两种。

8.3.2.5 扩散器

扩散器装于通风机机壳出口处,其作用是降低出口气流速度,使部分动压转变为静压。

根据出口管路的需要，扩散器有圆形截面和方形截面两种。

8.4 局部通风机

我国矿山使用的局部通风机多为轴流式通风机，局部通风机具有体积小、效率较高、噪声大等特点。

8.4.1 JK系列局部通风机

JK系列局部通风机主要用于井巷掘进、采场、进路及其他作业面的辅助通风。JK系列局部通风机根据其结构分为单级工作轮局部通风机（图8-22）、双级工作轮局部通风机（图8-23）和对旋局部通风机三类。

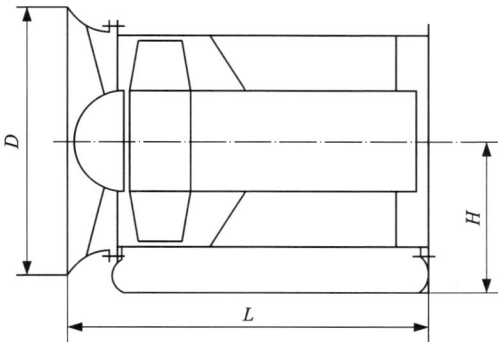

图8-22 单级工作轮局部通风机示意图

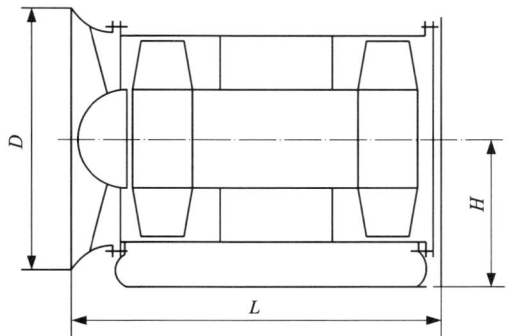

图8-23 双级工作轮局部通风机示意图

JK系列局部通风机的型号标识：JK1-2NO.3。符号含义：JK——矿用局部扇风机，DJK为对旋局部通风机；1——轮毂比d，d分别为0.58、0.56、0.67、0.55、0.40；2——工作轮的单级吸，1为单级工作轮，2为双级工作轮；3——机号，表示工作轮直径（机号为3，$D=300$ mm）。

JK40系列局部通风机（带前、后消声器）的结构如图8-24所示，DJK50系列对旋局部通风机（带前、后消声器）的结构如图8-25所示。JK40系列局部通风机和DJK50系列对旋局部通风机可以直接安装在巷道底板上，也可以悬挂安装在巷道的帮壁上或顶板下。

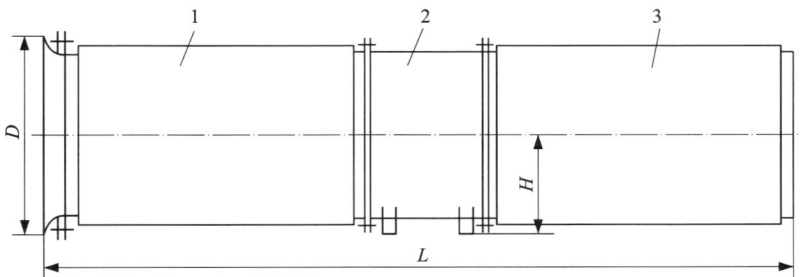

1—前消声器；2—主机；3—后消声器。

图8-24 JK40系列局部通风机（带前、后消声器）结构示意图

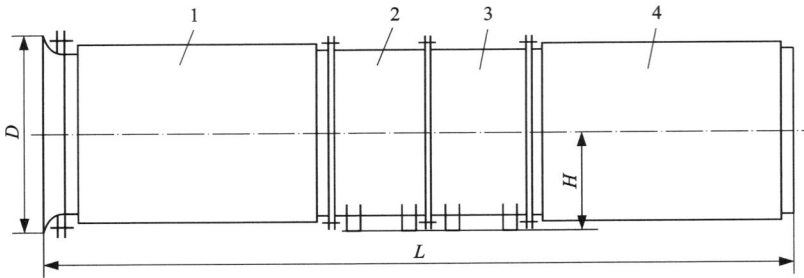

1—前消声器；2—Ⅰ级主机；3—Ⅱ级主机；4—后消声器。

图 8-25　DJK50 系列对旋局部通风机(带前、后消声器) 示意图

JK、DJK 系列局部通风机的电机均为 2 极，其转速为 2860～2930 r/min。JK、DJK 系列局部通风机的主要技术性能参数见表 8-10。

表 8-10　JK、DJK 系列矿用局部通风机主要技术性能参数

局部通风机型号	电动机功率/kW	风速/($m^3 \cdot s^{-1}$)	全压/Pa	最小风筒直径/mm	送风距离/m	质量/kg	外形尺寸/mm		
							D	L	H
JK58-1No. 3	1.5	0.9～1.4	928～575	300	80	51	390	486	230
JK58-1No. 3.5	3	1.5～2.4	1263～752	350	150	74	450	562	260
JK58-1No. 4	5.5	2.2～3.5	1648～1020	400	200	115	520	649	290
JK58-1No. 4.5	11	3.1～5.0	2093～1295	450	300	135	585	728	320
JK58-2No. 4	11	2.2～3.5	2923～1811	400	400	130	520	877	290
JK55-2No. 4.5	11	3.0～5.2	2276～1275	450	300	140	543	704	375
JK55-1No. 5	11	4.2～6.6	1726～1324	450	200	135	600	535	400
JK56-1No. 3.15	2.2	1.4～2.1	853～588	300	80	53	374	634	193
JK56-1No. 4	4	2.1～3.4	1275～981	400	150	96	477	682	240
JK67-1No. 4.5	7.5	2.6～4.2	2256～1177	400	250	145	540	760	270
JK67-2No. 4.5	11	2.8～4.3	3237～1471	400	400	195	540	860	270
BJK67-1No. 5.25	28	4.0～6.3	3776～2648	500	600	420	620	1364	310
JK40-1No. 5.5	5.5	4.3～5.1	633～475	550	120	720	653	3800	336.5
JK40-1No. 6.5	11	7.1～8.4	884～663	650	140	742	772	3800	396
JK40-1No. 7	15	8.8～10.5	1025～769	700	140	795	830	4100	425
JK40-1No. 7.5	22	10.9～12.9	1177～883	750	150	824	890	4100	455
JK40-1No. 8	30	13.2～15.6	1339～1005	800	150	848	950	4350	485
DJK50-No. 5.5	2×5.5	4.8～5.8	1182～515	550	420	948	653	3800	336.5
DJK50-No. 6.5	2×11	7.9～9.5	1651～719	650	450	1120	772	3800	396
DJK50-No. 7	2×15	9.9～11.9	1915～834	700	500	1207	830	4100	425
DJK50-No. 7.5	2×22	12.2～14.6	2198～957	750	550	1293	890	4100	455
DJK50-No. 8	2×30	14.8～17.8	2501～1089	800	600	1340	950	4350	485

JK 系列局部通风机的特点如下：

（1）运转效率高。单级和双级工作轮最高全压效率分别为 92% 和 83%，对旋型最高全压效率为 85%，比原 JF 系列局部通风机提高了 20%～30%，具有明显的节电效果。

（2）规格齐全，适应性强。局部通风机的风量和全压的值有各种不同的组合，送风距离从 80 m 到 600 m 不等（串联运用送风距离为 1200 m 以上），可满足用户各种不同的需求。

（3）体积较小，质量较轻，移动灵活方便。在其性能与原 JF 系列局部通风机基本相同时，体积减小 20%～30%，质量减轻 20%～30%。

（4）噪声较小。JK56-1No.4 在空旷场合实测噪声不超过 86 dB（A）。如果用户对局部通风机的噪声有特殊要求，厂方有配套消声器，可在订货时作出说明。

8.4.2　FBDC 系列抽出式对旋局部通风机

该通风机适用于煤矿井下含爆炸性物质（瓦斯和煤尘）的环境中，用于抽出式通风，可满足矿山通风网络和安全生产的需要，是抽出式局部通风的理想设备。

型号标识：FBDC-No5/2×5.5。符号含义：F—通风机；B—防爆；D—对旋；C—抽出式；No5—机号（叶轮直径，dm）；2—2 台电动机；5.5—单台电动机功率，kW。

FBDC 系列抽出式对旋局部通风机组成如图 8-26 所示。FBDC 系列抽出式对旋局部通风机在标准状态下的空气动力性能参数见表 8-11。

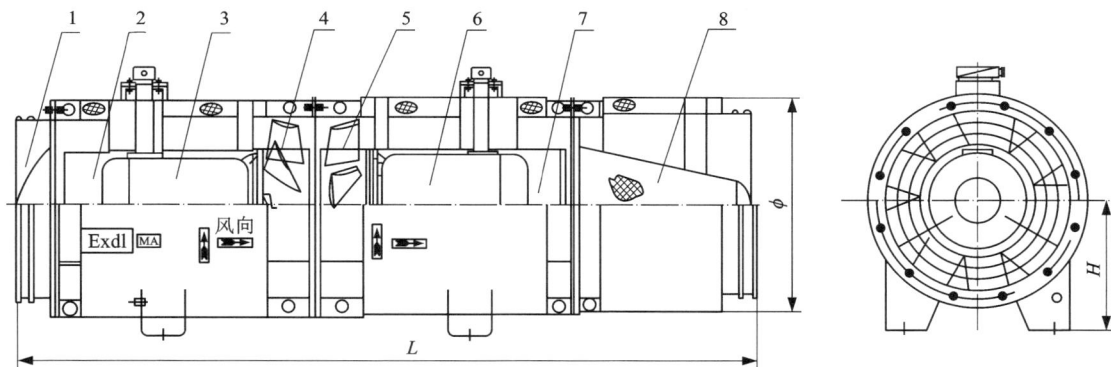

1—前接风筒；2—Ⅰ级风筒；3—Ⅰ级防爆电动机；4—Ⅰ级叶轮；5—Ⅱ级叶轮；
6—Ⅱ级防爆电机；7—Ⅱ级风筒；8—后消声装置。

图 8-26　FBDC 系列抽出式对旋局部通风机组成示意图

表 8-11　FBDC 系列抽出式对旋局部通风机在标准状态下的空气动力性能参数

型号规格 （No）	功率 /kW	风速 /(m³·min⁻¹)	静压 /Pa	电压 /V	最高静压 效率/%	噪声 LSA(dB) （比 A 声级）	外形尺寸(ϕ×L×H) /(mm×mm×mm)
4/2×2.2	2.2×2	136～72	241～2021		≥60	≤25	445×1500×305
4/2×3	3×2	115～86	341～2126	380/660	≥60	≤25	445×1500×305
5/2×4	4×2	174～102	231～2203		≥60	≤25	610×2000×360

续表 8-11

型号规格 （No）	功率 /kW	风速 /（m³·min⁻¹）	静压 /Pa	电压 /V	最高静压 效率/%	噪声 LSA（dB） （比 A 声级）	外形尺寸（$\phi \times L \times H$） /（mm×mm×mm）
5/2×5.5	5.5×2	200～120	220～2672		≥60	≤25	610×2000×360
5/2×7.5	7.5×2	245～155	380～3130		≥60	≤25	610×2000×360
5.6/2×7.5	7.5×2	270～124	354～3565		≥65	≤25	676×2280×395
5.6/2×11	11×2	310～186	350～3850		≥65	≤25	676×2280×395
5.6/2×15	15×2	395～350	400～4100		≥65	≤25	676×2280×395
6.3/2×15	15×2	420～240	350～4600		≥65	≤25	760×2370×410
6.3/2×18.5	18.5×2	486～236	359～4810		≥65	≤25	760×2370×410
6.3/2×22	22×2	510～310	400～4900	380/660	≥65	≤25	760×2370×410
6.3/2×30	30×2	600～260	688～5246		≥65	≤25	760×2370×410
7.1/2×30	30×2	540～300	603～5338		≥65	≤25	930×2720×490
7.1/2×37	37×2	450～230	273～4160		≥65	≤25	930×2720×490
7.1/2×45	45×2	1037～422	848～4560		≥65	≤25	930×2720×490
8.2/2×37	37×2	579～265	364～6500		≥65	≤25	1060×3000×550
8.2/2×45	45×2	740～460	460～7700		≥65	≤25	1060×3000×550
8.2/2×55	55×2	800～492	500～8200		≥65	≤25	1060×3000×550

8.5　设备选型及应用

8.5.1　设备选型应遵循的一般规定

8.5.1.1　主通风机

主通风机选型一般规定如下：

（1）矿井通风的有效风量率，不应低于 60%。

（2）矿井通风的总阻力，应按通风最困难、最容易时期分别计算，据此选择主通风机。矿山服务年限长、风量大、中后期阻力相差很大时，应通过技术经济比较，确定是否需要分期选择主通风机。

（3）在同一井筒内，应选择单台通风机工作。必要时，可采用双机并联运转，双机并联运转宜选择相同规格型号的风机，并联运转时应进行稳定性校核。

（4）每台主通风机应备用一台相同规格型号的电动机，并应设有能迅速调换电动机的装置。对于有多台主通风机工作的矿山，型号规格相同的备用电动机数量可适当减少。

（5）主通风机应在 10 min 内使风流反向。离心式通风机应采用反风道反风，轴流式通风机反风量满足反风要求时，可采用反转反风。

（6）主通风机房应设有风量、风压、电流、电压和轴承温度等监测仪表。每班都应对主通风机运转情况进行检查，并填写运转记录。对于有自动监控及测试的主通风机，每两周应进行一次自控系统的检查。

8.5.1.2　局部通风机

局部通风机选型一般规定如下：

（1）掘进工作面和通风不良的采场，必须安装局部通风设备。局部通风机应有完善的保护装置。

（2）局部通风机的风筒口与工作面的距离应满足：压入式通风不得超过 10 m；抽出式通风不得超过 10 m；混合式通风，压入风筒的出口不得超过 10 m，抽出风筒的入口应滞后压入风筒的出口 5 m 以上。

（3）人员进入独头工作面之前，必须启动局部通风机通风并符合作业要求。独头工作面有人作业时，局部通风机必须连续运转。

（4）停止作业并已撤除通风设备而又无贯穿风流通过的采场、独头上山或较长的独头巷道，应设栅栏和标志，防止人员进入。如需要重新进入，必须通风和分析空气成分，确认安全后方准进入。

（5）风筒必须采用阻燃材料。其安装时必须保证吊挂平直、牢固，接头严密，避免车碰和炮崩，并应经常维护，以减少漏风，降低阻力。

8.5.1.3　通风系统监测

依据《金属非金属地下矿山监测监控系统建设规范》（AQ 2031—2011）的要求，通风系统监测应符合以下要求：

（1）井下总回风巷、各个生产中段和分段的回风巷应设置风速传感器。

（2）主要通风机应设置风压传感器，传感器的设置应符合《金属非金属地下矿山通风技术规范通风系统监测》（AQ 2013.3—2008）中主要通风机风压的测点布置要求。

（3）风速传感器应设置在能准确计算风量的地点。

（4）风速传感器报警值应根据《金属非金属地下矿山通风技术规范　通风系统》（AQ 2013.1—2008）确定。

（5）主要通风机、辅助通风机、局部通风机应安装开停传感器。

8.5.2　通风机选型

8.5.2.1　离心式与轴流式通风机的特点

离心式与轴流式通风机在矿井通风中均广泛使用，它们各有不同的特点。

（1）结构。轴流式通风机结构紧凑，体积较小，质量较轻，可采用高转速电动机直接拖动，传动方式简单，但结构复杂，维修困难；离心式通风机结构简单，维修方便，但尺寸较大，安装占地面积大，转速低，传动方式较轴流式复杂。目前，新型的离心式通风机由于采用机翼形叶片，提高了转速，使体积与轴流式通风机接近。

（2）性能。轴流式通风机的风压低，流量大，反风方法多；离心式通风机则相反。在联合运行时，由于轴流式通风机的特性曲线呈马鞍形，因此可能会出现不稳定的工况点，联合工作稳定性较差；而离心式通风机联合运行则比较可靠。轴流式通风机的噪声较离心式通风机大，所以应采取消声措施。离心式通风机的最高效率比轴流式通风机要高一些，但离心式通风机的平均效率不如轴流式通风机高。

（3）启动、运转。离心式通风机启动时，闸门必须关闭，以减小启动负荷；轴流式通风机启动时，闸门可半开或全开。在运转过程中，当风量突然增大时，轴流式通风机的功率增加不大，不易过载；而离心式通风机则相反。

（4）工况调节。轴流式通风机可通过改变叶轮叶片或静导叶片的安装角度、叶轮的级数、叶片片数、前导器等多种方法调节通风机工况，特别是叶轮叶片安装角的调节，既经济又方便可靠；离心式通风机一般采用闸门调节、尾翼调节、前导器调节或改变风机转速等调节风机工况，其总的调节性能不如轴流式通风机。

（5）适用范围。离心式通风机适于流量小、风压大、转速较低的情况；轴流式通风机则相反。通常当风压在 3000～3200 Pa 以下时，应尽量选用轴流式通风机。另外，由于轴流式通风机的特性曲线有部分陡斜，适用于阻力变化大而风量变化不大的矿井；而离心式通风机的特性曲线较平缓，适用于风量变化大而阻力变化不大的矿井。一般，大、中型矿井的通风应采用轴流式通风机；中、小型矿井应采用叶片前弯式叶轮的离心式通风机，因为这种通风机的风压大，但效率低。对于特大型矿井，应选用大型的叶片后弯式叶轮的离心式通风机，主要是因为这种通风机的效率高。

8.5.2.2 通风机选型和计算

选型，是根据设计和生产要求，在已有系列型号产品样本中选用通风机和电动机。主通风机是矿山主要耗能设备之一，选择的风机性能要与通风系统相匹配。

1）选型主要依据

（1）矿井需要的风量、通风阻力（可按服务年限分为初、中末期）和通风系统简图；预选风机的特性曲线。

（2）矿井服务年限、通风方式及反风要求。

（3）安装风机的井口标高及其附近的局部地形图、常年风向。

（4）高海拔地区的主要气象资料：大气压力、空气温度和密度。

（5）排送有害或腐蚀性气体的主要成分。

（6）自然风压：风压随四季变化而改变的状况与特点。

2）主要参数计算

（1）风机的计算风量

$$Q_j = KQ \qquad (8-3)$$

式中：Q_j 为风机的计算风量，m^3/s；Q 为矿井所需的风量，m^3/s；K 为通风装置的漏风系数（包括井口、反风装置、风道等处的漏风），一般取 1.1～1.15，当风井有提升任务时，取 1.2。

（2）风机的计算风压

$$H_j = H + \Delta h + H_d + h_0 + H_z \qquad (8-4)$$

$$H_d = \xi \frac{v^2}{2} \rho \qquad (8-5)$$

式中：H_j 为风机的计算风压，Pa；H 为矿井通风阻力，Pa；Δh 为通风装置阻力，Pa，一般取 150～200 Pa；h_0 为消声装置阻力，Pa，无资料时，可取 50～100 Pa；H_z 为自然风压，Pa，当自然风压起阻力作用时，取正号，起动力作用时，取负号；H_d 为扩散器的动力损失，Pa，当采用抽出式通风方式，风机又只有全压性能时才计算动压损失；ξ 为动压损失系数，一般取

$0.25 \sim 0.45$；ν 为扩散器出口处的风速，m/s；ρ 为空气密度，kg/m^3。

大气压力 $P = 101.325$ kPa，空气温度 $t = 20℃$，空气湿度 $\psi = 50\%$ 时，$\rho = 1.205$ kg/m^3。

（3）风机工作网路的计算风阻

$$R_j = H_j / Q_j^2 \qquad (8-6)$$

式中：R_j 为风机工作网路的计算风阻，Pa·s^2/m^6；其他符号意义同前。

3）矿用通风机的选择

（1）选型原则

①图解所得风机工况点的风量不得小于计算风量，但也不应大得太多，风机效率一般应不低于 0.7。

②为保证风机运转稳定，图解所得风机工况点应处于风机性能曲线峰点的右侧。对于轴流式通风机，该工况点的风压不得超过风机性能曲线上最大风压的 $90\% \sim 95\%$（曲线平缓的取大值，反之，取小值）。

③在满足计算风量的情况下，应选用轴功率最低的风机——实际耗能最低者。

④风机的选型应以满足初、中期内某一特定的时间要求为主，经改变叶片角或叶轮转速后，即能兼顾较长一段时间矿井生产对风量和风压的要求。

⑤当矿井通风等积孔变化较大或服务时间较长，一台风机不宜兼顾整个时期的工况要求，应考虑分期设置风机的经济合理性；为不影响生产，应在井口或风道上留有另接风道和修建新机房的空间。

⑥主通风机应配置一台备用电动机。对于有多台主通风机工作的矿井，相同的备用电动机的台数可适当减少。

⑦在同一风井中应尽量采用单一通风机工作制，采用双机并联运时，以相同通风机为好。

⑧配置离心式通风机时要注意通风机出风口的角度，使机房和风道与所处的地形相适应。

（2）通风机选型及工况点的确定

用通风机的工作范围综合曲线初选通风机。通风机主要技术性能参数及其特性曲线参考厂家产品样本。

作图法是确定通风机工况最简便的方法之一。网路的计算风阻曲线与通风机性能曲线的交点即为工况点。风阻曲线按 $H = R_j Q^2$ 绘制。

当通风机的性能表或单独特性曲线没有给出效率时，可将工况点的风量通过下式换算为无因次风量 Q'，然后在 $Q'-H'$ 无因次曲线上查出其效率。

$$Q_j = \frac{D^3 n}{24.3} Q' \qquad (8-7)$$

$$H_j = \frac{D^2 n^2}{306} H' \qquad (8-8)$$

式中：Q_j 为通风机风量，m^3/s；H_j 为通风机风压，Pa；Q'、H' 分别为无因次通风量及通风压；D 为风机工作轮直径，m；n 为风机工作轮的转速，r/min。

风机的静压性能曲线可由其全压性能曲线减去扩散器在相对应的风量下的动压损失而获得。

（3）电动机的选择

电动机的功率按下式计算：

$$N_1 = K \frac{Q_1 H_1}{1000 \eta_1 \eta_m} \tag{8-9}$$

式中：N_1 为与工况点 1 相对应的电动机功率，kW；K 为电动机功率备用系数，轴流式通风机取 1.1~1.2，离心式通风机取 1.2~1.3；η_m 为机械传动效率。联轴器直联传动，取 0.98，三角皮带传动，取 0.92；液力偶合器按样本提供数据及速比计算；Q_1、H_1、η_1 分别为工况点 1 的风量（m^3/s）、风压（Pa）和效率（%）。

电动机一般选用交流电动机。功率过大时，为了调整电网功率因数，可选用同步电动机。电动机的功率应满足通风机运转期间所需的最大功率要求。

对于轴流式通风机，或叶轮直径超过 2 m 的离心式通风机，应校核其电动机的启动能力。

(4)高海拔地区对通风机和电动机性能的影响。

通风机的性能曲线一般是以大气压 $p = 101.325$ kPa、空气温度 $t = 20℃$、空气湿度 $\psi = 50\%$ 和空气密度 $\rho = 1.2$ kg/m^3 为标准状态绘制的。高海拔地区的大气状态与规定的大气状态不同，因此通风机的性能曲线须按工作环境的空气密度进行换算。基于空气的湿度对空气的密度影响不大，为简便计算，只按大气温度和压力进行换算。

$$Q' = Q_j \tag{8-10}$$

$$H' = H \frac{\rho'}{1.2} = 2.9 \frac{P'}{T'} H \tag{8-11}$$

$$N' = \frac{\rho'}{1.2} N = 2.9 \frac{P'}{T'} N \tag{8-12}$$

式中：Q' 为高海拔地区下通风机的风量，m^3/s；Q_j 为标准状态下通风机的风量，m^3/s；H' 为高海拔地区下通风机的风压，kPa；H 为标准状态下通风机的风压，kPa；ρ' 为高海拔地区的空气密度，kg/m^3；P' 为高海拔地区的大气压力，kPa；T' 为高海拔地区的大气温度，K；N' 为高海拔地区下，通风机的功率，kW；N 为标准状态下，通风机的功率，kW。

如缺乏气象资料，可根据主通风机房的海拔高度从表 8-12 中选取空气的近似密度进行换算。

表 8-12 不同海拔的空气近似密度

海拔/m	0	500	1000	1500	2000	2500	3000	3500	4000
空气密度/(kg·m^{-3})	1.2	1.13	1.06	1	0.95	0.89	0.84	0.78	0.73

随着海拔的上升，空气密度相应减小，对电动机的冷却不利。但是随着海拔的上升，空气的温度却相应下降，改善了电动机的工作环境温度。试验证明，在海拔 1000~4000 m，环境温度的降低可以补偿空气密度的减小对电动机冷却的不利。换言之，电动机的功率在 1000~4000 m 时，不受海拔的影响。

8.5.3 通风机工况点及技术测定

8.5.3.1 通风机工况点及其经济运行

工况点指通风机在某一特定转速和工作风阻条件下的工作参数，如风量、风压、功率、效率等。

为使通风机安全、经济地运转，它在整个服务期内的工况点必须设在合理的范围之内。从经济角度出发，通风机的运转效率不应低于 60%；从安全方面考虑，其工况点必须位于通风机特性曲线驼峰点的右下侧、单调下降的直线段上。由于轴流式通风机的性能曲线存在马鞍形区段，为了防止矿井风阻偶尔增加等原因使工况点进入不稳定区，一般限定实际工作风压不得超过最高风压的 90%。通风机叶（动）轮的转速不应超过额定转速。

分析主要通风机的工况点合理与否时，应对安装后实际投入运行的通风机进行技术测定，使用实际测定的通风机特性曲线进行判定。因通风机生产厂家提供的特性曲线一般与实际情况不符，应用时可能会得出错误的结论。

在矿山生产过程中，通风机的工况点常因采掘工作面的增减和转移、开采水平的改变等自然条件变化和通风机本身性能变化（如磨损）而改变。为了保证矿井按需供风和通风机经济运行，需要适时地进行工况点调节。实质上，工况点调节就是供风量的调节。由于风机的工况点是由风机和风阻两者的特性曲线决定的，所以，欲调节工况点只需改变两者之一或同时改变即可。据此，常用工况点调节方法介绍如下。

1）改变风阻特性曲线

当通风机特性曲线不变时，改变其工作风阻，工况点沿通风机特性曲线移动。

（1）增风调节

为了增加矿井的供风量，可以采取下列措施：

①减少矿井总风阻。在矿井（或系统）的主要进、回风道采取增加井联巷道、缩短风路、扩刷巷道断面、更换摩擦阻力系数小的支架（护）、减小局部阻力等措施，均有一定效果。这种调节措施的优点是，主要通风机的运转费用经济，但有时工程费用较大。

②当地面外部漏风较大时，可以采取堵塞地面外部漏风的措施。这样做，通风机的风量虽因其工作风阻增大而减小，但矿井风量却会因有效风量率的提高而增大。这种方法实施起来简单，经济效益较好，但调节幅度有限。

（2）减风调节

当矿井风量过大时，应进行减风调节，其方法有以下两种：

①增阻调节。离心式通风机可利用风硐中闸门增阻（减小其开度）。这种方法实施起来较简单。但无故增阻会增加附加能量损耗。调节时间不宜过长，只能作为权宜之计。

②对于轴流式通风机，当其 $N-Q$ 曲线在工作段具有单调下降特点，出于种种原因不能实施降低转速和减小叶片安装角度时，可以用增大外部漏风的方法来减小矿井风量。这种方法比增阻调节要经济，但调节幅度较小。

2）改变风机特性曲线

这种调节方法的特点是在矿井总风阻不变的前提下，改变风机特性，工况点沿风阻特性曲线移动。调节方法通常有以下三种。

（1）轴流式通风机可采用改变叶片安装角度来达到增减风量的目的。但要注意的是，应防止因增大叶片安装角度而导致风机进入不稳定区运行。对于有些轴流式通风机，还可以通过改变叶片数来达到改变风机特性的目的。改变叶片数时，应按通风机说明书规定进行。

（2）对于装有前导器的离心式通风机，可以通过改变前导器叶片转角来进行风量调节。风流经过前导器叶片后发生一定预旋，能在很小或没有冲角的情况下进入风机。前导叶片角由 0°变到 90°时，风压曲线降低，风机效率也有所降低。但调节幅度不大时，比增阻调节经济。

（3）改变风机转速。无论是轴流式通风机还是离心式通风机，都可采用此种方式。调节的理论依据是相似定律，可以改变电机转速，也可以利用传动装置调速。调节转速没有额外的能量损耗，对通风机的效率影响不大，因此是一种较经济的调节方法，当调节期长、调节幅度较大时应优先考虑。但要注意，增大转速时可能会使风机振动增加、噪声增大、轴承温度升高和发生电动机超载等。

对调节方法的选择，取决于调节期、调节幅度、投资和实施的难易程度。调节之前应拟定多种方案，经过技术和经济比较后择优选用。选用时，还要根据实际情况考虑实施的可能性，有时需采用综合措施。

8.5.3.2　通风机技术测定

矿井通风设备在现场安装后，其系统的内阻与制造厂的模拟试验的内阻不同，所以即使通风机安装完全符合质量标准，现场测定通风机系统的性能也会与产品出厂试验的性能不同。为了测定通风机的实际工况，并绘出该通风机在标准状态下的特性曲线，改进通风管理，提高设备效能，以实现安全、经济运转，应定期对通风机进行技术测定。

（1）通风机的性能参数

通风机性能的主要参数是转速 n、风压 H、风量 Q、轴功率 P 及效率 η，它们之间的函数关系 $H=f(Q)$、$P=f(Q)$、$\eta=f(Q)$ 表明了通风机在一定转速下的工作性能。为便于用户选用通风机，制造厂一般会提供该型号通风机在标准转速及标准大气状态下模拟试验的性能参数及其特性曲线。但通风机在现场运转条件并非标准状态，因此需要通过实际测定，并将实际测定结果换算至标准状态下才可以和出厂特性进行比较。

（2）通风机测定结果分析

在通风机现场通过阻力调节装置在不同开度下测得通风机的压力 H、风量 Q、轴功率 P、效率 η，经换算至标准状态后分别绘出 $H=f(Q)$、$P=f(Q)$、$\eta=f(Q)$ 曲线，图 8-27 所示为通风机在标准状态下实测的性能曲线实例。

图 8-27 所示为通风机制造厂提供的 70B2 型轴流式通风机模拟试验特性曲线，这些曲线是换算至标准大气状态及额定转速的可比条件下绘制的。

在矿井通风网路中，矿井总负压 h 与通过网路的总风量 Q 的关系：

$$h=RQ^2 \tag{8-13}$$

式中：h 为在抽出式通风时指矿井网路总负压，在压入式通风时指矿井网路总全压，mmH_2O；R 为矿井通风网路总阻力系数，$kg \cdot s^2/m^6$；Q 为矿井通风网路的总风量，m^3/s。

式（8-13）为通风网路特性方程式，根据此方程式绘出的曲线即为通风网路特性曲线，它是通过坐标原点的抛物线。当通风机在该网路上工作时，通过网路的总风量应当等于通风机的总排风量。通风机的工况应是通风机实测特性曲线 1-1 与网路特性曲线 0-2 的交点 a（图 8-28），此时它所对应的风量 Q_a、压力 H_a、功率 P_a、效率 η_a 即为通风机的工况特性。

轴流式通风机特性曲线（图 8-29）中的最高压力点为 A，其右边区域为稳定工况区域，左边区域为不稳定工况区域。通风机在不稳定区域运行时，风量和压力波动较大，设备的噪声和振动增加，严重时还可能发生事故。因此必须使工况点压力 $H_a \leqslant (0.9 \sim 0.92)H_A$，可在 ac 与 bd 区间选择工况变动范围，以保证运行时安全可靠。但同时还要注意到通风机运行的经济性，尽可能使 $\eta_a \geqslant (0.85 \sim 0.9)\eta_{max}$。

对通风机进行实际技术测定时，如果发现通风机的工况点不在合理运行区，则应对通风系统进行必要的调整。

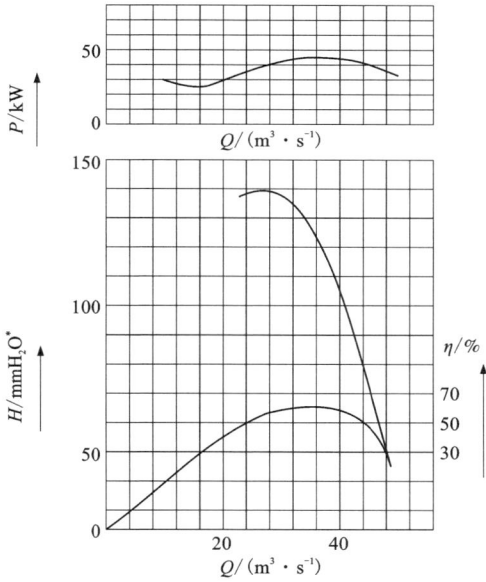

图 8-27 通风机实测性能曲线

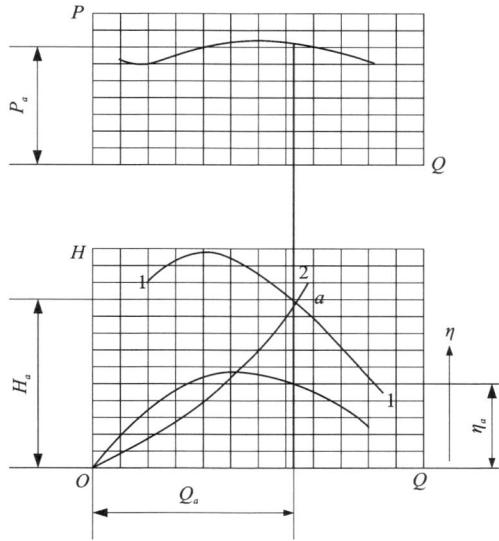

图 8-28 通风机实测工况

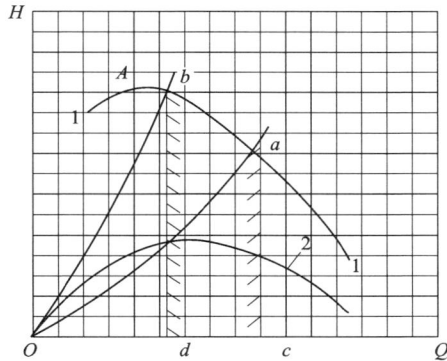

1—H-Q 曲线；2—效率曲线。

图 8-29 通风机的合理工况区

参考文献

［1］王运敏.中国采矿设备手册(下册)［M］.北京：科学出版社，2007.

［2］王运敏.现代采矿手册(下册)［M］.北京：冶金工业出版社，2012.

［3］于励民,仵自连.矿山固定设备选型使用手册［M］.北京：煤炭工业出版社，2007.

＊ 1 mmH$_2$O＝9.8 Pa。

第 9 章

空气压缩机

9.1 概述

在矿山生产和建设中,除电能外,压缩空气是一种重要的动力源,能驱动各种风动机械和风动工具(合称风动机具)。目前矿山使用的各种风动机具,如凿岩机、风镐、锚喷机及气锤等,都是利用空气压缩机产生的压缩空气来驱动机器做功。利用压缩空气作为动力源有如下优点:

(1)在有爆炸性气体的矿井中,使用压缩空气作为动力源可避免产生电火花引起爆炸,比电力源安全。

(2)矿山使用的风动机具,如凿岩机、风镐等大部分是冲击式机械,往复速度快、冲击强,适宜切削坚硬的岩石。

(3)压缩空气本身具有良好的弹性和冲击性能,适用于变负载条件下作为动力源,比电力有更大的过负荷能力。

(4)风动机械排出的废气可帮助通风和降温,改善工作环境。

以压缩空气为动力源的缺点是压气设备本身的效率较低,而压缩空气又是二次能源,所以运行费用较高。由于矿山生产的特殊条件,如温度高、湿度大、粉尘多、含有爆炸性气体等,为确保矿山安全生产,目前和将来压缩空气仍是矿山不可缺少的动力源。

我国露天矿山使用的压缩空气通常由移动式空气压缩机产生,如牙轮钻机、潜孔钻机等自身配置有移动式空气压缩机。地下矿山使用的压缩空气通常由建设在地面工业场地的矿山压气系统提供。

矿山压气系统一般由空气压缩机、电机、附属装置(空气过滤器、风包、冷却装置等)和输气管路等组成,其典型构成如图 9-1 所示。

空气由进气管 1 吸入,经空气过滤器 2 进入低压缸 4,进行第一级压缩;此时气体体积缩小,压力增高,然后进入中间冷却器 5 使气体的温度下降;此后再进入高压缸 6 进行第二级压缩,当达到额定压力时,压缩空气经后冷却器 7、逆止阀 8 和管路送入风包 9 中;最后通过压气管路 10 送往矿山井下的各用气地点。

空气压缩机是一种使气体体积压缩、提高气体的压力并输送气体的机器。按工作原理不同,其可分为容积型和速度型两大类。容积型压缩机的原理是用可以移动的容器壁来减小气

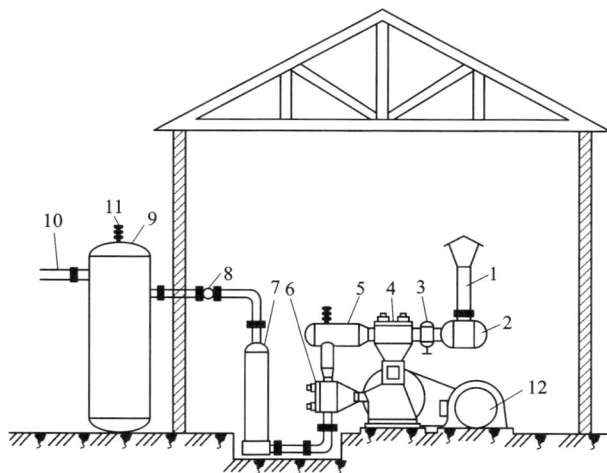

1—进气管；2—空气过滤器；3—调节阀片；4—低压缸；5—中间冷却器；6—高压缸；
7—后冷却器；8—逆止阀；9—风包；10—压气管路；11—安全阀；12—电动机。

图 9-1　矿山压气系统示意图

体所占据的封闭工作空间的容积，以达到使气体分子接近的目的，使气体压力升高。容积型压缩机根据结构不同又分为往复式和回转式。往复式压缩机主要为活塞式，它是靠活塞在气缸中做往复运动，通过吸、排气阀的控制，实现吸气、压缩、排气的周期变化，其中实现活塞往复运动的是曲柄连杆机构。回转式压缩机主要有滑片式压缩机和螺杆式压缩机等。速度型压缩机的原理是使气体分子在机械高速转动中得到一个很高的速度，然后又让它减速运动，使动能转化为压力能。速度型压缩机又分为离心式和轴流式两种，它们都是靠高速旋转的叶片对气体的动力作用，使气体获得较高的速度和压力，然后在蜗壳或导叶中扩压，得到高压气体。

矿山生产中常用的空气压缩机是活塞式和螺杆式。

9.2　活塞式空气压缩机

9.2.1　工作原理

活塞式空气压缩机属于容积型，空气的压缩是依靠在气缸内做往复运动的活塞来完成的。

图 9-2(a)是单缸单作用活塞式空气压缩机示意图。它是由曲轴 6、连杆 5、十字头 4、活塞杆 3、气缸 1、活塞 2、吸气阀 7、排气阀 8 等组成。当电机带动曲轴以一定的转速旋转时，通过连杆 5 和十字头 4 把转动变为活塞 2 在气缸内的往复直线运动。活塞 2 向右运动时，气缸 1 内容积增大，压力降低。若气缸 1 左侧的压力略低于大气压力一定值时，吸气阀 7 被打开，空气在大气压力作用下进入气缸 1，此即吸气过程；当活塞 2 返回向左移动时，缸内容积减少，压力逐渐增加(此时吸气阀 7 关闭)，气体在缸内被压缩，此过程称压缩过程；当气缸 1 内气体压力升高至某一额定值时，打开排气阀 8，压缩空气被活塞 2 排出缸外，此过程称为排气过程。

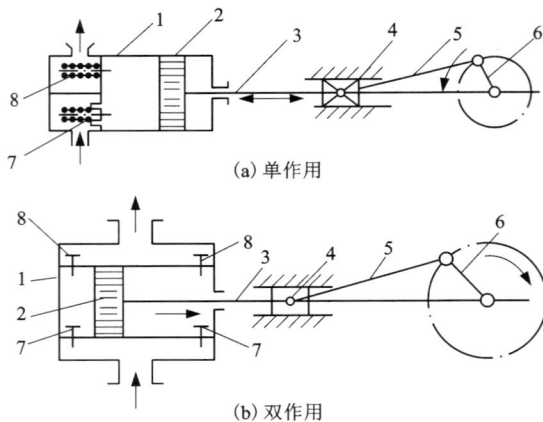

1—气缸；2—活塞；3—活塞杆；4—十字头；5—连杆；6—曲轴；7—吸气阀；8—排气阀。

图9-2 活塞式空气压缩机原理图

双作用活塞式空气压缩机如图9-2(b)所示。气缸的右端与左端工作原理相似，但其工作过程恰好相反，即左端为吸气过程，右端为压缩和排气过程；右端为吸气过程，左端为压缩和排气过程。每一端均各自完成自己的工作循环。

9.2.2 分类

活塞式空气压缩机的分类有多种，常用的分类方式有以下几种。

(1)按气缸中心线方位可分为立式、卧式和角度式空气压缩机。

立式空气压缩机：气缸中心线铅垂布置[图9-3(a)]。

卧式空气压缩机：气缸中心线水平布置[图9-3(b)]，图9-3(c)所示为对称平衡式，图9-3(d)所示为对置式。

角度式空气压缩机：气缸中心线与水平线呈一定角度布置，按气缸排列所呈形状又分为L型、V型、W型、S型等，分别如图9-3(e)、图9-3(f)、图9-3(g)、图9-3(h)所示。

(2)按活塞在气缸中的作用，可分为单作用式和双作用式空气压缩机。

单作用式(单动式)空气压缩机：气缸内只有活塞一侧进行压缩循环。

双作用式(双动式)空气压缩机：气缸内活塞两侧同时进行压缩循环。

(3)按气体达到终了压力压缩级数，可分为单级、两级和多级空气压缩机。

单级空气压缩机：气体经一级压缩到达终了压力。

两级空气压缩机：气体经两级压缩到达终了压力。

多级空气压缩机：气体经两级以上压缩到达终了压力。

(4)按气缸的冷却方式，可分为水冷式和风冷式空气压缩机。

水冷式空气压缩机：使用水对空气压缩机各部分进行冷却，多用于大型空气压缩机上。

风冷式空气压缩机：采用大气对空气压缩机进行自然冷却，多用于小型空气压缩机上。

(5)按排气压力，可分为低压、中压、高压和超高压空气压缩机。

低压空气压缩机：排气压力小于1.0 MPa。

中压空气压缩机：排气压力在1.0至10 MPa。

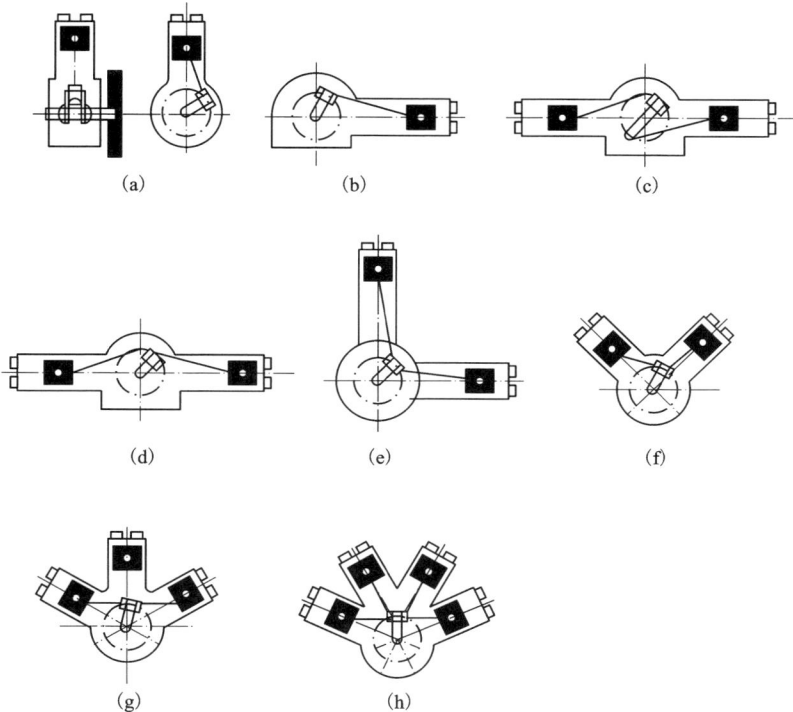

图9-3 气缸中心线相对地平面不同位置的各种配置

高压空气压缩机：排气压力为 10~100 MPa。

超高压空气压缩机：排气压力大于 100 MPa。

（6）按排气量大小，可分为微型、小型、中型和大型空气压缩机。

微型空气压缩机：排气量小于 1.0 m^3/min。

小型空气压缩机：排气量为 1.0~10 m^3/min。

中型空气压缩机：排气量为 10~100 m^3/min。

大型空气压缩机：排气量大于 100 m^3/min。

（7）按气缸内有无润滑油，可分为有油润滑和无油润滑空气压缩机。

有油润滑空气压缩机：气缸内注入润滑油对气缸和活塞环间进行润滑。

无油润滑空气压缩机：气缸内不采用注入润滑油对气缸和活塞环间进行润滑的方式，而是采用充填聚四氟乙烯这种自润滑材料制作密封元件——活塞环和密封环。无油润滑空气压缩机的优点有以下几点：

①节省大量润滑油。

②充填聚四氟乙烯材料的摩擦系数小，改善了气缸相关零件的磨损情况，延长了使用寿命。

③净化了压缩空气，保证了风动机具的安全使用，并且改善了环境卫生。

④气缸实现了无油润滑，避免了由于气缸过热引起润滑油燃烧、气缸爆炸的危险，有利于安全运转。

⑤取消了注油器润滑系统，避免了跑油、漏油事故，减少了维修量。

9.2.3　主要特点

活塞式空气压缩机具有气压稳定、压力范围广、在一般压力范围内空气压缩机对材料的要求低、多采用普通钢材和铸铁材料的特点。但存在以下缺点：采用曲柄滑块传动机构，转速不高；单机排气量大于 500 m^3/min 时，机器显得大而重；结构复杂、易损件多、维修量大；运转时有振动；输气不连续，压力有脉动。因此，活塞式空气压缩机一般适用于中、小排气量。

目前矿山使用的活塞式空气压缩机主要为固定式、两级、双作用、水冷式、活塞式 L 型空气压缩机。图 9-4 所示为 L 型空气压缩机图。

L 型空气压缩机是两级、双缸、双作用、水冷式、固定式空气压缩机，它主要由动力传动系统、压缩空气系统、润滑系统、冷却系统、调节系统和安全保护系统6 大部分组成。

（1）动力传动系统。动力传动系统主要由曲轴、连杆、十字头、飞轮及机架等组成，其作用是传递动力，把电机的旋转运动转变成活塞的往复运动。

（2）压缩空气系统。压缩空气系统由空气过滤器、吸气阀、排气阀、气缸、活塞组件、密封装置和风包等组成。

图 9-4　L 型空气压缩机图

（3）润滑系统。润滑系统由齿轮油泵、注油器和滤油器等组成。

（4）冷却系统。冷却系统由中间冷却器、气缸冷却水套、冷却水管、后冷却器和润滑油冷却器等组成。

（5）调节系统。调节系统主要由减荷阀、压力调节器等组成。

（6）安全保护系统。安全保护系统主要由安全阀、油压继电器、断水断油开关和释压阀等组成。为了保证空气压缩机的安全运行，必须控制空气压缩机的排气温度，加强对空气压缩机的冷却，防止冷却水中断。为此，空气压缩机必须安装超压、超温、断油、断水保护装置，当空气压缩机出现冷却水中断、润滑油中断、排气温度超限时，保护装置将会报警或自动切断电机电源而使空气压缩机停机，防止发生空气压缩机爆炸等重大事故。

L 型空气压缩机的压气工作流程为：外界大气→空气过滤器→减荷阀→一级吸气阀→一级气缸→一级排气阀→中间冷却器→二级吸气阀→二级气缸→二级排气阀→（后冷却器）→风包。

9.3　螺杆式空气压缩机

9.3.1　工作原理

螺杆式空气压缩机结构示意图如图 9-5 所示。在"∞"字形的气缸中，平行地配置着一对相互啮合的螺旋形转子。通常将节圆外具有凸齿的转子，称为阳转子或阳螺杆；在节圆内具有凹齿的转子，称为阴转子或阴螺杆。一般阳转子与原动机连接，由阳转子带动阴转子转动。因此，阳转子又称为主动转子，阴转子又称为从动转子。在压缩机机体的两端，分别开设一定形状和大小的孔口，一个供吸气用，称为吸气孔口；另一个供排气用，称为排气孔口。

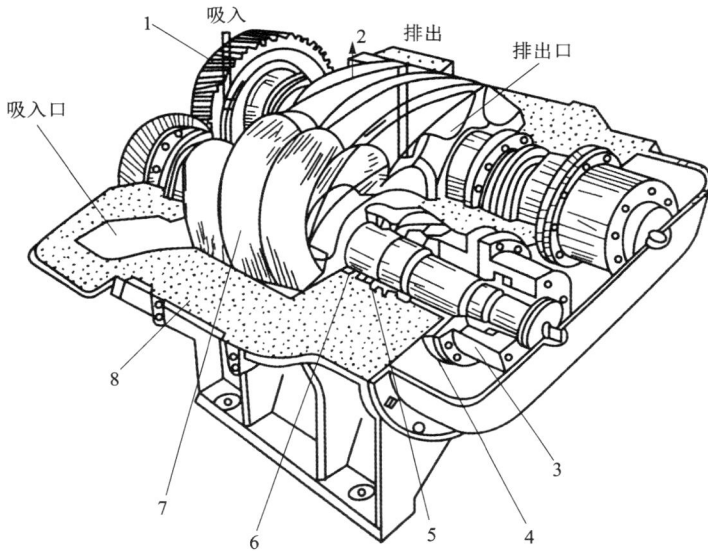

1—同步齿轮；2—阴转子；3—推力轴承；4—轴承；5—挡油环；6—轴封；7—阳转子；8—气缸。

图 9-5　螺杆式空气压缩机结构示意图

螺杆式空气压缩机的基元容积是阳、阴转子和气缸内壁面之间形成的一对齿间容积，随着转子的旋转，基元容积的大小和空间位置都在不断变化。吸气过程开始时，气体经吸气孔口分别进入阳、阴转子的齿间容积，随着转子的旋转，这两个齿间容积各自不断扩大。当这两个齿间容积达到最大值时，齿间容积与吸气孔口断开，吸气过程结束。随着转子继续旋转，因转子齿的相互挤入，呈"V"字形的基元容积的容积值逐渐减少，从而实现气体的压缩过程，直到该基元容积与排气孔口相连通时为止。在基元容积与排气孔口连通后，即开始排气过程。随着基元容积的不断缩小，具有排气压力的气体逐渐通过排气孔口完全排出，螺杆式空气压缩机中不存在串通容积。

螺杆式空气压缩机中，阳、阴转子转向互相迎合的一侧，基元容积在缩小，气体被压缩，是高压力区；转子转向彼此相背离的一侧，基元容积在扩大，处于吸气过程，是低压力区。为了在机器中实现内压缩过程，螺杆式空气压缩机的吸、排气孔口呈对角线布置。

9.3.2 分类

按运行方式的不同，螺杆式空气压缩机可分为无油螺杆压缩机和喷油螺杆压缩机两类。

无油螺杆压缩机又称为干式螺杆压缩机，在无油螺杆压缩机的吸气、压缩和排气过程中，被压缩的气体介质不与润滑油相接触，两者之间有着可靠的密封。另外，无油螺杆压缩机的转子并不直接接触，相互间存在一定的间隙。阳转子通过同步齿轮带动阴转子高速旋转，同步齿轮在传输动力的同时，还确保了转子间的间隙。

在喷油螺杆压缩机中，大量的润滑油被喷入所压缩的气体介质中，起着润滑、密封、冷却和降低噪声的作用。喷油螺杆压缩机中不设同步齿轮，一对转子就像一对齿轮一样，由阳转子直接带动阴转子，所以喷油螺杆压缩机的结构更为简单。

9.3.3 主要特点

螺杆式空气压缩机是瑞典于1934年发明的，由于制造困难，早期的螺杆压缩机仅用作低压比、大流量的无油压缩机。1960年后，随着喷油技术的逐渐成熟、转子型线的不断改进和专用转子加工设备的开发成功，螺杆压缩机应用越来越广泛，目前，螺杆式空气压缩机已广泛应用于矿山行业，其特点有：

9.3.3.1 优点

螺杆式空气压缩机具有一系列独特的优点。

(1)可靠性高。螺杆式空气压缩机零部件少，没有易损件，因而它运转可靠，使用寿命长，无故障运行时间可高达4万~8万h。

(2)动力平衡好。螺杆式空气压缩机没有往复运动零部件，不存在不平衡惯性力，可使机器平稳地高速工作，实现无基础运转，从而可与原动机直联，并且体积小、质量轻、占地面积少，特别适合用作移动式压缩机。

(3)适应性强。螺杆式空气压缩机有强制输气的特点，排气量几乎不受排气压力的影响，不会发生喘振现象，可在多方面适应工况的要求，在宽广的范围内能保持较高的效率。

(4)多相混输。螺杆式空气压缩机的转子齿面间实际上留有间隙，因而能耐液体冲击，可压送含液气体、含粉尘气体、易聚合气体等。

(5)无油压缩。无油螺杆压缩机可实现绝对无油地压缩气体，能保持气体洁净，可用于输送不能被油污染的气体。

9.3.3.2 缺点

螺杆式空气压缩机并不完善，有很多缺点制约了它的应用，有待不断改进。

(1)造价高。螺杆式空气压缩机的转子齿面是一空间曲面，需利用特制的刀具在价格昂贵的专用设备上进行加工；另外，对螺杆式空气压缩机气缸的加工精度也有较高的要求。所以，螺杆式空气压缩机的造价较高。

(2)系统复杂。喷油螺杆压缩机的油路系统比较复杂，把喷入的油从被压缩介质中分离出来具有一定的难度。

(3)不能用于高压场合。螺杆式空气压缩机依靠间隙密封气体，另外由于转子刚度等方面的限制，只能适用于中、低压范围。

（4）噪声大。螺杆式空气压缩机齿间容积周期性的与吸、排气孔口连通，会导致较强的中、高频噪声，必须采取消声减噪措施。

9.4 离心式空气压缩机

9.4.1 工作原理

离心式空气压缩机工作原理：装在主轴上的一组叶轮构成的转子在外壳内旋转时，空气自吸气管沿轴向进入第一级叶轮，并以很快的速度被离心力从叶轮外缘甩出，进入具有扩压作用的固定的导叶中，在这里通过将速度降低而提高压力，接着又被第二级叶轮吸入，如图 9-6 所示。通过第二级进一步提高压力，以此类推，一直达到需要的工作压力。离心式空气压缩机的排出压力可达 0.7 MPa，每经过两级压缩进行一次冷却，使排气温度不致超限。

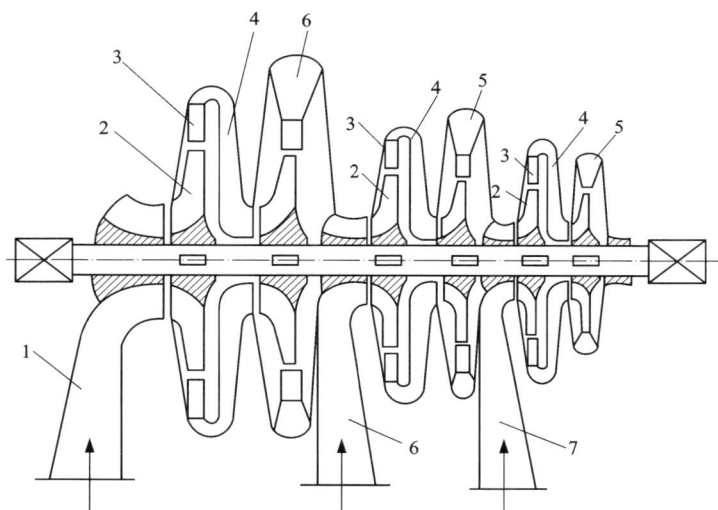

1—吸气管；2—叶轮；3—扩压器；4—S 形流道；5—螺壳；6—二次进气管；7—三次进气管。

图 9-6 离心式空气压缩机

离心式空气压缩机一般由机身、气路系统、润滑油系统、冷却水系统、传动系统和自控及负荷调节系统组成。

（1）机身：由机座和机盖组成。

（2）气路系统：由空气过滤器、进气消声器、叶轮、扩压器、中间冷却器、后冷却器和止回阀等组成。

（3）润滑油系统：由油站、油泵、油冷却器、油过滤器、高位油箱以及供油、回油的管道、阀门等组成。

（4）冷却水系统：由中间冷却器、后冷却器、油冷却器及供水、回水的管道、阀门等组成。

（5）传动系统：由增速器、齿轮联轴器、传动轴、轴承等组成。

（6）自控及负荷调节系统：空气压缩机一般都配有自动控制仪表和电气设备，能自动显示、报警和停车。当负荷发生变化时，能通过安装在进气管道上的负荷调节系统(由蝶阀、可调节的进口导叶装置等组成)控制流量在 30%~100% 内变化。

9.4.2　主要特点

离心式空气压缩机一般由多级组成，排气压力越高，级数也就越多。一级或几级可以分为一段，段与段之间一般有气体冷却器。目前，国产离心式空气压缩机大部分采用单吸入、双支承结构。有的产品采用了三元流动叶片等先进技术。

离心式空气压缩机的主要特点有：

（1）易损件少，因而工作可靠，使用寿命长。

（2）压缩空气不受润滑油污染，品质高。

（3）结构紧凑，质量轻，排气量范围大，一般为 20~10000 m^3/min。

（4）由于转速高，可用蒸汽透平带动，便于综合利用热能。

（5）压力较低，一般小于 1.0 MPa。

（6）启动和停车过程中容易出现喘振现象。

（7）齿轮箱噪声大，并不易防治。

（8）制造、操作和维护的要求较高。

（9）相对于活塞式空气压缩机来说，热效率比较低，即比功率较高。

（10）排气量的变化对机械效率影响很大。

9.5　滑片式空气压缩机

9.5.1　工作原理

滑片式空气压缩机的构造如图 9-7 所示。

滑片式空气压缩机由气缸部件、壳体和冷却器等主要部分组成。气缸部件主要零件为气缸、转子和滑片。气缸是圆筒形的，上面开有进、排气孔口，气缸内有一个偏心安置的转子，转子上开有若干径向的滑槽，内置滑片，滑片在其中做相对滑动。转子轴通过联轴器与电动机轴直联，当转子旋转时，滑片在离心力的作用下会紧压在气缸圆周的内壁上。气缸、转子、滑片和气缸前后的气缸盖组成了若干封闭的小室，依靠这些小室在旋转中容积周期性的变化，完成了容积型压缩机所必需的几个工作过程，即吸入、压缩、排出和膨胀等过程。换言之，转子旋转时产生容积变化，实现空气的压缩。因此，它与活塞式压缩机一样均属容积型类型。

我国生产的滑片式压缩机多数为二级。压缩机由电动机直接驱动，且装在同一个机座上。一级转子通过齿轮联轴器直接带动二级转子；二级气缸吸入端与一级气缸压出端连通。滑片厚度为 1~3 mm，片数为 8~24 片。

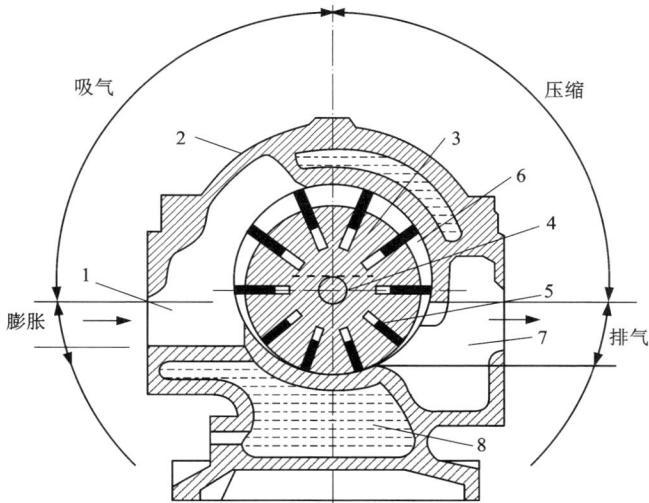

1—吸气管；2—外壳；3—转子；4—转子轴；
5—转子上的滑片；6—气体压缩室；7—排气管；8—水套。

图 9-7　滑片式空气压缩机构造简图

9.5.2　主要特点

　　滑片式空气压缩机的排气量为 $0.5\sim500\ m^3/min$，排气压力可达 $4.5\ MPa$，在低压、中小流量范围内有较广泛的应用前景。

　　优点：结构比较简单，易损件少，因此使用、维护和运转方便，检修工作量少、使用寿命长、结构紧凑、质量较轻。

　　缺点：密封较困难，效率较低。

9.6　辅助设备

9.6.1　空气过滤器

　　外界空气进入空气压缩机之前，必须经过空气过滤器以滤清其中所含的灰尘和其他杂质。一般要求通过过滤器之后空气中所含的灰尘量小于 $1\ mg/m^3$，空气过滤器的终阻力不大于 $0.3\ kPa(30\ mmH_2O)$。

　　室外空气含尘浓度随地区和季节不同而差异很大。一般情况下，在绿化、路面铺砌较好的城市郊区，室外空气的含尘浓度为 $0.2\sim0.5\ mg/m^3$；市区为 $1\sim5\ mg/m^3$。在工业区，则随工业性质的不同空气的含尘浓度有很大的变化。

　　自然界空气中的灰尘和其他杂质大量进入空气压缩机后，将使各机械运动表面磨损加快、密封不良、排气温度升高、功率损耗增大，因而压缩机的生产能力相应降低，压缩空气的质量也大为降低。

空气过滤器是根据固体杂质颗粒的大小及质量不同，利用惯性阻隔和吸附等方法将灰尘和杂质与空气分离，保证进入气缸中的空气含尘量低于 0.03 mg/m³。矿山中应用较为普遍的是干式过滤器和金属过滤器。干式过滤器是使空气通过致密的织物(也可用纤维滤芯)，可清除约 99.9%的灰尘，但必须经常清洗滤芯，否则灰尘和杂质阻塞会使气流阻力增加。如果采用金属油浴式过滤器，进入过滤器中的气体经流道转折，较大的颗粒落入下面的油池而被消除，较小颗粒被阻隔，过滤效果好。

大、中型空气压缩机的过滤器装在室外的进气管道上，但与空气压缩机的距离不得超过 10 m，并应处在空气清洁、通风良好、干燥的地方。

对空气过滤器除要求清洁空气外，还要求阻力尽可能小，结构简单，质量轻，便于调换和清洗。对于排气量大的空气压缩机，也可采用组合式过滤器。

常用的空气过滤器装置有金属网空气过滤器、填充纤维空气过滤器、油浴式空气过滤器、金属空气过滤器、自动浸油空气过滤器和空气集中过滤室等。

9.6.1.1　金属网空气过滤器

图 9-8 所示为金属网空气过滤器外形结构图。它由钢制金属网箱和在其中填装的数排金属波状网构成，网上涂浸黏油。过滤后，空气中含尘浓度平均低于 0.5 mg/m³。其结构特征参数见表 9-1，性能参数见表 9-2。

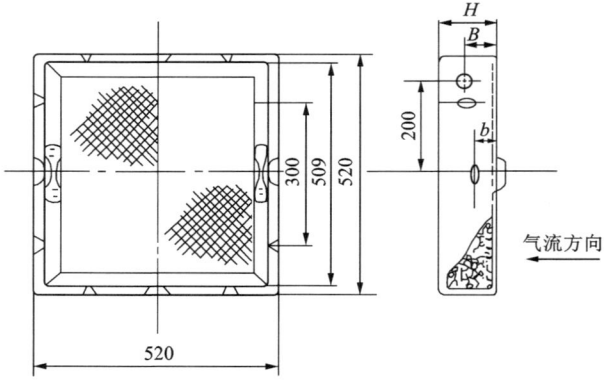

图 9-8　金属网空气过滤器外形结构图

表 9-1　金属网空气过滤器的结构特征参数

型号	网格层数	波纹/mm		网格规格/mm			外形尺寸/mm					质量/kg	备注
		高	间距	前部	中部	后部	长	宽	H	B	b		
大型	18	5.5	14	$7\dfrac{2.58}{0.54}$	$5\dfrac{1.13}{0.28}$	$6\dfrac{0.67}{0.25}$	520	520	105	55	30	10.5	片数 $\dfrac{孔眼尺寸}{金属比直径}$
小型	12	5.5	14	$5\dfrac{2.58}{0.54}$	$5\dfrac{1.13}{0.28}$	$6\dfrac{0.67}{0.25}$	520	520	60	33	25	6.5	

表9-2 金属网空气过滤器的性能参数

型号	风量 /(m³·h⁻¹)	初阻力 /kPa	终阻力 /kPa	容尘量 /g	发尘量 /g	耗油量 /(g·块⁻¹)	效率 /%	备注
大型	1500	54	110	450.46	604.38	18.7	75	均为试验数据
小型	1500	42	82	264.00	344.77	105.7	77	

注：①试验尘流由20%炭黑和80%无烟煤粉组成，均球磨80 h。粉尘真密度为1.51 g/cm³。分散度：2 μm，占7%；1.33 μm，占27%；<1.33 μm，占66%。②粉尘浓度为11 mg/m³。③试验在常用纯大气情况下测定。

金属网空气过滤器的阻力与流量关系特性曲线如图9-9所示。

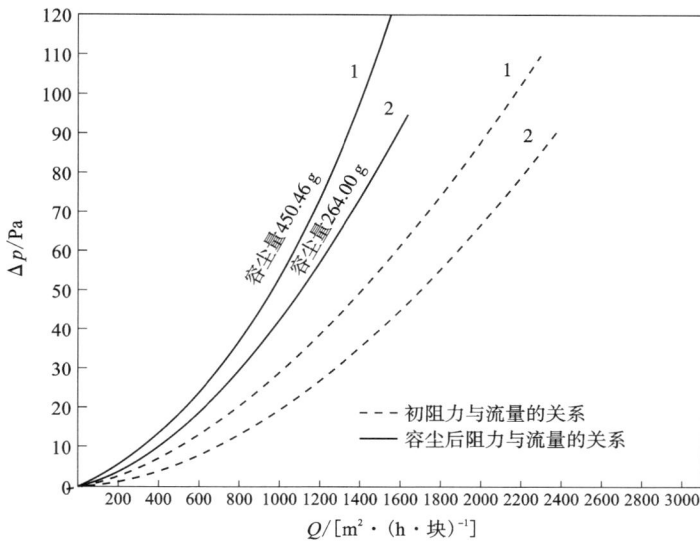

1—大型网格过滤器；2—小型网格过滤器。

图9-9 金属网空气过滤器的阻力与流量关系特性曲线

金属网空气过滤器的优点是制造方便，可采取水平或垂直安装方式，便于以不同块数相组合，通过的空气流速大；缺点是过滤效率较低。

9.6.1.2 填充纤维空气过滤器

填充纤维空气过滤器过滤后的空气含尘浓度为0.2~0.5 mg/m³或低于0.2 mg/m³。填充纤维空气过滤器由钢制内外框金属箱并填充平均直径小于25 μm的玻璃纤维或聚苯乙烯纤维构成，内框两侧装有细的金属网，使填装的纤维密度保持一致。图9-10所示为填充纤维空气过滤器的外形结构图。表9-3中分别列有填充玻璃纤维空气过滤器的主要参数。

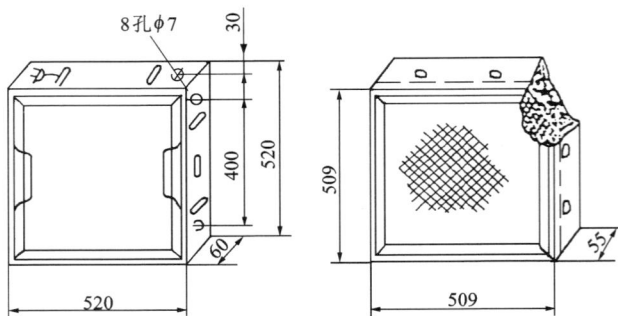

图 9-10 填充纤维空气过滤器的外形结构图

表 9-3 填充玻璃纤维空气过滤器的主要参数

过滤器编号	纤维平均直径/μm	填充分量/g	填充厚度/mm	填充密度/(kg·m⁻³)	前后铁丝网孔直径/铁丝直径/(mm/mm)	总质量/kg	纤维直径/μm
玻 1	22.77	350	45.1	30.90	2.58/0.54	4.29	最大直径 34.58;最小直径 17.29
玻 2	22.77	300	50.60	22.80	2.58/0.54	4.24	最大直径 34.58;最小直径 17.29
玻 3	15.08	250	42.80	22.46	2.58/0.54	4.19	最大直径 18.60;最小直径 10.64

9.6.1.3 油浴式空气过滤器

采用纤维滤芯的干式空气过滤器对空气含尘的消除率很高，但为了减少滤芯对气流的阻力，必须经常清洗，非常麻烦。油浴式空气过滤器可以缓解这一问题。油浴式空气过滤器如图 9-11 所示。进入这种过滤器的气体首先在曲折的流道中多次转折，经此过程，气流中较

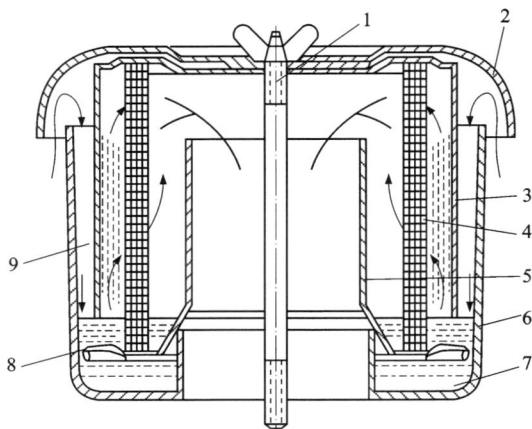

1—中心螺栓；2—顶盖；3—套筒；4—芯网体；5—芯筒；
6—筒体；7—油池；8—托盘；9—气道。

图 9-11 油浴式空气过滤器

大的尘粒即落入过滤器下部的油池中，较小尘粒被过滤网阻隔，可清除98%以上的空气含尘量，过滤效果很好。这种空气过滤器常用在各类中、小型空气压缩机上。

9.6.1.4　金属空气过滤器

图9-12所示为20~40 m³/min排气量的L型空气压缩机配套用的金属空气过滤器。筒内的滤芯由多层波纹状铁丝做成筒形过滤网，表面涂有一层黏性油（一般用60%的气缸油与40%的柴油相混合），灰尘经过时会黏附于网上，故需定期清洗，拧开螺母4，取下封头5即可取出滤芯3进行清洗。

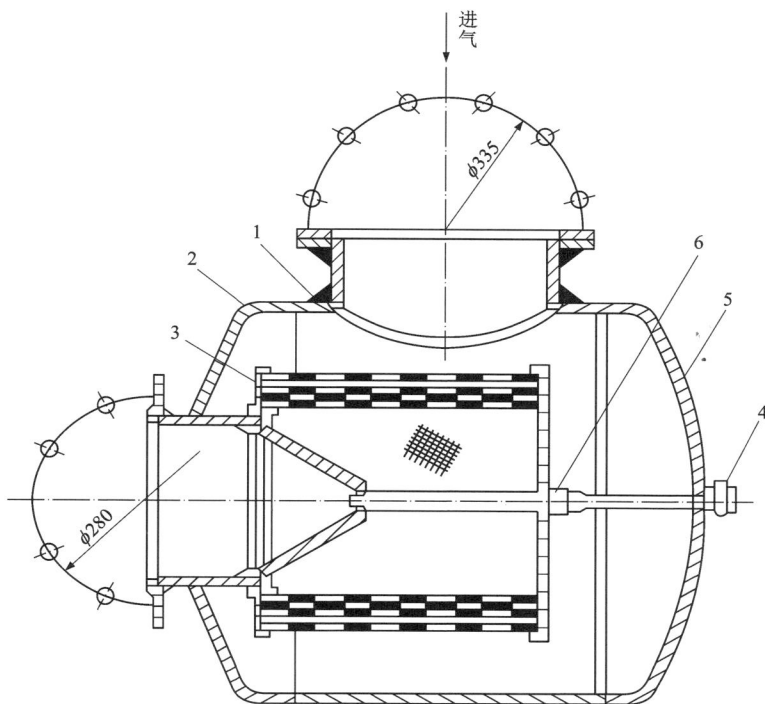

1—筒体；2、5—封头；3—滤芯；4、6—螺母。

图9-12　金属空气过滤器

9.6.1.5　自动浸油空气过滤器

图9-13所示为LWZ-12型自动浸油空气过滤器外形结构图。这种过滤器是利用电动机和变速机构使过滤网格缓慢地转动，过滤网格的下部浸在油槽中，在网格的转动过程中洗掉其上所附着的灰尘。其是根据槽中洗油被污染的程度进行定期更换，适用于空气的初含尘浓度低于40 mg/m³的条件，常用在大容量空气压缩机或压缩空气站的集中过滤室。这种过滤器的风量与阻力的关系见表9-4。

表9-4　LWZ-12型自动浸油空气过滤器的风量与阻力的关系

风量/(m³·h⁻¹)	20000	22000	24000	26000	28000	30000
阻力/Pa	70	85	100	120	140	160

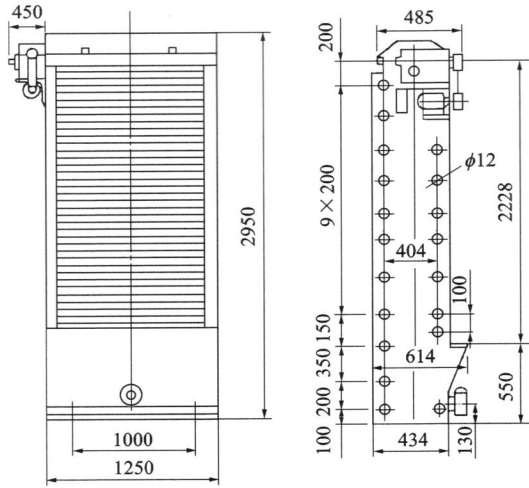

图 9-13　LWZ-12 型自动浸油空气过滤器外形结构图

9.6.1.6　空气集中过滤室

对空气过滤器的功能要求，除可清洁空气外，还要求气流阻力较小，结构简单，质量较小，便于调换和清洗。对于排气量较大的空气压缩机，可以采用组合式过滤器，也可采用集中过滤室。图 9-14 所示为集中过滤室一般结构图。其优点是进气较干净，能够减少吸气振动所产生的噪声；缺点是工程量较大，占据空间较大，维护清扫较麻烦。

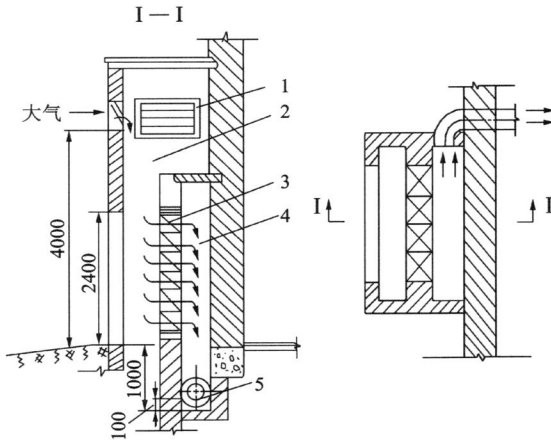

1—百叶窗；2—灰尘沉降室；3—过滤器；4—过滤室；5—吸气管。

图 9-14　集中过滤室一般结构图

9.6.2　油水分离器

油水分离器又称液气分离器，功能是分离压缩空气中所含的油分和水分，使压缩空气得到初步净化，以减少污染、管道腐蚀和对用户的使用产生不利影响。

油水分离器的作用原理是使进入油水分离器中的压缩空气气流产生方向和速度方面的改变，并依靠气流的惯性，分离出密度较大的油滴和水滴。

压气输送管路上的油水分离器通常采用以下三种基本结构形式：①使气流产生环形回转；②使气流产生撞击并折回；③使气流产生离心旋转。

在实际生产应用中，以上介绍的结构形式可综合采用，其分离油、水的效果会更加显著。

使气流产生环形回转的油水分离器结构如图 9-15 所示。压缩空气进入分离器内，气流由于受隔板的阻挡，产生下降而后上升的环形回转，与此同时析出油和水。为了达到预期的油水分离效果，气流在回转后上升速度应缓慢，输送低压空气时不超过 1 m/s；输送中压空气时不超过 0.5 m/s；输送高压空气时不超过 0.3 m/s。

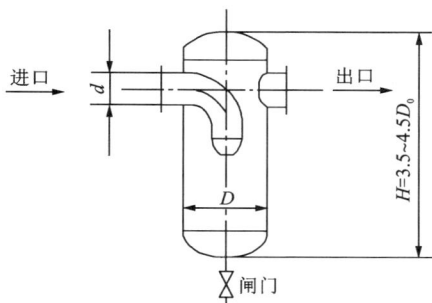

图 9-15　使气流产生环形回转的油水分离器结构

这种结构形式的油水分离器用于低压空气。如分离器的进、出口空气流速为 ω 时，则油水分离器的壳体横断面积应为进、出口管径的 ω 倍，即油水分离器壳体直径 D 表示如下：

$$D = \sqrt{\omega d} \tag{9-1}$$

式中：ω 为空气流速；d 为管径。

一般油水分离器高度：$H \approx 3.5 \sim 4.5D$。

使气流产生撞击并折回的油水分离器结构如图 9-16 所示，其具体结构尺寸见表 9-5。

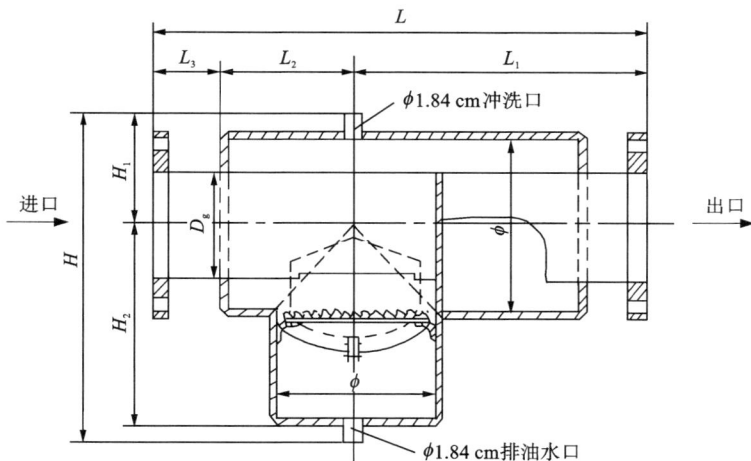

图 9-16　使气流产生撞击并折回的油水分离器结构

表 9-5 使气流产生撞击并折回的油水分离器的结构尺寸

D_g/mm	150	125	100	D_g/mm	150	125	100
H/mm	502	502	363.5	L_3/mm	100	100	70
H_1/mm	170	170	135.5	ϕ/mm	273	273	219
H_2/mm	300	300	206	工作压力/MPa	0.8	0.8	0.8
L/mm	728	728	550	试验压力/MPa	1.2	1.2	1.2
L_1/mm	428	428	330	总质量/kg	84.71	79.96	58.19
L_2/mm	200	200	150				

当进入分离器内的压缩空气气流撞击在波形板组时，气流折回，油滴和水滴附于波形板面上，所积累的油水便向下流动，并汇集在底部，通过油水吹除管排出。

9.6.3 储气罐

储气罐是圆筒状的密封容器，有立式和卧式两种。立式储气罐结构示意图如图 9-17 所示，储气罐用锅炉钢板焊接而成，罐体高度 H 为直径 D 的 2~3 倍；进气管在下面，而排气管在上面，进气管在罐内的一段呈弧形，出口向下倾斜且弯向罐内壁，使空气进入并产生旋涡，便于分离油水，靠压缩空气的压力把油水从排泄阀中排出。

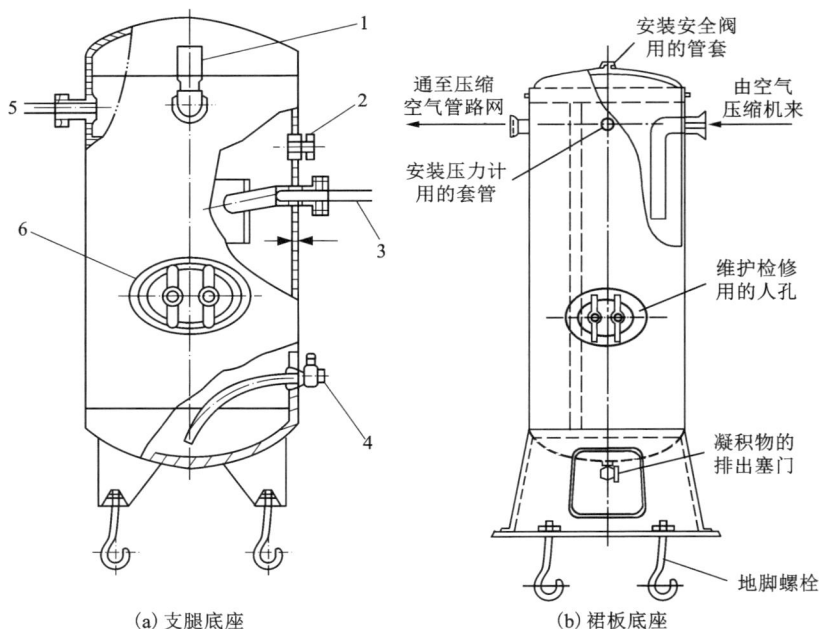

(a) 支腿底座　　　　　　(b) 裙板底座

1—安全阀；2—压力表及负荷调节器接口；3—进气口；4—油水排泄阀；5—排气口；6—人孔。

图 9-17 立式储气罐结构示意图

各种形式的空气压缩机都设有储气罐(又称风包),装置在空气压缩机与输送压缩空气的管网之间,其功用如下。

(1)缓和由于往复式压气的不连续性而引起的压力波动。

(2)除去压缩空气中所含的水及润滑油,因为水和润滑油能使压缩空气管道的断面缩小,增加了阻力损失;水还能使风动机械生锈并发生水力冲击。

(3)储存一定数量的压缩空气,以备空气消耗量增大或空气压缩机停止运转时之需。为了保证满足使用性能要求,每个储气罐上一般有下列附件:

①与管道连接的法兰盘;

②与接通调节器的小管相连的法兰盘;

③安全阀(储气压力超值即自动放气并发出响声);

④放出水和油的闸阀(排污阀);

⑤安装压力计用的管套;

⑥压气入孔和压气输出孔。

储气罐需装设在地基上,并装在空气压缩机房外面靠近机房的阴凉地方。

在储气罐与空气压缩机之间的排气管道上,不应装设闸阀,因为在闸阀关闭的情况下启动往复式或回转式空气压缩机时,可能引起事故。如果必须装设闸阀,需在它的前面装置安全阀。

每台空气压缩机应各有自己的储气罐。储气罐和排气管道内部应定期清洗。

空气压缩机所用的储气罐一般随机成套供应,若用户自己选用时,可依下列经验公式选取。

(1)按空气压缩机的排气量 q 计算储气罐容积 $V(\text{m}^3)$。

$q < 6 \text{ m}^3/\text{min}$,$V = 0.2q$;

$q = 6 \sim 30 \text{ m}^3/\text{min}$,$V = 0.15q$;

$q \geqslant 30 \text{ m}^3/\text{min}$,$V = 0.1q$;

或 $V = 1.6\sqrt{q}$。

(2)根据压缩比计算。

$$V = q \frac{p_s}{p_d} \tag{9-2}$$

式中:p_s 为空气压缩机排气压力,MPa;p_d 为空气压缩机吸气压力,MPa;V 为储气罐容积,m^3。

用于固定活塞式空气压缩机的储气罐规格见表9-6。

表9-6 储气罐规格

代号	公称容积 /m³	内径 /mm	质量 /kg	适用的压缩机排气量 /(m³·min⁻¹)
C-0.5	0.5	600	210	3
C-1	1.0	800	290	6
C-1.5	1.5	1000	420	10

续表 9-6

代号	公称容积/m³	内径/mm	质量/kg	适用的压缩机排气量/(m³·min⁻¹)
C-2.5	2.5	1000	630	20
C-4.3	4.3	1200	1000	40
C-7	7.0	1400	1450	60
C-10	10	1600	2050	100

9.6.4 水冷式冷却系统

固定式空气压缩机大多采用水冷式冷却系统。冷却水经水泵或高位水池压送到空气压缩机的水套、中间冷却器和后冷却器后，经热水回水管流出站外，所以矿山空气压缩机站常设有冷却水供水系统。

空气压缩机站的供水系统分为单流系统和循环系统两种。当空气压缩机站附近有大量自然水时，可采用单流系统。在单流系统中，水流过空气压缩机的冷却表面之后即被导入锅炉等设备利用或直接引至污水沟中。水消耗量很小的空气压缩机站，也可用自来水进行冷却。在循环系统中，可多次用水来冷却空气压缩机。把空气压缩机流出的受热的水，导入冷却塔或喷水池使其冷却到原来的温度，再供空气压缩机使用。水消耗量不大的空气压缩机站，也可用普通水池进行冷却，但要保证水质符合要求。确定空气压缩机站系统方案时，必须考虑当地的水源、水量、水质、水温、地形和大气温度等条件。

图 9-18 所示为用冷却塔的水冷却系统图。1 号水泵 N_1 将热水从水井 2 送往冷却塔 1 的上部。水沿塔内落下，打在用特有木条做成的格子上，变成小滴，并被迎面流过的空气所冷却。冷却过的水流入水池 3 内，再用 2 号水泵 N_2 将水送给空气压缩机 4 供冷却用。如果筑有高位水池，则可省去 2 号水泵。

在喷水池内，装在地上面的专用喷射器和喷嘴将水喷成细滴，水滴由于和周围空气接触而被冷却。热水约在 0.1 MPa 的压力下送至喷水池，分成细微的喷流，冷却后的水落入池中，再用水泵将水供给压气机使用。

9.6.4.1 直流供水系统

水温为 30℃ 以下的具有一定压力的冷水，在流经空气压缩机组的水冷系统完成冷却任务后，不再重复利用者为直流供水系统。这种系统的基建投资少，进入压缩机的水温低，冷却效果好，管理方便，但耗水量大。在离水源近、水量丰富或矿区地下水丰富、水质符合要求、不需进行复杂的水质处理即可作为冷却水的地区，宜采用直流供水系统。矿山应充分利用能源，将空气压缩机组排出的热水引送到浴室等处进行综合利用，这样不仅节约用水，也扩大了直流供水的使用范围。

9.6.4.2 循环供水系统

为了节约用水，应将空气压缩机组排出的热水，通过冷却水池或冷却水塔进行冷却后再作为空气压缩机组的冷却水。一般可将热水冷却到 30℃ 以下。

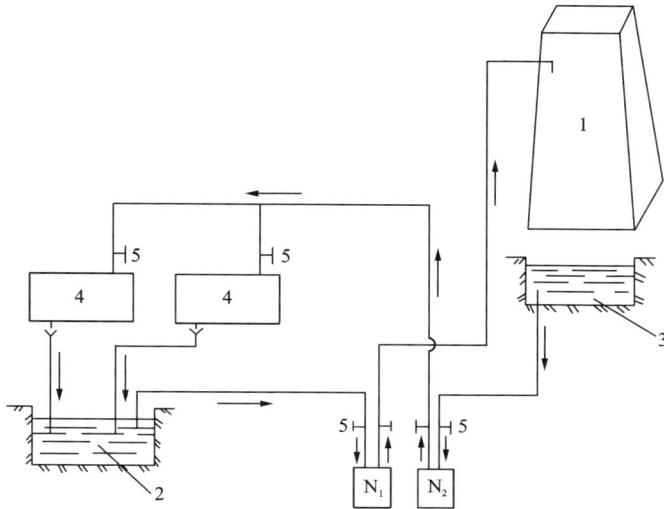

1—冷却塔；2—水井；3—水池；4—空气压缩机；5—闸阀；N_1—1号水泵；N_2—2号水泵。

图 9-18　用冷却塔的水冷却系统图

冷却水池中常装有喷嘴，以提高冷却效果。冷却水池的优点是结构简单，维修方便。缺点是占地面积大，在风沙大的地区水池中的水易被污染。冷却水池的水量损失也较大，为 6%～9%，可用于常年气温较低的地区。

冷却塔的冷却效果较冷却水池好，可在炎热地区采用。根据通风方式的不同，分为自然通风和机械通风两种；按淋水方式的不同，又可分为点滴式和喷水式两种。冷却塔的水量损失为 4%～5%。

近年来，玻璃钢冷却塔已广泛应用于石油、化学、电力、冶金、轻纺、电子等各工业领域，它具有冷却效果好、性能可靠、进出水温差大、塔体耐高温、防老化、防腐蚀、结构紧凑、运转平稳、噪声小、维修简单、占地面积小等优点。但其价格较贵，一般用于地形狭窄的矿区。适用于矿山用的国产玻璃钢冷却塔的主要技术参数见表9-7。

为了保证空气压缩机的正常运转，无论采用哪一种供水系统，都应设立专用的冷水池，冷水池的容积不应小于1～2 h的冷却水量。在有地形可利用的地方，应尽量将冷水池放在高位，使冷水能自流流入空气压缩机的水冷系统中，热水池的容积不应小于0.5 h的冷却水量。

今后在矿山设计和生产中，都应采用循环供水系统。

表 9-7　BZT 系列玻璃钢冷却塔主要技术参数

型号	冷却水量 /(m³·h⁻¹)	水温/℃			风机功率 /kW	进塔水压 /MPa	外形尺寸/m		塔体 分块	质量/t	
		进水	出水	进出水温差			直径	塔高		干塔	湿塔
D700	650～420	37～47	32	5～15	30	0.161～0.117	7.0	8.10	10	7.0	20
D500	350～210	37～47	32	5～15	17	0.169～0.093	6.0	7.165	8	5.5	15
D500	350～210	37～47	32	5～15	13	0.154～0.086	5.0	6.95	8	4.5	10

续表 9-7

型号	冷却水量 /(m³·h⁻¹)	水温/℃			风机功率 /kW	进塔水压 /MPa	外形尺寸/m		塔体 分块	质量/t	
		进水	出水	进出水温差			直径	塔高		干塔	湿塔
D400	230~120	37~47	32	5~15	7.5	0.152~0.075	4.0	6.345	6	3.5	7.5
D300	120~60	37~47	32	5~15	5.5	0.155~0.066	3.0	5.15	4	1.5	4
D200	60~35	37~47	32	5~15	2.2	0.128~0.062	2.0	4.275	整体	1.2	2.5
D150	35~15	37~47	32	5~15	1.5	0.12~0.06	1.5	3.80	整体	0.8	2
D100	15~8	37~47	32	5~15	1.1	0.15~0.062	1.0	3.50	整体	0.4	1

9.6.4.3 冷却水量和喷水池面积计算

每台机组需要的冷却水量取决于机组的发热量和进、排水温差，冷却水的消耗量可按下式计算：

$$q_w = \frac{\sum Q}{C(t_1 - t_2)} \tag{9-3}$$

式中：q_w 为冷却水消耗量，kg/h；$\sum Q$ 为空气压缩机压缩过程中的总放热量，包括各级气缸和冷却器的放热量，J/h；C 为水的比热，$C = 4187$ J/(kg·℃)；t_1、t_2 分别为冷却水的进、排水温度，℃。

国产空气压缩机的总发热量和冷却水消耗量见表 9-8。

表 9-8 空气压缩机的总发热量和冷却水消耗量

空气压缩机型号	额定容积排气量 /(m³·h⁻¹)	机组总发热量 /(J·h⁻¹)	不同温差时所需冷却水量/(L·h⁻¹)	
			$t_1-t_2 = 15℃$	$t_1-t_2 = 5℃$
V-6/8-1 型	360	$6.28×10^7$	1000	3000
3L-10/8 型	600	$10.48×10^7$	1670	5010
4L-20/8 型	1200	$20.94×10^7$	3334	10000
5L-40/8 型	2400	$41.87×10^7$	6667	20000
Ls-60/8 型	3600	$63.56×10^7$	10120	30360
1-100/8 型	5460	$95.46×10^7$	15200	45600
7L-100/8 型	6000	$104.7×10^7$	16668	50000

直流供水系统的进、排水温差可取 15℃，而对循环供水系统，由于受各地气温条件及冷却设施效果的影响，其冷却水进、排水温差为 5~15℃，可根据具体情况选取。

当采用后冷却器时，冷却水消耗量应增加 50% 左右。

空气压缩机站水冷却系统喷水池所占的面积计算如下：

$$F_\sigma = \frac{Q}{q_\sigma} \tag{9-4}$$

式中：Q 为水由压气机流出时带走的热量，kJ/h；q_σ 为喷水池单位时间单位面积散发的热量，其值一般为 $(7500 \sim 15000) \times 4.18 \ \text{kJ}/(\text{m}^2 \cdot \text{h})$。

冷却塔所占面积为喷水池面积的 1/4~1/3。水塔高度一般为 10~15 m。

9.6.4.4 冷却水压及要求

为了保证空气压缩机的最小冷却水量，要求进入机组的冷却水具有一定压力。一般进入机组的下限给水压力不小于 0.12 MPa。给水压力增大，进入机组水冷系统的水量也增加，冷却效果好；但水压太大，中间冷却器端管板扩管处会发生渗水、漏水而妨碍机组正常工作。水串入二级缸产生水击，严重时甚至造成气缸破坏事故。水压过大，流速将随之增加，耗水量也增加，这也是不经济的。

当用水泵直接压送冷却水到机组水冷系统时，水泵扬程可按进入机组的水压为 0.2 MPa 计算。在生产实践中常用闸阀调节进水压力。

在循环供水系统中，水泵的扬程 H：

$$H = \rho_w g (L_s + L_d) + H_i + H_w \tag{9-5}$$

式中：H 为水泵扬程，Pa；ρ_w 为水的密度，kg/m³；g 为重力加速度，m/s²；L_s 为水泵吸水高度，m；L_d 为水泵轴心至喷嘴的高度，m；H_i 为喷嘴剩余压力，取 40000~60000 Pa；H_w 为管道总阻损，Pa。

(1) 空气压缩机所需的冷却水量，可按产品样本中规定的指标计算，或按下列耗水指标计算：空气压缩机的排气量小于或等于 10 m³/min 时，耗水量应 4.5~5 L/m³；排气量大于 10 m³/min 时，耗水量取 3.5~4.5 L/m³；有后冷却器时，主机和后冷却器总的耗水量取 5.8~8 L/m³。

(2) 冷却水水质应符合下列要求：悬浮物不超过 100 mg/L 时，pH 应为 6.5~9.5；水的碳酸盐硬度与排水温度的关系见表 9-9。

表 9-9 水的碳酸盐硬度与排水温度关系

碳酸盐硬度/(mmol·L⁻¹)	≤5	6	7	10
排水温度/℃	45	40	35	30

(3) 在缺水或水质差的地区，应采用循环式供水，也可利用井下排出水直流供水。当采用循环式供水时，所需新水补给量应为冷却水量的 5%~10%。为节能减排，一般不采用直流式供水。

(4) 活塞式空气压缩机冷却水入口处的给水压力，不应大于 0.2 MPa。

(5) 冷却水进水温度不应超过 30℃，出水温度不超过 40℃，进、出水温度差应为 5~10℃，最多不应超过 15℃。

(6) 水流速度在主要进水管中应取 1.2~1.5 m/s；在主排水管中应取 0.8~1 m/s。空气压缩机排水管中，必须装设回水漏斗或断流报警器。

9.7　设备选型及应用

空气压缩机选型的原则是在整个矿井服务年限内，在用气量最多、输送距离最远的条件下，空气压缩机能供给足够量和足够压力的压缩空气；且要求在确保安全生产的同时，初期投资费用和运转费用之和最少。

9.7.1　选型设计的原始资料

（1）地面工业广场的平面图、巷道开拓系统图，地面及各水平标高。
（2）采掘作业和风动机具配置图表，同时使用的风动机具的型号、规格和数量。
（3）机修厂、井口及井底车场等处同时使用的风动机械的型号和数量。
（4）矿井服务年限和年产量。

9.7.2　选型设计的主要任务

（1）供气方案的选择。
（2）选择空气压缩机的型号和台数。
（3）选择输气管路系统。
（4）计算经济指标。
（5）绘制空气压缩机站布置图。

9.7.3　设备选型

9.7.3.1　供气方案的选择

根据矿井提供的原始资料和采掘工作面或用气点的分布情况，常用供气方案一般有两种。

（1）地面集中供气。

这种方案是在地面工业广场内集中设置一个空气压缩机站，负责所有用气机具的供气。

地面集中供气的优点是供电方便，空气干燥，设备的布置、搬运、安装、维护和管理等都方便，冷却水可循环使用；缺点是离用气地点远，需铺设的供气管道长，因而管材用量多，投资高。另外，沿程气体压力损失大，可能使远距离工作面供气不及时。一般用于用气量较集中的系统中。

（2）移动式供气。

移动式供气适合于用气量较小而又分散的情况。

在选择供气方案时，要根据每一个矿井的具体条件权衡利弊后决定。新矿的工作面通常离井底车场较近，空气压缩机站一般设在地面。对于老矿改造，当供气地点较远时，可考虑将空气压缩机站设在井下。

9.7.3.2　耗气量及管网计算

1）全矿最大耗气量

先计算出全矿最大耗气量，然后按此量选择和计算压气设备及管网。

最大耗气量：

$$Q_{max} = 1.05 K_G K_L K_X K_T \sum_{i=1}^{n} K_m n_i q_i \tag{9-6}$$

式中：Q_{max} 为全矿最大耗气量，m^3/min；K_L 为管网漏气系数，参见表 9-11；K_X 为考虑吸气管、过滤器、消声器等阻力引起的压缩机生产能力下降的系数，可取 1.01；K_m 为气动工具磨损系数，凿岩机取 1.15，其他取 1.10；K_G 为高原修正系数，可按表 9-10 查取，或按下式计算。

$$K_G = \frac{P_0 T_H}{T_0 P_H} K_6 \tag{9-7}$$

式中：P_0 为空气压缩机标准工况的大气压力，0.1 MPa；T_0 为空气压缩机标准工况的大气温度，293.15 K；T_H、P_H 分别为空气压缩机安装地点的历年气温最高月份的平均温度（K）和平均大气压力（MPa），若当地无实测资料，可按下列公式近似计算。

$$T_H = \begin{cases} 278.15 - 0.0065H（在45°N附近，若在我国西北地区，则加5 K） \\ 286.35 - 0.0063H（在35°N附近，若在我国西北地区，则加5 K） \\ 293.95 - 0.0060H（在25°N附近，若在我国西南地区，则加5 K） \end{cases} \tag{9-8}$$

$$P_H = \begin{cases} 0.10166\left(1 - \dfrac{H}{42792}\right)^{5.256} （在45°N附近） \\[2mm] 0.1017\left(1 - \dfrac{H}{45452}\right)^{5.425} （在35°N附近） \\[2mm] 0.10144\left(1 - \dfrac{H}{48992}\right)^{5.694} （在25°N附近） \end{cases} \tag{9-9}$$

K_6 为空气压缩机与气动工具的容积排量和出力下降的系数。

$$K_6 = C^{\frac{H}{500}} \tag{9-10}$$

式中：H 为海拔，m；C 为标高每增加1000 m时，容积排量与出力下降的系数，中型风冷空气压缩机取 1.021，大型水冷往复式空气压缩机取 1.015，喷油螺杆空气压缩机取 1.006，大型水冷螺杆空气压缩机取 1.003；K_T 为气动工具同时工作系数，可按表 9-12 查取，或按下式计算。

$$K_T = K_Z + \frac{1 - K_Z}{\sqrt[3]{N}} \tag{9-11}$$

式中：N 为气动工具总的工作台数；K_Z 为气动工具时间利用系数的加权平均值。

$$K_Z = \frac{\sum\limits_{i=1}^{n} n_i q_i K_{Z_i}}{\sum\limits_{i=1}^{n} n_i q_i} \tag{9-12}$$

式中：n_i 为第 i 种气动工具的工作台数；q_i 为第 i 种气动工具的耗气量，m^3/min，矿山常用压气设备、工具耗气量见表 9-13；K_{Z_i} 为第 i 种气动工具的时间利用系数，参见表 9-14。

表 9-10　高原修正系数(25N) K_G

海拔/m	中型风冷空气压缩机	大型水冷往复式空气压缩机	喷油螺杆空气压缩机	水冷螺杆空气压缩机
0	1.00	1.00	1.00	1.00
200	1.04	1.01	1.03	1.03
400	1.08	1.06	1.06	1.05
600	1.10	1.09	1.08	1.07
800	1.13	1.12	1.10	1.10
1000	1.17	1.15	1.13	1.13
1200	1.20	1.18	1.16	1.15
1400	1.23	1.21	1.18	1.18
1600	1.26	1.24	1.20	1.19
1800	1.30	1.28	1.24	1.22
2000	1.35	1.32	1.27	1.21
2200	1.38	1.35	1.29	1.28
2400	1.43	1.39	1.38	1.31
2600	1.47	1.43	1.36	1.34
2800	1.50	1.46	1.39	1.36
3000	1.55	1.50	1.42	1.39
3200	1.60	1.54	1.45	1.43
3400	1.65	1.58	1.48	1.46
3600	1.70	1.62	1.52	1.49
3800	1.74	1.67	1.56	1.52
4000	1.80	1.71	1.59	1.56
4200	1.85	1.76	1.63	1.59
4400	1.90	1.80	1.67	1.62
4600	1.96	1.86	1.71	1.67

表 9-11　管网漏气系数 K_L

管网总长度/km	<1.0	1.0~2.0	>2.0
漏气系数 K_L	1.1	1.15	1.20

表 9-12　气动工具同时工作系数 K_T

风动工具类型	台数/台			
	≤10	11～30	31～60	≥61
凿岩机	1～0.87	0.86～0.83	0.82～0.81	0.80
装岩机	1～0.65	0.64～0.56	0.55～0.52	0.51
装运机	1～0.84	0.83～0.80	0.69～0.78	0.77
气动绞车	1～0.60	0.59～0.49	0.48～0.44	0.43
气动闸门	1～0.60	0.59～0.49	0.48～0.44	0.43
锻钎机	1～0.76	0.75～0.69	0.68～0.66	0.65
淬火槽、重油炉	1.0	1.0	1.0	1.0

表 9-13　矿山压气设备、工具耗气量

压气设备、工具名称		使用气压/MPa	耗气量/(m³·min⁻¹)	风管直径/mm	压气设备、工具名称		使用气压/MPa	耗气量/(m³·min⁻¹)	风管直径/mm
手持式、支腿式凿岩机	Y6	0.4	0.6		露天潜孔钻机（车）	SWDX165	1.05～1.4	21	
	Y18	0.5	1.5			SWDX200	1.05～1.4	28	
	Y19A	0.5	2.6			SWDA165	1.05～1.4	21.5	
	Y20	0.4	1.5	16 或 19	向上式凿岩机	YSP45	0.5	5	25
	TA19	0.4	1.5			YS35	0.5	4	25
	Y20LY	0.4	1.5			YSP44	0.5	4.5	25
	Y24	0.4	3.3	19	地下潜孔钻机（车）	QZJ-80	0.5～0.7	6	
	YH24	0.4	3.3	19		QZJ-100A	0.5～0.7	6	
	TA25	0.63	4.7			QZJ-100B	0.5～0.7	10～12	
	Y26	0.5	3.0	19		CTCQ500	0.4～0.7	14	
	YT27	0.63	3.8	25		DQ150J	1.0～1.5	18.4	
	YT28	0.63	4.9	25		KQG-165	1.0～1.5	16.2	
	TY29A	0.5	3.8	25		CS-100	0.5～1.7	12.7	
	Y30	0.5	3.0	13	露天牙轮钻机	KY-200	0.4～0.5	18～27	80
	YT-25	0.5	2.6	19		KY-250	0.4～0.5	30～40	80
	YT-26	0.5	2.6	19		KY-310	0.4～0.5	40～50	80
	7655	0.4～0.63	3.3	25		YZ-35	0.4～0.5	30～37	80
	7655D	0.4～0.63	3.2	25		YZ-55	0.4～0.5	40～42	80
	YT-30	0.5	3.2	25					

续表 9-13

压气设备、工具名称		使用气压/MPa	耗气量/(m³·min⁻¹)	风管直径/mm	压气设备、工具名称		使用气压/MPa	耗气量/(m³·min⁻¹)	风管直径/mm
导轨式凿岩机	YGP28	0.5	4.5	25	露天钻车	CT-400	0.5~0.6	8~10	50
	YGP35	0.5	6.5	25		CLQ-80	0.5~0.6	19	50
	YGPS34	0.5	5	25		CLQ-10	0.5~0.7	9	50
	YG40	0.6	7.0	25		CLQ-15	0.5~0.7	15~17	50
	YGZM-40	0.5	<4.5	32		CLT-10	0.5~0.7	15~17	50
	YGZ-40	0.5	4.2	32	凿岩台车	QZJ100B	0.6~0.7	10~12	38
	YGPS-42	0.5	5	32		CZ301	0.5	8~10	38
	YGZ-50	0.5~0.65	8.8	32		CGZ700	0.6	9~10	50
	YGZ-70	0.63	9.5	32/19		CTC214	0.6	9~10	50
	YG-80	0.63	10.5	38		CTC140	0.6	10~12	50
	YG-90	0.5~0.6	9.5	38/25		CTCQ500	0.6	12~15	50
	YGZ-90	0.63	13	38	柱式台架盘式台架	FJZ-25A	0.5	1.2~1.5	25
	YGZ100	0.63	6.5	38/25		FJY-25B	0.5	1.5~1.7	25
	YGZ170	0.63	7.8	38/19	装岩机	ZCZ-26	0.5~0.7	12	38~50
露天潜孔钻机（车）	KQGS-150	1.05~2.5	8~26			ZQ-26	0.5~0.7	12	38~50
	KQGS-150X	1.05~2.5	8~26			CQ-17	0.5~0.7	15	38~50
	KQ-150	0.5~0.7	17.5			ZCQ-4	0.5~0.7	15	38~50
	KQ-150A	0.5~0.7	17.5		装运机	ZYQ-12G	0.5~0.7	12~15	50
	KQ-200	0.5~0.7	20			ZYQ-14	0.5~0.7	18~20	50
	KQG-150 高风压	1.05~2.5	16~26			C-30	0.5~0.7	20	50
	KQG-100	0.7~1.2	12			C-50	0.5~0.7	18~20	50
	KQ-100	0.5~0.7	3~10		吊罐绞车	JFH-2	0.5~0.6	3~5	32
	CLG-100H 高风压	1.05~2.46	17~21			JFH-0.5	0.5~0.6	3~5	32
	KQD-80	0.5~0.7	9			TG-2	0.5~0.6	7	25
	KQ-250	0.5~0.7	25~30			PG-2	0.5~0.6	7	25
	KQN-90	0.5~0.7	9		抓岩机	HZ-4	0.5~0.7	3.5~5	38
	100B(D)系列轻型	0.5~0.7	12(9)			HZ-6	0.5~0.7	5	38
	KQLG115	1.2	20.0			HZ-10	0.5~0.7	5~10	38
	KQLG165	0.8,1.05,2.0	22.8,25.8,34.8		碎石机	F8-150	0.5~0.6	10~12	
	SWDX90	1.05~1.4	12			DST-1(FSX-100)	0.6~7		
	SWDX120	1.05~1.2	14			FC-325	>0.5	<17.4	
						FC-420	0.5~0.7	22	

表 9-14 气动工具时间利用系数 K_{Z_i}

气动工具	凿岩机	装岩机	装运机	气动绞车	气动闸门	锻钎机	淬火梢、石油炉
时间利用系数 K_{Z_i}	0.7~0.8	0.3~0.4	0.65~0.75	0.2~0.3	0.2~0.3	0.4~0.7	1.0

2）管网计算

（1）管网的技术要求。压缩空气管网是压气输送部分。为了保证管网压力损失最小，需满足以下基本要求：

①管道应沿最短的路线设置而且有足够大的直径；

②管道应尽量少拐弯，尤其要避免有急弯；

③管道上应装设最少而必需的附件；

④管道变径时，不允许突然改变断面；

⑤管道要安全可靠；

⑥不允许管道内有局部积水现象；

⑦输送压缩空气的管道，一般采用无缝钢管或焊接钢管。

（2）计算。计算管网首先要拟出管网系统，标明各管段长度及流量，然后计算其管径及阻力损失。按管网系统图逐段计算管径，并验算管网压力损失。自空气压缩机站至最远供气点的压力损失不得超过 0.1 MPa；若超过时，应调整预定的管网管径。

压气管内径：

$$d = 146\sqrt{\frac{Q_1}{v}} \tag{9-13}$$

式中：d 为压气管内径，m；v 为压气管内压缩空气流速，一般为 5~10 m/s；Q_1 为平均压力 P_1 状态下的压缩空气流量，m^3/min。

$$Q_1 = \frac{Q_a P_a}{P_1} \tag{9-14}$$

式中：Q_a 为常温（20℃）、常压（0.1 MPa）下管道计算流量，m^3/min；P_a 为吸气状态的大气压，MPa；P_1 为压气管内空气的平均压力，一般为 0.5~0.9 MPa。

若 $P_1 = 0.7$ MPa，$v = 8$ m/s 时，可得近似公式：

$$d = 20\sqrt{Q} \tag{9-15}$$

式中：d 为压缩空气管内径，mm；Q 为管内自由空气流量，m^3/min。

压力损失：

$$\Delta P_i = 10^{-6}\frac{1.15 l_i}{d_i^5}Q_i^{1.85} \tag{9-16}$$

式中：ΔP_i 为第 i 段压气管的阻力损失，Pa；l_i 为第 i 段压气管的长度，m；1.15 为考虑第 i 段压气管上管件的局部阻力系数，该系数一般取 1.10~1.20（如要精确计算，不用此系数，可将各管件的等值长度按表 9-15 中的数值计入管路长度内）；d_i 为第 i 段压气管的内径，m；Q_i 为第 i 段压气管的计算流量（自由状态），m^3/min。

表 9-15　管件等值长度

管件名称	示意图	管子内径/mm										
		32	50	100	150	200	250	300	350	400	450	500
闸阀		0.34	0.54	1.3	2.1	3.2	4.3	7.0	8.5	9.8	14.2	16.2
升降式止回阀		5.6	9.1	23.1	41.5	66.0	92.7	122.2				
启旋式止回阀		1.5	2.4	5.6	9.2	13.8	18.3	22.7	27.5	31.9	35.9	42.0
标准截止阀		5.6	9.1	23.1	41.3	66.0	92.7	122.2				
直通截止阀		3.4	4.2	9.8	10.0							
弯角阀		7	13	31	50	73	100	130	160	200	230	270
直角阀		5	10	20	32	45	61	77	95	115	130	150
光滑方形补偿器				8.5	14.2	21.3	29.1	34.9	42.3	49.1	56.8	64.6
汇流三通		3.4	5.4	12.5	21.4	31.9	42.2	52.4	63.4	73.7	85.2	96.9
分流三通		2.3	3.6	8.5	14.2	21.3	28.1	34.9	42.3	49.1	56.8	64.6
引出支管直通管		1.1	1.8	4.3	7.1	10.6	14.6	17.5	21.1	24.6	28.4	32.3
引出支管		1.7	2.7	6.4	10.7	16.0	21.1	26.2	31.7	36.7	42.6	48.5
接入支管直通管		1.7	2.7	6.4	10.7	16.0	21.1	26.2	31.7	36.7	42.5	48.5
接入支管		2.3	3.6	8.5	14.2	21.3	28.1	34.9	42.3	49.1	56.8	64.6
急胀		0.5	1.2	3	4.8	7.1	9.1	12.5	14.3	16.6	20	25
急缩		0.3	0.6	1.5	2.4	3.6	4.5	6.3	7.1	8.3	10	12
煨弯管 90° $R=4D$			1	1.7	2.5	3.2	4	5	6	7	8	9
煨弯管 90° $R=3D$			1.5	2.7	4	5	6	7.5	9	11	12.5	14
铸造弯头 90°			3.2	7.5	12.5	18	24	30	38	44	50	55
焊接弯头 90°			7.5	17.5	29	42	56	70	87	102	115	137
缓冲管 $R=12D$			4	9.5	14.5	20	27	33	41	48	54	64
伸缩节头			0.6	1.5	2.4	3.6	4.5	6.3	71	8.3	10	12
油水分离器			7.2	18	28.9	42.8	53.3	75	85	100	120	152

（3）耗电量。

$$E_y = K \frac{NtR}{\eta_1 \eta_2 \eta_3}(0.8K_F - 0.2) \tag{9-17}$$

式中：E_y 为空气压缩机年耗电量，kW·h；K 为辅助用电系数，取 1.05~1.10；N 为空气压缩机轴功率，kW；t 为空气压缩机昼夜工作时长，取 21 h；R 为空气压缩机年工作日；K_F 为空气压缩机负荷系数，即所需压气量与空气压缩机最大压气量之比；η_1 为电动机效率，取 0.85~0.87；η_2 为传动效率，直联为 1，三角皮带传动为 0.95；η_3 为电网效率，取 0.95~0.98。

空气压缩机站年耗电量为其工作空气压缩机年耗电量的总和。

9.7.3.3　设备选择

（1）全矿总供气量应按所使用的气动设备计算，并应考虑设备同时工作系数、管网漏气系数、设备磨损系数以及吸气管路上的过滤器、消声器、减荷阀等附件的阻力引起空气压缩机生产能力下降的系数。当空气压缩机站海拔高度超过 200 m 时，应计入高原修正系数。

（2）空气压缩机站内的空气压缩机宜为 3~6 台。备用量应大于计算供气量的 20%，但不应少于 1 台。移动式空气压缩机备用量不应小于计算供气量的 30%，也不应少于 1 台。

（3）单机排气量超过 20 m³/min、总装机容量超过 60 m³/min 时，机房内宜装设检修用的单梁起重机。

（4）目前矿山常用的空气压缩机为往复式活塞型空气压缩机。回转式螺杆型和滑片型空气压缩机的使用数量也在增加，尤以移动式空气压缩机为多。

往复式空气压缩机的结构参数趋向高转速、短行程，以降低比功率和比质量。但降低设备造价，延长其易损件寿命，减轻其基础和管道振动，降低噪声，提高运转可靠性等，仍是未来要致力解决的问题。

往复式空气压缩机的结构形式中立式和卧式基本被淘汰了，多用 L 型和对称平衡型。L 型结构紧凑，动力平衡性能比 V 型、W 型好，管道布置方便。但 L 型中排气量在 60 m³/min 以上时，垂直高度大，维修不便，振动较大，对设备基础设计要求较高。所以，排气量在 60 m³/min 以上时，宜选用对称平衡型空气压缩机。对称平衡型空气压缩机便于维修、惯性力接近平衡，可以减小设备基础尺寸，提高转数，减轻零部件，增多空气压缩机型号列数。但是安装要困难些。

无基础型：近年来有研发，它是通过弹性支座将整个机组安装在底架上，实现机组化。优点：结构紧凑，安装方便，易于移动，节省基础和安装时间，振动小，运转平稳，便于井下分区供气，以缩短输气距离，提高供气效率。

螺杆型：转数高，直联，维修量小，没有惯性力，基础小，运转可靠，但加工困难，噪声大，效率比往复式低，主要用于移动式的供气设备。螺杆型空气压缩机用于高原地区，其容积效率下降得比往复式小，这一点应引起重视。

滑片型：结构简单，易于制造，其优缺点与螺杆型类似。但滑片型的效率比螺杆型低10%，比往复式低 20%。

因此，矿山固定空气压缩机站宜用往复式；移动式的用螺杆型或滑片型。特大型空气压缩机站可考虑离心式空气压缩机。井下可考虑无基础型。露天矿多用移动式。

活塞式移动空压机振动大，噪声大，压力不稳定，排气温度高，易造成润滑油积碳，存在着火及燃爆隐患，安全性能差，已纳入《矿山安全落后工艺及设备淘汰目录（2024 年）》，非煤矿山禁止新选用,非煤矿山在用活塞式移动空压机自 2026 年 6 月 17 日起禁止使用。

9.7.3.4　站址选择和站房布置

1)站址选择

(1)矿山空气压缩机站宜集中设于地表。站址选择应符合下列要求:靠近负荷中心,供电、供水条件好,运搬方便;站区空气新鲜,附近无可燃性、腐蚀性和有毒气体;与废石场、烟囱、排风井等场地的最小距离不应小于 150 m,并应位于上述场地全年风向最小风频的下风侧;站房工程地质条件较好。

(2)空气压缩机站必要时可设于井下,但单台空气压缩机排气量不宜大于 20 m³/min,空气压缩机数量不宜超过 3 台,储气罐与空气压缩机应分别设置在两个硐室内。硐室应具备围岩稳固、设备运搬方便、空气新鲜流畅等条件。

(3)空气压缩机噪声对周围环境有影响时,应在空气压缩机吸气管道上安设消声器或进气消声室;当机房噪声大于 85 dB(A)时,应设隔声值班室。

2)站房配置

(1)站房内空气压缩机宜单排布置,通道宽度应满足生产操作和维护检修的需要。

(2)设备基础应与建筑物分开,进、排气管不应与建筑物相连,且不宜布置在站房的同一侧。

(3)储气罐应布置在室外阴凉一面,与机房外墙的净距不应小于 3 m。

(4)空气压缩机应就地检修,当站房内设专用的检修场地时,其检修面积不应大于 1 台最大机组安装所需的面积。

(5)在炎热地区,站房内应加强通风和设备冷却,降低室温。在严寒地区,站房内的设备、管道应有防寒设施。

(6)活塞式空气压缩机与储气罐之间应装止回阀,并应在空气压缩机与止回阀间的排气管路上装设放气管和放气阀。

(7)空气压缩机吸气管路长度不宜超过 10 m。

(8)地下空气压缩机站。

①地下空气压缩机站的站址,同地表一样,应尽量靠近用气地点,并布置在设备搬运方便、新鲜风流畅通的进风巷道中。室温不超过 30℃。硐内不应有滴水现象,禁止设集油坑。

②地下空气压缩机站由主硐室、附属硐室和通道组成。主硐室内设空气压缩机、电机、冷却装置、水泵、风机和钳工台等设备;附属硐室分别设储气罐、变配电柜和水池等。主硐室与各附属硐室之间均有通道相连。

设备硐室主通道应满足运输要求,一般宽度为 1.5~2.0 m;储气罐之间的间距不小于 1.0 m;储气罐硐室主通道不小于 2.0 m。

硐室高度由计算确定,一般为 3.5~4.5 m。

空气压缩机冷却用水由高位水池供水时,水池应设在高出空气压缩机硐室地坪 15~20 m 的地方;若用水泵加压供水时,应设两个水池,各储存 1~2 h 的用水量。

设备基础高出硐室地坪 200~300 mm。

同一硐室内,压缩空气流量 20 m³/min 以上的空气压缩机安装台数不宜超过 3 台,并应设手动单梁起重机。压缩空气流量 20 m³/min 以下的空气压缩机硐室,宜设置起重梁。

③临时性空气压缩机站要设在用气负荷中心,尽量靠近主要用气地点,尽可能利用采区

变电所、等候室、胶带运输机房等新鲜风流通过的永久硐室或不影响施工的已有巷道中。

9.7.4　压风自救系统

压风自救系统是指在矿山发生灾变时，为井下提供新鲜风流的系统，包括空气压缩机、送气管路、三通及阀门、油水分离器、压风自救装置等。金属非金属地下矿山应根据安全避险的实际需要，建设完善的压风自救系统。压风自救系统可以与生产压风系统共用。

9.7.4.1　压风自救系统的建设要求

（1）压风自救系统应进行设计，并按照设计要求建设。

（2）压风自救系统的空气压缩机应安装在地面，并能在 10 min 内启动。空气压缩机安装在地面难以保证对井下作业地点进行有效供风时，可以安装在风源质量不受生产作业区域影响且围岩稳固、支护良好的井下地点。

（3）压风管道应采用钢质材料或其他具有同等强度的阻燃材料。

（4）压风管道敷设应牢固平直，并延伸到井下采掘作业场所、紧急避险设施、爆破时撤离人员集中地点等主要地点。

（5）各主要生产中段和分段进风巷道的压风管道上每隔 200～300 m 应安设一组三通及阀门。

（6）独头掘进巷道距掘进工作面不大于 100 m 处的压风管道上应安设一组三通及阀门，向外每隔 200～300 m 处应安设一组三通及阀门。有毒有害气体涌出的独头掘进巷道距掘进工作面不大于 100 m 处的压风管道上应安设压风自救装置。压风自救装置是指安装在压风管道上，通过防护袋或面罩向使用人员提供新鲜空气的装置，具有减压、节流、消噪声、过滤、开关等功能。

（7）爆破时，撤离人员集中地点的压风管道上应安设一组三通及阀门。

（8）压风管道应接入紧急避险设施内，并设置供气阀门，已接入的矿井压风管路应设减压、消音、过滤装置和控制阀，压风出口压力应为 0.1～0.3 MPa，供风量为每人不低于 0.3 m³/min，连续噪声不大于 70 dB(A)。

（9）压风自救装置、三通及阀门安装地点应宽敞、稳固，安装位置应便于避灾人员使用；阀门应开关灵活。

（10）主压风管道中应安装油水分离器。

（11）压风自救系统的配套设备应符合相关标准的规定，纳入安全标志管理的应取得矿用产品安全标志。

（12）压风自救系统安装完毕，经验收合格后方可投入使用。

9.7.4.2　压风自救系统的维护与管理

（1）应指定人员负责压风自救系统的日常检查与维护工作。

（2）应绘制压风自救系统布置图，并根据井下实际情况的变化及时更新。布置图应标明压风自救装置、三通及阀门的位置以及压风管道的走向等。

（3）应定期对压风自救系统进行巡视和检查，发现故障及时处理。

（4）应配备足够的备件，确保压风自救系统正常使用。

（5）应根据各类事故灾害特点，将压风自救系统的使用纳入相应事故应急预案中，并对入井人员进行压风自救系统使用的培训，确保每位入井人员都能正确使用压风自救系统。

（6）相关图纸、技术资料应归档保存。

参考文献

［1］王运敏.中国采矿设备手册(下册)［M］.北京：科学出版社，2007.

［2］王运敏.现代采矿手册(下册)［M］.北京：冶金工业出版社，2012.

［3］于励民，仵自连.矿山固定设备选型使用手册(上册)［M］.北京：煤炭工业出版社，2007.

第 10 章

矿山充填装备

10.1 概述

矿山充填是采用砂、石以及其他材料，充填地下采空区的作业过程，通常分为水力充填、膏体充填及废石充填。矿山充填作业通过充填系统实施，充填系统是用于采集、加工、贮存充填材料，将制备成的充填料浆输送至采空区的设备、设施、构筑物的总称。对于某一矿山，充填系统方案应在试验研究的基础上，结合其采矿方法需求以及配套条件，因地制宜选择。目前，尾砂是矿山充填的主要集料，因此，本章重点介绍尾砂充填系统，废石充填系统相关设备及设施为通用设备，此处不再赘述。

尾砂充填系统主要包括尾砂浓密与存储系统、胶凝材料计量与输送系统、充填料浆搅拌系统、充填料浆泵送设备以及充填自动化控制系统，以下分别介绍。

10.2 尾砂浓密与存储系统

目前，用于矿山充填尾砂浓密与存储的设备设施有砂仓及深锥浓密机。

砂仓分为卧式砂仓和立式砂仓两大类。卧式砂仓一般根据地形或挖方或填方进行构筑，可存储干物料、湿物料；立式砂仓可建于地面，亦可建于地下，一般用于储存湿物料，如尾砂浆等。卧式砂仓建设的灵活性较大，只要满足生产需要即可；而立式砂仓对高径比有一定要求，原则上要大于2。

深锥浓密机是一种特殊形式的浓密机，形状类似沉降漏斗，其锥角为 30°~60°，底部设有耙料装置，可为螺旋推料式或刮板式。由于高度高，底部物料受到较大的液体静压力，物料停留时间也增加，可以充分压缩，故可生产出浓度较高、较稳定的底流。

三种设备或设施各有特点，可根据矿山充填尾砂浓密与存储需求的不同，选择某一设备或多种设备联合使用。

10.2.1 卧式砂仓

10.2.1.1 工作原理与结构

卧式砂仓是一种矩形结构的尾砂浓密与存储设施，长度与宽度较大，高度较小。卧式砂仓容积通常较大，一般包括排水装置、高压风造浆装置、高压水造浆装置、仓体等部件。

卧式砂仓用于干砂存储时，选厂脱水后的干砂运输至卧式砂仓存储，充填时通过电耙、水枪或抓斗，转运到一个漏斗内，漏斗下方连接胶带运输机、螺旋输送机，经过计量（核子秤、皮带秤等）后将物料输送至搅拌桶。

卧式砂仓用于湿砂储存时，一般选用钢筋混凝土结构，选厂的尾砂输送至卧式砂仓进行浓密脱水。卧式砂仓是一种重力脱水设施，利用尾砂与水的密度差，颗粒受自身重力作用沉降，水上升流出，从而达到固液分离的目的。待尾砂在卧式砂仓内浓缩完成后，通过排水装置将上清液排出，以提高尾矿浆浓度；通过高压风或者高压水等方式对尾矿浆进行活化，使其流态化，然后由放砂口自流至搅拌设备。

10.2.1.2 特点与应用范围

卧式砂仓具有结构简单、存储容积大、投资小等优点，缺点是充填浓度较低、流量不稳定、易堆砂。

卧式砂仓目前应用得越来越少，小型卧式砂仓只限于在小型矿山使用。

卧式砂仓浓缩效率不高，关键在于其容积可满足生产要求。

某矿卧式砂仓充填系统工艺流程图如图 10-1 所示。

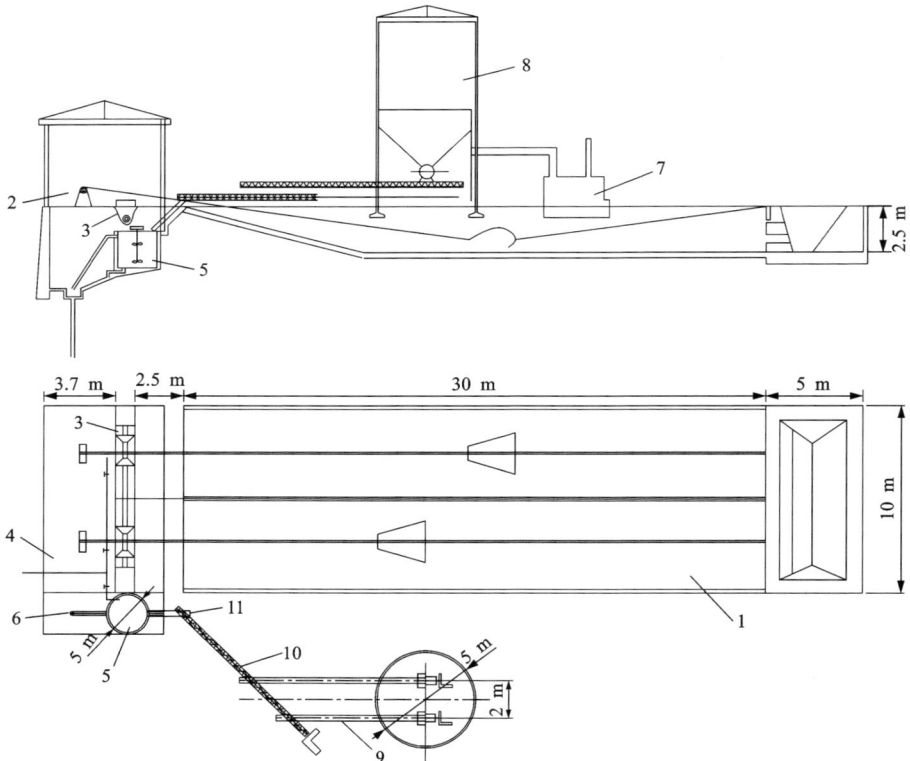

1—750 m³ 尾砂池；2—55 kW 电耙绞车；3—300 mm 螺旋输送机；4—制浆供水管；5—搅拌桶；6—充填钻孔；
7—除尘器；8—250 t 水泥仓；9—φ150 mm 单管螺旋喂料机；10—φ300 mm 螺旋输送机；11—溜槽。

图 10-1 凡口铅锌矿卧式砂仓

10.2.2　立式砂仓

10.2.2.1　工作原理与结构

立式砂仓一般由仓顶、溢流槽、仓底、仓体、检修口及其仓内的造浆管等组成。仓顶结构包括仓顶房、进砂管和人行栈桥等；溢流槽位于仓口内壁或外壁，槽底有朝向溢流管接口汇集的坡度，其作用是降低溢流速度，并提高尾砂利用率；仓体为一段圆柱体，是贮砂的主要组成部分，一般用钢筋混凝土构筑或钢板直接焊接而成；仓底分为半球体或者带一定角度的圆锥体；直径一般为 8~10 m，高度为 18~25 m，容积为 1000~2000 m³。一种立式砂仓结构示意图如图 10-2 所示。

由于过去采用的半球形仓底结构放砂浓度低，易板结，故现代立式砂仓一般均改为锥形放砂结构。

立式砂仓采用重力浓密脱水原理，可用于分级尾砂充填与全尾砂充填。对于分级尾砂充填，分级尾砂进入立式砂仓后依靠重力自然向砂仓底部沉降，澄清水通过顶部溢流槽流出。随着砂仓内不断进砂，仓内浓缩砂面不断提高，砂面达到一定高度后可以进行充填。充填时，仓内压缩的高浓度尾砂采用仓底高压风/水造浆系统实现流态化，然后放砂至充填搅拌系统进行充填。通过引入絮凝沉降技术，立式砂仓可实现全尾砂充填，其工作原理与分级尾砂充填类似，区别在于进入砂仓内的尾砂需采用絮凝沉降技术加速全尾砂沉降。

立式砂仓一般由仓顶系统、仓底造浆系统等组成。

（1）仓顶系统。

仓顶系统包括溢流槽与进料系统。溢流槽一般位于仓顶口外壁，槽底有朝向溢流管接口汇集的坡度，宽 200~400 mm，溢流槽外边壁高度一般高于砂仓仓顶。溢流槽的作用是降低溢流速度，提高尾砂利用率。

进料系统一般包含絮凝剂添加系统、进料井等。图 10-3 所示为某矿立式砂仓仓顶进料系统。

絮凝剂添加系统是将聚丙烯酰胺等高分子絮凝剂制备成絮凝剂溶液，然后泵送至仓顶与尾砂浆混合，以加速全尾砂沉降的系统。目前，絮凝剂添加系统多采用一体化的自动加药设备，集溶液自动配制、熟化及投加功能于一体。系统工作时，干粉通过螺杆进料器将粉剂定量、均匀地投入湿润喷射器内，迅速被稀释水充分湿润后进入溶解箱，后分别经搅拌溶解、熟化等工序配制成需要的溶液浓度，然后定量泵送添加至尾砂浆中。

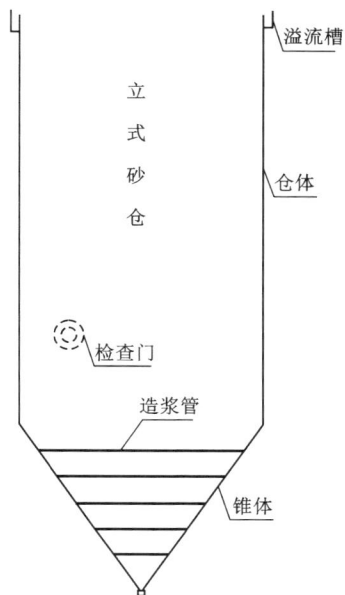

图 10-2　立式砂仓结构示意图

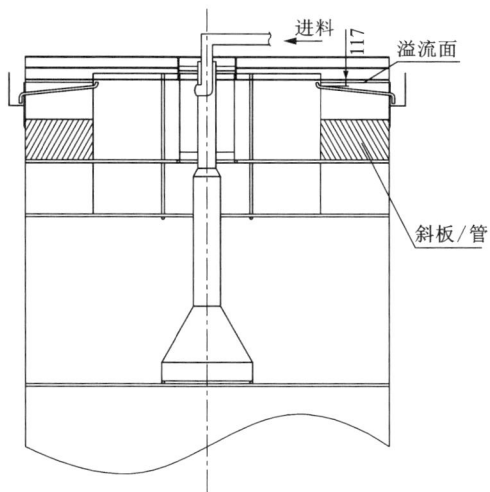

图 10-3　某矿立式砂仓仓顶进料系统

进料井的主要作用是通过降低尾砂浆进料速度、延长沉降路径、提高絮凝混合效率等措施实现全尾砂的高效沉降。目前，深锥浓密机的进料技术被广泛应用于立式砂仓。

（2）仓底造浆系统

仓底造浆系统是实现稳定放砂的关键，包括造浆管路及造浆喷嘴。目前的立式砂仓造浆系统主要分为环向管（以下简称环管）造浆系统与列向管（以下简称列管）造浆系统。

环管造浆系统是传统造浆系统，具体是在砂仓锥部不同高度安装造浆环管，环管上布置不同数量、不同角度的喷嘴。造浆动力采用高压风、高压水，两种介质在不同造浆环管中交替布置。根据充填需要，开启不同高度的造浆环管，对浓缩后的尾砂浆进行液态化造浆，使尾砂浆能够依靠重力自流至搅拌系统。但环管造浆系统容易造成尾砂在锥部贴壁堆积，使造浆系统失效。同时，在造浆过程中高压水、高压风易扰乱砂仓内不同层区的尾砂，导致上部低浓度尾砂浆贯通整个砂仓，使放砂浓度与流量不稳定。环管造浆系统示意图如图 10-4 所示。

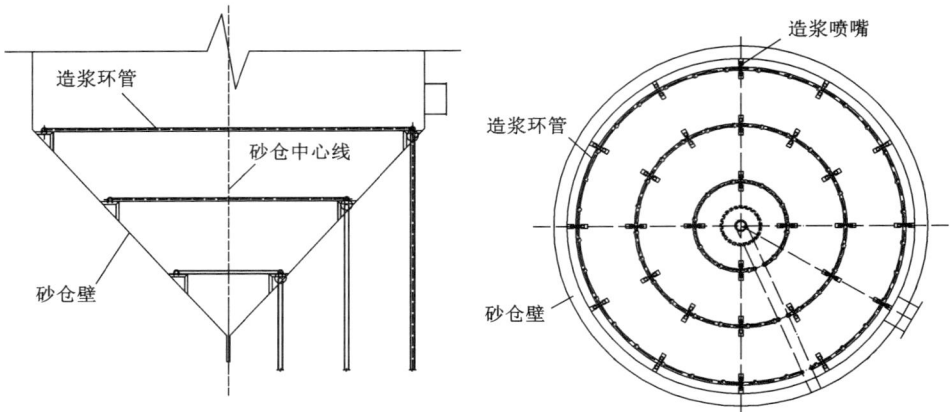

图 10-4 环管造浆系统示意图

在环管造浆系统的基础上，发展了列管造浆系统。列管造浆系统环路布置方向与尾砂流动方向相同，利于放砂。同时，造浆管与喷嘴的布置方式也有效提高了放砂浓度以及放砂的稳定性。列管造浆系统示意图如图 10-5 所示。

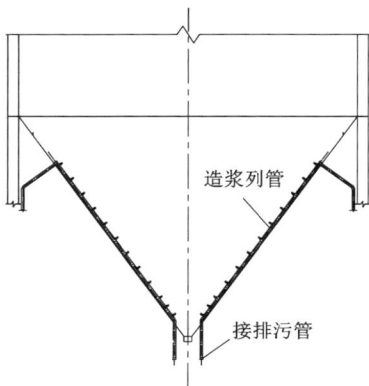

图 10-5 列管造浆系统示意图

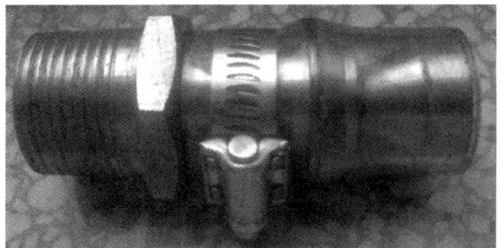

图 10-6 造浆喷嘴

造浆喷嘴是立式砂仓造浆系统的关键部件，传统的造浆喷嘴易磨损并产生尾砂浆回流，影响造浆系统的使用。对此，相关研究设计单位以及设备厂家对充填用造浆喷嘴进行了优化设计，研发了一些新的设备，使其性能得到了一定提升，基本满足了使用要求。某型造浆喷嘴如图 10-6 所示。

10.2.2.2 特点与应用范围

立式砂仓充填系统利用重力沉降制备高浓度料浆，具有以下优点：

（1）立式砂仓充填系统具有尾矿浆浓密与存储双重功能，采充平衡调节能力强，工艺流程简单，系统可靠，是国内外广泛应用的尾砂充填方式。

（2）立式砂仓可用于全尾砂与分级尾砂充填，设备适应性强。

立式砂仓存在以下缺点：

（1）立式砂仓中的尾矿需要一定时间进行沉降浓缩，尾砂浓密制备效率低。

（2）放砂时需要不同的造浆工序，导致放砂浓度及放砂流量波动较大，不易实现连续稳定高浓度充填。

（3）砂仓放砂区域易贯通，导致砂仓有效容积变小。

立式砂仓一般应用于中型地下开采并用尾矿进行充填的矿山，尤其适用于分级尾砂充填。

10.2.2.3 主要参数与选择

砂仓主要参数为直径与高度。砂仓直径一般根据尾矿的有效沉降速度进行计算，其中有效沉降速度为干涉沉降结束时液面下降高度与沉降时间之比。砂仓高度一般按照满足一次连续充填的用砂量进行计算。

表 10-1 为部分矿山的立式砂仓技术参数。

表 10-1 部分矿山的立式砂仓技术参数

矿山名称	充填骨料	直径/m	高度/m	容积/m³	充填能力/（m³·h⁻¹）
阿舍勒铜矿	全尾砂	10	25	1500	120
安庆铜矿	分级尾砂	9	22	1100	90~100
凡口铅锌矿	分级后溢流尾砂	9	21	1000	80~100
赤峰山金红岭矿业公司	分级尾砂	10	20	1000	80
甲玛铜多金属矿	全尾砂	12	18.5	1500	150
冬瓜山铜矿	全尾砂	8	23	980	80
大红山铁矿	分级尾砂	9	21	1000	100

10.2.3 深锥浓密机

深锥浓密机是在普通浓密机与高效浓密机基础上发展起来的一种尾矿高效浓密设备，与普通浓密机、高效浓密机相比，深锥浓密机最重要的特点是能够将低浓度尾矿浆直接浓缩成膏状底流。深锥浓密机目前是膏体充填尾矿浓密的主要设备。

10.2.3.1 工作原理与结构

深锥浓密机是一种重力沉降设备，主要作用是实现固液分离。深锥浓密机与普通浓密机工作原理基本相同，即尾砂浆和絮凝剂溶液同时进入给料井中，在絮凝作用下，尾砂浆中颗粒凝聚、吸附成团，并靠自重而迅速下沉。尾砂颗粒絮团在浓密机底部不断聚集，通过上部物料的高压缩以及刮板的压力进一步被压缩，挤出其中水分，最后由排料口排出底流产物。浆体中的水分在浓密池上部形成的一层澄清水，绕浓密池周边的溢流槽排出。深锥浓密机工作原理图如图 10-7 所示。

深锥浓密机工艺过程主要包括如下 7 个子过程。

（1）低浓度料浆通过给矿管以切向方式进入浓密机给料筒。

（2）经絮凝剂添加管路向给料筒添加絮凝剂。

（3）料浆通过给料筒进行稀释并和化学药剂混合，通过给料筒将料浆周向分散至浓密机池内。

（4）料浆经过絮凝和脱水，加速沉降。

（5）沉降到泥层的料浆通过重力和机械耙架的作用进一步浓密。

（6）浓密后的高浓度矿浆通过底流筒或底流锥排出，并进入下一个作业。

（7）上层澄清液进入周边溜槽，再经溢流排放口排出。

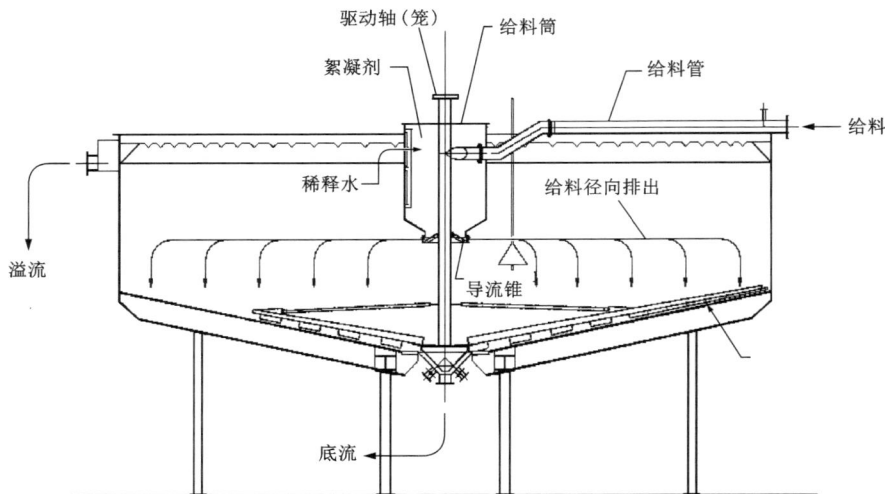

图 10-7 深锥浓密机工作原理图

10.2.3.2 特点与应用范围

深锥浓密机与普通耙式浓密机相比，具有特殊的给料井、较大的高径比、较大的锥角，主要由槽体、稀释给料系统、絮凝剂添加系统、中心给料井、驱动耙架系统、剪切循环系统和自动控制系统等组成。浓密机工作过程中，矿浆首先进入消气桶以消除矿浆中的空气，然后进入给料筒；在给料筒内与絮凝剂混合絮凝后，矿浆进入浓相沉积层；通过浓相沉积层的再絮凝、过滤、压缩作用，澄清的溢流水从上部溢流堰排出，下部锥底排出高浓度底流。当出现底流浓度流动性差的情况时，耙架系统的搅拌作用能够改善其流动性。

（1）槽体。

深锥浓密机的槽体是一个锥形筒，与普通耙式浓密机相比，深锥浓密机不仅具有较大的垂直高度，且具有较大高径比，高径比一般介于 1 至 2 之间。其特殊的结构为提高脱水效果、获得高浓度的底流奠定了基础。锥形筒的圆筒段高度一般称为边墙高度，深锥浓密机的边墙高度一般高于普通浓密机。

（2）稀释给料系统。

稀释给料系统将选厂尾砂稀释到一定的浓度范围内，以增强絮凝效果。根据稀释方法的不同，可以将进料稀释系统分为动力稀释和非动力稀释。

动力稀释是采用水泵将清水泵入来料尾矿浆中实现料浆稀释，具有代表性的有丹麦某公司生产的 P-DUC 动力稀释系统以及芬兰某公司生产的 Turbodil™ 动力稀释系统。非动力稀释系统主要有丹麦某公司生产的 E-DUC 稀释系统，其基本原理是将供料管插入一个喇叭口内，并将其安装于溢流面之下，利用入料浆体与溢流水的速度差，将溢流水吸入给料井内，实现料浆自稀释；另一个有代表性的非动力稀释系统是芬兰某公司生产的基于密度差的无动力稀释技术，其原理是由于给料井内部尾矿浆体密度大于给料井外部溢流水，进而导致给料井外部溢流水位高于给料井内浆体液位，因此，通过在给料井壁开稀释口，可自然将溢流水流入给料井内，实现料浆自稀释。动力稀释适用于来料流量波动比较大的工况，非动力稀释适用于来料波动较小的工况。

（3）中心给料井。

中心给料井的作用是使絮凝剂与矿浆充分混合，促进絮团的形成，其关键参数包括给料井的直径、给料井的深度等。中心给料井的给矿一般是从切线方向进入，在给料井的井壁上有阻尼板，为矿浆、水和絮凝剂的混合创造了有利条件。选厂尾砂浆和二次再选的尾矿浆进入搅拌筒中进行混合，然后进入深锥浓密机。进料管连接混合管，切向伸入给料井中。中心给料井的主要作用：①往矿浆中加水，使给入浓密机的矿浆稀释到最佳浓度；②使矿浆、水和絮凝剂充分混合，以便获得较好的絮凝效果，加快絮团颗粒沉降速度，增大浓密机处理能力。

（4）驱动耙架系统。

深锥浓密机一般都设计有耙动装置，主要作用：①将浓缩底流向排放点搬运；②导水杆的脱水浓缩作用；③耙架的搅拌作用，增强底流的流动性能。为了减小耙架阻力，减少搅拌作用对已经沉降颗粒的影响，耙架转速应尽量低，一般情况下，耙架转速在 0.1~0.5 r/min。根据耙动装置的发展历程和功能，可将耙架分为三种类型：①刮泥耙；②旋转式导水刮泥耙；③旋转-固定式导水刮泥耙，如图 10-8 所示。鉴于传统旋转式搅拌刮泥耙的优缺点，发展了新型旋转-固定式导水刮泥耙，即在传统旋转式耙架的基础上，增加了固定式导水杆。固定式导水杆布置在浓密机上部，既与下部旋转导水杆组合贯穿整个浓密机的高度，又与旋转导水杆形成交错布置形式，避免了浓密机物料的整体运动，大大增强了浓密机耙架设计的灵活性，具有良好的导水效果。

导水杆在旋转过程中能够对浓相层物料形成剪切作用，从而将底流中封闭的水连通，形成导水通道；在重力和剪切力的作用下，将下部的水分排出，提高底流浓度。导水杆的长度、密度和旋转速度对于浓密机脱水性能的影响较大。为了提高导水速度和搅拌效果，应尽量多地增设导水杆，且导水杆长度应从底部延伸至床层顶部。这里面存在两个矛盾，首先，导水

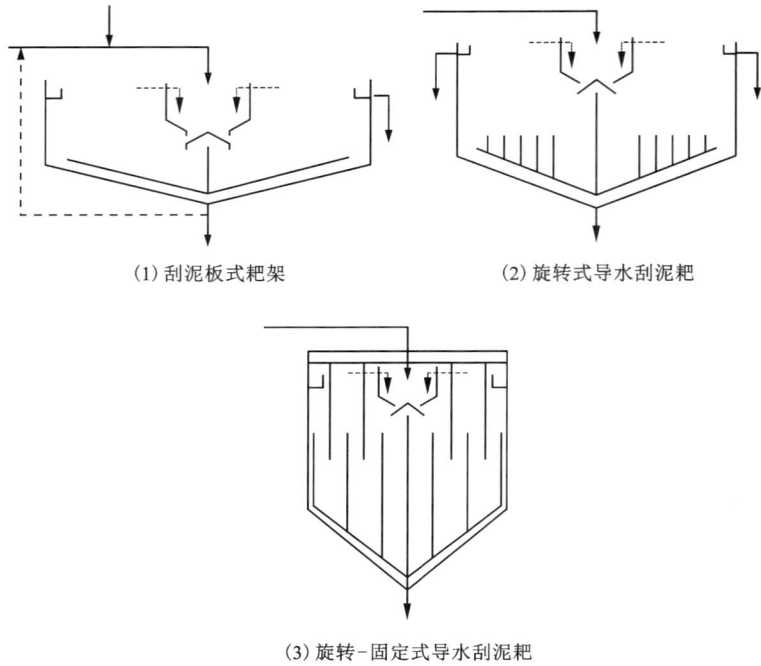

(1) 刮泥板式耙架　　　　　(2) 旋转式导水刮泥耙

(3) 旋转-固定式导水刮泥耙

图 10-8　搅拌刮泥耙架分类

杆密度应该适中,导水杆过多会导致压耙和整体运动,过少则搅拌脱水的效果差。这是由于高浓度床层具有较大的阻力,若旋转导水杆的数量过多,则导水杆不仅无法达到较好的搅拌效果,反而会造成部分床层局部运动,从而大大增加驱动头的阻力,使得浓密机压耙停机。其次,受材料强度限制,导水杆一般不能贯穿整个浓密机高度。有的浓密机为了将导水杆贯穿整个浓密机高度,在导水杆之间增加了较多的连杆,以提高其强度,达到了设计要求,但是这种设计方案增加了搅拌阻力。

耙架驱动系统通常分为液压驱动与电机驱动,驱动扭矩是设备选型需要重点考虑的设备参数。

(5) 剪切循环系统。

剪切循环系统是指在浓密机底部将部分物料抽出,再泵入压缩床层的高位,利用高低浓度物料之间的流动混合等作用,搅拌浓密机底部物料。剪切循环系统作用的目的在于增强浓密机内部物料的流动性,降低物料的耙动阻力和放料难度。这是由于当颗粒浓度达到一定值之后,浆体的流变性能呈现出非牛顿流体特征,其屈服应力较大,难以实现顺利排料。剪切循环系统的方式有多种,其中最普遍的方式有两种,即高低位循环方式和外部剪切方式。高低位循环方式是指将浓密机底部的高浓度料浆经底流泵泵送至压缩床层高位,从而使压缩层底部的料浆呈流动状态,这样可有效避免压耙事故的发生。外部剪切方式是指借助搅拌的作用,使底部浓度较大的料浆保持流动状态,以达到避免压耙的目的。

此外,絮凝剂给药装置和自动控制系统也是深锥浓密机的重要结构,在深锥浓密机的应用过程中发挥着重要的作用。

10.2.3.3　主要生产厂家与技术参数

目前，矿山充填应用的深锥浓密机主要有丹麦、芬兰、美国等国家生产的进口设备以及国产设备。

1）SUPAFLO 型膏体浓密机

SUPAFLO 型膏体浓密机可获得连续稳定的高屈服应力底流，主要用于尾砂处理和浸出前浓密的应用。该膏体浓密机具有浓密机内固体总量可控、单位面积处理量高、耙架的扭矩高等特点，有自立式或落地式池体。此外，该浓密机还有自主研制的高能力驱动系统，"多小齿轮驱动器"利用多个行星齿轮减速机带动大直径齿轮转盘轴承以提供高输出扭矩和承载能力，包括中心柱支撑驱动装置（SCD）和桥架支撑驱动装置（SBD），可提供从 750 kN·m 到 11500 kN·m 不等的标准驱动力，其中 SCD 系列驱动器还具有提耙功能。这两种浓密机的外形如图 10-9 和图 10-10 所示。

图 10-9　SUPAFLO 型膏体浓密机

图 10-10　SUPAFLO 型 SBD 模式膏体浓密机

该浓密机在给料井、耙架形状、驱动系统和控制策略等方面有一些创造性的设计。

（1）叶片型给料井。

叶片型给料井如图 10-11 所示。叶片型给料井具有如下优点：降低运营成本；减少絮凝剂用量；提高底流浓度；增加处理量；提高溢流水的澄清度；运行稳定，减少停机时间。其主要设计特点之一是上部和下部区域互相连通，给料筒上部区域对添加的进料、稀释水和絮凝剂提供了充分的混合与能量耗散。这将最大限度地提

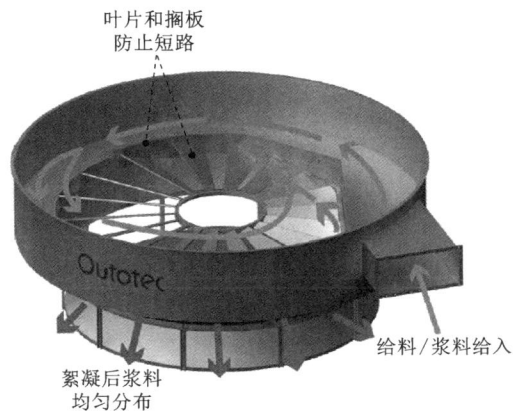

叶片和搁板防止短路

絮凝后浆料均匀分布

给料/浆料给入

图 10-11　叶片型给料井

高絮凝剂的吸收率,消除粗细颗粒偏析的可能,确保所有颗粒物在絮凝剂的作用下聚集成团。此上部区域在给料速度产生波动的情况下都可以维持高效运行。

下部区域促进了物料的轻柔混合,使絮团继续长大,并提供了二次添加絮凝剂的选择。此区域同时保证絮团在低剪切力的条件下能被均匀排出。

(2)给料稀释系统。

SUPAFLO 型膏体浓密机的稀释系统分为无动力稀释系统与动力稀释系统。

Directional Autodil™ 方向型自动稀释系统是一种无动力稀释系统,利用给料井两侧的自然水头压差将浓密机上清液导入给料井中进行矿浆稀释、混合和絮凝。无论给料矿浆流量和浓度如何,"自动稀释"系统都能将给料筒中的矿浆浓度保持在适合絮凝的最佳矿浆浓度范围之内。

Turbodil™ 涡轮稀释是一种动力稀释系统,利用低水头轴向泵将稀释水注入给料筒,在给料浓度很高、给料量波动大以及给料稀释量高的情况下适用动力稀释系统。

(3)高能力驱动系统。

①液压耙架驱动。

耙架采用低速液压马达通过高效行星齿轮箱进行驱动。这种驱动的行星齿轮箱能提供较好的扭矩和推力载荷,通过单液压回路即可驱动耙架;通过液压压力实现精确的扭矩测量,可通过机械和电力手段实现扭矩保护;装有用于提耙的液压缸,可实现提耙与降耙功能,无级调速,可缓慢启动以免达到扭矩最大值;有利于实现三级驱动保护。

②驱动保护和耙架提升。

主液压驱动装置上的压力由压力传感器监控,它可以启动耙架自动提升/下降功能;还有一个独立的压力开关可以监控液压压力,以及在较高的压力设定点处启动报警和电机跳闸;最终一级的保护利用液压回路上的泄压阀,以确保驱动装置不会超过设计的额定扭矩;在启动或运作过程中不会发生扭矩过载现象。

该浓密机的部分应用实例如表 10-2 所示。浓密机直径为 9~32 m,大部分在 20 m 以下。给料量处于 40~950 t/h,单位面积处理量为 0.31~1.18 t/(m²·h),底流浓度集中在74%~85%。

表 10-2　SUPAFLO 型膏体浓密机部分应用实例

国家	名称	应用	直径 /m	给料量 /(t·h⁻¹)	单位面积处理量 /[t·(m²·h)⁻¹]	底流浓度 /%
秘鲁	Cerro Lindo	锌尾砂	18	225	0.88	75
澳大利亚	Kidston	金尾砂	32	950	1.18	72
西班牙	Aguabalanca	镍尾砂	16	213	1.06	74
墨西哥	EI Volcan	铁尾砂	27	180	0.31	72
澳大利亚	Angas Zinc	锌尾砂	9	40	0.63	72
秘鲁	Cerro Lindo	锌尾砂	22	291	0.77	82
加拿大	Musselwhite	金尾砂	16	205	1.02	74
智利	EIToqui	金尾砂	14	130	0.84	74

2）DEEP CONE 型膏体浓密机

DEEP CONE 型膏体浓密机具有独特设计的絮凝优化系统，能够进行连续浓密，以获得较高的底流浓度，同时适用范围广、耙架扭矩大，最大扭矩可达 13500000 N·m。DEEP CONE 型膏体浓密机示意图如图 10-12 所示。

除此之外，该膏体浓密机还具有以下特点。①处理能力大。该膏体浓密机的固体通量可以达到传统浓密机的 20 倍，水力负荷是传统浓密机的 10 倍。处理能力的提高主要得益于其独特的虹吸式稀释系统，利用这一稀释系统，可以使给料料浆稀释到最佳浓度，使料浆与絮凝剂充分混合形成较大的絮团，从而提高沉降速度。②工艺控制灵活。该膏体浓密机具有可靠、高效的自控系统，可以实现总系统工作的同时子系统也能工作。③耙架驱动扭矩大。耙架驱动是膏体浓密机的重要组件，在浓密机系统中占有重要地位。由于膏体浓密机内泥层高度较高，可以覆盖整个耙架，同时浓密砂浆的黏度高、阻力大，因此，耙架扭矩必须满足高扭矩的要求。该膏体浓密机采用多重齿轮，轴承精度高，油槽内有润滑装置及用于测量高精度扭矩的应变测量仪，这些特点使得驱动系统能够满足浓密机的耙动要求。

图 10-12 DEEP CONE 型膏体浓密机示意图

该膏体浓密机在给料井和稀释系统方面有较为独特的设计。

（1）螺旋形给料井。

螺旋形给料井采用了先进的渐开线设计，其优点体现在以下几方面：可以增加给料井内的砂浆停留时间，增大浓密机的固体通量；可使给料料浆和絮凝剂充分混合，提高絮凝效率；可以使进入浓密机的给料料浆均匀扩散，并使絮团受到较小的剪切力作用，以免絮团遭到破坏；增大沉降速率，提高溢流澄清度以及浓密机的生产能力；使用的原件最少，简化内部设计。上述特点改善了浓密及絮凝效果，从而使该膏体浓密机的生产能力提高。

（2）E-DUC 虹吸式给料稀释系统。

虹吸式给料稀释系统是利用给料泵的剩余压头将浓密机的上部溢流清水吸入中心井。给料管出口的砂浆流速越大，随砂浆吸入的水就越多。这种给料方式无须设置脱气槽，中心给料井的直径比较大，能够起到脱气槽的作用。砂浆进入中心给料井以后沿切线方向较为均匀地分布，絮凝剂多点加入，有利于与砂浆充分混合。

该稀释系统的优点在于料浆在进入给料井前已经被完全稀释；絮凝剂在进入给料井之前就与料浆充分混合；稀释过程中，料浆所受剪切应力较小，能保证絮团生长；给料料浆螺旋式注入，增强了与絮凝剂的混合效果；给料井占据的面积最小，并且无须表面保护措施。

该稀释系统的缺点在于混入水量是由给料管道出口的速度决定的，给料浓度大时本来需要较大的混入水量，但这时由于砂浆体积减小，管道出口速度变小，进水量反而减小；相反，则进水量加大。不过这种缺点在实际生产中不会造成太大影响，一方面是给料浓度不会波动太大，另一方面浓密机对给料浓度的要求不严格，只要低于一定浓度就可以了。

（3）P-DUC 动力稀释系统。

在该稀释系统中，砂浆进入中心井前，用泵将浓密机的上清水加入给料砂浆中，控制水的加入量，使之满足系统设计的稀释要求。稀释后的料浆与絮凝剂混合，进入中心给料井。该稀释系统能够保证给料料浆稀释到最佳水平，并且得到合适的剪切速率，降低对絮凝过程的扰动。

该膏体浓密机的部分应用实例参数见表 10-3 和表 10-4。Emico 浓密机直径大部分在 20 m 以下，稠度系数为 155~370，底流浓度为 70%~80%。

表 10-3　DEEP CONE 型膏体浓密机国内应用实例

厂矿名称	浓密机直径 /m	干处理量 /(t·h⁻¹)	进料浓度 /%	底流浓度 /%	底流屈服应力 /Pa
内蒙古某铜矿	40	650~750	10~15	65~67	120~150
云南某铅锌矿	11	20~25	15~25	76~78	100~25

表 10-4　DEEP CONE 型膏体浓密机国外应用实例

国家	厂矿名称	浓密机直径/m	扭矩/(N·m)	温度/K	底流浓度/%
秘鲁	Yauliyacu 铅锌矿	14	651038.4	228	75~79
秘鲁	Iscaycruz 铅锌矿	11	651038.4	369	72
美国	Stillwater 铂金矿	12	325519.2	155	71~75

3）Deep Bed 型膏体浓密机

Deep Bed 型膏体浓密机的优化方案主要包括以下内容：①更加均匀的给料分布；②最佳给料稀释；③最小的絮凝剂消耗量；④改善浓密性能；⑤改善脱水和底流控制。该浓密机可以把尾砂料浆浓密成膏体，浓度接近滤饼的浓度；可以最大限度地回收水，获得较高的底流浓度；可以通过程序控制，以最小的絮凝剂用量获得所需的底流浓度和溢流澄清度。Deep Bed 型膏体浓密机如图 10-13 所示。

该浓密机具有如下特点：高径比可以达到 2∶1；具有自稀释给料井；直径可达 20 m；耙架上具有全长导水杆；槽底坡度可达 45°；扭矩可以达到 14 MN·m。

针对浓密机普遍存在的难题，该浓密机给出了相应的解决方案。

（1）循环短路和絮凝剂消耗量大。

浓密机沉降区不均匀的液流会打乱最佳重力沉降所需要的静止条件，而且这些液流会把固体带到溢流区。给料井中不均匀液流扩散的表现：①由于短路循环而出现澄清问题；②絮凝剂消耗量大；③由于粗粒级沉淀而出现扭矩峰值。

针对上述问题，该浓密机采用了 EvenFlo 型给料井。EvenFlo 型给料井由两部分给料系统组成。内部的给料系统将给料料浆能量转化为径向流，主给料井将给料料浆均匀分布到浓密机的沉降区域。

（2）稀释效率低。

进入浓密机的给料料浆通常需要稀释以提高沉降速度，减少絮凝剂消耗量。以往的稀释系统设计在某个位置，析出的清水可能会引起浓密机中静止沉降区的不均匀液流。当给料井外部的料浆密度增大时，稀释系统可能会因为密度分布不均而导致稀释效率降低。这两种稀释系统都不能使稀释效果达到最佳。

为此，该公司提出了 AirLift 型稀释系统。该系统

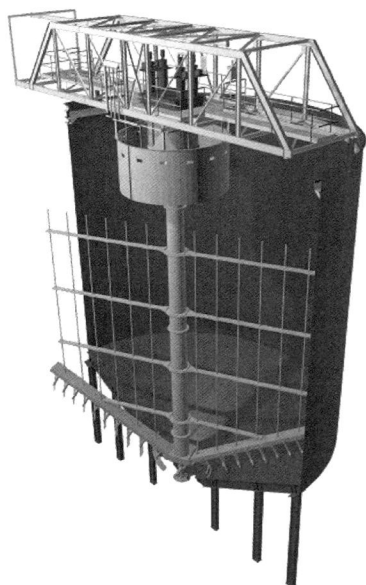

图 10-13 Deep Bed 型膏体浓密机

是通过多个气动提升泵将浓密机溢流层的澄清水抽到给料井中，以达到给料稀释的目的。在确保给料井内部的给料料浆恰当稀释的同时，从静止沉降区多点均匀吸入澄清水，以免造成液流均匀性差而带来的扰动。稀释流量可以通过操作员调整系统的气流来实现控制。

（3）底流浓度波动范围大。

底流系统设计不合理，很容易造成底流浓度的波动。底流浓度的控制受到操作和设计参数的影响，包括床层控制、底流系统设计、絮凝剂添加量。该问题主要通过导水杆及底流控制来解决。前者是将倾斜导水杆和浓密机体结合起来，为水从压密砂浆中导出提供了一种更好的方法。这可以使底流浓度更大，实现对浓密机底流更好的控制。后者是指当底流浓度低于设计要求时，将会采用涡流循环系统。底流料浆不断地往复循环，直至达到合适的底流浓度。当浓度下降到低于设计值时，系统将恢复到再循环回路。

4）NGT 型膏体浓密机

NGT 型膏体浓密机是国产浓密机，具有以下特点。

（1）给料筒设计。料浆沿给料筒切线方向进入，矿浆产生的强烈涡流被给料筒内置的一系列竖向挡板所削弱，流速得到较大程度的降低。给料筒底部为闭式设计，矿浆混合均匀并且具有足够的停留时间，可以获得更好的絮凝作用，使矿浆在浓密池中的分配更加均匀，使矿浆短路现象最小化。采用了矿浆稀释装置，给入的矿浆得到了更好的稀释，导流锥改善了矿浆的脱水过程、溢流澄清度和最终的底流浓度，通过矿浆稀释装置来有效地使用絮凝剂，从而实现更高的单位时间单位面积处理量。

（2）稀释系统设计。开发了自动稀释及强制稀释两种稀释系统。自动稀释系统是利用给料筒竖壁两侧的自然水力压差来实现的。通过在给料筒竖壁适当的位置上开设数个稀释水止回口，上清液会自动流入给料筒；强制稀释系统为带轴流泵的稀释装置，该装置可将浓密池的表面清水作为稀释水送入给料筒。轴流泵由变速装置驱动，稀释水量范围可达设计流量的

10% ~ 130%。

（3）驱动装置设计。耙架和驱动轴的设计采用有限元分析方法。其中，驱动轴按照2倍最大工作扭矩（MOT）负荷设计，耙臂按照1.5倍最大工作扭矩负荷设计；耙臂2个长、2个短，4个耙臂采用拉杆连接，用来分配任何不平衡的扭矩负荷。所有部件可以拆除下来进行保养维护，而不需挪开桥架（管道）或电气仪表。

NGT型膏体浓密机的型号及技术参数见表10-5。浓密机内径为8~45 m，深度在22.0 m以内，内径越大，高径比越小。

表10-5　NGT型膏体浓密机的型号及技术参数

型号	浓密机内径/m	浓密机深度/m	沉降面积/m²	电机功率/kW
NGT08	8	10.31	50.3	15
NGT09	9	10.60	63.6	18.5
NGT10	10	10.89	78.5	22
NGT12	12	11.46	113.1	37
NGT14	14	12.04	153.9	45
NGT16	16	12.62	201.1	45
NGT18	18	13.19	254.5	55
NGT20	20	13.77	314.2	75
NGT22	22	14.35	380.1	75
NGT24	24	14.92	452.4	75
NGT25	25	15.21	490.9	75
NGT26	26	15.50	530.9	90
NGT28	28	16.08	615.8	90
NGT30	30	16.66	706.9	90
NGT32	32	17.23	804.2	90
NGT34	34	17.81	907.9	90
NGT35	35	18.10	962.1	110
NGT36	36	18.39	1017.9	110
NGT38	38	18.96	1134.1	110
NGT40	40	19.54	1256.6	110
NGT43	43	20.41	1452.2	132
NGT45	45	20.98	1590.4	132

5）GSZN系列膏体浓密机

GSZN系列膏体浓密机是结合苏联及美国同类设备的优点及先进技术研制生产的一种高

效浓密澄清设备，用于处理各种煤泥水、金属选矿水及其他污水。该系列膏体浓密机单位处理能力为 $2\sim3.5$ m³/(m²·h)，最高可达 $5\sim8$ m³/(m²·h)(煤泥水)，溢流水浓度小于 1 g/L，底流浓度大于 400 g/L；机内配置倾斜板，使有效沉淀面积增大。GSZN 系列膏体浓密机的型号及技术参数见表 10-6。该系列浓密机内径为 $3\sim20$ m，深度从 4.4 m 增至 22.8 m，高径比在 1.14 至 1.4 之间波动。

表 10-6　GSZN 系列膏体浓密机的型号及技术参数

序号	型号	内径/mm	沉降面积/m²	深度/mm	生产能力/(m³·h⁻¹)
1	GSZN-3	3000	21	4404	$60\sim70$
2	GSZN-5	5000	72	7500	$180\sim250$
3	GSZN-6	6000	85	8810	$210\sim260$
4	GSZN90/135	9000	400	13500	$567\sim700$
5	GSZN100/150	10000	510	15000	$700\sim900$
6	GSZN110/165	11000	630	16500	$780\sim1100$
7	GSZN150/190	15000	1200	19080	$1000\sim1500$
8	GSZN180/220	18000	2000	22000	$1400\sim2100$
9	GSZN200/228	20000	2669	22800	$2100\sim2600$

10.3　胶凝材料计量与输送系统

胶凝材料成本占充填总成本的 60%~70%，其计量精度直接关系到充填成本与充填质量。充填工艺过程一般包含胶凝材料的计量设备与输送设备。

胶凝材料计量设备一般会动态提供胶凝材料的瞬时质量、累计质量。常用的计量设备包括冲板流量计、微粉秤、电子螺旋秤、转子秤。

胶凝材料输送设备的主要任务是将胶凝材料从料仓输送至搅拌设备，同时起到控制输送流量的作用。常用的胶凝材料输送设备为螺旋输送机。

10.3.1　冲板流量计

冲板流量计是一种用于动态检测连续流动的固体颗粒或粉体物料的流量检测设备。

（1）工作原理与结构。

如图 10-14 及图 10-15 所示，胶凝材料经输送设备流入冲板流量计中，物料在接触到检测板时因重力势能的改变获得了冲击速度 v，根据动量定理 $M_v = Ft$，下落到检测板上的物料会对检测板产生力的作用。产生冲击力的竖直分力 F_v 被流量计的承载传动结构（平行弹簧承载传动组件）所抵消；水平方向的力 F_h 作用在冲板轴上，通过测量弹簧平衡，并且带动测量传感器（一般为差动变压器）线圈中的磁芯移动，产生的位移即为流量的准确比例。使用测量传感器将该位移转换为电压信号，电压信号通过变送器放大、滤波通过 v/f 转换为抗干扰的脉冲频率调制（PFM）信号。PFM 信号经电缆引向转换器，在转换器中通过汇编程序根据公式（1）对信号进行运算并输出标准模拟信号，从而输出测量的流量值。

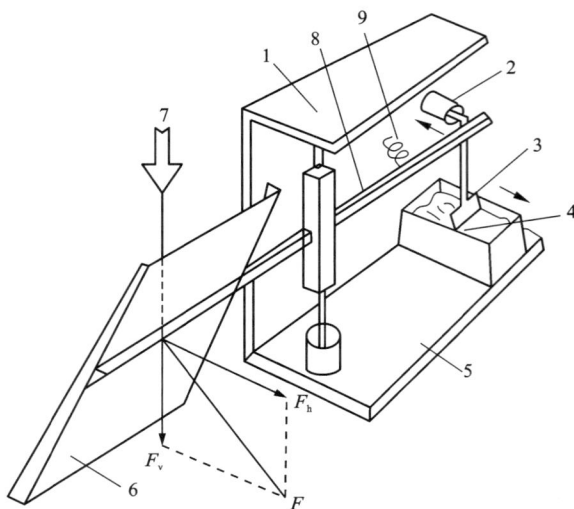

1—支点；2—传感器；3—阻尼板；4—阻尼油；5—机架；
6—检测板；7—物料；8—传力杆；9—弹簧。

图 10-14　冲板流量计机械原理示意图

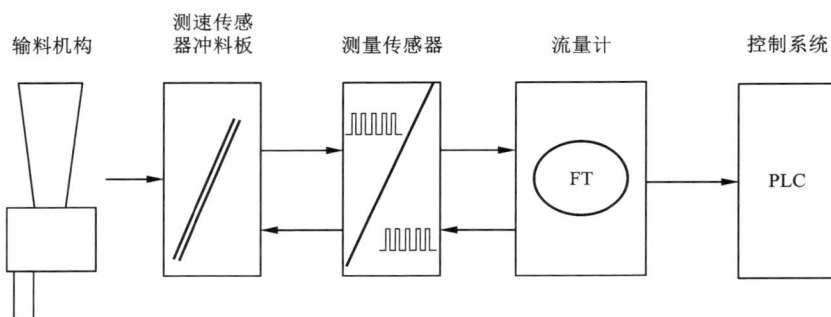

图 10-15　冲板流量计电气原理示意图

（2）特点与应用范围。

冲板流量计适用于冶金、电力、石化、水泥、粮食等工业生产过程中颗粒固体粉料的连续测量，经严格的多点实际标定，精度可达±1%。

冲板流量计的优点如下：

①此产品安装所需空间小，落差高度为 0.8~1.5 m；

②静态重量即垂直力不影响仪表零点及精度，故不会因冲板黏附物料而零点漂移；

③和传统的固体介质质量、流量测量装置（如漏斗秤、皮带秤）相比，冲板流量计可以很方便地实现在线连续测量；

④根据需要制成全封闭型，可提供健康环保的工作环境；

⑤与自动化控制系统配合实现对固体物料的流量调节，维护也比较方便。

冲板流量计的缺点如下：

①使用时要求严格，包括给料设备供料也必须连续稳定；

②物料的黏度、湿度均对冲板流量计的计量精度有影响；

③安装要求较高，落料角度与落料高度都会对测量精度产生影响；

④标定烦琐，需定期标定。

（3）主要生产厂家与技术参数

冲板流量计型号应根据充填工艺需求进行选择。一般需要考虑的技术参数包括胶凝材料的流量范围、要求精度、最大检测板质量等。

德国西门子公司、加拿大的 Comptrol（领英）公司、日本的三协公司生产的冲板流量计是目前我国市场上销售量较大的国外产品。国内性能较好的冲板流量计厂商包含辽阳自动化仪表集团有限公司、大连通产仪器仪表有限公司、南京港力科技有限公司等。

以 LFD 系列产品为例，介绍其具体技术参数，见表 10-7。

表 10-7　LFD 系列冲板流量计选型表

产品型号	LFD-227	产品型号	LFD-229
流量范围	最小流量范围：0~200 kg/h；最大流量范围：0~40 t/h	流量范围	最小流量范围：0~30 t/h；最大流量范围：0~200 t/h
精度/%	0.3，0.5，1.0，1.5，2.0	精度/%	0.3，0.5，1.0，1.5，2.0
最大冲板尺寸/（mm×mm）	400×400	最大冲板尺寸/（mm×mm）	800×800
最大检测板质量/kg	15	最大检测板质量	50
固体物料粒重	≤5%的冲板质量（一般在≤15 mm）	固体物料粒重	≤5%的冲板质量（一般在≤25 mm）
介质使用温度/℃	≤180	介质使用温度/℃	≤180
产品型号	LFD-1211	产品型号	LFD-129
流量范围	最小流量范围：0~750 kg/h；最大流量范围：0~800 t/h	流量范围	最小流量范围：0~30 t/h；最大流量范围：0~200 t/h
精度/%	0.3，0.5，1.0，1.5，2.0	精度/%	0.3，0.5，1.0，1.5，2.0
最大冲板尺寸/（mm×mm）	1250×800	最大冲板尺寸/（mm×mm）	800×800
最大检测板质量/kg	80	最大检测板质量/kg	50
固体物料粒重	≤5%的冲板质量（一般在≤80 mm）	固体物料粒重	≤5%的冲板质量（一般在≤25 mm）
介质使用温度/℃	≤180	介质使用温度/℃	≤180

10.3.2　微粉秤

微粉秤将重力称量与螺旋输送方式相结合，是集粉体物料输送、称重计量和定量给料控制于一体的机电一体化产品，能适应各种工业生产环境的粉状物料连续计量和配料。该设备采用特制的稳流给料装置，可防止胶凝材料产生冲料现象，严格控制螺旋与边壁的间隙；可避免管壁间隙中黏附物料，密封结构可减少粉尘外扬，从而保证了物料下料稳定、不倾泻以及计量精度；可广泛应用于建材、冶金、化工、食品、电力等粉体物料计量工艺环节，为以上行业提供了可靠的计量手段。

（1）工作原理与结构。

微粉秤主要由密封闸门、稳流给料装置、计量装置、测速传感器、称重传感器、信号传感器、变频调速器、控制调节器、电机等组成。微粉秤输送物料时，称重传感器将称量段上物料的重量转换成电信号，测速传感器将测量出的螺旋叶片轴转速转换成脉冲信号，这两种信号会被同时送入信号变送器。信号变送器对这两种信号进行初步运算处理后变成数字信号，通过通信接口传送给控制调节器，控制调节器再进行处理及显示，得出当前通过微粉秤的物料的瞬时流量及累计流量。微粉秤的控制调节器输出电流到变频调速器以调节电机转速，从而达到定量给料的目的。微粉秤结构原理图如图 10-16 所示。

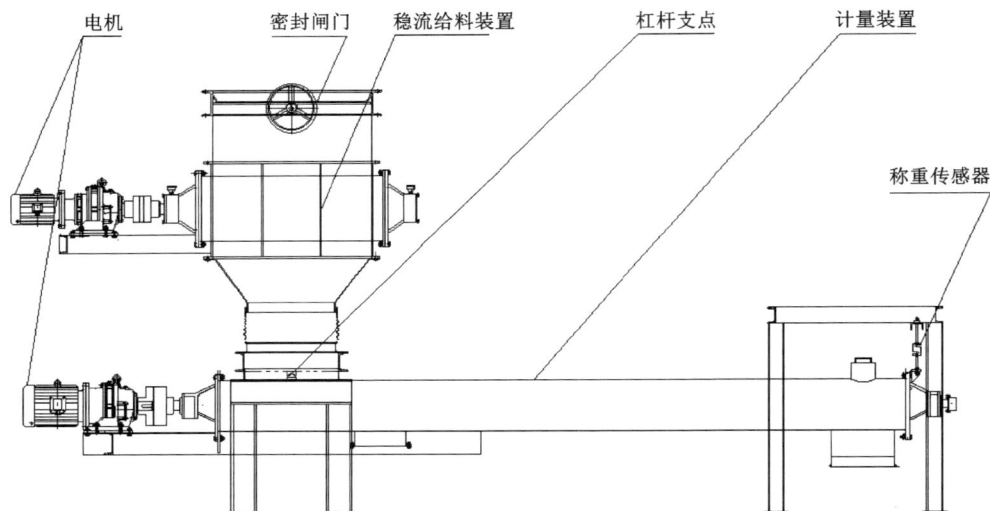

图 10-16　微粉秤结构原理图

（2）主要生产厂家与技术参数。

国内生产微粉秤的厂家较多，主要集中在山东临朐县。CFC 系列微粉秤及 TSF 系列微粉秤在矿山充填领域应用较为广泛。某型微粉秤如图 10-17 所示。

CFC 系列微粉秤主要技术参数见表 10-8。

图 10-17 微粉秤实物图

表 10-8 CFC 系列微粉秤选型表

序号	规格型号	稳流给料装置 规格/(mm×mm)	计量装置 规格/(mm×mm)	流量范围 /(m³·h⁻¹)	计量精度
1	CFC250	400×400	250×2500	3～10	
2	CFC300	800×400	300×2500	7～20	
3	CFCⅡ250	800×800	250Ⅱ×2500	15～40	优于 1%
4	CFCⅡ300	1000×1000	300Ⅱ×2500	20～60	
5	CFCⅡ350	1100×1100	350Ⅱ×2500	25～80	

注：CFC××为单管计量，CFCⅡ××为双管计量。

TSF 系列微粉秤主要技术参数见表 10-9。

表 10-9 TSF 系列微粉秤选型表

序号	规格型号	稳流给料装置 规格/(mm×mm)	计量装置 规格/mm	流量范围 /(m³·h⁻¹)	计量精度
1	TSFI250-2500	800×500	250	1～10	
2	TSFI300-3000	800×500	300	6～30	
3	TSFII250-2500	800×500	S250	10～50	优于 1%
4	TSFII300-3000	1000×550	S300	15～70	
5	TSFII350-3500	1000×550	S350	25～120	

注：TSFI××为单管计量，TSFII××为双管计量。

10.3.3 电子螺旋秤

电子螺旋秤为集粉体物料输送、称重计量和定量给料控制于一体的机电一体化产品，能适用于各种工业生产环境的粉体物料连续计量和配料控制，可广泛应用于建材、冶金、电力、化工等行业的粉体物料计量工艺环节。

计量螺旋秤的支承安装方式主要分为悬浮吊挂方式(吊挂秤)和支座支承方式。

吊挂秤具有结构简单、安装方便的特点。但由于螺旋秤体处于自由浮动状态,对外界振动很敏感,要求吊挂点基础稳固、基点和周边无震动,必要时需在吊挂基点设置减震措施,排除外力干扰。

支座支承螺旋秤体位置稳固、抗震稳定性好,对环境适应性强,前端设有 1 个称重传感器,负荷测量干扰小、精确度高,但对支撑位置和支撑方式要求较高。

(1)工作原理与结构。

螺旋秤主要由溢流给料螺旋输送机、计量螺旋输送机、称重传感器、电气控制柜等部分组成。上层的溢流给料螺旋完成稳流和输送,下层的计量螺旋实现计量和输送。

溢流给料螺旋输送机通过变频器调节螺旋转数来调节控制给料量,使计量螺旋达到系统设定的瞬时流量。通过测重点的称重传感器测量螺旋管内的瞬时物料负荷,并把物料重力转化成相应比例的电信号输入控制器,控制器通过信号处理、运算、流量显示和根据设定参数自动调节控制物料流量。为保持料流速度与螺旋转速线性关系基本稳定,计量螺旋输送机一般采用恒速运行。

电子螺旋秤与微粉秤原理基本一致,主要区别在于给料方式不同。微粉秤有专门的稳流给料装置,而电子螺旋秤给料方式为螺旋给料,即通过螺旋输送机给计量螺旋输送胶凝材料。

电子螺旋秤结构原理图如图 10-18 所示。

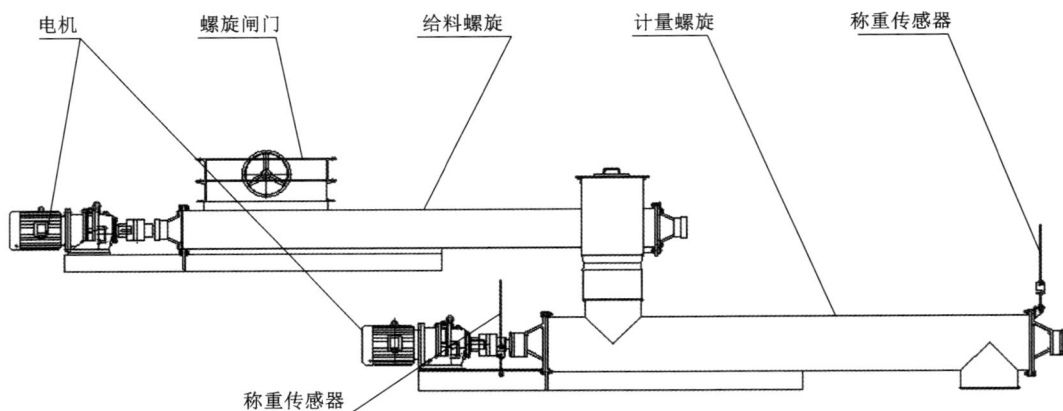

图 10-18　电子螺旋秤结构原理图

(2)技术参数及性能。

电子螺旋秤的技术参数包括计量准确度、控制精度、称量范围、螺旋转速、螺旋直径等。主要设备的技术参数见表 10-10。

表 10-10　电子螺旋秤技术参数

技术参数	指标
计量准确度	1.0 级、2.0 级
控制精度/%	2~4
称量范围/(t·h^{-1})	0~100
螺旋转速/(r·min^{-1})	40~85
螺旋直径/mm	100~400

电子螺旋秤具有结构简单、制造成本较低、易于维修、密闭性较好的特点。但也存在以下问题：

①螺旋叶片与筒壁间隙一般为5~8 mm，无法实现锁料，特别是流动性较高的粉煤灰和胶凝材料容易造成冲料现象；

②料仓中气体正压对计量精度产生较大影响；

③进料口较小，容易膨料；

④冲料附加载荷对计量精度影响大。

（3）主要生产厂家与技术参数。

电子螺旋秤为常规设备，生产厂家较多，TGG系列电子螺旋秤的技术参数见表10-11。

表 10-11 电子螺旋秤选型表

规格型号	溢流螺旋直径/mm	流量范围/（m³·h⁻¹）		计量精度/%
		单管	双管	
TGG20/TGG20S	200	0.3~5	0.6~10	优于1
TGG25/TGG25S	250	0.5~8	1~16	优于1
TGG30/TGG30S	300	2~15	4~30	优于1
TGG35/TGG35S	350	4~22	8~45	优于1
TGG40/TGG40S	400	6~30	10~60	优于1
TGG45/TGG45S	450	8~45	16~90	优于1
TGG50/TGG50S	500	10~70	20~140	优于1

注：TGG××为单管溢流螺旋，TGG××S为双管溢流螺旋。

某型电子螺旋秤如图10-19所示。

图 10-19 电子螺旋秤实物图

10.3.4 转子秤

转子秤是用于流动性粉体（煤粉、粉煤灰、水泥、生料粉）动态测量和连续配料的控制设备，天平称重结构，具有很高的精度，没有零点的变化，并解决了流动性强的粉体产生的喷流、磨损等问题，能够满足粉体物料连续定量给料的要求。

（1）工作原理与结构。

转子秤计量系统由称重仓、喂料机、转子、输送装置、称重传感器及电气控制部分组成。

粉体由进料口进入称重仓，首先通过控制称重仓的料位对粉体进行稳流，粉体经稳流后再由喂料机融入环状天平转子秤。转子由叶片与圆盘壁围成，当下料时，物料从进料口进入这些格室，并随着转子的转动到达出料口并排出。转子秤叶轮旋转，使物料在进料口至出料口半圆周内均匀流动，由于秤体采用天平结构，此时圆盘形秤体一侧有物料，另一侧没有物料，秤体失去平衡，物料的重量经称重传感器检测送入控制仪表，同时把检测到的速度信号送入仪表，经处理后得到瞬时流量及累计量，控制喂料转速即可调节流量，实现粉体定量给料。

转子秤结构原理图如图 10-20 所示。

（2）特点与应用范围。

转子秤具有以下特点：

①转子均匀分格推动，料流与转子速度同步，便于料流控制；

②物料于两侧下料，无冲击影响；

③转子有动态零点"自动补偿"的功能；

④计量误差小。

转子秤缺点如下：

①设备造价高，维护费用高；

②配风、电控设计复杂；

③检修维护复杂。

转子秤体积小，额定流量大，精度高，一般适用于大流量（100~1200 t/h）粉体的计量。

（3）主要生产厂家。

国内生产转子秤的主要有南宁菲斯特秤机电科技有限公司与山东领锐电子技术有限公司。

某型转子秤如图 10-21 所示。

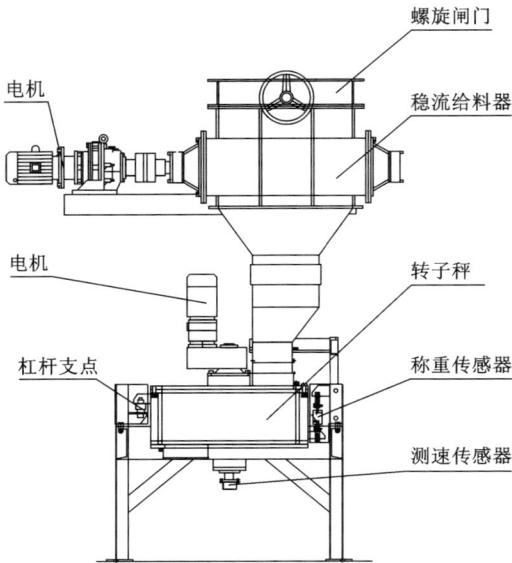

图 10-20　转子秤结构原理图

图 10-21　转子秤实物图

10.3.5　螺旋输送机

螺旋输送机是较为常用的胶凝材料输送设备,主要任务是将胶凝材料从料仓输送至搅拌系统。

(1)工作原理与结构。

螺旋输送机是利用转轴上的螺旋叶片,沿料槽输送粉粒状物料的连续输送机械。螺旋输送机主要由螺旋槽、料槽和驱动装置组成。螺旋叶片固装在轴上,螺旋轴纵向装在料槽内,每节轴有一定的长度,节与节连接处装有悬挂轴承。一般头节的螺旋轴与驱动装置连接,出口设在头节的槽底,进料口设在尾节的盖上。物料由进料口装入,当电动机驱动螺旋轴转动时,物料由于自重与槽壁间摩擦力的作用,不随同螺旋一起旋转,这样由螺旋轴旋转产生的轴向推动力就直接作用到物料上,使物料沿轴向滑动,朝着一个方向推进到卸料口并卸出,达到输送的目的。螺旋输送机结构示意图如图 10-22 所示。

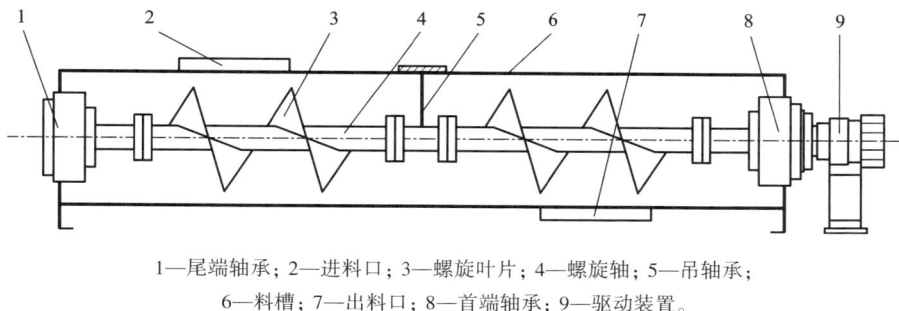

1—尾端轴承;2—进料口;3—螺旋叶片;4—螺旋轴;5—吊轴承;
6—料槽;7—出料口;8—首端轴承;9—驱动装置。

图 10-22　螺旋输送机结构示意图

(2)特点。

螺旋输送机的特点是结构简单紧凑、横截面积小、密封性能好、工作可靠、制造成本低,便于中间装料和卸料,输送方向可逆,也可同时向相反两个方向输送。输送过程中还可对物料进行搅拌、混合等作业。通过装卸闸门可调节物料流量。但不宜输送易变质的、黏性大的、易结块的及大块的物料,因为输送过程中物料易破碎,螺旋及料槽易磨损。使用中要保持料槽的密封性,螺旋与料槽间要有适当的间隙。

(3)分类。

螺旋输送机种类较多,按不同形式具有不同的分类方法。

按照叶片形式可分为实体式、带式、桨叶式、齿形式。实体式适用于流动性好、干燥的粉状物料;带式适用于块状或黏滞性物料;桨叶式和齿形式适用于易被挤紧的物料。

按照有无轴可分为有轴螺旋和无轴螺旋。

按照螺旋轴数量可分为单轴螺旋输送机、双轴螺旋输送机及多轴螺旋输送机。

按照布置形式及结构可分为水平螺旋输送机(螺旋轴与水平面的夹角小于 15°布置的螺旋输送机)、倾斜螺旋输送机(螺旋轴与水平面的夹角大于 15°且小于 90°布置的螺旋输送机)、垂直螺旋输送机(螺旋轴与水平面垂直布置的螺旋输送机)、可弯曲螺旋输送机(螺旋轴及叶片由可弯曲挠性构件组成的螺旋输送机)以及螺旋管输送机(滚筒输送机)。

按照料槽的形状可分为 U 形螺旋输送机、管式螺旋输送机。

充填上常用有轴水平式双管螺旋输送机。

10.4 充填料浆搅拌系统

10.4.1 立式搅拌桶

10.4.1.1 工作原理与结构

立式搅拌桶作为一种常见的混合搅拌装置,在矿山、化工和建筑施工等行业得到了广泛应用,已成为矿山充填系统中制备高浓度充填料浆的主要设备。立式搅拌桶的工作原理是通过螺杆的快速旋转将料浆从桶体底部由中心提升至顶端,再以伞状飞抛散落至底部,物料在桶内上下翻滚搅拌,短时间内即可将大量物料混合均匀。桶内上下两层的叶轮旋转方向相异,下层叶轮使浆体上翻,上层叶轮使浆体下压,使料浆按 W 形流迹上下激烈循环。设备结构如图 10-23 所示。

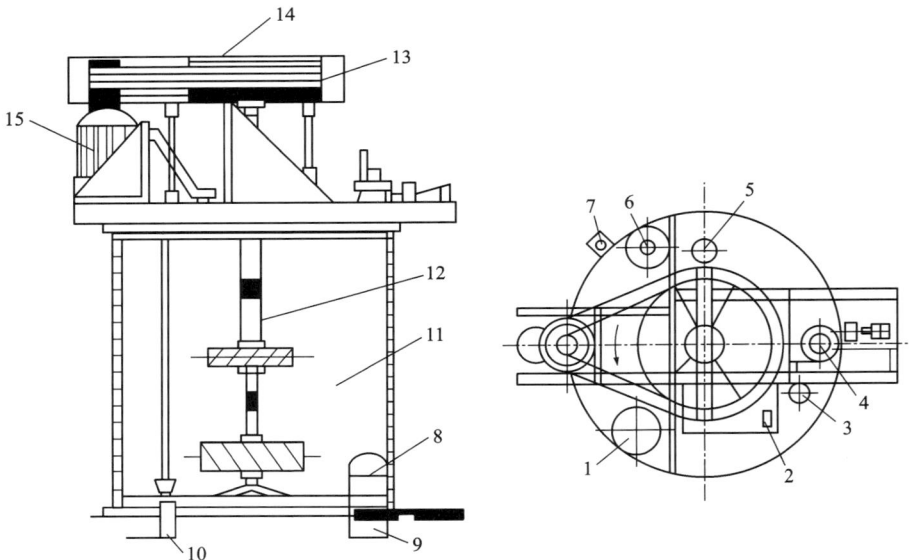

1—砂浆给料口;2—有密封盖的观察口;3—收尘孔;4—电动排浆阀;5—水泥给料口;6—事故排浆阀;7—溢流管;8—滤网;9—排浆口;10—事故排浆口;11—槽体;12—搅拌轴部件;13—传动皮带;14—皮带轮;15—电机。

图 10-23 立式搅拌桶

主要结构包括以下几个部分。

(1)盛装被搅拌浆体的容器,即搅拌槽体。

(2)主轴部件,即一根带搅拌器(搅拌轮)的旋转竖轴。

（3）电机及传动装置（分为皮带传动和减速箱传动）。

（4）辅助部件，包括支架梁、进排料管、导流整流循环装置（循环筒）槽壁上的挡板等。

10.4.1.2　特点与应用范围

立式搅拌桶的主要特点如下。

（1）充填骨料和胶凝剂顺叶轮旋转方向从叶轮外缘斜向进料。

（2）左旋叶轮使浆体下压，右旋叶轮使浆体上翻，浆面呈鱼鳞状。

（3）槽底呈上凸球面形状，避免沉砂淤积，放浆口设置鼠笼以防止大块杂物进入管道。

（4）槽体安装有料位计，用于监测槽体内浆体高度。

（5）搅拌槽与给排料系统一般采用柔性软联结，清洗、维修方便。

立式搅拌桶适用于水、砂和水泥的混合搅拌，主要用于搅拌细骨料（如尾砂）充填料浆，大体可分为普通立式搅拌桶和高浓度强力搅拌桶两种，其中普通立式搅拌桶适用于非膏体充填料浆，高浓度强力搅拌桶可用于搅拌膏体充填料浆。

10.4.1.3　技术参数

立式搅拌桶的技术参数包括有效容积（m^3）、功率（kW）、转速（r/min）、质量（kg）。立式搅拌桶的有效容积主要与立式搅拌桶的槽体内径 D（mm）和槽体总高 H（mm）等参数有关。

矿山充填选择搅拌桶的型号时，主要考虑充填能力和充填料浆浓度等因素。一般，充填能力越大，搅拌桶槽体尺寸越大，配置的电机功率也越大。立式搅拌桶槽体的有效容积与其对应的充填处理能力见表 10-12。

表 10-12　不同体积立式搅拌桶的充填处理能力

有效容积/m^3	处理能力/（$m^3 \cdot h^{-1}$）	有效容积/m^3	处理能力/（$m^3 \cdot h^{-1}$）
2~4	50~80	8~10	100~150
5~7	80~100	11~12	150~180

立式搅拌桶目前属于较成熟的机械设备，矿山可根据所需的充填能力选择立式搅拌槽的型号，也可以非标定制。矿山常见的立式搅拌桶的技术参数见表 10-13。

表 10-13　立式搅拌桶的技术参数

有效容积/m^3	叶轮		电机功率/kW	质量/t
	转速/（$r \cdot min^{-1}$）	直径/mm		
0.55	530	400	5.5	0.65
2.25	280	500	11	2.21
5.8	240	650	15	2.99
19.1	210	700	22	4.66
46	121.6	1000	30	8.16

下面以 JTG 系列搅拌桶为例，详细说明立式搅拌桶的特点和技术参数，设备如图 10-24 所示。

该系列搅拌桶具有以下特点。

（1）桶体整体结构及传动、搅拌系统设计布局合理，物料在双层叶轮的作用下顺叶轮旋转方向运动，搅拌桶从叶轮的外缘斜向进料，保证物料落入高速运动区域。

（2）上层叶轮使浆体被高速剪切并下压，下层叶轮使浆体再次被高速剪切并上翻，由于上下叶轮旋向相反，桶内浆体液面呈鱼鳞状。

（3）桶底结构呈上凸球面形状，有效避免了沉砂淤积。

（4）搅拌叶片为阿基米德曲线形，一体化铸造，叶轮根部结构加强，使用寿命更长，大大节省了运行及检修成本。

（5）料浆在桶内的搅拌时间设计为 4 min 左右，使搅拌物料充分混合均匀。

（6）根据物料情况，搅拌桶可配置除杂装置。

JTG 系列高浓度搅拌桶的技术参数见表 10-14。

图 10-24　JTG 系列搅拌桶

表 10-14　JTG 系列高浓度搅拌桶的技术参数

序号	规格型号	有效容积 /m³	处理能力 /(m³·h⁻¹)	功率 /kW	搅拌浓度 /%
1	JTG-ϕ1500×1800	3	50~80	30	
2	JTG-ϕ2000×2100	5.5	80~100	45	50~75
3	JTG-ϕ2500×2500	8.8	100~150	75	
4	JTG-ϕ3000×3000	12	150~180	90	

10.4.2　双轴桨叶式搅拌机

10.4.2.1　工作原理与结构

双轴桨叶式搅拌机的工作原理是卧式筒体内装有双轴旋转反向的桨叶，桨叶呈一定角度将物料沿轴向、径向循环翻搅，机内物料受两个相向旋转的转子作用，做多重复合运动。物料颗粒在力的作用下，既有圆周速度，又有轴向速度，依物料混合运动状，其混合操作机理主要有对流混合、剪切混合和扩散混合等。

双轴桨叶式搅拌机工作时减速电机通过链条驱动齿轮箱上的链轮，由链轮箱带动双轴同步运转，两根轴水平配置，并安装有多组交叉叶片，轴上叶片随着两根轴水平旋转，使各种物料由端部给料口加入槽体，经双轴叶片搅拌向前推进，最后从排料端排出，其结构如图 10-25 所示。

双轴桨叶式搅拌机主要包括机体、转子、排料机构、传动部分和控制部分等，机体为双槽形，其截面形状呈 W 形，机壳用普通钢或不锈钢板制造，机体顶盖上开有 1~2 个进料口，两机槽底部有 1~2 个排料口。

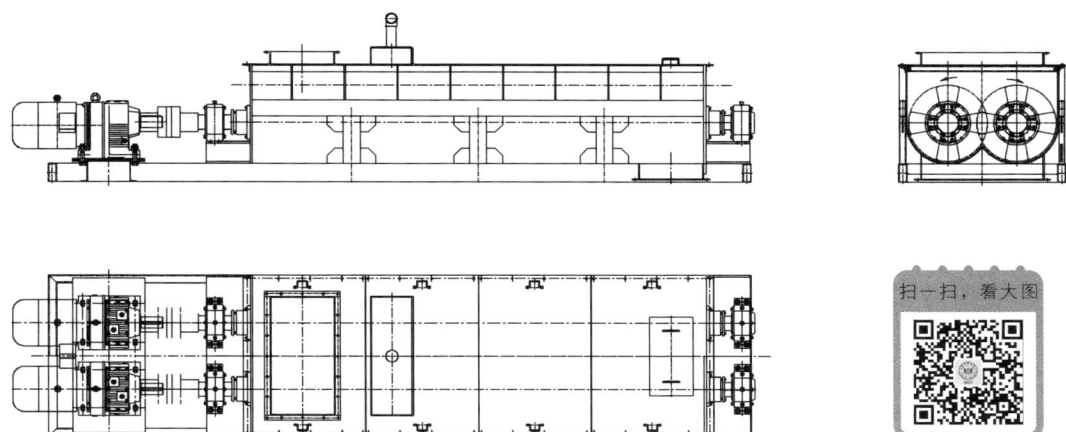

图 10-25 双轴桨叶式搅拌机结构图

在设计双轴桨叶式搅拌机搅拌叶片的结构、形状，选择相对运动的相位和速度关系时，要充分考虑到两根搅拌轴上布置的多组交叉叶片间运动轨迹重叠，需确保两轴上的叶片互不干涉。

10.4.2.2 特点与应用范围

双轴桨叶式搅拌机的搅拌叶片接触点多、机械力大，适合高浓度的浆体、膏体物料与粗骨料的均匀搅拌。根据骨料粒径及料浆浓度的不同，可单独使用，也可与双轴螺旋连续搅拌机或立式高浓度搅拌桶联合使用，一般用于一段搅拌。其具有以下特点。

(1)具有对流混合、剪切混合和扩散混合等多种混合方式，通过对物料进行剪切、搓合、破击、强力搅拌等使物料充分搅拌混合。

(2)物料在前进的过程中通过叶片间隙的回流进行重复搅拌，使各种物料之间、物料与水分之间搅拌均匀与渗透。

(3)搅拌槽内物料不易沉积，能够搅拌相对密度大或颗粒粗的骨料。

10.4.2.3 技术参数与选择

双轴桨叶式搅拌机的技术参数包括有效容积(m^3)、叶片直径(mm)、轴转速(r/min)、功率(kW)和质量(kg)等。有效容积主要与双轴桨叶式搅拌机的槽体尺寸(长×宽×高)等有关。

矿山可根据充填能力、充填骨料和充填料浆特性选择双轴桨叶式搅拌机型号。

10.4.2.4 主要生产厂家与技术参数

双轴桨叶式搅拌机主要有 ATD 系列、SLJ 系列以及 SJY 系列等。

ATD 系列双轴桨叶式搅拌机如图 10-26 所示。

图 10-26 ATD 系列双轴桨叶式搅拌机实物图

ATD 系列双轴桨叶式搅拌机的技术参数见表 10-15。

表 10-15　ATD 系列双轴桨叶式搅拌机的技术参数

序号	名称		单位	参数		
				ATDⅡ-φ500	ATDⅢ-φ600	ATDⅢ-φ700
1	槽体尺寸(长×宽×高)		mm×mm×mm	4000×1052×726	4100×1060×900	4780×1236×850
2	槽体最大容积		m³	2	2.5	4.2
3	生产能力		m³/h	60~80	35~80	50~100
4	叶片直径		mm	500	600	700
5	轴转速		r/min	30~50	30~66	30~80
6	电机减速器 XWY30-10-1/17	功率	kW	30	37	45
		输出转速	r/min	57		
		速比		17	14.5	
		适用电机功率	kW	37	37	
7	变频器 BBP-K-37K	额定输出电流	A	75	75	
		允许电压波动范围	V	342~418	342~418	
		外形尺寸	mm×mm×mm	480×745×250		
8	链轮速比			1:15		
9	链条型号			20-2×122		
10	设备质量		kg	6500	6500	
11	最大给料粒度		mm	30	30	

ATD-Ⅲ双轴叶片式搅拌机与 ATD-Ⅱ型相比，采用了间断非等螺距交叉组合叶片搅拌器，选用了同步交叉运动，使多组叶片不发生干扰，叶片间物料又能得到充分剪切、磨碎、混合等。

SJY 系列双轴桨叶式搅拌机如图 10-27 所示。

图 10-27　SJY 系列双轴桨叶式搅拌机实物图

其技术参数见表10-16。

表 10-16　SJY 系列双轴桨叶式搅拌机的技术参数

序号	规格型号	有效容积/m³	处理能力/(m³·h⁻¹)	功率/kW	搅拌浓度/%
1	SJY-ϕ500×3500	2	≤70	18.5×2	
2	SJY-ϕ500×3000	1.7			
3	SJY-ϕ600×3500	2.7	≤90	22×2	
4	SJY-ϕ600×3000	2.3			
5	SJY-ϕ700×3500	3.6	≤120	37×2	
6	SJY-ϕ700×3000	3			
7	SJY-ϕ750×3500	4	≤140	37×2	65~80
8	SJY-ϕ750×3000	3.4			
9	SJY-ϕ800×3500	4.5	≤160	45×2	
10	SJY-ϕ800×3000	3.8			
11	SJY-ϕ850×3500	5	≤180	55×2	
12	SJY-ϕ850×3000	4.2			
13	SJY-ϕ900×3500	5.5	≤200	75×2	
14	SJY-ϕ900×3000	4.7			

10.4.3　双轴螺旋式搅拌机

10.4.3.1　工作原理与结构

双轴螺旋式搅拌机的工作原理是采用内外反向螺旋带的搅拌形式，使外螺旋往前推，内螺旋往后送，增加物料在搅拌机内的停留时间，使物料充分剪切、磨碎和混合。搅拌机槽体中水平布置两个并列的螺旋轴，每根轴上装有一大(外螺旋)一小(内螺旋)两个螺旋叶片，其旋转方向相反，结构如图 10-28 所示。

双轴螺旋式搅拌机工作时，外螺旋向前推进，内螺旋则反方向使内部物料做向后运动，强化了槽中物料前后搅拌混合，两根螺旋轴分别由两台减速电机驱动，电机由变频器控制调速。槽内的左右螺旋可以同时同速向前推进以搅拌混合物料，也可以不同速度推进物料，这样可以加强物料在槽中的搅拌混合，必要时可使两根螺旋朝不同方向旋转。在此操作和不停止供料的条件下，物料短时间内在槽内形成了循环流动。

10.4.3.2　特点与应用范围

双轴螺旋式搅拌机一般用于矿山充填中粗骨料或膏体充填料浆的二段搅拌，搅拌均匀且能大幅提高物料混合后的活化效果，其主要特点如下。

(1)采用内、外反向螺旋带搅拌，两组螺旋同步交叉运动，内外螺旋互为反向运动，使物

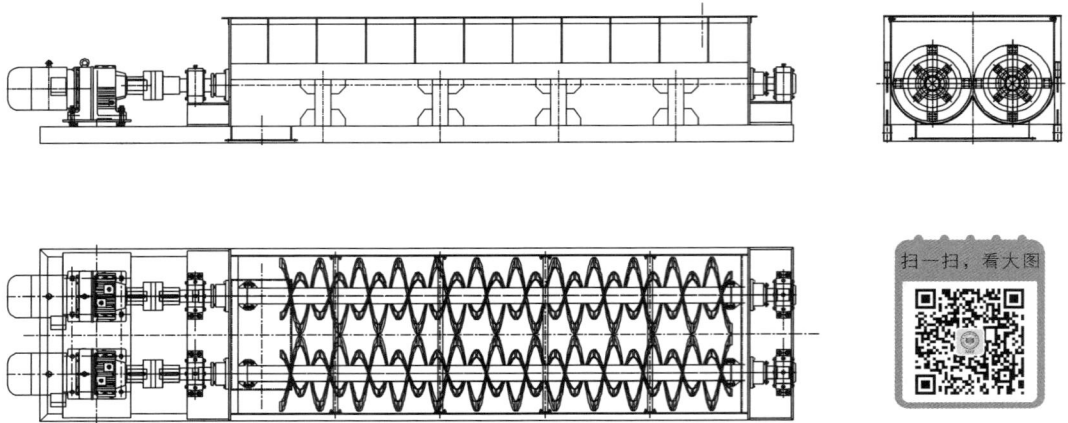

图 10-28　双轴螺旋式搅拌机结构图

料得到充分剪切、磨碎、混合及回流，均化效果好。

（2）搅拌槽内物料不易沉积，能够搅拌相对密度大或颗粒粗的骨料。

10.4.3.3　技术参数与选择

双轴螺旋式搅拌机的技术参数包括有效容积（m³）、内螺旋叶片直径（mm）、外螺旋叶片直径（mm）、轴转速（r/min）、功率（kW）、变频器型号和质量（kg）。有效容积主要与双轴螺旋式搅拌机的槽体尺寸（长×宽×高）等有关。

矿山可根据充填能力、充填骨料和充填料浆特性选择双轴桨叶式搅拌机型号。

10.4.3.4　主要生产厂家与技术参数

双轴螺旋式搅拌机主要有 ATD 系列、SLJ 系列以及 SJL 系列等。

ATD 系列双轴螺旋式搅拌机如图 10-29 所示。

图 10-29　ATD 系列双轴螺旋式搅拌机

ATD 系列双轴螺旋式搅拌机的技术参数见表 10-17。

表 10-17 ATD 系列双轴螺旋式搅拌机的技术参数

序号	名称		单位	技术参数		
				ATDⅡ-φ500	ATDⅢ-φ700	ATDⅢ-φ800
1	槽体尺寸(长×宽×高)		mm×mm ×mm	4000×1020×710	6020×1400×900	6840×1650×1120
2	槽体最大容积		m³	2.25	5	7.5
3	生产能力		m³/h	80	35~90	50~160
4	叶片直径		mm	520	700	800
5	轴转速		r/min	20~50	20~50	
6	电机减速器 XWY18.5-1/17	功率	kW	18.5	30×2	
		输出转速	r/min	57		
		速比		17	14.5	
		适用电机功率	kW	22	37	37
7	变频器 BBP-K-37K	额定输出电流	A	71	60	
		允许电压变动	V	342~418	342~418	
		外形尺寸	mm×mm ×mm	480×745×250		
8	链轮速比			1:15		
9	链条型号			20-2×122		
10	设备质量		kg	4000	11210	
11	最大给料粒度		mm	30	30	

ATDⅢ-φ800 型螺旋搅拌输送机在结构上有变化,排料端新设置了一套与水平横向主搅拌器相垂直的竖直辅助搅拌器,将受料斗内物料无循环混合变为湍流混合,以防止因振动而引起的局部离析。

SJL 系列双轴螺旋式搅拌机如图 10-30 所示。

图 10-30 SJL 系列双轴螺旋式搅拌机

其技术参数见表 10-18。

表 10-18　SJL 系列双轴螺旋式搅拌机的技术参数

序号	规格型号	有效容积 /m³	处理能力 /(m³·h⁻¹)	功率 /kW	搅拌浓度 /%
1	SJL-φ600×4500	3.5	≤70	30×2	
2	SJL-φ600×4000	3			
3	SJL-φ700×4500	5.5	≤90	37×2	
4	SJL-φ700×4000	4.8			
5	SJL-φ750×4500	6	≤120	45×2	
6	SJL-φ750×4000	5.3			
7	SJL-φ800×4500	6.4	≤140	45×2	65~80
8	SJL-φ800×4000	5.6			
9	SJL-φ850×4500	7	≤160	55×2	
10	SJL-φ850×4000	6.2			
11	SJL-φ900×4500	7.6	≤180	75×2	
12	SJL-φ900×4000	6.7			
13	SJL-φ950×4500	8.2	≤200	90×2	
14	SJL-φ950×4000	7.2			

10.4.4　高速活化搅拌机

10.4.4.1　工作原理与结构

　　高速活化搅拌机的工作原理是将经过初步搅拌的混合料通过进料口落到旋转的转子杆上，由于内外圆周上的转子杆以不同的线速度转动，使与转子杆相互作用的混合料颗粒也具有不同的速度和运动方向。在对混合料机械起作用的过程中，破坏固体成分与水相互作用形成的凝聚体，同时，由于高速转子的强力作用，使水泥颗粒互相碰撞，暴露出新的表面，以强化水泥的水化作用，从而制备出流动性好、浓度高的均质充填料浆。高速活化搅拌机的结构如图 10-31 所示。

　　其结构主要包括半圆筒形的上、下机壳，搅拌转子，机座和传动电机。

　　工作机构：搅拌转子的两端分别有一个 φ450 mm 的转子盘固定于轴上；在转子盘上呈同心圆形布置两圈转子杆，而且内外两圈转子杆应错开布置，以保证良好的搅拌质量。

10.4.4.2　特点与应用范围

　　高速活化搅拌机主要适用于细颗粒骨料充填料浆，具有以下特点。

　　(1)高速搅拌能破坏充填料中固体成分与水相互作用而产生的聚团，使骨料、胶凝剂和水得到均匀混合和充分搅拌。

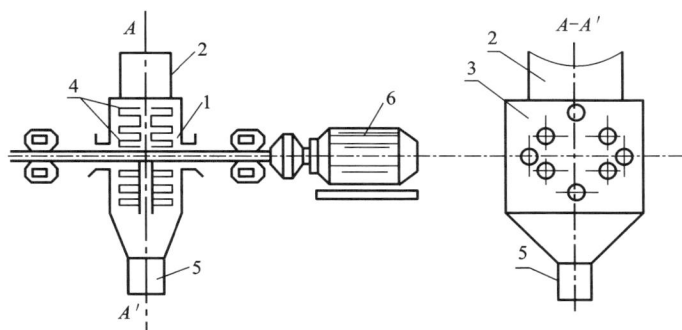

1—机壳；2—进料口；3—转子；4—转子杆；5—出料口；6—电机。

图 10-31　高速活化搅拌机结构图

（2）高速活化搅拌机中转子盘和转子杆是活化搅拌机的关键，对产品的耐磨度和耐冲击性有严格要求。

10.4.4.3　技术参数与选择

高速活化搅拌机的技术参数有电机功率（kW）、转速（r/min）、容积（m³）和质量。矿山可根据充填骨料颗粒和充填能力选择合适的高速活化搅拌机。

10.4.4.4　主要生产厂家与技术参数

常见的高速活化搅拌机主要有 GJ 系列高速活化搅拌机，其外形如图 10-32 所示。

图 10-32　GJ 系列高速活化搅拌机

GJ 系列高速活化搅拌机的技术参数见表 10-19。

表 10-19　GJ 系列高速活化搅拌机的技术参数

规格型号	GJ503	GJ503-H	GJ503-V150	GJ503-V200
生产能力/（m³·h⁻¹）	50~100	50~100	90~150	150~250
骨料粒径/mm	<15	<15	<15	<15
电机型号	Y225M-6/4	Y225M-6/4	Y225M-6/4	Y280M-6/4

续表 10-19

规格型号	GJ503	GJ503-H	GJ503-V150	GJ503-V200
功率/kW	30	30	45	55
转速/(r·min⁻¹)	980/1480	980/1480	980/1480	980/1480
外形尺寸/(mm×mm×mm)	1806×600×890	1806×640×890	2263×650×1010	2313×700×1060
质量/kg	850	860	1320	1580

10.5 充填料浆泵送设备

充填料浆管道输送分为自流输送与泵压输送。自流输送依靠势能将充填料浆输送至井下采场，其对充填管路工况及料浆性质都有一定要求，主要应用于两相流浆体输送，因为不涉及机械设备，此处不进行详述。对于无法实现自流输送的两相流浆体或膏体充填料浆，一般采用泵压输送，泵送设备一般采用充填工业泵。

充填工业泵主要分为 S 线摆管式与提升阀式，主要有德国、荷兰等进口品牌以及一些国内品牌。

10.5.1 S 线摆管式充填工业泵

S 管阀泵送机构主要由主油缸 1、水箱 2、砼活塞 3、输送缸 4、摇摆机构 5、搅拌机构 6、料斗 7 和 S 管阀 8 等部件组成，如图 10-33 所示。

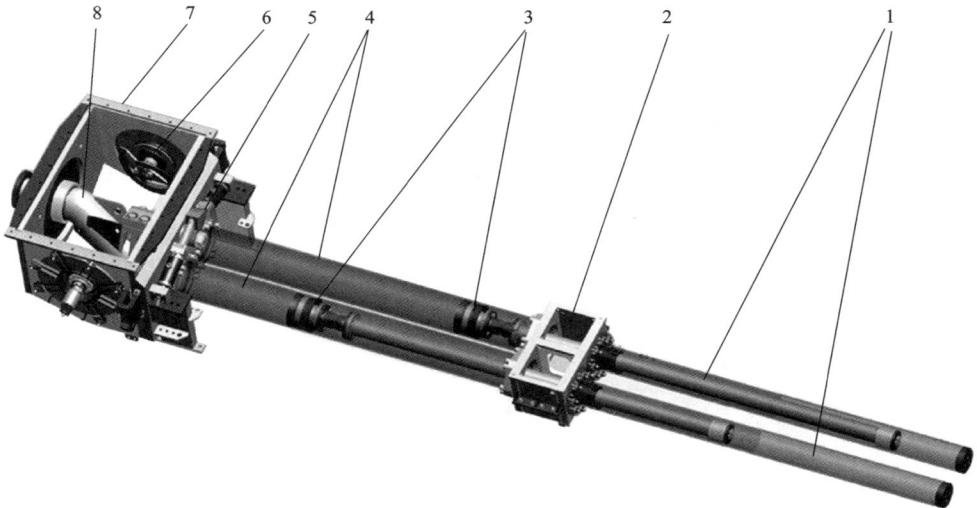

图 10-33 充填工业泵结构原理图

其工作原理：液压泵泵出的高压油推动主油缸 1 的活塞杆做往复运动，而输送缸 4 内的砼活塞 3 与主油缸 1 连在一起，也随其一推一拉地做来回运动。

正泵时，当一只主油缸的活塞杆带动砼活塞后退时，料斗中的物料被吸入输送缸；与此同时，另一只主油缸的活塞杆带动砼活塞前进，将先前吸入输送缸中的物料通过 S 管阀压入输送管路中；当主油缸活塞运动到行程末端时，通过液压控制系统自动切换液压油的流动方向，S 管阀与另一只吸满物料的输送缸连通，开始下一个工作循环。

反泵时，通过反泵操作使吸入行程的输送缸与 S 管阀连通，使推进行程的输送缸与料斗连通。输送缸中的砼活塞后退时，将输送管中的物料通过 S 管阀吸入输送缸中，另一只输送缸中的砼活塞前进，将先前吸入输送缸中的物料泵送到料斗中。同样，当主油缸活塞运动到行程末端时，通过液压控制系统自动切换液压油的流动方向，开始下一个工作循环。

S 线摆管式充填工业泵（或称 S 摆管泵）的基本特点。①从设计方面讲：该泵进出料没有阀体，是通过 S 摆管的摆动来实现两输送缸进料和出料的转换，保证粗颗粒输送物料能够无障碍自由流动；S 摆管的转换通过料斗外设置的双液压油缸实现，S 摆管双液压油缸驱动力强劲，切换迅捷，定位准确，能够满足 2 t 重 S 摆管迅速切换的长期运行要求；S 摆管与输送缸之间依靠独特的自动环密封，克服了高压输送条件下 S 摆管与输送缸之间的密封难题，输送压力越大，密封性越好；在输送压力非常高的情况下，当 S 摆管转换时，会有少量物料发生倒流，倒流量通常少于冲程容量的 5%。为改善上述情况，相关设备专门设计了缓冲系统，如止回阀、管道压力缓冲器等。②从结构上讲：S 摆管泵有最佳的进料效果，泵的输送缸进料口直接面对该泵料斗中的输送物料，供料充足，使被输送物料容易直接进入输送缸，从而提高其进料效率，泵的喂料比为 90% 以上；S 摆管泵结构简单，操作方便；料斗侧面设计有维修保养开口，便于维修保养及配件的更换。③从运营成本讲：S 摆管泵的最大特点是移动（磨损）部件少，使用寿命长，这意味着运营成本低。S 摆管泵的液压驱动油缸在料斗外部，不存在与输送物料接触造成的磨损问题，维修保养方便；输送缸内壁采用双层硬铬镀层，大大提高了抗腐蚀性和耐磨性；采用高耐磨无裂纹眼镜板，降低了眼镜板更换频率，节省运营费用。

S 线摆管式充填工业泵广泛应用于煤矿采空区和巷道的混凝土充填，金属和非金属矿山的采空区回填，还可以用于污水处理厂污泥的长距离高扬程输送以及江河、湖泊的清淤等。适用于输送坍落度在 20~28 cm、最大骨料粒径 ≤25 mm 的矿山尾砂膏体或者煤矸石膏体以及其他物料膏体。

S 线摆管式充填工业泵主要有进口的 KOS 泵系列以及国产的 HGBS 系列，其技术参数见表 10-20 与表 10-21。

表 10-20 S 线摆管式充填工业泵的规格及技术参数

型号	排量 /(m³·h⁻¹)	出口压力 /MPa	冲程 /mm	输送缸径 /mm	长 /mm	宽 /mm	高 /mm
KOS 2180	100	12	2100	280	6800	1100	1100
KOS 25100	160	15	2500	360	8500	2150	1550
KOS 25150	250	15	2500	450	8500	2150	1550
KOS 25200	500	10	2500	560	9000	3150	2100

表10-21　HGBS系列S线摆管式充填工业泵的技术参数

产品型号	最大理论出口排量/(m³·h⁻¹)，最大理论出口压力/MPa	电动机额定总功率/电压/(kW/V)	工作单元外形尺寸(长×宽×高)/(mm·mm·mm)	动力单元外形尺寸(长×宽×高)/(mm·mm·mm)	工作单元质量/kg	动力单元质量/kg
HGBS60.14.220	58.9, 13.6	220/380	5570×1685×1530	3850×2062×1740	4650	3630
HGBS70.17.220	66.8, 16.6	220/380	6575×1685×1532	3200×1900×2128	5200	2100
HGBS70.17.250	66.8, 16.6	250/380	6910×1685×1532	3250×1600×2106	5785	3800
HGBS60.18.320	62.7, 17.6	320/380	7058×2103×1580	4250×2062×1770	9250	4850
HGBS90.12.250	94.6, 11.5	250/380	6860×1685×1532	3250×1600×2106	5785	3800
HGBS80.14.320	77.5, 14.2	320/380	7056×2103×1580	4100×2062×2195	9350	5150
HGBS140.08.264	137.8, 8.0	264/380	7855×2103×1605	4100×2062×2195	9750	6100
HGBS120.09.220	121.1, 9.1	220/380	7056×2103×1605	4100×2062×2195	9500	5100
HGBS110.14.500	113.8, 14.2	500/380	7855×2103×1580	4600×2750×2195	10500	8100
HGBSW110.14.630	113.8, 14.2	630/10 k	7855×2103×1580	5350×2980×2195	10500	8550
HGBS160.14.800	155.8, 14.2	800/380	9055×2103×1580	5000×2750×2195	11500	8550
HGBS190.12.630	190.8, 11.5	630/380	9055×2103×1580	4250×2750×2195	10000	7000
HGBS210.14.800	207.2, 14.2	800/380	9055×2103×1580	5250×2750×2195	11500	9050
HGBSQ240.12.800	239.6, 12.5	800/6 k	10744×2353×1865	5250×2750×2195	17100	9050
HGBSQ360.18.1500	367, 18	1500/6 k	10760×3020×2244	7800×4630×2964	32000	33000
HGBS350.12.1260	350.6, 12.5	1260/380	10744×2353×1865	2×(4775×2750×2195)	17100	2×8500
HGBSQ450.14.1890	448.4, 14.2	1890/6 k	10760×3020×2244	7300×4343×2964	32000	31000

某型 S 线摆管式充填工业泵实物图如图 10-34 所示。

图 10-34　充填工业泵

10.5.2　提升阀式充填工业泵

提升阀式充填工业泵采用液压驱动的提升阀来实现输送缸进料和出料的转换，且进出料转换造成的输送间断时间非常短，从而保证在高压输送条件下不出现返料现象。提升阀泵特别适用于细粒尾矿及充填料的高浓度、远距离输送。图 10-35 所示为某提升阀泵的结构示意图。

提升阀式充填工业泵的基本特点：①采用液压驱动的提升阀来实现输送缸进料和出料的快速转换；②尽可能采用容积大的输送缸，以减少因转换造成的输送间断等问题；③泵头形式多样，为不同的应用提供多种选择，配置灵活，经济合理；④提升阀的阀盘和阀座可翻转使用，寿命可延长一倍，降低运营费用；⑤阀杆在阀盖下强力冲洗，液压油路与输送物料完全隔离，使用寿命长；⑥维修、更换磨损件极为简便，拆卸阀时无须拆除泵吸料和排料的连接，因阀的维修保养而中断运行的时间很短；⑦输送缸内壁采用双层硬铬镀层，大大提高了抗腐蚀性和耐磨性。

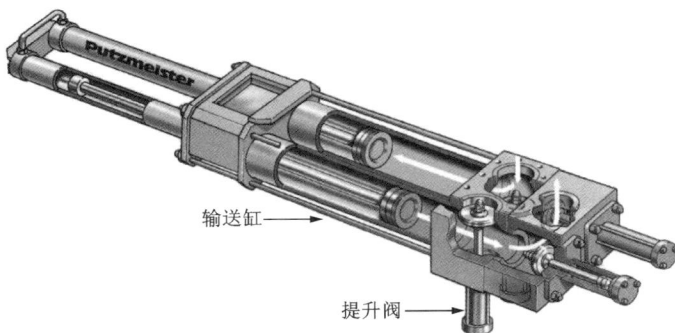

输送缸

提升阀

图 10-35　某提升阀泵的结构示意图（E 形泵头）

提升阀式充填工业泵主要有进口的 HSP 系列，其技术参数见表 10-22。

表 10-22 HSP 系列提升阀式充填工业泵的规格及技术参数

型号	排量 /(m³·h⁻¹)	出口压力 /MPa	冲程 /mm	输送缸径 /mm	长 /mm	宽 /mm	高 /mm
HSP 2180	100	15	2100	280	6800	1100	1100
HSP 25100	160	15	2500	360	7500	1700	1500
HSP 25150	250	15	2500	450	9300	2350	2100
HSP 25200	400	10	2500	560	7500	1700	1500

10.6 充填自动化控制系统

充填自动化建设应本着经济可靠，满足生产操作、过程监视、设备安全运行的原则，设置自动化控制系统，并配备可靠、先进、智能的检测元件和执行机构，以实现充填生产各环节仪电一体化控制模式。

充填过程自动化是依据充填工艺对充填参数按照一定的控制逻辑进行一定程度的自动监测与控制；主要包括骨料计量的监测与控制、胶凝材料计量的监测与控制、充填料浆浓度与流量的监测与控制、灰砂比的监测与控制、调浓水量的监测与控制、料位高度的监测与控制、管道压力的监测与控制等几个方面；主要通过充填物料计量设备、输送设备、检测仪表、阀门及自动化控制模块、上位机等共同协作实现对整个充填过程进行监测、控制以及自动记录。

10.6.1 系统架构

完整的控制系统包括数据采集、信号传输、设备管理、过程控制、报表记录等组成部分。系统由可编程控制器柜、现场仪表及其就地显示/操作箱、配电柜、操作台、工业控制计算机及外部设备、系统外部检测仪器及执行机构等组成。

充填站自控系统采用分层、分布式架构，对充填料浆制备过程进行监测、计量、控制和调节，该系统由管理层、网络通信层、现场设备层三部分组成，系统操作方式有全自动、半自动、现场按钮箱手动操作三种。充填自控系统拓扑图如图 10-36 所示。

自控系统一般由两个上位机监控操作站、一台视频显示器，一个 PLC 主站、通信元件及仪表、现场执行机构、摄像机等组成。现场仪表有流量计、浓度计、压力传感器、料位计等，执行设备有泵、阀门等，在系统运行的关键位置布设高清网络摄像机，以便控制室操作人员随时直观地掌握现场情况。利用计算机后台监控管理软件和网络通信技术，将采集到的数据上传到监控管理平台，通过计算物料配比自动控制现场执行机构动作，得到满足工艺要求的流量和浓度，从而实现对充填料浆制备全过程的监控管理功能。

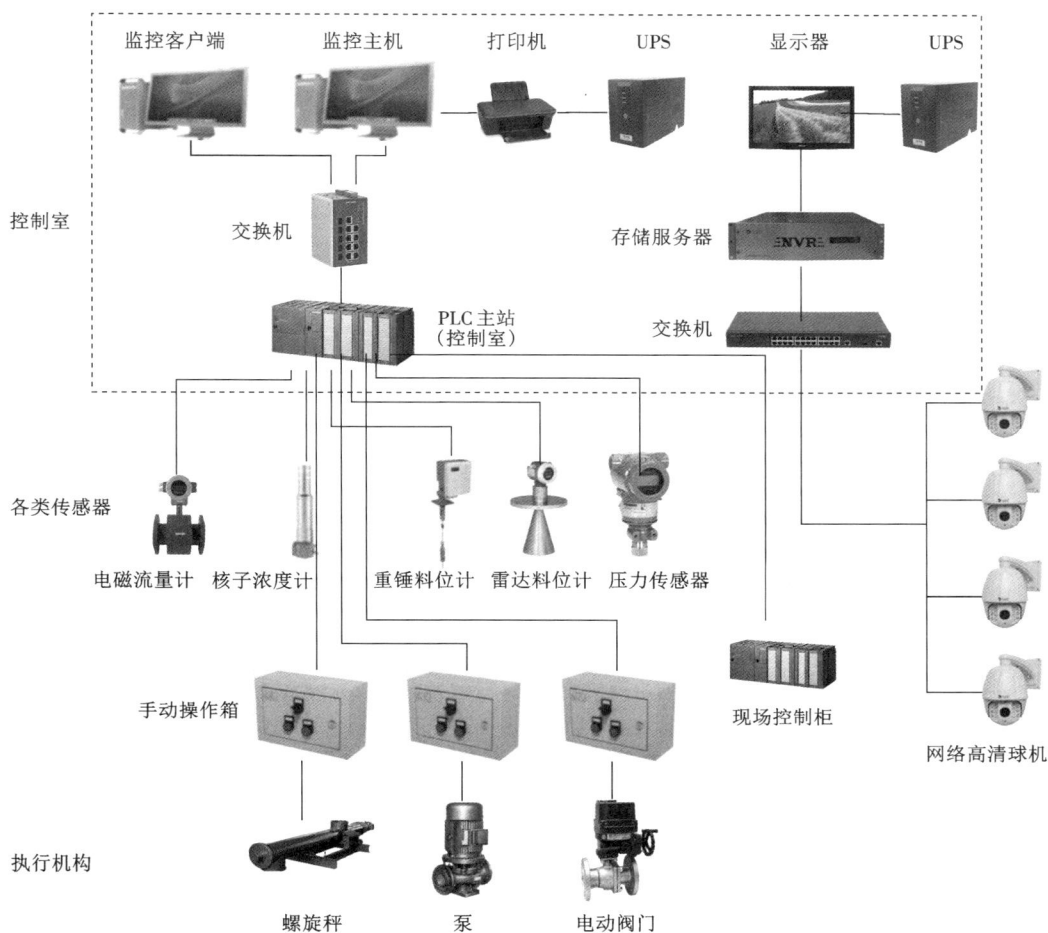

图 10-36　充填自控系统拓扑图

10.6.2　控制单元

自控系统可采集现场仪表、阀门等各类模拟、数字信号。为满足充填站控制流程、工艺和安全性要求，自控系统对所采集到的信号进行加工处理，最终控制现场各阀门、电机设备按照预定程序工作，实现整个生产过程全自动化。

控制单元一般包括但不局限于以下内容。

1）料仓料位监测及报警

料仓料位主要是水泥仓料位，通过在水泥仓顶安装雷达料位计对水泥仓内料位进行检测，可实时检测水泥仓内料位，计算水泥仓内水泥物料量。当仓内水泥料位低于预警值时，及时报警，以补充物料，确保生产用料。

2）骨料干砂量计量及控制

对于采用破碎废石、戈壁集料等粗骨料充填的矿山，骨料存储于骨料仓，骨料仓底安装圆盘给料机、刮板给料机等给料设备，给料机下安装皮带输送机，皮带机上安装皮带秤，给料机、皮带秤组合实现骨料干砂量的计量与控制。将系统设备给料量、皮带秤计量量反馈给料机，通过给料机调速实现给料调节。

3）放砂浓度监测与控制

对于立式砂仓及深锥浓密机，放砂浓度根据放砂管道安装浓度计检测值，通过底流管冲洗水调节阀门实现底流浓度实时控制。

4）充填骨料量与胶凝材料的比例控制

对于干骨料充填，可直接根据骨料添加量及设计灰砂比控制水泥添加量。对于立式砂仓或深锥浓密机，骨料浆体供料，根据供料浓度、供料流量计算出供料干砂量，然后再根据灰砂比控制水泥添加量，即可控制并获得采用不同充填工艺、不同灰砂比的合格充填料浆，进而满足不同充填区域对不同充填体强度的要求。

5）充填料浆浓度控制

实时跟踪监测充填浓度变化，根据充填生产要求的料浆浓度自动调节搅拌槽补加水调节阀；当充填浓度出现较大波动时，系统会自动采取相应措施将充填浓度调整至合理的浓度区间内，保证充填料浆浓度合格与稳定。

6）搅拌设备液位监测与控制

在搅拌槽安装雷达料位计，当搅拌槽液位高于或低于合理区间时，通过控制立式砂仓或深锥浓密机放砂管道上的放砂控制阀实现搅拌槽供料调节。

7）充填管道清洗控制系统

生产结束后，自动打开底流冲洗水阀门对管道进行冲洗，保证管道内没有沉淀。

8）顺序控制及连锁保护控制系统

根据生产工艺流程，一键开机启动生产，按顺序控制搅拌、放砂、水泥给料等各工艺；停机后，按顺序停止放砂、水泥给料，启动洗管水，清洗设备及管路。生产过程中，关键工艺环节连锁保护，确保不出现安全事故及质量事故。

10.6.3　主要仪表、阀门及执行器

充填自控过程涉及的仪表包括浆体的计量与控制仪表、物位计。阀门一般包括闸阀、蝶阀、球阀、刀闸阀、管夹阀、液压换向阀、电磁阀等。执行器一般有电动、气动、液压三种。

1）浆体的计量仪表

浆体指的是充填料浆、尾砂浆、水以及液态化学添加剂等。浆体的计量指采用各类仪表，对浆体的体积流量、质量浓度进行在线测量，两者结合可计算出浆体的干料量。

浆体的计量仪表一般为电磁流量计、核子浓度计。具有代表性的厂商为德国 E+H、西门子公司，其产品性能可靠、准确度高、维护量小。选型时应严格按照仪表的适用条件（量程、介质）进行选择，安装时需严格遵照说明书的安装要求。

2）物位计

物位测量通常指对封闭式或敞开式容器中的物料（固体或液位）的高度进行测量，完成这种测量任务的仪表称为物位计。如果是对物料高度进行连续检测，称为连续测量；如果只对物料高度是否达到某一位置进行检测，称为限位测量。充填系统中的物位主要用于立式砂仓砂位、立式砂仓液位、水泥仓料位、搅拌机浆体料位、浓密机液位测量。

充填系统中最为常用的物位计包括重锤物位计、雷达物位计、超声波物位计。一般立式砂仓砂位采用重锤物位计，代表厂商为美国 Monitor 公司；立式砂仓液位、搅拌机浆体料位、水仓(池)料位、水泥仓料位一般采用雷达或者超声波物位计，代表厂商为德国 E+H 公司及西门子公司。测量水泥仓料位的雷达或者超声波物位计建议附带吹灰功能；水泥仓料位检测也可采用重锤料位计；深锥浓密机泥层检测一般选用泥层界面仪，代表厂商为普莱森。物位计选型时应根据所测物位量程与介质选择合适的仪表。

3)阀门

在充填工艺中阀门是必不可少的，常用的阀门包括球阀、闸阀、刀闸阀、逆止阀、蝶阀、安全阀、管夹阀等，主要作为开关阀及调节阀使用。

阀门的选型在充填系统中尤为重要，一般介质为风、水时选择球阀较好；介质为浆体时，需要选择耐磨、密封性较好的阀门，一般选用刀闸阀；浆体调节阀应选用超耐磨胶管阀。

4)执行器

执行器是自动控制系统中执行机构和控制阀的组合体。它在自动控制系统中的作用是接受来自调节器发出的信号，利用其在工艺管路中的位置和特性调节工艺介质的流量，从而将被控参数控制在生产过程所要求的范围内。

执行器按作用驱动能源分为气动、电动和液压执行器三种。电动执行器结构紧凑，体积小巧，相较气动源更灵活，可靠性高，稳定性强，无须动力即可保持负载，精度更高。气动执行器负载大，适合高力矩输出的应用，动作迅速、反应快，工作环境适应性好，行程受阻时不存在烧毁电机的问题。液压执行器结构复杂、造价高，在充填系统中应用得较少，仅在高扭矩的换向阀门中得到应用。

10.6.4　数据可视化与生产报表

通过数据可视化，可以显示造浆水的最佳水量、平均统计浓度，轻松查看班报表、日报表、月报表、年报表等；可以根据带班长分类，统计每个班次的充填量，方便对充填情况的管理与员工绩效的考核；可以统计每个砂仓与深锥浓密机、搅拌桶的总充填量，在检修时记录数值，以推断砂仓、深锥浓密机与搅拌桶的检修时间。

系统支持对任意工艺参数进行实时/历史曲线查看，并具备灵活的索引方式，可查询半年内自定义时段内的工艺参数变化趋势，以便对生产指标进行考量、追溯事故原因。

充填生产报表可对充填管号、开车停车时间、充填砂量、充填浓度、充填用水量、充填应用灰量、充填实用灰量等关键数据进行统计；每日三班结束时，可自动生成多种形式的报表，改变了传统人工抄录的模式。

充填报表内容有：

(1)充填作业量的记录；

(2)实际作业数据与计划数据的对比；

(3)班次人员、浓度、砂仓、充填量、用水量、水泥量、充填空区记录等。

10.7 应用实例

10.7.1 会泽铅锌矿膏体充填系统

会泽铅锌矿生产规模为 2000 t/d，平均充填量为 550 m³/d。矿区矿体总体属中等稳固，采矿方法采用上向水平分层充填法进行回采。阶段高 60 m，分层高 4 m，每分层沿矿体走向布置 2~3 个盘区，长 60~80 m，宽为矿体厚度，自两翼向中间按先矿房、后矿柱的顺序回采。矿体被采出后，利用膏体充填处理空区。

矿山充填系统工艺流程如图 10-37 所示。采用 1 台深锥浓密机，直径为 11 m，高度 16 m，有效容积 1110 m³，可贮存 3 天的尾砂充填用量。水淬渣仓 1 个，断面尺寸为 7 m×7 m，容积为 750 m³。水泥仓 1 个，断面尺寸为 9 m×5 m，容积为 300 m³。

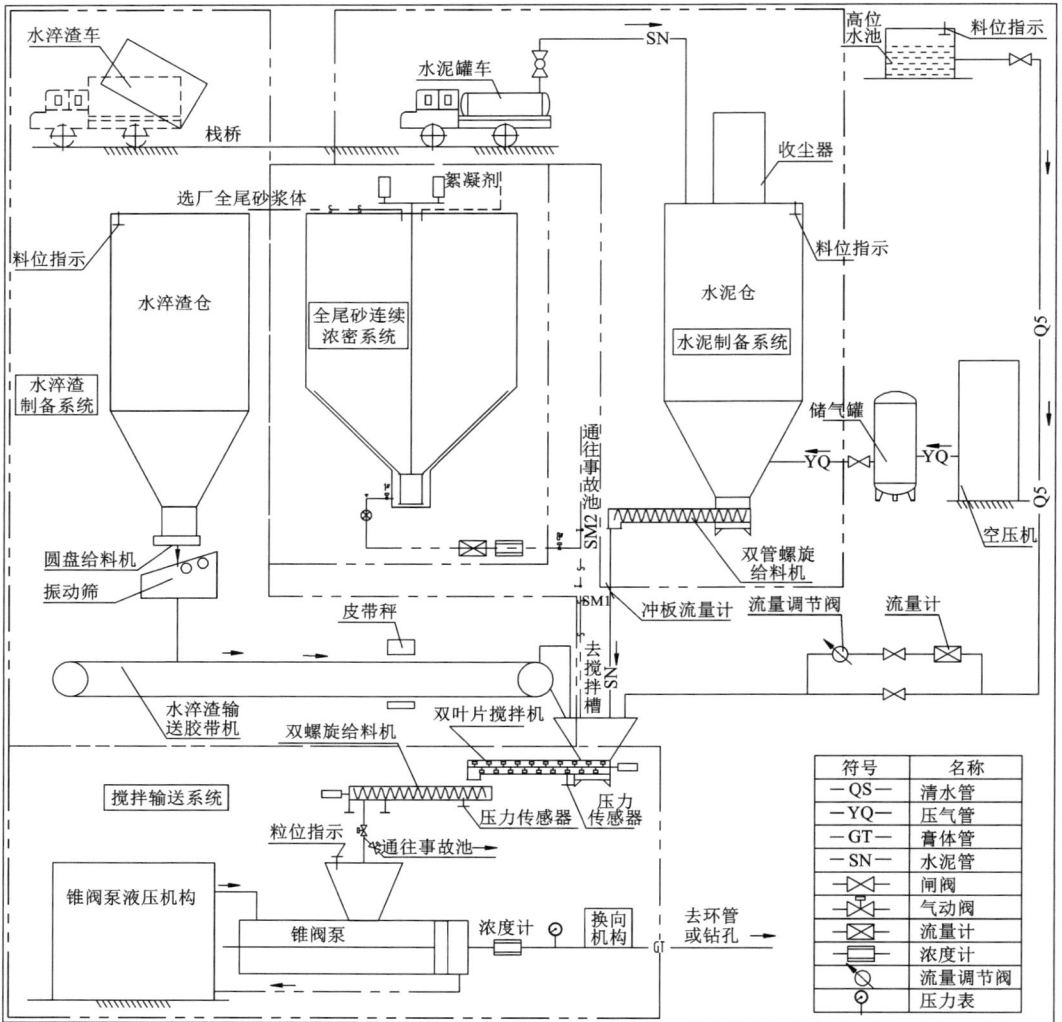

图 10-37 会泽铅锌矿膏体泵送充填系统工艺流程

（1）全尾砂浓密脱水。

全尾砂浓密脱水采用一段浓密脱水工艺。尾砂浆从选厂泵送，入料浓度为20%～25%，经絮凝沉降、浓密脱水后，底流浓度可达71%～75%。全尾砂浓密采用美国DORR-OLIVER公司的EIMCO深锥浓密机，直径为11 m。

（2）膏体料浆制备。

膏体搅拌制浆采用连续双轴搅拌机。一段搅拌为双轴叶片式搅拌机，采用间断非等螺距交叉组合叶片搅拌器；二段搅拌为双螺旋搅拌输送机，采用内外反向螺带螺旋搅拌器。水泥采用地面干加方式添加，由冲板流量计与叶轮喂料机联合监控计量，经水泥仓底部双管螺旋输送机输送到一段搅拌机。水淬渣经过圆盘给料机计量后通过皮带运输至一段搅拌机，在此处将全尾砂、水泥、水淬渣搅拌形成膏体。

（3）膏体料浆输送。

由于输送距离较远、较深，采用两段泵送。充填管从地表通过钻孔到井下，共有2条充填干线，分别通往1号矿体和8号、10号矿体。通往1号矿体的充填管线长约3050 m，通往8号矿体和10号矿体的管线长约4050 m。充填管采用无缝钢管，内径150 mm，外径按压力大小而不同，分别为194 mm、180 mm、168mm。

整个充填系统分为地表制备站和井下接力泵管道输送两部分，地下接力泵站分别安装在2053 m中段（1号泵站）和1751 m中段（2号泵站）。1号泵站负责1号矿体充填任务，2号泵站负责8号矿体和10号矿体的充填任务。3台泵的型号完全相同，最大泵送能力为60 m³/h，最大工作压力为12 MPa。膏体输送采用的是荷兰威尔公司（WIER）的DHC 21180-8E型双缸活塞泵。

随着开采水平的不断加深，矿山逐渐进入深部开采的行列，充填倍线小于3.0，膏体充填系统由原来的泵压输送演变成自流输送，大大简化了充填系统，节省了能耗。

（4）采场充填。

采场充填管采用PVC管，用锚杆固定在采场顶板上。隔墙一般采用混凝土浇筑的方式进行建造，当出矿道为上坡时，采用堆磋砌筑。

为防止洗管的水进入采场，在采准工程的适当位置布置沉淀池，在沉淀池附近的充填管安装三通，在三通的三个方向安装活动闸板。充填结束后，关闭通往采场方向的闸板，利用高压水清洗三通至采场管线，水经过沉淀池沉淀后流入排水系统。

会泽铅锌矿膏体泵送充填系统在2006年成功开展膏体充填工业化试验并开始工业化生产，完全满足日生产能力为2000 t/d的采选规模要求，年充填量达15万 m³。其充填流量达40～60 m³/h、充填浓度达79%～81%、水泥单耗为0.185 t/m³、絮凝剂单耗为0.0162 kg/m³、清水单耗为0.76 m³/m³、电力单耗为11.87 kW·h/m³。

该套膏体充填系统采用了全尾砂+粗骨料的工艺，粗骨料的添加显著提高了充填料浆质量浓度，提高了充填体强度，充填工艺指标稳定。新疆伽师铜矿、喀拉通克铜镍矿等都采用了类似工艺。

10.7.2　西藏甲玛铜多金属矿全尾砂似膏体充填系统

西藏华泰龙矿业开发有限公司是由中国黄金集团公司控股的股份制企业，主要开发甲玛铜多金属矿区资源，并将以此为基地全面开发西藏及其周边矿产资源。

　　甲玛铜多金属矿是西藏华泰龙矿业开发有限公司的主体矿山，位于西藏拉萨市墨竹工卡县境内，为西藏已探明的大型铜多金属矿床之一。甲玛铜多金属矿为露天井下联合开采矿山，露天生产能力为 4 万 t/d，井下生产能力为 2 万 t/d。井下开采采用分段空场嗣后充填采矿法。

　　充填是矿山的核心工艺，具有大流量、高海拔、高寒特点，充填系统采用基于深锥浓密机与立式砂仓的全尾砂大流量似膏体充填工艺。具体工艺流程：二期选厂尾砂在选厂经深锥浓密机浓密至 64%～66% 后通过隔膜泵泵送至标高+4820 充填站；64%～66% 浓度的尾砂浆与水泥混合搅拌均匀，制备成高浓度充填料浆后，通过充填钻孔自流至井下采场进行充填。工艺流程如图 10-38 所示。

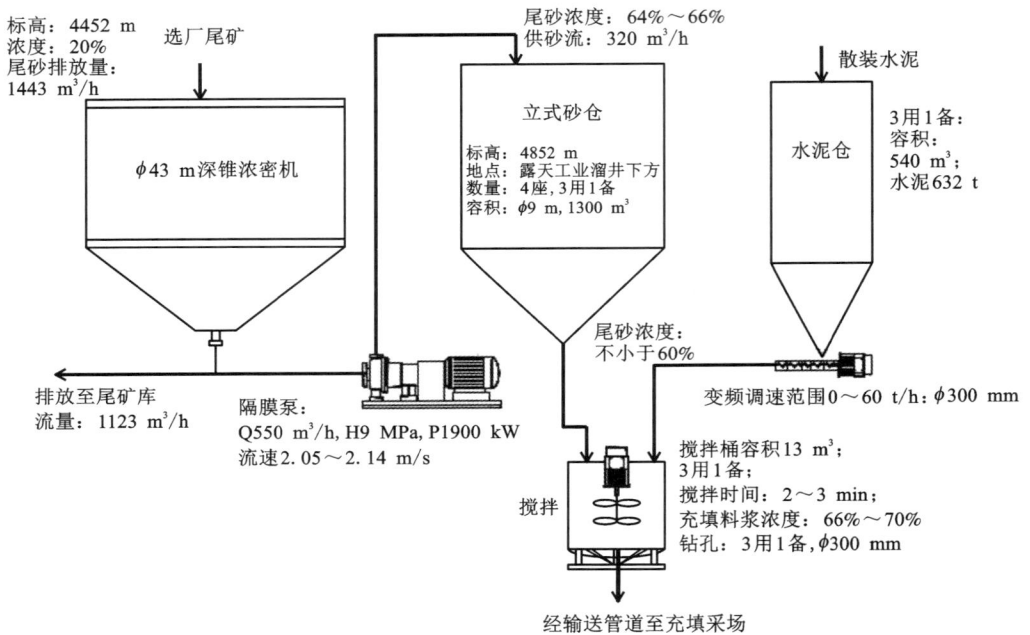

图 10-38　甲玛铜多金属矿充填工艺流程图

　　充填尾矿浓密与选厂尾矿浓密共用深锥浓密机，深锥浓密机与立式砂仓协同实现全尾砂高效浓缩与存储。深锥浓密机采用奥图泰直径 43 m 的膏体浓密机，其主要起尾矿浓缩作用。将用深锥浓密机浓密好的底流高浓度尾砂浆泵送至充填站立式砂仓进行存储，立式砂仓仓顶配置有阶梯排水系统，可进一步提高充填浓度。立式砂仓以尾矿存储作用为主，以二次浓缩作用为辅。

　　该矿配置 4 座 1500 m³ 的立式砂仓，砂仓直径 12 m，高度 18.5 m。

　　深锥浓密机浓密好的尾砂浆通过 DGMB550/9 型隔膜泵泵送至充填站，泵送高度为 380 m，距离约 2000 m。隔膜泵流量为 550 m³/h，压力为 9 MPa。

　　充填站建设 4 座水泥仓，水泥仓容积为 350 m³，水泥给料装置采用微粉秤给料，搅拌设备采用立式搅拌桶，尺寸为 φ2.6 m×3 m。

　　甲玛铜多金属矿全尾砂充填料浆浓度达 65%～68%（尾砂偏细），充填能力为 150～

180 m³/h。这套充填工艺将深锥浓密机与立式砂仓的优点相结合,深锥浓密机起高效浓缩作用,立式砂仓起存储与二次浓缩作用。与单深锥浓密机系统相比,该充填系统稳定性提高了,缺点是增加了一个环节。我国安徽罗河铁矿、香炉山钨矿等都采用了类似工艺。

10.7.3　冬瓜山铜矿全尾砂高浓度充填系统

冬瓜山铜矿全尾砂高浓度充填系统是"十五"国家重点科技攻关课题——"复杂难采深部铜矿床安全高效开采关键技术研究与应用"的主要成果。在"九五"与"十五"期间,铜陵有色集团联合国内多家科研院所进行了历时十年的科研攻关,于2006年9月完成半工业试验,2007年1月26日正式投入生产。

冬瓜山铜矿充填具有全尾砂、高浓度、连续充填几个特点,充填浓度为71%~73%。充填站内建有6套相互独立的充填系统,每套充填系统具体包括尾砂制备系统、水泥给料系统、搅拌系统及自动化控制系统,分别说明如下。

(1)尾砂制备系统。

尾砂制备系统采用锥形底立式砂仓,砂仓直径8 m,高23.2 m,容积970 m³(有效容积为679 m³,可贮存砂1473 t)。冬瓜山铜矿采用连续充填,即仓顶进料与仓底放砂同时进行,为了实现连续充填尾砂,进出平衡是关键。因此,立式砂仓的核心在于仓顶进料与仓底造浆放砂。

仓顶进料主要采用了降低尾砂供料速度、压力,延长尾砂沉降路径,降低尾砂沉降扰动等技术措施,仓顶设施主要包括絮凝剂混合器、尾砂沉降桶及仓顶泄压设施,具体如图10-39所示。

冬瓜山铜矿尾砂利用率为80%左右,将多余尾砂输送至尾矿库,仓顶溢流允许跑浑,跑浑的溢流进入浓密机,经浓密后输送至尾矿库。

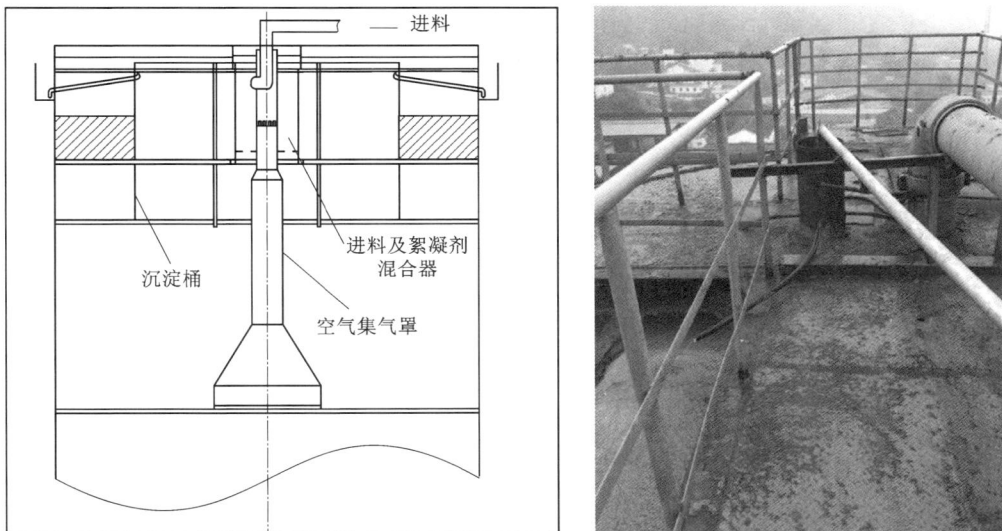

图10-39　冬瓜山仓顶进料设施

冬瓜山铜矿早期采用 6 层环管风水联动造浆系统，在多年的使用过程中进行了进一步优化，目前的造浆系统更为简单，甚至不造浆，具体根据放砂效果进行调节。造浆系统布置如图 10-40 所示。

图 10-40　冬瓜山造浆系统

（I2）水泥给料系统。

冬瓜山充填系统建设有 3 座水泥仓，水泥仓规格为 10 m×5 m×19 m，水泥通过 $\phi250$ mm ×2500 mm 双管螺旋给料机经冲板流量计按设计的灰砂比供料至搅拌桶。

（3）搅拌系统。

冬瓜山铜矿充填搅拌采用一级搅拌方式，搅拌设备为 $\phi2000$ mm×2100 mm 高浓度搅拌桶。

（4）自动化控制系统。

冬瓜山充填系统建设有简单有效的充填自动化控制系统，这也是充填质量控制的关键。

10.7.4　武山铜矿全尾砂膏体充填系统

武山铜矿是江西铜业集团有限公司下属主体矿山之一，位于江西省瑞昌市白杨镇，矿区南行 8 km 至瑞昌市，北行 14 km 至瑞昌市码头镇，交通十分方便。该矿山是一个以铜、硫为主，伴生金、银、硒、碲、铅、锌等多种元素的大型井下矿山，矿石品位高，资源储量前景大，经济效益良好。矿山目前的生产能力为 5000 t/d，三期扩建工程将形成 10000 t/d 采选能力，日均充填空区将超过 3000 m³。2018 年矿山在南矿区新建一座全尾砂膏体充填站，并于 2020 年初正式投入生产，其工艺流程如图 10-41 所示。选厂浮选尾砂自流至输送泵房泵池，经渣浆泵加压后通过 DN300 陶瓷复合管输送到膏体充填站深锥浓密机。尾砂浆通过深锥浓密机进行絮凝沉降浓缩。经深锥浓密机制备合格的尾砂浆通过底流渣浆泵泵送至搅拌系统。充填用水泥通过水泥罐车采用高压风吹至水泥仓内并储存，仓底安装的微粉尘将胶凝材料输送至搅拌系统。搅拌系统采用双轴叶轮片式搅拌机+双叶轮螺旋搅拌输送机两段连续搅拌。经搅拌合格的充填料浆通过管道输送至井下采场，进而实现井下采空区全尾砂膏体充填。

（1）尾砂浓密与存储系统。

尾砂浓密设备采用深锥浓密机，选厂尾砂经 DN300 陶瓷复合管输送至深锥浓密机，并添加絮凝剂加速尾砂沉降。深锥浓密机选择 FLSmith 直径 18 m 的桥式浓密机，锥角为 30°，直

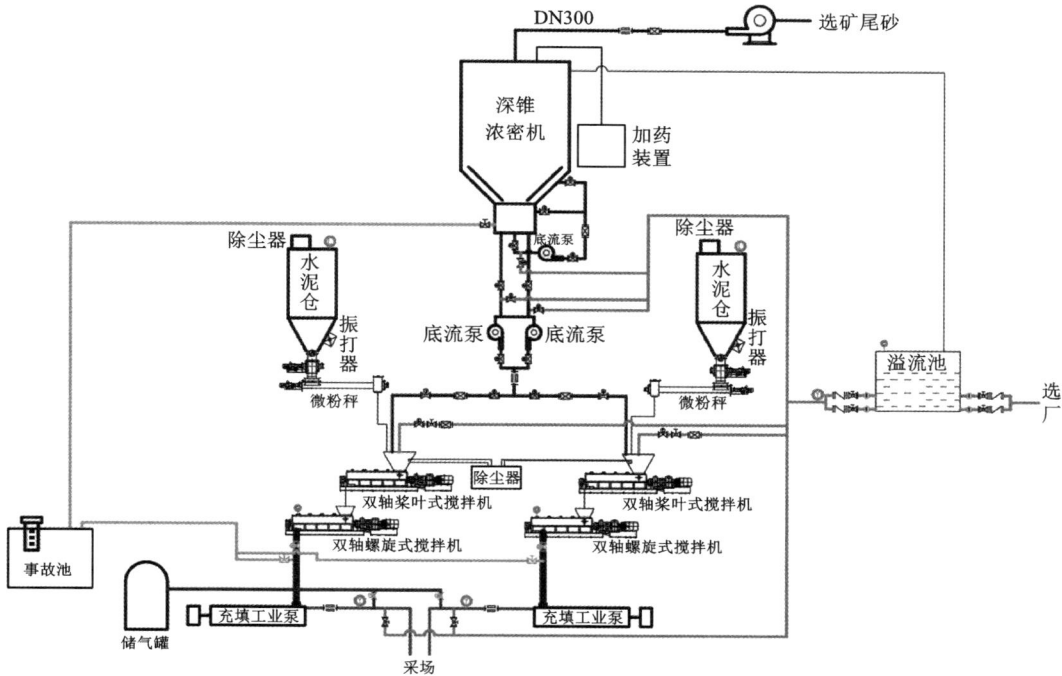

图 10-41　武山铜矿全尾砂膏体充填工艺流程图

筒高度 8.3 m，有效容积为 2500 m³；采用 MX 2000 A-2 型驱动器，电源 400 V，50 Hz 条件下转速为 0.18 r/min，驱动器电机配置称重传感器实时反馈驱动器扭矩值，最大扭矩为 3000000 N·m，当扭矩达到最大值的 50% 时报警，当扭矩达到最大值的 90% 时停机。

深锥浓密机采用 P-DUC 自稀释系统将进料尾砂浆稀释，与絮凝剂混合后，进入给料井沉降浓缩。絮凝剂采用絮凝剂添加装置自动添加。

（2）胶凝材料计量与输送系统。

胶凝材料通过水泥罐车采用高压风吹至水泥仓内，充填站建有 3 座 660 m³ 的水泥仓。胶凝材料计量与输送采用微粉秤，其安装在水泥仓下。型号为山东传诚 CFC Ⅱ 250 型微粉秤，主要由密封闸门、稳流给料装置、计量装置等组成。

（3）充填料浆搅拌系统。

充填料浆搅拌系统采用二级卧式搅拌。一级搅拌机选用 SJY-φ750 mm×3500 mm 双轴桨叶式搅拌机，生产能力为 120~150 m³/h，电机功率为 37×2 kW，叶片转速为 61 r/min，叶片回转直径为 750 mm，有效容积为 4 m³，设备质量约 8 t。二级搅拌机选用 SJL-φ800 mm×4500 mm 螺旋带式双轴连续搅拌机，生产能力为 120~150 m³/h，电机功率为 45×2 kW，叶片转速为 61 r/min，内外螺旋直径为 800 mm/500 mm，内外螺旋间距为 400 mm，有效容积为 6.4 m³，设备质量约 10 t。

（4）充填料浆泵送设备。

充填料浆泵送设备选择锥阀膏体工业泵，最大输送量为 150 m³/h，最大持续工作压力为 12 MPa，主油缸直径×行程为 φ200 mm×3100 mm，输送缸内径×行程为 φ300 mm×3100 mm，最大泵送频率为 11.5 次/min，出料口通径 DN200，坍落度允许范围为 20~28 cm，最大骨料粒径为 5 mm，输送浓度范围为 50%~85%，质量约 7.5 t。YDZ1040-4-630-2Q 型液压动力站电机型号为 Y2-4001-4/B35，电机功率为 315 kW×2，电机额定电压/频率为 6 kV/50 Hz，电机转速为 1480 r/min，泵送油压为 27 MPa，分配油压为 8 MPa，油箱容积为 2350 L，质量约 10 t。

（5）充填自动化控制系统。

充填自动化控制系统采用 DCS 分层、分布式架构，执行端除有深锥浓密机、微粉秤、搅拌机等设备之外，主要仪表和阀门为雷达物位计、超声波物位计、电磁流量计、核子密度计和电动球阀、气动闸阀、电动调节阀等。控制系统具备工艺流程的控制、调节，作业数据的记录，消息提示和报警查询功能；同时也具备生产报表管理、生产数据分析与展示功能，有移动客户端。控制平台包括系统管理、工艺流程、参数设置、数据总表、趋势曲线、报表查询、报警查询等菜单栏。趋势曲线可显示充填过程中各参数在一定时间内的变化趋势，用于分析充填系统的稳定性。报表查询包括日报表、月报表以及各参数的数据报表查询并可自动更新，便于进行生产统计和分析及充填过程的回溯查询。

10.7.5 喀拉通克铜镍矿多骨料膏体充填系统

喀拉通克铜镍矿是新疆新鑫矿业股份有限公司的主体采选冶生产企业，地处新疆北部准噶尔盆地东北边缘，距富蕴县城 30 km。矿山有 1#、2#、3#矿床，1#、2#矿床采用下向进路胶结充填采矿法开采，3#矿床计划采用空场法嗣后充填开采。矿山设计生产能力为 150 万 t/a，目前 1#矿床开采量为 46 万 t/a，2#矿床开采量为 46 万 t/a，3#矿床预计开采量为 30 万 t/a。矿山建有 3 座充填站，原采用戈壁集料胶结充填工艺。矿山在 2018 年开展充填系统的改造升级，将戈壁集料胶结充填工艺改造成戈壁集料+冶炼渣+尾砂的多骨料膏体充填系统，2020 年升级改造完成并正式投入生产。

喀拉通克铜镍矿多骨料膏体充填系统工艺流程：选厂的尾砂通过渣浆泵输送至充填站立式砂仓进行浓缩，浓缩后的高浓度尾砂经砂仓底部造浆系统活化造浆后，通过放砂管输送至一段卧式搅拌槽中。在放砂管上安装浓度计、流量计及自控阀门进行放砂浓度、流量监测与调节。同时冶炼渣与戈壁料采用配料斗+电子皮带秤进行计量，并通过滚筒筛进行均匀混拌，混拌均匀的粗骨料通过皮带计量后输送至一段卧式搅拌槽。另外，水泥通过水泥罐车运输至充填站水泥仓中进行存储，充填时采用底部微粉秤计量，并输送至一段卧式搅拌槽中，充填用水采用电磁流量计进行计量后一同进入搅拌槽。粗骨料、尾砂浆、水泥及水一起在一段卧式搅拌槽中搅拌，一段搅拌后进入二段卧式搅拌槽再进行均质搅拌，最终制备出均质的膏体充填料浆用于井下充填，如图 10-42 所示。

（1）尾砂浓密与存储系统。

选厂尾砂浆采用立式砂仓进行自然沉降浓缩。矿山建有一个直径为 8 m、锥角为 54°、直筒高度为 18.3 m 的立式砂仓，砂仓有效容积为 1012 m³。

（2）戈壁集料、冶炼渣计量与输送系统。

戈壁集料和冶炼渣通过卡车运至堆场，按照比例配料，经滚筒筛筛分除去大块，然后经皮带计量输送至搅拌机。配置 2 台型号为 PL10 的配料斗，2 台型号为 B600 的电子皮带秤。

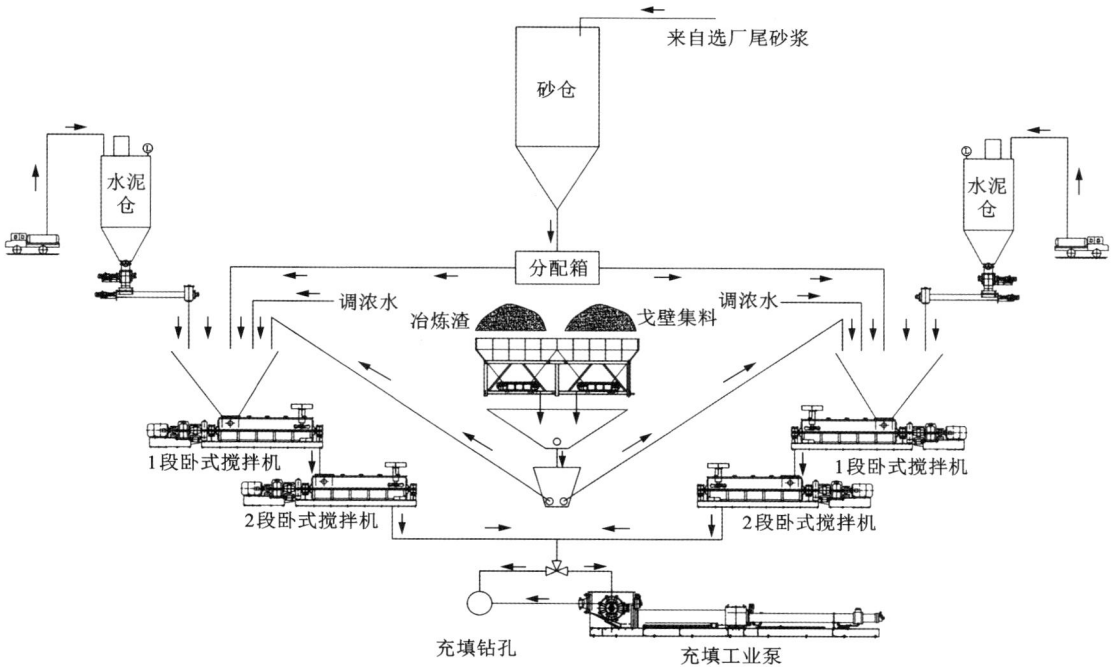

图 10-42　喀拉通克铜镍矿多骨料膏体充填系统工艺流程图

（3）胶凝材料计量与输送系统。

胶凝材料通过水泥罐车采用高压风吹至水泥仓内，充填站建有 2 座水泥仓。胶凝材料计量与输送采用微粉秤，其安装在水泥仓下型号为山东传诚 CFC250 型微粉秤，主要由密封闸门、稳流给料装置、计量装置等组成。

（4）充填料浆搅拌系统。

充填料浆搅拌系统采用二级卧式搅拌。因空间限制，一级和二级搅拌机均选用 SJY-ϕ600 mm×3500 mm，生产能力为 120 m³/h，电机功率为 22×2 kW，叶片转速为 61 r/min，叶片回转直径为 600 mm，有效容积为 2.7 m³，搅拌浓度为 65%~80%。

（5）充填料浆泵送系统。

充填料浆主体采用自流输送，充填站配置 1 台普茨迈斯特 S 线摆管式充填工业泵，型号为 KOS25100HP，将尾砂浆/充填料浆泵送至 3#充填钻孔。

（6）充填自动控制系统。

充填自控系统具备工艺流程的控制、调节，作业数据的记录，消息提示和报警查询功能；同时也具备生产报表管理、生产数据分析与展示功能。控制平台包括系统管理、工艺流程、参数设置、充填参数、趋势曲线、报表查询、报警查询等菜单栏，具有多骨料比例设置及反馈功能，用于分析充填系统的稳定性。报表查询包括日报表、月报表以及各参数的数据报表查询并可自动更新。

10.7.6　澳大利亚芒特艾萨 Enterprice 矿体膏体充填系统

芒特艾萨位于澳大利亚昆士兰州西北部，是世界上最重要的铜铅锌生产地之一，在沉积岩容矿带赋存有规模巨大的铜铅锌银矿床。芒特艾萨铜铅锌矿 Enterprice 矿体是芒特艾萨深部 3500 铜矿体，生产能力达到 300 万 t/a，设计采矿方法为分段空场采矿法。

由于 3500 矿体采用上述采矿方法及回采顺序，所以几乎所有采场都需胶结充填。基于上述条件，3500 矿体开采对充填具有一系列要求。

（1）充填速率：最大充填能力必须达到 250 m³/h，并要求在 30 天内完成 25 m×25 m、高为 150 m 的采场的全部充填作业循环。这些充填作业时间包括挡墙构筑、下放充填料、由于充填系统故障及充填挡墙以上充填时充填速率降低而引起的延误等。采场充填作业完成后 60 天，充填体能承受相邻采场爆破作业对充填体的冲击。采场回采完毕后，4 个月内相邻采场即可开始回采作业，以满足矿山整体生产能力的要求。

（2）充填料脱水：在充填作业过程中及充填后，充填料脱水必须减至最小，以最大限度地缩短充填作业循环时间。对于已有的分级尾砂充填，充填料最大上升速率限定为 5 m/d，以尽量降低由于采场充填料顶部积水而引起挡墙破坏的危险。如果充填料顶部不存在积水，则有可能不受这种限制，可以加快充填速度。充填料不脱水的其他好处是可减少充填料分层离析，从而提高充填体整体性能，减少充填用水及深井排水等。

（3）充填体强度：充填体性能必须达到或超过由采矿方法所决定的 28 d 设计强度。通过 1100 矿体生产证实，充填体暴露宽度为 40 m、高 150 m 时，充填体原位强度为 1 MPa 可基本保持稳定。而 3500 矿体采场尺寸为 25 m×25 m 时，通过三维有限元程序（TVIS）计算，两个最大暴露面积所需充填体原位强度为 450 kPa；将原位充填体强度转换为标准的艾萨实验室强度，尺寸影响系数为 1.7，则当围压为 100 kPa 时，实验室所需强度为 765 kPa。

根据以上充填需求，Enterprice 矿体采用膏体充填。

充填工艺流程：铜选厂全尾砂以 900 m³/h 的流量输送至充填站的贮存槽中，然后由泵加压输送至水力旋流器组（共 2 组，每组 19 个）对全尾砂进行分级。旋流器底流粗砂（HF）经真空带式过滤机进行过滤脱水。真空带式过滤机为 2 台，每台过滤面积为 86 m²。过滤机上滤饼厚度通过带速控制保持在 4 cm 左右。过滤能力为干料 210 t/h，滤饼水分为 15%。滤饼由皮带输送机输送到膏体搅拌机中。

旋流器溢流则排入浓密机中进行浓密，为了加快溢流中细颗粒的沉降，向浓密机加入絮凝剂。经浓密机浓密后的旋流器溢流细尾砂（TUF）经泵输送至搅拌贮存桶中搅拌均匀，然后用泵加压至位于膏体搅拌机上方的混合器中，与水泥初步混合。水泥由散装水泥罐车将波特兰水泥运至充填站并气卸至水泥仓中，经螺旋输送机给料计量后输送到位于膏体搅拌机上方的混合器中，与浓密后的旋流器溢流尾砂相混合。

初步混合后，水泥-细尾砂浆与由皮带输送机上料的粗尾砂滤饼在膏体搅拌机（Pugmill）中进行连续搅拌，最终制备成混合尾砂膏体，经膏体料仓下放至充填钻孔。膏体配比为（质量比）80% 粗尾砂、17% 溢流细粒尾砂、3% 水泥，膏体制备能力为 300 t/h 干料。

膏体制备站设立了 3 套 PLC（可编程控制器）及电子计算机控制系统。1 套 PLC 对全尾砂分级、给料进行控制，另外 2 套则分别控制两套膏体制备工艺过程。充填钻孔及井下管网亦曾设立 1 套 PLC 控制系统，但生产过程没有发挥作用。充填站安装有大量的传感器及电动执行机构,通过 PLC 及电子计算机对充填站的各工艺环节进行监控。整个充填站在运行过程中只需一名操作人员在控制室中通过电子计算机对系统进行操作和控制。

充填系统工艺流程图如图 10-43 所示。

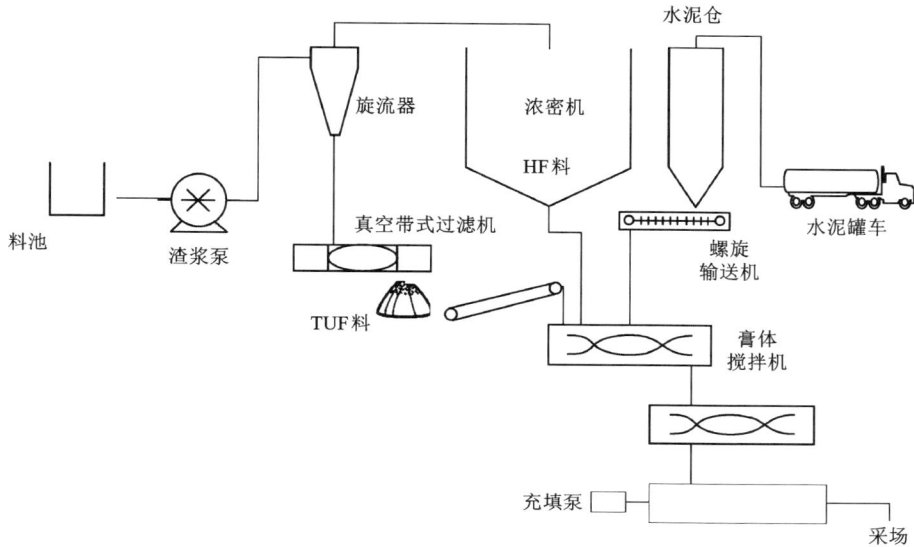

图 10-43 充填系统工艺流程图

10.7.7 瑞典新波立登公司 Garpenberg 矿膏体充填系统

瑞典 Garpenberg 矿位于瑞典中部海拔 177 m 的 Stockholm 西北 180 km 处,气温变幅在 -25℃至 35℃之间,年平均降雨量为 600 mm。Lappberget 矿体为 Garpenberg 矿的主矿体,矿体走向长 300 m,厚度为 50 m,埋深位于地下 350 m 至 1500 m 之间。该矿体设计采用大规模盘区开采嗣后充填,但由于该采矿方法对充填体的强度要求较高,为保证采矿安全性和经济性,后采用膏体充填。

膏体充填工艺流程如下,工艺流程图如图 10-46 所示。

(1)尾砂浓密脱水。选厂尾矿经三台离心泵(两用一备)送至充填站水泵池,泵池中的尾矿再经一台离心砂浆泵泵入水力旋流器。旋流器溢流的细砂作为 Outokumpu SUPAFLO 高压浓密机(φ17 m)的入料,浓密机的絮凝剂添加量为每吨尾砂消耗 12 g,底流浓度为 68%。浓密机底流经一台砂浆泵送至两台并联作业的料斗称重。旋流器底流粗砂从顶部加料进入鼓式过滤机,过滤至滤饼浓度为 86%。滤饼储存于平衡料仓内,通过皮带喂料至计量料斗称重。

(2)膏体料浆制备。充填站设有三个胶结剂仓分别储存水泥、水淬渣和粉煤灰,胶结剂用螺旋输送机喂料至计量料斗。三个计量料斗(浓密尾砂计、粗尾砂计量、胶结剂计量)全部装满后一起卸料至间歇式搅拌机,根据膏体浓度要求适量加水调整,制备好的膏体卸入膏体料斗储存。膏体料斗设两台,一备一用。

(3)膏体料浆输送。膏体料斗内的膏体料浆通过自流或由正排量泵输送至采场空区,膏体充填料浆通过分布于 180 m、350 m、500 m、700 m、860 m、1060 m 水平的充填钻孔,经

ϕ150 mm 钢管引至各个采场。单个充填空区体积可达 15000 m³，10 天可完成一个空区的充填。

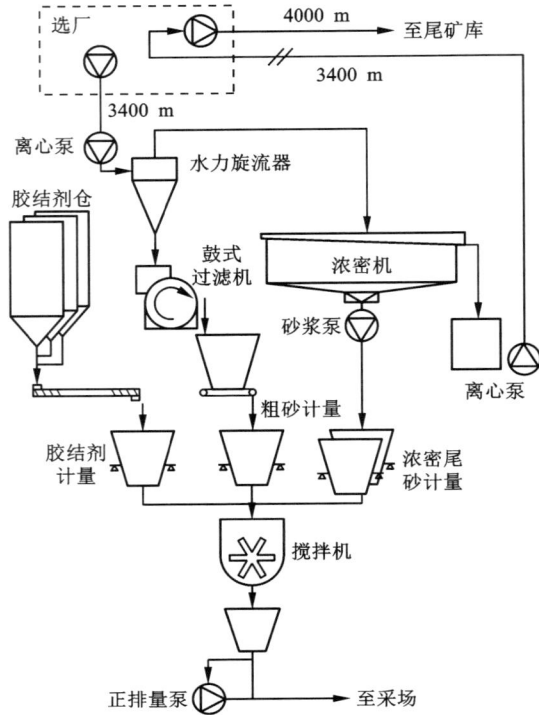

图 10-44　Garpenberg 矿膏体充填系统工艺流程图

10.7.8　加拿大 Williams 金矿膏体充填系统

加拿大 Williams 金矿位于加拿大安大略省西北部赫姆洛矿区，年产金量 40 万盎司*。该矿于 2003 年 4 月启用膏体充填系统替代原来的废石胶结充填，充填能力为 110 m³/h，年充填量为 61.8 万 m³。由于该矿的尾砂极细(20 mm 以下占 39%，10 mm 以下占 20%)，影响过滤和浓密效果，而脱泥尾砂无法满足充填量需求。充填材料采用了部分脱泥尾砂、粉煤灰和水泥，其中粉煤灰和水泥比为 1∶1，添加量为 2%~3%，膏体料浆浓度为 73%。为保证膏体质量，Williams 金矿膏体充填系统采用 PLC 互锁系统的所有设备，并对设备状况进行在线监控。

Williams 金矿采用连续膏体充填工艺，工艺流程如下，工艺流程图如图 10-45 所示。

(1)尾砂浓密。选厂尾矿一部分泵送至附近的 David Bell 矿，另一部分泵送至膏体制备站。膏体制备站停工期间，尾矿通过两段泵送系统泵送至 5 km 外的尾矿库。泵送到制备站的选厂尾矿先进行预筛分，约 50% 的筛下尾砂需通过 5 个 ϕ250 mm 的 Krebs G-max 旋流器组进行脱泥，剩余 50% 的尾砂与脱泥后的尾砂一起进入 ϕ14 m 的 Outokumpu 高效浓密机。浓密机底流浓度为 55%~60%，溢流水自流到蓄废池，与旋流器溢流、圆盘过滤机过滤水等一起排放到尾矿库。

＊　1 盎司=28.35 克。

（2）尾砂脱水。浓密机底流泵送至 2 台 GL&V 圆盘真空过滤机脱水，每台过滤机有 10 个 φ3 m 的圆盘，滤饼含水率 21%。

（3）膏体料浆制备。圆盘过滤机的滤饼由皮带输送至双轴叶片式搅拌机，与水泥、粉煤灰、水混合搅制成膏体。水泥和粉煤灰储存于 2 个相同的储量为 150 t 的料仓内，由 2 台螺旋给料机分别送料到另一台螺旋给料机混料并送料至双轴叶片式搅拌机。

（4）膏体料浆泵送。从搅拌机出来的膏体由 PM 泵泵送至膏体制备站外的充填钻孔顶部。坑内充坑管线总长为 1900 m，其中钻孔深度为 380 m，充填管为 φ230 mm 和 φ200 mm 的普通钢管以及 HDPE 管。

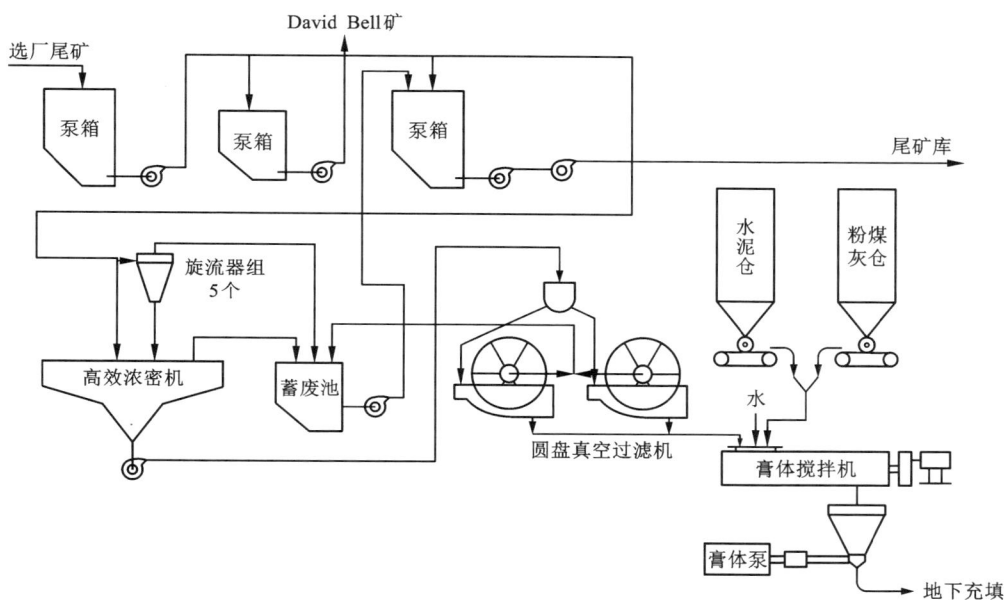

图 10-45　Williams 金矿的连续膏体充填系统工艺流程

参考文献

[1] 吴爱祥，王洪江. 金属矿膏体充填理论与技术[M].北京：科学出版社，2015.

[2] 周爱民. 矿山废料胶结充填[M].2 版.北京：冶金工业出版社，2010.

第 11 章

矿山供电

11.1 矿山电力负荷及供电系统

11.1.1 矿山供电

11.1.1.1 概述

电力是现代工业的主要动力，在生产中占有十分重要的地位。电力可以方便、经济地远距离输送和分配，也可以方便地和其他各种能量形式相互转换，在使用中还具有便于调度、测量和实现自动控制的优点；在矿山企业中，电力是电气自动化、数字化矿山及最新科学技术在矿山推广应用的基础；从安全的角度看，矿山生产中自然灾害和危险的预防、预报和排除，直接或间接地取决于矿山供电。由此可见，矿山供电工作不仅直接影响矿山企业的高效生产，而且关系着矿井和工作人员的人身安全。因此，矿山企业对供电工作提出了严格的要求。

1) 供电可靠

供电可靠就是要求不间断供电。供电中断时不仅会影响矿山的正常生产，而且可能损坏设备，甚至发生人身事故和造成矿井的破坏。例如矿山主要运输设备停电，会造成大量减产；矿井提升设备突然停电，会使提升机紧急制动，产生很大的冲击拉力，使钢丝绳损坏；另外，煤矿井下的空气中含有瓦斯和一氧化碳等有害气体，且有地下涌水，突然停电将会使排水和通风设备停止运转，会造成矿井被水淹没，工作人员窒息死亡，也会引起瓦斯、煤尘爆炸，危及矿井和人员安全。因此，矿山的重要用电设备要求采用双重电源供电，两路电源采用双回路或环式供电方式，互为备用，当一路电源线路故障或停电检修时，则由另一电源线路继续供电，以保证供电。

2) 供电安全

供电安全具有两个方面的意义，即防止人身触电及防止由于电气设备的损坏和故障引起的电气火灾及瓦斯、煤尘爆炸等事故。

矿山井下空间狭小、潮湿阴暗，井下电气设备受潮或有机械损伤容易发生人身触电事故；供电线路和用电设备的损伤和故障产生的电气火花，会造成火灾或瓦斯、煤尘爆炸事故。因此，为了避免事故的发生，在矿山供电工作中，应按照《矿山电力设计标准》（GB 50070—2020）以及《金属非金属矿山安全规程》（GB 16423—2020）等的有关规定，采取防爆、防触电、过负荷及过流保护等一系列技术措施和管理制度，消除各种不安全因素，确保供电的安全。

3）供电质量

衡量供电质量的技术指标是频率的稳定性和电压的偏移。交流电的频率对交流电动机的性能有着直接的影响，频率的变化会影响交流电动机的转速。对于额定频率为 50 Hz 的工业用交流电，其频率相对于额定值的偏差不允许超过 $\pm 0.2 \sim \pm 0.5$ Hz，即额定频率的（$\pm 0.4 \sim \pm 1$）%。一般，保证稳定的频率是电力部门的任务，但随着矿山企业中变频器以及大功率晶闸管整流装置的应用，配电网中的谐波分量增加，使一些设备（如变压器、电缆和电力电容器等）因损耗增大而绝缘老化、损坏，故而出现事故。所以，矿山企业应采取相应的技术措施，保证供电频率的稳定。

电压偏移，是指用电设备在运行中实际的端电压与其额定电压存在偏差。用电设备对一定范围内的电压偏移具有适应能力，但随着电压偏移的增大，用电设备的性能将会恶化，严重时会损坏设备。例如，白炽灯在超过额定电压 5% 的电压下工作时，其工作寿命将缩短一半；交流异步电动机在一定的转速下，转矩和电压的平方成正比关系，当电压降为额定电压的 90% 时，电动机的转矩仅为额定转矩的 81% 左右，从而造成电动机转差率提高和电流上升，使电动机绝缘老化，甚至烧毁电动机。因此，我国对用电设备电压偏移的允许值做了具体的规定，例如电动机的电压偏移不允许超过其额定电压的 $\pm 5\%$。

4）技术经济合理

技术经济合理是指在满足上述三项要求的前提下，使供电系统的投资和运行达到最佳的经济效益。为此，在供电设计中应考虑以下几个方面的因素。

（1）尽量减少矿山变电所的基本建设投资。

（2）尽量降低设备材料及有色金属的消耗量。

（3）注意降低供电系统中的电能损耗和维护费用。

（4）供电系统应力求简单适用，操作方便，并留有发展、扩建余地。

上述各项基本要求是矿山供电工作的原则，在工作中它们既相互关联又相互制约。在解决具体问题时，应进行综合分析，以求得到最佳的技术效益和经济效益。

11.1.1.2　矿山电源

矿山企业一般都设有矿山地面变电所，担负着矿山生产、生活和附近中小企业及农村用户的供电任务，它属于一个以矿山为中心的地方变电所。矿山地面变电所的电源一般来自电力系统的区域变电所或地方发电厂及自备电厂。

矿山地面变电所的受电电压一般为 6~110 kV，视矿山的开采方式、矿山与电源之间距离的远近及所在地区的电力系统的情况而定，一般情况下多为 35~110 kV。但随着矿山开采规模的增大，开采深度的增加，矿山总负荷越来越大，也开始采用 220 kV 的受电电压。小型矿山负荷不大时，受电电压采用 10 kV 或 6 kV 也可以满足供电要求。

矿山企业包含一级用电负荷时，根据《矿山电力设计标准》（GB 50070—2020）的规定，矿山地面变电所的受电电源必须保证是双重电源。

11.1.1.3　矿山电网

1）矿山电网的分类

矿山电网是指从区域变电所到矿山地面变电所再到矿山地面及井下各用电设备之间的配电网络。矿山电网按其特征、用途和电压的不同可分为许多种类。

（1）按照电流种类的不同可分为直流电网和交流电网。在矿山供电系统中，除了架线式电机车由直流电网供电，其他设备均由交流电网供电。

（2）按照电压的高低的不同可分为高压电网和低压电网。在矿山供电系统中，一般将电压为 3 kV 及以上的电网称为高压电网，而将电压为 1200 V 及以下的电网称为低压电网。

（3）按照线路结构的不同可分为架空线路和电缆线路。矿山地面工业场地外围或露天采场的供电多采用架空线路，而矿山地面工业场地范围内的供电多采用电缆线路。矿山井下供电，除架线式电机车的直流电网采用架空牵引网络线路外，交流电网均为电缆线路。

（4）按照电网的布置形式的不同可分为开式电网和闭式电网。开式电网是从一个方向向用户供电，又可分为辐射式和干线式等；闭式电网可以从两个或两个以上的方向向用户供电，形成闭合回路，从形状上看可以分为环式和平行双回路等。

（5）按照电网中性点对地的绝缘状态的不同可分为中性点直接接地系统、中性点经阻抗接地系统和中性点对地绝缘系统。

2）矿山电网的接线方式

矿山电网中常见的接线方式有如下几种。

（1）放射式接线。

由矿山地面变电所 10(6)kV 母线上分别引出专用配电线路，直接配电给用户，线路上不再连接其他用电设备，这种配电接线称为单电源单回路放射式接线。这种接线方式的优点是线路结构简单，操作维护方便，运行中互不影响，任一线路发生故障停电时都不影响其他线路的正常运行，并且继电保护装置比较简单，便于装设自动保护装置；缺点是供电可靠性不是很高，配电设备用量大、投资高。这种接线方式一般适用于向三级负荷和部分二级负荷供电。

为了提高供电可靠性，可采用单电源双回路放射式接线方式。这种接线方式是由一段电源母线上引出两回并列线路，每回线路均由独立的开关控制。它与单回路放射式接线相比较，提高了供电的可靠性，并且灵活性较好，既可双回路同时运行，减少线路的功率和电压损失，又可一回路运行一回路备用。这种接线可用于二级负荷的供电，用于由一路电源供电的采区供电系统。两台采区变压器低压侧采用分段母线，正常时分裂运行，当一台变压器维修或发生故障时，接通母线联络开关，由另一台变压器保证采区主要负荷和必要生产负荷的供电。

双电源双回路放射式接线是从变电所的两段电源母线上各引出一回线路对用户供电，其供电可靠性较前述两种接线有较大提高，可以用于对较大容量二级负荷或一级负荷供电。

（2）干线式接线。

由矿山地面变电所 10(6)kV 母线上引出一回配电线路，在线路上分支接有几个用户，这种接线方式称为单回路干线式配电接线。这种配电接线一般多用于用户集中在变电所一侧的情况，其分支线路一般不超过 5 个，配电变压器总容量不超过 3000 kV·A。干线式接线的优点是出线回路数少，线路总长度短，可节省大量的有色金属，而且使用的配电设备较少，投资较省。其缺点是供电可靠性差，在干线的公用段上出现故障时将造成干线的停电，停电概率较高，停电影响范围大。这种接线方式对自动保护装置的适用性较差，在靠近电源的线路出现故障时，继电保护装置的动作时间较长，不能迅速消除故障，一般只适用于向三级负荷供电。

为了提高供电可靠性，干线式供电还可以采用干线式链串配电接线方式、具有公共备用干线的单回路干线式接线方式和单侧配电的双回路干线式接线方式。

（3）环式接线。

环式接线是指两个或两个以上的用户，彼此相互联络后共同由两回路电源供电的接线方式。环式接线的优点是使用设备较少，投资较省，各电源线路的途径不同，不易发生故障，供电可靠性高且运行灵活；缺点是当用户由较长的电源线路供电时，电压不易得到保证，在确定线路的导线截面时，应按故障时能担负环网全部负荷考虑，使有色金属消耗量增加，并且当各用户的负荷相差越大时，有色金属消耗量就越大，环式电网的运行调度也比较繁复。这种接线方式适用于各用户的负荷相差不大，离电源都比较远，而彼此之间距离较近的各级负荷的供电。

环式接线有开环运行和闭环运行两种运行状态。开环运行就是将环路中用户之间的联络线断开，两路电源各带一部分负荷运行。闭环运行是各用户之间的联络线被联通，各用户的用电由两路电源共同供给。闭环运行时继电保护装置较复杂，一般多采用开环运行方式。

总的来说，矿山电网的接线可分为无备用系统接线和有备用系统接线。无备用系统接线具有接线简单、运行方便、易于发现故障等优点，但其供电可靠性较差，主要用于三级负荷和部分次要的二级负荷的供电，如前面介绍的单回路放射式接线和单回路干线式接线等。有备用系统接线供电可靠性较高，但使用设备较多、投资大，主要用于一级负荷和重要的二级负荷供电，如前面介绍的双回路放射式接线和环式接线等。

矿山电网的接线方式并不是一成不变的，除了上述接线方式，还有具有几种接线方式共同特点的混合式接线。因此，在确定矿山电网的接线方式时，应根据电源、用户的分布情况和负荷的大小及其重要性等因素进行综合分析，确定最佳的接线方案。

前面介绍的矿山电网的几种接线方式，是以矿山地面变电所为电源，矿山各高压负荷为用户，构成的一些常用的供配电接线方式。这些接线方式也同样适用于矿区供电和矿山低压供电系统。在矿区供电中，因为矿山企业大部分有一级负荷，所以主要采用有备用系统的双回路放射式接线和环式接线等；在矿山低压供电系统中，根据负荷的重要程度，几种接线方式均有采用。

11.1.1.4 矿山供电环境的特点及供电要求

为确保矿山安全供电，首先应了解矿山特殊环境供电的特点，以便在供电技术、设备选择和管理上满足矿山用电要求，以达到安全用电的目的。

1）露天矿山供电环境的特点及供电要求

露天矿山供电环境归结起来有以下几个方面特点。

（1）露天采矿场受到自然环境（如风、沙、雨、雪、雷电）以及酷热和严寒天气的影响。

（2）采矿场范围一般较大，设备分散，用电设备需随工作面的推进在采矿场内频繁移动。

（3）爆破时引起震动及碎石飞溅。

（4）矿区多位于山岳地区，且为山坡型或深凹型矿山。

(5)采矿场内底板多为岩石或矿石,土壤电阻率一般较高。

露天矿山供电应按照现行《矿山电力设计标准》(GB 50070—2020)和《金属非金属矿山安全规程》(GB 16423—2020)的要求进行,主要有以下几点。

(1)露天采矿场的供电线路不宜少于两回路;两班生产的采矿场或小型采矿场可采用一回路。当采用两回路供电的线路时,每回路的供电能力不应小于全部负荷的70%。

有淹没危险环境采矿场的排水泵或用井巷排水的排水泵应由双重电源供电。两回路供电线路中,当任一回路停止供电时,其余回路的供电能力应能承担最大排水负荷。

(2)露天采矿场内使用的电力设备应具有防尘、防水、较坚固的外壳、易于安装拆卸和移动的特点,电气设备的防护应符合国家现行标准《户外严酷条件下的电气设施》(GB/T 9089)的有关规定。

(3)向移动式设备供电的低压配电系统接地形式宜采用 IT 系统,向固定式设备供电的低压配电系统接地形式宜采用 TN-S、TT 或 IT 系统。

(4)采矿场的供电线路,宜采用沿采矿场边缘架设的环形或半环形的固定式、干线式或放射式供电线路。排土场可采用干线式供电线路。移动式高压电气设备的供电线路,应设置具有单相接地保护功能的开关。

(5)与变压器中性点非直接接地电力网相连的高、低压电气设备,应设保护接地,并应在变压器低压侧各回路设置能自动断开电源的漏电保护装置。变压器中性点直接接地的低压电力网,宜采用保护线与中性线分开系统(TN-S)或保护线与中性线部分分开系统(TN-C-S)。

(6)采矿场的主接地极应不少于 2 组;排土场主接地极可设 1 组。

2)井下矿山供电环境的特点及供电要求

井下矿山工作环境归结起来有以下几个方面的特点。

(1)井下特殊工作环境对排水、通风、人员逃生等设备的供电可靠性要求很高。

(2)井下硐室、巷道、采掘工作面的空间狭小,电气设备的体积应受到一定限制。由于人体接触电气设备的机会较多,加之井下湿度大、灰尘多,容易发生触电事故。

(3)井下有时会发生冒顶和片帮事故,所以电气设备和电缆线路很容易受到这些外力的碰砸、挤压,甚至运输设备材料时会出现跑车事故,使电气设备受到撞击。因此,要求电气设备必须有非常坚固的外壳。

(4)井下空气比较潮湿,湿度一般在 90% 以上,而且机电硐室和巷道经常有滴水及淋水,电气设备和电缆容易因受潮而出现漏电现象。因此,电气设备的绝缘材料应具有良好的防潮性能。

(5)随着采掘工作面的推进,电气设备移动频繁,拆迁电缆时易遭受弯曲、折损等机械伤害。生产中由于受自然条件变化的影响,使用电气设备的负荷变化较大,再加上经常启动设备,设备容易出现过负荷,电缆受损区易出现漏电和短路故障。

(6)井下采矿、掘进和开拓巷道都需要使用电雷管,而电气设备对地的泄漏电流,包括直流电机车轨道回流时产生的杂散电流,有可能会将电雷管先期引爆,这就需要减少泄漏电流。

(7)对于煤矿,井下的空气中含有瓦斯及煤尘,在其含量达到一定浓度时,如遇到电气设备或线路产生电弧、电火花和局部高温,就会燃烧或爆炸。因此,选用电气设备时,必须选用适合这种条件的防爆电气设备,以避免上述事故的发生。

（8）其他方面。例如，井下有些机电硐室和巷道的温度较高，使井下电气设备的散热条件较差，因而需要保持设备的清洁和通风良好的环境；若遇矿井突水事故，再加上全矿停电，丧失矿井的排水能力，就会使事故进一步扩大；掘进工作面的局部通风机若遇突然停电，造成无计划停风，易形成局部的灰尘或瓦斯积聚，会影响正常的掘进工作，又给矿井埋下了严重隐患。

井下矿山供电应按照现行《矿山电力设计标准》（GB 50070—2020）和《金属非金属矿山安全规程》（GB 16423—2020）的要求进行设计，主要有以下几点。

（1）由地面引至井下主变（配）电所和其他井下变（配）电所的电力电缆，其总回路数不应少于两回路；当任一回路停止供电时，其余回路的供电能力应能承担井下全部负荷。

有一级负荷的井下主变（配）电所、主排水泵房变（配）电所和其他变（配）电所，应由双重电源供电。

向大型矿井井下矿物开采、运输负荷配电的变（配）电所，宜采用双回路供电。

（2）井下电气设备选择：电气设备应能满足井下环境的使用条件。无爆炸危险环境矿井，宜采用矿用一般型电气设备；有爆炸危险环境矿井，应按国家或行业现行有关标准执行；电力设备的绝缘不应采用油质材料。

（3）井下低压配电系统接地形式应采用 IT 系统和 TN–S 系统。

（4）向井下供电的断路器和井下中央变配电所各回路断路器，不应装设自动重合闸装置。

（5）有自燃发火倾向及可燃物多、火灾危险较大的地下矿山，不应采用在发生接地故障后仍带电继续运行的工作方式，而应迅速切断故障回路。

（6）对于井下变（配）电所，高压馈出线应装设单相接地保护装置，低压馈出线应装设漏电保护装置。有爆炸危险的矿井，保护装置应能实现有选择性地切断故障线路并能实现漏电检测并发出信号，做出相应的动作；无爆炸危险的矿井，保护装置宜有选择性地切断故障线路或能实现漏电检测并发出信号，做出相应的动作。

（7）井下所有电气设备的金属外壳及电缆的配件、金属外皮等，均应接地。巷道中接近电缆线路的金属构筑物等也应接地。

11.1.2　矿山电力负荷的分级

矿山电力负荷根据对供电可靠性的要求及中断供电后对人身安全、经济损失所造成的影响程度，分为一级负荷、二级负荷和三级负荷。各级负荷中维持其运行所必需的辅助用电设备亦属同级负荷。

11.1.2.1　一级负荷

若中断供电将造成人身伤亡或重大设备损坏、重大产品报废、用重大原料生产的产品大量报废、重点企业的连续生产过程被打乱需要长时间才能恢复，给国民经济造成重大损失者，属于一级负荷。

矿山电力一级负荷：

（1）井下有淹没危险环境矿井的主排水泵及下山开采采区的排水泵；

（2）井下有爆炸或对人体健康有严重损害危险环境矿井的主通风机；

（3）矿井用于升降人员的立井提升机；

（4）有淹没危险环境露天矿采矿场的排水泵或用井巷排水的排水泵；

（5）根据国家或行业现行有关标准规定应视为一级负荷的其他设备。

11.1.2.2　二级负荷

若中断供电将造成主要设备损坏、大量产品报废、连续生产过程被打乱需较长时间才能恢复，使重点企业大量减产，给国民经济造成较大损失者，属于二级负荷。

矿山电力二级负荷：

（1）大型企业中除一级负荷外与矿物开采、运输、提升、加工及外运直接有关的单台设备或互相关联的成组设备；

（2）井下固定照明设备，地面一级负荷、大型企业二级负荷工作场所用于确保正常活动继续进行的应急照明设备；

（3）矿井通信和安全监控装置的电源设备；

（4）大型露天矿的疏干排水泵；

（5）露天矿大型铁路车站的信号电源设备；

（6）根据国家或行业现行有关标准规定应视为二级负荷的其他设备。

11.1.2.3　三级负荷

三级负荷指不属于二级负荷和一级负荷的电力设备。

11.1.3　矿山电源的确定

在确定矿山电源数量时，要根据矿山用电负荷的性质和容量、企业的规模及其重要性，结合本地区电力系统的供电条件进行全面考虑，并遵守下列要求。

（1）有一级负荷的矿山企业应由双重电源供电；当一电源中断供电，另一电源不应同时受到损坏，且电源容量应至少保证矿山企业全部一级负荷电力需求，并宜满足大型矿山企业二级负荷电力需求。矿山企业的双重电源是指分别来自不同电网的电源，或来自同一电网但在运行时电路互相之间联系很弱，或者来自同一个电网但其间的电气距离较远，一个电源系统任意一处出现异常运行时或发生短路故障时，另一个电源仍能不中断供电，这样的电源都可视为是双重电源。双重电源可同时工作，亦可一用一备。

对具有一级负荷的大、中型矿山，任一个电源的容量除应保证全部一级负荷用电外，还宜满足全部或大部分二级负荷用电的需要。

对具有一级负荷的小型矿山，任一个电源的容量至少应保证全部一级负荷用电的需要。

企业投产初期，如第二独立电源尚未建成，则应妥善解决一级负荷用电的保安电源。

（2）大型矿山企业宜由两回电源线路供电；两回电源线路中的任一回中断供电时，其余电源线路宜保证供给全部一、二级负荷电力需求。

（3）无一级负荷的小型矿山企业，可由一回电源线路供电。

矿山企业供电电源宜取自地区电力系统的变（配）电所、矿区变（配）电所、煤电联营的发电厂或矿区（矿山）自备电厂。当难以取得时，亦可从邻近企业变（配）电所取得。

矿山自备电源的设置，应依据地区电力发展规划、矿区总体规划、综合利用规划、国家有关产业政策、行业准入政策和环境、水资源保护政策等，经技术经济比较确定，并应符合下列条件之一。

（1）矿山处于远离电力系统的位置，或难以从电力系统获得全部所需电源。

（2）矿山生产和加工过程中产生有足量可供发电的低热值废物或可作为燃料的煤层气等

采矿副产品，适宜兴建矿山资源综合利用电厂。

（3）矿山或矿山附近有可靠的热负荷，具备集中供热条件，适合发展热电联产工程。

（4）具备发展其他分布式电源的条件。

11.1.4　矿山电力负荷的估算

在设计中，矿山电力负荷的计算，一般可根据各专业提供的用电设备资料，采用需要系数法计算。其优点是计算简便，对初步设计和施工图设计阶段都适用。在方案设计阶段或可行性研究时，由于各专业提供的用电设备资料不全，无法采用需要系数法计算，因此一般采用单位产品耗电量法估算矿山电力负荷。对于生产矿山来说，考虑矿区发展进行规划时，只能用单位产品耗电量法估算矿山电力负荷。

11.1.4.1　负荷估算值（有效功率）

负荷估算值按式（11-1）计算：

$$P_{js} = \frac{W_d M}{T_{max}} \tag{11-1}$$

式中：P_{js} 为负荷估算值，kW；W_d 为单位产品耗电值，kW·h/t(矿)或 kW·h/t(矿岩)，其值参见《黑色金属矿山企业电力设计参考资料》中各类矿山单位产品耗电量指标；M 为矿山产品的年产量，t；T_{max} 为年最大负荷利用小时数，h，其物理意义是如果矿山的负荷总是维持在 P_{js} 不变，则在 T_{max} 内所消耗的电能与实际变化负荷 P 在一年内所消耗的电能相等，即 $T_{max} = \int_0^{\cdot} P dt / P_{js}$。

矿山企业的年最大负荷利用小时数见表11-1。

表11-1　矿山企业的年最大负荷利用小时数 T_{max}　　　　　　　　h

企业类型	一班制	二班制	三班制	四班制
黑色冶金矿山				
露天矿				
地下矿			4000～4500	
破碎筛分			5000～6500	
机修辅助车间	1200～1500	2500～3000	4000～5000	
有色冶金矿山	2000～2500	3000～4500	3400	
矿山				
机修辅助车间	2000	2500	5000～5500	
化学矿山			4500	
露天矿				
地下矿	2000	3500	4000～4500	
铀金属矿山			4500～5000	
露天矿				4000～4500
地下矿				4500～5000

选用露天矿单位产品耗电量指标时，矿区地形复杂者取上限值；矿区地形简单者取下限值；中、小型矿山采用铁路架线式电机车运输时取上限值，采用平硐溜井开拓取下限值。

露天矿转入深部开采后，单位产品耗电量将随深度的增加而增加。

选用地下单位产品耗电量指标时，采用竖井、斜井开拓或机械化程度较高的矿山取上限值；采用平硐溜井开拓或半机械化生产的矿山取下限值。

地下涌水量相差很大，因此实际单位产品耗电量指标波动范围也很大。对地下涌水量的矿山在估算电力负荷时，一般取上限值。如果地下涌水量特别大，如排水用电负荷占总负荷的 40%~50% 及以上时，单位产品耗电量指标将远远超过表 11-1 所列范围的上限值，此时确定单位耗电量指标要特别慎重，一般可按上限值的 1.3~2 倍选取。

11.1.4.2　全矿年生产耗电量

全矿年生产耗电量 W_n 按下式计算：

$$W_n = W_d M \tag{11-2}$$

式中：W_n 为全矿年生产耗电量，$kW \cdot h$。

11.1.5　电源电压及配电电压选择

11.1.5.1　电源电压

矿山企业常用的电源电压等级为 220 kV、110 kV、66 kV、35 kV、10 kV 及 6 kV。

在确定电源电压时，要根据当地电力系统可能提供的电源电压等级及矿山用电负荷，以及电源点至矿山的距离，并与当地电力主管部门进行协商，经过方案比较后确定。

表 11-2 列出的电压等级架空输电线路输送容量及输送距离供参考。

表 11-2　电压等级架空输电线路输送容量及输送距离

额定电压/kV	输送容量/kW	输送距离/km
3	100~1000	3~1
6	100~1200	15~4
10	200~2000	20~6
35	2000~10000	50~20
60	3500~30000	100~30
110	10000~50000	150~50
220	100000~500000	300~200

矿山企业的电源电压一般选用 35~110 kV。特大型矿山企业可以选用 220 kV。小型矿山可根据地区条件选用 6~10 kV，由矿区附近的变电所或发电厂直接供电。

当两种供电电压方案经过技术经济比较在经济上相差不大或矿山企业负荷有发展时，宜优先采用较高的电压等级。

11.1.5.2　配电电压

矿山企业常用的配电电压等级有 6 kV、10(20) kV 及 35 kV。

矿山企业的配电电压应根据企业的配电范围、用电负荷、用电设备的电压等级以及邻近地区电力系统的电压等级，经过方案比较后确定。在方案比较中，如在经济上相差不多，并考虑今后发展，应采用较高的电压等级。

当 6 kV 的用电设备占总负荷的 30% 以上时，企业内部的配电电压宜采用 6 kV。

如没有 6 kV 的用电设备时，宜采用 10(20)kV 的配电电压。

10 kV 作为配电电压时线路损耗较 6 kV 小，且 10 kV 电机应用已经很普遍，目前越来越多的企业不再采用 6 kV 而是采用 10 kV 作为配电电压。

随着高海拔的矿山越来越多，考虑到高海拔对设备绝缘的影响，可考虑采用 6 kV 作为配电电压。

矿山项目有时场地比较分散(如采矿工业场地、选矿工业场地、尾矿库等比较分散)，距离较远，矿山总降压变电所一般设在选矿工业场地，采矿工业场地和尾矿库负荷较大时可采用 35 kV 作为配电电压，并通过 35/10(6)kV 变压器降压后再为区域内设备供电。

11.1.6　总降压变电所主变压器数量及容量选择的原则

当外部电源供电电压为 35 kV 及以上时，需要在矿山设置总降压变电所，将电源电压降至 6~10 kV，然后通过 6~10 kV 配电线路对全矿各车间变电所及其他高压用电设备配电。因此，总降压变电所是全矿供电的中枢。

矿山总降压变电所内主变压器数量及容量，应根据矿山所在地区供电条件、电力负荷的性质、用电容量和运行方式等条件确定。

(1)在有一级负荷的矿山企业中，当两路电源均须经主变压器变压后供电时，应采用两台主变压器。

(2)无一级负荷或虽有一级负荷但备用电源不需经主变压器变压时，大、中型矿山一般采用两台主变压器，小型矿山可采用一台主变压器。

(3)当矿山企业设置两个或两个以上总降压变电所，各变电所二次侧设置联络线时，各总降压变电所可采用一台主变压器。

(4)经技术经济比较认为合理时，总降压变电所也可采用三台或三台以上主变压器。

(5)矿山总降压变电所的主变压器为两台及以上时，其中一台停止运行，其余变压器的容量应能保证全部一级负荷和二级负荷的供电；矿山总降压变电所的主变压器为一台时，宜预留矿山全部负荷 15%~25% 的裕量。

11.1.7　矿区电网导线、电缆截面的选择

导线、电缆截面的选择，直接影响矿区电网的安全运行以及金属消耗量和线路投资。

11.1.7.1　按允许电流选择导线、电缆截面

导线中有电流通过就要发热，产生的热量中一部分散发到周围空气中，另一部分使导线温度升高。导线允许通过的最大电流称为允许电流(又称允许载流量)，通常由实验方法确定，并载入导线、电缆产品样本中。这种选择方法又称发热条件选择。

$$I_e = KI_{xu} \geq I_{js} \qquad (11-3)$$

式中：I_e 为经校正后的导线、电缆的允许电流，A；I_{xu} 为导线、电缆的允许电流，A；I_{js} 为线路的计算电流，A；K 为考虑到空气温度、土壤温度、土壤热阻系数、并列敷设和穿管敷设等

情况与导线、电缆允许电流所对应的标准状态不符的相对校正系数(由有关的电力设计资料查得)。

11.1.7.2　按允许电压损失选择导线、电缆截面

一切用电设备都是按照在额定电压下运行的条件而制造的,当端电压与额定电压值不同时,用电设备的运行就要恶化。为保证用电设备的正常运行,线路的电压损失不能超出表11-3所示的允许值。

三相交流线路的电压损失 ΔU 按式(11-4)计算:

$$\Delta U = \frac{R_0 + x_0 \tan\varphi}{10 U_{ex}^2} PL \times 100\% \tag{11-4}$$

式中:P 为线路的有功功率,kW;L 为线路长度,km;R_0 为线路导线、电缆的有效电阻,Ω/km(由样本查得);x_0 为线路导线、电缆的电抗,Ω/km(由有关的电力设计资料查得);$\tan\varphi$ 为线路功率因数角的正切值;U_{ex} 为线路的额定电压,kV。

表 11-3　在各种情况下网路电压损失允许率

序号	名称	电压损失允许率 $\Delta U/\%$	备注
1	内部低压配电线路	1.0~2.5	总计不得大于6%; 第4、6两项之和 不得大于10%
2	外部低压配电线路	3.5~5.0	
3	工业场地内供照明的低压线路	3.0~5.0	
4	正常情况下的矿区内高压配电线路	3.0~6.0	
5	同上,但在事故情况下	6.0~12.0	
6	正常情况下的地方性高压供电网路	5.0~8.0	
7	同上,但在事故情况下	10.0~12.0	

11.1.7.3　按机械强度选择架空导线截面

其最小允许截面和直径按表11-4、表11-5选择。

表 11-4　导线最小允许截面　　　　　　　　　mm²

导线种类	高压		低压
	居民区	非居民区	
铝绞线及铝合金线	35	25	16
钢芯铝绞线	25	16	16
铜线	16	16	10(直径3.2 mm)

表 11-5　低压接户线最小截面

架设方式	挡距/m	绝缘铜线最小截面/mm²	绝缘铝线最小截面/mm²
由电杆上引下	10 以下	6	16
	10~25	6	16

11.1.7.4　按经济电流密度选择导线、电缆截面

从降低电能损耗出发，导线、电缆截面越大越好；从减少投资和节约有色金属出发，导线、电缆截面越小越有利。线路投资和电能损耗都直接影响年运行费。综合考虑各方面因素而确定的符合总的经济利益的导线、电缆截面称为经济截面，对应于经济截面的电流密度，称为经济电流密度。

$$S_{\mathrm{n}} = \frac{I_{\mathrm{js}}}{J_{\mathrm{n}}} \tag{11-5}$$

式中：S_{n} 为经济截面，mm^2；J_{n} 为经济电流密度，A/mm^2。

各国根据资源情况和经济条件所确定的经济电流密度不尽相同。我国规定的经济电流密度见表 11-6。

表 11-6　经济电流密度　　　　　　　　　　　　　　　　　　　　　A/mm²

导线材料	最大负荷利用小时数 $T_{\max}$/h		
	3000 以下	3000~5000	5000 以上
铜裸导线和母线	3.0	2.25	1.75
铝裸导线和母线	1.65	1.15	0.9
铜芯电缆	2.5	2.25	2.0
铝芯电缆	1.92	1.73	1.54

根据计算所得经济截面 S_{n}，选择与之相近的标准截面导线、电缆。

通常，矿山电网的导线、电缆截面按允许电流选择。只有 6~10 kV 主要配电线路或 35 kV 及以上的供电线路，正常运行方式下才按经济电流密度选择截面，但均须按允许电压损失校验所选截面是否满足要求。高压电缆还应满足系统最大运行方式下短路电流的热稳定要求。

11.1.8　供配电系统方案技术经济比较

确定供配电系统时，对供电的电源和电压、供电系统的主接线、总降压变电所及车间变电所的位置和数量、变压器的台数和容量、线路的定线等，通常可提出几个不同的方案，进行技术上和经济上的比较后，从中确定最优方案。

11.1.8.1　技术比较

进行比较的供配电系统方案，在技术上都应是安全可靠的、可行的、先进的，并满足矿山企业供电的要求。有多种方案时可从下列几方面进行技术比较。

（1）供电的可靠性。

（2）供电的质量，主要指供电电压的水平。

（3）运行、维护、操作、检修及管理等条件。

（4）施工条件、建设进度。

（5）主要设备、材料落实可靠程度。

（6）变电所、线路通廊占地和拆迁情况以及扩建余地。

11.1.8.2 经济比较

供配电系统方案经济比较的内容有以下几方面。

（1）基建投资。

（2）年运行费，包括折旧费、维护费、工人工资、年基本电价、年电能消耗费等。

（3）有色金属消耗量。

11.2 矿山总降压变电所

矿山总降压变电所是对电力系统中电能的电压和电流进行变换、集中和分配的场所，它是矿山供电系统的中心，在矿山供电系统中占有重要的地位。变电所的建设要以矿山用电负荷为依据，以国家经济建设的方针、政策、技术规定为准绳，结合工程实际情况，保证供电安全可靠，调度灵活，满足各项技术要求。

设计依据《电力工程设计手册电气一次部分》《发电厂、变电所电气部分》《中小型变电所实用设计手册》《交流电气装置的过电压保护和绝缘配合》《高压配电装置设计技术规程》等国家和电力行业有关变电所设计标准、规程、规范及国家有关安全、防火、环保等强制性标准。

11.2.1 总降压变电所站址选择

变电所站址的选择，应符合现行国家标准《工业企业总平面设计规范》（GB 50187）的有关规定，并应符合下列要求。

（1）应靠近或深入负荷中心。

（2）变电所布置应兼顾规划、建设、运行、施工等方面的要求，宜节约用地。

（3）应与城乡或工矿企业规划相协调，便于架空和电缆线路的引入和引出。

（4）交通运输应方便，便于运输主变压器和其他主要设备，并应布置在运行噪声对周边环境影响较小的位置。

（5）周围环境宜无明显污秽。有空气污秽时，站址宜设在受污染源影响最小处，变电所应设在污秽源的上风侧，或采取防污措施。

（6）变电所应避免与邻近设施之间的相互影响，应避开火灾、爆炸及其他敏感设施，与爆炸危险性气体区域邻近的变电所站址选择及其设计应符合现行国家标准《爆炸危险环境电力装置设计规范》（GB 50058—2014）的有关规定。应尽量避开有剧烈震动的场所。

（7）应具有适宜的地质、地形和地貌条件，站址宜避免选在有重要文物或开采后对变电所有影响的矿藏地点，亦应避开采矿场爆破危险区、塌陷区和炸药库危险区。

（8）站址标高宜在50年一遇高水位上，无法避免时，站区应有可靠的防洪措施或与地区（工业企业）的防洪标准相一致，且站址标高应高于内涝水位。

（9）变电所主体建筑应与周边环境相协调。

（10）应留有扩建和发展的余地。

（11）应考虑土壤电阻率。

（12）应考虑土石方工程量。

（13）变电所应满足消防、绿化、噪声的要求。

根据上述要求，大型地下矿山总降压变电所一般设在主井井口附近；大型露天矿一般设在工业厂区，大、中型采选联合企业一般在选矿厂附近。

11.2.2　总降压变电所主接线

11.2.2.1　总降压变电所主接线及选用原则

1）线路变压器组的单元接线

只有一回路 35~220 kV 电源线路和单台主变压器时，采用线路变压器组的单元接线，如图 11-1（a）和（b）所示。这是一种无分支电源进线、单变压器的主接线形式，具有结构简单、使用电气设备少的优点。但其供电可靠性较差，只能适用于次要的二类负荷和三类负荷的供电。这种接线方式的进线开关与变压器的控制开关合用，根据变压器容量的大小和变电所的重要程度，可采用隔离开关、负荷开关、跌落式熔断器或高压断路器作为进线开关。当采用隔离开关作为进线开关而变压器容量又较大时，可利用上级变电所的高压断路器对变压器进行控制和保护；采用跌落式熔断器时，可以对空载变压器实现控制，并且具有过流保护作用；当变压器容量较大、继电保护要求较高时，可采用高压断路器配合隔离开关进行控制和保护。这种主接线形式一般适用于中、小型矿山总降压变电所。

2）单电源双变压器接线

只有一回路 35~220 kV 电源线路，而设置两台主变压器时采用的主接线如图 11-2 所示。这种主接线一般适用于中、小型矿山总降压变电所。

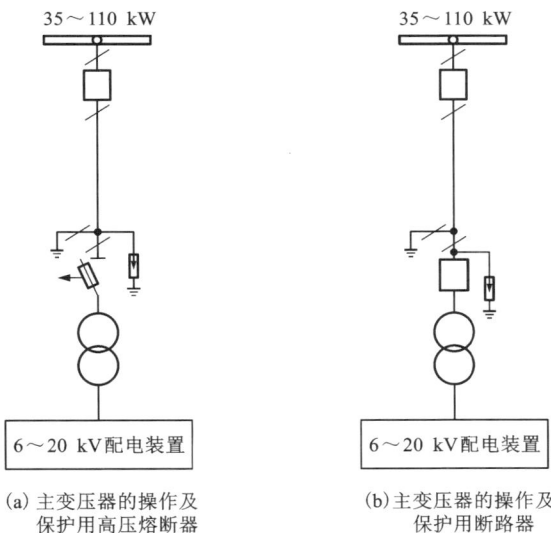

图 11-1　一个电源一台主变压器时的接线

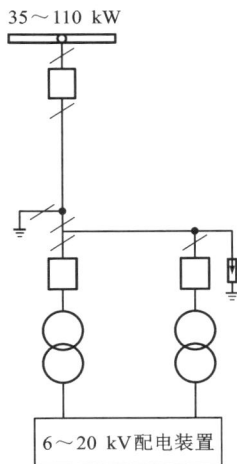

（a）主变压器的操作及保护用高压熔断器

（b）主变压器的操作及保护用断路器

图 11-2　单电源双变压器接线

3）桥型接线

当设置有两回路电源线路和两台主变压器时，一般采用桥型接线。桥型接线分为外桥接线与内桥接线两种。这种主接线一般适用于含有一、二级负荷的大、中型矿山总降压变电所。

（1）外桥接线。

对于电源线路短、故障少、不需要经常切换线路，变电所负荷变化较大，需要经常改变变压器运行方式，以及没有穿越功率的终端变电所，一般采用外桥接线，如图11-3(a)和(b)所示。

这种接线形式的优点是改变变压器的运行方式时比较方便，比内桥接线少两组隔离开关，继电保护简单且易于过渡到全桥或单母线分段接线；投资少、占地小。其缺点是倒换线路时操作不便，变压器一次侧无线路保护。

（2）内桥接线。

内桥接线适用于电源线路较长、线路事故可能性较大、需要经常对线路进行检修和切换，而变电所负荷比较稳定、不需要经常改变变压器运行方式的变电所，如图11-3(c)所示。

内桥接线的优点是一次侧可设线路保护，倒换线路比较方便，设备投资少，占地面积较小。其缺点是操作变压器不便，也不利于扩建成为单母线分段接线。

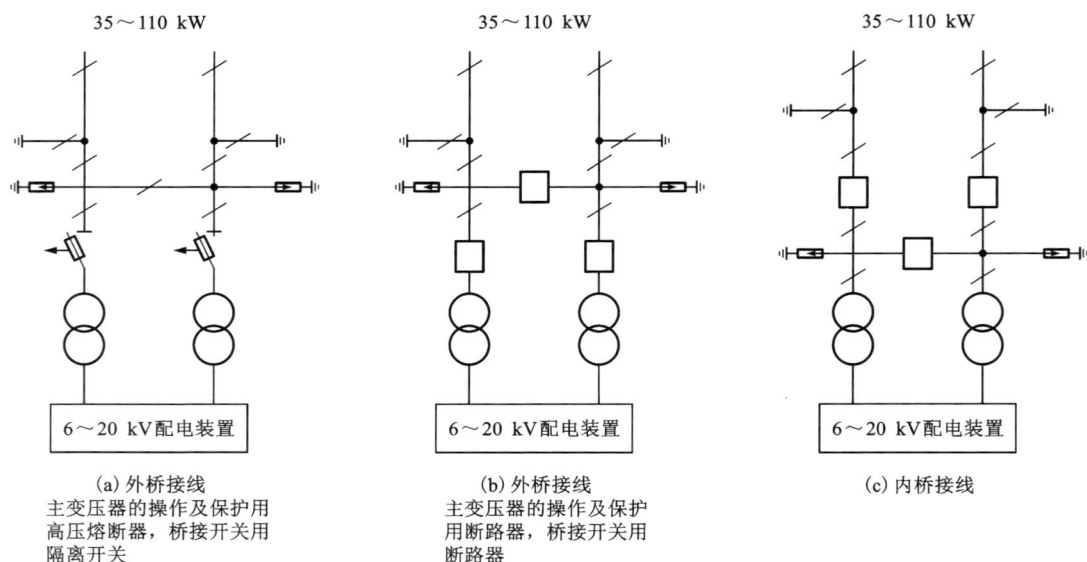

（a）外桥接线
主变压器的操作及保护用高压熔断器，桥接开关用隔离开关

（b）外桥接线
主变压器的操作及保护用断路器，桥接开关用断路器

（c）内桥接线

图 11-3　桥型接线

4）单母线分段接线

具有两回路电源进线，一、二回路转送线和两台主变压器的总降压变电所，一般采用单母线分段接线（全桥接线为单母线分段接线的一个特例），如图11-4所示。单母线分段接线是全桥接线的扩展，具有全桥接线的所有优点。母线的分段开关可采用隔离开关也可采用断路器，前者在母线系统检修或故障时会出现短时的全部停电，后者则可避免这一现象。单母线接线所用设备多、投资费用大，但操作方便灵活，故多用于具有转出线的矿山中间变电所。

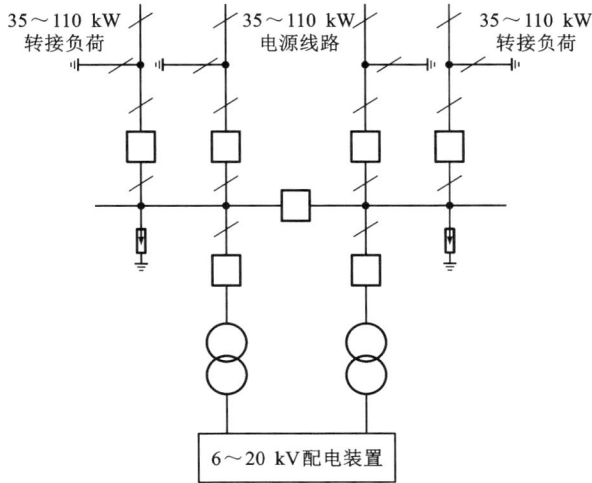

图 11-4 单母线分段接线

5）主接线选用原则

矿山地面总降压变电所担负着全矿的供电任务，因此在确定矿山地面变电所的主结线时，应对各种可行方案进行技术经济比较后，确定最为合理的方案。从原则上讲，当矿山变电所在运行中需要经常切换电源线路且变压器负荷平稳时，常采用内桥接线；当矿山电源线路故障率过大而负荷变化较大且需要经常切换变压器时，则多采用外桥接线；当线路和变压器均需经常切换时，则可以采用全桥接线；对于担负有转送电任务的重要矿山中间变电所，可采用单母线分段式接线；线路变压器组接线在矿山地面变电所的接线中比较少用，只有当矿山中无一、二级负荷时或仅有二、三级负荷且受到电源等因素的制约时，才采用线路变压器组接线。为了提高供电可靠性，有时也可采用两路线路变压器组供电，以解决备用电源问题。

6）主变压器二次侧接线

与主变压器二次侧连接的母线称为二次母线。二次母线的形式主要有下述三种。

（1）单母线接线，如图 11-5（a）所示。这种接线形式简单，所用设备少，但是当母线故障时，变电所将全部停电。这种接线形式适用于仅有一台主变压器的不太重要的小型矿山变电所。

（2）单母线分段接线矿山地面总降压变电所通常设有两台主变压器，为了满足重要的矿山用户对双电源供电的要求，其二次母线在大多数情况下都是采用单母线分段式接线，每台变压器各带一段母线，如图 11-5（b）所示。矿山一级负荷和重要的二级负荷，可以从两段母线上分别获得电源，形成双回路放射式或环式供电，以保证供电的可靠性。

（3）对于容量大、供电可靠性要求高、进出线回路数多的重要变电所，常采用双母线分段接线方式，如图 11-5（c）所示。变电所的每一回进、出线都通过断路器和两个隔离开关接于两条母线上，两条母线互为备用并用断路器进行联络。在运行中，不论哪一条母线因故障或检修而停止运行，都不影响任何一个用户的供电，其供电可靠性高、运行灵活。双母线分段接线的缺点是使用设备多、投资大、接线复杂、操作安全性较差。双母线分段接线多用于大容量的矿山地面总降压变电所。

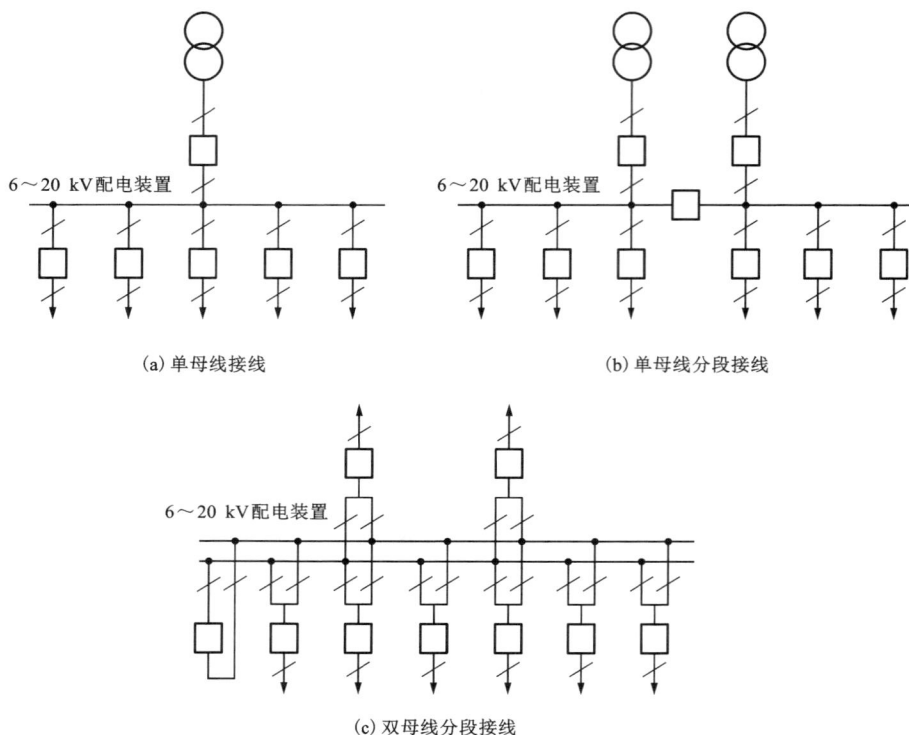

(a) 单母线接线　　　　　　　　　　　(b) 单母线分段接线

(c) 双母线分段接线

图 11-5　主变压器二次侧接线

7) 中性点接地方式

(1) 电力网中性点接地方式。

电力网中性点接地方式与电压等级、单相接地短路电流、过电压水平、保护配置等有关，并直接影响电网的绝缘水平、系统供电的可靠性和连续性、主变压器和发电机的运行安全以及对通信线路的干扰等。其主要接地方式有直接接地、不接地、经消弧线圈接地、经高电阻接地和经小电抗接地。从主要运行特性看，可分为有效接地系统和非有效接地系统。

①中性点有效接地系统。

中性点有效接地系统也称为大电流接地系统，主要包括中性点直接接地和经小电抗接地方式。其主要优点是内部过电压水平较低和可以降低电气设备的绝缘水平，适用于 110 kV 及以上的电力系统。

②中性点非有效接地系统。

中性点非有效接地系统也称为小电流接地系统，主要包括中性点不接地、经高电阻接地和经消弧线圈接地方式。其优点是供电可靠性高，缺点是内部过电压水平较高和对电气设备的绝缘水平要求较高。主要用于 66 kV 及以下的电力系统。

当单相接地故障电容电流不超过 10 A 时，应采用不接地方式；当单相接地故障电容电流超过 10 A，且要求在接地故障条件下运行时，应采用经消弧线圈接地方式。

(2) 变压器中性点接地方式。

电力网中性点接地方式决定了变压器中性点接地方式。变压器的 110 kV 及以上电压侧中性点采用有效接地系统；66 kV 及以下电压侧中性点采用非有效接地系统。目前，变压器的 330 kV 及以上电压侧中性点采用小电抗接地方式。

有效接地系统中的中性点不接地的变压器，如中性点采用分级绝缘且未装设保护间隙，应在中性点装设雷电过电压保护装置，且宜选用变压器中性点金属氧化物避雷器。如中性点采用全绝缘，但变电站为单进线且为单台变压器运行时，也应在中性点装设雷电过电压保护装置。

非有效接地系统中的变压器中性点，一般不装设保护装置，但多雷区单进线变电站且变压器中性点引出时，宜装设保护装置；中性点接有消弧线圈的变压器，如有单进线运行可能，也应装设保护装置。

8）变电站 6~10 kV 侧限制短路电流的措施

目前国内 6~10 kV 系统为限制变电站 6~10 kV 侧短路电流，以便于断路器和电缆等设备的选择，一般采用下列方式。

（1）变压器分列运行。

（2）采用高阻抗变压器。

（3）在进出线回路装设电抗器。

（4）采用分裂变压器。

11.2.2.2　主变压器选择

1）主变压器台数和容量的选择

（1）主变压器的台数和容量，应根据地区供电条件、负荷性质、用电容量和运行方式等条件综合确定。

（2）在一、二级负荷的变电站中应装设两台主变压器，当技术经济比较合理时，可装设两台以上主变压器。变电站由中、低压侧电网获得足够容量的工作电源时，可装设一台主变压器。

（3）装有两台及以上主变压器的变电站，其中一台停止运行时，其余主变压器的容量（包括过负荷能力）应满足全部一、二级负荷用电的要求。主变压器为一台时，宜预留矿山全部负荷 15%~25% 的裕量。

2）主变压器绕组和调压方式的选择

（1）具有三种电压的变压器中，通过主变压器各侧绕组的功率达到该变压器额定容量的 15% 以上时，主变压器采用三绕组变压器。

（2）电力潮流变化大和电压偏移大的变电所，经计算普通变压器不能满足电力系统和矿山对电压质量的要求时，应选用有载调压变压器。

11.2.3　总降压变电所配置

11.2.3.1　总降压变电所的类型选择

按布置的位置分为室外配电装置和室内配电装置。室外配电装置可分为室外敞开式配电装置、室外气体绝缘金属封闭开关设备（GIS）、室外混合式配电装置；室内配电装置可分为屋内敞开式配电装置、屋内气体绝缘金属封闭开关设备（GIS）、屋内混合式配电装置及屋内成套配电装置等。室外敞开式配电装置又分为高型、半高型及中型布置等多种类型。

总降压变电所内高压配电装置的设计应结合工程的环境条件、地形地貌、工程规模、进出线方式、环境保护及设备制造运输等，通过对敞开式开关设备、气体绝缘金属封闭开关设备（GIS）、成套开关设备和混合式开关设备的技术经济进行比较，择优选用。在技术经济比较中，应将类型选择和布置方式相结合。除考虑设备造价和土建费用外，还应考虑年运行费用和事故损失费用。对于分期建设和改扩建工程，除应考虑以上费用外，还应考虑施工停电损失费用等。

总降压变电所的类型选择应遵循以下基本原则。

1）国家规范

高压配电装置的设计应严格遵守国家现行经济政策、法律法规、国家及部颁的各种规程规范。充分运用典型设计、通用设计等成熟经验，与具体工程实际结合，因地制宜做出技术先进、经济合理的设计。

2）节约用地

我国人口众多，平均每人占有耕地面积较少，故节约用地是我国现代化建设的一项战略性方针。配电装置少占地、不占良田和避免大量开挖土石方，是选择布置方式的一项基本原则。

3）运行安全和操作巡视方便

配电装置布置要清晰整齐，应便于设备的安全运行和操作维护。在运行中，必须满足对设备和人员的安全要求，例如：保证各种电气安全净距，采取防火、防爆和蓄油排油措施，并要考虑巡视操作方便以及设置巡视操作走道等。

4）满足检修、安装和试验要求

对于不同类型的配电装置，均应考虑设备搬运、安装、检修和试验的方便，设置设备搬运通道及检修位置。配电装置的布置应便于扩建和过渡。

5）适应各种环境条件

保证配电装置在重污秽地区、高烈度地震地区和高海拔地区能安全可靠地运行。

6）经济合理

配电装置在满足上述要求的情况下，应采取以下有效措施，减少占地面积，减少二次消耗，努力降低造价。

（1）35~220 kV 配电室。

①矿山总降压变电所一般为独立式建筑物，高压为 35 kV 的降压变电所也可与所带 10(6) kV 变电所一起附设于负荷较大的厂房或建筑物。

②矿山总降压变电所一般分为屋内式和室外式，屋内式运行维护方便，占地面积少。在选择总降压变电所的类型时，应考虑所在地区的地理情况和环境条件，因地制宜，在技术经济合理时，应优先选用占地少的类型。

③35 kV 及以下电压配电装置宜采用成套及室内配电装置。

④220 kV 和 110 kV 及以下电压等级配电装置根据技术经济比较可以采用室外或室内配电装置。一般情况下，220 kV 和 110 kV 电压等级的配电装置宜采用室外中型配电装置或室外半高型配电装置。

⑤下列工程条件宜选用 GIS 或 HGIS 配电装置：地下硐室内设置的配电装置；地处深山峡谷、土石方开挖量大的配电装置；环境条件恶劣，如严重的水泥雾区（如海边或化工区）、重冰雹频繁地区、重污秽地区、高烈度的地震区、高寒地区等；国家级风景区；变电站深入城市中心的场合。

随着技术的发展，GIS、HGIS 已经被广泛运用，这些设备能够很好地防止污染，减少占地面积,因此室内配电装置也基本采用 GIS。

(2)10(6)kV 配电室

10(6)kV 变电所的类型应根据用电负荷的状况和周围环境情况综合考虑确定。

①负荷较大的车间和站房,宜设附设变电所或半露天变电所。

②负荷较大的多跨厂房,负荷中心在厂房中部且环境许可时,宜设车间内变电所或组合式成套变电站。

③负荷小而分散的工业企业,宜设独立变电所,有条件时也可设附设式变电所或户外箱式变电站。

11.2.3.2　室外配电装置布置

1)室外配电装置布置

室外配电装置布置是将电气设备安装在露天场地,具有以下特点。

(1)土建工程量较少,建设周期短。

(2)扩建比较方便。

(3)相邻设备之间的距离较大,便于带电作业。

(4)占地面积大。

(5)受外界污秽影响较大,设备运行条件较差。

(6)外界气象变化不便于维护和操作设备。

2)室外配电装置的最小安全净距

为了满足配电装置运行和检修的需要,各带电设备应间隔一定的距离。

在各种间隔距离中,最基本的是带电部分对地部分之间和不同相的带电部分之间的空间最小安全净距,即 A_1 和 A_2 值。最小安全净距是指在此距离下,无论是处于最高工作电压之下或处于内外过电压下,空气间隙均不致被击穿。

(1)室外配电装置的最小安全净距宜以金属氧化物避雷器的保护水平为基础确定。其室外配电装置的最小安全净距不应小于表 11-7 所列数值,并按图 11-6 校验。电气设备外绝缘体最低部位距地小于 2500 mm 时,应装设固定遮栏。

(2)室外配电装置使用软导线时,在不同条件下,带电部分至接地部分和不同相带电部分之间的最小安全净距,应根据表 11-8 进行校验,并采用其中最大数值。

(3)室外配电装置带电部分的上面或下面,不应有照明、通信和信号线路架空跨越或穿过。

表 11-7　室外配电装置的最小安全净距　　　　　　mm

符号	适应范围图号	系统标称电压/kV								
		3~10	15~20	35	66	110 J	110	220 J	330 J	500 J
A_1	1.带电部分至接地部分之间; 2.网状遮栏向上延伸线距地 2.5 m 处于遮栏上方带电部分之间	200	300	400	650	900	1000	1800	2500	3800[a]
A_2	1.不同相的带电部分之间; 2.断路器和隔离开关的断口两侧引线带电部分之间	200	300	400	650	1000	1100	2000	2800	4300

续表 11-7

符号	适应范围图号	系统标称电压/kV								
		3~10	15~20	35	66	110 J	110	220 J	330 J	500 J
B_1	1. 设备运输时，其外廓至无遮栏带电部分之间； 2. 交叉的不同时停电检修的无遮栏带电部分之间； 3. 栅状遮栏至绝缘体和带电部分之间[b]； 4. 带电作业时带电部分至接地部分之间[c]	950	1050	1150	1400	1650[c]	1750[c]	2550[c]	3250[c]	4550[c]
B_2	1. 网状遮栏至带电部分之间	300	400	500	750	1000	1100	1900	2600	3900
C	1. 无遮栏裸导体至地面之间； 2. 无遮栏裸导体至建筑物、构筑物顶部之间	2700	2800	2900	3100	3400	3500	4300	5000	7500
D	1. 平行的不同时停电检修的无遮栏带电部分之间； 2. 带电部分与建筑物、构筑物的边沿部分之间	2200	2300	2400	2600	2900	3000	3800	4500	5800

注：①110 J、220 J、330 J、500 J 系指中性点直接接地电网。②海拔超过 1000 m 时，A 值应进行修正。③本表所列各值不适用于制造厂的产品设计。④500 kV 的 A_1 值，分裂软导线至接地部分之间可取 3500 mm。

a：500 kV 的 A_1 值，双分裂软导线至接地部分之间可取 3500 mm。

b：对于 220 kV 及以上电压，可按绝缘体电位的实际分布，采用相应的 B_1 值进行校验。此时，允许栅状遮栏与绝缘体的距离小于 B_1 值，当无给定的分布电位时，可按线性分布计算。校验 500 kV 相间通道的安全净距，亦可用此原则。

c：带电作业时，不同相或交叉的不同回路带电部分之间，其 B_1 值可取 A_1+750 mm。

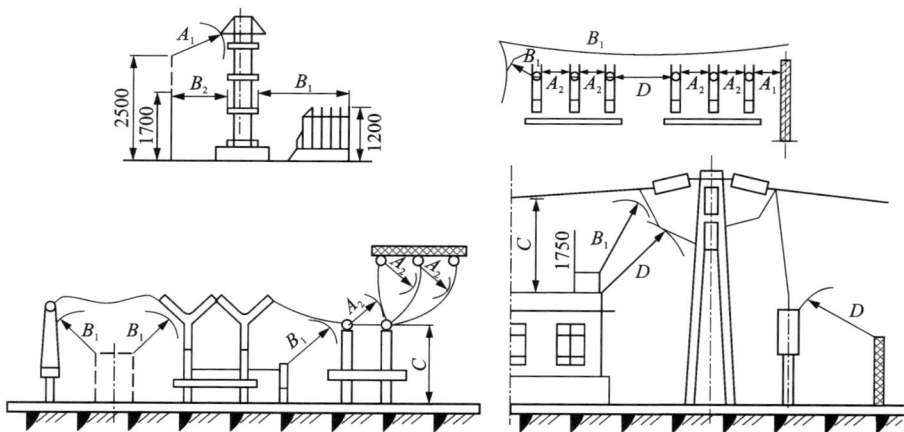

图 11-6　室外配电装置安全净距校验图

表 11-8　不同条件下的计算风速和安全净距　　　　　　　　mm

条件	校验条件	计算风速/(m·s⁻¹)	A	额定电压/kV						
				35	66	110 J	110	220 J	330 J	500 J
雷电过电压	雷电过电压和风偏	10	A_1	400	650	900	1000	1800	2400	3200
			A_2	400	650	1000	1100	2000	2600	3600
操作过电压	操作过电压和风偏	最大设计风速的 50%	A_1	400	650	900	1000	1800	2500	3500
			A_2	400	650	1000	1100	2000	2800	4300
最大工作电压	最大工作电压、短路和 10 m/s 风速时的风偏		A_1	150	300	300	450	600	1100	1600
	最大工作电压和最大设计风速时的风偏		A_2	150	300	500	500	900	1700	2400

注：①在气象条件恶劣，如最大设计风速为 35 m/s 及以上，以及雷暴时风速较大的地区，校验雷电过电压时的安全净距，其计算风速为 15 m/s。②当 220 J、330 J、500 J 采用降低绝缘水平的设备时，其相应的 A 值可采用表中所列数值。

11.2.3.3　室内配电装置布置

1）室内配电装置布置的特点

室内配电装置布置是将电气设备安装在屋内，具有以下特点。

（1）由于允许安全净距小和可以分层布置，占地面积小。

（2）维修、操作、巡视在室内进行，比较方便，且不受气候影响。

（3）外界污秽不会影响电气设备，减少了维护工作量。

（4）房屋建筑投资较大，但可采用价格较低的户内型电气设备，以减少总投资。

2）室内配电装置的最小安全净距

（1）室内配电装置的最小安全净距不应小于表 11-9 所列数值，并按图 11-7 校验。

（2）电气设备外绝缘体最低部位距地小于 2300 mm 时，应装设固定遮栏。

（3）室内配电装置的带电部分上面不应有明敷的照明、动力线路或管线跨越。

表 11-9　室内配电装置的安全净距　　　　　　　　mm

符号	适应范围	额定电压/kV									
		3	6	10	15	20	35	66	110 J	110	220 J
A_1	带电部分至接地部分之间	75	100	125	150	180	300	550	850	950	1800
	网状和板状遮栏向上延伸线距地 2.3 m 处于遮栏上方带电部分之间										
A_2	不同相的带电部分之间	75	100	125	150	180	300	550	900	1000	2000
	断路器和隔离开关的断口两侧带电部分之间										

续表 11-9

符号	适应范围	额定电压/kV									
		3	6	10	15	20	35	66	110 J	110	220 J
B_1	栅状遮栏至带电部分之间 交叉的不同时停电检修的无遮栏带电部分之间	825	850	875	900	930	1050	1300	1600	1700	2550
B_2	网状遮栏至带电部分之间	175	200	225	250	280	400	650	950	1050	1900
C	无遮栏裸导体至地（楼）面之间	2500	2500	2500	2500	2500	2600	2850	3150	3250	4100
D	平行的不同时停电检修的无遮栏裸导体之间	1875	1900	1925	1950	1980	2100	2350	2650	2750	3600
E	通向室外的出线套管至室外通道的路面	4000	4000	4000	4000	4000	4000	4500	5000	5000	5500

注：①110 J、220 J 系指中性点直接接地电网。②当为板状遮栏时，B_2 值可取 A_1+30 mm。③通向室外配电装置的出线套管至室外地面的距离不应小于相关表所列 C 值。④海拔超过 1000 m 时，A 值应进行修正。⑤当 220 J 采用降低绝缘水平时，其相应的 A 值另有规定。

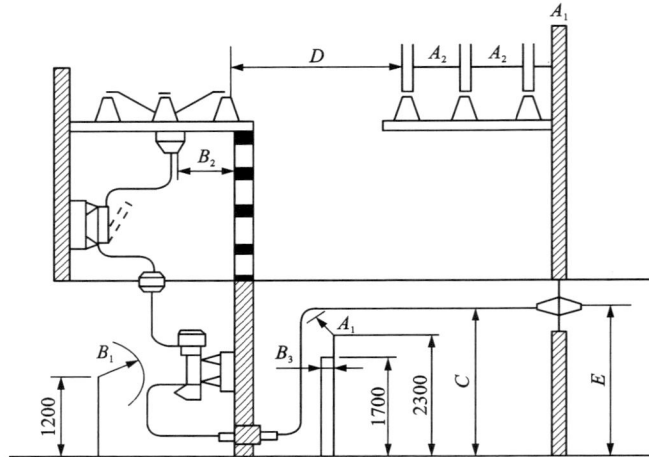

图 11-7　室内配电装置安全净距校验图

11.2.3.4　变电所设计的其他要求

1）变电所防火要求

（1）火灾危险性类别及耐火等级。

变电所内各主要建筑物在供电过程中的火灾危险及其最低耐火等级不应低于表 11-10 的规定。

表 11-10　变电所建筑物火灾危险性类别及耐火等级

建(构)筑物名称		火灾危险性分类	耐火等级
主控通信楼		戊	二级
继电器室		戊	二级
电缆夹层		丙	二级
配电装置楼(室)	单台设备油量 60 kg 以上	丙	二级
	单台设备油量 60 kg 及以下	丁	二级
	无含油电气设备	戊	二级
室外配电装置	单台设备油量 60 kg 以上	丙	二级
	单台设备油量 60 kg 及以下	丁	二级
	无含油电气设备	戊	二级
油浸变压器室		丙	一级
气体或干式变压器室		丁	二级
电容器室(有可燃介质)		丙	二级
干式电容器室		丁	二级
油浸电抗器室		丙	二级
干式铁芯电抗器室		丁	二级
总事故贮油池		丙	一级
生活、消防水泵房		戊	二级
雨淋阀室、泡沫设备室		戊	二级
污水、雨水泵房		戊	二级

注：①当主控通信楼未采取防止电缆着火后引燃的措施时，火灾危险性应为丙类。②当地下变电站、城市户内变电站将不同用途的变配电部分布置在一幢建筑物或联合建筑物内时，其建筑物的火灾危险性分类及其耐火等级除另有防火隔离措施外，需按火灾危险性类别高者选用。③当电缆夹层采用 A 类阻燃电缆时，其火灾危险性可为丁类。

（2）建筑物防火间距。

变电所建筑间防火间距不应小于表 11-11 所列数值。

表 11-11　变电站内各建(构)筑物及设备的防火间距　　　　　　　　　　m

建(构)筑物名称			丙、丁、戊类生产建筑		室外配电装置		可燃介质电容器(室、棚)	总事故贮油池	生活建筑	
			耐火等级		每组断路器油量/t				耐火等级	
			一、二级	三级	<1	≥1			一、二级	三级
丙、丁、戊类生产建筑	耐火等级	一、二级	10	12	—	10	10	5	10	12
		三级	12	14			10	5	12	14
室外配电装置	每组断路器油量/t	<1	—		—		10	5	10	12
		≥1	10							

续表 11-11

建(构)筑物名称			丙、丁、戊类生产建筑		室外配电装置		可燃介质电容器(室、棚)	总事故贮油池	生活建筑	
			耐火等级		每组断路器油量/t				耐火等级	
			一、二级	三级	<1	≥1			一、二级	三级
油浸变压器	单台设备油量/t	5~10	10		见第 11.1.6 条		10	5	15	20
		10~50							20	25
		>50							25	30
可燃介质电容器(室、棚)			10		10		—	5	15	20
总事故贮油池			5		5		5	—	10	12
生活建筑	耐火等级	一、二级	10	12	10		15	10	6	7
		三级	12	14	12		20	12	7	8

注：①建(构)筑物防火间距应按相邻两建(构)筑物外墙的最近距离计算，如外墙有凸出的燃烧构件时，则应从其凸出部分外缘算起。②相邻两座建筑两面的外墙为非燃烧体且无门窗洞口、无外露的燃烧屋檐，其防火间距可按本表减少 25%。③相邻两座建筑较高一面的外墙如为防火墙时，其防火间距可不限，但两座建筑物门窗之间的净距不应小于 5 m。④生产建(构)筑物侧墙外 5 m 以内布置油浸变压器或可燃介质电容器等电气设备时，该墙在设备总高度加 3 m 的水平线以下及设备外廓两侧各 3 m 的范围内，不应设有门窗、洞口；建筑物外墙距设备外廓 5~10 m 时，在上述范围内的外墙可设甲类防火门，设备高度以上可设防火窗，其耐火极限不应小于 0.90 h。

（3）变压器的防火措施。

①室内主变压器容量在 3150 kV·A 以上时宜设水喷雾灭火装置；枢纽变电所的室外主变压器有条件时亦宜设置水喷雾灭火装置。

②总油量大于 100 kg 的室内油浸电力变压器，应安装在单独的变压器间内。

③主变压器下设贮油设施，内铺卵石层，起隔火降温作用，以防绝缘油燃烧扩散。

④油量均在 2500 kg 及以上的室外油浸变压器之间无防火墙时，防火净距不得小于表 11-12 的规定。

表 11-12　室外油浸变压器之间的最小间距　　　　　　　　　　　　　　m

电压等级	最小间距
35 kV 及以下	5
66 kV	6
110 kV	8
220 kV 及以上	10

⑤油量在 2500 kg 及以上的室外油浸变压器与本回路油量为 600~2500 kg 的充油电气设备之间的防火净距不应小于 5 m。

⑥当室外油浸变压器之间设防火隔墙时，墙应高出变压器油枕顶端，墙长应大于贮油坑两侧各 1 m。若防火隔墙设有隔火水幕，墙高应比变压器顶端高出 0.5 m，墙长不应小于贮油池宽度加 0.5 m。

（4）室内配电装置的防火要求。

①配电装置室应设向外开的防火门，装弹簧锁，禁止用门闩。

②长度大于 7 m 的配电装置室应设有两个出口。长度大于 60 m 时，宜再增设一个出口；当配电装置室有楼层时，一个出口可设在通往室外楼梯的平台处。

③装配式配电装置的母线分段处宜设置有门洞的隔墙。

④墙板上穿过导体的孔均用非燃材料堵塞。

⑤35 kV 以下室内断路器、油浸互感器间隔两侧应设隔墙，35 kV 以上应设在防爆间内。

⑥室内电气设备每台油量在 100 kg 以上时，应设贮油池或挡油设施。有条件时，事故油应排至总事故贮油池，排油管内径不得小于 150 mm。

（5）配电装置抗震要求。

地震的影响主要有两个方面，一方面是地震波的频率，另一个方面是地面振动的加速度。地震波的振动频率介于基岩和软弱地基的场地约为 3.3 Hz，而高压配电装置的自振频率为 1.38~6.5 Hz，故易引起共振。

我国规定，抗震设防烈度 9 度以上地震区不宜建设变电所；7 度及以上地震区的变电所应采取抗震措施；7 度以下地区可不采取措施。

具体抗震措施如下：

①合理选择配电装置类型，尽量降低设备高度；

②选用抗震型电气设备，要求带基座试验能承受地面水平加速度 $0.4g$，垂直加速度 $0.2g$，相当于不带基座试验时的 $1.2×0.4g≈0.5g$；

③结合安装条件验算设备的抗弯和抗剪强度，不能满足要求时，应加装减震阻尼装置；

④设备和基础的固定牢固可靠，防止倾倒；

⑤为减少设备端子上的拉力，连接或引下线不宜太长、太硬，采用硬母线时应有软导线或伸缩接头过渡，引下线太长时应增设固定支点；

⑥基础、支架自振频率应避开设备自振频率和地震频率范围（0~100 Hz），避免支架引起共振；

⑦变压器的瓦斯继电器、断路器等有辅助接点的设备应具有与主设备相同的抗震能力。

（6）变电所环境保护要求。

①噪声。

变电所的主要噪声源为主变压器等设备及电晕，且以前者最为严重。除控制电气设备本身噪声水平满足要求外，还需采取如隔音窗等其他措施，使各室内连续噪声不超过表 11-13 和表 11-14 中的限制值。

表 11-13　变电所室内最高连续噪声限制值

工作场所	噪声限制值/dB（A）
计算机房（正常工作状态）	70
主控制室、集中控制室、通信室	60
办公室、会议室	60
生产车间及作业场所（工人每日连续接触噪声 8 h）	90

表 11-14　厂界噪声限制值

厂界毗邻区域的环境类别	噪声限制值/dB(A)	
	昼间	夜间
特殊住宅区	45	35
居民、文教区	50	40
商业中心区	60	50

②静电感应。

为保证运行人员安全,超高压变电所室外配电装置内静电感应场强水平在距地 1.5 m 处不宜超过 10 kV/m,小部分地区允许 15 kV/m。围墙外(为居民区时)非出线方向的静电感应场强水平在距地 1.5 m 处不宜大于 5 kV/m。

降低静电感应的措施:尽可能减少同相布置、同相母线交叉与同相转角布置;控制箱等操作设备尽量布置在低场强,必须设置时,可设屏蔽栅、屏蔽环或增加屏蔽线;适当增加电气设备及引下线的安装高度。

③无线电干扰。

无线电干扰由电晕放电产生。要求配电装置围墙外 20 m 处(非出线方向)的无线电干扰水平不宜大于 50 dB(1 MHz),并在选择导线及电气设备时应考虑降低整个整电装置的无线电干扰水平。

④防污秽措施。

根据不同的污秽等级,可采取以下防污秽措施:采用相应的外绝缘;采用硅油、硅脂等防污涂料;带水冲洗;采用室内配电装置。

11.2.3.5　总降压变电所布置实例

35 kV 变电所布置如下。

(1)单层布置的 35 kV 变电所。

单层布置的 35 kV 变电所如图 11-8 所示。

(2)双层布置的 35 kV 变电所。

双层布置的 35 kV 变电所如图 11-9 所示。

110 kV变电所平面配置图
及剖面图

220 kV变电所平面配置图
及剖面图

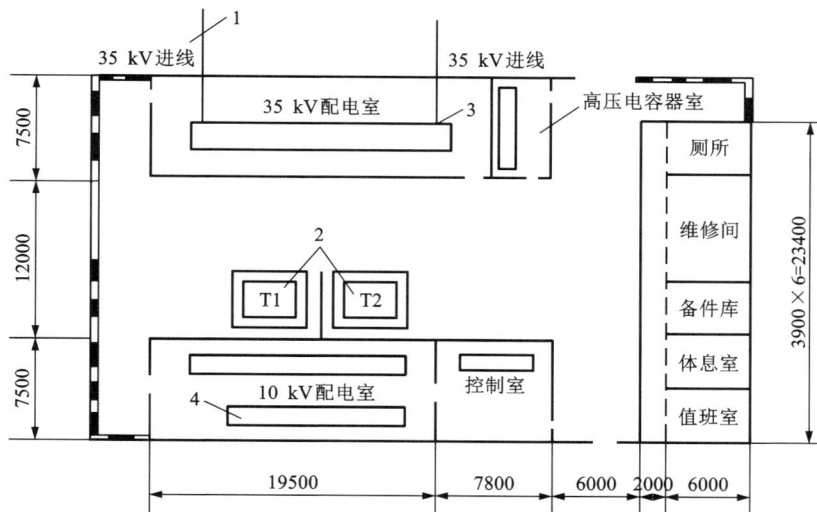

1—架空进线；2—主变压器 4000 kV·A；3—35 kV 手车式高压开关柜；4—JYN-12 型开关柜。

图 11-8 35/10 kV 变电所布置方案(单层)

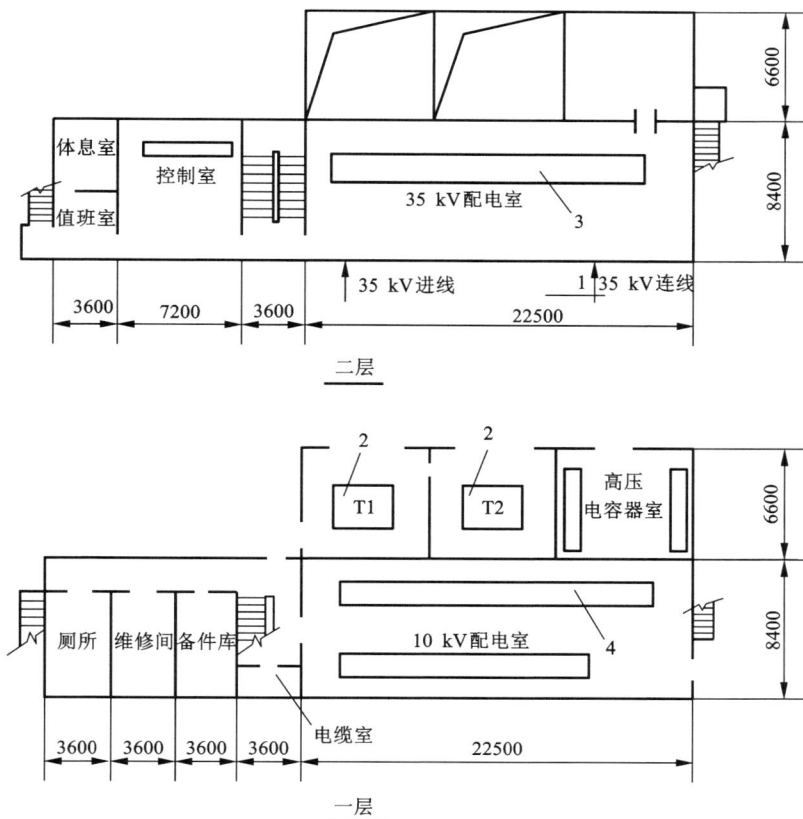

二层

一层

1—架空进线；2—主变压器 4000 kV·A；3—35 kV 手车式高压开关柜；4—KYN28A-12 型开关柜。

图 11-9 35/10 kV 变电所布置方案(双层)

11.2.4　总降压变电所开关设备、控制与通信

11.2.4.1　电器和导体的选择

1）基本要求

（1）高压电气设备和导体的选择，应满足在当地环境条件下正常运行、安装维护、短路和过电压状态的要求。

（2）所选用电器的允许最高工作电压不得低于该回路的最高运行电压。

（3）所选用的导体和电器长期允许电流不得小于该回路的持续工作电流。对室外导体和电器尚应计及日照对其载流量的影响。

（4）变电站配电装置类型和布置方案选择应结合工程的环境条件、地形地貌、枢纽布置、进线方式、环境保护及设备制造情况等因素，通过对敞开式开关设备、气体绝缘金属封闭开关设备、金属封闭开关设备和混合式开关设备的技术经济进行比较，择优选用。比较技术经济时，除考虑设备造价和土建费用外，还应同时考虑年运行费用和事故损失费用的影响。对于分期建设和改扩建工程，除应考虑以上费用外，还应同时考虑施工及停电损失费用的影响。

（5）对进出线方式的选择，应考虑其对电气主接线设计、主变压器布置、开关站选型和布置的影响。

（6）电器的连续性噪声水平不应大于 75 dB。屋内不应大于 90 dB，室外不应大于 110 dB（测试位置与声源设备外沿垂直面的水平距离为 2 m，离地面高度为 1~1.5 m）。

（7）电器及金具在 1.1 倍最高工作相电压下，晴天夜晚不应出现可见电晕。110 kV 及以上电压的电器的户外晴天无线电干扰电压不应大于 2500 μV。

（8）电气设备适用于电力系统中性点的接地方式。电压 66 kV 及以下为非有效接地系统或有效（直接）接地系统，电压 110 kV 及以上应为有效（直接）接地系统。

（9）验算导体和电器的动、热稳定以及电器开断电流所用的短路电流时，应按具体工程的设计规划容量计算，并考虑电力系统的最终发展规划。

（10）确定短路电流时，应采用可能发生最大短路电流的正常接线方式，不应采用仅在切换过程中可能并列运行的接线方式。

（11）验算导体和电器用的短路电流应按下列情况进行计算：

①除计算短路电流的衰减时间常数外，元件的电阻可忽略不计。

②在电气连接的网络中应计与其有反馈作用的异步电动机的影响和电容补偿装置放电电流的影响。

③仅用熔断器保护的导体和电器可不验算热稳定；除用有限流作用的熔断器保护外，导体和电器的动稳定仍应验算；用熔断器保护的电压互感器回路，可不验算动、热稳定。

（12）在校核开关设备开断能力时，短路开断电流计算时间宜采用开关设备实际开断时间（主保护动作时间加断路器开断时间）。

（13）在正常运行和短路时，电器引线的最大作用力不应大于电器端子允许的载荷。

（14）室外配电装置的导体、套管、绝缘子和金具，应根据当地气象条件和不同受力状态进行力学计算，其安全系数不应小于表 11–16 所列数值。

表 11-16　导体和绝缘子的安全系数

类别	载荷长期作用时	载荷短期作用时
套管，支持绝缘子及其金具	2.5	1.67
悬式绝缘子及其金具	4	2.5
软导线	4	2.5
硬导体	2.0	1.67

注：①悬式绝缘子的安全系数对应于 1 h 机电试验载荷，而不是破坏载荷。若是后者，安全系数则分别为 5.3 和 3.3。
②硬导体的安全系数对应于破坏应力，而不是屈服点应力。若是后者，安全系数则分别为 1.6 和 1.4。

2）按环境条件选择电器和导体

选择电器和导体时，应按当地气温、风速、湿度、污秽、海拔、地震、覆冰等环境条件校验。

（1）选择导体和电器的环境温度宜采用表 11-17 所列数值。

表 11-17　选择导体和电器的环境温度

类别	安装场所	最高温度	最低温度
裸导体	室外	最热月平均最高温度	
	屋内	该处通风设计温度，当无资料时，可取最热月平均最高温度加 5℃	
电器	室外	年最高温度	年最低温度
	屋内电抗器	该处通风设计最高排风温度	
	屋内其他	该处通风设计温度，当无资料时，可取最热月平均最高温度加 5℃	

注：①年最高（或最低）温度为一年中所测得的最高（或最低）温度的多年平均值。
②最热月平均最高温度为最热月每日最高温度的月平均值，取多年平均值。

（2）电器的正常使用环境条件规定：周围空气温度不高于 40℃，海拔不超过 1000 m。当在周围空气温度高于 40℃（但不高于 60℃）时使用电器，允许降低负荷长期工作，推荐周围空气温度每增高 1 K，减少额定电流负荷的 1.8%；当在周围空气温度低于 40℃时使用电器，推荐周围空气温度每降低 1 K，增加额定电流负荷的 0.5%，但其最大过负荷不得超过额定电流负荷的 20%；当在海拔超过 1000 m（但不超过 4000 m）且最高周围空气温度为 40℃时使用电器，其规定的海拔每超过 100 m（以海拔 1000 m 为起点），允许温升降低 0.3%。

对环境空气温度高于 40℃的设备，其外绝缘在干燥状态下的试验电压应为额定耐受电压乘以温度校正系数 K_t。K_t 的计算公式如下：

$$K_t = 1 + 0.0033(T - 40) \tag{11-5}$$

式中：T 为环境空气温度，℃。

（3）选择导体和电器时所用的最大风速，可取离地面 10 m 高、30 年一遇的 10 分钟平均最大风速。对于最大设计风速超过 35 m/s 的地区,可在室外配电装置的布置中采取措施。阵风对室外电器及电瓷产品的影响,制造部门在产品设计中应予以考虑。

(4)对安装在海拔高度超过 1000 m 地区的电器外绝缘应予以校验。当海拔高度在 4000 m 以下时,其试验电压应乘以系数 K,系数 K 的计算公式如下:

$$K = \frac{1}{1.1 - \dfrac{H}{10000}} \qquad (11-6)$$

式中:H 为安装地点的海拔,m。

对海拔高于 4000 m 的电器外绝缘,应进行专题研究。

(5)选择导体和电器的相对湿度,应采用变电站当地湿度最高月份的平均相对湿度。当无资料时,对洞内、地下及潮湿的场所可取 95%。

(6)选择导体和电器时,应根据当地的地震烈度选用能够满足地震要求的产品。对 8 度及以上的一般设备和 7 度及以上的重要设备应该核对其抗震能力,必要时进行抗震强度验算。在安装时,应考虑支架对地震力的放大作用。电器的辅助设备应具有与主设备相同的抗震能力。

(7)变电站电气设备外绝缘污秽等级共分为 0、Ⅰ、Ⅱ、Ⅲ、Ⅳ级,各污秽等级对应的盐密见表 11-18,爬电比距见表 11-19。

表 11-18 线路和发电厂、变电站污秽等级

污秽等级	污秽特征	盐密/(mg·cm^{-2})	
		线路	发电厂、变电站
0	大气清洁地区及离海岸盐场 50 km 以上无明显污秽地区	≤0.03	
Ⅰ	大气轻度污秽地区,工业区和人口低密集区,离海岸盐场 10~50 km 地区,在污闪季节中干燥少雾(含毛毛雨)或雨量较多时	0.03~0.06	≤0.06
Ⅱ	大气中等污秽地区,轻盐碱和炉烟污秽地区,离海岸盐场 3~10 km 地区,在污闪季节中潮湿多雾(含毛毛雨)但雨量较少时	0.06~0.10	0.06~0.10
Ⅲ	大气污染较严重地区,重雾和重盐碱地区,近海岸盐场 1~3 km 地区,工业与人口密度较大地区,离化学污染源和炉烟污秽 300~1500 m 的较严重污秽地区	0.10~0.25	0.10~0.25
Ⅳ	大气特别严重污染地区,离海岸盐场 1 km 以内,离化学污染源和炉烟污秽 300 m 以内的地区	0.25~0.35	0.25~0.35

表 11-19 各级污秽等级下的爬电比距分级数值 cm/kV

污秽等级	线路		发电厂、变电站	
	220 kV 及以下	330 kV 及以上	220 kV 及以下	330 kV 及以上
0	1.39 (1.60)	1.45 (1.60)		
Ⅰ	1.39~1.74 (1.60~2.00)	1.45~1.82 (1.60~2.00)	1.60 (1.84)	1.60 (1.76)
Ⅱ	1.74~2.17 (2.00~2.50)	1.82~2.72 (2.00~2.50)	2.00 (2.30)	2.00 (2.20)
Ⅲ	2.17~2.78 (2.50~3.20)	2.27~2.91 (2.50~3.20)	2.50 (2.88)	2.50 (2.75)
Ⅳ	2.78~3.30 (3.20~3.80)	2.91~3.45 (3.20~3.80)	3.10 (3.57)	3.10 (3.41)

注：①线路和发电厂、变电站爬电比距计算时取系统最高工作电压。表中括号内数字为按额定电压计算值。

②对电站设备0级（220 kV 及以下爬电比距为1.48 cm/kV，330 kV 及以上爬电比距为1.55 cm/kV），目前保留作为过渡时期的污级。

③对处于污秽环境中用于中性点绝缘和经消弧线圈接地系统的电力设备，其外绝缘水平一般可按高一级选取。

11.2.4.2 开关设备

1）高压开关设备选择及校验基本要求

（1）高压开关设备及其操动机构应按下列技术条件选择：电压、电流、极数、频率、绝缘水平、开断电流、短路关合电流、失步开断电流、动稳定电流、热稳定电流、特殊开断性能、操作顺序、端子机械载荷、机械和电气寿命、分合闸时间、过电压、操动机构形式、操作气压、操作电压、相数、噪声水平。

（2）高压开关设备应按下列使用环境条件校验：环境温度、日温差、最大风速、相对湿度、污秽等级、海拔高度、地震烈度。

注：当在屋内使用时，可不校验日温差、最大风速、污秽等级；在室外使用时，则不校验相对湿度。

2）高压断路器的选择

（1）形式。高压断路器形式应根据变电站具体条件，如短路和过电压等要求，并考虑最终发展，选用安全可靠、技术先进、经济合理的产品。

40.5 kV 以上电压等级宜优先选用 SF6 断路器，其灭弧方式宜采用单压式。SF6 罐式高压断路器适用于地震要求高、重污秽、高海拔地区等。户外布置的断路器为节约投资或其他需求，也可选用少油断路器。40.5 kV 及以下电压等级宜选用真空断路器或 SF6 断路器。

（2）额定电压。额定电压为断路器在运行中能长期承受的电力系统最高运行电压。交流断路器的额定电压标准值（kV）如下：3.6、7.2、12、24、40.5、72.5、126、252（245）、363、550、800。

（3）额定绝缘水平。断路器的额定绝缘水平应满足《高压交流开关设备和控制设备标准的共用技术要求》（GB/T 11022—2020）规定的要求。

（4）额定电流。断路器的额定电流是断路器在规定使用性能条件下能持续通过的电流有效值。断路器的额定电流标准流（A）如下：200、400、630、1250、1600、2000、2500、3150、4000、6300、8000 等。

（5）温升。周围空气温度不超过 40℃ 时，在各试验条款规定的条件下，断路器任何部分的温升不应超过《高压交流断路器》GB 1984 规定的温升极限。

（6）额定短路开断电流。额定短路开断电流是断路器在规定的使用和性能条件下，能够开断的最大短路电流，由两个特征值表示：交流分量有效值，简称额定短路电流；直流分量百分数。当直流分量不超过交流分量幅值的 20% 时，则额定短路开断电流仅以交流分量有效值来表征。

（7）额定短时耐受电流。该电流指在规定的使用条件和性能条件下，额定短路持续时间内，机械开关在关合位置时能承载的电流有效值。额定短时耐受电流等于额定短路开断电流。

（8）额定短时耐受电流持续时间。220 kV 及以上断路器的额定短时耐受电流持续时间为 2 s；110 kV 及以下断路器的额定短时耐受电流持续时间为 4 s。

（9）额定短路关合电流：断路器的额定短路关合电流在额定频率为 50 Hz，时间常数标准值为 45 ms 时，等于额定短路开断电流交流分量有效值的 2.5 倍。

（10）额定峰值耐受电流。额定峰值耐受电流等于额定短路关合电流。

3）隔离开关和接地开关的选择

（1）隔离开关的形式根据安装地点分为户内和户外；根据相数分为单相式和三相式；根据结构形式分为单柱式和多柱式。

（2）接地开关的形式：根据配置分为无接地开关、单侧和双侧接地开关；根据操作方式分为操作勾棒、手力和动力操动机构；根据用途分为一般用、快速分闸用、变压器中性点接地用和快速接地用。

（3）隔离开关额定短时耐受电流指在规定的使用条件和性能条件下，在额定短路持续时间内，隔离开关在关合位置时能承载的电流有效值。额定短时耐受电流等于回路额定短路开断电流。

（4）隔离开关额定峰值耐受电流等于额定短路开断电流交流分量有效值的 2.5 倍。

（5）隔离开关的额定短路持续时间。252 kV 及以上隔离开关的额定短路持续时间为 2 s；110 kV 及以下隔离开关的额定短路持续时间为 4 s。

（6）接地开关的额定短路持续时间。接地开关的额定短路持续时间可以为配用隔离开关相应数值的一半，但不得小于 2 s。

（7）接地开关的额定短路关合电流。接地开关的额定短路关合电流为其额定短路开断电流交流分量有效值的 2.5 倍。

（8）单柱式隔离开关的额定接触区。单柱式隔离开关的额定接触区应满足《DL/T 486—2021 高压交流隔离开关和接地开关》的要求。

4）电流互感器的选择

电流互感器按下列技术条件选择和校验：一次回路电压、一次回路电流、二次负荷、二次回路电流、准确度等级和暂态特性、继电保护及测量的要求、动稳定倍数、热稳定倍数、机械载荷、温升。电流互感器应按系统接地方式使用环境校验。

（1）形式与分类。

电流互感器根据安装地点分为户内和户外，根据配电装置整体设计选用。

电流互感器根据绝缘分为干式、油浸式和 SF6 气体绝缘的互感器，一般 40.5 kV 及以下宜采用干式；40.5 kV 以上宜采用油浸式或 SF6 气体绝缘的互感器。

电流互感器根据安装方式分为支持式、套管式、穿墙式、母线式、封闭式（用于 SF6 产气体绝缘金属开关设备中）和组合式（与其他高压设备组合，如隔离开关等）等。

电流互感器根据用途分为电能计量用、电测量用和继电保护用。

电流互感器根据特性分为普通型和具有暂态特性型。

电流互感器根据结构形式分为多匝式、一次贯穿式、正立式和倒立式。

（2）额定电流。

额定一次电流，电流互感器应根据其所在回路一次设备的额定电流，或最大工作电流选择适当的额定一次电流。

额定二次电流的标准值为 1 A 和 5 A。

（3）额定输出容量。

额定输出容量（V·A）可在下列数位中选取：2.5、5、10、15、25、30、40、50、60、80、100。

二次负荷通常由所连接的测量仪表或保护装置与连接导线组成，计算中应计及不同接线方式和故障形态下的换算系数。

（4）额定电压和设备最高电压。

额定电压和设备最高电压应与所接一次回路的额定电压和最高电压相同。

（5）温升限值。

电流互感器在一次额定电流、额定频率和额定负荷及负荷的功率因数为 0.8（滞后）~ 1 时，其温升不应超过标准《GB/T 20840.2 互感器 第 2 部分：电流互感器的补充技术要求》规定的温升限值。

（6）额定绝缘水平。

一次绕组的额定绝缘水平应符合标准《GB/T 20840.2 互感器 第 2 部分：电流互感器的补充技术要求》要求。

当一次或几次绕组分成两段或多段时，段间绝缘应能承受额定短时工频耐受电压 3 kV。

二次绕组之间及对地绝缘应能承受额定短时工频耐受电压 3 kV。对于有末屏的电流互感器，末屏端子对一次绕组及地绝缘的额定短时工频耐压为 5 kV。二次绕组之间及对地绝缘电阻应不低于 100 MΩ。

绕组匝间绝缘应能承受额定耐受电压 4.5 kV（峰值）。

（7）准确级及误差限值。

计量用的电流互感器标准准确级为 0.1、0.2S、0.2、0.5S、0.5、1。

测量用的电流互感器标准准确级为 0.5、1.5。

保护用的电流互感器标准准确级为 5P、10P。

具有暂态特性的保护用电流互感器标准准确级为 TPS，TPX，TPY，TPZ。

误差限值可从《电力电流互感器使用技术规范》（DL/T 725—2023）中查取。

（8）短时耐受电流和峰值耐受电流。

电流互感器应能承受所在一次回路的最大负荷电流、短时耐受电流和峰值耐受电流。当互感器一次绕组可串、并切换时，应按其接线状态下的实际短路电流进行校验。

5）电压互感器的选择

电压互感器按下列技术条件选择和校验：一次回路电压、二次电压、二次负荷、准确度等级、继电保护及测量的要求、兼用于载波通信时电容式电压互感器的高频特性、绝缘水平、温升、电压因数、系统接地方式、机械载荷。电压互感器应按使用环境校验。

（1）形式、配置与接线。

根据安装地点分为户内和户外，根据配电装置整体设计选用。

根据绝缘分为干式、油浸式和充气式，一般 40.5 kV 及以下宜采用干式，40.5 kV 以上宜采用油浸式或充气式。GIS 封闭开关设备中应采用充气式。

根据接线方式分为三相式和单相式，一般 40.5 kV 及以下宜采用三相式，40.5 kV 以上宜采用单相式。

根据电压变换原理分为电磁式和电容式。当线路侧电压互感器兼作高频载波通信的耦合电容时，应采用电容式电压互感器；对 126 kV 及以上，当输出容量和准确等级满足要求时，宜优先采用电容式电压互感器；在 GIS 封闭开关设备中，一般采用电磁式电压互感器。

电压互感器的配置与接线详见《电流互感器和电压互感器选择及计算规程》（DL/T 866—2015）中 8.2 的规定。

（2）额定电压。

①额定一次电压。对于三相电压互感器和用于单相系统或三相系统线间的单相互感器，其额定一次电压应为系统标称电压；对于接在三相系统线与地之间或接在系统中性点与地之间的单相互感器，其额定一次电压应为系统标称电压的 $1/\sqrt{3}$ 倍。

②额定二次电压。单相系统的单相电压互感器、一相系统线间的单相电压互感器和三相电压互感器，其额定二次电压可取 100 V；三相系统中相与地之间用的电压互感器，当其额定一次电压为系统标称电压 $1/\sqrt{3}$ 倍时，额定二次电压为 $100/\sqrt{3}$ V。

③剩余电压绕组的额定电压。用于中性点直接接地系统的电压互感器，其剩余电压绕组额定电压应为 100 V；用于中性点非直接接地系统（含消弧线圈接地系统）的电压互感器，其剩余电压绕组额定电压应为 100/3 V。

（3）额定绝缘水平。

①一次绕组的额定绝缘水平应符合《GB/T 20840.3—2013 电磁式电压互感器的补充技术要求》的要求。

②一次绕组接地的端子应承受额定短时工频耐受电压 5 kV（35 kV 以下时为 3 kV）。

③二次绕组（包括剩余电压绕组）之间及对地绝缘应能承受额定短时工频耐受电压 3 kV；当二次绕组分成两段或多段时，段间绝缘应能承受额定短时工频耐受电压 3 kV。

④电容式电压互感器的电容分压器、中间电压电路、电抗器绕组端子、中间电压变压器端子等的绝缘水平详见《互感器　第 5 部分：电容式电压互感器的补充技术要求》（GB/T 2084.5—2013）中的规定。

⑤对于在海拔超过 1000 m 的地区工作的电压互感器，为保证其外绝缘有足够的耐受电压，一般每增高 100 m 增加 1%。

（4）额定输出。

在负荷功率因数为 0.8（滞后）时，额定输出标准值（V·A）可选取 10、15、20、30、50、75、100、150、200、250、300、400、500。对于三相电压互感器额定输出容量指每相的额定输出。

（5）准确级及误差限值。

计量、测量用的电压互感器标准准确级为 0.1、0.2、0.5、1.0、3.0。

保护用的电压互感器标准准确级为 3P、6P。剩余绕组的准确级为 6P。

误差限值可从《电力用电磁式电压互感器使用技术规范》(DL/T 726—2023) 中查取。

(6) 短路承受能力。

当电压互感器在额定电压下励磁时，应能承受 1S 外部短路的机械效应和热效应而无损伤。

6) 6~10 kV 限流电抗器的选择

(1) 普通限流电抗器的额定电流应按下列条件选择。

① 主变压器或馈线回路的最大可能工作电流。

② 自备发电厂母线分段回路的限流电抗器，应根据母线上事故切断最大一台发电机时，可能通过电抗器的电流选择，一般取该台发电机额定电流的 50%~80%。

③ 变电站母线回路的限流电抗器应满足用户的一级负荷和大部分二级负荷的要求。

(2) 分裂限流电抗器的额定电流按下列条件选择。

① 当用于发电厂的发电机或主变压器回路时，一般按发电机或主变压器额定电流的 70% 选择。

② 当用于变电站主变压器回路时，应按负荷电流大的一臂中通过的最大负荷电流选择。当无负荷资料时，可按主变压器额定电流的 70% 选择。

(3) 普通电抗器的电抗百分值应按下列条件选择和校验。

① 将短路电流限制到要求值。这时电抗器的额定电抗百分数按下式计算：

$$x_{rk} \geqslant \left(\frac{I_j}{I_{ky}} - X_{*j} \right) \frac{I_{rk} U_j}{U_{rk} I_j} \times 100\% \qquad (11-7)$$

式中：U_j 为基准电压，kV；I_j 为基准电流，A；X_{*j} 以 U_j、I_j 为基准，从网络计算至所选用电抗器前的电抗标准值；U_{rK}、I_{rK} 分别为电抗器的额定电压、额定电流，kV、kA；

② 正常工作时，电抗器的电压损失不得大于母线额定电压的 5%，对于出线电抗器，应计算出线上的电压损失。

③ 当出线电抗器未装设无时限继电保护装置时，应按电抗器后发生短路，母线剩余电压不低于额定值的 60%~70% 校验。若此电抗器接在 6 kV 发电机主母线上，则母线剩余电压应尽量取上限值。

对于母线分段电抗器、带几回出线的电抗器及其他具有无时限继电保护的出线电抗器，不必校验短路时的母线剩余电压。

(4) 分裂电抗器的自感电抗百分值应按将短路电流限制到要求值选择，并按正常工作时分裂电抗器两臂母线电压波动不大于母线额定电压的 5% 校验。

(5) 分裂电抗器的互感系数，当无制造部门资料时，一般取 0.5。

(6) 分裂电抗器在正常工作时两臂母线电压的波动计算，若无两臂母线实际负荷资料，则可取一臂为分裂电抗器额定电流的 30%，另一臂为分裂电抗器额定电流的 70%。

(7) 分裂电抗器应分别按单臂流过短路电流和两臂同时流过反向短路电流两种情况进行动稳定校验。

7) 6~10 kV 电容器的选择

并联电容器装置的设计，应根据安装地点的电网条件、补偿要求、环境状况、运行检修要求和实践经验，确定补偿容量、接线方式、配套设备与控制方式、布置及安装方式。

（1）并联电容器装置接入电网基本要求。

并联电容器分组容量在电容器分组投切时，母线电压波动应满足国家现行有关标准的要求，并应满足系统无功功率和电压调控要求。

当分组电容器按各种容量组合运行时，应避开谐振容量，不得发生谐波的严重放大和谐振，电容器支路的接入所引起的各侧母线的任何一次谐波量均不应超过现行国家标准《电能质量　公用电网谐波》（GB/T 14549）的有关规定。

并联电容器装置宜装设在变压器的主要负荷侧。当不具备条件时，并联电容器装置可装设在三绕组变压器的低压侧。

当配电站中无高压负荷时，不宜在高压侧装设并联电容器装置。低压并联电容器装置的安装地点和装设容量，应根据分散补偿和就地平衡的原则设置，并不得向电网倒送无功。

（2）并联电容器组的接线方式应符合下列规定。

并联电容器组应采用星形接线。在中性点非直接接地的电网中，星形接线电容器组的中性点不应接地。

并联电容器组的每相或每个桥臂，由多台电容器串并联组合连接时，宜采用先并联后串联的连接方式。

每个串联段的电容器并联总容最大不应超过 3900 kvar。

（3）并联电容器额定电压的选择。

电容器的绝缘水平，应按电容器接入电网处的电压等级、由电容器组接线方式确定的串并联组合、安装方式要求等，根据电容器产品标准选取。

电容器额定电压选择，应符合下列要求。

①按电容器接入电网处的运行电压进行计算。

②电容器应能承受 1.1 倍长期工频过电压。

应计入串联电抗器引起的电容器运行电压升高。接入串联电抗器后，电容器电压应按下式计算：

$$U_{c} = \frac{U_{s}}{\sqrt{3} S} \frac{1}{1-K} \tag{11-8}$$

式中：U_{c} 为电容器的运行电压，kV；U_{s} 为并联电容器装置的母线运行电压，kV；S 为电容器组每相的串联段数；K 为电抗率。

（4）并联电容器额定电流的选择。

选择并联电容器装置总回路和分组回路的电器导体时，回路工作电流应按稳态过电流最大值确定，过电流倍数应为回路额定电流的 1.3 倍。

选择并联电容器装置串联电抗器电抗率时，应根据电网条件与电容器参数经相关计算分析确定，电抗率取值范围应符合下列规定。

①仅用于限制涌流时，电抗率宜取 0.1%~1.0%。

②用于抑制谐波时，电抗率应根据并联电容器装置接入电网处的背景谐波含量的测量值选择。当谐波为 5 次及以上时，电抗率宜取 4.5%~5.0%；当谐波为 3 次及以上时，电抗率宜取 12%，亦可采用 4.5%~5.0% 与 12% 两种电抗率混装方式。

8）中性点接地设备的选择

（1）消弧线圈的选择。

①消弧线圈应按下列技术条件选择：电压、频率、容量、补偿度、电流分接头、中性点位

移电压。

②消弧线圈应按使用环境条件校验。

③消弧线圈宜选用油浸式。装设在屋内相对湿度小于80%场所的消弧线圈,也可选用干式。在电容电流变化较大的场所,宜选用自动跟踪动态补偿式消弧线圈。

④消弧线圈的补偿容量,可按下式计算:

$$Q = KI_C \frac{U_N}{\sqrt{3}} \qquad (11-9)$$

式中:Q 为补偿容量,kV·A;K 为系数,过补偿取 1.35,欠补偿按脱谐度确定;I_C 为电网或发电机回路的电容电流,A;U_N 为电网或发电机回路的额定线电压,kV。

为便于运行调谐,宜选用容量接近于计算值的消弧线圈。

⑤电网的电容电流,应包括有电气连接的所有架空线路、电缆线路的电容电流,并计及厂、所母线和电器的影响。该电容电流应取最大运行方式下的电流。

发电机电压回路的电容电流应包括发电机、变压器和连接导体的电容电流,当回路装有直配线或电容器时,应计算这部分电容电流。

计算电网的电容电流时,应考虑电网 5~10 年的发展。

⑥装在电网的变压器中性点的消弧线圈以及具有直配线的发电机中性点的消弧线圈应采用过补偿方式。

对于采用单元连接的发电机中性点的消弧线圈,为了限制电容耦合传递过电压以及频率变动等对发电机中性点位移电压的影响,宜采用欠补偿方式。

⑦中性点经消弧线圈接地的电网,在正常情况下,长时间中性点位移电压不应超过额定相电压的 15%,脱谐度一般不大于 10%(绝对值),消弧线圈分接头宜选用 5 个。

中性点经消弧线圈接地的发电机,在正常情况下,长时间中性点位移电压不应超过额定相电压的 10%,考虑到限制传递过电压等因素,脱谐度不宜超过±30%,消弧线圈的分接头应满足脱谐度的要求。

中性点位移电压可按下式计算:

$$U_0 = \frac{U_{bd}}{\sqrt{d^2 + v^2}} \qquad (11-10)$$

$$n = \frac{I_C - I_L}{I_C} \qquad (11-11)$$

式中:U_0 为中性点位移电压,kV;U_{bd} 为消弧线圈投入前电网或发电机回路中性点不对称电压,可取 0.8%相电压;d 为阻尼率,一般 60~110 kV 架空线路取 3%,35 kV 及以下架空线路取 5%,电缆线路取 2%~4%;n 为脱谐度;I_C 为电网或发电机回路的电容电流,A;I_L 为消弧线圈电感电流,A。

⑧在选择消弧线圈的台数和容量时,应考虑消弧线圈的安装地点,并按下列原则进行。

A. 在任何运行方式下,大部分电网不得失去消弧线圈的补偿,不应将多台消弧线圈集中安装在一处,并应避免电网仅装 1 台消弧线圈。

B. 安装在 YNd 接线双绕组或 YNynd 接线三绕组变压器中性点上的消弧线圈的容量,不应超过变压器三相总容量的 50%,并且不得大于三绕组变压器的任一绕组容量。

C. 安装在 YNyn 接线的内铁芯式变压器中性点上的消弧线圈容量,不应超过变压器三相绕组总容量的 20%。

消弧线圈不应接于零序磁通经铁心闭路的 YNyn 接线变压器的中性点上(例如单相变压器组或外铁型变压器)。

D. 如变压器无中性点或中性点未引出,应装设容量相当的专用接地变压器,接地变压器可与消弧线圈采用相同的额定工作时间。

(2)中性点接地变压器的选择。

①接地变压器应按下列技术条件选择和校验:形式、容量、绕组电压、频率、电流、绝缘水平、温升、过载能力。

②接地变压器应使用环境条件校验。

③当系统中性点可以引出时宜选用单相接地变压器,系统中性点不能引出时应选用三相变压器。有条件时宜选用干式无激磁调压接地变压器。

④接地变压器参数选择如下。

A. 接地变压器的额定电压。安装在发电机或变压器中性点的单相接地变压器额定一次电压:

$$U_{Nb} = U_N \qquad (11-12)$$

式中:U_N 为发电机或变压器额定一次线电压,kV。

接于系统母线三相接地变压器额定一次电压应与系统额定电压一致,接地变压器二次电压可根据负载特性确定。

B. 接地变压器的绝缘水平应与连接系统绝缘水平相一致。

C. 接地变压器的额定容量可按下式计算。

单相接地变压器 $S_N(kV \cdot A)$:

$$S_N \geq \frac{1}{K} U_2 I_2 = \frac{U_N}{\sqrt{3} Knp} I_2 \qquad (11-13)$$

式中:U_N 为接地变压器二次侧电压,kV;I_2 为二次电阻电流,A;K 为变压器的过负荷系数(由变压器制造厂提供)。

三相接地变压器,其额定容量应与消弧线圈或接地电阻容量相匹配,若带有二次绕组还应考虑二次负荷容量。

9)过电压保护设备的选择

(1)避雷器的选择。

①阀式避雷器应按下列技术条件选择:避雷器额定电压(U_r)、避雷器持续运行电压(U_c)、工频放电电压、冲击放电电压和残压、通流容量、额定频率、机械载荷。

②避雷器应按使用环境条件校验。

③采用阀式避雷器进行雷电过电压保护时,除旋转电机外,对不同电压范围、不同系统接地方式的避雷器选型如下。

A. 有效接地系统中,范围Ⅱ应该选用金属氧化物避雷器,范围Ⅰ宜采用金属氧化物避雷器。

B. 气体绝缘全封闭组合电器和低电阻接地系统应选用金属氧化物避雷器。

C. 不接地、消弧线圈接地和高电阻接地系统,根据系统中谐振过电压和间歇性电弧接地过电压等发生的可能性及其严重程度，可任选金属氧化物避雷器或碳化硅普通阀式避雷器。

阀式避雷器标称放电电流下的残压(U_{res})，不应大于被保护电气设备(旋转电机除外)标准雷电冲击全波耐受电压(BIL)的71%。

有串联间隙金属氧化物避雷器和碳化硅普通阀式避雷器的额定电压，在一般情况下应符合下列要求。

A. 110 kV 及 220 kV 有效接地系统不低于 $0.8U_m$。

B. 3~10 kV 和 35 kV、66 kV 系统分别不低于 $1.1U_m$ 和 U_m；3 kV 及以上具有发电机的系统不低于1.1倍发电机最高运行电压。

C. 对 3~20 kV 和 35 kV、66 kV 系统，中性点避雷器的额定电压分别不低于 $0.64U_m$ 和 $0.58U_m$；对 3~20 kV 发电机，不低于0.64倍发电机最高运行电压。

采用无间隙金属氧化物避雷器作为雷电过电压保护装置时，应符合下列要求。

A. 避雷器的持续运行电压和额定电压应不低于表11-20所列数值。

B. 避雷器能承受所在系统作用的暂时过电压和操作过电压能量。

表 11-20　无间隙金属氧化物避雷器持续运行电压和额定电压

系统接地方式		持续运行电压/kV		额定电压/kV	
		相地	中性点	相地	中性点
有效接地	110 kV	$U_m/\sqrt{3}$	$0.45U_m$	$0.75U_m$	$0.57U_m$
	220 kV	$U_m/\sqrt{3}$	$0.13U_m(0.45U_m)$	$0.75U_m$	$0.17U_m(0.57U_m)$
	330 kV、500 kV	$U_m/\sqrt{3}$ $(0.59U_m)$	$0.13U_m$	$0.75U_m$ $(0.8U_m)$	$0.17U_m$
不接地	3~20 kV	$1.1U_m$；U_{mg}	$0.64U_m$；$U_{mg}/\sqrt{3}$	$1.38U_m$；$1.25U_{mg}$	$0.8U_m$；$0.72U_{mg}$
	35 kV、66 kV	U_m	$U_m/\sqrt{3}$	$1.25U_m$	$0.72U_{mg}$
消弧线圈		U_m；U_{mg}	$U_m/\sqrt{3}$ $U_{mg}/\sqrt{3}$	$1.25U_m$ $1.25U_{mg}$	$0.72U_{mg}$ $0.72U_{mg}$
低电阻		$0.8U_m$		U_m	
高电阻		$1.1U_m$；U_{mg}	$1.1U_m/\sqrt{3}$ $U_{mg}/\sqrt{3}$	$1.38U_m$；$1.25U_{mg}$	$0.8U_m$；$0.72U_{mg}$

注：①220 kV，括号外、内数据分别对应变压器中性点经接地电抗器接地和不接地。②330 kV、500 kV，括号外、内数据分别与工频过电压 1.3p.u. 和 1.4p.u. 对应。③220 kV 变压器中性点经接地电抗器接地和330 kV、500 kV 变压器或高压并联电抗器中性点经接地电抗器接地时，接地电抗器的电抗与变压器或高压并联电抗器的零序电抗之比不大于1/3。④110 kV、220 kV 变压器中性点不接地且绝缘水平低于标准时，避雷器的参数需另行确定。⑤U_m 为系统最高电压，U_{mg} 为发电机最高运行电压。

C. 保护变压器中性点绝缘的避雷器型号，按表11-21和表11-22所列内容选择。

表 11-21 中性点非直接接地系统中保护变压器中性点绝缘的避雷器

变压器额定电压/kV	35	63
避雷器型号	FZ-15+FZ-10 FZ-30 FZ-35 Y1.5W-55	FZ-40 FZ-60 Y1.5W-55 Y1.5W-60 Y1.5W-72

注：避雷器应与消弧线圈的绝缘水平相配合。

表 11-22 中性点直接接地系统中保护变压器中性点绝缘的避雷器

变压器额定电压/kV	110		220	330	500
中性点绝缘	110 kV 级	35 kV 级	110 kV 级	154 kV 级	63 kV 级
避雷器型号	FZ-110J FZ-60 Y1.5W-72	Y1.5W-72	FCZ-110 FZ-110J Y1.5W-144	FCZ-154J FZ-154 Y1.5W-84	Y1.5W-96 Y1.5W-102

注：330 kV、550 kV 变压器中性点所选的氧化锌避雷器是按中性点经小电抗接地来选择的。

D. 对中性点为分级绝缘的 220 kV 变压器，如使用同期性能不良的断路器，变压器中性点宜用金属氧化物避雷器保护。当采用阀式避雷器时，变压器中性点宜增设棒型保护间隙，并将其与阀式避雷器并联。

E. 无间隙金属氧化物避雷器按其标称放电电流分类见表 11-23。

表 11-23 避雷器按其标称放电电流的分类

标称放电电流 I_n/kA	避雷器额定电压 U_r(有效值)/kV	备注
20	$420 \leqslant U_r \leqslant 468$	电站用避雷器
10	$90 \leqslant U_r \leqslant 468$	电站用避雷器
5	$4 \leqslant U_r \leqslant 25$	发电机用避雷器
	$5 \leqslant U_r \leqslant 17$	配电用避雷器
	$5 \leqslant U_r \leqslant 90$	并联补偿电容器用避雷器
	$5 \leqslant U_r \leqslant 108$	电站用避雷器
	$42 \leqslant U_r \leqslant 84$	电气化铁道用避雷器
2.5	$4 \leqslant U_r \leqslant 13.5$	电动机用避雷器
1.5	$0.28 \leqslant U_r \leqslant 0.50$	低压避雷器
	$2.4 \leqslant U_r \leqslant 15.2$	电机中性点用避雷器
	$60 \leqslant U_r \leqslant 207$	变压器中性点用避雷器

F. 系统额定电压 35 kV 及以上的避雷器, 宜配备放电动作记录器; 保护旋转电机的避雷器, 应采用残压低的动作记录器。

（2）避雷针高度和根数的选择。

①单支避雷针的保护范围（如图 11-10 所示）。

A. 避雷针在地面上的保护半径, 应按下式计算:

$$r = 1.5hP \qquad (11-14)$$

式中: r 为保护半径, m; h 为避雷针的高度, m; P 为高度影响系数（$h \leq 30$ m, $P = 1$; 30 m $< h \leq 120$ m, $P = \dfrac{5.5}{\sqrt{h}}$; 当 $h > 120$ m 时, 取其等于 120 m）。

B. 在被保护物高度 h_x 水平面上的保护半径应按下列方法确定。

当 $h_x \geq 0.5h$ 时

$$r_x = (h - h_x)P = h_a P \qquad (11-15)$$

式中: r_x 为避雷针在 h_x 水平面上的保护半径, m; h_x 为被保护物的高度, m; h_a 为避雷针的有效高度, m。

当 $h_x < 0.5h$ 时

$$r_x = (1.5h - 2h_x)P \qquad (11-16)$$

②两支等高避雷针的保护范围（如图 11-11 所示）。

A. 两针外侧的保护范围应按单支避雷针的计算方法确定。

B. 两针间的保护范围应按通过两针顶点及保护范围上部边缘最低点 O 的圆弧确定, 圆弧的半径为 $R'O$。O 点为假想避雷针的顶点, 其高度应按下式计算:

$$h_O = h - \frac{D}{7P} \qquad (11-17)$$

式中: h_O 为两针间保护范围上部边缘最低点高度, m; D 为两针间的距离, m。

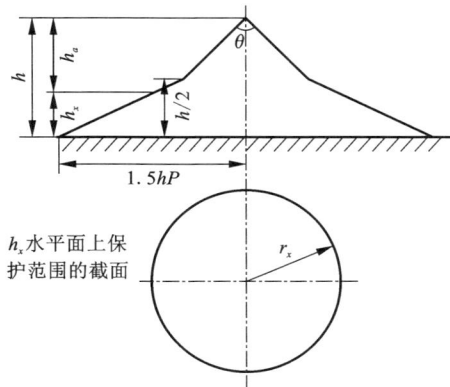

图 11-10　单支避雷针的保护范围
（$h \leq 30$ m 时, $\theta = 45°$）

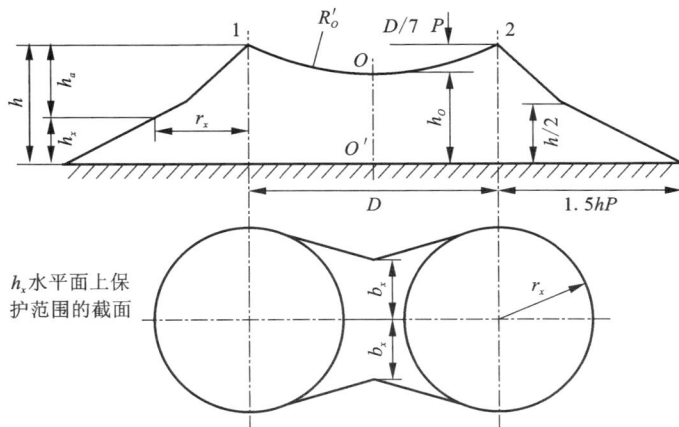

图 11-11　高度为 h 的两支等高避雷针的保护范围

两针间 h_x 水平面上保护范围的一侧最小宽度应按图 11-12 确定。当 $b_x > r_x$ 时，取 $b_x = r_x$。求得 b_x 后，可按图 2-18 绘出两针间的保护范围。

两针间距离与针高之比 D/h 不宜大于 5。

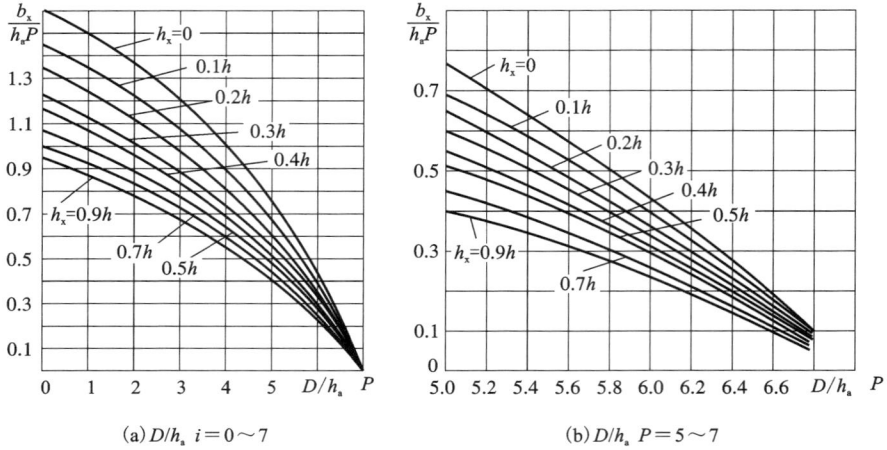

(a) D/h_a $i=0\sim7$　　　　　　　　(b) D/h_a $P=5\sim7$

图 11-12　两支等高(h)避雷针间保护范围的一侧最小宽度(b_x)与 D/h_aP 的关系

③多支等高避雷针的保护范围(如图 11-13 所示)

A. 三支等高避雷针所形成的三角形的外侧保护范围应分别按两支等高避雷针的计算方法确定。如在三角形内被保护物最大高度 h_x 水平面上，各相邻避雷针间保护范围的一侧最小宽度 $b_x \geq 0$ 时，则全部面积受到保护。

B. 四支及以上等高避雷针所形成的四角形或多角形，可先将其分成两个或数个三角形，然后分别按三支等高避雷针的方法计算。如各边的保护范围一侧最小宽度 $b_x \geq 0$，则全部面积受到保护。

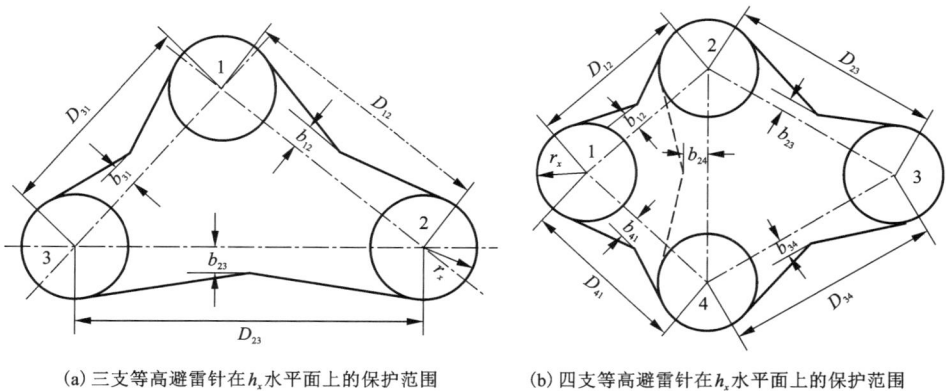

(a) 三支等高避雷针在 h_x 水平面上的保护范围　　(b) 四支等高避雷针在 h_x 水平面上的保护范围

图 11-13　三、四支等高避雷针在 h_x 水平面上的保护范围

10)变电所接地网的设计

(1)一般要求。

①设计人员应掌握工程地点的地形地貌、土壤的种类和分层状况，实测或搜集站址土壤

及江、河、湖泊等的水的电阻率、地质电测部门提供的地层土壤电阻率分布资料和关于土壤腐蚀性能的数据，充分了解站址处较大范围内土壤的不均匀程度，并根据有关建筑物的布置、结构、钢筋配置情况，确定可利用作为接地网的自然接地极。

②设计人员应根据当前和远景的最大运行方式下一次系统电气接线、母线连接的送电线路状况、故障时系统的电抗与电阻比值等，确定设计水平年的最大接地故障不对称电流有效值，并计算确定流过设备外壳接地导体(线)和经接地网入地的最大接地故障不对称电流有效值。

③接地网的尺寸及结构应根据站址土壤结构和其电阻率，以及要求的接地网接地电阻值初步拟定，并宜通过数值计算获得接地网的接地电阻值和地电位升高，且将其与要求的限值比较，并通过修正接地网设计使其满足要求。

④设计人员应通过计算获得地表面的接触电位差和跨步电位差分布，并将最大接触电位差和最大跨步电位差与允许值进行比较。不满足要求时，采取降低措施或采取提高允许值的措施。

⑤接地导体(线)和接地极的材质和相应的截面，应计算设计使用年限内土壤对其的腐蚀程度，通过热稳定校验确定。

(2)接地电阻与均压要求。

①保护接地要求的变电站接地网接地电阻，应符合下列要求。

A.有效接地系统和低电阻接地系统，应符合下列要求。

a.接地网的接地电阻宜符合下列公式的要求，且保护接地接至变电站接地网的站用变压器的低压侧应采用 TN 系统，低压电气装置应采用(含建筑物钢筋的)保护总等电位联结系统：

$$R \leqslant \frac{2000}{I_G} \qquad (11-18)$$

式中：R 为采用季节变化的最大接地电阻，Ω；I_G 为计算用的经接地网入地的最大接地故障不对称电流有效值，A。

I_G 应采用设计水平年系统最大运行方式下在接地网内、外发生接地故障时，经接地网流入地中并计算直流分量的最大接地故障电流有效值。计算时，还应计算系统中各接地中性点间的故障电流分配，以及避雷线中分走的接地故障电流。

b.当接地网的接地电阻不符合式(11-18)的要求时，可通过技术经济比较适当增大接地电阻。

B.不接地、谐振接地和高电阻接地系统，应符合下列要求。

a.接地网的接地电阻应符合下列公式的要求，但不应大于 4 Ω，且保护接地接至变电站接地网的站用变压器的低压侧电气装置，应采用(含建筑物钢筋的)保护总等电位联结系统：

$$R \leqslant \frac{120}{I_g} \qquad (11-19)$$

式中：R 为采用季节变化的最大接地电阻，Ω；I_g 为计算用的经接地网入地对称电流，A。

b.谐振接地系统中，计算变电站接地网的入地对称电流时，对于装有自动跟踪补偿消弧装置(含非自动调节的消弧线圈)的变电站电气装置的接地网，计算电流等于接在同一接地网中同一系统各自动跟踪补偿消弧装置额定电流总和的 1.25 倍；对于不装自动跟踪补偿消弧装置的变电站电气装置的接地网，计算电流等于系统中断开最大一套自动跟踪补偿消弧装置或系统中最长线路被切除时的最大可能残余电流值。

②确定发电厂和变电站接地网的形式和布置时，应符合下列要求。

A. 110 kV 及以上有效接地系统和6～35 kV 低电阻接地系统发生单相接地或同点两相接地时，发电厂和变电站接地网的接触电位差和跨步电位差不应超过由下列公式计算所得的数值：

$$U_{\mathrm{t}} = \frac{(174 + 0.17\rho_{\mathrm{s}}C_{\mathrm{s}})}{\sqrt{t_{\mathrm{s}}}} \tag{11-20}$$

$$U_{\mathrm{s}} = \frac{(174 + 0.7\rho_{\mathrm{s}}C_{\mathrm{s}})}{\sqrt{t_{\mathrm{s}}}} \tag{11-21}$$

式中：U_{t} 为接触电位差允许值，V；U_{s} 为跨步电位差允许值，V；ρ_{s} 为地表层的电阻率，m；C_{s} 为表层衰减系数；t_{s} 为接地故障电流持续时间，与接地装置热稳定校验的接地故障等效持续时间 t_{e} 取相同值，s。

B. 6～66 kV 不接地、谐振接地和高电阻接地系统发生单相接地故障后，当不迅速切除故障时，发电厂和变电站接地装置的接触电位差和跨步电位差不应超过下列公式计算所得的数值：

$$U_{\mathrm{t}} = 50 + 0.05\rho_{\mathrm{s}}C_{\mathrm{s}} \tag{11-22}$$

$$U_{\mathrm{t}} = 50 + 0.2\rho_{\mathrm{s}}C_{\mathrm{s}} \tag{11-23}$$

11）高海拔地区电器的选择

电器的海拔分级为 1000 m、2000 m、3000 m、4000 m、5000 m。

海拔超过 1000 m 的地区称为高海拔地区。电器的正常使用环境条件规定：周围空气温度不高于40℃，海拔不超过 1000 m。当在周围空气温度高于40℃（但不高于60℃）时使用电器，允许降低负荷长期工作。推荐周围空气温度每增高 1 K，减少额定电流负荷的1.8%；当在周围空气温度低于40℃时使用电器，推荐周围空气温度每降低 1 K，增加额定电流负荷的0.5%，但其最大过负荷不得超过额定电流负荷的20%；当在海拔超过 1000 m（但不超过 4000 m）且最高周围空气温度为40℃时使用电器，其规定的海拔每超过 100 m（以海拔 1000 m 为起点）允许温升降低 0.3%。

对安装在海拔高度超过 1000 m 地区的电器外绝缘应予校验。高海拔高压电气设备外绝缘额定绝缘水平高海拔修正按下列公式进行：

$$U = K_{\mathrm{H}} \cdot U_{\mathrm{o}} \tag{11-24}$$

式中：U 为高海拔地区的高压电气设备在海拔 1000 m 以下地区试验时的耐受电压，kV；U_{o} 为高压电气设备的额定耐受电压，kV；K_{H} 为外绝缘强度的高海拔校正因数，可由下列公式计算求得。

$$K_{\mathrm{H}} = \mathrm{e}^{m_0 \left(\frac{H-1000}{8150} \right)} \tag{11-25}$$

式中：H 为安装地点的海拔高度，m；为了简单起见，指数 m_0 取下述确定值，$m_0 = 1$ 适用于雷电冲击、工频及操作冲击干试验电压，$m_0 = 0.9$ 适用于直流电压，$m_0 = 0.8$ 适用于工频湿试电压、操作冲击湿试电压，$m_0 = 0.75$ 适用于无线电干扰电压。

当试验地点低于海拔 1000 m，使用地点高于海拔 1000 m 时，应进行空气湿度修正和高海拔空气密度修正。

11.2.4.3 GIS 配电设备的应用

1）GIS 配电设备的应用场合

在技术经济比较合理时，气体绝缘金属封闭开关设备（GIS）宜用于下列情况的 66 kV 及以上系统。

（1）城市内的变电站。

（2）布置场所特别狭窄地区。

（3）地下式配电装置。

（4）重污秽地区。

（5）高海拔地区。

（6）高烈度地震区。

2）选择 GIS 配电设备的一般要求

（1）选择气体绝缘金属封闭开关设备内的元件时，应考虑下列情况。

①断路器元件的断口布置形式需根据场地情况及检修条件确定，当需降低高度时，宜选用水平布置；当需减少宽度时，可选用垂直布置。灭弧室一般选用单压式。

②负荷开关元件在操作时应三相联动，其三相合闸不同期性不应大于 10 ms，分闸不同期性不应大于 5 ms。

③隔离开关和接地开关应具有表示其分、合位置的可靠性和便于巡视的指示装置，如该位置指示器足够可靠的话，可不设置观察触头位置的观察窗。

④在气体绝缘金属封闭开关设备停电回路的最先接地点（不能预先确定该回路不带电）或利用接地装置保护封闭电器外壳时，应选择快速接地开关；而在其他情况下则选用一般接地开关。接地开关或快速接地开关的导电杆应与外壳绝缘。

⑤电压互感器元件宜选用电磁式，如需兼作现场工频实验变压器时，应在订货中予以说明。

⑥在气体绝缘金属封闭开关设备母线上安装的避雷器宜选用 SF6 气体作为绝缘和灭弧介质的避雷器，在出线端安装的避雷器一般宜选用敞开式避雷器。SF6 避雷器应做成单独的气隔，并应装设防爆装置、监视压力的压力表（或密度继电器）和补气用的阀门。

⑦如气体绝缘金属封闭开关设备将分期建设时，宜在将来的扩建接口处装设隔离开关和隔离气室，以便不停电扩建。

（2）为防止因温度变化而引起伸缩，以及因基础不均匀下沉，造成气体绝缘金属封闭开关设备漏气与操作机构失灵，在气体绝缘金属封闭开关设备的适当部位应加装伸缩节。伸缩节主要用于装配调整（安装伸缩节），吸收基础间的相对位移或热胀冷缩（温度伸缩节）的伸缩量等。

（3）气体绝缘金属封闭开关设备在同一回路的断路器、隔离开关、接地开关之间应设置联锁装置。线路侧的接地开关宜加装带电指示和闭锁装置。

（4）气体绝缘金属封闭开关设备内各元件应分成若干气隔。气隔的具体划分可根据布置条件和检修要求，在订货技术条款中由用户与制造厂商定。气体系统的压力中，除断路器外，其余部分宜采用相同气压。长母线应分成几个隔室，以利于维修和气体管理。

（5）外壳的厚度，应以设计压力和在下述最小耐受时间内外壳不烧穿为依据：①电流等于或大于 40 kA，0.1 s；②电流小于 40 kA，0.2 s。

（6）气体绝缘金属封闭开关设备应设置防止外壳破坏的保护措施。

（7）气体绝缘金属封闭开关设备外壳要求高度密封，每个隔室的相对年泄漏率应不大于 1%。

（8）气体绝缘金属封闭开关设备的外壳应接地。凡不属于主回路或辅助回路的且需要接地的所有金属部分都应接地。外壳、构架等的相互电气连接宜采用紧固连接(如螺栓连接或焊接),以保证电气连通。接地回路导体应有足够的截面,具有通过接地短路电流的能力。

(9)在短路情况下,外壳的感应电压不应超过 24 V。

11.2.4.4 总降压变电所控制与保护

1)控制

(1)电气设备的控制

智能化控制是变电所监控的发展方向。变电所电气设备的控制、测量、信号宜采用计算机监控方式。变电站的值班方式分为有人值班和无人值班,220 kV 及以下的变电站宜为无人值班方式,由集中控制中心或有关调度站实现遥控、遥测、遥信、遥视和遥调。

无人值班变电站不应设主控制室,但可设继电器室。有人值班的变电站应设主控制室。

应由计算机监控系统控制的设备和元件:主变压器、高压并联电抗器、母线设备、线路设备、串联补偿电容器及消防水泵、站用变压器、无功补偿设备等。

(2)主控制室和继电器室布置

①主控制室的位置选择应满足便于巡视和观察室外主要设备、节省控制电缆、噪声干扰小和有较好的朝向等要求。

②主控制室宜按规划建设规模在变电站的第一期工程中一次建成。

③主控制室、继电器室的布置形式应根据变电站的运行管理模式、变电站的特点确定。

A.220~750 kV 变电站,均应采用计算机监控系统。

B.220 kV 及以下变电站,宜按无人值班运行管理模式建设,同时布置计算机监控系统设备和继电保护设备;当继电保护设备下放时,保护设备宜结合配电装置形式采取集中或分散布置方式。

C.继电器小室的设计和布置应符合监控系统、继电保护设备的抗电磁干扰能力要求,当设备不符合相应的抗干扰试验等级要求时应采取抗干扰措施。

D.控制室、继电器室的布置要有利于防火和有利于紧急事故时人员的安全疏散,出入口不宜少于 2 个,其净空高度不宜低于 3 m。

E.控制室、继电器室的屏间距离和通道宽度要考虑运行维护及控制、保护装置调试方便,不应低于表 11-24 所列数值。

表 11-24 控制室的屏间距离和通道宽度   mm

距离	一般	最小	距离	一般	最小
屏正面至屏正面	1800	1400	屏背面至墙	1200	800
屏正面至屏背面	1500	1200	边屏至墙	1200	800
屏背面至屏背面	1000	800	主要通道	1600~2000	1400
屏正面至墙	1500	1200			

注:①复杂保护或继电器凸出屏面时,不宜采用最小尺寸。②直流屏、事故照明屏等动力屏的背面间距不得小于 ¯000 mm。③当屏背面地坪上设有电缆沟盖板时,屏背面至屏背面之间的距离可适当放大。④屏后开门时,屏背面至屏背面的通道尺寸不得小于 1000 mm。

F. 控制室内应布置与设备操作监视有关的终端设备,辅助屏柜等设备应布置于继电器室或电子设备间内。

G. 在计算机监控方式下不应设置后备控制屏。

H. 监控系统的显示画面接线应与实际布置相对应。

I. 控制屏和继电器屏宜采用宽 800 mm、深 600 mm、高 2200 mm 的屏。继电器屏宜选用柜式结构,控制屏(台)宜选用屏后设门的结构。

J. 在离操作台 800 mm 处的地面上应有警戒线。警戒线的颜色应为黄色,线宽宜为 50 mm。

K. 当配电装置采用开关柜时,其线路和母线设备的继电保护装置和电能表宜设在就地开关柜上。

④有人值班的变电站在主控制楼设主控制室和计算机室,主控制室与计算机室宜毗邻布置。

主控制室布置的设备:计算机监控系统操作员站、五防工作站、图像监视系统监视器等。

计算机室布置的设备:计算机监控系统主机、工程师站、远动工作站、数据网络接口设备、图像监视系统主机柜、继电保护及故障信息管理子站、配电柜、同步相量测量(PMU)子站、时钟同步柜等设备。

⑤继电器室环境条件应满足继电保护装置和控制装置的安全可靠要求,应考虑空调、必要的采暖和通风条件以满足设备运行的要求,有良好的电磁屏蔽措施,同时应有良好的防尘、防潮、照明、防火、防小动物措施。

2)二次回路及接线

(1)控制系统。

①变电站的强电控制系统电源额定电压可选用直流 110 V 或 220 V。

电气一次设备与计算机监控设备之间宜采用硬接线方式。数字化电气设备与计算机监控系统之间可采用数据通信方式。计算机监控系统断路器(隔离开关)分、合闸命令应能自复位。

②断路器的控制回路应满足下列规定。

A. 应有电源监视,并宜监视跳、合闸绕组回路的完整性。

B. 应能指示断路器合闸与跳闸的位置状态,自动合闸或跳闸时应能发出报警信号。

C. 合闸或跳闸完成后应使命令脉冲自动解除。

D. 有防止断路器"跳跃"的电气闭锁装置,宜使用断路器机构内的防跳回路。

E. 接线应简单可靠,使用电缆芯最少。

③在计算机监控系统操作的断路器和隔离开关,计算机监控系统应有状态位置显示,本体机构箱可由双灯制接线的灯光监视回路或状态位置指示。在合闸位置时红灯亮,跳闸位置时绿灯亮。断路器控制电源消失及控制回路断线应发出报警信号。

④在配电装置就地操作的断路器可只装设监视跳闸回路的位置继电器,用红、绿灯作为位置指示灯。发生事故时向控制室发出信号。

⑤保护双重化配置的设备,220 kV 及以上断路器应配置两组跳闸线圈。具有两组独立跳闸系统的断路器应由两组蓄电池的直流电源分别供电。两套保护的出口继电器接点,应分别接至对应的一组跳闸绕组。断路器的两组跳闸回路都应设有断线监视。

⑥分相操动机构的断路器,当设有综合重合闸或单相重合闸装置时,应满足发生事故时

单相和三相跳、合闸的功能。其他情况下，均应采用三相操作控制。

变压器的高压侧断路器、并联电抗器断路器、母线联络断路器、母线分段断路器和采用三相重合闸的线路断路器，均宜选用三相联动的断路器。

⑦高压隔离开关宜在远方控制。110 kV 及以下供检修用的隔离开关和接地开关可就地操作。

⑧隔离开关、接地开关和母线接地开关都必须有操作闭锁措施，严防电气误操作。电气防误操作闭锁回路的电源应单独设置。

⑨液压或空气操动机构的断路器，当压力降低至规定值时，应相应地闭锁重合闸、合闸及跳闸回路。液压操动机构的断路器，不宜采用压力降低至规定值后自动跳闸的接线。弹簧操动机构的断路器应有弹簧储能与否的闭锁及信号。

⑩分相操作的断路器机构应有非全相自动跳闸回路，并能够发出断路器非全相信号。

⑪对具有电流或电压自保持的继电器，如防跳继电器等，在接线中应标明极性。

⑫变电站中重要设备和线路的继电保护和自动装置应有监视操作电源的回路，并发出报警信号至计算机监控系统。

⑬对断路器及远方控制的隔离开关，宜在就地设远方/就地切换开关。

（2）信号系统。

①电气信号系统宜由计算机监控系统实现。采用计算机监控方式的信号系统，由数据采集、画面显示及声光报警等部分组成。计算机监控的信号分为状态信号和报警信号。

信号数据可通过硬接线方式或通过与装置通信方式采集，通信方式应保证信号的实时性和通信的可靠性，重要的信号应通过硬接线方式实现。

报警信号由事故信号和预告信号组成。变电站的信号在发生事故和预警时在监控显示器上弹出提示框并发出声响，事故信号和预告信号的画面显示和报警音响应有所区分。

计算机监控系统的开关量输入回路电压宜采用强电压。

②接入计算机监控系统的信号应按安装单位进行接线。110 kV 以上同一安装单位的信号应接入同一测控装置。公用系统信号接入专用公用测控单元。

接入 DCS 的电气信号，同一安装单位信号数量较多时公共端设置宜兼顾 DCS 卡件测点数量，避免不同卡件公共端并接。

③计算机监控的报警信号系统应能够避免发出可能瞬间误发的信号（如电压回路断线、断路器三相位置不一致等）。

④在配电装置就地控制的元件，就地装置控制设备如与监控系统通信组网，则按间隔以数据通信方式发送信号至监控系统。如未与监控系统组网，则可按各母线段分别发送总的事故和预告信号。

⑤在计算机监控系统控制下的断路器、隔离开关、接地开关的状态量信号，参与控制及逻辑闭锁的开关状态量应接入开、闭两个状态量。断路器及隔离开关状态发生改变时，对应图形将变位闪光，由人工认可后解除。

⑥继电保护及自动装置的动作信号和装置故障信号应接入计算机监控系统。系统保护及安全自动装置和断路器等设备的信号应接入网络监控系统。

⑦继电保护及自动装置动作后应能在计算机监控和就地及时将信号复归，无人值班变电站应远方复归。

⑧交流事故保安电源、交流不间断电源、直流系统的重要信号应能在控制室内显示，无人值班变电站的相关信号也能发至远方集控中心。

（3）测量系统。

①变电站电测量系统的设置应符合现行国家标准《电力装置的电测量仪表装置设计规范》（GB/T 50063）的有关规定。

②测量回路的交流电流回路额定电流可选 1 A 或 5 A，交流电压回路宜为 100 V。

③直流、UPS 等设备在计算机监控系统内的测量信号可通过直流采样方式或通过数据通信的方式实现。

（4）交流电流、交流电压回路

①电流互感器的选择应符合下列规定。

A.应满足一次回路的额定电压、最大负荷电流及短路时的动、热稳定电流的要求；应满足二次回路测量装置、继电保护和自动装置的要求；电流互感器实际二次负荷在稳态短路电流下的准确限值系数或励磁特性（含饱和拐点），应满足所接保护装置动作可靠性的要求。

B.保护用电流互感器的选择应根据保护特性综合考虑，暂态特性应满足继电保护的要求，必要时应选择 TP 类电流互感器。

C.电流互感器的实际二次负荷不应超过电流互感器额定二次负荷。

D.在工作电流变化范围较大的情况下，做准确计量时可选用 S 类电流互感器，当无法选择小变比（指电流互感器一次侧与二次侧电流大小的比例）的 CT 时，也可选用 S 类电流互感器以满足测量精度的要求。

②电流互感器的配置应符合下列规定

A.电流互感器的类型、二次绕组的数量与准确等级应满足继电保护自动装置和测量表的要求。

B.对中性点直接接地系统，可按三相配置；对中性点非直接接地系统，依具体要求可按两相或三相配置。

C.当采用一个半断路器接线时，对独立式电流互感器，每串宜配置三组。

③用于变压器差动保护的各侧电流互感器铁芯宜具有相同的铁芯形式。

④用于同一母线差动保护的电流互感器铁芯宜具有相同的铁芯形式。

⑤当测量仪表与保护装置共用一组电流互感器时，宜分别接于不同的二次绕组。若受条件限制需共用电流互感器同一个二次绕组时，应按下述原则配置。

A.保护装置接在仪表之前，避免校验仪表时影响保护装置工作。

B.电流回路开路能引起保护装置不正确动作，而又未设有效的闭锁和监视时，仪表应经中间电流互感器连接，当中间互感器二次回路开路时，保护用电流互感器误差仍应保证其准确度要求。

⑥当几种仪表接在电流互感器的一个二次绕组时，其接线顺序宜先接指示和积算式仪表，再接变送器，最后接计算机监控系统。

⑦当几种保护类装置接在电流互感器的一个二次绕组时，其接线顺序宜先接保护，再接安全自动装置，最后接故障录波。

⑧电流互感器的二次回路不宜进行切换，当需要时，应采取防止开路的措施。

⑨电流互感器的二次回路应有且只能有一个接地点，宜在配电装置处经端子排接地。由几

组电流互感器绕组组合且有电路直接联系的回路，电流互感器二次回路应和电流处一点接地。

⑩110 kV 及以上的电流互感器的额定二次电流宜选 1 A。

⑪电压互感器的选择应能符合下列规定。

A. 应满足一次回路额定电压的要求。

B. 应能在电力系统发生故障时将一次电压准确传变至二次侧，传变误差及暂态响应应符合现行行业标准《电流互感器和电压互感器选择及计算导则》(DL/T 866) 的有关规定。电磁式电压互感器应避免出现铁磁谐振。

C. 容量和准确等级 (包括电压互感器辅助绕组) 应满足测量装置、保护装置和自动装置的要求；当保护、同期和测控装置不需要电压互感器剩余绕组时，也可不设电压互感器剩余绕组。

D. 对中性点非直接接地系统，需要检查和监视一次回路单相接地时，应选用三相五柱或三个单相式电压互感器，其剩余绕组额定电压应为 100 V/3。中性点直接接地系统电压互感器剩余绕组额定电压应为 100 V。

E. 暂态特性和铁磁谐振特性应满足继电保护的要求。

⑫双重化保护的电压回路宜分别接入不同的电压互感器或不同的二次绕组；双断路器接线按近后备原则配备的两套主保护应分别接入电压互感器的不同二次绕组；双母线接线按近后备原则配备的两套主保护，可以合用电压互感器的同一二次绕组。

⑬当主接线为一个半断路器接线时，线路和变压器回路宜装设三相电压互感器；母线宜装设一相电压互感器。当母线上接有并联电抗器时，母线应装设三相电压互感器。

⑭双母线接线应在主母线上装设三相电压互感器。旁路母线是否装设电压互感器视具体情况和需要确定。需监视线路侧电压和重合闸时，可在出线侧装设单相电压互感器。大型发变电工程的 220 kV 及以上电压等级双母线接线，也可按线路或变压器单元配置三相电压互感器。

⑮应保证电压互感器负载端仪表、保护和自动装置工作时所要求的电压准确等级。电压互感器二次负载三相宜平衡配置。

⑯电压互感器的一次侧隔离开关断开后，其二次回路应有防止电压反馈的措施。

⑰对电压及功率调节装置的交流电压回路应采取措施，防止电压互感器一次或二次侧断开时发生误强励或误调节。

⑱电压互感器二次绕组的接地应符合下列规定。

A. 对中性点直接接地系统，电压互感器星形接线的二次绕组应采用中性点一点接地方式 (中性线接地)。中性点接地线中不应串接有断开可能的设备。

B. 对中性点非直接接地系统，电压互感器星形接线的二次绕组宜采用中性点接地方式 (中性线接地)。中性点接地线中不应串接有断开可能的设备。

C. 对 V-V 接线的电压互感器，宜采用 B 相一点接地，B 相接地线上不应串接有可能断开的设备。

D. 电压互感器开口三角绕组的引出端之一应一点接地，接地引线上不应串接有断开可能的设备。

E. 几组电压互感器二次绕组之间有电路联系或者地中电流会产生零序电压使保护误动作时，接地点应集中在继电器室内一点接地。无电路联系时，可分别在不同的继电器室或配电装置内接地。

F. 已在控制室或继电器室一点接地的电压互感器二次线圈，宜在配电装置将二次线圈中性点经放电间隙或氧化锌阀片接地。

⑲由配电装置至继电器室的电压互感器回路的电缆，星形接线和开口三角接线回路应使用各自独立的电缆，中性点接地线、开口三角接线的接地线应分别引接。

⑳电压互感器二次侧互为备用的切换应设切换开关控制。在切换后，监控系统应有信号显示。中性点非直接接地系统的母线电压互感器应设有绝缘监察信号装置及抗铁磁谐振措施。

㉑当电压回路电压降不能满足电能表的准确度要求时，电能表可就地布置，或在电压互感器端子箱处设电能表专用的熔断器或自动开关，并引接电能表电压回路专用电缆。关口计量表回路应有电压失电的监视信号。关口计量表计专用电压互感器二次回路不应装设隔离开关辅助接点，但可以装设接触良好的空气开关。

㉒当继电保护和仪表测量共用电压互感器二次绕组时，宜各自装设自动开关或熔断器。

3）继电保护及安全自动装置

（1）继电保护及安全自动装置的配置，应符合现行国家标准《继电保护和安全自动装置技术规程》（GB/T 14285）的规定。

（2）继电保护装置的配置和选型应满足有关规程规定，线路保护的选型还应保证与对侧保护的一致性或可配合性。

（3）变电站应按电力系统安全运行需要，装设如下保护设备。

①按电压等级、出线配置线路保护、辅助保护、故障录波装置。

②按照电压等级、母线接线形式配置母线保护。

③按照电力行业标准《电力系统安全稳定导则》（DL 755）的规定装设安全自动控制装置。

④主变压器保护、无功装置保护、站用变保护。

11.2.4.5　总降压变电所调度与通信

1）调度自动化

变电站调度自动化的设计，应符合电力行业标准《电力系统调度自动化设计技术规程》（DL/T 5003）的规定。

变电站调度数据网络接入设备的设计，应符合《电力调度数据网络工程设计技术规定》（DL/T 5364）的规定。

变电站应根据电力系统调度安全运行、监控需要装设如下调度自动化设备。

（1）远动通信设备。

（2）电能量计量装置。

（3）同步相量测量装置。

（4）调度数据网接入设备。

（5）二次系统安全防护设备。

（6）电能质量谐波监测装置。

2）通信

变电站系统通信及站内通信设计，应符合《220~500 kV 变电站通信设计技术规定》（DL/T 5225）的规定，并根据需要装设下列通信设施。

（1）系统调度通信。

（2）对外行政通信（兼作调度通信备用）。

（3）与当地电话局的通信。

（4）站内通信。

（5）通信电源。

11.2.5 总降压变电所用电系统

11.2.5.1 所用电交流系统

1）所用电源及所用电接线方式

（1）220 kV 变电所宜从主变压器低压侧分别引接两台容量相同、可互为备用、分列运行的所用工作变压器，每台工作变压器按全所计算负荷选择。

只有一台主变压器时，其中一台所用变压器宜从所外电源引接。

所用电低压系统应采用三相四线制，系统的中性点直接接地。系统额定电压为 380/220 V。

所用电母线采用按工作变压器划分的单母线。相邻两段工作母线间可配置分段或联络断路器，但宜同时供电分列运行。两段工作母线间不宜装设自动投入装置。

所用电负荷宜由所用配电屏直配供电，对重要负荷应采用分别接在两段母线上的双回路供电方式。强油风（水）冷主变压器的冷却装置、有载调压装置及带电滤油装置，宜按下列方式共同设置可互为备用的双回路电源进线，并只在冷却装置控制箱内自动相互切换。

A. 主变压器为三相变压器时，宜按台分别设置双回路。

B. 主变压器为单相变压器组时，宜按组分别设置双回路。

各相变压器的用电负荷接在经切换后的进线上。

断路器、隔离开关的操作及加热负荷，可采用按配电装置区域划分，分别接在两段所用电母线的下列双回路供电方式。

A. 各区域分别设置环形供电网络，并在环网中间设置刀开关，以开环运行。

B. 各区域分别设置专用配电箱，向各间隔负荷辐射供电，配电箱电源进线一路运行，一路备用。

检修电源网络宜采用按配电装置区域划分的单回路分支供电方式。主变压器附近、屋内及室外配电装置内，应设置固定的检修电源。检修电源的供电半径不宜大于 50 m。专用检修电源箱宜符合下列要求。

A. 配电装置内的电源箱至少设置三相馈线二路和单相馈线二路。回路容量宜满足电焊等工作的需要。

B. 主变压器附近电源箱的回路及容量宜满足滤注油的需要。

安装在室外的检修电源箱应有防潮和防止小动物侵入的措施。落地安装时，底部应高出地坪 0.2 m 以上。

2）所用交流不停电电源

不停电电源宜采用成套 UPS 装置，或由直流系统和逆变器联合组成。电源装置可以按全部负载集中设置，也可按不同负载分散设置。

不停电电源宜采用具有稳压稳频性能的装置，额定输出电压为单相 220 V，额定输出频率为 50 Hz。

供计算机使用的不停电电源装置，其容量的选择宜留有裕度。

3）所用变压器选择

所用负荷计算原则如下。

（1）连续运行及经常短时运行的设备应予计算。

（2）不经常短时及不经常断续运行的设备不予计算。

所用变压器应选用低损耗节能型产品。变压器形式宜采用油浸式，当防火和布置条件有特殊要求时，可采用干式变压器。

所用变压器宜采用 Dyn11 联结组。所用变压器联结组别的选择，宜使各所用工作变压器及所用备用变压器输出电压的相位一致。所用电低压系统应采取防止变压器并列运行的措施。

所用变压器的阻抗应按低压电器对短路电流的承受能力确定，宜采用标准阻抗系列的普通变压器。

所用变压器高压侧的额定电压，应按其接入点的实际运行电压确定，宜取接入点相应的主变压器额定电压。

当高压电源电压波动较大，经常使所用电母线电压偏差超过±5%时，应采用有载调压所用变压器。

4）所用低压系统短路电流计算

所用电低压系统的短路电流计算原则如下。

应按单台所用变压器进行计算；应计算电阻；系统阻抗宜按高压侧保护电器的开断容量或高压侧的短路容量确定；短路电流计算时，可不考虑异步电动机的反馈电流；馈线回路短路时，应计算馈线电缆的阻抗；不考虑短路电流周期分量的衰减。

5）所用低压配电设备的选型与布置

所用配电屏的选型，应综合环境条件、安全可靠供电、维修方便和运行要求等因素予以确定。所用配电屏宜采用封闭的固定式配电屏；当所用电馈线多，且要求尽量压缩占地面积和空间体积时，可采用抽屉式配电屏。当采用抽屉式配电屏时，应设有电气联锁和机械联锁。

所用配电屏的位置应综合考虑操作巡视方便、缩短供电距离、减少噪声干扰等要求。

所用配电屏室及所用变压器室内，所有通向室外或邻室（包括电缆层）的孔洞均应用耐燃材料可靠封堵。

当所用变压器采用屋内布置时，油浸变压器应安装在单独的小间内，干式变压器可以布置在所用配电屏室内。

油浸变压器外廓与变压器室四壁的净距不应小于表 11-25 所列数值。

对于就地检修的所用变压器，室内高度可按吊芯所需的最小高度再加 700 mm，宽度可按变压器两侧各加 800 mm 确定。

表 11-25　油浸变压器外廓与变压器室四壁的最小净距 　　　　　　mm

位置	变压器容量 1000 kV·A 及以下	变压器容量 1250 kV·A 及以上
变压器与后壁、侧壁之间	600	800
变压器与门之间	800	1000

所用变压器的高、低压套管侧或者变压器靠维护门的一侧宜加设网状遮栏。变压器油枕宜布置在维护入口侧。

所用变压器的低压硬母线穿墙处，可用绝缘板加以封闭，但在潮湿地区采用绝缘板时应进行防潮处理。

在油浸变压器室内装设隔离电器时，应装在变压器室内近维护门口处，并应加以遮护。

所用变压器室应有检修专用的门或可拆墙，其宽度应按变压器宽度至少加 400 mm，高度按变压器高度至少加 300 mm 确定。对 1000 kV·A 及以上的变压器，在搬运时可考虑将油枕及防爆管拆下。

为运行检修方便，所用变压器室可另设维护小门。

单独设置的所用配电屏室应尽量靠近所用变压器室。

成排布置的所用配电屏的长度超过 6 m 时，屏后的通道应设两个出口，并宜布置在通道的两端；当两个出口之间的距离超过 15 m 时，其间应增加出口。

所用配电屏室内裸导电部分与各部分的净距，应符合下列要求。

（1）屏后通道内，裸导电部分的高度低于 2.3 m 时应加遮护，遮护后通道高度不应低于 1.9 m。

（2）跨越屏前、屏侧面通道的裸导电部分，其高度低于 2.5 m 时应加遮护，遮护后通道高度不应低于 2.2 m。

除在所用配电屏内留有备用回路外，所用配电屏室宜留 1~2 个备用屏的位置。所用配电屏室长度大于 7 m 时，应设两个出口，并宜布置在配电屏室的两端。

所用配电装置室的门应为向外开的防火门，并在内侧装设不用钥匙即可开启的弹簧锁。相邻配电装置室之间的门，应能双向开启。门的宽度应按搬运的最大设备外形尺寸再加 200~400 mm 算，门宽不应小于 900 mm，门的高度不低于 2100 mm。维护门的尺寸不小于 750 mm×1900 mm。

所用配电装置室的地面设计标高高出室外地坪不应小于 0.3 m。应采取措施防止雨水进入所用变压器室的储油池。

11.2.5.2　所用电直流系统

1）直流电源

变电所内为了向直流控制负荷和动力负荷等供电，应设置直流电源。

220 V 和 110 V 直流系统应采用蓄电池组。

48 V 及以下的直流系统，可采用蓄电池组，也可采用由 220 V 或 110 V 蓄电池组供电的电力用直流电源变换器（DC/DC 变换器）。

在正常情况下，蓄电池组应以浮充电方式运行。

2）直流系统电压

直流系统标称电压：专供控制负荷的直流系统宜采用 110 V，专供动力负荷的直流系统宜采用 220 V，控制负荷和动力负荷合并供电的直流系统采用 220 V 或 110 V，采用弱电控制或弱电信号接线时的直流系统采用 48 V 及以下。

在正常运行情况下，直流母线电压应为直流系统标称电压的 105%。

3）蓄电池组形式及组数

220 kV 及以上变电所宜采用防酸式铅酸蓄电池或阀控式密封铅酸蓄电池。

小型 110 kV 变电所宜采用阀控式密封铅酸蓄电池、防酸式铅酸蓄电池，也可采用中倍率镉镍碱性蓄电池。

35 kV 及以下变电所宜采用阀控式密封铅酸蓄电池，也可采用高倍率镉镍碱性蓄电池。

220 kV 变电所应装设不少于 2 组蓄电池。当配电装置内设有继电保护装置小室时，可将蓄电池组分散装设。

110 kV 及以下变电所宜装设 1 组蓄电池，对于重要的 110 kV 变电所也可装设 2 组蓄电池。充电装置形式可采用高频开关充电装置和晶闸管充电装置。

4）直流系统母线接线方式

（1）1 组蓄电池的直流系统，采用单母线分段接线或单母线接线。

（2）2 组蓄电池的直流系统，采用二段单母线接线，蓄电池组应分别接于不同母线段。二段直流母线之间应设联络电器。

（3）2 组蓄电池的直流系统，应满足在运行中二段母线切换时不中断供电的要求。切换过程中允许 2 组蓄电池短时并联运行。

（4）每组蓄电池均应设有专用的试验放电回路。试验放电设备，宜经隔离和保护电器直接与蓄电池组出口回路并接。该装置宜采用移动式设备。

5）直流系统接地方式

除有特殊要求的直流系统外，直流系统应采用不接地方式。

6）直流网络及成套装置

（1）直流网络宜采用辐射供电方式。

（2）当需要采用环形供电时，环形网络干线或小母线的二回直流电源应经隔离电器接入，正常时为开环运行。环形供电网络干线引接负荷处也应设置隔离电器。

（3）由直流柜和直流分电柜引出的控制、信号和保护馈线应选择铜芯电缆，其电压降不应大于直流系统标称电压的 5%。

（4）直流电源成套装置包括蓄电池组、充电装置和直流馈线，根据设备体积大小，可以合并组柜或分别设柜。直流电源成套装置宜采用阀控式密封铅酸蓄电池、高倍率镉镍碱性蓄电池或中倍率镉镍碱性蓄电池。

（5）直流电源成套装置可布置在电气控制室，但室内应保持良好通风。

11.2.6　总降压变电所电能计量

1）一般要求

执行功率因数调整电费的用户，应装设具有计量有功电能、感性和容性无功电能功能的电能计量装置；按最大需量计收基本电费的用户应装设具有最大需量功能的电能表；实行分时电价的用户应装设复费率电能表或多功能电能表。

具有正向和反向输电的线路计量点，应装设计量正向和反向有功电能及四象限无功电能的电能表。

中性点有效接地系统的电能计量装置应采用三相四线的接线方式；中性点非有效接地系统的电能计量装置宜采用三相三线的接线方式；照明变压器、照明与动力共用的变压器、照明负荷占 15% 及以上的动力与照明混合供电的 1200 V 及以上的供电线路，以及三相负荷不平衡率大于 10% 的 1200 V 及以上的电力用户线路，电能计量装置应采用三相四线的接线方式。

当变（配）电所装设远动遥测和计算机监控时，电能计量、计算机和远动遥测宜共用一套电能表。电能表应具有数据输出或脉冲输出功能，也可同时具有这两种输出功能。

Ⅰ类电能计量装置应在关口点根据进线电源设置单独的计量装置。

2) 有功电能计量的设置

应在以下位置设置计量装置:

同步发电机和发电/电动机的定子回路;

双绕组主变压器的一侧, 三绕组主变压器的三侧, 以及自耦变压器的三侧;

1200 V 及以上的线路口 200 V 以下网络的总干线路;

旁路断路器、母联(或分段)兼旁路断路器回路;

双绕组厂(所)用变压器的高压侧, 三绕组厂(所)用变压器的三侧;

厂用、所用电源线路及厂外用电线路;

外接保安电源的进线回路;

3 kV 及以上高压电动机回路。

3) 无功电能计量的设置

应在以下位置设置计量装置:

同步发电机和发电/电动机的定子回路;

双绕组主变压器的一侧, 三绕组主变压器的三侧, 以及自耦变压器的三侧;

10 kV 及以上的线路;

旁路断路器、母联(或分段)兼旁路断路器回路;

66 kV 及以下低压并联电容器和并联电抗器组。

11.2.7　总降压变电所的安全运行

11.2.7.1　主变压器的保护

为保证主变压器安全运行, 需设置如下继电保护。

1) 主保护

变压器的主保护是用来保护变压器绕组及其引出线的相间短路、在中性点直接接地侧的单相接地短路以及绕组的匝间短路。主保护应瞬时动作于跳闸, 迅速将变压器从电网中切除, 防止事故扩大。按保护装置的动作原理, 变压器主保护分为以下两类。

(1) 重瓦斯保护。重瓦斯保护是当变压器内部发生严重的上述短路故障时, 变压器内绝缘物质在电弧作用下分解出大量的气体向油枕流动, 若变压器油箱与油枕间的联通管内引起的油流速度达到一定值, 即迫使瓦斯继电器的下接点闭合而动作于跳闸。重瓦斯保护对变压器内部故障反应最灵敏, 但不能保护变压器油箱外面套管和引出线的短路故障。

(2) 电流速断保护或纵联差动保护。这两种保护都是靠变压器内部匝间短路和相间短路, 以及中性点直接接地侧的单相接地短路时产生的短路电流动作的保护。

每台主变压器都应设置重瓦斯保护。重瓦斯保护不能保护的范围由电流速断保护或纵联差动保护来完善。如电流速断保护的灵敏度满足要求, 则小容量的主变压器可采用电流速断保护; 如电流速断保护的灵敏度不能满足要求时, 则并列运行的或对重要负荷供电的中等容量的主变压器, 需采用纵联差动保护。大容量主变压器则一律采用纵联差动保护。

2) 后备保护

变压器的后备保护主要指带时限的过电流保护, 是用来保护变压器外部(二次侧套管和引出线以外, 或者二次侧电流互感器安装地点以外)的相间短路, 以及中性点直接接地电网中的外部接地短路。

当变压器主保护范围内发生短路时，带时限的过电流保护同主保护一同启动。如果主保护因故拒绝动作时，带时限的过电流保护经过一定时限后动作于跳闸，从而起到了后备保护的作用。

3）过负荷保护

因为变压器的过负荷能力是有限的，超过了变压器允许的过负荷能力，变压器的绝缘就会遭到损坏，变压器的使用寿命就要减少，因此主变压器应装设过负荷保护。当变压器过负荷超过允许值时，即发出信号，提醒变电所值班人员注意，及时采取措施减轻负荷。

4）轻瓦斯保护

在变压器内部发生轻微故障时，产生的气体聚集在瓦斯继电器容器的上部，迫使油面相应降低。当油面降低到一定程度时，瓦斯继电器的上接点闭合，发出预告信号，通知变电所值班人员注意检查。

5）温度保护

变压器油除了起绝缘作用，油循环还起冷却作用。随着油温的升高，变压器油绝缘性能趋于老化，变压器冷却效果降低，使变压器输出容量降低。因此，规定变压器内油顶层温升限值为55℃。当变压器油顶层温升超过55℃时，安装在变压器上的户外式信号温度计上的接点闭合，发出预告信号。

11.2.7.2　变电所电气设备预防性试验

变电所电气设备预防性试验是预防设备损坏及保证安全运行的重要措施，因此应对变电所有关电气设备按时进行预防性试验。各种电气设备预防性试验项目和周期见表11-26。

表 11-26　各种电气设备预防性试验项目和周期

设备名称	序号	试验项目	电压等级			试验周期	备注
			110 kV 以上	35 kV	6(10)kV		
电力变压器及电抗器	（一）	1.6 MV·A 以上油浸式电力变压器					
	1	油中溶解气体色谱分析	☆	☆		1 年	4 MV·A 及以上
	2	绕组直流电阻	☆	☆	☆	1 年	无励磁调压变压器变换分接位置后测量
	3	绕组绝缘电阻、吸收比或（和）极化指数	☆	☆	☆	1 年	吸收比不满足时增做极化指数
	4	绕组的 $\tan\delta$	☆	☆		1 年	
	5	电容型套管的 $\tan\delta$	☆	☆		1 年	
	6	绝缘油试验					
	6.1	外观	☆			1 年	
	6.2	水溶性酸 pH	☆			1 年	

续表 11-26

设备名称	序号	试验项目	电压等级			试验周期	备注
			110 kV 以上	35 kV	6(10)kV		
电力变压器及电抗器	6.3	酸值/(mg KOH/g)	☆			1 年	
	6.4	击穿电压/kV	☆	☆	☆	1 年	
	6.5	水分/(mg·L⁻¹)	☆			1 年，必要时	
	6.6	$\tan\delta(90℃)/\%$	☆			2 年，必要时	
	6.7	体积电阻(90℃)/(Ω·m)	☆			必要时	
	6.8	闪点(闭口)/℃				必要时	10、25、45 号油
	7	交流耐压试验			☆	3 年	
	8	铁芯(有外引接地线的)绝缘电阻	☆	☆	☆	1 年	
	10	绕组泄漏电流	☆	☆	☆	1 年	
	11	绕组所有分接的电压比	☆	☆	☆	分接开关引线拆装后	
	12	有载调压装置的试验和检查	☆	☆	☆	必要时	
	13	测温装置及其二次回路试验	☆	☆	☆	必要时	
	14	气体继电器及其二次回路试验	☆	☆	☆	1 年	
	(二)	1.6 MV·A 及以下油浸式电力变压器					
	1	绕组直流电阻	☆	☆	☆	1 年	
	2	绕组绝缘电阻、吸收比或(和)极化指数	☆	☆	☆	1 年	吸收比不满足时增做极化指数
	3	绕组的 $\tan\delta$	☆	☆		1 年	变电所及泵站用变压器
	4	电容型套管的 $\tan\delta$	☆	☆		1 年	变电所及泵站用变压器
	5	绝缘油试验					
	5.1	外观	☆			1 年	
	5.2	水溶性酸 pH	☆			1 年	
	5.3	酸值/(mg KOH/g)	☆			1 年	
	5.4	击穿电压/kV	☆	☆	☆	1 年	
	5.5	闪点(闭口)/℃				必要时	10、25、45 号油
	6	交流耐压试验			☆	3 年	

续表 11-26

设备名称	序号	试验项目	电压等级			试验周期	备注
			110 kV 以上	35 kV	6(10)kV		
电力变压器及电抗器	7	铁芯(有外引接地线的)绝缘电阻	☆	☆	☆	1 年	
	8	测温装置及其二次回路试验	☆	☆	☆	必要时	
	9	气体继电器及其二次回路试验	☆	☆	☆	1 年	
	(三)	干式变压器					
	1	绕组直流电阻	☆	☆	☆	1 年	
	2	绕组绝缘电阻、吸收比或(和)极化指数	☆	☆	☆	1 年	
	3	交流耐压试验			☆	3 年	或按厂家规定
	4	测温装置及其二次回路试验	☆	☆	☆	必要时	
	5	铁芯(有外引接地线的)绝缘电阻	☆	☆	☆	1 年	应不低于 0.5 MΩ 且与以前测试结果相比无明显差别
	(四)	干式电抗器					
	1	交流耐压试验			☆	1 年	随母线及瓷瓶同时进行
	2	铁芯(有外引接地线的)绝缘电阻	☆	☆	☆	1 年	应不低于 0.5 MΩ 且与以前测试结果相比无明显差别
电流互感器	1	绕组及末屏的绝缘电阻	☆	☆	☆	1 年	
	2	$\tan\delta$ 及电容量	☆	☆		1 年	油浸式电流互感器
	3	油中溶解气体的色谱分析	☆			1 年	
	4	交流耐压试验			☆	3 年	
	5	局部放电测量	☆	☆		必要时	
	6	SF_6 电流互感器绝缘电阻	☆	☆	☆	1 年	
	7	SF_6 电流互感器微水试验	☆	☆	☆	3 年	
电磁式电压互感器	1	绝缘电阻	☆	☆	☆	1 年	
	2	$\tan\delta$	☆	☆		1 年	油浸式电压互感器
	3	油中溶解气体的色谱分析	☆			1 年	
	4	交流耐压试验			☆	3 年	
	5	局部放电测量	☆	☆		必要时	固体绝缘互感器

续表 11-26

设备名称	序号	试验项目	电压等级			试验周期	备注
			110 kV 以上	35 kV	6(10)kV		
电容式电压互感器	1	绝缘电阻	☆	☆		1 年	
	2	电容分压器电容量及 tan δ 测量	☆	☆		1 年	
SF₆ 断路器和 GIS	1	SF₆ 气体湿度	☆	☆	☆	2 年	
	2	辅助回路和控制回路绝缘电阻	☆	☆	☆	1 年	
	3	断口间并联电容器的绝缘电阻、电容量和 tan δ	☆			1 年	
	4	合闸电阻值和合闸电阻的投入时间	☆	☆	☆	1 年	罐式断路器除外
	5	分、合闸电磁铁的动作电压	☆	☆	☆	1 年	
	6	GIS 导电回路电阻	☆	☆	☆	2 年	
	7	SF₆ 气体密度监视器(包括整定值)检验	☆	☆	☆	必要时	
	8	压力表核校验(或调整),机构操作压力(气压、液压)整定值校验,机械安全阀校验	☆	☆	☆	必要时	
	9	液(气)压操动机构的泄漏试验	☆	☆	☆	必要时	
	10	油(气)泵补压及零起打压的运转时间	☆	☆	☆	必要时	
真空断路器	1	绝缘电阻		☆	☆	1 年	
	2	交流耐压试验(断路器主回路对地、相间及断口)		☆	☆	1 年	
	3	辅助回路和控制回路交流耐压试验		☆	☆	1 年	行程、开距调整后应作特性试验
	4	导电回路电阻		☆	☆	1 年	
	5	合闸接触器和分、合闸电磁铁线圈的绝缘电阻和直流电阻		☆	☆	1 年	
	6	合闸、分闸时间,同期性,触头开距及合闸时弹跳		☆	☆	2 年	
隔离开关	1	有机材料支持绝缘子及提升杆的绝缘电阻		☆	☆	1 年	
	2	二次回路的绝缘电阻	☆	☆	☆	1 年	

续表 11-26

设备名称	序号	试验项目	电压等级			试验周期	备注
			110 kV 以上	35 kV	6(10)kV		
高压开关柜	1	辅助回路和控制回路绝缘电阻		☆	☆	1 年	
	2	隔离开关及隔离插头的导电回路电阻		☆	☆	必要时	发现局部发热故障时进行
	3	绝缘电阻试验		☆	☆	1 年	
	4	交流耐压试验		☆	☆	1 年	
	5	检查电压抽取(带电显示)装置		☆	☆	1 年	
	6	五防性能检查		☆	☆	1 年	
		其他形式,如计量柜、电压互感器柜和电容器柜等的试验项目,周期和要求参照上表进行,柜内主要元件(如互感器、电容器、避雷器等)的试验项目按有关规定进行					
蓄电池直流屏	1	蓄电池组容量测试				1 年	或按厂家规定
	2	蓄电池放电终止电压测试				1 年	或按厂家规定
	3	各项保护检查				1 年	或按厂家规定
套管	1	主绝缘及电容型套管末屏对地绝缘电阻	☆	☆	☆	1 年	
	2	主绝缘及电容型套管对地末屏 $\tan\delta$ 与电容量	☆	☆		1 年	
	3	油中溶解气体色谱分析	☆	☆		3 年,必要时	
支柱绝缘子和悬式绝缘子	1	零值绝缘子检测	☆			必要时	
	2	绝缘电阻	☆	☆	☆	1 年	
	3	交流耐压试验		☆	☆	1 年	
	4	绝缘子表面污秽物的等值附盐密度	☆	☆	☆	必要时	
		玻璃悬式绝缘子不进行序号 1、2、3 项中的试验,棒式绝缘子不进行序号 2、3 项中的试验					
纸绝缘电力电缆	1	绝缘电阻		☆	☆	直流耐压试验之前进行	
	2	直流耐压试验		☆	☆	2 年	

续表 11-26

设备名称	序号	试验项目	电压等级			试验周期	备注
			110 kV 以上	35 kV	6(10)kV		
橡塑绝缘电力电缆	1	电缆主绝缘电阻		☆	☆	1 年	
	2	电缆外护套绝缘电阻		☆	☆	1 年	
	3	电缆内衬层绝缘电阻		☆	☆	1 年	
	4	铜屏蔽层电阻和导体电阻比		☆	☆	1 年	
	5	电缆主绝缘交流耐压		☆	☆	3 年	使用 30~75 Hz 谐振耐压试验
一般母线	1	绝缘电阻	☆	☆	☆	1 年	
	2	交流耐压试验		☆	☆	1 年	
电容器（并联、串联电容器、交流滤波电容器）	1	极对壳绝缘电阻			☆	1 年	投运后一年起
	2	电容值			☆	2 年	投运后一年起
	3	并联电阻值测量			☆	2 年	投运后一年起
	4	渗漏油检查			☆	6 个月	
过电压保护器	1	绝缘电阻	☆	☆	☆	1 年	
	2	工频放电电压	☆	☆	☆	1 年	带间隙过电压保护器
	3	直流 1 mA 电压 ($U_{1\,mA}$) 及 $0.75U_{1\,mA}$ 下的泄漏电流	☆	☆	☆	1 年	无间隙过电压保护器
阀式避雷器	1	绝缘电阻	☆	☆	☆	1 年	每年雷雨季节前
	2	电导电流及串联组合元件的非线性因数差值	☆	☆	☆	1 年	每年雷雨季节前
	3	工频放电电压	☆	☆	☆	1 年	每年雷雨季节前
	4	底座绝缘电阻	☆	☆	☆	1 年	每年雷雨季节前
	5	检查放电计数器的动作情况	☆	☆	☆	1 年	每年雷雨季节前
金属氧化物避雷器	1	绝缘电阻	☆	☆	☆	1 年	每年雷雨季节前
	2	直流 1 mA 电压 ($U_{1\,mA}$) 及 $0.75U_{1\,mA}$ 下的泄漏电流	☆	☆	☆	1 年	每年雷雨季节前
	3	运行电压下的交流泄漏电流	☆			1 年	每年雷雨季节前
	4	底座绝缘电阻	☆	☆	☆	1 年	每年雷雨季节前
	5	检查放电计数器的动作情况	☆	☆	☆	1 年	每年雷雨季节前
1 kV 以上架空线路	1	检查导线连接管的连接情况	☆	☆	☆	2 年	
	2	间隔棒检查	☆	☆	☆	3 年	

续表 11-26

设备名称	序号	试验项目	电压等级			试验周期	备注
			110 kV 以上	35 kV	6(10)kV		
1 kV 以上架空线路	3	阻尼设施的检查	☆	☆	☆	2 年	
	4	绝缘子表面等值附盐密度	☆	☆	☆	必要时	
接地装置	1	有效接地系统电力设备的接地电阻	☆	☆	☆	1 年	每 10 年挖开检查一次
	2	非有效接地系统的电力设备的接地电阻	☆	☆	☆	1 年	
	3	1 kV 以下电力设备的接地电阻				1 年	不分电压等级
	4	独立微波站的接地电阻				1 年	不分电压等级
	5	独立的燃油、易爆气体贮罐及其管道的接地电阻				1 年	不分电压等级
	6	露天配电装置避雷针集中接地装置的接地电阻				1 年	不分电压等级
	7	独立避雷针（线）的接地电阻				1 年	不分电压等级
	8	有架空地线线路杆塔的接地电阻	☆	☆	☆	1 年	
	9	无架空地线线路杆塔的接地电阻	☆	☆	☆	1 年	
	10	与架空线直接连接的旋转电机进线段上排气式和阀式避雷器的接地电阻	☆	☆	☆	1 年	

11.3　露天采矿场电力设施

11.3.1　露天采矿场供配电系统

11.3.1.1　供电电源与配电电压

1）供电电源

露天采矿场的高压电源一般引自矿山总降压变电所。由于露天采矿场的电力线路易出故障，为了保证露天采矿场连续生产，采矿场的供电线路不宜少于两回路，两班生产的采矿场或小型采矿场可采用一回路供电，排废场的供电线路可采用一回路供电。

当采用两回路供电线路时，每回路的供电能力不应小于全部负荷的 70%；当采用三回路供电线路时,每回路的供电能力不应小于全部负荷的 50%。

有淹没危险环境采矿场的排水泵或用井巷排水的排水泵应由双重电源供电。两回路供电线路中,当任一回路停止供电时,其余回路的供电能力应能承担最大排水负荷。

根据矿山运行经验,当采矿场为两回路或多回路供电时,宜采用分列(或开环)运行。因采矿场线路故障较多,特别是接地故障,分列运行既便于继电保护整定,又可缩小事故范围,较容易查找事故。

采矿场内移动式低压用电设备的电源,引自移动变电所内的配电变压器。

2)配电电压

(1)高压配电电压。

大、中型露天采矿场内高压用电设备所占比重较大,其高压配电电压宜采用 10 kV 或 6 kV。当有大型采矿设备或采用连续开采工艺并经技术经济比较确定后,可采用其他较高等级的电压。对原有采用 3 kV 配电电压的露天采矿场,如因负荷增加而需改造时,为减少电能损耗,提高电压质量,也应优先考虑改用 10 kV 或 6 kV 及更高等级电压。

新建或扩建的大型或特大型露天矿,当采区面积较大,采矿场设计负荷在 10 MW 以上时,如距矿区总降压变电所超过 1 km,为保证电压质量,减少网损,应在露天采矿场附近(爆破界线以外)设立(35~110)/10(6)kV 变电站,以 10 kV 或 6 kV 电压向采矿场设备供电。

(2)低压配电电压。

露天采矿场和排废场低压配电电压可采用 660 V、380 V 或 220/380 V。手持式电气设备的电压不得大于 220 V。照明电压宜采用 220 V 或 220/380 V,行灯电压不应大于 36 V。

11.3.1.2　高压配电系统

露天采矿场高压配电系统应根据采矿场的形状、周围地形、工作台阶数、开拓方式、主要用电设备的数量与容量以及其分布位置等条件合理加以确定,并且应保证整个开采期间的供电满足如下要求:供电可靠,移动用电设备的电压质量满足要求,经济上合理,维护工作量较小(如减少线路移动的频率,便于巡视及减少线路被爆破飞石打坏的程度等)。

露天采矿场的高压配电系统主要采用以下五种形式:

1)环形线-横跨线系统

自矿山变(配)电所引两回或两回以上的电源线路,接至沿采矿场边缘外架设的环形架空线路(称为环形线)上,并通过环形线相互联络,形成环形线系统。当受地形或其他条件所限,不能沿采矿场四周连成整个环状时,电源线路可形成半环。

由环形线引向采矿场内采取跨越多个台阶(垂直于采矿台阶)架设的分支线称为横跨线。

环形线-横跨线系统平面图如图 11-14 所示。

高压用电设备及移动变压器以高压移动电缆经高压接电点接至分支线(横跨线或纵架线)上,低压用电设备通过低压移动电缆接至移动变电所二次侧的低压配电装置上。

环形线为固定线路,一般架设在采矿场最终边界线以外,距离边界线 10~20 m 处。当采矿场宽度较大且开采期较长,架设在最终边界线以外不合理时,可架设在最终边界线以内,但应在近期内不开采的地方。当采场为分期开采且前期开采时间较长时,可按前期的边界线架设线路,开采期的长短建议以 10 年为界。

横跨线应采用移动式或半固定式,移动式线路应采用轻型电杆架设,考虑到移动方便及少受爆破影响,一般采用木电杆。由于垂直于工作台阶,要考虑电铲、钻机从线下安全通过,

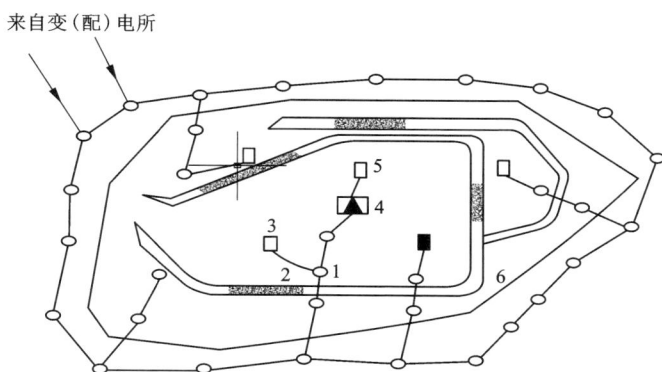

1—高压接电点；2—高压移动电缆；3—电铲；4—移动变电所；5—钻机等；6—开采边界线。

图 11-14　环形线-横跨线系统平面图

故须采用较高电杆。如电铲、钻机不从线下通过或通过时已采取拆除导线措施，则可以降低电杆高度。按工作面的配置和线路纵断面的特点，每个台阶上至少要设 1 根电杆，且立于靠近台阶边缘 5~10 m 处。根据采矿工作的需要设置横跨线，其间距宜为 250~300 m。在环形线上也可以加装高压接电点，直接对移动设备供电。

电源线与环形线连接处、环形线间分段处应装设分段开关，一般采用户外高压隔离开关。

由于露天采矿场用电设备、架空线路及移动电缆的故障特别是接地故障较多，但不希望电源总开关频繁跳闸或拉闸，在分支线与环形线、半环形线或其他地面固定干线连接处应设置开关，开关宜采用户外高压真空断路器或其他断路器，并装设过流及接地保护装置，以便有选择地切断故障线路，减小故障的停电范围，有利于线路检修和移动线路时的操作。

横跨线的优点是与工作台阶垂直，受爆破影响相对减小；移动较少，只需随台阶下降移动局部电杆，因而提高了供电的可靠性。缺点是因其纵断面不是水平的，架设和维护线路较困难；当考虑电铲、钻机通过线下时，为防止发生碰线事故，电杆应加高，但会使移动更加困难；高压移动电缆较长等。

2) 环形线-纵架线系统

环形线-纵架线系统与环形线-横跨线系统相比，仅有纵架线与横跨线之分。

由环形线引向露天采矿场采取沿采矿台阶(即平行于台阶)架设的分支线称为纵架线。

环形线-纵架线系统平面图如图 11-15 所示。

纵架线为移动式或半固定式，一般采用木电杆，立于台阶边缘 5~10 m 处。纵架线的回路数一般与采矿工作台阶数相等，但视采矿具体情况也可以相应减少，此时可用高压移动电缆向相邻的台阶供电。

纵架线的优点是沿台阶敷设，电铲、钻机不通过线下，避免了碰线事故，电杆较低，便于移动；高压移动电缆的长度有可能缩短。缺点是线路必须随工作面的推进而成段移动，移动工作量较大；整个线路处于爆破工作面上，受爆破的影响较大，特别是当一条线路对多台电铲供电时，由于移动和爆破而造成电铲停电的概率较高。

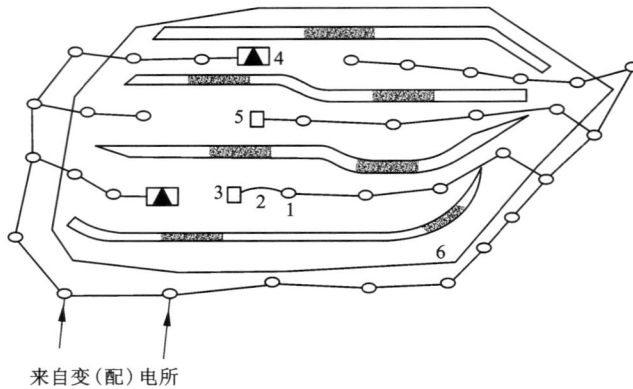

1—高压接电点；2—高压移动电缆；3—电铲；4—移动变电所；5—钻机等；6—开采边界线。

图 11-15 环形线–纵架线系统平面图

环形线–横跨线及环形线–纵架线系统一般用于大、中型露天采矿场。我国金属矿山中当采用铁路运输方式时以纵架线居多，当采用汽车运输时以横跨线居多。

3) 放射–横式系统及放射–纵式系统

当前在大型露天矿应用的高压配电系统，除前述两种方式外，还有放射–横式系统及放射–纵式系统，如图 11-16 和图 11-17 所示。与环形线–横跨线及环形线–纵架线系统相比，其露天采矿场内架线方式相同，只是不设环形线，直接由矿山变(配)电所引出多回电源，接至采矿场垂直于台阶或沿台阶架设的分支线上。每回线路供电电铲数一般不超过 3 台。对大型矿山来说，由于采用了多回路供电，供电可靠性提高，电压质量也有所改善，但由于供电设备增加，投资也相应增加。

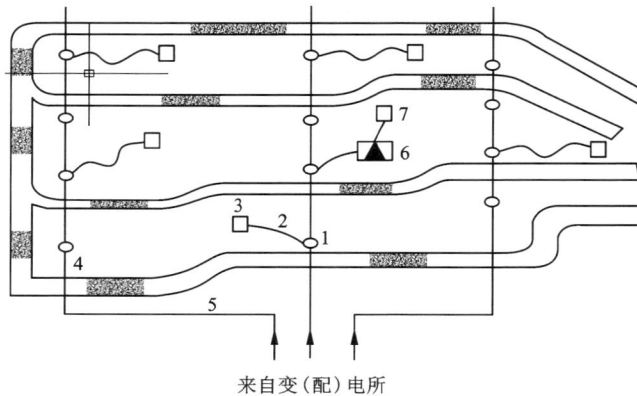

1—高压接电点；2—高压移动电缆；3—电铲；4—横式采场线路；
5—电源线；6—移动变电所；7—钻机等。

图 11-16 放射–横式系统平面图

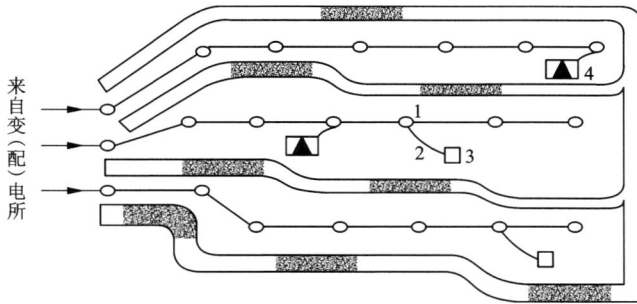

1—高压接电点；2—高压移动电缆；3—电铲；4—移动变电所。

图 11-17 放射-纵式系统平面图

根据露天采矿场的具体条件，也有的矿山采用放射-横式及放射-纵式混合配电方式，即电源自矿山变(配)电所引出后横向引入采矿场，再沿台阶纵式配电。

有的小型采矿场，也可以直接将配电线路引至采矿场内，对采矿场用电设备配电。当采矿场范围较小，且没有高压用电设备时，可在采矿场边缘设置固定或半固定的变电所，利用低压向采矿场内的用电设备供电。

4)大型、特大型矿山的高压配电系统

对采矿场计算负荷大于 10 MW 的大型矿山，当露天采矿场至矿山总降压变电所距离大于 1 km 时，应在采矿场固定帮 30 m 外，负荷较集中的地方建立成套式或半固定式(35~110)/10(6)kV 降压变电所。根据需要，再以 10(6)kV 电压向采矿场环形线以及移动破碎机、带式输送机、排水泵等负荷供电。降压变电所可根据需要设置 1~2 座，每座降压变电所设置 1~2 台变压器，单台变压器容量一般不超过 10 MV·A。在变电所附近开采爆破时，应采用定向爆破，以防止变电所设备被炸坏，变电所本身也应采取简易的防砸措施。

对现有大型矿山，露天采矿场电压偏低时，也应采用在采矿场附近建立成套式或半固定式降压变电所的方式予以改善，以减少网络电能损耗，延长电力设备的服务时间和检修周期。

对于特大型矿山，也可采用 35 kV 或 110 kV 环形线，在露天采矿场设置(35~110)/10(6)kV 移动变电站，移动变电站的总质量可达 20~30 t。

大型矿山露天采矿场高压配电系统平面图如图 11-18 所示。

11.3.1.3 高压架空线路

露天采矿场外的电源线及环形线为固定线路，根据需要一般采用钢筋混凝土电杆，个别情况下需要采用铁塔线路，但环形线电杆需在横担下 0.5 m 处架设架空接地干线。采矿场内的横跨线为半固定线路时，一般采用埋地式木质电杆，埋地深度通常为 1~1.5 m，使电杆稳定用废石加固或加拉线；当采用可拆卸式架线时，其电杆需做成耐张型，并在沿线路方向两侧加拉线。纵架线为移动线路时，一般采用埋地式或底座式的木电杆，为增强电杆的稳定性，底座式电杆的底座上需压以石块。采矿场内线路不采用瓷横担。

在山坡型露天矿中，有时为加快基建初期上部覆盖岩层的剥离会采用大爆破方法，为避免环形线及电源线遭到破坏，有关场所附近的固定线路宜在大爆破之后施工。

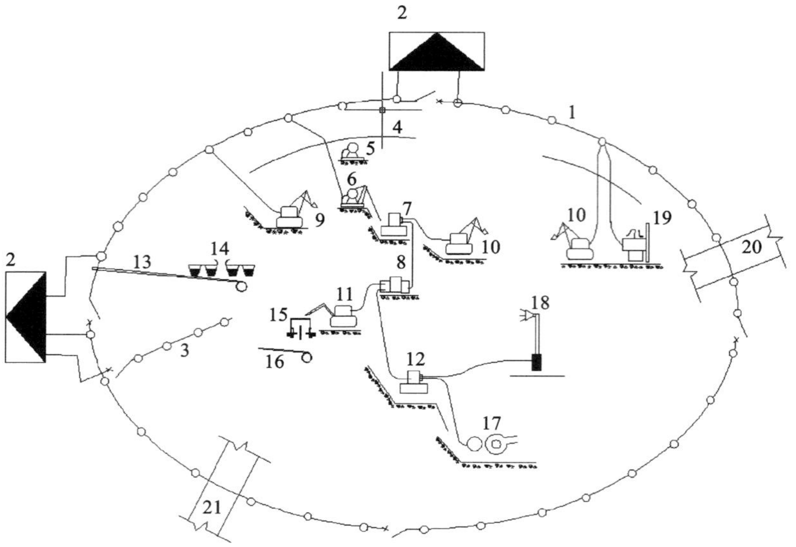

1—10(6)kV 采场环形线；2—(35～110)/10(6)kV 降压变电所；3—送至采场的 10(6)kV 分支架空线；4—采场边缘；

5—动力电缆绞轮；6—动力电缆滑橇；7—10(6)kV 电缆连接移动装置；8—10(6)/0.38 kV 移动变电所；

9—矿石电铲；10—废石电铲；11—移动吊车；12—0.38 kV 电缆连接移动装置；13—重型输送机(移动)；

14—汽车漏斗；15—岩石破碎机(移动)；16—移动式废石输送机(移动)；

17—水泵；18—探照灯；19—钻机；20—矿石运输道路；21—废石运输道路。

图 11-18 大型矿山露天采矿场配电系统平面图

导线对地的最小允许距离，按底层导线计算，在最大计算弧垂情况下，建议采用下列数据：环形线 5.5 m；横跨线 6.5 m；纵跨线 5.5 m；交叉跨越处按相关规程规定。

纵跨线杆距宜为 30～40 m，这样杆塔可以较低，便于移动；横跨线杆距与采矿工作平台宽度有关，宜为 50 m 左右。

电源线及环形线的导线一般采用钢芯铝绞线，其截面积不小于 35 mm²；排废场宜采用铝绞线；采矿场内架空线路宜采用钢芯铝绞线，其截面积不小于 35 mm²，一般不大于 70 mm²。

大、中型露天采矿场的电源线及环形线的导线截面可以按经济电流密度选择，小型露天采矿场按允许载流量选择。采矿场内的移动线路或半固定线路的导线截面可按允许载流量选择。不论按允许载流量还是按经济电流密度选择的导线截面，均需进行电压损失校验。

在环形线系统中，按允许载流量选择导线截面或进行电压损失校验时，应考虑正常情况下采场负荷分配的不均衡性和一回路停电后尚需保证的供电能力。

11.3.1.4 低压配电与移动变电所

露天采矿场和排废场低压配电电压可采用 660 V、380 V 或 220/380 V。

移动变电所从高压网络上获得电源，经变压器降压至 400 V 后向采矿场内的低压用电设备(小型电铲、钻机、移动空压机、水泵及照明变压器等)供电。向移动式设备供电的低压配电系统接地形式宜采用 IT 系统，向固定式设备供电的低压配电系统接地形式宜采用 TN-S、TT 或 IT 系统。

采用 IT 系统在发生单相接地故障时，故障电流小，接触电压相对也低。但当线路的绝缘水平降低时，IT 系统也是不安全的，特别是当一相接地未被发现而人体触及另一相时，作用在人体上的将是线电压。为了安全起见，IT 系统中应配备完善的漏电保护装置，保护人身安全。

从杂散电流引起电雷管误爆炸的危险性来看，中性点不接地系统比中性点接地系统更安全。

低压网络的电压偏差应符合国家标准《供配电系统设计规范》(GB 50052)的规定。

由于采矿场用电设备一般是移动的，移动变电所变压器容量的选择应根据开采方法适应不同的负荷组合，变压器的规格不宜太多。移动变压器的台数，除按采矿场的主要用电设备数量或设备的某种组合数确定外，可增加部分备用的移动变压器，以便设备移动和检修，一般按总台数的 15%~20% 考虑。

移动变电所可以采用封闭式，内装电力变压器和低压配电设备；也可以将变压器与低压配电设备分开放置，在变压器四周加围棚。为防止变压器被放炮砸坏，应将变压器放置于避炮棚内。

11.3.1.5　改善露天采矿场高压配电网络电压水平的常用措施

大型露天采矿场由于面积广、负荷大、单机容量较大，有时按经济电流密度选择的导线截面的线路电压损失仍超过允许值，为此，需通过技术经济比较选取单一的或综合的措施来改善电压水平。

采矿场降压变电所应尽量靠近采场，必要时在采场两翼设置降压变电所对采场供电，对大型用电设备甚至可采用"35 kV 线路-变压器组"为其单独供电。

大型用电设备的电动发电机组采用同步电动机。

采矿场设置并联电容器补偿，可分散设置，将电容器装于防护柜内，固定放在环形线旁或在采场内随负荷移动；还有一种方式是在采场边缘设置集中的电容器室。前者补偿效果较好，但巡视检查不便，且夏季电容器易损坏，移动也有困难，故目前很少采用；后者补偿效果虽较前者稍差，但因设在室内，电容器运行状态较好，可考虑采用。

加大导线截面、采用相分裂导线或同杆架设多条导线并联运行。

11.3.2　露天采矿场用电设备及其配电设施

11.3.2.1　露天采矿场用电设备及其配电

1）电铲

电铲是露天采矿场的主要电力负荷。电铲的电气保护和控制设备随电铲成套提供，每台电铲通常自带移动电缆。电铲高压电源电缆通过高压接电点接于采矿场内高压架空线路上，电缆应根据在连续负荷下的等值电流发热条件和尖峰负荷电流密度进行选择，必要时应进行短路电流热稳定性校验，同时应考虑机械强度和工作环境温度的影响。

电铲的提升、推压和回转电机都处于极繁重的负载条件，而且电动机启动极为频繁。如电铲的提升电动机每小时合闸次数可达 200~300 次，回转和推压电动机甚至高达 600~700 次。电动机尖峰负荷很大，其尖峰电流为额定电流的 2~3 倍。

2）钻机

潜孔钻机为低压多电机传动，电气设备随机成套供应，工作时电气负荷平稳。

牙轮钻机的控制和保护设备随钻机成套提供。

潜孔钻机与牙轮钻机正处于不断改进过程中，因此其型号和电机容量也在不断变化，使用时以到货设备的技术参数为准。

露天采矿场的一些半固定设备，如带式输送机、破碎机、露天排水泵等的配电设备及其电缆的选择，按通用电气设备进行。

11.3.2.2　高压接电点的形式及保护设备

1）高压接电点的形式

高压接电点指的是具有保护装置的开关设备，作为高压移动电缆和采矿场分支线之间接电和断电之用。对电铲来说，是其高压移动电缆的主保护及电铲主电机的后备保护；对移动变电所来说，是其高压移动电缆和移动变电所的主保护。

高压电气设备或移动变电站为了在改换接电点时便于停送电操作，以及保护电气设备和线路，接电点宜设置带短路保护的开关设备；用拖曳电缆供电的移动高压用电设备，易发生短路或单相接地故障，除在接电点装设带短路保护的开关设备外，在其供电线路上还需装设具有单相接地保护的开关设备。

高压接电设备可采用户外成套开关柜、户外矿用真空开关或跌开式熔断器。

2）高压接电点的保护设备

户外成套开关柜操作保护性能较好，可装设单相接地保护，但设备笨重，移动不便，而且投资较大。跌开式熔断器设备简单，安装方便，投资小，故目前金属矿山多采用其作为高压接电设备。但跌开式熔断器也存在一些缺点，如可能造成电机的单相运转，绝缘子容易被采矿场爆破飞石打坏等，最主要的是不能提供较完善的保护，致使采矿场移动电缆或电气设备发生短路故障时不能可靠地切除，从而造成矿山总降压变电所的馈电开关跳闸，出现大面积停电。

目前，户外矿用真空开关可用于额定电压 35 kV 以下露天矿供电网络及高压接电点，可以采用柱上安装方式。

11.3.2.3　露天采矿场移动电缆

1）移动电缆长度的确定

移动电缆的长度，随配电方式及不同的用电设备而异。移动电缆选用较长时，可以减少接电点移动和连接的次数，但移动不便，增加电缆损耗，增加了事故概率。从运行情况看，移动电缆不宜太长。由分支线向移动式设备供电，应采用橡套电缆。一般情况下，选用移动电缆的长度可参照表 11-27。

表 11-27　露天采矿场移动电缆长度

用电设备名称	采用各种架线方式的电缆长度/m	
	横跨线	纵架线
高压电铲	200~250	150~200
移动变电所	100	50
低压用电设备	150	150

应当说明，根据各地运行经验与条件的不同，实际选用的电缆不尽一致。考虑到电缆放置时的弯曲及移动设备工作线与接电点之间的距离，电缆沿工作线的有效移动距离要比实际

电缆长度短。

2）移动电缆的保护

拖曳电缆的接地保护导体开路，单相接地电流经挖掘机与地面接触部分的电阻（简称挖掘机接触电阻）和大地流回。挖掘机接触电阻与挖掘机与地面接触部分的面积、土壤的电阻率有关，一般的采掘环境下，可达 200 Ω 以上。此时，接触电压可达 1500 V 以上，接触到这一电压的人员会受到严重伤害。为了保障人员的人身安全，向露天采矿场、排废场的移动设备供电的电源线路，宜采用带安全接地监视的拖曳电缆，并应对拖曳电缆的接地保护芯线进行电气连续性监测。

露天采矿场拖曳电缆采用具有接地线断线监视控制芯线的多芯电力电缆时，应符合下列规定。

监视控制芯线应与电缆的其他导电体绝缘。

在不接地系统中，工作电压高于 1 kV 的电缆应有金属屏蔽或分相导电橡胶绝缘，将电力芯线与监视控制芯线隔开。

在接地系统中，工作电压高于 1 kV 的电缆应有金属屏蔽，将电力芯线与监视控制芯线隔开。

工作电压为 1 kV 及以下的电缆，应将电力芯线与监视控制芯线隔开，在不接地系统中可采用导电橡胶屏蔽；在接地系统中可采用金属屏蔽；或对监视控制芯线采用与电力芯线绝缘水平相同的材料绝缘。

需用手移动的额定电压高于 1 kV 的带电运行的软电缆，应有金属屏蔽和（或）铠装，或采用足够截面的导电合成橡胶屏蔽。当发生接地故障时，其接触电压和跨步电压不应超过允许值。

为尽量减少移动电缆的故障，要做好电缆的日常维护工作，应注意防砸、防压、防抻，做好包（接头）、套（接头加防水套）、架盖（避免雨、雪从接头侵入）、定期更换（硫化或更新）。这些简便、易行、实用的方法，只要落实好责任制，就能最大限度地减少电缆故障。

11.3.3　露天采矿场电气设备防雷保护与接地

11.3.3.1　一般要求

露天采矿场的移动变压器宜采用中性点不接地系统。

采用中性点不接地系统时，应在低压侧装设绝缘监视装置，使运行人员能及时发现绝缘是否被破坏或自动切断故障线路。

采用中性点直接接地系统时，宜采用 TN-S 或 TT 系统。

中性点不接地系统的电气设备必须装设保护接地，高低压电气设备可共用接地装置。

11.3.3.2　电气设备防雷保护

（1）采矿场的架空线路应在下列位置装设避雷器。

①采矿场配电线路（环形线或半环形线）与分支线连接处。

②多雷地区矿山的高压电气设备与分支线的连接处。

③排废场高压电气设备与架空线的连接处。

（2）柱上矿用户外型真空开关、负荷开关或隔离开关均应装设阀型避雷器或保护间隙保护，如果上述各类开关在雷雨季中有可能断开，则保护装置应装在带电侧。

（3）6~10 kV 配电变压器应用阀型避雷器保护，保护设备的安装位置应尽量靠近变压器。

为防止高低压线圈之间绝缘损坏并引发危险，中性点不接地系统的配电变压器应在变压器低压侧中性点(低压侧为星形接线时)或相线上(低压侧为三角形接线时)装设击穿保险器。

(4)上述避雷器或保护间隙的接地引下线，应与电气设备非带电金属外壳相连并可靠接地。

应着重指出的是，由于露天采矿场线路、设备及接电点移动频繁，而防雷设施又往往不被重视，因此当前许多矿山的防雷保护设施是不完备的，为确保雷雨季节安全生产，防雷保护设施应作为矿山安全员重点检查项目之一。所有防雷设施及其接地装置，每年雷雨季节到来之前都应进行试验，检查一次。

11.3.3.3　电气设备的保护接地

目前国内大、中型露天采矿场 3~10 kV 配电系统均为中性点不接地系统，低压系统 (380 V 或 660 V) 多数也采用中性点不接地系统，因此，设备的金属外壳应起到保护接地的作用。接地系统由设在采矿场边缘的主接地装置、局部接地极以及悬挂在环形线、横跨线或纵架线电杆横担下侧 0.5 m 处的架空地线和移动电缆的接地芯线所构成的接地网组成。由于接地方式存在一些缺陷，加之采矿场设备移动频繁，对接地装置及接地网的维护又不及时，致使许多电气设备经常处于脱离接地状态，同时接地不完善而导致的电气设备事故及人身伤亡事故时有发生，因此各类矿山对电气设备的接地必须重视。

1)3~10 kV 配电系统的接地

3~10 kV 中性点不接地系统即 3~10 kV 侧变压器中性点不接地，设备的金属外壳只起到保护接地的作用。这样的接地系统在发生单相接地故障时，通过故障点的电流仅仅是系统的电容电流，一般不超过 10 A。如果接地极及接地连接线的总接地电阻不大于 5 Ω，则在故障点所产生的接触电压不超过 50 V，一般对人体没有危害。但这样的接地系统在露天采矿场可能产生很危险的情况。由于多数矿山的各个配电分支回路没有完善的接地保护装置，发生系统单相接地故障时，仅在变电所 3~10 kV 侧发出警报信号，而矿山单相接地故障又比较多，因此往往使电气设备长期在单相接地状态下运行。这不仅使非故障相的对地电压升高，危及电机绝缘的安全，更严重的是在单相接地故障期间，如果本系统设备中另一相又发生对地绝缘损坏(发生在电铲上)，如图 11-19 所示，则故障电流将在接地线(包括电缆的接地芯线和架空地线)、大地及相应故障相导线(包括架空导线和电缆芯线)中流动。在这种情况下，电铲机座对地电压实际上等于故障电流在接地线和接地点 G 上所产生的电压降。如果接地点 G 接地电阻为 4 Ω，接地线的电阻为 1 Ω，6 kV 系统的两相接地故障电流则为 300~500 A。如果电铲机座处不接地，当电铲发生单相接地故障时，机座对地将会出现高电压，此电压与系统电容电流和履带对地电阻有关，而且回路电阻较大使故障电流大大减小，但由于履带对地电阻在整个故障电流回路中所占比例较大，因此电铲机座对地电压同样会很高。

为了可靠地防止在电铲与大地之间产生危险电压，国外有的矿山采用变压器中性点通过电阻接地的方式，在变电所接地装置与变压器中性点之间接入一个限流电阻 Z，将单相接地故障电流限制在 25 A 以下。如果相线和电铲机壳之间在 X1 点发生接地短路，故障电流将从相应的变压器 A 相线圈 A 端，通过线路中 A 相导线故障点，再经过接地线和限流电阻 Z 回到变压器中性点。在这个回路上所施加的电压是相电压，电铲和大地之间的电位是故障电流在变电所至电铲间接地线上所产生的压降。在正常情况下接地线的电阻为 2.5 Ω 以下，因此电铲和大地之间的电位将被限制在 62.5 V 以下。在 6 kV 系统中欲将单相接地故障电流限制在

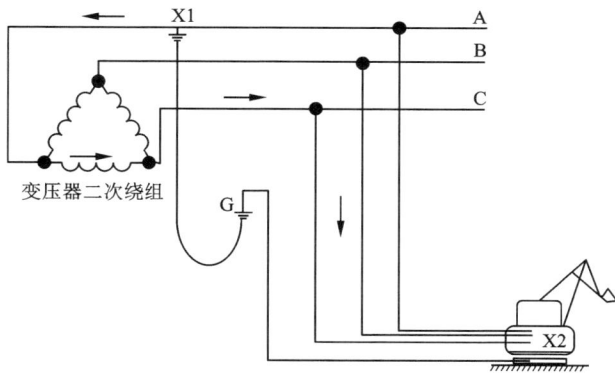

图 11-19　电铲机座有接地线的未接地配电系统两点接地故障示意图

25 A 时，限流电阻 Z 的电阻约为 140 Ω。

　　为及时切除接地故障，在变压器中性点与限流电阻 Z 之间的连线上安装一台电流互感器，互感器二次侧接一个继电器 LJ。当系统发生接地故障时，经短时间延时断开主变电所中给变压器馈电的断路器。类似的接地保护装置也可以分别装在各个馈电线路的断路器二次回路上，但应具有更短的动作时间，以便能选择性跳闸。

　　上述保护方案是保证矿山工作人员免遭触电危险的比较可靠的方案，可以在各类矿山中推广应用。

　　对于 3～10 kV 侧三角形连接的变压器，需要设置一个接地中性点，可用一台接成星形或曲折星形的接地变压器接入三相线路，如图 11-20 所示。接地变压器的中性点通过限流电阻接地，在这个接地变压器中，从任一相线上来的接地故障电流等量进入三相绕组，而绕组的阻抗是很低的。限制故障电流不超过规定值所需要的阻抗，由接在大地与中性点之间的限流电阻提供。接地变压器的绕组容量应能负担最大故障电流的 1/3，并可以连续工作。

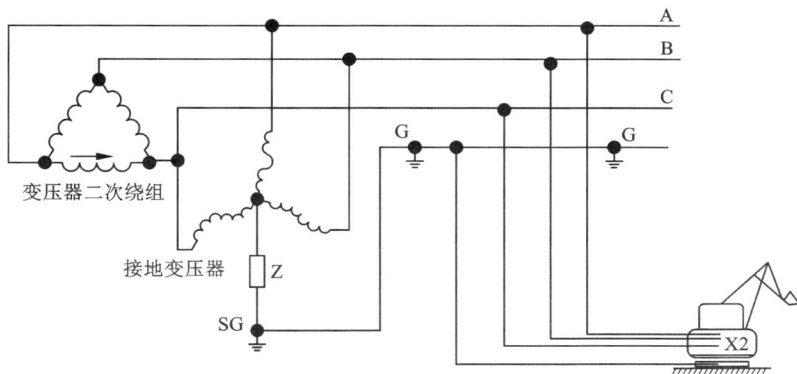

图 11-20　星形或曲折星形接地变压器中性点通过限流电阻接地示意图

　　为使设备接地系统保持完整，在移动设备上可装设一套接地线断线监测保护装置。在移动电缆中增加一根控制芯线，通过控制芯线、接地线与辅助变压器二次绕组连成闭合通路，使辅助变压器在正常情况下处于短路状态，电流继电器通过可调电阻调到 5 A，其常闭接点断开。当接地线断线时，轴助变压器二次开路，电流继电器线圈降至 1 A 以下，其常闭接点闭合，使断路器跳闸或发生信号。

2) 低压配电系统的接地

露天采矿场移动变压器二次侧及采矿场低压配电系统一般采用中性点不接地系统，但也允许采用中性点直接接地系统。由于采矿场电气设备移动频繁，安装及维护条件较差，从保证安全的角度出发，推荐采用中性点不接地系统，但应在低压侧装设使运行人员能及时发现供电网路绝缘被破坏和能自动切断电源的检漏装置。所有低压电气设备正常不带电的金属外壳，必须装设接地保护。高低压电气设备采用共用的接地网和接地装置。

11.3.3.4 主接地体和局部接地的位置及要求

主接地体一般设在供电线路附近或其他土壤电阻率较低的地方。露天采矿场主接地体不应少于两组，排废场主接地体可设一组。

所有移动式高压设备附近及装设避雷器或保护间隙的地方，均应装设局部接地极；在移动式架空线路与固定式架空线路的连接处，应装设辅助接地极。

为使接地极可靠，每一局部接地极须埋设两根以上接地体，辅助接地极应埋设三根以上接地体。

11.3.3.5 接地线的架设

从矿区总降压变电所至采矿场的架空线路，以及采矿场的环形线路、移动线路上均应在配电线路最下层导线的下方架设架空接地线，其与导线任一点的垂直距离不应小于 0.5 m。

所有主接地装置、辅助接地极以及局部接地极均与架空接地线相连，构成总的接地网，此接地网应与总降压变电所接地网相连接。移动式电气设备通过矿用橡套软电缆的专用接地芯线与接地网连接。

架空接地线应采用截面积不小于 35 mm^2 的钢芯铝绞线或钢绞线。接地极与接地网的连接采用不小于 50 mm^2 的扁钢或钢绞线。接地网之间、接地网与接地引下线、接地引下线与接地极的连接均采用焊接，接地线与设备外壳的连接用镀锌螺栓连接或焊接。

11.4 井下采矿电力设施

11.4.1 井下采矿供配电系统

11.4.1.1 电源

在井下，应根据生产规模、涌水量和采矿方法等条件，设置必要数量的主变(配)电所、采区变电所和其他变(配)电所。主变(配)电所的电源一般引自矿山地面总降压变电所或设在井口附近的高压配电所。采区变电所和其他变(配)电所，一般由井下主变(配)电所供电，也可由附近的地面变(配)电所经风井或钻孔供电。

当矿井不深且负荷不大时，电源可引自地面中性点不接地的低压配电系统的架空线路或露天变电所。

　　鉴于井下电缆敷设环境及运行条件差，发生事故的可能性大，维护更换电缆困难，由地面引至井下主变(配)电所和其他井下变(配)电所的电力电缆，其总回路数不应少于两回路；当任一回路停止供电时，其余回路的供电能力应能承担井下全部负荷。

　　有一级负荷的井下主变(配)电所、主排水泵房变(配)电所和其他变(配)电所，应由双重电源供电。

　　向大型矿井井下矿物开采、运输负荷配电的变(配)电所，宜采用双回路供电。

11.4.1.2　配电电压

　　1)高压配电电压

　　根据《矿山电力设计标准》(GB 50070)的规定，井下电力网的高压配电电压宜采用和地面高压电力网相同等级的配电电压，且当井下有爆炸危险环境时，额定电压不得大于 10 kV；井下无爆炸危险环境时，额定电压宜采用 10 kV；当额定电压超过 10 kV 时，应采取专门的安全措施。

　　2)低压配电电压

　　井下低压电力网的配电电压宜采用 660 V，小型矿山可采用 380 V。综合机械化采、掘工作面低压配电电压可采用 1140 V。手持式电气设备的额定电压不得大于 127 V。

　　从运行角度看，井下采用 660 V 电压配电的经济效果是很明显的，在满足同样电压降和送电距离的条件下，电缆截面约为采用 380 V 时的 1/3，也就是说，在使用同样的电缆截面时，其送电距离可增加 1 倍(采用 1140 V 时的经济效果就更明显)。这样，可减少采区变电所的移动次数，甚至可减少供电层次，降低电能损耗。随着我国 660 V 及以上的电气设备、控制和保护电器产品的系列化，660 V 和 1140 V 配电电压已在各类矿山中广泛采用。

11.4.1.3　高压配电方式

　　确定井下高压配电方式时，要考虑生产规模、负荷等级、分布情况以及远、近期关系，一般采用放射式向高压用电设备(如电动机)或采区变电所供电。受电设备对供电可靠性要求不高，且在同一方向而相距又较远的采区变电所，可以采用电缆干线式供电，但分支数量不宜超过 3 个，并在每个分支点的电缆转送侧装设切断开关。在实践中是采用放射式还是电缆干线式要视具体情况而定。一般来说，前者较为安全可靠，但电缆线路多，投资大；后者比较经济，但安全可靠性差。多数矿山常常采用放射式和电缆干线式同时存在的混合式。

　　当井下设主变(配)电所时，其电源引自地面总降压变电所或设在井口附近的高压配电所，采用两回电缆线路(或先用架空线送至井口)经竖井或斜井或平硐送至井下主变(配)电所。当井下有一级负荷时，两回线路必须分别接在不同的电源上。对于高压电动机，采用放射式供电；对牵引变电所或采区变电所，则应根据具体情况采用放射式、电缆干线式或环网式供电。井下主变(配)电所接线如图 11-21 所示。这种配电方式适用大、中型矿山井下的供电。

　　矿床距地表较近，经过比较，技术经济合理时，可将变电所设在地面，直接以 380 V(或 660 V、1140 V)电压用电缆经平硐或钻孔向井下用电设备或配电点供电。这种地面变电所的电源仍引自矿山总降压变电所或地面高压配电所，或由地区变电所引来。这种供电方式接线简单、可靠，且不需在井下开凿变配电硐室，投资较省，但只适用于井下用电设备少、负荷不大的小型矿山。其接线方式如图 11-22 所示。

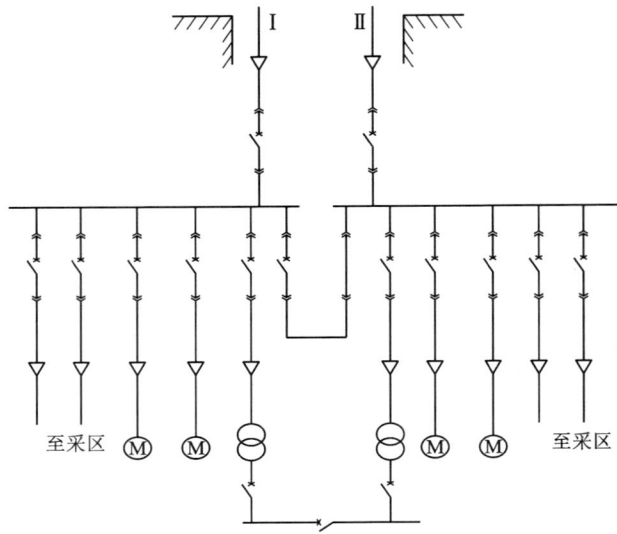

图 11-21 井下主变(配)电所接线

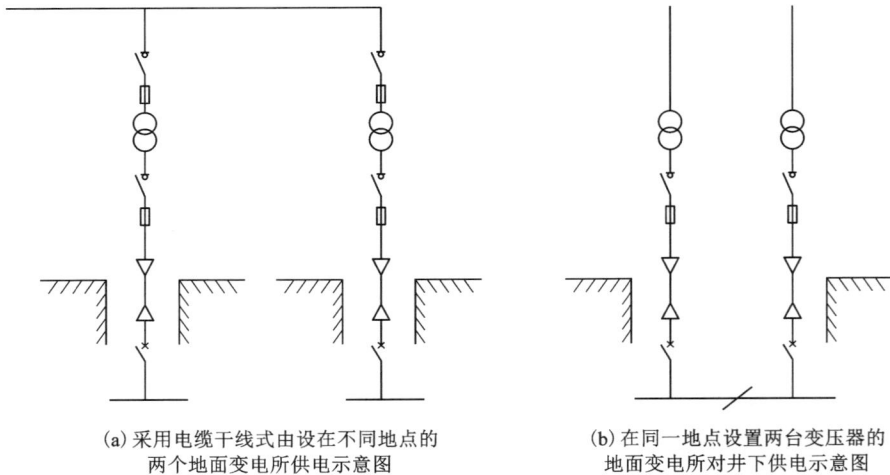

(a) 采用电缆干线式由设在不同地点的
两个地面变电所供电示意图

(b) 在同一地点设置两台变压器的
地面变电所对井下供电示意图

图 11-22 对井下供电的地面变电所接线示意图

11.4.1.4 各变电所的设置

井下各变电所及配电点的设置应根据地面配电系统、井下生产规模和配电范围、排水方式和开采方法等因素确定。

井下主变(配)电所应设置在主要开采水平,作为该水平或若干个相邻开采水平的变(配)电中心;井下主变(配)电所宜设在主要开采水平井底车场,且与主排水泵房相毗邻。

井下主变(配)电所应设置在负荷中心,且电缆引出方便、通风良好、运输方便,以及顶、底板岩层稳定的地方。

按照高压应深入负荷中心的原则,采区变电所应尽量靠近采区。采区负荷中心是随着采矿阶段(水平)的转移和采掘工作面的推进而变动的。因此,采区变电所的设置应根据采矿方法、上下阶段(水平)的关系及采掘速度等因素确定。有的一个阶段(水平)可设多个采区变电所,有的一个采区变电所可以向多个阶段(水平)的采区送电。此外,还应考虑到便于维护、设备运输和进出线方便、通风条件良好等因素。一般采区变电所设置在阶段(水平)运输平巷中或上、下山与运输交叉处,如图11-23所示。

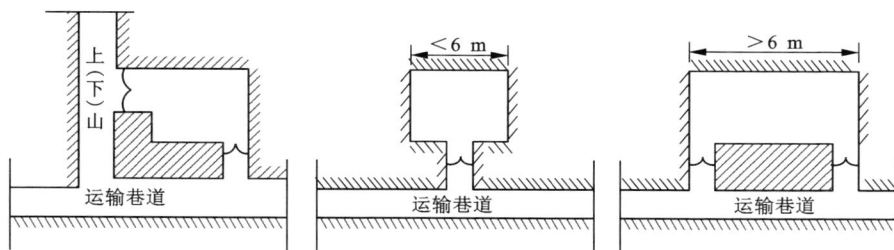

图 11-23　采区变电所的位置

11.4.1.5　主变(配)电所

井下主变(配)电所是一个带有 10(6)/0.4 kV 或 10(6)/0.69 kV 电力变压器,兼作低压配电用的高压配电所,其主要作用是对井下高压用电设备及井底车场低压用电设备进行配电。当不带电力变压器时,其也常被称为井下主配电所或井下某阶段高压配电所。

井下主变(配)电所的数量可根据开拓系统的需要而定,一般设置一个。但有时对采用多条井开拓或同时开采多水平的坑内矿,也可设置多个井下变(配)电所。井下主变(配)电所的配电变压器不得少于 2 台,当其中 1 台停止运行时,其余配电变压器应能承担全部负荷。

井下主变(配)电所的布置应符合下列要求。

(1)主变(配)电所硐室应砌碹或用其他可靠方式支护。硐室顶板和墙壁应无渗水。电缆沟应有防止积水的措施。

(2)主变(配)电所与水泵房毗邻时,其间应设置带有栅栏防火两用门的隔墙,并均有单独通至巷道的通道,通路上应装设向外开的栅栏防火两用门及防水密闭门,这两门的启闭不应互相妨碍,且不得妨碍巷道交通;当无被水淹没可能时,应只装设栅栏防火两用门。

(3)主变(配)电所硐室的地面,应比其出口处井底车场或大巷的底板高出 0.5 m;与水泵房毗邻时,应高出水泵房地面 0.3 m。

(4)硐室应有良好的通风条件。有人值班的硐室的室内温度不应超过 30℃,无人值班的硐室的室内温度不应超过 34℃。

(5)装有带油设备的电气设备硐室不设集油坑时,应在硐室出口的防火门处设置斜坡混凝土挡,其高度应高出硐室地面 0.1 m。

(6)主变(配)电所内配电设备应预留备用位置,高压配电设备的备用位置不应少于安装总数的 20%,且不应少于 2 台。低压配电设备的备用回路数,宜按馈出线回路数的 20% 计算。配电变压器为 2 台及以上时,可不预留备用位置;当所内装设 1 台配电变压器时,宜预留 1 台设备的备用位置。

（7）主变（配）电所和需要值班的电气设备硐室应留有人员值班和存放消防器材的位置。

（8）主变（配）电所内所有电气设备正常不带电的金属外壳必须可靠地接地。接地干线沿墙敷设（距地坪 0.5 m），并接至总接地极。

图 11-24 所示为带有高低压变（配）电设备及牵引整流装置的典型的井下主变电所的配置图，主变电所与井下水泵房毗邻。

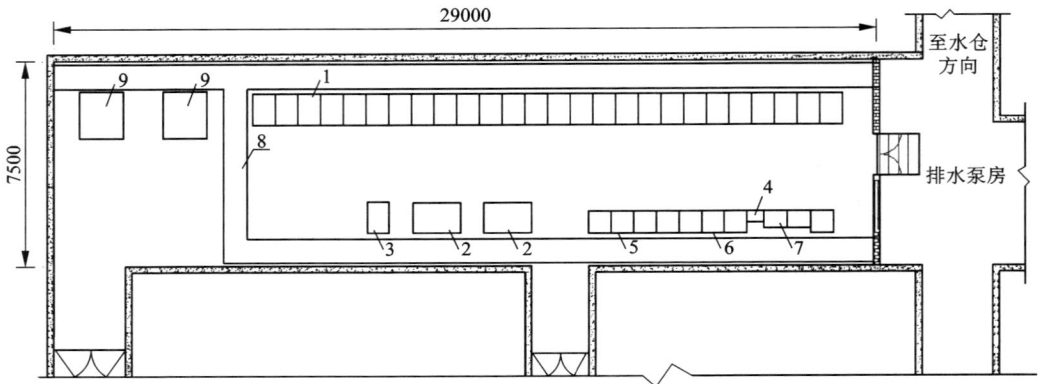

1—高压配电装置；2—电力变压器；3—照明变压器；4—继电器屏；5—低压配电屏；
6—直流屏；7—硅整流器柜；8—电缆沟；9—高压无功补偿装置。

图 11-24　带有高低压变（配）电设备及牵引整流装置的井下主变电所配置图

11.4.1.6　采区变电所

采区变电所配有电力变压器、高压开关及保护装置、低压配电屏、照明变压器等变（配）电设备。其主要作用是把引自井下主变（配）电所或地面高压配电所的高压电源，通过电力变压器转换为适合井下采掘工作面用电设备需要的低压电源，直接或通过配电点向采掘工作面的用电设备供电。

井下低压配电系统接地形式应采用 IT 或 TNS 系统，配电系统电源端的带电部分应不接地、经高阻抗接地或直接接地。

对于有爆炸危险环境的矿井，低压配电 IT 系统应自动切断电源作为电击防护措施。当发生对外露导电部分或对地的单一接地故障时，防护装置应迅速切断故障线路。对于无爆炸危险环境的矿井，当低压配电系统采用 IT 系统，且配电系统相导体和外露导电部分之间第一次出现阻抗可忽略的故障时，故障电流不应大于 5 A，低压配电系统不宜引出 N 线。

当交流低压配电系统采用 TNS 系统并采取自动切断电源的电击防护措施时，供给额定电流不大于 32 A 的交流移动式设备的终端回路应装设剩余电流保护器，且剩余电流保护器额定剩余动作电流不应大于 30 mA。

1）变压器容量及台数选择

采区变电所有一级负荷时，应选用两台变压器。一台变压器退出运行时，另一台应保证一级负荷和二级负荷的用电。无一级负荷时，可选用一台变压器。

采掘工作的推进将影响采区变电所计算负荷的大小。每个采区变电所在运行期间，其负荷将有一个递增、稳定、递减的过程，在选择变压器容量及台数时应综合考虑这些情况，使其在整个服务期间都能满足生产需要。

2）布置与要求

（1）采区变电所硐室应采用非燃性材料支护。硐室要求不渗水，电缆沟应有防积水措施。

（2）采区变电所硐室长度超过 9 m 时，应在硐室两端各设一个出口；当硐室长度大于30 m 时，应在中间增设一个出口；各出口通道应装设向外开的栅栏防火两用门。对于有淹没、火灾、爆炸危险的矿井，硐室都应设置防火门或防水门。

（3）采区变电所硐室和其他电气设备硐室的地面应比其出口处巷道底板高 0.2 m。硐室地面应向巷道等标高较低的方向倾斜，其坡度可为 0.02°～0.03°。

（4）采区变电所硐室内应留有放置消防器材的空间。硐室内温度不得超过 34℃。

（5）采区变电所硐室内所有电气设备的外壳均应可靠接地，接地干线沿墙敷设，高出地坪 0.5 m。

11.4.2　井下采场用电设备及其配电

11.4.2.1　采掘工作面的供电（采区配电点）

采掘工作面用电设备的电源一般引自采区配电点（或直接由采区变电所引来）。采区配电点位置需要随着采掘工作的进度定期搬迁。采区配电点至受电设备移动电缆的长度一般不宜超过 100 m，否则，采区配电点应搬迁。

采掘工作面的用电设备主要有凿岩钻车、电耙绞车、局扇风机和装岩机等，其电控设备可以装在机架或特制的移动架上随机移动；也可装在动力配电箱内（该动力配电箱安装在采区配电点），采用带控制芯线的矿用移动橡套电缆，将操作按钮安装在机架上。

采区配电点应设在支护好的巷道中的壁龛内，壁龛应用非燃烧性材料支护，并不应有滴水和渗水现象。

采区配电点的设备一般采用矿用或具有防水、防尘性能的动力配电箱。

11.4.2.2　小型采掘机械设备的供电

采矿、掘进、装岩及运输是井下矿山生产的主要环节。这些生产环节上的机械设备经常处在较为潮湿、狭窄、通风不良的环境中，它们的负载特性也是经常变化的，其电机经常带负载启动或在重复短时运转条件下工作。目前，大部分采掘机械设备均随机配套电气配电及控制设备，如各种电动装岩机、绞车、凿岩台车、混凝土喷射机等，对于这些设备，用户根据设备用电负荷要求提供电源即可。

对于局部通风机（局扇），通常需要用户根据设备用电要求配置现场电气配电及控制设备，可采用带断路器保护的现场控制箱或磁力启动器。

11.4.2.3　高压配电装置及高压电缆选择

1）高压配电装置选择

井下高压电气设备类型的选择应符合下列规定：无爆炸危险环境的矿井宜采用矿用一般型电气设备；有爆炸危险环境的矿井应按国家或行业有关规定执行；电气设备的绝缘不应采用油质材料。

井下主变（配）电所和直接从地面受电的其他变（配）电所的电源进线、母线分段及馈出线，应装设断路器。除井下主变（配）电所和直接从地面受电的变（配）电所外，双电源进线的变（配）电所应设置电源进线断路器，当两回电源同时送电时，应设置分段断路器；单电源进线的变(配)电所,当变压器超过 2 台或有高压出线时,应装设进线断路器;所有高压馈出线应装设断路器。

对于无爆炸危险环境的矿井,变压器一次侧宜装设负荷开关,当变压器容量在 315 kV·A 及以下时,可装设隔离开关熔断器;对于有爆炸危险环境的矿井,变压器一次侧宜装设断路器。

2)高压电缆选择

井下电力电缆均应采用低烟、低卤或无卤的阻燃性电力电缆。

在立井井筒或倾角 45°及以上的井巷内,固定敷设的高压电缆应采用粗钢丝铠装电力电缆。

在水平巷道或倾角小于 45°的井巷内,固定敷设的高压电缆应采用钢带或细钢丝铠装电力电缆。

移动变电站的电源电缆应采用矿用监视型屏蔽橡套电缆。

非固定敷设的高压电缆宜采用矿用橡套软电缆。

11.4.2.4 低压电器及低压电缆选择

1)低压电器选择

井下低压电器的选择一般规定同高压配电装置。

井下变压器二次侧的总开关宜采用断路器。

当低压配电线路的短路保护电器为断路器时,被保护线路末端的最小短路电流不应低于断路器瞬时或短延时脱扣器整定电流的 1.5 倍。

2)低压电缆选择

井下电力电缆均应采用低烟、低卤或无卤的阻燃性电力电缆。

井下固定敷设的低压电缆宜采用聚乙烯绝缘或交联聚乙烯绝缘电缆。非固定敷设的低压电缆宜采用矿用橡套软电缆。移动式和手持式电气设备宜采用专用橡套电缆。重要电源回路、移动式电气设备的电缆及井下有爆炸危险环境矿井的低压电缆应采用铜芯电缆。

固定式照明电缆线路宜采用橡套电缆或塑料电缆,移动式照明电缆线路宜采用橡套电缆。

11.4.3 井下保护接地

11.4.3.1 保护接地的作用

井下高低压供(配)电系统采用中性点不接地系统,如果电气设备的绝缘被破坏,发生一相碰壳时,金属外壳便具有和该相导体相同的电位。此时,人体若接触外壳,就会发生触电危险。由于线路与大地间存在绝缘电阻 r 和分布电容 C,接地电流 I_d 会全部流经人体。

在中性点不接地系统中,人体触电电流 I_r 的大小取决于电网电压值、电网与大地间的分布电容和绝缘电阻。显然,这对于线路绝缘被破坏又无漏电保护装置的高压供(配)电系统尤其危险。将电气设备正常不带电的金属外壳与接地体用导线连接起来,当发生电气设备绝缘损坏及人体接触到设备金属外壳的情况时,接地电流 I_d 的绝大部分经接地体分流,由于接地体的接地电阻值是人体电阻值的几百分之一,将使人体的接触电压大为降低,流经人体的触电电流 I_r 是不接地时的几百分之一,因此可防止触电事故发生,保证人身安全。

井下矿山接地干线和电力设备金属外壳最大接触电压值不超过 40 V 时,对人体是安全的,这是计算井下接地电阻的依据。在 10 kV 以下的供(配)电系统中,接地电阻不大于 4 Ω。

在井下，由于潮湿和矿尘影响，增大了发生触电事故的可能性，所以将接地电阻限制为 2 Ω。当接触电压为 40 V 时，接地电流为 20 A。也就是说，如果接地电流不超过 20 A，可以保证人体接触到的是安全电压。现在中、小型矿山一般都能满足这一要求。在多阶段(水平)的大型矿山内，接地电流往往会超过 20 A，这时还应进一步降低接地电阻或采取其他办法来使接触电压不超过 40 V。

11.4.3.2　保护接地的要求

36 V 以上及由于绝缘损坏而带有危险电压的电气装置、设备的外露可导电部分和构架等均应接地。

主接地极不应少于两组，一般设在水仓或积水坑内，由采用面积不小于 0.75 m²、厚度不小于 5 mm 的钢板制成。

不论把主接地极设在哪里，当任意一组主接地极断开时，接地网上任意一点测得的对地电阻值都不应大于 2 Ω。

在装设电力设备的硐室、单独设置的高压配电装置、低压配电点或装有 3 台以上电气设备的地点、连接高压电力电缆的接线盒处等地点，均应设置局部接地极。

板式局部接地极应采用镀锌钢板，其面积不应小于 0.6 m²，厚度不应小于 3.5 mm。

管式局部接地极应采用镀锌钢管，其直径不应小于 35 mm，厚度不应小于 3.5 mm，长度不应小于 1.5 m，管上钻孔数量不应少于 20 个，孔的直径不应小于 5 mm；管内及管外应充填吸水材料，管式接地极应垂直埋入地下，埋深不应小于 1.4 m。

经技术经济比较确定合理时，井下主接地极及局部接地极亦可采用铜材或其他材料。

在 660 V 和 380 V 低压系统中，测得的单相接地电流一般最大不应超过 0.5 A。因此，保证安全电压(40 V)的局部接地极的接地电阻不应大于 80 Ω。

井下专用接地干线、接地母线和连接井下主接地极的接地支线，均应采用截面积不小于 100 mm²、厚度不小于 4 mm 的镀锌扁钢或截面积不小于 50 mm² 的铜导线或截面积不小于 100 mm² 的镀锌钢绞线。在多阶段(水平)的矿井中，每个阶段(水平)的接地干线均应与主接地极连接。

每台移动式和手持式电力设备与最近的接地极之间的保护接地电缆芯线和其他接地线的电阻值，不应大于 1 Ω。

11.4.3.3　局部接地极并连接地效果分析

在有水沟的巷道中可采用两块 1500 mm×400 mm×4 mm 的镀锌钢板作为局部接地极置于水沟深处，两钢板之间的距离不小于 6 m。

假设敷设于巷道中的单块局部接地极(镀锌钢板)电阻为 7 Ω，两局部接地极之间相距 6 m，接地线接电阻为 0.4 Ω，则并联后的两块局部接地极接地电阻为 3.6 Ω。由于坑内巷道较窄，不可能利用太宽的钢板，需同时利用两块钢板，这就相当于电阻并联，电阻减小效果明显。

11.4.3.4　接地装置的安装

井下主接地极不少于两组，并宜分别布置在开采水平主、副水仓中。当下井电缆在钻孔中敷设时，井下主接地极可埋设在地面或设在井底水仓中或集水坑内；加固钻孔的金属套管可作为主接地极中的一组。当没有排水仓可利用时，井下主接地极应设置在井底水窝或专门开凿的集水井中，不得将两组主接地极置于一个集水井中。

　　一般把局部接地极设置在排水沟、积水坑或其他适当地点，并尽量靠近工作面。其作用是，当连接电气设备的接地线与接地干线断开时，仍然能防止触电事故的发生。

　　接地干线与接地极连接时要焊牢，导线与干线连接时最好为焊接，无条件时可采用螺钉连接，但连接处要镀锌或镀锡。

　　水仓中钢板接地极安装示意图如图11-25所示。

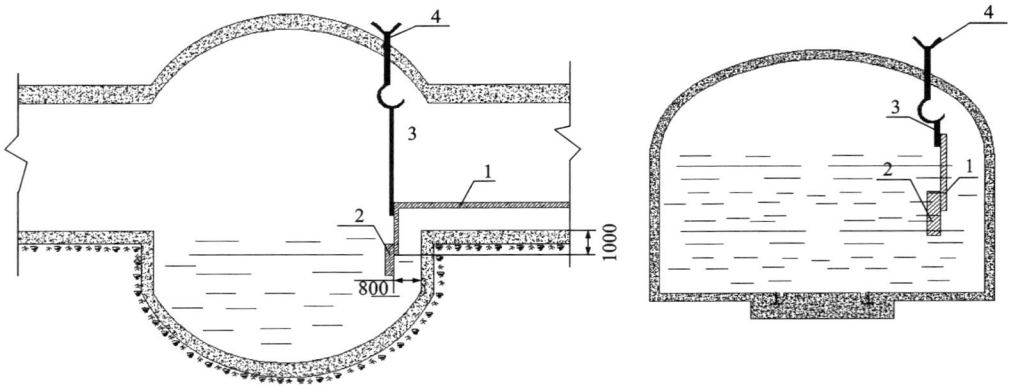

1—接地干线；2—钢板接地极；3—钢绳；4—吊环。

图 11-25　水仓中钢板接地极安装示意图

11.4.3.5　接地装置的检查和测定

　　有值班人员的机电硐室和有专职司机的电气设备的保护接地，每班必须进行一次表面检查(交接班时)。其他电气设备的保护接地，由维修人员进行每周不少于一次的表面检查。

　　在每次安装或移动后，应详细检查电气设备接地装置的完善情况。对震动性较大及经常移动的电气设备应特别注意，随时加强检查。检查发现接地装置有损坏时，应立即修复。

　　电气设备的保护接地装置未修复前禁止受电。

　　每年至少要详细检查一次主接地极和局部接地极。其中主接地极和浸在水沟中的局部接地极应提出水面检查，如发现接触不良或严重锈蚀等缺陷，应立即处理或更换，并应测其接地电阻值。主、副水仓中的主接地极不得同时提出检查，必须保证有一个在工作。矿井水酸性较大时，应适当增加检查的次数。

　　井下总接地网接地电阻的测定，要有专人负责，每季至少测定一次；新安装的接地装置在投入运行前，应测其接地电阻值，并必须将测定数据记入记录表内。

11.4.4　井下低压电网的漏电保护

　　在井下，经常受岩石的碰撞及水的浸渍，电气设备外壳及电缆外皮较易受损，使其绝缘水平降低或破坏，导致漏电故障发生，危及人员的人身安全或使设备损坏，对有可燃、易爆气体的矿井，还会引起燃烧和爆炸事故。

　　为防止此类事故的发生，《矿山电力设计标准》(GB 50070)规定：低压配电IT系统均应装设绝缘监视装置，当绝缘水平下降至整定值时，应由绝缘监视器发出可听和(或)可见信号。

　　绝缘监视装置动作方式应遵守如下规定：①有爆炸危险的矿井，当发生对外露导电部分或对地的单一接地故障时，防护装置应迅速切断故障线路；②无爆炸危险的矿井，当发生对外露导电部分或对地的单一接地故障且预期接触电压不超过 36 V 时，可不切断故障回路电源而继续保持短时运行，并应由绝缘监视装置发出可听和(或)可见的报警信号。当发生第二次异相接地故障时，应由过电流保护电器或剩余电流保护器切断故障回路。当发生对外露导电部分或对地的单一接地故障且预期接触电压超过 36 V 时，防护装置应迅速切断故障线路。

11.4.4.1　井下低压电网安全条件分析

　　井下低压电网的安全运行条件与变压器中性点的接地方式有关，变压器中性点或人为中性点的接地方式可分为两大类：中性点直接接地方式；中性点非直接接地方式。后者又可分为中性点不接地方式(又称中性点绝缘方式)、中性点经电感或阻抗接地方式、中性点经电阻接地方式。

　　在中性点为不接地方式的供电系统(或称中性点不接地系统)中，人体触电电流和单相接地电流与电网对地的绝缘电阻和电容有关。

表 11-28　几种接地方式的综合比较表

类别	不接地	经电感接地	经电阻接地	直接接地	备注
人体触电危险	1)随 C 增大而增大。 2)当 $r>r_{min}$ 时，随 r 增大而增大	稳态时人体触电电流能够得到一定程度的补偿，但 C 大时，补偿以后仍达不到安全值以下	在电容一定的条件下，只要 R_0 和 r 并联以后的数值大于 r_{min}，加入 R_0 并不会增加危险	与 r、C 无关，采用电击防护措施不会增加危险	1)如果不装设漏电保护装置，前三种接地方式可能比直接接地方式更危险。 2)r_{min} 为人体触电电流最小时的绝缘电阻
瓦斯、煤尘爆炸危险	较小	增大	与不接地方式差不多	最大	
电弧接地过电压	最高	出现高幅值过电压的概率减小	较小	最小	
串联谐波过电压	单相经电感接地时有可能产生	单相或两相经电容接地时有可能产生，而且倍数较高	不可能或倍数较小	不可能	

　　从上表可以看出：

　　(1)从人体触电的危险来看，井下低压配电系统接地采用 IT 或经高电阻接地系统和 TN-S 系统，在满足《低压电气装置 第 4-41 部分：安全防护电击防护》(GB/T 16895.21—2020)要求的前提下，都允许非瓦斯矿山的中性点可以采用 IT 系统，也可以采用 TN-S 系统，因为用电的安全准则与接地系统的选用无关，如果正确执行了所有的安装和运行规程，TN-S 和 IT 这两种接地系统就人身保护而言是相同的。最合适的接地系统选用应根据规范的要求、供电不间断性、运行条件以及配电网络和负载类型综合确定。

　　(2)如果从过电压的角度考虑，我国现在采用的人为中性点经电感接地方式与变压器中性点经电感接地方式具有相同的危险性。

（3）随着井下电网供电电压的提高，漏电保护装置和自动馈电开关的动作速度都在不断地提高，动作时间已大大缩短。在此时间内，人体触电电流不但没有减小，反而有增大的危险。

再从国外的运行情况看，苏联和波兰采用人为中性点或变压器中性点经电感接地方式，而英国、美国和日本等国则多采用电阻接地方式。

在金属矿山防止漏电事故的发生，主要是为了保障人员及设备安全。但是，对于开采高硫矿床或煤铁共生矿床的坑内矿，首先要防止漏电时造成瓦斯及危险气体的燃烧或爆炸。

人体触电电流及引起爆炸、燃烧的电流，达到下列数值以上时即可产生危险：

人体触电电流（直流）：30 mA；

电雷管引燃电流（直流）：50 mA；

瓦斯爆炸最低功率（直流）：30 W。

在井下人体触及载流导体或带电设备外壳时，受伤程度主要取决于设备电压、变压器中性点接地方式、网络绝缘电阻及电容等。目前，井下开采的矿山均采用中性点绝缘的 IT 系统，所以，电网的安全运行条件主要取决于设备的电压、网络绝缘电阻及电容的变化所引起的触电电流的变化。

11.4.4.2　检漏继电器

（1）采用 JY82 型检漏继电器与自动开关配合，实现井下低压电网漏电保护。

JY82 型检漏继电器是专门为低压配电屏配套而研制的产品，既可以单独使用，也可以与低压选漏装置配套使用。装置分为 1140 V、660 V、380 V、127V 四个电压等级，适用于井下中性点不接地系统。

（2）漏电保护继电器 Resys P40。

漏电保护继电器 Resys P40 用于与独立的零序电流互感器一起监控与监测接地故障电流有效值（最大 30 A）。当故障电流超过预设值的 50%，预报警输出触点动作（可选）；当故障电流下降至预设值的 30%，该触点将自动复位。漏电保护继电器 Resys P40 与遥控脱扣开关装置（自动切断电源）一起使用，可以实现以下功能：防止间接接触，限制漏电电流。

该继电器也可以直接作为信号继电器或通过其（可配置的）预警功能，监控电力设备。

装置电源电压：$10 \sim 85$ V DC、$100 \sim 125$ V DC 及 115/230 AC、400 V AC。通过零序互感器监控漏电电流：$0 \sim 30$ A（50/60 Hz）。灵敏度 $I\Delta n$：30 mA，100 mA，300 mA，500 mA，1 A，3 A，5 A，10 A，30 A。延时 $I\Delta s$：0 ms，60 ms，150 ms，300 ms，500 ms，800 ms，1 s，4 s，10 s。以上由用户设置。

该继电器一般用于出线回路较少的低压配电系统中。

（3）在金属矿山除采用漏电继电器实现低压电网漏电保护外，在实际设计与生产中，也有些矿山采用简单的非选择信号的漏电监视装置。

如用电压表或霓虹灯接成星形，其中性点接地系统置于采区变电所内。如有漏电故障时，值班人员在巡查中即可查出，如图 11-26 所示。正常时霓虹灯是亮的，如发生漏电时，故障相的霓虹灯即熄灭，可将此信号经变换后引至有人值班的变电所内。

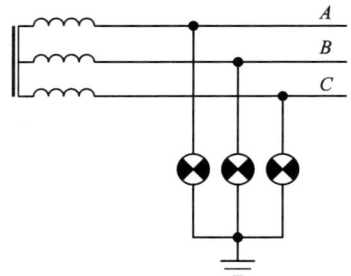

图 11-26　非选择信号的漏电监视装置

11.4.4.3 井下低压电网漏电保护系统的选择性及装置

漏电保护系统的选择性，是指漏电保护装置动作时，仅将发生漏电故障线路的电源切断，而其余非故障线路仍继续运行。这样，不仅缩小了停电范围，而且便于确定漏电故障线路后及时将其排除，从而缩短了停电的时间，有利于安全生产。此外，使用选择性漏电保护装置，还可避免未发生漏电故障的掘进工作面的线路停电，使局部通风机照常运行，以免有毒或瓦斯积聚，产生爆炸的危险。显然，这对保证矿井安全生产有着十分重要的意义。

漏电保护系统的选择性具有如下两方面的含义：一方面是指上、下级漏电保护装置之间的纵向选择性；另一方面是指各个配出分支线路漏电保护装置之间的横向选择性。上、下级之间，一般只能靠延时来实现动作的选择性，即上一级漏电保护装置的动作时间应比下一级长一个时限阶段，也就是时限级差原理；而横向选择性则可利用零序电流保护原理和零序电流方向保护原理。对于采区低压电网，因其供电距离不长，电网对地的电容值不大，致使单相接地的零序电流值较小，同时又由于支路数不多，故零序电流保护原理难以使用，多采用零序电流方向保护原理。

对于出线回路较多的低压配电系统，一般采用多渠道剩余电流监控装置，该装置与独立的零序电流互感器一起监控与监测接地故障，提供 1、4、8、12 路漏电测量，并最多扩展至 4 路温度保护。该装置支持 RS-485 通信，符合国际标准 Modbus-RTU 协议，可进行多功能按键操作编程；具有声光报警功能，支持报警/跳闸控制；各路报警、脱扣阈值和时间可调，掉电不丢失；支持试验、复位和自检功能，具备断路器跳闸控制，温度传感器短路、断路在线检测功能。

本德尔井下漏电检测原理如图 11-27 所示。

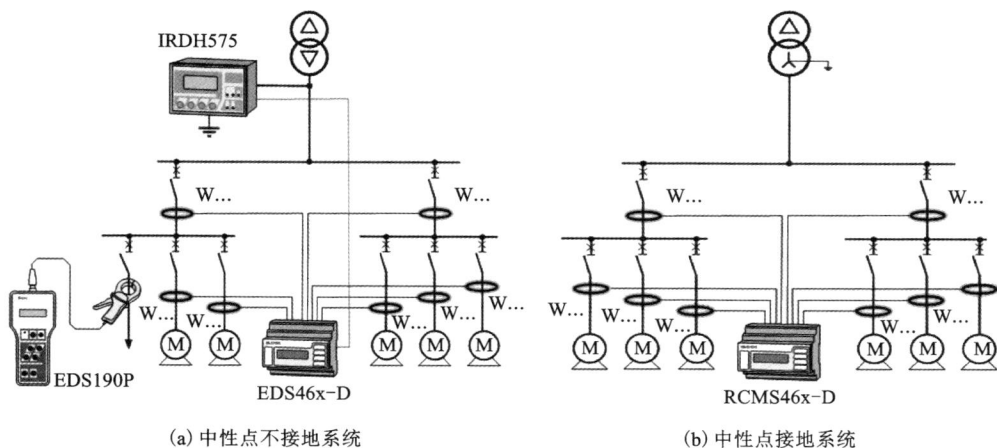

图 11-27　本德尔井下漏电检测原理图

11.4.4.4 井下低压电网对地绝缘电阻值和电容值的测量

井下低压电网对地绝缘电阻值和电容值，是关系到低压电网安全运行的重要参数，必须经常进行测量，而且这种测量应在低压电网处于正常工作状态下进行，否则将不能正确反映低压电网的实际状况。

常用在线测量方法即带电测量低压电网对地绝缘电阻值和电容值的方法，有交流伏安法和三电压表法、谐振测量法。测量时，应将检漏继电器和选择性漏电保护装置全部开路，不然会使其误动，同时还会影响测量结果的正确性。

井下低压电缆电网的绝缘阻抗主要取决于同一变压器系统的电缆容抗。

11.5　矿山提升电力系统

矿山提升机是矿石运输系统中的重要设备，按工作原理的不同，一般分为单绳缠绕式及多绳摩擦式两类。其中，单绳缠绕式提升机一般适用于中等深度以下的矿井，对于部分深井及大产量的矿井，则应合理选用多绳摩擦式提升机。矿山提升电力系统是为矿山提升机配电，并对其进行控制的系统。

11.5.1　提升机的传动方式及提升电动机

11.5.1.1　提升机的传动方式

提升机的传动方式分为交流和直流两大类。

我国在 20 世纪 80 年代以前，提升机电气传动主要采用绕线式异步电动机转子串电阻交流调速系统，少数采用发电机-电动机组直流调速系统；80 年代以后，提升机电气传动主要采用晶闸管直流供电的直流调速系统。随着电力电子技术的发展，我国从 20 世纪 90 年代开始，提升机电气传动逐渐由采用直流调速系统向采用交流调速系统发展。近年来，提升机电气传动尤其是电机功率在 2000 kW 以上的，主要采用交-交变频传动和交-直-交变频传动系统。

一般而言，具体采用何种传动方案，主要取决于电动机容量、提升动力学和运动学参数以及提升系统的生产工艺要求，既要完成提升任务和按照规定的速度图运行，又要考虑设备供应情况、基建投资、运行费用、操作维护条件等，经过综合比较后确定。

直流调速系统主要采用晶闸管变流器-电动机传动方式，具有动作速度快、调速平滑稳定、负力减速时可将机械能转换为电能返回电网等诸多优点。但它的缺点也是显而易见的：产生较大的启动压降，对电网的无功冲击大；高次谐波引起交流电网电压正弦波形的畸变，干扰其他用电设备；运行功率因数低；建设投资大，电机费用高，维护费用大等。同时直流电机的效率较低，一般只有 86% 左右，在大功率传动设备的节能降耗方面具有明显的劣势。

大功率变频器以高耐压、大电流的功率器件为基础，以微电子控制技术为核心，把固定频率和固定幅值电源转换成变频变压电源。目前国内大功率矿山提升机交流传动方式根据有无中间直流环节可分为两大类：无直流环节的交-交变频调速和有直流环节的交-直-交变频调速。

交-交变频传动中所采用的交-交变频器的输出频率越低，其每个周期所包含的工频电压波头数就越多，输出电压的正弦度就越好，谐波分量就越小。随着交-交变频器输出频率的提高，每个周期内所包含的工频电压波头数变少，输出电压的谐波分量大幅度提高，导致变频器的输出功率降低，负载电动机的脉动转矩加大，损耗增加，电动机噪声增大，从而限制了交-交变频器的最大输出频率。因此，交-交变频传动作为交流电机变频调速的驱动电源，适合于要求低速、大容量的场合。同时，交-交变频器需要为数众多的晶闸管，对电网注入大量谐波，治理困难，影响矿山电网质量，会对矿山其他用电设备造成不良影响。若要消除谐波污染，需要附加谐波滤波器，增加投资、占地面积和维护工作量。交-交变频传动作为主要的大功率变频传动方式，在世界范围内得到了广泛应用，但目前已经不是一种主流的提升机传动方式。

随着交–直–交功率变换拓扑控制策略的成熟以及高压大功率全控器件进入商品化时代，性能更为优异的交–直–交大功率中高压变频传动作为交–交变频传动的替代者登上了变频传动的舞台，并迅速确立其主导位置。近年来，交–直–交变频传动主拓扑结构已经由两电平发展到三电平，由前端不可控整流发展到有源前端可控整流，传动产品覆盖了所有主流电机类型，综合性能已经超越了直流传动和交–交变频传动。

交–直–交变频传动的优点：由于调速方式为转子变频调速，设备运行平稳，实现速度连续可调，系统机械冲击小，完全消除了无功冲击；系统能量实现了双向流动，节能效果明显；电网接入点电流接近正弦波，谐波少，无须考虑谐波治理问题。其缺点是建设投资费用相对较高。

11.5.1.2　提升电动机

直流电动机具有响应快速、启动转矩较大、从零转速至额定转速具备可提供额定转矩的特点，但这也正是直流电动机的缺点。直流电动机要在额定负载下产生恒定转矩，则电枢磁场与转子磁场必须保持 90°。碳刷及整流子在电机转动时会产生火花、碳粉，因此，除了会造成组件损坏，使用场合也受到限制。

直流电动机的优点：启动和调速性能好，调速范围广、平滑，过载能力较强，受电磁干扰影响小。

直流电动机的缺点：与异步电动机比较，直流电动机结构复杂，使用维护不方便，而且要用直流电源。

直流电动机的应用：一般用于启动和调速性能要求高的场合，或一些特殊场合，如提升机、牵引电机车、直流测速发电机等。

交流电动机没有碳刷及整流子，免维护、应用广，但特性上若要达到相当于直流电动机的性能，需用复杂控制技术才能达到。交流电动机分为异步电动机和同步电动机两类。异步电动机按照定子相数的不同分为单相异步电动机、两相异步电动机和三相异步电动机。三相异步电动机具有结构简单、运行可靠、成本低廉等特点。

11.5.2　提升机控制与电气传动系统

11.5.2.1　控制系统的选择原则

随着控制技术的发展，提升机控制系统可实现提升机手动、半自动、全自动运行。一般而言，具体采用何种传动方案，要经过综合比较后确定。

11.5.2.2　控制系统的保护及闭锁

为了保证提升机安全可靠地按照规定的速度图运行，控制系统必须具有以下保护和闭锁功能。

（1）变流器和电动机主回路短路、失压、过负荷、单相接地等故障保护。

（2）计算机及其他调节和控制装置故障保护。

（3）超速保护、井筒终端减速区过速保护。

（4）过卷和过放保护。

（5）测位及测速回路故障保护。

（6）运行过程中装卸载装置或操车装置误动作伸入井筒内保护。

（7）制动系统故障保护。

（8）润滑系统故障保护。

（9）缠绕式提升机的松绳保护。

（10）摩擦式提升机的滑绳保护。

（11）尾绳故障保护。

（12）错向保护。

（13）操纵手柄不在"0"位和工作制动手柄不在全抱闸位置不能解除安全制动的闭锁。

（14）未接到工作信号提升机不能启动的闭锁。

（15）机械制动转矩与主电机转矩的闭锁。

（16）箕斗卸载站受矿仓满仓闭锁。

（17）防止箕斗重复装载的闭锁。

11.5.2.3　交流提升机电气传动及控制系统

1）交流提升机电气传动系统的种类

（1）绕线式异步电动机转子串电阻传动系统。

该系统的电动机转速调节是靠改变转子回路串联的附加电阻来实现的。这是有级调速，并且调速时能耗很大，属于转子功率消耗型传动方式。在加速阶段和低速运行时，大部分能量（转差能量）以热能的形式被消耗掉，系统的运行效率较低。

绕线式异步电动机转子串电阻传动方式为在低同步状态下产生制动转矩，需采用直流能耗制动（即动力制动），或采用低频制动。无论采用何种制动方式，均需要设置辅助电源和定子绕组的二次切换操作。

该种传动方式存在着调速性能差、运行效率低、运行状态的切换死区大及调速不平滑等缺点。但目前在我国已投产矿山中，这种传动方式相当普遍，如与 XKT 型提升机配套的 TAD 型提升机控制系统、与 JK 型提升机相配套的 TKI-A 型提升机控制系统等，以后将面临着技术改造的问题。

（2）交-交变频传动系统

交-交变频传动系统是交-交变频器加同步电动机调速控制系统，实现了多微机全数字控制。该系统具有优良的控制性能、运行效率高、GD^2 小和维护工作量少等优点，特别适用于大容量、低转速的矿山提升机。目前传动功率已经达到 5000~8000 kW。将同步电动机转子和外装的摩擦式提升机的滚筒合为一体的机电一体化方案具有体积更小、质量更轻的优点，可以明显降低投资费用，成为低速大功率矿山提升机传动的发展方向。

由于矿山提升机运行中要求电动机有时工作在电动状态，有时工作在制动状态（发电状态），并且负载变化较大，故比较适合采用电源自然换相的交-交变频传动系统，其主电路原理图如图 11-28 所示。

2）提升机控制系统

提升机控制系统包括安全控制、提升过程控制、全行程-速度包络线控制、调速系统外部控制、闸系统控制、辅助设备控制、装卸矿站控制（仅箕斗提升机用）、提升机生产过程参数的记录与

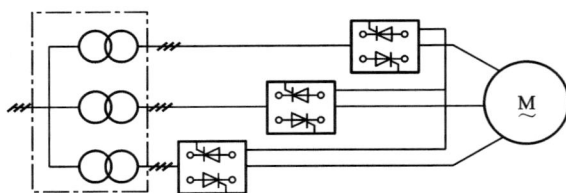

图 11-28　交-交变频传动系统主电路原理图

统计，提升过程和变频器驱动系统的状态、报警、故障的记录，摩擦轮直径磨损的检测计算与报警等。

位置控制：减速、停车、过卷、同步、钢丝绳伸长过大、打滑、紧急停车位置补偿、位置校核等。

过速、过卷控制：运行全程过速、过卷均采用两套独立装置进行保护。全行程-速度包络线保护是安全保护的关键之一，由两套独立的设备与程序完成。一套在本主控PLC系统，另一套在提升机数字监控器，构成全热冗余双包络线保护。加上井筒机械过卷开关，过卷保护具有三重保护。控制系统对运行全程的速度进行连续监控，不仅只对减速段进行监控，而且对包括加速段在内的全行程超速进行保护。

3）提升机控制系统位置检验

（1）对提升机系统具有完善的安全保护控制，对安全保护还具有继电器回路保护。

（2）具有三种不同的故障停车方式。

①本次提升完毕后停车，故障排除后才能再开车。例如变压器、电动机温度报警。

②按正常减速度减速，然后停车，故障排除后才能再开车。例如钢绳打滑故障、校核点故障等。

③立即紧急停车的安全制动，故障排除后才能再开车。例如变频器故障、超速、人工急停按钮等安全制动。

（3）PLC具有完整的故障诊断。

（4）对中压进线开关、变压器、变流器、液压制动系统、闸系统检测开关、主电机通风机、主电动机温度等的控制均纳入主控系统中。

（5）箕斗提升不另设独立提升信号系统，它将完整地体现在统一的控制系统中；设有经多芯控制电缆直接连接的井筒特需联络打点信号，以便各种通信网络出现故障时，用于井上、井下的信号联络。

11.5.2.4　直流提升机电气传动系统

1）G-M直流可逆传动系统

G-M（原称F-D）直流可逆传动系统如图11-29所示。直流电动机的励磁电流恒定，通过改变直流发电机的输出电压来改变直流电动机的转速。直流发电机一般由同步电动机带动，其输出电压是靠改变直流发电机的励磁电流来实现的。直流发电机的励磁电流是通过电机扩大机GA的励磁实现控制和调节的。

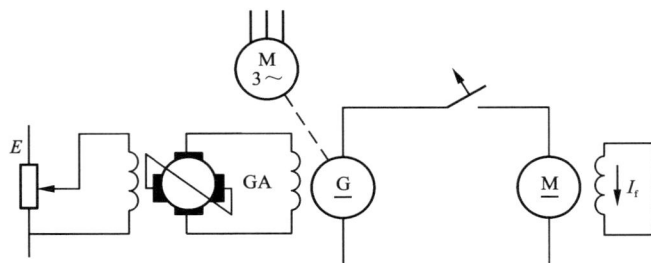

图11-29　G-M直流可逆传动系统

该系统的特点是可实现无级调速,电动状态与制动状态的切换是快速平滑的,可满足平滑调速的要求。由于采用了速度闭环控制,该系统的调速精度也比较高。该系统在启动时的无功冲击小,功率因数较高,且还可向电网提供超前无功功率,以改善电网的功率因数。该系统的缺点是运行效率比较低,因为功率变换的效率是同步电动机和直流发电机两台电机效率的乘积,通常变流机组的效率只有0.8左右(考虑到直流发电机组平时不停机的情况),占地面积大,噪声大,维护工作量大,耗费金属量多。

2)V-M直流可逆传动系统

由晶闸管变流器代替旋转变流器,可以提高功率变换的运行效率。晶闸管变流器的运行效率一般为0.95以上。

V-M直流可逆传动系统可分为电枢换向的可逆传动系统和磁场换向的可逆传动系统,如图11-30所示。

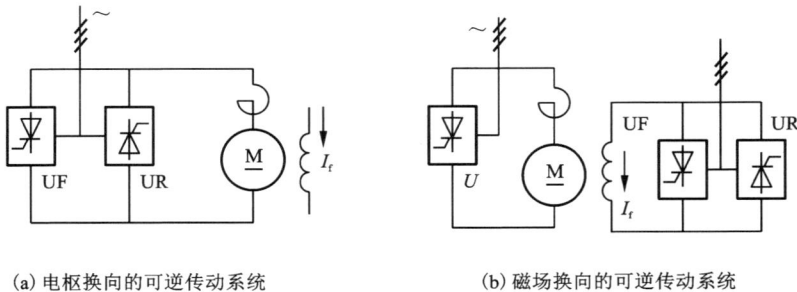

(a) 电枢换向的可逆传动系统　　　　(b) 磁场换向的可逆传动系统

图 11-30　V-M 直流可逆传动系统

在电枢换向的可逆传动系统中,励磁电流的大小和方向是恒定不变的,电动机转矩的大小和方向是靠改变电枢变流器输出电流的大小和方向实现的。其特点是转矩的反向快(由于电枢电流的反向快),需设置正反向两组电枢整流器,故造价较高。

在磁场换向的可逆传动系统中,电枢电流的方向是不变的,转矩极性的改变是靠改变励磁电流的方向实现的。该系统的特点是转矩的反向过程即励磁电流的反向过程较长,为了缩短反向时间需采取强励措施;电枢变流器只需设置一组,故装置的总体造价低。

由于矿山提升机对转矩转变的速度要求不是太高,所以在大容量的情况下,为了减少投资,往往采用磁场换向的可逆传动方案。

11.5.3　货运架空索道装置

11.5.3.1　货运架空索道供电电源及传动方式

有条件时,索道应优先采用独立的双回路电源供电,当其中一路电源发生故障时,应能及时接通另一路电源。

选择货运架空索道的传动方式时,应根据货运任务、电动机容量、力图、速度图等因素综合分析比较确定,并应符合下列规定。

(1)对于无负力的动力型索道,在能满足加速、减速运行平稳要求时,宜采用绕线转子异步电动机转子串电阻传动系统。虽有负力,当增设动力制动能满足工艺要求时,亦可采用绕线转子异步电动机转子串电阻传动系统。

（2）当索道的力图变化复杂，应采用可四象限运行的交流变频传动系统。

（3）有必要时，索道的驱动系统宜采用变频调速或降压软启动。采用自动控制运行方式的索道宜采用无人值守或远程监控，在沿线的重要地段可设置闭路电视监控装置，其显示屏宜设在控制室内。

11.5.3.2　货运架空索道控制与保护

（1）索道的控制系统除满足正常工作要求外，尚应满足下列运行要求：检查或更换钢丝绳应低速运行。消除索道线路故障时应低速反转运行。索道制动过程应平稳、安全；制动所需电源应可靠，需要时可设备用电源。

（2）索道的电气控制系统应有下列保护、联锁和信号功能：主电动机的短路、过载、接地故障及电源异常保护；超速保护，制动型索道应设置双重超速保护；动力制动装置电流失效保护；变流器故障保护；制动系统及润滑系统的故障保护和联锁；尾部拉紧索道装置的极限位置保护；自动发斗装置的推动矿斗传动设备与主电动机联锁或发出信号；有两个以上传动区段直接传送物料的索道，其间应有联锁；站口应设事故紧急停车开关；条件允许时，出站口宜设抱索器检查装置信号。

11.6　矿山电力牵引网络

11.6.1　电机车负荷电流及电能消耗计算

电机车负荷电流是牵引网路电气计算和牵引变电所容量确定的依据。负荷电流取决于电机车在不同运行状态下所需的牵引力。为了计算牵引力，首先要确定列车运行过程中的各种阻力。

11.6.1.1　列车运行过程中的阻力

列车在运行过程中所受的除牵引力（或制动力）外还有各种阻力，其阻力随机车车辆的类型、气象条件、运行速度及铁路线路状况等条件变化而变化。在计算中，把各种阻力均归算到机车车辆的轮缘上。由于作用于列车的阻力绝大部分与其重量成正比关系，故常以单位阻力（kg/t）表示，单位阻力乘以车重即得到相应的整车阻力。列车运行中的阻力可分为基本阻力与附加阻力，当列车加速或减速时尚有惯性阻力。

1）基本阻力

列车基本单位运行阻力按下式计算：

$$\omega_0 = \frac{\omega_0' P + \omega_0'' Q}{P + Q} \qquad (11-26)$$

式中：ω_0' 为电机车基本单位运行阻力，kg/t；ω_0'' 为矿车基本单位运行阻力，kg/t；P 为电机车黏着质量，t；Q 为矿车牵引质量，t。

不同规格类型、线路条件的电机车、矿车基本单位运行阻力计算参照《黑色金属矿山企业电力设计参考资料》。

矿山的列车运行速度不快，故不考虑空气阻力，为简化计算，露天窄轨运输的列车基本单位运行阻力 ω_0 可等于矿车基本单位运行阻力 ω_0''，不必再按公式（11-26）折算。

井下窄轨运输的列车基本单位运行阻力可采用表 11-29 所列数值。

表 11-29　井下窄轨运输列车基本阻力 ω_0

kg/t

矿车容积/m³	0.5	0.7~1.0	1.2~1.5	2.0	4.0	10.0
空列车	11	10	9	7	6	5
重列车	9	8	7	6	5	4

注：本表系对车轮轮对为滚动轴承而言，若为滑动轴承应加 1/3。

2）附加阻力

（1）坡道阻力。

列车在坡道上运行时，由于本身重力分量形成的阻力，按下式计算：

$$\omega_i = \pm i \tag{11-27}$$

式中：i 为坡度值，‰，上坡时取"+"，下坡时取"-"。

（2）曲线阻力。

列车在弯道上运行时，由于摩擦力与向心力的作用产生了附加力矩。曲线半径越小或车辆的固定轴距越长则阻力越大，其阻力与运行方向相反。

①准轨运输曲线阻力按下式计算。

当列车长度小于或等于弯道长度时：

$$\omega_r = \frac{630}{R} \tag{11-28}$$

式中：R 为曲线半径，m。

当列车长度大于弯道长度时：

$$\omega_r = \frac{11 \sum \alpha}{L} \tag{11-29}$$

式中：当坡段长等于或大于列车长时，$\sum \alpha$ 为位于列车长度范围内的曲线转向角的总和，（°）；L 为列车长度，m。当坡段长小于列车长时，$\sum \alpha$ 为位于坡段长度范围内的曲线转向角的总和，（°）；L 为坡段长度，m。

②窄轨运输曲线阻力按下式计算

$$\omega_r = \frac{0.35A}{R} \tag{11-30}$$

式中：A 为轨距，mm，一般取 900 mm、762 mm、600 mm；R 为曲线半径，m。

（3）启动时附加阻力。

列车在静止启动和最初加速期间，因润滑油凝结和油膜破坏而产生启动附加阻力，启动以后此阻力即消失。

准轨运输时，取 $\omega_q = 2$（kg/t）计算。

窄轨运输时，取 $\omega_q = 0.5\omega_0$（kg/t）计算。

对具有滚动轴承的机车车辆，可以不考虑启动附加阻力。

3）惯性阻力

当列车速度变化时，由于惯性而产生的动态阻力总是反抗速度的变化，在加速期为惯性阻力。按下式计算：

$$\omega_a = 110a \tag{11-31}$$

式中：a 为加速度，m/s^2。

常用加速度见表 11-30 所列数值：

表 11-30　加速度 a　　　　m/s^2

类型	重车启动	空车启动	单台电机车	在限制坡度上
露天运输	0.10~0.20	0.15~0.30	0.50~0.70	0.05~0.07
坑内运输	0.10~0.15	0.15~0.20	0.50~0.70	0.05

注：重车启动一般取 $a=0.1$，空车启动一般取 $a=0.2$。

4）露天矿铁路线路的曲线化直和坡段化简

在露天矿运输中，铁路线路实际的纵断面中坡度和曲线半径的变化往往是比较多的，为了简化计算，可将某一线段内的曲线化直、坡段化简并相加，作为一个等值坡度出现。

（1）曲线化直。

将曲线附加阻力分布到被化直的线段内，以假想的坡度（‰）来表示：

$$i_r = \frac{\sum \omega_r \cdot l_r}{L_h} \tag{11-32}$$

式中：i_r 为曲线化直后的假想坡度；L_h 为被化直化简的线段总长，m；$\sum \omega_r \cdot l_r$ 为各曲线段的曲线阻力与其对应的曲线长度乘积之和（ω_r 为某曲线段曲线阻力，kg/t；l_r 为某曲线段长度，m）。

（2）坡段化简。

将相邻数个坡度不等的坡段化简，以总的换算坡度（‰）代替：

$$\pm i_p = \frac{(h_2 - h_1)1000}{L_h} \tag{11-33}$$

或写成

$$\pm i_p = \frac{\sum i_n \cdot l_n}{L_h} \tag{11-34}$$

式中：i_p 为换算（平均）坡度，‰；h_2 为被化简线段的最终标高，m；h_1 为被化简线段的起点标高，m；L_h 为被化直化简的线段总长，m；$\sum i_n \cdot l_n$ 为各坡段的坡度与其对应的坡段长度乘积之和（i_n 为某坡段的坡度值，‰；l_n 为与 i_n 对应的坡段长度，m）。

化简后的纵断面与实际坡度总是有误差的，为使计算误差在允许范围以内，按式（11-32）或式（11-34）计算的结果尚应满足下列条件：

$$l_n \leqslant \frac{2000}{i_n - i_p} \tag{11-35}$$

929

对要求不高的场合,亦可用下列关系式

$$l_n \leqslant \frac{4000}{i_n - i_p} \tag{11-36}$$

式中:l_n 为化简段中任一小段长度,m;i_n 为被化简段中与 l_n 对应的任一小段的实际坡度(不考虑曲线的影响),‰;$i_n - i_p$ 取绝对值。

被化直化简后线段的总坡度:

$$i_h = i_r + i_p \tag{11-37}$$

在相邻数个小段化直化简中,曲线附加阻力恒为正值,而坡度则根据列车运行方向有正值或负值。在化简段中各小段的坡度值必须为同一符号,即上坡段与下坡段不得化为同一段内,平坡段可酌情与上坡或下坡段合并化简,亦可单独存在。

在化简化直过程中,须保留站场内线路纵断面的独立性,因站场内经常启动、停车,故不应与上、下行相邻坡段合并。

11.6.1.2 电机车牵引力

1)电机车启动时所需牵引力

对于重车:

$$F_{zq} = (P + Q_{qz})(\omega_0 + \omega_r + \omega_q \pm i + 110a_{zq}) \tag{11-38}$$

对于空车:

$$F_{kq} = (P + Q_{qk})(\omega_0 + \omega_r + \omega_q \pm i + 110a_{kq}) \tag{11-39}$$

式中:Q_{qz} 为重车时的牵引重量,$Q_{qz} = n(q + q_0)$,t(其中,q 为每个矿车的载重量,t;q_0 为每个矿车的自重,t;n 为电机车牵引的矿车数);Q_{qk} 为空车时的牵引重量,$Q_{qk} = nq_0$,t;i 为列车起动处的线路坡度,‰,上坡时取"+",下坡时取"-";P 为电机车黏着重量,t。

启动时,ω_0 取 $V = 10$ km/h。

2)电机车运行时所需牵引力

对于重车

$$F_{zy} = (P + Q_{qz})(\omega_0 + \omega_r \pm i) \tag{11-40}$$

对于空车

$$F_{ky} = (P + Q_{qk})(\omega_0 + \omega_r \pm i) \tag{11-41}$$

准轨电机车运行时,ω_0 值对于固定线和半固定线取 $V = 20$ km/h,对于移动线取 $K = 10$ km/h。

3)电机车负荷电流

计算电机车负荷电流时,将计算出的电机车牵引力除以电机车的牵引电动机台数,得出每台牵引电动机的牵引力,然后由牵引电动机的 $F = f(I_d)$ 特性曲线查得相应的电流 I_d。再根据电机车运行状态(即牵引电动机串并联状况)计算出电机车的负荷电流。电机车的技术数据及特性曲线参见样本或《黑色金属矿山企业电力设计参考资料》。

各种类型电机车的负荷电流 I 与单台牵引电动机的负荷电流 I_d 的换算见表 11-31。

表 11-31 电机车电流与牵引电动机电流换算表

电机车类型	牵引电动机台数	电机车第Ⅰ种运行状态时的电流分布	电机车第Ⅱ种运行状态时的电流分布
窄轨 1.5~3.0 t	1	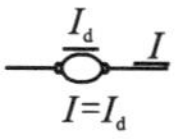 $I=I_d$	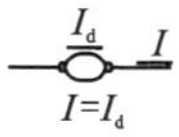 $I=I_d$
窄轨 7~20 t	2	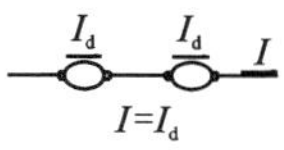 $I=I_d$	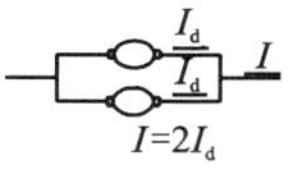 $I=2I_d$
窄轨 40 t	4	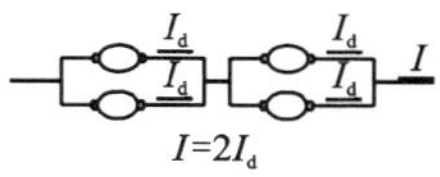 $I=2I_d$	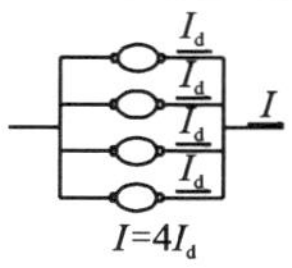 $I=4I_d$
准轨 80 t	4	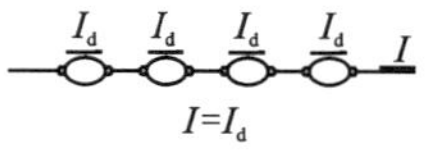 $I=I_d$	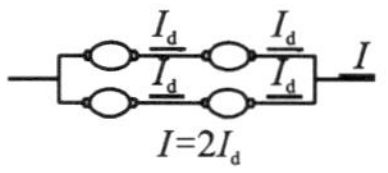 $I=2I_d$
准轨 100 t	4	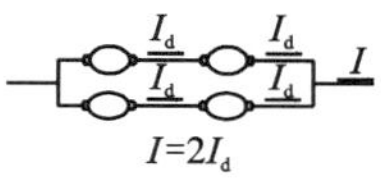 $I=2I_d$	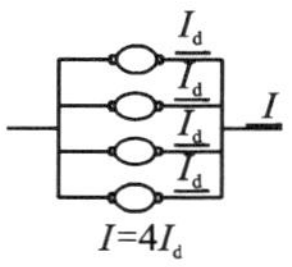 $I=4I_d$
准轨 150 t	6	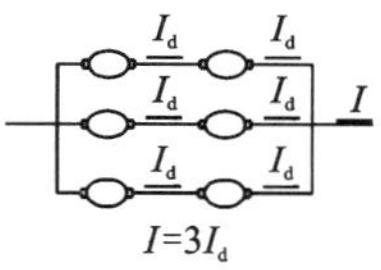 $I=3I_d$	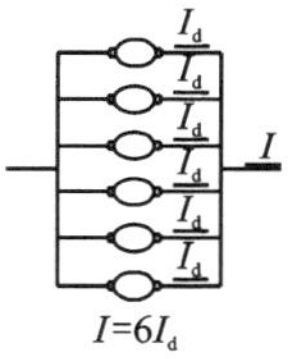 $I=6I_d$

在牵引网路设计中，固定线路上电机车启动和运行电流均按第Ⅱ种运行状态计算，在移动线路上均按第Ⅰ种运行状态计算。

11.6.1.3 电能消耗计算

1）每台电机车在运输区段上往返一次的电能消耗

$$W_1 = \alpha \frac{UI_p T_1}{1000 \times 60} \qquad (11-42)$$

式中：U 为牵引变电所直流母线上的电压，V；I_p 为列车平均电流，A；α 为考虑调车时的电能消耗系数，一般取 1.1~1.3；T_1 为列车往返一次的连续运行时间，$T_1 = T_z + T_k$，min（T_z 为重车运行时间，min；T_k 为空车运行时间，min）。

2）电机车运输每班在牵引变电所直流母线上的电能消耗

$$W_b = W_1 n N_g \qquad (11-43)$$

式中：n 为每班中每台电机车的往返次数；N_g 为工作电机车台数。

3）电机车运输每班在总降压变电所交流二次侧母线上的电能消耗

$$W_{zb} = \frac{W_b}{\eta_z \eta_x} \tag{11-44}$$

式中：η_z 为整流设备效率；η_x 为线路效率，取 0.95(指交流线路)。

各种整流设备的效率见表 11-32。

表 11-32　各种整流设备的效率

类型	电动发电机组	水银整流器	硅整流器
效率	0.78~0.85	0.94~0.95	0.96~0.98

注：表中效率是指在额定负荷，并包括整流变压器效率在内。

4)单位耗电指标[kW·h/(t·km)]

$$\omega = \frac{W_{zb}}{AL} \tag{11-45}$$

式中：A 为每班电机车的运输量，t；L 为运输距离，km。

11.6.2　矿山直流牵引变电所容量及数量的确定

11.6.2.1　牵引变电所容量的确定

牵引变电所的容量，由供电范围内的牵引网路连续负荷及最大短时负荷确定。牵引负荷一般变化较大，特别是在露天矿运输条件下，很难按照固定的列车运行图表运行，故不易精确计算牵引变电所容量。

1)牵引变电所的连续负荷

准轨牵引变电所的连续负荷，当工作电机车台数在 25 台及以下时，一般采用需用系数法计算。当工作电机车台数超过 25 台时，宜采用单位运量能耗法或运行曲线分析法计算。

窄轨牵引变电所的连续负荷，一般采用需用系数法计算。井下或露天铁路坡度变化不大且电机车台数较少时，宜采用平均电流法计算。

(1)需用系数法。

$$P_1 = K_x P_x N_g \tag{11-46}$$

式中：P_1 为牵引变电所的连续负荷，kW；P_x 为每台电机车的小时容量，kW，由电机车样本资料查得；N_g 为工作的电机车台数；K_x 为需用系数，其值由图 11-31 中的曲线查得。

当电机车容量不同时，应按式(11-47)计算。其需用系数按工作电机车总台数确定，而总的小时容量为各种电机车的单台小时容量与其台数乘积之和。

$$P_1 = K_x(P_{x1}N_{g1} + P_{x2}N_{g2} + \cdots\cdots) \tag{11-47}$$

双机牵引或机组牵引时，将两台电机车的容量之和作为单台机车考虑。

(2)平均电流法。

$$P_1 = \frac{U_e}{1000\eta} N_g \frac{I_z + I_k}{2} K_t \tag{11-48}$$

式中：U_e 为牵引网络的额定电压，V；P_1 为牵引变电所的连续负荷，kW；η 为牵引网的效率，取 0.9；I_z、I_k 分别为重车和空车正常运行时电流，A；K_t 为同时工作系数，见表 11-33。

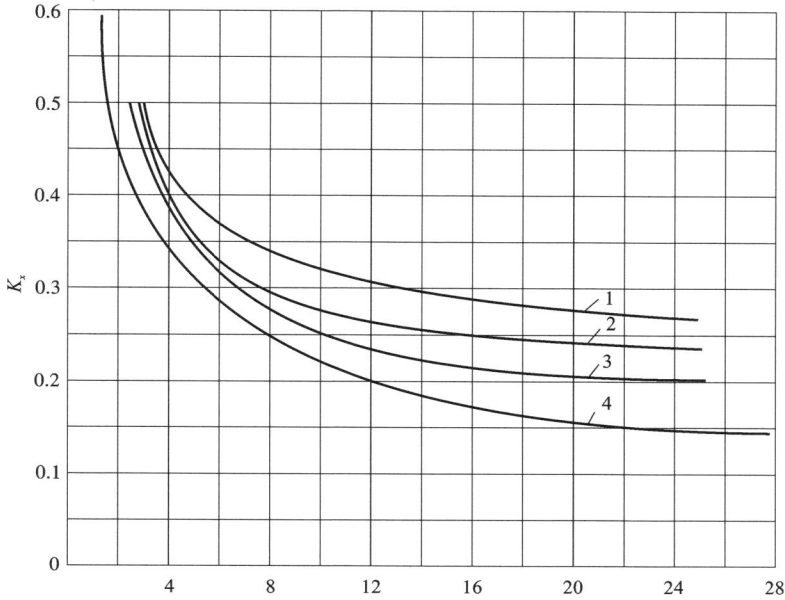

1—露天矿深度 300 m 时；2—露天矿深度 200 m 时；3—露天矿深度 100 m 时；4——一般矿山。

图 11-31 工作的电机车台数和需用系数的关系曲线

表 11-33 工作的电机车台数与同时工作系数的关系

N_g	1	2	3	4	5	6～7	8～10	>11
K_t	1.0	0.75	0.65	0.62	0.6	0.59	0.58	0.5

当电机车平均电流相差较大时，应按式（11-49）计算。其同时工作系数按工作电机车总台数确定，而总的工作电流为各种电机车单台平均电流与其台数的乘积之和。

$$P_1 = \frac{U_e}{1000\eta}\left(N_{g1} \times \frac{I_{z1}+I_{k1}}{2}K_1 + N_{g2} \times \frac{I_{z2}+I_{k2}}{2}K_2 + \cdots\cdots\right) \tag{11-49}$$

根据计算结果，按工作的整流设备额定连续输出容量大于或等于计算连续负荷来预选整流设备。整流设备一般应选用成套的硅整流器。

准轨牵引变电所的连续负荷一般采用需用系数法计算。窄轨牵引变电所的连续负荷，当电机车台数较多时一般采用需用系数法，台数较少时采用平均电流法。有时按需用系数法和平均电流法计算，取其较大值作为确定变电所容量的依据。平均电流法对坑内或露天坡度变化不大的区段是适用的。

2）牵引变电所的最大短时负荷

牵引变电所的最大短时负荷一般有两种计算方法。

（1）用经验系数法计算。

$$P_{max} = K_j P_c N_g \tag{11-50}$$

式中：P_c 为每台电机车的长时制容量，kW，由电机车样本资料查得；K_j 为经验系数，见表 11-34。

表 11-34 经验系数参考值

N_g	1	2	3	4	5	6～7	8～10	＞11
K_j	1.6	1.5	1.4	1.3	1.25	1.2	1.15	1.10

当电机车容量不同时，按式（11-51）计算。经验系数按工作电机车总数确定，电机车总的长时制容量为各种电机车的单台长时制容量与其台数乘积之和。

$$P_{max} = K_j(P_{c1}N_{g1} + P_{c2}N_{g2} + \cdots\cdots) \tag{11-51}$$

（2）按假定的最困难条件计算。

①窄轨牵引变电所。

a. 当工作电机车不超过 2 台时，电机车同时启动的负荷可作为最大短时负荷。

$$P_{max} = N_g U I_q \times 10^{-3}(kW) \tag{11-52}$$

式中：I_q 为每台电机的启动电流，A，近似计算可取 $I_q = nI_H$（n 为每台电机车牵引电机并联支路数，I_H 为单台牵引电机小时制电流，由电机车样本资料查得）；U 为牵引变电所母线额定电压，V。

b. 当工作电机车超过 2 台时，则按有三分之二电机车启动，三分之一电机车正常运行计算最大短时负荷。

$$P_{max} = \frac{1}{3}K_t U N_g(I_p + 2I_q) \times 10^{-3} \tag{11-53}$$

式中：I_q 为重车和空车启动电流的平均值，A；I_p 为正常运行电流，$I_p = \dfrac{I_z + I_k}{2}$。

当电机车电流相差较大时，K_t 按工作电机车总数确定，P_{max} 按下式计算：

$$P_{max} = \frac{1}{3}K_t U\left[(I_{p1} + 2I_{q1})N_{g1} + (I_{p2} + 2I_{q2})N_{g2} + \cdots\cdots\right] \times 10^{-3} \tag{11-54}$$

②准轨牵引变电所最大短时负荷一般采用分析法确定，即按列车分布规律进行分析，找出其严重的运行状态，确定最大短时负荷。考虑到露天矿运输特点，在具体计算中可假定有 40%～50% 的电机车在运行或启动。

3）牵引整流设备过负荷能力校验

牵引整流设备的工作容量，一般先按牵引变电所的连续负荷选择，再按牵引变电所的最大短时负荷校验整流设备的过负荷能力。如果计算过负荷倍数超过了整流设备的允许过负荷能力，则应更换成较大容量的整流设备或增加工作的设备台数。

过负荷倍数 λ 按下式计算：

$$\lambda = \frac{P_{max}}{P_e} \tag{11-55}$$

式中：P_e 为工作的整流设备总的额定连续输出容量，kW。

牵引用硅整流设备的负载等级属 E 级与 F 级，其过负荷能力如下。

（1）E 级——额定输出电流的 150% 时为 2 h，200% 时为 1 min。

（2）F 级——额定输出电流的 150% 时为 2 h，300% 时为 1 min。

在矿山电力牵引中，P_{max} 的持续时间一般取 1 min。当采用 E 级时，如 $\lambda > 2$，则工作的硅整流设备台数应增加 1 台，或换成较大容量的整流设备，再重新计算 λ，直到 $\lambda<2$ 为止。

11.6.2.2 牵引变电所数量的确定

牵引变电所的数量与网路电压、电气化铁路的平面分布、列车数量及运行条件等有关。设计时，可先按各级电压供电半径参考值和具体条件，初步拟定出牵引变电所的数量，再进行牵引网路的电气计算（压降与短路电流计算），必要时作技术经济比较，最后确定牵引变电所的数量。

各级电压的牵引变电所供电半径参考值如下：250 V，1～2 km；550 V，3～4 km；750 V，5～7 km；1500 V，7～10 km。

必须说明的是，当运输繁忙或电机车负荷电流较大时，供电半径应比上列数值小。

牵引变电所的数量有时与其位置的选择有关。

在有些情况下，为了减少牵引变电所的数量，需增大接触线、馈电线的导线截面及长度和增设加强线（与接触线并联的）。反之，为了减少馈电线与加强线，需增加牵引变电所的数量。因而，需对其进行技术经济比较，以选取合理的方案。

11.6.3 牵引变电所

11.6.3.1 牵引变电所位置选择

牵引变电所位置的选择应符合下列要求。

（1）接近负荷中心，既要考虑电气化铁道的平面分布，又要考虑各区间的列车运行密度。

（2）一般应和矿山地面变（配）电所或坑内变（配）电所合建，如合建不合理时可单独设置。

（3）交通运输方便。

（4）尽量不设在空气污秽地区，如无法避免时应设在污染源的上风侧。

（5）不与机械振动大的场所接近。

（6）井下牵引变电所位置应与采矿的开拓顺序一致。

地面牵引变电所位置尚应满足以下要求。

（1）不应设在采矿场爆破界线以内，如无法避免时，应采取防护措施。

（2）不宜压矿，且避开存在滑坡危险和不稳定的地带。

（3）进出线方便。

（4）不占良田或少占农田。

（5）排水方便，变电所的标高应在计算洪水位以上。

（6）1000 V 及以上的大型牵引变电所应尽量不设在土壤电阻率高的地方。

（7）电气建筑物与铁路正线或行车繁忙的线路间应保持适当的距离（大型牵引变电所一般不小于 40 m）。

（8）地址应留有发展余地。

11.6.3.2 牵引变电所交流电源

大型矿山牵引变电所宜由两回电源线路供电。当一回线路故障时，另一回线路应能承担全部牵引负荷。小型矿山牵引变电所可设一回电源线路。

交流电源电压，视负荷大小、整流装置一次电压及矿山电压系统而定。

当牵引变电所的一次侧电压为 35 kV 时，宜采用室内 35 kV 配电装置。

11.6.3.3　牵引变电所整流设备容量及台数选择

整流设备单台容量及台数，根据牵引变电所计算所需工作容量，按下列原则选择。

（1）工作的整流设备台数较少，即计算工作容量大时，应选单台容量较大的整流设备，并应充分利用设备能力。

（2）应有备用整流设备或留有富余容量，但备用率要低。

（3）整流设备的规格、型号尽量一致。

大型矿山牵引变电所应采用 2 台及以上整流设备。其中任 1 台停止运行时，其余整流设备应能承担全部负荷。小型矿山的牵引变电所可采用 1 台整流设备。

11.6.3.4　牵引变电所直流主接线

牵引变电所直流主接线设计，应根据所选定的整流设备台数和供电及分段系统图中确定的直流馈电线回路数进行。直流牵引变电所母线额定电压为 1650 V、825 V、600 V、275 V，相应的电机车额定电压为 1500 V、750 V、550 V、250 V。

1）母线系统

标准轨距铁路牵引变电所的直流主接线，宜采用单母线加备用母线。窄轨铁路牵引变电所的直流主接线，可采用不分段的单母线。

1650 V 的大型牵引变电所，采用不分段的正主母线加备用母线系统。主母线与备用母线间用快速开关联络，经过切换，此联络开关可代替任一台馈电线或整流器二次侧的快速开关。600 V 及 600 V 以下的牵引变电所一般采用正单母线系统。负母线（接回流线的）通常均为单母线。

标准轨距铁路牵引变电所的每段直流母线，宜预留一个备用馈出柜和至少一个备用馈出线位置。

一次侧由不同交流电源供电的整流器，其直流侧可以并联运行，为使负荷分配均匀，二者空载电压宜相近。

在正常供电情况下，直流母线空载电压不得大于电机车额定电压的 120%。

2）直流开关的选择

（1）直流开关形式的选择。

①750 V 及以上的出线开关，应采用直流快速开关。

②550 V 的出线开关，宜采用空气断路器，也可采用直流快速开关。

③250 V 的出线开关，宜采用空气断路器。

（2）直流快速开关规格的选择。

直流快速开关用在直流馈电线时，作为线路的分合及过流保护；用在硅整流器二次侧时，作为分合及逆流保护。

直流快速开关的规格主要指额定电压与电流值。开关额定电压应等于或大于母线电压；电流值的选择包括额定电流与脱扣器整定范围两方面。

用于整流器二次侧时，直流快速开关的额定电流应大于或等于整流器的长时允许过载电流（如 F 级整流器，应按允许过载 2 h，即 150% 额定电流选择直流快速开关的额定电流）；开关脱扣器整定范围，当正向保护时应包括整流器短时允许过载值（如 F 级整流器，应使允许过载 1 min，即 300% 额定电流值在开关脱扣器整定范围内）。实际上，开关脱扣器的整定系由整流器组的继电保护计算确定，而其计算又依据硅整流装置的"安全过载曲线"。不同型号或厂家的整流器，其"安全过载曲线"往往不同，必须按照厂家的设备资料进行计算。

用于馈线时，瞬时动作整定值不应小于线路上经常出现的短时最大负荷电流的 1.3 倍，不应大于线路上最小短路电流的 0.77 倍。

（3）空气断路器的选择。

550 V 及以下的牵引变电所直流开关，可选用某些品牌的空气断路器，将其两极串联使用。当采用空气断路器时，其瞬时动作电流不应小于线路上经常出现的短时最大负荷电流的 1.25 倍，不应大于线路上最小短路电流的 0.8 倍。

3）载流导体的选择

为充分利用整流装置的允许过载容量，整流装置的交流一、二次侧与直流二次侧的载流导体（电缆或母线）一般应按该装置的长时允许过载电流选择（如 F 级整流器应按 150% 额定电流选择），进一步则可按整流装置的安全过载曲线上 30 min 的允许电流值选择电缆或母线。

4）防雷设施

为了防止地面牵引网路上落雷侵入牵引变电所，危及整流和开关设备，除了在牵引网路上安装必要的防雷设施，地面直流牵引变电所应在母线上装设直流避雷装置；750 V 及以上或多雷地区的地面牵引变电所，应在每回直流馈出线装设直流避雷装置。直流避雷装置按牵引变电所直流母线额定电压选择。

11.6.3.5　牵引变电所控制及保护

1）控制方式

控制方式根据牵引变电所的规模、母线电压、出线回路数及开关设备类型等确定。一般设计原则如下。

（1）1650 V 牵引变电所设后台监控系统，整流装置及直流快速开关均可实现在控制室内集中控制和就地操作，其他交流出线等可就地操作。

（2）825 V 牵引变电所，当整流器台数及出线回路数较多时设后台监控系统，可实现控制室内的集中控制和就地操作。

（3）600 V 及 275 V 牵引变电所可采用就地操作方式。

2）整流装置的控制和保护

（1）控制。

一次侧交流断路器与二次侧直流快速开关均采用电磁操作，当采用自动开关时可采用手动或电磁（电动）操作。

（2）保护。

整流装置的保护一般由制造厂家确定。保护要求如下。

①一次侧为高压的大型硅整流装置，其整流变压器一般为 Y/Δ 接线，通常由一次侧交流断路器作全电流保护，该保护由以下三阶段保护实现：瞬时过电流保护，定时限过电流保护，反比延时过负荷保护。

②整流变压器重瓦斯。

③正母线接地短路。

④整流柜内冷却通风风压降低或停风。

⑤整流变压器轻瓦斯及温度。

⑥硅元件反向击穿。

⑦整流柜出风温度上限。

上述①~④用于跳闸及事故报警，⑤~⑦用于预告报警。

（3）联锁。

①交流断路器跳闸后其二次直流快速开关应联动跳闸。

②整流柜内冷却风机启动后一次断路器方可合闸。

③快速开关围栅的门只有在内部无电压时才能打开。

④快速开关与相应的隔离开关之间应设闭锁，一般采用直流电磁锁。

3）直流馈电开关

当采用直流快速开关时为电磁合闸，当采用自动开关时可为手动或电磁（电动）合闸。

一般应有电流测量，分流器连接在开关柜内的正母线上，其量程可按线路正常最大负荷选择；应有分合闸位置信号灯指示。事故跳闸时发出信号。

标准轨距铁路牵引变电所每段母线上的直流馈出线配电装置，应设置直流接地速断保护，发生接地故障时保护应立即断开。标准轨距铁路牵引变电所的主要馈出线，宜装设一次自动重合闸装置，自动装置动作后发出信号。

4）综合自动化系统

牵引变电所综合自动化系统是利用计算机通信技术，经过各种功能组合和优化设计，对变电所二次设备（控制、信号、测量、保护自动装置及运动装置等）执行自动监视、测量、控制和协调的系统，是实现牵引变电所无人值班或少人值班的可靠技术支撑。

牵引变电所综合自动化系统主要以完成保护、电能计算、监控为目的，考虑系统可靠性、灵敏度、实时性等要求来合理配置系统功能。正常运行时，在线监测牵引网运行及设备的运行状况；发生故障时，保护迅速动作，快速采集、处理故障数据，将故障限制在最小范围内，同时完成牵引网络的在线计算、故障测距、存储、统计、分析报表、信息远传和智能控制等功能。

11.6.3.6　牵引变电所的接地

1650 V 牵引变电所，属于大接地短路电流系统。当所内发生直流接地短路时，短路电流可达数千安，使接触电压和跨步电压达到危险的程度。同时，因为存在电弧和负母线与接地回路之间的电阻，接地短路电流值又可能达不到整流设备保护装置的整定值，为确保人身安全，应装设直流接地瞬动保护。当所内发生直流接地故障时，直流接地瞬动保护应及时将该段母线上的所有整流装置从交、直流系统中切出（当有双边供电时，该馈电线直流开关亦应切断）。

925 V 牵引变电所亦可采用上述保护；600 V 及以下时可采用接地监视。

牵引变电所户外交直流共用的总接地网，其接地电阻全年任何季节中均不得大于下列数值。

（1）直流电压在 1000 V 以下的地面牵引变电所，不得大于 4 Ω。

（2）直流电压在 1000 V 及以上的地面牵引变电所，不得大于 0.5 Ω。

（3）井下牵引变电所，不应大于 2 Ω。

当地面牵引变电所位于高土壤电阻率地带，达到上述要求的接地电阻在技术经济上极不合理时，可将接地电阻适当提高，但 1000 V 以下的牵引变电所不得大于 15 Ω，1000 V 及以上的牵引变电所不得大于 5 Ω。

11.6.4　牵引网络设计和计算

11.6.4.1　牵引网络供电及分段系统

牵引网络供电及分段系统为矿山牵引电气设计的主要部分，它最终确定牵引变电所的数量及分布、牵引网的分段、馈电点与回流点的数量及分布以及接触线、回流线与辅助回流线、馈电线与加强馈电线的选择。设计时通常是根据一些原则拟定出供电及分段系统初步方案，再进行有关电气计算（各分段的负荷电流、电压降及短路电流计算），经调整后，当技术经济合理时，最后确定。

该系统需依据下列总图运输专业的资料进行设计。

（1）全矿铁路平面图，并注明电力牵引的区段。

（2）列车组成及列车总数。

（3）各区间的运行列车班对次数。

（4）钢轨型号。

井下运输时，所需的资料参照上述内容。

1）牵引网络供电与分段系统设计的主要原则

（1）便于检修，尽量缩小故障范围。

（2）经济合理，满足电压降、导线载流量及系统保护的选择性和灵敏度的要求。

（3）与铁路运输系统和矿山技术操作要求相配合。

2）接触网的分段

下列地段的接触网应与邻近的接触网分段。

（1）装卸作业线路。

（2）检查机车上部设备的线路。

（3）机车库的线路。

（4）运输人员的站台。

（5）平硐内外。

（6）采矿场和废石场的每一阶段移动线路。

（7）区间与站场之间。

（8）专用线路（如去火药库专用线路）。

（9）主要运输巷道和两翼大巷衔接处。

（10）其他需要分段的线路。

区间平行线路的接触线间，有时为了保证一条线路发生故障或检修时不影响另一线路运行，在平行线路间绝缘分开。

接触线分段处需安装分段绝缘器或采用锚段关节分段，并根据需要安装分段开关。若分段绝缘器两侧正常时分别由两路馈电线供电，则该分段开关正常打开，当其中一路馈电线事故检修时，将此馈电线切除并将分段开关闭合，由另一路馈电线同时向分段绝缘器两侧供电。由同一馈电线的不同馈电点开关供电的相邻区段，分段开关正常亦打开。若分段绝缘器两侧正常系由同一馈电点开关供电，则该分段开关正常时闭合，当其中一段接触线事故或检修时，将分段开关打开，保证其他区段正常运行。

接触网中有的区段（如检查机车上部设备的线路、装卸作业线及其他需要安全作业的线路），用分段开关从网路上切出后不允许突然带电，其分段开关宜带接地刀闸，以便在切出后将该区段接地，保证安全。

3）牵引网络供电

（1）馈电线的供电范围。

在确定牵引网络馈电线的供电范围时，要考虑以下几点：各馈电线路负荷的均衡；满足牵引网络电压降的要求；保证牵引网络距馈电点最远处发生短路时有足够大的短路电流，以使馈电开关能可靠动作。

每一回馈电线的供电范围，应根据运输作业系统、线路负荷和线路长度而定。准轨牵引每回馈电线一般可供一个主要站场或2~3个小车站或1~3个采矿或废石场工作面的用电。

（2）直流馈电线的供电方式。

①由一端供电（图11-32）。

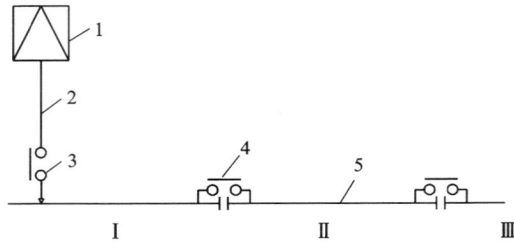

1—牵引变电所；2—馈电线；3—馈电点开关；4—常闭分段开关；5—接触线。

图11-32　由一端供电方式的原理图

这种供电方式系统简单，可以节省馈电线的投资。其缺点为当Ⅰ段线路故障或检修时，Ⅱ、Ⅲ段线路供电中断，Ⅱ段线路故障或检修时Ⅲ段线路供电中断。

②由中间供电（图11-33）。

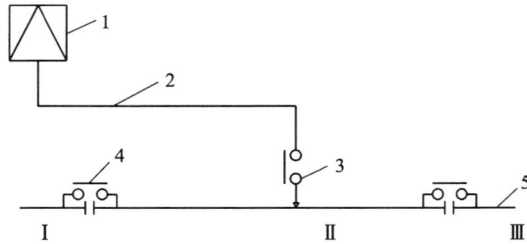

1—牵引变电所；2—馈电线；3—馈电点开关；4—常闭分段开关；5—接触线。

图11-33　由中间供电方式的原理图

这种供电方式与第一种供电方式相比馈电线路增长，但有时为了满足牵引网路电压降或短路电流的要求会将馈电点放到第Ⅱ段。

当第Ⅱ段线路故障或检修时，Ⅰ、Ⅲ段线路供电中断；当Ⅰ段（或Ⅲ段）故障或检修时，不影响Ⅱ、Ⅲ段（或Ⅰ、Ⅱ段）运行。

③一条馈电线向几个水平供电（图11-34）。

这种供电方式的优点是任何一个水平接触线故障或检修时均不影响其他水平的线路运

行，其缺点是馈电线分支点多。

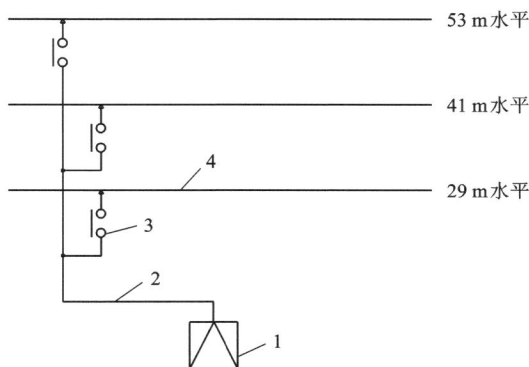

1—牵引变电所；2—馈电线；3—馈电点开关；4—接触线。

图 11-34 一条馈电线向几个水平供电方式的原理图

④一条馈电线对一条线路的多点分段供电（图 11-35）。

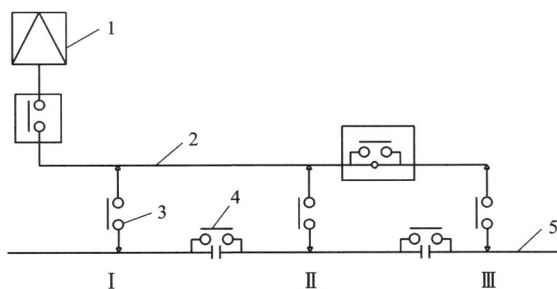

1—牵引变电所；2—馈电线；3—馈电点开关；4—常闭分段开关；5—接触线。

图 11-35 一条馈电线对一条线路的多点分段供电方式的原理图

这种供电方式的优点是正常时接触线分段供电，接触线电压降减小；馈电线沿接触线平行架设，当馈电线与每段接触线（通过馈电点开关）有两点及以上连接时，馈电线可同时起到加强馈电线的作用。缺点是使用的开关较多，馈电线较长。

为便于检修和处理事故，可在馈电线上加装开关。

⑤矿山一般不设直流配电室，但当送往较远的同一地区需要多回路馈电线，且技术经济合理时亦可设置。

（3）直流回流线的回流方式。

牵引网络直流回流，经钢轨和回流线回到牵引变电所。由于钢轨不同程度地与大地相连，因此也有一小部分回流经过大地。回流方式有以下几种。

①一路馈电线与一路回流线对应的方式（图 11-36）。

这种供电方式经常用于井下各水平运输巷道的牵引网路上。在这种情况下，馈电线截面和回流线截面相等。

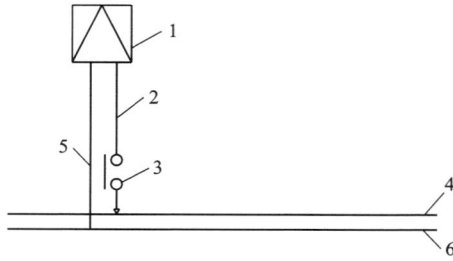

1—牵引变电所；2—馈电线；3—馈电点开关；
4—接触线；5—回流线；6—回流钢轨。

图 11-36　一路馈电线与一路回流线对应的方式的原理图

②几路馈电线与一路回流线对应的方式(图 11-37)。

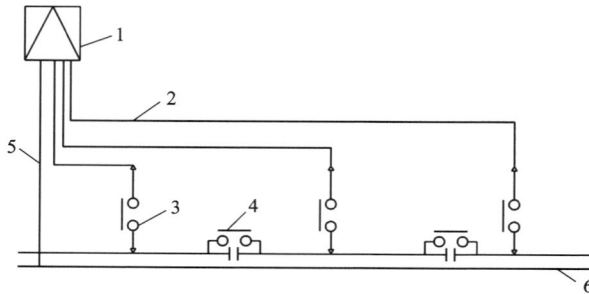

1—牵引变电所；2—馈电线；3—馈电点开关；4—常闭分段开关；5—回流线；6—回流钢轨。

图 11-37　几路馈电线与一路回流线对应的方式的原理图

这种供电方式常用在井下及地面牵引网络上。此时，回流线至少由 2 根电缆或 2 根架空线组成。回流线的总截面不应小于所有馈电线总截面的 2/3。

③一路回流线多个回流点的方式(图 11-38、图 11-39)。

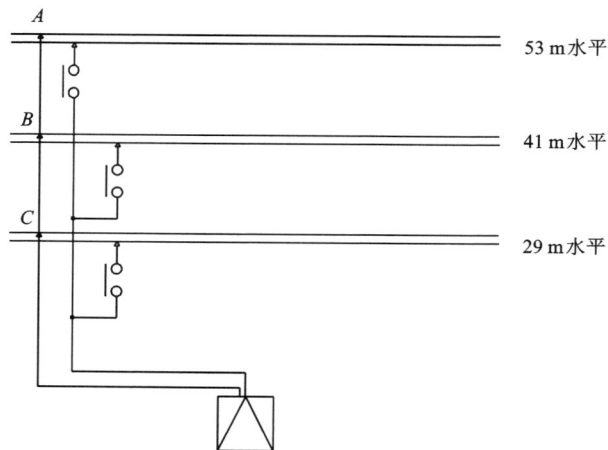

图 11-38　一路回流线多个回流点的方式的原理图(露天常用)

图 11-38 所示系统用于露天采矿场，回流线 *A-B-C* 段实为回流联络线，以减少回流电阻。

图 11-39 所示系统常用于井下，图中 *D-E-F* 段为辅助回流线与钢轨并联，主要为减少回流电压降。

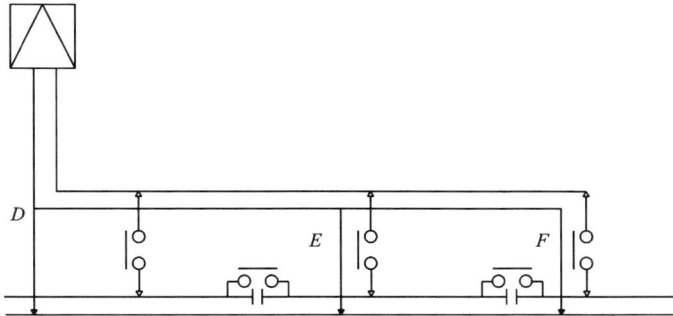

图 11-39　一路回流线多个回流点的方式的原理图(井下常用)

④在牵引轨线迂回曲折的地段，应单独加设回流捷接线(或称回流联络线)，以减少回流回路的电阻。

⑤非电力牵引轨道(包括斜坡卷扬机道等)，一般可作为牵引回流导体，并应设辅助回流线。但在有爆炸危险场所的轨道，严禁用作回流导体，且应与回流轨、线可靠地绝缘。采用电气引爆的矿山，通向爆破区的轨道在爆破作业期间不得作为回流导体，并应采取安全措施。

(4)双边供电

双边供电指某一牵引网区段由设在其两端的牵引变电所同时供电，如图 11-40 所示。正常情况下，自动区分站开关闭合。

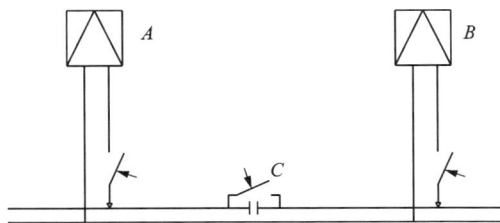

图 11-40　双边供电方式的原理图

双边供电与前述的单边供电相比有以下优点。

①牵引变电所间负荷分配比较均匀。

②在相同的牵引网络条件下功率损失减小，电压降减小；当区段较长电压降超过允许值或接触线容量不足而必须增设加强馈电线时，双边供电可减少加强馈电线的长度或截面。

③减少因分段处两侧电压值不同而引起对电机车的冲击。

但双边供电有时会引起事故的扩大，因此在矿山中的应用是有条件的。在大型矿山电机车运输中，牵引网络分布较广，有时需设多个牵引变电所，对处于两个牵引变电所之间运输繁忙的干线、负荷电流大或电压降大的区段，宜采用双边供电。

当两个牵引变电所直流母线空载电压不同时，应注意接触网经常流过的不平衡电流的影响，不平衡电流不应过大。

11.6.4.2 牵引网络的导线选择

牵引网络的导线截面应保证电机车正常运行的电压水平和开关保护的灵敏度（最小短路电流值），并使导线不致过热。按发热条件校验时，对于负荷持续 20 min 的最高温度，裸铜线不应超过 100℃，裸铝线不应超过 80℃。

地面架空敷设的馈电线、回流线、加强馈电线及辅助回流线一般应采用铝绞线，线路较短时可采用电缆；井下采用电缆。

1) 接触线的选择

国产电车线（接触线）有三种：铜电车线、钢铝电车线和铝合金电车线。直流牵引网的线材选择应符合下列规定。

（1）固定式线路的接触线，宜采用铜电车线、钢铝电车线或铝合金电车线。

（2）移动式线路的接触线，宜采用铜电车线。

由于接触线的负荷电流波动很大，尖峰负荷电流持续时间很短，所以接触线一般按正常运行电流（不包括启动电流）选择。

在确定接触线截面时，还应考虑到接触线在运行中不断磨损，截面逐渐减小，不仅影响载流量，而且还影响机械强度。接触线截面的使用电流密度值（不同于经济电流和安全电流）按表 11-25 所列数据选择。

表 11-35 牵引网导线使用电流密度值 A/mm²

运输线路类别	铜电车线	钢铝电车线、铝合金电车线	铝绞线、钢芯铝绞线
运输干线	5.0	3.3	3.0
非运输干线	6.0	4.0	3.0

当电机车持续运行电流超过 1000 A 时，为保证电流，可以考虑采用双接触线悬挂。

2) 直流馈电线的选择

直流馈电线的负荷电流随接触线负荷电流的变化而变化，因此直流馈电线亦按不包括电机车启动情况下的正常运行电流选择。铝绞线的使用电流密度取 3 A/mm²。

3) 回流线的选择

回流线的负荷电流也是波动的。回流线的选择有以下两种：

（1）只在牵引变电所附近设总回流线时，回流线按牵引变电所同时工作的整流设备的长期允许过载输出电流总和选择。

（2）由牵引变电所向井下某一水平巷道供电，或向山上露天采矿场某独立区段供电，并单独架设馈电线和回流线时，回流线和馈电线均按相同的负荷电流选择。

地面上的回流线，应尽量采用架空线路。当线路较短时，也可采用电缆。

牵引变电所的总回流线，应和所有靠近的轨道进行电气连接，总回流线应由 2 根以上的导线或电缆组成，并间隔一定距离接至钢轨。

4)加强馈电线的选择

当接触线的负荷电流很大，接触线容量不足或电压降过大时，可采用加强馈电线，并与接触线并联。为使加强馈电线和接触线间有良好的均流，加强馈电线和接触线并联点间的距离一般是准轨为 100 m，窄轨为 50 m。

加强馈电线的截面与长度根据实际系统，由计算确定。

11.6.4.3　牵引网络电压降计算

牵引网络电压降应按正常的供电及分段系统计算。

1)牵引网络电压水平规定

牵引网络的直流额定电压为 250 V、550 V、750 V 和 1500 V。

正常供电条件下，牵引网络的最高电压不应高于额定电压的 120%；最低电压不应低于额定电压的 85%。网络的短时(一般不超过 1 min)最低电压不应低于额定电压的 70%。

考虑到牵引变电所直流母线额定电压一般均比牵引网路额定电压高出 10%，因此从牵引变电所直流母线算起，在正常供电条件下最大电压降不应超过牵引网络额定电压的 25%，在严重条件下牵引网路的短时最大电压降不应超过额定电压的 40%。

2)牵引网路各组成部分电阻的计算

(1)接触线电阻(Ω/km)。

$$r_{\mathrm{j}} = \frac{1000\rho}{KmS_{\mathrm{j}}} \qquad (11-56)$$

式中：ρ 为接触线的电阻率($\rho_{铜线} = 0.0175\ \Omega \cdot \mathrm{mm}^2/\mathrm{m}$，$\rho_{铝线} = 0.029\ \Omega \cdot \mathrm{mm}^2/\mathrm{m}$，$\rho_{钢线} = 0.132\ \Omega \cdot \mathrm{mm}^2/\mathrm{m}$，$\rho_{铝合金电车线} = 0.03579\ \Omega \cdot \mathrm{mm}^2/\mathrm{m}$)；$m$ 为平行架设的有电的连接的接触线根数；S_{j} 为接触线的截面，mm^2，对钢铝电车线只取铝芯部分；K 为接触线的磨损系数，取 0.85。

(2)轨道电阻。

$$r_{\mathrm{g}} = K_{\mathrm{j}} \frac{1.5}{mP} \qquad (11-57)$$

式中：m 为并联钢轨根数，单线 $m=2$，双线 $m=4$；P 为钢轨的单位质量，kg/m；K_{j} 为考虑钢轨接头处电阻增大的系数，一般为 $1.3 \sim 1.4$(18 kg/m 及 18 kg/m 以下的钢轨，$K_{\mathrm{j}} = 1.4$；24 kg/m 及 24 kg/m 以上的钢轨，$K_{\mathrm{j}} = 1.3$)。

(3)馈电线、回流线电阻。

$$r_{\mathrm{k(h)}} = \frac{1000\rho}{S_{\mathrm{k(h)}}} \qquad (11-58)$$

式中：$S_{\mathrm{k(h)}}$ 为馈电线(回流线)的截面积，mm^2。

(4)加强馈电线电阻。

$$r_{\mathrm{q}} = \frac{1000\rho}{S_{\mathrm{q}}} \qquad (11-59)$$

式中：S_{q} 为加强馈电线的截面积，mm^2。

(5)加强馈电线与接触线并联后电阻。

$$r_{\mathrm{j}}' = \frac{r_{\mathrm{j}} r_{\mathrm{g}}}{r_{\mathrm{j}} + r_{\mathrm{g}}} \qquad (11-60)$$

3) 牵引网路电压降的计算

（1）正常供电条件下最大电压降的计算。

$$\Delta U_{\mathrm{P}} = \Delta U_{\mathrm{j}}' + \Delta U_{\mathrm{g}}' + \Delta U_{k}' + \Delta U_{\mathrm{h}}' \tag{11-61}$$

式中：$\Delta U_{\mathrm{j}}'$ 为接触线的正常电压降，V；$\Delta U_{\mathrm{g}}'$ 为轨道的正常电压降，V；$\Delta U_{k}'$ 为馈电线的正常电压降，V；$\Delta U_{\mathrm{h}}'$ 为回流线的正常电压降，V。

① 接触线的电压降。

$$\Delta U_{\mathrm{j}}' = \sum I'L r_{\mathrm{j}} \tag{11-62}$$

式中：$\sum I'L$ 为正常运行电流矩之和，将空、重列车按一定顺序和距离均匀分布在线路上进行计算，A·km。

② 轨道的电压降。

$$\Delta U_{\mathrm{g}}' = \sum I'L r_{\mathrm{g}} \tag{11-63}$$

③ 馈电线的电压降。

$$\Delta U_{k}' = \sum I'L_{\mathrm{k}} r_{\mathrm{k}} \tag{11-64}$$

式中：$\sum I'$ 为该馈电线的正常负荷电流，当馈电线的馈电点在所供电区段的中间时，正常负荷电流应包括馈电点两侧的全部电流，A；L_{k} 为馈电线长度，km。

④ 回流线的电压降。

$$\Delta U_{\mathrm{h}}' = \sum I'L_{\mathrm{h}} r_{\mathrm{h}} \tag{11-65}$$

式中：$\sum I'$ 为该回流线的正常负荷电流，当回流线与馈电线为某水平或某独立区段专用时，则回流线的正常负荷电流与馈电线的正常负荷电流一致，当回流线为牵引变电所总回流线时，回流线正常负荷电流取全部工作的整流设备的额定输出电流之和；L_{h} 为回流线长度，km。

按下式校验正常供电条件下最大电压降是否满足要求：

$$\Delta U_{\mathrm{P}}' = \frac{\Delta U_{\mathrm{P}}}{U_{\mathrm{e}}} \times 100\% \leqslant 25\% \tag{11-66}$$

式中：U_{e} 为牵引网路额定电压，V。

在初步设计中，正常供电条件下最大电压降可按下式近似计算：

$$\Delta U_{\mathrm{P}} = \frac{N+1}{2} \times 1.1 I_{\mathrm{p}} (r_{\mathrm{j}} + r_{\mathrm{g}}) L$$

式中：N 为某一馈出线的馈电点一侧的电机车台数；I_{p} 为电机车的平均电流近似值，$I_{\mathrm{p}} = \frac{I_{z} + I_{\mathrm{k}}}{2}$，A；$L$ 为馈电点一侧牵引网路的长度，km；1.1 为系数，考虑馈电线和回流线的电压降。

当 $\Delta U_{\mathrm{P}}' \% = 25 U_{\mathrm{e}}$ 时，则可根据下式求出牵引变电所的最大供电半径（km）：

$$L_{\mathrm{max}} = \frac{0.25 U_{\mathrm{e}}}{0.55 I_{\mathrm{p}} (N+1)(r_{\mathrm{j}} + r_{\mathrm{g}})} \tag{11-67}$$

（2）严重条件下供电末端短时最大电压降的计算。

$$\Delta U_{\mathrm{max}} = \Delta U_{\mathrm{j}} + \Delta U_{\mathrm{g}} + \Delta U_{\mathrm{k}} + \Delta U_{\mathrm{h}} \, (\mathrm{V}) \tag{11-68}$$

式中：ΔU_j 为接触线的最大电压降，V；ΔU_g 为轨道的最大电压降，V；ΔU_k 为馈电线的最大电压降，V；ΔU_h 为回流线的最大电压降，V。

①接触线的最大电压降。

$$\Delta U_j = \sum ILr_j \qquad (11-69)$$

式中：$\sum IL$ 为严重条件下电流矩之和。

当窄轨运输电机车台数不多时，电机车的可能分布情况见表 11-36。

表 11-36　电机车的可能分布情况

电机车台数		电机车的运转情况	电机车与馈电点的距离
同时运转台数	同时接电台数		
1	1	重车启动	最远点
2	2	1. 重车启动； 2. 重车下坡正常运行	1. 最远点； 2. 占全长的 1/3 处
3	2	1. 重车启动； 2. 重车下坡正常运行	1. 最远点； 2. 占全长的 2/3 处
4	3	1. 重车启动； 2. 重车下坡正常运行； 3. 空车上坡正常运行或载重 50% 的车辆在调车	1. 最远点； 2. 占全长的 1/3 处； 3. 占全长的 1/2 处或在卸车站
5	3	1. 重车启动； 2. 重车下坡正常运行； 3. 空车上坡正常运行或载重 75% 的车辆在调车	1. 最远点； 2. 占全长的 1/3 处； 3. 占全长的 2/3 处或在卸车站

准轨运输严重条件下的电流矩，一般以分析法确定，即根据重负荷和最不利的位置进行计算。但不考虑极少遇到的偶然情况，如若干列车同时启动等。

②轨道的最大电压降。

$$\Delta U_g = \sum ILr_g \qquad (11-70)$$

③馈电线的最大电压降。

$$\Delta U_k = \sum IL_k r_k \qquad (11-71)$$

式中：$\sum I$ 为该馈电线的最大负荷电流，当馈电线的馈电点在所供电区段的中间时，最大负荷电流应包括馈电点两侧的全部电流，A。

④回流线的最大电压降。

$$\Delta U_h = \sum IL_h r_h \, (\text{V}) \qquad (11-72)$$

式中：$\sum I$ 为该回流线的最大负荷电流，当回流线与馈电线为某水平或某独立区段专用时，回流线与馈电线的最大负荷电流一致；当回流线为牵引变电所总回流线时，回流线最大负荷电流取牵引变电所的最大负荷电流，或按全部工作的整流设备的最大允许输出电流之和计算，即按下式计算。

$$\sum I = \lambda \sum I_e \tag{11-73}$$

式中：λ 为整流设备 1 min 的允许过载能力；$\sum I_e$ 为全部工作的整流设备额定连续输出电流之和，A。

按下式校验严重条件下最大电压降是否满足要求：

$$\Delta U'_{max}\% = \frac{\Delta U_{max}}{U_e} \times 100\% \leqslant 40\% \tag{11-74}$$

在露天矿有移动线的区段中，最大电压降可能发生在末端移动线上电机车启动，也可能发生在离末端不远的固定线上重车上坡运行，应经计算判定。

（3）双边供电时电压降计算方法。

双边供电时，由于同一区段由两个牵引变电所同时供电，存在着负荷电流的分配问题，故电压降计算方法与前述的不完全相同。计算时需经过变换，即先按给定条件计算出"分流点"位置，以分流点为界将双边供电系统划分成两部分，再利用前述的单侧供电的计算方法计算其每一部分。

11.6.4.4　牵引网络短路电流计算

当牵引网络发生短路时，馈电线带有短路保护的开关应当迅速且可靠地跳闸，切除故障区段。因此，开关的动作电流，除按线路上经常出现的短时最大负荷电流的 1.25~1.3 倍整定外，还应使该网络上的最小短路电流不小于开关瞬时动作电流的 1.25~1.3 倍。

最小短路电流按下式计算：

$$I_{dmin} = \frac{U_0 - \Delta U_{dh}}{\sum R} \tag{11-75}$$

式中：U_0 为牵引变电所直流母线空载电压，V。

$$U_0 = (1+\beta) U_{be} \tag{11-76}$$

式中：U_{be} 为牵引变电所直流母线额定电压，V；β 为整流设备内部压降百分比，硅整流器组内部压降通常为 0.055~0.125，一般取 0.08；$\sum R$ 为短路回路的总电阻，包括接触线、轨道、馈电线、回流线及整流设备内部电阻，Ω；ΔU_{dh} 为不完全短接时的电弧压降，V，当系统电压为 1650 V 时，ΔU_{dh} 为 100~200 V，网路电压较低时此值应减小。

整流设备内部电阻 R_n 按下式计算：

$$R_n = \frac{\beta U_{be}^2}{m P_e \times 10^3} \tag{11-77}$$

式中：P_e 为每台整流机组的额定容量，kW；m 为并联工作的整流机组台数。

如计算后，最小短路电流不能满足要求，可以增大接触线、馈电线和回流线截面积，或调整供电与分段系统及改变馈电点与回流点位置，并再作校验，直至满足要求。

11.6.5　牵引网络

11.6.5.1　接触线悬挂方式

接触线悬挂方式是确定接触网结构的依据。接触线悬挂方式应根据行车速度、行车频繁程度、线路性质(固定线、半固定线或移动线)及气温条件等因素确定。常用的接触线悬挂方式如下。

1)单线硬性悬挂

单线硬性悬挂即将一根接触线吊挂在没有弹性的吊挂点上,如图11-41所示。由于接触线吊挂点无弹性,在吊线器处接触线磨损严重,接触线张力调整不方便,因此一般用于不需要调整接触线张力或很少调整的地方。

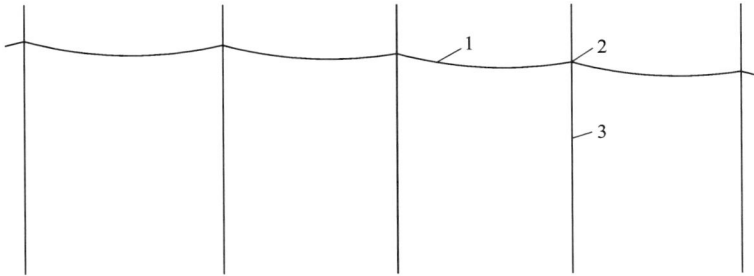

1—接触线;2—悬挂点;3—电杆。

图 11-41 单线硬性悬挂

2)单线弹性悬挂

单线弹性悬挂即将一根接触线吊挂在有弹性的吊挂点上。此方式与单线硬性悬挂方式相比,接触线在吊线器处磨损稍轻。吊线器可以在接触线张力作用下沿线路方向少量地移动,因此能适应接触线张力季节调整。地面和井下窄轨牵引网的接触线大都采用这种悬挂方式,即将接触线用吊线器安装在有弹性的吊线上。当准轨牵引网的接触线采用这种悬挂方式时,其接触线以吊线器安装在带有活动关节的拉手或推手上,或安装在有弹性的吊线上。

3)带补偿的单线悬挂

带补偿的单线悬挂与单线弹性悬挂相似,只是接触线的张力采用重锤自动调整,如图11-42所示。这种悬挂结构保证接触线在气温变化时沿导线方向灵活移动。由于接触线保持有规定的张力,所以接触线弛度比采用季节调整的单线弹性悬挂时小,但比链形悬挂大,且弹性不均匀,不满足电机车高速运行时的取流要求。

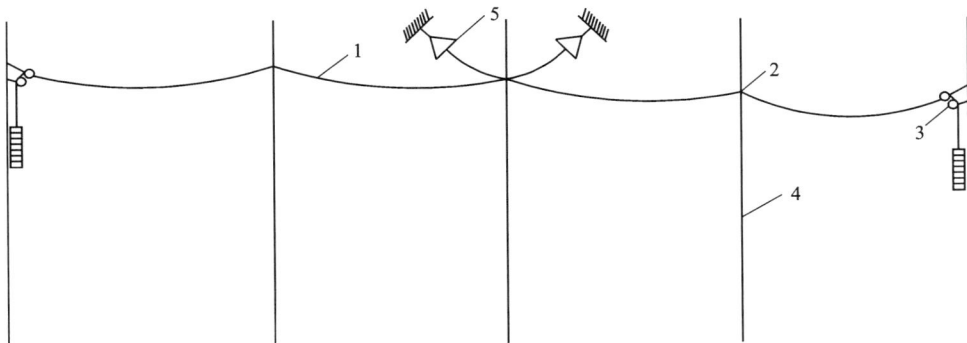

1—接触线;2—吊挂点;3—张力自动调整装置(补偿锚定);4—电杆;5—中间锚定。

图 11-42 带补偿的单线悬挂

4）季节调整单链形悬挂

季节调整单链形悬挂方式除接触线外，其上方有纵向承力索，接触线通过吊弦直接挂在承力索下，承力索与接触线的张力采用季节调整，如图11-43所示。这样，接触线的弛度较小且有弹性，磨损也减小，承力索还可兼作加强馈电线。有了承力索，挂梯子维护和检修线路较为安全。

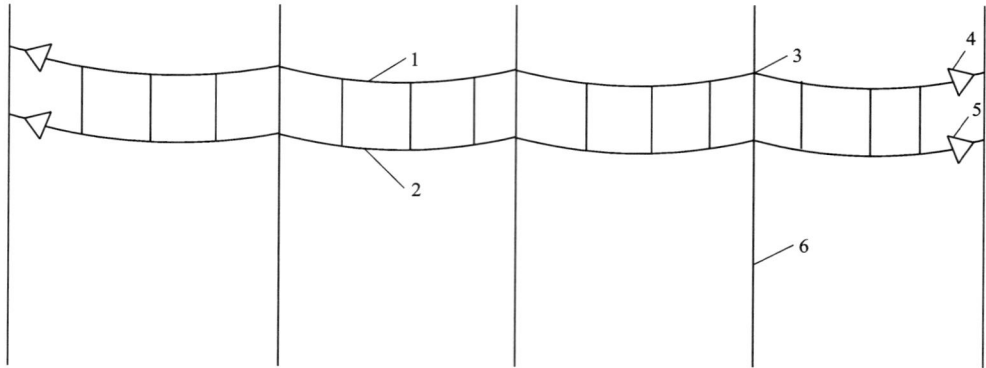

1—承力索；2—接触线；3—吊挂点；4—承力索锚定；5—接触线锚定；6—电杆。

图 11-43　季节调整单链形悬挂

5）半补偿单链形悬挂

半补偿单链形悬挂与季节调整单链形悬挂相似，承力索张力采用季节调整，唯有接触线张力采用重锤自动补偿，如图11-44所示。这样，接触线弛度小，集电弓的高度在运行中变动较小，弹性较均匀，增强了稳定性，能满足高速运行机车取流要求，接触线的磨损也减小。

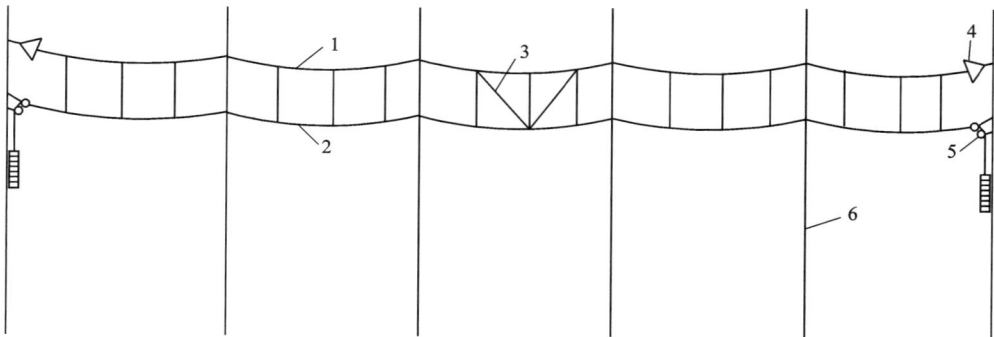

1—承力索；2—接触线；3—中间锚定；4—承力索补偿锚定；5—接触线补偿锚定；6—电杆。

图 11-44　半补偿单链形悬挂

6）全补偿单链形悬挂

在半补偿单链形悬挂基础上，将承力索的张力调整改用重锤自动补偿，就成了全补偿单链形悬挂，如图11-45所示。由于承力索保持一定的弛度（结冰不严重时），因而接触线高度变化很小，弹性均匀。

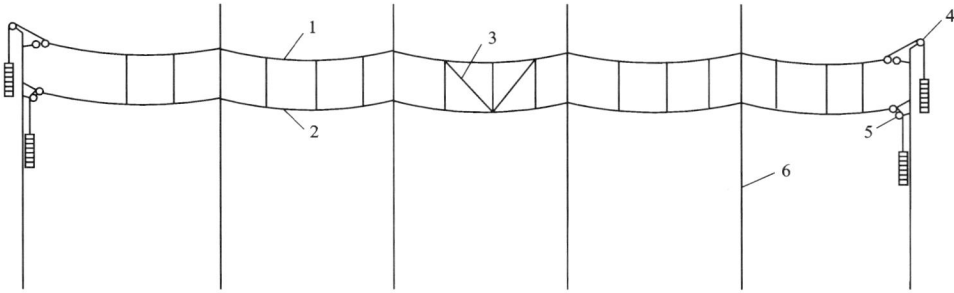

1—承力索；2—接触线；3—中间锚定；4—承力索补偿锚定；5—接触线补偿锚定；6—电杆。

图 11-45 全补偿单链形悬挂

7）双接触线单链形悬挂

在半补偿单锥形悬挂和全补偿单链形悬挂基础上，一根承力索吊挂两根接触线，便成了双接触线单链形悬挂。这种悬挂方式增大了接触线截面，使机车运行平稳，因而提高了运输能力。

11.6.5.2 接触线悬挂方式选用规定

1）标准轨距铁路

（1）标准轨距铁路接触网选用季节调整的简单悬挂方式，宜符合下列规定。

①行车速度小于 20 km/h 的线路。

②行车速度大于 20 km/h，但行车次数较少的线路。

③车库线路。

（2）标准轨距铁路接触网选用带补偿的简单悬挂或季节调整链形悬挂方式，宜符合下列规定。

①行车速度为 20~30 km/h 的线路。

②半固定式线路。

（3）标准轨距铁路接触网选用带补偿链形悬挂方式，宜符合下列规定。

①行车速度大于 30 km/h 的线路。

②固定式线路。

（4）标准轨距铁路接触网移动式线路宜采用刚性简单悬挂。

2）窄轨铁路

窄轨铁路接触网选用的悬挂方式宜符合下列规定。

（1）单线刚性悬挂方式。

①行车速度小于 10 km/h 的线路。

②行车速度为 10~20 km/h 且行车密度较小的线路。

③车库线路。

④移动式线路。

（2）单线弹性悬挂方式。

①行车速度为 10~20 km/h 的线路。

②行车速度大于 20 km/h，但行车次数较少的线路。

③井下主要线路。

（3）季节调整链形悬挂方式。

行车速度大于 20 km/h 的较长直线段。

行车速度为 10~20 km/h，但年温差为 60℃ 及以上和行车次数较多的较长直线段。

11.6.5.3　接触线悬挂高度

（1）标准轨距铁路接触线最大弛度时距轨面的高度，应符合下列规定。

①编组站和有作业的站场内宜采用 6.0 m。

②对于正弓受电的固定式及半固定式线路，当列车装载高度不超过 4.8 m 时，宜采用 5.5 m；当列车装载高度超过 4.8 m，但不超过 5.3 m 时，宜采用 5.7 m。

③旁弓受电的移动式线路宜采用 4.3 m。

④在任何情况下都不应高于 6.4 m。

（2）窄轨铁路接触线最大弛度时距轨面高度，应符合下列规定。

①井下不行人的巷道不应低于 1.9 m；行人巷道不应低于 2.0 m；井底车场内从井底至乘车场一段不应低于 2.2 m；采用直流 750 V 电压时，各限制高度宜增加 0.1~0.2 m。

②选用平硐露天型电机车，硐内不应低于 2.0 m，硐外不应低于 3.0 m。

③选用露天型电机车的地面线路，宜采用 4.2 m。

④接触线与公路交叉处的高度，应根据具体情况确定，必要时可以断开接触线。

（3）桥梁、隧道等人工构筑物处的接触线最低高度可适当降低。但标准轨距铁路不得低于受电弓最低工作高度；窄轨铁路在桥梁下不得低于 2.4 m，在隧道内不得低于 1.9 m。

11.6.5.4　接触线的架设

（1）直线区段的接触线应按"之"字形架设，以使集电弓均匀磨损。标准轨距铁路"之"字形架设最大偏移值宜采用 250~300 mm，窄轨铁路"之"字形架设最大偏移值宜采用 100~150 mm。

（2）曲线段接触线应向曲线外侧拉出，拉出值是对集电弓的中心线而言（在吊挂高度平面上），应根据集电弓允许工作宽度、曲线半径及跨距等计算确定，准轨一般取 150~400 mm。

（3）接触线易磨损和易被火花烧损处，如曲线段的吊挂点和道岔处，应增设辅助接触线，使集电弓与辅助接触线接触。

（4）为了使吊线器中心线对集电弓平面保持垂直，即保证集电弓与接触线正接触，不致奢偏，井下曲线段横吊线外轨侧固定钩应高于内轨侧固定钩，以便克服曲线段外轨超高的影响。井下曲线段外侧与内侧固定钩高差按下式计算：

$$\delta_2 = \frac{\delta_1}{S}B \qquad (11-78)$$

式中：δ_1 为曲线外轨超高，mm；S 为不计曲线加宽值的轨距，mm；B 为两固定钩水平距离，mm（单轨巷道 B 比巷道宽度小，双轨巷道 B 与巷道宽度近似相等）。

推荐单轨曲线巷道 $\delta_2 = 150$ mm，双轨曲线巷道 $\delta_2 = 300$ mm。在超高缓和段内，此值应相应降低。

（5）接触线悬挂高度变化地段的高度变化率：准轨不大于 5‰；窄轨不大于 10‰。

11.6.5.5　牵引网络平面布置

1）牵引网络平面布置需向总图专业或采矿专业提供铁路平面图的要求。

（1）露天部分。

①对铁路单线图的要求。

a. 道岔的岔心位置、道岔规格。

b. 弯道的曲线半径、曲线首尾。

c.各段线路的坡度、里程、起止点标高。

d.相邻铁路线中心线间距。

e.固定线或半固定线与移动线的衔接点。

f.站场、线路名称及用途。

②铁路两侧的地形地貌。

a.挖、填方情况及铁路附近地形。

b.隧道、平硐起止点及巷道断面图。

c.桥梁、栈挢平面图。

d.铁路沿线两侧的建、构筑物。

e.与公路及其他构筑物交叉情况。

（2）井下部分

①对铁路单线图的要求。

a.道岔的岔心位置、道岔规格。

b.弯道的曲线半径、曲线首尾。

c.各段线路的坡度、里程、起止点标高。

d.相邻铁路线中心线间距。

e.站场、线路名称及用途。

②巷道、硐室布置情况。

a.巷道平面布图及巷道断面图。

b.竖井、斜井、溜井位置，必要时需井口附近的大样图。

c.巷道中各硐室位置。

d.各坑口位置。

2）牵引网络平面布置设计

（1）从道岔处着手布置电杆(或井下横吊线)位置

因道岔处电杆位置要求比较严格，且岔心通常有坐标固定位置，故一般从各道岔处着手布置电杆(或井下横吊线)位置。

①单开道岔：从道岔岔心起向岔尾量取 A 值确定第一批电杆位置。

窄轨时 A 值取 1.2~1.5 m，准轨时 A 值取 2.8 m、3.2 m、3.8 m。

②复式交分道岔：在复式交分道岔岔心处布置压杆，在压杆一侧 0.8~1.0 m 处立电杆或横架线。

③渡线道岔：渡线道岔布置电杆原则同单开道岔。

（2）弯道处电杆(或井下横吊线)的布置。

①弯道处电杆挡距。

弯道处电杆挡距根据不同的线路特征和曲线半径确定，且不应大于表 11-37~表 11-42 所列数值。

表 11-37　准轨固定线链式悬挂时电杆挡距

曲线半径/m	800 及以上	700	600	500	400	300	200	150	120	100
挡距/m	55	50	50	45	45	40	35	30	25	20

表 11-38　准轨固定线简单悬挂时铜电车线电杆挡距

曲线半径/m	600 以上	600	400	300	250	200	150	125	100	80
挡距/m	45	42	40	35	32	30	26	24	20	18

表 11-39　露天窄轨固定线路采用单线弹性悬挂时铜电车线电杆挡距

曲线半径/m	200 及以上	180	150	120	100	80	50	40	30	20
挡距/m	25	23	22	21	18	15	10	8	7	5

表 11-40　露天窄轨固定线路采用单线弹性悬挂时铜铝电车线和铝合金电车线电杆挡距

曲线半径/m	200 及以上	180	150	120	100	80	60	50	40	30	20
挡距/m	16	15	13.5	12	11	10	8	7	6	5	4

表 11-41　坑内横吊线铜电车线吊线间距

曲线半径/m	22~25	19~21	16~18	13~15	11~12	8~10
横吊线间距/m	4.5	4	3.5	3	2.5	2

表 11-42　准、窄轨移动线路采用硬性吊挂时旁架线电杆挡距

曲线半径/m	直线	400	300	200	150	120	100	80	40	30	10
挡距/m	15	15	13	11	9	8	7	6	5	3	2

由于露天型窄轨电机车集电弓的允许工作宽度与准轨机车差不多，为了充分利用其允许宽度，可加大曲线段挡距。

②弯道段电杆的布置。

a. 理想的情况是曲线段长度为按曲线半径确定的挡距值的整数倍，此时曲线首尾点刚好各有一电杆。

b. 可按以下情况布置弯道段电杆：

第一种情况：首先在曲线段首与尾处各布置一个电杆（或井下横吊线），然后均分曲线段，使其每段挡距接近并小于按不同曲线半径所确定的挡距。此时，与曲线段相邻的直线段挡距应减小，使相邻两挡距之差不超过较大挡距的25%。

第二种情况：首先在曲线首（或尾）处布置一个电杆，然后按不同曲线半径所确定的挡距在曲线的另一端布置电杆。如曲线段剩下的长度大于三分之一曲线挡距，仍按此曲线挡距向前布置一个电杆在直线段上，如果曲线段剩下的长度小于三分之一曲线挡距，则按上述原则，以小于直线的挡距向前布置一个电杆。

第三种情况：在曲线的中部先布置一个电杆，然后按不同曲线半径所确定的挡距值在曲线两端布置。布置到曲线首尾时，按上述曲线挡距再向前布置一个电杆在直线段上。余下原则同前。

（3）直线段电杆（或井下横吊线）的布置。

①直线段最大挡距。

直线段最大挡距不应超过表11-43中所列数值。

表 11-43　直线段最大挡距　　　　　　　　　　　　　m

接触线形式	吊挂方式					
	露天单线弹性悬挂		露天链性悬挂		坑内窄轨单线弹性悬挂	
	窄轨	准轨	窄轨	准轨	混凝土支护	木支护
铜电车线	25	45	50	55	10	5~8
铜铝电车线 铝合金电车线	20	40				

②直线段电杆位置的确定。

a. 当道岔处电杆与曲线段首（或尾）处电杆间直线段的距离较短时，可将该段距离均分，取接近直线段最大挡的挡距。

b. 当道岔处电杆与曲线段首（或尾）处电杆间直线段的距离较大时，从道岔处电杆开始，按直线段最大挡距向曲线段首（或尾）布置电杆。如果直线段最后一个电杆位置与曲线段首（或尾）处电杆位置距离与直线段最大挡距相差不大，即可确定电杆位置；如相差悬殊，可将直线段最后几个挡距均分后定位。

c. 相邻两挡距之差仍应不超过较大挡距的25%。

（4）分段绝缘器和分段开关的布置。

在电杆（或井下横吊线）定位以后，即可根据供电及分段系统图，将所有的分段绝缘器和分段开关布置到平面图上。

①在直线段上，分段绝缘器布置在单悬臂或横架线处，分段开关亦安装在此处电杆上。

②在曲线段上，由于外轨超高，分段绝缘器与集电弓不易正面接触，往往会被磨偏，因此曲线段上应尽量避免设置分段绝缘器。如曲线段上必须设置分段绝缘器时（但应尽量不设在小曲线半径线路上），一般是布置在挡距中间，分段开关安装在相邻的电杆上。

③分段绝缘器应尽量避免布置在10‰以上的坡道上，以防止机车受机械冲击及电弧烧伤分段绝缘器。

④在车站与区间衔接处的分段绝缘器，应设在信号机的内侧（靠车站一侧）；如设在信号机外侧，应距信号机有一列车的长度，以利于列车停后再启动。

⑤井下分段绝缘器及分段开关的布置。

井下分段开关一般是安装在巷道壁上，分段开关的引线沿拱顶引至开关。

直线段上，分段绝缘器布置在横吊线处，分段开关设在横吊线附近；曲线段上，分段绝缘器布置在挡距中间，分段开关安装在分段绝缘器附近的巷道壁上。

（5）接触线的锚定。

为了便于接触线的张力调整，缩小机械上的事故范围，沿线路将接触线分布在机械受力方面独立的段称为锚定段。

①接触线锚段长度。

接触线的锚段长度应根据计算确定。标准轨距铁路接触网直线区段的锚段长度不宜大于表 11-44 中规定的数值。

表 11-44　标准轨距铁路接触网直线区段锚段长度　　　　　　　　　　　m

悬挂方式	简单悬挂			链形悬挂			
	季节调整	单边补偿	双边补偿	季节调整	单边半补偿	双边半补偿	双边全补偿
锚段长度	600~750	600	1200	600~1000	750	1500	1700

注：在长隧道内采用双边带补偿链形悬挂时，锚段长度可适当增加。

窄轨铁路接触网直线区段的锚段长度不宜大于表 11-45 中规定的数值。

表 11-45　窄轨铁路接触网直线区段锚段长度　　　　　　　　　　　m

悬挂方式	单线刚性悬挂	单线弹性悬挂	季节调整链形悬挂
锚段长度	300	500	700

②锚定的种类。

硬锚定：又称死锚定，即将接触线经绝缘子直接固定到电杆、巷道壁或墙壁上，当气温变化时，该固定点不产生位移。

补偿锚定：又称活锚定，即将接触线经滑轮、重锤调节装置固定到电杆上，接触线的张力由重锤维持，当气温变化时沿接触线方向产生位移，并由重锤的升降来补偿。

中间锚定：在长区段中，为了尽量不割断接触线，在接触线段的中部安装一组中间锚定（双侧硬性锚定），锚定的固定点在气温变化时不产生位移，而在线段的两端设补偿锚定。

当采用季节调整接触线张力时，每个锚定段两端均用带有花篮螺丝的硬锚定；当采用自动调节接触线张力时，每个锚定段中一端用硬锚定，另一端用补偿锚定，即单边补偿；当接触线段长度大于单边补偿的规定长度时，线段中部加中间锚定，两端采用补偿锚定，即双边补偿；当锚定段长度不超过 140 m 时，其两端均可用带花篮螺丝的硬锚定。

在布置锚定点时应注意以下几点。

a.在坡道上做锚定时，应将硬锚定放在坡道上方（即标高较高一端），补偿锚定放在坡道下方，以防止接触线下滑。

b.曲线段上如设置中间锚定，一般将中间锚定布置在曲线段中部。

（6）馈电线和馈电点、回流线和回流点的布置。

根据已确定的牵引网路供电及分段系统，将馈电线和馈电点、回流线和回流点具体布置在牵引网路平面图上。当馈电线、回流线采用架空线时，优先考虑利用接触线电杆，并尽量沿曲线外侧电杆架设，当馈电线、回流线的路径与接触线不一致时则单独架设。馈电线与回流线路径相同时，应同杆架设，每根电杆上不宜超过 8 根导线。

（7）地面牵引网络的防雷。

地面牵引网络应在下列地点装设防雷装置。

①馈电线与接触线连接处。

②机车库进口处。

③矿井平硐硐口。

④线路上每个独立区段内。

防雷装置宜采用角形放电间隔；接地线可接牵引网的回流钢轨。

（8）接触网电杆外缘与铁路中线的距离。

标准轨距铁路接触网电杆外缘与铁路中心线的距离，不应小于表11-46中规定的数值；软横跨时电杆外缘与铁路中心线的距离也不得小于表11-46中规定的数值。

表11-46　标准轨距铁路接触网电杆外缘与铁路中心线的距离　　m

曲线半径 电杆位置	200	300	400	500	600	1000	1500	∞
曲线外侧	2.80	2.70	2.60	2.50	2.50	2.50	2.44	2.44
曲线内侧	3.10	3.00	2.80	2.60	2.60	2.60	2.50	2.44
软横跨时	3.10	3.00						

窄轨铁路接触网电杆外缘与机车及车辆边缘的净距，不应小于0.7 m。

11.6.5.6　轨道回流回路

轨道回流回路设计时需与铁路信、集、闭专业协商和配合。

1）轨端电气连接

作为回流用的轨道，其轨端必须做电气连接，以保证轨道回流畅通。

规范规定：每个轨端的连接电阻值，不应大于同型钢轨每千米电阻值的0.3%。

轨端电气连接线应有一定的弹性和柔性，以免在钢轨错动时于焊接处开焊。安装轨端电气连接线时要考虑不影响更换鱼尾板或紧固螺丝的作业。

轨端电气连接线，一般采用长250 mm、截面积50～95 mm^{2}的铜绞线，或采用ϕ16圆钢，但后者弹性与柔性差，易开焊。轨端电气连接线的连接方式有焊接、铆接和压接三种，通常采用焊接。

2）轨间电气连接

作为回流用的平行钢轨间，应进行电气连接，以便减少轨道电阻，降低轨道电压降。回流轨之间宜每隔200 m连接一次。

轨间连接线可选用50 mm^{2}的废铜绞线或废钢电车线，但通常采用黑色金属材料（如镀锌钢绞线、圆钢、扁钢等）做连接线，如用60 mm×6 mm扁钢等。

3）路间电气连接

两条或两条以上线路的平行钢轨间，彼此间宜每隔400 m进行一次电气连接。连接线选择同轨间电气连接。

11.6.5.7　接触线对地绝缘及空间距离

井下接触线应采用两级绝缘；地面接触线允许采用一级绝缘。

链形悬挂中接触线和承力索间不进行绝缘。

窄轨牵引网路接触线对地采用两级绝缘时，应选用绝缘吊线器，在绝缘吊线器两侧的横吊线上各加装一个拉紧绝缘子。

牵引网及受电弓带电部分，与桥梁、平硐、巷道、管道等接地部分的安全净距，不应小于0.2 m。

接触网的金属杆及钢筋混凝土杆上的所有金属构件，应通过接地线接在回流轨上；自动闭塞的区段，接地线宜通过火花间隙接在钢轨上。距接触网带电部分5 m以内的其他金属设施均应单独设接地装置。

11.6.6　无人驾驶电机车运输系统的应用

目前采用无人驾驶电机车运输系统是发展趋势，其对于提高运输效率、保证行车安全、减少轨道运输环节的人员有非常重要的意义。

11.6.6.1　无人驾驶电机车运输系统的主要组成

无人驾驶电机车运输系统的主要组成包括以下各子系统：自动装卸矿系统；电机车自动运行、防护、监视系统；无线双向通信系统；基于实际物理位置的位置校正系统；电机车运输线路自动识别和保护系统；轨道转辙机控制和保护系统；牵引变电所远程监控和保护系统；滑触线供电、故障区段切除控制系统。

11.6.6.2　无人驾驶电机车运输系统的功能

自动装卸矿系统：通过视频画面实现远程遥控装矿，电机车行进与装矿配合，自动通过卸载站卸矿。

电机车自动运行系统实现正常情况下电机车高质量的自动驾驶，其主要包括以下内容：停车点的目标控制；电机车启动、停止、加速、减速；指定区段减速、限速；自动、遥控、人工控制；双机牵引控制；头尾控制权转换；运行信息记录。

电机车自动防护系统实现完善的监测和防护功能，其主要包括以下内容：基于物理位置的同步和检测；全行程减速阶段的速度监督与防护；电机车完整性检测；电机车运行参数检测；紧急停车功能；报警与事件记录。

电机车自动监视系统实现上位监视和控制全线电机车运行状态，其主要包括以下内容：电机车全行程位置跟踪和显示；运输线路区段实际占用显示；自动进线请求和控制（道岔、信号机）；电机车运行线路设置和调配；控制中心人机界面；过程模拟与重演；报告与归档。

无线双向通信系统实现集中控制室自动监视系统与移动电机车之间的双向无线移动通信功能。

基于实际物理位置的位置校正系统实现电机车实际位置监视及校正工作，确保电机车位置正确。

电机车运输线路自动识别和保护系统自动与实际运行线路进行比较，防止出现因道岔控制错误而造成的严重事故。

轨道转辙机控制和保护系统根据电机车运行线路自动控制转辙机动作，当转辙机出现故障时，电机车自动停止运行。

牵引变电所远程监控和保护系统实时监视牵引变电所的运行状况，可以进行远程操作，监控设备运行状态及报警。

滑触线供电、故障区段切除控制系统可以远程控制滑触线供电，通过控制区分开关及时切除故障线路，提高整个运输系统的可靠性。

11.6.6.3　对电机车的要求

无人驾驶电机车运输系统要求电机车必须有高精度的可控性，因此电机车必须采用变频驱动形式，以满足无人驾驶电机车运输系统的要求。同时电机车本身还要满足无人驾驶电机车运输的其他要求。

11.6.6.4　无人驾驶电机车运输系统的高效性与安全性

在无人驾驶电机车运输系统中，电机车除在装矿外，全部处于自动运行状态，弯道、限速区域、通过卸载站等均自动减速，条件满足时以最大允许速度运行。该系统不仅提高了电机车的运输效率，而且进行远程控制，可以节省换班时间对生产的影响，增加有效生产时间。

无人驾驶电机车运输系统设有完善的保护功能，对速度进行精确控制，完全可以避免超速掉轨事故；对整个运输线路进行实时监控，及时把区段占用情况发送到各个电机车控制系统，可以避免严重追尾事故发生；对重要保护均采用冗余保护配置，可以确保电机车运输的安全性。

11.6.6.5　无人驾驶电机车运输系统的控制水平

电机车运行和防护完全自动化，电机车上不需要司机。

电机车的各种运行状态和参数均可以在集控室实时显示。

电机车具备精确的定位功能，定位精度小于 1 m。

电机车全行程速度自动控制。

通过视频系统在集控室可以完成遥控装矿操作。

在卸矿站实现无人操作。

在集控室可以对电机车进行实时调度和控制。

在集控室可以遥控处理一些突发情况。

具有完善的电机车防碰撞功能。

11.6.6.6　无人驾驶电机车运输系统示意图

无人驾驶电机车运输系统示意图如图 11-46 所示。

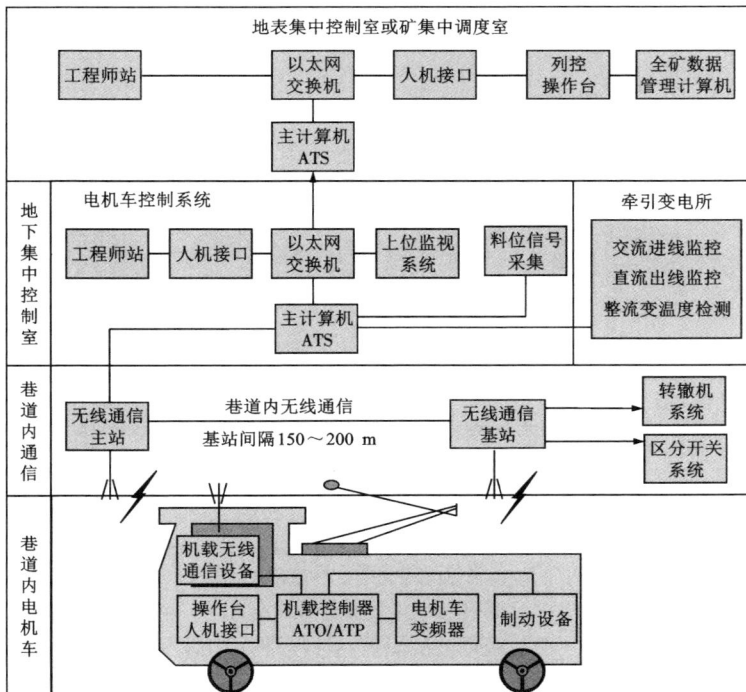

图 11-46　无人驾驶电机车运输系统示意图

11.7 矿山照明

照明在非煤矿山,例如黑色冶金、有色金属、化工、建材、核工业等系统的工业生产中具有特别重要的意义。本节介绍了常用照明术语和电气光源;针对非煤矿山生产的特点,讨论了矿用照明灯具及选型、矿井照明设备及线路。

11.7.1 金属矿山矿用照明灯具

对用于矿山特别是井下照明灯具的基本要求:灯罩坚固,能防止水分、潮气和灰尘的侵入;在有爆炸危险的场所内,还必须具备防爆性能。

灯具按防触电形式,防尘、防固体异物和防水等级,以及支承面的材料等进行分类。

1)按防触电形式分类

按防触电形式的不同,灯具可分为0类、Ⅰ类、Ⅱ类和Ⅲ类。

(1)0类灯具:依靠基本绝缘来防触电保护的灯具。

(2)Ⅰ类灯具:防触电保护不仅依靠基本绝缘,而且还包括附加的接地安全措施。

(3)Ⅱ类灯具:防触电保护不仅依靠基本绝缘,而且具有附加的安全措施,例如双重绝缘或加强绝缘,但没有保护接地或依靠安装条件的措施。

(4)Ⅲ类灯具:防触电保护依靠电源电压为安全特低电压,并且在灯具中不会产生高于安全特低电压的电压。

额定电压超过250 V的灯具不应划为0类。在恶劣条件下使用的灯具不应划为0类。轨道安装的灯具不应划为0类。

灯具只能属一个类别。例如,带内装式特低电压变压器并规定接地的灯具应定为Ⅰ类,即使用隔离物将光源腔与变压器箱隔开,灯具部分亦不应定为Ⅲ类。

2)按防尘、防固体异物和防水等级分类

表示防护等级的代号通常由特征字母IP和两个特征数字组成。

第一位特征数字指防止人体触及或接近外壳内部的带电部分和触及运动部件(光滑的旋转轴和类似部件除外),防止固体异物进入外壳内部。特征数字的含义见表11-47。

第二位特征数字指防止水进入外壳内部达到有害程度。特征数字的含义见表11-48。

表 11-47 第一位特征数字所代表的防护等级

第一位特征数字	防护等级	
	简短说明	含义
0	无防护	没有专门防护
1	防大于 50 mm 的固体异物	能防止直径大于 50 mm 的固体异物进入壳内 能防止人体的某一大面积部分(如手)偶然或意外触及壳内带电部分或运动部件,不能防止有意识的接近
2	防大于 12 mm 的固体异物	能防止直径大于 12 mm、长度不大于 80 mm 的固体异物进入壳内 能防止手指触及壳内带电部分或运动部件

续表 11-47

第一位特征数字	防护等级	
	简短说明	含义
3	防大于 2.5 mm 的固体异物	能防止直径大于 2.5 mm 的固体异物进入壳内 能防止厚度(或直径)大于 2.5 mm 的工具、金属线等触及壳内带电部分或运动部件
4	防大于 1 mm 的固体异物	能防止直径大于 1 mm 的固体异物进入壳内 能防止厚度(或直径)大于 1 mm 的工具、金属线等触及壳内带电部分或运动部件
5	防尘	不能完全防止尘埃进入,但进入量不能达到妨碍设备正常运转的程度
6	尘密	无尘埃进入

表 11-48　第二位特征数字所代表的防护等级

第二位特征数字	防护等级	
	简短说明	含义
0	无防护	没有专门防护
1	防滴	滴水(垂直滴水)无有害影响
2	15°防滴	当外壳从正常位置倾斜在 15°以内时,垂直滴水无有害影响
3	防淋水	与垂线成 60°范围以内的淋水无有害影响
4	防溅水	在任何方向溅水都无有害影响
5	防喷水	在任何方向喷水都无有害影响
6	防猛烈海浪	猛烈海浪或强烈喷水时,进入外壳水量不致达到有害程度
7	防浸水影响	浸入规定压力的水中经规定时间后进入外壳水量不致达到有害程度
8	防潜水影响	能按制造厂规定的条件长期潜水 注:通常指水密型,但某些类型设备也可以允许水进入,但不应达到有害程度

金属矿山常用照明灯具见表 11-49。

表 11-49　金属矿山常用照明灯具

名称	示例图片	灯具结构特点	应用场合
GC1、GC2、GC4		灯具外壳为 PC 材质,灯具与电器箱可一体化、分体化	一般工业建筑

续表 11-49

名称	示例图片	灯具结构特点	应用场合
工矿灯具 GC83 系列		灯具形式：敞开式 C，密闭式 B，网罩式 W	一般工业建筑
防水防尘防腐灯具 GF1		外壳由玻璃钢、钢化玻璃及橡胶密封组成，反射器为铝板块罩，高效特性，安装方式为管吊吸顶、弯杆	一般工业建筑、轻微腐蚀场所、
投光灯		高纯铝成型外壳，铝合金压铸成型电器箱，强度高，散热好；高纯铝板旋压反射器，表面经抗氧化处理，抗腐蚀能力强，光照更均匀，反射率更高；高投光布纹钢化玻璃，急变温度大于200℃，玻璃透光率大于92%	主要用于大面积作业场矿、建筑物轮廓、体育场、立交桥、纪念碑、公园和花坛等
LED 防爆防腐荧光灯		采用"高温一次压铸"成型工艺，压铸产品表面光滑，金属结构组织致密，外壳内部无气包、无沙眼，抗冲击性能好，产品外壳防爆性能高	应用于车间厂房、石油化工、码头、道路等防爆特殊场所

选择照明灯具形式时应符合下列规定。

无爆炸危险环境矿井，应采用矿用一般型灯具；井下爆破器材库，应采用矿用防爆型灯具或采用矿用一般型灯具库外透光照明方式。

有爆炸危险环境矿井，应按国家或行业现行有关标准执行。

11.7.2　露天采矿场照明

1) 照明灯具的选择

露天采矿场一般采用路灯、投光灯和手携式作业灯, 也可以根据采场分布及开采时间选用自发电移动高杆投光灯车。采用投光灯有一定的优越性, 可以减少线路投资和使用上的花费(如移动线路及灯具等)。人行道、斜坡卷扬机道、排土场作业点及运输机道, 一般采用路灯；采矿工作面、人工作业和装车处、凿岩处和调车场及会让站, 一般采用投光灯。

路灯可采用高压汞灯或 LED 光源, 灯具均采用户外型, 应充分利用电铲、穿孔机等自带的照明设备。

2) 应设照明的地点及照度要求

(1) 夜间进行工作的露天采矿场和排土场, 在下列地点应设照明。

①凿岩机、移动式或固定式空气压缩机和水泵工作的地点。

②运输机道、斜坡卷扬机道、人行梯和人行道。

③汽车运输的装卸车处、人工装卸车地点和排土场卸车线。

④调车站、会让站。

电铲和钻机工作地点的照明, 一般利用设备自带的灯具。

(2) 照度参考值。

露天采矿场的最低照度参考值见表 11-50。

表 11-50　露天采矿场的最低照度参考值

照明地点	照度值/lx	规定照明的平面
人工作业和装车点、汽车装卸车处	10	地表水平面或垂直面
电铲工作地点	10	作业地点以及卸矿高度上水平面
电铲工作地点	20	垂直面
人工挑选地点的带式输送机	20	输送机水平面
采矿场和排土场轨道	2	地表水平面
露天钻机钻孔	20	在整个钻机高度范围内的垂直平面上
露天钻机穿孔	10~20	地表水平面
手工凿岩	10	杆子垂直面和地表水平面
梯子上下阶段道路	10	梯子垂直面、人行道地表水平面
主要人行道和车行道	5~10	
次要人行道和车行道	3~5	
斜坡卷扬道	20	地表水平面
空压机和其他移动机械	10	
调车场、会让站	10	

3) 照明电源及照明电压

露天采矿场采用中性点不接地的低压配电系统时, 220 V 照明电源经 380/220 V 照明变压器供电；采用中性点接地的低压配电系统时, 照明电源可直接从低压网络引入。

露天采矿场照明电压一般采用 220 V, 行灯电压不应大于 36 V。

4) 照明线路及电压损失

照明线路应分区敷设，以便根据需要分区控制照明电源。固定式架空照明线路一般采用铝绞线；移动式架空照明线路采用绝缘导线；移动式非架空照明线路采用橡套电缆。

正常运行情况下，照明线路的灯具端子处电压偏差允许值，在一般工作场所为±5%额定电压；对于远离变电所的小面积一般工作场所，难以满足上述要求时，可为+5%～-10%额定电压，应急照明、道路照明和警卫照明等为+5%～-10%额定电压。

11.7.3　井下照明

1) 照明灯具的选择

无爆炸危险的井下可选用一般型或普通型照明灯具，也可以采用防雨悬吊式照明灯座；在通风条件良好的运输巷道中，可以采用简易控照荧光灯或LED灯。在有爆炸危险的井下，有沼气逸出的巷道区域、采区通风道、总回风道、主要回风巷道、工作面和工作面进风、回风道等，均需采用矿用防爆型灯具。在有高沼气矿井的井底车场、主要通风道，应采用矿用安全型灯具。在有低沼气矿井的井底车场、主要进风道，可选择矿用一般型灯具。

2) 照明装设地点及照度要求

(1) 装设固定照明地点。

①井底车场及其附近、采区车场、井口和天井。

②有机车运行的主要运输巷道、有人行道的带式输送机巷道、有人行道的斜井、升降人员的绞车道、升降物料及人行交替使用的绞车道以及主要巷道交叉点等处。

③机电硐室、变电所和水泵房、调度室、机车库、火药库、井下避险硐室、保健站、候车室和信号站等。

④风门、安全出口。

⑤溜井井口、天井井口等易发生危险的地点。

⑥爆破器材库、井下修理间等。

对采用矿灯照明的矿井、安全出口、不兼人行道的带式输送机巷道、非主要巷道交叉处和风门，可不设照明。

无爆炸危险的地下采掘工作面，应采用移动式电气照明。

巷道中的灯具一般安装在人行道一侧，主要运输巷道灯具悬挂高度应在2 m以上。灯具的金属外壳及布线金属支架应接地。

(2) 井下固定照明的照度要求。

井下固定照明的照度要求见表11-51。

表 11-51　井下固定照明的照度要求

照明地点	照度值/lx
一般电气设备硐室和其他硐室	200～100
主变(配)电所	200
主排水泵站	150

续表 11-51

照明地点		照度值/lx
信号站、调度室		200
换装硐室、井下修理间		200
机车库		100
翻罐笼硐室		100
爆破器材库	发放室	200
	存放室	75
保健室、井下避险硐室		300
候车室		100
井底车场及附近巷道		30
运输巷道		20
巷道交叉点		20
专用人行道		20

3）照明电源及照明电压

（1）照明电源。

由于井下采用中性点不接地的低压配电系统，因此，无论采用哪种照明电压，照明电源都需经照明变压器供电。

为了保证照明不受其他电力负荷的影响，照明电源宜从电力变压器总馈出开关之前引出。

（2）照明电压。

无爆炸危险的地下采掘工作面应采用 36 V，其他地方可采用 220 V 或 127 V。当采用 220 V 时，天井以及天井至回采工作面之间应采用 36 V。

有爆炸危险的矿井一般采用 127 V。

行灯电压不应大于 36 V。

4）照明线路及电压损失

（1）照明线路。

井下照明线路一般采用变压器-干线式三相电源供电，三相并行敷设。在三相内要求灯具均匀分配，并保证各相负荷矩基本相等。

照明干线和支线可选用阻燃 VLV-1000、VV-1000 型聚氯乙烯电力电缆或 BLV、BV 型塑料绝缘导线。相比之下，采用后者接线较方便，干线或支线的截面不宜大于 10 mm²。移动式照明线路可采用阻燃聚氯乙烯绝缘聚氯乙烯护套电线或 U-1000 型矿用橡套电缆。有机械损伤可能的地方应选择铠装电缆。

（2）电压损失。

①井底车场、硐室及地面生产系统工作对照明要求较高的地点允许有电压损失，对白炽灯电压损失为其额定电压的 2.5%，对放电灯（如荧光灯、高压汞灯）电压损失为其额定电压的 5%。

②井下一般巷道、工作面和一般照明允许的电压损失为其额定电压的5%。

③当地面照明不能满足上述要求时，允许电压损失可增至其额定电压的10%，但应按相应电压水平(光源光通量降低)进行照度验算。

④事故照明、道路照明和警卫照明的允许电压损失为其额定电压的10%。

⑤电压为12~36 V的照明允许电压损失为其额定电压的10%。

⑥灯泡所承受的最高电压不得超过其额定电压的5%。

⑦对于采用LED光源照明的线路，由于其适用电压范围宽，故线路电压损失可以为其额定电压的10%。

5)矿灯及充电设备

矿灯是矿井工人随身携带进行生产的必备照明工具，它对改善劳动条件、提高劳动生产率和安全生产都具有重大意义。目前我国生产的矿灯种类繁多，在现代化的矿山中大多采用智能矿灯，其充电设备控制简单，一般具有以下基本功能。

(1)多回路矿灯充电架：充电系统每个框架可带100路充电器。充电系统均为双面并联充电回路，可供1~100盏灯同时充电。根据每盏灯的使用程度不同实行单灯控制，充满后各自先后自动转入小电流涓流充电状态，不会对矿灯过充电。由于各种充电回路单独控制集成电路的特殊设计，在充电过程中如电网停电，电池组不会相互放电，灯头也不需要逆转断开充电回路。

(2)实现与计算机通信：充电器之间通过通信网线进行连接，将每个充电架分别连接到计算机，就可以实现计算机对每一个充电器的监控。

(3)灯架信息在LED显示屏汇总显示：系统采用两级通信模式，通过计算机控制每一台矿灯充电架的控制板，再由控制板采集和传输每个矿灯的信息，同时控制板还控制一个用于集中显示信息的LED显示屏。LED显示屏可以显示当前矿灯充电架矿灯的充电、充满、取走、故障等的汇总信息，可以通过上位机软件进行控制并显示各种用户自定义的信息，能实现多条信息切换功能，通过软件控制同时显示灯架信息及用户自定义信息。

11.7.4　炸药库照明

1)应设照明的地点

目前我国矿山地面总炸药库除有各种炸药库和爆破器材库外，还有一些炸药加工间。其应设置下列电气照明。

(1)加工间照明；

(2)库房照明；

(3)加工区道路照明与库房道路照明；

(4)警卫照明。

危险场所的主要工作间及主要通道应设应急照明，应急时间不少于30 min。应急照明照度标准不应低于该场所一般照明照度标准的10%。

2)照明灯具和电器的选择

照明灯具和电器应根据危险场所的类别进行选择。

(1)F0类危险场所电气照明。

①F0类危险场所电气照明应采用安装在窗外的可燃性粉尘环境用电气设备DIPA22或

DIPB22 型(IP54 级)灯具,安装灯具的窗户应为双层玻璃的固定窗。

②门灯及安装在外墙外侧的开关、控制按钮、配电箱选型应与灯具相同。

③采用干法生产黑火药的 F0 类危险场所的电气照明,应采用可燃性粉尘环境用电气设备 DIPA21 型或 DIPB21 型(IP65 级)灯具,安装在双层玻璃的固定窗外;亦可采用安装在室外的增安型投光灯。门灯及安装在外墙外侧的开关及控制按钮,应采用增安型或可燃性粉尘环境用电气设备(IP65 级)。

(2)F1 类危险场所电气照明。

F1 类危险场所类门灯及安装在外墙外侧的开关,应采用可燃性粉尘环境用电气设备 DIPA22 或 DIPB22 型(IP54 级)。

(3)F2 类危险场所电气照明。

F2 类危险场所电气设备、门灯及开关的选型,均应采用可燃性粉尘环境用电气设备 DIPA22 型或 DIPB22 型(IP54 级)。

3)照明电源与照明电压

炸药加工间及炸药库的供电,一般采用电压为 380/220 V 的中性点接地系统,动力和照明可由同一台变压器供电。

4)照明线路的选择与敷设

(1)各类危险场所内的电气线路,应采用绝缘导线穿钢管敷设或采用电缆。导线或电缆的绝缘强度不应低于 750 V。保护线的额定电压应与相线相同,并应在同一护套或钢管内敷设。

各类危险场所电线或电缆的芯线截面应符合表 11-52 和表 11-53 的规定。

表 11-52　F0 类危险场所电线或电缆的芯线截面选择

危险场所类别	绝缘电线或电缆芯线允许最小截面积/mm²			挠性连接
	电力	照明	控制按钮	
F0			铜芯 1.5	DIP A21、DIP B21(IP65)、隔爆型ⅡB

表 11-53　F1、F2 类危险场所电线或电缆的芯线截面选择

危险场所类别	绝缘电线或电缆芯线允许最小截面积/mm²			挠性连接
	电力	照明	控制按钮	
F1	铜芯 2.5	铜芯 2.5	铜芯 1.5	DIP A21、DIP B21(IP65)、隔爆型ⅡB、增安型
F2	铜芯 1.5	铜芯 1.5	铜芯 1.5	DIP A22、DIP B22(IP54)

注:保护线截面选择应符合有关规范的规定。

(2)F0 类危险场所内不应敷设电力及照明线路。灯具安装在窗外的电气线路,应采用芯线截面积不小于 2.5 mm² 的铜芯绝缘导线穿镀锌焊接钢管敷设;亦可采用芯线截面积不小于 2.5 mm² 的铜芯金属铠装电缆敷设。

F0 类危险场所穿线钢管应采用完好的水煤气钢管。在有腐蚀性的各类危险场所内，穿线钢管不宜埋地敷设，其应保证对该场所密封。防爆接线盒应采用导线穿钢管引入的接线盒。

电缆应尽量明设，照明线路的分支点应设在接线盒内，接线盒应为用于电缆引入的防爆接线盒。

(3)危险场所的插座回路上应设置额定动作电流不大于 30 mA 就瞬时切断电路的剩余电流保护器。

11.8 矿井信号与通信

11.8.1 概述

矿井信号是保证机电设备正常运转、确保矿井安全生产的重要内容，其对标准化、现代化矿井更加重要。

矿井信号的作用包括以下内容。

(1)保证矿井连续协调生产。

(2)提高矿井各生产环节的可靠性和生产率。

(3)保证矿工安全。

对矿井信号装置的基本要求：工作可靠、信号显著、声光兼备、操作简单、结构牢固。

矿井信号系统包括很多不同信号元件，它们在系统中的作用各不相同，矿井信号系统包括下列几个基本部分。

(1)信号发送设备：按钮或开关。

(2)信号接收设备：铃、号笛、灯光指示器、指针灯光指示器。

(3)信号传递设备：导线(电缆)、继电器、电阻或绳索等。

(4)信号电源：交流 127 V、36 V、24 V 或直流电源。每个信号电源应为独立系统。

矿井电话通信是目前一切生产区段的主要通信方式。良好的通信系统有助于对矿井采、掘工作及其他生产环节的指挥和调度。

井底车场、运输调度室、主要机电硐室、井下避险硐室、保健站和采掘工作面都应安装电话。安装在井下主要水泵房、变电所和地面通风机房的电话，应同地面中心交换机或矿调度室有直接联系。

11.8.2 井下信号设备

11.8.2.1 信号发送设备

信号发送设备一般采用信号按钮。根据所需信号的不同用途和动作形式，也采用杠杆式信号开关。信号开关可分为牵引开关、拉引开关、井门开关等，它们的接触机构基本相同，而且都放在外壳内，只是操作把柄和操作方式不同。这类信号开关各有两对常开和两对常闭接点，利用它们发送信号和完成信号的电气闭锁。

11.8.2.2 信号接收设备

单击电铃：以约定的不同的音响次数来表达不同的信号。

连击电铃：以约定的不同的音响时间和次数来表达不同的信号。

电笛：发出另一种声音的设备。

灯光信号装置：灯光可有不同颜色，以区别不同信号。例如在提升信号系统中，蓝色表示有电，橙色表示询问，绿色表示允许，红色表示注意，白色表示检视。

11.8.3　采区信号系统

采区信号系统可分为工作面采掘机械的信号系统和采区运输机车的信号系统。

最简单的工作面或运输信号系统为电铃打点系统；当采区运输机车采用集中控制时，一般将控制与信号结合在一起。图 11-47 所示为电铃打点系统的电原理图。图中给出了 4 个信号点，根据需要还可以增加。系统中按下任何一个信号电钮 SB，全线即可发出声光信号，用声光信号延续时间的长短和次数来区别不同内容信号。这种信号系统广泛用于炮采工作面、非集中控制的运输机车等系统中。

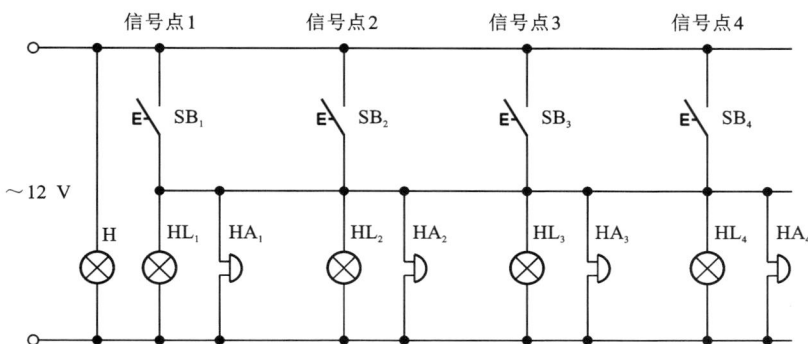

图 11-47　电铃打点系统的电原理图

11.8.4　提升信号系统

矿井提升机承担着将井下矿石和废石运送至地面，升降人员、运送材料和设备等重要任务。为保证提升工作的安全，确保提升工作的顺利进行，必须设置完善的提升信号系统，使井底车场装卸平台的信号员、井口信号员和提升机司机之间互相联系，紧密配合，协同工作。对于自动化程度高的矿山，提升信号由计算机系统完成。

11.8.4.1　提升信号的分类

根据提升容器的不同，提升信号可分为主井箕斗提升信号、主井罐笼及串车提升信号、副井罐笼提升信号。

提升信号一般包括：

工作信号：含开车、停车信号。

人员升降信号：用于人员提升。

事故信号：故障时用，一般为电笛。

检修信号：用于检修井筒内设备。

一般指示信号：如煤仓煤位信号、松绳信号等。

扩音电话。

11.8.4.2　对提升信号的基本要求

信号电源应采用专用的变压器供电，提升信号系统电源电压不得超过 220 V，并需设电源指示灯。对于有爆炸危险的矿井，提升信号系统电源电压不得超过 127 V。

工作信号必须声光兼备，警告(事故)信号必须为音响信号，一般指示信号为灯光信号。

信号系统与提升机控制系统有联锁关系，即不发信号提升机就无法启动。

绕绳式提升机须设松绳信号装置，以防因松绳而引起断绳事故。

应设置井筒检修信号装置，在检修井筒的整个时间内检修指示信号应保持显示。沿井筒壁需敷设供检修人员发送开车、停车信号的装置。

提升机司机与信号工之间应设直通电话，便于及时联系。直通电话可兼作联系信号用。

对主井罐笼提升及串车提升，开车信号应采用转发式，即井底开车信号应由井底发至井口，再由井口发至提升机房；开车信号应保留有灯光。停车信号应为直发式瞬动信号，即井底、井口及各水平均可将信号直接发至提升机房。

主井箕斗提升开、停车信号应采用直发瞬动信号，并可采用手动或自动发送的方式；井底和井架矿仓应设矿石料位信号；应设停车及卸载指示灯。

副井提升还应满足以下要求。

(1)开车信号应为保留信号，分别为提人、提物、上下设备材料及检修。

(2)应设有指示灯，如水平指示灯等。若开车保留信号中不分提人、提物及检修时，应有此三类指示灯，且三者之间须有闭锁关系，只允许显示一种指示灯。

为保证提升工作安全，应有如下闭锁。

(1)井底与井口的闭锁：井底不发开车信号，井口向提升机房发不出开车信号。

(2)井底、井口的机械与提升信号闭锁：井口未关上或井门开关未合上，发不出信号；非通过式摇台也应与信号设备闭锁。

(3)信号与提升机的闭锁：不发开车信号，提升机无法启动；

(4)多水平之间的闭锁：多水平提升时只允许一个水平向井口发出工作信号。

(5)多层罐笼提升人时，各层平台间的信号应与井口闭锁，只允许自井口发出信号。

应设置紧急事故信号，停车信号可兼作事故信号，各信号工皆能直发至提升机房使司机及时停车。

11.8.5　井下电机车运输信号

电机车是井下的主要运输工具之一，随着井下生产的集中化和综合机械化的实现，巷道运输量不断增加。为充分发挥运输线路的通过能力，保证电机车安全运行，必须有完善的电机车运输信号。

11.8.5.1　井下电机车运输信号的分类

1)大巷运输的自动闭塞信号

这是电机车在单轨区间运行时，防止碰车和追尾事故的一种自动闭锁系统。

单轨区间两端的色灯信号机一般是由行进中的列车自动控制。在双轨平巷、运输线路交叉的地方，也可采用自动闭塞信号。

2)井底车场的信、集、闭系统

这是电机车在井底车场及其邻近巷道中运行时，对道岔及信号实行集中控制及闭塞的总体，称为信号、集中、闭塞系统，简称信、集、闭系统。对于正在应用的无人驾驶电机车系统，其信、集、闭系统统一由计算机系统控制。

11.8.5.2　大巷运输的自动闭塞信号

该信号的主要作用是保证列车安全运行。列车双向运行(单轨平巷)时，在闭塞区段两端均设信号；单向运行(双轨平巷)时，只在闭塞区段列车入口端设信号；在运行线路交叉的地方，需在闭塞区段各端(如三端或四端)设置信号。

线路闭塞信号的作用原理：当线路未被占用而处在正常状态时，色灯信号机绿灯亮。当列车进入闭塞区段时，色灯信号机的绿灯熄灭，红灯亮。此时行往该区段的另一列车必须停在信号灯前，只有当进入闭塞区段的列车驶出，色灯信号机绿灯重新燃亮时，才允许另一列车进入该区段。

矿山中，通常采用自动闭塞信号。当列车行至某区段时，机车利用信号导线或轨道接触器(轨道踏板)在信号回路进行必要的连接，使色灯信号机进行相应的转换。

对于自动化程度高的矿山，电机车运输信号由计算机系统完成。

11.8.6　矿山电话通信

矿山电话通信分为矿区通信和井下通信，是矿山指挥生产和矿区职工生活的重要联络工具，一般使用自动式电话机及交换机。其中，有爆炸危险的矿井井下通信应采用隔爆型和隔爆兼本质安全型电话机。此外，井下还采用扩音电话、载波电话和感应电话等专用通信设备。

矿山通信由多种通信设备和通信线路构成通信网。井底车场、运输调度室、主要机电硐室、避险硐室、保健站和采掘工作面，都应安装电话。井下主要水泵房、变电所和地面中央交换机或矿调度室有直接联系。

现代矿山通信方式主要有有线通信和移动通信，其中移动通信包括适用于采掘工作面的扩音通信，适用于电机车的载波通信，适用于大巷的感应通信、漏泄通信、无线通信、声力通信等，补充了单一有线固定通信的不足。移动通信设备，经过汇接装置与有线固定通信设备连接起来，组成以矿井调度室为中心，有线固定通信为主体，连接各种移动通信的矿井调度通信网。

根据不同的矿山自然条件和生产方式，可采用不同的通信方式。例如扩音电话常和综合采掘机械控制系统及输送机集中控制系统配合在一起，构成一个专用的综合性控制、通信设备。载波电话根据借用信道的不同，可分为电话线、动力线、机车架空线等几种。架线电机车载波电话可以沟通固定点(调度室)与流动点(电机车头)的通信；感应电话可作为流动通信，适用于条件恶劣的工作面或井筒通信；无线电话则只能用于地面作为辅助通信。

11.9　电气节能

11.9.1　矿山电气节能概述

为解决矿山电气节能的问题，国家提出加快产业结构调整、大力发展循环经济、节电与发电、技术创新等一系列措施。其中节电与发电指合理用电、节约用电以及将一些废弃能源转化为电能。

①节电：很多工矿企业的大型机电设备由于工艺生产，存在着较严重的耗能现象，其节电率在不影响正常生产的情况下经过专业节能改造后大都在20%以上，这将是一笔巨大的能源财富。

②余热发电：我国有着最大的煤焦化产业，有着在数量和产量上都位居世界前列的冶金钢铁行业、水泥行业。这些行业在生产过程中产生了大量的余热，烟气、尾气排放到空气中不但是对能源的重大浪费，也是对环境的重大污染，若合理采集、利用，将其转化为电能，既可以减少环境污染，也可获得大量的电能，促进能源的再利用。目前国内一些专业的节能服务公司在节电与余热发电领域通过对用能企业宣传节能知识、提供节能技术、投资项目资金和设备等方式，不断促进节电与余热发电的发展。

矿山行业主要的能耗体现在用水、用电和燃料消耗三方面，其中用水方面的动力大部分是由电力行业提供，燃料消耗方面由电能转化得到。因此，矿山行业耗电高，用电量大，节电潜力大，抓好各生产工序的节电是节约能源的重要环节。对此，要加强电能管理工作，合理组织生产和用电设备的经济运行，改革耗电高的工艺，逐步淘汰低效设备，推广节电新技术，提升电能利用率。通过节电，使各种产品的耗电指标在满足节能设计规范的前提下，达到国内和国际先进水平，提高企业经济效益，响应国家节能减排号召。

11.9.2　变压器的节能

11.9.2.1　降低变压器的损耗

变压器的损耗主要有空载损耗和负载损耗两大部分，其次还有介质损耗和杂散负荷损耗。由于介质损耗和杂散负荷损耗值很小，故可忽略不计。本节主要叙述降低空载损耗和负载损耗的途径。

降低空载损耗和负载损耗的途径介绍如下。

（1）采用优质硅钢片，改进铁芯结构，降低空载损耗。变压器的空载损耗一般占变压器总损耗的20%~30%。由于空载损耗不随负载变化而变化，因此，虽然其所占比例不大，但对长期连续运行且负载较轻的中小型电力变压器而言，降低空载损耗具有非常重要的意义，设计制造与选用低损耗电力变压器的主要目的在于降低其空载损耗。

变压器的空载损耗：

$$P_0 = K_c P_c G_c \tag{11-79}$$

式中：P_0 为变压器的空载损耗，W；K_c 为工艺系数；P_c 为铁芯材料的单位损耗，W/kg；G_c 为铁芯质量，kg。

由式（11-79）可知，如降低空载损耗 P_0，可分别降低 K_c、P_c 和 G_c。

为此，可采用下列措施。

①采用性能优良的冷轧晶粒取向硅钢片，以降低 P_c 和 G_c。

②改进铁芯结构和制造工艺，降低工艺系数 K_c。

（2）改进绝缘结构，适当减小电流密度，降低负载损耗。变压器的负载损耗占变压器总损耗的70%~80%，其中最主要的是线圈电阻损耗 I^2R，故可近似得到变压器负载损耗：

$$P_k = K_m J^2 G_m \tag{11-80}$$

式中：P_k 为变压器的负载损耗，W；K_m 为与导电率有关的系数；J 为电流密度，A/mm²；G_m

为导线质量，kg。

由式(11-80)可知，要降低负载损耗 P_k，可分别降低 K_m、J 和 G_m。要降低负载损耗，可在保证变比前提下，适当提高匝间电压以减少高低压线圈匝数，适当减小电流密度 J 与导线质量 G_m。还可以通过改善绝缘结构、缩小绝缘体积、提高填充系数、减小线圈尺寸来达到降低负载损耗的目的。

11.9.2.2　低损耗变压器及回收年限

低损耗变压器就是选用高导磁的优质冷轧晶粒取向硅钢片和先进工艺制造的新系列节能变压器，具有损耗低、质量轻、效率高、抗冲击等优点。近年来，各种系列低损耗变压器已得到广泛应用，在节省电能和运行费用方面取得了显著的经济效益。因此，新建变电所应采用低损耗的节能变压器，原有变压器应随机械设备逐步更换或改造，达到节省电能的目的。

更新变压器必然会节约有功电量和无功电量，但要增加投资，这就存在着一个投资回收年限的问题。变压器不是损坏后才更新，而是老化到一定程度，还有一定剩值时就需要更新。特别是当变压器需要大修时更应考虑更新，这在技术经济上是合理的。

厂家对不同形式、不同容量的变压器的使用寿命都有规定(一般为 20~30 年)，使用单位按这一规定年限计提设备折旧费。随着变压器运行年限的增长，其剩值也越来越小。

变压器的回收年限计算公式如下。

(1)旧变压器使用年限已到期，即折旧费已完，其回收年限计算公式如下：

$$T_B = \frac{Z_n - G_J - Z_c}{G_d} \tag{11-81}$$

式中：T_B 为变压器回收年限，年；Z_n 为新变压器的购价，元；G_J 为旧变压器残存价值，可取原购价的 10%；Z_c 为变压器更新后减少电容器的总投资，元；G_d 为每年节约电费，元。

(2)在(1)的情况下，如变压器需大修，其回收年限计算公式如下：

$$T_B = \frac{Z_n - G_{JD} - G_J - Z_c}{G_d} \tag{11-82}$$

式中：G_{JD} 为旧变压器大修费，元。

(3)旧变压器还不到使用期，即还有剩值，其回收年限的计算公式如下：

$$T_B = \frac{Z_n + W_J - G_J - Z_c}{G_d} \tag{11-83}$$

式中：W_J 为旧变压器的剩值，元。

$$W_J = Z_J - Z_J C_n T_y \times 10^{-2} \tag{11-84}$$

式中：Z_J 为旧变压器的投资，元；C_n 为折旧率，%；T_y 为运行年限，年。

(4)在(3)的情况下，如旧变压器需大修，其回收年限的计算公式如下：

$$T_B = \frac{Z_n + W_J - G_{JD} - G_J - Z_c}{G_d} \tag{11-85}$$

更新变压器的回收年限，一般考虑当计算的回收年限小于 5 年时，变压器应立即更新为宜；当计算的回收年限大于 10 年时，不应考虑更新；当计算的回收年限为 5~10 年时，应酌情考虑，并以大修时更新为宜。

11.9.2.3　变压器的经济运行

在分析计算变压器经济运行时，常用的技术参数有四个：空载电流 I_0、空载损耗 P_0、短

路电压 U_k 及短路损耗 P_k。P_0 与 P_k 主要反映变压器的有功功率损耗；而 I_0 与 U_k 则反映变压器的无功功率消耗，但是要进行换算，其过程如下。

变压器在空载试验时电源侧的视在功率 S_0：

$$S_0 = \sqrt{3}\,I_0 U_{1N} = I_0 \% S_N \times 10^{-2} \tag{11-86}$$

式中：S_0 为视在功率，$kV \cdot A$；I_0 为空载电流，A；U_{1N} 为电源侧额定电压，kV；$I_0\%$ 为空载电流百分比；S_N 为变压器额定容量，$kV \cdot A$。

变压器在空载时电源侧的励磁功率（无功功率）Q_0：

$$Q_0 = \sqrt{S_0^2 - P_0^2} \tag{11-87}$$

式中：Q_0 为变压器在空载时的无功功率，kvar；P_0 为变压器的空载损耗，kW。

变压器在短路试验（额定负载）时所测的视在功率 S_K：

$$S_K = \sqrt{3}\,I_{1N} U_K = U_K \% S_N \times 10^{-2} \tag{11-88}$$

式中：S_K 为变压器在短路试验时的视在功率，$kV \cdot A$；I_{1N} 为电源侧额定电流，A；U_K 为变压器短路电压，kV；$U_k\%$ 为短路电压百分比。

变压器额定负载时所消耗的漏磁功率（无功功率）Q_K：

$$Q_K = \sqrt{S_K^2 - P_K^2} \tag{11-89}$$

式中：Q_K 为变压器额定负载时的无功功率，kvar；S_K 为变压器在短路试验时的视在功率，kVA；P_K 为变压器的短路损耗，kW。

在进行变压器经济运行的分析和计算时，为了简化计算，常取以下数值：

$$Q_0 \approx S_0 = I_0 \% S_N \times 10^{-2} \tag{11-90}$$

$$Q_K \approx S_K = U_K \% S_N \times 10^{-2} \tag{11-91}$$

用式（11-90）和式（11-91）求得的 Q_0 与 Q_K，比用式（11-87）和式（11-89）求得的更大一些，对较大容量的变压器所引起的误差很小，对容量较小的变压器所引起的误差却较大。

1）变压器功率损耗的计算

（1）变压器有功功率损耗和损耗率的计算。

变压器功率损耗 $\Delta P(kW)$ 和损耗率 $\Delta P\%$ 的基础计算公式

$$\Delta P = P_0 + \beta^2 P_K \tag{11-92}$$

$$\Delta P\% = \frac{\Delta P}{P_1} = \frac{P_0 + \beta^2 P_K}{\beta S_N \cos\varphi_2 + P_0 + \beta^2 P_K} \times 100\% \tag{11-93}$$

变压器效率 η 的表达式

$$\eta = \frac{P_2}{P_1} = \frac{\beta S_N \cos\varphi_2}{\beta S_N \cos\varphi_2 + P_0 + \beta^2 P_K} \times 100\% \tag{11-94}$$

式中：P_1 为变压器电源侧输入功率，kW；P_2 为变压器负载侧输出功率，kW；$\cos\varphi_2$ 为负载功率因数；β 为负载系数。

负载系数 β 的计算公式：

$$\beta = \frac{I_2}{I_{2N}} = \frac{P_2}{S_N \cos\varphi_2} \tag{11-95}$$

式中：I_2 为变压器负载电流，A；I_{2N} 为变压器二次额定电流，A。

由于损耗率 $\Delta P\%$ 的概念与变压器用电单耗一致，因此本书的分析和计算使用损耗率，而不用效率。式（11-92）及式（11-93）可绘成如图 11-48 所示的曲线，$\Delta P=f(\beta)$ 及 $\Delta P\%=f(\beta)$。

由图 11-48 中的变压器损耗率曲线可以看出，当负载系数 β 达到某一数值时，损耗率将达到最小值 $\Delta P\%_{\min}$。将式（11-93）对 β 求取极值，即 $\dfrac{\mathrm{d}(\Delta P\%)}{\mathrm{d}\beta}=0$，则可求出产生最小损耗率的条件：

$$P_0=\beta^2 P_K \text{ 或 } \beta_{jp}=\sqrt{\frac{P_0}{P_K}} \qquad (11-96)$$

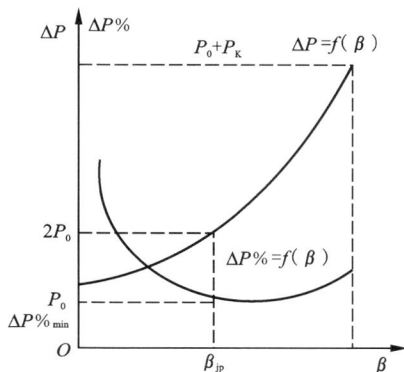

图 11-48 变压器功率损耗和损耗率的负载特性曲线

式（11-96）说明当空载损耗等于短路损耗时，变压器的损耗率达到最低，β_{jp} 成为有功经济负载系数。所以，当固定变压器运行时，可以通过调节负载来降低 $\Delta P\%$。一般变压器的 $\dfrac{P_0}{P_K}\approx\dfrac{1}{4}\sim\dfrac{1}{3}$，故最低损耗率大体发生在负载系数 $\beta\approx0.5\sim0.6$。

（2）变压器无功功率损耗和消耗率的计算。

变压器无功功率损耗 ΔQ 的基础计算式

$$\Delta Q=Q_0+\beta^2 Q_K \qquad (11-97)$$

式中：ΔQ、Q_0 和 Q_K 的单位都为 kvar。

为衡量变压器在传输单位有功功率时本身所消耗的无功功率，在此提出无功消耗率 $\Delta Q\%$ 的计算式

$$\Delta Q\%=\frac{\Delta Q}{P_1}\times100\% \qquad (11-98)$$

或

$$\Delta Q\%=\frac{\Delta Q}{P_2}=\frac{Q_0+\beta^2 Q_K}{\beta S_N\cos\varphi_2}\times100\% \qquad (11-99)$$

按要求有 $\Delta Q\%=\dfrac{\Delta Q}{P_1}$，但在求 $\Delta Q\%$ 对 β 的导数时，取 $\Delta Q\%=\dfrac{\Delta Q}{P_2}$。这样可简化其运算结果，而且所引起的误差又很小。

对于式（11-99）求极值，即令其一阶导数为 0，即，使 $\dfrac{\mathrm{d}\Delta Q\%}{\mathrm{d}\beta}=0$ 得

$$\beta_{jQ}=\sqrt{\frac{Q_0}{Q_K}} \qquad (11-100)$$

式中：β_{jQ} 是变压器的无功经济负载系数。

式（11-100）可写成 $\beta_{jQ}^2 Q_K=Q_0$，即当变压器负载漏磁功率等于空载励磁功率时，其无功损耗率最小，利用式（11-90）及式（11-91）所求得的 Q_0 与 Q_K 可把式（11-100）写成

$$\beta_{jQ}=\sqrt{\frac{S_0}{S_K}}=\sqrt{\frac{I_0\%}{U_K\%}} \qquad (11-101)$$

用式(11-100)和用式(11-101)所求得的 β_{jQ} 相差很小。

同理，由式(11-97)、式(11-99)也可画出像图 11-48 那样的曲线 $\Delta Q = f(\beta)$、$\Delta Q\% = f(\beta)$（省略）。对式(11-93)及图 11-48 曲线 $\Delta P\% = f(\beta)$ 的分析，也完全适用于对式(11-99)、$\Delta Q\% = f(\beta)$ 的分析。由变压器有功损耗率的负载特性 $\Delta P\% = f(\beta)$ 和无功消耗率的负载特性 $\Delta Q\% = f(\beta)$ 可知，通过合适的选择和调整负载可以降低变压器的有功损耗率和无功消耗率，使变压器经济运行。

（3）变压器功率因数的计算。

变压器的变压过程是借助于电磁感应完成的，因此，变压器是一个感性的无功负载，在变压器传输功率的过程中，变压器自身的无功功率消耗远大于有功功率损失。在分析计算变压器经济运行时，不仅要考虑有功损耗率最小，同时也应考虑无功消耗率最小。在变压器经济运行时，无功电量的节约远大于有功电量的节约。所以变压器经济运行不仅能节电，同时也能提高功率因数。

由于变压器是个感性负载，其空载功率因数很小，一般变化范围为 $\cos\varphi_0 = 0.05 \sim 0.2$。变压器容量越大，$\cos\varphi_0$ 越小。变压器空载功率因数计算式：

$$\cos\varphi_0 = \frac{P_0}{S_0} = \frac{P_0}{\sqrt{3}I_0 U_{1N}} \tag{11-102}$$

式中：P_0 为空载损耗，kW；I_0 为空载电流，A；U_{1N} 为变压器电源侧额定电压，kV；S_0 为变压器空载试验时的视在功率，kV·A。

变压器的额定负载功率因数系指在额定负载下变压器自身的功率因数 $\cos\varphi_N$，其计算式如下：

$$\cos\varphi_N = \frac{\Delta P_N}{\sqrt{\Delta P_N^2 + \Delta Q_N^2}} \approx \frac{P_0 + P_K}{S_0 + S_K} \tag{11-103}$$

一般 $\cos\varphi_N$ 的变化范围为 $0.05 \sim 0.3$。随着变压器容量的增大，$\cos\varphi_N$ 下降。

如变压器二次负载功率为 P_2，功率因数为 $\cos\varphi_2$，无功负载为 $Q_2 = P_2\tan\varphi_2$，则变压器一次侧功率因数 $\cos\varphi_1$ 的计算公式如下：

$$\cos\varphi_1 = \frac{P_2 + \Delta P}{\sqrt{(P_2 + \Delta P)^2 + (P_2\tan\varphi_2 + \Delta Q)^2}} \tag{11-104}$$

（4）变压器综合功率的计算。

在多数情况下，变压器有功功率的经济运行方式和无功功率的经济运行方式是一样的或接近的。但在某些情况下，也会出现矛盾。例如，按有功功率计算，变压器 A 优于 B；按无功功率计算，变压器 B 优于 A。为了解决这一矛盾，必须综合考虑有功功率及无功功率的计算结果，在此引出综合有功功率损失 ΔP_Z（kW）的两个计算公式。

$$\Delta P_Z = \Delta P + K_Q\Delta Q \tag{11-105}$$

$$\Delta P_Z = P_{Z0} + \beta^2 P_{ZK} \tag{11-106}$$

式中：K_Q 为无功经济当量，kW/kvar；P_{Z0} 为空载综合功率损失，kW；P_{ZK} 为额定负载综合功率损失，kW。

K_Q、P_{Z0}、P_{ZK} 的计算公式分别如下：

$$K_Q = \frac{\Delta P_C}{\Delta Q} \tag{11-107}$$

$$P_{Z0} = P_0 + K_Q Q_0 \qquad (11-108)$$

$$P_{ZK} = P_K + K_Q Q_K \qquad (11-109)$$

式中：ΔQ 为变压器无功功率消耗减少值，kvar；ΔP_C 为变压器连接系统有功功率损耗下降值，kW。

无功经济当量 K_Q 的物理概念是，变压器每减少 1 kvar 无功功率消耗时，引起连接系统的有功损耗下降。K_Q 值和变压器在系统中的位置直接相关。无功经济当量值见表 11-54。

综合功率也可写成综合有功损失率 $\Delta P_Z\%$ 及综合经济负载系数 β_{jZ} 的形式：

$$\Delta P_Z\% = \frac{\Delta P_Z}{P_Z + \Delta P_Z} \times 100\% \qquad (11-110)$$

$$\beta_{jZ} = \sqrt{\frac{P_{Z0}}{P_{ZK}}} = \sqrt{\frac{P_0 + K_Q Q_0}{P_K + K_Q Q_K}} \qquad (11-111)$$

表 11-54　无功经济当量值

序号	变压器及其在连接系统的位置	$K_Q/(\text{kW} \cdot \text{kvar}^{-1})$	
		系统负载最大时	系统负载最小时
1	直接由发电厂母线以发电机电压供电的变压器	0.02	0.02
2	由发电厂以发电机电压供电的线路变压器(例如，由厂用和市内发电厂供电的工企变压器)	0.07	0.04
3	由区域线路供电的 110~35 kV 降压变压器	0.1	0.06
4	由区域线路供电的 6~20 kV 降压变压器	0.15	0.1
5	由区域线路供电的降压变压器，但其无功负荷由同步调相机担负	0.05	0.03

综合功率的分析方法同前。变压器经济运行有三种情况，如果用电单位以节约电量为主，则按有功功率考虑；如果以提高功率因数为主，则按无功功率考虑；如果对两者均无特殊要求，则按综合功率考虑。

2) 变压器经济运行的方式

选择变压器的容量及台数时，应根据计算负荷、负荷性质、生产班次等条件进行选择。对负载率很低(正常使用时低于30%)，且损耗率又很高，通过计算证明是"大马拉小车"的变压器，应调整或更换。

根据计算负荷，对重载负荷(80%负载率)通过计算证明不利于经济运行的，可放大一级容量来选择变压器，以降低其负载率和损耗率。

向一、二类负荷供电的变压器，当选用 2 台变压器时，应同时使用，以保证变压器的经济运行。

采用多台变压器的厂房，其配电系统设计应根据负荷情况，对每台变压器进行切换。通过调整，使参数好的变压器处于运行状态，参数差的变压器处于备用状态，以实现变压器的经济运行。

对于夜里或节假日里不生产的车间或设备，可把其中不能停电的负荷集中到某一台变压器上，设置专用变压器供电，停用其他变压器，以利于节电。

不允许变压器长期空载运行。

在大型厂房或非三班生产的车间中，应安装照明专用变压器。

3）注意事项

在变压器经济运行时，需注意以下几点。

（1）计算节电效果时必须考虑铜损。只考虑铁损却不考虑铜损，有时会因铜损增加而使总损耗增加，达不到节电的目的。

（2）在减少并联运行的变压器台数时，要考虑大型电动机启动的影响。如不注意大型电动机启动时的电压降和过电流，或者不与生产部门联系，则在启动大型电动机时，往往会引起电源跳闸。

（3）要使运行人员了解系统改变情况和操作方法，避免误操作。

（4）对于停用 5000~10000 kV·A 等级的变压器，必须采取防锈和防止漏油措施，制定出可靠的保养措施。

（5）在把多台单独运行的变压器换成几台并联运行时，短路容量增加。所以，不仅要考虑下级断路器的开断容量，还要分析在发生短路事故时下级串联设备的机械强度和热稳定性。

（6）交流断路器的电气操作寿命是有限的，如果变压器切除和投入的操作过于频繁，断路器的维护费用将增加。

11.9.3　供配电系统及用电设备的节能

1）合理设计供配电系统和选择电压等级

根据供电距离和负荷容量，合理设计供电系统和选择电压，以减少电能损耗的主要措施如下。

（1）根据企业规模考虑线路供电距离，然后经技术经济比较，采用 35~220 kV 等级供电电压，深入厂区负荷中心供电。自备电厂应布置在厂区负荷中心，以减少配电线路损失。

（2）对负荷集中的大型企业选矿区和大型选矿厂，应尽量采用 35~220 kV 等级电压供电。随着电力负荷的增大，电压等级有提高的趋势。

（3）根据技术经济比较，可采用相分裂导线，输送大容量负荷，以减少线路的损耗。

（4）供配电系统的设置及供配电设备的选择，既要保证长期运行的技术经济合理，又要考虑建设中分批投产的需要。对分期建设期限较长的企业，宜采用多台变压器方案，避免设备轻载运行，增大损耗。

（5）根据技术经济比较，采用合理的电压等级进行配电。

（6）对具有几个电压等级的供配电系统，在改建或扩建设计中，应减少电压层次，合理进行升压改造。

（7）根据矿山的负荷性质和容量，正确选择供配电系统的接线方式，力求简单、可靠，便于生产管理。

（8）对负荷容量较大且分散的场所，应深入负荷中心设置变电所，以减少低压配电网路损耗。

2）提高功率因数

（1）提高功率因数可减少功率损耗。如果输电线路导线每相电阻为 $R(\Omega)$，则三相输电线路的功率损耗可计算如下：

$$\Delta P = 3I^2 R \times 10^{-3} = \frac{P^2 R}{U^2 \cos^2 \varphi} \times 10^{-3} \qquad (11-112)$$

式中：ΔP 为三相输电线路的功率损耗，kW；P 为电力线路输送的有功功率，kW；U 为线电压，V；I 为线电流，A；$\cos \varphi$ 为电力线路输送负荷的功率因数。

由式（11-112）可以看出，在全厂有功功率一定的情况下，$\cos \varphi$ 越小，功率损耗 ΔP 就越大。设法将 $\cos \varphi$ 提高，就可使 ΔP 减小。

在线路的电压 U 和有功功率 P 不变的情况下，改善前的功率因数为 $\cos \varphi_1$，改善后的功率因数为 $\cos \varphi_2$，则三相回路实际减少的功率损耗可按下式计算

$$\Delta P = \left(\frac{P}{U}\right)^2 R \left(\frac{1}{\cos^2 \varphi_1} - \frac{1}{\cos^2 \varphi_2}\right) \times 10^{-3} \qquad (11-113)$$

（2）提高功率因数可减少变压器的铜损。变压器的损耗主要有铁损和铜损。提高变压器二次侧的功率因数，可使总的负荷电流减少，从而减少铜损。

提高功率因数后，变压器节约的有功功率 ΔP 和节约的无功功率 ΔQ 的计算公式分别如下：

$$\Delta P = \left(\frac{P_2}{S_N}\right)^2 \left(\frac{1}{\cos^2 \varphi_1} - \frac{1}{\cos^2 \varphi_2}\right) P_K \qquad (11-114)$$

$$\Delta Q = \left(\frac{P_2}{S_N}\right)^2 \left(\frac{1}{\cos^2 \varphi_1} - \frac{1}{\cos^2 \varphi_2}\right) Q_K \qquad (11-115)$$

式中：ΔP、ΔQ 分别为变压器的有功功率节约值和无功功率节约值，单位分别为 kW、kvar；P_2 为变压器负载侧输出功率，kW；S_N 为变压器额定容量，kV·A；$\cos \varphi_1$ 为变压器原负载功率因数；$\cos \varphi_2$ 为提高后的变压器原负载功率因数；P_K 为变压器的短路损失，kW；Q_K 为变压器额定负载时的无功功率，kvar。

（3）提高功率因数可减少线路及变压器的电压损失。由于提高了功率因数，减少了无功电流，因而减少了线路及变压器的电流，从而减小了电压降。

（4）提高功率因数可增加配电设备的供电能力。由于提高了功率因数，供给同一负载功率所需的视在功率及负荷电流均减少，对现有设备而言，变压器容量和电缆截面就有了裕量，这可用来增加负荷，即使在增加设备时，现有配电设备的容量也可能够用。另外，在基建时由于提高了负荷的功率因数，可减少电源线路的截面及变压器的容量，节约设备投资。

3）提高用电设备的自然功率因数

在矿山企业供配电系统设计时，应尽量提高自然功率因数。当系统功率因数低于国家标准值时，应根据技术经济比较，确定补偿电容量和位置，并按全国供用电规则所规定的功率因数进行无功补偿。

提高自然功率因数，首先应明确企业中各用电设备的无功功率需要情况，从中找出无功功率的主要用户，然后抓住重点，采取措施。

提高企业自然功率因数的措施主要有以下内容。

（1）合理安排和调整工艺流程，改善电气设备的运行状态，使电能得到最充分利用。

（2）合理使用异步电动机及变压器，变压器要做到经济运行。

（3）正确设计和选用变流装置，直流设备的供电和励磁应采用硅整流或晶闸管整流装置取代变流机组、汞弧整流器等直流电源设备。

（4）限制电动机和电焊机的空载运转。对空载率大于50%的电动机和电焊机，可安装空载断电装置。对大、中型连续运行的胶带运输系统，可采用空载自停控制装置。

（5）条件允许时，用同等容量的同步电动机代替异步电动机。在经济合理的前提下，也可采用异步电机同步化运行。对于负荷率不大于0.7及最大负荷不大于90%的绕线式异步电动机，必要时可使其同步化。换言之，当绕线式异步电动机启动完毕后，向转子三相绕组中通入直流励磁，即产生转矩把异步电机牵入同步运行，其运转状态与同步电动机相似，在过励磁的情况下，电动机可向电网送出无功功率，从而达到改善功率因数的目的。

4）功率因数的人工补偿

全国供用电规则规定，高压供电的工业用户和高压供电装有带负荷调整电压装置的电力用户，在当地供电局规定的电网高峰负荷时功率因数应为0.9以上。

当自然功率因数达不到上述要求时，可通过采取人工补偿的办法来满足规定的功率因数要求。车间内供电系统根据负荷性质，应分别采取如下措施进行无功补偿。

（1）在车间负荷变动大的变电所母线上，应采用集中功率因数自动调节补偿和SVC无功自动调节补偿的节能措施。

（2）在车间负荷变动不大的变电所母线上，可采用手动控制进行无功补偿。

近几年来，我国低压金属化膜电容器的生产，为在低压母线上进行就地无功补偿创造了有利条件，设计中应充分考虑在低压母线上进行就地无功补偿。

11.9.4　电动机的节能

11.9.4.1　各种电动机的特性

1）电动机的效率

（1）异步电动机的效率

$$\eta = \frac{P_2}{P_1} = \frac{P_2}{P_2 + \Delta P} \times 100\% \qquad (11-116)$$

式中：P_2 为电动机的输出功率，kW；P_1 为电动机的输入功率，kW；ΔP 为电动机的功率损耗，kW。

电动机的损耗分为负载损耗（主要是铜损）和空载损耗（主要是铁损），如图11-49所示。

各种损耗和总损耗与负荷系数 β（即电动机实际负荷与额定负荷之比）的关系如图11-50所示。

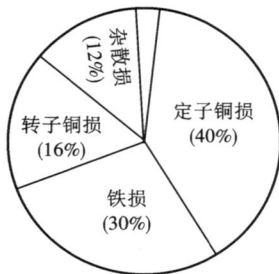

图 11-49　小型异步电动机各种损耗

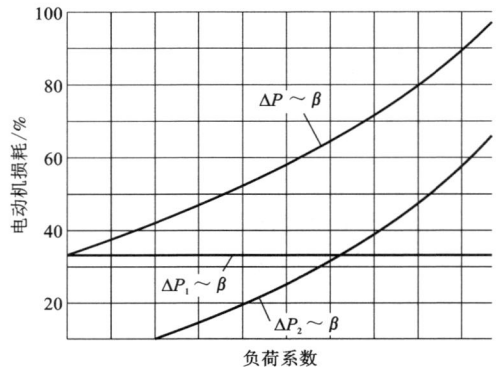

图 11-50　负荷系数与电动机损耗的关系

当输出功率 P_2 减少后,虽然总的损耗也在减少,但减少的速度较慢。此时,电动机的效率随负荷的减少而降低。特别是负荷系数低于 50% 以后,电动机效率下降得更快,当空载运行时,$P_2 = 0$,而总的损耗等于恒定损耗。因此,空载时电动机的效率为 0。电动机效率 η 和功率因数 $\cos\varphi$ 与负荷系数 β 的关系如图 11-51 所示。

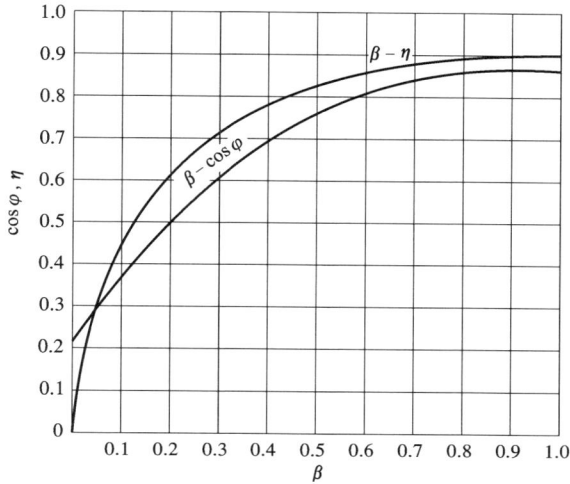

图 11-51 电动机效率 η 和功率因数 $\cos\varphi$ 与负荷系数 β 的关系

(2)直流电动机的效率。

直流电动机的效率通常比交流电动机差,主要是由于直流电动机的励磁损耗和铜损大,其与同一容量的三相异步电动机相比,效率要低 2%~3%,这也是近年来交流调速装置越来越受到重视的原因之一。直流电动机需要励磁,为了连续使用,必须进行强迫冷却,所以在直流电动机较多时,冷却用风机的耗电不可忽视。因此,在有条件且经济合理时,宜用交流电动机代替直流电动机,宜用交流调速系统代替直流调速系统。

2)电动机的功率因数

电动机功率因数 $\cos\varphi$ 的降低,不仅会增加电动机输电线路及变压器的电能损耗,而且会增加发电、输配电系统中的附加损耗,从而增加这方面的投资。因此,在电动机的节能工作中,必须了解功率因数 $\cos\varphi$ 的变化规律。

(1)异步电动机的功率因数。

异步电动机的等值电路如图 11-52 所示。对电源来说,这相当于一个电阻和一个电感串联负荷,因而功率因数 $\cos\varphi$ 总是小于 1 的。为了建立磁场,异步电动机从电网吸取很大的无功电流 I_0,它在正常工作范围内几乎不变,在空载时定子电流 $I_1 =$

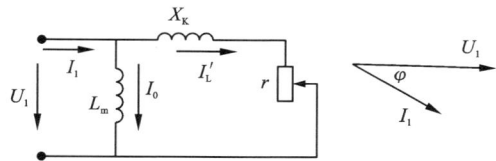

图 11-52 异步电动机的等值电路

I_0,此时功率因数很小,一般 $\cos\varphi = 0.2$ 左右。当负载增加时,定子电流中的有功分量增加,使 $\cos\varphi$ 很快增加,当接近额定负载时,$\cos\varphi$ 达到最大值。但负载增加到一定程度后,由于转差率的提高，转子漏抗增大，转子电路的无功电流增加，相应定子的无功电流也增加，功率因数反而下降。异步电动机的功率因数 $\cos\varphi$ 与负荷系数 β 的关系如图 11-52 所示。

（2）同步电动机的功率因数。

同步电动机的功率因数 $\cos\varphi$ 与异步电动机的不同，它可以为滞后，也可以为超前。当激磁电流发生改变时，对同步电动机的定子电流和功率因数有影响，但并不改变电动机的输出功率和转速。

三相同步电动机的输出功率 P_Z 可用下式表示：

$$P_Z = \sqrt{3}\,UI\cos\varphi\,\eta_M \qquad (11-117)$$

当电压 U 不变时，在同一负荷下，电动机的效率 η_M 也是不变的。这时，定子电流 I 与功率因数 $\cos\varphi$ 的乘积应该在激磁电流改变后保持不变。在同步电动机中，控制激磁电流是非常简单的。在任何负荷下，只要把功率因数 $\cos\varphi$ 调整到 1，就可以使网路电流最小，电动机吸收网路中的无功功率（指感性无功）。与此相反，如果增大激磁电流，输入电流也会增加，则同步电动机给网路输送无功功率。图 11-53 所示为各种负荷系数的同步电动机 V 形曲线，表 11-55 为同步电动机的功率因数与有功功率和无功功率的关系。

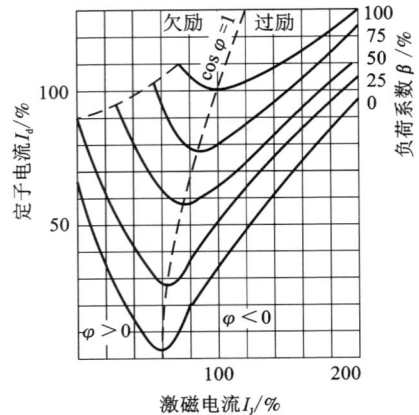

图 11-53 同步电动机的 V 形曲线

表 11-55 同步电动机的功率因数与有功功率和无功功率的关系

$\cos\varphi$	1	0.975	0.95	0.9	0.85	0.8	0.7	0.6
有功负荷/kW	100	100	100	100	100	100	100	100
无功负荷/kvar	0	23	33	49	62	75	100	133

3）电压变动引起的电动机特性变化

电动机端电压降低时，异步电动机的特性变化见表 11-56。

表 11-56 电动机端电压降低时，异步电动机的特性变化

项目	电压波动		
	90%电压	比例关系	110%电压
启动转矩 最大转矩	-19%	U^2	+21%
同步转速	不变	恒定	不变
转差率	+23%	$1/U^2$	-17%
满负荷转速	-1.5%		+1%
	满负荷	-2%	稍有增加

续表 11-56

项目	电压波动		
	90%电压	比例关系	110%电压
功率	75%负荷	实际上不变	实际上不变
	50%负荷	+1%~2%	-(1~2)%
	满负荷	+1%	-3%
功率因数	75%负荷	+2%~3%	-4%
	50%负荷	+4%~5%	-(5~6)%
满负荷电流	+11%		-7%
启动电流	-(10~12)%	U	+10%~12%
满负荷温度上升	+67℃		-(1~2)%
电磁噪声	稍有减少		稍有增加

由表 11-56 可知,电压下降时最大问题是启动转矩与最大转矩的减少,使负荷电流增加,从而引起线路损耗增加,电动机温度上升。而电压升高也会显著增加励磁电流,使得电动机温度上升和效率降低,所以要加以注意。

11.9.4.2　电动机的节能方法

根据以上分析可知,减少电动机电能损耗的主要途径是提高电动机的效率和增大功率因数。国内外资料介绍的电动机节能有如下有效办法。

1)采用高效电动机

采用各种减少损耗措施后的高效电动机,其总消耗比普通标准电动机减少 20%~30%,电动机的效率可以比普通的标准型提高 3%~6%。

我国新设计生产的高效电动机具有效率高、启动转矩大、噪声小、防护性能良好等特点。现将高效电动机的能效限定值及能效等级技术数据列于表 11-57 中。

表 11-57　GB 18613—2020 规定的中、小型异步三相电动机能效限定值　　　　　%

额定功率/kW	效率/%											
	1 级				2 级				3 级			
	2 极	4 极	6 极	8 极	2 极	4 极	6 极	8 极	2 极	4 极	6 极	8 极
0.12	71.4	74.3	69.8	67.4	66.5	69.8	64.9	62.3	60.8	64.8	57.7	50.7
0.18	75.2	78.7	74.6	71.9	70.8	74.7	70.1	67.2	65.9	69.9	63.9	58.7
0.20	76.2	79.6	75.7	73.0	71.9	75.8	71.4	68.4	67.2	71.1	65.4	60.6
0.25	78.3	81.5	78.1	75.2	74.3	77.9	74.1	70.8	69.7	73.5	68.6	64.1
0.37	81.7	84.3	81.6	78.4	78.1	81.1	78.0	74.3	73.8	77.3	73.5	69.3
0.40	82.3	84.8	82.2	78.9	78.9	81.7	78.7	74.9	74.6	78.0	74.4	70.1
0.55	84.6	86.7	84.2	80.6	81.5	83.9	80.9	77.0	77.8	80.8	77.2	73.0
0.75	86.3	88.2	85.7	82.0	83.5	85.7	82.7	78.4	80.7	82.5	78.9	75.0

续表 11-57

额定功率/kW	效率/%											
	1 级				2 级				3 级			
	2 极	4 极	6 极	8 极	2 极	4 极	6 极	8 极	2 极	4 极	6 极	8 极
1.1	87.8	89.5	87.2	84.0	85.2	87.2	84.5	80.8	82.7	84.1	81.0	77.7
1.5	88.9	90.4	88.4	85.5	86.5	88.2	85.9	82.6	84.2	85.3	82.5	79.7
2.2	90.2	91.4	89.7	87.2	88.0	89.5	87.4	84.5	85.9	86.7	84.3	81.9
3	91.1	92.1	90.6	88.4	89.1	90.4	88.6	85.9	87.1	87.7	85.6	83.5
4	91.8	92.8	91.4	89.4	90.0	91.1	89.5	87.1	88.1	88.6	86.8	84.8
5.5	92.6	93.4	92.2	90.4	90.9	91.9	90.5	88.3	89.2	89.6	88.0	86.2
7.5	93.3	94.0	92.9	91.3	91.7	92.6	91.3	89.3	90.1	90.4	89.1	87.3
11	94.0	94.6	93.7	92.2	92.6	93.3	92.3	90.4	91.2	91.4	90.3	88.6
15	94.5	95.1	94.3	92.9	93.3	93.9	92.9	91.1	91.9	92.1	91.2	89.6
18.5	94.9	95.3	94.6	93.3	93.7	94.2	93.4	91.7	92.4	92.6	91.7	90.1
22	95.1	95.5	94.9	93.6	94.0	94.5	93.7	92.1	92.7	93.0	92.2	90.6
30	95.5	95.9	95.3	94.1	94.5	94.9	94.2	92.7	93.3	93.6	92.9	91.3
37	95.8	96.1	95.6	94.4	94.8	95.2	94.5	93.1	93.7	93.9	93.3	91.8
45	96.0	96.3	95.8	94.7	95.0	95.4	94.8	93.4	94.0	94.2	93.7	92.2
55	96.2	96.5	96.0	94.9	95.3	95.7	95.1	93.7	94.3	94.6	94.1	92.5
75	96.5	96.7	96.3	95.3	95.6	96.0	95.4	94.2	94.7	95.0	94.6	93.1
90	96.6	96.9	96.5	95.5	95.8	96.1	95.6	94.4	95.0	95.2	94.9	93.4
110	96.8	97.0	96.6	95.7	96.0	96.3	95.8	94.7	95.2	95.4	95.1	93.7
132	96.9	97.1	96.8	95.9	96.2	96.4	96.0	94.9	95.4	95.6	95.4	94.0
160	97.0	97.2	96.9	96.1	96.3	96.6	96.2	95.1	95.6	95.8	95.6	94.3
200	97.2	97.4	97.0	96.3	96.5	96.7	96.3	95.4	95.8	96.0	95.8	94.6
250	97.2	97.4	97.0	96.3	96.5	96.7	96.5	95.4	95.8	96.0	95.8	94.6
315~1000	97.2	97.4	97.0	96.3	96.5	96.7	96.6	95.4	95.8	96.0	95.8	94.6

因此,在设计和技术改造中,应选用新系列高效电动机,以节省电能。

普通高效电动机价格比一般电动机高 20%~30%,采用时要考虑资金回收期,即在短期内靠节电费用收回多花的费用。一般符合下列条件时可选用普通高效电动机。

(1)负载率在 0.6 以上。

(2)每年连续运行时间在 3000 h 以上。

(3)电机运行时无频繁启动、制动(最好是轻载启动,如风机、水泵类负载)。

(4)单机容量较大。

2)根据负荷特性合理选择电动机

为了合理选择电动机,首先要了解负荷的特性。通常选择电动机时需考虑表 11-58 中的因素。

表 11-58　选择电动机时需考虑的因素

负荷种类	泵、风扇、传送带等
转矩特性	转矩特性(降低特性、恒转矩特性、恒功率特性)曲线,启动转矩,最大转矩,容许转矩
负荷的 GD^2	负荷的转动惯量
运行特性	使用种类(连续、短时、继续、反复),启动次数,有无过负荷,有无制动
性能	加速时间,减速时间,停止精度
控制	恒速、定位、调速、卷绕等
使用场合	户内、户外、海拔高度、防护等级等

要对旧有设备使用的电动机进行必要的测试与计算,结合电动机的工作环境及负载特点,选用适当的电动机取代"大马拉小车"的电动机,以提高电动机运行的效率和功率因数。

通常当电动机的负载率 $K>0.65$ 时,可不必更换;负载率 $K<0.3$ 时,不经计算便可更换;负载率 K 在 0.3 至 0.65 之间时,则需经过计算后再确定是否更换。

3)改变电动机绕组接法

经常处于轻负荷运行的电动机,应采用三角-星切换装置,将三角形接法的电动机改为星形接法,这样可以达到良好的节电效果。

电动机的星形接法和三角形接法的效率比 $\dfrac{\eta_Y}{\eta_D}$、功率因数比 $\dfrac{\cos\varphi_Y}{\cos\varphi_D}$ 与负荷系数 β 的关系见表 11-59 和表 11-60。

表 11-59　负荷系数与采用不同接法时的电动机效率比

负荷系数 β	0.1	0.15	0.2	0.25	0.3	0.4	0.45	0.5
效率比 $\dfrac{\eta_Y}{\eta_D}$	1.27	1.14	1.1	1.06	1.04	1.01	1.005	1.00

表 11-60　负荷系数与采用不同接法时的电动机功率因数比

$\dfrac{\cos\varphi_Y}{\cos\varphi_D}$	负荷系数 β			
	0.1	0.2	0.3	0.4
0.78	1.94	1.80	1.64	1.49
0.79	1.90	1.76	1.60	1.46
0.80	1.96	1.73	1.58	1.43
0.81	1.82	1.70	1.55	1.40
0.82	1.78	1.67	1.53	1.37

续表 11-60

$\dfrac{\cos\varphi_Y}{\cos\varphi_D}$	负荷系数 β			
	0.1	0.2	0.3	0.4
0.83	1.79	1.64	1.49	1.33
0.84	1.72	1.61	1.46	1.32
0.85	1.69	1.58	1.44	1.30
0.86	1.66	1.55	1.41	1.24
0.87	1.63	1.52	1.38	1.24
0.88	1.60	1.49	1.35	1.22
0.89	1.59	1.46	1.32	1.19
0.90	1.57	1.43	1.29	1.17
0.91	1.54	1.40	1.26	1.14
0.92	1.50	1.36	1.23	1.11

由表 11-59 和表 11-60 可知，只有在负荷系数低于 0.3 时，将电动机的三角形接法改为星形接法才能使电动机的效率有明显提高。当负载系数为 0.5 时，星形接法和三角形接法的效率基本相等，无节能效果。当负荷系数大于 0.5 时，星形接法的效率反而低于三角形接法。另外，电动机的功率因数 $\cos\varphi$ 在负载系数低于 0.4 时，将三角形接法改为星形接法后效率有比较明显的提高，这对于变压器和输电线路的节能是有好处的。

但电动机由三角形接法改为星形接法后，其极限容许负载大致为铭牌容量的 38%~45%。因此，在将三角形接法改为星形接法作为节能方法时，一定要考虑改接后的电动机容量是否能满足负载的要求。

一般认为，电动机由三角形接法改为星形接法的转换点 β 在 0.3 至 0.4 之间，对不同型号的电动机，其转换点并不一定完全相同，应该具体分析计算才能确定。根据经验，当 $\beta < 0.3$ 时，将采用三角形接法连接的绕组改为星形接法连接，往往可以节能。

4）电动机无功功率就地补偿

电动机无功功率就地补偿对改变远距离送电的电动机低功率因数运行状态，减少线路损失，提高变压器负载率有明显效果。实践表明，补偿电容每年可节电 150~200 kW·h/kvar，是一项值得推广的节能技术。特别是对于下列运行条件的电动机要首先应用。

（1）远离电源的水源泵站电动机。

（2）距离供电点 200 m 以上的连续运行电动机。

（3）轻载或空载运行时间较长的电动机。

（4）重载电动机。

（5）高负载率变压器供电的电动机。

为了防止产生自励磁过电压，单台电动机补偿容量不宜过大，应保证电动机在额定电压下断电时电容器的放电电流不大于 I_0。

单台电动机的补偿容量由下式计算：

$$Q_b \leqslant \sqrt{3}\, U_N I_0 \qquad (11-118)$$

式中：Q_b 为补偿电容器容量，kvar；U_N 为电动机的额定电压，kV；I_0 为电动机的空载电流，A。

一般 I_0 应由电动机制造厂提供。若无空载电流 I_0 这个参数时，空载电流 I_0 可按以下三种方法估算。

（1）某电气公司推荐的方法：

$$I_0 = 2I_N(1-\cos\varphi_N) \qquad (11-119)$$

式中：I_N 为电动机额定电流，A；$\cos\varphi_N$ 为电动机的额定功率因数。

（2）按电动机最大转矩倍数推算的方法：

$$I_0 = I_N\left(\sin\varphi_N - \frac{\cos\varphi_N}{2b}\right) \qquad (11-120)$$

式中：$b = \dfrac{\text{最大转矩}}{\text{额定转矩}}$，为 1.8～2.2，可从电动机产品样本中查出。

（3）按经验数据估算方法。

I_0 可根据以下经验数据计算，一般大容量的电机的空载电流 I_0 占额定电流的 20%～35%，小容量电机占 35%～50%。

5）电动机节能的其他方法

（1）对于经常轻载（负载率小于 40%）的生产机械，可采用具有启动功能的轻载节电器，以达到"轻载降压运行节电"的目的。

（2）对于大、中型电动机，宜更换为磁性槽楔，以便减少磁路损耗，提高效率。这是因为磁性槽楔能使气隙磁密分布趋于均匀，减少齿谐波的影响，降低脉振损耗和表面损耗，并使有效气隙长度缩短，所以能够改善电机气隙磁势波形，减少空载电流，改善功率因数，降低电机损耗，降低温升，提高电机效率，并减少电磁噪声、振动，延长电机的使用寿命。因此，在电动机修理时更换为磁性槽楔，实践证明其节能效果是显著的。

（3）根据技术经济比较，大型恒速电动机应尽量选用同步电动机，并能进相运行，以提高自然功率因数。

11.9.5　风机、水泵的节能

11.9.5.1　调节驱动电动机的转速

矿山企业内的许多风机、水泵的流量不是要求恒定的，根据风机、水泵的压力-流量特性曲线，按照工艺要求的流量，实现变速变流量控制，是节能的有效方法。

从理论上分析，风机、水泵具有以下特点：

$$\frac{Q_2}{Q_1} = \frac{N_2}{N_1},\ \frac{H_2}{H_1} = \left(\frac{N_2}{N_1}\right)^2,\ \frac{P_2}{P_1} = \left(\frac{N_2}{N_1}\right)^3 \qquad (11-121)$$

式中：Q_2、Q_1 为流量，m^3/s；N_2、N_1 为转速，r/min；P_2、P_1 为功率，kW；H_2、H_1 为扬程，m。

　　流量与转速成比例，而功率与流量的 3 次方成比例。由于风机、水泵一般用不调速的笼型异步电动机驱动，当流量需要改变时，用改变风门或阀门的开度进行控制的效率很低。若采用转速控制，当流量减小时，所需功率近似按流量的 3 次方速度大幅度下降。

　　图 11-54 和图 11-55 分别为风门控制和转速控制流量的特性曲线。由图 11-54 可知，当流量降到 80% 时，功率为原来的 96%，即 $P_B = H_B Q_B = 1.2 H_A \times 0.8 Q_A = 0.96 P_A$。

　　由图 11-55 可知，当流量下降到 80% 时，功率为原来的 56%（即降低了 44%），即 $P_C = H_C Q_C = 0.7 H_A \times 0.8 Q_A = 0.56 P_A$。

　　由此看出，调速比调风门增大的节电率为 $\dfrac{0.96 P_A - 0.56 P_A}{0.96 P_A} \times 100\% = 41\%$，流量的转速控制节能效果显著。

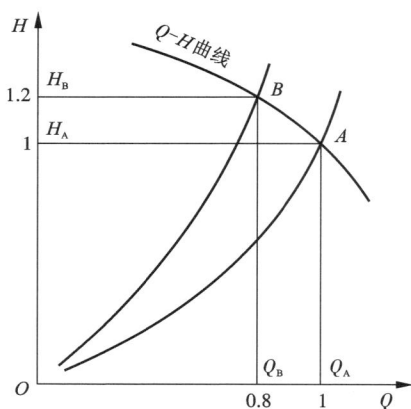

图 11-54　风机流量的风门控制

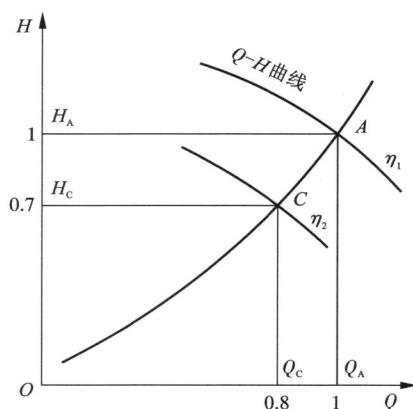

图 11-55　风机流量的转速控制（$\eta_1 > \eta_2$）

　　风机、水泵的调速方法有以下几种。

　　(1) 对于小容量的笼型异步电动机，当流量只需几级调节时，可选用变极调速电机。

　　(2) 对于要求连续无级变流量控制，当为笼型异步电动机时，可采用变频调速或液力偶合器调速；当为绕线型异步电动机时，可采用晶闸管串级调速。

　　国内已生产的 NTJ(Y)R 系列三相异步电动机，是根据内反馈晶闸管串级调速原理而设计制造的特种调速电动机。由这种电动机构成的内反馈晶闸管串级调速系统，既有优良的无级调速特性，又可取得比普速晶闸管串级调速更好的节能效果。同时，取消了逆变变压器，并通过内补偿大大提高了电动机的功率因数，有效地抑制了谐波对电网的影响。

　　必须指出，上述的变极调速、变频调速以及串级调速，均属高效率控制方式调速；而液力偶合器调速，如同转子串电阻或定子变电压调速以及电磁滑差离合器控制一样，属于转差功率不能回收利用的低效率调速。液力偶合器的调速范围为 $20\% \sim 97\% N_n$（N_n 为电机额定转速），有速度损失，因其装于电机与负载之间，无法达到额定速度运转，同时因其转差功率损耗变为油的热能而使温度升高，必须采取适当冷却措施。低速小功率液力偶合器造价高，因而仅适用于高速大功率风机、水泵负载。

11.9.5.2　合理选型

无论是风机或水泵，设计选型都要合理，使风机与水泵的额定流量和压力尽量接近于工艺要求的流量与压力，从而使设备运行时的工况经常保持在高效区。

如图 11-56 中 A 点是运行的高效点。如果选择不当，余量太大，如 B 点，偏离高效区，则会造成风机、水泵效率下降，浪费能源。如某厂水泵站应选用 4 级排水泵，运行效率可达 75%，但选配了有较大容量的 6 级泵，运行效率仅 60%，这样一台泵每年要多浪费电能 18.7 万 kW·h。

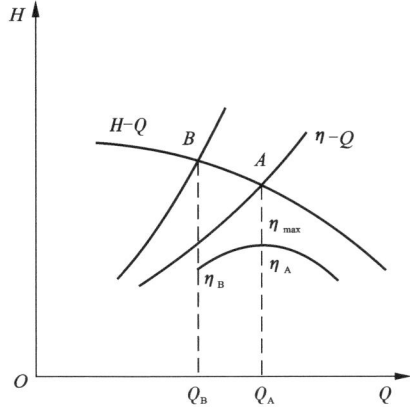

图 11-56　风机和水泵的 H-Q、η-Q 曲线

11.9.5.3　采用高效率设备

新设计的风机装置应选用高效率的新产品(包括控制装置、电动机、传动装置和风机)，它们中任一设备效率的提高，对节能有好处。

在传动装置中，液力耦合器有下述优点。

(1)可省电能。

(2)采用液力耦合器启动风机时，为空载启动，对变压器和其他用电设备无冲击，安全可靠。

(3)改善了运行状况，延长了机组及其部件寿命。

(4)采用液力耦合器，可以取消调节阀门，减少进风阻力，提高风机的效率。

因此，对连续运转并有调节风量要求的大、中型笼型异步电动机而言，通过技术经济比较，可采用液力耦合器调速或其他方式调速。

通常电动机与水泵配套时的容量按下式确定：

$$P = K_C \frac{P_2}{\eta_m} = K_C \frac{\gamma QH}{102 \eta_{pum} \eta_m} \tag{11-122}$$

式中：P 为与水泵配套电机容量，kW；P_2 为水泵工作范围内的最大轴功率，kW；η_m 为机械的传动效率；Q、H、η_{pum} 分别为水泵工作范围内的最大轴功率对应的流量(m³/s)、扬程(m)、效率(%)；γ 为水的密度，kg/m³；102 为换算系数，1 kW = 102 kg·m/s；K_C 为电动机的备用系数，见表 11-61。

表 11-61　电动机的备用系数 K_C

水泵轴功率/kW	<5	5~10	10~50	50~100	>100
K_C	2.0~1.3	1.3~1.15	1.15~1.10	1.10~1.05	1.05

各种传动类型的机械效率见表 11-62。

然而，在选择电动机时还要考虑发热、电网电压波动、电动机容量级差等因素，有时所选择的电动机很难和水泵的要求完全一致。一般认为，所选电动机的容量比水泵要求的适当大一些是容许的。在设计电动机时，常常把最高效率点设在额定功率的 70% 至 100% 之间。因此，从节能的角度考虑，运行在 70%~80% 负荷率时的电动机节能效果最佳。当电动机的平均负载在

70%以上时,可以认为电动机的容量是合适的。但是,如果由于种种因素,造成电动机容量过大、负载太低时,如离心泵、轴流泵常常出现低于60%的负荷率,应更换或改造。

表 11-62 传动方式与机械效率

类型	传动名称	效率
圆柱齿轮传动	6、7级精度闭式传动(油液润滑)	0.98~0.99
	8级精度闭式传动(油液润滑)	0.97
	9级精度闭式传动(油液润滑)	0.96
	切制齿开式传动(油脂润滑)	0.94~0.96
	铸造齿开式传动(油脂润滑)	0.90~0.93
圆锥齿轮传动	6、7级精度闭式传动(油液润滑)	0.97~0.98
	8级精度闭式传动(油液润滑)	0.94~0.97
	切制齿开式传动(油脂润滑)	0.92~0.95
	铸造齿开式传动(油脂润滑)	0.88~0.92
减速器	单级圆柱齿轮减速器	0.97~0.98
	双级圆柱齿轮减速器	0.95~0.96
	单级行星内外啮合圆柱齿轮减速器	0.95~0.98
	单级行星摆线针轮减速器	0.90~0.96
	单级圆锥齿轮减速器	0.95~0.96
	双级圆锥—圆柱齿轮减速器	0.94~0.95
皮带传动	平皮带无压紧轮开式传动	0.98
	平皮带有压紧轮开式传动	0.97
	平皮带交叉传动	0.90
	平皮带半交叉传动	0.92~0.94
	三角皮带开口传动	0.95~0.96
	同步齿形带	0.96~0.98
联轴器	弹性联轴器	0.99~0.995
	液力联轴器	0.95~0.97
	齿轮联轴器	0.99
直接传动		1.00

采用高效电动机每年节约的电费 G_d 可按式(11-123)计算。

$$G_d = \frac{J_d P_t}{\eta_m}\left(\frac{1}{\eta_{M1}} - \frac{1}{\eta_{M2}}\right) \qquad (11-123)$$

式中:G_d 为电价,元/(kW·h);P 为水泵的轴功率,kW;t 为年运行时间,h;η_m 为机械传动装置的效率;η_{M1} 为低效电动机的效率;η_{M2} 为高效电动机的效率。

11.9.5.4 其他节能方法

1)减少空载运行时间

矿山企业的有些风机、水泵不是连续运行的,应严格控制该类设备的空载运转,力争做到间歇停开电动机。设计时,应注意下述问题。

（1）启动时，电源电压降应在允许范围内。

（2）启动装置的热容量能够满足要求。

（3）要考虑开关设备的寿命，当技术条件允许时，可装设真空开关、停电动机。

（4）电动机寿命能满足要求。

2）更换或改造低效设备

在改造设计中，当通风机、鼓风机效率低于70%时，应更换或改造。

各种调速控制方式下的风机功率消耗相对值见表11-63。

表 11-63　各种调速控制方式下风机功率消耗相对值

风量 /%	出口挡板控制	变极调速+出口挡板控制				入口挡板控制	变极调速+入口挡板控制				变频调速
		6/8 极		4/6 极			6/8 极		4/6 极		
		6 极	8 极	4 极	6 极		6 极	8 极	4 极	6 极	
100	1	1		1		1	1		1		1.05
90	0.98	0.98		0.98		0.91	0.91		0.91		0.82
80	0.95	0.95		0.95		0.82	0.82		0.82		0.61
75	0.93		0.52	0.93		0.79		0.52	0.79		0.53
70	0.91		0.52	0.91		0.76		0.47	0.76		0.45
67	0.9		0.51		0.41	0.74		0.44		0.41	0.41
50	0.83		0.45		0.37	0.65		0.31		0.26	0.23
33	0.7		0.39		0.31	0.58		0.21		0.14	0.12

11.9.6　照明和低压电器的节能

11.9.6.1　照明的节能方法

1）减少亮灯时间

具体方法如下。

（1）加强管理，车间或办公室无人工作时应及时关灯。

（2）增设照明开关（每个照明开关控制灯的数量不要过多），以便管理和节能。

（3）对大型厂房照明进行设计时宜采取分区控制方式，既可增强照明分支回路控制的灵活性，又使不需照明的地方不亮灯。

（4）当条件允许时，应尽量采用调光器、定时开关、节电开关等控制电气照明。对采用集中控制的照明系统，宜安装带延时的光电自动控制装置，开、闭照明。

（5）为防止白天亮灯，室外照明系统最好采用（JGK-Ⅱ型）光电控制器代替照明开关。

（6）在窗边或人不经常去的地方，可单独设置照明开关。

2）减少照明线路的损耗

具体方法如下。

（1）照明电源线路应尽量采用三相四线制供电，以减少电压损失。在设计时应尽量使三相照明负荷对称,以免影响灯泡的发光效率。

(2)除为了安全必须采用 36 V 以下的照明灯具外,应尽量采用较高电压的照明灯具。

(3)使用高功率因数的镇流器,以减小线路功率损耗。

(4)应当使电气照明的工作电压保持在允许的电压偏移之内。在采用气体放电光源较多的场所,应采用补偿电容提高功率因数。

3)采用高效光源

按工作场所的条件,采用不同种类的高效光源可降低电能消耗,节约能源。其具体要求如下。

(1)在灯具悬挂比较高的场所,如高大厂房、露天工作场所、一般照明及道路照明,应采用高压钠灯、金属卤化物灯或外镇流荧光汞灯。除特殊情况外,不应采用管形南钨灯及大功率白炽灯。

(2)在悬挂高度较低的场所,宜采用荧光灯或小功率高压钠灯,不宜采用白炽灯。只有在开合频繁或特殊需要时方可使用白炽灯,但宜选用双螺旋(双绞丝)白炽灯。

(3)试验室、办公室和职工住宅居室,宜采用荧光灯或其他高效光源。

(4)气体放电灯应尽量采用耗能低的镇流器。荧光灯和气体放电灯线路必须安装电容器,补偿无功损耗,节约电能。

4)采用高效灯具

(1)根据视觉条件的需要,并综合考虑灯具的照明技术特性及其长期运行的经济效率,尽量采用效率较高的灯具。

(2)不宜采用效率低于 70% 的灯具。当灯具装有遮光栅格时,要特别注意遮光栅格保护角对降低灯具效率的影响。一般装有遮光栅格的灯具,其效率不宜低于 55%。

(3)采用非对称光分布灯具。由于它具有减弱工作区反射眩光的特点,在一定的照度下,能够大大改善视觉条件,可获得较高的效能。

(4)选用变质速度较慢的材料,如玻璃灯罩、搪瓷反射罩等制成的灯具,以减少光能衰减率。

5)选用合理的照明方案

(1)当条件允许时,在有空调设施的房间应采用照明空调组合系统。

(2)分区设置一般照明和混合照明。

(3)在需要有高照度或有改善光色要求的场所,宜采用两种以上光源组成的混光照明。表 11-64 给出了常用的四种混光照明特性。

表 11-64　常用的四种混光照明特性

混光种类	光通量混光比	色温/K	平均显色指数	灯的效率
白炽灯与荧光汞灯	3∶7	3700	60	38
高压钠灯与荧光汞灯	4∶6	3050	42	72
高压钠灯与金属卤化物灯	5∶5	3100	54	98
高压钠灯与镧系金属卤化物灯	3∶7	3200	61	115

（4）室内顶棚墙面、地面宜采用较浅颜色的建筑材料，以便能更加有效地利用光能。但应注意在高照度的情况下，对照明房间反射率的特殊要求。

（5）严格控制照明用电指标，优选光通利用系数较高的照明设计方案，不允许通过降低推荐照度来节能。

11.9.6.2 低压电器的节能

低压电器是使用量大、使用面广的基础元件。就每个低压电器而言，其所消耗的电能并不大，一般仅数瓦或数十瓦，但由于用量大（如热继电器、熔断器和信号灯等），总的耗电量也是很大的。因此，采用成熟、有效、可靠的节能型低压电器是节能工作中不可忽视的部分。

具体措施介绍如下。

1）采用具有节能效果的低压电器更新老产品

（1）用 RT20 系列、RT16（NT 型）系列熔断器取代 RTO 系列熔断器，RT20 系列和 RT16 系列采用新熔片结构和点锡先进工艺，降低了熔断器熔体的电阻，从而减少了熔断器的功耗；RT20 系列和 RT16 系列与 RTO 系列相比，全系列平均节电率为 15%，每只熔断器平均可节能约 3 W。

（2）用 JR20 系列、T 系列热继电器取代 JRO 系列和 JR16 系列热继电器，JR20 系列和 T 系列热继电器采用适当降低整定电流调节比和动作行程的方法，可减少动作和热元件的电阻，从而降低了热继电器的功耗。JR20 系列、T 系列与 JRO 系列、JR16 系列相比，全系列平均节电率为 30%，每只热继电器平均可节能约 4 W。

（3）AD1 系列信号灯采用高电压小功率灯泡，取代 XD2、XD3、XD5 和 XD6 老系列信号灯，可显著地降低电耗。此外，发光二极管芯群组装成 AD 系列信号灯，功耗仅为老产品的 1/3。新型信号灯 AD1、AD 系列与 XD2、XD3、XD5、XD6 系列相比，全系列平均节电率为 70%，每只信号灯平均可节能约 8 W。

2）应用交流接触器的节电技术

交流接触器的节电原理是将交流接触器的电磁操作线圈的电流由原来的交流改为直流。目前我国生产的 60 A 以上大、中容量的交流接触器，其交流操作电磁系统消耗的有功功率在数十瓦至一百多瓦之间。功耗的分配：铁芯消耗功率占 65%～75%，短路环占 25%～30%，线圈占 3%～5%。大、中容量交流接触器如装节电器后，将操作电磁系统由原设计的交流操作改为直流吸持，可省去铁芯和短路环中绝大部分的损耗功率，取得较高的节能效益，一般节电率为 85% 以上。交流接触器采用节电技术时，还可降低线圈的温升及噪声。大、中型交流接触器采用节电技术后，每台平均可节能约 50 W。

11.10 柴油电站

11.10.1 柴油电站的特点

柴油发电机是内燃发电机的一种，它是以柴油为一次能源，柴油机为原动机的发电机组。其具有以下特点。

（1）与火力发电相比，单位功率的设备柴油发电机构造简单，体积小，质量轻，辅助设备少，占地面积小，运输方便，热力管道系统简单，一般为成套机组。因此，柴油电站的投资少，建设周期短，收效快。

（2）可以设在负荷处，单独对一些特殊负荷供电。

（3）启动迅速，带负荷和停机时间短，并能很快达到全功率。另外，利用启动迅速的特点，可以在柴油发电机上装置一套自动启动装置，在几秒钟内就能启动，10 s 时能供 25% 的额定负荷，30 s 时能供 75% 的额定负荷，45 s 时能满载运行。

（4）操作维护简单、方便，所需操作人员少。

（5）热效率较高，一般为 30%~46%。如果加上余热综合利用，热效率为 60% 左右，领先于各类热动力机。而在负荷不低于 50% 时，燃油消耗率变化不大，机组在备用期间无燃料消耗。

（6）单机容量范围宽（0.5~22 MW），并联运行方便。

（7）耗水量少，对环境污染小。

由于具有上述特点，所以柴油发电机越来越广泛地作为金属矿山需要容量不大的保安电源，和难以取得两个电源的具有一级负荷的民用建筑设施的应急电源。

柴油发电设备的缺点：使用价格较高的柴油，发电成本较高；柴油机运转磨损较大，零部件易损坏，检修周期短，运行稳定性和过负荷能力稍差；运行中机组振动和噪声大，操作条件较差。

11.10.2　柴油电站的类型

柴油电站按其性质和用途可分为自备电站和临时性电站两种。自备电站又分为常用电站和备用电站。常用电站可承担矿山企业全部电力负荷，而且处于长期连续运行状态；备用电站只在外部电源发生故障中断供电时，为确保矿山企业一级负荷的安全供电而应急投入运行。临时性电站一般称为基建用电站，供矿山基本建设期间的施工用电，待电力网建成使用后，根据矿山基体情况考虑，有的留作备用电站，有的拆迁。

11.10.3　柴油电站的站址选择

柴油电站的站址选择应参照以下几点。

（1）常用电站应尽可能靠近电力负荷中心，备用电站宜靠近一级负荷地区或变（配）电所附近，以增强电站运行的经济性和灵活性。

（2）供水必须方便，应保证满足电站全年生产及生活的用水量。电站生产用水量的估算指标见表 11-65。

表 11-65　电站生产用水量的估算指标

冷却水温度差/℃	10	15	20	25
用水量/(L·kW^{-1}·h^{-1})	82	54	41	33

上表所列指标是采用直流式冷却系统的单位耗水量。如采用循环式冷却系统时，冷却水的消耗量仅为循环水量的一部分。估算补充水量时，可由上表查出的数字按下述指标估算：

冷却塔：为直流供水系统耗水量的 4%~5%；

喷水池：为直流供水系统耗水量的 6%~7%；

冷却池：为直流供水系统耗水量的 1%~2%。

（3）交通运输方便，能保证设备、建筑材料及燃油的运输。

（4）应有较好的地形和地质条件，避开矿床、采矿崩落区、断层、滑坡、塌陷、溶洞、爆破、山洪和空气污秽的地区。

（5）便于引出架空线、电缆、燃油管及上下水管道等。

（6）具有扩建的条件。

11.10.4 柴油发电机组的选择

11.10.4.1 装机容量

常用电站的柴油发电机组装机容量，应根据矿山企业电力计算负荷（包括电站自用电）和备用容量确定。

运行机组故障或检修时，备用机组投入运行后应能满足全部最大电力计算负荷的要求。

常用电站的柴油发电机组备用容量一般不少于企业电力计算负荷的25%，如中、低速运行机组为4台以下时，应设置1台备用机组。

备用电站的柴油发电机组装机容量应根据矿山企业一级负荷的容量确定，一般不设置备用机组。

应急柴油发电机组的额定容量为经大气修正后的12 h标定容量，其容量应能满足全工程紧急用电总计算负荷。

11.10.4.2 类型

常用电站的柴油发电机组应选用中、低速机组；备用电站的柴油发电机组应选用高速机组。

为了有利于柴油电站的维护、操作和管理，便于备品的互换以及设备配置的整齐美观，在进行机组选型时，对同一柴油电站应采用机组型号、容量和发电机励磁方式相同的成套设备。

为适应低负荷时的经济运行（柴油机在标定功率75%～90%时的运行状态），符合下列条件之一时，可选用1台小容量机组。

（1）供电计算负荷的波动值等于或低于单台运行机组容量的50%。

（2）供电负荷仅为夜间检修、夜间值班或节假日的照明用电。

应急柴油发电机组宜选用高转速、带增压器、油耗低的柴油发电机组。与同容量的柴油发电机组相比较，额定转速越高，则质量相对较轻、体积越小、占据空间较小，可节省柴油电站的建筑面积；带增压器的柴油机单机容量较大，体积较小；选用配电子或液压调速装置的柴油机，调速性能较好；发电机宜选用配无刷励磁或相复励装置的同步电机，运行较可靠，故障率低，维护检修较方便；当一级负荷中单台最大电动机容量与发电机容量相比较大时，宜选用三次谐波励磁的发电机组；柴油机与发电机应组装在附有减振器的公用底盘上，以便柴油电站安装；排烟管出口宜装设消音器，以减少噪声对周围环境的影响。

11.10.4.3 机组数量

柴油发电机组的数量应根据电力负荷的大小、供电连续性和可靠性、适应用电负荷曲线变化要求、电站运行方式以及发展远景规划等因素综合考虑确定。当电力负荷较大，并有较大容量的鼠笼型异步电动机启动时，可考虑采用机组容量较大、数量较少的方案；当用电设备数量多、单台容量小、供电负荷变化较大时，可考虑采用机组容量小、数量较多的方案。常用电站的柴油发电机组数量一般不少于2台，不宜超过8台，备用电站的柴油发电机组数量不宜超过 3 台。在选择机组数量时，还应结合电气主接线的设计方案和电站的运行方式综合考虑确定。采用自动电压调整器时，同时并列运行的机组数量不宜超过 6~7 台。机组数量多，才可以根据用电负荷的变化确定投入发电机组的运行数量，使柴油机经常在经济负荷下运行，以降低燃油消耗率，减少发电成本。柴油机的最佳经济运行状况是在额定功率的 75%至 90%之间。为保证供电的连续性，常用柴油发电机组本身应考虑设置备用机组，当运行机组故障检修或停机检查时，仍然能够满足对重要用电负荷不间断地持续供电的要求。

多数应急电站一般只设置 1 台应急柴油发电机组，从可靠性考虑也可以选用 2 台机组并联运行供电。每个应急电站的机组数量一般不宜超过 3 台。当选用多台柴油发电机组时，机组应尽量选用型号、容量相同，调压、调速特性相近的成套设备，所用燃油性质应一致，以便运行维修保养及共用备件。

当一个应急电站设有 2 台柴油发电机组时，自启动装置应使 2 台机组能互为备用，即市电电源故障停电经过延时确认以后，发出自启动指令。如果第一台机组连续 3 次自启动失败，应发出报警信号并自动启动第二台机组。

11.10.4.4　主要参数及技术性能

1）国产陆用户内固定式柴油发电机组主要参数

（1）额定功率（kW）：1，2，3，5，7.5，10，12，（15），16，20，24，30，40，50，64，75，（84），90，120，（150），160，200，250，315，400，500，630，800，1000，1250，1600，2000，2500，3150。

（2）额定电压。

单相：230 V。

三相：400 V，6300 V，10500 V。

额定转速（r/min）[①]：3000，1500，1000，750，600，500。

2）柴油发电机组功率的标定

柴油发电机组功率的标定按其用途和使用特点分为 15 min 功率、1 h 功率、12 h 功率和持续功率 4 种。

陆用户内固定式电站用的柴油机通常在铭牌上标定 12 h 功率和持续功率 2 种。12 h 功率为柴油机允许连续运行 12 h 的最大有效功率，其中包括超过 12 h 功率 10%的情况下连续运行 1 h；持续功率为柴油机允许长期连续运行的最大有效功率。在通常情况下，持续功率为 12 h 功率的 90%。

柴油发电机组的标定功率是在海拔为 0 m、环境温度为 20℃、空气相对湿度为 60%的状况的功率。

A 类柴油电站：海拔为 1000 m，环境温度为 40℃，相对湿度为 60%。

B 类柴油电站：海拔为 0 m，环境温度为 20℃，相对湿度为 60%。

柴油发电机组在下列条件下应能可靠工作，即海拔不超过 4000 m，环境温度上限值为 40℃、45℃，下限值为 5℃、−25℃、−40℃；相对湿度分别为 60%、90%、95%。

当使用条件与上列规定不符合或超出 12 h 连续工作时，其输出功率按产品技术条件规定进行修正。

---

① 发电机的额定转速，即机组的额定转速。

一般情况下，对周围环境温度低于30℃，海拔标高低于150 m，空气相对湿度小于80%，进入废气涡轮增压器中冷器的冷却水温度在4℃以下时，不需要考虑柴油发电机输出功率下降的问题。

3）主要技术性能

柴油发电机组的技术性能指标是衡量机组供电质量和经济指标的主要依据。其主要技术性能通常指机组的功率因数从0.8到1.0、三相对称负载在0～100%或100%～0额定值的范围内渐变或突变时，应达到的性能。

机组的空载电压稳定范围为95%～105%额定电压。

柴油发电机组电压和频率性能等级的运行极限值按表11-66的规定。

表 11-66　柴油发电机组电压和频率性能等级的运行极限值

序号	参数		性能等级			
			G1	G2	G3	G4
1	频率降 δf_{st}/%		≤8	≤5	≤3	
2	稳态频率带 β_f/%		≤2.5	≤1.5[①]	≤0.5	
3	相对频率整定下降范围 $\delta f_{st.do}$/%		≥(2.5+δf_{st})			
4	相对频率整定上升范围 $\delta f_{st.up}$/%		≥1.5[②]			
5	（对额定频率的）瞬态频率偏差	100%突减功率 δf^+_{dyn}/%	≤18	≤12	≤10	
		突加功率[③] δf^-_{dyn}/%	≤-15[③]	≤-10[③]	≤-7[③]	
6	频率恢复时间	$T_{f,in}$/s	≤10	≤5	≤3	
		$T_{f,de}$/s	≤10[③]	≤5[③]	≤3[③]	按制造厂和用户之间的协议
7	相对频率容差带 a_f/%		3.5	2	2	
8	稳态电压偏差 δU_{st}/%		≤±5 ≤±10[④]	≤±2.5 ≤±1[⑤]	≤±1	
9	电压调制 $U_{mod,s}$/%		按协议	0.3[⑥]	0.3[⑥]	
10	瞬态电压偏差	100%突减功率 δU^+_{dyn}/%	≤+35	≤+25	≤+20	
		突加功率[③]δU^-_{dyn}/%	≤-25[③]	≤-20[③]	≤-15[③]	
11	电压恢复时间	$T_{u,in}$/s	≤10	≤6	≤4	
		$T_{u,in}$/s	≤10[③]	≤6[③]	≤4[③]	
12	电压不平衡度 $\delta U_{2,0}$/s		1[⑦]	1[⑦]	1[⑦]	1[⑦]

注：①在用单缸或两缸发动机的发电机组情况下，该值可达2.5。②就不需要并联运行而言，转速和电压的整定不变是允许的。③对于用涡轮增压发动机的发电机组，这些数据适用于按GB/T 2820.5图6和图7提高最大允许功率。④对不大于10 kV·A的小型机组而言。⑤当考虑无功电流特性时，对带同步发电机的机组在并联运行时的最低要求：频率漂移范围应不超过±0.5%。⑥对于用单缸或两缸发动机的发电机组，该值可为±2。⑦在并联运行的情况下，该值应减为0.5。

11.10.4.5　不对称负载要求和机组并联

额定功率不大于 250 kW 的三相机组在一定的三相对称负载下,在其中任一相(对可控硅励磁者指接可控硅的一相)上再增加 25% 额定相功率的电阻性负载,当该相的总负载电流不超过额定值时应能正常工作,线电压的最大(或最小)值与三线电压平均值之差应不超过三线电压平均值的±5%。

同型号规格和容量比不大于 3∶1 的机组在 20%~100% 总额定功率范围内应能稳定并联运行,且可平稳转移负载的有功功率和无功功率,其有功功率和无功功率的分配差度应不大于表 11-67 的规定。

表 11-67　机组并联时有功功率和无功功率的分配差度

参数		性能等级			
		G1	G2	G3	G4
有功功率分配 ΔP[①]	80%和100%标定定额之间/%	—	≤±5	≤±5	按制造厂和用户之间的协议
	20%和80%标定定额之间/%		≤±10	≤±10	
无功功率分配 ΔQ	20%和100%标定定额之间/%	—	≤±10		

注:当使用该容差时,并联运行发电机组的有功标定负载或无功标定负载的总额按容差值减小。

11.10.4.6　原始条件

1)自然条件

自然条件包括环境温度、湿度和海拔标高等。

2)负荷容量

负荷容量即所供负荷的容量,包括照明及电动机。要给出电动机数量、容量、效率、额定功率因数、启动功率因数、启动电流倍数等参数。

3)确定投入顺序

(1)按负荷的重要性,重要负荷优先,一般必要照明先投入,其次是重要的电动机负荷。

(2)按负荷的大小,同样重要的电动机容量大的优先。这是对直接启动的电动机而言,即启动时引起电压降大的电动机优先,以防止影响已经工作的电动机的运行。

4)确定允许的电压降

对于应急发电系统,电气设备允许的电压降应根据不同情况来确定。

(1)照明。在柴油发电机供电时,只供事故照明,而事故照明均使用白炽灯,所以按白炽灯允许的电压降考虑,一般可取 30%。

(2)电动机。一般从电动机控制设备的运行条件和保证拟启动电动机的启动转矩及已经工作的电动机的运行转矩来考虑。

电动机控制设备按采用继电器-接触器控制元件考虑,也就是要满足其线圈动作电压要求和在电动机启动时不要由于母线电压降低而造成已工作的继电器、接触器释放,继电器和接触器线圈的最低动作电压和释放电压可从对应的产品样本中查到;在查不到样本时,其线圈的吸合电压通常为线圈额定电压的 85%~110%,而其释放电压低于线圈额定电压的 70%。

常用柴油电站的允许电压降应满足现行电力设计规范的要求。

11.10.4.7　容量计算和选择

柴油发电机的容量计算和选择要满足上一节列出的四个条件，具体的计算和选择方法如下。

1）按供全部负荷正常工作计算的容量

自柴油发电机启动 1 min 后，能输出额定容量，此时，发电机容量 $P_{G1} > P30$（保安负荷或一级负荷的计算负荷），故：

$$P_{G1} = \sqrt{\left(\frac{P_{er}}{\eta_{er}} + \sum_{k=1}^{n} \frac{P_{mn}}{\eta_{mn}} K_d\right)^2 + \left(\frac{P_{er}}{\eta_{er}} \tan\varphi_{er} + \sum_{k=1}^{n} \frac{P_{mn}}{\eta_{mn}} \tan\varphi_{mn} K_d\right)^2} \tag{11-124}$$

式中：P_{G1} 为按所供全部负荷计算的发电机容量，kV·A；P_{er} 为事故照明负荷容量，kW；η_{er} 为事故照明负荷的效率；$\tan\varphi_{er}$ 为事故照明负荷功率因数的正切；P_{mn} 为电动机的额定容量，kW；η_{mn} 为电动机的额定效率，其值一般取 0.8～0.9；$\tan\varphi_{mn}$ 为电动机额定功率因数角的正切，其值由查得的电动机额定功率因数进行换算，而电动机额定功率因数近似为 0.75～0.85；K_d 为需用系数，电动机数量少于 3 台时可取 1，多于 3 台时视情况而定。

2）按大容量负荷启动或自启动时符合发电机的过负荷能力计算的容量

发电机组启动后，大容量电动机投入使用之前，有些负荷已经投运，要综合考虑大容量电动机负荷启动时发电机的过负荷情况，此时，发电机容量计算如下：

$$P_{G2} = \frac{\sqrt{(P_0\cos\varphi_0 + P_{m_{max}}\cos\varphi_{ms}\beta')^2 + (P_0\sin\varphi_0 + P_{m_{max}}\sin\varphi_{ms}\beta')^2}}{K_G} \tag{11-125}$$

式中：P_{G2} 为按满足大容量电动机负荷启动时计算的发电机容量，kV·A；P_0 为 $P_{m_{max}}$ 投运前已投入运行的负荷容量，kV·A；$\cos\varphi_0$ 为 P_0 负荷的功率因数；$\sin\varphi_0$ 为 P_0 负荷的功率因数的正弦；$P_{m_{max}}$ 为所投入的最大容量电动机的额定容量，kW；$\cos\varphi_{ms}$ 为 $P_{m_{max}}$ 电动机的启动功率因数；$\sin\varphi_{ms}$ 为 $P_{m_{max}}$ 电动机的启动功率因数的正弦；K_G 为发电机过负荷倍数，一般可取 1.5；β' 相当于 $P_{m_{max}}$ 电动机启动时的容量（kV·A）与电动机额定容量（kW）的比值。

β' 由下式确定：

$$\beta' = \frac{\beta}{\eta_{mn}\cos\varphi_{mn}} \tag{11-126}$$

式中：β 为电动机启动电流倍数。

3）按大容量负荷启动时允许电压降计算的容量

在启动大容量的电动机时，在启动电流的突然冲击下，发电机内阻抗产生电压降，而励磁系统来不及快速调压，使输出端电压下降。因此，发电机容量必须满足电动机的启动要求。

按负荷启动时允许电压降的发电机容量计算公式如下：

$$P_{G3} = P_{m_{max}}\beta' X_d \frac{1-\Delta V}{\Delta V} \tag{11-127}$$

式中：P_{G3} 为按满足负荷启动时允许电压降计算的发电机容量，kV·A；X_d 为发电机的电抗，为发电机暂态电抗和次暂态电抗的算术平均值，一般可取 0.15～0.3；ΔV 为电动机启动时允许的电压降，一般可取 0.25～0.3；β' 同前；$P_{m_{max}}$ 同前。

4) 按原动机有过负荷能力的发电机计算的容量

$$P_{G4} = \frac{P_0 \cos \varphi_0 + P_{m_{max}} \beta' \cos \varphi_{ms}}{\gamma \cos \varphi_G} \tag{11-128}$$

式中：P_0、$\cos \varphi_0$、$P_{m_{max}}$ 与前述相同；P_{G4} 为按满足柴油机过负荷能力计算的发电机容量，kV·A；γ 为原动机过负荷能力，一般取 1.1。

按前边四种要求计算出柴油发电机容量后，如果 P_{G2}、P_{G3}、P_{G4} 比 P_{G1} 大得较多，则按 P_{G2}、P_{G3} 或 P_{G4} 的值选择发电机不经济。之所以会出现这种情况，是由于电动机采用直接启动方式。一般所选的发电机容量应尽量与发电机正常连续运转容量近似，这样较为有利。因此，在选择发电机容量时，要具体分析，是电动机降压启动选择小容量发电机组，还是电动机直接启动选择较大容量发电机组，需进行综合技术经济比较来确定。

当需要改变电动机的启动方式，将直接启动改为降压启动时，则 P'_{G2}、P'_{G3}、P'_{G4} 值分别按下式计算：

$$P'_{G2} = \frac{\sqrt{(P_0 \cos \varphi_0 + P_{m_{max}} \cos \varphi_{ms} \beta' K_i)^2 + (P_0 \sin \varphi_0 + P_{m_{max}} \sin \varphi_{ms} \beta' K_i)^2}}{K_G} \tag{11-129}$$

$$P'_{G3} = P_{m_{max}} \beta' X_d \frac{(1-\Delta V) K_i}{\Delta V} \tag{11-130}$$

$$P'_{G4} = \frac{P_0 \cos \varphi_0 + P_{m_{max}} \beta' \cos \varphi_{ms} K_i}{\gamma \cos \varphi_G} \tag{11-131}$$

式中：K_i 为启动电流系数，其值因电动机启动方式而异，见表 11-68。

表 11-68　电动机不同启动方式的启动电流系数 K_i

启动方式		启动电流系数		
		K_u	K_i	K_m
直接启动		1	1	1
星–三角启动		$1/\sqrt{3}$	1/3	1/3
延边三角–三角	1：2	0.78	0.6	0.6
	1：1	0.71	0.5	0.5
	2：1	0.66	0.43	0.43
自耦变压器	50%	0.5	0.25	0.25
	65%	0.65	0.42	0.42
	80%	0.8	0.64	0.64
电抗器	50%	0.5	0.5	0.25
	60%	0.6	0.6	0.36
	70%	0.7	0.7	0.49
软启动器			0.35	

　　由于电动机的启动转矩与电压平方成正比关系，为了保证生产机械的正常启动，电动机的电磁转矩必须大于生产机械的静阻转矩。因此，在选择启动方式时，还应考虑启动转矩的大小，在各种启动方式下，启动转矩如表 11-68 所示。

　　从表 11-3 可看出，从限制启动容量考虑，星-三角启动效果最好；从既限制启动容量，又保证启动转矩考虑，采用延边三角-三角启动效果最好。所以在选择电动机的启动方式时，一方面要考虑启动容量，另一方面要考虑启动转矩。根据上述四个条件计算的容量，选择最大者作为自启动柴油发电机的容量。

　　作为应急电源的柴油发电机，在一个地点通常只设 1 台，其机组的选择只是单台发电机组容量和类型的选择。

　　自启动柴油发电机是作为保证保安负荷或一级负荷供电可靠的应急电源，在外电源中断供电时，除在规定时间内能自启动供电外，还应满足所有保安负荷或一级负荷的供电容量要求。若容量选得小，则会在电动机启动时使电压降过大，导致电动机不能启动，使自启动柴油发电机启动失败，失去作为备用电源的作用。容量选得过大时，初期投资大，运行经济效益差。所以正确计算保安负荷或一级负荷的容量，确定负荷投入顺序和电动机启动时允许的电压降是选择发电机容量的重要前提。

　　自启动柴油发电机的容量应满足以下几点。

　　(1)所有保安负荷或一级负荷正常工作时供电容量的要求。

　　(2)在大容量电动机启动或自启动时，应符合发电机的过负荷能力。

　　(3)在启动大容量电动机时，母线上的电压降应既保证已经正常工作的负荷所允许的电压降，又能满足电动机本身的启动转矩要求。

　　(4)与原动机的过负荷能力相匹配。

11.10.4.8　柴油发电机组的控制

　　常用电站的柴油发电机组应考虑能够并联运行，以简化配电主接线，使机组启动、停机轮换运行时，通过并车、转移负荷、切换机组不致中断供电。电站应安装有柴油发电机组的同期测量及控制装置，柴油发电机的调速及励磁调节装置应满足并联运行的要求。对重要负荷供电的备用电站，宜选用自动化柴油发电机组，当外电源故障断电后能够迅速自动启动，恢复对重要负荷的供电。柴油机运行时机房噪声很大，自动化机组便于改造为隔室操作、监控的电站，使电站正常运行值班时操作人员可以不必进入柴油机房，在控制室便能够对柴油发电机组进行监视控制，大大改善了值班人员的工作环境条件。

　　应急柴油发电机组的控制应有快速自启动及自动投入装置。当主用电电源故障断电后，应急柴油发电机组应能快速自启动以恢复供电，一级负荷的允许断电时间为十几秒至几十秒，应根据具体情况确定。当重要工程的主用电源断电后，首先应经过 3~5 s 的确认时间，以躲开瞬时电压降低及电网重合闸或备用电源自动投入的时间，然后再发出启动应急柴油发电机组的指令。从指令发出、机组开始启动、升速到能带负荷需要一段时间。一般大、中型柴油机还需要预润滑及暖机过程，使紧急加载时的机油压力、机油温度、冷却水温度符合产品技术条件的要求。预润滑及暖机过程可以根据不同情况预先进行，例如：某些重要工厂或工程的应急柴油电站平时就使应急柴油发电机组处于预润滑及暖机状态，以便随时快速启动，尽量缩短故障断电时间。

　　应急柴油发电机组投入运行后，为了减少突加负荷时的机械及电流冲击，在满足供电要求的情况下，紧急负荷最好按时间间隔分级增加。国家标准规定，自动化柴油发电机组自启动成功后的首次允许加载量：额定功率不大于 250 kW 者，不小于 50%额定负载；额定功率大于 250 kW 者，按产品技术条件规定。如果对瞬时电压降及过渡过程要求不严格，一般机组突加或突卸的负荷量不宜超过机组额定容量的 70%。

11.10.5　柴油电站的电气部分

在矿山设置的柴油电站大多是由于矿区远离电网不能由外部电源供电，而作为工作电源，或是难以取得第二电源而作为备用电源。因此，在设计柴油电站的电气部分时，一般不考虑与当地电力系统并网。柴油电站电压宜按受电设备要求选择，以便直接向受电设备供电。

11.10.5.1　柴油发电机的电压选择与接线系统

柴油发电机的电压一般分为低压 380 V/220 V 和高压 3~6(10)kV 两种，高压一般采用 6(10)kV。为了简化一次接线系统，一般应以柴油发电机电压直接向用户配电为宜。当有 3~6(10)kV 高压电动机负荷时，柴油发电机电压选 3~6(10)kV，否则选 380/220 V 低压发电机。如果必须提高电压向用户送电，一般升压至 6(10)kV。

确定柴油发电机一次接线系统时，应考虑以下基本要求。

在满足用户对供电可靠性要求的前提下，一次接线系统的设备投资和运行费应该最少。一次接线系统应该力求简单，运行灵活，检修维护安全和方便，布置对称，便于操作。

为了减少倒换操作，当外部电源发生故障时，应由柴油发电机供电的负荷直接接到发电机母线。

柴油发电机同系统的连接方式与外部电源的数量有关。一般在考虑发电机与系统接线时，应注意柴油发电机是作为应急电源，正常时不使用，仅在外部电源停电时使用这一情况。所以在有两路外部电源的系统中，当一路电源停电时，首先应考虑两路外部电源倒换，当两路外部电源全停电时，才考虑启动柴油发电机。一次接线要满足这一要求，二次接线亦要适应这一要求。

11.10.5.2　柴油发电机的励磁系统

励磁系统是柴油发电机的主要组成部分。柴油发电机工作的可靠性、稳定性和电压质量，在很大程度上取决于励磁系统的性能和可靠性。因此，为保证柴油发电机运行稳定性和电压质量，宜装设自动电压调整器。

同步发电机励磁调节器是一个闭环自动调节系统，它是根据输出电压偏差或负载电流，或是同时按电压偏差和负载电流进行复合调节。调节器随柴油发电机成套供货。目前生产的中、小型柴油发电机励磁调节器有手动励磁调节器、快速相补偿励磁调节器、可控与不可控相复励装置、无刷励磁装置及其他励磁装置等。

现在柴油发电机组的生产，包括发电机励磁调节系统及发电机控制屏都是由机组生产厂家定型配套供应，无须柴油电站设计人员对发电机的励磁装置进行选型。但是在具体工程设计中，发电机组是否需要并联运行、启动控制功能有无特殊要求、电气技术指标是否满足具体工程的要求等，在柴油电站设计中应当明确，以便工程建设单位与发电机组生产厂家签订供货技术协议。

11.10.5.3　柴油发电机组的并联运行及控制

柴油电站设有多台柴油发电机组时，若干台机组并联运行供电与单台柴油发电机组供电相比，具有以下优点：可以提高供电质量及可靠性，增大启动异步电动机的能力，使系统运行灵活、负荷分配合理、简化供电系统接线，便于柴油机在经济负荷状态下运行，减少运行费用。缺点是发电机投入并联运行的同期操作技术比较复杂，如果操作不当，会产生很大的冲击电流及冲击转矩，可能导致并车失败、供电中断，引起发电机绕组变形或机轴损伤，甚至可能造成机组损坏。随着各种半自动或自动同期并车装置的采用，并车操作的技术问题已经得到较好的解决，柴油发电机组并联工作已成为柴油电站较普遍的运行方式。

柴油发电机组并联运行应注意有功功率的分配和无功功率的分配。

当几台柴油发电机组并联运行时，各机组的频率都是相同的，有功功率的分配取决于各台柴油机的调速特性。

2台型号规格相同的三相机组，在20%～100%总额定功率范围内应能稳定并联运行，且可平稳转移负荷的有功功率，其有功功率和无功功率的分配差度应不超过±10%；不同容量的三相机组并联运行时，机组最大功率与最小功率之比应不超过3∶1，且具有相似调速特性，在负荷总功率为并联运行机组总功率的20%～100%时，机组应能稳定并联运行，各机组实际承担的有功功率和无功功率与按额定有功功率和无功功率的比例分配值之差，应不大于各台机组中最大功率机组额定有功功率和无功功率的±10%，以及最小机组的额定有功功率和无功功率的±25%。

当同步柴油发电机并联工作时，由于各柴油发电机的电动势不相等，在柴油发电机之间将产生环流。由于同步柴油发电机的定子绕组电抗比电阻大得多，因此环流基本上是无功电流，将使并联运行中的某台发电机发出无功功率，另一台发电机则吸收无功功率，造成并联运行的各台发电机无功负荷分配不均匀。对此，调整励磁电流能改变柴油发电机的电动势，从而改变柴油发电机的无功功率分配。柴油发电机组并联运行的无功功率分配与各发电机的励磁调节特性有关。

11.10.6　柴油电站的布置

11.10.6.1　柴油电站位置确定和布置要求

1）柴油电站位置的确定

确定柴油电站的位置，一般应考虑下面几个因素。

（1）靠近负荷中心。电站应尽可能靠近负荷中心，以减少电力网络的电能损耗，增强机组运行经济性。

（2）交通运输方便。电站位置朝向应考虑设备和燃料的运输和装卸条件。机组的位置地点和主要燃料场地之间须有良好的运输通道。

（3）要防止对其他设施造成烟雾干扰和噪声干扰。

（4）要满足其附属设施对邻近建筑物的安全距离要求。

（5）辅助设施中的油库，不应靠近有爆炸危险的车间、仓库和空气污秽地区。对邻近建筑物的安全距离应符合有关安全防火规范要求。

2）布置要求

柴油电站的设备主要有柴油发电机组、控制盘和电站辅助系统，有的电站还有机组操作台、动力配电盘、维护检修设备等。这些设备在电站内的布置要使电站安装、运行和维修方便，并符合有关规程的要求。

设备的布置应做到安全适用，合理紧凑，操作、检修方便。

对于有多台机组的电站，机组宜按单行并列布置；当机组台数在 2 台及以下且无扩建要求时，也可顺机房纵轴线布置；机组应布置在起重设备服务的范围内，油机侧距墙一般 1.5～2.0 m，发电机侧要考虑抽芯检修，应考虑有足够检修和安装的场地。

发电机组的布置应留有足够的检修场地，机组较少时，检修场地宜留在机房的一端；机组较多时，宜留在机组之间。

发电机组与建筑物的距离应满足运行操作、维护检修和通风散热的需求。

机房内宜设必要的起重设备，起重设备的起重量应按机组最重零部件的重量确定；起重高度应按能使活塞连杆吊离缸体最高点的需要确定，并应留出大于 1 m 的活动空间。

启动用压缩空气罐及蓄电池组或硅整流装置的布置，应按机组技术文件的要求确定；当无明确要求时，宜靠近柴油机端布置。

较大型机组应设操作、检修平台。

电气设备的布置应使电缆敷设距离最短，操作联系方便，控制设备和配电装置宜布置在专用建筑物内；单台容量较小或机组台数较少时，控制和配电装置也可布置在机房内。

辅助设备应尽可能集中布置。一般是安装在机头一端或厂房的固定端，既便于操作，也不影响扩建。

燃油的工作油箱要有足够的高度，保证燃油能克服管道阻力流进柴油机的输送油泵。油箱底面一般高出厂房地面 2.5～4 m。

压力水箱也应有适当高度。水箱高出柴油机出水口须根据机组不同类型而定，一般为 3～10 m。冷却水泵应保证能够吸水，通常应使水池的最低水位高于水泵轴中心高度。

空压机和储气缸及润滑系统设备应尽量靠近柴油机。

消声器装在室外时，一般距墙 0.8～1.2 m；自消声器引出的排气管，一般高出屋檐且不少于 0.75 m，保证有一定的防水距离。

空气滤尘器，应尽可能装在能吸入清洁、干燥空气的地方。

3）机组之间及机组外廓与墙壁的净距

根据柴油发电机组容量，机组之间及机组外廓与墙壁的净距见表 11-69。

表 11-69　机组之间及机组外廓与墙壁的净距　　　　　　　　　　　　　　　　　　m

位置	64 kW 以下	75～150 kW	200～400 kW	500～1500 kW	1600～2000 kW
机组操作面	1.5	1.5	1.5	1.5～2.0	2.0～2.5
机组背面	1.5	1.5	1.5	1.8	2.0
柴油机端	0.7	0.7	1.0	1.0～1.5	1.5
机组间距	1.5	1.5	1.5	1.5～2.0	2.5
发电机端	1.5	1.5	1.5	1.8	2.0～2.5
机房净高	2.5	3.0	3.0	4.0～5.0	5.0～7.0

注：当机组按水冷却方式设计时，柴油机端距离可适当缩小；当机组需要做消声工程时，尺寸应另外考虑。

4）对建筑的设计要求

（1）电站内的柴油发电机组中的控制屏、台等大件设备，自建筑物外运至电站的沿途应设计足够尺寸的出入口、通道和门孔，便于设备安装或运出修理。

（2）在机组纵向中心线上方应预留 2~3 个起重吊钩，其高度应能吊出活塞和连杆组件，为机组的安装和检修提供方便。

（3）电站机房内应设置地沟，以便敷设电缆和水、油管道。地沟应有一定坡度，便于排除积水；地沟盖板宜采用钢板，或经防火处理的木盖板，或钢筋混凝土盖板。

（4）设置控制室的电站，在控制室与机房之间的隔墙上应设观察窗。

（5）与主体建筑设在一起的电站应进行隔音和消音处理。

（6）电站地面一般采用压光水泥地面，有条件时可采用水磨石或地砖地面。柴油发电机周围地面应防止油渗入。

（7）机组的基础应有足够体积，以减小振动。带有公共底盘的基础表面应高出地面 50~100 mm，并采取防油浸措施。基础表面应设置排污沟槽和地漏，以排除表面积存的油污。基础与机组间，基础与周围地面应采取一定的防振措施。

（8）机房各工作房间的耐火等级与火灾危险性类别应符合表 11-70 的规定。

表 11-70　机房各工作房间耐火等级与火灾危险性类别

名称	火灾危险性类别	耐火等级
发电机间	丙	一级
控制与配电室	戊	二级
储油间	丙	一级

5）控制盘等控制设备的布置要求

柴油发电机控制盘、低压配电盘等设备的布置与一般低压配电要求相同，应符合有关电气设计规范，具体要求如下。

（1）操作人员能清晰观察控制盘和操作台的仪表和信号指示，并易于控制操作。

（2）盘前、盘后应有足够的安全操作和检修距离。单列布置的配电盘的盘前通道应不小于 1.5 m，双列对面布置的盘前通道应不小于 2.3 m。离墙安装的盘后宽度不小于 1 m。配电盘顶部的最高点距房顶应不小于 0.5 m。

（3）机组操作台的台前操作距离不小于 1.2 m，如设在配电盘前，控制台与盘之间的距离为 1.2~1.4 m。

（4）配电盘的附近和上方不得设置水、油管道或安装风管。

11.10.6.2　柴油电站常用布置形式和推荐尺寸

1）单列平行布置

柴油发电机组的纵向轴线与机房的纵向平行的布置形式，如图 11-57 所示。这种布置机房的横向跨度小，管线交叉少，但管线长，适用于电站内装机台数较少、机房横向跨度受到限制的电站。

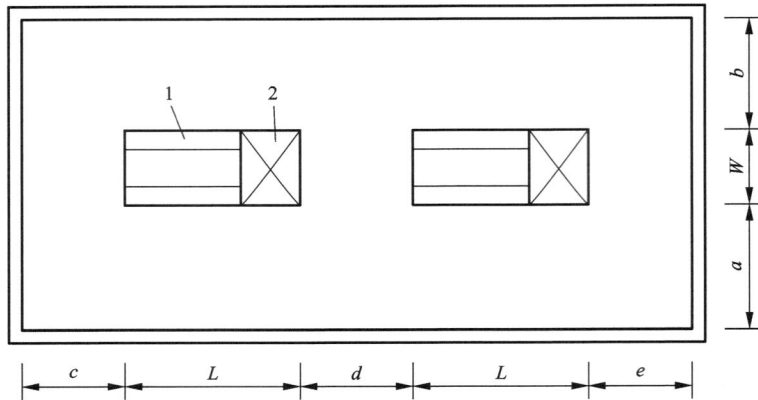

1—柴油机；2—发电机。

a—机组操作面尺寸；*b*—机组背面尺寸；*c*—柴油机端尺寸；*d*—机组间距；

e—发电机端尺寸；*L*—机组长度；*W*—机组宽度。

图 11-57　单列平行布置

2）单列垂直布置

柴油发电机组的纵向轴线与机房的纵向垂直的布置形式，如图 11-58 所示。这种布置操作管理方便，管线短，但机房横向跨度大，适用于机组容量较大、外形尺寸较大、机房横向跨度可以增大的电站。在条件允许时，优先采用这种布置形式。

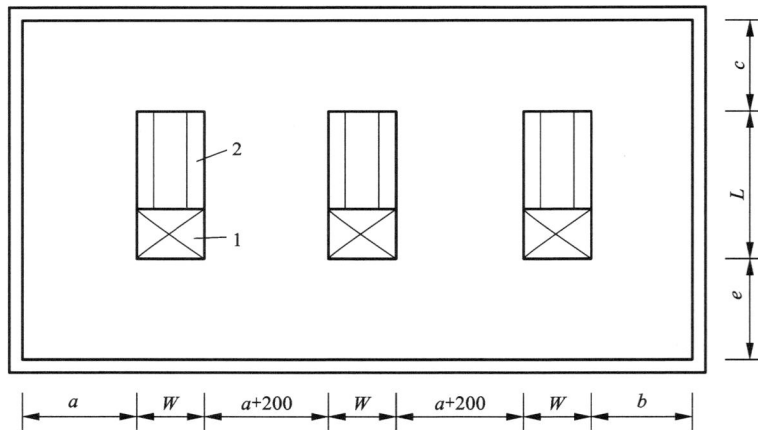

1—柴油机；2—发电机。

a—机组操作面尺寸；*b*—机组背面尺寸；*c*—柴油机端尺寸；*e*—发电机端尺寸；*L*—机组长度；*W*—机组宽度。

图 11-58　单列垂直布置

3）双列平行布置

柴油发电机组的纵向轴线与机房的纵向平行，采用双列布置的形式，如图 11-59 所示。这种布置形式机组共用 2 条搬运通道，布置紧凑，管线短，便于操作维护，但机房横向跨度大，适用于装机台数较多的电站。

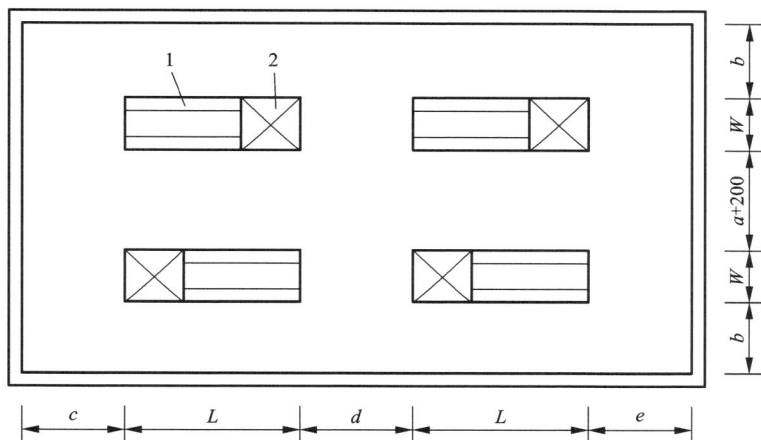

1—柴油机；2—发电机。

a—机组操作面尺寸；*b*—机组背面尺寸；*c*—柴油机端尺寸；*d*—机组间距；*L*—机组长度；*W*—机组宽度。

图 11-59 双列平行布置

参考文献

［1］金属非金属矿山安全规程：GB 16423—2020［S］.
［2］长沙黑色金属矿山设计院.黑色金属矿山企业电力设计参考资料［M］.北京：冶金工业出版社，1979.
［3］《钢铁企业电力设计手册》编委会.钢铁企业电力设计手册［M］.北京：冶金工业出版社，1996.
［4］中国航空规划设计研究总院有限公司.工业与民用供配电设计手册［M］.4 版.北京：中国电力出版社，2016.
［5］《工厂常用电气设备手册》编写组.工厂常用电气设备手册［M］.2 版.北京：中国电力出版社，2003.
［6］最新柴油发电机组优化设计与安装调试及维护检修实用手册［M］.北京：中国科学文化出版社，2007.
［7］矿山电力设计标准：GB 50070—2020［S］.
［8］戈东方.电力工程电气设计手册 电气一次部分［M］.北京：中国电力出版社，1989.
［9］卓乐友.电力工程电气设计手册 电气二次部分［M］.北京：水利电力出版社，1991.
［10］建筑设计防火规范：GB50016—2014（2018 版）［S］.
［11］供配电系统设计规范：GB 50052—2009［S］.
［12］低压配电设计规范：GB 50054—2011［S］.
［13］建筑物防雷设计规范：GB 50057—2010［S］.
［14］电力工程电缆设计标准：GB 50217—2018［S］.
［15］交流电气装置的过电压保护和绝缘配合：GB 50064—2014［S］.
［16］交流电气装置的接地设计规范：GBT 50065—2011［S］.
［17］20 kV 及以下变电所设计规范：GB 50053—2013［S］.
［18］爆炸危险环境电力装置设计规范：GB 50058—2014［S］.
［19］电力装置的继电保护和自动装置设计规范：GB 50062—2008［S］.

图书在版编目(CIP)数据

采矿手册. 第五卷, 矿山机电／战凯主编. —长沙：
中南大学出版社, 2024.10

ISBN 978-7-5487-5853-2

Ⅰ. ①采… Ⅱ. ①战… Ⅲ. ①矿山开采—技术手册
②矿山—机电设备—技术手册 Ⅳ. ①TD8-62

中国国家版本馆 CIP 数据核字(2024)第 100755 号

采矿手册　　第五卷　　矿山机电

CAIKUANG SHOUCE　　DIWU JUAN　　KUANGSHAN JIDIAN

古德生 ◎ 总主编

战　凯◎主　编

马　飞　郭　鑫◎副主编

□出 版 人　林绵优
□责任编辑　史海燕
□封面设计　殷　健
□责任印制　唐　曦
□出版发行　中南大学出版社

社址：长沙市麓山南路　　　　邮编：410083
发行科电话：0731-88876770　　传真：0731-88710482
□印　　装　湖南省众鑫印务有限公司

□开　　本　787 mm×1092 mm 1/16　□印张 65.25　□字数 1712 千字
□互联网+图书　二维码内容　图片 31 张
□版　　次　2024 年 10 月第 1 版　　□印次 2024 年 10 月第 1 次印刷
□书　　号　ISBN 978-7-5487-5853-2
□定　　价　398.00 元